AF401636

ÉLÉMENTS

DE CHIMIE.

ÉLÉMENTS

DE CHIMIE,

Par M. ORFILA,

Professeur et ancien Doyen de la Faculté de Médecine de Paris ;
Membre du Conseil supérieur de l'Instruction publique,
haut Titulaire de l'Université ;
Docteur en Médecine de la Faculté de Madrid ;
Commandeur de l'Ordre de la Légion d'Honneur,
et des Ordres de Charles III d'Espagne et de Sainte-Anne de Russie,
Officier des Ordres de Léopold de Belgique et du Cruzeiro du Brésil ;
Membre de l'Académie nationale de Médecine,
Membre correspondant de l'Institut,
de la Société médicale d'Émulation, de la Société de Chimie médicale,
des Universités de Dublin, de Philadelphie et de Hanau,
des Académies des Sciences et de Médecine de Madrid, de Séville, de Cadix,
de Barcelone, de Santiago, de Murcie, des îles Baléares,
de Berlin, de Belgique, de Livourne, etc. ;
Président de l'Association des Médecins de Paris.

Huitième Édition,

REVUE, CORRIGÉE ET CONSIDÉRABLEMENT AUGMENTÉE.

———

TOME SECOND.

PARIS.

LABÉ, ÉDITEUR, LIBRAIRE DE LA FACULTÉ DE MÉDECINE,
place de l'École-de-Médecine, 23 (ancien n° 4).

—

1851

TABLE DES MATIÈRES

CONTENUES DANS CE VOLUME.

DEUXIÈME PARTIE.

CHIMIE ORGANIQUE.

DE LA CHIMIE VÉGÉTALE.

CLASSE PREMIÈRE.
Des principes immédiats.

SECTION PREMIÈRE.
DES PRINCIPES NEUTRES OU INDIFFÉRENTS.

SECTION QUATRIÈME.
DES ALCALIS ORGANIQUES.

CLASSE TROISIÈME.
Des organes des végétaux.

CLASSE QUATRIÈME.
Des phénomènes chimiques de la germination et de l'accroissement des plantes.

CLASSE CINQUIÈME.
Des fermentations.

DE
LA CHIMIE ANIMALE.

CLASSE PREMIÈRE.
Des principes immédiats.

SECTION PREMIÈRE.
DES PRINCIPES NEUTRES OU INDIFFÉRENTS.

———

SECTION DEUXIÈME.

DES PRINCIPES IMMÉDIATS ACIDES.

———

SECTION TROISIÈME.

DES BASES ALCALINES.

———

CLASSE DEUXIÈME.

Des produits immédiats et des organes des animaux.

SUPPLÉMENT.

ÉLÉMENTS
DE CHIMIE.

DEUXIÈME PARTIE.

CHIMIE ORGANIQUE.

DES CORPS ORGANIQUES.

Lorsqu'on observe attentivement un végétal ou un animal parfaitement développés, on y remarque une multitude de matières différentes qu'il est impossible de confondre, à l'aide des seuls caractères physiques : ainsi les feuilles, les tiges, les racines, les fleurs, etc., d'une part ; le cerveau, les poumons, les muscles, les os, la peau, etc., d'autre part, seront facilement distingués les uns des autres. Il en sera de même d'une multitude de produits fournis par les végétaux et par les animaux. Quel rapport y a-t-il, par exemple, entre le suc de la canne qui contient le sucre, et celui du pavot, qui est presque entièrement formé par l'opium ; entre la gomme que l'on trouve sur les fruits de certaines plantes et un très-grand nombre de matières résineuses ; entre l'urine, la bile, la salive, etc. ? Cependant, si on soumet à l'analyse chimique toutes les parties dont je viens de parler, on les trouvera constamment formées des mêmes éléments ; le plus souvent, on n'y reconnaîtra que de l'hydrogène, de l'oxygène et du carbone ; plusieurs d'entre elles renfermeront, outre ces trois principes, de l'azote ; quelques-unes seront uniquement composées de carbone et d'hydrogène. Ces considérations ont fait naître l'idée d'admettre dans les végétaux et dans les animaux cinq sortes de matières : 1° les *matières simples*, dont la réunion constitue la molécule organique ; telles sont l'oxygène, l'hydrogène, le carbone, et quelquefois l'azote. 2° Les *principes immédiats*, *c'est-à-dire des substances composées de quelques-uns de ces éléments, offrant toujours les mêmes propriétés, quel que soit le végétal ou l'animal qui les a fournies, et dont on ne peut séparer plusieurs sortes de matières sans agir sur les éléments qui les constituent ;* tels sont le sucre, la quinine, la morphine, le caséine, etc. En effet, lorsqu'on cherche à séparer de ces principes immédiats plusieurs sortes de matières au moyen du feu, des acides, des alcalis, etc., si on les décompose, comme cela a presque toujours lieu, on en extrait de l'eau, de l'huile pyrogénée, des gaz carburés, de l'acide acétique, ou des sels ammoniacaux, etc., produits dont la formation suppose que le sucre, la quinine, etc., ont été complétement décomposés et réduits à leurs éléments, lesquels se sont ensuite combinés deux à deux, trois à trois, pour former des composés, tels que l'eau, l'huile, l'acide acétique, des gaz carburés, l'ammoniaque, etc. (1). 3° Les composés à *proportions définies* des principes immédiats entre eux ; 4° les *mélanges* de plusieurs principes immédiats, comme les sucs sucrés, huileux, résineux, la bile, l'urine, la salive, etc., dans lesquels on trouve deux, trois, ou un plus grand nombre de ces principes unis en proportions *non définies ;* 5° les *organes* des végétaux et des animaux, les tiges, les feuilles, les fleurs, les racines, le foie, la rate, les muscles, les os, etc., qui sont également composés de plusieurs principes immédiats. L'existence de ces diverses matières dans les corps organiques me trace l'ordre que j'ai à suivre dans l'étude de cette branche de la science. Je vais prouver, après avoir exposé quelques considérations générales, que le nombre des éléments des corps organiques est tel que je l'ai indiqué, tout en m'abstenant de décrire les propriétés de ces éléments, parce qu'elles font l'objet d'une partie de la chimie minérale ; j'étudierai les divers principes immédiats, je ferai connaître après la nature et les principales propriétés des *produits mélangés* de plusieurs de ces principes, enfin j'examinerai les organes.

ARTICLE PREMIER.

DES ÉLÉMENTS DES CORPS ORGANIQUES.

Je viens de dire que les corps organiques et leurs produits sont formés d'oxygène, d'hydrogène et de carbone, ou de ces trois éléments, plus d'azote ; il en est cependant un très-petit nombre qui ne renferment

---

(1) On considère aussi comme des principes immédiats des matières qui en possèdent tous les caractères, mais que l'on n'a pas encore trouvées dans la nature, comme, par exemple, les acides camphorique, mucique, subérique.

que du carbone et de l'oxygène, ou de l'hydrogène et du carbone. Quelques principes immédiats organiques contiennent en outre de petites proportions de *soufre*, de *phosphore*, de *chlore*, de *fluor*, de *fer*, de *potassium*, de *sodium*, de *calcium*, de *magnésium*, etc., ou des composés de ces mêmes éléments. Voici comment on peut prouver que les matières organiques sont formées d'oxygène, d'hydrogène, de carbone, et quelquefois d'azote : que l'on introduise la matière dans une cornue de grès lutée, dont le col se rend dans une des extrémités d'un tuyau de porcelaine disposé dans un fourneau à réverbère, de manière à pouvoir être entouré de charbon ; que l'on fasse partir de l'autre extrémité du tuyau de porcelaine un tube de verre qui se rend dans une des tubulures d'un flacon bitubulé vide, entouré de glace et de sel, et dont la seconde tubulure livre passage à un autre tube de verre recourbé, propre à conduire les gaz sous des cloches pleines de mercure ; que l'on fasse rougir le tuyau de porcelaine après avoir luté les jointures de l'appareil ; lorsque ce tuyau sera incandescent, que l'on mette le feu sous la cornue ; la matière organique ne tardera pas à se décomposer et fournira des produits qui traverseront le tuyau de porcelaine. On trouvera à la fin de l'opération : 1° du *charbon* dans la cornue ; 2° du gaz oxyde de carbone, du carbure d'hydrogène gazeux et du gaz acide carbonique, dans les cloches remplies de mercure ; 3° de l'eau dans le flacon bitubulé. Quelquefois ce liquide sera mêlé d'une ou de plusieurs huiles, d'acide acétique, ou de sels ammoniacaux ; mais en le soumettant de nouveau à l'action d'une chaleur rouge, il se décomposera à son tour et fournira les produits que je viens d'indiquer. Pour peu que l'on réfléchisse à la nature de ces produits formés aux dépens de la matière organique, on verra qu'ils sont tous composés de carbone et d'hydrogène, de carbone et d'oxygène, d'oxygène et d'hydrogène, ou bien d'azote et d'hydrogène ; d'où il suit que ces principes sont les seuls éléments des matières organiques. Le nombre des matières végétales contenant de l'azote me paraît plus considérable qu'on ne le pense généralement : en effet, la plupart d'entre elles donnent, en se décomposant, un charbon susceptible de fournir, lorsqu'il est rougi avec de la potasse et mis dans l'eau, une plus ou moins grande quantité de cyanure de potassium (Proust, Vauquelin, etc.). Or, il est impossible d'admettre la formation d'un cyanure sans azote ; à la vérité, plusieurs de ces substances ne produisent qu'une très-petite quantité de ce corps.

ARTICLE II.

DE L'ACTION DES DIVERS AGENTS CHIMIQUES OU NATURELS SUR LES CORPS ORGANIQUES.

Sans entrer dans l'examen détaillé de l'action qu'exercent les divers agents qu'on peut mettre en contact avec les substances organiques, il est un certain nombre de phénomènes assez bien caractérisés et assez fréquents pour qu'on puisse les énoncer d'une manière générale, sans prétendre les appliquer à l'étude spéciale des corps, mais en ne les considérant que comme des altérations que peuvent sans cesse éprouver les principes immédiats soumis à ces agents.

Action du calorique.—Lorsqu'on soumet les corps organiques à l'action de la *chaleur* en vases clos, on voit, si la température *est peu élevée :* 1° qu'ils distillent sans altération ou qu'ils ne se volatilisent pas ; ainsi l'alcool, l'éther, l'esprit de bois, l'acide acétique, etc., passent dans le récipient ; l'amidon, le sucre, l'albumine, la fibrine, etc., restent dans la cornue ; 2° qu'ils se volatilisent en partie, tandis qu'une autre portion est décomposée ; tels sont l'acide oxalique et l'indigotine ; 3° qu'ils sont altérés et complétement décomposés ; tels sont l'amidon, le sucre, l'albumine, la fibrine. Parmi les corps organiques décomposables à une température *peu élevée,* il en est qui commencent par perdre l'eau qui entrait dans leur composition, et qui, par cela seul, constituent des corps nouveaux ; je citerai l'acide *tartrique,* $H^4 C^8 O^{10}, 2HO$; si on le chauffe modérément, il fond, perd un demi-équivalent d'eau, et devient acide *tartralique,* $H^4 C^8 O^{10}, 1 \frac{1}{2} HO$; si le thermomètre marque 200°, il perd un équivalent d'eau et se trouve transformé en acide *tartrélique,* $H^4 C^8 O^{10}, HO$; ce dernier acide, chauffé avec précaution, perd son équivalent d'eau et laisse l'acide *tartrique anhydre,* $H^4 C^8 O^{10}$, lequel, à son tour, si on continue à le chauffer, sera, si je puis m'exprimer ainsi, plus radicalement décomposé, et fournira de l'acide pyruvique, de l'acide pyrotartrique et de l'acide acétique (voy. *A. tartrique*). Si la *température est très-élevée,* et que son action se fasse sentir pendant un temps suffisant, tous les corps organiques, même ceux que j'ai signalés comme étant volatils à une chaleur modérée, sont décomposés ; les produits de ces décompositions sont loin d'être les mêmes pour les substances *azotées* et pour celles qui ne le sont pas.

Les corps organiques *non azotés,* soumis à l'action d'une chaleur *rouge,* dans une cornue munie d'appareils propres à recueillir les produits volatils et les gaz, donnent presque toujours un résultat identique; dans le récipient, on trouve un liquide qui, d'abord légèrement jaunâtre et formé presque en totalité d'eau, devient peu à peu plus foncé, *acide* et odorant, jusqu'à ce qu'enfin il passe une sorte de goudron noir, épais, qui se fige à la fin de l'opération; pendant tout ce temps, il s'est dégagé des gaz, et dans la cornue il ne reste que du *charbon.* Ces divers produits sont assez complexes; ils consistent, en général, pour les liquides, en eau, en acide acétique, en esprit pyroacétique, et en goudron, dans lequel figurent, comme produits secondaires, la créosote, la paraffine, et d'autres substances analogues; enfin les produits gazeux seront de l'oxyde de carbone, de l'acide carbonique, de l'hydrogène ordinairement carboné, et de l'acide sulfhydrique, si le corps organique contenait du soufre. Cette opération seule suffirait pour donner une idée de la composition des substances organiques *non azotées,* puisque dans tous les produits obtenus on ne trouve que du carbone, de l'hydrogène et de l'oxygène; mais elle est insuffisante pour faire connaître la proportion de ces éléments et pour distinguer les principes immédiats les uns des autres : c'est ce qui fit dire à Homberg, après avoir ainsi distillé près de quatorze cents plantes différentes, que ce mode d'analyse était fautif, puisque le *chou* et la *ciguë* donnaient les mêmes résultats. Si ces premiers produits sont soumis de nouveau à l'action d'une température élevée, ils se dédoublent encore, et donnent une autre portion de charbon et les composés les plus simples que ces éléments puissent produire, c'est-à-dire de l'eau, de l'oxyde de carbone, de l'acide carbonique, et quelques carbures d'hydrogène.

Les substances *azotées,* outre les corps qui précèdent, fournissent de l'ammoniaque par l'union de l'azote avec l'hydrogène, de l'acide cyanhydrique, quelquefois de l'acide cyanique ou du cyanogène par l'union de l'azote avec le carbone, produits qui se combinent avec l'ammoniaque et donnent autant de sels différents; parmi eux, le carbonate d'ammoniaque prédomine; on le voit cristalliser sur les parois de l'allonge et de la cornue. MM. Stenhouse et Anderson ont prouvé que plusieurs de ces substances fournissent aussi, outre l'ammoniaque, des *bases organiques huileuses volatiles* (voy. *Légumine* et la 1re page de la *Chimie animale*).

On a désigné sous le nom de corps *pyrogénés* ceux qui proviennent de la décomposition par le feu des matières organiques. S'il n'est pas encore permis d'établir pour toutes ces matières les lois de formation des corps *pyrogénés,* du moins connaît-on déjà une de ces lois, formulée ainsi par son auteur, M. Pelouze : *lorsqu'on décompose un acide organique au bain d'huile, il se forme un acide pyrogéné qui dif-*

fère de l'acide primitif par de l'eau et de l'acide carbonique, ou par l'un ou l'autre de ces corps. On constate en effet, pendant cette décomposition, un dégagement de vapeur d'eau et d'acide carbonique purs. Ainsi

$$\underset{\text{Acide gallique.}}{H^3C^7O^5} = \underset{\text{Acide carbonique.}}{CO^2} \;,\; \underset{\text{Acide pyrogallique.}}{H^3C^6O^3}$$

$$\underset{\text{Acide malique.}}{H^6C^8O^{10}} = \underset{\text{Eau.}}{2\,HO} \;,\; \underset{\text{Acide maléique.}}{H^4C^8O^8}$$

$$\underset{\text{Acide méconique.}}{H^4C^{14}O^{14}} = \underset{\text{Acide carbonique.}}{2\,CO^2} \;,\; \underset{\text{Acide métaméconique.}}{H^4C^{12}O^{10}}$$

On parviendra, sans aucun doute, à multiplier ces lois, lorsqu'au lieu de décomposer les corps organiques à une forte chaleur, on opérera, au contraire, à une température aussi basse que possible.

Action de l'oxygène et de l'air atmosphérique. — Si ces deux gaz sont *secs,* ils n'agissent guère à la température ordinaire sur les matières organiques ; il n'en est pas de même s'ils sont humides, car alors ils se combinent avec elles, même à froid, et leur font éprouver une combustion lente, désignée par Liebig sous le nom d'*érémacausie ;* c'est ce qui a lieu avec les huiles grasses et essentielles, la fibrine, l'albumine, la caséine. Si, au contraire, *on les chauffe* avec un excès d'oxygène ou d'air, il arrive, ou que l'oxygène se combine avec elles sans former de l'eau ni de l'acide carbonique, ou bien, ce qui a souvent lieu, que ce gaz se combine avec l'hydrogène et le carbone de la matière organique, et donne naissance à de l'eau et à de l'acide carbonique ; ne sait-on pas que le bois finit par se transformer à l'air en *humus,* en acide carbonique, et en eau ? En général la présence des bases alcalines favorise ces combustions lentes. Des substances poreuses, telles que l'éponge et le noir de platine, la pierre ponce, le charbon de bois, etc., déterminent quelquefois le transport de l'oxygène sur certaines matières organiques qui ne l'eussent pas absorbé si elles avaient agi seules, ou qui ne l'eussent absorbé que très-lentement.

Exemples. En contact avec la mousse de platine, l'oxygène fait passer rapidement l'alcool à l'état d'acide acétique, et il se forme de l'eau.

$$\underset{\text{Alcool.}}{H^6C^4O^2} \;,\; \underset{\text{Oxygène.}}{O^4} = \underset{\text{Acide acétique.}}{H^3C^4O^3HO} \;,\; \underset{\text{Eau.}}{2\,HO}$$

En présence du noir de platine, le sucre est décomposé à 160° par l'oxygène, et donne de l'eau et de l'acide carbonique.

Action des acides. — Parmi les nombreuses réactions que les acides énergiques et concentrés exercent sur les matières organiques *non azotées,* j'examinerai celles qui présentent les phénomènes les plus généraux.

D'abord, et c'est le cas le plus simple, l'acide peut s'unir avec certains principes immédiats qui jouent le rôle de *bases,* et former des *sels :* tels sont le sulfate de quinine, l'acétate de morphine, etc. ; d'autres fois il se produit des composés particuliers dans lesquels on retrouve l'acide uni à la substance *sans altération ;* je citerai la dissolution du camphre dans l'acide azotique ; dans un très-grand nombre de cas, les acides, au lieu de se combiner avec les corps organiques, les décomposent, en se décomposant souvent eux-mêmes, et les transforment en d'autres corps : c'est ce qui va ressortir de l'examen de l'action particulière des principaux de ces acides.

Acide azotique. Le plus ordinairement, l'acide azotique agit en cédant une partie ou la totalité de son oxygène, et en passant à l'état d'acide hypoazotique, de bioxyde d'azote, ou même d'azote ; l'oxygène *cédé* peut s'unir au corps organique : ainsi l'essence d'amandes amères, $H^6 C^{14} O^2$, devient $H^5 C^{14} O^3$, HO (acide benzoïque). Il peut se combiner avec son hydrogène, ainsi l'alcool sera changé en aldéhyde :

$$\underbrace{H^6C^4O^2}_{\text{Alcool.}}, \; \underbrace{2AzO^5, HO}_{\text{Acide azotique.}} = \underbrace{4HO}_{\text{Eau.}}, \; \underbrace{2AzO^4}_{\text{Acide hypoazotique.}}, \; \underbrace{H^4C^4O^2}_{\text{Aldéhyde.}}$$

Il peut surtout, lorsqu'il est concentré, s'unir à la fois à l'hydrogène et au carbone du corps organique, et donner naissance à de l'acide oxalique : c'est ce qui a lieu avec les corps riches en carbone, tels que le sucre, la gomme, l'amidon, le ligneux, les acides tartrique, citrique, malique, etc. Dans certains cas, lorsque l'hydrogène seul est brûlé par une partie de l'oxygène de l'acide azotique, et que celui-ci est ramené à l'état d'acide hypoazotique, ce dernier acide prend la place de l'hydrogène dans le nouveau corps formé : ainsi l'acide benzoïque, $\underbrace{H^5C^{14}O^3, HO}_{\text{Acide benzoïque.}}$, est transformé en acide *nitrobenzoïque,* $H^4C^{14}, AzO^4, O^3, HO$, et en un autre acide *binitrobenzoïque,* $H^3C^{14}, 2AzO^4, O^3, HO$. On sait, par les travaux récents et importants de M. Zinin, que l'on peut transformer en *alcalis organiques,* à l'aide de l'acide sulfhydrique, les carbures d'hydrogène préalablement traités par l'acide azotique, et changés en produits dans lesquels entre un composé azoté.

Acide sulfurique. Il peut, quand il est concentré, à raison de sa grande affinité pour l'eau, décomposer un certain nombre de corps or-

ganiques, sans se décomposer lui-même, et en déterminant la formation
d'une certaine quantité d'eau, aux dépens de l'hydrogène et de l'oxygène
de ces corps : ainsi

$$\underset{\text{Alcool.}}{H^6C^4O^2} , \underset{\text{Acide sulfurique.}}{SO^3, HO} = \underset{\text{Acide sulfurique.}}{SO^3, 2HO} , \underset{\text{Éther sulfurique.}}{H^5C^4O}$$

$$\underset{\text{Alcool.}}{H^6C^4O^2} , \underset{\text{Acide sulfurique.}}{2SO^3, HO} = \underset{\text{Acide sulfovinique.}}{H^5C^4O, 2SO^3, HO} , \underset{\text{Eau.}}{2HO}$$

On voit, par cette dernière formule, que l'acide sulfurique peut former avec certains corps des acides *doubles*, auxquels M. Gerhardt donne
le nom d'acides *copulés*, désignant sous le nom de *copule* la substance
organique qui s'unit à l'acide après avoir été décomposée ; il y a ceci de
remarquable que, dans ces composés *copulés*, les propriétés de l'acide
sulfurique sont assez masquées pour qu'il ne précipite pas les sels de
baryte. Les acides *copulés* déjà connus sont nombreux, soit qu'ils résultent de l'action de l'acide sulfurique sur des acides organiques ou
sur des corps neutres, soit qu'ils proviennent de l'action de tout autre
acide que l'acide sulfurique sur ces mêmes corps. M. Gerhardt a formulé
à l'égard des acides *copulés* une loi que voici : *La capacité de saturation
d'un sel copulé est toujours moindre d'une unité que la somme des capa-
cités appartenant aux deux corps qui se sont accouplés.*

Si l'acide sulfurique est *affaibli,* il peut, au lieu de *déshydrater* les
corps organiques, en *hydrater* quelques-uns : ainsi, quand on fait
bouillir de l'amidon, $H^{12}C^{12}O^{12}$, avec lui, on obtient du *glucose,*
$H^{14}C^{12}O^{14}$.

Quelquefois l'acide sulfurique *concentré* décompose les corps organiques en les *dédoublant* et sans se décomposer ; ainsi il transforme l'a-
cide oxalique en parties égales de gaz oxyde de carbone et d'acide carbonique, et les corps gras en acides gras et en glycérine.

Dans d'autres circonstances, il se décompose, en cédant un équivalent
d'oxygène au carbone et à l'hydrogène, avec lesquels il forme de l'acide
carbonique et de l'eau, et il se dégage du gaz acide sulfureux : exemple,
le ligneux chauffé avec l'acide, SO^3HO. On a également admis que l'hydrogène seul du corps organique peut être brûlé par l'oxygène de l'a-
cide sulfurique, et que dans le nouveau corps formé un équivalent d'a-
cide sulfureux ou d'acide hyposulfurique remplace un équivalent d'hydrogène enlevé.

Acide phosphorique. Mieux encore que l'acide sulfurique, l'acide
phosphorique *anhydre* détermine la formation d'une certaine quantité

d'eau, aux dépens de l'oxygène et de l'hydrogène de quelques corps organiques : ainsi le camphre des laurinées, $H^{16}C^{20}O^2$, est transformé en camphogène, $H^{14}C^{20}$, et en 2 équivalents d'eau. Il forme aussi des acides *copulés ;* en effet, M. Pelouze a obtenu de l'acide *phosphovinique* en traitant l'alcool par de l'acide phosphorique hydraté.

Acide chromique , CrO^3. C'est un oxydant très-énergique que plusieurs, corps organiques peuvent ramener à l'état de sesquioxyde, Cr^2O^3; les produits qu'il fournit varient suivant que son action est plus ou moins modérée : par exemple, s'il est cristallisé, il enflamme et décompose instantanément l'alcool; si l'action est plus lente, l'alcool est changé d'abord en aldéhyde, puis en acide acétique; il acidifie plusieurs carbures d'hydrogène: ainsi le benzoène, H^8C^{14}, donne 2 équivalents d'eau et de l'acide benzoïque, $H^5C^{14}O^3$, HO; il transforme en acides carbonique et formique le sucre, les gommes, et d'autres substances très-oxygénées.

Acide sulfhydrique. Il décolore un grand nombre de matières, probablement en les hydrogénant; l'indigo bleu est dans ce cas.

$$\underset{\text{Indigo bleu.}}{H^5C^{16}AzO^2} , \quad \underset{\text{A. sulfhydrique.}}{HS} = \underset{\text{Indigo blanc.}}{H^6C^{16}AzO^2} , \quad \underset{\text{Soufre.}}{S.}$$

Il borne quelquefois son action à se combiner avec le corps organique: ainsi le *benzonitrile,* $H^5C^{14}Az$, et l'acide sulfhydrique, 2 HS, donnent, d'après M. Cahours, de la *benzamide sulfurée,* $H^7C^{14}AzS^2$.

J'ai déjà dit que les carbures d'hydrogène rendus *azotés* par l'acide azotique étaient transformés en *alcalis organiques* à l'aide de l'acide sulfhydrique (Zinin). Ces alcalis peuvent être ou n'être pas sulfurés : quand le carbure contient de l'acide hypoazotique, l'alcali n'est pas sulfuré; il l'est, au contraire, quand il renferme l'azote à l'état d'ammoniaque, comme on peut le voir par les deux formules suivantes :

$$\underset{\text{Nitrobenzine.}}{H^5C^{12}AzO^4} , \quad \underset{\text{Acide sulfhydrique.}}{6\,HS} = \underset{\text{Aniline.}}{H^7C^{12}Az} , \quad \underset{\text{Eau.}}{4\,HO} , \quad \underset{\text{Soufre.}}{6\,S}$$

$$\underset{\text{Ammonialdéhyde.}}{3\,H^4C^4O^2,\ H^3Az} , \quad \underset{\text{A. sulfhydrique.}}{6\,HS} = \underset{\text{Tialdine.}}{H^{13}C^{12}AzS^4} , \quad \underset{\text{Eau.}}{6\,HO} , \quad \underset{\substack{\text{Sulfhydrate} \\ \text{d'ammoniaque.}}}{2\,SH,\ H^3Az}$$

Dans certaines circonstances, l'acide sulfhydrique enlève de l'oxygène aux corps organiques en formant de l'eau; le soufre de l'acide est déposé.

Les acides puissants hydratés , en réagissant sur les matières organiques *azotées,* les décomposent aussi, et l'on obtient, outre quelques-uns des produits que j'ai signalés, de l'ammoniaque.

Lorsqu'on fait chauffer à une température qui n'est pas très-élevée certains corps organiques *non azotés,* avec un mélange de parties égales de potasse hydratée et de chaux vive réduite en poudre, ces alcalis agissent comme corps oxydants; l'eau de la potasse est décomposée, l'hydrogène se dégage, et l'oxygène se porte sur la matière organique en donnant naissance à des acides qui se combinent avec la potasse : ainsi l'alcool et l'aldéhyde donnent de l'acétate de potasse; l'huile d'amandes amères, du benzoate de potasse, etc. Voici la formule de cette dernière réaction :

$$\underset{\text{Huile d'amandes amères.}}{H^6C^{14}O^2} , \underset{\text{Potasse.}}{KO, HO} = \underset{\text{Benzoate de potasse.}}{KO, H^5C^{14}O^3} , \underset{\text{Hydrogène.}}{2H}$$

Quelquefois les alcalis opèrent un *dédoublement* de certains corps organiques avec fixation d'eau : ainsi les éthers contenant un acide sont transformés par la potasse en alcool et en un sel dans la composition duquel entre l'acide de l'éther ; de même les corps gras, pour la plupart du moins, sont changés en glycérine et en acides gras.

$$\underset{\text{Éther acétique.}}{H^3C^4O^3, H^5C^4O} , \underset{\text{Potasse.}}{KO, HO} = \underset{\text{Acétate de potasse.}}{KO, H^3C^4O^3} , \underset{\text{Alcool.}}{H^6C^4O^2}$$

Les acides organiques, chauffés avec de la *chaux* ou de la *baryte,* sont décomposés de manière à fournir des produits volatils qui ne diffèrent desdits acides que parce qu'ils contiennent en moins des proportions d'oxygène et de carbone capables de former de l'acide carbonique: ainsi

$$\underset{\text{Acide benzoïque.}}{H^5C^{14}O^3, HO} , \underset{\text{Chaux.}}{2CaO} = \underset{\text{Carbon. de chaux.}}{2CaO, CO^2} , \underset{\text{Benzine.}}{H^6C^{12}}$$

$$\underset{\text{Valérianate de chaux.}}{2H^9C^{10}O^2, CaO} = \underset{\text{Carbon. de chaux.}}{2CaO, CO^2} , \underset{\text{Valérone.}}{H^{18}C^{18}O^2}$$

Les matières organiques *azotées* sont encore plus facilement attaquées par les alcalis que les autres; il se dégage de l'ammoniaque si la réaction a lieu à une température modérée, tandis qu'à une chaleur rouge on obtient un cyanure alcalin.

Je renverrai aux histoires particulières des corps pour d'autres modes d'action des alcalis.

Action des bioxydes de plomb et de manganèse. — Ces oxydes, mais surtout le premier, produisent l'oxydation d'un bon nombre de substances non azotées, en donnant naissance à du carbonate et à du formiate de plomb; la plupart des acides fortement oxygénés, ainsi que le glucose, sont dans ce cas. Si les substances sont *azotées*, elles sont plus facilement altérées par l'acide plombique (bioxyde). *Exemple :* l'allantoïne fournit de l'urée et de l'oxalate de plomb.

$$\underset{\text{Allantoïne.}}{H^6C^8Az^4O^6} , \underset{\text{Eau.}}{2HO} , \underset{\text{A. plombique.}}{2PbO^2} = \underset{\text{Urée.}}{2H^4C^2Az^2O^2} , \underset{\text{Oxalate de plomb.}}{2PbO, C^2O^3}$$

Action de certains chlorures. — *Perchlorure de phosphore*, $PhCl^5$. Sans action sur les substances organiques qui ne renferment pas d'oxygène, il enlève deux molécules de ce corps à celles qui en contiennent, et se trouve ramené à $PhCl^3O^2$, parce qu'il a perdu deux molécules de chlore; je choisirai, pour montrer cette réaction, deux exemples pris parmi les matières organiques volatiles susceptibles de l'éprouver, telles que certains acides volatils hydratés, les essences, les alcools, les aldéhydes, etc.; cette réaction est alors plus simple que dans le cas où le perchlorure agit sur des substances fixes.

$$\underset{\text{Huile d'amandes amères.}}{H^6C^{14}O^2} , \underset{\text{Perchlorure.}}{PhCl^5} = \underset{\text{Chloroxyde de phosphore.}}{PhCl^3O^2} , \underset{\text{Chlorobenzol.}}{H^6C^{14}Cl^2}$$

On voit, par ce premier exemple, que les deux molécules d'oxygène sont remplacées dans l'huile d'amandes amères par deux molécules de chlore.

$$\underset{\text{Alcool.}}{H^6C^4O^2} , \underset{\text{Perchlorure.}}{PhCl^5} = \underset{\text{Chloroxyde de phosp.}}{PhCl^3O^2} , \underset{\text{A. chlorhyd.}}{HCl} , \underset{\text{Éther chlorhyd.}}{H^5C^4Cl}$$

Dans ce cas, une molécule de chlore s'est substituée à une molécule d'hydrogène de l'alcool pour former de l'éther chlorhydrique, et il s'est produit de l'acide chlorhydrique.

Les composés organiques *sulfurés* donnent, avec le perchlorure de phosphore, des produits du même ordre que ceux qui sont fournis par les corps oxygénés (Cahours).

Chlorure de calcium. En général il agit en s'emparant de l'eau des matières organiques liquides, quelquefois cependant il contracte des combinaisons avec elles; l'alcool, l'esprit de bois, etc., sont dans ce cas.

Chlorure de zinc. Il agit également en déshydratant les substances organiques; mais dans certains cas, il ne borne pas là son action, puisqu'il décompose ces substances : ainsi le camphre, $H^{16} C^{20} O^2$, fournit du camphogène, $H^{14} C^{20}$, et l'huile de pomme de terre, $H^{12} C^{10} O^2$, de l'amylène, $H^{10}C^{10}$.

Action des ferments. — Il existe un certain nombre de corps azotés qui n'affectent pas de formes cristallines déterminées, qui se décomposent facilement par l'action combinée de l'air et de l'eau, et qui jouissent de la singulière propriété, *en agissant uniquement par leur présence,* de décomposer un grand nombre de substances organiques : c'est à ces corps que l'on a donné le nom de *ferments. Exemples :* la *levure de bière* transforme le sucre en alcool et en acide carbonique; la *synaptase* change l'amygdaline en glucose, en acides formique et cyanhydrique, et en huile d'amandes amères. J'examinerai plus loin tout ce qui se rapporte à la fermentation, et par conséquent aux ferments; il me suffira de dire ici que non-seulement les ferments produisent des dédoublements de certains corps, mais qu'ils peuvent les hydrater, leur faire éprouver des transformations isomériques, provoquer leur décomposition *putride,* au contact de l'air, etc. ; ces altérations sont quelquefois accompagnées d'un dégagement de gaz acide carbonique ou d'hydrogène, ou de ces deux gaz à la fois : ainsi le sucre, dans certaines conditions autres que celles où il donne de l'alcool et de l'acide carbonique, fournit un acide isomérique avec le glucose; placé dans des circonstances différentes, il se change en *mannite* et en une substance mucilagineuse isomérique avec le sucre, et il se dégage de l'hydrogène; il peut enfin se transformer en acide butyrique, en acide carbonique, et en hydrogène.

Action des corps simples non métalliques. — Cette action est beaucoup trop compliquée et offre trop de particularités pour que je puisse la présenter d'une manière générale ; cependant le *chlore,* le *brome,* l'*iode,* l'*oxygène,* etc., offrent dans plusieurs de leurs réactions une série de phénomènes si distincts et toujours si faciles à prévoir, que M. Dumas a formulé ces réactions en une loi très-simple, qu'il a nommée *loi des substitutions,* et qu'il énonce ainsi :

Loi des substitutions (1). « Quand on traite une substance organique hydrogénée par le chlore, le brome, l'iode, l'oxygène, etc., ces corps

---

(1) Voyez *Comptes rendus des séances de l'Académie des sciences,* du 3 février 1840.

lui enlèvent généralement de l'hydrogène, et pour un équivalent d'hydrogène enlevé, il se fixe un équivalent de chlore, de brome, d'iode ou d'oxygène dans le composé... La loi des substitutions exprime que dans un corps organique on peut enlever 1, 2, 3 équivalents d'hydrogène, les remplacer par 1, 2, 3 équivalents de chlore, de brome, d'iode ou d'oxygène. Elle indique que ces substitutions donneront naissance à des corps nouveaux dont il est souvent possible de prévoir les propriétés. Elle annonce que ces réactions sont les plus faciles que le corps puisse subir, les plus fréquentes, les moins altérantes» (1).

Indépendamment de cette action de *substitution*, le chlore peut se combiner avec certaines substances organiques, sans leur enlever de l'hydrogène: ainsi le bicarbure d'hydrogène gazeux, H^4C^4, donne avec Cl^2 la liqueur des Hollandais, $H^4C^4Cl^2$; il peut déterminer l'oxydation de quelques-unes d'entre elles, en provoquant la décomposition de l'eau; enfin il peut enlever l'hydrogène, sans que le corps nouvellement formé soit chloruré: ainsi

$$\underset{\text{Alcool.}}{H^6C^4O^2} \,,\; \underset{\text{Chlore.}}{2\,Cl} \;=\; \underset{\text{A. chlorhydrique.}}{2\,HCl} \,,\; \underset{\text{Aldéhyde.}}{H^4C^4O^2}$$

Le *brome* agit d'une manière analogue à celle du chlore, mais avec moins d'énergie; toutefois ses réactions sont plus nettes et donnent plus souvent naissance à des corps cristallisés.

L'*iode* forme des combinaisons moins stables que les combinaisons chlorées et bromées correspondantes, lorsqu'il agit sur les corps organiques.

Action de l'eau, de l'alcool, de l'éther, des huiles grasses et volatiles, etc., considérés comme dissolvants. — L'*eau*, surtout quand elle est chaude, dissout un grand nombre de matières organiques, sans les altérer; quelquefois cependant elle décompose, à froid, des sels à acide organique, comme par exemple le stéarate neutre de potasse, qu'elle transforme en bistéarate insoluble et en potasse; quelquefois aussi, par une action prolongée, surtout lorsqu'elle est chaude, elle change la nature du corps: ainsi elle produit du glucose, $H^{14}C^{12}O^{14}$, avec du sucre

---

(1) Les substitutions du chlore à l'hydrogène ont été observées pour la première fois par Gay Lussac; il a reconnu que la cire traitée par le chlore abandonnait un équivalent d'hydrogène qui se dégageait à l'état d'acide chlorhydrique, et gardait un équivalent de chlore. Depuis M. Laurent a décrit des phénomènes de substitution, dans ses savantes recherches sur la naphtaline.

de canne, $H^{11} C^{12} O^{11}$. L'*alcool*, l'*éther*, l'*esprit de bois*, etc., dissolvent les corps gras, les résines, les alcalis organiques, etc. ; on peut dire que l'eau, étant un liquide assez fortement oxygéné, dissoudra tous les principes immédiats acides où l'oxygène domine, et n'agira que peu sur ceux qui sont alcalins, et dans lesquels prédomine un autre élément que l'oxygène ; elle sera sans action sur les corps hydrogénés et carbonés, tels que les huiles, les graisses, les résines, etc. ; il est d'autres corps sur lesquels les effets de l'eau ne peuvent pas être déterminés d'une manière assez tranchée pour qu'on puisse les généraliser. Les *acides* et les *alcalis* dissolvent plusieurs corps organiques, sans les altérer : tels sont les alcalis du quinquina, de la noix vomique, etc. ; aussi emploie-t-on des acides pour extraire ces alcalis ; mais il est un grand nombre de substances organiques qu'ils décomposent promptement ; le sucre de canne est très-rapidement changé en glucose par une liqueur acide, et le tannin est immédiatement altéré par de l'eau alcaline, au contact de l'oxygène ou de l'air.

Les matières organiques, et plus particulièrement celles que j'ai désignées sous le nom de matières *organisées*, subissent, sous l'influence de l'humidité ou de l'eau comme dissolvant, une décomposition spontanée que je décrirai plus tard sous le nom de *fermentation putride* ; ce phénomène est caractérisé par la production de corps très-variés, parmi lesquels on trouve le plus ordinairement de l'eau, du gaz acide carbonique, du carbure d'hydrogène gazeux, de l'acide acétique, une matière noire ou moisissure, etc. Tous ces phénomènes s'accomplissent plus rapidement lorsque les corps organisés ont le contact de l'air, et qu'ils sont exposés à une température limitée entre 20° et 30°.

———

ARTICLE III.

DES PRINCIPES IMMÉDIATS, DES CARACTÈRES DE L'ESPÈCE ORGANIQUE, ET DE L'ANALYSE ORGANIQUE IMMÉDIATE.

Principes immédiats (voy. p. 1re pour la définition). — Ces principes immédiats sont excessivement nombreux, et l'on peut dire que leur étude absorbe presque les trois quarts de la chimie organique. Beaucoup d'entre eux existent tout formés dans les végétaux et les animaux : tels sont les acides oxalique, tartrique, etc., le sucre, le ligneux, l'urée, l'albumine, la fibrine, etc. ; plusieurs d'entre eux sont exclusivement le produit de l'art : tels sont l'alcool, les éthers, et une foule d'autres que l'on obtient en faisant réagir des réactifs chimiques très-variés soit sur des principes immédiats, soit sur des produits immédiats *naturels*. Ceux de la première catégorie, c'est-à-dire ceux que l'on trouve tout formés dans les végétaux et les animaux, peuvent quelquefois être faits de toutes pièces dans nos laboratoires, en traitant certains corps par des agents chimiques : ainsi on prépare le *sucre* de fécule par exemple (glucose), en soumettant l'amidon à l'action de l'acide sulfurique ; on obtient de l'*urée* en faisant agir du cyanate de potasse sur du sulfate d'ammoniaque ; la fermentation de certains corps neutres, tels que le glucose, le sucre, les gommes, donne de l'acide *lactique* ; l'acide *oxalique* est le résultat du traitement du sucre, de l'amidon, etc., par l'acide azotique ; on fait de l'acide *formique* en chauffant de l'acide sulfurique et du bioxyde de manganèse avec du sucre, de la fécule ou de la gomme ; on obtient l'acide *butyrique* en faisant fermenter le glucose.

Des caractères de l'espèce organique.—On donne exclusivement le nom d'*espèce* organique aux principes immédiats et aux composés *définis* de ces principes entre eux ; les produits que j'ai considérés comme des mélanges de ces mêmes principes, tels que les sucs sucrés, huileux, la bile, l'urine, etc., ne constituent pas des espèces : en effet on peut toujours séparer, par des opérations mécaniques ou par des procédés chimiques, les principes immédiats qui les forment, sans altérer la nature de ces principes. Pour caractériser une *espèce*, on a recours à des moyens variés que je vais examiner succinctement. 1° La *cristallisation*. On admet généralement qu'une substance est une espèce lorsqu'elle cristallise d'une manière régulière, et avec une forme constante ; quand cela n'a pas lieu et que la substance est acide ou basique, on la transforme en *sel*, et l'on voit si celui-ci est susceptible ou non d'affecter une forme cristalline régulière. 2° La *volatilisation* et la *constance du point d'ébullition*. Toute substance qui, soumise à l'action de la chaleur, bout à une même température, quelle que soit la durée de l'opération, est une espèce : tels sont l'alcool, qui entre en ébullition à 78°,4, et l'éther sulfurique, qui bout à 35°,6. On aurait tort de conclure cependant qu'une substance n'est pas une espèce, parce que la température s'élève à mesure qu'elle bout : en effet il est des corps, comme les acides succinique, œnanthique (véritables espèces), etc., que la chaleur déshydrate, et dont le point de l'ébullition augmente au fur et à mesure qu'ils perdent de l'eau. 3° Le *point de fusion* ou le *point de solidification,* si le corps est solide et fusible. On doit considérer comme une espèce tout corps qui fond à une température constante, quel que soit le mode de préparation employé pour l'obtenir : ainsi l'acide margarique (espèce) fond toujours à 60°, et l'acide stéarique (espèce) à 70°. La même valeur doit être accordée au point de solidification.

On conçoit que pour obtenir, à l'aide de ces méthodes, des résultats irréprochables, il faille agir sur des substances *pures ;* en effet, la plus petite quantité d'un corps étranger qui serait mêlé au principe immédiat sur lequel on opère influerait nécessairement sur la forme cristalline et sur les points d'ébullition, de fusion et de solidification. Pour s'assurer de la pureté de ces principes, on emploie divers procédés. *A.* On cherche, en les analysant, s'ils contiennent toujours les mêmes proportions de carbone, d'hydrogène, d'oxygène et d'azote, alors qu'ils ont été obtenus par des méthodes différentes; si cela est, ils sont purs. *B.* On les combine, quand cela peut se faire, avec certains corps, puis on les sépare des composés que l'on a produit; si leurs propriétés et leur composition élémentaire sont les mêmes avant et après la combinaison, c'est qu'ils sont purs. *C.* On a recours à la méthode des *dissolvants.* Si les principes immédiats solubles dans l'eau, dans l'alcool, dans l'éther, etc. , sont traités par ces liquides, et s'il est avéré que 20 parties d'un de ces liquides dissolvent autant de principe immédiat que 20 autres parties, et ainsi de suite, et que, les dissolutions formées, chacune d'elles, de ces 20 parties, soit *identique,* il est évident que si le principe finit par être complétement dissous, il était pur. En effet, admettons qu'il contienne une ou plusieurs matières étrangères, ne voit-on pas qu'il arriverait nécessairement ou qu'il ne serait pas complétement dissous dans l'un ou l'autre de ces dissolvants employés tour à tour, ou bien que les dissolutions aqueuses, alcooliques et éthérées, ne seraient pas identiques dans les diverses fractions de 20 parties chacune?

Analyse organique immédiate. — On désigne sous ce nom l'ensemble des opérations mécaniques ou chimiques ayant pour but de séparer les principes immédiats qui entrent dans la composition des *produits* végétaux ou animaux; en parlant bientôt de l'analyse organique *médiate* ou *élémentaire,* on verra que celle-ci a pour objet de faire connaître la nature et les proportions des *corps élémentaires* qui constituent les divers principes immédiats, ce qui est tout autre chose.

Les *opérations mécaniques* auxquelles on a principalement recours dans quelques circonstances sont le triage mécanique à la loupe et au microscope et la lévigation; on conçoit, en effet, pour ce dernier mode, qu'en suspendant dans l'eau des mélanges de matières de différente densité, les plus lourdes se déposent les premières, puis celles qui sont moins pesantes; ce mode de séparation n'offre rien de rigoureux, et on doit lui préférer le suivant.

Les *opérations chimiques* consistent à traiter les mélanges soit par des *agents* qui dissolvent un ou plusieurs des principes immédiats sans les altérer, tandis qu'ils ne dissolvent pas les autres, soit par des acides, des alcalis, des sels métalliques, etc., qui agissent chimiquement, sans altérer non plus lesdits principes. — *Dissolvants neutres.* L'eau, l'alcool, l'esprit de bois, l'éther, certaines huiles, etc., tantôt à chaud, tantôt à froid, sont souvent employés pour opérer la séparation dont je parle; on agit à plusieurs reprises avec un de ces dissolvants, afin d'enlever toute la partie soluble, que l'on obtient ensuite à l'état solide par une évaporation lente des dissolutions; ordinairement la matière solide n'est pas pure à la suite d'une première évaporation; presque toujours il devient nécessaire de la faire dissoudre de nouveau dans le dissolvant primitivement employé, et de soumettre la dissolution à une seconde évaporation. Il importe de savoir que, *dans certaines circonstances*, les liquides neutres, surtout à la température de l'ébullition, altèrent les substances sur lesquelles ils agissent; il faut de toute nécessité s'assurer qu'il en est ainsi, car alors ils ne peuvent plus être considérés comme de simples dissolvants. Souvent, après avoir épuisé l'action d'un de ces dissolvants neutres, l'eau, par exemple, on soumet la matière épuisée par ce liquide à l'action de l'alcool, puis de l'éther, etc., afin de faire dissoudre dans ces agents des principes que l'eau n'avait point dissous.

Agents chimiques autres que les dissolvants neutres, tels que les acides, les alcalis, les sels métalliques, le tannin, etc. On se sert des *acides*, notamment lorsqu'il s'agit d'enlever à des sels insolubles les alcalis *organiques* qui entrent dans leur composition, tandis qu'on a recours aux *alcalis* quand le sel insoluble est formé d'un acide *organique* et d'une base. Parmi les sels métalliques, l'*acétate neutre de plomb* est sans contredit celui que l'on emploie le plus souvent pour obtenir des acides organiques: en effet, quand ces acides forment avec le protoxyde de plomb des sels insolubles, comme par exemple les acides malique, oxalique, etc., on n'a qu'à décomposer le malate ou l'oxalate de plomb soit par l'acide sulfurique, soit par l'acide sulfhydrique, pour séparer les acides malique ou oxalique. Le *sous-acétate de plomb* est mis en usage pour précipiter des acides organiques que l'acétate neutre ne précipiterait point, et pour séparer les unes des autres les matières neutres; en effet, parmi ces matières, il en est qui sont précipitées par ce sous-sel, tandis que d'autres ne le sont pas. On emploie le *tannin* pour précipiter quelques alcalis organiques et d'autres corps azotés qui s'opposeraient à la cristallisation de certains principes immédiats.

Action de la chaleur, distillation. On peut isoler certaines espèces organiques par une distillation ménagée ; si la température était trop élevée, ces espèces, ainsi que les substances qui les accompagnent, pourraient bien être altérées, et le but serait manqué ; il faut, au contraire, opérer à une température inférieure à celle de l'ébullition de ces espèces ; souvent on chauffe le *produit* immédiat au milieu d'un courant de vapeur d'eau, qui entraîne l'espèce organique et se condense avec elle.

ARTICLE IV.

DE L'ANALYSE ÉLÉMENTAIRE DES PRINCIPES IMMÉDIATS.

Cette analyse doit comprendre : **1°** les principes immédiats composés d'*oxygène,* d'*hydrogène* et de *carbone ;* **2°** ceux qui contiennent en outre de l'*azote ;* 3° les sels formés d'un principe immédiat acide ou basique ; 4° les principes immédiats qui renferment du *soufre* ou du *phosphore ;* 5° enfin ceux *qui sont le produit de l'art,* et dans lesquels entre une certaine quantité de *chlore,* de *brome,* d'*iode* ou d'*arsenic.*

Lorsqu'on veut analyser une substance quelconque, le premier soin est de se la procurer à l'état de pureté ; en second lieu, il ne faut pas qu'elle retienne de l'eau d'interposition ; car toutes les substances organiques attirant avec beaucoup d'avidité l'eau de l'atmosphère, leur poids augmente en raison de la quantité qu'elles en prennent. Il faut donc, avant de procéder à l'analyse, dessécher la matière soit par l'action du vide, soit par celle de la chaleur du bain-marie, du bain d'huile, d'un bain métallique, etc. ; on peut encore se servir de la chaleur de l'étuve, dont on élève avec soin la température.

Pour les principes immédiats formés d'*oxygène,* d'*hydrogène* et de *carbone,* on transforme un poids connu du principe en *eau* et en acide *carbonique,* et l'on évalue par le calcul les poids de chacun de ces trois éléments. Quand le principe renferme, outre ces trois corps simples, de l'*azote,* celui-ci est toujours isolé, sans combinaison, et on en apprécie facilement la proportion.

§ Ier. Analyse des principes immédiats non azotés.

Je ne décrirai pas les divers procédés qui ont été tour à tour employés pour déterminer la composition élémentaire des principes immédiats non azotés ; je me bornerai à faire connaître celui qui donne les résultats les plus avantageux, et auquel on a par conséquent le plus souvent recours. Ce procédé consiste à brûler le principe immédiat à une température élevée, à l'aide du *bioxyde de cuivre*, qui cède son oxygène à l'hydrogène et au carbone de ce principe, et convertit ces corps en *eau* et en acide *carbonique* : les poids de ces deux corps font connaître ceux de l'hydrogène et du carbone ; quant à celui de l'oxygène, il est représenté par la différence qui existe entre les poids de l'hydrogène et du carbone contenus dans le principe immédiat, et le poids de ce même principe.

Procédé. On commence par préparer le *bioxyde de cuivre ;* pour cela, on dissout du cuivre dans de l'acide azotique, on évapore la dissolution jusqu'à siccité, et l'on calcine pendant une heure, au rouge sombre, dans un creuset, le sous-azotate de cuivre obtenu ; il reste du bioxyde de cuivre d'un noir velouté, en poudre fine; on le conserve dans un flacon bouché à l'émeri, parce qu'il attire rapidement l'humidité de l'air. Pour le priver de l'eau qu'il aurait pu absorber, et pour détruire les corpuscules organiques avec lesquels il pourrait être mélangé, peu de temps avant de s'en servir, on le calcine dans un creuset à une température rouge, en évitant toutefois de prolonger cette opération au delà de quelques minutes; autrement il éprouverait une sorte de fritte, il serait difficile à pulvériser, et ne céderait pas aisément son oxygène à l'hydrogène et au carbone du principe immédiat ; quoi qu'il en soit, au sortir du feu, on place le creuset sous une cloche renfermant quelques morceaux de chaux vive, et on le laisse refroidir ; on emploie souvent ce bioxyde avant qu'il soit complétement refroidi, toujours dans le but d'éviter qu'il absorbe l'humidité de l'air.

Cela fait, on choisit un tube de verre A (*tube à combustion*), peu fusible, de 50 à 60 centimètres de long sur 1 centimètre de diamètre environ ; on effile une des extrémités à la lampe et on la ferme ; à l'autre ouverture, on adapte un bouchon en liége fin, coupé avec un couteau très-tranchant, desséché à l'étuve à la température de 100°, et suffisamment élastique pour fermer très-hermétiquement, sans courir le risque de faire éclater le tube ; celui-ci doit être très-propre ; après l'avoir essuyé avec du papier joseph attaché autour d'une tige, on le chauffe dans toute sa longueur, et l'on y introduit un tube ouvert aux deux bouts, fixé à la base d'un soufflet; le courant d'air qui, par ce moyen, traverse le tube, parvient à le dessécher : aussitôt après on y introduit une petite quantité de bioxyde de cuivre chaud ; on secoue, afin de promener l'oxyde dans toutes les parties du tube, et d'enlever ainsi les corpuscules organiques qu'il aurait pu retenir ; on rejette ensuite l'oxyde et l'on bouche. On fait communiquer ce tube à combustion, à l'aide d'un bouchon, avec un tube en U (voy. pl. 1re, fig. 1re) C, dans la première branche duquel on place de la pierre ponce a, calcinée et imprégnée d'acide sulfurique très-concentré, que l'on sépare à la partie inférieure par un peu de verre pilé c, d'une colonne de chlorure de calcium fondu, dont la seconde branche d est remplie ; ce tube ainsi préparé est destiné, en raison de la nature des matières qu'il contient, à condenser et arrêter toute l'eau qui peut provenir de la combustion de la matière à analyser. A ce premier tube, par une ligature en caoutchouc, en est joint un autre D, formé de cinq boules communiquant entre elles, et qui porte le nom d'appareil de Liebig.

On introduit dans ce petit appareil une dissolution de potasse caustique marquant 45 degrés à l'aréomètre, ou d'une densité de 1,27 à 1,30, jusqu'à ce que les boules supérieures en contiennent un tiers de leur capacité ; à l'aide de cette disposition, l'acide carbonique qui s'échappe du tube desséchant C vient barboter dans la dissolution de potasse caustique en parcourant l'une après l'autre toutes les sinuosités que présentent les cinq boules, et se trouve ainsi absorbé par la potasse ; cependant, comme dans la première phase de l'opération le tube est rempli d'air qui se dégage en même temps que l'acide carbonique, il pourrait arriver qu'une petite portion de ce gaz échappât à l'action de la potasse ; il y a plus, l'air, après avoir traversé la dissolution, sort tout humide, parce qu'il a entraîné une certaine quantité d'eau : c'est pour obvier à ces inconvénients et aux erreurs qui en seraient la suite, que M. Dumas a conseillé d'adapter encore, à l'aide d'un tube de caoutchouc, un autre tube en U (E), dont la première branche f contient de la pierre ponce imprégnée d'une dissolution concentrée de potasse caustique, et dont la seconde g est remplie de potasse caustique en fragments ; de cette manière, l'acide carbonique et l'eau entraînés sont condensés dans ce tube, et toute perte devient presque impossible.

Ces tubes condenseurs étant ainsi préparés, on les pèse très-exactement, dépouillés, bien entendu, des tubes de caoutchouc et du bouchon ; puis l'on introduit le mélange de la matière à analyser et du bioxyde de cuivre ; ce mélange doit être fait dans un mortier de porce-

laine et avec le moins d'efforts possibles pour éviter les projections ; le
mortier doit préalablement être nettoyé, de même que le tube, avec un
peu de bioxyde de cuivre chaud ; puis, avant d'y verser la matière, on a
soin de mettre un lit de cet oxyde, sur lequel on la fait tomber, et dont on
la recouvre de même ; alors on broie le tout avec précaution et avec rapidité. On introduit ce mélange dans le tube à combustion, au fond duquel on a mis deux ou trois centimètres de bioxyde de cuivre ; on net-
toie le mortier et tout ce qui a touché à la substance dosée pour l'analyse,
avec du bioxyde de cuivre fin que l'on introduit dans le tube jusqu'à ce
qu'il soit rempli à une distance de 3 centimètres de son ouverture ; on
entoure ensuite le tube avec une feuille de cuivre gratté, afin de le main-
tenir sans qu'il se déforme, lorsque la chaleur est assez intense pour le
ramollir. Ainsi préparé, il est placé horizontalement sur une grille en
tôle *F,* munie de supports, sur lesquels on place le tube ; des écrans *h h,*
permettent d'en chauffer graduellement les diverses parties.

Ayant ainsi disposé le tube à combustion dans la grille, on joint à son
ouverture, au moyen d'un bouchon préparé à l'avance, le tube dans lequel l'eau doit être condensée, et on adapte à celui-ci les deux autres qui
doivent absorber l'acide carbonique : ces diverses pièces sont réunies
par des tubes de caoutchouc (fig. 2).

On commence par chauffer la partie antérieure du tube, que l'on
élève de suite jusqu'au rouge, en ayant soin de garantir assez le bouchon pour qu'il ne subisse aucune altération, et successivement on
avance jusqu'à l'autre extrémité, en ne mettant le feu que peu à peu ; du
reste le dégagement des gaz, que l'on aperçoit par le bouillonnement
produit dans la dissolution de potasse, ne devant se faire que bulle à
bulle, sert à régulariser la marche de la combustion ; lorsque ce dégagement cesse, l'opération est terminée.

M. Dumas a conseillé de placer au fond du tube à combustion, qui
alors doit être fermé, au lieu d'être effilé à l'extrémité postérieure, une
colonne de 4 centimètres de haut environ, d'un mélange de 1 partie de
chlorate de potasse fondu et de 8 parties de bioxyde de cuivre fin, pour
éviter des combustions imparfaites de certains corps difficiles à brûler.
A la fin de l'analyse, on porte ce mélange au rouge, en entourant de feu
la partie postérieure du tube, et l'oxygène en se dégageant brûle tout ce
qui pourrait rester du corps organique, et chasse dans les appareils con-
densateurs tous les gaz qui remplissaient le tube à combustion ; de cette
manière, on n'a plus besoin de faire passer de l'air dans tout le système
en aspirant avec la bouche, ce qui n'est pas sans inconvénient.

La différence de poids entre la première pesée, faite avant l'expérience, et la seconde, trouvée après la combustion, indique, pour le premier tube, la quantité d'eau, et pour les deux autres, celle du carbone que contient la matière analysée. Ces quantités une fois connues, il devient facile de calculer la proportion de carbone et d'hydrogène qui compose cette substance, puisque l'on sait combien l'eau et l'acide carbonique contiennent d'hydrogène et de carbone pour un poids déterminé. Un seul exemple suffira pour donner une idée du calcul à faire.

En effet, supposons que 0,400 parties de sucre fournissent par l'analyse : eau, 0,234 ; acide carbonique, 0,611. On dira : puisque 100 parties d'eau contiennent 11,11 d'hydrogène, la proportion suivante donnera de suite la quantité d'hydrogène de toute cette eau trouvée :

$$100 : 11,11 :: 0,234 : x.$$

On trouve alors que la valeur de x est

$$\frac{11,11 \times 0,234}{100} = x.$$

De même 100 parties d'acide carbonique contenant 27,27 de carbone, celui qui sera contenu dans 0,611 sera trouvé par une semblable proportion :

$$100 : 27,27 :: 0,611 : x.$$

La valeur de x est donc :

$$\frac{27,27 \times 0,611}{100} = x.$$

Mais, comme on ne détermine par ce moyen que les quantités de carbone et d'hydrogène contenues dans 0,234 d'eau et 0,611 d'acide carbonique provenant eux-mêmes de 0,400 de sucre, si l'on veut savoir combien 100 parties en contiennent, on fait de nouveau le calcul que voici.

0,400 est à la quantité d'eau trouvée x :: comme 100 parties de la même matière (sucre) sont à x'.

$$x' = \frac{x \times 100}{0,400}$$

De cette manière, on trouve que 100 parties de sucre renferment :

Carbone. 42,26
Hydrogène. 6,50

Et comme le sucre n'est formé que de carbone, d'oxygène et d'hydrogène, le complément de ces quantités trouvées pour arriver au nombre 100 de sucre employé ou analysé indique la proportion d'oxygène. . . . . Oxygène = 51,24
                                                                    —————
                                                                    100,00

§ II. Analyse des principes immédiats azotés (1).

Si la substance que l'on soumet à l'analyse contient de l'*azote* associé au carbone, à l'hydrogène et à l'oxygène, comme cela a lieu dans la plupart des matières d'origine animale, la détermination des éléments exige deux opérations distinctes : la première pour doser tous les éléments, excepté l'azote, et la seconde, pour ce dernier corps, que l'on mesure à l'état de liberté.

Pour cela, on se sert d'un tube analogue à ceux que l'on emploie pour analyser les matières non azotées ; seulement on le ferme à la lampe, au lieu de l'effiler à l'extrémité postérieure (pl. 2, fig. 1re). Au fond de ce tube, on introduit, en *a*, quelques grammes de carbonate de plomb bien pur et sec, ou de bicarbonate de soude ; par-dessus, en *b*, on met 2 ou 3 centimètres de bioxyde de cuivre fin mêlé de tournure grillée ; on mélange alors 4 ou 5 décigrammes de la matière à analyser avec 10 ou 12 grammes environ de bioxyde de cuivre fin ; on place ce mélange dans la partie *c ;* par-dessus on met du bioxyde mêlé de planures grillées jusqu'en *d,* puis on achève de remplir le tube avec du cuivre métallique réduit du bioxyde par l'hydrogène, afin que si l'azote, pendant la destruction de la matière, venait à se combiner avec un peu d'oxygène, et produisait des composés gazeux et oxygénés, ceux-ci pussent être détruits par le cuivre, qui absorberait tout cet oxygène. On enveloppe de cuivre gratté toute la partie du tube qui doit être fortement chauffée, puis on

---

(1) M. Lassaigne a fait voir : 1° que le potassium chauffé au rouge obscur, dans un petit tube creux de verre, avec une matière organique *azotée,* se transforme facilement et en partie en cyanure, dont la présence peut alors être constatée par la réaction des sels de fer ; 2° que ce moyen, dans les conditions où il est employé, est assez sensible pour déceler l'azote dans une *parcelle* de matière organique (*Journ. de chim. méd.,* avril 1843).

lie l'orifice, au moyen d'un tuyau en caoutchouc, à la petite pompe h, qui porte elle-même un tube i, propre à recueillir le gaz, d'une longueur de 80 centimètres au moins, et plongeant dans une cuvette remplie de mercure.

On place alors le tube ainsi disposé sur une grille ou un fourneau, comme il a été indiqué pour les matières organiques non azotées; on interpose des écrans entre la partie chauffée du tube et la ligature en caoutchouc qui y joint la petite pompe.

Cette pompe est destinée à faire le vide dans tout l'appareil; car, comme l'azote est mesuré à l'état de gaz, s'il restait quelques traces d'air, l'azote qu'elles contiendraient pourrait fausser tous les résultats; elle est armée de plusieurs robinets destinés à interrompre ou à établir les communications des diverses parties de l'appareil avec le corps de la pompe; alors on fait le vide dans tout le système : le mercure s'élève dans le tube à recueillir les gaz, et s'arrête à la hauteur du baromètre; un petit curseur en fil sert à marquer son niveau, afin de s'assurer si l'appareil ne perd pas.

Mais, comme par ce moyen l'on ne peut arriver à produire un vide parfait, on chauffe d'abord la partie postérieure du tube qui contient le carbonate, afin d'en dégager un peu d'acide carbonique, qui vient balayer tout l'air qui pourrait rester : on en dégage ordinairement de 2 à 300 centimètres cubes environ.

Après cette opération, l'appareil pouvant être considéré comme parfaitement purgé d'air, on procède à la décomposition de la matière : on commence par placer sur la cuvette, et à l'orifice du tube à gaz, une cloche graduée contenant 30 ou 40 centimètres cubes d'une dissolution de potasse caustique à 45 degrés.

On porte au rouge la partie e du tube, puis la portion d, et quand il est bien incandescent, on commence à chauffer le mélange en c; les gaz dégagés arrivent dans la potasse; l'acide carbonique est absorbé, et l'azote se rassemble au sommet. On termine la décomposition en ayant soin que le dégagement de gaz soit lent et régulier; lorsqu'elle est achevée, et que toutes les parties du tube sont incandescentes, on procède à la décomposition d'une nouvelle quantité de carbonate, pour que l'acide carbonique dégagé puisse balayer tout l'appareil, et chasser ainsi dans la cloche tout l'azote qui pourrait rester.

Après cela, et durant l'opération, on agite la cloche, afin de faciliter l'absorption des dernières traces d'acide carbonique, et quand le volume de gaz paraît constant, on transporte l'éprouvette dans une cuve pleine d'eau, de manière à remplacer le mercure et la potasse qui s'y trouvent par de l'eau ; on mesure alors le gaz, en tenant compte de la tension de la vapeur aqueuse, de la température et de la pression barométrique, et on en calcule facilement le poids à l'aide de toutes ces données.

C'est ainsi que 0,5000 de taurine ont donné, à une première analyse :

Eau. . . . . 0,255 contenant 5,6 d'hydrogène,
Acide carbonique 0,348 contenant 19,2 de carbone ;

et à une détermination spéciale ayant pour objet de recueillir l'azote, la même quantité de taurine a fourni :

Azote = 30,9 centimètres cubes qui, à la température de 0° et sous la pression de 0,76 centimètres, représentent 11,1 d'azote en poids.

Donc la taurine est formée, pour 100 parties, de :

Carbone   = 19,2
Hydrogène = 5,6
Azote   = 11,1
Oxygène   = 64,1 déterminé par différence, comme il a déjà été dit.
            ————
            100,0

§ III. Analyse des sels formés d'un principe immédiat, acide ou basique.

Il arrive quelquefois que les espèces organiques *acides* ou *basiques* ne sont pas obtenues à l'état de pureté, et alors il est impossible d'en faire une analyse rigoureuse ; souvent, dans ces cas, on parvient à former avec les acides organiques et une base minérale, ou bien avec les bases organiques et un acide minéral, des sels purs, dont l'analyse fait connaître beaucoup plus exactement la composition de l'espèce organique. Supposons, pour ne citer qu'un exemple, qu'un acide *organique* ait été combiné avec un oxyde métallique, et qu'on le soumette à l'action du bioxyde de cuivre (voy. p. 19) : l'acide sera décomposé, et donnera un carbonate métallique ; si celui-ci est de ceux qui sont facilement décomposés par le feu, il laissera dégager tout son acide carbonique, et rien ne devra être changé au procédé, puisque ce gaz se rendra dans la potasse contenue dans l'appareil à boules de Liebig ; mais si le sel à analyser est formé d'un acide organique et de potasse, de soude, de lithine, de baryte ou de strontiane, bases alcalines indécomposables ou difficilement décomposables par le feu, il est évident que les carbonates de ces bases resteront, *du moins en partie,* dans le tube à combustion, et l'on n'obtiendra dans la potasse de l'appareil à boules qu'une quantité d'acide carbonique qui sera loin de représenter celle qui se sera formée pendant la décomposition de l'acide organique. Je dis que les carbonates resteront, du moins *en partie,* dans le tube à combustion : en effet on ne peut pas ne pas admettre qu'une portion de ces carbonates n'ait été décomposée par le bioxyde de cuivre, par les acides minéraux, par le chlore, et par d'autres éléments qui peuvent exister en combinaison avec ce bioxyde ou avec le cuivre réduit. Quoi qu'il en soit, dès que le bioxyde de cuivre peut être insuffisant pour expulser tout l'acide carbonique, il importe de lui substituer du *chromate de plomb* en poudre, préalablement fondu et uni à une petite quantité de *bichromate de potasse;* le chromate de plomb est moins hygrométrique que le bioxyde de cuivre, il fond à une température assez basse, et, en se décomposant, il brûle complétement jusqu'aux dernières parcelles de charbon de la matière organique.

§ IV. Analyse des principes immédiats qui renferment du soufre ou du phosphore.

Si la substance organique, *azotée* ou *non,* contient en outre du *soufre,* sa décomposition dans le tube à combustion, à l'aide de l'oxygène du bioxyde de cuivre, doit donner lieu à la formation d'une certaine quantité d'acide sulfureux, lequel, en se combinant avec la potasse contenue dans l'appareil à boules, rend inexacte l'appréciation de la proportion d'acide carbonique. On évite cet élément de perturbation en plaçant à la partie antérieure du tube à combustion, dans une longueur de $0^m,2$, de la litharge (protoxyde de plomb), qui absorbe et retient complétement l'acide sulfureux, pourvu que l'on opère à une chaleur rouge et que le courant de gaz ne soit pas trop rapide.

Il est vrai que ce procédé, excellent pour empêcher le soufre d'altérer les résultats, en ce qui concerne la détermination des proportions de carbone, d'hydrogène, d'azote et d'oxygène contenus dans le principe immédiat, ne fait aucunement connaître la quantité de soufre que renferme ce principe. On parvient à apprécier celle-ci en brûlant la matière organique par le bioxyde de cuivre, comme à l'ordinaire (voyez p. 19), et en n'adaptant au tube à combustion que la partie de l'appareil à boules qui renferme la potasse; l'oxygène du bioxyde transforme la majeure partie du soufre en acides sulfureux et sulfurique, qui se dégagent et vont se combiner avec la potasse; l'autre partie du soufre reste dans le tube à combustion, à l'état de *sulfure* et de *sulfate de cuivre*. Dès que ce tube est refroidi, on le casse, et l'on fait bouillir dans un ballon, avec une dissolution de potasse caustique faible, les débris de ce tube, ainsi que le sulfure et le sulfate de cuivre et l'excès de bioxyde avec lesquels ils sont mêlés ; par l'action de la potasse, il se forme du sulfure et du sulfate de potassium ; on filtre et l'on fait bouillir la liqueur, après l'avoir mélangée avec la potasse qui se trouvait dans l'appareil à boules, et dans laquelle s'étaient rendus les acides sulfureux et sulfurique ; on fait passer dans ce mélange bouillant un courant de chlore gazeux qui transforme le soufre du sulfure de potassium et l'acide sulfureux en acide sulfurique ; on sature la dissolution par de l'acide chlorhydrique, et on la précipite par le chlorure de baryum ; la quantité de sulfate de baryte obtenu fera connaître celle de *soufre* que contenait le principe immédiat.

Pour déterminer la proportion de *phosphore* renfermée dans un principe immédiat organique, on procède différemment si ce principe est fixe ou volatil. Dans le premier cas, on le mêle avec 20 ou 25 fois son poids de carbonate de soude et d'azotate de potasse , et l'on projette le mélange par petites portions dans un creuset de platine chauffé jusqu'au rouge ; il se produit du phosphate de soude, que l'on dissout dans l'eau ; on sature la dissolution par l'acide chlorhydrique, et l'on y verse un *solutum* de chlorure de fer préparé avec 1 gramme de fer pur et de l'eau régale ; on traite ces deux dissolutions mélangées par un excès d'ammoniaque, qui précipite tout l'acide phosphorique à l'état de phosphate de sesquioxyde de fer ; il suffit de retrancher du poids de ce précipité le poids du sesquioxyde de fer qu'a dû produire un gramme de fer pur, pour avoir le poids de l'acide phosphorique ; celui-ci indique la proportion du phosphore, puisqu'on sait qu'il est composé de 44,44 de phosphore et de 55,56 d'oxygène. Si le principe immédiat est volatil, on le décompose par le carbonate de soude, dans un tube à combustion ; on dissout le phosphate de soude dans l'eau , et on termine l'opération comme il vient d'être dit.

§ V. Analyse des principes immédiats artificiels, contenant du chlore, du brome ou de l'iode.

Il en est de ces trois corps comme du soufre ; en analysant les principes immédiats qui les renferment par le bioxyde de cuivre, il se forme un chlorure, un bromure ou un iodure de cuivre, qui se volatilisent et viennent se condenser dans le chlorure de calcium, dont ils augmentent le poids; d'où il suit que cette augmentation n'est plus exclusivement due à l'eau qui s'est produite par la combinaison de l'hydrogène du principe immédiat avec l'oxygène du bioxyde de cuivre; les résultats de l'analyse seront donc erronés. Ici, comme pour le soufre, il faut avoir recours à la colonne de litharge (voy. p. 26), qui décompose les vapeurs de chlorure, de bromure et d'iodure de cuivre, et qui les retient.

Si l'on veut déterminer les *proportions* de *chlore,* de *brome* ou d'*iode,* que renferme un principe immédiat *solide* et *fixe,* on le mélange avec une certaine quantité de chaux vive *pure* et anhydre, préparée en lavant avec de l'eau l'hydrate ordinaire pour lui enlever les chlorures, et en le calcinant pour le déshydrater. On introduit ce mélange dans un tube à combustion, que l'on achève de remplir avec de la même chaux; on procède, comme s'il s'agissait d'une analyse, par le bioxyde de cuivre, et à la fin de l'opération on trouve dans le tube à combustion du chlorure, du bromure ou de l'iodure de calcium; on brise ce tube, et l'on traite les fragments mélangés de ces trois corps et de l'excès de chaux par de l'acide azotique faible, qui dissout tout, excepté le verre. On filtre la dissolution et on la précipite par de l'azotate d'argent, qui donne un chlorure, un bromure ou un iodure d'argent, dont on détermine le poids après les avoir bien lavés et séchés.

Si le principe immédiat est *liquide* et *volatil,* on le pèse dans des ampoules dont on brise la pointe, et que l'on introduit ensuite au fond du tube à combustion; on achève de remplir ce tube avec de la chaux pure et anhydre, et l'on procède comme il vient d'être dit.

Pour ce qui concerne l'*iode,* comme une portion de ce corps se transforme souvent en acide iodique, on doit faire passer un courant de gaz sulfureux à travers la liqueur tiède, à laquelle on a déjà ajouté de l'azotate d'argent.

§ VI. Détermination de la formule chimique d'un principe immédiat organique.

Lorsqu'on a appris, par l'expérience, qu'un principe immédiat organique composé d'hydrogène, de carbone et d'oxygène, l'acide acétique *monohydraté* ou *concentré,* par exemple, renferme un équivalent de chacun de ces éléments, donnera-t-on à ce principe la formule HCO, ou $H^2 C^2 O^2$, ou $H^3 C^3 O^3$? Il est évident que chacune de ces formules représente également les résultats de l'analyse; laquelle choisira-t-on? Tel est le problème qu'il s'agit de résoudre; pour y parvenir, il importe d'étudier séparément, 1° les substances organiques *acides*, 2° celles qui sont basiques, 3° celles qui sont indifférentes.

Principes *immédiats* acides.

On combine généralement les acides organiques avec le protoxyde d'argent lorsqu'on veut déterminer leurs formules, tant parce que cette base forme immédiatement avec eux des sels anhydres faciles à analyser, que parce qu'ils sont ordinairement insolubles et qu'ils peuvent être obtenus purs. Supposons que l'on cherche à connaître la formule de l'acide acétique : en décomposant l'acétate de protoxyde d'argent par le feu dans une capsule de platine, on obtiendra de l'*argent métallique* et des produits divers qui proviendront de la décomposition de la matière organique; en calculant, d'après la quantité d'argent, la proportion de protoxyde qui devait exister dans l'acétate, on trouvera que celui-ci contenait

$$\begin{array}{ll} \text{Protoxyde d'argent.} \ldots & 69,45 \\ \text{Acide acétique anhydre.} \,. & 30,55 \\ \hline & 100,00 \end{array}$$

Si l'on admet que l'acide acétique est monobasique, et que l'acétate de protoxyde d'argent anhydre soit composé d'un équivalent d'acide et d'un de protoxyde, on trouvera l'équivalent de l'acide acétique par la proportion suivante :

69,45 : 30,55 :: 1450 (équivalent de l'oxyde d'argent) : x.
$x = 637,7$ (équivalent de l'acide acétique).

Ce nombre de 637,7 ne peut résulter que de 3 équivalents d'hydrogène $= 37,5$, de 4 de carbone $= 300$ et de 3 d'oxygène $= 300$; l'acide acétique *anhydre* devra donc avoir pour formule $H^3 C^4 O^3$, et l'acide monohydraté ou concentré, $H^3 C^4 O^3, HO$, ou, ce qui revient au même, $H^4 C^4 O^4$: or telle est la composition élémentaire que l'on trouve à l'acide acétique monohydraté, lorsqu'on le brûle par l'oxyde de cuivre, puisqu'on en retire

$$\begin{array}{lll} \text{Hydrogène.} \ldots & 6,67 & \text{un équivalent ou 4 équivalents.} \\ \text{Carbone.} \ldots & 40,00 & \text{un équivalent ou 4 équivalents.} \\ \text{Oxygène.} \ldots & 53,33 & \text{un équivalent ou 4 équivalents.} \end{array}$$

Principes *immédiats* basiques.

Liebig a proposé de déterminer l'équivalent des alcalis organiques,
lesquels contiennent tous de l'azote, en appréciant la quantité de gaz
acide chlorhydrique qu'ils peuvent absorber sous l'influence d'une température de 100° pendant une heure, lorsqu'ils ont été bien desséchés;
le chlorhydrate de la base doit être sans action sur les réactifs colorés.
Supposons qu'il s'agisse de déterminer l'équivalent de la strychnine.
L'expérience démontre que cette base est composée de

$$\left.\begin{array}{ll}
\text{Hydrogène.} & 6,58 \\
\text{Carbone.} & 75,45 \\
\text{Azote.} & 8,38 \\
\text{Oxygène.} & 9,59
\end{array}\right\} 100$$

On sait, d'un autre côté, que le chlorhydrate de strychnine sec est formé de

$$\left.\begin{array}{ll}
\text{Hydrogène.} & 6,21 \\
\text{Carbone.} & 68,02 \\
\text{Azote.} & 7,56 \\
\text{Oxygène.} & 8,64 \\
\text{Chlore.} & 9,57
\end{array}\right\} 100$$

Or 9,57 de chlore, en se combinant avec l'hydrogène, donnent 9,841 d'a-
cide chlorhydrique; d'où il suit que 100 parties de chlorhydrate de
strychnine sont formées de 9,841 d'acide chlorhydrique et de 90,159 de
strychnine; en établissant la proportion suivante, on trouvera l'équivalent de la strychnine :

$$\underbrace{9,841}_{\text{A. chlorhydrique.}} : \underbrace{90,159}_{\text{Strychnine.}} :: \underbrace{455,7}_{\substack{\text{Équivalent de l'acide} \\ \text{chlorhydrique.}}} : x$$

$x = 4175$, c'est-à-dire à l'équivalent de la strychnine, puisqu'un équivalent d'acide chlorhydrique est combiné avec un équivalent de strychnine
dans le chlorhydrate.

Puisque l'équivalent de la strychnine est de 4175, on n'a, pour trouver le nombre d'équivalents d'hydrogène, de carbone, d'azote, et d'oxygène, contenus dans cette base, qu'à établir les proportions suivantes :

100 de strychnine : 6,58 d'hydrogène :: 4175 : X
$x = 274{,}7150$, soit. . . . . 275 d'hydrog, ou 22 éq.
100 de strychnine : 75,45 de carbone :: 4175 : X
$x = 3150{,}0375$, soit. . . . . 3150 de carbone, ou 42 éq.
100 de strychnine : 8,38 d'azote :: 4175 : X
$x = 349{,}8650$, soit. . . . . 350 d'azote, ou 2 éq.
100 de strychnine : 9,59 d'oxygène :: 4175 : X
$x = 400{,}3825$, soit. . . . . 400 d'oxygène, ou 4 éq.

La formule de la strychnine sera donc $H^{22} C^{42} Az^2 O^4$.

Principes *immédiats* indifférents.

Plusieurs matières organiques neutres peuvent s'unir à certaines bases en proportions définies; les combinaisons qui en résultent servent à fixer leurs équivalents: je citerai pour exemple le sucre uni au protoxyde de plomb (saccharate de protoxyde de plomb). On peut, dans d'autres cas, combiner certaines huiles essentielles avec l'acide chlorhydrique, afin de déterminer l'équivalent de ces huiles. Quand les principes immédiats neutres ne se combinent ni avec les acides ni avec les bases, on calcule leur équivalent soit en se fondant sur leur densité de vapeur, si les corps sont volatils, soit en ayant égard aux dédoublements qu'ils éprouvent quand on les soumet à l'action de différents réactifs.

DE LA POLARISATION CIRCULAIRE.

L'étude des phénomènes de la polarisation circulaire (voy. les ouvrages de physique) appliquée à un grand nombre de substances est devenue pour les chimistes, par suite des importants travaux de M. Biot, un nouveau moyen d'investigation, qui leur permet d'apprécier des différences de constitution moléculaire que l'analyse à la balance est impuissante à faire ressortir, et parfois même de doser ces substances dans des mélanges que l'on ne saurait analyser par d'autres procédés.

Cependant la propriété que possèdent ces mêmes substances de dévier plus ou moins vers la gauche ou vers la droite le plan de polarisation de la lumière n'est pas toujours propre exclusivement à chacune d'elles; en définitive cette propriété a une valeur plutôt relative qu'absolue.

Voici des exemples d'observations optiques que l'on doit principalement à M. Biot, et dont quelques-uns ont été indiqués par MM. Soubeiran, Capitaine et Clerget. Ces observations établissent :

1° Que la dextrine, $H^{10} C^{12} O^{10}$, dévie le plan de polarisation vers la droite, et que ce pouvoir, qui a motivé son nom, est le plus énergique de ceux de toutes les substances examinées jusqu'à présent sous le rapport de leur action optique;

2° Que le sucre cristallisable, $H^{11} C^{12} O^{11}$, que l'on trouve dans la canne, la betterave, l'érable, le maïs, et dans beaucoup d'autres végétaux, dévie également à droite le rayon polarisé, mais seulement dans le rapport, comparativement à la dextrine, de 84 à 200;

3° Que le sucre *liquide,* $H^{12} C^{12} O^{12}$, que contiennent les fruits acides, entre autres le raisin *frais,* exerce au contraire une déviation vers la gauche;

4° Que le sucre de canne soumis à l'influence des acides dilués ou des ferments se transforme en ce même sucre liquide, propriété qui lui est spéciale parmi les autres sucres;

5° Que les sucres divers que l'on comprend indifféremment sous la dénomination de *sucre de fécule,* de *glucose,* etc., et qui paraissent avoir tous cette même formule, $H^{14} C^{12} O^{14}$, dévient à droite comme le sucre de canne, mais avec des intensités diverses, et se distinguent surtout de celui-ci en ce que les acides ne changent pas leur pouvoir rotatoire. Ces sucres sont notamment celui que l'on obtient en faisant agir une dissolution faible d'acide sulfurique sur de l'amidon, le sucre de diabète à l'état liquide dans l'urine, ou concrétionné par évaporation, le sucre en grains cristallins de formes confuses du miel en pâte, celui que dépose avec le temps le sirop produit par l'action des acides sur le sucre de canne; enfin le sucre *granulé* que contiennent en grande quantité les raisins secs;

6° Que la gomme arabique ordinaire offre un pouvoir rotatoire vers la gauche, mais que la gomme arabique dite thurique a un pouvoir inverse;

7° Que la mannite ne produit rien;

8° Que le sucre de lait, $H^{24} C^{24} O^{24}$, dévie vers la droite;

9° Que la dextrine ou gomme de ligneux possède un pouvoir rotatoire très-énergique à droite, comme la dextrine d'amidon;

10° Que l'alcool ne produit rien;

11° Que l'essence de térébenthine dévie vers la gauche;

12° Que le camphène dévie à gauche de 43°;

13° Que le peucylène dévie à gauche de 25°,1;

14° Que le térébène et le térébiline ne font rien;

15° Que le camphre solide de térébenthine dévie vers la gauche de 34°;

16° Que le camphre liquide de la même essence ne donne que 19°,9;

17° Que les camphres de térébène et de térébiline n'ont aucune action;

18° Que l'essence de citron rectifiée dévie le rayon polarisé, vers la droite, de 80°,4;

19° Que cette essence offre un pouvoir rotatoire qui s'affaiblit de plus en plus à mesure que l'on examine les divers produits de la rectification;

20° Que les camphres liquides et solides du citron, le citrène et le citrilène, ne produisent aucune modification;

21° Que l'essence d'orange distillée dévie à droite de 125°,59;

22° Que son camphre et l'hespéridine ne produisent rien;

23° Que l'essence de bergamote dévie de 49°,39 à droite;

24° Que la même essence de bergamote, dans les derniers produits de sa distillation, dévie à gauche de 6°,57, tandis qu'au commencement elle déviait à droite;

25° Que le camphre de bergamote ne produit rien;

26° Que l'essence de bigarade dévie à droite de 120,42;

27° Que le pouvoir rotatoire des essences de *cédrat* et de limette est à droite, mais beaucoup plus faible que les précédents;

28° Que l'essence de copahu dévie de 34° à gauche;

29° Que les camphres solides et liquides du copahu ne produisent rien, et qu'il en est de même pour le copahène et le copahilène;

30° Que l'essence de cubèbe sous-hydraté dévie le rayon polarisé, vers la gauche, de 40°,15.

31° Que le camphre de cubèbe dévie de 57°,89 à gauche;

32° Que le cubébène dévie dans le même sens de 78°,21;

33° Que l'essence de genièvre dévie à gauche de 3°,52.

34° Que la rotation du camphre de cette essence est de 2°,86 à gauche;

35° Et qu'enfin la déviation du jupérulène est de 3°,86 toujours dans le même sens.

J'ai dit que, dans certains cas, l'examen du pouvoir rotatoire de diverses substances pouvait fournir le moyen non-seulement de reconnaître leur présence, mais encore de déterminer leur quantité dans des mélanges : c'est ce que les belles recherches de M. Biot ont prouvé, particulièrement en ce qui concerne les substances saccharines. Partant du résultat de ces recherches, M. Clerget s'est livré, à l'égard des sucres, à des études pratiques qui lui ont été facilitées par un instrument très-ingénieux de polarisation, inventé dans ces derniers temps par M. Soleil, et qui porte le nom de *saccharimètre*; l'importance du sujet m'engage, tout en renvoyant pour plus de détails au mémoire de M. Clerget (*Ann. de chim. et de phys.*, 3ᵉ série, t. XXVI), à donner un extrait de ce travail que je dois à l'obligeance de l'auteur.

Le saccharimètre de M. Soleil consiste en une espèce de lunette (pl. 4, fig. 1ʳᵉ) présentant en V une solution de continuité. Des prismes contenus dans la partie objective O polarisent par transmission la lumière vers laquelle on la dirige, et l'observateur, en regardant par l'oculaire O', aperçoit un disque lumineux et coloré (fig. 2), séparé en deux parties par une ligne médiane et verticale. Dans l'état normal de l'instrument, la totalité du disque est uniformément colorée; mais si l'on vient à interposer en V sur le trajet de la lumière un tube (fig. 3) fermé à ses deux extrémités par des obturateurs en verre et contenant un liquide sucré, l'uniformité de teinte est détruite; chacune des moitiés du disque prend une couleur particulière : on voit, par exemple, que la moitié *m* (fig. 4) est bleue, tandis que la moitié *m'* est rouge. Or il faut uniquement, pour mesurer la force et le sens de l'action de la substance agissante dans la dissolution, c'est-à-dire du sucre, tourner le bouton B (fig. 1ʳᵉ) jusqu'à ce que des cristaux de quartz que l'on fait glisser l'un sur l'autre rétablissent l'égalité primitive des couleurs, par les variations qu'éprouve, suivant leur forme (fig. 5), la somme de leur épaisseur sur le trajet du rayon. Une double échelle E (fig. 5 *bis*) tracée à gauche et à droite d'un zéro commun, sur les montures métalliques dans lesquelles les prismes de quartz sont fixés, indique alors le sens et la valeur du mouvement qui a été communiqué à ces prismes; par suite, si le pouvoir du sucre dévie le plan de polarisation vers la gauche ou vers la droite et aussi avec quelle intensité, ce qui détermine, sous certaines conditions, la nature du sucre et sa quantité.

S'agit-il, par exemple, de constater la richesse saccharine d'un sucre du commerce, c'est-à-dire la quantité de sucre pur qu'il contient, l'opération est très-simple : elle consiste à observer dans un tube d'une longueur connue une dissolution aqueuse de ce sucre, préparée dans des rapports déterminés du poids du sucre au volume de la dissolution. Les tubes du saccharimètre (fig. 3) ont 20 centimètres de longueur. En faisant usage de ces tubes, on doit faire dissoudre dans un matras (fig. 6) d'une capacité de 100 cc., indiquée par un trait de jauge, un poids de 16 gr. 471 de sucre. Si le sucre est pur, il marquera 100 degrés au saccharimètre sur la partie gauche de l'échelle, et c'est ce qui aura lieu pour tous les sucres candis et les sucres raffinés blancs et secs; s'il s'agit, au contraire, d'un sucre brut (cassonade), il marquera généralement un nombre moindre de degrés, et ce nombre indiquera son titre exprimé en centièmes; mais les sucres bruts sont plus ou moins colorés, et leurs dissolutions ont besoin d'être blanchies et clarifiées pour que l'observation soit facile; c'est ce que l'on obtient en versant dans la liqueur, avant de lui faire atteindre le trait de jauge du matras, par l'addition d'eau nécessaire, 1 ou 2 centimètres cubes d'une dissolution concentrée de sous-acétate de plomb. Les principes colorants pour la plupart, et tous les corps en suspension, sont immédiatement précipités, et la liqueur, jetée sur un filtre, passe presque incolore et parfaitement limpide.

C'est encore ce moyen que l'on emploie pour blanchir et clarifier les jus naturels des végétaux, particulièrement ceux de la canne et de la betterave, que l'on se propose de soumettre à l'analyse optique. Mais à l'égard de ces jus on peut s'abstenir, pour en déterminer la richesse saccharine, de faire usage de la balance; il suffit d'étendre leur volume en employant le sous-acétate de plomb dans un rapport déterminé, et de tenir compte de la dilution; à cet effet, on a recours à un matras encore semblable à celui de la figure 6, mais marqué pour cette opération de deux traits de jauge; le trait inférieur indique une capacité principale, soit celle de 100 cc., et le second une fraction de cette capacité qu'il est commode de fixer au 10e, soit 10 centimètres cubes. Dans un matras ainsi disposé, on verse le jus à examiner jusqu'à la hauteur du premier trait de jauge, et on complète le volume jusqu'au second trait avec de l'eau et du sous-acétate de plomb; on agite, on filtre, et on observe, en augmentant cette fois la notation obtenue d'un 10e pour compenser l'effet de la dilution, à moins que l'on ne se serve d'un tube d'observation de 22 centimètres de longueur, au lieu de ceux de 20 centimètres sur l'emploi desquels est réglé le poids de 16 gr. 471 m. fixé pour la préparation des analyses optiques des sucres concrets. Le nombre de degrés que marque l'instrument, multiplié par ce même poids, indique la quantité de sucre contenu dans chaque décilitre des jus que l'on examine.

Tel est le mode d'expérimentation qui suffit pour constater la quantité de sucre cristallisable que contiennent les substances où l'on sait ne pas trouver d'autres principes que le sucre ayant la propriété de dévier le plan de polarisation, et c'est ce qui a lieu, par exemple, pour les sucres bruts qui ne sont ni falsifiés ni avariés, ou encore pour le jus de canne qui n'a pas subi de fermentation; mais si on soupçonne la présence de principes actifs autres que le sucre cristallisable, tels que le glucose, la dextrine, ou le sucre liquide des fruits acides, on emploie la méthode dite de l'*inversion,* qui consiste à transformer, par l'action d'un acide, après une première observation, le sucre cristallisable que contient la substance dont on recherche la composition, en sucre incristallisable à pouvoir inverse, et à observer de nouveau. Voici l'exposé sommaire de cette méthode :

La liqueur déjà soumise à l'observation qui vient d'être décrite, et que l'on désigne sous le nom d'observation directe, est additionnée dans un matras (figure 6 *bis*), marqué de deux traits indiquant la capacité de 50 et 55 cc, d'un 10e de son volume d'acide chlorhydrique concentré, et chauffée au moyen d'un bain-marie (fig. 7) jusqu'à 70" environ, puis ramenée sensiblement à la température ambiante en plaçant le matras dans un bain d'eau froide. Versée alors dans un tube (fig. 8) muni d'une tubulure latérale T, destinée à l'introduction d'un thermomètre, elle est soumise à la seconde observation, dite *indirecte*. Or, par une simple action de présence de l'acide qui reste intact dans la liqueur, le sucre cristallisable, $H^{11}C^{12}O^{11}$, à pouvoir de gauche à droite sur le plan de polarisation, a été transformé, aux dépens de l'eau de dilution, en sucre incristallisable des fruits acides, $H^{12}C^{12}O^{12}$, à pouvoir de droite à gauche. La nouvelle notation sera donc affectée par cette transformation, et la marche rétrograde de l'index i (fig. 5 *bis*) de l'échelle tracée sur l'instrument sera nécessairement proportionnelle à la quantité de sucre cristallisable qui existait dans la liqueur dont on se proposait de déterminer la quantité, l'acide n'ayant d'ailleurs exercé aucune perturbation dans le pouvoir des autres substances actives réunies au sucre.

Cependant, en pareil cas, l'observation doit être l'objet d'une correction fort importante, qui tient à ce que l'action sur la lumière polarisée du sucre à pouvoir déviateur vers la gauche, $H^{12}C^{12}O^{12}$, est fortement influencée par la température à laquelle l'observation est faite; soit que ce sucre provienne du traitement par les acides du sucre cristallisable, soit qu'il existe à l'état naturel dans les sucs des végétaux. La loi de cette influence a été étudiée par M. Clerget, et une table qu'il a dressée, et que l'on trouve réunie à son mémoire déjà cité, dispense de toute espèce de calcul.

Quelquefois les liquides sucrés, particulièrement les mélasses, ne se décolorent pas suffisamment pour être observés avec facilité en employant seulement le sous-acétate de plomb ; il faut alors faire usage, indépendamment de ce réactif, du noir animal en grains, sur lequel on filtre les liquides, en se servant de tubes de verre munis de robinets en cuivre, et disposés comme celui que représente la figure 9. On recueille en premier lieu, au-dessous du filtre, un volume de la dissolution au moins égal à celui du noir, et on le met à part, son titre étant faussé par l'action initiale du noir. La liqueur qui passe ensuite, et que l'on verse au besoin plusieurs fois sur le noir, conserve au contraire son titre primitif, et donne, en la soumettant à l'observation, des résultats exacts.

Il importe, du reste, de remarquer que le pouvoir rotatoire des glucoses (sucre de fécule et de diabète), rapidement dissous, décroît soit avec le temps, sous la température ambiante, soit immédiatement, si on a recours à la chaleur, et s'arrête à un point fixe. On évite toute erreur sous ce rapport, dans l'analyse optique des glucoses purs ou mélangés, en chauffant, au bain-marie, la dissolution à plus de 80°, et en la laissant refroidir avant de l'observer.

Combiné avec les alcalis, le sucre perd une partie de son pouvoir rotatoire; on écarte, avec la plus grande facilité, cette autre cause de trouble dans l'observation optique, en versant dans la liqueur un léger excès d'acide acétique.

Se propose t-on de déterminer, ainsi que l'a fait M. Bouchardat pour les produits de nombreux cépages de la Bourgogne, la quantité de sucre contenue dans le raisin, ce qui permet de déduire la quantité d'alcool que développera la fermentation, on traite le jus d'abord par le sous-acétate de plomb, qui élimine l'acide tartrique, dont l'action pourrait nuire à l'analyse, puis ensuite, si cela est nécessaire pour achever la décoloration, par le noir animal. Observé au saccharimètre dans un tube de 20 centimètres, à la température de plus de 15°, ce jus sera considéré comme pouvant produire 1 pour 100 d'alcool pour chaque notation de 3 divisions $\frac{1}{3}$ sur l'échelle de l'instrument.

Enfin on constate encore au saccharimètre, avec autant de promptitude que de précision, la quantité de sucre contenu dans les urines diabétiques. Souvent ces urines sont assez peu colorées et assez limpides pour être observées directement, sans être soumises à aucune préparation préalable. Si, au contraire, il est nécessaire de les clarifier et de les blanchir, on les rend propres, avec la plus grande facilité, à l'observation, en les traitant par le sous-acétate de plomb ou le noir animal. Le pouvoir rotatoire du sucre de diabète est à celui du sucre cristallisable comme 73 sont à 100, et une notation de 100 divisions sur l'échelle de l'appareil correspond à une quantité de 225 gr., 63 de sucre par litre d'urine, toujours en se servant d'un tube de 20 centimètres de longueur, et en augmentant la notation dans le rapport en volume de la quantité de la dissolution de sous-acétate de plomb qui a pu être employée pour la clarification. Un essai d'urine dure au plus 10 minutes.

DE
LA CHIMIE VÉGÉTALE.

L'étude de la chimie végétale comprend : 1º la description des principes immédiats, 2º celle des produits immédiats, 3º celle des organes des végétaux ; 4º l'histoire de la germination, 5º les diverses fermentations.

CLASSE PREMIÈRE.
DES PRINCIPES IMMÉDIATS.

Je diviserai les principes immédiats des végétaux en quatre sections : la première contiendra les matières *neutres* ou *indifférentes ;* la seconde, les matières *colorantes ;* la troisième, les *acides,* et la dernière, les *bases.*

SECTION PREMIÈRE.
DES PRINCIPES NEUTRES OU INDIFFÉRENTS.

Ces principes peuvent être rangés dans les trois groupes suivants : 1º ceux qui contiennent de l'oxygène, de l'hydrogène et du carbone; 2º ceux qui ne renferment que du carbone et de l'hydrogène; 3º enfin ceux qui sont composés d'oxygène, d'hydrogène, de carbone et d'azote.

PREMIER GROUPE.
Des principes composés d'oxygène, d'hydrogène et de carbone

Ces principes sont les sucres, l'amidon, la dextrine, l'inuline, l'arabine, la bassorine, la cérasine, la cellulose, la matière incrustante du ligneux, la pectose, la pectine, la pectase, la mannite, la glycyrrhizine, la phloridzine, la phlorétine, l'olivile, la picrotoxine, la saponine, la digitaline, la sarcocolline, la viscine, la méconine, la salseparine, la quassine, la scillitine, la tanguine, la bryonine, la calenduline, la cathartine, la cusparine, la cytisine, l'élatérine, la gentianine, la glu, l'hespéridine, la liriodendrine, la lupuline, la plumbagine, le cail cédrin, etc.; les corps gras neutres, tels que la cholestérine, l'ambréine, la castorine, la myricine et l'aurade, la glycérine, les alcools, les éthers, les huiles essentielles, et la créosote.

DES SUCRES.

J'examinerai successivement le sucre *cristallisable,* que l'on trouve 1° dans la *canne* à sucre et dans la *betterave ;* 2° le *glucose,* qui comprend le sucre de *fécule,* de *miel,* et de l'*urine* des *diabétiques ;* 3° le sucre des *fruits acides,* 4° le sucre *incristallisable,* et 5° une espèce particulière, désignée par Wiggers sous le nom de *sucre de champignons.*

Le sucre existe dans un très-grand nombre de végétaux : tantôt on le trouve seulement dans les tiges, comme dans les graminées, et surtout dans la canne à sucre, dans le maïs et dans l'*olcus cafer ;* tantôt il n'est contenu que dans les racines, comme dans les carottes, les betteraves, etc.; il est des végétaux qui ne renferment du sucre que dans la partie charnue de leurs fruits; ainsi les baies, les fruits à pepins, les marrons et les châtaignes, sont les seules parties sucrées des végétaux qui les ont fournis; enfin les nectaires d'une quantité innombrable de fleurs contiennent quelquefois seuls cette matière.

On reconnaît le genre sucre aux caractères suivants : il est solide ou liquide, et doué d'une saveur douce; il est soluble dans l'eau et dans l'alcool, d'un poids spécifique de 0,83 ; *il éprouve la fermentation spiritueuse* lorsqu'on le soumet à une température de 15° à 25° c., à l'action d'une certaine quantité d'eau et de ferment, et donne de l'alcool et de l'acide carbonique. On voit donc qu'il ne suffit pas, pour établir qu'une substance est du sucre, qu'elle ait une saveur douce; ainsi la glycérine, la glycyrrhizine, la mannite, et une foule d'autres matières, ne sont pas avec raison considérées comme des sucres, quoiqu'elles aient une saveur douce, parce qu'elles ne sont pas susceptibles d'éprouver la fermentation alcoolique. J'en dirai autant du sucre de lait (lactine), qui ne donne de l'alcool qu'après avoir été transformé en glucose.

1re ESPÈCE. — SUCRE DE CANNE. $H^{11} C^{12} O^{11}$.

On trouve ce sucre dans la tige du *saccharum officinale* (canne à sucre), dans la séve de l'*acer montanum* (érable), dans la betterave, la châtaigne, le marron d'Inde, le navet, l'oignon, et dans toutes les racines douces sucrées et non acides. Il cristallise en prismes rhomboïdaux, incolores, terminés par des sommets dièdres, transparents, *très-durs*, très-fragiles, à cassure glaceuse; ainsi cristallisé il porte le nom de *sucre candi ;* son poids spécifique est de 1,6065 ; quand on le frappe dans l'obscurité, il devient phosphorescent. Il n'entre pas en fusion et ne se ramollit même pas à 105° c., tandis qu'à 180°, il fond en un liquide gluant et incolore, qui, par le refroidissement, se prend en une masse amorphe et transparente, connue sous le nom de *sucre d'orge ;* pour préparer celui-ci, on ajoute ordinairement un peu de vinaigre au sucre avant de le fondre; le *sucre d'orge,* au bout d'un certain temps, devient opaque et très-fragile par un phénomène de dimorphisme analogue à celui que l'on remarque dans le soufre, l'acide arsénieux, etc. Entre 210° et 220°, le sucre perd 2 équivalents d'eau et se transforme en un corps brun, le *caramel,* $H^9 C^{12} O^9$, substance déliquescente très-soluble dans l'eau, qui n'a plus de saveur sucrée et qui ne fermente pas. Si l'on élève davantage la température, le sucre subit une décomposition totale, et il se dégage des gaz inflammables, des huiles pyrogénées, de l'acide acétique, etc., et laisse pour résidu un charbon luisant et volumineux.

Le sucre cristallisé est inaltérable à l'air sec. Il est soluble dans le tiers de son poids d'eau froide et presque en toute proportion dans l'eau bouillante; lorsque ces diverses dissolutions sont très-pures, elles peuvent être conservées très-longtemps sans altération. Par une ébullition prolongée, le sucre est hydraté et transformé en sucre de fruits; dans cet état, il a perdu la propriété de cristalliser, et ressemble beaucoup au sucre solide qui a été chauffé à 180"; il dévie *vers la gauche* le plan de polarisation de la lumière, tandis que le sucre fondu ou dissous dans l'eau, lorsqu'il n'a subi aucune altération, dévie ce plan *vers la droite*. Le sucre est insoluble dans l'alcool absolu froid; 80 parties de ce liquide bouillant en dissolvent une partie; il peut se dissoudre dans l'alcool affaibli, et en d'autant plus grande quantité que l'alcool contient plus d'eau. Il est insoluble dans l'éther.

Le chlore, les chlorures, et surtout les perchlorures, à la température de 100°, décomposent le sucre et le transforment en une matière brune, en partie soluble dans l'eau, qui est d'un noir brillant lorsqu'elle est desséchée. M. Maumené propose de tirer parti de ce fait pour reconnaître la présence du sucre dans certains liquides, notamment dans l'urine des diabétiques. Que l'on trempe, dit-il, pendant trois ou quatre minutes, un morceau de mérinos dans une dissolution aqueuse de *bichlorure d'étain*, préparé avec 100 grammes de bichlorure et 200 grammes d'eau ; que l'on fasse égoutter le liquide, qu'on sèche le mérinos sur une bande de même étoffe au bain-marie, qu'on le coupe en bandelettes, et qu'on verse une goutte du liquide présumé sucré sur la bandelette ; dès qu'on exposera celle-ci au-dessus d'un charbon rouge ou de la flamme d'une lampe ou d'une bougie, il se produira, en une minute, une tache noire très-visible ; la sensibilité du réactif est extrême ; 10 gouttes d'une urine de diabétique, versées dans 10 centimètres cubes d'eau, ont rendu le mérinos chloruré complétement noir (*Journ. de pharm.*, mai 1850).

Lorsqu'une dissolution de sucre cristallisable est mise en contact avec une petite quantité d'un acide affaibli quelconque, à la température de l'ébullition, ce sucre est immédiatement transformé en sucre de *fruits*, qui dévie *vers la gauche* le plan de polarisation des rayons polarisés, sans que l'acide ait subi la moindre altération ; plusieurs acides minéraux produisent ce phénomène, même à froid. Si on prolonge l'ébullition de ce sucre avec les acides sulfurique ou chlorhydrique, on obtient de l'acide *glucique*.

L'action de l'acide sulfurique sur le sucre est des plus intéressantes ; suivant les conditions où l'on se place, on peut obtenir de l'acide *glucique*, de l'acide *apoglucique*, de l'acide *formique*, de l'acide *ulmique* et de l'*ulmine*, enfin de l'acide *humique* et de l'*humine*. Quand on distille, dans un appareil dont le récipient *est vide d'air*, un mélange de 100 p. de sucre de canne, de 30 p. d'acide sulfurique, et de 300 p. d'eau, et que l'on arrête l'opération au moment où une partie de l'eau a distillé, il reste dans la cornue de l'acide *glucique* et une petite quantité d'acide *apoglucique* (voy., pour ces acides, *Glucose*, p. 49). Si on distille au contraire le mélange, sous la pression ordinaire de l'atmosphère, dans un appareil rempli de *gaz acide carbonique* ou d'*hydrogène*, afin que l'oxygène de l'air n'y ait aucun accès, la liqueur restant dans la cornue dépose des flocons noirs composés d'acide *ulmique* et d'*ulmine* ; le liquide distillé contient de l'acide *formique*. Si on fait bouillir pendant longtemps le mélange à l'air, dans des vases de verre, on produit de l'*humine* et de l'acide *humique* sous forme d'une masse noire.

Ulmine. Elle a pour formule $H^{16} C^{40} O'^{14}$, si elle a été desséchée à 140°.

Acide ulmique, $H^{14}C^{40}O^{12}$, 2HO, s'il a été desséché à 140°, c'est-à-dire qu'il a la même composition que l'ulmine; si on l'a chauffé jusqu'à 195°, il a perdu 2 équivalents d'eau et il est devenu $H^{14}C^{40}O^{12}$. Il est noir, gélatineux, peu soluble dans l'eau distillée, insoluble dans l'eau acidulée ou dans l'eau saturée de sels. Il donne avec la potasse un ulmate d'un rouge foncé. L'ulmate d'ammoniaque est soluble, et fournit avec les sels métalliques solubles des dernières classes des précipités qui sont des ulmates doubles ammoniacaux. Pour préparer l'ulmine et l'acide ulmique, on traite par la potasse les flocons noirs dont j'ai parlé plus haut; l'ulmine se dépose, et la liqueur contient de l'ulmate de potasse, qu'il suffit de décomposer par un acide pour en précipiter l'acide ulmique.

Humine, $H^{15}C^{40}O^{15}$. Elle est noire, insoluble dans la potasse. Si on la fait bouillir avec de l'acide chlorhydrique concentré, on obtient de l'acide formique et une matière noire, $H^{13}C^{34}O^{9}$, si elle a été desséchée à 145°. On produit la même matière en substituant à l'acide chlorhydrique une dissolution concentrée de potasse, et en chauffant le résidu jusque vers 300°; si l'on prolonge l'action de la potasse, et qu'on élève de plus en plus la température, on obtient deux nouvelles substances insolubles dans la potasse, $H^{10}C^{34}O^{6}$ et $H^{7}C^{34}O^{3}$. On voit que la potasse agit en enlevant à l'humine de l'oxygène et de l'hydrogène dans le rapport convenable pour former de l'eau.

Acide humique, $H^{12}C^{40}O^{12}$, et s'il est hydraté, $H^{12}C^{40}O^{12}$, 3HO; dans ce dernier cas, il est isomère de l'humine. A 100°, il perd 3 équivalents d'eau; il se comporte avec l'acide chlorhydrique et la potasse comme l'humine. En comparant ces diverses matières, on voit que l'humine et l'acide humique dérivent de l'ulmine et de l'acide ulmique par voie d'oxydation. On prépare l'humine et l'acide humique en traitant par la potasse la masse noire qui est le produit de l'action de l'acide sulfurique concentré sur le sucre, avec le contact de l'air (voy. p. 41); l'humine reste indissoute, tandis que la liqueur renferme de l'humate de potasse, dont on précipite l'acide humique par un acide.

L'acide azotique monohydraté transforme le sucre en une matière insoluble très-combustible, analogue à la *xyloïdine*. Si l'acide est moins concentré, il convertit d'abord le sucre en acide *saccharique* (*acide oxalhydrique* ou *oxysaccharique*), puis en acide oxalique, qui finit lui-même par se décomposer en acide carbonique. Cent parties de sucre donnent environ 60 parties d'acide oxalique.

Lorsqu'on soumet le sucre à l'action d'un mélange de 16 parties d'acide sulfurique et de 8 parties d'acide azotique, on obtient une matière comme résineuse, très-inflammable, explosible, et très-soluble dans l'alcool et dans l'éther (Thompson, *Journal de pharmacie*, février 1849).

L'acide arsénique, mêlé à une dissolution concentrée de sucre, acquiert une couleur rose au bout de quelques heures, puis devient pourpre et brun.

Le sucre possède la propriété de s'unir avec les oxydes métalliques, et de former avec eux des composés définis, que l'on désigne sous le nom de *saccharates* : ce caractère a même permis de déterminer très-exactement sa composition, en s'appuyant sur sa capacité de saturation; dans ces réactions, l'eau que perd quelquefois le sucre cristallisé est remplacée par une quantité équivalente d'oxyde métallique; il ne paraît pas avoir changé de nature, pourvu que la température n'ait pas été élevée et que la préparation soit récente, car en isolant les bases on met en liberté le sucre, qui peut cristalliser de nouveau; tandis que si l'on élève la température, on voit le sucre se transformer en sucre de raisin et en un acide nouveau, appelé acide *kalisaccharique*, parce qu'il prend naissance particulièrement sous l'influence de la potasse.

Si l'on verse par petites portions de l'hydrate de *chaux* dans une dissolution aqueuse concentrée de sucre, jusqu'à ce que l'eau sucrée refuse d'en dissoudre, il suffira d'ajouter de l'alcool à 85 degrés pour qu'il se précipite du *saccharate de chaux* = $\dfrac{CaO}{\text{Chaux.}}$, $\dfrac{H^{11} C^{12} O^{11}}{\text{Sucre.}}$; si, au contraire, on verse la dissolution de sucre sur un excès d'hydrate de chaux, on obtiendra un saccharate très-soluble à froid, et beaucoup moins soluble à chaud = $\dfrac{3\,CaO}{\text{Chaux.}}$, $\dfrac{2\,H^{11} C^{12} O^{11}}{\text{Sucre.}}$ s'il a été desséché à 100°. Ces saccharates ont une forte réaction alcaline; abandonnés à eux-mêmes pendant longtemps au contact de l'air, ils déposent des rhomboèdres réguliers et aigus de carbonate de chaux hydraté, parce qu'ils ont absorbé l'acide carbonique de l'air.

La baryte, la strontiane et l'oxyde de plomb, produisent avec le sucre des composés analogues.

Le saccharate de baryte = $BaO, H^{11} C^{12} O^{11}$, n'est point décomposé à 200°, tandis que l'acide carbonique le transforme en sucre et en carbonate de baryte.

Le protoxyde de plomb donne avec le sucre un saccharate insoluble = $2PbO, H^{9} C^{12} O^{9}$, s'il a été desséché à 160°; en traitant ce corps par du gaz acide sulfhydrique, on obtient du sulfure de plomb et une dissolution de sucre de canne *non altéré*.

Si l'on chauffe du sucre, dans une capsule d'argent, avec moitié de son poids de potasse caustique, la matière devient bientôt noire, et l'on trouve, en traitant par l'eau, que tout le sucre s'est transformé en carbonate et en oxalate de potasse. Si, au lieu d'employer de la potasse, on chauffe le sucre avec 8 parties de chaux vive, jusqu'à 140°, il se dégage une petite quantité de gaz combustible, en même temps qu'il distille un liquide huileux aromatique souillé de quelques autres produits pyrogénés ; ce liquide, agité avec de l'eau, donne de l'*acétone*, H^3C^3O, tandis que, s'il a été épuisé par l'eau, il se trouve transformé en *métacétone* liquide, huileux, bouillant à 84°, H^5C^6O, susceptible de se changer en acide *métacétonique* sous des influences oxydantes (Frémy).

Les combinaisons alcalines de sucre dissolvent avec une grande facilité la plupart des oxydes métalliques insolubles ; le sucre seul jouit également de cette propriété, mais à un moindre degré.

Le sucre cristallisable peut s'unir en proportions définies avec certains sels, et entre autres avec les chlorures de sodium et de potassium, et avec le chlorhydrate d'ammoniaque. Que l'on fasse évaporer une dissolution concentrée de 1 partie de chlorure de sodium et de 4 parties de sucre de canne, on obtiendra d'abord du sucre candi ; les eaux mères laisseront ensuite déposer des cristaux à arêtes vives, peu volumineux, ayant une saveur à la fois sucrée et salée, déliquescents, qui peuvent être représentés par $\underset{\text{Chlorure de sodium.}}{NaCl}$, $\underset{\text{Sucre de canne.}}{2H^{11}C^{12}O^{11}}$. Il est aisé de voir que, dans la fabrication du sucre de betterave, si cette racine contient beaucoup de chlorure de sodium, on doit perdre beaucoup de sucre, puisqu'il se formera ce composé de chlorure de sodium et de sucre, lequel, étant déliquescent, restera dans les eaux mères ou dans la mélasse.

La plupart des sels de cuivre et de fer sont dissous, sans altération, par une dissolution de sucre cristallisable ; ces sels, dans cette circonstance, perdent la propriété d'être précipités par les alcalis (H. Rose). Il en est de même des sels de plomb.

Cependant le sucre peut, à l'aide de la chaleur, décomposer un certain nombre de dissolutions métalliques, comme l'a prouvé Vogel, et comme je l'avais déjà fait entrevoir (voy. *Toxicologie gén.*, t. I, 4ᵉ édition, art. *Vert-de-gris*). L'*acétate de cuivre* est décomposé par ce corps ; l'acide acétique se dégage en partie ; il se précipite du protoxyde de cuivre, et la liqueur renferme, suivant Vogel, de l'acétate de protoxyde de cuivre, tandis que l'on obtient du cuivre métallique avec le *sulfate*. L'azotate et le bichlorure de cuivre sont transformés par le sucre en azotate de protoxyde et en protochlorure. L'azotate d'*argent*, le chlorure d'*or*, et l'azotate de mercure, sont réduits avec la plus grande facilité. Le bioxyde de *mercure*, le bichlorure et l'*acétate* de bioxyde de mercure, sont ramenés par le sucre à un degré inférieur d'oxydation. Il n'agit point sur les sels dont les métaux décomposent l'eau, comme ceux de *fer*, de *zinc*, de *manganèse*, etc.; il est évident que, dans toutes ces circonstances, le carbone et l'hydrogène du sucre s'emparent d'une portion ou de la totalité de l'oxygène qui entre dans la composition de l'oxyde métallique, et donnent naissance à de l'acide formique, à de l'acide carbonique, etc.

Le sucre de canne, sous l'influence d'un ferment, est changé en *sucre de fruits acides*, lequel fermente et donne de l'acide carbonique, de l'alcool et de l'eau. On peut encore faire éprouver au sucre : 1° la *fermentation visqueuse*, en le mettant en contact avec la levure de bière que l'on a préalablement fait bouillir; il se produit une matière visqueuse que l'on peut représenter par de l'eau et du charbon, et presque toujours de la mannite; 2° la fermentation *lactique*, en le traitant par des matières azotées légèrement pourries, telles que l'albumine, la fibrine, la caséine; 3° la fermentation *butyrique*, en le mettant en contact avec certains ferments altérés à l'air.

Usages. On se sert de ce principe immédiat pour la préparation du sucre d'orge : pour cela, on fait fondre le sucre (voy. p. 40), ou bien on fait bouillir l'eau sucrée et on la concentre jusqu'à ce qu'elle soit susceptible de fournir une masse fragile et transparente quand on la met dans l'eau; alors on la coule sur une table imbibée d'huile, et on la coupe en petits cylindres lorsqu'elle est encore molle. — Le sucre entre dans la composition d'un très-grand nombre d'aliments, de boissons et de médicaments; il fait la base des sirops, des conserves, etc. M. Magendie a fait des expériences sur des chiens, qui l'ont conduit à admettre que le sucre, ainsi que tous les autres aliments privés d'azote, ne nourrissent point, qu'ils sont cependant facilement digérés, et qu'ils fournissent un chyle incapable d'entretenir la vie au delà de trente ou quarante jours environ; mais on s'est assuré depuis qu'il en est à peu près de même de la plupart des principes immédiats *azotés* administrés *isolément*, ce qui laisse le travail de M. Magendie sans valeur.

De l'acide oxalhydrique (saccharique, oxysaccharique), $H^8C^{12}O^7,HO$.— M. Guérin a nommé ainsi l'acide incristallisable qui avait été désigné par Scheele sous le nom d'acide *malique*, et que l'on obtient en traitant le sucre, la gomme arabique, l'amidon, la cellulose, l'alcool, etc., par l'acide azotique étendu. Il a la consistance d'un sirop épais; il est incolore, inodore, d'une saveur analogue à celle de l'acide oxalique, déliquescent, très-soluble dans l'alcool, peu soluble dans l'éther. Abandonné à lui-même dans un flacon bouché à l'émeri, lorsqu'il est hydraté, il cristallise au bout d'un mois de repos. L'acide azotique le transforme en acide oxalique; il est changé en acide *formique,* quand, après l'avoir étendu d'eau, on le traite par 2 parties de bioxyde de manganèse, et 2 parties 1/2 d'acide sulfurique étendu de 2 parties d'eau. Il ne précipite pas les sels de potasse, comme l'acide tartrique; il précipite les eaux de chaux, de baryte et de strontiane, ce que ne fait pas l'acide malique; le précipité se redissout dans un léger excès d'acide. Il est bibasique, et donne avec la soude et la baryte des sels incristallisables, avec la potasse deux sels cristallisables, avec l'ammoniaque et la chaux des sels neutres incristallisables et des bisels cristallisables.

Préparation. On l'obtient en traitant une partie de gomme ou de sucre par un mélange de 2 parties d'acide azotique étendu de 10 parties d'eau ; on chauffe modérément, jusqu'à ce que tout dégagement de vapeurs rouges ait cessé; alors on neutralise la liqueur par du carbonate de chaux, on filtre, et l'on précipite le liquide clair par l'acétate neutre de plomb; il se forme un précipité insoluble qu'on lave sur un filtre, et qui, mis en suspension dans l'eau distillée, est enfin décomposé par un courant de gaz sulfhydrique. Le liquide ainsi obtenu est évaporé au bain-marie.

IIe ESPÈCE. — GLUCOSE. $H^{14}C^{12}O^{14}$.

Sucre de fécule, de ligneux, de chiffons, de miel et de diabètes.

On comprend aujourd'hui sous cette dénomination le sucre qui provient de l'action de l'acide sulfurique sur la fécule ou de la diastase (voy. *Fécule,* sur ce même corps, celui que fournit le ligneux traité par l'acide sulfurique, ainsi que celui qui est produit par le même agent sur le sucre de lait. On le trouve tout formé dans l'urine des malades atteints du diabète sucré. Suivant M. Barreswil, il existe aussi dans le blanc d'œuf.

On peut dire avec raison que le glucose et le sucre des fruits sont les seuls qui, sous l'influence du ferment, se transforment en acide carbonique et en alcool, car le ferment n'est susceptible de faire éprouver cette décomposition aux sucres que lorsqu'ils offrent une réaction acide (Rousseau); dès lors on conçoit que, puisque le sucre cristallisable de canne ou de betterave, etc., se change, sous l'influence d'un acide même très-faible, en sucre de fruits, tout sucre éprouvant la fermentation alcoolique ait d'abord subi cette modification : c'est du reste ce que les expériences de MM. Dubrunfault et H. Rose ont démontré.

Le glucose déposé d'une dissolution aqueuse concentrée est sous forme d'une masse composée de petits grains qui affectent l'aspect de choux-fleurs; son pois spécifique est de 1,386.

Suivant son degré de pureté et les différentes sources d'où il provient, il offre une teinte jaune plus ou moins prononcée, quoique celui qui a été obtenu avec la fécule puisse être parfaitement blanc; sa saveur est moins sucrée que celle du sucre de canne; il est assez mou pour pouvoir être coupé avec un couteau sans effort. Il est soluble dans 1 ½ partie d'eau froide et en toutes proportions dans l'eau bouillante; le sirop qu'il forme n'a jamais la même consistance que celui du sucre de canne. Il faut 2 ½ parties de glucose pour communiquer à un même volume d'eau la même saveur que lui donne 1 partie de sucre, encore reste-t-il à cette dissolution un arrière-goût amer.

Il est soluble dans 60 parties d'alcool absolu bouillant; quand celui-ci marque 83 degrés, il en dissout 5 à 6 parties. Les dissolutions de *glucose* dévient à droite le plan de polarisation.

Exposé à l'action de la chaleur, il fond à la température de l'eau bouillante, perd 2 équivalents d'eau, et passe à l'état de sucre des fruits acides $= H^{12} C^{12} O^{12}$; à une température plus élevée, il produit du caramel.

Les acides étendus, à la température de l'ébullition, ne changent pas le plan de polarisation du glucose, qui continue toujours à tourner *vers la droite;* tandis que, dans les mêmes conditions, le sucre de canne, changé en sucre de fruits, tourne *vers la gauche.* Si l'on continue à faire bouillir, les acides étendus transforment le glucose en acide ulmique cristallin, un peu différent de l'acide ulmique ordinaire, et en ulmine; si l'expérience se fait au contact de l'air, il se produit en outre de l'acide formique (Malagutti). Lorsqu'on traite une partie de glucose fondu à 100° par une partie et demie d'acide *sulfurique* concentré, il se forme de l'acide *sulfosaccharique* ou *sulfoglucique,* $H^{20} C^{24} O^{20}$; toutefois la majeure partie de l'acide sulfurique reste libre, puisqu'en saturant la liqueur étendue d'eau par du carbonate de baryte, il se précipite *beaucoup* de sulfate de baryte, et il reste en dissolution du sulfosaccharate de baryte. L'acide *azotique* change le glucose en acides oxalique et saccharique.

Quoique les bases se combinent plus difficilement avec le glucose que le sucre de canne, on peut cependant obtenir des composés de glucose et de ces bases : ainsi on prépare du glucosate de baryte $=$ 3 Ba O, 2 $H^{14} C^{12} O^{14}$, en versant une dissolution de baryte dans du glucose dissous dans l'esprit de bois; on obtient du glucosate de plomb

$= 6\,Pb\,O, 2\,H^{14}C^{12}O^{14}$, en précipitant le glucose par l'acétate de plomb ammoniacal ; enfin, si l'on verse de l'alcool dans une dissolution de glucose dans l'eau de chaux, il se dépose du glucosate de chaux $= 3\,Ca\,O, 2\,H^{14}C^{12}O^{14}$: ce glucosate, obtenu en dissolvant de la chaux hydratée dans un *solutum* aqueux de glucose, s'il est abandonné à lui-même pendant quelque temps, devient neutre, d'alcalin qu'il était, et ne précipite plus par l'acide carbonique ; dans cet état, il renferme de l'acide *glucique* combiné à la chaux.

La combinaison du *chlorure de sodium* avec le *glucose* s'effectue bien plus aisément qu'avec le sucre de canne. M. Calloud, pharmacien à Annecy, est le premier qui l'ait signalée ; il l'obtint, en 1825, du produit de l'évaporation d'une urine de diabétique. Ce corps, $Na\,Cl, 2\,H^{12}C^{12}O^{12}, 2\,HO$, cristallise en belles pyramides doubles à six pans ; il est incolore, transparent, soluble dans l'eau, mais fort peu dans l'alcool à 96 centièmes ; quand on le dessèche à froid, il perd 2 équivalents d'eau. On l'obtient en dissolvant 1 p. de chlorure de sodium dans 6 p. de glucose dissous, et en évaporant doucement.

Le glucose, employé même en très-petite quantité à la température de 100°, réduit le tartrate de bioxyde de cuivre dissous dans la potasse, et en précipite du protoxyde de cuivre rouge, ce que ne fait pas le sucre de canne (Frommherz).

Sous l'influence des ferments, le glucose peut éprouver : 1° la fermentation alcoolique, et donner de l'acide carbonique, de l'alcool et de l'eau,

$$\underset{\text{Glucose.}}{H^{14}C^{12}O^{14}} = \underset{\text{Acide carbon.}}{4\,CO^2}, \quad \underset{\text{Alcool.}}{2\,H^6C^4O^2}, \quad \underset{\text{Eau.}}{2\,HO}$$

2° la fermentation lactique, et puis la fermentation butyrique.

Usages. Les usages du glucose, surtout de celui qui provient de la fécule, sont devenus très-nombreux depuis quelque temps. La fabrication de la bière en emploie de grandes quantités ; il sert aussi, et très-abondamment, à améliorer et à modifier les vins qui sont trop peu sucrés et peu alcooliques.

Bien que l'on confonde les caractères des divers sucres que j'ai désignés sous le nom spécifique de *glucose,* il existe entre eux cependant quelques petites différences ; ainsi le glucose d'amidon et celui des diabétiques ont des pouvoirs rotatoires égaux, tandis que le glucose obtenu par M. Jacquelain en faisant agir $\frac{1}{300}$ d'acide oxalique sur l'amidon, à l'aide d'une forte pression, possède un pouvoir rotatoire double.

Préparation du glucose. Dans les laboratoires, on fait passer un courant de vapeur d'eau à travers un mélange de 1,000 p. d'eau, de 10 d'acide sulfurique, et de 400 d'amidon ; la saccharification est terminée lorsque l'iode a cessé de colorer la dissolution ; on sature l'acide sulfurique par du carbonate de chaux (craie), et l'on évapore jusqu'en consistance sirupeuse ; le glucose se prend en une masse cristalline au bout de quelques jours (voy. *Extraction en grand du sucre de fécule*, p. 63).

Acide glucique, $H^5 C^8 O^5$. — Acide énergique, d'une saveur acide, incristallisable, déliquescent, très-soluble dans l'eau, formant des sels solubles avec presque toutes les bases. Le glucate de chaux a pour formule $CaO, 2H^5 C^8 O^5, HO$; celui de plomb, qui est insoluble, contient $2PbO, H^5 C^8 O^5$. On obtient l'acide *glucique* en précipitant, à l'aide de l'acide oxalique, la chaux du glucate de chaux dissous, ou bien en décomposant le glucate de plomb par l'acide sulfhydrique.

Acide apoglucique sec, $H^{11} C^{12} O^{10}$. — Que l'on fasse bouillir au contact de l'air soit une dissolution aqueuse d'acide glucique, soit un glucate alcalin dissous, il se forme de l'acide *apoglucique*. Il est brun, non déliquescent, facilement soluble dans l'eau, très-peu soluble dans l'alcool.

Acide mélassique, $H^{12} C^{24} O^{10}$. — Il est le résultat de la réaction d'un excès d'alcali sur le glucose (Péligot). Il est noir, floconneux, insoluble dans l'eau et très-soluble dans l'alcool. Les mélassates alcalins sont bruns, solubles, et incristallisables ; les autres sont insolubles. L'acide mélassique a beaucoup d'analogie avec l'acide ulmique.

De l'extraction du sucre de canne, de betterave, d'érable, etc.

Pour extraire le *sucre de la canne,* on coupe celle-ci de suite après la floraison ; alors sa hauteur varie depuis 4 jusqu'à 6 mètres, sa couleur est jaunâtre ; le suc de ces cannes est exprimé à l'aide d'un moulin formé de plusieurs cylindres superposés, et le résidu sec que l'on en obtient porte le nom de *bagasse*. La richesse du jus varie selon l'espèce, la saison, et surtout la culture ; cependant en moyenne la canne de la Martinique contient 72,1 d'eau, 18 de sucre (ou 90 de jus), et 9,9 de ligneux ; celle de Cuba a fourni à M. Casaseca 77,8 d'eau, 16,2 de sucre (ou 94 de jus), et 6 de ligneux.

La *betterave* renferme, d'après M. Payen, 83,5 d'eau, 10,5 de *sucre,* 0,8 de cellulose, 1,5 d'albumine, de caséine, et d'autres matières *neutres vzotées,* et 3,7 d'acide malique, de substance gommeuse, de matières azotées, de matières grasses aromatiques et colorantes, d'huile essentielle, de chlorophylle, de malamide, d'oxalate et de phosphate de chaux, de phosphate de magnésie, de chlorhydrate d'ammoniaque, de silicate, d'azotate, de sulfate et d'oxalate de potasse, d'oxalate de soude, de chlorures de sodium et de potassium, de pectates et pectinates de chaux, de potasse et de soude, de soufre, d'acide silicique, d'oxyde de fer, etc. Si la betterave est saine, elle ne contient guère que du sucre *cristallisable ;* on en a vu cependant qui renfermaient de très-petites quantités de sucre *incristallisable.* La betterave mûre contient plus de sucre que celle dont la croissance n'est pas finie. On peut dire, d'une manière générale, qu'une betterave de bonne qualité renferme de 10 à 12 pour 100 de sucre, et pourtant on n'en retire que 5 à 5 1/2 pour 100. Tout récemment M. Lamy a trouvé un iodure alcalin dans certaines betteraves du grand-duché de Bade.

La culture de la *betterave* prospère en Europe : aussi cette racine peut-elle désormais fournir le sucre nécessaire à la consommation. La betterave présente cette particularité, qu'elle est d'autant plus riche en sucre qu'elle croît dans des pays plus septentrionaux, et d'autant moins qu'elle a été cultivée dans des contrées plus méridionales ; ainsi les betteraves de Russie, de la Pologne et de la Prusse, sont plus sucrées que celle qu'on cultive en France, et celle de Flandre contient plus de sucre que celle qui croît aux environs de Paris.

On sème les betteraves à la fin de mars ou en avril, lorsque la gelée n'est plus à craindre. La betterave blanche à collet rose est reconnue maintenant comme la meilleure. Le terrain le plus convenable à sa culture est celui qui a de la profondeur, et qui est à la fois meuble et gras ; celui qui provient du défrichement des prairies, le terrain d'alluvion, fumé et travaillé depuis longtemps, est très-propre à cet objet. Ces terrains doivent être préparés par deux ou trois labours très-profonds et un engrais convenable. On sème les betteraves à la volée, comme le blé, ou au semoir mécanique, puis on a recours à la herse. On arrache à la main ou par le sarclage toutes les herbes qui poussent à côté de la betterave, et dont le voisinage est extrémement nuisible à son développement. L'époque à laquelle cette plante doit être cueillie varie extraordinairement, suivant le climat : dans les environs de Paris, et même à une distance de 200 kilomètres de la capitale, on doit procéder à l'arrachement dans les premiers jours d'octobre, mais toujours avant la floraison ; car, passé cette époque, le sucre disparaît, se décompose par l'acte de la végétation, et se trouve remplacé en partie par de l'azotate de potasse. Après avoir enlevé les feuilles aux betteraves, on en coupe le collet, et on les met en plein air sur un sol aussi sec que possible, pour les placer ensuite dans des silos, que l'on recouvre de paille et de terre, car la betterave gèle au-dessous de zéro, et commence à fermenter entre 10° et 15°.

Extraction du sucre. — Si les végétaux dans lesquels existe le sucre ne contenaient que ce seul principe, son extraction n'offrirait aucune difficulté ; mais il n'en est pas ainsi, et comme on ne peut séparer les vaisseaux qui renferment le suc sucré de ceux qui contiennent d'autres fluides, pour avoir ce suc on est obligé de déchirer le végétal, afin d'en obtenir par l'expression le plus possible. On conçoit alors que le suc contient, outre le sucre, tout ce que le végétal renfermait de matières solubles ; parmi ces dernières, il en est *trois principales,* qu'il est important d'isoler promptement, du moins pour deux d'entre elles, parce qu'elles exercent une influence nuisible au succès de l'opération ; ces trois matières sont : 1° un acide organique libre, 2° une matière végéto-animale azotée, 3° un principe colorant.

Acide libre. De tout temps, dans les colonies, on avait reconnu que l'addition d'une certaine quantité de chaux ou de lessive de cendres favorisait l'extraction du sucre du suc de la canne, mais on ne se rendait pas compte du motif de son emploi ; on savait seulement que, quand le jus était traité par des quantités convenables de l'une ou de l'autre de ces matières alcalines, le sucre qu'il contenait cristallisait plus facilement et plus promptement, que son grain était plus sec et moins gras au toucher. On a appris depuis que tous les acides végétaux transforment le sucre en sucre de fruits, et le rendent ainsi incristallisable : de là la nécessité de s'emparer, par la saturation, de l'acide que contient le jus de la canne ; c'est à quoi les fabricants de sucre parviennent en ajoutant à diverses reprises, pendant le cours de la cuisson, les uns du lait de chaux, les autres de la lessive de cendres. Il serait indifférent, dans ce seul but, d'employer l'un ou l'autre de ces agents pour saturer l'acide ; mais comme ces substances ont une action différente sur la matière végéto-animale azotée que le jus végétal contient toujours, et qu'il est important de l'enlever le plus complétement possible, on doit donner la préférence à la chaux, parce que celle-ci forme avec elle une combinaison insoluble que l'on sépare plus facilement par les progrès de la cuisson, ce que l'on ne peut obtenir par l'emploi de la lessive, attendu que la potasse, loin de coaguler cette substance à l'aide de la chaleur, en favorise la dissolution, et que la combinaison produite, et qui reste en totalité dans le sirop, empâte le sucre, dont le grain toujours petit n'est jamais sec.

L'observation avait encore fait connaître à quelques fabricants qu'il était préférable d'ajouter au suc sucré la quantité de chaux convenable avant qu'il fût arrivé au degré de l'ébullition, plutôt que de l'ajouter, à différentes reprises, pendant le cours de l'ébullition, parce qu'en suivant cette marche on obtenait un sucre plus sec et plus abondant, des écumes plus épaisses, et un liquide plus clair.

Matière végéto-animale. La nécessité de séparer du suc sucré la matière végéto-animale azotée qu'il contient ne saurait être contestée, parce que la présence de cette matière dans le sucre détermine une réaction moléculaire particulière, quelquefois si rapide, que les sucs entrent en fermentation presque aussitôt qu'ils sont extraits du végétal, surtout quand la température atmosphérique est très élevée, comme dans les Indes; alors il y a perte considérable d'une portion de sucre: pour éviter cet inconvénient, il faut conduire l'opération de manière à travailler le suc sucré dès qu'il a été exprimé. De tous les agents qui peuvent être employés pour éliminer cette matière végéto-animale, le meilleur sans contredit est la chaux, d'abord parce que celle-ci forme avec elle une combinaison complétement insoluble, que, par cette raison, on peut séparer facilement; puis parce que cet alcali, qui, ainsi que je l'ai dit, est le plus convenable pour désacidifier le suc sucré, peut sans inconvénient être employé en léger excès pour cette opération: en effet, la matière végéto-animale s'empare de l'excès de chaux et l'entraîne dans sa coagulation.

Principes colorants. La chaux, jouissant aussi de la propriété de se combiner avec la matière extractive colorante, et de former avec elle une combinaison peu soluble, est encore l'agent le plus convenable pour enlever celle que contient le suc sucré.

Enfin l'évaporation de l'eau que contient le suc sucré doit être faite le plus rapidement possible.

Par ce qui précède, on voit que la chaux, dans l'extraction du sucre, remplit à elle seule trois conditions importantes: 1° elle sature l'acide libre que contiennent tous les sucs sucrés; 2° elle se combine en diverses proportions avec la matière végéto-animale azotée, et forme avec elle une combinaison insoluble à chaud; 3° elle entraîne et précipite encore avec elle un peu de la matière extractive colorante. Il suffit, pour atteindre à la fois ce triple but, de l'employer convenablement et en suffisante quantité.

Ces principes établis, je puis en faire l'application à l'extraction du sucre, de quelque végétal qu'on veuille le séparer.

Les végétaux qui produisent le sucre de canne en contiennent d'autant plus, qu'ils sont plus près du terme de leur maturité: c'est un point que le sucrier ne doit jamais perdre de vue, et comme le sucre est tenu en dissolution dans leurs sucs, il doit employer les moyens qui fournissent ceux-ci le plus complétement et le plus promptement possible.

Ces sucs, une fois obtenus, sont mis dans une chaudière en cuivre à double fond et chauffée par la vapeur jusqu'à la température de 60° à 70° c., puis on y verse 1 ou 2 millièmes d'un lait de chaux préparé en éteignant de la chaux vive dans de l'eau claire, et l'on agite rapidement tout le liquide.

La combinaison de la chaux avec la matière végéto-animale et avec la matière extractive colorante, étant insoluble, forme de gros flocons qui viennent surnager le liquide, et peu à peu, à mesure que la température s'élève, produisent une écume épaisse et consistante; on laisse graduellement la température s'élever jusqu'à l'ébullition, et on cesse de chauffer dès que les premiers bouillonnements se manifestent, parce que le mouvement diviserait les écumes et troublerait ainsi le liquide. Cette opération porte le nom de *défécation*.

Dès que la défécation est terminée, on soutire le liquide clair qui en résulte pour le passer sur un filtre contenant du charbon animal, afin d'achever la clarification du jus, et pour le décolorer. Ces filtres aujourd'hui sont de grands cylindres en tôle ou en bois garnis de métal intérieurement, contenant de 3 à 4,000 kil. de noir animal.

Le suc déféqué, et ainsi clarifié, est évaporé jusqu'à 27°, puis filtré de nouveau, comme il vient d'être dit, afin de détruire autant que possible la coloration qui s'est produite pendant l'évaporation, et pour séparer les sels qui se sont précipités par la concentration du liquide. L'évaporation doit avoir lieu le plus rapidement possible, et comme pour atteindre le point convenable, la température du sirop s'élève graduellement à un degré très-voisin de celui où le sucre se décompose, le fond des chaudières où elle s'opère doit avoir une assez grande épaisseur pour s'opposer le plus possible à la caramélisation du sucre; on évite cette décomposition, ainsi que la destruction de quelques-uns des sels qui se déposent, en évaporant le sirop au moyen de la vapeur convenablement appliquée, et en provoquant l'évaporation à l'aide du vide constamment entretenu à sa surface. Cette heureuse innovation, due à Howard, fut d'abord pratiquée en Angleterre, au moyen d'immenses pompes qui agissaient incessamment sur le sirop chauffé dans des chaudières parfaitement fermées; le vide s'établissait à la surface du sirop, à l'aide de la vapeur sans cesse condensée; aujourd'hui cet appareil a reçu en France de très-importantes améliorations; le vide y est produit par de fortes pompes, comme il le serait sous la cloche d'une machine pneumatique,

en même temps que celles-ci aspirent l'eau provenant de la vapeur condensée dans un réfrigérant intermédiaire.

Le terme auquel il faut arrêter l'évaporation est le point de cuite du
sirop. L'essai qui l'indique porte le nom de preuve.

La preuve de la cuite du sirop se reconnaît à plusieurs caractères :
1° l'ébullition affecte une allure toute particulière ; chaque bouillon
élève avec lui, sous forme de jets et à quelques centimètres au-dessus de
la surface du sirop, une certaine quantité du même sirop, qui retombe
sous forme de petits cônes liquides ; 2° en prenant une petite quantité
du sirop bouillant entre l'index et le pouce, et en écartant ensuite les
doigts, on obtient un filet qui se rompt à peu près au milieu de sa longueur ; la portion qui tient à l'index remonte plus ou moins lentement
en se recourbant en forme de crochet ; 3° enfin le sirop doit marquer
44 degrés à l'aréomètre de Baumé.

Le point de cuisson étant obtenu , on fait passer le sirop de la chaudière ou de la cuite dans un vase que l'on appelle *rafraîchissoir,* et on
procède immédiatement à une seconde cuisson et successivement à d'autres ; les produits de plusieurs cuissons sont réunis dans le même vase,
où on les remue plusieurs fois, pendant qu'ils se refroidissent, à l'aide
d'une sorte de longue spatule qu'on appelle *mouveron.* Lorsque la température est descendue à environ 40°, le grain du sucre commence à se
former ; alors on en remplit de grands vases en terre cuite, de forme
conique, percés à leur sommet d'un trou qui est bouché par un tampon
en linge humide et très-serré. Ces vases, qu'on appelle *formes,* sont
portés dans une étuve ; on les mettait autrefois égoutter sur des pots,
dans l'ouverture desquels on engageait leurs pointes, après en avoir
enlevé le tampon ; mais aujourd'hui on a remplacé cette disposition
coûteuse et incommode en engageant la pointe des formes dans de larges bancs percés de trous, et au-dessous desquels on place une gouttière
en zinc ; de cette manière , tous les sirops provenant de l'égouttage sont
réunis dans un seul récipient. Le sucre cristallise par le refroidissement,
et au bout de quelques jours la cristallisation est terminée ; mais pour
cela il faut que la température du lieu soit de 18° environ. Lorsque le
sucre resté dans la forme est suffisamment égoutté , on l'en retire ; c'est
ce que l'on appelle *sucre brut, cassonade* ou *moscouade ;* on le livre tel
dans le commerce aux raffineurs, qui lui font subir une série d'opérations
qui constituent l'art du raffineur, et dans les détails desquels j'entrerai
bientôt.

Pendant longtemps le sucre de la première espèce n'a été extrait, pour
les besoins de la société , que de la canne à sucre (*saccharum officina-*

rum), dans la plus grande partie des îles de l'Amérique et dans l'Amérique elle-même ; on l'obtient aussi, dans quelques contrées septentrionales de ce vaste pays, avec diverses espèces d'*acer*, et spécialement avec l'*acer saccharinum*. En Europe, on ne l'a retiré, jusqu'à ce jour, que des betteraves. Il paraît qu'on peut l'extraire aussi avec avantage des tiges de *maïs*.

La fabrication du sucre a pris en Europe, et particulièrement en France, une telle extension, que le sucre y est produit plus avantageusement qu'aux colonies ; ce progrès n'est pas seulement dû aux moyens perfectionnés que les Européens mettent facilement en pratique ; il provient encore de ce que la pulpe qui reste après l'extraction du jus de la betterave est un excellent aliment qui sert à l'engraissement des bestiaux, et aussi parce que la culture que nécessite cette plante rend la terre plus productive.

Du raffinage.

Les sucres extraits soit de la canne, soit des betteraves, ou des autres végétaux qui le contiennent, par les procédés que j'ai exposés, sont encore loin d'être purs, bien qu'on les livre dans le commerce ; pour les amener à l'état de pureté, ils doivent être soumis à une série d'opérations qui constituent le raffinage, et dont la connaissance et l'application forment l'art du raffineur.

Le sucre brut ou la cassonade que l'on trouve dans le commerce n'est pas de même qualité ; cette différence vient sans doute du mode d'extraction, des soins plus ou moins minutieux apportés dans cette extraction, et des altérations que la partie sucrée a éprouvées pendant le long trajet qu'elle a parcouru pour arriver des climats plus ou moins chauds.

Un des premiers points de l'art du raffineur consiste à déterminer, par la simple inspection et le toucher, la quantité de sucre raffiné que produira un sucre brut quelconque ; ce dernier en fournira d'autant plus qu'il aura un grain mieux formé et plus sec, et en rendra d'autant moins que son grain sera plus fin et plus gras, puisqu'en effet sa viscosité est due, en général, à une portion de sucre non cristallisable qui, étant interposé entre ces grains, lui donne cette propriété, et en diminue la quantité sous le même poids.

Un second point de l'art du raffineur est de savoir apprécier si le toucher gras d'un sucre brut est dû exclusivement à ce qu'il retient plus ou moins de sucre non cristallisable ou de mélasse, ou bien si cette viscosité est le résultat d'une altération produite par la fermentation que le sucre aura éprouvée pendant son voyage, ou bien encore si elle dépend de ce que, pendant son extraction, la désacidification du suc sucré n'aura pas été complétement opérée. Ces données sont utiles à connaître pour guider dans le mode qu'il conviendra de suivre pour arriver à un raffinage prompt, facile et fructueux, considérations importantes que le raffineur ne doit jamais perdre de vue.

Le raffinage du sucre consiste donc : à *dégraisser*, désacidifier et décolorer les sucres bruts du commerce ; à les cuire à un point déterminé pour les obtenir cristallisés confusément en masses ; à priver les cristaux saccharins du sucre non cristallisable ou mélasse, par un lavage convenablement exécuté ; enfin à sécher les masses cristallisées pour les livrer à la consommation.

Les opérations que je viens d'énumérer se font dans la même fabrique, que l'on appelle raffinerie ; et comme elles exigent un temps assez long, une raffinerie doit être d'autant plus spacieuse que ses travaux auront plus d'extension.

Pour procéder au raffinage du sucre, il faut : 1° un local destiné à contenir les chaudières à clarifier, les filtres et les réservoirs ; les chaudières sont de forme cylindrique ;

2° Un local dans lequel sont disposées les chaudières à cuire les sirops, les rafraîchissoirs, et les formes à sucre dans lesquelles se moulent les pains ;

3° De vastes pièces dans lesquelles on fait égoutter le sucre non cristallisable pour le séparer du sucre cristallisé, et dans lesquelles on lessive celui-ci pour le blanchir, opération que l'on appelle *terrage* ou *clairçage* ;

4° Une étuve, local quadrilatère très-élevé, dans toute la hauteur duquel sont placées, par étages surbaissés, des cloisons à jour pour recevoir les sucres terrés et les sécher ; ce local doit être disposé de la manière la plus convenable pour être chauffé économiquement à divers degrés de plus en plus élevés, sans craindre les accidents du feu.

On raffine le sucre en mettant dans la chaudière à clarification la cassonade avec la quantité d'eau justement nécessaire pour que le sirop ainsi obtenu marque 30 degrés à l'aréomètre de Baumé ; on chauffe graduellement, en ayant la précaution de remuer constamment avec une grande spatule que l'on appelle *mouveron* ; dès que le sucre est dissous, et que la liqueur est à la température de 35° ou 40° c., on y ajoute quelques millièmes de lait de chaux, si l'on opère sur du sucre de canne, car il est toujours acide ; tandis que le sucre de betteraves n'en a pas besoin, étant de sa nature au contraire alcalin ; on verse ensuite de 5

à 10 pour 100 à peu près de noir animal réduit en poudre fine, et
lorsque le mélange est complet, on ajoute par 1,000 kilog. de sucre
environ 4 à 5 kilog. de *sang de bœuf* privé de fibrine; on continue à
chauffer jusqu'au point de faire bouillir, et quand le bouillon s'est développé trois ou quatre fois à la surface du liquide, on fait couler
celui-ci dans de vastes filtres en coton croisé placés dans des caisses
carrées; le sirop, qui filtre rapidement, parfaitement limpide, mais
non assez décoloré, va se rendre dans des filtres dont la capacité varie,
mais qui cependant contiennent communément 150 kil. de noir animal
en gros grains; ces filtres, qui portent le nom de *filtres Dumont*, sont
formés d'une caisse en bois doublée de cuivre ayant la forme d'un cône
tronqué renversé; là le sirop est décoloré par l'action du charbon animal, jusqu'à ce qu'enfin, le pouvoir décolorant venant à s'affaiblir, le
sirop passe avec une couleur de plus en plus foncée; il arrive alors un
moment où le sirop (qui, dans ce cas, porte le nom de *clairce*) n'éprouve
plus aucune amélioration et passe tel qu'on le met à la surface; à ce
terme, on arrête l'opération, pour ôter le charbon, après l'avoir lavé,
et en mettre une nouvelle quantité, afin de recommencer comme précédemment; toutefois l'opération de la décoloration n'éprouve jamais
d'interruption, car dans une raffinerie on possède au moins une dou-
zaine de ces filtres, dont quelques-uns sont réservés pour remplacer
ceux qui s'usent, de manière à pouvoir les renouveler sans interrompre
le travail.

Tous ces sirops, plus ou moins décolorés, étant reçus dans un réservoir commun, donnent un mélange qui présente une décoloration
moyenne entre la teinte primitive de la clairce et le maximum de décoloration; de là le sirop est conduit dans l'appareil à cuire, semblable à
celui qui est employé dans l'extraction du sucre pour cuire le sirop.
Dans cet appareil, le sucre est cuit à une température qui ne dépasse
pas 70 à 80 degrés, et où l'évaporation se fait continuellement dans le
vide; il est aisé en outre d'y prendre le degré de cuisson du sirop par la
preuve des doigts; à l'aide de deux verres qui sont fixés à son dôme,
on peut parfaitement suivre la marche de la cuisson : au moyen d'un
jet de vapeur que l'on fait arriver à la surface du sirop cuit, on le
force à passer rapidement dans le rafraîchissoir, et à l'aide du vide que
l'on produit ensuite, le sirop à cuire est amené très-promptement dans
la chaudière; toute la manœuvre s'exécute au moyen d'un robinet, qu'il
s'agit seulement d'ouvrir ou de fermer.

L'épreuve du degré de cuisson dans le raffinage est exactement la même
que celle que doit donner le sirop lors de l'extraction du sucre, c'est-à-

dire qu'en prenant une goutte de sirop bouillant entre l'index et le pouce, et éloignant ensuite rapidement ces deux doigts l'un de l'autre, le filet produit par le sirop doit, en se rompant, former un crochet qui se recourbe en remontant sur l'index.

Une petite portion du sirop cuit au degré convenable est versée dans un rafraîchissoir, et un ouvrier l'agite en le foulant contre les parois de ce vase, à l'aide d'un large mouveron, afin de produire par cette agitation un refroidissement plus rapide, et de briser les cristaux qui se forment, pour les répartir ultérieurement dans toute la masse de la cuite, dans laquelle ils viennent former ainsi les premiers rudiments d'une cristallisation un peu confuse, qui est nécessaire pour produire le sucre en pain ; cette opération a pour but de faire la *pâte*. On a remarqué que, pour obtenir un beau grain, il est utile de verser successivement dans le même rafraîchissoir plusieurs cuites les unes sur les autres : là le sirop se refroidit lentement, et dès qu'il commence à grener, on procède à l'emplissage des formes. Le trou pratiqué au sommet du cône étant bien bouché avec un morceau de linge également humide, que l'on appelle *tape*, on place ces formes les unes à côté des autres, on les pose sur leur sommet et on les remplit de sirop. Peu de temps après, et lorsque celui-ci forme une croûte de 4 à 6 millimètres d'épaisseur à sa surface, on l'agite fortement en plongeant de haut en bas de la forme un couteau de bois également appelé *mouveron*, de manière à parcourir toute la circonférence intérieure ; par ce moyen, on rompt la cristallisation, qui devient confuse et donne au sucre le grain que recherchent les consommateurs ; cette opération se renouvelle deux et même jusqu'à trois fois. Lorsque le sirop est suffisamment refroidi, ce qui a lieu ordinairement douze heures après l'emplissage, les formes sont transportées par des ouvriers dans d'autres pièces, et posées, après avoir débouché la pointe du cône, sur des bancs percés et des gouttières, comme dans la fabrication. Le sirop interposé entre les cristaux de sucre s'écoule peu à peu ; on facilite cet écoulement en diminuant sa viscosité, à la faveur d'une certaine température que l'on entretient dans le local au moyen d'un chauffage favorablement disposé. Le sirop qui s'écoule porte le nom de *sirop vert*, pour le distinguer du sirop provenant de l'opération du terrage.

Lorsque tout le sirop vert est écoulé, des ouvriers enlèvent les formes les unes après les autres, et avec une sorte de ciseau ils grattent toute la surface du sucre, la divisent, et à l'aide d'un disque en fer emmanché en forme de truelle, ils compriment la surface, l'égalisent, et la chargent d'une couche de 12 à 15 millimètres d'épaisseur de sucre blanc provenant de pains de sucre cassés, puis ils replacent les formes sur de nouveaux bancs.

Terrage. On procède ensuite au blanchiment du sucre, c'est-à-dire au *terrage*. Quelque bien égoutté que soit le sucre, il reste toujours à la surface des cristaux une certaine quantité, petite à la vérité, de sirop vert, qui communique une couleur jaune à la masse : il faut donc, pour l'en débarrasser, faire éprouver à celle-ci une sorte de lavage sans la dissoudre ; c'est à quoi l'on parvient par le *terrage*, opération qui se pratique en versant à la surface du sucre, que l'on a égalisé en tasse, une couche de sucre blanc et une certaine quantité d'une bouillie faite avec de l'eau et de l'argile. On ne se servait autrefois que d'argile blanche, mais aujourd'hui on emploie l'argile des environs de Paris, après l'avoir épluchée des pyrites ferrugineuses qu'elle contient.

L'argile abandonne peu à peu l'eau qu'elle contient ; celle-ci, en dissolvant la couche du sucre blanc que l'on a mise à la surface du sucre à terre, s'en sature, forme un sirop blanc, lequel chasse, par déplacement, le sirop coloré qui mouillait les cristaux, et le remplace. On renouvelle le terrage autant de fois que cela est nécessaire, et jusqu'à ce que toute la masse de sucre soit bien lessivée, ce que l'on reconnaît quand, en recevant sur l'ongle une goutte du sirop qui s'écoule par la pointe, celui-ci n'a plus de couleur. Lorsque le pain cesse d'égoutter, on renverse les formes sur leur base pendant quelque temps, afin que le sirop qui est accumulé à la pointe puisse rentrer dans la masse ; alors on extrait le pain de sucre en plaçant la main sur celui-ci et en frappant légèrement le bord de la forme sur une table ; on le porte à l'étuve pour le faire sécher, et on l'enveloppe.

Aujourd'hui le terrage est abandonné dans toutes les fabriques du nord de la France ; il y est remplacé par la méthode dite du *clairçage,* dont on doit l'idée à M. Thénard. Cette méthode, plus simple, plus propre et plus rationnelle que le terrage, consiste simplement à laver le sucre avec du sirop très-blanc versé sur la pâte des pains, au lieu de laisser ce sirop se faire lentement aux dépens du sucre du pain, par l'eau qui s'écoulait de la terre ; trois doses de 2 litres chaque, mises de six en six heures, suffisent en général pour blanchir le sucre ; il y a dans l'emploi de ce moyen une très-grande économie de temps et de main-d'œuvre ; les dispositions sont les mêmes que pour le terrage.

Les divers sirops obtenus du raffinage du sucre sont cuits séparément et à diverses reprises, et fournissent les diverses qualités de sucre connues sous les noms de lombs, de bâtarde et de vergeoise. Enfin, lorsque les sirops refusent de cristalliser, bien qu'ils aient un haut degré de densité, on les vend dans le commerce sous le nom de *mélasse*.

Tel était l'état de la fabrication et du raffinage du sucre lorsque, dans ces derniers temps, divers chimistes ont proposé de nouveaux procédés dans le but de l'améliorer, tant sous le point de vue du rendement que sous celui d'une purification plus prompte et plus facile du produit.

Le premier qui fut expérimenté en Belgique par M. Melsens, sous les yeux d'une commission nommée par le gouvernement français, consiste dans l'emploi de 2 p. % de bisulfite de chaux à 10 degrés de l'aréomètre de Baumé, que l'on verse sur la pulpe de betterave au moment où elle se forme; le suc alors reste d'une blancheur parfaite. Mais c'est le seul bon résultat que l'on ait pu obtenir jusqu'ici; car la cuisson de ce sirop est fort difficile, sinon impossible; la cristallisation, plus lente, donne un sucre moins abondant, gras, et de qualité moindre que celui que fournit la méthode ordinaire, en admettant même que l'on puisse en faire disparaître la saveur insupportable que lui a communiqué l'acide sulfureux.

Jusqu'à présent ce procédé n'a été mis en pratique dans aucune fabrique française.

La seconde méthode, présentée par M. Dubrunfault, a pour but de précipiter le sucre par la baryte à l'état de sucrate presque insoluble; en effet, dans un sirop marquant 30 degrés environ à l'aréomètre de Baumé, et chauffé vers 60°, M. Dubrunfault verse, pour 100 parties de sucre, 60 parties d'hydrate de baryte délayé dans l'eau; alors le précipité s'effectue, entraînant avec lui naturellement tous les corps qui avec la baryte forment des composés peu solubles; ce précipité, lavé, est délayé dans l'eau, et on en précipite la baryte au moyen d'un courant d'acide carbonique; on sépare le dépôt du liquide, on filtre, puis on précipite de nouveau une partie de la baryte que n'a pu atteindre l'acide carbonique, au moyen d'une quantité correspondante de sulfate d'alumine; on clarifie avec du sang et du noir fin, puis on filtre de nouveau pour cuire et faire cristalliser lentement; les cristaux qui se forment sont encore séparés des eaux mères, qui elles-mêmes sont jointes à une nouvelle opération, dans la crainte qu'elles ne contiennent toujours de la baryte.

Malgré toutes ces précautions, et quelque séduisant que puisse paraître ce procédé, n'y a-t-il pas lieu de le redouter, tant à cause des difficultés qu'il présente, que parce que la baryte est un poison violent qui peut rester en partie, soit par la maladresse, soit par l'inattention des ouvriers, dans une matière qui fait partie maintenant de l'alimentation générale?

Quoi qu'il en soit, des essais ont été faits dans la raffinerie de M. Grar, à Valenciennes; mais jusqu'ici rien n'est encore passé dans la pratique.

M. E. Rousseau a présenté une troisième méthode, qui aujourd'hui n'offre plus rien de problématique, car plus de 900,000 kilogr. de ce sucre, fabriqué dans trois usines des plus considérables du département du Nord, ont été mis dans le commerce pendant la dernière fabrication.

Cette méthode a pour but de purifier immédiatement et assez complétement les jus-sucrés, pour qu'ils puissent donner du premier jet, et dès la première concentration, du sucre du plus beau blanc, sans odeur et sans saveur étrangère, et dans un état de pureté tel, qu'il peut être livré de suite à la consommation sans avoir besoin d'aucun raffinage, et cela aussi abondamment que l'on obtenait autrefois le sucre brut.

Pour atteindre ce but, M. E. Rousseau met à profit : 1° la propriété que possède le sucre de se combiner à la chaux, et de la dissoudre en grande quantité ;

2° La faculté que possèdent les sels de chaux de rendre insolubles, sous l'influence d'une température peu élevée, les matières organiques et mucilagineuses, étrangères au sucre.

Il observe et suit pas à pas la nature de ces substances étrangères, ainsi que leurs modifications pendant la conservation des betteraves.

Par une observation rigoureuse de la température à laquelle le jus se trouve soumis pendant tout le traitement, il évite les altérations qui se produisaient dans l'ancien procédé, et toutes celles qui pourraient prendre naissance sous l'influence des alcalis caustiques auxquels tous ces corps se trouvent soumis. Voici, en peu de mots, comment on opère :

Dans le jus légèrement chauffé vers 50°, on ajoute un lait de chaux en quantité telle que tout le sucre se trouve transformé en sucrate, qui, à son tour, précipite comme le ferait un sel de chaux ou de plomb, toutes les matières étrangères au sucre ; on en ajoute tant qu'il se forme un précipité, puis on chauffe de nouveau, mais avec précaution, sans jamais atteindre plus de 80° à 85° ; d'abondantes écumes se forment à la surface ; on soutire alors le liquide clair et incolore qui est au-dessous, pour le faire passer immédiatement dans un autre vase, où il est soumis à un courant d'acide carbonique; ce gaz, produit simplement par la combustion du charbon, précipite la chaux à l'état de carbonate; lorsque la saturation est à peu près complète, on ajoute au liquide une très-petite quantité d'ammoniaque, afin de précipiter les sels de chaux qui auraient résisté à l'acide carbonique; cette base, en s'emparant des acides végétaux qui existent dans le jus, forme des sels neutres solubles, qui, à leur tour, sont décomposés par la potasse ou la soude que la chaux avait mises en liberté; l'ammoniaque est chassée par la chaleur, et de cette manière l'équilibre qui existait entre ces éléments minéraux, primitivement contenus dans le végétal, est rétabli.

Dans cet état, le jus, filtré pour le débarrasser du précipité de carbonate qui le trouble, est incolore, pur, et de saveur très-agréable; il est immédiatement cuit et mis dans des formes, où il cristallise assez pur et assez beau pour être livré au commerce, après le travail des greniers.

Ainsi, comme on le voit, M. E. Rousseau se sert du sucre pour rendre la chaux soluble, comme il le ferait d'un acide, et c'est ce sel qui se régénère aussitôt qu'il est détruit par la précipitation des corps étrangers, et qui opère la purification du jus, quelle que soit son impureté. On conçoit, d'après cela, que les quantités de chaux doivent être essentiellement variables, puisqu'elles dépendent de celles des matières étrangères contenues dans le jus, et de leur état de conservation; c'est ainsi qu'au commencement de la campagne, dans une usine, on mettait 15 kilogrammes de chaux pour 10 hectolitres de jus, tandis qu'à la fin cette quantité s'était graduellement élevée à plus de 50 kilogrammes; au moins, par ce procédé, on sépare les impuretés du jus, sans y rien ajouter de nuisible ou d'insalubre.

Sucre d'érable. —On concentre dans des chaudières la séve sucrée de l'*acer saccharinum,* qui croît aux États-Unis, et l'on obtient un sucre que l'on consomme dans le pays, sans l'avoir soumis au raffinage.

Sucre de châtaigne. — Les châtaignes contiennent, outre le sucre, de la fécule, une matière gommeuse, et de l'albumine. On laisse en contact, pendant vingt-quatre heures, 3 parties d'eau et 1 partie de châtaignes pulvérisées et privées de leur écorce; on agite le mélange de temps en temps, et on décante la liqueur; on remet une nouvelle quantité d'eau sur la poudre, et on recommence la même opération après avoir décanté le liquide; le résidu est presque entièrement formé de fécule; les trois dissolutions contiennent le sucre et le mucilage; on les fait chauffer séparément jusqu'à ce qu'elles marquent 38 degrés à l'aréomètre de Baumé, et on les met dans une étuve; au bout de quelques jours, elles cristallisent; la première dissolution, plus sucrée et moins mucilagineuse que les deux autres, cristallise plus facilement. On met les cristaux, qui sont plus ou moins pâteux, dans des toiles serrées; on les presse; la majeure partie du mucilage s'écoule par les trous, tandis que la cassonade reste dans la toile: cette cassonade, assez belle, très-sucrée, conserve une légère saveur de châtaigne.

Les châtaignes paraissent pouvoir fournir jusqu'à 14 pour 100 de sucre; mais comme le fruit se trouve à peine en quantité suffisante pour la nourriture des habitants des pays où on le récolte, que conséquemment il est d'un prix toujours très-élevé, que, d'un autre côté, il faut un grand nombre d'années pour que l'arbre qui le produit soit en rapport, et que le mode d'extraction du sucre qu'il renferme est assez coûteux, on doit conclure que sa vente n'entrera jamais en concurrence avec celle du sucre de canne et de betterave.

Extraction du sucre de fécule, de ligneux, de chiffons , de miel , et de l'urine des diabétiques (glucose).

Sucre de fécule. — On transforme la fécule en sucre au moyen de l'acide sulfurique. Je crois, avant d'indiquer les détails de cette opération, devoir décrire les appareils ; comme l'acide sulfurique exerce une action corrodante ou dissolvante sur les métaux avec lesquels on construit ordinairement les chaudières , surtout à l'aide de la chaleur et avec le contact de l'air, il a fallu nécessairement, pour opérer en grand, imaginer des appareils qui fussent à l'abri de l'action dont je viens de parler, et qui exigeassent pour leur construction une mise de fonds peu considérable.

Si, par exemple, l'on se proposait de ne travailler que sur 50 kilogrammes de fécule à la fois, une fontaine de grès de la contenance de quatre à cinq voies d'eau serait suffisante ; mais si, comme cela est plus avantageux, on veut opérer sur plusieurs centaines de kilogrammes de fécule, et même sur des milliers à la fois, on ne peut employer à cet effet qu'une cuve en bois. Comme la saccharification de la fécule ne s'exécute bien et promptement qu'à la faveur d'une ébullition vive et continuée pendant plusieurs heures, et que les douves de la cuve, quelque épaisseur qu'elles aient, se voilent promptement, et ne tardent pas à être ramollies par l'effet réuni de l'eau bouillante et de l'acide sulfurique, bien que celui-ci soit très-dilué, il est indispensable de doubler l'intérieur de cette cuve avec du plomb laminé, de l'épaisseur d'une ligne; par ce moyen, elle n'est exposée à aucune fuite, et on a l'avantage de pouvoir employer à la construction de la cuve des planches ordinaires , de quelque bois qu'elles soient.

La forme de cette cuve n'est point indifférente, l'expérience a appris que la forme d'un cône tronqué était préférable à toutes les autres; quelle que soit la dimension qu'on lui donne, le plus grand diamètre doit être en haut ; le plus petit, celui du fond, en bas, ne doit pas avoir au delà de 80 à 90 centimètres.

C'est dans cette cuve que la fécule est transformée en sucre ; l'ébullition y est produite par un courant rapide et non interrompu de vapeur, que l'on y amène, jusqu'au fond, à l'aide d'un tube en plomb, divisé à son extrémité en trois branches, percées de chaque côté de petits trous de 2 millimètres de diamètre ; c'est par ces ouvertures que sort la vapeur, qui vient ensuite balayer et repousser dans la masse de la liqueur toutes les parties qui tendraient à se déposer au fond de la cuve.

La vapeur nécessaire pour cette opération est produite par un bouilleur suffisamment grand pour subvenir à plusieurs besoins à la fois ; elle doit avoir une tension au moins de deux atmosphères, et pouvoir être amenée à volonté et en proportions déterminées, à l'aide d'un robinet que l'on ouvre plus ou moins, et qui sert à la supprimer quand la saccharification est terminée.

Procédé. On commence par verser dans la cuve 30 parties d'eau, la plus limpide et la meilleure que l'on puisse se procurer (j'entends par là la moins saline) ; on y ajoute immédiatement 1 partie d'acide sulfurique concentré du commerce, et on fait arriver la vapeur dans le liquide, qui est rapidement porté à l'ébullition ; pendant ce temps, un ouvrier délaie rapidement et le plus exactement possible 100 parties de fécule dans 100 parties d'eau, et pour cela il se sert d'une auge placée un peu au-dessus de la cuve à saccharifier et convenablement disposée pour manœuvrer facilement ; dès que la fécule est réduite en bouillie, et que le mélange de l'eau et de l'acide est en pleine ébullition, à l'aide d'une ouverture que l'ouvrier débouche, il fait écouler graduellement dans la cuve l'amidon délayé, et pendant ce temps il fournit le plus de vapeur possible ; l'amidon délayé, en tombant dans la liqueur bouillante, se prend bientôt en une masse pâteuse, consistante, qui se résout promptement en un liquide blanchâtre qui acquiert de plus en plus de la transparence. A dater du moment où toute la masse est en ébullition, il faut continuer celle-ci pendant six heures consécutives et sans ralentissement ; comme cette ébullition doit être toujours très-vive, il est nécessaire, pour éviter les pertes, de laisser dans la cuve un espace vide suffisant pour permettre au bouillon de se développer à la surface de la liqueur sans en projeter au dehors ; et comme il faut, autant que possible, éviter la condensation de la vapeur qui traverse la liqueur et la fait bouillir, la cuve doit être exactement couverte par un corps non conducteur : ainsi on la ferme avec un faux fond, qui ne laisse qu'un

passage au tube qui apporte la vapeur ; ce tube est percé d'un trou par
où cette vapeur s'échappe ; elle est ensuite portée au dehors de l'atelier,
dans l'intérieur d'une cheminée; il est d'autant plus important de porter
cette vapeur au dehors de l'atelier, qu'elle répand, surtout pendant les
deux premières heures que dure la saccharification, une odeur de punaise et de couleuvre très-désagréable, odeur qui est un produit de l'évaporation de l'huile essentielle contenue dans la pomme de terre.

L'expérience a appris qu'il fallait six heures d'ébullition vive pour
saccharifier le plus complétement possible la fécule ; si l'on fait bouillir
moins longtemps, ainsi que quelques fabricants le font, on obtient un
beau sirop, mais il contient beaucoup de matière gommeuse, et il est
beaucoup moins sucré que celui qui a été préparé par une plus longue
ébullition : au surplus, on a un moyen de s'assurer que l'amidon est entièrement converti en sucre, et qu'il ne contient plus de matière gommeuse, en prenant une petite quantité de la liqueur sur une assiette, en
y ajoutant quelques gouttes de solution d'iode, qui ne doit produire aucune coloration bleue ou violette.

La saccharification de l'amidon étant complète, on procède immédiatement à la saturation de l'acide sulfurique qui l'a déterminée : pour
cela, on suspend presque complétement l'ébullition en fermant plus ou
moins le robinet qui donne passage à la vapeur, et on verse dans la liqueur, par très-petites portions à la fois, une bouillie faite avec de la
craie délayée dans un peu d'eau ; à chaque addition de cette bouillie, il
se produit une vive effervescence qui s'affaisse graduellement et disparaît ; c'est pour ce motif qu'il est nécessaire de ne verser la bouillie que
par petites fractions à la fois. On reconnaît que l'acide sulfurique est
complétement saturé, quand la liqueur n'a plus d'action sur le tournesol, et qu'une dernière addition de craie ne produit plus d'effervescence,
bien qu'on ait augmenté l'ébullition en donnant à la liqueur une grande
quantité de vapeur.

A l'aide d'une soupape, on fait écouler toute la liqueur dans une cuve
cylindrique très-élevée ; on passe de l'eau dans la cuve à saccharifier,
et on procède à une seconde saccharification, et ainsi successivement à
d'autres. Par le repos de quelques heures, la liqueur saturée s'éclaircit,
et laisse déposer une matière blanche, composée de sulfate de chaux et
des téguments de la fécule ; on soutire le liquide à l'aide d'un robinet
placé à quelques pouces du fond de la cuve, et on procède de suite à son
évaporation ; le dépôt est mis dans des sacs pour égoutter, et la liqueur
est ajoutée à celle que l'on évapore.

L'évaporation doit être poussée le plus vivement possible, et lorsque la liqueur a acquis 20 degrés environ au pèse-sirop, elle se trouble ; en effet, il se précipite du sulfate de chaux qui était tenu en dissolution ; à 28 ou 29 degrés de densité au même instrument, il ne s'en précipite plus : alors, lorsque le sirop est destiné à la brasserie, on le fait écouler dans un réservoir élevé et de forme cylindrique, où, par un refroidissement lent, il se dépouille presque complétement du sulfate de chaux qu'il tenait en suspension ; mais si on veut l'obtenir parfaitement transparent pour l'employer comme matière sucrée, on lui fait subir une clarification au moyen de l'albumine : à cet effet, on délaie exactement, au moyen d'un fouet en osier, trois œufs par 50 kilogrammes de sirop ; on porte le mélange à l'ébullition, on écume, et on filtre à travers un blanchet.

Le sirop ainsi préparé est d'une couleur à peine ambrée, d'une limpidité parfaite, et jouit d'une saveur franchement et très-fortement sucrée, quoique conservant un arrière-goût amer.

Pour amener le sirop de fécule à l'état de sucre concret, il faut porter sa cuisson de 35 à 36 degrés du pèse-sirop, et l'abandonner à lui-même dans un lieu sec et frais ; il se concrète en quelques jours sous forme de petits cristaux, qu'on ne peut obtenir en masses compactes et solides qu'en l'exprimant graduellement et fortement, après l'avoir introduit dans des sacs de toile, pour en séparer une portion de sirop qui finit même par se concréter avec le temps.

Si on filtre le sirop de fécule avant sa cuisson et après sa clarification sur le charbon animal, au moyen du filtre imaginé par M. Dumont, on obtient un sirop presque aussi incolore que l'eau distillée ; cette décoloration est la seule qualité que cette opération, qui est assez dispendieuse, procure au produit : on peut très-bien s'en passer dans toutes les circonstances où on l'emploie.

Depuis les beaux travaux de M. Biot et de MM. Payen et Persoz, on a proposé de saccharifier la fécule au moyen de la *diastase* (voy. ce mot) ; on obtient par son emploi une matière sucrée, supérieure en qualité à celle qui est produite par l'acide sulfurique ; on en a fabriqué des quantités considérables, qui ont été débitées dans le commerce sous le nom de sirop de *dextrine;* mais l'usage de ce sirop n'a pas tardé à faire connaître que, tout incolore qu'il était, il sucrait beaucoup moins que celui qui était fait avec l'acide sulfurique : les recherches chimiques, d'ailleurs, ont prouvé qu'il contenait, quoi que l'on fît, une énorme proportion de matière gommeuse (45 pour 100). Comme l'emploi du sirop ainsi préparé a inspiré de la sécurité à une certaine classe de consommateurs, qui avaient jusqu'alors, par crainte, refusé de faire usage du sirop fait avec l'acide sulfurique, et que, par ces motifs, son débit a pris une sorte de faveur, on vend encore du sirop dit de *dextrine;* mais il est plus que probable que ce n'est pas du sirop de diastase, mais bien du sirop préparé avec l'acide sulfurique, car il contient autant de sulfate de chaux que ce dernier, et il est deux fois aussi sucré que celui que l'on avait d'abord obtenu avec la fécule et la diastase, ou l'orge germée (Barruel).

Sucre de ligneux. — En faisant bouillir du ligneux (cellulose) avec deux fois son poids d'acide sulfurique, on transforme en glucose la dextrine qui s'était produite.

Sucre de chiffons. — On prépare cette variété de glucose en ajoutant par petites portions 17 parties d'acide sulfurique concentré sur 12 parties de chiffons en petits morceaux ; le mélange ayant été abandonné à lui-même pendant deux jours, on le traite par une grande quantité d'eau, puis on fait bouillir pendant huit ou dix heures ; on sature par du carbonate de chaux (craie), on filtre, on évapore jusqu'en consistance sirupeuse, et on laisse cristalliser.

Sucre de miel. — Il suffit de traiter le miel par de l'alcool froid pour dissoudre une matière sirupeuse et cristallisable qu'il renferme; le glucose reste, et peut être purifié en le faisant cristalliser plusieurs fois dans de l'alcool aqueux.

Sucre de diabète. — Ainsi que je l'ai déjà dit, ce sucre, tout à fait analogue à celui de fécule, est produit dans la singulière maladie connue sous le nom de diabète sucré. Les individus atteints de cette affection rendent quelquefois jusqu'à 18 litres d'urine par vingt-quatre heures, et chaque litre contient souvent jusqu'à 85 grammes de glucose.

On l'extrait facilement de l'urine, qui est en général limpide, presque incolore, neutre au papier de tournesol, et fort peu chargée des matières neutres ou salines qui existent habituellement dans l'urine normale, à l'exception cependant du sel marin. On évapore doucement cette urine au bain-marie jusqu'en consistance de sirop ; on l'abandonne ensuite à elle-même pendant quelques jours ; elle ne tarde pas à se prendre en une masse cristalline jaune, que l'on traite par de l'alcool à 94 centièmes bouillant. On décolore cette dissolution alcoolique de glucose par du charbon animal, on filtre et on évapore jusqu'en consistance sirupeuse ; le glucose cristallise en mamelons, et il ne s'agit plus que de le purifier par des cristallisations réitérées. Si l'urine était chargée de mucus, il faudrait l'en débarrasser en y versant un peu de sous-acétate de plomb, qui, en produisant avec lui une combinaison insoluble, le précipiterait; il suffirait alors de filtrer pour obtenir une liqueur limpide.

L'urine des diabétiques est tellement abondante et chargée de sucre, qu'il n'est pas rare de trouver des malades qui puissent fournir 2 kilogrammes de sucre dans un jour (Péligot).

IIIᵉ ESPÈCE. — SUCRE DES FRUITS ACIDES. $H^{12}C^{12}O^{12}$.

On trouve ce sucre dans les *raisins,* les groseilles, les cerises, les prunes, etc., ainsi que dans la séve ascendante du bouleau et dans la séve descendante de l'érable. Il est incristallisable, et offre l'apparence de la gomme; il est très-déliquescent, très-soluble dans l'eau, et même dans l'alcool à 33 degrés; il est insoluble dans l'alcool absolu; sous l'influence des ferments, il fermente immédiatement, et fournit de l'alcool et de l'acide carbonique. La dissolution aqueuse et sirupeuse du sucre des fruits acides, abandonnée pendant longtemps à elle-même, laisse déposer des petits grains cristallins de glucose, $H^{14}C^{12}O^{14}$; on voit que, comparé au sucre de fruits, ces grains renferment en plus 2 équivalents d'eau; ce simple changement de composition suffit pour donner à ces deux corps des propriétés différentes: ainsi la dissolution du sucre de fruits dévie le plan de polarisation *vers la gauche,* la dissolution des grains cristallins le dévie vers la droite.

Préparation. On exprime le suc des fruits; on sature les acides par du carbonate de chaux (craie); on fait bouillir le suc avec du blanc d'œuf qui, en se coagulant, entraîne avec lui des matières mucilagineuses, etc.; on filtre, et, par une évaporation ménagée, on obtient le sucre des fruits ayant une apparence gommeuse.

Préparation du sucre de raisin. — Le suc de raisin est formé d'eau, de sucre, d'une matière analogue au ferment, de bitartrate de potasse, de tartrate de chaux, de quelques sels, etc. On commence par saturer l'excès d'acide tartrique avec du marbre ou de la craie en poudre (carbonate de chaux); on agite; lorsqu'il n'y a plus d'effervescence, on laisse reposer la liqueur, on la décante, et on la traite par du sang ou des blancs d'œufs, comme je viens de le dire; on fait évaporer le liquide jusqu'à ce qu'il marque 35 degrés bouillant à l'aréomètre, puis on le laisse refroidir et cristalliser.

Sirop de raisin. — On le prépare comme le sucre.

IVᵉ ESPÈCE. — SUCRE DE SEIGLE ERGOTÉ. ·

La variété décrite sous le nom de *sucre de champignon* par M. Braconnot paraît n'être que de la mannite, et non un véritable sucre; tandis que Wiggers a obtenu, en traitant l'extrait alcoolique de *seigle ergoté* par l'eau chaude, une liqueur *sucrée* qui, évaporée en consistance de sirop, dépose des prismes quadrangulaires à base rhomboïde, terminés par un sommet dièdre, incolores, solubles dans l'eau et dans l'alcool, lesquels, en contact avec la levure de bière, entrent en fermentation.

D'après l'analyse de MM. Pelouze et Liebig, la composition de ce sucre est exprimée par $H^{13} C^{12} O^{13}$.

Ve ESPÈCE. — Sucre liquide. $H^{12} C^{12} O^{12}$.

Le sucre liquide existe presque toujours dans les végétaux conjointement avec les autres espèces; il constitue la partie liquide des différents miels et la presque totalité des *mélasses*; on peut, d'après M. Mitscherlich, transformer en sucre liquide le sucre de canne et le glucose, en les soumettant à l'influence des acides. Il est incristallisable, très-soluble dans l'alcool, et dévie à *gauche* la lumière polarisée.

Les *mélasses* des colonies renferment en général 45 pour 100 de sucre de canne et 22 pour 100 de glucose; on peut les faire fermenter, et l'on obtient 1200 litres d'alcool à 93 degrés, en agissant sur 2,500 kilogrammes de mélasse; pour cela on les étend de dix fois leur poids d'eau, on les sature par l'acide sulfurique, on fait chauffer jusqu'à 25° c., puis on y ajoute de la levure de bière. Le résidu provenant des mélasses fermentées est très-riche en alcali, puisqu'il renferme 45 pour 100 de carbonate de potasse et 34 pour 100 de carbonate de soude. On emploie les mélasses pour nourrir les bestiaux, pour préparer les eaux-de-vie, des alcools et des vinaigres. On les obtient, comme je l'ai déjà dit, dans la fabrication du sucre de canne et de betterave.

Des moyens propres à déterminer les proportions de sucre de canne et de glucose contenus dans un suc sucré.

On a proposé plusieurs procédés soit pour distinguer le sucre de canne du glucose, soit pour déterminer dans quelle proportion chacun de ces sucres entre dans un liquide sucré; je me bornerai à décrire ceux de M. Barreswil et de M. Clerget. Ce dernier a pour base l'action des dissolutions saccharines sur la lumière polarisée, d'après les travaux remarquables de M. Biot.

Procédé de M. Barreswil. J'ai déjà dit (voy. p. 48) que le tartrate de bioxyde de cuivre dissous dans la potasse était décomposé, d'après Frommherz, par le *glucose,* et que le bioxyde de cuivre était ramené à l'état de protoxyde de cuivre rouge qui se précipitait, et j'ai fait remarquer que le *sucre de canne* ne produisait pas le même phénomène; on sait, d'un autre côté, que le sucre de canne est converti en glucose par les acides minéraux. Partant de ces deux faits, M. Barreswil commence par préparer une dissolution de tartrate de bioxyde de cuivre dans la potasse, à laquelle il donne le nom de liqueur *saccharimétrique;* pour cela, on fait dissoudre à la température de l'ébullition 50 grammes de bitartrate de potasse (crème de tartre) et 40 grammes de carbonate de soude dans un tiers de litre d'eau; on fait bouillir cette dissolution avec 30 grammes de sulfate de bioxyde de cuivre cristallisé et en poudre fine; dès que la dissolution que l'on vient d'opérer est refroidie, on la mêle avec 40 grammes de potasse pure dissoute dans un quart de litre d'eau, et l'on ajoute assez de ce dernier liquide pour avoir un litre de liqueur; on fait bouillir de nouveau. La liqueur saccharimétrique, renfermée dans un vase violet, se conserve très-bien dans un lieu obscur.

S'il s'agit de *distinguer* le glucose ou le sucre des fruits du sucre de canne, on se borne à verser la liqueur saccharimétrique dans la dissolution de sucre, et à chauffer; le glucose donne du protoxyde de cuivre sous forme d'un nuage jaune ou d'un précipité rouge, suivant que la dissolution en contient plus ou moins; la dissolution de sucre de canne ne produit rien de semblable : deux ou trois centimètres d'une liqueur contenant par litre des traces de glucose suffisent pour déceler sa présence. Si, au lieu de chauffer le sucre de canne pendant quelques secondes, on le faisait bouillir pendant deux minutes environ, on obtiendrait un précipité jaune verdâtre qui pourrait induire en erreur les personnes peu expérimentées; en sorte que, pour bien distinguer les deux sucres par le procédé de M. Barreswil, il faut tout au plus faire bouillir les liqueurs pendant quinze à vingt secondes. On peut également démontrer par ce moyen l'existence du glucose dans l'*urine des diabétiques;* toutefois, comme l'acide urique qui fait partie de cette urine réduit aussi le bioxyde de cuivre et le transforme en protoxyde, il faut de toute nécessité séparer cet acide de l'urine, avant de la soumettre à l'action de la liqueur *saccharimétrique;* on y parvient facilement en précipitant l'acide urique par le sous-acétate de plomb et en filtrant; l'urine filtrée est ensuite traitée par de l'acide sulfurique ou par un sulfate soluble, afin de la débarrasser de l'excès du sous-acétate de plomb employé.

Lorsqu'on veut savoir combien un mélange dissous des deux sucres contient de *sucre de canne,* on commence par déterminer, à l'aide de la liqueur *saccharimétrique,* quelle est la quantité de glucose contenue dans 100 parties du mélange; supposons qu'elle soit de 50 : alors on fait bouillir pendant une ou deux minutes 100 parties du mélange avec $\frac{1}{40}$ de son volume d'acide chlorhydrique, qui transforme tout le sucre de canne en glucose, et l'on verse dans la dissolution la liqueur *saccharimétrique*; nécessairement la quantité de glucose sera plus abondante, puisqu'elle se composera de celui qui existait primitivement dans le mélange et de celui qui s'est formé par l'action de l'acide chlorhydrique; admettons qu'on la trouve égale à 80, il est évident qu'en retranchant de ce nombre les 50 parties de *glucose* contenues dans le sucre, il en restera 30 parties pour le sucre de canne transformé. Maintenant on peut savoir, par des essais faits antérieurement, quelle est la quantité de sucre de canne qu'il a fallu employer pour le faire passer à l'état de glucose, en le faisant bouillir avec de l'acide chlorhydrique.

On pourrait également employer la potasse pour distinguer le sucre de canne du glucose; en effet, ce dernier *brunit* quand on le fait bouillir pendant deux minutes environ avec une dissolution de glucose, et il se colore sensiblement en jaune verdâtre si on le fait seulement bouillir pendant quelques secondes; le sucre de canne, au contraire, se colore tout au plus en jaune très-clair lorsqu'on le fait bouillir pendant deux minutes, et ne change pas de couleur si l'ébullition n'est pas prolongée au delà de quelques secondes. En comparant ce procédé à celui de M. Barreswil, on peut se convaincre qu'il est aussi sûr et aussi sensible que l'autre; mais celui de M. Barreswil donne des résultats tellement nets et tellement saillants, qu'il doit être préféré.

Procédé de M. Clerget (saccharimétrie optique, voy. p. 34).

DE L'AMIDON. $H^9C^{12}O^9,HO$.

L'*amidon* est un principe immédiat lié intimement à l'organisation du végétal qui le produit; car on le trouve dans les racines, les tiges, les fruits des végétaux. Les pommes de terre, les racines d'arum, de bryone, de jatropha, d'orchis, de panais, etc., toutes les graines des céréales, la graine de betteraves et du *chenopodium quinoa*, les palmiers, les marrons, les châtaignes, les fèves, les lentilles, les haricots, les pois, le maïs, etc., en contiennent des proportions en général considérables. L'*amidon des pommes de terre* est ordinairement appelé *fécule de pommes de terre*.

Quoique l'amidon ne présente pas toujours le même aspect, on peut dire qu'il est en général sous forme de grains plus ou moins gros, comme cristallins, offrant une configuration qui varie, selon la source d'où il provient, d'un blanc éclatant, insipides, inodores, craquant sous les doigts.

L'amidon séché dans le vide et chauffé à 200° c. acquiert une couleur ambrée sans perdre de son poids, et se trouve changé, lui qui n'est pas soluble dans l'eau froide, en *dextrine* très-soluble dans ce liquide à la température ordinaire, et ayant la même composition que l'amidon. Si on agit avec de l'amidon qui n'a pas été desséché dans un tube hermétiquement fermé qui s'oppose à l'évaporation de l'eau, cette transformation a lieu à 170°, et même à une température inférieure. Au reste, la quantité d'eau contenue dans l'amidon varie suivant la manière dont il a été desséché : ainsi

L'amidon	anhydre combiné avec le protoxyde de plomb	$H^9C^{12}O^9$
—	desséché entre 100° et 140° c. (vide sec). . .	$H^9C^{12}O^9$, HO
—	desséché à 20° (vide sec).	$H^9C^{12}O^9$, 3HO
—	desséché à l'air (20° hygrom. 0, 6).	$H^9C^{12}O^9$, 5HO
—	séché à l'air saturé d'humidité.	$H^9C^{12}O^9$,11HO
—	égoutté le plus possible.	$H^9C^{12}O^9$,16HO

Ce dernier contient environ 45 pour 100 d'eau ; celui qui a été desséché à l'air saturé d'humidité en renferme 35 pour 100, et celui qui est conservé dans des magasins secs, 18 pour 100.

L'amidon chauffé à une température plus élevée se liquéfie, noircit, et donne tous les produits que fournissent les principes immédiats non azotés, en laissant un charbon luisant et très-léger (voy. p. 4).

L'air sec n'exerce aucune action sur l'amidon ; il absorbe au contraire de l'eau sans en être mouillé à l'extérieur, s'il est en contact avec l'air humide.

L'action de l'*eau* sur l'amidon a été la source d'expériences nombreuses sur lesquelles ont été fondées les diverses hypothèses des naturalistes relativement à l'*organisation* et à la *composition de ce corps :* en effet, l'amidon est insoluble dans l'eau froide ; mais si l'on en broie sous l'eau une petite quantité pendant quelque temps dans un mortier, et que l'on filtre, la liqueur limpide, contiendra une portion d'amidon assez considérable et facilement reconnaissable à la coloration bleue que lui donne l'iode (voy. p. 75) ; si , au lieu d'employer de l'eau froide, on porte peu à peu la liqueur à l'ébullition, bientôt les grains d'amidon disparaissent, et la fluidité de l'eau est remplacée par une masse mucilagineuse, épaisse et tremblotante , connue sous le nom d'*empois* (1).

---

(1) L'eau à 70° dissout l'amidon, si celui-ci a été imprégné de diastase (Jacquelain, *Ann. de chim.*, 1843).

D'après ces faits, les *grains d'amidon* furent considérés, d'abord en 1716 par Leewenhoeck, par M. Raspail en 1825, et ensuite par tous les chimistes, comme de petits sacs formés d'une enveloppe ou tégument insoluble dans l'eau, qui reçut le nom d'*amidon tégumentaire* ou *insosoluble,* et d'une matière soluble appelée à son tour *amidon soluble, amidine* et *amidone,* selon les propriétés que les recherches des chimistes assignèrent à cette substance soluble ; dans cette manière de voir, les grains ainsi formés n'éprouvaient aucune action de la part de l'eau froide, le tégument y étant insoluble ; mais venait-on à élever la température, ces grains se gonflaient, l'enveloppe crevait et laissait échapper toute la matière soluble ; ces résultats étaient confirmés jusqu'à un certain point par l'espèce de déchirement que le frottement du pilon faisait éprouver au tégument, qui laissait alors échapper la matière intérieure que l'on retrouve après la filtration dans la liqueur. Ces explications ont été abandonnées depuis les recherches de MM. Payen et Jacquelain ; il est démontré aujourd'hui que l'empois n'est qu'une dissolution apparente des grains d'amidon, qu'il n'est point produit par le gonflement qu'éprouve chacun des grains, qui, ainsi distendus et gonflés, se confondent en une même masse, et qu'en outre les diverses configurations que présente l'amidon, selon la source où il est puisé, ne sont que le résultat de l'organisation du végétal d'où on l'extrait ; que chaque grain est formé lui-même de petits granules d'un diamètre de $^2/_{1000}$ de millimètres environ, liés entre eux par une matière azotée analogue à l'albumine ; en effet, si, comme l'a fait M. Jacquelain, on expose dans la marmite de Papin 1 partie d'amidon de pommes de terre et 5 d'eau, pendant deux heures, à une température de 150°, la liqueur devient limpide ; si on la filtre, on voit bientôt, par le refroidissement de cette dissolution, une matière blanche, opaque et pulvérulente, se déposer, tandis que la matière azotée reste sur le filtre sous forme de longs filaments, sans aucune organisation apparente ; le dépôt blanc est formé par les petits granules d'amidon, qui, désagrégés par la haute température à laquelle il a été soumis, se précipitent par le refroidissement ; solubles vers 70°, et d'autant plus que la température s'élève davantage, ces granules deviennent au contraire insolubles à un degré inférieur, si bien qu'à 12° ils sont à peine solubles dans l'eau. — Ces globules, vus au microscope, se présentent sous forme de corps parfaitement *circulaires* ou même *sphériques,* d'un diamètre de $^2/_{1000}$ de millimètre ; desséchés, ils ont la blancheur de l'amidon, sans en partager l'éclat ; ils sont plus denses que l'eau et se précipitent de ce liquide presque aussi vite que l'amidon; d'où il suit que l'empois ne peut être constitué que par le gonflement que subissent les granules d'amidon agrégés par la matière azotée, car si la proportion d'eau employée pour obtenir cet empois est de quinze fois environ celui de l'amidon, la dissolution obtenue à chaud ne précipite pas par le refroidissement. Quoique cette dissolution puisse filtrer claire et saturée d'amidon, il est cependant facile de démontrer que celui-ci y existe à l'état de suspension; en effet, si l'on soumet à la congélation une dissolution d'amidon, et qu'on l'expose ensuite à une température au-dessus de zéro, il reste une matière membraneuse, comme feutrée, occupant le volume de la liqueur, et d'où il est facile, par un moyen mécanique, de séparer les granules et la matière azotée tégumentaire. On peut encore démontrer de la manière suivante que ce corps n'est que suspendu dans l'eau : l'amidon ayant la propriété de prendre une couleur bleue par le contact d'une dissolution d'iode, si l'on vient à colorer de cette manière un *solutum* d'amidon, et qu'on le jette sur un filtre, la dissolution passera colorée, car les granules assez divisés filtreront à travers les pores du papier; mais il n'en est plus de même lorsque la propriété dissolvante de l'eau est changée par l'addition d'un sel neutre quelconque, comme le chlorure de sodium ou de calcium; alors le réseau membraniforme d'amidon bleu se sépare de l'eau, reste sur le filtre, et la liqueur passe incolore.

De ces faits, on peut conclure que les divers amidons que l'on extrait des végétaux sont produits par l'accolement d'un nombre plus ou moins grand de granules réunis par une matière azotée; que la forme de ces grains complexes dépend du végétal et de l'organe qui les porte; mais que toutes ces variétés peuvent, étant soumises aux mêmes influences, fournir des granules qui possèdent constamment les mêmes propriétés et la même grosseur. Ces faits seront d'autant plus frappants, que, si l'on parcourt l'échelle des diverses grosseurs que présentent les variétés d'amidon, on verra qu'en comparant entre elles les dimensions de ces grains, on arrive à l'amidon du *chenopodium chinoa,* dont le diamètre est exactement celui des granules de l'amidon des céréales; et tandis que tous les amidons plus gros que celui-là pourront, par une chaleur de 150°, se dédoubler en granules et en matière azotée, celui de *chenopodium chinoa* restera intact, comme représentant l'unité d'où seraient partis tous les autres.

Le tableau suivant offrira un exemple de ce rapprochement.

Dimensions des grains d'amidon, en millièmes de millimètres.

Pommes de terre de Rohan.	185	Gros pois.	50
Racine de colombo.	180	Blé.	50
Arrow-root.	140	Patates.	45
Pommes de terre diverses.	140	Salep.	45
Oxalis crenata.	115	Maïs.	30
Sagou.	70	Racine de panais.	7,5
Fèves.	75	Graines de betterave.	4
Lentilles.	67	— de chenopodium chinoa.	2
Haricots.	63	Granules de fécule.	2

La planche 3 représente au contraire la configuration des grains de quelques amidons, qui tous varient, comme on le voit, selon le végétal qui les produit : c'est ainsi que la *fécule de pommes de terre* offre quelque ressemblance avec la surface d'une coquille d'huître ; tandis que les grains d'amidon du maïs et du blé offrent au contraire des grains déprimés sur les côtés, de manière à en faire une sorte de polyèdre. Ces bizarres configurations proviennent sans doute du mode d'accroissement de ces grains d'amidon ; car en considérant l'enveloppe externe comme un sac au milieu duquel les grains pourront prendre leur nourriture par l'espèce d'ombilic ou de hile dont chaque grain est muni, à mesure que les granules se multiplieront ou qu'ils augmenteront de volume, ils presseront leur enveloppe avec d'autant plus de force que l'accroissemement sera plus grand ; quelquefois même cette enveloppe crèvera, comme on le remarque très-souvent dans le blé et le maïs, et, selon que ces grains seront gênés plus ou moins les uns contre les autres, par suite du développement des granules, ils pourront être déprimés sur les côtés, et offrir la forme polyédrique que j'ai déjà signalée.

Lorsqu'on abandonne à lui-même pendant longtemps de l'empois au contact de l'air, peu à peu il devient acide, et l'amidon se transforme presque en totalité en glucose et en dextrine, en même temps qu'il se dégage de l'acide carbonique, du gaz hydrogène, et un peu d'ammoniaque.

Si, au lieu d'opérer à froid, on fait bouillir pendant plusieurs heures de l'empois, surtout sous l'influence d'une pression assez considérable, la même transformation a lieu, mais plus rapidement ; cependant ici il ne paraît pas se dégager de gaz.

L'alcool précipite l'amidon de ses dissolutions aqueuses, sans en dissoudre.

L'iode agit sur l'amidon d'une manière tout à fait caractéristique, en le colorant en un bleu d'une fort belle teinte (voy. t. I, p. 73). Les granules sont colorés par l'iode, de même que les grains d'amidon ; tandis que la matière azotée n'offre qu'une teinte jaunâtre, par l'action de ce réactif. L'amidon *iodé*, suspendu dans l'eau, est *décoloré* sous l'influence de la lumière solaire ; l'eau est décomposée, et il se forme de l'acide iodhydrique et de l'acide iodique ; en ajoutant quelques gouttes de chlore, le premier de ces acides est décomposé, et l'iode, mis à nu, en se combinant avec l'amidon, fait reparaître la couleur bleue. Les alcalis *décolorent* également l'amidon iodé, parce qu'ils s'unissent à l'iode ; si l'on ajoute un acide pour s'emparer de l'alcali, la couleur bleue reparaît.

Le *chlore* et les *chlorures* d'oxydes exercent sur l'amidon une action bien remarquable : si l'on dirige un courant de chlore à travers une dissolution d'amidon, ou si l'on fait bouillir avec elle une dissolution d'un chlorure d'oxyde, l'eau est décomposée ; le chlore s'empare de l'hydrogène, forme de l'acide chlorhydrique, tandis que l'oxygène se porte sur le charbon, qu'il fait passer à l'état d'acide carbonique, de manière que tout disparaît au bout de quelques instants.

Les acides, en général, possèdent tous la propriété, quand on les fait réagir dans un certain état de dilution, à la température de 100° c., sur l'amidon, de le convertir en dextrine d'abord (voy. p. 77 et 80), puis en glucose. Traité par six fois son poids d'acide *azotique*, de moyenne concentration, l'amidon est transformé en acides oxalique et carbonique ; tandis que si l'on projette de l'amidon dans cet acide *monohydraté*, on obtient une liqueur claire d'où l'eau précipite une substance blanche, insipide, inodore, azotée, qui porte le nom de *xyloïdine* : cette substance, à la température de 180" c., brûle vivement, en fusant et sans laisser de résidu ; on peut la considérer comme un azotate d'amidon (un équivalent d'amidon et un d'acide), et admettre que l'amidon a échangé une certaine quantité d'eau contre les éléments de l'acide azotique. Si, au lieu d'ajouter de l'eau à la dissolution d'amidon dans l'acide azotique *monohydraté*, on abandonne celle-ci à elle-même, elle cesse de se troubler par l'eau, et la *xyloïdine* qu'elle renferme se transforme en un acide *non azoté* déliquescent, qui disparaît lui-même au bout de quelques semaines, pour faire place à de l'acide oxalique, lequel se dépose sous forme de beaux prismes incolores ; l'eau mère qui surnage ces cristaux renferme une quantité considérable d'acide hypoazotique (Pelouze).

L'acide chlorhydrique dissout à froid l'amidon, sans lui donner la moindre coloration.

L'acide *acétique* n'agit pas sur l'amidon.

L'acide sulfurique présente avec l'amidon une suite de réactions fort importantes. Si l'on broie de l'amidon dans un mortier avec un excès de cet acide, on obtient un composé mucilagineux dans lequel l'amidon a disparu; ce corps est soluble dans l'eau, à froid. Si l'on sature l'excès d'acide sulfurique par de la craie, du carbonate de plomb ou de baryte, on obtient un sel soluble, dont l'acide, formé de matière végétale et d'acide sulfurique, a été désigné par Braconnot sous le nom d'acide *végéto-sulfurique* $= H^{18}C^{18}O^{18}, 2SO^3$.

Si, au lieu d'agir à froid et avec ces proportions, on porte à l'ébullition un mélange de 100 parties d'amidon, de 400 d'eau, et de deux d'acide sulfurique, l'amidon disparaît encore, et donne, après quelques heures, un produit qui, séparé par la craie de l'acide sulfurique, offre l'aspect et toutes les propriétés de la gomme; ce produit est connu sous le nom de *dextrine*. Si l'on prolonge l'ébullition du mélange d'amidon, d'acide et d'eau, jusqu'à ce que, par l'addition d'une dissolution d'acide, l'on n'obtienne plus de coloration, et si, à cette époque, on sature l'acide au moyen de la craie, on obtient une liqueur sucrée, ne renfermant plus que du *glucose* (voy. p. 46). Cette action remarquable de l'acide sulfurique sur l'amidon fut observée pour la première fois par Kirchoff, chimiste russe; en comparant la composition de l'amidon à celle du glucose, on voit que de l'eau formée aux dépens des éléments de l'amidon établit la différence qui existe entre lui et le glucose. M. Guérin a trouvé que le poids du glucose produit était à celui de l'amidon :: 110 : 100.

$$\text{Amidon} = H^9C^{12}O^9, HO$$
$$\text{Dextrine} = H^9C^{12}O^9, HO$$
$$\text{Glucose} = H^9C^{12}O^9, 3HO$$

Les acides ne sont pas les seuls corps qui puissent transformer l'amidon en dextrine et en glucose; car il existe un principe immédiat, la diastase (voy. ce mot), développé par la germination de certaines graines et de plusieurs tubercules, qui, mis en contact avec l'amidon, produit les mêmes phénomènes, et avec une énergie plus considérable.

La potasse et la soude forment, avec l'amidon, des composés solubles dans l'eau; si l'on verse dans ces dissolutions des sels de baryte ou de chaux dissous, on obtient des précipités blancs composés d'amidon et de baryte, ou d'amidon et de chaux; traités par l'acide azotique, ces précipités donnent un azotate soluble et de l'amidon désagrégé, jouissant encore de la propriété de bleuir l'iode. L'acétate de plomb ammoniacal donne avec une partie d'amidon, dissous dans 150 p. d'eau bouillante, un sel composé d'amidon et de protoxyde de plomb, $2PbO, H^9C^{12}O^9,$

On peut donc déterminer par ce moyen la capacité de saturation de
l'amidon.

Le *tannin* précipite l'amidon de sa dissolution aqueuse.

Composition. L'amidon anhydre contient :

$$
\begin{aligned}
C^{12} &= 900 \\
H^{9} &= 112,5 \\
O^{9} &= 900,0
\end{aligned}
$$

Le poids de l'équiv. de l'amidon est donc de   1912,5

Si l'amidon avait été desséché à 140°, il contiendrait en outre un équivalent d'eau :

$$
\begin{aligned}
C^{12} &= 900 \\
H^{10} &= 125 \\
O^{10} &= 1000 \\
\hline
&\ 2025
\end{aligned}
$$

Usages. L'amidon, préparé avec le blé ou l'orge, sert à faire l'empois;
il entre dans la composition de la farine et des dragées, enfin il constitue la poudre à poudrer. Le *salep*, le *sagou*, le *tapioka* et l'*arrow-root*,
sont journellement employés en médecine sous le nom de *fécules;* or,
d'après M. Caventou, le *salep* (fourni par l'*orchis morio*) est formé de
peu de gomme, de *très-peu d'amidon* et de beaucoup de bassorine; le
sagou (fourni par le *cycas circinalis*), le *tapioka* ou la fécule du *jani-
pha maniot,* et l'*arrow-root* (*maranta arundinacea*), sont des variétés
de fécules *solubles à froid* et plus solubles à chaud. Ces diverses substances conviennent aux personnes épuisées par des excès vénériens, par
des veilles continues, par des maladies longues, telles que la phthisie
purulente, les diarrhées séreuses, etc.; on les administre en décoction,
depuis 8 jusqu'à 16 grammes, dans 2 litres d'eau que l'on fait réduire
à un, et que l'on aromatise avec la cannelle, la zédoaire, etc.; quelquefois aussi on rapproche assez la décoction pour en faire une crème.
La fécule de *pommes de terre* est employée dans la préparation du pain.

Préparation. Lorsque l'amidon ne se trouve pas mêlé au gluten, il
suffit de prendre les parties des plantes qui le contiennent, de les diviser au moyen d'une râpe, de les placer sur un tamis, et de les laver avec
une grande quantité d'eau; ce liquide dissout toutes les parties solubles à froid, entraîne l'amidon et le laisse précipiter par le repos; on
le débarrasse d'une petite quantité de tissu cellulaire en le râpant de
nouveau et en le soumettant à l'action de l'eau froide, qui retient en

suspension les pellicules de tissu cellulaire, et laisse précipiter l'amidon : tel est le procédé suivi pour extraire l'amidon de la moelle de plusieurs espèces de palmiers (*sagou*), des *pommes de terre, d'arum, de bryone,* etc. On obtient le *salep* en laissant dans l'eau bouillante, pendant quelques instants, les tubercules d'*orchis;* par ce moyen, on les prive d'un principe amer soluble; le résidu, pilé, desséché et moulu, constitue le *salep.* Il est d'autant plus important de laver ces amidons avec soin, que la plupart d'entre eux sont unis à des principes âcres, vénéneux, qui se dissolvent dans l'eau.

Amidon d'orge et de blé. — Ces deux graines céréales contiennent, outre l'amidon, du gluten, du sucre, de l'albumine, et quelques sels; on débarrasse l'amidon de tous ces corps par la fermentation et par des lavages; pour cela on met dans de grandes cuves de la farine d'orge ou de froment grossièrement moulue, de l'eau, et une petite quantité d'*eau sure,* qui est composée d'eau, d'acide acétique, d'acide lactique, d'alcool, d'acétate d'ammoniaque, de phosphate de chaux, et de gluten (Vauquelin). La farine ne tarde pas à fermenter; le sucre et le gluten réagissent l'un sur l'autre, et donnent naissance à de l'acide carbonique qui se dégage sous forme de gaz, et à de l'alcool qui reste dans la liqueur; celui-ci passe bientôt à l'état d'acide acétique; enfin une portion de gluten se putréfie et fournit de l'ammoniaque; l'acide acétique se combine en partie avec cet alcali, et en partie avec le gluten; il dissout aussi le phosphate de chaux contenu dans la farine; le liquide tenant en dissolution ces diverses substances porte le nom d'*eau sure* ou *eau grasse;* en effet, il est trouble et gluant. Lorsque, au bout de vingt, trente ou quarante jours, la majeure partie du gluten est décomposée, on décante l'eau sure après avoir enlevé la moisissure qui est à sa surface, et on trouve au fond un dépôt formé de beaucoup d'amidon et d'une certaine quantité de son qui était mêlé avec la farine; on le lave, on décante la liqueur, et on le délaie dans de l'eau; alors on met le mélange sur un tamis de crin disposé au-dessus d'un tonneau; l'amidon et le son le plus fin passent à travers le tamis, tandis que celui qui est plus grossier reste dessus; on agite l'eau dans laquelle se trouvent l'amidon et le son : celui-ci vient à la surface; on décante le liquide, et, à l'aide d'une pelle, on enlève la première couche de son. On répète cette opération jusqu'à ce que l'on trouve l'amidon pur; alors on le moule dans des paniers d'osier, et on le fait sécher au grenier; on casse les blocs d'amidon, on expose les morceaux à l'air pendant quelques jours, et on les fait sécher à l'étuve.

DE LA DEXTRINE. $H^9C^{12}O^9$, HO.

La dextrine (corps ainsi nommé à cause de l'action qu'il exerce sur le rayon de lumière polarisée, qu'il dévie vers la droite plus que tout autre corps) offre la même composition que l'amidon. Elle peut prendre naissance en traitant l'amidon par la chaleur, par des acides étendus, par la diastase (voy. p. 72 et 77), ou bien en soumettant la cellulose à l'action de l'acide sulfurique.

La dextrine convenablement préparée est solide, incolore, ou légèrement jaune, friable, ressemblant beaucoup à de la gomme arabique, très-soluble dans l'eau, à laquelle elle communique de la viscosité, inaltérable à l'air sec ; à l'air humide, elle devient acide et se change en glucose.

L'iode ne colore pas la dextrine en bleu ; elle est insoluble dans l'alcool absolu ; aussi emploie-t-on cet agent pour débarrasser la dextrine du sucre tournant à gauche, et du glucose, avec lesquels elle est ordinairement mélangée ; elle est soluble dans l'alcool étendu. L'acide azotique la transforme en acide oxalique, tandis qu'il fournit de l'acide mucique avec les gommes.

Préparation. On mêle 1,000 kilogr. d'amidon avec 300 kilogr. d'eau et 2 kilogr. d'acide azotique ; on laisse sécher spontanément le mélange, puis on le chauffe pendant une heure ou deux dans une étuve à 100° ; l'acide s'évapore, et l'amidon est transformé en dextrine.

On l'obtient aussi en décomposant l'amidon par la *diastase* (voyez *Diastase*).

On prépare la dextrine impure, pour l'usage des arts et de la médecine, par la torréfaction, en chauffant l'amidon à 210° environ, après l'avoir étendu sur des tablettes en tôle, en couches de trois ou quatre centimètres d'épaisseur. Elle est alors légèrement jaunâtre et d'un brun clair, et répand l'odeur du pain fortement cuit ; on la désigne sous le nom de *leïocomme*.

On l'obtient encore, ainsi que je l'ai dit (voy. *Amidon*), par l'action de l'acide sulfurique sur ce corps ; mais ce procédé présente des inconvénients dans la fabrication qui n'existent pas dans les autres.

Usages. Comme le prix des gommes est beaucoup plus élevé que celui de l'amidon, la fabrication de la dextrine avec l'amidon de pommes de terre a pris depuis quelques années un grand développement. La dextrine obtenue par la diastase est employée dans la boulangerie de luxe, dans la fabrication de la bière, du cidre, de l'alcool, etc. ; celle qui est le résultat de la torréfaction de l'amidon ou du traitement de celui-ci par des acides sert à apprêter les toiles, à épaissir les mordants dans la teinture et les couleurs, dans les impressions sur toiles, à encoller les papiers, etc. ; on en fait également usage en chirurgie, pour préparer des bandes agglutinatives propres à fixer des appareils inamovibles dans le traitement des fractures ; il suffit, pour cela, d'enduire les bandes de toile d'un mélange de 100 parties de dextrine et de 50 parties d'eau-de-vie camphrée, auquel on a ajouté, quelques minutes après, 40 grammes d'eau ; on enroule les bandelettes ainsi préparées autour du membre, dont elles prennent exactement la forme ; elles s'y sèchent avec une grande rapidité, et deviennent d'une adhésion telle que le malade peut, avant la guérison de la fracture, se servir du membre malade ; ces bandes ont encore cet avantage, qu'elles peuvent s'enlever facilement par le mouillage avec un peu d'eau tiède, lorsqu'on veut visiter la partie malade.

De la diastase (voy. 3ᵉ groupe, *Principes neutres azotés*).

DE L'INULINE. $Il^9C^{12}O^9$, HO.

L'inuline, découverte par Rose, se trouve dans les racines d'aulnée ou élécampe (*inula helenium*), de *dahlia*, de *leontodon taraxacum*, de *cichorium intybus*, de *colchicum autumnale*, d'*helianthus tuberosus* (topinambour), etc. Elle est amorphe, blanche, sans saveur, et ressemble beaucoup à l'amidon, avec lequel elle est isomérique ; sa densité est de 1,35. Chauffée à 100°, elle fond et paraît se transformer en dextrine. Elle possède un pouvoir rotatoire *vers la gauche*. Elle se dissout dans 50 parties d'eau froide ; elle est très-soluble dans l'eau bouillante et ne donne pas d'empois ; si on prolonge l'ébullition, elle se change en une matière sucrée. L'iode la colore en jaune verdâtre. A la température de l'ébullition, les acides faibles la transforment en glucose. L'acide azotique bouillant donne avec elle de l'acide azotique. Elle ne fournit point de sucre avec la diastase ; sa dissolution aqueuse est précipitée par le tannin.

Préparation. On *fait bouillir* des racines d'aulnée dans une assez grande quantité d'eau ; on filtre la liqueur et on l'évapore jusqu'en consistance d'extrait ; on traite celui-ci par l'eau froide, et il se précipite sur-le-champ une grande quantité d'*inuline* que l'on doit laver à plusieurs reprises et par décantation ; on la dessèche lentement en évitant de la mettre sur des filtres, car elle y adhère si fortement qu'on ne peut l'en détacher (Gaultier de Claubry).

DE LA LICHÉNINE. $H^{10}C^{12}O^{10}$.

La lichénine existe dans plusieurs espèces de mousses et de lichens. Elle est solide, dure, cassante, soluble dans l'eau bouillante; si on la fait bouillir longtemps dans ce liquide, elle se transforme en une matière gommeuse. Les acides affaiblis la dissolvent et la transforment en sucre à la température de l'ébullition; avec l'acide azotique étendu, elle donne, à l'aide de la chaleur, de l'acide oxalique. A l'état gélatineux, avant qu'elle ait été desséchée, elle colore l'iode en bleu. Elle offre la même composition que l'amidon, dont elle diffère pourtant par ses propriétés.

Préparation. On fait digérer pendant vingt-quatre heures une partie de lichen d'Islande haché dans 20 parties d'eau froide, additionnée d'un peu de carbonate de soude; on répète le lavage jusqu'à ce que les dissolutions ne soient plus amères; le lichen ainsi épuisé par l'eau alcaline, bouilli avec 10 fois son poids d'eau, fournit une liqueur, laquelle, étant exprimée toute bouillante dans un linge, se prend par le refroidissement en une gelée incolore; il ne s'agit que de dessécher celle-ci pour avoir la lichénine.

DE L'ARABINE, DE LA BASSORINE ET DE LA CÉRASINE (1).

L'arabine constitue la plus grande partie de la gomme arabique et de la gomme du Sénégal; la bassorine existe dans la gomme de Bassora, dans la gomme adragante, et la cérasine dans celle du cerisier, de l'abricotier, du prunier, du pêcher et de l'amandier.

Ces substances sont incolores, insipides, inodores et transparentes; desséchées, elles offrent une cassure vitreuse; alors elles sont friables; elles se ramollissent et se tirent en fils, si on les chauffe entre 150° et 200°; humides, leur section ressemble à celle de la corne. Elles sont inaltérables à l'air sec, et peuvent s'acidifier après plusieurs mois d'exposition dans un air humide; elles sont insolubles dans l'alcool, incristallisables, et n'éprouvent pas la fermentation alcoolique. L'*arabine* se dissout dans l'eau froide, et presqu'en toute proportion dans l'eau bouillante; le li-

---

(1) Les *gommes*, n'étant pas des principes, mais bien des produits immédiats, seront décrites plus loin.

quide acquiert une consistance *gommeuse* ; en l'évaporant il fournit une masse transparente, sans la moindre trace de cristallisation ; la dissolution d'arabine exerce un pouvoir rotatoire dirigé *vers la gauche*. La *bassorine* est peu soluble dans l'eau, mais elle s'y gonfle considérablement, et se change en une matière gélatineuse. La *cérasine* est insoluble dans l'eau, s'y gonfle aussi beaucoup, et paraît se transformer en arabine après une ébullition prolongée dans ce liquide. Vauquelin a vu qu'après une action prolongée pendant plusieurs jours, le *chlore* gazeux transforme l'*arabine* en acide citrique : cette action a été peu étudiée. L'acide *sulfurique* fournit avec l'arabine une liqueur alcoolique sirupeuse, un peu acide, qui donne des cristaux grenus de sucre fermentescible ayant un pouvoir rotatoire *vers la droite* (voy. *Gomme arabique*); l'expérience doit être faite comme celle qui sera décrite à la page 86 (Action de l'acide sulfurique sur la cellulose). L'acide sulfurique étendu et bouillant change la *bassorine* en glucose. Cent parties d'*arabine*, traitées par quatre fois leur poids d'acide azotique, donnent 16,88 parties d'acide mucique et un peu d'acide oxalique; avec toute autre proportion, on obtient moins d'acide mucique, tandis que 100 parties de *bassorine*, traitées par 1,000 parties d'acide azotique, ont produit 22,61 d'acides mucique et oxalique. La *cérasine* fournit aussi des acides oxalique et mucique avec l'acide azotique. Le *sesquichlorure de fer* bien neutre fournit avec ces matières un précipité couleur de rouille, tellement gélatineux, que toute la liqueur se prend en masse.

L'*iode* ne colore aucune de ces substances, si elles sont pures et parfaitement privées d'amidon. La potasse caustique coagule une dissolution aqueuse *concentrée d'arabine;* si la liqueur est étendue, et qu'on la mêle avec de l'alcool, il se produit un précipité d'arabine et de potasse. Le sous-acétate de plomb donne un précipité blanc avec une dissolution même très-étendue d'arabine, $PbO, H^{10}C^{12}O^{10}$; l'arabine joue donc dans ces circonstances le rôle d'un acide.

Composition. Ces substances sont isomères de l'amidon, de la dextrine et de la cellulose : ainsi l'arabine, séchée à 100°, a pour formule, $H^{11}C^{12}O^{11}$; chauffée à 130°, elle perd un équivalent d'eau, et devient $H^{10}C^{12}O^{10}$.

On les distinguera facilement de l'amidon par l'iode et par l'acide azotique; en effet, ce dernier ne donne avec l'amidon que de l'acide oxalique, tandis qu'il fournit avec l'arabine, la bassorine et la cérasine, à la fois de l'acide oxalique et de l'acide mucique.

Acide mucique (muqueux saccholactique), $H^8C^6O^7,HO$. — Il est le résultat de l'action de l'acide azotique sur l'arabine, les gommes, la pectine, et le sucre de lait. Il a été découvert par Scheele. Il est blanc, en cristaux grenus, comme terreux, rougissant faiblement l'*infusum* de tournesol, et ayant une saveur peu acide. Il est décomposé par le feu, et donne du gaz acide carbonique, du carbure d'hydrogène gazeux, du charbon, de l'huile, et un liquide brun très-acide, accompagné de quelques cristaux, et formé d'acide acétique, d'huile, et d'un acide découvert aussi par Scheele, que MM. Pelouze et Malagutti ont analysé, et qui est désigné sous le nom d'acide *pyromucique*. Il est inaltérable à l'air, insoluble dans l'alcool, et peu soluble dans l'eau ; 66 parties de ce dernier liquide bouillant peuvent en dissoudre une partie ; après le refroidissement, on voit qu'il s'en est décomposé à peu près un quart. Si l'on évapore rapidement la dissolution aqueuse saturée, bouillante, elle devient d'un brun jaunâtre, et l'on obtient une masse visqueuse, fortement acide, isomérique de l'acide mucique, que l'on peut faire cristalliser, et qui est *très-soluble dans l'alcool et dans l'eau*. L'acide sulfurique dissout l'acide mucique et se colore en rouge-cramoisi. Le *solutum* aqueux d'acide mucique précipite en blanc les eaux de chaux, de baryte et de strontiane, et les mucates déposés se dissolvent dans un excès d'acide. Il n'altère point les sels de magnésie et d'alumine, les chlorures d'étain et de mercure, les sulfates de fer, de cuivre, de zinc, ni de manganèse ; il précipite, au contraire, l'acétate et l'azotate de plomb, ainsi que les azotates d'argent et de mercure. Chauffé avec les carbonates de potasse, de soude et d'ammoniaque, il en dégage le gaz acide carbonique avec effervescence. Il est bibasique, et sans usages.

Préparation. On chauffe *modérément,* dans un appareil distillatoire, 6 parties d'acide azotique ordinaire et une partie de sucre de lait, ou bien une partie d'arabine, de gomme arabique, ou de manne grasse, et 4 parties d'acide azotique, d'une densité de 1,35, étendu du quart de son poids d'eau ; il se dégage beaucoup de gaz bioxyde d'azote, et il reste dans la cornue de l'acide mucique sous forme d'une poudre blanche ; l'opération est terminée lorsqu'on n'obtient plus de gaz ; toutefois l'acide préparé avec la gomme contient du mucate et de l'oxalate de chaux, dont on le débarrasse par l'acide azotique faible, qui dissout ces sels ; puis on dissout l'acide dans l'eau bouillante, et on le fait déposer par le refroidissement.

Mucates. — D'après Hagen, ils contiennent 2 équivalents de base et un ou plusieurs équivalents d'eau, quand ils ne sont pas anhydres. Ils sont tous décomposés par le feu, en répandant une odeur analogue à celle des tartrates; la plupart sont insolubles dans l'eau, et décomposables par presque tous les acides forts : si l'on verse un de ces acides, surtout l'acide sulfurique, dans une dissolution de mucate de potasse, de soude ou d'ammoniaque, on obtient un précipité blanc d'acide mucique; les eaux de chaux, de baryte et de strontiane, et un assez grand nombre de dissolutions salines, précipitent également les mucates solubles. Le mucate de potasse se dissout dans huit fois son poids d'eau bouillante, et peut être obtenu cristallisé en très-petits grains par le refroidissement de la liqueur. Le mucate de soude n'exige que 5 parties de ce liquide pour être dissous.

Acide pyromucique sublimé, $H^3C^{10}O^5$, HO.—Il est en cristaux incolores, fusibles vers 130°, volatils à une température plus élevée, solubles dans 26 parties d'eau froide et dans 4 d'eau bouillante. Les pyromucates alcalins sont très-solubles dans l'eau. Il est le résultat de l'action de la chaleur sur l'acide mucique (voy. p. 84).

DE LA CELLULOSE. $H^{10}C^{12}O^{10}$.

On sait, par les expériences de M. Payen, que le *ligneux*, qui constitue presqu'en totalité les bois, n'est pas un précipité immédiat, mais bien un mélange de *cellulose* et de matière *incrustante* ; je ne ferai donc son histoire qu'en parlant des produits immédiats, avant celle du bois.

La *cellulose* n'est autre chose que le tissu cellulaire qui existe dans toutes les parties des végétaux, et dans les cellules duquel viennent se loger tantôt la matière incrustante, tantôt l'amidon, les gommes, des matières azotées, des huiles, etc.

D'après M. Payen, il faut admettre les données suivantes :

1° La *cellulose*, qui constitue les organes des plantes, offre une composition chimique qui ne varie pas dans toute l'étendue du règne végétal.

2° Sa composition est isomérique avec celle de l'amidon et de la dextrine.

3° Les degrés d'agrégation de la cellulose modifient ses propriétés physiques, sa résistance aux agents chimiques et ses qualités nutritives : c'est ainsi qu'en purifiant convenablement certains corps considérés comme des principes immédiats, tels que la *médulline*, la *fungine*, la *lichénine*, etc., on voit qu'ils présentent une identité de composition complète avec la cellulose.

Les recherches de M. Payen ont été faites sur une quantité d'espèces végétales aussi considérable que possible; il a toujours trouvé les propriétés de la cellulose les mêmes, quels que soient l'âge, la nature ou l'organe du végétal.

La moelle de l'*yschœnomene paludosa*, connue sous le nom de papier de riz, représente la cellulose dans toute sa pureté; le vieux linge, la charpie, le papier, et la moelle de sureau, sont presque entièrement formés par elle. Le papier dit *Berzelius* est de la cellulose presque pure.

La *cellulose* est un corps blanc, quelquefois transparent, si l'état d'agrégation n'est pas considérable, comme dans les jeunes organes ou dans la partie médullaire des plantes, d'une densité de 1,525, insoluble dans l'eau, dans l'alcool, l'éther, les huiles fixes et volatiles.

Comme toutes les substances végétales soumises à l'action de l'air et de l'humidité, elle se décompose à la longue.

Chauffée en vases clos, elle fournit tous les produits qui résultent de la décomposition des matières végétales (voy. p. 4); si à l'action de la chaleur on joint celle de l'air, la *cellulose* s'enflamme, et brûle entièrement sans résidu.

Le chlore et les chlorures d'oxydes bouillis avec de la cellulose la transforment, de même que l'amidon, en acide carbonique et en eau; il se forme aussi de l'acide chlorhydrique.

Les acides étendus d'eau, même bouillants, exercent peu d'action sur elle, notamment si elle n'est pas récemment préparée; elle résiste encore très-bien aux acides azotique et chlorhydrique d'une concentration moyenne à la température ordinaire; mais si on la chauffe avec quatre ou cinq fois son poids de ce même acide azotique, elle est transformée en acides carbonique et oxalique, après avoir passé par des degrés de décomposition intermédiaire, et avoir donné de l'acide oxalhydrique. M. Porter annonce qu'en chauffant 200 grammes de copeaux de sapin avec 2 kil. d'acide azotique et 400 gr. d'eau, on obtient un acide qui a beaucoup d'analogie avec l'acide pectique. Plongée dans l'acide azotique fumant, la cellulose se combine avec lui sans changer de forme, et donne un corps très-inflammable, le *fulmi-coton* ou *pyroxyline* (Pelouze), que je décrirai bientôt.

Cent parties de cellulose broyées avec 140 parties d'acide sulfurique se changent en une matière visqueuse soluble dans l'eau, sans coloration; si, par de la craie, on enlève l'acide sulfurique, on obtient dans la liqueur une substance gommeuse, qui est de la dextrine, en tout semblable à celle que l'on retire de l'amidon par le même agent; si, avant de saturer l'acide, on porte le mélange à l'ébullition, toute la dextrine primitivement formée est transformée en glucose. M. Braconnot, à qui l'on doit ces observations, a reconnu qu'ici encore l'acide sulfurique s'unit à la cellulose pour former un composé analogue à l'acide végéto-sulfurique produit par l'amidon.

D'après M. Payen, la cellulose traitée par de l'acide sulfurique étendu se change d'abord en amidon, et acquiert la propriété de se colorer en bleu par l'iode.

La potasse et la soude, à la température ordinaire et en dissolution assez concentrée, n'attaquent pas la cellulose; mais si l'on vient à chauffer dans un creuset d'argent parties égales de cellulose et de potasse ou de soude caustiques, la matière brunit, se liquéfie, et se boursoufle à la fin de l'opération : dès lors elle est complétement transformée en acide ulmique, qui s'unit à la potasse, et en acides oxalique et carbonique.

La cellulose que l'on trouve à l'état rudimentaire dans certaines cryptogames est colorée *en bleu par l'iode,* ce qui n'a pas lieu quand elle est fortement agrégée, comme dans le tissu cellulaire intact des plantes.

Usages. La cellulose faiblement agrégée peut servir d'aliment comme l'amidon. Elle constitue les filaments de diverses plantes textiles qui servent à la fabrication des cordes, des tissus, du papier, du carton, de la *pyroxyline,* etc.

La moelle de l'*yschœnomene paludosa,* connue sous le nom de papier de riz, sert à faire des fleurs artificielles d'une grande beauté; le *papier* peut encore offrir un exemple de l'emploi de la cellulose presque pure.

Composition :

$$
\begin{array}{lcr}
\text{Carbone} & = & 44,44 \\
\text{Hydrogène} & = & 6,18 \\
\text{Oxygène} & = & 49,38 \\
\hline
& & 100,00
\end{array}
$$

Ce qui est représenté par la formule $H^{10} C^{12} O^{10}$, corps isomérique de l'amidon et de la dextrine, ainsi que je l'ai déjà dit.

Extraction. Quelles que soient la partie et la nature du végétal d'où on veut extraire la cellulose, une précaution indispensable est de réduire le tissu en poudre de la plus grande ténuité possible, afin de déchirer les cellules autant que faire se peut, après quoi l'on traite cette poudre successivement et à la chaleur de l'ébullition, par l'eau, l'alcool, l'éther, par une dissolution étendue de soude caustique qui peut contenir depuis 0,01 jusqu'à 0,5 du réactif, selon l'agrégation des molécules, et ensuite par de l'acide azotique, d'une densité de 1,2 environ, ou plus faible si le tissu est léger ; on lave ensuite à grande eau et l'on dessèche. Ces divers agents ont pour but de dissoudre les matières étrangères à la cellulose. On voit, d'après cela, que le linge usé, le papier blanc, sont de la cellulose dans un état de pureté presque parfait, puisqu'ils ont subi pendant longtemps des traitements analogues, qui ont fini par les priver de tous les corps étrangers qu'ils contenaient.

Préparation du papier. Pour obtenir le papier, on se sert de vieux chiffons de linge usé que l'on blanchit soit en les abandonnant à eux-mêmes pendant quelque temps après les avoir humectés, soit en les traitant par les alcalis et les chlorures décolorants ; après quoi on les soumet à l'action de machines puissantes pour les déchirer et les réduire au sein de l'eau en une espèce de bouillie qui constitue la pâte à papier. Cette pâte est reçue sur des cadres en fil de fer, recouverts d'un tissu qui peut laisser écouler l'eau et retenir à sa surface la couche mince de chiffons broyés qui constitue la feuille de papier ; on la laisse sécher et on l'imprègne de colle pour lui donner la consistance qu'exigent les usages auxquels on la livre. Des machines d'une grande perfection permettent de faire du papier de telle grandeur qu'on le désire, et de le fabriquer, de le coller et de le sécher presque simultanément. Aujourd'hui on emploie pour faire du papier, outre les chiffons, la cellulose partout où on la trouve ; c'est ainsi qu'avec la paille, les chènevottes, des écorces de bois, on prépare d'aussi beau papier qu'avec les chiffons.

On ajoute au papier, pour lui donner une légère teinte azurée, de l'indigo, du bleu de Prusse, de l'azur, de l'outremer, du sulfate de cuivre, ou un sel de cobalt ; toutes ces substances sont faciles à reconnaître à leurs caractères propres : par fraude aussi, on introduit fort souvent dans la pâte des sulfates de plomb ou de baryte, de la craie, du kaolin, etc., qui en augmentent le poids. Toutes ces substances rendent le papier cassant.

On prépare le *carton* en faisant pourrir le vieux papier, en broyant la pâte à l'aide de meules verticales tournant dans une auge, et en la mettant en feuilles à l'aide d'une forme composée d'une toile métallique tendue dans un châssis. On fait le *carton-pierre* avec de la pâte à papier, une dissolution de gélatine, du ciment, de l'argile et de la craie.

DE LA MATIÈRE INCRUSTANTE DU LIGNEUX (SCLÉROGÈNE).
$$H^{12}C^{35}O^{10}.$$

On trouve cette matière dans les cellules allongées des tissus ligneux ; ceux-ci, comme je l'ai déjà dit, sont formés de cellulose et de matière incrustante ; elle est plus abondante dans les bois durs et lourds que dans les bois blancs et légers ; il y en a plus dans le *cœur* que dans l'aubier ; elle existe aussi très-abondamment dans les noyaux des fruits ; c'est elle qui forme les concrétions pierreuses de certaines poires.

Elle est souvent colorée en jaune ou en brun ; Turpin, qui l'a signalée le premier, la considérait comme étant la cause de la coloration des bois. Elle donne en brûlant plus de chaleur que la cellulose, parce qu'elle contient un excès de carbone et d'hydrogène par rapport à l'oxygène ; aussi les bois qui en renferment beaucoup ont-ils un pouvoir calorifique plus élevé que ceux qui en contiennent moins. L'acide azotique est décomposé par elle avec dégagement d'acide hypoazotique. L'acide sulfurique la colore en noir. Elle est soluble dans le chlore ; ces deux derniers caractères permettent encore de la distinguer de la cellulose.

La matière incrustante extraite des bois ne paraît pas être identique ; en effet, M. Payen a reconnu qu'elle présentait des différences assez tranchées pour en faire quatre variétés, savoir : 1° le *lignose,* qui est insoluble dans l'eau, dans l'alcool, dans l'éther et dans l'ammoniaque, et soluble dans la potasse et la soude ; 2° le *lignone,* insoluble dans l'eau, l'alcool et l'éther, et soluble dans l'ammoniaque, la potasse et la soude ; 3° le *lignin,* insoluble dans l'eau et l'éther, soluble dans l'alcool, la potasse, la soude et l'ammoniaque ; 4° le *ligniréose,* insoluble dans l'eau et soluble dans l'alcool, l'éther, la potasse, la soude et l'ammoniaque.

Extraction. On peut l'obtenir des concrétions formées dans les poires, de celles qui sont contenues dans le liége, dans l'écorce épaisse du chêne blanc et de plusieurs autres tissus ; quoique sa dureté soit très-grande, elle est assez friable pour se pulvériser sous le pilon, tandis que le tissu cellulaire environnant se déchire seulement ; on comprend donc comment les bois broyés et tamisés peuvent fournir cette matière sous forme de poudre, que l'on purifie ensuite par l'alcool. (Payen, *Annales des sciences naturelles,* t. II, p. 27.)

De la *pyroxyline (fulmi coton, coton-poudre).* $\dfrac{H^{17}C^{24}O^{18}}{\text{Cellulose.}}$, $\dfrac{5\,AzO^5}{\text{Acide azotique.}}$

— La *pyroxyline* (azotate de cellulose) résulte de l'action du coton cardé sur l'acide azotique concentré, mêlé d'une certaine quantité d'acide sulfurique à 66 degrés. Elle présente la forme et l'aspect du coton ou de toute autre variété de cellulose avec laquelle on l'a préparée ; seulement le coton est un peu moins doux au toucher, et ses fibres se brisent plus facilement. Elle détone à une température d'environ 170° c., et donne un mélange de gaz oxyde de carbone, d'acide carbonique, d'azote, et de vapeur d'eau, *sans laisser de résidu* si elle est pure ; toutefois, si on la maintient, pendant un certain temps, entre 60° et 80°, elle s'altère peu à peu, dégage une odeur azotique, et à un instant donné elle détone brusquement, à une température inférieure à 100°. Quelquefois aussi en brûlant elle répand des vapeurs rutilantes d'acide hypoazotique et des gaz cyanurés. Si, après l'avoir tordue en fils, on la place sur un métal ou sur tout autre corps bon conducteur du calorique, et qu'on la touche avec un charbon, elle brûle lentement et presque sans flamme, en répandant une odeur d'acide hypoazotique. Elle est insoluble dans l'eau, dans l'alcool et dans l'éther, et légèrement soluble dans un mélange de ces deux derniers liquides. L'acétone, l'acétate de méthylène et l'éther acétique, la dissolvent au contraire complétement. L'éther acétique, versé peu à peu sur la pyroxyline, la ramollit et fournit une masse gélatineuse, transparente et incolore, que l'on transforme en une matière pulvérulente en l'agitant avec le contact de l'air pour vaporiser l'éther acétique. Exposée à l'*air*, elle en attire à peine 2 ou 3 p. % d'humidité, même au bout de plusieurs mois, sans que ses propriétés balistiques aient été sensiblement modifiées ; elle est restée inaltérée en la laissant dans l'eau pendant deux ans. L'acide *sulfurique* d'une densité de 1,7 la dissout à une température inférieure à 100° ; la dissolution est incolore ; tandis qu'avec la cellulose, le même acide donne une liqueur brune. L'acide *azotique* concentré la dissout à chaud, avec dégagement de vapeurs rutilantes, et après l'avoir altérée ; la dissolution, traitée par l'eau ou par l'acide sulfurique, donne un précipité blanc pulvérulent, très-inflammable.

Le coton-poudre se dissout dans une dissolution *alcaline* suffisamment concentrée ; la température s'élève beaucoup ; il se dégage de l'ammoniaque, il se forme de l'acide carbonique et de l'acide azoteux, et le liquide devient d'un brun foncé ; d'où il suit que le coton-poudre est décomposé : deux équivalents d'oxygène de l'acide azotique se combinent avec deux équivalents de carbone. Si l'on verse quelques gouttes d'une dissolution d'azotate d'argent dans la dissolution alcaline, et que l'on ajoute assez d'ammoniaque pour dissoudre l'oxyde d'argent précipité, il suffira de chauffer pendant quelques minutes, au bain-marie, pour précipiter tout l'argent sur les bords du verre ; *on peut donc ar-*

genter promptement le verre au moyen du coton-poudre (Volh., *Journ. de pharm.*, février 1850).

Usages. La pyroxyline sert à préparer le *collodion*. Quoiqu'elle ait une force explosive quatre fois plus grande que celle de la poudre à mine, force qui est encore augmentée par son mélange avec $3/10$ d'azotate de potasse ; quoiqu'elle ait l'avantage, en brûlant complétement, de ne pas laisser, comme la poudre, un résidu qui finit par encrasser l'arme ; quoiqu'elle ne s'altère pas par l'humidité pendant son transport, comme le fait la poudre, comme elle coûte six fois plus que celle-ci, qu'elle fait souvent éclater les armes, et que sa fabrication en grand a déjà occasionné des accidents graves, on ne saurait l'employer dans les armes de guerre. M. Combes pense qu'elle peut remplacer économiquement la poudre de mine pour diviser les roches dures et cassantes, surtout lorsqu'elle a été mélangée avec un dixième de son poids d'azotate de potasse, mélange à l'aide duquel la pyroxyline est complétement transformée en eau, en acide carbonique et en azote, sans qu'il y ait production de gaz oxyde de carbone.

Préparation. On fait un mélange de 3 volumes d'acide azotique concentré, d'une densité de 1,500 à 1,515, et de 5 volumes d'acide sulfurique à 66 degrés ; on le laisse refroidir, et on y plonge peu à peu du coton cardé préalablement desséché dans une étuve. Quinze ou vingt minutes après, on retire le coton, on le comprime et on le lave à grande eau, froide, tiède ou bouillante, jusqu'à ce qu'il ne rougisse plus le papier de tournesol ; on le dessèche alors en le laissant dans un courant d'air à 30° ou 40°, ou bien en le tenant près d'un vase où l'on a mis de la chaux vive. Le papier ordinaire, le papier Berzelius, et toute autre variété de cellulose, peuvent remplacer le coton cardé ; en général, 100 parties de cellulose fournissent 175 parties de pyroxyline. On pourrait, à la rigueur, la préparer avec de l'acide azotique concentré, sans addition d'acide sulfurique ; mais en employant ce dernier, on a l'avantage de pouvoir faire usage d'acide azotique moins concentré, parce qu'il lui enlève de l'eau et le concentre ; d'ailleurs l'acide sulfurique absorbe les vapeurs nitreuses que l'acide azotique contient ordinairement, et comme il est moins coûteux que l'acide azotique, il diminue beaucoup les pertes qui résultent du lavage de la pyroxyline. Voici du reste la formule qui représente la réaction de l'acide azotique sur la cellulose :

$$\underset{\text{Cellulose.}}{H^{20}C^{24}O^{20}} , \quad \underset{\text{Acide azotique.}}{5\,AzO^5,\ HO} = \underset{\text{Eau.}}{8\,HO} , \quad \underset{\text{Pyroxyline.}}{H^{17}C^{24}O^{17},\,5\,AzO^5}$$

Dès l'année 1838, M. Pelouze avait obtenu, en immergeant pendant quelques minutes de la cellulose dans l'acide azotique monohydraté, une matière d'une excessive combustibilité. En 1846, M. Schœnbein annonça qu'il avait trouvé une nouvelle poudre beaucoup plus énergique que la poudre à canon, et l'année suivante il publia le mode de prépation que j'ai adopté, lequel du reste avait déjà été proposé par Knopp. Mais bien avant 1838 on savait que l'acide azotique fournissait avec l'indigo les acides *carbazotique* et *indigotique,* qui sont combustibles. Depuis la découverte de la pyroxyline, plusieurs chimistes ont obtenu des produits détonants en traitant par l'acide azotique la mannite, la glycérine, etc.

Du collodion. — Lorsqu'on met en contact, dans une capsule de porcelaine, 200 parties d'azotate de potasse sec et 300 parties d'acide sulfurique concentré, et mieux encore fumant, si l'on remue avec des tiges de verre, pendant cinq minutes environ, et que l'on ajoute, aussi promptement que possible, 10 parties de coton pur et bien sec, on obtient un mélange que l'on continue à remuer pendant 3 minutes; si on lave soigneusement le coton avec de l'eau distillée, qu'on l'exprime et qu'on le sèche à une douce température, on voit qu'il se dissout facilement dans l'éther sulfurique alcoolisé (110 p. d'éther, 20 d'alcool, et 5 de coton ainsi préparé); la dissolution offre la composition d'un mucilage épais de gomme; abandonnée à elle-même, elle laisse le *collodion* d'un aspect blanchâtre et de consistance sirupeuse. Le collodion est translucide, et s'évapore avec rapidité s'il n'est pas conservé dans des vases bien bouchés; il est visqueux, et adhère fortement aux corps avec lesquels on le met en contact; il s'étend sur eux en formant une pellicule imperméable, transparente, insoluble dans l'eau, et mince comme du vernis; étendu en une ou plusieurs couches sur une lame de verre, il prend feu comme le coton-poudre, mais il brûle un peu moins rapidement.

Le collodion, jouissant de la propriété d'adhérer fortement à la peau, remplace avantageusement les taffetas dits d'Angleterre. Lorsqu'on veut s'en servir en chirurgie, on a recours à la dissolution éthéro-alcoolique évaporée jusqu'en consistance de sirop; on en étend plusieurs couches sur la peau; l'éther et l'alcool s'évaporent, et laissent une pellicule imperméable fort adhérente.

«Le collodion, dit M. le professeur Malgaigne, possède une propriété adhésive sans égale, et sèche en quelques secondes par l'évaporation de l'éther. On peut l'employer seul sur de petites solutions de continuité, en tenant les lèvres rapprochées, jusqu'à ce que la couche de collodion soit desséchée, ou bien on trempe dans le liquide une ou plusieurs bandelettes de linge, qu'on applique sur des téguments comme des bandelettes de sparadrap, seulement en se hâtant, de peur que la dessiccation ne s'opère avant l'application. Enfin je m'en suis servi pour confectionner des appareils propres à fixer les doigts, la main, le pied, dans une position stable; et ces appareils sont d'autant plus précieux, qu'il suffit de coller des bandelettes imbibées de collodion, soutenues au besoin d'une pièce de carton, sur une des faces du membre, en laissant l'autre face entièrement à nu; qu'ils peuvent ainsi résister de 15 à 20 jours et plus; qu'ils sont imperméables au pus et à tous les liquides, hors l'éther, et conséquemment qu'on peut appliquer des cataplasmes, et même donner des bains au malade, sans ramollir ni décoller l'appareil. »

On a également appliqué le collodion contre certaines hémorrhagies, des brûlures, et des affections cutanées. On a préparé avec lui le *collodion cantharidal* (1 gramme 25 cent. de coton-poudre et 60 grammes de teinture éthérée de cantharides) épispastique, que l'on emploie avec avantage sur une partie du corps où le vésicatoire ordinaire se déplacerait facilement par les mouvements du malade. On s'en est servi aussi comme d'un mastic dentaire presque inaltérable.

DU PRINCIPE GÉLATINEUX DES FRUITS, DE LA PECTOSE, DE LA PECTINE.

Lorsqu'on traite convenablement les sucs de tous les fruits charnus à l'état de maturité, on obtient des *gelées* qui paraissent dériver d'un principe immédiat que l'on n'a pas encore isolé, et auquel on a cependant donné le nom de *pectose*.

Pectose.—On la trouve intimement mêlée avec la cellulose dans la pulpe des fruits verts, dans les carottes, les navets, etc. Elle paraît insoluble dans l'eau, l'alcool et l'éther, et très-facilement altérable par un grand nombre de réactifs, ce qui fait qu'on n'a pas pu la séparer de la cellulose. Lorsqu'on traite à la fois par la chaleur et par les acides forts, excepté l'acide acétique, la pulpe des fruits verts, on transforme la *pectose* en *pectine;* la cellulose ne produit rien de semblable. C'est la pectose qui communique aux fruits verts leur dureté, et qui se change en pectine pendant leur maturation ou leur cuisson; c'est elle qui, en se combinant avec la chaux des sels contenus dans certaines eaux, durcit les racines que l'on fait bouillir avec ces eaux.

Pectine, $H^{48}C^{64}O^{64}$.—Elle ne se trouve toute formée que dans les fruits mûrs; quand on la retire des fruits verts par la chaleur, ou de la pulpe

des carottes ou des navets à l'aide des acides, c'est qu'elle s'est formée
pendant l'opération, et que la pectose a été changée en pectine.

Elle est blanche, incristallisable, neutre aux réactifs colorés, sans action sur la lumière polarisée, soluble dans l'eau. L'alcool la sépare en
une masse gélatineuse de sa dissolution aqueuse étendue, tandis qu'il la
précipite en longs filaments, si la dissolution est concentrée. L'acétate
de plomb *ne la précipite* qu'autant qu'elle contient de la *parapectine*. Le
sous-acétate de plomb, au contraire, la précipite. Abandonnée à elle-
même pendant plusieurs jours, la dissolution aqueuse de pectine devient
fortement acide et ne précipite plus par l'alcool ; elle contient alors de
l'acide *métapectique :* le même phénomène se produit, mais plus promptement, si la pectine est en présence de la *pectose* ou de la pulpe des fruits
verts, ou bien si on la fait bouillir avec des acides étendus. Les alcalis
la transforment instantanément en *pectates*. Sous l'influence d'un ferment particulier appelé *pectase*, elle fournit de l'acide *pectosique* gélatineux.

Préparation. On exprime à froid la pulpe des poires très-mûres ; on
filtre, et l'on ajoute avec précaution de l'acide oxalique pour précipiter
la chaux ; on filtre, et à l'aide d'une dissolution concentrée de tannin,
on précipite l'albumine de la liqueur filtrée ; on filtre de nouveau, et
l'on verse de l'alcool dans la liqueur ; la pectine se dépose sous forme de
longs filaments, qu'on lave à l'alcool et que l'on fait dissoudre ensuite
dans l'eau pour les précipiter de nouveau par l'alcool ; on répète ces dissolutions dans l'eau, et ces précipitations par l'alcool, jusqu'à ce que
les réactifs n'indiquent plus dans la liqueur la présence du sucre ou des
acides organiques. La pectine a été découverte par Braconnot.

Parapectine = $H^{48}C^{64}O^{64}$, si elle a été desséchée à 100°. — Elle est le
résultat de l'action de l'eau bouillante pendant plusieurs heures sur la
pectine. Elle est solide, blanche, incristallisable, neutre aux réactifs
colorés, très-soluble dans l'eau, et insoluble dans l'alcool, qui la précipite en une gelée transparente. A 140°, elle perd 2 équivalents d'eau.
On la distingue de la pectine en ce qu'elle précipite par l'acétate de
plomb. Elle forme avec le protoxyde de plomb deux composés qui ont
pour formule : l'un, PbO, $H^{48}C^{64}O^{64}$, HO, et l'autre, $2PbO$, $H^{46}C^{64}O^{62}$.
Les alcalis la transforment en pectates. Elle n'a point d'usages.

Métapectine (acide métapectinique) = $H^{48}C^{64}O^{64}$, si elle a été desséchée à 100°. — Elle est le résultat de l'action des acides très-étendus sur
la parapectine, à la température de l'ébullition. Elle est solide, incristallisable, et *rougit* le tournesol. Soluble dans l'eau et insoluble dans
l'alcool, elle est précipitée par celui-ci de sa dissolution aqueuse. A 140°,

elle perd 2 équivalents d'eau. Elle s'unit aux acides, avec lesquels elle donne des combinaisons solubles dans l'eau, que l'alcool précipite. Les alcalis la transforment en pectates. Le chlorure de baryum *la précipite*, tándis qu'il ne trouble pas les dissolutions aqueuses de pectine et de parapectine.

Pectase. — Elle existe dans tous les tissus qui contiennent de la pectose; les carottes et les betteraves renferment de la pectase soluble; dans les fruits acides, elle existe à l'état insoluble; c'est une sorte de ferment qui accompagne cette dernière substance, tout comme le ferment du raisin accompagne le sucre dans le raisin, tout comme la synaptase (ferment) accompagne l'amygdaline dans les amandes amères. On l'obtient en précipitant par l'alcool le jus de carottes nouvelles. Elle est solide et incristallisable. Mêlée à une dissolution de pectine, à l'abri du contact de l'air, et surtout à la température de 30°, elle transforme celle-ci en un *corps gélatineux insoluble dans l'eau froide*, sans qu'il se dégage aucun gaz; il se produit là une véritable *fermentation pectique*, qui ne se manifesterait pas si la pectase eût été laissée dans l'eau pendant deux ou trois jours, et qu'elle se fût couverte de moisissures, ou bien si on l'avait fait bouillir longtemps avec de la pectine. La pectase existe sous deux états, elle est *soluble* ou *insoluble;* il suffit de traiter la première par l'alcool pour obtenir l'autre.

Acides pectosique, pectique, parapectique, métapectique et *pyropectique.* — *Acide pectosique*, $H^{21}C^{32}O^{29}$, 2HO. Il suffit de faire agir pendant peu de temps la pectase sur une dissolution de pectine, pour obtenir cet acide, qui est gélatineux, très-soluble dans l'eau bouillante, presque insoluble dans ce liquide froid, et qui se prend en gelée par le refroidissement de la dissolution aqueuse bouillante. Les pectosates sont gélatineux et incristallisables. On peut également préparer l'acide pectosique en traitant la pectine *à froid*, par des dissolutions très-étendues de potasse, de soude et d'ammoniaque, et en précipitant l'acide pectosique de ces pectates au moyen d'un acide.

Acide pectique, $H^{20}C^{32}O^{28}$, 2HO. — Si on prolonge l'action de la pectase sur une dissolution de pectine, l'acide pectosique, formé d'abord, passe à l'état d'acide *pectique*. On produit encore cet acide en faisant chauffer la pectine avec des dissolutions étendues de potasse, de soude et d'ammoniaque, et en versant de l'acide chlorhydrique dans les pectates alcalins. On le prépare le plus ordinairement en chauffant pendant un quart d'heure, avec une dissolution faible de carbonate de soude, la pulpe des carottes ou des navets, parfaitement lavée; le pec-

late de soude soluble, formé *aux dépens de la pectine*, est décomposé
par l'acide chlorhydrique, qui précipite de l'acide pectique *impur*; on
le lave, on le dissout dans l'ammoniaque, on fait bouillir, et l'on verse
dans la liqueur quelques gouttes de sous-acétate de plomb dissous : ce
sel précipite la matière albumineuse qui altérait l'acide pectique; on
filtre, et l'on précipite l'acide pectique de la dissolution au moyen de
l'acide chlorhydrique. Si l'on employait un excès de carbonate de soude,
la liqueur serait brune, et l'on n'obtiendrait que de l'acide *métapectique*
soluble dans l'eau.

L'acide pectique, découvert par Braconnot, est solide, incolore, légèrement acide, insoluble dans l'eau froide, et à peine soluble dans
l'eau bouillante, bien différent en cela de l'acide *pectosique*. Desséché,
il diminue considérablement de volume, ce qui tient à l'énorme quantité d'eau qu'il peut retenir; à une température plus élevée, il donne
de l'huile empyreumatique, et laisse un abondant résidu de charbon.
Si on le fait bouillir pendant longtemps avec de l'eau, il se change en
acide *parapectique*. L'acide sulfurique à chaud le transforme en acide
ulmique, et il se dégage de l'acide sulfureux. L'acide azotique donne
avec lui de l'acide oxalique et de l'acide mucique, à l'aide de la chaleur.
Il se dissout dans les liqueurs alcalines, même étendues ; si on le fait
bouillir pendant quelque temps dans ces dissolutions, il passe à l'état
d'acide *métapectique*. Il se dissout dans un grand nombre de sels alcalins,
et forme de véritables sels doubles. Les pectates de potasse, de soude et
d'ammoniaque, sont solubles dans l'eau et incristallisables; ils font
prendre l'eau en gelée. Les autres pectates sont insolubles, et se précipitent en masses gélatineuses très-volumineuses. Les pectates se changent en *parapectates* à la température de 150ⁿ; il en est de même lorsqu'on fait bouillir leurs dissolutions pendant longtemps. Les pectates
neutres sont en général formés de 2 équivalents de base et de 1 d'acide.

Acide parapectique, $H^{15}C^{24}O^{21}$, 2HO. — J'ai déjà dit que cet acide est
le résultat de l'action de l'eau bouillante longtemps prolongée sur l'a-
cide pectique. Il est incristallisable, très-soluble dans l'eau, et rougit
le tournesol ; il fournit avec la potasse, la soude et l'ammoniaque, des
parapectates solubles, tandis qu'il forme des sels insolubles avec les
autres bases; ces sels sont composés de 2 équivalents de base et de 1 d'a-
cide. Il décompose, à la température de l'ébullition, le tartrate double
de potasse et de cuivre, et en précipite du protoxyde.

Acide métapectique, $H^{5}C^{8}O^{7}$, 2HO. — Il se produit lorsqu'on abandonne
pendant longtemps à elle-même une dissolution de pectine, d'acide pectique, ou d'acide parapectique, ou bien lorsqu'on fait bouillir avec des

acides étendus, soit la pectine, soit les acides pectique et parapectique. Il est incristallisable, très-soluble dans l'eau froide, et aussi énergique que la plupart des acides qui existent dans les fruits. Il forme avec la plupart des bases des sels solubles et incristallisables. Il ne précipite pas l'acétate de plomb, tandis qu'il forme un métapectate insoluble avec le sous-acétate; on connaît même deux métapectates de plomb composés, l'un de 2 équivalents, et l'autre de 3 équivalents de protoxyde. Il agit sur le tartrate double de potasse et de cuivre, comme l'acide *parapectique.*

Acide pyropectique, $H^9C^{14}O^9$. — Il est le résultat de l'action de la chaleur (200°) sur la pectine, l'acide pectique, ou les acides parapectique et métapectique. Il est noir, d'une odeur pyrogénée, insoluble dans l'eau, et soluble dans les liqueurs alcalines, avec lesquelles il forme des sels bruns et incristallisables. Il ne diffère de l'acide métapectique anhydre que par 1 équivalent d'eau et 2 d'acide carbonique; en effet,

$$\underset{\text{Acide métapectique.}}{2\,H^5C^8O^7} = \underset{\text{Acide pyropectique.}}{H^9C^{14}O^9}, \quad \underset{\text{Eau.}}{HO}, \quad \underset{\text{Acide carbonique.}}{2\,CO^2}$$

DES GELÉES VÉGÉTALES.

Avant de faire l'histoire de ces gelées, et de dire ce qu'elles sont et comment on les produit, il importe de présenter en résumé les noms et la composition des substances gélatineuses contenues dans les végétaux, ou formées par suite de certaines réactions chimiques; j'emprunterai à MM. Pelouze et Frémy le tableau suivant :

NOMS DES SUBSTANCES GÉLATINEUSES.	COMPOSITION DES SUBSTANCES GÉLATINEUSES.	COMPOSITION DES SELS DE PLOMB.	OXYDE DE PLOMB CONTENU DANS 100 PARTIES DE SEL.
Pectose.	. . . .	. . . .	. . . . . .
Pectine.	$H^{40}C^{64}O^{56}$, 8HO	. . . .	. . . . . .
Parapectine. . . .	$H^{40}C^{64}O^{56}$, 8HO	$H^{40}C^{84}O^{56}$, 7HO, PbO	10,6
Métapectine. . . .	$H^{48}C^{64}O^{56}$, 8HO	$H^{40}C^{84}O^{56}$, 6HO, 2PbO	19,4
A. pectosique. . .	$H^{20}C^{52}O^{28}$, 3HO	$H^{20}C^{52}O^{28}$, HO, 2PbO	33,4
A. pectique. . . .	$H^{20}C^{52}O^{28}$, 2HO	$H^{20}C^{52}O^{28}$, 2PbO	33,8
A. parapectique.	$H^{15}C^{24}O^{21}$, 2HO	$H^{15}C^{24}O^{21}$, 2PbO	40,5.
A. métapectique.	$H^5\ C^8\ O^7$, 2HO	$H^5\ C^8\ O^7$, 2PbO	67,2

On voit 1° que ces formules sont toutes des multiples de la plus simple d'entre elles, $H^5C^8O^7$, ce qui porte à admettre qu'elles dérivent toutes de la *pectine* par de simples dédoublements moléculaires et par des séparations ou des absorptions d'eau ; 2° que la pectine et la parapectine sont des substances neutres, tandis que les autres sont acides, et que leur acidité augmente progressivement, à mesure qu'elles s'éloignent de la pectose : ainsi l'acide *métapectique* est aussi énergique que les acides citrique, malique, tartrique, et son sel de plomb contient 67,2 pour 100 d'oxyde de plomb ; on voit également qu'il existe entre l'*amidon*, la *cellulose* et la *pectose*, c'est-à-dire entre les trois corps qui paraissent le plus abondamment répandus dans l'organisation végétale, des analogies frappantes, puisque l'amidon et la cellulose aussi sont d'abord neutres, puis se modifient sous l'influence de quelques réactifs, et notamment des ferments, et donnent un acide énergique, l'acide lactique, après avoir passé par une série d'états isomériques.

Comment expliquer maintenant la *production des gelées par l'action de la chaleur sur les fruits?* Lorsqu'on fait cuire un fruit, les acides citrique, malique, etc., que celui-ci contient, transforment la pectose en *pectine ;* aussi, en abandonnant à lui-même le suc de certains fruits cuits, obtient-on une *gelée* incolore ; et ce qui prouve que la transformation dont je parle est due à la cuisson, c'est que le suc d'une pomme verte, par exemple, ne contient pas la moindre trace de pectine, tandis qu'il en fournit beaucoup si on le fait bouillir pendant quelques instants avec la pulpe d'où il a été exprimé.

La production des gelées, si elle est quelquefois le résultat de la réaction de la *pectose* sur la pectine, ainsi que je viens de le dire, est le plus ordinairement produite par la réaction de la *pectase* (sorte de ferment, voy. p. 95) sur la pectine, qu'elle fait passer à l'état d'acide *pectosique gélatineux* si l'action n'est pas trop prolongée, et à l'état d'acide *pectique* si cette action est prolongée. Les gelées sont aussi quelquefois produites par la dissolution de l'acide pectique dans les sels organiques contenus dans les fruits.

En combinant ces deux modes d'action, on se rend facilement compte de la production des *gelées* que l'on prépare avec les pommes, les prunes, les poires, etc., soumises à l'action simultanée de la chaleur et de l'eau ; en effet, les acides malique, citrique, etc., de ces fruits, transforment la *pectose* en *pectine ;* celle-ci, à son tour, est changée par la *pectase* en acide *pectosique,* qui se prend en *gelée* par le refroidissement ; si l'action de la *pectase* est prolongée, l'acide pectosique est changé en acide *pectique.* Il ne faudrait pas trop brusquer l'opération en chauffant rapidement les fruits, car alors la pectase serait coagulée et n'agirait pas sur la pectine ; aussi, quand on veut faire des conserves de fruits, doit-on se borner à les plonger pendant quelques instants seulement dans de l'eau bouillante. Il est à remarquer que, pendant la coction des fruits, la cellulose qu'ils renferment n'est pas altérée, et que la pectose seule est modifiée par les acides.

Ces faits permettent d'expliquer un phénomène généralement connu : on sait que dans beaucoup de circonstances un mélange de suc de groseilles et de suc de framboises se prend instantanément en gelée ; c'est que ce dernier est riche en pectase, qui transforme rapidement en acide pectosique *gélatineux* la pectine contenue dans le suc de groseilles.

Il sera maintenant aisé de comprendre ce qui se passe pendant la *maturation des fruits*. Ceux-ci, quand ils sont *verts*, renferment de la *pectose* et point de pectine; à mesure qu'ils mûrissent, il s'y développe de la pectine, à ce point que lorsqu'ils sont parfaitement mûrs, ils sont riches en pectine et surtout en parapectine; alors il n'y a plus sensiblement de pectose. Si les fruits sont parvenus au delà de la maturité, qu'ils soient déjà prêts à se décomposer, ils ne contiennent guère que de l'acide *métapectique* combiné avec la potasse ou avec la chaux ; d'où il suit que, pendant la maturation, les substances gélatineuses des fruits subissent des modifications analogues à celles que l'on produit dans les laboratoires en soumettant ces substances à l'action successive des acides, de l'eau, des alcalis ou de la pectase.

DE L'APIINE. $H^{14}C^{24}O^{13}$.

Elle a été découverte par Braconnot dans le persil (*apium petroselinum*). Elle est en poudre ténue, blanche, inodore, insipide, fusible à 180°, et décomposable de 200° à 210°. Presque insoluble dans l'eau froide, elle se dissout facilement dans l'eau bouillante; des dissolutions aqueuses d'une partie d'apiine sur 1,000 et même sur 8,500 parties d'eau *se prennent en gelée* par le refroidissement, à moins qu'on ne les ait fait bouillir pendant longtemps. Elles sont colorées en rouge de sang par le sulfate de protoxyde de fer, alors même qu'elles ne renferment que $1/8000$ d'apiine. Elle est soluble dans 389 parties d'alcool froid, tandis que le même liquide bouillant la dissout facilement; cette dissolution précipite en jaune par l'acétate de plomb, et ne colore pas l'amidon en bleu. Si on fait bouillir de l'apiine, pendant 20 minutes, avec de l'acide sulfurique ou de l'acide chlorhydrique *étendus*, la liqueur *ne se prend plus en gelée* par le refroidissement, et il se dépose des flocons blancs, sans qu'il se forme du sucre; l'acide sulfurique *concentré* la colore en rouge orangé, et si l'on ajoute de l'eau, il se précipite un corps floconneux blanchâtre, $H^{12}C^{24}O^{11}$, c'est-à-dire de l'apiine, moins 2 équivalents d'eau. L'acide azotique la décompose, sans former ni acide picrique ni acide oxalique. Chauffée avec un mélange d'acide sulfurique et de bioxyde de manganèse, on obtient, dans le récipient, de l'acide formique et de l'acide acétique. Les alcalis dissolvent l'apiine sans l'altérer ; en ajoutant un acide à ces dissolutions, l'apiine se dépose sous forme d'une *gelée épaisse* et transparente. On voit que l'apiine se rapproche beaucoup de la pectine par ses propriétés.

Préparation. On traite par l'eau bouillante le persil recueilli avant la floraison ; on filtre à travers une toile, et l'apiine se prend en une gelée verte par le refroidissement. On la purifie en la soumettant successivement à l'action de l'alcool et de l'éther bouillants (Planta et Wallace, *Journ. de pharm.*, octobre 1850).

DE LA MANNITE. $H^{14}C^{12}O^{12}$.

La mannite existe dans les diverses espèces de manne, surtout dans la manne en larmes, dont elle forme la presque totalité, dans le céleri-rave, dans les oignons, les champignons, dans le suc de betterave et d'autres substances qui ont éprouvé la fermentation visqueuse, et dans le miel fermenté, selon Guibourt.

Elle est blanche, solide, inodore, douée d'une saveur sucrée, agréable ; elle cristallise en prismes quadrangulaires très-fins et demi-transparents. Elle n'exerce pas de pouvoir rotatoire sur la lumière polarisée, et ne donne pas de sucre tournant à gauche quand on la traite par les acides.

A une chaleur de 100 degrés, elle fond en un liquide limpide, sans perdre de son poids : par le refroidissement, elle se prend en une masse cristalline d'un éclat soyeux ; une plus forte chaleur la décompose. Elle est très-soluble dans l'eau ; l'alcool la dissout bien à chaud, mais elle se précipite par le refroidissement.

L'acide azotique du commerce la transforme en acides *oxalhydrique* et *oxalique*, mais elle ne fournit pas d'acide mucique ; s'il est monohydraté, il donne une matière *explosible*. L'acide arsénique lui communique une couleur rouge-brique.

Elle n'éprouve pas la fermentation alcoolique.

L'acide sulfurique la fait passer à l'état d'acide sulfomannitique $= H^5C^6O^4, 2SO^3, HO$. Chauffée avec de la chaux, elle donne de la *métacétone* (Favre), et avec la potasse du *métacétonate* de potasse ; avec du chlorure de sodium, elle forme un composé, $2H^7C^6O^6$, Na Cl.

Sa dissolution aqueuse n'est pas précipitée par le sous-acétate de plomb.

Elle a été employée par M. Martin-Solon, comme purgatif, à la dose de 30 à 60 grammes, préalablement dissoute dans un poids double d'eau bouillante.

Préparation. Pour se la procurer, on traite la manne en larmes par de l'alcool bouillant ; celui-ci la dépose par le refroidissement ; à l'aide de plusieurs cristallisations successives, on l'obtient parfaitement pure. Si on voulait la retirer des végétaux qui contiennent à la fois du sucre, de la mannite, etc., on commencerait par détruire le sucre par la fermentation, on évaporerait la liqueur à siccité, puis on agirait par l'alcool bouillant, comme il vient d'être dit.

DE LA GLYCYRRHIZINE. $H^{22}C^{36}O^{12}, 2HO$.

Ce principe sucré de la racine de réglisse, découvert par Robiquet, est solide, de couleur jaune, transparent, d'une saveur analogue à celle de la réglisse ; la chaleur le ramollit, puis le boursoufle ; projeté sur une bougie allumée, il brûle à la manière du lycopode.

Il est peu soluble dans l'eau et très-soluble dans l'alcool, plus à chaud qu'à froid ; l'éther ne le dissout point. Il ne fermente pas.

La glycyrrhizine peut s'unir avec les acides, les bases et les sels. Ses combinaisons acides sont en général peu solubles.

Pour l'obtenir, on verse un peu d'acide sulfurique dans le produit de la décoction concentrée de la racine de réglisse ; il se forme aussitôt un précipité blanc de matière albumineuse et de glycyrrhizine ; on lave ce précipité avec de l'eau légèrement acidulée, et on le traite par l'alcool, qui dissout, par la chaleur, la combinaison sulfurique de glycyrrhizine, tandis qu'il sépare l'albumine ; l'on ajoute ensuite quelques gouttes de carbonate de potasse dans la liqueur, jusqu'à ce qu'elle ne soit plus acide ; en filtrant et en évaporant, cette matière reste pure.

DE LA PHLORIDZINE. $H^{16}C^{24}O^{14}$.

La phloridzine a été découverte par de Konink et Stas, dans l'écorce fraîche de la racine du pommier, du cerisier et du prunier.

Elle cristallise en aiguilles prismatiques à base carrée, incolores, soyeuses et déliées, sans action sur les couleurs végétales, solubles dans 1,000 parties d'eau froide, et en toutes proportions dans l'eau bouillante, à qui elle communique sa saveur astringente ; elle est très-soluble dans l'alcool, tandis que l'éther ne la dissout pas; sa densité est de 1,42. La dissolution alcoolique exerce le pouvoir rotatoire *vers la gauche*.

A 100°, elle perd 2 équivalents d'eau de cristallisation; à 109°, elle fond, et ne se décompose qu'à 200°.

La phloridzine se combine avec la chaux et la baryte, et forme des composés solubles que l'on n'obtient que par l'évaporation des liqueurs; une dissolution de phloridzine produit un précipité blanc dans l'acétate de plomb basique : ce précipité renferme des quantités différentes de base, selon la température à laquelle il a été produit. C'est à l'aide de ces composés que M. Stas est parvenu à déterminer l'équivalent de la phloridzine.

Lorsqu'on fait bouillir une dissolution aqueuse de phloridzine à laquelle on a préalablement ajouté de l'acide sulfurique ou chlorhydrique, la phloridzine se transforme en glucose et en *phlorétine*.

$$\underset{\text{Phloridzine.}}{H^{16}C^{24}O^{14}} , \underset{\text{Eau.}}{4HO} = \underset{\text{Glucose.}}{H^{14}C^{12}O^{14}} , \underset{\text{Phloretine.}}{H^{6}C^{12}O^{4}}$$

Par l'action de l'acide azotique, Stas a obtenu une matière de couleur puce, incristallisable, soluble dans les solutions alcalines, d'où elle est précipitée par les acides, soluble dans l'alcool et l'esprit de bois, insoluble dans l'eau. L'acide *azotique très-concentré* et bouillant la change en acide oxalique et probablement aussi en acide carbazotique : ce corps, dans lequel de l'azote a été substitué à une certaine quantité d'hydrogène, constitue l'acide *nitro-phlorétique*. La phloridzine fondue dans un courant de gaz ammoniac en absorbe 12 pour 100 de son poids; ce composé, qui se conserve parfaitement à l'abri de l'air, peut s'unir à une grande quantité de gaz oxygène; alors il se fonce en couleur, de jaune-serin il devient jaune orangé, rouge, puis pourpre, et enfin d'un bleu foncé; dans cet état, il constitue le *phloridzéate d'ammoniaque*. La dissolution aqueuse de ce sel, évaporée sous une cloche renfermant de la potasse en fragments, laisse une matière d'un bleu pourpre, à reflet cuivreux, inaltérable à l'air sec, très-soluble dans l'eau, à laquelle elle communique une couleur bleue magnifique; quand on la chauffe, elle perd de l'ammoniaque et laisse précipiter un corps rouge. Cette dissolution est décolorée par toutes les matières désoxygénantes; au contact de l'air, elle reprend sa couleur bleue en absorbant de l'oxygène.

La phloridzine a été employée avec succès en médecine pour combattre les fièvres intermittentes.

Préparation. Pour se la procurer, il suffit de faire une décoction aqueuse et concentrée de l'écorce de la racine du pommier, de décanter cette décoction bouillante et de l'abandonner à elle-même ; par le refroidissement du liquide, la phloridzine se précipite à l'état amorphe et souillée de matière colorante ; en traitant ce précipité une ou deux fois par le charbon animal, on obtient la phloridzine d'une pureté parfaite. On peut encore traiter la racine fraîche par l'alcool à 80 centièmes ; en distillant l'alcool, la phloridzine cristallise par refroidissement.

DE LA PHLORÉTINE. $H^6 C^{12} O^4$.

La phlorétine est sous forme de cristaux, d'une saveur sucrée, fusibles à 180° et décomposables à une température plus élevée. Elle est peu soluble, même dans l'eau bouillante et dans l'éther ; l'alcool la dissout très-bien. Elle forme avec le protoxyde de plomb un composé $= 2PbO, H^6 C^{12}, O^4$. Elle se combine avec l'ammoniaque comme la phloridzine. On l'obtient en traitant celle-ci par les acides faibles (voyez p. 102). Elle n'a point d'usages.

DE L'OLIVILE. $H^{18} C^{28} O^{10}$.

Suivant Pelletier, il existe dans la gomme d'olivier un principe particulier auquel il a donné le nom d'*olivile*. Il est sous forme de poudre blanche, brillante, amylacée, ou bien en petites lamelles ou en aiguilles aplaties, inodores, et douées d'une saveur amère, sucrée et aromatique ; ces cristaux contiennent deux équivalents d'eau, qu'ils perdent à 108°, tandis qu'ils en abandonnent un seulement dans le vide. Chauffés plus fortement, ils donnent de l'acide *pyrolivique*, $H^{12} C^{20} O^4, HO$. Il fond et jaunit à la température de 120°. L'*eau* froide le dissout à peine ; il est plus soluble dans l'eau bouillante. L'*alcool* n'agit presque pas sur l'olivile à froid, mais il la dissout en toutes proportions à l'aide de la chaleur. L'*éther* est sans action sur l'olivile pure. Les *huiles fixes* ou *volatiles* n'agissent point sur elle à froid ; à chaud, elles en dissolvent une certaine quantité. L'acide *acétique* concentré la dissout à toutes les températures, et la liqueur ne précipite pas par l'eau. L'acide *sulfurique* concentré la charbonne. L'acide *azotique* la dissout à froid, et se colore en rouge foncé ; si on élève un peu la température, il la décompose en se décomposant lui-même, et fournit une très-grande quantité d'acide oxalique. L'acide *chromique* l'oxyde, et donne un composé qui a pour formule $Cr^2 O^3, H^{18} C^{28} O^{13}$. Les *alcalis* étendus d'eau dissolvent l'olivile sans l'altérer. Le *sous-acétate de plomb* précipite de sa dissolution aqueuse des flocons très-blancs, solubles dans l'acide acétique; l'acétate de plomb neutre la précipite également, mais avec moins d'énergie. L'olivile est sans usages.

Préparation. On fait dissoudre la gomme d'olivier épuisée par l'éther dans un excès d'alcool rectifié; on abandonne la liqueur à elle-même, et l'olivile cristallise; on la purifie en la dissolvant dans l'alcool, et en faisant cristalliser de nouveau.

DE LA PICROTOXINE. $H^7C^{12}O^5$.

La picrotoxine, découverte par M. Boullay, ne se trouve que dans le fruit du *menispermum cocculus* (coque du Levant). Elle a été considérée pendant quelques années comme une *base salifiable organique,* tandis qu'elle joue plutôt le rôle d'acide que de base dans diverses combinaisons.

Elle est le plus souvent sous forme d'aiguilles aciculaires, quoique dans certaines circonstances elle se présente en filaments soyeux et flexibles, en masses mamelonnées ou en cristaux durs et grenus. Elle est blanche, brillante, demi-transparente, excessivement amère. Elle se comporte au feu à peu près comme les résines, et se décompose sans donner de produit ammoniacal; elle se dissout dans 25 parties d'eau bouillante et dans 150 parties d'eau à 14°. Il ne faut que 3 parties d'alcool pour la dissoudre. *Les acides ne se combinent pas* avec la picrotoxine; l'acide sulfurique, à la température de 14°, la jaunit peu à peu, puis la fait passer au rouge safrané, et, pour peu que l'on chauffe, la matière se détruit et se charbonne entièrement. Les acides azotique et hypoazotique la transforment en acide oxalique. L'acide chlorhydrique et surtout l'acide acétique la dissolvent sans former des sels; si l'on fait évaporer les liqueurs, on obtient des cristaux, qui, étant suffisamment lavés avec de l'eau, ne laissent que de la picrotoxine, tandis que les acides se trouvent dans les eaux de lavage. Les *alcalis* minéraux favorisent tous la dissolution de la picrotoxine dans l'eau. La brucine, la strychnine, la quinine, la cinchonine, la morphine et la narcotine, se combinent avec la picrotoxine et forment des sels cristallisables, des espèces de *picrotoxates* dans lesquels la picrotoxine joue le rôle d'acide, et dont la potasse et la soude séparent les bases, savoir, la brucine, la strychnine, etc. (*Ann. de chim.,* octobre 1833.) Plusieurs expériences faites sur les animaux prouvent que c'est à elle que la coque du Levant doit ses propriétés vénéneuses (voy. mon *Traité de toxicologie,* t. II, 4e édition).

DE LA MÉCONINE. $H^4C^{18}O^4$.

La méconine, découverte par M. Dublanc jeune, n'a été trouvée jusqu'à présent que dans l'opium. Elle cristallise en prismes blancs à six pans, dont deux faces, plus larges et parallèles, sont terminées par un sommet dièdre; elle est inodore, d'abord insipide, puis offrant une saveur âcre. Elle est fusible à 90°,5, et ressemble alors à une huile incolore; à 155° elle peut être distillée *sans altération*. Elle est soluble dans 18,56 parties d'eau bouillante et dans 265,75 parties d'eau froide, et beaucoup plus dans l'alcool, dans l'éther et dans les huiles essentielles. La plupart des alcalis la dissolvent sans contracter de combinaison avec elle. Les acides chlorhydrique et acétique la dissolvent sans l'altérer; les acides sulfurique et azotique, au contraire, la décomposent; la dissolution sulfurique est incolore si elle a été faite avec l'acide étendu, mais si on la concentre à une très-douce chaleur, elle acquiert une belle couleur *verte foncée*. L'acide azotique la décompose en se décomposant, et donne naissance à l'acide nitroméconique (nitroméconine). Il en est de même du chlore, qui réagit sur elle de manière à produire l'acide *méchloïque*. Elle agit à peine sur l'économie animale.

Préparation. On obtient la méconine en traitant le *solutum* aqueux d'opium de Smyrne par l'ammoniaque, qui fournit un précipité et une liqueur; celle-ci étant évaporée donne des cristaux que l'on traite par l'alcool, par l'eau et par l'éther (voy. pour les détails les *Ann. de chim.* d'août 1832).

DE LA CUSPARINE.

La *cusparine* a été trouvée en 1833, par M. Saladin, dans l'écorce d'angusture vraie. Elle est sous forme de cristaux tétraédriques, réunis en groupes blancs, d'une saveur amère, un peu mordicante. Elle fond au-dessus de 45°, et ne commence à s'altérer qu'à 133°; alors elle se décompose sans fournir de produits ammoniacaux; 100 parties d'eau bouillante n'en dissolvent que 11,04 parties; l'alcool froid en dissout $^{37}/_{100}$ de son poids; elle est insoluble dans les huiles volatiles, dans l'éther; elle se dissout dans les acides sans former des sels, car elle se précipite à mesure que l'on concentre la dissolution. L'acide sulfurique colore la cusparine en rouge brun, et l'acide azotique en jaune verdâtre; elle n'est point colorée en bleu par les sels de sesquioxyde de fer; comme la brucine, dont elle diffère à tant de titres, elle est colorée en rouge

pourpre par l'azotate acide de bioxyde de mercure. Elle n'est point vénéneuse. On l'obtient en traitant l'écorce d'angusture vraie par l'alcool
froid, en évaporant, et en traitant de nouveau et à plusieurs reprises le
produit par l'alcool, puis par le protoxyde de plomb hydraté et l'éther
(voy. *Journ. de chim. méd.*, juillet 1833).

DE L'ÉLATÉRINE.

L'élatérine est un principe immédiat retiré par M. Martins du *momor-
dica elaterium*. Il est blanc, cristallin, très-amer, un peu styptique,
insoluble dans l'eau et dans les alcalis, très-peu soluble dans les acides,
se dissolvant dans l'alcool, l'éther et l'huile d'olives bouillante. Ses cristaux, vus en masse, ont un aspect soyeux; examinés à la loupe, ils présentent des prismes rhomboïdaux, striés sur leurs faces, et très-brill-
lants. L'élatérine est décomposée par les acides concentrés; elle forme
avec l'acide azotique une masse jaunâtre, d'apparence gommeuse, et
avec l'acide sulfurique, une dissolution d'une couleur foncée, rouge de
sang. Elle est fusible à une température un peu supérieure à celle de
l'eau bouillante; chauffée plus fortement, elle se volatilise en donnant
une vapeur blanchâtre, épaisse, d'une odeur presque ammoniacale.
C'est à l'élatérine que l'*elaterium* doit ses propriétés médicinales et vénéneuses.

DE LA GENTIANINE. $H^5C^{14}O^5$.

MM. Henry et Caventou ont trouvé dans la racine de gentiane (*gentiana lutea*) un principe qu'ils ont nommé *gentianine*, et auquel la racine doit son amertume. La gentianine est en aiguilles cristallines d'un
beau jaune, inodores, très-amères, très-solubles dans l'éther et dans
l'alcool, beaucoup moins solubles dans l'eau, surtout à la température
ordinaire : aucune de ces dissolutions n'altère les couleurs végétales.
Chauffée dans des vaisseaux fermés, la gentianine se décompose en partie, tandis qu'une autre portion se sublime sous forme de petites aiguilles jaunes. Elle se combine avec les acides, et donne des dissolutions
très-amères, presque incolores ou légèrement jaunâtres. Dissoute dans
l'eau, la gentianine précipite le sous-acétate de plomb en jaune, tandis
qu'elle ne trouble point l'acétate ordinaire, le chlorure de baryum,
l'ammoniaque, l'oxalate d'ammoniaque, la potasse, ni le sublimé corrosif. Elle se comporte comme un acide faible, et forme avec les bases
des sels hydratés ou anhydres parfaitement définis.

Préparation. On forme avec l'éther et la poudre de gentiane une teinture d'un jaune verdâtre, qu'il suffit de chauffer légèrement et de laisser refroidir pour en obtenir une masse jaune cristalline : on traite cette masse par l'alcool, jusqu'à ce que le liquide cesse de prendre une couleur citrine ; on évapore lentement cette dissolution, et l'on obtient de nouveau une masse jaune cristalline; on mêle cette masse avec de l'alcool faible, qui laisse une matière huileuse, et qui dissout, outre la gentianine, un acide et un principe odorant ; on évapore la liqueur jusqu'à siccité ; on délaie le produit dans l'eau, et on le fait bouillir avec un peu de magnésie calcinée et bien lavée ; on filtre et on évapore au bain-marie, pour chasser la plus grande partie du principe odorant : la gentianine reste en partie libre, en partie combinée avec la magnésie, à laquelle elle communique une belle couleur jaune. En faisant bouillir cette magnésie avec de l'éther, on enlève la majeure partie de la gentianine, que l'on obtient pure et isolée par l'évaporation de l'éther : si l'on veut séparer de la magnésie la portion de la gentianine que l'éther n'a pas enlevée, on la traite par une petite quantité d'acide oxalique, qui s'empare de la magnésie, et met à nu la gentianine ; il s'agit alors de la faire dissoudre dans l'éther.

DE L'HESPÉRIDINE.

L'hespéridine a été découverte en 1828, dans les orangettes, par M. Lebreton, pharmacien à Angers ; elle est répandue dans toute la famille des hespéridées. On peut l'obtenir en aiguilles affectant une forme mamelonnée, et en poudre blanche ayant quelque rapport par son aspect avec l'amidon. Elle peut être considérée comme une matière particulière, neutre, insoluble dans l'eau et dans l'alcool froid, soluble, au contraire, dans ces deux liquides froids, lorsqu'elle est alliée à la matière amère qui existe dans les orangettes, et que la quantité de véhicule n'est pas trop petite. Le sulfate de sesquioxyde de fer la précipite en brun rouge (voyez, pour son extraction et pour plus de détails, le *Journal de pharmacie,* n° de juillet 1828) (1).

---

(1) L'*hordéine*, dont l'existence avait été annoncée par Proust, n'est que du *son très-divisé.*

DE LA LIRIODENDRINE.

La liriodendrine a été retirée, par M. Emmet, du tulipier. Elle cristallise en étoiles, ou en prismes, ou en lames minces transparentes et incolores, peu solubles dans l'eau froide, d'une odeur et d'une saveur balsamiques, fusibles à 180° de Fahrenheit, en partie volatiles, en partie décomposables par le feu, sans fournir de traces ni d'acide benzoïque ni de carbonate d'ammoniaque, solubles dans quelques acides, nullement alcalines (voy. *Journ. de pharm.*, 1831).

DE LA PEUCÉDANINE. $H^{12}C^{24}O^6$.

Le peucédanine existe dans la racine du *peucedanum officinale*. Elle est en prismes rhomboïdaux brillants et incolores, fusibles à 75°; à 130°, elle commence à brunir et se sublime en partie. Elle se dissout dans les alcalis, et est précipitée de ces dissolutions par les acides. Elle est difficilement soluble dans l'alcool faible, et plus soluble dans l'alcool concentré; elle se dissout dans l'éther. Chauffée à 60° avec de l'acide azotique de 1,21 de densité, elle fournit la *nitropeucédanine*, $H^{10}C^{24}AzO^9$, en écailles incolores et flexibles, de l'acide oxalique, et un autre acide désigné par Bottcher et Wille sous le nom d'acide *styphnique*. A 100°, la nitropeucédanine, soumise à un courant de gaz ammoniac, donne la *nitropeucédamide*, $H^{12}C^{24}Az^2O^8$, sorte d'amide. Quant à l'*oxypeucédanine*, elle n'est que le résidu grenu qui reste lorsqu'on traite la peucédanine par l'éther; elle fond à 140°.

DE LA PLUMBAGINE (PLUMBAGIN).

Le plumbagin, retiré en 1828 par M. Dulong, d'Astafort, de la racine de dentelaire (*plumbago europœa*), est sous forme de pyramides allongées ou de cristaux prismatiques d'un jaune orangé ou d'un jaune brillant, très-fragiles; placé sur la langue, il fait ressentir d'abord la sensation d'une saveur légèrement sucrée, et bientôt après celle d'une saveur âcre et piquante qui prend à la gorge; il est sans action sur les papiers réactifs. La chaleur le fond aisément, et il peut cristalliser par refroidissement en rayons divergents fauves; si on élève davantage la température, il se sublime en partie; l'autre portion se décompose à la manière des substances végétales non azotées. Il est fort peu soluble dans l'eau froide, beaucoup plus soluble à chaud; ce dernier *solutum* a une couleur jaune orangée, et passe au rouge-cerise par les alcalis, le sous-acétate de plomb, le sesquichlorure de fer ; les acides font reparaître la couleur sans altération. Le plumbagin est très-soluble, même à froid, dans l'alcool et dans l'éther (voyez, pour plus de détails, le *Journ. de pharm.*).

DE LA COLOMBINE. $H^{22}C^{42}O^{14}$.

On l'extrait de la racine de colombo. Elle est sous forme de cristaux blancs neutres, ne se combinant ni aux acides ni aux alcalis (Bodeker, *Journ. de pharm.*, septembre 1849).

DE LA POPULINE.

Elle a été découverte par Braconnot dans l'écorce du tremble (*tremula populus*). On ajoute du carbonate de potasse à la décoction bouillante de cette écorce, et la populine se précipite par le refroidissement en aiguilles blanches déliées, d'une saveur âcre et douce, rappelant celle de la réglisse : elle se dissout dans 70 parties d'eau bouillante et dans 1,000 d'eau froide. Elle est fort soluble dans l'alcool.

DE LA QUERCINE.

La quercine est une matière cristalline, semblable à la salicine, contenue dans l'écorce du *quercus robur*. Elle est soluble dans l'eau et dans l'alcool, insoluble dans l'éther, et amère. Sa dissolution est précipitée par les sels de plomb, d'argent, d'étain, et de protoxyde de mercure (Gerber).

DE LA PICROLICHENINE.

La picrolichenine, découverte en 1831 par Alms dans le *variolaria ansara*, est une substance solide, cristallisée en pyramides doubles, tronquées, à base rhombe et à quatre faces, incolores, inaltérables a l'air, inodores, d'une saveur très-amère, d'une densité de 1,176. Elle fond au-dessous de 100° et se concrète par le refroidissement ; elle est insoluble dans l'eau froide, peu soluble dans l'eau bouillante, très-soluble dans l'alcool, l'éther, les huiles essentielles, et à chaud dans les huiles grasses. Sa dissolution alcoolique a une réaction acide, et est précipitée par l'eau.

Sous l'influence de l'ammoniaque, la picrolichénine se change en un corps résinoïde et visqueux rougeâtre, qui finit par cristalliser en aiguilles d'un jaune de safran fort riche; cette réaction dénoterait une relation entre ce corps et l'*orcine* ou l'*érythrine*. Il paraît qu'elle est fébrifuge.

DE L'ILICINE.

On l'obtient en précipitant la décoction des feuilles de houx (*ilex aquifolium*) par l'acétate de plomb basique, en évaporant le liquide filtré, et en traitant le résidu par l'alcool absolu et bouillant. Elle est sous forme de cristaux transparents d'un jaune brunâtre, amers, insolubles dans l'éther et solubles dans l'eau. Cette dissolution n'est pas précipitée par les oxydes métalliques (Delechamps). On la recommande comme un remède puissant contre les fièvres intermittentes et l'hydropisie.

DE LA LILACINE OU SYRINGINE.

Cette matière, signalée primitivement dans les capsules vertes du lilas par Braconnot, Petroz et Robinet, a été obtenue à l'état de pureté par M. Meillet. Elle cristallise en petites aiguilles légères, semblables à la méconine, ou en longs prismes quadrilatères à sommets dièdres; elle n'est soluble ni dans l'eau ni dans les acides. Elle est encore peu connue.

DE LA DAPHNINE.

Matière incolore retirée des *daphne gnidium* et *alpina*. Elle est en cristaux groupés en aigrettes, d'une saveur un peu âcre et amère, peu solubles dans l'eau froide, plus solubles dans l'eau bouillante, l'alcool et l'éther; les alcalis la colorent en jaune, et les oxydes métalliques ne précipitent pas sa dissolution aqueuse.

DE L'ANTIARINE. $H^{16}C^{14}O^5$.

L'antiarine est le principe actif de l'*upas antiar*, gomme-résine provenant d'un arbre qui croît à Sumatra, à Borneo et à Java, et que l'on nomme *antiaris toxicaria*.

Cette matière cristallise en lamelles nacrées, inodores, plus pesantes que l'eau, solubles dans **251** parties d'eau froide, dans **27,4** d'eau bouillante, dans 70 parties d'alcool et dans 2,792 d'éther à 22°,50. Elle se dissout dans les acides, dans la potasse et dans l'ammoniaque étendue. Sa solution aqueuse n'est ni acide ni alcaline.

On l'obtient en traitant cette gomme-résine par l'alcool, en reprenant l'extrait par l'eau, et en évaporant en consistance de sirop; elle cristallise par le repos.

Cette substance, appliquée sur la plaie d'un animal, détermine des vomissements, des convulsions, la diarrhée, et peu après la mort. Cette action vénéneuse est singulièrement accélérée lorsque l'antiarine est mélangée avec des matières solubles, telles que le sucre.

DE LA SÉNÉGUINE OU POLYGALINE. $H^{18}C^{22}O^{11}$.

Principe découvert par Gehlen, dans le *polygala senega*, et étudié par Feneulle, Peschier, et surtout par Quevenne. On l'obtient en précipitant l'extrait aqueux du polygala par l'acétate de plomb, en enlevant l'excès de plomb du liquide filtré, au moyen de l'acide sulfhydrique, en évaporant, en reprenant le résidu par l'alcool à 36 degrés, en évaporant de nouveau, en traitant l'extrait alcoolique par de l'éther, en dissolvant dans l'eau et en précipitant par l'acétate de plomb basique. Le précipité ainsi obtenu, décomposé par l'acide sulfhydrique, donne un liquide qui, évaporé et repris par l'alcool, fournit la sénéguine à l'état de pureté. C'est une substance blanche, pulvérulente, inodore, d'une saveur peu sensible d'abord, puis fort âcre et astringente. Elle se dissout lentement dans l'eau froide et mieux dans l'eau bouillante; elle est également soluble dans l'alcool, et insoluble dans l'éther et dans les huiles; elle se dissout aisément dans les alcalis, sans les neutraliser.

Sa poudre, introduite dans le nez, excite l'éternument.

DE LA CUBÉBINE (CUBÉBIN).

Il a été trouvé dans le cubèbe (*piper cubeba*) par MM. Soubeiran et Capitaine. On épuise par de l'alcool la pulpe qui reste en préparant l'extrait éthéré des cubèbes, puis on traite la liqueur par une lessive de potasse; on la précipite avec un peu d'eau et on la purifie par quelques cristallisations dans l'alcool. Le cubébin est blanc, incolore, insipide, et sous forme de petites aiguilles réunies par groupes; il n'est pas volatil, il se dissout peu dans l'alcool et dans l'eau froide; mais par la chaleur ces corps en dissolvent beaucoup plus; il est soluble aussi dans l'acide acétique, les huiles grasses et essentielles. Il renferme 67,90 de carbone, 5,65 d'hydrogène, et 26,35 d'oxygène. Il paraît être le principe actif des cubèbes.

DE LA LACTIDE. $H^4 C^6 O^4$.

La lactide, obtenue pour la première fois par MM. Pelouze et J. Gay-Lussac, en décomposant par le feu l'acide lactique anhydre, est en larges tables rhomboïdales, incolores et transparentes. A 120°, elle s'affaisse sans fondre, mais en émettant des vapeurs ; à une température plus élevée, elle fond et se sublime assez rapidement ; à 250°, elle se décompose et fournit les mêmes produits que l'acide lactique anhydre. Elle est insoluble dans l'eau froide, tout en étant hydratée par ce liquide, qui la transforme en acide lactique hydraté ; elle est plus soluble dans l'eau bouillante que ce dernier. Les alcalis la font également passer à l'état d'acide lactique anhydre. Elle absorbe le gaz ammoniac sec, et donne la *lactamide*, $H^5 C^6 O^4$, AzH^2, cristallisable, qui se comporte avec les alcalis et les acides hydratés comme une véritable amide. En absorbant deux équivalents d'eau, la lactamide est changée en lactate d'ammoniaque.

Préparation de la lactide. On chauffe au bain-marie, pour le débarrasser de l'aldéhyde, le produit liquide obtenu en décomposant l'acide lactique anhydre à 250° ou 260° ; par le refroidissement, ce produit se prend en une masse cristalline ; on lave celle-ci avec de l'alcool absolu, froid, pour la décolorer ; on la fait dissoudre dans l'alcool bouillant, qui, par le refroidissement, laisse déposer la lactide pure et cristallisée.

DE LA LACTONE. $H^8 C^{10} O^4$.

D'après M. Pelouze, il se formerait aussi, pendant la distillation de l'acide lactique anhydre, de la *lactone,* substance liquide, d'une odeur pénétrante, qui paraît être à l'acide lactique ce que l'acétone est à l'acide acétique. M. Gerhardt dit n'avoir jamais pu constater la présence de ce principe immédiat dans le produit de cette distillation (1).

---

(1) Tous les corps que je vais décrire, à dater de la digitaline jusqu'aux corps gras (voy. p. 122), ont été considérés par quelques chimistes comme étant des principes immédiats ; il est probable que bon nombre d'entre eux ne sont que des mélanges ou des composés de principes déjà connus et différents les uns des autres : on voit que leur étude a besoin d'être complétée.

DE LA DIGITALINE.

La digitaline fait partie de l'extrait de digitale ; elle a été étudiée, dans ces derniers temps, par MM. Quevenne et Homolle. Elle est sous forme de stries écailleuses ou de masses d'un jaune-paille, d'un aspect résinoïde, plus ou moins transparentes, *non cristallines*, d'une odeur aromatique *sui generis*, d'une amertume très-prononcée, sans action sur les papiers rouge et bleu de tournesol, inaltérables à l'air, peu solubles dans l'eau, très-solubles dans l'alcool faible ou concentré, solubles à 9° c. dans 100 parties d'éther d'une densité de 0,727, ne se combinant ni avec les acides (l'acide tannique excepté) ni avec les alcalis, *colorant en vert émeraude* l'acide chlorhydrique concentré. Les alcalis et les carbonates alcalins la décomposent, surtout à chaud. Elle est excessivement vénéneuse. Tout en reconnaissant qu'elle possède les propriétés médicales de la digitale, plusieurs praticiens préfèrent employer cette plante, parce qu'ils redoutent les effets trop énergiques de la digitaline.

Préparation. On traite l'extrait alcoolique de digitale par de l'éther légèrement alcoolisé, d'une densité de 0,783, qui dissout à la fois la digitaline, la digitalose et le digitalin ; on évapore, et l'on traite le résidu par l'alcool à 60 degrés, qui dissout la digitaline et laisse la plus grande partie de la digitalose et du digitalin ; on évapore la dissolution à une douce chaleur, et l'on traite le produit par de l'alcool faible, qui dissout la digitaline ; malheureusement celle-ci ne peut pas être complétement débarrassée de *quelques traces* de digitalose et de digitalin.

La *digitalose*, substance cristallisable, le *digitalin* et la *digitalide*, constituent trois autres matières *neutres* contenues dans l'extrait de digitale.

DE LA SAPONINE. $H^{25}C^{26}O^{16}$.

M. Bussy a décrit en 1832 une matière qui existe dans le marron d'Inde, dans l'écorce du *quillaia saponaria*, et qu'il a extraite du *gypsophila struthium* (saponaire d'Égypte), genre très-voisin des saponaires, et à laquelle il a donné le nom de saponine. Elle est blanche, incristallisable, âcre, piquante, friable, très-soluble dans l'eau ; un millième de son poids suffit pour communiquer à ce liquide la propriété de mousser par l'agitation ; l'alcool la dissout très-bien, cependant elle est moins soluble dans ce liquide très-concentré ; l'éther ne la dissout point. Les acides étendus et bouillants la convertissent en acide *esculique* (Frémy). L'acide azotique la transforme à chaud en une matière jaune, d'apparence résineuse, en acides mucique, oxalique, etc. Les alcalis étendus et bouillants la changent en *esculates* (Frémy). Elle n'est pas volatile, mais elle se décompose au feu et fournit beaucoup d'huile empyreumatique acide. A l'air, elle brûle avec flamme en se boursouflant. On l'emploie pour dégraisser les laines qui pourraient être altérées par les alcalis.

Plusieurs années auparavant, on avait déjà donné le nom de *saponine* à la substance que l'on obtient en traitant l'extrait aqueux de la racine de *saponaria officinalis* par l'alcool, et qui existe aussi dans les racines de jalap, de *polypodium vulgare,* dans l'*arnica montana,* etc. Elle est solide, translucide, d'un brun clair, inodore, d'une saveur légèrement amère ; l'alcool aqueux et l'eau la dissolvent à merveille, tandis qu'elle est insoluble dans l'alcool absolu, dans les huiles volatiles et dans l'éther. Cette dissolution aqueuse de saponine se colore en jaune par l'addition de la potasse et de la chaux, qui pourtant ne la précipitent point ; le chlorure de fer y fait naître un précipité vert-olive.

DE L'ALOÉTINE. $H^{14}C^6O^{10}$.

Cette substance, extraite de l'aloès par M. Robiquet fils, est incristallisable, à peine colorée en jaune, soluble dans l'eau et l'alcool ; elle passe au rouge intense lorsqu'elle absorbe l'oxygène de l'air. Distillée avec de la chaux, elle fournit l'*aloïsol,* $H^6C^8O^3$, d'une densité de 0,877 à 15°c., et bouillant à 130°.

DE LA SARCOCOLLINE.

La sarcocolline n'a été trouvée jusqu'à présent que dans le *penœa sarcocolla,* arbrisseau indigène du nord de l'Afrique. Lorsqu'elle est pure, elle est sous forme de petits gâteaux bruns, demi-transparents, fragiles, incristallisables, et doués d'une saveur sucrée d'abord, puis amère ; son poids spécifique est, d'après Brisson, de 1,2684. Elle se dissout très-bien dans l'eau bouillante ; le *solutum* devient laiteux par le refroidissement ; elle est soluble dans l'alcool, insoluble dans l'éther, et incristallisable. L'acide azotique la change en acide oxalique. Elle est sans usages, et composée de 57,15 de carbone, de 8,34 d'hydrogène, et de 34,51 d'oxygène. Thompson, qui a fait connaître cette substance, pense qu'elle a beaucoup d'analogie avec le suc de réglisse, et qu'elle participe, jusqu'à un certain point, des propriétés de la gomme et du sucre, mais principalement de ce dernier. Le produit connu dans le commerce sous le nom de *sarcocolle*, et qui est sous forme de petits globules oblongs, demi-transparents, d'une couleur jaune ou d'un brun rougeâtre, et d'une odeur analogue à celle de l'anis, est composé, d'après Pelletier, de 65,30 de sarcocolline, de 4,60 de gomme, de 3,30 de matière gélatineuse analogue, sous beaucoup de rapports, à la bassorine, et de 26,80 de matières ligneuses.

Préparation. On obtient la sarcocolline pure en traitant par l'alcool absolu la sarcocolle du commerce, épuisée par l'éther, et en évaporant la dissolution jusqu'à siccité.

DE LA VISCINE.

La viscine, découverte par M. Macaire, suinte du réceptacle ou de l'involucre de l'*attractilis gummifera*, de la famille des cynarocéphales. Elle est sous forme de masses molles d'un brun jaunâtre, d'une odeur faible, sans saveur, et très-poisseuse ; elle est plus légère que l'eau, et plus pesante que l'alcool à 36 degrés. Elle est insoluble dans l'eau et dans l'huile, très-peu soluble dans l'alcool, et très-soluble dans l'éther sulfurique et l'essence de térébenthine. Elle est formée de 75,6 de carbone, de 9,2 d'hydrogène, et de 15,2 d'oxygène, composition qui la rapproche beaucoup des résines et de la cire.

DE LA SALSEPARINE. $H^{13}C^{15}O^5$.

La salseparine, ou le principe actif de la salsepareille, a été découverte, en 1824, par M. Palotta, qui lui donna le nom de *parigline*. Depuis, MM. Folchi, Thubeuf et Batka, ont étudié la salsepareille, et en ont retiré des substances qu'ils ont crues différentes de la parigline, et qu'ils ont désignées sous les noms de *smilacine*, de *salseparine*, et d'*acide parillinique*. Les dernières recherches de M. Poggiale prouvent que ces quatre matières sont identiques, quoique obtenues par des procédés différents, et qu'il suffit par conséquent d'en décrire une, la *salseparine*. Celle-ci, d'après M. Peretti, ne serait que du *résinate* de *chaux*.

La salseparine anhydre est blanche, inodore, insipide, à moins qu'elle ne soit dissoute dans l'alcool ou dans l'eau, car alors elle a une saveur amère très-austère et nauséeuse ; elle est plus pesante que l'eau. Chauffée, elle jaunit, fond, et se décompose en laissant un charbon très-léger et très-brillant. Elle est insoluble dans l'eau froide, peu soluble dans l'eau bouillante, très-soluble dans l'alcool bouillant, moins soluble dans l'alcool froid. L'éther bouillant la dissout également ; il en est de même

des huiles volatiles, tandis que les huiles grasses la dissolvent moins
bien. Les dissolutions aqueuses et alcooliques moussent fortement par
l'agitation ; elles verdissent le sirop de violettes. La dissolution alcoolique évaporée fournit des cristaux en aiguilles radiées. Les acides affaiblis dissolvent parfaitement la salseparine, mais *sans se combiner
avec elle*, quoiqu'on obtienne des cristaux en houppes soyeuses avec
l'acide chlorhydrique, et en prismes avec l'acide sulfurique ; mais il
suffit de lavages réitérés, au moyen de l'eau, pour enlever tout l'acide
qui existait dans ces cristaux, et pour que la salseparine reste pure. La
potasse, la soude et l'ammoniaque, dissolvent également la salseparine.

Préparation. On traite la racine de salsepareille par l'alcool, on décolore la liqueur par le charbon animal, on filtre, et on fait cristalliser (Thubeuf). La partie médullaire de cette racine contient moins de
salseparine que l'écorce.

DE LA QUASSINE.

On obtient le principe amer du *quassia amara*, du *simaruba excelsa*
(quassine), en évaporant la décoction aqueuse du bois. Il est jaune
brun, transparent, soluble dans l'eau, dans l'alcool faible, insoluble
dans l'alcool absolu et dans l'éther. Sa dissolution aqueuse précipite en
jaune quelques sels de fer et l'acétate de plomb, et en blanc l'azotate de
protoxyde de mercure ; l'émétique, le chlorure de zinc, l'azotate de
plomb, le sulfate de protoxyde de fer et l'azotate de cuivre, ne la troublent point. La quassine se comporte au feu comme les substances non
azotées.

DE LA SCILLITINE.

La *scillitine*, principe amer visqueux de la scille, *scilla maritima*, a
été obtenue, pour la première fois, par Vogel, en traitant le suc épaissi
de la scille par l'acétate de plomb. Elle est blanche, fragile, transparente, d'une cassure résineuse, d'une saveur amère ; elle se ramollit au
feu, attire l'humidité de l'air, se dissout dans l'alcool, et ne donne
point d'acide mucique lorsqu'on la traite par l'acide azotique. C'est à
elle que la scille doit ses propriétés médicales, suivant Vogel. Elle
est purgative, excite le vomissement, et peut même, lorsqu'elle est concentrée, donner la mort (Tilloy).

DE LA TANGUINE, OU DE LA MATIÈRE CRISTALLISABLE DU TANGUIN.

M. Henry fils a analysé l'amande du *tanguin de Madagascar* (*tanghinia*, genre voisin des *cerbera*), et il y a trouvé deux matières particulières, la *tanguine* et une substance cristalline à laquelle il n'a pas donné de nom. La tanguine est brune, visqueuse, incristallisable, légèrement amère, *précipitant en vert* ou en *vert bleuâtre par les acides*, et en *rouge brun par les alcalis*; elle rougit sensiblement le papier de tournesol, ce qui dépend peut-être de ce qu'il a été impossible de la priver d'une certaine quantité d'acide. Elle ne possède aucune propriété alcaline, toutefois elle peut former avec les acides des composés particuliers. Elle est essentiellement narcotique, comme l'a prouvé Ollivier (d'Angers).

La *matière cristallisable* du tanguin est blanche, neutre, très-fusible, d'une saveur âcre très-prononcée, soluble dans l'alcool : cette dissolution précipite en blanc par l'eau distillée, par le chlore liquide, par les sels de plomb, d'argent et de mercure; elle ne paraît point contenir d'azote. Ollivier lui a reconnu une propriété irritante, et il a conclu que le tanguin, dont les propriétés vénéneuses sont très-énergiques, doit être rangé parmi les poisons narcotico-âcres.

DE LA BRYONINE.

La bryonine est le principe actif de la racine de bryone. MM. Brandes et Firnhaber, qui l'ont étudiée après M. Frémy, lui assignent les propriétés suivantes : elle a une couleur jaune rougeâtre, sa saveur est extraordinairement amère; elle se gonfle par la chaleur, et laisse beaucoup de charbon quand on la décompose; l'eau et l'alcool la dissolvent, et la dissolution est abondamment précipitée par l'acétate de plomb et la noix de galle. Elle agit comme purgatif drastique, et à haute dose comme poison.

DU CAIL CÉDRIN.

M. Caventou fils a extrait en 1849, de l'écorce du cail cedra (*khaya senegalensis*), un principe amer neutre auquel il a donné le nom de cail cédrin. C'est un corps solide, opaque, d'un aspect résineux, jaunâtre, non cristallin, d'une saveur très-amère, légèrement aromatique, sans action sur les réactifs colorés, fusible dans l'eau à 70° ou 80°, et offrant alors l'aspect d'un sirop, peu soluble dans ce liquide, à moins qu'il ne contienne des sels minéraux, très-soluble dans l'alcool et insoluble dans l'éther. Sa dissolution aqueuse précipite en blanc par le tannin, tandis qu'elle n'est pas troublée par l'azotate d'argent, le bichlorure de platine, le sesquichlorure de fer, l'acide oxalique, etc. Le cail cédrin forme, avec la chaux et la magnésie, des composés solubles dans l'eau et dans l'alcool concentré ; la chaux caustique lui enlève son amertume si on chauffe un peu. Il a été employé avec succès dans un cas de fièvre intermittente (voy. la thèse soutenue par Caventou, à l'École de pharmacie de Paris, le 18 août 1849).

DE LA CALENDULINE.

On désigne sous le nom de *calenduline* la substance que l'on obtient en traitant par l'alcool les feuilles et les fleurs du *calendula officinalis,* en évaporant la liqueur jusqu'à siccité, et en épuisant le produit par l'eau et par l'éther. Elle est solide, jaunâtre, translucide, friable, très-soluble dans l'alcool et dans les alcalis, et insoluble dans les acides sulfurique, phosphorique et chlorhydrique (Geiger).

DE LA CATHARTINE.

La cathartine est le principe amer du séné de la palthe (*cassia acutifolia*). Elle est solide, incristallisable, jaune rougeâtre, d'une odeur particulière nauséabonde, d'une saveur amère, très-soluble dans l'eau et dans l'alcool, et insoluble dans l'éther. Chauffée dans des vaisseaux clos, elle se comporte comme les matières qui ne contiennent point d'azote. La noix de galle et le sous-acétate de plomb précipitent de sa dissolution aqueuse des flocons jaunâtres ; tandis que l'iode, l'émétique et la gélatine, ne la troublent point. Elle a été obtenue pour la première fois par MM. Lassaigne et Feneulle (voy. *Journ. de pharm.,* t. VII). Il paraît qu'elle existe aussi dans l'écorce de la bourdaine.

DE LA CYTISINE.

La cytisine a été retirée du faux ébénier (*cytisus laburnum*) par MM. Chevalier et Lassaigne. Elle a l'aspect de la gomme arabique ; sa saveur est amère ; elle est très-déliquescente, et se résout en une liqueur d'une couleur semblable à celle du sang. Elle est très-vomitive.

DE LA GLU.

Lorsqu'on traite l'épiderme des jeunes branches du *robinia viscosa* par l'éther, on obtient une substance que l'on croit particulière, et à laquelle on a donné le nom de *glu*. Elle est d'un vert foncé, très-gluante, inodore, insipide, fusible, susceptible de brûler avec éclat, insoluble dans les alcalis et dans l'alcool froid, peu soluble dans l'alcool chaud, très-soluble dans l'éther et dans les huiles. La racine de gentiane jaune, l'écorce intérieure de l'*ilex aquifolium,* et les baies du *viscum album,* renferment une matière analogue (voy. Gmelin, *Chimie organique*).

DE LA LUPULINE (LUPULITE).

La *lupuline,* séparée du houblon (*humulus lupulus*) par MM. Payen, Chevalier et Gabriel Pelletan, est tantôt blanche ou légèrement jaunâtre et opaque, tantôt d'un jaune orangé et transparente, inodore, à moins qu'on ne la chauffe, car alors elle répand l'odeur de houblon, d'une saveur amère, soluble dans 20 parties d'eau bouillante, très-soluble dans l'alcool, et presque insoluble dans l'éther. Elle n'est ni acide ni alcaline. M. Page dit qu'elle est un anaphrodisiaque puissant, beaucoup plus fidèle que le camphre et l'opium.

La matière décrite par Ives sous le nom impropre de *lupuline,* ou le corps jaune pulvérulent du houblon, contient de la résine, de la cire, du tannin, de l'extractif, du gluten, etc. Elle est aromatique, tonique et narcotique : on a proposé de l'employer en médecine pour remplacer le houblon.

DE LA MÉNYANTHINE.

La ményanthine est une substance blanche, amère, diaphane, obtenue en précipitant par l'acétate basique de plomb l'extrait alcoolique du *menyanthus trifoliata,* et en décomposant la liqueur par l'acide sulfhydrique.

DE L'ABSINTHINE.

Elle est incolore, en partie cristalline, très-amère, fort soluble dans l'alcool, l'éther et les alcalis ; cette dernière dissolution est précipitée par les carbonates; on peut, par double décomposition, la combiner avec des oxydes métalliques, d'après Mein.

On l'obtient en traitant par de l'alcool l'extrait alcoolique des fleurs desséchées d'absinthe (*artemisia absinthium*), en évaporant et en délayant le résidu dans l'eau. On peut encore la précipiter de sa dissolution par l'acétate de plomb, puis laver et décomposer le précipité par l'acide sulfhydrique.

DE LA TANACÉTINE.

Produit jaune, amorphe et amer, soluble dans l'eau et dans l'alcool, fourni par la tanaisie. Les sels de sesquioxyde de fer la précipitent en brun, et l'acétate de plomb en jaune ; on l'extrait par un procédé analogue à celui qui fournit l'absinthine.

DE LA COLOCYNTHINE (*principe amer de la coloquinte*).

Elle a été obtenue par M. Braconnot en traitant par l'alcool l'extrait aqueux de coloquinte, en évaporant et en faisant agir sur le résidu une petite quantité d'eau, qui la précipite presque en totalité, sous forme de gouttelettes oléagineuses qui se prennent en une masse jaune brunâtre, diaphane, friable, d'une amertume extrême, agissant comme purgatif drastique. Elle est soluble dans l'eau, dans l'alcool et dans l'éther. Le chlore, les acides et les sels déliquescents, la précipitent, ainsi que plusieurs sels métalliques.

DE LA GAIACINE.

La gaïacine a été trouvée par Trommsdorff dans l'écorce et le bois de gaïac. On l'obtient en épuisant ces parties par l'alcool, en ajoutant de l'eau, en séparant le liquide aqueux de la résine, en reprenant le résidu par l'alcool, en traitant une seconde fois l'extrait alcoolique par l'eau, et enfin en décomposant le liquide filtré par l'acide sulfurique, qui précipite la gaïacine. Elle est d'un jaune foncé quand elle est en masse, et d'un jaune clair si elle est pulvérisée ; sa saveur est fort âcre et amère ; elle est peu soluble dans l'eau froide, très-soluble, au contraire, dans l'eau bouillante et surtout dans l'alcool. Les alcalis n'altèrent pas sa dissolution aqueuse ; mais les acides énergiques en précipitent la gaïacine à l'état d'une poudre jaune, qui s'agglutine peu à peu comme une résine.

DE L'IMPÉRATORINE. $H^{12}C^{12}O^5$.

Elle a été trouvée par Osan dans la racine d'impératoire (*imperatoria ostruthium*). Elle est cristallisée en prismes allongés à base rhombe, incolores, transparents, inodores, âcres et styptiques. Elle est insoluble dans l'eau, soluble dans l'alcool, dans l'éther et dans les huiles. L'acide sulfurique la dissout en prenant une couleur rouge. On l'obtient en épuisant la racine par l'éther.

Outre les substances neutres que je viens d'énumérer, on extrait des plantes une foule d'autres matières amères ou insipides, mais dont l'existence est problématique ou l'étude trop peu approfondie pour que j'en fasse l'histoire ; je me bornerai à les énumérer.

La *juglandine*, extraite du *juglans regia*, obtenue par l'expression du brou de noix.

La *phillyrine*, de l'écorce du *phillyrea media et latifolia*.

La *mélampyrine*, extraite par Huenefeldt du *melampyrum nemorosum*.

La *kaempféride*, de la racine de galanga (*amomum galanga*).

L'*amanithine*, retirée par Letellier de certains agarics, tels que les *Agaricus muscarius, A. bulbosus*, etc.

L'*alcornine*, de la racine de l'alcornoco (*hedwigia virgilioides*), par Biltz et Freuzel.

L'*alismine*, de l'*alisma plantago*, par Juch.

L'*arnicine*, dans l'*arnica montana*, par Chevallier et Lassaigne.

La *buénine*, dans l'écorce de *buena hexandra* (Buchner).

La *cannelline*, dans la cannelle blanche (*cannella alba*), par Petroz et Robinet.

La *cascarilline*, dans l'écorce de cascarille, *croton cascarilla* (Brandes).

La *cassiine*, dans la casse, *cassia fistula* (Caventou).

La *collettine*, dans le *collettia spinosa* (Reuss).

La *coriarine*, des feuilles du *coriaria myrtifolia* (Peschier et Esenbeck).

La *corticine*, dans l'écorce du tremble, *populus tremula* (Braconnot).

La *datiséine*, dans le *datisea cannabina* (Braconnot).

La *diosmine*, dans les feuilles de bouchu, *diosma crenata* (Brandes).

L'*évonymine*, des fruits de l'*evonymus europeus* (Riederer).

La *fagine*, dans les faînes du *fagus sylvatica* (Buchner et Hecberger).

La *géranine*, dans les géraniées (Müller).

La *granatine*, dans les fruits non mûrs du grenadier, *punica granatum* (Landerer).

La *guacine*, dans les feuilles du guaco (Faure).

L'*hyssopine*, dans l'hysope, *hyssopus officinalis* (Trommsdorff).

La *ligustrine*, dans l'écorce de *ligustrum vulgare* (Polex).

La *linine*, dans le *linum catharticum* (Pagenstecher).

L'*ononine*, de la racine de l'*ononis spinosa* (Reinsch).

La *primuline*, de la racine de primevère, *primula veris* (Huenefeldt).

La *pyréthrine*, dans la racine de pyrèthre, *anthemis pyrethrum* (Parisel).

La *rhamnine*, de la bourdaine, *rhamnus frangula* (Gerber).

La *scutellarine*, dans le *scutellaria lateriflora* (Cadet de Gassicourt).

La *serpentarine*, dans la racine de serpentaire, *aristolochia serpentaria* (Chevallier et Lassaigne).

La *spartiine* dans le *spartium monospermum*.

La *spigéline*, dans la racine et les feuilles de *spigelia anthelmica* (Feneulle).

La *taraxacine*, dans le *leontodon taraxacum* (Polex).

La *tremelline*, dans le *tremella mesentherica* (Brandes).

La *zédoarine*, dans le *curcuma aromatica* (Tromsdorff).

DES CORPS GRAS NEUTRES.

Les corps gras sont d'origine végétale ou animale; on peut les classer en deux groupes principaux :

1° Corps gras *neutres*, qui, sous l'influence des alcalis, peuvent être convertis en glycérine ou en éthal, et en acides gras capables de former des sels qui sont de véritables *savons*.

2° Corps gras neutres non susceptibles de devenir acides sous l'influence des alcalis, ni de s'unir à eux, et qui par conséquent ne sont pas saponifiables.

Il est nécessaire, pour justifier d'abord cette classification et pour la bonne intelligence des phénomènes que vont présenter les corps gras neutres mis en contact avec les divers agents chimiques, d'exposer la théorie générale sous le point de vue de laquelle ils doivent être envisagés.

Tous les corps gras qui, en s'unissant aux alcalis, peuvent donner naissance à des acides gras, sont de véritables sels que la nature a formés, qui contiennent un ou plusieurs acides unis à de la *glycérine* ou à de l'éthal, matières organiques neutres aux couleurs végétales et faisant fonction de bases. Ces acides sont assez nombreux; ils possèdent des propriétés différentes; il y en a de fixes, de volatils, de solides et de liquides; et, selon que l'un d'eux prédomine dans un corps gras, les propriétés de ce corps varient en raison de sa nature; c'est ainsi, pour

en donner un exemple, que le suif est composé de trois de ces acides
savoir :

<table>
<tr><td>D'acide stéarique, solide, en grande quantité,</td><td rowspan="3">qui sont unis à de la
glycérine.</td></tr>
<tr><td>D'acide margarique, id., un peu,</td></tr>
<tr><td>D'acide oléique, liquide, moins que des deux autres,</td></tr>
</table>

On voit, d'après ce que je viens de dire, que le suif est formé par la
réunion du stéarate, du margarate et de l'oléate de glycérine; que le
stéarate, composé lui-même d'un acide solide, prédominant sur les
autres, le suif doit être solide; tandis que, si l'oléate l'emportait sur
les autres principes, la combinaison serait liquide, comme cela a lieu
pour les huiles.

Il est encore facile de concevoir que, les matières grasses saponifiables
étant formées par la réunion de sels à base de glycérine, laquelle possède les propriétés des oxydes métalliques, si on les met en contact avec
un de ces oxydes plus énergique que la glycérine, celle-ci devra se séparer, tandis que les acides gras s'uniront à l'oxyde métallique et for-
meront de nouveaux sels, ayant des propriétés spéciales. Telle est en
effet la seule explication de la production des savons, théorie sur laquelle je reviendrai plus loin.

Les corps gras saponifiables, n'étant pas des *principes immédiats*, mais
bien des *produits*, seront étudiés plus loin.

DES CORPS GRAS NON SAPONIFIABLES.

Les corps gras non saponifiables sont la cholestérine, l'ambréine, la
castorine, l'aurade, la cérotine, la cérosine et la céroxyline. La cholestérine, l'ambréine et la castorine, seront décrites à la *Chimie animale*.

DE L'AURADE.

L'aurade est un principe immédiat, gras, non saponifiable, et sans
importance, que l'on obtient en versant de l'alcool à 35 degrés de Baumé
sur de l'huile volatile de fleurs d'oranger, jusqu'à ce qu'il cesse de se
produire un précipité blanc; on purifie celui-ci avec de l'alcool, puis
on le dissout dans l'éther sulfurique; on évapore cette dissolution spontanément, ce qui fournit l'*aurade cristallisée*.

DE LA CÉROTINE. $H^{56}C^{54}O^2$.

Elle est le résultat de l'action de l'hydrate de potasse fondu sur la cire de *Chine*. Elle est neutre, fusible à 79°; chauffée plus fortement, elle distille en partie; une autre portion se décompose en eau et en *cérotène*, $H^{54}C^{54}$. Elle est décomposée par le chlore. L'acide sulfurique forme avec elle une combinaison neutre, soluble dans l'eau, dans l'alcool et dans l'éther.

On peut la considérer comme étant l'alcool de la série cérotique.

La *cérine* (acide cérotique) et la *céroléine*, pouvant être considérées comme des substances acides, seront décrites en parlant des acides.

DE LA CÉROSINE. $H^{48}C^{48}O^2$.

Elle existe dans la cire des andaquies et dans l'écorce de la canne à sucre. Elle est cristalline, et forme avec l'acide sulfurique de l'acide sulfocérosique. La chaux potassée à 250° fixe sur elle 1 équivalent d'oxygène, et la change en acide *cérosique*. On l'obtient en traitant la cire des andaquies par l'alcool bouillant qui la dissout.

Acide cérosique, $H^{48}C^{48}O^3$. — Il est blanc, cristallin, fusible à 93°, peu soluble dans l'alcool et l'éther, même bouillants.

DE LA CÉROXYLINE.

On la trouve dans la cire des andaquies; elle est particulièrement fournie par le *ceroxylon andicola*. Elle est d'un blanc jaunâtre, fusible à 72°, presque insoluble dans l'alcool. Elle est formée, d'après Lewy, de carbone 80,73, d'hydrogène 13,30, et d'oxygène 5,97.

DES PRINCIPES IMMÉDIATS PROVENANT DE L'ACTION DES CORPS NEUTRES SUR LES OXYDES MÉTALLIQUES.

Ces principes sont la glycérine, la mélissine et l'éthal; je parlerai de celui-ci en faisant l'histoire des alcools.

DE LA GLYCÉRINE. $H^8C^6O^6$.

La découverte de la glycérine est due à Scheele, qui la nomma d'abord principe *doux* des huiles. Ce corps, ainsi que je l'ai dit (voy. p. 122), constitue, avec les acides gras, la majeure partie des graisses et des huiles, dans lesquelles il fait fonction de base : aussi le procédé le plus simple pour l'obtenir consiste-t-il à traiter l'huile d'olives, dans laquelle il se trouve le plus abondamment, par l'oxyde de plomb ; on fait bouillir le tout avec un peu d'eau, jusqu'à ce que la matière grasse soit entièrement remplacée par une masse plastique, composée seulement des acides gras unis à l'oxyde de plomb (emplâtre de plomb); alors la glycérine, déplacée par cette base, est mise en liberté et se dissout dans l'eau; à l'aide d'un courant de gaz sulfhydrique, on sépare l'excès d'oxyde de plomb qui était resté dans la dissolution ; on évapore au bain-marie, et l'on achève la dessiccation de la liqueur dans le vide.

La glycérine est sous forme d'un sirop légèrement coloré en jaune, sans odeur, d'une saveur sucrée très-prononcée, d'une densité de 2,28, soluble dans l'eau et dans l'alcool en toutes proportions, mais insoluble dans l'éther. Chauffée à l'air, elle brûle avec une flamme très-lumineuse; soumise à l'action de la chaleur en vases clos, elle distille en partie; une autre portion se décompose, et fournit une petite quantité d'*acroléine*, des huiles empyreumatiques, des gaz inflammables, et du charbon. Le chlore et le brome l'attaquent, et donnent des composés chlorés et bromés. L'iode la colore en jaune orangé. La dissolution aqueuse, abandonnée à elle-même à 25° ou 30°, en présence d'un ferment, finit par donner de l'acide acétique et de l'acide métacétonique. Avec le double de son poids d'acide sulfurique concentré, elle fournit de l'acide *sulfoglycérique*. Mêlée avec l'acide phosphorique, elle donne l'acide *phosphoglycérique*. L'acide azotique la transforme en acides oxalique et carbonique. Traitée par un mélange de bioxyde de manganèse et d'acide sulfurique étendu, ou d'acide chlorhydrique concentré, elle donne de l'acide formique. Elle a été préconisée, dans ces derniers temps, par M. Startin, contre les maladies de la peau avec sécheresse de l'épiderme.

Acide sulfoglycérique, $H^7 C^6 O^5, 2 SO^3, HO.$ — Il est liquide, d'une saveur fortement acide, lentement décomposable par l'eau en acide sulfurique et en glycérine; il fournit beaucoup d'*acréoline* quand on le décompose par la chaleur. Il forme avec les bases des sels solubles dans l'eau ; celui de chaux a pour formule $CaO, H^7 C^6 O^5, 2 SO^3$.

Acide phosphoglycérique, $H^7 C^6 O^5, PhO^5, HO.$ — Il existe dans le jaune d'œuf (Gobley). Il donne beaucoup d'*acréoline*, si on le décompose par la chaleur. Le phosphoglycérate de baryte, desséché à 140°, a pour formule $2 BaO, H^7 C^6 O^5, PhO^5$.

La production de ces deux acides permet d'établir une analogie de plus entre la glycérine et l'alcool, qui fournit, comme je le dirai plus loin, des acides sulfovinique et phosphovinique (Pelouze).

Acroléine, $H^4C^6O^2$. — On peut donc la considérer comme de la *glycérine,* moins 4 équivalents d'eau. Elle est le résultat de l'action de la chaleur sur la glycérine, et notamment de la décomposition par le feu des acides sulfo et phosphoglycérique. Elle est sous forme d'un liquide huileux, limpide, irritant vivement le nez et les yeux, très-volatil, soluble dans l'eau, très-soluble dans l'alcool et l'éther. Exposée à l'air, elle se change lentement en acide *acrylique,* $H^3C^6O^3$, HO, liquide, incolore, volatil, d'une odeur de viande marinée, et d'une saveur franchement acide, pouvant fournir un *éther acrylique,* qui bout à 65°, et qui exhale une odeur de raifort. L'*acroléine* laissée dans l'eau se transforme à la longue en acides acétique, formique et acrylique, et en *disacryle,* $H^8C^{19}O^4$, substance blanche, pulvérulente, inodore, insipide, insoluble dans l'eau, dans l'alcool, l'éther, le sulfure de carbone, les acides, les alcalis, etc.

DE LA MÉLISSINE. $H^{62}C^{60}O^2$.

Elle est le résultat de l'action de la myricine sur la potasse. Elle est neutre, et se rapproche de l'éthal; on peut la considérer comme un alcool. Par l'action de la chaleur, elle se décompose en acide palmitique et en un carbure d'hydrogène, $H^{60}C^{60}$, fusible à 62°. Le chlore donne avec elle un composé analogue au chloral. La potasse et la chaux la changent en acide *mélissique.*

DES ALCOOLS EN GÉNÉRAL.

On ne donnait autrefois le nom d'*alcool* qu'au liquide spiritueux volatil provenant de la fermentation des matières sucrées; mais depuis quelque temps les chimistes, en cherchant à classer, dans un but scientifique, les substances organiques en un certain nombre de types généraux, ont étendu cette dénomination à un grand nombre d'autres corps.

En effet, quelle que soit la manière d'envisager la composition de l'alcool, lorsqu'on place ce corps sous l'influence d'une action *suffisamment oxygénante,* on le voit *se transformer en un acide monobasique dans lequel une partie des éléments de l'alcool reste intacte, tandis qu'il disparaît une quantité d'hydrogène équivalente de l'oxygène qui s'est fixé.* Les exemples suivants, tirés de l'action des corps oxygénants sur les *quatre* alcools bien connus, éclairciront cette proposition fondamentale. Supposons que l'on fasse agir 4 équivalents d'oxygène sur les alcools du *vin*, du *bois*, de la *pomme de terre*, et de l'*éthal*, on aura

$$\frac{H^6 C^4 O^2}{\text{Alcool de vin.}}, \frac{O^4}{\text{Oxygène.}} = \frac{2\,HO}{\text{Eau.}}, \frac{H^3 C^4 O^3, HO}{\text{Acide acétique.}}$$

$$\frac{H^4 C^2 O^2}{\text{Alcool de bois.}}, \frac{O^4}{\text{Oxygène.}} = \frac{2\,HO}{\text{Eau.}}, \frac{H\,C^2 O^3, HO}{\text{Acide formique.}}$$

$$\frac{H^{12} C^{10} O^2}{\text{Al. de pom. de ter.}}, \frac{O^4}{\text{Oxygène.}} = \frac{2\,HO}{\text{Eau.}}, \frac{H^9 C^{10} O^3, HO}{\text{Acide valérianique.}}$$

$$\frac{H^{34} C^{32} O^2}{\text{Ethal.}}, \frac{O^4}{\text{Oxygène.}} = \frac{2\,HO}{\text{Eau.}}, \frac{H^{31} C^{32} O^3, HO}{\text{Acide éthalique.}}$$

On voit que, des 4 équivalents d'oxygène, 2 ont servi à former 2 équivalents d'eau avec 2 équivalents d'hydrogène des alcools, tandis que les deux autres se trouvent dans les acides que l'on a produits. D'où il suit que, si l'on range dans une même série tous les corps contenant 2 équivalents d'oxygène qui peuvent, en perdant 2 équivalents d'hydrogène, et en prenant 2 équivalents d'oxygène, former des acides qui leur correspondent, on pourra rattacher à un type commun des acides et des corps neutres jusque-là sans aucun lien avec les autres corps organiques. Outre les avantages que la chimie organique peut retirer du classement en un certain nombre de familles des corps nombreux dont elle s'occupe, et qui ne peut qu'augmenter tous les jours, le chimiste peut y trouver un guide naturel pour obtenir des acides nouveaux correspondants aux divers alcools. MM. Dumas et Stas, en soumettant ces alcools à l'action des alcalis hydratés, ont démontré, par de nombreux exemples, que l'expérience confirmait en tout point ce que la théorie avait prédit (voir leur mémoire, *Annales de phys. et de chim.*, 1840, t. LXXIII, p. 113).

Il arrive quelquefois, lorsque l'*action oxygénante est moins énergique*, que les alcools perdent 2 équivalents d'hydrogène, sans donner naissance à un acide, et qu'il ne se forme qu'un *aldéhyde*, c'est-à-dire un corps *plus* oxygéné que l'alcool et *moins* oxygéné que les acides dont j'ai parlé : ainsi

$$\frac{H^6 C^4 O^2}{\text{Alcool de vin.}}, \frac{O^2}{\text{Oxygène.}} = \frac{2\,HO}{\text{Eau.}}, \frac{H^4 C^4 O^2}{\text{Aldéhyde.}}$$

Les corps *déshydratants* ou *avides d'eau*, comme l'*acide sulfurique* monohydraté, l'acide *phosphorique* anhydre, le *chlorure de zinc*, peuvent se comporter avec les alcools de *deux manières* : ou bien ils leur font perdre 2 équivalents d'oxygène et d'hydrogène pour donner naissance à 2 équivalents d'eau, et les alcools se trouvent transformés en *carbures d'hydrogène*; ou bien ils ne leur enlèvent qu'un équivalent d'oxygène et d'hydrogène, et alors on obtient 1 équivalent d'eau et 1 équivalent d'éther. Exemples du premier mode :

$$\frac{H^6\,C^4\,O^2}{\text{Alcool de vin.}} = \frac{2\,HO}{\text{Eau.}} , \frac{H^4\,C^4}{\text{Bicarbure d'hydrogène, ou éthérine.}}$$

$$\frac{H^4\,C^2\,O^2}{\text{Alcool de bois.}} = \frac{2\,HO}{\text{Eau.}} , \frac{H^2\,C^2}{\text{Méthylène.}}$$

$$\frac{H^{12}\,C^{10}\,O^2}{\text{Al. de pom. de ter.}} = \frac{2\,HO}{\text{Eau.}} , \frac{H^{10}\,C^{10}}{\text{Amylène.}}$$

$$\frac{H^{34}\,C^{32}\,O^2}{\text{Ethal.}} = \frac{2\,HO}{\text{Eau.}} , \frac{H^{32}\,C^{32}}{\text{Cétène.}}$$

Exemples du second mode :

$$\frac{H^6\,C^4\,O^2}{\text{Alcool de vin.}} = \frac{HO}{\text{Eau.}} , \frac{H^5\,C^4\,O}{\text{Éther hydratique.}}$$

$$\frac{H^4\,C^2\,O^2}{\text{Alcool de bois.}} = \frac{HO}{\text{Eau.}} , \frac{H^3\,C^2\,O}{\text{Éther méthylique.}}$$

Les *hydracides*, en agissant sur les alcools, les transforment en *éthers* composés des mêmes proportions d'hydrogène et de carbone qui existaient dans ces alcools, et d'un équivalent du corps halogène qui faisait partie de l'hydracide; on voit que ce corps halogène a remplacé l'équivalent d'oxygène : ainsi, en prenant pour exemple l'action des acides chlorhydrique, bromhydrique, iodhydrique et sulfhydrique, et l'alcool de vin, on aura

$$
\begin{array}{ll}
\text{Éther hydratique.} \ldots \ldots & H^5\,C^4\,O \\
\text{Éther chlorhydrique.} \ldots & H^5\,C^4\,Cl \\
\text{Éther bromhydrique.} \ldots & H^5\,C^4\,Br \\
\text{Éther iodhydrique.} \ldots \ldots & H^5\,C^4\,I \\
\text{Éther sulfhydrique.} \ldots \ldots & H^5\,C^4\,S
\end{array}
$$

Il est des *oxacides inorganiques* ou *organiques* qui agissent sur les al•

cools en leur enlevant les éléments d'un équivalent d'eau, en les rame-
nant par conséquent à l'état d'*éther,* et qui ensuite se combinent avec
cet éther pour former en quelque sorte des sels, dans lesquels l'éther
joue le rôle de base; ainsi

$$\frac{H^6\,C^4\,O^2}{\text{Alcool de vin.}}\;,\quad \frac{Az\,O^5}{\text{Acide azotique.}}\;=\;\frac{HO}{\text{Eau.}}\;,\quad \frac{H^5\,C^4O,\,Az\,O^5}{\substack{\text{Azotate d'éther}\\ \text{ou éther azotique.}}}$$

$$\frac{H^6\,C^4\,O^2}{\text{Alcool de vin.}}\;,\quad \frac{C^2\,O^3}{\text{Acide oxalique.}}\;=\;\frac{HO}{\text{Eau.}}\;,\quad \frac{H^5\,C^4O,\,C^2\,O^3}{\text{Éther oxalique.}}$$

Certains acides *énergiques* se comportent de même avec les alcools, avec
cette différence qu'au lieu de donner des sels en quelque sorte *neutres,*
ils fournissent des sels acides composés d'un équivalent d'éther et de **2**
équivalents de l'acide employé; ainsi l'acide sulfurique forme de l'acide
sulfovinique avec l'alcool de vin,

$$\frac{H^5\,C^4\,O}{\text{Éther.}}\;,\quad \frac{2\,SO^3}{\text{Acide sulfurique.}}\;,\quad \frac{HO}{\text{Eau.}}\;.$$

On donne à ces composés les noms d'*acides viniques.*

Le *chlore* enlève de l'hydrogène aux alcools, et tend à les transformer
en *aldéhydes ;* ainsi

$$\frac{H^6\,C^4\,O^2}{\text{Alcool de vin.}}\;,\quad \frac{Cl^2}{\text{Chlore}}\;=\;\frac{2\,HCl}{\text{Acide chlorhydrique.}}\;,\quad \frac{H^4\,C^4\,O^2}{\text{Aldéhyde.}}$$

Si le chlore était en excès, on obtiendrait des corps chlorés qui dérive-
raient de l'aldéhyde par substitution.

DE L'ALCOOL DE VIN. $H^6C^4O^2$.

Ayant établi comme caractère spécial du sucre la propriété qu'il présente, lorsqu'il est soumis à l'action d'une température de 25° à 30°, et
sous l'influence du ferment, de produire de l'acide carbonique et de
l'alcool, on peut facilement prévoir que l'on extrait l'alcool de toute
substance primitivement sucrée, mais ayant fermenté; c'est ainsi qu'on
le retire des vins, des fruits pourris, de leurs sucs exprimés, du moût
de bière en fermentation, et de la bière elle-même; on le prépare enfin
directement avec de la mélasse ou toute autre substance sucrée mélée
avec du ferment.

L'alcool pur et concentré, considéré par quelqnes chimistes comme un composé de 2 équivalents d'eau, 2HO, et d'un équivalent de bicarbure d'hydrogène, H^4C^4, est un liquide transparent, incolore, ne rougissant point l'*infusum* de tournesol, doué d'une odeur agréable, et d'une saveur chaude et caustique ; son poids spécifique est de 0,8021, à 15° ; ce poids devient plus considérable à mesure que l'on ajoute de l'eau : ainsi, d'après Gilpin, il est de 0,9326 lorsque l'alcool contient 95 parties d'eau sur 100.

Il est très-volatil, et entre en ébullition à la température de 78°,4, sous la pression de 76 centimètres ; le poids spécifique de sa vapeur est 1,5890, celui de l'air étant pris pour unité : il est par conséquent près de trois fois aussi considérable que celui de la vapeur d'eau, qui ne s'élève qu'à 0,6235 ; son équivalent est donc représenté par 4 volumes de vapeur. Si on fait passer l'alcool en vapeur à travers un tube de porcelaine rouge, on le décompose. Th. de Saussure a retiré de 81,17 grammes d'alcool liquide soumis à cette expérience et contenant 11,23 grammes d'eau : 1° du carbure d'hydrogène gazeux, du gaz oxyde de carbone, et du gaz acide carbonique ; 2° de l'eau, 3° des lames minces volatilisées (naphtaline) et une huile essentielle brune, 4° de l'acide acétique, 5° de l'alcool non décomposé, 6° du charbon.

L'alcool absolu ne se solidifie pas à — 90° ; M. Bussy est parvenu à congeler l'alcool à 33 degrés, en le plaçant dans une boule entourée de coton, que l'on plongeait dans l'acide sulfureux anhydre, et que l'on mettait sous le récipient de la machine pneumatique, où l'on faisait le vide. L'alcool absolu, dans les mêmes conditions, est devenu plus visqueux. — *Lumière*. La puissance réfractive de l'alcool, comparée à celle de l'air, est de 2,2223. Il n'est point conducteur du *fluide électrique*.

Mis en contact à la température ordinaire avec le gaz *oxygène*, il dissout plus de ce gaz que l'eau. Au contact de l'*air*, il se volatilise et attire l'humidité, se mêle avec l'air, en lui communiquant l'odeur qui lui est propre, et la propriété d'enivrer les animaux qui le respirent : l'alcool contenu dans ces mélanges prend feu par l'approche des corps en ignition. Une liqueur alcoolique faible, abandonnée à elle-même dans une vessie au contact de l'air, finit par se concentrer, parce qu'il passe plus d'eau que d'alcool à travers la vessie.

Lorsque, par le moyen d'un corps enflammé ou d'un certain nombre d'étincelles électriques, on élève la température de l'alcool qui a le contact du gaz oxygène ou de l'air, il est décomposé ; l'hydrogène et le carbone qu'il renferme se combinent rapidement avec l'oxygène pour former de l'eau et du gaz acide carbonique, et il se produit une flamme blanche très-étendue : il n'y a aucun résidu si l'alcool est pur.

Si l'on fait brûler de l'alcool dans une lampe, au-dessus de la mèche de laquelle on place un fil de platine tourné en spirale, et qu'on éteigne subitement la flamme, le fil de platine restera incandescent tant qu'il y aura de l'alcool ; ce phénomène est dû à la combinaison de la vapeur alcoolique avec l'oxygène de l'air ; car on obtient, outre l'acide carbonique et de l'eau, un acide particulier que Connell appelle acide *lampique,* et qui paraît analogue à l'acide aldéhydique.

Si, dans un flacon plein d'oxygène pur, on suspend une petite capsule contenant du noir de platine humecté d'alcool, aussitôt toute la masse prend feu, et il se forme, outre de l'acide carbonique et de l'eau, de l'*aldéhyde* et de l'acide *acétique.* Quand on met le noir de platine en contact avec de l'air chargé de vapeurs alcooliques, l'oxygène est encore absorbé, et il se produit de l'*acétal,* composé de 2 équivalents d'éther et d'un équivalent d'aldéhyde.

L'*hydrogène,* le *bore,* le *carbone* et l'*azote,* n'agissent point sur l'alcool. Il dissout $\frac{1}{240}$ de *phosphore* à l'aide de la chaleur ; ce *solutum* est précipité par l'eau, qui en sépare le phosphore. Boyle a remarqué le premier que, lorsqu'on en verse une petite quantité dans un verre d'eau froide, placé dans un lieu obscur, on aperçoit à la surface du liquide des ondes lumineuses, brillantes, qui paraissent dues au phosphure d'hydrogène qui se dégage ; l'eau devient laiteuse. Le *soufre* réduit en poudre fine se dissout dans 600 fois son poids d'alcool à 40 degrés, bouillant (Chevallier) ; la dissolution, d'une odeur analogue à celle de l'acide sulfhydrique, laisse précipiter du soufre si on l'étend d'eau.

Quand on verse du *sulfure de carbone* dans une dissolution alcoolique de potasse préparée avec de l'alcool absolu, jusqu'à ce que la liqueur ne rougisse plus le papier de curcuma, et que l'on expose le mélange à une température voisine de zéro, on ne tarde pas à obtenir des cristaux déliés et orangés de *xanthate de potasse* $= KO, H^5C^4O, 2CS^2$, sel composé d'éther vinique, de potasse, et de sulfure de carbone.

Lorsqu'on fait passer un courant de chlore *sec* dans de l'alcool absolu, on obtient une grande quantité d'*aldéhyde,* qu'on peut séparer par la distillation ; si l'on continue à faire arriver du gaz, il se forme un liquide huileux qui finit par composer toute la masse ; si l'on chauffe doucement ce liquide pour en dégager l'éther chlorhydrique et quelques autres produits chlorés très-volatils, et que l'on fasse encore arriver du chlore en élevant la température, et, en dernier lieu, en soumettant le mélange à l'action des rayons solaires, on aura un liquide qui contiendra du *chloral,* $HC^4Cl^3O^2$. Il suffira, pour séparer ce *chloral,* d'agiter

le liquide avec 3 ou 4 fois son volume d'acide sulfurique, et de distiller
sur ce même acide ; en recueillant à part le produit, qui distillera à 94°,
on aura le chloral. La formule suivante indique la réaction :

$$\underset{\text{Alcool absolu.}}{H^5 C^4 O, HO} , \quad \underset{\text{Chlore.}}{8\, Cl} = \underset{\text{Chloral.}}{HC^4 Cl^3 O^2} , \quad \underset{\text{A. chlorhydrique.}}{5\, HCl}$$

On voit donc que le chloral n'est que de l'aldéhyde *trichloré,* dans lequel
3 équivalents d'hydrogène ont été remplacés par 3 de chlore ; en effet,
l'aldéhyde, comme je l'ai dit à la page 13, a pour formule $H^4C^4O^2$.

Le *chloral* anhydre (ce mot rappelle le chlore et l'alcool) est liquide,
incolore, comme huileux, d'une odeur pénétrante particulière, d'une
saveur très-caustique, d'une densité de 1,502 à 18° + 0°. Il est très-
soluble dans l'eau, soluble dans l'alcool et dans l'éther. La dissolution
aqueuse évaporée dans le vide, sur de l'acide sulfurique concentré,
laisse du *chloral* hydraté et cristallisé, contenant 1 équivalent d'eau, et
susceptible d'être sublimé. Le chloral attire l'humidité de l'air, et passe
aussi à l'état de monohydrate. La potasse, la soude, la baryte, et même
l'ammoniaque, transforment le chloral hydraté en formiates et en
chloroforme. Voici la réaction :

$$KO, \underset{\text{Chloral hydraté.}}{HC^4 Cl^3 O^2, HO} = \underset{\text{Formiate de potasse.}}{KO, HC^2 O^3} , \quad \underset{\text{Chloroforme.}}{HC^2 Cl^3}$$

Le chloral, abandonné pendant longtemps à lui-même, dans un tube
scellé à la lampe, se transforme en chloral *insoluble,* isomérique du
chloral, matière blanche, ayant l'aspect de la porcelaine, inodore, insoluble dans l'eau, dans l'alcool et dans l'éther, donnant, lorsqu'on la
chauffe, du chloral ordinaire qui distille. Le chloral est sans usages.

Si, au lieu de faire arriver du chlore sec dans de l'alcool absolu, on
traitait ce gaz par de l'alcool très-hydraté, on obtiendrait de l'eau et de
l'acide carbonique. Si l'alcool était moins hydraté, il pourrait se former
de l'acide acétique, de l'éther acétique, des éthers acétiques plus ou
moins chlorés, etc.

En faisant couler du *brome* dans de l'alcool absolu, il se produit de
l'acide bromhydrique, de l'éther bromhydrique, du *bromal,* de l'huile
bromalcoolique, et des cristaux de bromure de carbone. Le *bromal*, $HC^4Br^3O^2$, est liquide, incolore, gras au toucher, volatil, soluble
dans l'eau ; ainsi dissous, il peut cristalliser.

L'alcool dissout l'*iode* : la dissolution est d'un brun rougeâtre ; au bout d'un certain temps, l'iode s'empare de l'hydrogène de l'alcool, et forme de l'acide iodhydrique. En traitant une dissolution alcoolique d'iode par une dissolution alcoolique de potasse ou de soude, on obtient de l'*iodoforme* (voy. ce mot).

L'*eau* se combine avec l'alcool en toutes proportions, et l'on observe qu'il y a élévation de température et rapprochement des molécules : ainsi un composé d'un litre d'alcool concentré et d'un litre d'eau occupe un volume moindre que celui des deux litres ; la contraction est moins sensible, et peut même simuler une dilatation, si l'alcool contient beaucoup d'eau. La densité de ce mélange, à son *maximum* de contraction, est de 0,927 à + 10°. On obtient ce *maximum* avec un mélange de 53,739 p. d'alcool anhydre, et de 49,836 p. d'eau. Ces 103,775 volumes de mélange se trouvent réduits à 100 p. ; dans cet état, l'alcool contient 6 équivalents d'eau. Lorsque l'alcool a été affaibli par ce moyen, il constitue les diverses variétés d'esprit-de-vin que l'on trouve dans le commerce, et qui marquent des degrés différents au pèse-liqueur. Je dirai à l'article *Préparation de l'alcool* que, dans l'eau-de-vie, il y a parties égales en poids d'alcool concentré et d'eau : il est cependant impossible de faire de la bonne eau-de-vie en mêlant ces deux substances. Si, au lieu d'employer de l'eau, on mélangeait de l'alcool à — 0°, et de la neige à la même température, on obtiendrait un froid de —37°, s'il y avait un excès de neige.

L'alcool dissout 23 fois son volume de *cyanogène*.

Les acides agissent sur l'alcool d'une manière très-variée; placés dans certaines conditions, ils peuvent donner naissance à des produits que l'on nomme *éthers*, et que j'étudierai bientôt. Ceux qui cèdent facilement leur oxygène oxydent rapidement l'alcool, et déterminent souvent son inflammation.

L'acide *sulfurique concentré,* mêlé d'alcool pur, n'agit sur aucun carbonate neutre, tandis qu'il décompose l'acétate de potasse. Si, par suite d'une *élévation de température,* l'acide *sulfurique* exerce une action chimique sur l'alcool vinique, on obtient, suivant les proportions de cet acide, et le degré de chaleur auquel on opère, des produits différents qui sont : l'*éther ordinaire,* H^5C^4O , l'*éther vinique* (acide sulfurique), H^5C^4O, HO, $2SO^3$, et le *bicarbure d'hydrogène* (gaz oléfiant), H^4C^4; ce dernier est le résultat de l'action d'*un excès* d'acide sulfovinique sur l'alcool. Il se forme aussi constamment une substance huileuse, très-lourde, appelée huile de vin pesante, = H^9C^8O, $2SO^3$, lorsqu'on prépare l'éther ordinaire, le bicarbure d'hydrogène, etc. (voy. ces mots).

L'acide sulfurique *anhydre* fournit à froid avec l'alcool de l'acide *æthio nique*, H^5C^4O, $4SO^3$. J'ai déjà dit que l'on obtenait facilement cet acide en faisant agir lentement l'humidité atmosphérique sur le *sulfate de carbyle,* préparé avec l'acide sulfurique anhydre et le bicarbure d'hydrogène gazeux (voy. t. I, p. 251, et *Acide sulfovinique*).

Les acides azotique et chlorhydrique mêlés d'alcool n'agissent pas sur le carbonate de potasse, tandis qu'ils décomposent les autres carbonates. Les acides acétique, tartrique et paratartrique, n'attaquent non plus aucun carbonate lorsqu'ils sont mêlés à l'alcool; il y a mieux, l'acide carbonique déplace l'acide acétique de l'acétate de potasse dissous dans l'alcool : cela tient surtout à l'insolubilité du carbonate de potasse dans l'alcool. L'acide citrique alcoolisé décompose le carbonate de potasse et celui de magnésie, et n'agit pas sur les autres. L'acide oxalique mêlé d'alcool agit sur ceux de strontiane, de chaux et de magnésie. Une liqueur alcoolique pourrait donc renfermer une grande proportion d'acide, sans qu'il fût possible d'en constater la présence, même à l'aide des papiers réactifs. L'acide chlorique concentré versé dans de l'alcool anhydre lui cède immédiatement de l'oxygène; l'alcool s'enflamme, produit une sorte d'explosion, et donne naissance à de l'aldéhyde et à de l'acide acétique.

Les métaux sont insolubles dans l'alcool. Le potassium et le sodium décomposent lentement l'alcool anhydre, et si l'on chauffe, ils en dégagent une grande quantité de gaz hydrogène, et il se forme un composé de potasse et d'éther (Liebig). Si l'alcool contient de l'eau, ces métaux s'emparent de l'oxygène de celle-ci et mettent l'hydrogène à nu, en fournissant un produit cristallisé.

Lorsqu'on chauffe 4 parties d'alcool à 80 centièmes, 4 parties d'eau, 6 d'acide sulfurique, et 6 de bioxyde de manganèse, dans une cornue dont la capacité doit être triple du volume de ces substances, la masse se boursoufle d'abord beaucoup, et produit un liquide qu'il faut recevoir dans un récipient entouré d'un mélange réfrigérent. Ce liquide est de l'*aldéhyde,* souillé d'un peu d'alcool, d'eau, et d'éther acétique et formique (voy. *Aldéhyde*).

Il n'y a parmi les bases salifiables minérales précédemment étudiées que la *potasse,* la *soude* et l'*ammoniaque,* qui se dissolvent dans l'alcool; mais à la longue, l'alcool est décomposé, et il y a formation d'une substance brune résinoïde qui est un agent de réduction très-puissant : on sait que M. Liebig a obtenu le noir de platine en traitant le protochlorure de ce métal par un mélange de potasse et d'alcool. Si l'on fait passer de l'alcool en vapeur sur de l'hydrate de potasse chauffé au rouge sombre, il se dégage de l'hydrogène, et l'on obtient de l'acétate de potasse (Dumas et Stas).

$$\underset{\text{Alcool.}}{H^6 C^4 O^2} , KO, HO = \underset{\text{Acétate de potasse.}}{KO, H^3 C^4 O^3}, H^4$$

Les bases salifiables végétales sont toutes solubles dans l'alcool.

L'action des sels sur l'alcool est de la plus haute importance. Les sels déliquescents se dissolvent dans l'alcool concentré, excepté le carbonate de potasse, tandis que les sels efflorescents, ceux qui sont peu solubles dans l'eau, et ceux qui ne le sont pas du tout, sont pour la plupart insolubles dans ce liquide. Si l'alcool, au lieu d'être concentré, se trouve affaibli par l'eau, alors il acquiert la faculté de dissoudre un certain nombre de sels qui auparavant y étaient insolubles, comme on pourra s'en convaincre en jetant les yeux sur le tableau suivant.

Dissolubilité des sels dans 100 *parties d'alcool de densités différentes, d'après Kirwan* (voy. son *Traité sur les eaux minérales,* p. 274).

SELS.	ALCOOL.				
	0,900	0,872	0,848	0,834	0,817
Sulfate de soude.	0,00	0,00	0,00	0,00	0,00
Sulfate de magnésie.	1,00	1,00	0,00	0,00	0,00
Azotate de potasse.	2,76	1,00	0,00	0,00	0,00
Azotate de soude.	10,50	6,00	0,00	0,38	0,00
Chlorure de potassium.	4,60	1,66	0,00	0,38	0,00
Chlorure de sodium.	5,80	3,67	0,00	0,50	0,00
Chlorhydrate d'ammoniaque.	6,50	4,75	0,00	1,50	0,00
Chlorure de magnésium desséché à 49° centigrades.	21,25	0,00	23,75	36,25	50,00
Chlorure de baryum.	1,00	0,00	0,29	0,18	0,09
Idem cristallisé	1,56	0,00	1,43	0,32	0,06
Acétate de chaux.	2,40	0,00	4,12	4,75	4,88

Ces expériences ont été faites par Kirwan, avec des sels privés de leur eau de cristallisation, que l'on faisait digérer dans l'alcool pendant trois jours, à la température de 45° environ.

Plusieurs des sels solubles dans l'alcool communiquent à sa flamme une couleur particulière : ainsi les sels de strontiane la colorent en pourpre, les sels cuivreux en vert, le chlorure de calcium en rouge, l'azotate de potasse en jaune, etc.

Il existe des sels si peu solubles dans l'alcool concentré, que l'on peut les précipiter de leurs dissolutions aqueuses par l'alcool, qui s'empare de l'eau : tels sont, par exemple, la plupart des sulfates.

L'alcool est susceptible de se combiner avec plusieurs sels, qui le retiennent comme ils retiendraient l'eau de cristallisation. M. Graham a désigné ces nouveaux composés sous le nom d'*alcoates*, et il a fait connaître ceux de chlorure de calcium, d'azotate de magnésie et de chaux, de protochlorure de manganèse et de chlorure de zinc : la quantité d'alcool contenue dans ces composés s'élève quelquefois aux trois quarts de leur poids (voy. *Journ. de pharm.*, n° de mars 1829).

M. Masson a fait voir que le *chlorure de zinc* transformait facilement l'alcool de vin en *éther* hydratique, H^5C^4O, semblable à celui que l'on obtient avec l'acide sulfurique, et que si l'on élevait la température jusqu'à 200°, on donnait naissance à deux carbures d'hydrogène nouveaux, H^7C^8, entrant en ébullition à 100°, et H^9C^8, ne bouillant qu'à 300°. Le *bichlorure d'étain*, chauffé à 140° avec l'alcool, le transforme en éther et en éther chlorhydrique. Il en est de même des *chlorures d'antimoine* et *d'aluminium*, si on les chauffe convenablement.

Si l'on évapore une dissolution de *chlorure de platine* dans l'alcool concentré, on obtient pour résidu un sel qui retient une partie des éléments de l'alcool, $H^4C^4PtCl^2$, qui, soumis à l'action de certains oxydes, donne naissance à des chlorures et à des corps désignés sous les noms de *sels éthérés* de Zeize, H^4C^4, PtO^2, ou bien H^4C^4, $PtCl$, etc. Ces sels ne sont d'aucun usage (voy. Dumas, t. V, p. 588).

En distillant de l'alcool sur du chlorure ou du bromure de chaux, on produit des combinaisons *éthérées* fort remarquables, le *chloroforme* et le *bromoforme*. On obtient de l'*iodoforme* avec de l'iode et de la potasse ou de la soude, dissous dans l'alcool (voy. ces mots).

L'alcool exerce sur les azotates d'argent et de mercure une action telle qu'il en résulte de l'*argent* ou du *mercure fulminant*. Ces corps n'ont été bien connus que depuis les travaux de M. Liebig et de Gay-Lussac (voy. *Ann. de chim. et de phys.*, t. XXIV et XXV).

Argent fulminant. — Si, après avoir fait dissoudre à chaud une pièce d'argent d'un demi-franc, contenant 2,25 grammes d'argent pur, dans 45 grammes d'acide azotique de 1,36, on fait bouillir l'azotate avec 60 grammes d'alcool de 0,85, et qu'on éloigne le vase du feu après les premiers bouillons, il se dépose de l'*argent fulminant*, que l'on jette sur un filtre pour le laver avec de l'eau distillée jusqu'à ce que celle-ci n'entraîne plus d'acide ; alors on enlève le filtre, on le développe sur une assiette que l'on place sur une casserole remplie d'eau à moitié, en la recouvrant d'une feuille de papier, et l'on chauffe jusqu'à l'ébullition pendant deux ou trois heures. Cet argent fulminant est formé, d'après Gay-Lussac et Liebig, de 1 équivalent d'acide fulminique et de 2 d'oxyde d'argent ; en représentant l'acide fulminique par du cyanogène et de l'oxygène, on a pour formule $2AgO, Cy^2O^2$. On voit donc que les éléments de l'alcool se sont unis à l'azote et à l'oxygène de l'acide azotique pour former ce nouveau composé.

Le *fulminate d'argent* est sous forme d'aiguilles cristallines blanches, soyeuses, solubles dans l'eau bouillante, d'une saveur métallique désagréable : il tache la peau comme les sels d'argent ; il résiste à une température de 130°. Chauffé plus fortement, il produit une forte explosion ; il suffit du plus léger choc entre deux corps durs pour le faire détoner à la température ordinaire, même au milieu de l'eau ; d'où il suit qu'il ne faut le toucher qu'avec des baguettes de bois, et ne le prendre qu'avec des cuillers de papier. Traité par la potasse, la soude, la baryte, la strontiane, la chaux, la magnésie et de l'eau, il est décomposé, et laisse précipiter la moitié de l'oxyde d'argent qu'il renferme ; la dissolution contient alors des *fulminates doubles* d'argent et de l'un de ces alcalis ; vient-on à saturer l'alcali par l'acide azotique, il se dépose du *bifulminate d'argent,* que, dans son premier travail, M. Liebig avait regardé comme de l'acide *fulminique.* L'ammoniaque ne le trouble point, et forme avec lui un sel double très-fulminant. Le mercure, le cuivre, le fer et le zinc, décomposent la dissolution bouillante de fulminate d'argent, précipitent l'argent, et produisent des fulminates de mercure, de cuivre, de fer et de zinc, qui jouissent aussi de la propriété de fulminer.

Mercure fulminant (fulminate de mercure, poudre fulminante de Howard). — On l'obtient en dissolvant 50 centigr. de mercure dans 6 grammes 60 centigr. d'acide azotique à 34 degrés, en ajoutant 6 grammes 10 centigr. d'alcool, et en opérant comme pour l'argent fulminant. Il est en cristaux blancs, soyeux, brillants, doux au toucher, d'une saveur métallique douceâtre ; il détone fortement par un choc ordinaire, et produit une vive lumière rougeâtre ; il laisse à l'endroit où on l'a fait détoner une tache noire ayant le brillant métallique. On emploie ces produits pour faire les cartes et les bonbons fulminants ; ils ne doivent jamais être préparés qu'en petite quantité, si on veut éviter les dangers qui accompagnent l'opération.

L'alcool peut dissoudre les diverses espèces de sucre, la mannite, les alcalis organiques, toutes les huiles essentielles, l'huile de ricin (1), les résines, le camphre, les baumes, et plusieurs autres substances végétales et animales dont je parlerai par la suite. Les gommes, la fécule, l'inuline, le ligneux, la subérine, etc., sont insolubles dans cet agent.

Il est des acides qui perdent la propriété de rougir le tournesol et même de se combiner aux bases, s'ils ont été préalablement mêlés à de l'alcool; ces acides ainsi alcoolisés ne s'unissent aux bases qu'autant qu'ils peuvent former des sels solubles dans l'alcool.

L'alcool entre dans la composition de toutes les liqueurs spiritueuses; il sert à préparer un certain nombre de vernis siccatifs. On l'emploie souvent comme dissolvant et pour séparer certaines substances les unes des autres. Il dissout en général les gaz en plus grande proportion que l'eau; il est des corps peu ou point solubles dans l'eau qu'il dissout parfaitement.

Il agit sur l'économie animale comme un excitant diffusible énergique; l'excitation qu'il détermine, lorsqu'il est pris à l'intérieur à forte dose, ne tarde pas à être suivie de la plus parfaite stupéfaction, comme on le voit dans l'*ivresse :* il produit, en outre, l'inflammation des tissus avec lesquels il a été mis en contact. Son action délétère se manifeste aussi quand il est appliqué sur le tissu cellulaire de la partie interne des membres abdominaux : en effet, l'ivresse et la mort sont les résultats constants de cette application.

L'alcool n'est jamais employé en médecine à l'état de pureté, mais il fait partie d'une foule de médicaments en usage : tels sont les eaux spiritueuses aromatiques, les boissons vineuses, les teintures, l'alcool camphré. Les *acides alcoolisés* les plus employés sont l'*alcool sulfurique* (eau de Rabel), composé de 32 grammes d'acide sulfurique à 66 degrés, et de 96 grammes d'alcool à 36 degrés; l'*alcool chlorhydrique* (esprit de sel dulcifié), composé de 32 grammes d'acide à 22 degrés, et de 96 grammes d'alcool à 36 degrés; l'*alcool azotique* (esprit de nitre dulcifié), composé de 32 grammes d'acide azotique à 35 degrés, et de 96 grammes d'alcool à 36 degrés. Ces divers *alcools* doivent être considérés comme des mélanges d'acide et d'alcool au moment de leur préparation; mais à la longue les deux substances qui entrent dans leur composition réagissent l'une sur l'autre, et il se forme un peu d'éther : c'est ce qui arrive surtout à l'alcool azotique.

---

(1) Les autres huiles fixes sont très-peu solubles dans ce menstrue.

Alcoométrie. — L'alcool *mêlé d'eau* pouvant contenir une plus ou moins grande quantité de ce dernier liquide, il importe de savoir à l'aide de quels moyens on parvient à déterminer sa richesse. L'*alcoomètre* de Gay-Lussac remplit parfaitement ce but. Le 0° de cet instrument correspond à l'eau pure, et le 100° degré à l'alcool absolu; l'échelle est divisée en 100 parties égales. Il faut agir sur des liqueurs dont la température est de 15°; à toute autre température, il faudrait faire des corrections, parce que l'alcool se dilate facilement, et que l'alcoomètre n'indique que des relations de volume et non de poids. Si les alcools que l'on essaie contenaient du sucre, des matières salines ou autres qui augmenteraient la densité, on conçoit que les résultats ne seraient plus exacts; dans ce cas, il faudrait distiller 300 cc. de cette liqueur, jusqu'à ce que l'on en eut recueilli 100 cc.; on procéderait alors sur celle-ci, à l'aide de l'alcoomètre, après l'avoir ramenée à la température de 15°. Les *eaux-de-vie* contiennent à peu près parties égales d'eau et d'alcool; les *esprits* renferment moins d'eau.

Préparation de l'alcool. J'ai établi que l'alcool est le résultat de la fermentation spiritueuse : donc le vin, le cidre, la bière, et toutes les liqueurs fermentées, doivent être plus ou moins propres à l'extraction de ce produit. Les vins les plus généreux en fournissent environ $\frac{1}{6}$ de leur poids; il en est, au contraire, qui n'en donnent que $\frac{1}{15}$; le cidre en fournit à peu près $\frac{1}{30}$ et la bière, $\frac{1}{20}$ environ.

Autrefois on préparait l'esprit-de-vin en distillant le vin dans des vaisseaux fermés jusqu'à ce qu'il n'en restât plus que la moitié dans la cucurbite de l'alambic; le produit liquide obtenu dans le récipient, connu sous le nom d'*eau-de-vie,* et composé de beaucoup d'eau , d'une certaine quantité d'alcool, d'une matière huileuse aromatique, etc., était distillé de nouveau, et fournissait un produit alcoolique plus fort; celui-ci était distillé deux ou trois fois encore, et ce n'était qu'alors qu'il était converti en alcool pur. Dans ces opérations, la portion la plus volatile ou la plus alcoolique passait la première dans le récipient, avec un peu d'eau, tandis que la majeure partie de ce dernier liquide restait dans la cucurbite : aussi se gardait-on bien de pousser trop loin la distillation, pour ne pas volatiliser cette portion aqueuse, qui aurait affaibli l'alcool pur déjà condensé dans le ballon.

L'art de la distillation a été singulièrement perfectionné depuis l'époque à laquelle Adam prouva qu'il était possible d'établir en grand un appareil propre à fournir, dans une seule opération, de l'*alcool* à un degré donné. MM. Bérard, Lenormant, Duportal, etc., en France, et M. Jordana, en Catalogne, se sont successivement occupés de simplifier et de rendre plus économique le procédé qui fait tant d'honneur à Adam, et que je vais décrire d'une manière succincte, tel qu'il a été simplifié par M. Duportal (1). L'appareil se compose d'un alambic muni de son chapiteau, et de trois ou quatre grands vases de cuivre, communiquant entre eux au moyen de tubes également en cuivre : un de ces tubes établit aussi la communication entre l'alambic et le premier vase. Cet appareil est par conséquent semblable à celui de Woulf, dont j'ai déjà parlé, et qui consiste en une cornue et en plusieurs flacons bitubulés, que l'on fait communiquer entre eux à l'aide de tubes recourbés. Voici les principes sur lesquels est fondé l'art de la distillation au moyen de cet appareil : 1° la vapeur aqueuse ou alcoolique, en passant de l'état de gaz à l'état liquide, abandonne une très-grande quantité de calorique latent qui devient libre ; 2° l'alcool est plus volatil que l'eau ; par conséquent, si on a un mélange de ces deux liquides, et qu'on l'expose à une température qui ne soit pas très-élevée, il se vaporisera beaucoup plus d'alcool que d'eau.

Procédé. On met du vin dans la cucurbite et dans les deux premiers vases, jusqu'à ce qu'ils en soient presque remplis, et on fait bouillir celui qui est dans la cucurbite ; la vapeur alcoolique et aqueuse formée se rend dans le premier vase, perd une grande quantité de calorique, se condense, et chauffe le vin qu'il contient ; bientôt celui-ci entre en ébullition, donne naissance à de la vapeur qui va se condenser dans le second vase, dont le vin ne tarde pas à être chauffé, et même à éprouver une légère ébullition ; la vapeur alcoolique et aqueuse produite dans ce second vase se rend dans le troisième, qui est vide, et passe à l'état liquide. Si on maintient ce dernier vase à une température peu élevée, l'alcool, beaucoup plus volatil que l'eau, se vaporise et vient se condenser dans le quatrième : à la vérité, il entraine avec lui une certaine quantité d'eau. En maintenant ce quatrième vase à une température déterminée, on peut en retirer de l'eau-de-vie ou de l'alcool plus concentré, suivant que la chaleur est plus ou moins forte. On fait passer la vapeur de cette eau-de-vie ou de cet alcool dans un serpentin plein de vin, où elle se condense ; de là on la fait arriver dans un autre serpentin rempli d'eau, pour la refroidir complétement et la soumettre à une autre distillation.

Lorsque le vin contenu dans l'alambic est privé de tout l'alcool qui

---

(1) Voyez les mémoires de M. Duportal (*Ann. de chim.*), l'ouvrage qu'a publié à ce sujet M. Lenormant, les mémoires de Chaptal, et celui de Carbonell.

entrait dans sa composition, on le fait sortir par un robinet, et on fait arriver dans la cucurbite celui qui se trouve dans le premier vase; à son tour, ce dernier est remplacé par celui du second, et celui-ci l'est par celui du serpentin, qui est déjà chaud; enfin on met du nouveau vin dans ce serpentin.

Baglioni, distillateur à Bordeaux, découvrit en 1813 un moyen de rendre cette distillation continue, avantage immense qu'obtint également Jordana, sans avoir connaissance du procédé employé par Baglioni.

L'alcool préparé par ce moyen n'est pas encore assez concentré pour certains usages auxquels on le destine en chimie; il contient d'ailleurs assez souvent un peu d'acide acétique qui faisait partie du vin dont on l'a extrait. Pour le déphlegmer autant que possible et le priver de l'acide, on le fait digérer pendant douze heures sur de la chaux vive éteinte et calcinée jusqu'au rouge, afin de la priver d'eau; puis on le distille; quelquefois aussi on se borne à lui enlever son excès d'eau en le laissant pendant vingt-quatre heures en contact avec du *chlorure de calcium* ou de l'acétate de potasse, et en le distillant: on n'obtient alors, dans le récipient, que la portion la plus spiritueuse, surtout si on a fractionné les produits, et que l'on ait mis à part la première moitié volatilisée. Si, malgré ce qui vient d'être fait, l'alcool n'était pas encore *anhydre*, il faudrait y dissoudre une certaine quantité de potasse caustique fondue, et distiller à feu nu ou dans un bain de chlorure de calcium jusqu'à ce que les $3/4$ de la liqueur eussent passé à la distillation.

On a proposé de rectifier l'alcool à froid, en le plaçant à l'abri du contact de l'air, dans un vase à large surface, près duquel on aurait mis un autre vase de même forme contenant de la chaux vive ou du chlorure de calcium. Des eaux-de-vie de 10 à 15 degrés ont été ramenées par ce moyen à 40 ou 42 degrés. On a encore essayé d'enlever l'eau à l'alcool en l'enfermant dans une vessie exposée à l'air: par un effet d'exosmose, toute l'eau transsude à travers la vessie, et l'alcool se concentre; mais, il faut le dire, cet alcool, ayant dissous la graisse dont la vessie est imprégnée, n'est pas pur. Il serait à souhaiter que l'on pût parvenir à concentrer l'alcool par d'autres corps que les alcalis, qui, d'après M. Hensmans, le décomposent. Quant au chlorure de calcium et à l'acétate de potasse, l'alcool les décompose en formant une petite quantité d'éther chlorhydrique ou d'éther acétique.

ACTION DES ACIDES ET DES CORPS OXYDANTS
SUR L'ALCOOL VINIQUE.

En agissant sur cet alcool, les acides peuvent donner naissance à des *éthers ;* l'acide sulfurique produit en outre du *gaz oléfiant* et de l'*huile de vin.*

Les corps oxydants énergiques font passer l'alcool à l'état d'*aldéhyde* et d'acide acétique. Je vais examiner successivement ces divers modes d'action.

§ Ier. — **ACTION DES ACIDES SUR L'ALCOOL.**

—

DES ÉTHERS EN GÉNÉRAL.

Lorsqu'on fait réagir les acides minéraux ou végétaux sur l'alcool, on obtient toujours un produit particulier, ordinairement très-fluide, très-volatil, d'une odeur aromatique très-pénétrante et agréable, que l'on nomme *éther.*

Les éthers sont divisés en deux genres: le premier comprend les *éthers simples,* et le second les *éthers composés.* Les éthers simples sont l'éther *ordinaire* (*hydratique* ou *sulfurique*) $= H^5 C^4 O$, et les éthers préparés avec un *hydracide,* tels que les acides chlorhydrique, bromhydrique, sulfhydrique, iodhydrique et cyanhydrique ; dans ces éthers, la molécule d'oxygène est remplacée par une molécule de chlore, de brome, etc., en sorte qu'ils ont pour formule $H^5 C^4 Cl$, $H^5 C^4 Br$, $H^5 C^4 S$, $H^5 C^4 I$, et $H^5 C^4 Cy$. Les éthers *composés* sont formés d'éther ordinaire, $H^5 C^4 O$, et d'un oxacide; ils sont *neutres* ou *acides ;* les premiers sont représentés par $H^5 C^4 O +$ l'oxacide; ainsi l'éther acétique $= H^5 C^4 O, \dfrac{H^3 C^4 O^3}{\text{A. acétique.}}$, et l'éther oxalique $= H^5 C^4 O, \dfrac{C^2 O^3}{\text{A. oxalique.}}$. Si les éthers composés sont acides, on les désigne sous le nom d'*acides viniques :* ainsi l'acide *sulfovinique* est un éther qui a pour formule $H^5 C^4 O, 2 SO^3, HO$; l'acide *phosphovinique* constitue également un éther dont la formule est $H^5 C^4 O, Ph O^5, 2 HO$; l'acide *oxalovinique,* qui est aussi un éther, est représenté par $H^5 C^4 O, \dfrac{2 C^2 O^3}{\text{A. oxalique.}}, HO$.

Jusque dans ces derniers temps, on avait considéré tout autrement la composition des éthers: l'éther ordinaire, $H^5 C^4 O$, était regardé comme un hydrate de bicarbure d'hydrogène $= H^4 C^4, HO$, et l'alcool, $H^6 C^4 O^2$, comme un bihydrate du même carbure $= H^4 C^4, 2HO$; le bicarbure d'hydrogène jouait le role de base. Les éthers simples qui résultent de l'action des hydracides sur l'alcool n'étaient que des sels *anhydres* composés de ce même bicarbure et de l'hydracide employé ; ainsi on représentait l'éther chlorhydrique par $H^4 C^4, H Cl$. On considérait les éthers *composés* comme des sels *hydratés* ayant pour base le même bicarbure ; ainsi les

éthers acétique et azotique avaient pour formules $H^4 C^4, HO, \dfrac{H^3 C^4 O^3}{\text{A. acétique.}}$,

et $H^4 C^4 HO, Az O^5$. Quant aux acides *viniques* (éthers viniques), c'étaient des *sels acides hydratés* ayant pour base le même bicarbure d'hydrogène ; ainsi l'acide sulfovinique était représenté par $H^4 C^4, 2SO^3, 2HO$.

En Allemagne on envisageait les choses différemment. L'éther *ordinaire* était regardé comme un oxyde composé d'oxygène et d'un radical *hypothétique*, $H^5 C^4$, que l'on n'avait pas isolé, et auquel on avait donné le nom d'*éthyle*. L'alcool de vin n'était qu'un *hydrate d'oxyde d'éthyle* $= H^5 C^4 O, HO$. Les éthers *simples* formés par les hydracides constituaient des chlorures, des bromures, etc., d'*éthyle;* ainsi les éthers chlorhydrique, bromhydrique, etc., étaient représentés par de l'*éthyle* et du chlore ou par de l'éthyle et du brome $= H^5 C^4 Cl$, ou bien $H^5 C^4 Br$. Les éthers *composés* étaient considérés comme des sels *anhydres* à base d'oxyde d'éthyle et d'un acide ; c'est ainsi qu'on représentait l'éther acétique par $H^5 C^4 O, H^3 C^4 O^3$, et l'éther azotique par $H^5 C^4 O, Az O^5$. Les éthers *viniques* ne différaient de ces derniers qu'en ce qu'ils étaient *hydratés* et qu'ils contenaient plus d'acide. Je décrirai plus loin, en parlant des carbures d'hydrogène, le *gaz éthyle,* récemment découvert par M. Frankland ; mais je puis dire, dès à présent, que ce gaz ne joue aucunement le rôle qui lui avait été assigné par Liebig dans l'éthérification.

Ces deux théories, qui ont joui d'une si grande célébrité, et qui ont été l'occasion de découvertes importantes, ne soutiennent pas le plus léger examen, en présence des expériences si curieuses et si intéressantes de M. Regnault, qui est arrivé à ce résultat *que la molécule* $H^5 C^4 O$ *doit être considérée comme la molécule primitive, d'où l'on déduit, par de simples substitutions, tous les produits que l'on obtient soit avec l'alcool, soit avec l'éther.*

Les éthers neutres sont, en général, peu solubles dans l'*eau,* mais ils se dissolvent dans l'alcool et dans l'*éther ordinaire;* les éthers acides sont solubles dans l'eau. Presque tous les éthers neutres sont *volatils.* Les éthers biacides qui ne se volatilisent pas sont tous décomposés par la *chaleur* tantôt en alcool et en acide, tantôt en alcool, en éther ordinaire, en bicarbure d'hydrogène, etc., et en charbon. Par une ébullition plus ou moins prolongée avec l'eau, les éthers acides et les éthers neutres solubles dans l'eau sont décomposés en acides et en alcool. Soumis à l'action du *chlore sec* à la lumière diffuse, les éthers neutres perdent, *en général,* deux molécules d'hydrogène, qui sont remplacées par deux molécules de chlore; à la lumière solaire, ils perdent, au contraire, tout l'hydrogène, excepté l'éther succinique, qui conserve toujours un équivalent d'hydrogène. Les éthers chlorés, ainsi formés, sont décomposés par l'alcool et la potasse, et donnent des produits divers, parmi lesquels on trouve toujours l'acide *chloracétique,* $H\,C^4\,Cl^3\,O^4$, tandis que l'ammoniaque fournit toujours, entre autres corps, de la *chloracétamide* $= H^2\,C^4\,Cl^3\,Az\,O^2$.

DES ÉTHERS SIMPLES OU DU PREMIER GENRE.

Ces éthers sont l'éther *ordinaire* et les éthers préparés avec un *hydracide.*

De l'éther ordinaire (*hydratique, sulfurique*). H^5C^4O.

Cet éther est improprement nommé *éther sulfurique,* puisqu'on pourrait également l'appeler *éther phosphorique*, *éther arsénique*, *fluorhydrique, fluoborique* ou *chromique,* acides avec lesquels on l'obtient aussi bien qu'avec l'acide sulfurique. Il est également le résultat de l'action des chlorures de zinc, d'étain, de potassium, etc., sur l'alcool.

Il est sous forme d'un liquide très-limpide, incolore, d'une odeur forte et suave, et d'une saveur chaude et piquante; son poids spécifique à 0° est de 0,736; il ne rougit point l'*infusum* de tournesol. Il se volatilise à toutes les températures, et il entre en ébullition à 35°,6 sous la pression de 0,76 c.; ce phénomène a même lieu à 8° ou 10°, si l'éther est placé sous une cloche vide; le poids spécifique de la vapeur qui en résulte, comparé à celui de l'air, est de 2,586: c'est à la facilité avec laquelle cette vaporisation a lieu qu'il faut attribuer le refroidissement subit qu'éprouvent les corps sur lesquels ce liquide a été appliqué. On peut tirer parti de ce fait, en médecine, pour diminuer certains maux de tête, la chaleur intense que déterminent les brûlures, etc.; il suffit d'appliquer et de souffler de l'éther sur la partie affectée. Soumis à l'action d'une chaleur rouge, l'éther se décompose complétement; d'après

Th. de Saussure, il fournit un mélange de bicarbure d'hydrogène et de gaz oxyde de carbone, avec une petite quantité d'acide carbonique, d'huile, de goudron et de charbon ; il se produit aussi de l'aldéhyde. Si, au lieu de soumettre l'éther à l'action de la chaleur, on le refroidit en le mettant sous le récipient de la machine pneumatique, et en faisant le vide, il se vaporise en partie ; si on absorbe la vapeur à mesure qu'elle se forme, au moyen de l'acide sulfurique concentré, une autre portion d'éther se congèle, d'après Configliachi, tandis que M. Bussy n'a jamais pu le solidifier à 57° au-dessous de 0°.

L'éther est mauvais conducteur du fluide électrique ; il réfracte fortement la lumière ; sa puissance réfractive est de 5,197.

Abandonné à lui-même dans un flacon bouché contenant de l'air, il se décompose, perd une partie de sa volatilité et de son odeur suave, et il se forme de l'eau, de l'aldéhyde et de l'acide acétique, surtout si l'on débouche souvent le flacon et que la température soit élevée (Planche).

Si, étant exposé à l'air, on l'approche d'un corps en ignition, il absorbe l'oxygène de l'atmosphère avec dégagement de calorique et de lumière ; il se produit une flamme blanche très-étendue, fuligineuse, beaucoup plus éclairante que celle de l'alcool, et susceptible de noircir les corps blancs. La vapeur d'éther, mêlée avec le gaz *oxygène* ou avec l'*air* atmosphérique, et soumise à l'action d'une étincelle électrique ou d'un corps enflammé, détone et se trouve décomposée. L'éther dissout environ $2/100$ de *phosphore ;* à la longue, cette dissolution donne naissance, d'après Zeize, à des corps organiques *phosphorés ;* il dissout à peu près $1/100$ de *soufre;* par l'évaporation, on obtient le phosphore et le soufre cristallisés. L'*iode* se dissout dans l'éther, mais la dissolution s'altère au bout de quelque temps. Le chlore et le brome le décomposent ; les résultats obtenus par l'action du chlore varient suivant la manière dont on fait l'expérience.

Si l'on fait arriver dans un ballon exposé à la *lumière diffuse* une certaine quantité de chlore et de la vapeur d'éther en excès, on produit entre autres corps l'éther *monochloré*, H^4C^4ClO. Si, dans les mêmes conditions, on continue à faire passer du chlore jusqu'à épuisement, il se forme de l'*éther bichloré*, $H^3C^4Cl^2O$, liquide oléagineux, d'une odeur de fenouil, d'une densité de 2,5, décomposable vers 140°, sans entrer en ébullition, et que l'on peut transformer en *éther bisulfuré*, $H^3C^4S^2O$, en le chauffant au milieu d'un courant de gaz acide sulfhydrique : on voit que 2 équivalents de soufre ont remplacé les 2 équivalents de chlore. Si l'on fait passer en *excès* du chlore bien sec sur de l'éther chloré, préparé avec de l'éther *anhydre* à l'ombre, et débarrassé de l'éther et de l'éther chlorhydrique qu'il renfermait, et qu'on fasse l'expérience au *soleil*, on obtient des cristaux blancs d'éther *quintichloré*, $C^4 Cl^5 O$; d'où il suit que tout l'hydrogène de l'éther a été remplacé par du chlore. Ces cristaux fondent à 69° et se décomposent à 300°, sans bouillir, en sesquichlorure de carbone, $C^4 Cl^6$, et en *aldéhyde* chloré, $C^4 Cl^4 O^2$, d'après l'équivalence suivante :

$$2 C^4 Cl^5 O = C^4 Cl^6, C^4 Cl^4 O^2.$$

Si l'on fait arriver rapidement sur de l'éther exposé au *soleil* une grande quantité de chlore, l'action est très-énergique, la matière noircit et s'enflamme.

L'eau dissout environ le dixième de son poids d'*éther ;* lorsqu'on agite pendant quelque temps ces liquides, il se produit deux couches : l'une supérieure, composée d'éther et d'un peu d'eau ; l'autre inférieure, formée d'eau et d'un peu d'éther. L'éther dissout au moins autant de *cyanogène* que l'eau. Le *potassium* et le *sodium* sont oxydés par lui, et il y a une légère effervescence, due à un dégagement de carbure d'hydrogène. Le *baryum*, le *strontium* et le *calcium*, agissent probablement de la même manière.

En mettant de l'éther sulfurique en contact avec le fer, le zinc, le cuivre, et d'autres métaux facilement oxydables, on obtient des quantités notables d'acétates métalliques, ce qui tient à la décomposition de l'éther, lequel, sous l'influence de l'air, passe à l'état d'acide acétique ; l'or et l'argent ne produisent rien de semblable.

Si l'on met une goutte d'éther dans un verre froid, et que l'on plonge dans le verre un fil de *platine* d'environ un demi-millimètre de diamètre, roulé en spirale, et préalablement chauffé sur un morceau de fer ou à la flamme d'une bougie, le fil devient resplendissant, presque d'un rouge blanc dans quelques parties du verre, et ce phénomène continue tant qu'il y a une quantité suffisante de vapeur et d'air ; il se forme en même temps de l'acide *lampique*.

A la température ordinaire, les alcalis anhydres sont sans action sur l'éther ; mais si l'on abandonne le mélange à lui-même pendant longtemps et au contact de l'air, l'éther se colore en brun, et il se forme des acétates et des formiates de ces bases.

Les acides *chlorhydrique* et *acétique* dissolvent l'éther, et l'eau ne le sépare que de la dernière de ces dissolutions (Boullay). L'*acide sulfurique* concentré le décompose à l'aide de la chaleur ; il se forme de l'eau, de l'huile douce de vin, du carbure hydrogène, du gaz acide sulfureux, du gaz acide carbonique, et il se dépose du charbon. L'acide sulfurique *anhydre* donne, avec l'éther vinique anhydre bien refroidi, de l'acide *iséthionique*, $H^5C^4O, 2SO^3$, et de l'acide *œthionique*, $H^5C^4O, 4SO^3$. *L'acide azotique* n'agit point sur lui à froid; il le décompose si on élève la température, et le transforme en aldéhyde et en acides formique et oxalique.

Il ne paraît pas avoir beaucoup d'action sur les *sels;* il forme toutefois des composés définis en s'unissant à certains chlorures; Kuhlmann a obtenu une combinaison cristalline d'éther et de sesquichlorure de fer. J'ai déjà parlé des phénomènes qu'il présente avec le chlorure d'or (voy. p. 640 du t. Ier). Il dissout le sublimé corrosif par l'agitation. Vogel a observé que le *solutum,* exposé au soleil pendant quelques jours, se décompose et laisse déposer du protochlorure et du carbonate de mercure sous forme d'une poudre blanche, phénomène qui annonce à la fois la décomposition de l'éther et celle de la préparation mercurielle.

L'alcool et l'éther s'unissent et forment un liquide incolore, limpide, décomposable par l'eau, qui s'empare de l'alcool et sépare l'éther sous forme de petits globules, lesquels viennent à la surface. La *liqueur minérale anodine d'Hoffmann* n'est autre chose qu'un mélange fait avec parties égales d'alcool et d'éther concentrés. Les huiles fixes et essentielles, le camphre, les résines, etc., peuvent être dissous par l'éther.

L'éther est un des calmants et des antispasmodiques les plus accrédités et les plus généralement employés en médecine. Il est administré avec le plus grand succès dans une foule d'affections nerveuses et dans un très-grand nombre de fièvres intermittentes : donné une heure avant l'accès, il le prévient souvent, ou du moins il s'oppose à ce que le frisson se manifeste. On le fait prendre depuis 6, 8 ou 10 gouttes, jusqu'à 2 grammes et même plus ; cependant il faut être circonspect sur son emploi, car, à forte dose, il détermine l'inflammation des tissus du canal digestif, tous les symptômes de l'ivresse, et la mort (voy. mon *Traité de médecine légale,* t. III, 4e édit.). On le donne ordinairement sur un morceau de sucre ou dans une potion antispasmodique.

Lorsqu'on le fait inspirer, il agit comme un puissant *anesthésique,* c'est-à-dire qu'il rend l'individu insensible : aussi l'emploie-t-on souvent sous cette forme avant de pratiquer des opérations chirurgicales très-douloureuses. Depuis quelques années, on lui préfère pour cet usage le *chloroforme,* quoique celui-ci soit d'un emploi plus dangereux.

Préparation de l'éther ordinaire au moyen de l'acide sulfurique. L'appareil dont on se sert (voy. pl. 3, fig. 2) consiste dans une cornue tubulée en verre *A*, d'une capacité triple du volume du mélange à y introduire ; au col de cette cornue, on adapte avec beaucoup de soin une allonge *B*, communiquant avec un ballon *C* tubulé lui-même et joint à un serpentin *D*; à la tubulure de la cornue, on fixe un tube courbé à angle droit *E*, dont la branche verticale doit plonger de quelques centimètres dans le liquide alcoolique, tandis que la branche horizontale, armée d'un robinet *J*, communique avec un flacon *O*, servant de réservoir et contenant de l'alcool. Alors les quantités d'alcool et d'acide étant pesées dans le rapport de 70 parties d'alcool à 32 degrés, et de 100 parties d'acide concentré (1), on en fait le mélange à part, en ayant soin d'ajouter par petites portions l'acide dans l'alcool, et de remuer continuellement: une fois le mélange achevé, on l'introduit dans la cornue, que l'on place ensuite dans un bain de sable disposé sur un fourneau ; et, après avoir bien hermétiquement fermé toutes les jointures et convenablement refroidi le récipient, on chauffe peu à peu la cornue, que l'on maintient à 140° pendant toute l'opération ; pour cela, on introduit un thermomètre dans la cornue ; déjà, à une douce chaleur, on voit la distillation commencer : alors on ouvre le robinet du tube qui amène l'alcool, afin de le faire arriver en quantité correspondante à celle de l'éther qui distille, et pour que le niveau du mélange dans la cornue reste toujours le même. Si l'opération est bien dirigée, il ne se forme que de l'eau et de l'éther ; mais, comme presque toujours il passe à la distillation, outre ces deux corps, un peu d'alcool et d'acide, ainsi que de l'huile douce de vin, il faut rectifier l'éther ; pour cela, on l'agite avec un sixième de son poids de carbonate de potasse desséché, ou avec de la chaux récemment calcinée : on laisse le tout en digestion pendant quelques heures, l'éther vient à la surface ; on le distille dans un appareil semblable au précédent, dont on aurait seulement remplacé le tube conducteur de l'alcool par un bouchon fermant exactement la tubulure, et l'on chauffe très-doucement. Dans la crainte que l'éther ne retienne encore de l'eau et de l'alcool, on le fait digérer avec une grande quantité de chlorure de calcium pulvérisé, puis on le distille au bain-marie. Dans la préparation de l'éther ou pendant sa rectification, il faut surtout avoir soin de ne laisser dégager aucune vapeur, car par son poids spécifique celle-ci tend à gagner la partie inférieure de l'appartement, et pourrait arriver jusqu'aux charbons allumés contenus dans le fourneau

---

(1) Si l'alcool ou l'acide contenait trop d'eau, il ne se formerait point d'éther ; on n'obtiendrait que de l'eau et de l'alcool.

et s'enflammer; de là des accidents souvent terribles. Il faut se garder,
par les mêmes motifs, de transvaser de l'éther le soir dans le voisinage
d'un corps allumé.

Théorie. D'après M. Mitscherlich, l'acide sulfurique agit sur l'alcool
en vertu de la force catalytique (voy. t. Ier, p. 9); il détermine la décomposition de l'alcool en éliminant 1 équivalent d'eau, sans s'emparer
ni de l'éther ni de l'eau; en effet, si l'on néglige quelques réactions in-
termédiaires, on a

$$\underset{\text{Alcool.}}{H^6 C^4 O^2} = \underset{\text{Eau.}}{HO} , \underset{\text{Éther.}}{H^5 C^4 O}$$

Ce qui vient à l'appui de cette théorie, et ce qui prouve bien que l'a-
cide sulfurique n'agit pas en s'emparant de l'équivalent d'eau qui se
forme, c'est que, 1° l'on peut éthérifier presque indéfiniment de l'alcool aqueux avec une même quantité d'acide sulfurique; 2° l'on forme
certains éthers composés, tels que l'éther butyrique, sous l'influence
de l'acide sulfurique étendu de beaucoup d'eau; 3° la potasse, corps
plus avide d'eau que l'acide sulfurique, ne donne jamais de l'éther
quand on la distille avec de l'alcool ou lorsqu'elle est en contact avec
les vapeurs de celui-ci à une température rouge (voy. p. 134).

On avait admis que l'acide sulfovinique, composé d'*éther* et d'acide
sulfurique, qui se produit surtout quand on chauffe 1 partie d'alcool
absolu et 2 parties d'acide sulfurique concentré, prenait naissance pendant l'éthérification, et se décomposait en *éther* et en acide sulfurique;
mais il est difficile d'adopter qu'il se forme de l'acide sulfovinique *à
la même température* à laquelle il serait décomposé; d'ailleurs les expériences suivantes prouvent que les choses ne se passent pas ainsi : 1° en
faisant arriver des vapeurs d'alcool chauffées à 100° et au-dessus, dans
un ballon contenant de l'acide sulfurique bouillant, et assez étendu
d'eau pour qu'il bouille à 145°, il passe constamment à la distillation un
mélange d'éther et d'eau mêlé d'une petite quantité de vapeurs alcooliques; 2° Graham, après avoir enfermé dans des tubes des mélanges en
proportions différentes d'acide sulfurique concentré et d'alcool d'une
densité de 0,841, après avoir scellé ces tubes et les avoir chauffés depuis
140° jusqu'à 178°, a obtenu de l'éther sans distillation et *sans formation
d'acide sulfovinique,* et il a conclu que la production de l'acide sulfovinique ne paraît pas être une gradation nécessaire pour l'éthérification;
il a vu en outre que le procédé le plus avantageux consistait dans l'emploi
du bisulfate de soude ou de l'acide sulfurique, mêlé à une grande pro-

portion d'alcool et d'eau, ce qui est la condition *la plus défavorable* à la formation de l'acide sulfovinique; il paraît, au contraire, que la combinaison de l'alcool avec l'acide sulfurique, à l'état d'acide sulfovinique, diminue grandement les chances d'éthérification de l'alcool, car, lorsqu'on augmente la proportion d'acide sulfurique, ce qui tend à augmenter la proportion d'acide sulfovinique, la proportion d'éther diminue rapidement. La conversion préalable de l'alcool en acide sulfovinique paraît donc être un obstacle plutôt qu'un auxiliaire à sa transformation en éther (*Journ. de pharm.*, août 1850). 3° MM. Lhermite et Personne, en chauffant de l'acide sulfovinique pur dans des tubes scellés, et en opérant comme l'a fait M. Graham, n'ont pas obtenu la moindre trace d'éther; tandis que le savant anglais en a produit constamment en agissant sur des mélanges convenablement faits d'alcool et d'acide sulfurique concentré.

Préparation de l'éther au moyen de l'acide phosphorique. On introduit dans une cornue 1,000 grammes d'acide phosphorique pur concentré jusqu'en consistance sirupeuse; on le chauffe jusqu'à 90°, et on fait arriver à travers, et goutte à goutte, 1,000 parties d'alcool à 40 degrés: le mélange bouillonne avec force; une partie de l'alcool se volatilise, et va se condenser dans le récipient : on le sépare, et ce n'est guère que lorsque les trois quarts de l'esprit-de-vin ont été introduits dans là cornue que l'éther se forme et peut être recueilli dans le ballon. Suivant M. Boullay, on peut également obtenir une certaine quantité de cet éther en distillant et en recohobant plusieurs fois de l'alcool à 40 degrés sur de l'acide phosphorique au degré de concentration dont j'ai parlé.

Préparation de l'éther au moyen de l'acide arsénique. On fait arriver goutte à goutte 500 grammes d'alcool à 40 degrés dans le fond d'une cornue contenant 500 grammes d'acide arsénique, dissous dans 250 grammes d'eau distillée (l'appareil est le même que le précédent); on chauffe; le mélange est fortement agité : presque les trois quarts de l'alcool se volatilisent et se condensent dans le récipient; on les sépare, et ce n'est qu'alors que l'éther commence à se former.

Préparation de l'éther au moyen de l'acide fluoborique. MM. Wöhler et Liebig proposent de distiller la gelée transparente et fumante qui est le résultat de la saturation complète de l'alcool absolu par le gaz fluoborique, puis de traiter par l'eau le liquide contenu dans le récipient.

On peut encore obtenir l'éther ordinaire en chauffant l'alcool avec les *chlorures de zinc,* d'*étain,* de *potassium,* etc.

DES ÉTHERS SIMPLES OU DU PREMIER GENRE
(préparés avec l'*alcool* et un *hydracide*).

Ces éthers sont l'éther *chlorhydrique*, l'éther *iodhydrique*, l'éther *bromhydrique*, l'éther *cyanhydrique*, l'éther *sulfhydrique*, l'éther *sélenhydrique* et l'éther *tellurhydrique*; ils sont formés, comme je l'ai dit, des mêmes éléments que l'éther ordinaire, si ce n'est que la molécule d'oxygène est remplacée par une molécule de chlore, d'iode, de brome, de soufre, de cyanogène, etc.

$$H^5C^4Cl \quad H^5C^4S$$
$$H^5C^4I \quad H^5C^4Se$$
$$H^5C^4Br \quad H^5C^4Te$$
$$H^5C^4Cy$$

De l'éther chlorhydrique. H^5C^4Cl.

Cet éther peut se présenter sous deux états : au-dessus de 11° therm. c., il est gazeux; à 11° et au-dessous, il est liquide, pourvu que la pression de l'atmosphère soit de 76 centimètres. A l'état de *gaz*, il est incolore, doué d'une odeur forte, semblable à celle de l'éther ordinaire, et d'une saveur légèrement sucrée: il n'agit point sur l'*infusum* de tournesol ni sur le sirop de violettes : le poids spécifique de sa vapeur est de 2,234 ; sa puissance réfractive est de 3,72.

A l'état liquide, il est incolore, d'une odeur vive, un peu alliacée, d'une densité de 0,921 à 0°; il bout à 11° c.; aussi suffit-il de le verser sur la main pour le faire entrer en ébullition. Si on le fait passer lentement à travers un tube chauffé au *rouge blanc*, rempli de fragments de porcelaine, pour que la surface se trouve augmentée et la chaleur également distribuée, on le décompose en totalité, et l'on obtient, suivant les expériences de MM. Colin et Robiquet, un gaz composé en volume de 36,79 d'acide chlorhydrique et de 63,21 de bicarbure d'hydrogène: il ne se produit point d'eau ni d'acide carbonique, et il ne se dépose pas de charbon. S'il est en contact avec le gaz oxygène ou avec l'air et un corps enflammé, ou bien si l'on y fait arriver une étincelle électrique, il absorbe l'oxygène, se décompose, produit une flamme verte, et se transforme en eau, en gaz acide chlorhydrique, et en gaz acide carbonique. Si l'expérience se fait dans des vaisseaux fermés, et que l'on emploie 3 parties d'oxygène contre 1 d'éther, il y a une vive détonation, et l'instrument est brisé.

Le *chlore* n'agit pas sur lui dans l'obscurité; mais sous l'influence d'une vive lumière, au soleil par exemple, il le décompose en se substituant à l'hydrogène, et le transforme en éther *chlorhydrique monochloré*, H⁴C⁴Cl² offrant la même composition que la liqueur des Hollandais (voy. p. 249 du t. I), dont il diffère cependant parce qu'il bout à 64°, et parce qu'il ne fournit pas, avec la dissolution alcoolique de potasse, du *bicarbure d'hydrogène monochloré*, etc. En traitant successivement l'éther *chlorhydrique monochloré* par de nouvelles quantités de chlore, sous l'influence de la lumière solaire, on obtient, d'après M. Regnault :

1° L'éther chlorhydrique bichloré. . . $H^5C^4Cl^3$, *isomère* avec la liqueur des Hollandais monochlorée;

2° L'éther chlorhydrique trichloré. . $H^2C^4Cl^4$, *isomère* avec la liqueur des Hollandais bichlorée ;

3° L'éther chlorhydrique quadrichloré, $H\ C^4Cl^5$, *isomère* avec la liqueur des Hollandais trichlorée ;

4° L'éther chlorhydrique perchloré. . C^4Cl^6, identique avec la liqueur perchlorée des Hollandais ou le sesquichlorure de carbone cristallisé.

Il est à remarquer que les éthers chlorhydriques *bichloré*, *trichloré* et *quadrichloré*, diffèrent complétement, par leurs propriétés physiques, des produits isomères qui sont le résultat de l'action du chlore sur la liqueur des Hollandais : ainsi le premier bout à 75°, tandis que l'isomère provenant de la liqueur des Hollandais n'entre en ébullition qu'à 115°; l'éther *trichloré* bout à 102°, et l'isomère à 135°; l'éther *quadrichloré* bout à 146°, et l'isomère à 153°; ils en diffèrent également par leurs propriétés chimiques. Quoiqu'il en soit, si la densité, le point d'ébullition et la densité de vapeur des éthers chlorhydriques *chlorés*, augmentent avec la proportion de chlore, leur molécule ne change pas, car la condensation reste toujours la même; les formules correspondent toutes à quatre volumes de vapeur.

L'*eau* à 0° peut dissoudre $\frac{1}{50}$ de son poids d'éther chlorhydrique; la saveur du *solutum* est sucrée. Les acides *sulfurique*, *azotique* et *hypoazotique*, ne le décomposent qu'à l'aide de la chaleur, et ils en dégagent du gaz acide chlorhydrique. L'acide sulfurique *anhydre* en absorbe une très-grande quantité, et donne un liquide fumant à l'air, que la chaleur décompose facilement. La *potasse*, la *soude* et l'*ammoniaque*, n'agissent sur lui qu'après quelques jours de contact, et donnent lieu à des chlorures et à de l'alcool; la décomposition est immédiate si l'alcali est dissous dans l'alcool. L'*azotate d'argent* et l'*azotate de protoxyde de mer-*

cure, qui jouissent de la propriété de décomposer sur-le-champ l'acide chlorhydrique, et de lui enlever l'hydrogène, ne décomposent cet éther qu'au bout de quelques heures ; alors seulement il se dépose une petite quantité de chlorure d'argent ou de protochlorure de mercure; la décomposition n'est même pas complète au bout de trois mois, comme l'a prouvé M. Thénard : mais si on met le feu au mélange d'éther et de l'un ou de l'autre de ces sels, il se forme dans le même instant une très-grande quantité de chlorure, qui annonce que la décomposition est subite. L'*alcool* dissout très-bien l'éther chlorhydrique, et le *solutum* est décomposé par l'eau, qui s'empare de l'alcool.

L'éther chlorhydrique se combine avec les perchlorures d'étain, d'antimoine, de fer, etc., et donne des produits que l'on peut considérer comme des éthers composés de cet éther simple.

Préparation. L'appareil dont on se sert pour préparer l'éther chlorhydrique se compose d'une cornue de verre à laquelle est adapté un tube de Welter, qui va plonger au fond d'un flacon à trois tubulures A, à moitié rempli d'eau et placé dans un vase B, contenant de l'eau à 25" (voy. pl. 1, fig. 4); de ce flacon, part un tube recourbé qui se rend dans une longue éprouvette F, sèche, vide, et entourée de glace; la troisième tubulure du flacon A reçoit un tube de sûreté droit; l'éprouvette F est fermée par un bouchon percé d'un trou, par lequel s'échappe l'éther, qui ne peut pas se condenser.

On introduit dans la cornue parties égales d'alcool et d'acide chlorhydrique concentrés, on lute les jointures, et on chauffe graduellement le mélange jusqu'à l'ébullition ; l'éther se forme et arrive, avec une portion d'acide et d'alcool, dans le flacon A, contenant de l'eau; celle-ci dissout l'acide et l'alcool, tandis que l'éther va se condenser dans l'éprouvette F. L'opération doit être conduite de manière que les bulles ne se dégagent ni trop lentement ni trop rapidement dans le flacon A. Pour obtenir l'éther chlorhydrique *gazeux*, il suffit d'en introduire un peu à l'état liquide dans une éprouvette pleine de mercure, et renversée sur la cuve de ce métal : il se transformera en gaz à la température de $11°+0°$.

De l'éther iodhydrique. H^5C^4I.

Il est liquide, transparent, incolore, doué d'une odeur forte, analogue à celle des autres éthers ; son poids spécifique, à 22°,3 th. c., est de 1,9208. Il prend, au bout de quelques jours, une couleur rosée qui dépend d'une certaine quantité d'iode mis à nu ; mais la potasse et la soude le décolorent sur-le-champ en s'emparant de l'iode. Il entre en ébullition à la température de 70°. Soumis à l'action du calorique dans un tube de porcelaine incandescent, il se décompose et fournit, d'après Kopp, un composé, $H^4C^4I^2$. Il n'est point inflammable; mis sur les charbons ardents, il exhale des vapeurs pourpres. Le chlore le transforme en éther chlorhydrique (Pierre). Il est inaltérable par la potasse et par les acides azotique et sulfureux. L'arsenic le décompose rapidement à environ 160°; il se forme un liquide rouge de sang, qui par le refroidissement se prend en beaux cristaux formés probablement par de l'iodure d'arsenic. L'étain le décompose aussi. Le fer, le plomb et le cuivre, l'altèrent à peine à 200°. Le zinc forme avec lui du *zincoéthyle*, H^4C^4Zn,HO, moins volatil que le zincométhyle, et susceptible de décomposer l'eau (voy. *Éther méthyliodhydrique*).

Préparation. On introduit dans une cornue tubulée 5 parties d'alcool à 38 degrés, et deux parties de phosphure d'iode concassé (ce phosphure est préparé avec 10 parties d'iode et 1 de phosphore); on ajoute une certaine quantité d'iode, que le contact du phosphure fait disparaître en le convertissant en acide iodhydrique (1); on adapte le récipient, et l'on chauffe à feu nu pour porter à l'ébullition; on obtient dans le récipient un liquide alcoolique incolore, qui, par l'addition de l'eau, laisse précipiter, sous forme de petits globules, un liquide d'abord laiteux, mais qui ne tarde pas à devenir transparent : ce liquide est l'éther iodhydrique; il suffit de le laver avec de l'eau pour l'avoir pur. Le premier alcool étant épuisé, on peut en verser sur le résidu de la cornue une nouvelle quantité équivalente à un tiers de ce qu'on a mis la première fois (Sérullas).

DU STIBÉTHYLE. $H^{15}C^{12}Sb$.

MM. Lœwig et Schweitzer viennent de découvrir ce nouveau radical organique, contenant de l'antimoine, en faisant agir sur l'éther iodhydrique un alliage de 88 parties d'antimoine et de 12 parties de potassium. On peut le considérer comme du gaz hydrogène antimonié dans lequel les 3 équivalents d'hydrogène sont remplacés par 3 équivalents de H^5C^4 (éthyle). Par sa composition et par ses propriétés, le stibéthyle se rapproche beaucoup du *cacodyle* (voy. ce mot), et des bases

---

(1) L'eau de l'alcool se décompose, son oxygène forme de l'acide phosphoreux avec le phosphore, tandis que l'hydrogène fait passer l'iode à l'état d'acide iodhydrique.

découvertes par M. Paul Thénard (voy. *Journ. de pharm.*, oct. 1850).

Il est liquide, transparent, très-mobile, fortement réfringent, d'une odeur alliacée fugace, plus pesant que l'eau. Il bout à 150°,5, à la pression de 730^{mm}. Il n'est pas solidifié à 29° — 0°. Une baguette qui en est imprégnée répand à l'air des vapeurs épaisses, et au bout de quelque temps la goutte finit par s'enflammer et brûle avec une flamme blanche éclatante. A la température ordinaire, il se combine en dégageant de la chaleur avec 2 équivalents d'oxygène, de soufre, de sélénium, et avec d'autres corps halogènes ; les composés qui en résultent correspondent tout à fait à ceux que forme un radical minéral. Il tombe au fond de l'eau sans s'y dissoudre ; il est très-soluble dans l'alcool et l'éther.

Lorsqu'on le fait arriver, sous forme de vapeurs, dans un ballon, il se condense en un corps blanc pulvérulent, soluble dans l'eau, possédant les caractères d'un acide faible, d'une saveur très-amère, et insoluble dans l'éther, et en une masse transparente, incolore, visqueuse, soluble dans l'éther. L'acide azotique étendu, chauffé avec le stibéthyle, le dissout et l'oxyde ; en évaporant la dissolution, on obtient de beaux cristaux transparents et incolores.

Dans certaines circonstances, que MM. Lœvig et Schweitzer n'ont pas encore fait connaître, le stybéthyle perd 2 équivalents de H^{5}C^4, et se transforme en un nouveau radical, H^{5}C^{4}Sb, l'*éthylstibyle,* susceptible de se combiner à 5 équivalents d'oxygène, de soufre, de chlore, etc.

Préparation. On place dans un petit ballon un alliage de 88 parties d'antimoine et de 12 de potassium, et on l'humecte avec l'éther iodhydrique ; la chaleur qui se dégage fait volatiliser une certaine quantité d'éther ; dès que ces vapeurs sont dégagées, on adapte au petit ballon un appareil de condensation ; c'est une large éprouvette dans laquelle on introduit un ballon rempli en partie d'alliage de potassium et d'antimoine ; le bouchon qui ferme cette éprouvette est percé de trois trous : le premier donne passage à un tube qui amène de l'acide carbonique sec au fond de l'éprouvette ; un second tube laisse échapper le gaz acide carbonique ; tandis qu'un troisième tube, recourbé et plongeant dans le ballon récipient, livre passage aux vapeurs qui doivent s'y condenser. On chauffe le petit ballon, dans lequel la réaction entre l'éther et l'alliage s'accomplit rapidement lorsqu'on chauffe avec une lampe à esprit-de-vin ; aussitôt qu'elle est terminée, on remplace le petit ballon par un autre, et on continue ainsi jusqu'à ce qu'il se soit rassemblé dans le ballon récipient une quantité suffisante de liquide. On laisse reposer pendant quelques heures, et puis on rectifie ce liquide dans le ballon même, en employant une disposition analogue à celle qui vient d'être décrite.

Comme l'éther iodhydrique agit avec une grande violence sur l'alliage, il importe d'ajouter du sable, d'opérer sur de petites quantités, et d'employer un grand excès d'alliage. Il faut aussi éviter avec soin l'accès de l'air.

Oxyde de stibéthyle, $H^{15}C^{12}Sb,O^2$. — Il est sous forme d'une masse visqueuse, non cristallisée, limpide, d'une saveur très-amère, fixe, inaltérable à l'air. Chauffé, il dégage des vapeurs blanches inflammables, contenant la majeure partie de l'antimoine, et laisse du charbon antimonié. L'acide azotique le décompose avec déflagration. L'acide sulfurique concentré le dissout sans altération. Le gaz chlorhydrique sec, ainsi que les acides bromhydrique et iodhydrique, le décomposent et donnent de l'eau et du chlorure, du bromure ou de l'iodure de *stibéthyle*. L'acide sulfhydrique le décompose, sans le précipiter; si l'on évapore la dissolution, on obtient du sulfure de stibéthyle cristallisé. Le potassium le réduit et sépare le stibéthyle.

Préparation. On décompose le sulfate d'oxyde de stibéthyle par la baryte; on évapore au bain-marie jusqu'à siccité; on traite par l'alcool, qui dissout un composé d'oxyde de stibéthyle et de baryte; à l'aide d'un courant de gaz acide carbonique, on précipite la baryte de ce composé; on filtre, et en faisant évaporer la dissolution alcoolique filtrée, on obtient l'oxyde.

Sels de stibéthyle. — *Sulfure*, $H^{15}C^{12}Sb, S^2$. Il est en aiguilles blanches soyeuses, d'une saveur amère un peu sulfureuse, d'une odeur désagréable, analogue à celle du mercaptan (voy. p. 158); il fond à 100°; il est facilement soluble dans l'eau, l'alcool et l'éther; sa dissolution aqueuse précipite la plupart des sels métalliques, et se comporte comme une dissolution de sulfure de potassium; il est décomposé par le potassium et le sodium, qui lui enlèvent le soufre. On l'obtient en faisant bouillir une dissolution éthérée de stibéthyle avec du soufre sublimé et desséché; la dissolution se prend en masse par le refroidissement.

Iodure, $H^{15}C^{12}Sb, I^2$. — Il est en aiguilles incolores transparentes, fusibles à 70°.5, pouvant être sublimées à 100°, et décomposables au delà de cette température, en répandant des vapeurs blanches épaisses. Il est très-soluble dans l'eau, l'alcool et l'éther. L'acide azotique en déplace l'iode. L'acide sulfurique concentré en dégage de l'iode et de l'acide iodhydrique, et il se forme de l'acide sulfureux. On l'obtient en ajoutant de l'iode à une dissolution alcoolique de stibéthyle refroidie par un mélange réfrigérant.

Bromure, $H^{15}C^{12}Sb, Br^2$. — Il est liquide, incolore, d'une densité de 1,953 à 17° + 0°. A — 10°, il se prend en une masse blanche cristalline. Il est insoluble dans l'eau, tandis que l'alcool et l'éther le dissolvent facilement. Il est inflammable, et ne se volatilise pas. On l'obtient en mêlant des dissolutions alcooliques de brome et de stibéthyle, et en précipitant par l'eau ; si on mêlait le brome avec du stibéthyle, il y aurait une vive inflammation.

Chlorure, $H^{15}C^{12}Sb, Cl^2$. — Il est liquide, incolore, fortement réfringent, d'une odeur d'essence de térébenthine, d'une saveur amère, d'une densité de 1,540. A — 12", il est encore liquide. Il est insoluble dans l'eau ; l'alcool et l'éther le dissolvent facilement. On l'obtient en précipitant une dissolution d'azotate de stibéthyle pur par l'acide chlorhydrique concentré.

Sulfate d'oxyde de stibéthyle, $H^{15}C^{12}Sb, O^2, 2SO^3$. — Il est en petits cristaux d'une saveur amère, fusibles, au delà de 100°, en un liquide incolore, solubles dans l'alcool, presque insolubles dans l'éther, et décomposables par l'acide chlorhydrique, qui forme du chlorure de stibéthyle. On l'obtient en décomposant le sulfure par le sulfate de bioxyde de cuivre ; la liqueur filtrée, et évaporée au bain-marie jusqu'à consistance sirupeuse, laisse déposer ce sel.

Azotate d'oxyde de stibéthyle, $H^{15}C^{12}Sb, O^2, 2AzO^5$. — Il est en beaux prismes rhomboïdaux, d'une saveur amère, fusibles à 62°,5, en un liquide incolore qui se prend en une masse blanche cristalline à 57° + 0° ; quand on le chauffe, il brûle avec déflagration, comme un mélange d'azotate de potasse et de charbon. Il se dissout très-bien dans l'eau, moins bien dans l'alcool, et moins encore dans l'éther. L'acide sulfurique concentré en sépare l'acide azotique, et l'acide chlorhydrique le transforme en chlorure de stibéthyle. On l'obtient en saturant l'oxyde par l'acide azotique, ou en dissolvant le stibéthyle dans ce même acide ; dans ce dernier cas, il se dégage de l'acide hypoazotique sous forme de vapeurs rutilantes.

De l'éther bromhydrique. H^5C^4Br.

Il est incolore et transparent après un long repos, d'une odeur forte et éthérée, d'une saveur piquante, et d'une densité de 1,473 à 0°. Il bout à 41° et se décompose au rouge sombre. Il se dissout dans l'alcool, d'où il est précipité par l'eau. Il ne change pas de couleur, comme le précédent, lorsqu'on le conserve sous l'eau. On l'obtient par un procédé analogue à celui qui fournit l'éther iodhydrique, en traitant 40 parties d'alcool par une partie de phosphore et 7 à 8 parties de brome (voyez Sérullas, *Ann. de chim. et de phys.*, t. XXXIV).

De l'éther cyanhydrique. H^5C^4Cy.

Il a été découvert en 1834 par M. Pelouze. Il est liquide, incolore, d'une odeur alliacée très-forte, d'une densité de 0,78. Il bout à 82°; l'eau le dissout à peine, mais il est très-soluble dans l'alcool et dans l'éther sulfurique. Il ne trouble pas la dissolution d'azotate d'argent s'il est pur; il n'est décomposé par le *solutum* de potasse qu'autant que celui-ci est très-concentré. L'oxyde de mercure le décompose facilement, et il se forme du cyanure de mercure, de l'acide chlorhydrique, et de l'alcool.

On l'obtient en chauffant légèrement un mélange de parties égales de cyanure de potassium et de sulfovinate de baryte; on lave le liquide distillé avec quatre ou cinq fois son volume d'eau, pour lui enlever l'alcool et l'acide cyanhydrique qu'il peut contenir; on le maintient pendant quelque temps à la température de 60° à 70°, et enfin on le distille sur du chlorure de calcium (*Journ. de pharm.*, juillet 1834). Il est très-vénéneux.

De l'éther sulfhydrique. H^5C^4S.

Il est liquide, incolore, d'une odeur alliacée pénétrante, d'une densité de 0,825; la densité de sa vapeur est de 3,138. Il bout à 73°; l'eau en dissout à peine, tandis qu'il est très-soluble dans l'alcool. Traité par le chlore, il donne un produit huileux très-fétide, HC^4Cl^4S. On l'obtient par double décomposition, en traitant l'éther chlorhydrique par du monosulfure de potassium dissous dans l'alcool; on distille au bout de 24 heures; le liquide volatilisé contient cet éther, de l'alcool, et de l'éther chlorhydrique; on l'agite avec de l'eau, qui dissout ces deux corps; l'éther sulfhydrique surnage; on le décante avec une pipette, et on le distille sur du chlorure de calcium, en ayant soin de rejeter les portions qui passent les premières, parce qu'elles peuvent contenir de l'éther chlorhydrique (Regnault). Voici comment on peut représenter la réaction :

$$\frac{H^5C^4Cl}{\text{Éther chlorhydrique.}}, \frac{KS}{\text{Monosulfure.}} = \frac{KCl}{\text{Chlorure.}}, \frac{H^5C^4S}{\text{Éther sulfhydrique.}}$$

Alcool sulfhydrique ou mercaptan (*mercurium captans*, parce qu'il se

combine facilement avec le bioxyde de mercure), $H^6C^4S^2$. — On obtient
ce corps en distillant une dissolution alcoolique de sulfhydrate de
monosulfure de potassium à travers laquelle on a fait passer de l'é-
ther chlorhydrique; en comparant sa composition à celle de l'alcool
de vin, $H^6C^4O^2$, on voit que les deux équivalents d'oxygène de celui-ci
ont été remplacés par deux équivalents de soufre. On le prépare aussi
en distillant au bain-marie un mélange de sulfhydrate de monosulfure
de potassium dissous et d'une dissolution concentrée de sulfovinate
de chaux. Le produit qui distille contient un excès d'acide sulfhydrique,
d'alcool et d'eau, dont on le sépare en le soumettant à une nouvelle
distillation sur de l'oxyde de mercure, et en le faisant digérer sur du
chlorure de calcium.

L'*alcool sulfhydrique* est un liquide incolore, très-fluide, d'une odeur
d'oignon pénétrante et insupportable, bouillant à 36°; sa densité est
de 0,842 à 15°; il se solidifie vers — 22°. Il est insoluble dans l'eau, inflammable, et soluble dans l'alcool et dans l'éther.

Il dissout bien le soufre, le phosphore et l'iode. Lorsqu'on le traite
par les oxydes métalliques, l'hydrogène de l'acide sulfhydrique est remplacé dans la combinaison par un équivalent de métal, et il se forme
un équivalent d'eau; on donne aux combinaisons produites le nom de
mercaptides (*alcools sulfométalliques*); mais, chose remarquable, l'affinité du *mercaptan* pour les sulfures métalliques est-en raison inverse
de l'affinité qu'ont les métaux de ces sulfures pour l'oxygène : c'est
ainsi que la potasse et la soude n'exercent point d'action sensible sur
lui, tandis que les oxydes de mercure et d'or sont instantanément transformés en sulfures métalliques, avec lesquels il se combine.

Lorsqu'on verse, peu à peu, une dissolution alcoolique de mercaptan
sur du bioxyde de mercure, la température s'élève, et il se forme une
substance blanche, H^5C^4S, HgS, fusible vers 85°, et décomposable au-
dessus de 120°; l'acide sulfhydrique la transforme en sulfure de mercure
et en mercaptan.

L'*alcool sulfhydrique*, chauffé avec du potassium, donne de l'hydrogène et de l'alcool sulfopotassique, H^3C^4S, KS. Le mercaptan est sans
usages.

M. Pyrame Morin a obtenu un éther bisulfuré sulfhydrique, $H^5C^4S^2$,
en distillant du sulfovinate de potasse avec du sulfure de potassium.
Ce corps avait été déjà entrevu par M. Zeize, qui lui avait donné le
nom de *thialoel*.

De l'éther sélenhydrique. H^5C^4Se.

On l'obtient en distillant un mélange de parties égales de sulfovinate de potasse et de séléniure de potassium. Il est peu connu. On prépare aussi un *mercaptan sélénié*, H^5C^4Se, HSe, en distillant du sulfovinate de chaux avec du séléniure de potassium. Ce mercaptan est incolore, très-fluide, d'une odeur désagréable, plus pesant que l'eau, qui ne le dissout pas. Il se combine avec le mercure.

De l'éther tellurhydrique. H^5C^4Te.

Il est liquide, jaune rougeâtre, plus dense que l'eau; il bout au-dessus de 100°, et s'oxyde lentement à l'air en déposant de l'acide tellureux. On l'obtient en distillant un mélange de tellurure de potassium et de sulfovinate de baryte. Il est très-vénéneux.

DES ÉTHERS COMPOSÉS OU DU SECOND GENRE.

Ces éthers, ainsi que je l'ai dit à la page 142, sont neutres ou acides.

DES ÉTHERS COMPOSÉS NEUTRES.

Ces éthers sont formés d'éther ordinaire, H^5C^4O, et d'un oxacide: ce sont les éthers *sulfurique ordinaire neutre, sulfureux, azotique, azoteux, perchlorique, borique, silicique, carbonique, chloroxycarbonique, acétique, formique, benzoïque, oxalique, citrique, tartrique, mucique, vinosalicylique, cyanurique, cyanique, nitrobenzoïque, cinnamique, cuminique, tholuïque, nitrotholuïque, anisique, phénique, œnanthique* et *camphorique*.

De l'éther sulfurique neutre. H^5C^4O, SO^5.

Il est liquide, oléagineux, inodore, d'une saveur âcre, brûlante, d'une odeur de menthe poivrée, et d'un poids spécifique de 1,120. A la température de 140°, il se décompose en alcool, en gaz acide sulfureux, et en bicarbure d'hydrogène. L'eau le transforme en acide méthionique, en acide iséthionique, et en acide sulfovinique. On l'obtient en faisant réagir l'acide sulfurique *anhydre* sur l'éther ordinaire, H^5C^4O.

De l'éther sulfureux. H^5C^4O, SO^2.

Il est liquide, incolore, d'une odeur de menthe, d'une densité de 1,085 ; il bout à 160°,3. Il brûle avec une flamme bleuâtre, et il est décomposé par l'air humide. Il fournit avec le chlore des cristaux de sesquichlorure de carbone, et un mélange d'acide chlorosulfurique et d'aldéhyde perchloré. On l'obtient en versant de l'alcool sur du protochlorure de soufre ; le mélange s'échauffe, il se dégage de l'acide chlorhydrique, et il se dépose du soufre ; on distille ; il passe d'abord de l'alcool, puis l'éther sulfureux, lorsque la température a atteint 170°.

De l'éther azotique. H^5C^4O, AzO^5.

Il est liquide, d'une odeur douce et suave qui ne rappelle aucunement celle de l'éther décrit jusqu'à présent sous le nom d'*éther nitreux ;* sa saveur, très-sucrée, laisse un arrière-goût d'amertume légère ; sa densité, plus forte que celle de l'eau, est de 1,112 à $+ 17°$. Il entre en ébullition à $+ 85°$. Il s'enflamme et brûle avec une flamme blanche très-prononcée. Il se décompose à une température un peu supérieure à son point d'ébullition. Il dissout l'iode, et acquiert une belle coloration violette. Il est complétement insoluble dans l'eau, tandis qu'il se dissout en toute proportion dans l'alcool, d'où il est facilement précipité par une petite quantité d'eau. Il est détruit par l'acide azotique concentré, sans que l'on puisse obtenir de l'acide azotovinique ni des azotovinates. L'acide chlorhydrique le décompose, et forme de l'eau régale. L'acide sulfurique à un équivalent d'eau dissout le quart de son poids de cet éther, sans aucun phénomène apparent dans le principe, si l'on ajoute l'éther peu à peu ; mais au bout de quelques instants, le mélange répand des vapeurs d'acide azotique, et un peu plus tard il se fait un grand échauffement de la liqueur avec production de gaz bioxyde d'azote ; l'acide sulfurique noircit, et tout l'éther se trouve détruit. Une solution aqueuse de potasse caustique concentrée est sans action sur l'éther azotique ; mais une solution alcoolique le décompose même à froid, et l'on obtient des cristaux abondants d'azotate de potasse, sans le moindre mélange d'hypoazotate. Il a été découvert par M. Millon.

Préparation. On introduit dans une cornue 75 grammes d'acide azotique *pur*, autant d'alcool à 35 degrés, et 1 ou 2 grammes d'azotate d'urée; on ne doit pas agir sur des quantités plus fortes. On chauffe doucement; le premier produit de la distillation ne contient que de l'alcool affaibli; mais bientôt l'éther azotique s'annonce par une odeur particulière, et en ajoutant de l'eau au produit distillé, l'éther se précipite: plus tard, cet éther est si abondant qu'il forme une couche plus dense dans le récipient même. Si l'on pousse la distillation jusqu'à ce qu'on ait chassé tout le mélange d'alcool et d'acide de la cornue qui le contient, on retombe tout à fait, à la fin de l'opération, dans les réactions tumultueuses de l'alcool; mais en s'arrêtant lorsqu'il ne reste plus que le huitième environ du mélange, l'*azotate d'urée est à peu près intact*, et il ne tarde pas à se déposer au milieu du résidu fortement acide; ce résidu peut servir à une seconde, à une troisième, et même à une quatrième distillation. Quelle est l'intervention de l'azotate d'urée? Si l'on veut avoir de l'éther azotique, dit M. Millon, il faut éviter la présence de l'acide azoteux; car celui-ci transformerait les éléments de l'alcool en plusieurs produits, parmi lesquels dominerait l'éther désigné jusqu'à présent sous le nom d'*éther nitreux:* or l'urée a pour but de réagir sur l'acide azoteux en produisant des volumes égaux d'azote et d'acide carbonique (*Ann. de chim.*, juin 1843).

Le liquide décrit jusqu'à ce jour sous le nom d'*éther nitreux*, et obtenu en chauffant, dans un appareil de Woulf, parties égales en poids d'alcool d'une densité de 0,85 et d'acide azotique à 32 degrés, est un composé multiple dont la préparation n'est pas sans danger, à moins que l'on ne prenne de grandes précautions qu'il me paraît inutile d'indiquer.

De l'éther azoteux. H^5C^4O, AzO^3.

Il est incolore, d'une odeur de pomme de reinette, d'une densité de 0,886. Il bout à $21° + 0°$. Il se décompose spontanément, en dégageant du gaz bioxyde d'azote; ce dégagement occasionne souvent la rupture des flacons dans lesquels on conserve cet éther. On l'obtient en versant avec précaution dans un flacon 1 partie en volume d'alcool à 0,85, puis 1 partie d'acide azotique à 4 équivalents d'eau; le flacon doit être imparfaitement bouché, afin que les gaz puissent se dégager; après deux ou trois jours d'exposition dans un endroit froid, on décante la couche supérieure, qui contient beaucoup d'éther azoteux; on agite celle-ci avec une dissolution étendue de potasse caustique; on la décante de nouveau, et on la laisse pendant quelque temps sur du chlorure de

calcium ; on la décante de nouveau, et on a l'éther; si l'on opérait à
chaud ou avec de l'acide ordinaire et de l'alcool, la réaction serait tellement tumultueuse, qu'il pourrait y avoir explosion.

De l'éther perchlorique. H^5C^4O, ClO^7.

Il est liquide, d'une odeur agréable, d'une saveur piquante, plus
dense que l'eau, bouillant au-dessus de 100°; il détone avec violence,
souvent spontanément, et, à plus forte raison, par l'action de la chaleur ou par le frottement. On l'obtient en distillant un mélange de sulfovinate de potasse et de perchlorate de baryte.

Des éthers boriques.

Il existe deux éthers boriques, d'après MM. Ebelmen et Bouquet. Le
premier, découvert par M. Ebelmen $= H^5C^4O, 2Bo^3$, est sous forme d'un
verre transparent, qui se ramollit assez entre 40° et 50° pour qu'on
puisse le tirer en fils ; son odeur est faiblement éthérée, et sa saveur brûlante ; vers 200°, il donne des vapeurs blanches ; à 300°, il se décompose
et dégage de l'alcool et du bicarbure d'hydrogène gazeux. Il brûle avec
une belle flamme verte, due à l'acide borique. L'eau bouillante le transforme en alcool et en acide borique. Il est très-soluble dans l'alcool et
l'éther ; ces dissolutions additionnées d'eau se prennent en masses gélatineuses. On l'obtient en chauffant, entre 100° et 110°, un mélange de
parties égales d'acide borique fondu et d'alcool anhydre ; la masse qui
reste dans la cornue étant traitée par l'éther, et la dissolution éthérée
étant évaporée, on a un produit, lequel, étant chauffé dans un bain
d'huile jusqu'à 200°, constitue l'éther borique.

L'*autre éther*, $6H^5C^4O, Bo^3$, est liquide, incolore, d'une saveur chaude
et amère, d'une densité de 0,8849 à 0°; il bout à 119°. On l'obtient en
faisant agir l'alcool sur du chlorure de bore.

Des éthers siliciques.

M. Ebelmen a fait voir qu'en traitant le chlorure de silicium par l'alcool, on obtenait trois éthers dans lesquels les proportions d'acide silicique croissent comme 1, 2, 4, pour une proportion d'éther, H^5C^4O.

Éther silicique tribasique, $3H^5C^4O, SiO^3$. — Il est liquide, incolore,
transparent, d'une odeur agréable, d'une saveur poivrée, et d'un poids
spécifique de 0,933 à 20° $+0°$. Il bout entre 162° et 163°; il brûle avec

une flamme blanche, et laisse de l'acide silicique. Il est soluble en toutes proportions dans l'alcool et l'éther; l'eau ne le dissout point, mais au bout d'un certain temps elle en détermine la décomposition en alcool et en acide silicique.

$$\underset{\text{Éther silicique.}}{3\,H^5C^4O, SiO^3} , \quad \underset{\text{Eau.}}{3\,HO} = \underset{\text{Acide silicique.}}{SiO^3} , \quad \underset{\text{Alcool.}}{3\,H^6C^4O^2}$$

Exposé à l'air humide, il se solidifie en une masse transparente d'acide silicique hydraté, qui durcit assez avec le temps pour rayer le verre.

On remarquera que, tandis que les éthers composés du groupe dont je parle contiennent 1 équivalent d'éther et 1 d'acide, celui-ci contient 3 équivalents d'éther.

On l'obtient en versant avec précaution de l'alcool *absolu* sur du chlorure de silicium, jusqu'à ce qu'il ne se dégage plus de gaz acide chlorhydrique; on distille; il passe d'abord de l'éther chlorhydrique; quand la température est entre 160° et 170°, le produit distillé est presque entièrement formé par l'éther silicique tribasique.

Éther sesquibasique, $3H^5C^4O, 2SiO^3$. — Il est incolore, à peine sapide et odorant, d'une densité de 1,079, moins combustible et moins facile à décomposer par l'eau que le précédent, insoluble dans ce liquide, très-soluble dans l'alcool et l'éther. On l'obtient en distillant à 350° un mélange de chlorure de silicium et d'alcool contenant 16 pour 100 d'eau. Si l'on distillait une dissolution d'éther tribasique dans l'alcool très-concentré, l'alcool se volatiliserait entre 90° et 100°; le liquide qui passerait dans le récipient, à la température de 350'', traité par l'eau, donnerait de l'éther sesquibasique et de l'alcool, par suite de la réaction suivante :

$$\underset{\text{2 d'éther sil. tribasique.}}{2\,(3\,H^5C^4O, SiO^3)} , \quad \underset{\text{Eau.}}{3\,HO} = \underset{\text{Éther sesquibasique.}}{3\,H^5C^4O, 2\,SiO^3} , \quad \underset{\text{Alcool.}}{3\,H^6C^4O^2}$$

Éther silicique avec excès d'acide silicique, $3H^5C^4O, 4SiO^3$. — Il est solide, transparent, d'une couleur ambrée, inaltérable à l'air; il se ramollit à peine à 100°; chauffé plus fortement, il se transforme en acide silicique et en éther sesquibasique qui distille. On l'obtient en ajoutant un peu d'alcool aqueux à l'éther sesquibasique et en chauffant; l'éther avec excès d'acide silicique reste dans la cornue.

De l'éther carbonique. H^5C^4O, CO^2.

Il est liquide, incolore, très-fluide, d'une odeur aromatique, d'une saveur brûlante, et d'une densité de 0,975. Il bout à 126°; il s'enflamme assez difficilement, et ne se dissout pas dans l'eau. A chaud, la potasse le transforme en carbonate de potasse et en alcool. L'ammoniaque liquide le change en alcool et en *uréthane*, H^5C^4O, H^2Az, C^2O^3, matière cristalline, blanche, fusible à 100°, soluble dans l'eau et dans l'alcool, sorte d'éther, composé d'éther ordinaire ét d'un acide particulier, H^2Az, C^2O^3, auquel on a donné le nom d'acide *carbamique*; d'où il suit que l'uréthane pourrait être considérée comme un *éther carbamique*.

Le chlore sec, à la *lumière diffuse*, enlève 2 équivalents d'hydrogène à l'éther carbonique, et il se produit un liquide, $H^3C^4Cl^2O, CO^2$, désigné par M. Cahours sous le nom d'*éther bichloré*; ce liquide, d'une odeur agréable, plus dense que l'eau, est insoluble dans l'eau, et très-soluble dans l'alcool. Si l'on opère à la lumière solaire, l'éther carbonique absorbe plus de chlore, et se change en un composé solide, cristallin, C^4Cl^5O, CO^2, nommé *éther carbonique perchloré*. Ce corps, traité par l'ammoniaque dans certaines conditions, peut donner de la *chloracétamide* ou de la *chlorocarbéthamide*. On obtient l'éther carbonique en distillant l'éther oxalique sur du potassium; il se dégage, pendant toute la durée de l'opération, une grande quantité d'éther carbonique et de gaz oxyde de carbone, et il reste dans la cornue de l'oxalate de potasse; on rectifie l'éther sur du chlorure de calcium.

De l'éther chloroxycarbonique. H^5C^4O, C^2O^3Cl.

Il est liquide, incolore, sans action sur le tournesol, d'une odeur assez agréable, à moins qu'on ne le respire pur, car alors elle est suffocante, d'une densité de 1,133. Il bout à 94° c.; il brûle avec une flamme verte; il rend l'eau fortement acide; l'eau bouillante le décompose. L'acide sulfurique concentré le dissout avec dégagement d'acide chlorhydrique, surtout à l'aide d'une légère chaleur, puis il noircit et donne un gaz inflammable. En agissant sur l'ammoniaque, il fournit de l'*uréthane*, de l'*uréthylane*, de l'éther carbonique, du chlorhydrate et du carbonate d'ammoniaque. On obtient les mêmes corps en traitant aussi par l'ammoniaque le chloroxycarbonate de méthylène.

On peut considérer l'éther chloroxycarbonique comme étant formé d'éther carbonique, H^5C^4O, CO^2 et de gaz chlorocarbonique, $COCl$.

Préparation. Si l'on agite dans un ballon de l'alcool absolu avec du gaz chloroxycarbonique, l'alcool s'échauffe et prend une couleur ambrée ; si on ajoute un volume d'eau égal à celui de l'alcool, il se forme deux couches, l'une aqueuse, contenant beaucoup d'acide chlorhydrique, et l'autre pesante, d'un aspect huileux, qui est formée par l'éther dont je parle. Il ne s'agit que de le rectifier sur du chlorure de calcium. Il a été découvert par M. Dumas (voy. *Ann. de chim.,* novembre 1833).

De l'éther acétique. $H^5C^4O, H^5C^4O^3$.

Il est liquide, incolore, et sans action sur l'*infusum* de tournesol ; il a une odeur agréable d'éther ordinaire et d'acide acétique, et une saveur particulière, différente de celle de l'alcool ; son poids spécifique à 0° est de 0,907. Il entre en ébullition à 74°, à la pression de 76 centimètres. Si, étant exposé à l'air, on le met en contact avec un corps en ignition, il absorbe l'oxygène, se décompose, produit une flamme d'un blanc jaunâtre, et laisse pour résidu de l'acide acétique. Il est soluble dans sept fois et demie son poids d'eau à 17°, et il n'éprouve aucune altération de la part de ce liquide. L'alcool, l'éther et l'esprit de bois, le dissolvent en toutes proportions. Traité par la potasse, il est décomposé, perd l'odeur éthérée, et fournit à la distillation de l'alcool et de l'eau qui se volatilisent, et de l'acétate de potasse fixe ; dans cette expérience, l'éther ordinaire dont il est formé absorbe de l'eau et passe à l'état d'alcool. Mêlé et distillé avec parties égales d'acide sulfurique concentré, il est décomposé, et transformé en éther avec excès d'acide acétique, et en éther ordinaire (Planche).

Le *chlore* le transforme d'abord en un composé, $H^3C^4Cl^2O, H^3C^4O^3$; plus tard, ce corps sépare tout l'hydrogène, et l'on obtient de l'*éther acétique perchloré* $= C^4Cl^5O, C^4Cl^3O^3$, qui est liquide, huileux, qui bout à 245°, et qui, sous l'influence des alcalis, se change en *chloracétate.* En distillant avec de l'acide sulfurique et de l'alcool un composé de ce chloracétate et d'un alcali, on obtient de l'*éther chloracétique,* $H^5C^4O, C^4Cl^3O^3$ (Leblanc).

En traitant l'éther acétique par l'ammoniaque liquide, il se forme de l'*acétamide,* $H^5C^4AzO^2$, substance blanche, cristalline, déliquescente, d'une saveur fraîche sucrée, fusible à 78°, et bouillant à 221°. Avec l'acide phosphorique *anhydre,* l'acétamide fournit l'*acétonitrile,* identique avec le *cyanhydrate de méthylène,* H^3C^4Az.

L'éther *acétique* agit sur l'économie animale à peu près comme l'éther odinaire ; il produit du froid et augmente l'exhalation cutanée. On l'emploie avec le plus grand succès, en frictions, dans certains paroxysmes de goutte et de rhumatisme ; ces frictions doivent être renouvelées plusieurs fois par jour, et faites chaque fois avec 12 et 16 grammes d'éther ; l'action rubéfiante qu'il produit sur la peau ne doit être attribuée qu'à son acidification au contact de l'air. Il paraît cependant préférable de se servir d'éther acétique solidifié par le savon. Pelletier conseillait de faire dissoudre, à la chaleur du bain-marie, 6 grammes de savon animal dans 32 grammes d'éther acétique, de filtrer la dissolution et de la laisser refroidir : elle se prend en masse à la température de $10°+0°$, et constitue alors le savon acétique éthéré ; on peut aussi diminuer la quantité de savon, et ajouter un peu de camphre et d'huile volatile. On favorise en même temps l'action de ce médicament à l'extérieur par des boissons sudorifiques dans lesquelles on met 40 ou 50 gouttes du même éther par verre.

Préparation. On introduit dans une cornue 8 parties d'alcool absolu, 7 parties d'acide sulfurique du commerce, et 10 parties d'acétate de soude anhydre, ou 20 parties d'acétate de plomb ; on adapte à cette cornue une allonge et un ballon entouré de linges mouillés, et on chauffe graduellement le mélange ; la liqueur entre en ébullition, et il se produit de l'éther acétique qui vient se condenser dans le récipient : il suffit de laisser cet éther pendant une demi-heure en contact avec 10 ou 12 parties de carbonate de soude desséché, qui lui enlève la plus grande partie de l'eau, et qui se combine avec l'acide acétique libre. On distille ensuite sur du chlorure de calcium, qui retient l'alcool. L'acide sulfurique agit, dans cette expérience, en transformant l'alcool en éther sulfurique, c'est-à-dire en s'emparant d'une portion d'oxygène et d'hydrogène capable de former de l'eau.

Autrefois on préparait cet éther en distillant parties égales d'alcool et d'acide acétique rectifiés ; lorsqu'on avait obtenu dans le récipient les deux tiers du mélange employé, on cohobait, on distillait de nouveau, on recohobait, et ce n'était qu'après plusieurs distillations, et après avoir perdu une certaine quantité du produit, que l'on parvenait à obtenir cet éther, qu'il fallait encore distiller avec la potasse, et qui contenait une grande quantité d'alcool. Ce procédé est généralement abandonné, à cause de sa longueur.

De l'éther formique. H^5C^4O, HC^2O^5.

Il a été obtenu par Gehlen. Il est incolore, volatil, d'une odeur de noyau de pêche, d'une saveur analogue, laissant un arrière-goût de fourmi ; son poids spécifique est de 0,912 ; il bout à 53°,4 ; il brûle avec une flamme bleue bordée de jaune. Il reste liquide à —32°,5. Il se dissout dans 10 parties d'eau. L'alcool et les éthers le dissolvent en toutes proportions. Il fournit avec le chlore un *éther chloré* = $H^3C^4Cl^2O,HC^2O^3$; d'où il suit que le chlore s'est substitué à 2 équivalents d'hydrogène ; cet éther chloré est liquide, d'une densité de 1,16 ; il bout vers 100°, et se décompose si on le chauffe davantage.

On obtient l'éther formique en chauffant légèrement dans une cornue un mélange de 10 parties d'amidon et de 37 parties de bioxyde de manganèse avec 30 parties d'acide sulfurique à 66 degrés, 15 parties d'eau, et 15 d'alcool à 90 degrés ; le liquide distillé contient l'éther ; on le purifie en le lavant avec de l'eau et en le distillant deux fois sur du chlorure de calcium (Wehler).

De l'éther benzoïque. $H^5C^4O, H^5C^{14}O^3$.

Il est incolore, liquide à la température ordinaire, doué d'une saveur piquante et d'une odeur faible, différente de celle de l'éther ordinaire ; sa consistance est oléagineuse, et son poids spécifique de 1,0539 à $+10°,5$ centigrades ; il bout à 209° centigr. Il se dissout très-bien dans l'alcool, très-peu dans l'eau chaude, et beaucoup moins dans l'eau froide ; le *solutum* alcoolique précipite par l'eau. Soumis à l'influence du *chlore*, il donne de l'éther chlorhydrique et du *chlorure de benzoïle*. Il est entièrement décomposé lorsqu'on l'agite avec de la potasse.

Préparation. On fait chauffer dans un appareil analogue au précédent 30 parties d'acide benzoïque, 60 parties d'alcool, et 15 parties d'acide chlorhydrique liquide concentré ; il se dégage d'abord de l'alcool contenant un peu d'acide, puis on obtient dans le ballon un peu d'éther benzoïque ; mais la majeure partie de cet éther reste dans la cornue : à la vérité, il est recouvert par une couche formée d'alcool, d'eau, d'acide benzoïque et d'acide chlorhydrique. On traite à plusieurs reprises la masse contenue dans ce vase par l'eau chaude, qui dissout cette couche et laisse l'éther benzoïque, qu'il suffit de laver avec un peu de dissolution de potasse, puis avec de l'eau, pour lui enlever un peu d'acide benzoïque en excès et l'avoir pur (M. Thénard). On peut également l'obtenir en chauffant volumes égaux de chlorure de benzoïle et d'alcool absolu, et en ajoutant de l'eau au mélange, lorsqu'il ne se dégage plus de vapeurs d'acide chlorhydrique ; l'éther se dépose sous forme d'une huile.

L'éther benzoïque a été découvert par M. Thénard.

De l'éther oxalique. H^5C^4O, C^2O^3.

Il est liquide, incolore, oléagineux, d'une odeur aromatique, d'une saveur légèrement astringente, et d'une densité de 1,093; la densité de sa vapeur est 5,078. Il bout à 184°. Il est très-peu soluble dans l'eau, tandis que l'alcool le dissout en toutes proportions. L'eau distillée le décompose à la longue, et il se dépose des cristaux d'acide oxalique hydraté. Le *chlore* lui enlève tout l'hydrogène et le transforme en un *éther oxalique chloré*, cristallin, fusible à 144°, $= C^4Cl^5O, C^2O^3$, lequel, traité par l'ammoniaque, donne le *chloroxaméthane* ou *chloroxéthamide* (*éther oxamique perchloré*) $= C^4Cl^5O, H^2AzC^4O^5$.

La potasse transforme l'éther oxalique en alcool et en acide oxalique. Si les deux corps sont dissous dans l'alcool absolu, et que la quantité de potasse soit juste celle qui est nécessaire pour saturer la moitié de l'acide oxalique contenu dans l'éther, il se précipite des lamelles cristallines d'*oxalovinate de potasse*, soluble dans l'eau et presque insoluble dans l'alcool absolu.

En versant de l'éther oxalique goutte à goutte dans de l'alcool absolu saturé de gaz *ammoniac*, on obtient, si l'on évapore, de l'*oxaméthane* en cristaux feuilletés, d'un aspect gras, fusibles à 100°, volatils à 220°, solubles dans l'eau et dans l'alcool. Ce corps semble constituer un éther formé par l'acide oxamique et par l'éther ordinaire ; sa formule serait

$$\underset{\text{Éther ordinaire.}}{\underline{H^5C^4O}}, \underset{\text{Acide oxamique.}}{\underline{C^2O^2 H^2 Az C^2O^3}}.$$ Si l'on verse de l'éther oxalique dans une dissolution aqueuse d'ammoniaque, on obtient facilement de l'*oxamide* (voy. ce mot).

Préparation. On distille dans une cornue, à la température de 140°, 1 partie d'acide oxalique desséché à 100°, C^2O^3HO, avec 6 parties d'alcool absolu ; on verse dans la cornue le produit recueilli dans le récipient, et on distille de nouveau à 160°; on traite par l'eau la matière qui reste dans la cornue ; l'éther oxalique se précipite ; on le lave à plusieurs reprises avec de l'eau, puis on le distille sur de la litharge (protoxyde de plomb), qui s'empare de l'acide oxalique libre ; le liquide volatilisé, laissé pendant quelque temps sur du chlorure de calcium, constitue l'éther oxalique. Cet éther a été découvert par M. Thénard.

De l'éther citrique. $3H^5C^4O, H^5C^{12}O^{11}$.

Il est huileux, d'une saveur amère désagréable, d'une densité de 1,142. Il bout à 283°, et se décompose en partie. On l'obtient en faisant bouillir

90 parties d'acide citrique cristallisé, 100 parties d'alcool, et 50 parties d'acide sulfurique concentré ; lorsqu'il commence à se dégager de l'éther, on ajoute de l'eau, et l'éther citrique se précipite. Il contient trois équivalents de base, comme les citrates. Il a été découvert par M. Thénard.

De l'éther tartrique. H^5C^4O, $H^4C^8O^{10}$.

Il est sous forme d'un liquide sirupeux, d'une couleur brune, d'une saveur amère, légèrement nauséabonde ; il est inodore, sans action sur l'*infusum* de tournesol, très-soluble dans l'eau et dans l'alcool. Soumis à la distillation, il se décompose, répand des fumées épaisses, d'une odeur alliacée, et laisse un résidu charbonneux qui contient beaucoup de sulfate de potasse et qui n'est pas alcalin. Il agit sur la potasse comme l'éther oxalique. Il contient presque toujours du sulfate de potasse qui s'est formé pendant sa préparation. Il n'a point d'usages. Sa découverte est encore due à M. Thénard.

Préparation. On emploie pour l'obtenir les mêmes proportions d'alcool et d'acide que pour l'éther citrique, excepté que l'on substitue l'acide tartrique à l'acide citrique ; on distille le mélange comme pour l'éther citrique ; mais, au lieu de verser de l'eau dans le résidu, on y ajoute peu à peu de la potasse ; il se précipite du bitartrate de potasse : lorsque la liqueur est saturée par l'alcali, on la décante, on l'évapore, et on la traite à froid par de l'alcool très-concentré ; le *solutum* alcoolique fournit par l'évaporation une matière sirupeuse épaisse, qui est l'*éther tartrique.* Ce corps constitue-t-il un véritable éther, et ne serait-il pas plutôt une combinaison d'alcool et d'acide tartrique ?

De l'éther mucique. H^5C^4O, $H^8C^6O^7$.

Il est sous forme de cristaux aiguillés, fusibles vers 140°, et décomposables à 170°. Il est soluble dans l'eau et l'alcool bouillants, d'où il se sépare presque en entier par le refroidissement. On l'obtient en dissolvant à chaud 1 partie d'acide mucique dans 4 parties d'acide sulfurique, en laissant refroidir la liqueur et en y ajoutant 4 parties d'alcool ; au bout de quelque temps, l'éther mucique se dépose ; on le purifie en le dissolvant dans l'alcool bouillant.

De l'éther lactique. H^5C^4O, $\dfrac{H^3C^6O^5}{\text{A. lactique.}}$

Il est liquide, incolore, odorant, d'une densité de 0,866, bouillant à

77°, soluble dans l'eau, l'alcool et l'éther. Les alcalis le transforment en alcool et en acide lactique. On l'obtient en distillant 2 parties de lactate de chaux anhydre, 2 parties d'alcool anhydre, et 2 d'acide sulfurique concentré.

De l'éther salicylique. H^5C^4O, $H^5C^{14}O^5$.

Il se combine avec les bases. Il donne de la *salicylamide* avec l'ammoniaque; avec le *chlore* et le *brome,* il fournit des éthers chlorés et bromés. On l'obtient en distillant 2 parties d'alcool absolu, 1 et demie d'acide salicylique, et 1 d'acide sulfurique concentré.

Des éthers cyaniques.

M. Wurtz a obtenu trois éthers cyaniques :
L'éther *méthylcyanique,* ou le cyanate d'oxyde de méthyle,

$$H^3C^2O, \quad C^2AzO = H^3C^4AzO^2.$$

L'éther *cyanique,*

$$H^5C^4O, \quad C^2AzO = H^5C^6AzO^2.$$

L'éther *amylcyanique,* ou le cyanate d'oxyde d'amyle,

$$H^{11}C^{10}O, \quad C^2AzO = H^{11}C^{12}AzO^2.$$

Ces éthers se forment conjointement avec les éthers cyanuriques, par la distillation d'un mélange de cyanate de potasse et de sulfométhylate, de sulfovinate ou de sulfamylate de potasse. Ce sont des liquides volatils, doués d'une odeur très-irritante, et ayant beaucoup d'analogie avec celle du chlorure de cyanogène.

Par l'ensemble de leurs propriétés chimiques, ils tendent à s'éloigner des éthers composés, dont ils se rapprochent par leur composition.

Ils présentent d'ailleurs tant d'analogie entre eux, qu'il suffit d'en décrire un, l'éther cyanique ordinaire par exemple, pour déduire immédiatement les propriétés des autres.

De l'éther cyanique. $H^5C^6AzO^2$.

On le prépare en distillant du cyanate de potasse avec du sulfovinate de potasse :

$$\underset{\text{Cyanate de potasse.}}{\underline{KO, C^2AzO}}, \quad \underset{\text{Sulfovinate de potasse.}}{\underline{KO, H^5C^4O, 2SO^3}} = \underset{\text{Sulfate de potasse.}}{\underline{2KO, SO^3}}, \quad \underset{\text{Éther cyanique.}}{\underline{C^2AzO, H^5C^4O}}$$

Le produit de la distillation est un mélange d'éther cyanique avec son isomère, l'éther cyanurique. Pour séparer ces deux éthers, il suffit de rectifier au bain-marie le liquide obtenu ; l'éther cyanique passe à la distillation entre 60° et 70°, tandis que son isomère, l'éther cyanurique, ne se volatilise qu'à une température beaucoup plus élevée.

L'éther cyanique est un liquide incolore, qui se colore à l'air au bout de quelques jours, d'une odeur extrêmement irritante qui provoque au plus haut degré le larmoiement et une toux convulsive, plus pesant que l'eau, et très-réfringent. Il offre trois propriétés chimiques remarquables. Les alcalis le dédoublent, avec le concours de l'eau, en acide carbonique et en *éthylamine :*

$$\underset{\text{Potasse.}}{2\,KO} \,,\ \underset{\text{Éther cyanique.}}{H^5C^6AzO^2} \,,\ \underset{\text{Eau.}}{2\,HO} = \underset{\text{Carb. de potasse.}}{2\,KO,\,CO^2} \,,\ \underset{\text{Éthylamine.}}{H^7C^4Az}$$

L'ammoniaque le dissout à l'instant même, et le transforme en *éthylurée :*

$$\underset{\text{Ammoniaque.}}{H^3Az} \,,\ \underset{\text{Éther cyanique.}}{H^5C^6AzO^2} = \underset{\text{Éthylurée.}}{H^8C^6A^2O^2}$$

L'eau pure le décompose en acide carbonique et en *biéthylurée :*

$$\underset{\text{Éther cyanique.}}{2\,H^5C^6AzO^2} \,,\ \underset{\text{Eau.}}{2\,HO} = \underset{\text{Acide carbonique.}}{2\,CO^2} \,,\ \underset{\text{Biéthylurée.}}{H^{12}C^{10}A^2O^2}$$

Des éthers cyanuriques.

Ces éthers, au nombre de trois, sont polymériques avec les éthers cyaniques. Une molécule d'éther cyanique se triple pour constituer une molécule d'éther cyanurique.

$$\underset{\substack{\text{3 molécules d'éther}\\\text{méthylcyanique.}}}{3\,H^3C^4AzO^2} = \underset{\substack{\text{1 molécule d'éther}\\\text{métylcyanurique.}}}{H^9C^{12}Az^3O^6} = C^6Az^3O^3 \begin{cases} H^5C^2O \\ H^5C^2O \\ H^5C^2O \end{cases}$$

$$\underset{\substack{\text{3 molécules d'éther}\\\text{cyanique.}}}{3\,H^5C^6AzO^2} = \underset{\substack{\text{1 molécule d'éther}\\\text{cyanurique.}}}{H^{15}C^{18}Az^3O^6} = C^6Az^3O^3 \begin{cases} H^5C^4O \\ H^5C^4O \\ H^5C^4O \end{cases}$$

$$\underset{\substack{\text{3 molécules d'éther}\\\text{amylcyanique.}}}{3\,H^{11}C^{12}AzO^2} = \underset{\substack{\text{1 molécule d'éther}\\\text{amylcyanurique.}}}{H^{33}C^{36}Az^3O^6} = C^6Az^3O^3 \begin{cases} H^{11}C^{10}O \\ H^{11}C^{10}O \\ H^{11}C^{10}O \end{cases}$$

La troisième colonne de formules exprime la constitution des éthers cyanuriques. On voit qu'une molécule d'acide cyanurique tribasique, $C^6Az^3O^3$, se combine à trois molécules d'un éther simple, pour constituer les éthers cyanuriques composés.

Ces éthers se distinguent des éthers cyaniques par leurs propriétés physiques et par leurs caractères chimiques. Ils sont solides, cristallisables, volatils à une très-haute température. Ils sont insolubles dans l'eau, qui ne les altère pas, solubles dans l'alcool et l'éther. L'ammoniaque est sans action sur eux. La potasse les dédouble, comme cela a lieu pour les éthers cyanyques.

De l'éther nitrobenzoïque. $H^5C^4O, H^5C^{14}AzO^4O^5$.

Il est en cristaux incolores, fusibles à 47° et bouillant vers 300. On l'obtient en faisant passer un courant de gaz acide chlorhydrique à travers une dissolution alcoolique d'acide nitrobenzoïque (voy. *Acide nitrobenzoïque*).

De l'éther cinnamique. $H^5C^4O, H^7C^{18}O^3$.

Il est liquidé, d'une densité de 1,26 à 0"; il bout à 162°. L'acide azotique le transforme en éther *nitrocinnamique*.

De l'éther cuminique. $H^5C^4O, \dfrac{H^{11}C^{20}O^3}{\text{A. cuminique.}}$

Il est liquide, incolore, plus léger que l'eau, d'une odeur de pomme de reinette. Il bout à 240°; sa vapeur brûle avec une flamme bleuâtre. Il est insoluble dans l'eau, soluble dans l'alcool et l'éther. On l'obtient en faisant passer un courant de gaz acide chlorhydrique sec à travers une dissolution d'acide cuminique dans l'alcool anhydre.

De l'éther tholuïque. $H^5C^4O, \dfrac{H^7C^{16}O^3}{\text{A. tholuïque.}}$

Il est liquide, aromatique, d'une saveur légèrement amère, bouillant à 228°. On l'obtient en faisant passer un courant de gaz acide chlorhydrique à travers une dissolution d'acide toluïque dans l'alcool vinique.

De l'éther nitrotholuïque. $H^5C^4O, \dfrac{H^6C^{16}, AzO^4O^3}{\text{A. nitrotholuïque.}}$

Il est solide, cristallisable, d'un jaune clair et d'une odeur agréable.

De l'éther anisique. $H^5C^4O, \dfrac{H^7C^{16}O^5}{\text{A. anisique.}}$

Il est liquide, incolore, d'une odeur d'anis, d'une saveur chaude et aromatique, plus dense que l'eau, bouillant à 255°, insoluble dans l'eau, soluble dans l'alcool et l'éther. On l'obtient en faisant passer du gaz acide chlorhydrique à travers une dissolution d'acide anisique dans l'alcool absolu.

De l'éther phénique (salithol). $H^5C^4O, \dfrac{H^5C^{12}O}{\text{A. phénique.}}$

Il est incolore, d'une odeur aromatique agréable, bouillant à 173°, insoluble dans l'eau, soluble dans l'alcool et l'éther. Le brome forme avec lui le salithol mono, bi et tribromé; ce dernier est représenté par $H^5 C^4 O, H^2 C^{12} Br^3 O$. L'acide azotique fumant et bouillant le transforme en binitrosalithol ou *phénetol binitrique*, lequel, traité par un courant d'acide sulfhydrique et d'ammoniaque, donne la *phénétidine* nitrée, $H^{10} C^{16} Az^2 O^6$.

De l'éther œnanthique. $H^5C^4O, \dfrac{H^{13}C^{14}O^2}{\text{A. œnanthique.}}$ (de οἶνος, vin, ἄνθος, fleur).

Il existe dans le vin, constituant l'huile essentielle à laquelle on attribue en grande partie le *bouquet des vins;* mais tout porte à croire qu'il se produit pendant la fermentation du raisin, puisque celui-ci n'en renferme pas. Il est liquide, incolore, d'une odeur de vin, d'une saveur âcre désagréable, d'une densité de 0,862, bouillant à 230°, insoluble dans l'eau, soluble dans l'alcool et l'éther. La potasse le transforme en alcool et en œnanthate de potasse. On l'obtient en distillant le vin et en recueillant l'huile qui passe à la fin, et qui contient cet éther et de l'acide œnanthique; on agite cette huile avec du carbonate de soude, qui dissout l'acide œnanthique; on fait bouillir pour que l'éther vienne à la surface; on décante; on soumet l'éther décanté à l'action du carbonate de soude; on dessèche sur du chlorure de calcium l'éther qui est venu de nouveau à la surface et on le distille.

Acide œnanthique, $H^{13} C^{14} O^2, HO.$ — Il est incolore, d'une consistance butyreuse, inodore, insipide, rougissant le tournesol, bouillant entre 260° et 295°; si on le distille, il donne de l'eau et de l'acide hydraté, et plus tard de l'acide anhydre. Il est très-soluble dans l'alcool, dans l'éther et dans les alcalis caustiques et carbonatés. On l'obtient en chauffant l'éther œnanthique avec une dissolution concentrée de potasse ou de soude ; il se dégage de l'alcool, et il se produit un œnanthate que l'on décompose par l'acide sulfurique étendu ; l'acide œnanthique est séparé sous forme d'une couche huileuse qu'il suffit de laver avec de l'eau chaude et de dessécher dans le vide ou à l'aide de chlorure de calcium.

De l'éther camphorique. $2\,H^5C^4O,\ \dfrac{H^{14}C^{20}O^6}{\text{A. camphorique.}}$

Il est liquide, d'une consistance huileuse, d'une odeur légèrement ambrée, d'une saveur amère, d'une densité de **1,029**. Il bout à **285°**. On l'obtient en distillant l'acide camphovinique.

De l'éther indigotique. $H^5C^4O,\ \dfrac{H^4C^{14}AzO^4,\ O^5,\ H}{\text{Acide indigotique.}}$

On l'obtient en traitant l'éther salicylique par l'acide azotique fumant. Il est en aiguilles jaunâtres, solubles à froid dans la potasse et la soude caustiques, qui, à la température de l'ébullition, le transforment en alcool et en acide indigotique.

De l'éther allophanique.

Il est solide, cristallin, incolore, inodore, insipide, insoluble dans l'eau froide, soluble dans l'eau et dans l'alcool bouillants. Traité à froid par l'eau de baryte, il donne de l'allophanate de baryte et de l'alcool. Il n'a point d'usages.

De l'éther lécanorique. $2H^5C^4O,\ \dfrac{H^{14}C^{32}O^{14}}{\text{A. lécanorique.}}$

Il est solide, fusible, et peut être sublimé ; il est neutre, très-soluble dans l'alcool et l'éther. Les alcalis le transforment en alcool et en *orcine*. On l'obtient en chauffant l'alcool et l'acide lécanorique.

De l'éther érythrique. $H^5C^4O,3\,HO,\ \dfrac{H^{15}C^{34}O^{11}}{\text{A. érythrique.}}$

Il est en aiguilles cristallines, solubles dans l'eau bouillante. On l'obtient en faisant bouillir l'alcool vinique absolu avec l'acide érythrique.

DES ÉTHERS GRAS.

Ces éthers sont les éthers stéarique, margarique, oléique, sébacique, subérique, succinique, élaïdique, œnanthylique, palmique, laurostéarique, butyrique, cérotique, myristique, anamyrtique, acrilique, caproïque, caprylique et ricinéolique.

De l'éther stéarique. $H^5C^4O, HO \dfrac{H^{66}C^{68}O^5}{\text{A. stéarique.}}$

Il est solide, cristallisable, incolore, fusible à 30°, décomposable par les alcalis hydratés en alcool et en acide stéarique. On peut le considérer comme un stéarate d'éther vinique et d'eau.

De l'éther margarique. $H^5C^4O, \dfrac{H^{33}C^{34}O^3}{\text{A. margarique.}}$

Il est cristallisable, fusible à 22°, décomposable par la chaleur et par les alcalis hydratés ; ceux-ci le transforment en alcool et en acide margarique.

De l'éther oléique. $H^5C^4O, \dfrac{H^{33}C^{36}O^3}{\text{A. oléique.}}.$

Il est liquide, décomposable par la chaleur, insoluble dans l'eau. Mêlé avec de l'azotate de mercure préparé à froid et de l'acide hypoazotique, il se convertit en éther élaïdique. Il est préféré aux huiles pour le foulage des laines. Il sert à préparer des savons mous ou durs.

De l'éther sébacique. $H^5C^4O, \dfrac{H^8C^{10}O^3}{\text{A. sébacique.}}$

Il est oléagineux, d'une odeur agréable, analogue à celle du melon, plus léger que l'eau, volatil, et se solidifie à — 9°.

De l'éther subérique. $H^5C^4O, \dfrac{H^6C^8O^3}{\text{A. subérique.}}$

Il est liquide, incolore, bouillant à 260°, et peut former avec le chlore un éther subérique chloré.

De l'éther succinique. $2H^5C^4O, HO, \dfrac{H^3C^8O^5}{\text{A. succinique.}}$

Il est liquide, d'une saveur brûlante, d'une odeur aromatique, bouillant à 215°, donnant avec le chlore deux éthers, l'un bichloré et l'autre perchloré.

De l'éther succinique perchloré. $2C^4Cl^5O, HO, C^8Cl^3O^5.$

On obtient cet éther en soumettant à l'action d'un excès de chlore, sous l'influence directe des rayons solaires, l'éther succinique bichloré, $2H^5C^4O, HO, HCl^2C^8O^5$; il se dégage beaucoup d'acide chlorhydrique, et il se dépose de l'éther perchloré sous forme d'une masse blanche cristalline.

Cet éther est décomposé par l'alcool et donne de l'acide chlorhydrique et trois éthers, qui sont les éthers carbonique, chloracétique et *chlorosuccique*. M. Malagutti propose de considérer l'éther succinique perchloré comme un composé d'éther chlorocarbonique et de *chlorosuccide*, $HC^6Cl^3O^2$.

Acide chlorosuccique, $H^2O^3Cl^3C^6, HO.$—On l'obtient en traitant par un acide le produit de l'action de la potasse sur l'éther succinique perchloré. Il est cristallin, incolore, d'une saveur acide, inaltérable à l'air; il répand des fumées blanches à 175°; l'azotate d'argent est précipité en un magma cristallin peu altérable à la lumière par une dissolution concentrée d'acide chlorosuccique. En décomposant le chlorosuccate d'ammoniaque par l'eau et par un excès d'ammoniaque à chaud, on obtient la *chlorosuccilamide,* $H^4C^3Cl^4AzO^2$.

Acide chlorazosuccique.—Si, après avoir fait agir de l'ammoniaque sur l'éther succinique perchloré, on verse un acide dans les eaux mères d'où l'on a précipité la chloracétamide, on obtient l'acide *chlorazosuccique*. Il cristallise en prismes à quatre pans, à peine solubles dans l'eau, très-solubles dans l'alcool et l'éther, fusibles dans l'eau entre 83° et 85°.

De l'éther élaïdique. $H^5C^4O, HO, \dfrac{H^{66}C^{72}O^5}{\text{A. élaïdique.}}$

Il est liquide, incolore, inodore, plus léger que l'eau, qui ne le dissout pas, moins soluble dans l'alcool que dans l'éther, se décomposant lorsqu'on cherche à le volatiliser.

De l'éther œnanthylique. H^5C^4O, $\dfrac{H^{13}C^{14}O^3}{\text{A. œnanthylique.}}$

Il est liquide, d'une odeur agréable, analogue à celle de la nitrobenzine, plus léger que l'eau, cristallisant confusément à—20°, soluble dans l'alcool vinique et méthylique, et dans l'éther. Il est volatil. On peut l'obtenir anhydre.

De l'éther palmique. H^5C^4O, $\dfrac{H^{32}C^{34}O^5}{\text{A. palmique.}}$

Il est sous forme de cristaux fusibles à 16°,5, presque insolubles dans l'eau et très-solubles dans l'alcool.

De l'éther laurostéarique. H^5C^4O, $\dfrac{H^{23}C^{24}O^3}{\text{A. laurostéarique.}}$

Il ressemble à une huile, d'une saveur fade, d'une odeur de fruit, d'une densité de 0,65 à+20° ; il cristallise à—10°, et distille à 264°.

De l'éther butyrique. H^5C^4O, $\dfrac{H^7C^8O^3}{\text{A. butyrique.}}$

Il est liquide, incolore, d'une odeur d'ananas, bouillant à 110°, très-inflammable, à peine soluble dans l'eau, très-soluble dans l'alcool vinique et méthylique. On l'obtient en chauffant de l'acide butyrique avec de l'alcool, ou bien en mêlant 100 parties d'alcool, 100 d'acide butyrique, et 50 d'acide sulfurique concentré ou étendu de plus de son poids d'eau.

De l'éther caproïque. H^5C^4O, $\dfrac{H^{11}C^{12}O^3}{\text{A. caproïque.}}$

Il est liquide et volatil.

De l'éther cérotique. H^5C^4O, $\dfrac{H^{53}C^{54}O^3}{\text{A. cérotique.}}$

Il est solide, et fond entre 59° et 60°.

De l'éther myristique. H^5C^4O, $\dfrac{H^{27}C^{28}O^3}{\text{A. myristique.}}$

Il est liquide, huileux, incolore ou légèrement jaunâtre, d'une densité de 0,864, très-soluble dans l'alcool et l'éther chauds.

De l'éther anamirtique. $H^5C^4O, \dfrac{H^{34}C^{35}O^3}{\text{A. anamirtique.}}$

Il est volatil, décomposable pourtant en partie lorsqu'on cherche à le distiller.

Préparation des éthers gras, celui de l'acide butyrique excepté. On sature de gaz chlorhydrique l'alcool absolu contenant l'acide que l'on veut éthérifier. On chauffe légèrement le mélange et on l'agite avec de l'eau chaude ; l'éther gras se sépare.

Il existe encore quelques éthers gras moins connus que l'on peut obtenir par d'autres procédés : ce sont les éthers *acrilique*, d'une odeur de raifort, bouillant à 65° ; *caprylique*, $H^5C^4O, H^{15}C^{16}O^3$; l'éther *riciniloïque*, *orsellinique*, $H^5C^4O, H^7C^{16}O^7$; *évernique*, $H^5C^4O, H^9C^{18}O^7$; *adipique*, $2H^5C^4O, H^8C^{12}O^6$; *palmitique*, $H^5C^4O, H^{62}C^{64}O^6$.

DES ÉTHERS COMPOSÉS ACIDES OU DES ACIDES VINIQUES.

Ces éthers sont en général composés d'un équivalent d'éther ordinaire, H^5C^4O, et de 2 équivalents d'acide ; l'acide phosphovinique ne contient toutefois qu'un équivalent d'acide. Ils saturent bien les bases, à l'instar des acides énergiques, et donnent des sels cristallisables ; c'est pour cela qu'on les désigne sous le nom d'*acides viniques*. Quand on les traite par les alcalis bouillants, les acides qu'ils renferment se combinent avec ces alcalis, et l'éther, H^5C^4O, mis à nu, s'unit à 1 équivalent d'eau, et donne de l'alcool, $H^6C^4O^2$. Les principaux éthers de ces groupes sont les acides *sulfovinique, phosphovinique, carbovinique, oxalovinique, sulfocarbovinique,* ou acide *xanthique*. On a encore rangé dans les éthers composés acides les acides *arséniovinique, tartrovinique, paratartrovinique, sulfoxyphosphovinique, chloroxalovinique, éthérophosphoreux,* etc. Je ne parlerai que des cinq premiers. On remarquera que *parmi les acides* il en est qui forment avec l'alcool : 1° des éthers *neutres* contenant 1 équivalent de ces acides, et des éthers *acides* en renfermant 2 équivalents : tel est l'*acide oxalique*, qui produit l'éther neutre, H^5C^4O, C^2O^3, et l'éther acide, $H^5C^4O, 2C^2O^3$; tel est aussi l'*acide carbonique*, qui donne un éther neutre, H^5C^4O, CO^2, et un éther acide, $H^5C^4O, 2CO^2$. 2° Des éthers qui sont toujours *neutres* ; ainsi les acides azotique, acétique, etc., ne donnent jamais avec l'alcool des acides viniques.

De l'acide sulfovinique (*éther vinique*). $H^5C^4O, HO, 2SO^5$.

Il est sous forme d'un liquide sirupeux, incristallisable; il rougit le tournesol; il se décompose à la température ordinaire, à plus forte raison, à la température de l'ébullition, en acide sulfurique, en alcool et en éther. Si on le chauffe plus fortement, il donne de l'éther, de l'acide sulfureux et de l'*huile de vin*. *Il ne précipite pas les sels de baryte*, ce qui prouve que l'acide sulfurique est complétement masqué et retenu par l'éther. Tous les sulfovinates sont solubles dans l'eau, et la plupart cristallisent facilement; il en est qui sont anhydres. Si on fait bouillir leurs dissolutions aqueuses, elles fournissent de l'acide sulfurique, un sulfate métallique, de l'alcool, $H^6C^4O^2$, et de l'éther, H^5C^4O. Si l'on chauffe ceux qui sont anhydres, on obtient de l'*huile douce de vin*. La composition des sulfovinates est telle, qu'on peut tous les représenter par 1 équivalent de base, 1 équivalent d'éther ordinaire, 2 équivalents d'acide sulfurique, et 2 ou 4 équivalents d'eau, s'ils sont hydratés; ainsi :

Sulfovinate de potasse cristallisé. . . $= KO, H^5C^4O, 2SO^5$
Sulfovinate de chaux cristallisé. . . . $= CaO, H^5C^4O, 2SO^5, 2HO$
Sulfovinate de cuivre cristallisé. . . $= CuO, H^5C^4O, 2SO^5, 4RO$

Les sulfovinates *anhydres* peuvent être considérés comme des sulfates doubles de la base et d'éther ordinaire, H^5C^4O.

Préparation. Pour obtenir l'acide sulfovinique, on verse goutte à goutte de l'acide sulfurique dans du sulfovinate de baryte dissous, jusqu'à ce qu'il ne se forme plus de précipité; on filtre la liqueur acide, et on la fait évaporer jusqu'en consistance de sirop dans un endroit frais, sous le récipient de la machine pneumatique. On prépare le sulfovinate de baryte en chauffant à 70° un mélange de 1 partie d'alcool absolu et de 2 parties d'acide sulfurique concentré; il se forme de l'acide *sulfovinique*; pour éviter l'élévation de température, on verse l'alcool petit à petit, et l'on refroidit la liqueur si elle s'échauffe trop. On sature par du carbonate de baryte le liquide dans le vide, jusqu'à ce que le sulfovinate de baryte ait cristallisé en belles lames incolores. Dans cette opération, 2 équivalents d'acide anhydre se combinent avec l'équivalent d'alcool, et forment l'acide *sulfovinique* $= H^6C^4O^2, 2SO^3$, ou bien $H^5C^4O, HO, 2SO^3$.

De l'acide éthionique. $H^5C^4O, 4SO^3$.

. Cet acide est le résultat de l'action de l'acide sulfurique anhydre sur le bicarbure d'hydrogène gazeux (voy. t. I, p. 251), ou sur l'alcool (voy. p. 133), ou sur l'éther vinique anhydre. Il est peu stable. Si on le fait bouillir dans l'eau, il donne de l'alcool, de l'acide *iséthionique*, $H^5C^4O, 2SO^3$, et une partie de l'acide sulfurique se trouve éliminée. Il fournit avec la plupart des bases des sels cristallisables. L'œthionate de baryte contient 2 équivalents de base, est soluble dans l'eau et insoluble dans l'alcool.

Préparation. On commence par obtenir du *sulfate de carbyle*. Pour cela, on fait arriver simultanément dans un tube en U du bicarbure d'hydrogène gazeux et des vapeurs d'acide sulfurique anhydre ; il y a élévation de température, et production de ce sulfate sous forme d'une masse cristalline rayonnée que l'on purifie en la laissant pendant plusieurs jours dans le vide, au-dessus d'une capsule renfermant des morceaux de potasse caustique, qui absorbe l'excès de l'acide sulfurique anhydre. Il suffit, pour avoir l'acide *éthionique*, de faire absorber lentement l'humidité atmosphérique au *sulfate de carbyle* obtenu.

De l'acide iséthionique. $H^5C^4O, 2SO^3$.

Il est le résultat de l'action de l'eau chaude sur le sulfate de carbyle, ou de l'ébullition de l'acide éthionique dans l'eau. Il est isomère de l'acide sulfovinique, dont il diffère cependant, surtout par sa plus grande stabilité. Il est liquide, visqueux, très-acide, très-soluble dans l'alcool et l'éther. Il peut être chauffé sans s'altérer jusqu'à 150° ; mais au delà il est détruit. On peut faire bouillir indéfiniment sa dissolution aqueuse, sans qu'elle se décompose. Les iséthionates supportent une température de 2 à 300° sans s'altérer, tandis qu'il n'en est pas ainsi des sulfovinates.

De l'huile de vin.

Pendant la préparation de l'éther ordinaire, H^5C^4O, et surtout lorsqu'on traite l'alcool par un grand excès d'acide sulfurique, ou que l'on chauffe des *sulfovinates*, il se forme une *huile de vin pesante*, $H^9C^8O, 2SO^3$. laquelle, par l'action de l'eau chaude, et mieux encore par l'action d'une liqueur alcaline, se transforme en acide sulfovinique et en une *huile légère*, H^4C^4.

$$\underset{\text{Huile pesante.}}{H^9C^8O, 2\,SO^3} = \underset{\text{A. sulfovinique.}}{H^5C^4O, 2\,SO^3} , \underset{\text{Huile légère.}}{H^4C^4}$$

L'huile de vin pesante est très-lourde, d'une odeur aromatique agréable, soluble dans l'éther, d'où elle peut être séparée par l'eau. J'ai déjà dit comment elle se comporte avec l'eau chaude et les alcalis. Elle est le résultat de l'action à chaud d'une partie d'alcool absolu sur 2 parties $\frac{1}{2}$ d'acide sulfurique concentré.

L'huile de vin légère ne bout qu'à 280°; abandonnée à elle-même pendant quelque temps, elle laisse déposer des cristaux que l'on a désignés sous le nom d'*éthérine;* le liquide qui les surnage constitue l'*éthérole;* les cristaux fondent à 110°, et distillent à 260°. On voit que l'huile de vin légère peut être considérée comme étant formée de deux carbures.

De l'acide phosphovinique. $H^5C^4O, 2HO, PhO^5$.

Il peut être obtenu cristallisé, s'il a été évaporé à une basse température sous le récipient de la machine pneumatique; il rougit fortement le tournesol. Il est soluble dans l'eau; la dissolution étendue ne se décompose pas quand on la fait bouillir; si elle est concentrée, elle se transforme en acide phosphorique, en alcool, en éther, et en huile douce de vin. Tous les phosphovinates sont solubles dans l'eau. Ils sont formés de 2 équivalents de base, de 1 d'éther ordinaire et de 1 d'acide : ainsi le phosphovinate de baryte *anhydre* a pour formule $2\,BaO, H^5C^4O, PhO^5$; d'où il suit qu'il présente la composition des phosphates tribasiques, en admettant que l'éther joue le rôle d'un équivalent de base. Le même phosphovinate cristallisé contient 12 équivalents d'eau de cristallisation, qu'il perd par l'action de la chaleur.

Préparation. On obtient l'acide phosphovinique en décomposant le phosphovinate de baryte dissous dans l'eau par l'acide sulfurique, comme je l'ai dit en parlant de la préparation de l'acide sulfovinique; il faut que le phosphovinate ait été dissous à la température de 40°, point où sa solubilité est la plus grande; à cette température, 100 parties d'eau dissolvent 9,3 parties de sel. Pour préparer le phosphovinate de baryte, on chauffe pendant quelque temps à 80° parties égales d'alcool absolu et d'acide phosphorique sirupeux; il se forme de l'acide phosphovinique;

le lendemain, on étend la liqueur d'eau, et on la sature par du carbonate de baryte, qui donne du phosphate de baryte insoluble et du phosphovinate soluble.

Suivant M. Wœgeli, on peut obtenir un acide *phosphobivinique*, $2H^5C^4O, HO, PhO^5$, en traitant sous une cloche l'acide phosphorique *anhydre* par l'éther ordinaire en vapeurs.

De l'acide carbovinique. $H^5C^4O, HO, 2CO^2$.

Cet éther est peu connu ; on a particulièrement étudié quelques-unes des combinaisons qu'il forme avec les bases ; ainsi on a obtenu du carbovinate de potasse sec $= KO, H^5C^4O, 2CO^2$, en paillettes blanches, nacrées, grasses au toucher, d'où l'on a retiré l'acide carbovinique au moyen de l'acide hydrofluosilicique. Pour préparer ce *carbovinate*, on fait passer un excès de gaz acide carbonique à travers une dissolution concentrée de potasse caustique dans l'alcool *anhydre* ; il se forme du *carbovinate*, du carbonate et du bicarbonate de potasse ; le premier de ces sels est séparé à l'aide de l'alcool *absolu*, qui le dissout, sans toucher aux deux autres.

De l'acide oxalovinique. $H^5C^4O, HO, 2C^2O^5$.

Cet éther n'est guère plus connu que le précédent. J'ai dit, en parlant de l'éther oxalique (voy. p. 169), comment on obtenait l'*oxalovinate de potasse* $= KO, H^5C^4O, 2C^2O^3$. Si l'on décompose ce sel par l'acide hydrofluosilicique, on obtient l'acide oxalovinique, peu stable, supportant cependant une température de 100° sans se décomposer. Les oxalovinates sont en général solubles dans l'eau.

De l'acide sulfocarbovinique. $H^5C^4O, 2CS^2$ (*acide xanthique*).

J'ai déjà dit, en parlant de l'action du sulfure de carbone sur une dissolution de potasse dans l'alcool absolu (voy. p. 131), comment on obtenait du *xanthate de potasse*. Si l'on décompose ce sel dissous, en y versant de l'acide sulfurique ou de l'acide chlorhydrique, il se précipite une huile incolore, qui, étant lavée à plusieurs reprises avec de l'eau, constitue l'acide *sulfocarbovinique* ou *xanthique*, ainsi nommé par Zeize, qui l'a découvert en 1822, et qui lui a donné ce nom à cause de la propriété qu'il a de former des sels jaunes avec beaucoup d'oxydes métalliques (de ξανθὸς, jaune).

§ II. — ACTION DES CORPS OXYDANTS SUR L'ALCOOL VINIQUE ET SUR L'ÉTHER ORDINAIRE (voy. p. 142).

Si les corps oxydants sont très-énergiques, l'alcool et l'éther sont transformés en eau et en acide carbonique ; s'ils le sont moins, ils sont changés en acide acétique et en 2 équivalents d'eau.

$$\underset{\text{Alcool.}}{H^6C^4O^2} , \underset{\text{Oxygène.}}{40} = \underset{\text{Acide acétique.}}{H^3C^4O^3, HO} , \underset{\text{Eau.}}{2HO}$$

$$\underset{\text{Éther.}}{H^5C^4O} , HO, 40 = \underset{\text{Acide acétique.}}{H^3C^4O^3, HO} , \underset{\text{Eau.}}{2HO}$$

Si les corps oxydants agissent encore avec moins d'énergie, il ne se forme qu'un équivalent d'eau, et il se produit de l'aldéhyde, $H^4C^4O^2$.

De l'acide acétique (voy. la classe des *acides*).

De l'aldéhyde. $H^4C^4O^2$ (étymol. *alcool deshydrogéné*).

L'aldéhyde est liquide, incolore, transparent, d'une odeur éthérée suffocante, d'une densité de 0,790 à 18°, sans action sur les couleurs végétales. La densité de sa vapeur est 1,479. Il bout à 21°,8. Il brûle à l'air avec une flamme blanche pâle. L'eau, l'alcool et l'éther, le dissolvent en toutes proportions. Il dissout le phosphore, le soufre et l'iode. Le chlore et le brome le transforment en *chloral* et en *bromal* (voyez *Alcool*, p. 131).

Exposé à l'*air*, l'aldéhyde en absorbe l'*oxygène*, surtout en présence de l'eau, et passe à l'état d'acide *acéteux*, $H^3C^4O^2$. HO, s'il n'a pris qu'un équivalent de ce gaz, et à l'état d'acide acétique, $H^3C^4O^3$, s'il en a pris 2. L'acide acéteux a reçu le nom d'*acide lampique*, lorsqu'il prend naissance en faisant brûler incomplétement la vapeur d'alcool sous l'influence de la mousse de platine ou d'autres corps divisés. Tous les corps oxydants produisent le même effet que l'air : ainsi l'azotate d'oxyde d'argent cède l'oxygène de l'oxyde, et l'argent métallique est mis à nu ; ce réactif sert à reconnaître de très-petites quantités d'aldéhyde.

Les acides sulfurique et azotique, en très-petites proportions, mis en contact au-dessous de zéro avec l'aldéhyde étendu de la moitié de son volume d'eau, fournissent des aiguilles de *métaldéhyde* de la modification insoluble ; le liquide surnageant contient un nouvel isomère de l'aldéhyde, $H^{12}C^{12}O^6$. L'acide sulfhydrique, l'eau et l'aldéhyde, donnent une huile d'une odeur d'ail, bouillant à 180° $= H^{13}C^{12}S^7$.

Les alcalis décomposent l'aldéhyde et le transforment en une matière résineuse brune.

Weidenbusch dit avoir obtenu avec la potasse du formiate, de l'acétate, et peut-être de l'aldéhydate de potasse, ainsi qu'une huile particulière et une résine d'un jaune orangé.

L'acide cyanique en vapeur décompose l'aldéhyde anhydre, et en dégage de l'acide carbonique; l'action est très-vive; si on laisse refroidir le mélange, il se forme de l'acide *trigénique* $= H^6C^8Az^3O^3$, HO.

A 0°, l'aldéhyde, conservé dans un tube hermétiquement fermé, donne une matière cristalline, incolore, l'*élaldéhyde*, $H^{12}C^{12}O^6$, fusible à 2°$+$0°, bouillant à 94°; si, au contraire, on agit à une température de 15° à 20°, il se forme des cristaux prismatiques allongés de *métaldéhyde*, volatils à 120°, sans se fondre.

Préparation. On soumet à une douce chaleur, dans une cornue qui ne doit être remplie qu'au tiers, un mélange de 6 parties d'acide sulfurique concentré, de 4 parties d'eau, de 4 parties d'alcool à 0,80, et de 6 parties de bioxyde de manganèse finement pulvérisé; la matière se boursoufle beaucoup, et il distille un liquide qui vient se condenser dans un récipient entouré d'un mélange réfrigérant. Ce liquide, composé d'aldéhyde, d'un peu d'alcool et d'eau, d'éther acétique et d'éther formique, est distillé à deux reprises sur un poids égal de chlorure de calcium; en le versant ensuite dans l'éther ordinaire saturé de gaz ammoniac, il se dépose des cristaux blancs composés d'un équivalent d'aldéhyde et d'un équivalent d'ammoniaque; on dissout ces cristaux dans l'eau, et l'on décompose la dissolution, en vases clos et au bain-marie, par de l'acide sulfurique étendu de son volume d'eau; l'aldéhyde vient se condenser dans le récipient *refroidi*, et il ne s'agit plus, pour l'avoir pur, que de le distiller sur du chlorure de calcium.

Il se produit encore de l'aldéhyde pendant la préparation de l'éther azoteux et du fulminate de mercure, pendant la décomposition de l'alcool et de l'éther par la chaleur, lorsqu'on allume une mèche imbibée d'alcool et que l'on souffle la flamme aussitôt que la plus grande partie de l'alcool s'est évaporée, etc.; dans ce cas, l'alcool subit une combustion incomplète.

De la thialdine, $H^{13}C^{12}AzS^4$. — Elle est le résultat de l'action de l'ammoniaque sur l'huile, $H^{13}C^{12}S^7$, formée en traitant l'aldéhyde par l'eau et l'acide sulfhydrique (voy. plus haut). Elle est cristallisable, d'une densité de 1,191, fusible à 43°, volatile, soluble dans l'alcool et l'éther, très-peu soluble dans l'eau, neutre aux réactifs colorés, et formant des sels cristallisables avec les acides.

Sélénaldine, $H^{13}C^{12}AzSe^4$. — On l'obtient en faisant agir l'acide sélenhydrique sur l'aldéhydate d'ammoniaque.

Carbothialdine, $H^5C^5AzS^2$. — Elle est le résultat de l'action du sulfure de carbone sur l'aldéhydate d'ammoniaque.

Résumé sur les dérivés de l'alcool vinique.

J'emprunterai à M. Regnault les excellentes considérations par lesquelles il a résumé ce sujet (voy. p. 245 du tome IV de son *Cours élémentaire de chimie,* 2ᵉ édit.). En comparant entre eux les composés nombreux dérivés de l'alcool, on reconnaît que la plupart se forment à l'aide de la molécule d'éther, C^4H^5O, ou de celle d'alcool, C^4H^5O, HO (1), dans lesquelles de l'hydrogène ou de l'oxygène sont remplacés par des quantités équivalentes d'autres éléments : l'oxygène, le soufre, le chlore, etc. Lorsque l'hydrogène est remplacé par des quantités équivalentes de chlore, l'équivalent du corps dérivé est, *en général,* représenté par le même nombre de volumes de vapeur que le corps d'où il dérive : exemples, les produits chlorés dérivés de l'éther chlorhydrique. Il en est de même lorsque l'oxygène est remplacé par du soufre : exemples, l'éther, C^4H^5O, et l'éther sulfhydrique, C^4H^5S. Dans ces divers cas, l'équivalent de l'élément substitué a le même volume gazeux que celui de l'élément qu'il remplace. Mais, lorsque l'oxygène, dont l'équivalent est 1 volume, est remplacé par du chlore, qui a pour équivalent 2 volumes, l'équivalent en volume du corps dérivé est *souvent* différent de celui du corps primitif : ainsi l'équivalent de l'éther, C^4H^5O, est 2 volumes, tandis que celui de l'éther chlorhydrique, C^4H^5Cl, est 4 volumes. On rencontre cependant un grand nombre d'exceptions à ces règles : ainsi l'aldéhyde dérive de l'éther par le remplacement de 1 équivalent d'hydrogène (2 volumes) par 1 équivalent d'oxygène (1 volume), et cependant l'aldéhyde, $C^4H^4O^2$, est représenté par 2 volumes de vapeur, comme l'éther, C^4H^5O; en remplaçant 3 équivalents d'hydrogène (6 volumes) par 3 équivalents de chlore (6 volumes) dans la molécule d'aldéhyde, on obtient l'aldéhyde trichloré ou chloral, dont l'équivalent, $C^4HCl^3O^2$, est représenté par 4 volumes, tandis que celui de l'aldéhyde est représenté par 2 volumes.

---

(1) La notation chimique adoptée par M. Regnault diffère de la mienne en ce que, pour lui, la lettre H suit toujours la lettre C.

Lorsque le chlore remplace l'hydrogène, les propriétés chimiques du composé, sous le rapport de ses réactions acides, basiques ou neutres, ne paraissent pas changées en général ; l'exemple le plus frappant est donné par l'acide chloracétique, qui est un acide aussi énergique que l'acide acétique, et possède exactement la même capacité de saturation. Les éthers composés chlorés en présentent de nouveaux exemples, et nous aurons par la suite l'occasion d'en citer encore d'autres qui ne sont pas moins frappants. Mais, lorsque l'hydrogène est remplacé par de l'oxygène, les propriétés basiques, neutres ou acides du corps, changent notablement. Ainsi l'éther, C^4H^5O, qui a une affinité manifeste pour les acides, perd cette propriété lorsqu'il se change en aldéhyde, $C^4H^4O^2$, et devient un acide énergique quand il se transforme en acide acétique, $C^4H^3O^3$.

Afin de faire saisir plus facilement les relations de composition que présentent les corps appartenant à la série alcoolique ou vinique, nous les avons réunis tous dans le tableau suivant :

TABLEAU DES COMPOSÉS DÉRIVÉS DE L'ÉTHER, C^4H^5O, OU DE L'ALCOOL, C^4H^5O,HO, PAR VOIE DE SUBSTITUTION.

Hydrogène carboné inconnu. . . . . . . C^4H^6
pouvant être regardé comme le point de départ de toute la série.

Éthers simples.

Éther.	C^4H^5O	2 vol. de vapeur.	
Éther sulfhydrique.	C^4H^5S	2	»
Éther sélenhydrique.	C^4H^5Se	»	»
Éther tellurhydrique.	C^4H^5Te	»	»
Éther chlorhydrique.	C^4H^5Cl	4	»
Éther bromhydrique	C^4H^5Br	4	»
Éther iodhydrique.	C^4H^5I	4	»
Éther cyanhydrique.	C^4H^5Cy	4	»
Éther sulfocyanhydrique.	C^4H^5SCy	4	»

Éthers composés.

Alcools.

Alcool ordinaire.	C^4H^5O,HO	4 vol.
Alcool sulfhydrique.	C^4H^5S,HS	4 »
Alcool sulfopotassique.	C^4H^5S,KS	
Alcool sulfoplombique.	C^4H^5S,PbS	
Alcool sulfomercurique.	$C^4H^5S,Hg^2S.$	

Éthers composés proprement dits.

Formule générale (A représentant l'acide). . . C^4H^5O,A 2 ou 4 vol.
Éther borique. . . . . $C^4H^5O,2BO^3$
1er éther silicique. . . . . $3C^4H^5O,SiO^3$
2e éther silicique. . . . . $3C^4H^5O,2SiO^3$.

Acides viniques.

Formule générale des acides viniques formés
   par les acides monobasiques A. . . . . $(C^4H^5O + HO),2A$
Formule des acides viniques produits par les
   acides tribasiques, tels que PhO⁵,3HO. . . $(C^4H^5O+2HO),PhO^5$.

Produits successifs dérivés de l'éther, C^4H^5O.

1º *Par voie d'oxydation.*

Éther. . . . . C^4H^5O.   2 vol.
Acétal. . . . . $(2C^4H^5O,C^4H^4O^2)$
Aldéhyde. . . . . $C^4H^4O^2$ 2   »
Acide acétique anhydre. . . . . $C^4H^3O^3$ inconnu
reste combiné avec l'eau formée, et donne :
Acide acétique hydraté. . . . . $C^4H^3O^3,HO$ 4 vol.
mais correspondant à l'alcool. . . . . $C^4H^5O\,HO$.

2º *Par l'action du chlore.*

Éther. . . . . C^4H^5O
Éther monochloré. . . . . C^4H^4ClO
Éther bichloré. . . . . $C^4H^3Cl^2O$
. . . .
Éther perchloré. . . . . C^4Cl^5O.

3º *Par l'action successive du chlore et du soufre.*

Éther monochloré et monosulfuré. . . . . . . C^4H^3ClSO
Éther bisulfuré. . . . . $C^4H^3S^2O$.

Produits dérivés de l'éther sulfhydrique, C^4H^5S,
par l'action du chlore.

Éther sulfhydrique. . . . . C^4H^5S
. . . .
Éther sulfhydrique quadrichloré. . . . . C^4HCl^4S

Produits dérivés de l'éther chlorhydrique, C^4H^5Cl,
par l'action du chlore.

Éther chlorhydrique	C^4H^5Cl	4 vol.
Éther chlorhydrique monochloré.	$C^4H^4Cl^2$	4 »
Éther chlorhydrique bichloré.	$C^4H^3Cl^3$	4 »
Éther chlorhydrique trichloré.	$C^4H^2Cl^4$	4 »
Éther chlorhydrique quadrichloré.	$C^4H\ Cl^5$	4 »
Éther chlorhydrique perchloré.	$C^4\ \ Cl^6$	4 »

Produits dérivés de l'aldéhyde, $C^4H^4O^2$.

1º *Par l'action de l'oxygène.*

Aldéhyde.	$C^4H^4O^2$
Acide acétique.	$C^4H^3O^3$

qui reste combiné avec l'eau formée.

2º *Par l'action du chlore.*

Aldéhyde.	$C^4H^4O^2$	2 vol.
. . . .		
Aldéhyde trichloré ou chloral.	$C^4HCl^3O^2$	4 »
Aldéhyde perchloré.	$C^4Cl^4O^2$	

Produits dérivés de l'alcool, C^4H^5O, HO.

1º *Par l'action de l'oxygène.*

Alcool.	C^4H^5O,HO	4 vol.
Aldéhyde.	$C^4H^4O^2$	2 »

abandonne l'équivalent d'eau, et appartient à la série de l'éther.

Acide acétique hydraté.	$C^4H^3O^3,HO$	4 »

2º *Par l'action du chlore.*

Alcool.	C^4H^5O,HO	4 vol.
Aldéhyde (1re période, d'oxydation).	$C^4H^4O^2$	2 »
Chloral (2e période, de chloruration).	$C^4HCl^3O^2$	2 »

L'éther aqueux, $C^4H^5O + HO$, donne les mêmes produits.

Produits dérivés de l'alcool aqueux, $C^4H^5O,HO + HO$,
par l'action du chlore.

Par action oxydante. Acide acétique. . . . . . , $C^4H^3O^3,HO$.
L'éther aqueux, $C^4H^5O + 2HO$, donne le même produit.

Produits dérivés de l'acide acétique, $C^4H^3O^5,HO$,

Par l'action du chlore.

Acide acétique. . . . . $C^4H^5O^3,HO$ 4 vol.

. . . .

Acide chloracétique. . . . . $C^4Cl^5O^5,HO$ 4   »

Produits des éthers composés

par l'action du chlore.

Sur l'éther carbonique.	C^4H^5O,CO^2
Éther carbonique bichloré.	$C^4H^3Cl^2O,CO^2$
Éther carbonique perchloré.	C^4Cl^5O,CO^2
Sur l'éther oxalique.	C^4H^5O,C^2O^5
Éther oxalique perchloré.	C^4Cl^5O,C^2O^3
Sur l'éther acétique.	$C^4H^5O,C^4H^3O^5$
Éther acétique bichloré.	$C^4H^5Cl^2O,C^4H^3O^5$
Éther chloracétique.	$C^4H^5O,C^4Cl^5O^5$
Éther chloracétique perchloré.	$C^4Cl^5O,C^4Cl^5O^5$.

DE L'ALCOOL DE BOIS. $H^4C^2O^2$.

(ALCOOL MÉTHYLIQUE, de μέθυ, vin, et de ὕλη, bois.)

Parmi les produits nombreux de la distillation des bois, on remarque surtout l'*esprit de bois* (*éther pyroligneux*, *éther pyroxylique*), découvert en 1812 par Ph. Taylor, et qui depuis a fixé l'attention de MM. Dumas et Péligot; c'est un véritable alcool, analogue à l'alcool ordinaire; on l'a considéré comme formé de 2 équivalents d'eau, 2HO, et de 1 équivalent d'un carbure d'hydrogène, H^2C^2, que l'on a désigné sous le nom de *méthylène*.

Il est liquide, très-fluide, incolore, d'une odeur particulière alcoolique et aromatique qui se rapproche de celle de l'éther acétique; il est neutre aux réactifs colorés, son poids spécifique est de 0,798 à la température de 20° c.; la densité de sa vapeur est de 1,041; son équivalent est donc représenté par 4 volumes de vapeur, comme celui de l'alcool. Il brûle avec une flamme semblable à celle de l'alcool ordinaire, et bout à 66°,5, sous la pression de 0,761 centimètres. Exposé à l'air après avoir été mêlé avec du noir de platine, il se convertit en acide formique :

$$\underset{\text{Esprit de bois.}}{H^4C^2O^2}, \underset{\text{Oxygène.}}{O^4} = \underset{\text{A. formique.}}{HC^2O^3}, \underset{\text{Eau.}}{3HO}$$

L'alcool vinique, soumis à la même action, fournit de l'acétal (voyez p. 131).

L'esprit de bois donne avec le chlore, le brome, l'iode et le soufre, des composés encore peu connus, qui correspondent probablement à ceux que l'on obtient avec l'alcool vinique. Le chlorure de chaux le décompose, et il se produit du *chloroforme*, HC^2Cl^3.

Les acides le transforment en éther. Lorsqu'on distille l'esprit de bois avec de l'acide *sulfurique* concentré, on obtient des produits qui varient suivant les conditions dans lesquelles on se place, et qui sont l'éther *méthylique*, H^3C^2O; l'acide *sulfométhylique*, $H^3C^2O, 2SO^3$, et l'éther *méthylsulfurique*, H^3C^2O, SO^3. On n'a jamais pu former un carbure d'hydrogène, H^2C^2, qui serait à l'éther méthylique ce que le bicarbure d'hydrogène, H^4C^4, est à l'éther ordinaire; on sait, au contraire, qu'avec l'alcool vinique et 6 parties d'acide sulfurique on produit du bicarbure d'hydrogène (voy. p. 133).

En distillant l'alcool méthylique avec de l'acide sulfurique et du bioxyde de manganèse, Kane et Malagutti ont obtenu du *méthylal*, $H^8C^6O^4$, corps analogue à l'acétal (voy. p. 205).

L'esprit de bois dissout facilement la potasse et la soude; il se combine à la baryte anhydre avec dégagement de chaleur, et donne un composé cristallin, $BaO, H^4C^2O^2$; à une température élevée, les alcalis oxydent l'alcool méthylique et le transforment, sous l'influence de l'eau qui se décompose, en *formiate* de potasse, et en hydrogène qui se dégage :

$$\underset{\text{Alc. méthylique.}}{H^4C^2O^2} , \quad \underset{\text{Potasse.}}{KO, HO} \quad = \quad \underset{\text{Formiate.}}{KO,HC^2O^3} , \quad \underset{\text{Hydrogène.}}{H^4}$$

Ce formiate, chauffé encore avec un excès d'alcali, donne de l'oxalate de potasse, de l'eau et de l'hydrogène :

$$\underset{\text{Formiate.}}{KO, HO, HC^2O^3} \quad = \quad \underset{\text{Oxalate.}}{KO,C^2O^3} , \quad \underset{\text{Eau.}}{HO} , \quad \underset{\text{Hydrogène.}}{H}$$

Si la température est plus élevée, l'oxalate lui-même est décomposé en carbone et en hydrogène :

$$\underset{\text{Oxalate.}}{KO, C^2O^3} , \quad \underset{\text{Potasse.}}{KO, HO} , \quad \underset{\text{Eau.}}{HO} \quad = \quad \underset{\text{Carbonate.}}{2KO,CO^2} , \quad \underset{\text{Eau.}}{HO} , \quad \underset{\text{Hydrogène.}}{H}$$

L'esprit de bois, en se combinant avec le chlorure de calcium, fournit un composé cristallin $= 2H^4C^2O^2$, Ca Cl, indécomposable à 100°, décomposable par l'eau. Il se combine aussi au bichlorure d'étain, aux perchlorures de fer et d'antimoine.

L'alcool méthylique dissout les résines, et est employé dans la fabrication des vernis; tous les corps solubles dans l'alcool *vinique* le sont également dans l'alcool méthylique.

Préparation. On décante la partie aqueuse provenant de la distillation du bois, pour la séparer du goudron non dissous; cette partie aqueuse contient de l'acide acétique, $\frac{1}{100}$ environ d'alcool méthylique, de l'acétone, de l'aldéhyde, de l'éther méthylacétique, du *mésite* et du *xylite*, et des matières goudronneuses. On la sature par de la chaux vive éteinte, qui s'unit aux acides et à une partie des matières goudronneuses; on décante, et on distille le liquide décanté jusqu'à ce que le dixième environ soit condensé dans le récipient; on distille de nouveau ce dixième, qui contient de l'alcool, avec un peu de chaux, afin de transformer l'éther méthylacétique en alcool méthylique; on ne recueille que les premières quantités distillées; ces quantités, étant de nouveau soumises à des distillations fractionnées, finissent par donner l'alcool méthylique anhydre du commerce, si toutefois on lui fait subir une nouvelle distillation sur de la chaux. En traitant ce produit par le double de son poids de chlorure de calcium, fondu et pulvérisé, on obtient le composé cristallin $2H^4C^2O^2$, Ca Cl, dont j'ai parlé plus haut; on le chauffe au bain-marie, pour volatiliser certains produits étrangers, puis on le décompose, par l'eau, en chlorure de calcium et en alcool méthylique; on distille celui-ci sur de la chaux vive, et l'on a l'alcool méthylique pur et anhydre.

M. Demondésir a proposé de purifier l'esprit de bois par un moyen beaucoup plus simple; il l'étend de son volume d'eau, et il distille; les carbures d'hydrogène, qui altèrent l'alcool méthylique, passent les premiers. Quand le liquide condensé ne se trouble plus par l'eau, on change de récipient; on distille de nouveau, et l'on obtient l'esprit de bois pur; il ne s'agit plus que de le concentrer.

ACTION DES ACIDES ET DES CORPS OXYDANTS
SUR L'ALCOOL MÉTHYLIQUE.

En agissant sur l'alcool méthylique, les acides donnent naissance à des *éthers*, comme cela a lieu avec l'alcool *vinique* (voy. p. 142).

Les corps oxydants le transforment en acide formique ou en *méthylal*.

§ Ier. — ACTION DES ACIDES SUR L'ALCOOL MÉTHYLIQUE.

L'alcool méthylique, semblable à l'alcool vinique, donne, avec les acides, des *éthers* que l'on peut également diviser en deux genres : les *éthers simples* et les *éthers composés*. Les éthers simples sont l'*éther méthylique*, H^3C^2O, et les éthers préparés avec un acide ; dans ces derniers, la molécule d'oxygène est remplacée par une molécule de chlore, de brome, etc., en sorte qu'ils sont représentés par H^3C^2Cl, H^3C^2Br, H^3C^2I, etc. Les éthers composés sont formés d'éther *méthylique* et d'un oxacide ; ils sont *neutres* ou *acides* ; les premiers sont représentés par $H^3C^2O +$ l'oxacide : ainsi l'éther acétique $= H^3C^2O$, $\dfrac{H^3C^4O^3}{\text{A. acétique.}}$, et l'éther oxalique, H^3C^2O, $\dfrac{C^2O^3}{\text{A. oxalique.}}$. Si les éthers composés sont *acides*, on les désigne sous le nom d'acides *méthyliques* ; ainsi l'acide *sulfométhylique* est un éther qui a pour formule H^3C^2O, $2SO^3$, HO.

DES ÉTHERS SIMPLES OU DU PREMIER GENRE.

Ces éthers sont l'*éther méthylique* et les éthers préparés avec un hydracide.

De l'éther méthylique. H^6C^4O.

Il est gazeux, incolore, d'une odeur éthérée agréable, d'une densité de 1,61 ; sa formule correspond à 2 volumes de vapeur. Il ne se liquéfie qu'à $-30°$ ou $-40°$. Il est très-inflammable. L'eau en dissout 37 fois son volume ; l'alcool *vinique* et l'alcool *méthylique* en dissolvent beaucoup plus.

Lorsqu'on fait arriver du *chlore* sur l'éther méthylique gazeux, placé dans un endroit bien éclairé, *mais qui ne reçoit pas les rayons directs du soleil*, la réaction, qui peut tarder quelque temps à se manifester, est des plus vives, et il faut prendre de grandes précautions pour que l'appareil ne vole pas en éclats ; la principale de ces précautions consiste à faire arriver les deux gaz dans des proportions telles qu'ils se détruisent immédiatement après leur contact ; s'il n'en était pas ainsi, il y aurait explosion. Le liquide obtenu par suite de cette réaction est l'éther méthylique *monochloré*, H^2C^2ClO ; on voit qu'il y a eu substitution de 1 équivalent de chlore à 1 équivalent d'hydrogène. Il a une odeur suffocante ; sa densité est à $20° + 0°$ de 1,315. Il bout à 105°, et il répand à l'air des fumées acides. Soumis à l'action du chlore, il donne l'*éther méthylique bichloré*, HC^2Cl^2O. En traitant celui-ci par une nouvelle quantité de chlore, sous l'influence des rayons solaires, on forme l'*éther méthylique perchloré*, C^2Cl^3O (Regnault).

L'éther méthylique peut se combiner avec l'acide sulfurique *anhydre*, avec dégagement de chaleur, et donner l'acide *monosulfométhylique*, H^3C^2O, SO^3.

Préparation. On distille un mélange d'une partie d'alcool méthylique et de 4 parties d'acide sulfurique concentré, et l'on obtient l'éther méthylique gazeux, mêlé d'acide sulfureux et d'acide carbonique ; si on le laisse séjourner sur de la potasse, qui absorbe ces deux derniers gaz, il est pur.

DES ÉTHERS SIMPLES PRÉPARÉS AVEC L'ALCOOL MÉTHYLIQUE ET UN HYDRACIDE.

Ces éthers, désignés improprement sous les noms de chlorhydrate, d'iodhydrate, de cyanhydrate, etc., de *méthylène*, sont formés, ainsi que je l'ai dit, de H^3C^2Cl, ou de H^3C^2I, ou de H^3C^2Cy, etc. ; on voit que l'équivalent d'oxygène de l'éther méthylique a été remplacé par un équivalent de chlore, d'iode ou de cyanogène, etc. Les principaux d'entre eux sont les éthers *méthylchlorhydrique*, *méthyliodhydrique*, *méthylbromhydrique*, *méthylfluorhydrique*, *méthylcyanhydrique*, et *méthylsulfhydrique*.

De l'éther méthylchlorhydrique. H^5C^2Cl.

Il est gazeux, d'une odeur éthérée, d'une saveur sucrée, d'une densité de 1,738. Il ne se liquéfie pas par un froid de — 18°. Il brûle avec une flamme bordée de vert; les produits de cette combustion donnent du chlorure d'argent avec l'azotate de ce métal. L'eau en dissout deux fois et demie son volume.

Il n'est attaqué par le *chlore* que sous l'influence des rayons solaires, et dans des récipients froids; il fournit l'*éther méthylchlorhydrique monochloré*, $H^2C^2Cl^2$, puis, avec une plus grande quantité de chlore, l'*éther méthylchlorhydrique bichloré*, ou le *chloroforme*, HC^2Cl^3 (voyez ce mot). Si l'on fait arriver du chlore dans le chloroforme, jusqu'à ce qu'il ne se dégage plus d'acide chlorhydrique, on obtient l'*éther méthylchlorhydrique perchloré* ou *chlorure de carbone*, C^2Cl^4 (voy. *Protocarbure d'hydrogène*, à la page 247 du tome Ier).

En faisant passer l'éther méthylchlorhydrique gazeux sur du phosphure de calcium chauffé à 80°, on obtient plusieurs corps solides ou liquides que l'on peut considérer comme des composés de méthylène, H^2C^2, et de l'un des divers phosphures d'hydrogène décrits à la page 256 du tome Ier, savoir: HPh^2, H^2Ph et H^3Ph (Paul Thénard).

Le composé HPh^2, H^2C^2 est solide, jaune, inodore, et insoluble dans l'eau. Le second, H^2Ph, $2H^2C^2$, est liquide, incolore, d'une odeur fétide, bouillant à 250°, et spontanément inflammable. Il donne avec les acides *des sels* parfaitement définis, et cristallisables. Le chlorhydrate est transformé, par un excès d'acide chlorhydrique, en chlorhydrate de l'alcali, et en un corps jaune, HPh^2, H^2C^2.

Préparation de l'éther. On chauffe dans un ballon **2** parties de chlorure de sodium, **1** partie d'alcool méthylique, et **3** parties d'acide sulfurique concentré; l'éther se dégage, mêlé d'acide sulfureux et d'acide carbonique, acides que l'on absorbe par la potasse.

De l'éther méthylchlorhydrique bichloré
(**CHLOROFORME**). HC^2Cl^5.

Le chloroforme a été ainsi nommé parce qu'en le traitant par une dissolution alcoolique de potasse, il donne du *chlorure* de potassium et du *formiate* de potasse. Il a été découvert presque en même temps par MM. Soubeiran et Liebig. M. Dumas en a déterminé la composition et a fait connaître plusieurs de ses propriétés.

Il est liquide, incolore, d'une odeur éthérée très-agréable, d'une saveur sucrée, d'une densité de 1,491 à 17°. Il bout à 61°, et la densité de sa vapeur est de 4,2; son équivalent est donc représenté par 4 volumes de vapeur. Si on le fait passer à travers un tube de porcelaine rouge, il est décomposé et fournit du charbon, de l'acide chlorhydrique et un corps cristallisé en longues aiguilles. Il brûle avec une flamme verte quand on le met en contact avec un corps en ignition. Il se *solidifie* en houppes blanches soyeuses par le seul fait de l'évaporation d'une partie du liquide, absolument comme cela a lieu pour l'acide cyanhydrique. Il est insoluble dans l'eau et très-soluble dans l'alcool. Le *chlore*, ainsi que je l'ai déjà dit, sous l'influence de la *lumière solaire*, lui enlève l'équivalent d'hydrogène qu'il renferme et le transforme en un chlorure de carbone, $C^2 Cl^4$. Le potassium et l'acide sulfurique n'exercent aucune action sur lui.

Les alcalis le décomposent en donnant naissance à des formiates et à des chlorures ; la réaction est caractéristique.

$$\underset{\text{Chloroforme.}}{HC^2Cl^3} , \underset{\text{Potasse.}}{4\,KO} = \underset{\text{Formiate.}}{KO, HC^2O^3} , \underset{\text{Chlorure.}}{3\,KCl}$$

Le chloroforme est un agent anesthésique par excellence ; on l'emploie avec le plus grand succès pour déterminer l'insensibilité chez les individus que l'on doit soumettre à des opérations douloureuses, et chez les femmes qui accouchent. Le professeur Simpson, d'Édimbourg, a déjà recueilli plusieurs centaines d'observations de femmes qu'il a chloroformisées pendant le travail, avec grand avantage pour elles, et sans aucun inconvénient pour les nouveau-nés. On sait, d'un autre côté, combien sont déjà nombreuses et satisfaisantes les applications de ce corps chez des individus auxquels on devait faire subir les opérations les plus variées et les plus graves. Il faut cependant dire que l'inspiration des vapeurs de chloroforme peut être suivie des accidents les plus fâcheux et même d'une mort prompte, ce qui tient souvent à la manière imprudente dont il a été employé, et quelquefois probablement aussi à la constitution de l'individu. Le plus ordinairement, pour le faire inspirer, on en met quelques grammes dans une assiette que l'on place à 20 ou 25 centimètres de l'organe de l'odorat du malade, dont la tête a été couverte d'une serviette pendante, et sous laquelle se trouve ladite assiette. D'après M. Ragsky, le sang des individus chloroformisés contiendrait des traces de chloroforme.

On a encore employé le chloroforme avec succès, à l'extérieur, pour calmer presque instantanément des douleurs de diverses natures, et notamment celles qui accompagnent le rhumatisme articulaire aigu. On commence par mouiller un linge avec de l'eau, puis on l'arrose avec quatre, six ou huit grammes de chloroforme, et on le laisse pendant dix minutes sur la partie souffrante. Si la douleur reparaît au bout de quelque temps, on recommence l'application. Le chloroforme détermine, dans ce cas, une vive rubéfaction de la peau, avec chaleur, etc.

Préparation. MM. Larocque et Huraut ont indiqué un excellent procédé que je vais transcrire. On prend 35 à 40 litres d'eau que l'on place dans le bain-marie d'un alambic, et que l'on porte à la température de 40° environ. On délaye dans ce liquide d'abord 5 kilogrammes de chaux vive délitée et 10 kilogrammes de chlorure de chaux du commerce (voy. p. 411 du t. I). On y verse ensuite 1 litre et demi d'alcool à 0,85 ; on porte le plus promptement possible le mélange à l'ébullition. Au bout de quelques minutes, le chapiteau s'échauffe, et lorsque la chaleur a atteint l'extrémité du col, on ralentit le feu ; bientôt la distillation marche rapidement et se continue d'elle-même jusqu'à la fin de l'opération. Il se condense dans le récipient un liquide aqueux, au fond duquel se trouve un liquide plus lourd : c'est le *chloroforme* ; on le sépare et on le purifie par des lavages avec de petites quantités d'eau ; on le distille ensuite au bain-marie, après l'avoir toutefois agité à plusieurs reprises avec du chlorure de calcium fondu. Si, au lieu de rejeter les liqueurs qui surnagent le chloroforme dans le récipient, on les conserve pour une opération subséquente que l'on fait immédiatement, on obtient une plus grande quantité de chloroforme. Ainsi on introduit de nouveau dans le bain-marie, sans rien enlever de ce qui s'y trouve, 10 litres d'eau, puis lorsque la température du liquide est redescendue à 40° environ, on y ajoute 5 kilogrammes de chaux et 10 de chlorure de chaux. Le tout étant mélangé avec soin, on verse la liqueur de laquelle on a séparé le chloroforme, additionnée de 1 litre seulement d'alcool ; on agite, et l'on termine l'opération comme je viens de le dire. Avec un alambic d'une capacité suffisante, on peut recommencer une troisième, une quatrième distillation, en employant les mêmes doses de substances et en agissant comme il est dit pour la deuxième opération. En pratiquant ainsi quatre opérations successives, on obtient généralement avec 4 litres et demi, ou avec 3 kilogrammes, 825 grammes d'alcool à 85 degrés.

De la 1re distillation	. . . . .	550	grammes de chloroforme.	
De la 2^e	id.	640	id.	id.
De la 3^e	id.	700	id.	id.
De la 4^e	id.	730	id.	id.

· Il se produit encore du chloroforme dans plusieurs réactions chimiques : 1° en décomposant le *chloral* hydraté, $HC^4Cl^3O^2$, par une dissolution de potasse ; 2° en faisant agir du chlore sur du protocarbure d'hydrogène; 3° en chauffant l'acide chloracétique, $C^4Cl^3O^3$, ou les chloracétates avec un excès d'alcali hydraté; 4° en faisant réagir les chlorures d'oxydes sur l'alcool vinique, sur l'alcool méthylique, sur l'acétone, etc., ou bien le chlore sur diverses matières organiques. MM. Soubeiran et Mialhe ont prouvé : 1° que le chloroforme préparé avec l'alcool méthylique et l'hypochlorite de chaux est identique avec le chloroforme proprement dit ; 2° qu'il est trop difficile à purifier pour qu'il y ait avantage à le substituer au chloroforme ordinaire ; 3° qu'il est indispensable de débarrasser le chloroforme obtenu, comme je l'ai dit, d'une huile chlorurée et pyrogénée *qui se produit toujours,* ce à quoi on parvient en ne poussant pas trop loin la distillation pendant la rectification (*Journal de pharmacie,* juillet 1849).

Du bromoforme, de l'iodoforme, et du sulfoforme.

Ces corps ont la même composition que le chloroforme. Le *bromoforme*, HC^2Br^3, est le résultat de l'action des dissolutions alcalines sur le produit que l'on obtient en traitant le brome par l'alcool (voy. p. 132). Il est liquide, d'une densité de 2,10, et susceptible d'être transformé par les alcalis en formiate et en bromate alcalin.

L'*iodoforme*, HC^2I^3, est solide, jaune, volatil à 100°, décomposable à 120°, insoluble dans l'eau, soluble dans l'alcool, décomposable par le chlore, qui le transforme en chloroforme. Il fournit avec les alcalis des formiates et des iodures alcalins. On l'obtient en versant dans de l'alcool saturé d'iode assez de potasse caustique pour décolorer la liqueur; si, dans cet état, on ajoute de l'eau, l'iodoforme se précipite en paillettes jaunes que l'on purifie en les dissolvant dans l'alcool.

Le *sulfoforme*, HC^2S^3, est le résultat de la distillation d'un mélange de 1 partie d'iodoforme et de 3 parties de sulfure de mercure. Il est jaune et oléagineux.

De l'éther méthyllodhydrique. H^5C^2I.

Il est liquide, incolore, d'une densité de 2,237 à 21°, bouillant entre 40° et 50°; sa vapeur irrite fortement les yeux. Par son action sur le zinc, il se dégage du gaz méthyle, et il reste dans le tube une masse blanche de *zincométhyle*, H^3C^2Zn, qui décompose l'eau avec énergie, et donne de l'oxyde de zinc et du protocarbure d'hydrogène gazeux (Frankland, *Journ. de pharm.,* février 1850).

On l'obtient en chauffant un mélange de 15 parties d'alcool méthylique, de 8 parties d'iode, et de 1 partie de phosphore ; celui-ci doit être ajouté par petites parties ; l'éther distille dans le récipient, et se précipite dès qu'on agite à plusieurs reprises, avec de l'eau, le liquide distillé ; on le purifie en le distillant d'abord sur du chlorure de calcium, puis sur de l'oxyde de plomb.

De l'éther méthylbromhydrique. H^5C^2Br.

Il est liquide, incolore, d'une odeur éthérée pénétrante, un peu alliacée ; il bout à 13°, sous une pression de $0^m,759$. Il est le résultat de l'action du brome et du phosphore sur l'alcool méthylique.

De l'éther méthylfluorhydrique. H^5C^2Fl.

Il est gazeux, incolore, d'une odeur éthérée agréable, d'une densité de 1,186. Il brûle avec une flamme bleuâtre, et l'eau en dissout $1\frac{1}{2}$ son volume. On l'obtient en chauffant dans une cornue du fluorure de potassium et de l'acide *monosulfométhylique*, H^3C^2O, SO^3 (éther méthylsulfurique). On sait que l'alcool vinique n'a pas donné jusqu'à présent un éther fluorhydrique.

De l'éther méthylcyanhydrique. H^5C^2Cy.

Il est liquide, insoluble dans l'eau, et très-vénéneux. Traité par l'eau bouillante tenant de la potasse en dissolution, il donne de l'*acétate de* potasse, de l'eau et de l'ammoniaque :

$$\underset{\text{Éther méthyl.}}{\underline{H^3C^4Az}}, \ KO, \ 4HO \ = \ \underset{\text{Acétate.}}{\underline{KO, H^3C^4O^3}}, \ HO, \ \underset{\text{Ammoniaque.}}{\underline{H^3Az}}$$

On l'obtient en faisant réagir le cyanure de potassium sur l'acide *monosulfométhylique*, H^3C^2O, SO^3 (p. 194).

De l'éther méthylsulfhydrique. H^5C^2S.

Il est liquide, d'une odeur très-désagréable, d'une densité de 0,846 à $21+0°$; il bout à 41°. Il donne avec le *chlore* une série de corps *chlorés* (Regnault). Il produit, en se combinant avec des sulfures électronégatifs, plusieurs éthers composés, dont les principaux sont : l'*alcool méthylsulfhydrique*, H^3C^2S, HS (*mercaptan méthylique*) ; l'*éther sulfo-*

carbomethylsulfhydrique, H^3C^2S, CS^2; l'*éther méthylsulfhydrique sulfuré*, $H^3C^2S^2$, et un autre produit plus sulfuré, $H^3C^2S^3$.

On l'obtient en faisant passer dans une dissolution alcoolique de monosulfure de potassium un courant d'éther méthylchlorhydrique.

DES ÉTHERS COMPOSÉS OU DU SECOND GENRE.

Ces éthers sont *neutres* ou *acides*.

DES ÉTHERS COMPOSÉS NEUTRES.

Ces éthers sont formés d'éther *méthylique*, H^3C^2O, et d'un oxacide: ce sont les éthers *méthylsulfurique neutre*, *méthylazotique*, *méthilbenzoïque*, *méthyloxalique*, *méthylacétique*, *méthylformique*, *méthylchlorocarbonique*, *méthylsulfocarbonique*, *méthylsalicylique*, *méthylcitrique*, *méthylcitrobiméthylique*, *méthylcyanurique*, *méthylcyanique*, *méthylœnanthique*, *méthylcinnamique*, *méthylnitrotholluique*, *méthylallophanique*.

De l'éther méthylsulfurique neutre. H^3C^2O, SO^5.

Il est liquide, incolore, d'une densité de 1,324; il bout à 188°, la densité de sa vapeur est 4,37; d'où il suit que son équivalent est représenté par 2 volumes de vapeur. Il est décomposé par l'eau, plus rapidement si elle est bouillante, et il donne de l'alcool méthylique, H^3C^2O,HO, et de l'acide bisulfométhylique, $H^3C^2O, 2SO^3$. Avec l'ammoniaque il fournit la *sulfométhylane*, H^3C^2O, H^2AzSO^2,SO^3 (*éther méthylsulfamidique*).

On obtient l'éther, H^3C^2O, SO^3, en combinant directement l'éther méthylique avec l'acide sulfurique anhydre, ou bien en distillant une partie d'alcool méthylique avec 8 ou 10 parties d'acide sulfurique concentré.

De l'éther méthylazotique. H^3C^2O,AzO^5.

Il est liquide, incolore, d'une densité de 1,182, bouillant à 68°; à une température un peu plus élevée, sa vapeur détone avec une violence

extrême. On l'obtient en chauffant 1 partie d'alcool méthylique, 1 partie
d'azotate de potasse, et 2 parties d'acide sulfurique concentré.

De l'éther méthylbenzoïque. $H^5C^2O,H^5C^{14}O^5$.

Il est liquide, huileux, et bout à 108°. On l'obtient comme l'éther
benzoïque (voy. p. 168), si ce n'est que l'on substitue l'alcool méthylique à l'alcool vinique.

De l'éther méthyloxalique. H^5C^2O,C^3O^5.

Il est solide, fusible à 51°, bouillant à 161°, soluble dans l'eau, l'alcool, l'éther et l'alcool méthylique, décomposable par l'eau, surtout à
chaud, en alcool méthylique et en acide oxalique. On l'obtient en distillant parties égales d'alcool méthylique, d'acide oxalique cristallisé,
et d'acide sulfurique concentré.

De l'éther méthylacétique. $H^5C^2O,H^5C^4O^5$.

Il est liquide, incolore, d'une odeur semblable à celle de l'éther acétique, d'une densité de 0,919 ; il bout à 58°. Il est décomposé par l'eau
bouillante en alcool méthylique et en acide acétique. Il est soluble dans
l'eau. Il existe dans l'alcool méthylique impur. On l'obtient en distillant 2 parties d'alcool méthylique, 1 partie d'acide acétique monohydraté, et 1 d'acide sulfurique concentré.

De l'éther méthylformique. H^5C^2O,HC^2O^5

Il est très-fluide, et bout à 37°. On l'obtient comme l'éther formique,
seulement on remplace l'alcool vinique par l'alcool méthylique.

De l'éther méthylchlorocarbonique. H^5C^2O,C^2ClO^5.

Il est liquide, incolore, d'une odeur suffocante, décomposable par
l'ammoniaque en chlorhydrate d'ammoniaque et en *uréthylane*, substance
cristalline déliquescente $= H^3 C^2O, Az H^2, CO, CO^2$. On l'obtient en versant de l'alcool méthylique dans un flacon rempli de gaz chlorocarbonique, $CO\ Cl$.

De l'éther méthylsulfocarbonique. H^5C^2O,CS^2.

Il est liquide, de couleur ambrée, d'une densité de 1, 143 à 15° ; il bout à 170°. On l'obtient en traitant le sulfure de carbone dissous dans la potasse caustique par de l'alcool méthylique anhydre.

De l'éther méthylsalicylique. $H^5C^2O,H^5C^{14}O^5$.

Il est liquide, incolore ou légèrement jaunâtre, d'une densité de 1,18 à 10°, bouillant à 220°, presque insoluble dans l'eau, et très-soluble dans l'alcool et dans l'éther. Il existe dans l'huile essentielle du *gaultheria procumbens,* de la famille des bruyères. Avec un excès de potasse à chaud, il se transforme en alcool méthylique et en acide salicylique. Une dissolution concentrée d'ammoniaque en excès le change en *salicylamide,* $H^5 C^{14}, H^2 Az, O^4, HO$. Il se combine aux bases à la manière des acides, et donne des sels désignés sous le nom de *gaulthérates.* Distillé sur la chaux, il se dédouble en acide carbonique et en anisol. Le chlore, le brome et l'acide azotique, le décomposent et lui font subir des transformations nombreuses. On l'obtient en distillant 2 parties d'alcool méthylique, 2 parties d'acide salicylique, et 1 partie d'acide sulfurique concentré.

De l'éther méthylcîtrique. $3H^5C^2O,H^5C^{12}O^{11}$.

Il est en prismes réunis en groupes rayonnés, inodores, d'une saveur d'abord fraîche, puis amère, fusibles à 75°, décomposables par le feu, solubles dans 20 parties d'eau à 15°, assez solubles dans l'alcool vinique et méthylique, décomposables par l'eau et par les alcalis en acide citrique et en alcool méthylique. On l'obtient en faisant dissoudre 1 partie d'acide citrique dans 2 parties d'alcool méthylique, et en saturant la dissolution par le gaz acide chlorhydrique. Il a été découvert par M. Saint-Evre.

De l'éther citrobiméthylique. $2H^3C^2O,H^5C^{12}O^{11},3HO$

Il cristallise en prismes d'une saveur acide, solubles dans 30 parties d'eau à 15°, décomposables par les alcalis en acide citrique et en alcool méthylique; l'eau agit de même mais plus lentement. On l'obtient en mélangeant parties égales d'acide citrique, d'alcool méthylique et d'acide chlorhydrique ordinaire. Il a été découvert par M. Demondésir.

De l'éther méthylcyanurique (voy. p. 172).

De l'éther méthylcyanique (voy. p. 171).

De l'éther méthylœnanthique. $H^5C^2O,H^{15}C^{14}O^3$.

On l'obtient en chauffant un mélange d'alcool méthylique, d'acide sulfurique concentré, et d'acide œnanthique.

Des éthers méthylcaproïque, $H^5C^2O,H^{11}C^{12}O^3$, méthylcaprilique, $H^5C^2O,H^{15}C^{16}O^3$, méthylsubérique, $H^5C^2O,H^6C^8O^3$.

Ils sont peu connus.

De l'éther méthylindigotique. H^5C^2O, $\dfrac{H^4C^{14},Az0^4,O^5H}{\text{Acide indigotique.}}$

Il est en aiguilles jaunâtres, fusibles à 90°, en grande partie volatiles, très-peu solubles dans l'eau, assez solubles dans l'alcool bouillant. En agissant sur l'ammoniaque, il donne de l'*anilamide* en petits cristaux jaunes très-brillants, à peine solubles dans l'eau froide $= H^6 C^{14} Az^2 O^3$.

De l'éther méthyllécanorique.

Il est plus soluble dans l'eau que l'éther lécanorique. On l'obtient en chauffant l'alcool méthylique avec l'acide lécanorique.

De l'éther méthylérytrique. $H^5C^2O,H^{15}C^{34}O^{11}$.

Il est peu connu.

De l'éther méthylcinnamique. $H^5C^2O,H^7C^{18}O^3$.

Il est liquide, d'une densité de 1,106 ; il bout à 141°.

De l'éther méthylnitrothollulique.

Il est solide et cristallisable (voy. *Essences de la série cuminique*).

De l'éther méthylallophanique.

On obtient cet éther en faisant passer des vapeurs d'acide cyanique dans l'alcool méthylique.

DES ÉTHERS MÉTHYLIQUES COMPOSÉS ACIDES.

Ces éthers contiennent l'éther méthylique $H^3 C^2 O$, et deux équivalents d'acide ; ce sont les éthers méthylbisulfurique, méthylbicarbonique, méthylbiborique, et méthylbisulfocarbonique.

De l'éther méthylbisulfurique. $H^5C^2O,2SO^3$.

Il est en petits cristaux aiguillés et hydratés. Il donne avec les bases des bisulfométhylates très-solubles dans l'eau, décomposables par le feu en éther *méthylsulfurique*, $H^3 C^2 O$, SO^3 (voy. pag. 200), et en un sulfure métallique. On l'obtient par la réaction de deux parties d'acide sulfurique concentré sur une partie d'alcool méthylique, puis en saturant par le carbonate de baryte ; il se forme du bisulfométhylate de baryte soluble que l'on décompose par l'acide sulfurique.

De l'éther méthylbicarbonique. $H^3C^2O,2CO^2,HO$.

Il forme avec la baryte un *bicarbométhylate* en paillettes nacrées, $Ba\,O, H^3 C^2 O, 2CO^2$, que l'on obtient en faisant passer un courant de gaz acide carbonique à travers une dissolution de baryte dans l'alcool méthylique anhydre. Ce sel est décomposé par l'eau en alcool méthylique, en acide carbonique, et en carbonate de baryte.

De l'éther méthylbiborique. $H^5C^2O,2BO^3$.

Il est mou, transparent, et se laisse étirer en fils à la température ordinaire. L'eau le décompose en alcool méthylique et en acide borique hydraté. On l'obtient en traitant l'acide borique fondu et pulvérisé par l'alcool méthylique. Si, au lieu d'acide borique, on se servait de chlorure de bore gazeux (voy. p. 64 du tome Ier), il se produirait un éther liquide, incolore, d'une odeur pénétrante, d'une densité de 0,955, bouillant à 72° $= 3H^3 C^2O, BO^3$.

De l'éther méthylbisulfocarbonique. $H^5C^2O,2CS^2$.

En versant du sulfure de carbone dans de la potasse caustique dissoute dans de l'alcool méthylique anhydre, on obtient des cristaux soyeux formés de potasse et de cet éther $= KO, H^3 C^2O, 2CS^2$.

§ II. — ACTION DES CORPS OXYDANTS SUR L'ALCOOL MÉTHYLIQUE.

Les produits de cette action sont l'acide *formique* et le *méthylal*.

De l'acide formique. HC^2O^3,HO.

Lorsqu'on expose à l'air de l'alcool méthylique en présence de la mousse de platine, l'alcool perd 2 équivalents d'hydrogène, prend 2 équivalents d'oxygène, et se trouve transformé en acide formique. Je ferai l'histoire de ce corps en parlant des acides animaux.

Du méthylal. $H^8C^6O^4$.

Il est liquide, d'une densité de 1,8551; il bout à 42°, et se dissout dans l'eau, l'alcool vinique, l'alcool méthylique et l'éther. Le chlore le change en sesquichlorure de carbone, C^4Cl^6. La potasse, dissoute dans l'alcool, le transforme en formiate. Il correspond à l'*acétal* (voy. p. 131), et peut être considéré comme formé de 3 molécules d'éther méthylique; 1 équivalent d'éther aurait échangé 1 équivalent d'hydrogène contre 1 équivalent d'oxygène.

Préparation. On distille un mélange d'acide sulfurique et d'alcool méthylique sur du bioxyde de manganèse. Le produit condensé dans le récipient contient une quantité notable d'éther *méthylformique*, plusieurs autres produits volatils, et du *méthylal*. On le dissout dans l'eau potassée; cet alcali décompose l'éther, et le méthylal se sépare sous forme d'une couche liquide qui vient à surface, et que l'on purifie en la distillant sur du chlorure de calcium.

On n'a pas encore pu préparer l'*aldéhyde* de la série méthylique.

Résumé sur les dérivés de l'alcool méthylique.

J'emprunterai à M. Regnault les excellentes considérations qu'il a fait valoir, à propos de ces dérivés (voy. pag. 273 du tom. IV du *Cours élémentaire de chimie*, 2e édit.).

On voit, par ce qui précède, que les composés de la série méthylique peuvent être considérés comme produits par la même molécule C^2H^4, celle de l'hydrogène protocarboné ou gaz des marais, dans laquelle un ou plusieurs équivalents d'hydrogène sont remplacés par un nombre correspondant d'autres éléments, tels que l'oxygène, le soufre, le chlore, etc. Afin de rendre bien évident ce mode de génération, nous avons réuni en un seul tableau tous les produits connus de la série méthylique.

TABLEAU DES COMPOSÉS DÉRIVÉS DE L'HYDROGÈNE CARBONÉ, C^2H^4, OU DE L'ÉTHER MÉTHYLIQUE, C^2H^5O.

Hydrogène protocarboné, ou gaz des marais. C^2H^4 4 vol.
(Point de départ de toute la série.)

Éthers simples.

Éther méthylique..................	C^2H^5O	2 vol.
Éther méthylsulfhydrique............	C^2H^5S	2 »
Éther métylchlorhydrique...........	C^2H^3Cl	4 »
Éther méthylbromhydrique..........	C^2H^3Br	4 »
Éther métyliodhydrique............	C^2H^3I	4 »
Éther méthylcyanhydrique...........	C^2H^3Cy	4 »
Éther méthylsulfocyanhydrique........	C^2H^3SCy	4 »

Éthers composés.

Alcools.

Alcool méthylique, ou esprit de bois.....	C^2H^5O,HO	4 vol.
Alcool méthylsulfhydrique............	C^2H^5S,HS	4 »
Alcool méthylplombique.............	C^2H^5S,PbS	
Alcool méthylmercurique............	C^2H^5S,Hg^2S.	

Éthers composés proprement dits.

Formule générale (A représentant l'acide)...	$C^2H^5O.A$	2 ou 4 vol.
Éther méthylbiborique..............	$C^2H^3O,2BO^5$	
Éther triméthylborique...............	$3C^2H^5O,BO^8$	4 vol.

Acides méthyliques.

Formule générale des acides méthyliques formés par les acides monobasiques A...... $(C^2H^5O+HO),2A$

Formule des acides méthyliques produits par les acides tribasiques, tels que $PhO^5,3HO$.. $(C^2H^5O+2HO),PhO^5$

Produits successifs dérivés de l'éther méthylique, C^2H^5O.

1° *Par voie d'oxydation.*

Éther méthylique..................	C^2H^5O	2 vol.
Méthylal........................	$(2C^2H^5O,C^2H^2O^2)$	4 »
. . . .		

Acide formique anhydre. . . . . C^2HO^3 inconnu
reste combiné avec l'eau formée, et donne :
Acide formique hydraté. . . . . C^2HO^3,HO 4 vol.
mais correspondant à l'alcool méthylique. . . . . C^2H^5O,HO 4   ,

2° Par l'action du chlore.

Éther méthylique. . . . . C^2H^5O 2 vol.
Éther méthylique monochloré. . . . . C^2H^2ClO 2   »
Éther méthylique bichloré. . . . . C^2HCl^2O 2   »
Éther méthylique perchloré. . . . . C^2Cl^5O 4   »

Produits dérivés de l'éther méthylsulfhydrique, C^2H^3S,
par l'action du chlore.

Éther méthylsulfhydrique. . . . . C^2H^3S 2 vol.
. . . .
Éther méthylsulfhydrique perchloré. . . . . . C^2Cl^3S

**Produits dérivés de l'hydrogène protocarboné, C^2H^4,
ou de l'éther méthylchlorhydrique, C^2H^3Cl.**
Par l'action du chlore.

Hydrogène protocarboné. . . . . C^2H^4 4 vol.
Éther méthylchlorhydrique. . . . . C^2H^3Cl 4   »
Éther méthylchlorhydrique monochloré. . . . $C^2H^2Cl^2$ 4   »
Éther méthylchlorhydrique bichloré, chloro-
forme. . . . . C^2HCl^3 4   »
Éther méthylchlorhydrique perchloré. . . . . C^2Cl^4 4   »

Produits dérivés de l'alcool méthylique, C^2H^5O,HO.
1° *Par l'action de l'oxygène.*

Alcool méthylique. . . . . C^2H^5O,HO 4 vol.
. . . .
Acide formique. . . . . C^2HO^3,HO 4   »

2° *Par l'action du chlore.*

Produits inconnus.

Produits dérivés de l'alcool méthylique aqueux, $C^2H^5O,HO+HO$,
par l'action du chlore.

Acide formique. . . . . C^2HO^3,HO.
Un excès de chlore change l'acide formique, par action oxydante, en acide
carbonique.
L'éther méthylique aqueux, C^2H^5O+2HO, donne les mêmes produits.

Produits dérivés des éthers méthyliques composés,
par l'action du chlore.

Sur l'éther méthyloxalique.	C^2H^5O,C^2O^3
Éther méthyloxalique bichloré.	C^2HCl^2O,C^2O^5
Éther méthyloxalique perchloré.	C^2Cl^5O,C^2O^3
Sur l'éther méthylacétique.	$C^9H^5O,C^4H^5O^5$
Éther méthylacétique bichloré.	$C^2HCl^2O,C^4H^5O^3$
Éther méthylchloracétique perchloré.	$C^2Cl^5O,C^4Cl^5O^5$
Sur l'éther méthylformique.	C^2H^5O,C^2HO^5
Éther méthylformique bichloré.	C^2HCl^2O,C^2HO^5
Éther méthylchloroformique perchloré. . . .	C^2Cl^5O,C^2ClO^5

DE L'ALCOOL AMYLIQUE. $H^{12}C^{10}O^2$ (HUILE ESSENTIELLE DE POMME DE TERRE).

Lorsqu'on distille l'eau-de-vie de marc ou bien les liqueurs produites par l'action d'un ferment sur la fécule de pomme de terre ou sur certains céréales, on obtient un liquide spiritueux, parfaitement analogue à l'alcool, auquel on donne le nom d'*alcool amylique*.

Il est liquide, huileux, incolore, d'une odeur nauséabonde caractéristique, d'une saveur âcre et brûlante, d'une densité de 0,818 à 15°. Il tache le papier, à la manière des huiles essentielles, mais la tache disparaît promptement à l'air dès qu'il est volatilisé. Il bout à 132°, et la densité de sa vapeur est 3,15; son équivalent correspond par conséquent à 4 volumes. Il se solidifie en feuillets cristallisés à—20°. Il brûle à l'air quand on approche de lui un corps en ignition, pourvu que sa température ait été préalablement portée à 50° ou 60°. Il dissout le soufre, le phosphore et l'iode. Il est à peine soluble dans l'eau. L'alcool et l'éther le dissolvent en toutes proportions. Le *chlore* agit vivement sur lui, et donne le *chloramylal*, $H^{17}C^{20}Cl^3O^4$. Les corps oxydants, tels que l'air, l'oxygène, sous l'influence du noir de platine, les acides azotique et chlorique, le transforment en acide *valérianique*.

$$\underbrace{H^{12}C^{10}O^2}_{\text{Alcool amylique.}}, \quad \underbrace{O^4}_{\text{Oxygène.}} = \underbrace{H^9C^{10}O^3,HO}_{\text{Acide valérian.}}, \quad 2\,HO$$

Lorsqu'on agite l'alcool amylique avec de l'acide sulfurique concentré, on forme de l'acide sulfamylique = $H^{11}C^{10}O,2SO^3$, véritable acide amylique (éthéramylique acide), correspondant aux éthers acides obtenus avec l'alcool vinique et méthylique. Si l'on a employé un excès d'acide sulfurique, on produit l'*amylène,* $H^{10}C^{10}$, qui est à l'alcool amylique ce que le bicarbure d'hydrogène, H^4C^4, est à l'alcool vinique (voy. p. 128). Il est à remarquer que, dans aucun cas, l'alcool amylique et l'acide sulfurique ne fournissent directement de l'*éther amylique,* tandis que les alcools vinique et méthylique en donnent. On verra plus bas que si l'on veut préparer de l'*éther amylique neutre,* il faut recourir à une autre réaction. Les acides phosphorique, fluoborique, fluosilicique concentrés, et le chlorure de zinc, agissent comme l'acide sulfurique en excès et donnent de l'*amylène.* Chauffé au rouge sombre avec de la chaux potassée, il fournit une grande quantité de *propylène* gazeux.

Le bichlorure d'étain forme, avec l'alcool amylique, un composé cristallin, décomposable par l'eau.

Préparation. A la fin de la distillation des eaux-de-vie de fécule, il passe une eau laiteuse, laquelle, étant abandonnée à elle-même, fournit une huile qui vient nager à la surface; si on la chauffe jusqu'à 132° et qu'on la maintienne bouillante pendant quelque temps, l'*alcool amylique* distillera vers la fin de l'opération; il ne s'agira plus que de le purifier, en le distillant à plusieurs reprises et en fractionnant les produits; on ne considérera comme de l'alcool *amylique* que celui de ces produits qui entrera en ébullition à 132°.

De l'amylène. $H^{10}C^{10}$.

Il est liquide, incolore, et bout à 39°. La densité de sa vapeur est de 2,45; son équivalent correspond à 4 volumes de vapeur, comme celui du bicarbure d'hydrogène gazeux. Si on le distille plusieurs fois de suite sur du chlorure de zinc, on obtient le *paramylène,* $H^{20}C^{20}$, et le *métamylène,* $H^{40}C^{40}$, c'est-à-dire deux produits isomères entre eux et avec l'amylène. Le *paramylène* est huileux, d'une odeur d'essence de térébenthine, et bout à 160°; sa densité de vapeur est 4,9, c'est-à-dire le double de celle de l'amylène, ce qui a déterminé à doubler la formule. Le *métamylène,* d'une odeur aromatique, ne bout qu'à 300°; sa densité de vapeur est à peu près 9,48.

En traitant le chloroxycarbonate d'amylène par l'ammoniaque, on obtient des cristaux d'*amyluréthane,* $H^{13}C^{12}AzO^4$, fusibles à 60°, solubles dans l'alcool, l'éther et l'eau bouillante. Distillée avec la baryte, l'amyluréthane se décompose en ammoniaque, en acide carbonique et en alcool amylique.

Préparation. On obtient l'*amylène* en faisant agir sur l'alcool amylique, $H^{12}C^{10}O^2$, tous les corps avides d'eau, qui, en lui prenant deux équivalents d'oxygène et deux d'hydrogène, le ramènent à l'état d'amylène, $H^{10}C^{10}$; les acides sulfurique, phosphorique, fluoborique, fluosilicique très-concentrés, sont dans ce cas; il en est de même du chlorure de zinc. On chauffe dans une cornue de l'alcool *amylique* avec une dissolution de chlorure de zinc marquant 70° à l'aréomètre; la température s'élève, et on agite jusqu'à ce que l'alcool soit dissous; on distille; l'amylène vient dans le ballon; on ne recueille que la partie la plus volatile, laquelle, agitée de nouveau à plusieurs reprises avec de l'acide sulfurique concentré et soumise à une dernière distillation, fournit l'amylène. Les derniers produits de cette distillation contiendraient du *paramylène* et du *metamylène*.

ACTION DES ACIDES ET DES CORPS OXYDANTS SUR L'ALCOOL AMYLIQUE.

En agissant sur l'alcool amylique, les acides donnent naissance à des éthers, comme cela a lieu avec les alcools vinique et méthylique.

Les corps oxydants le transforment en *aldéhyde* amylique, et en acide *amylique* ou *valérianique*.

DES ÉTHERS SIMPLES OU DU PREMIER GENRE.

Ces éthers sont l'éther *amylique* et les éthers préparés avec un hydracide, tels que l'éther *amylchlorhydrique, amyliodhydrique, amylcyanhydrique,* et *amylsulfhydrique*.

De l'éther amylique. $H^{11}C^{10}O$.

Il est liquide, incolore, d'une odeur agréable, et bout à 110°. On ne peut pas l'obtenir en traitant l'alcool amylique par l'acide sulfurique; pour le préparer, on fait agir une dissolution alcoolique de potasse sur l'éther *amylchlorhydrique*.

De l'éther amylchlorhydrique. $H^{11}C^{10}Cl$.

Il est liquide, incolore, d'une odeur aromatique; il bout à 102°. Le *chlore*, sous l'influence des rayons solaires, finit par le transformer en un composé chloré $= H^3C^{10}Cl^9$. On l'obtient en faisant agir le perchlorure de phosphore sur l'alcool amylique.

De l'éther amyliodhydrique. $H^{11}C^{10}I$.

Il est liquide. On l'obtient en faisant réagir à une douce chaleur, et
en distillant un mélange de 15 parties d'alcool amylique, de 8 parties
d'iode, et de 1 partie de phosphore.

De l'éther amylcyanhydrique. $H^{11}C^{10}Cy$.

Il est huileux, très-fluide, d'une densité de 0,8061. Il bout à 146°, et
donne, par l'action d'une dissolution de potasse bouillante, du caproate
de potasse et de l'ammoniaque. On l'obtient en distillant une dissolution
concentrée de sulfamylate de chaux et de cyanure de potassium.

De l'éther amylsulfhydrique. $H^{11}C^{10}S$.

Il est liquide, incolore, d'une odeur très-désagréable, qui rappelle
celle de l'oignon. Il bout à 206°. On l'obtient en chauffant en vases clos
de l'éther amylchlorhydrique et du monosulfure de potassium.

DES ÉTHERS COMPOSÉS OU DU DEUXIÈME GENRE.

Ces éthers sont neutres ou acides ; ils sont formés d'alcool amylique
et d'un oxacide.

DES ÉTHERS COMPOSÉS NEUTRES.

Ces éthers sont l'éther *amylazoteux*, l'éther *amylacétique*, l'éther
amylbenzoïque, et l'éther *amyloxalique*. Ils sont formés d'alcool amylique et d'un oxacide.

De l'éther amylazoteux. $\underset{\text{Alcool.}}{H^{11}C^{10}O}, \underset{\text{Acide azoteux.}}{AzO^3}$

Il est liquide, jaune pâle, et bout à 96°. On l'obtient soit en faisant
arriver dans l'alcool amylique les vapeurs nitreuses qui se dégagent

lorsqu'on traite l'amidon par l'acide azotique, soit par l'action directe de l'acide azotique sur l'alcool amylique.

De l'éther amylacétique. $\underset{\text{Alcool.}}{\overline{H^{11}C^{10}O}}$, $\underset{\text{Acide acétique.}}{\overline{H^3C^4O^3}}$

Il est liquide, incolore, transparent, d'une odeur aromatique, bouillant à 125°. On l'obtient en distillant 1 partie d'alcool amylique, 2 parties d'acétate de potasse , et 1 partie d'acide sulfurique concentré.

De l'éther amylbenzoïque. $H^{11}C^{10}O,H^5C^{14}O^5.$

Il est liquide et bout entre 252° et 254°. On l'obtient en distillant 1 partie d'alcool amylique et 2 parties d'acide sulfurique avec du benzoate de potasse.

De l'éther amyloxalique. $H^{11}C^{10}O,C^2O^5.$

Il est liquide, bouillant à 260°, exerçant la rotation vers la droite, en sens inverse de l'alcool amylique. Traité par l'ammoniaque liquide, il donne de l'*oxamide*, tandis qu'il fournit de l'éther *amyloxamique,* $H^{11}C^{10}O,H^2C^4AzO^5$, si l'on fait passer du gaz ammoniac à travers un *solutum* d'éther amyloxalique dans de l'alcool absolu. On obtient l'éther amyloxalique en distillant un mélange d'alcool amylique et d'acide oxalique.

DES ÉTHERS COMPOSÉS ACIDES (acides amyliques).

Ces éthers sont l'éther *amylbisulfurique, amylbiborique* et *amylbioxalique.*

De l'éther amylbisulfurique. $H^{11}C^{10}O,2SO^5,HO.$

Il cristallise difficilement et se décompose par l'ébullition en acide sulfurique et en alcool amylique. On l'obtient en traitant parties égales d'alcool amylique et d'acide sulfurique concentré ; on sature par du carbonate de baryte, qui forme du sulfate de baryte insoluble et de l'amylbisulfate de baryte soluble ; on décompose celui-ci par l'acide sulfurique ; il se dépose de sulfate de baryte, tandis que l'acide amylbisulfurique reste dans la liqueur.

De l'éther amylbiborique. $H^{11}C^{10}O,2BO^3$.

Il est solide; à 120° il offre une consistance visqueuse, analogue à celle du verre en fusion pâteuse; alors il peut s'étirer en longs fils. Il n'est point décomposé à 300°. Il brûle avec une flamme verte, quand on l'approche d'un corps en ignition. Il est décomposé par l'eau. On l'obtient en faisant agir de l'acide borique fondu et finement pulvérisé sur de l'alcool amylique. Si l'on substituait le chlorure de bore gazeux à l'acide borique, on produirait un liquide huileux, bouillant à 275°, désigné sous le nom d'éther *amyltriborique* $= 3H^{11}C^{10}O,BO^3$ (Ebelmen et Bouquet).

De l'éther amylbioxalique. $H^{11}C^{10}O,2C^2O^3$.

On obtient l'amylbioxalate de chaux en chauffant l'alcool amylique avec de l'acide oxalique, et en saturant la liqueur par du carbonate de chaux.

On connaît encore un éther *triamylsilicique* liquide, $3H^{11}C^{10}O,SiO^3$, bouillant entre 320° et 340°. On l'obtient en distillant de l'alcool amylique et du chlorure de silicium.

ACTION DES CORPS OXYDANTS SUR L'ALCOOL AMYLIQUE.

Les produits de cette action sont l'*aldéhyde* amylique, $H^{10}C^{10}O^2$, et l'acide amylique ou valérianique, $H^9C^{10}O^3,HO$. Je ferai l'histoire de ce dernier corps en parlant des acides.

L'*aldéhyde* est liquide, incolore, d'une saveur brûlante, d'une odeur pénétrante, d'une densité de 0,820, insoluble dans l'eau, soluble en toute proportion dans l'alcool, dans l'éther, et dans les huiles essentielles. Il est combustible. Les corps oxydants le font passer à l'état d'acide valérianique. On l'obtient en distillant à feu nu le valérianate de baryte. On l'a aussi désigné sous les noms de *valéral, valérone*.

DE L'ÉTHAL (ALCOOL ÉTHALIQUE). $H^{34}C^{32}O$.

L'éthal a été ainsi nommé à cause de son analogie avec l'alcool et l'éther (premières syllabes des mots *éther* et *alcool*).

L'éthal est un corps solide, blanc nacré, pouvant cristalliser en lames brillantes fusibles à 48°. Il distille sans altération. Il est insoluble dans l'eau, soluble à chaud dans l'alcool et dans l'éther. L'acide azotique le décompose. Chauffé avec l'acide sulfurique concentré, il donne, si l'on agite fréquemment, un mélange d'acide sulfurique et d'acide *sulféthalique*, $H^{33}C^{32},O,HO, 2SO^3$, qui est à l'éthal ce que l'acide sulfovinique est à l'alcool.

Lorsqu'on chauffe de l'éthal avec l'acide phosphorique anhydre, on obtient un liquide oléagineux, incolore, qui représente l'éthal moins 2 équival. d'eau, c'est-à-dire le *cétène* (carbure d'hydrogène) $= H^{32}C^{32}$; c'est l'analogue du gaz oléfiant, dans la série vinique.

Quand on chauffe volumes égaux d'éthal et de perchlorure de phosphore, il se forme de l'acide chlorhydrique, puis du protochlorure de phosphore, puis du perchlorure, et enfin un corps huileux, $H^{33}C^{32}Cl$, que l'on peut considérer comme l'éther chlorhydrique de l'*alcool éthalique*.

En chauffant l'éthal avec 5 ou 6 fois son poids de chaux potassée, jusqu'à 210° ou 220°, on obtient de l'hydrogène et de l'acide *éthalique;* ce dernier est à l'alcool éthalique ce que l'acide acétique est à l'alcool vinique.

L'éthal, dissous dans du sulfure de carbone, et additionné d'hydrate de potasse et d'alcool, fournit de l'éthaloxanthate de potasse $= KO, H^{33}C^{32}O, 2CS$.

Préparation. On obtient l'éthal en fondant **2** parties de blanc de baleine avec **1** partie de potasse caustique en petits fragments et en agitant ; il se produit de l'éthalate de potasse et de l'éthal ; on traite la masse par de l'eau bouillante additionnée d'acide chlorhydrique ; l'acide éthalique et l'éthal viennent à la surface sous forme d'une couche huileuse. On décante celle-ci, et on la traite par la potasse ; on sature par l'acide chlorhydrique, qui donne de nouveau une matière huileuse contenant de l'acide éthalique et de l'éthal ; on chauffe cette matière avec de la chaux hydratée, qui s'empare de l'acide et laisse l'éthal. On dissout celui-ci dans l'alcool bouillant ; on distille pour chasser cet alcool, puis on fait dissoudre l'*éthal* dans l'éther, et on le fait cristalliser en évaporant l'éther.

Acide éthalique (palmitique), $H^{31}C^{32}O^3, HO$. — Il fond vers 60° et cristallise par refroidissement en aiguilles brillantes ; il est insoluble dans l'eau, très-soluble dans l'alcool et dans l'éther. Chauffé en vases clos, il est en partie sublimé, en partie décomposé. Les sels qu'il forme avec les bases ont pour formule $MO, H^{31}C^{32}O^3$. Il existe dans l'huile de palme, seul ou combiné à la glycérine. Exposé à l'air pendant longtemps, à une température de 250 à 300°, il perd 2 équivalents d'hydrogène et **2** de carbone, et constitue l'acide *palmitonique*. On obtient l'acide éthalique en décomposant l'éthalate de baryte par l'acide chlorhydrique, qui s'empare de la baryte, tandis que l'acide éthalique se précipite ; quant à l'éthalate de baryte, on le prépare comme je l'ai dit en parlant de la préparation de l'éthal, si ce n'est que l'on substitue la baryte en dissolution à la chaux. On peut aussi l'obtenir en transformant l'huile de palme en éthalate de potasse au moyen de la potasse, et en décomposant cet éthalate par l'acide tartrique ou chlorhydrique.

DES HUILES ESSENTIELLES.

Parmi les huiles essentielles ou essences, il en est qui existent naturellement dans une foule de végétaux aromatiques, tels que la lavande, la rose, le thym, etc. ; d'autres sont le résultat d'une métamorphose qu'éprouvent deux ou plusieurs principes des végétaux par le contact de l'eau : telles sont les essences d'amandes amères, de moutarde noire, et toutes les matières volatiles et odorantes produites par la fermentation ou la putréfaction des substances organiques, comme, par exemple, l'huile extraite de la petite centaurée après sa fermentation dans l'eau ; il en est enfin qui se développent sous l'influence d'une action chimique : ainsi la salicine, traitée par l'acide sulfurique et le bichromate de potasse, produit une huile analogue à celle de la reine des prés.

Les essences sont en général liquides, cependant il y en a de solides : elles sont incolores ou légèrement colorées, d'une odeur plus ou moins agréable, mais forte, et variant pour chacune d'elles, d'une saveur aromatique, âcre et brûlante, plus pesantes ou plus légères que l'eau.

Soumises à l'action de la chaleur, les essences entrent en ébullition, et si elles sont pures, elles se volatilisent sans laisser de résidu, le plus souvent à une température qui varie entre 100° et 200°. A l'approche d'un corps en combustion, elles prennent feu et brûlent avec une flamme fuligineuse, en répandant beaucoup de fumée.

Lorsqu'on fait passer les huiles essentielles à travers un tube de porcelaine porté au rouge, elles déposent souvent du charbon ; quand elles contiennent de l'oxygène, il se forme de l'eau et d'autres produits accidentels. Si elles ne renferment que du carbone et de l'hydrogène, elles se dédoublent ordinairement en donnant un produit gazeux et un corps liquide dont la composition est isométrique avec celle de l'essence primitive, mais dont la molécule est beaucoup plus lourde.

Par l'action du froid, elles cristallisent en totalité, ou bien se séparent en un corps liquide et en un autre qui conserve un état cristallin.

Au contact de l'air, les essences absorbent l'oxygène, dégagent de l'acide carbonique, et se transforment en des produits analogues aux résines; quelques-unes, selon M. Bizio, fournissent aussi de l'acide acétique. L'odeur des essences paraît être intimement liée à l'action que l'air leur fait subir; car l'on a remarqué que celles qui sentent le plus fort sont précisément celles qui s'oxydent le plus rapidement; tandis que d'autres essences, distillées dans le vide sur de la chaux, perdent toute leur odeur, pour la reprendre aussitôt qu'on les expose à l'air.

Parmi les corps non métalliques, il n'est guère que le phosphore et le soufre qui puissent se dissoudre dans les essences; l'iode, le brome et le chlore, au contraire, les décomposent d'une manière brusque.

L'acide sulfurique concentré et tous ses analogues altèrent les essences; ils en séparent souvent l'eau qui s'y trouve toute formée ou bien ils déterminent la formation de ce liquide, de manière à mettre en liberté pour certaines d'entre elles un radical qui, le plus ordinairement, est un carbure d'hydrogène.

L'acide chlorhydrique est absorbé par certaines essences, qui constituent alors des corps solides, blancs et cristallisés, connus sous le nom de camphres artificiels.

L'acide azotique les transforme en une matière comme résineuse qui a été fort peu examinée. Si les proportions d'acide et d'essence sont assez considérables, l'essence s'enflamme avec une sorte d'explosion; cette inflammation subite a lieu plus facilement avec un mélange d'acides azotique et sulfurique, ou seulement avec l'acide azotique concentré et fumant. Lorsque l'acide, au contraire, est étendu d'eau, il donne naissance à des acides particuliers : c'est ainsi que l'essence d'anis fournit de l'acide anisique.

Les oxydes alcalins décomposent plusieurs essences et se combinent avec d'autres, tandis que les oxydes de cuivre, de plomb, etc., chauffés avec certaines essences, comme celles de térébenthine, de romarin ou de lavande, sont réduits et ramenés à l'état métallique; dans ce cas, il se forme de l'eau qui se dégage abondamment pendant toute la réaction.

Les essences sont en général solubles presque en toute proportion dans l'alcool, dans l'éther et dans les huiles grasse; c'est surtout aux dissolutions des essences dans l'alcool que l'on donne le nom d'*esprits* ou d'*alcoolats*.

L'*eau* n'exerce qu'une action dissolvante très-faible sur les huiles volatiles; toutefois cette dissolution est assez marquée pour offrir l'odeur de l'essence et quelques-unes de ses propriétés. Les eaux aromatiques ne sont que des eaux tenant des huiles essentielles en dissolution.

La composition des huiles essentielles est très-variable ; quelques-unes ne renferment que du carbone et de l'hydrogène : telles sont les essences de térébenthine, de citron, etc.; d'autres contiennent en outre de l'oxygène ; il en est enfin dans lesquelles, outre ces trois éléments, il existe de l'azote et du soufre ; d'où il suit que, sous le rapport de la composition, les essences peuvent être divisées en trois groupes :

1° Essences hydrocarburées, 2° essences oxygénées, 3° essences azotées et sulfurées.

Les huiles volatiles sont presque toujours contenues dans des organes spéciaux, qui sont ou des vaisseaux particuliers ou de petites glandes ; c'est ainsi qu'on les trouve dans le péricarpe de quelques fruits, dans les fleurs, les feuilles, les tiges, les écorces et les racines.

On les extrait le plus généralement en distillant avec de l'eau les parties des végétaux qui les fournissent, ou par simple expression, ainsi que cela a lieu pour les péricarpes du citron, du cédrat, de la bergamote, etc., qui contiennent ces huiles dans des vaisseaux propres et en assez grande quantité pour qu'il suffise de les comprimer un peu fortement entre des plaques de verre ou de métal pour en faire sortir presqu'à l'état de pureté toute l'huile qu'ils renferment.

Celles que l'on obtient par distillation se préparent ainsi qu'il suit : on introduit dans la cucurbite d'un alambic la partie de la plante contenant l'huile ; on ajoute de l'eau et on chauffe ; l'eau et l'huile essentielle se volatilisent et viennent se condenser dans un récipient d'une forme particulière (pl. 4, fig. 2), connu sous le nom de *récipient florentin*. Aussitôt que l'eau arrive au niveau *B C,* elle s'écoule par l'anse *D E,* tandis que l'huile reste au-dessus de *B C.* Lorsque l'opération est terminée, que l'eau passe sans odeur, on sépare l'huile de l'eau en versant le produit de la distillation dans un entonnoir dont on bouche le bec avec le doigt; bientôt après l'huile vient à la surface ; alors on retire le doigt pour laisser écouler l'eau qui sort la première ; ce liquide contient une portion d'huile en dissolution, et porte le nom d'*eau aromatique distillée*. M. Raybaud recommande, si l'on veut avoir des essences suaves, d'employer beaucoup d'eau pour distiller, et de ne jamais se servir, comme on le conseille, d'eau aromatique déjà saturée de l'huile que l'on veut extraire ; il pense aussi qu'il serait avantageux de séparer les divers produits que l'on obtient, les premières parties distillées étant toujours plus agréables (voyez son mémoire et les nombreux tableaux qui l'accompagnent, dans le numéro d'août 1834 du *Journal de pharmacie*).

M. Soubeiran, dans la préparation, par distillation, des essences et des eaux aromatiques, emploie un bain-marie plongeant dans l'eau de la cucurbite de l'alambic ; par une tubulure fixée sur le collet de cette cucurbite, on fait arriver au fond du bain-marie un courant de vapeur d'eau qui, par un tube conducteur, débouche au milieu et sous une grille sur laquelle on place les fleurs à distiller ; de cette manière, les parties végétales, n'étant pas en contact direct avec le feu, et ne subissant jamais l'action d'une température qui excède 100°, n'éprouvent aucune autre altération, tandis que la chaleur est assez considérable pour volatiliser avec la vapeur d'eau toute l'huile essentielle. Ce procédé a l'avantage de fournir des produits plus purs et plus suaves que tous les autres.

Les huiles essentielles qui sont extrêmement fugaces, telles que l'huile de jasmin, de lis, de violette, se préparent par le procédé suivant : on imbibe d'huile d'olives un drap de laine blanche, sur lequel on met une couche de fleurs aromatiques récemment cueillies ; on recouvre cette couche d'un autre drap de la même étoffe également imprégné d'huile grasse ; on dispose ainsi successivement des fleurs et des morceaux de drap, jusqu'à ce que la boîte de fer-blanc qui les contient en soit remplie. L'huile d'olives absorbe l'huile essentielle des fleurs. Lorsqu'au bout de vingt-quatre heures, celles-ci sont épuisées, on les remplace par d'autres, et on les renouvelle jusqu'à ce que l'huile fixe soit saturée d'huile volatile ; à cette époque, on exprime les morceaux de drap dans l'alcool, qui s'empare de l'huile essentielle ; on distille ce liquide au bain-marie, et l'on obtient dans le récipient de l'alcool saturé de l'huile aromatique du jasmin, du lis, etc. : on lui donne le nom d'*essence*.

Huiles essentielles considérées sous le rapport médical. Ces huiles peuvent être administrées toutes les fois que les sudorifiques, les toniques et les stimulants, sont indiqués ; celles d'anis, de fenouil, de lavande, de romarin, de menthe poivrée, de pouliot, de cannelle, de macis, de gérofle, de térébenthine, de genièvre, etc., s'emploient à la dose de 4, 6 ou 10 gouttes sur du sucre, ou sous forme de pastilles, ou dans des potions antispasmodiques. Les huiles essentielles sont encore administrées avec de l'eau : ainsi les eaux distillées aromatiques font presque toujours la base des potions antispasmodiques, et constituent des tisanes excessivement utiles dans une multitude d'affections nerveuses ; on emploie plus particulièrement les eaux distillées de fleurs

d'oranger, de rose, de mélisse, de menthe poivrée, de lavande, de til-
leul, etc.; quelquefois aussi on fait prendre les huiles volatiles dissoutes
dans l'alcool, sous le nom d'*eaux spiritueuses*.

DES ESSENCES HYDROCARBURÉES.

Ces essences, composées d'hydrogène et de carbone, sont plus légères
que l'eau; la plupart d'entre elles contiennent l'hydrogène et le carbone
dans le rapport de 4 : 5, et leur formule est H^4C^5. Elles ont une telle
mobilité de constitution qu'il suffit souvent de les distiller ou de les
combiner avec certains corps dont on les sépare ensuite pour modifier
leur composition.

Essence de térébenthine ou térébenthène. $H^{16}C^{20}$.

L'*essence de térébenthine* existe toute formée dans un produit visqueux
qui découle de l'écorce de plusieurs arbres du genre *pinus*. On l'obtient
en distillant la térébenthine fournie par le *pinus maritima* (térébenthine
de Bordeaux) : l'huile volatile passe dans le récipient avec l'eau qu'elle
surnage, et il reste dans l'alambic une substance solide, friable, connue
sous le nom de résine. L'essence ainsi obtenue et telle que la fournit le
commerce contient toujours une certaine quantité de résine provenant
de l'action de l'air sur elle; il faut, pour l'avoir pure, la distiller *avec
de l'eau,* la dessécher en la laissant pendant quelque temps sur du chlorure de calcium, puis la distiller de nouveau à *sec,* en évitant autant
que possible le contact de l'air.

Elle est incolore, très-fluide, d'une odeur forte et pénétrante, d'une
saveur âcre et brûlante; sa densité est de 0,875 à 0°; elle bout à 150°;
la densité de sa vapeur est de 4,760, nombre qui correspond à la formule $H^{16}C^{20}$. Elle dévie à gauche les rayons de lumière polarisée.

Soumise à l'action de la chaleur rouge dans un tube de porcelaine,
elle dépose un charbon très-brillant, en même temps qu'elle dégage
abondamment un gaz hydrocarburé. Si la chaleur n'est pas très-considérable, elle ne fait que se dédoubler en des produits qui lui sont isomères. Elle brûle avec une lumière éclatante en répandant beaucoup de
fumée, quand on l'approche d'un corps en ignition. Soumise à l'action
du froid, surtout lorsqu'elle est ancienne, elle dépose une matière cristalline blanche, qui n'est qu'un hydrate de l'essence elle-même, contenant 2 ou 6 équivalents d'eau.

A froid, elle absorbe une quantité notable de l'oxygène de l'*air,* et se transforme en une résine, sorte de colophane, qui durcit peu à peu; il se produit aussi un peu d'acide formique.

Elle est insoluble dans l'eau, quoiqu'elle lui communique son odeur; on peut obtenir quatre hydrates contenant 1, 2, 4 ou 6 équivalents d'eau. Elle est soluble dans l'alcool et dans l'éther concentrés, car l'alcool à 0,84 n'en dissout que 13 ½ pour 100. Les huiles grasses et les graisses se mélangent avec elle presque en toutes proportions.

Le chlore agit sur l'essence de térébenthine avec tant d'énergie, que si l'on en projette quelques gouttes dans un flacon plein de ce gaz, le mélange prend feu avec une sorte d'explosion; il se dégage de l'acide chlorhydrique et il se forme un corps chloré par substitution d'une certaine quantité d'hydrogène $= H^{12} C^{20} Cl^4$, auquel on a donné le nom de *chlorocamphène* ou de *térébenthène quadrichloré*.

L'iode et le brome réagissent sur cette huile d'une manière analogue. Elle dissout moitié de son poids de soufre; le phosphore y est également soluble.

Lorsqu'on mélange très-lentement l'essence de térébenthine refroidie avec $\frac{1}{20}$ environ de son poids d'acide sulfurique, elle devient d'un rouge foncé et visqueuse. Si l'on soumet ce mélange à la distillation, on obtient d'abord un liquide désigné sous le nom de *térébène*, $H^{16} C^{20}$. Lorsque ce corps a cessé de distiller, si l'on chauffe plus fortement, il distille un autre liquide, qui est le *colophène*.

Ces corps ont été étudiés dans leurs combinaisons avec le chlore, le brome et l'iode, etc., par M. Deville (voir Carbures d'hydrogène et *Ann. de chim. et de phys.*, t. LXXV, pag. 37).

L'acide azotique chauffé avec l'essence de térébenthine donne naissance à de l'acide oxalique, à de l'acide cyanhydrique, à de l'ammoniaque, à trois matières résineuses particulières, et à quatre acides que l'on a désignés sous les noms d'acides *térébique, térébenzique, terephtalique* et *téréchrisique* (Rabourdin, Broméis et Caillot).

Un mélange d'acides azotique et sulfurique versé sur cette essence l'enflamme aussitôt, et il y a projection de la matière.

Lorsqu'on fait passer à travers de l'essence de térébenthine refroidie un courant de gaz chlorhydrique, on obtient deux produits, l'un *liquide,* et l'autre *solide,* qui sont de vrais chlorhydrates d'essence de térébenthine, $H^{16} C^{20}$, HCl. Le corps solide, désigné sous le nom de *camphre artificiel,* est blanc, cristallin, et susceptible d'être sublimé sans altéraration. Il brûle avec une flamme verte sur les bords, en dégageant des vapeurs d'acide chlorhydrique. Il dérive à gauche le plan de polarisation. Chauffé au rouge avec de la chaux vive, il donne du *camphylène,* carbure d'hydrogène liquide qui n'exerce pas d'action sur la lumière polarisée.

Les *cônes du pin* fournissent de l'essence de térébenthine que l'on a quelquefois désignée sous le nom d'huile de *templier*.

De l'essence de sabine. $H^{16}C^{20}$.

L'*essence de sabine*, extraite du *juniperus sabina*, est incolore, fluide, d'une odeur repoussante, d'une saveur âcre et amère, d'une densité de 0,915. On l'emploie comme diurétique, cependant il ne faut l'administrer qu'avec précaution.

De l'essence d'élémi. $H^{8}C^{10}$.

L'*essence d'élémi*, obtenue en distillant avec de l'eau la résine d'*amyris elemifera*, est incolore, d'une saveur âcre, d'une densité de 0,852, bouillant entre 166° et 174°. Elle brûle avec une flamme fuligineuse. Elle produit avec le gaz chlorhydrique deux camphres artificiels qui ont pour formule $H^{8}C^{10}$, HCl.

De l'essence de styrax. $H^{6}C^{12}$.

L'*essence de styrax*, provenant de la distillation du styrax liquide avec de l'eau, est limpide, et possède la même odeur que le styrax. Elle aurait, d'après M. Simon, qui a proposé de lui donner le nom de *styrole*, une composition semblable à celle de la benzine.

De l'essence de citron. $H^{8}C^{10}$.

L'*essence de citron* provient de l'expression du péricarpe de citron, *citrus medica*. Par la distillation avec de l'eau, on la sépare des matières étrangères qu'elle pourrait avoir entraînées; alors elle est limpide, très-fluide, d'une odeur de citron très-agréable; si, pendant cette distillation, on recueille le premier produit, on trouve qu'il bout à 165° et que sa densité est de 0,48, tandis que la seconde portion ne bout plus qu'à 175° et au delà, et que sa densité devient 0,85. L'essence de citron se comporte avec les divers réactifs comme l'essence de térébenthine. Elle dévie à droite le plan de polarisation. Elle produit aussi, avec l'acide chlorhydrique, deux combinaisons, dont l'une est *liquide* et l'autre *solide*, connues sous le nom de *camphre artificiel d'essence de citron*, cependant ces corps diffèrent de ceux que fournit l'essence de térébenthine, en ce qu'ils contiennent deux fois autant d'acide chlorhydrique, $H^3C^{10},2HCl$. Lorsqu'on fait passer celui qui est solide sur de la chaux hydratée chauffée à 180°, il se fait du chlorure de calcium et une huile isomère de l'essence de citron, appelée *citrène*. De même, lorsque le camphre *liquide* de citron est soumis à l'action de la chaux hydratée portée au rouge, il donne un liquide qui a reçu le nom de *citrilène* (voyez le groupe des *carbures d'hydrogène*).

L'essence de cédrat ne diffère que par une odeur plus agréable de l'essence de citron.

L'essence de Portugal ou d'écorces d'oranges, *citrus aurantium,* n'en diffère également que par l'odeur ; sa densité cependant est de 0,83 ; elle bout à 180°, et donne aussi des combinaisons analogues à celles de l'essence de citron.

De l'essence de néroli ou de fleurs d'oranger. $H^{16}C^{20}$.

L'essence de néroli ou de fleurs d'oranger s'obtient en distillant les fleurs d'oranger avec de l'eau. Récemment préparée, elle est incolore ; mais elle rougit bientôt à la lumière. D'après MM. Soubeiran et Capitaine, elle contiendrait deux huiles, dont l'une a une odeur très-agréable et se trouve en grande quantité dans l'eau distillée, tandis que l'autre est presque insoluble dans l'eau et n'existe que dans l'essence. Les acides azotique et sulfurique colorent cette essence en jaune brun, et détruisent son odeur. Doebereiner dit qu'il se produit un acide particulier quand elle est mise en contact avec le noir de platine.

De l'essence de copahu. H^8C^{10}.

L'essence de copahu est obtenue en distillant le baume de copahu, *balsamum copaifera,* avec de l'eau, et en rectifiant le produit. Elle est limpide, d'une odeur du baume lui-même et d'une densité de 0,878 ; elle bout à 245° ; elle fait explosion avec l'acide azotique fumant, en produisant un corps cristallin, qui passe bientôt au jaune, au bleu et au vert. Elle donne, avec l'acide chlorhydrique, un camphre *solide,* H^8C^{10},HCl, cristallisable et fusible à 300°, et un autre camphre *liquide.* Elle se comporte avec les autres corps comme l'essence de térébenthine.

De l'essence de cubèbes. H^8C^{10}.

L'*essence de cubèbes* est incolore, d'une saveur camphrée et épicée, visqueuse, bouillant entre 250° et 260°, d'une densité de 0,929. Elle se décompose en partie quand on la distille seule; elle contient presque toujours un hydrate dont on a beaucoup de peine à la débarrasser, qui cristallise en rhomboèdres très-apparents, et qui a pour formule $H^8 C^{10} HO$. Elle donne aussi, avec l'acide chlorhydrique, un camphre cristallisé, fusible à 131°.

On doit encore ranger parmi les essences *hydrocarburées* l'essence de genièvre, $H^{16} C^{20}$, et l'essence d'*athamanta oreoselinum*, $H^{16} C^{20}$.

DES ESSENCES OXYGÉNÉES.

De l'essence d'amandes amères. $H^5C^{14}O^2,H$.

L'essence d'amandes amères n'existe pas toute formée dans ces amandes; elle est le résultat de la métamorphose qu'éprouvent deux corps particuliers sous l'influence d'une certaine quantité d'*eau :* l'un de ces principes existe dans les amandes amères, et porte le nom d'*amygdaline* (voy. ce mot); l'autre, appelé *émulsine* ou *synaptase*, fait partie de toutes les amandes, mais particulièrement des amandes douces dans lesquelles on ne trouve pas d'amygdaline : aussitôt que ces deux principes dissous dans l'eau sont en présence, ils réagissent l'un sur l'autre aux dépens de leurs propres éléments, et donnent, outre l'*essence d'amandes amères,* de l'acide cyanhydrique et du sucre cristallisable; il y a là une véritable fermentation *amygdaline*.

Cette essence doit être considérée comme l'*hydrure* d'un radical particulier, appelé *benzoïle,* $H^5 C^{14} O^2$, dont les réactions sont si bien connues et si simples, que son existence ne peut plus être niée, quoique cependant il n'ait jamais été isolé. La composition de l'huile d'amandes amères est par conséquent représentée par ce radical uni à un équivalent d'hydrogène, c'est-à-dire $H^5 C^{14} O^2, H = H^6 C^{14} O^2$.

L'essence d'amandes amères est liquide, incolore, quand elle est bien pure et récente, car, en vieillissant, elle jaunit un peu, d'une odeur d'amandes amères caractéristique et très-forte, d'une saveur âcre et brûlante, d'une densité de 1,043. Elle n'exerce pas de pouvoir rotatoire; elle bout à 176°; elle est soluble dans 30 parties d'eau, et en toutes proportions dans l'alcool et dans l'éther. Si on l'allume, elle brûle avec une flamme très-blanche et fuligineuse. Exposée à la chaleur rouge, elle ne subit aucune altération ; en contact avec l'air ou avec l'oxygène, elle passe à l'état d'acide benzoïque, en absorbant un équivalent d'oxygène, $H^6 C^{14} O^2, 2O = H^5 C^{14} O^3, HO$. Le chlore, le brome, l'iode, le soufre et le cyanogène, s'unissent avec le benzoïle, et remplacent par équivalents égaux l'hydrogène de l'hydrure. On obtient ainsi :

$$H^5 C^{14} O^2 + H = \text{Hydrure de benzoïle.}$$
$$H^5 C^{14} O^2 + O = \text{Acide benzoïque.}$$
$$H^5 C^{14} O^2 + Cl = \text{Chlorure de benzoïle.}$$
$$H^5 C^{14} O^2 + Br = \text{Bromure de benzoïle.}$$
$$H^5 C^{14} O^2 + I = \text{Iodure de benzoïle.}$$
$$H^5 C^{14} O^2 + S = \text{Sulfure de benzoïle.}$$
$$H^5 C^{14} O^2 + Cy = \text{Cyanure de benzoïle.}$$

Par cette série de corps, on voit que le benzoïle, quoique d'une composition très-complexe, se combine à la manière d'un corps simple, et que l'admission de ce radical, tout hypothétique, est cependant un résultat de la plus haute importance pour la chimie organique, puisqu'elle fait rentrer des réactions d'abord si obscures sous les lois les plus simples de la chimie minérale.

Si l'on examine d'une manière plus spéciale l'action de ces divers corps sur l'essence d'amandes amères, on voit que lorsque 2 équivalents d'oxygène de l'*air* se combinent avec 2 équivalents d'hydrogène de l'essence, il en résulte de l'acide benzoïque, $H^5 C^{14} O^3, HO$; cet acide est donc un dérivé de l'essence. Je ferai son histoire en parlant des acides.

Le *chlore* agit avec énergie sur cette essence, et donne de l'acide chlorhydrique et [un liquide, $H^5 C^{14} Cl O^2$ (*essence d'amandes amères monochlorée*), incolore, d'une odeur forte, pénétrante, d'une densité de 1,106, bouillant à 195°, lequel, mis dans l'eau chaude, est décomposé en acides chlorhydrique et benzoïque.

$$\underset{\text{Es. monochlorée.}}{H^5 C^{14} Cl O^2}, \quad 2HO = \underset{\text{Acide benzoïque.}}{H^5 C^{14} O^3, HO}, \quad \underset{\text{A. chlorhydrique.}}{HCl}$$

Le *chlore humide* transforme, au bout d'un certain temps, l'essence d'amandes amères en une substance cristalline, insoluble dans l'eau et très-soluble dans l'alcool, $= 2H^6 C^{14} O^2, H^5 C^{14} O^3$, désignée sous le nom de *benzoate d'essence d'amandes amères,* d'une constitution analogue à celles de l'*acétal* et du *méthylal ;* ici 3 molécules d'essence se sont groupées en une seule, après qu'une de ces molécules a été transformée en acide benzoïque par l'action oxydante du chlore *humide.*

Le *brome* fournit une essence *monobromée*, $H^5C^{14}BrO^2$. Avec l'essence monochlorée et l'iodure de potassium, on produit une *essence monoiodée*, $H^5C^{14}IO^2$. Si, au lieu d'iodure de potassium, on prend tantôt du sulfure de plomb, tantôt du cyanure de mercure, il se forme deux essences qui peuvent être ainsi formulées : $H^5C^{14}SO^2$ ou $H^5C^{14}CyO^2$. Le perchlorure de phosphore, après une réaction des plus vives sur cette essence, donne le *chlorobenzol*, $H^6C^{14}Cl^2$, dans lequel **2** équivalents de chlore remplacent **2** équivalents d'oxygène.

L'essence *monochlorée* peut absorber une grande quantité de gaz ammoniac et former la *benzamide*, $H^5C^{14}O^2, H^2Az$. Si l'on fait agir l'ammoniaque liquide sur $\frac{1}{20}$ de son volume d'essence ordinaire *non chlorée*, pendant plusieurs semaines, à une température de 40° à 50°, on obtient l'*hydrobenzamide*, $H^{18}C^{42}Az^2$. L'essence brute, traitée par l'ammoniaque caustique, fournit de la *benzhydramide*, de l'*azobenzoïle* et de l'*azotide benzoïlique*; cette dernière substance, décomposée par le feu, donne l'*amarone*, $H^{11}C^{32}Az$, et la *lophine*, $H^{17}C^{46}Az$, qui offre des propriétés basiques.

Sous l'influence des alcalis hydratés, l'essence d'amandes amères, à l'abri du contact de l'air et à une température de 60° à 70°, n'éprouve pas d'altération ; mais à l'air, et si elle contient quelques gouttes d'acide cyanhydrique, elle fournit en quelques minutes des cristaux de *benzoïne* (Liebig), dont la composition est $H^6C^{14}O^2$. L'essence d'amandes amères se combine avec certains acides et forme des acides doubles.

Acide formobenzoïlique, $HC^2O^3, H^6C^{14}O^2, HO$. — Il est le résultat de l'action de l'acide formique à l'état naissant sur cette essence ; le plus souvent, on l'obtient en traitant par l'acide chlorhydrique l'essence brute d'amandes amères, qui contient, comme on sait, de l'acide cyanhydrique. L'acide formobenzoïlique est blanc, très-soluble dans l'eau, incristallisable, fusible et volatil ; ses vapeurs ont une odeur agréable de fleurs. Traité par le bioxyde de manganèse, il donne de l'essence d'amandes amères et de l'acide carbonique.

L'acide sulfurique concentré colore l'essence d'amandes amères d'abord en rouge, puis en noir. L'acide anhydre donne, d'après Mitscherlich, un acide particulier, analogue surtout à l'acide sulfobenzoïque du même auteur.

L'acide azotique dissout l'hydrure de benzoïle, mais il ne le transforme qu'avec une certaine difficulté en acide benzoïque.

Préparation de l'essence d'amandes amères. On soumet les amandes amères à la presse pour en séparer une huile grasse qu'elles contiennent; on délaye dans l'eau la pulpe qui reste et on la distille dans un alambic, après douze ou quinze heures de contact à 30°, afin que l'amygdaline soit complétement décomposée par la synaptase et transformée en essence d'amandes amères et en acide cyanhydrique (voy. *Amygdaline* et *Synaptase*). L'essence condensée dans le récipient renferme de la *benzoïne*, de l'acide *benzoïque* et de l'acide *cyanhydrique ;* on la mêle avec une pâte formée de chaux, de sulfate de protoxyde de fer et d'eau, et on la distille. L'essence qui a passé dans le ballon, séparée à l'aide d'une pipette, est distillée de nouveau dans une cornue de verre, en ayant soin de recueillir à part les premières portions qui contiennent de l'eau. L'essence qui passe après est desséchée sur du chlorure de calcium ; ainsi préparée elle est pure.

Benzamide, $H^5C^{14}O^2$, H^2Az. — Elle est en cristaux fusibles à 115°, ne bouillant qu'à une température plus élevée, solubles dans l'eau bouillante, inaltérables par une dissolution de potasse froide, décomposables à chaud par elle, et donnant alors du benzoate de potasse et de l'ammoniaque. L'acide sulfurique la transforme en sulfate d'ammoniaque et en acide benzoïque. Elle a, avec le benzoate d'ammoniaque, la même relation que la sulfamide avec le sulfate d'ammoniaque.

Hydrobenzamide, $H^{18}C^{42}Az^2$.—Elle est en octaèdres ou en prismes rhomboïdaux, sans saveur, fusibles à 110°, brûlant avec une flamme fuligineuse, insolubles dans l'eau et l'éther, solubles dans l'alcool. L'acide chlorhydrique la transforme en chlorhydrate d'ammoniaque et en essence d'amandes amères. Avec les alcalis, elle donne de l'*amarine* ou *benzoline*, base organique azotée, isomérique avec l'hydrobenzamide, formant des sels cristallisables avec les acides, et qui a pour formule $H^{18}C^{42}Az^2$: par l'action du feu, l'*amarine* donne une huile très-volatile, et la *pyrobenzoline*. En traitant l'*hydrobenzamide* par l'acide sulfhydrique, on obtient l'*hydrure de sulfobenzoïle*, $H^6C^{14}S^2$, que l'on peut considérer comme de l'essence d'amandes amères dans laquelle 2 équivalents d'oxygène auraient été remplacés par 2 de soufre. En décomposant cet hydrure par le feu, on obtient le *stilbène* ou *benzoïnène*, $H^{12}C^{28}$, et le *thionessale*, $H^9C^{26}S$.

Benzoïne, $H^5C^{14}O^2H$. — Elle a donc la même composition que l'essence d'amandes amères ; j'ai déjà dit qu'elle est le résultat de l'action des alcalis sur cette essence (voy. p. 226). Elle est en prismes incolores, transparents, inodores, insipides, fusibles à 120°, pouvant être distillée sans altération, et se transformant par une chaleur rouge en essence d'amandes amères. Elle est insoluble dans l'eau froide, très-légèrement soluble dans l'eau bouillante, et très-soluble dans l'alcool. Le chlore, si elle est fondue, la transforme en *benzile*, $H^5C^{14}O^2$, en lui enlevant 1 équivalent d'hydrogène. L'acide azotique, à chaud, agit sur elle comme le chlore. En faisant fondre de l'hydrate de potasse avec de la benzoïne, on obtient du benzoate de potasse. Avec une dissolution aqueuse d'ammoniaque, la benzoïne donne, au bout d'un temps assez long, la *benzoïnamide*, $H^{18}C^{42}Az^2$, sous forme d'une poudre blanche soyeuse; elle semble s'être formée par l'action de 3 équivalents de benzoïne sur 2 d'ammoniaque. En abandonnant à lui-même, pendant plusieurs mois, un mélange de benzoïne, d'alcool absolu et d'ammoniaque, il se produit du *benzoïnam*, $H^{12}C^{28}AzO$.

Benzile, $H^5C^{14}O^2$.— Il est solide, jaune, insipide, insoluble dans l'eau, volatil, cristallisable en prismes à six pans, insolubles dans l'eau, solubles dans l'alcool et l'éther; l'ammoniaque, en agissant sur lui, donne l'*imabenzile*, la *benzilimide* et le *benzilam*. Le sulfhydrate d'ammoniaque le transforme en *hydrobenzile*, $H^{12}C^{28}O^2$; l'acide cyanhydrique se combine avec lui et forme le *cyanobenzile*, $H^{10}C^{28}O^4,2CyH$.

Lorsqu'on traite le *benzile* par une dissolution alcoolique de potasse, il fournit l'acide *benzilique*, $H^{12}C^{28}O^6$; on voit que par l'action de la potasse, 1 équivalent d'eau a été fixé sur 2 équivalents de *benzile*. Cet acide cristallise en rhomboèdres, fusibles à 120°, fournissant par le feu de l'acide benzoïque, peu solubles dans l'eau froide, plus solubles dans l'eau bouillante; avec le perchlorure de phosphore, il donne du *chlorure de benzile*, $H^{11}C^{28}ClO^4$.

Pour compléter la série *benzoïque*, il ne reste plus qu'à parler de l'acide benzoïque et de ses dérivés (voy. *Acide benzoïque*). Ces dérivés sont la *benzine*, la *sulfobenzine*, l'acide *sulfobenzinique*, la *benzone*, l'*éther benzoïque* (voy. p. 168), l'*éther méthylbenzoïque* (voy. p. 201), les acides *sulfobenzoïque*, *nitrobenzoïque*, *bromobenzoïque* et le *benzonitrile*.

L'essence d'amandes amères est un poison énergique. (Voir, pour plus de détails sur les combinaisons du benzoïle, le *Traité de chimie organique* de M. Liebig.)

De l'essence de reine des prés et de ses dérivés
(acide salicyleux).

Cette essence pouvant être obtenue avec un principe immédiat désigné sous le nom de *salicine*, il importe d'abord de faire connaître celle-ci :

De la salicine. $H^{18}C^{26}O^{14}$.

La *salicine* est un principe immédiat retiré de l'écorce de saule (*salix helix, incana*), par M. Leroux, pharmacien à Vitry-le-Français, et qui depuis a été trouvé par M. Braconnot dans d'autres saules et plusieurs peupliers. Elle est sous forme d'aiguilles prismatiques d'un blanc nacré, inodores, et d'une saveur aromatique très-amère, qui rappelle celle de l'écorce du saule, mais elle est plus prononcée. Elle fond à 120°, et se prend, par le refroidissement, en une masse cristalline : elle ne perd pas d'eau dans cette opération. Si la chaleur est poussée un peu plus loin que celle de son point de fusion, elle acquiert une couleur d'un jaune citrin, et devient cassante comme une résine ; à une chaleur plus forte, elle fournit de l'eau, un acide, et une huile brune très-âcre et poivrée. Cent parties d'eau à 19°,5 thermomètre centigrade dissolvent 5.6 parties de salicine. A la température de l'ébullition, l'eau paraît la dissoudre en toutes proportions. Elle est aussi soluble dans l'alcool que dans l'eau, et insoluble dans l'éther et dans l'huile de térébenthine. Le chlore, en présence de l'eau, forme avec la salicine de la salicine mono, bi, ou trichlorée ; cette dernière a pour formule $H^{15}C^{26}Cl^3O^{14}, 2HO$.

Les acides ne se combinent pas avec elle pour former des sels ; ils la dissolvent et ne la décomposent pas quand ils sont étendus d'eau, tandis qu'elle est décomposée par plusieurs d'entre eux, s'ils sont concentrés, et surtout à chaud. L'acide sulfurique concentré lui communique une belle couleur rouge foncée (*rutiline* de Braconnot), ce qui permet de reconnaître la présence de la salicine dans les écorces de saule et de peuplier. Si on la fait bouillir avec les acides sulfurique et chlorhydrique étendus, on obtient du glucose et la *salirétine (saliciline)*, $H^6C^{14}O^2$.

L'acide azotique concentré à chaud transforme la salicine en acide oxalique et en acide *picrique*. Si on la dissout en l'agitant avec 10 parties d'acide azotique à 20 degrés de Baumé, au bout de un ou deux jours on a une liqueur jaune qui ne tarde pas à abandonner des cristaux *d'hélicine*.

Distillée avec un mélange d'acide sulfurique et de bichromate de potasse, la salicine fournit de l'acide salicyleux et de l'acide formique.

La synaptase, à la température de 40°, transforme dix-sept fois son poids de salicine dissoute dans quatre fois son poids d'eau, en glucose et en *saligénine* qui se dépose sous forme de petits cristaux rhomboédriques. La levure de bière et les substances albuminoïdes ne font pas ainsi fermenter la salicine.

La noix de galle, la gélatine, l'acétate de plomb neutre ou basique, l'alun et l'émétique, ne la précipitent pas de sa dissolution aqueuse, tandis qu'elle est précipitée par un mélange d'acétate de plomb et d'ammoniaque. Elle n'agit point sur les couleurs bleues végétales. Elle paraît douée de propriétés fébrifuges, et peut remplacer jusqu'à un certain point le sulfate de quinine. Il faut l'administrer à une dose à peu près double de celle à laquelle on donne ce sel.

Préparation. On fait bouillir, pendant une heure, 1 kilogramme et demi d'écorce de saule, séchée et pulvérisée avec 7 kilogrammes et demi d'eau et 125 grammes de carbonate de potasse ; on passe et on verse, dans la liqueur refroidie, 64 grammes d'acétate de plomb ; on filtre et on traite la liqueur par l'acide sulfurique, en achevant de précipiter le plomb par un courant de gaz acide sulfhydrique. On sature ensuite l'excès d'acide par le carbonate de chaux; on filtre de nouveau ; on concentre la liqueur, et on la sature jusqu'à neutralisation complète, par l'acide sulfurique étendu ; on décolore par le charbon animal ; on filtre le liquide bouillant ; on fait cristalliser à deux reprises, et on sèche à l'abri du contact de la lumière.

Salirétine ou *saliciline,* $H^6C^{14}O^2$.—Elle a l'aspect d'une résine. On l'obtient en faisant bouillir la salicine avec de l'acide sulfurique ou chlorhydrique étendus.

Hélicine, $H^{16}C^{26}O^{14}, 3HO$. — Elle est en petites aiguilles qui perdent 3 équivalents d'eau à 100°; elle fond à 175°, se dissout très-bien dans l'eau bouillante et assez difficilement dans l'eau froide. Le chlore, en présence de l'eau, la transforme en *hélicine monochlorée,* laquelle est décomposée par une dissolution de potasse en glucose et en essence de *spiræa monochlorée,* $H^5C^{14}ClO^4$. On obtient de la même manière de l'hélicinè *monobromée,* qui se comporte avec la potasse comme l'hélicine *monochlorée.* Il suffit de traiter l'hélicine par une dissolution de potasse, de baryte ou d'ammoniaque pour la changer en glucose et en essence de spiræa, $H^6C^{14}O^4$. La levure de bière et la synaptase la décomposent aussi, par une action de ferment, en glucose et en essence de spiræa.

On l'obtient en traitant la salicine par l'acide azotique étendu (voyez p. 228).

Saligénine, $H^8C^{14}O^4$. — Elle est le résultat de l'action de la synaptase sur la salicine (voy. p. 228). Elle est en petits cristaux rhomboédriques, fusibles à 82°; par l'action prolongée de la chaleur ou des acides minéraux affaiblis, elle se transforme en *salirétine.* Elle est soluble dans 15 parties d'eau froide, très-soluble dans l'eau bouillante, dans l'alcool et dans l'éther. Elle n'exerce pas de pouvoir rotatoire. En faisant agir la synaptase sur de la salicine mono, bi, ou trichlorée, on obtient de la *saligénine mono, bi,* ou *trichlorée ;* c'est une véritable fermentation.

De l'acide salicyleux (*essence de reine des prés*), $H^5C^{14}O^3,HO$.—L'acide salicyleux, isomère avec l'acide benzoïque, désigné aussi sous les noms d'*hydrure de salicyle* et d'acide spiroïleux, est liquide, incolore, prenant une teinte rouge au contact de l'air, d'une odeur analogue à celle des amandes amères, d'une saveur âcre et brûlante, d'une densité de 1,173 à 13°, ne rougissant pas le tournesol, n'exerçant pas de pouvoir rotatoire, et produisant sur la peau des taches jaunes qui disparaissent facilement comme celles que forme l'iode. Il bout à 196°. Il brûle avec une flamme fuligineuse. Il est presque insoluble dans l'eau et très-soluble dans l'alcool et l'éther. Il décompose les carbonates alcalins même à froid. Il forme avec les bases des *salicylites*. Celui de potasse, s'il est neutre et dissous dans l'eau, se décompose facilement en formiate de potasse et en *mélanate* de potasse, $KO,H^8C^{20}O^{10}$. En versant goutte à goutte de l'ammoniaque dans de l'acide salicyleux dissous dans trois fois son volume d'alcool, on obtient des aiguilles jaunes ou des prismes d'un jaune d'or de *salhydramide*, $H^{14}C^{42}2AzH^2O^6$.

Le *chlore* finit par solidifier l'acide salicyleux, et fournit, si l'on a dissous la masse dans l'alcool, de l'acide salicyleux *monochloré*, $H^4C^{14}ClO^3,HO$, lequel, traité par le gaz ammoniac, donne la *salicylamide monochlorée*. Le *brome* produit un acide salicylique *monobromé*, $H^4C^{14}BrO^3, HO$.

En traitant l'acide salicyleux par de l'acide azotique moyennement concentré, il se forme des cristaux prismatiques jaunes d'acide *nitrosalicyleux*, qui contiennent de l'acide hypoazotique, H^4C^{14},AzO^4,O^3, HO.

Préparation de l'essence. Quoique cette essence n'existe pas dans les fleurs de la *spiræa ulmaria* (reine des prés), on peut cependant l'obtenir en distillant ces fleurs avec de l'eau, parce qu'elle se forme pendant la distillation ; mais on la prépare plus facilement en traitant 3 parties de salicine, 3 de bichromate de potasse, 24 d'eau et 4 ½ d'acide sulfurique concentré, additionnées de 12 parties d'eau. On distille dans un récipient bien refroidi ; l'huile rougeâtre, condensée au fond du récipient, séparée du liquide aqueux qui la surnage, laissée pendant vingt-quatre heures sur du chlorure de calcium et distillée, constitue l'acide salicyleux pur.

De l'acide salicylique, $H^{15}C^{14}O^5, HO$. — Il est le résultat de l'action de l'hydrate de potasse sur l'acide salicyleux. Il est cristallisé, soluble dans l'eau bouillante, presque insoluble dans l'eau froide, facilement soluble dans l'alcool et dans l'éther ; il rougit le tournesol et décompose les carbonates ; il n'a pas d'action sur la lumière polarisée. Il est volatil et donne des cristaux semblables à ceux de l'acide benzoïque. Avec le chlore et le brome, il fournit des acides salicylique mono et *bichloré,* mono et *bibromé.* L'acide azotique le change en une masse résinoïde rougeâtre qui contient de l'acide *nitrosalicylique,*

H^4C^{14}, AzO^4, O^4, H; en dissolvant cette masse dans l'eau bouillante, cet acide se précipite par refroidissement sous forme d'aiguilles jaunâtres, fusibles et volatiles (voy. *Acide indigotique*).

En distillant un mélange d'acide salicylique et de chaux, on obtient le *phénol*, $H^6C^{12}O$, huile presque incolore, d'une odeur de créosote, d'une saveur très-caustique, se concrétant si le mélange est parfaitement sec et offrant tous les caractères de l'*hydrure de phénile*, extrait par M. Laurent du gaz de l'éclairage fourni par la houille (Gerhard, *Ann. de chim.*, février 1843).

Des éthers vino et méthylsalicylique (voy. p. 171 et 202). ·

DES ESSENCES DE LA SÉRIE GAULTHÉRIQUE.

On trouve dans l'huile de *gaultheria procumbens* du *gaulthérylène* et de l'*éther méthylsalicique* (voy. *Éther*, p. 202). Le gaulthérylène, $H^{16}C^{20}$, isomérique avec l'essence de térébenthine, est huileux, incolore, d'une odeur analogue à celle de l'essence de poivre, d'une densité de 4,92, bouillant à 160°.

DE LA SÉRIE PHÉNIQUE.

La série phénique comprend les acides phénique, chlorophénisique, chlorophénésique, bromophénasique, bromophénésique, bromophénisique, nitrophénasique et nitrophénisique, ainsi que les éthers phénique, phénométilique et phénométhylique binitré. On produit ces corps en traitant, par un excès de chaux ou de baryte, les corps *correspondants* de la série salicique; ainsi l'*acide salicylique*, $H^5C^{14}O^5$, HO, avec 2 équivalents de baryte, 2BaO, donne de l'*acide phénique*, H^5C^{12}, HO, et 2 équivalents de carbonate de baryte; de même que l'*éther salicylique*, $H^5C^4O, H^5C^{14}O^5$, fournit, avec la même proportion de baryte, l'éther *phénique*, $H^5C^4O, H^5C^{12}O$, et 2 équivalents de carbonate de baryte.

Acide phénique, ou *phénol*, ou alcool *phénique*, ou hydrate de *phényle*, ou acide *carbolique*, $H^5C^{12}O$,HO. — Il existe dans le goudron de houille et dans les produits de la distillation du benjoin. Il est blanc, cristallin, d'une densité de 1,065 à 18°, fusible à 35°, sans action sur le tournesol, quoiqu'il se combine avec les bases. Il brûle avec une flamme fuligineuse. Il dissout le soufre et l'iode, ainsi que les carbonates alcalins qu'il ne décompose pas. Il coagule l'albumine et prévient la putréfaction. Il donne avec le chlore l'acide phénique bichloré (*chlorophénésique*) et l'acide phénique trichloré (*chlorophénisique* ou *chlorindoptique*).

En traitant la *chlorisatine* par le chlore, on produit l'acide phénique pentachloré (*chlorophénusique*). On peut, par des moyens indirects, combiner l'acide phénique au brome et donner naissance à des acides phénique mono, bi, et *tribromés*. Avec l'acide azotique, il fournit les acides nitrophénisique et *binitrophénique* ou *trinitrophénique* ; ce dernier n'est autre chose que l'acide *carbazotique* $= H^2C^{12}, 3AzO^4, O, HO$; je le décrirai en parlant de l'indigo. L'acide sulfurique le change en acide sulfophénique. Enfin l'acide phénique peut former un éther dont j'ai parlé à la p. 174.

Préparation. On mêle avec de la potasse concentrée le goudron de houille qui a distillé entre 150° et 200° ; on dissout dans l'eau le phénate de potasse qui s'est formé, et on le décompose par l'acide chlorhydrique, qui en sépare l'acide phénique.

De l'essence de cannelle. $H^8C^{18}O^2$.

L'essence de cannelle pure, extraite de l'écorce de cannelle de Chine, plus estimée que celle qu'on retire de la cannelle de Ceylan, est sous forme d'un liquide oléagineux, incolore, d'une odeur suave comme celle de l'écorce. A l'air elle perd 1 équivalent d'hydrogène, absorbe 1 équivalent d'oxygène, et passe à l'état d'acide *cinnamique*. Le *chlore* à chaud et en excès donne un produit, lequel, étant distillé au milieu d'un courant de chlore, fournit des cristaux aiguillés blancs de *chlorocinnose*, $H^4C^{18}Cl^4O^2$.

L'acide azotique peut se combiner avec l'essence de cannelle, et donner des cristaux prismatiques ; s'il est bouillant, il la transforme en essence d'amandes amères et en acide nitrobenzoïque. Avec l'hydrate de potasse, l'essence de cannelle donne d'abord de l'hydrogène et de l'acide cinnamique ; si on prolonge l'action, on n'a plus que du benzoate de potasse. L'ammoniaque se combine avec elle et donne de la *cynnydramide*, $H^{24}C^{54}Az^2$.

Préparation. On agite l'essence du commerce, qui est un mélange de plusieurs essences, avec de l'acide azotique concentré ; on obtient ainsi de l'azotate d'essence cristallisé ; les cristaux exprimés et décomposés par l'eau donnent de l'acide azotique et de l'essence pure. Quant à l'essence du commerce, on la prépare en distillant un mélange d'eau, d'écorce de cannelle de Chine et de chlorure de sodium ; il passe une eau laiteuse, qui abandonne cette essence.

De l'acide cinnamique, $H^7C^{18}O^3, HO$ (voy. ce mot).

Du chlorure de cinnamyle, $H^6C^{18}O^2$. — Le *cinnamyle* est un radical hypothétique auquel on attribue la composition $H^8C^{18}O^2$. Le chlorure de cinnamyle est liquide, légèrement ambré, d'une densité de 1,207 à 16°. Il bout à 262°. A l'air humide, il donne de l'acide chlorhydrique et des cristaux d'acide cinnamique. En le traitant par le gaz ammoniac, on forme de la *cinnamamide*; si on le chauffe avec de l'*aniline*, on obtient la *cinnanilide*, $H^{13}C^{30}AzO^2$. On le prépare en traitant l'acide cinnamique par le perchlorure de phosphore.

Du cinnamène, H^8C^{16}. — Il est liquide, incolore, d'une odeur pénétrante, d'une densité de 0,95 à 0°; il bout à 146°. Chauffé à 200°, il se transforme en un corps isomère, le *métacinnamène*. Il forme avec le *chlore* et le *brome* un *cinnamène monochloré* ou *monobromé*. On peut l'obtenir en décomposant l'acide cinnamique en vapeur à une chaleur rouge sombre; il se forme de l'acide carbonique et du *cinnamène*. On le prépare ordinairement en distillant un mélange de 10 kilogrammes de styrax et de 3 ½ kilogrammes de carbonate de soude.

De la cinnaméine. $H^{26}C^{54}O^8$.

On la trouve dans le baume liquide du Pérou. Elle est liquide, légèrement colorée en jaune, d'une odeur faible et agréable; elle est à peine soluble dans l'eau, très-soluble dans l'alcool et l'éther, décomposable en partie par la chaleur. Elle absorbe lentement le gaz oxygène et se transforme en acide cinnamique. Par une action prolongée d'une dissolution concentrée de potasse, elle fournit du cinnamate de potasse et de la *péruvine*. L'acide azotique donne avec elle une résine jaune et une quantité très-notable d'huile d'amandes amères. On l'obtient en dissolvant le baume du Pérou dans l'alcool à 36 degrés; on ajoute de la potasse, qui fournit du cinnamate soluble et du résinate insoluble; on filtre, et en versant de l'eau dans la liqueur, la cinnaméine se dépose.

Péruvine, $H^{12}C^{18}O^2$. — Elle est liquide, plus légère que l'eau, très-volatile, d'une odeur agréable aromatique, peu soluble dans l'eau, très-soluble dans l'alcool et l'éther; l'acide azotique la transforme en partie en hydrate de benzoïle.

La cinnaménine peut être représentée par 2 équivalents d'acide cinnamique anhydre, et par 1 équivalent de *péruvine*.

De la métacinnaméine. $H^8C^{18}O^2$.

Elle existe dans certains baumes du Pérou; elle est isomère avec l'essence de cannelle; elle est cristalline, très-fusible, insoluble dans l'eau, très-soluble dans l'alcool et l'éther ; la potasse la transforme en acide cinnamique, et il se dégage de l'hydrogène. Avec le chlore, elle fournit du chlorure de cinnamyle. On l'obtient en exposant pendant plusieurs jours la cinnaméine à une température de plusieurs degrés au-dessous de zéro ; elle se dépose sous forme de cristaux blancs.

De l'essence de camphre. $H^{16}C^{20}O$.

Elle existe, avec le camphre, dans le laurier camphré (*laurus camphora*). Elle est liquide, d'une densité de 0,910. A l'air elle absorbe l'oxygène et se change en camphre solide. L'acide azotique la transforme également en camphre. Elle ne diffère de celui-ci que parce qu'elle contient 1 équivalent d'oxygène de moins. Il paraît que, dans l'organisation végétale, elle se forme d'abord, et que le camphre n'est que le résultat de son oxygénation. On l'obtient en distillant avec de l'eau les branches du laurier camphré ; elle se volatilise en même temps que le camphre.

De l'essence de fève de Tonka et de la coumarine. $H^6C^{18}O^4$.

La coumarine existe dans les fèves de Tonka, dans la reine des bois, dans les fleurs de mélilot, d'aspérule odorante, et dans plusieurs autres fleurs. Elle est en aiguilles cristallines, blanches, d'une odeur aromatique, agréable, qui rappelle celle des fèves de Tonka, neutre au tournesol, plus pesante que l'eau, fusible à 50°, bouillant à 270°, à peine soluble dans l'eau froide, très-soluble dans l'eau bouillante, soluble dans l'alcool, l'éther, les huiles grasses et volatiles. Elle se dissout avec dégagement de chaleur dans l'acide azotique monohydraté, et donne la *nitrocoumarine*, et, si l'on prolonge l'action de l'acide, elle fournit l'acide *trinitrophénique* ou *carbazotique* (voy. ce mot). La potasse caustique bouillante la transforme en acide *coumarique*, et, si l'on élève beaucoup la température, en acide salicylique. On obtient la coumarine en traitant par l'alcool à 36 degrés les fèves de Tonka broyées ; on distille, et l'on dissout dans l'eau bouillante le magma cristallin qui reste dans la cornue ; la coumarine se dépose par refroidissement.

Nitrocoumarine, H^5C^{18},AzO^4,O^4. — Elle est en aiguilles cristallines, fusibles à 170°, pouvant être sublimée en cristaux blancs et nacrés, solubles dans l'acide azotique fumant et froid.

Acide coumarique, $H^7C^{18}O^5,HO$. — Il est blanc, cristallin, fusible vers 190°, presque insoluble dans l'eau froide, soluble dans l'eau bouil-

lante, très-soluble dans l'alcool et l'éther. Il forme des sels avec les
bases. Il ne diffère de la coumarine que par 1 équivalent d'eau, qui se
serait fixé sur lui. On l'obtient en traitant par l'acide chlorhydrique le
coumarate de potasse produit pendant l'action de la potasse caustique
bouillante sur la coumarine; on lave avec de l'eau froide le précipité
composé d'acides coumarique et salicylique, puis on dissout celui-ci
dans l'ammoniaque; la coumarine non altérée reste. Le coumarate d'ammoniaque, s'il est soumis à l'ébullition, perd l'excès d'ammoniaque; si,
dans cet état, on le traite par l'azotate d'argent, il se précipite du coumarate d'argent, que l'on décompose par l'acide chlorhydrique; on enlève ensuite avec l'éther l'acide coumarique mis à nu.

De l'essence d'anis concrète. $H^{14}C^{20}O^2$.

Elle existe dans l'anis. Elle est blanche, cristalline, fusible à 18°, et
bouillant à 220°. Elle exerce la rotation à gauche quand elle a été liqué-
fiée. Elle fournit avec le chlore, par substitution, les essences *trichlorée* et *quadrichlorée*. Avec le brome, on a obtenu une essence *tribromée*.
L'acide azotique faible donne une huile rougeâtre, de laquelle on peut
retirer l'acide *anisique* et l'hydrure d'anisile. S'il est moins étendu, il
fournit une essence *binitrée,* $H^{10}C^{20},2AzO^4,O^2$. Elle se combine avec l'a-
cide chlorhydrique.

On l'obtient en distillant avec de l'eau les grains d'anis; elle passe
dans le récipient.

Acide anisique, $H^7C^{16}O^5$. — Il est en aiguilles blanches, inodores, fusibles à 175°, volatiles, solubles dans l'eau, dans l'alcool et l'éther, s'u-
nissant aux bases pour former des sels, fournissant, avec le chlore et
le brome, de l'acide anisique *chloré* et *bromé*. Avec l'acide azotique, il
donne d'abord de l'acide *nitranisique,* puis de l'acide *trinitranisique,*
si l'on fait agir sur lui un mélange d'acide azotique et d'acide sulfurique. Distillé avec de la baryte caustique, il fournit l'*anisol*. On obtient l'acide anisique en distillant l'huile rougeâtre produite par l'action de l'acide azotique faible sur l'essence d'anis.

Hydrure d'anisyle, $H^8C^{16}O^4$. — Huile incolore, absorbant l'oxygène
de l'air, et passant à l'état d'acide anisique, fournissant avec le chlore
un corps monochloré, $H^7C^{16}ClO^4$. Avec la potasse en fusion, il donne
de l'hydrogène et de l'acide anisique. On l'obtient, comme le précédent, en distillant la même huile rougeâtre.

Anisène ou *benzoène,* H^8C^{14}. — Carbure d'hydrogène, qui est à l'acide
anisique ce que la benzine est à l'acide benzoïque. Il est incolore, très-

fluide, d'une densité de 0,87 à 18°, bouillant à 108°, formant avec le chlore les anisènes *monochloré*, *trichloré* et *sexchloré*, se transformant par l'acide azotique en *nitranisène* et en *binitranisène*. Le nitranisène, traité par le sulfhydrate d'ammoniaque, donne un alcaloïde, la *toluidine*, $H^9C^{14}Az$. On obtient l'anisène en décomposant par le feu la résine du baume de Tolu.

Anisol ou *phénomételol*, $H^8C^{14}O^2$. — Liquide incolore, d'une odeur aromatique, bouillant à 152°, soluble dans l'eau, très-soluble dans l'alcool et l'éther. Avec l'acide azotique, il donne l'anisol *monoazotique*. L'anisol est isomère avec la créosote. Il diffère de l'acide anisique hydraté par 2 équivalents d'acide carbonique.

DES ESSENCES DE LA SÉRIE CUMINIQUE.

La graine de cumin, distillée avec de l'eau, donne le *cymène* et le *cuminol* (voy. *Essence de cumin*, aux *Produits immédiats*).

Cymène, $H^{14}C^{20}$. — Il est liquide, incolore, d'une odeur analogue à celle du citron, d'une densité de 0,861. Il bout à 175°. L'acide azotique, suivant son degré de concentration, le transforme en acide *toluique* ou *nitrotoluique*. On l'obtient en distillant vers 200° l'essence de cumin.

Cuminol, $H^{12}C^{20}O^2$. — Il est liquide, incolore, d'une odeur de cumin, d'une saveur âcre, brûlante. Il bout à 220°. L'oxygène de l'air et les acides oxydants le transforment en acide *cuminique*. Il en est de même de la potasse fondue; dans ce dernier cas, il y a dégagement d'hydrogène. Il donne, avec le chlore et avec le brome, le cuminol *monochloré* ou *monobromé*. On l'obtient en distillant l'essence de cumin, après qu'elle a cessé de donner du *cymène*.

Acide cuminique, $H^{11}C^{20}O^3$, HO. — Il est en tables prismatiques, d'une saveur acide qui rappelle celle des punaises. Il fond un peu au-dessus de 100° et bout à 260°; on peut l'obtenir sublimé en aiguilles cristallines. Il est un peu soluble dans l'eau chaude, et très-soluble dans l'alcool et dans l'éther. Il décompose les carbonates alcalins, et forme avec les bases des sels cristallisables. Il peut donner avec l'alcool vinique un *éther*. L'acide azotique le transforme en acide *nitrocuminique*, $H^{11}C^{20},AzO^4,O^4$. Si l'acide azotique avait été mélangé d'acide sulfurique, il se serait formé de l'acide *binitrocuminique*. Par l'action de la chaleur sur le cuminate d'ammoniaque, on obtient la *cuminamide*, $H^{13}C^{20}AzO^2$, et le *cumonitryle*, $H^{11}C^{20}Az$. En distillant 4 parties de baryte et une d'acide cuminique cristallisé, on forme le *cumène*, $H^{12}C^{18}$, que l'acide azotique monohydraté et bouillant transforme en *cumène nitré*, $H^{11}C^{18},AzO^4$,

Celui-ci, traité par le sulfhydrate d'ammoniaque, donne deux alcaloïdes, la *cumine*, $H^{13}C^{18}Az$, et la *nitrocumine*, $H^{12}C^{18},AzO^4,Az$. La cumine unie au cyanogène constitue la *cyanocumine*, $H^{13}C^{18}CyAz$. On obtient l'acide *cuminique* en faisant tomber goutte à goutte l'essence brute de cumin dans de l'hydrate de potasse fondu ; le *cuminol* est transformé en acide cuminique ; le cuminate de potasse est ensuite décomposé par l'acide chlorhydrique.

Acide toluique, $H^7C^{16}O^3$.—Il est isomère de l'hydrure d'anisyle et de l'éther méthylbenzoïque. Il est solide, inodore, insipide, soluble dans l'eau bouillante, très-soluble dans les alcools vinique et méthylique, et dans l'éther. Il est fusible, et peut être sublimé en aiguilles. L'acide azotique le transforme en acide *nitrotoluique*. Avec la chaux, il donne du *toluène*. Il forme un éther avec l'alcool vinique. On l'obtient en traitant le *cymène* par l'acide azotique.

Acide nitrotoluique, $H^6C^{16}, AzO^4, O^3, HO$. — Il est en prismes à base rhombe, d'un jaune pâle, peu solubles dans l'eau froide, solubles dans l'alcool bouillant. Il forme des éthers avec les alcools vinique et méthylique. On l'obtient en traitant l'acide toluique par l'acide azotique.

L'acide cuminique ingéré dans l'estomac a été trouvé dans l'urine.

DES ESSENCES DE LA SÉRIE EUGÉNIQUE.

On trouve dans l'essence de girofles quatre principes immédiats : l'*eugénine*, l'acide *eugénique*, la *caryophylline*, et un *carbure d'hydrogène* isomère avec l'essence de térébenthine (voy. *Essence de girofles*, aux *Produits immédiats*).

De l'eugénine. $H^{12}C^{20}O^4$

Elle est cristallisée en paillettes nacrées. Elle est isomère avec l'acide eugénique. On l'obtient en distillant de l'eau sur les clous de girofle ; elle se dépose du liquide distillé.

Acide eugénique, $H^{11}C^{20}O^3$, HO (voy. *Acide eugénique*).

De quelques autres essences oxygénées.

Il existe encore un très-grand nombre d'essences oxygénées dont je parlerai en faisant l'histoire des produits immédiats ; celles d'entre elles qui sont bien connues sont en effet composées au moins de deux principes immédiats ; il est probable qu'il en est de même de celles qui ont à peine été étudiées ; ces essences sont celles de roses, de thym, de lavande, d'armoise, etc.

DES CAMPHRES.

On désigne sous le nom de *camphres* des *stéaroptènes* neutres, solides à la température ordinaire, ayant une odeur *sui generis*, analogue à celle du camphre ordinaire, volatils, et se transformant, sous l'influence de l'acide phosphorique *anhydre,* en eau et en un carbure d'hydrogène analogue, jusqu'à un certain point, à l'essence de térébenthine. Quoique les camphres soient assez nombreux, je ne parlerai que de ceux du Japon et de Bornéo.

Du camphre du Japon. $H^{16}C^{20}O^2$.

Il existe dans le *laurus camphora* ou *camphora officinarum*, famille des lauracées ; les huiles essentielles de plusieurs labiées renferment aussi un camphre ayant beaucoup d'analogie avec celui-ci, et qui n'est pourtant pas identique. Quoique les essences de valériane et de *semen contra* n'en contiennent pas, elles peuvent en fournir si on les a préalablement traitées par l'acide azotique.

Tel qu'on le trouve dans le commerce, il est extrait, particulièrement au Japon, du *laurus camphora*. Pour le préparer, on divise le bois de l'arbre et on le chauffe avec de l'eau dans de grands alambics ; tout le camphre est ainsi entraîné par la vapeur, mais comme il est encore mêlé avec des substances étrangères, on le place dans de grandes bouteilles de verre à fond plat, très-surbaissées, et que l'on chauffe ensuite sur un bain de sable : le camphre se volatilise et vient se condenser à la paroi supérieure de ces bouteilles, où il se solidifie en en prenant tous les contours.

Le camphre ainsi raffiné est blanc, solide, cassant, d'une odeur particulière : sa densité est de 0,986 ; il fond à 175°, et bout vers 205 ; sa forme cristalline est l'octaèdre ; on ne peut le réduire facilement en poudre qu'en l'humectant avec quelques gouttes d'alcool, car par le frottement il s'électrise trop fortement. Il s'évapore assez rapidement au contact de l'air ; il brûle avec une flamme blanche très-fuligineuse. Il est très-soluble dans l'éther, dans les essences, dans les huiles grasses, etc.; 10 parties d'alcool à 12° en dissolvent 12 parties, tandis qu'il faut 1,000 parties d'eau pour dissoudre 1 partie de camphre. Dissous dans l'alcool, il exerce sa rotation vers la droite, tandis que celui qui a été extrait des labiées l'exerce vers la gauche. Lorsqu'on en projette sur l'eau quelques petits grains, on les voit s'agiter et tourner dans tous les sens par le mouvement que leur imprime le dégagement simultané des vapeurs de camphre et d'eau, qui a lieu assez abondamment; de même, lorsqu'on place un petit cylindre de camphre verticalement dans une assiette pleine d'eau, de manière qu'une partie reste au-dessus du liquide, peu à peu, par l'évaporation qui a lieu, le camphre se trouve usé au point de contact de l'eau, et si l'on prolonge l'expérience, le cylindre peut être entièrement coupé.

Si on le dissout dans le chlorure de phosphore, $PhCl^3$, et qu'on le soumette à l'action du chlore, il donne du camphre chloré, $H^{10}C^{20}Cl^6O^2$. En distillant le camphre avec de l'acide phosphorique anhydre, on lui enlève deux équivalents d'eau, et on le transforme en *cymène*, $H^{14}C^{20}$, susceptible de s'unir à l'acide sulfurique.

Le camphre se dissout assez abondamment dans l'acide sulfurique concentré; si l'on maintient au bain-marie, pendant plusieurs heures, un mélange de 1 partie de camphre et de 10 d'acide sulfurique, il se transforme en une huile incolore, qui présente exactement la même composition que le camphre concret. Cent parties de camphre absorbent à $+ 2°, 72$ parties d'acide sulfureux.

L'acide azotique à froid dissout le camphre sans l'altérer, et donne une masse huileuse (*azotate de camphre*) d'où l'eau le précipite; mais si l'on fait bouillir, l'acide azotique change le camphre en acide camphorique. L'acide hypoazotique donne avec le camphre un composé liquide.

L'acide chlorhydrique est absorbé par le camphre, et il en résulte une huile qui contient 144 volumes d'acide pour 1 de camphre.

Lorsqu'on fait passer du camphre en vapeur sur de la chaux potassée, chauffée à 400°, on obtient un *camphorate* de chaux et de potasse.

Le camphre est administré à l'intérieur avec le plus grand succès comme stimulant diffusible, comme antispasmodique, et comme sudorifique. On l'a employé dans les fièvres dites adynamiques, putrides, ataxiques, principalement lorsque la peau est sèche; dans les phlegmasies cutanées aiguës dans lesquelles l'éruption ne se fait pas bien, languit et dégénère; dans les angines gangréneuses, et dans toutes les gangrènes locales; dans certaines douleurs rhumatismales, sciatiques, etc. Il a été souvent utile dans les fièvres intermittentes, dans la paralysie, et dans une multitude d'affections où les antipasmodiques sont indiqués. On l'a souvent administré avec succès comme *anti-aphrodisiaque*. Il prévient l'action des cantharides sur la vessie, et il la fait cesser lorsqu'elle existe déjà. Est-ce à dire pour cela que le camphre soit une panacée universelle, comme on a voulu le faire croire dans ces derniers temps ? Non certes, et le charlatanisme seul a pu soutenir une pareille thèse, escortée de théories dont l'absurde le dispute à la fausseté. On le donne à l'intérieur, depuis 1 jusqu'à 16 grammes dans les vingt-quatre heures ; les doses doivent varier suivant la nature et l'intensité de la maladie, mais on doit éviter d'en faire prendre beaucoup à la fois, parce qu'il agirait comme un poison énergique, capable d'occasionner la mort en très-peu de temps (voyez mon *Traité de médecine légale,* 4e édit.). On l'administre ordinairement émulsionné par un jaune d'œuf ou par un mucilage ; on le donne en lavement depuis 2 grammes jusqu'à 4 grammes ; introduit par cette voie, il est encore susceptible d'agir comme poison et de déterminer les accidents les plus graves, si la dose employée est trop forte. La dissolution du camphre dans l'huile est souvent employée en frictions sur la partie interne des cuisses et sur quelques autres points ; on se sert aussi d'eau-de-vie camphrée préparée avec 16 grammes de camphre et 1 kilogramme d'eau-de-vie ; enfin le camphre entre dans la composition de quelques liniments résolutifs, etc. Son emploi extérieur exige beaucoup moins de précautions que son administration intérieure, car l'expérience prouve qu'il agit bien moins énergiquement dans le premier cas.

Acide camphorique hydraté, $H^{16}C^{20}O^8, 2HO$. — L'acide camphorique cristallise en parallélipipèdes opaques et blancs ; il a une saveur légèrement amère ; il rougit l'*infusum* de tournesol. Chauffé dans une cornue, il se décompose, et fournit, 1° une matière blanche, opaque, non cristallisée, douée d'une saveur légèrement acide et piquante, qui se condense dans le col de la cornue, formée par de l'acide anhydre ; 2° de l'eau contenant une petite quantité d'acide acétique ; 3° une huile brune, très-épaisse ; 4° une très-petite quantité de charbon. Il est inaltérable à l'air. Onze parties d'eau bouillante suffisent pour dissoudre 1 partie d'acide camphorique, tandis qu'il en faut 100 parties à la température ordinaire. Cent parties d'alcool en dissolvent 106 parties à froid ; l'alcool bouillant le dissout en toutes proportions. L'éther, les acides minéraux, les huiles fixes et volatiles, peuvent également en opérer la dissolution. Il sature bien les bases et fournit des sels qui, lorsqu'ils sont solubles, donnent, par l'addition d'un acide, un précipité blanc et cristallin d'acide camphorique hydraté. Ces sels contiennent 2 équivalents d'oxyde, parce que l'acide camphorique est bibasique.

Préparation. On introduit dans une cornue 1 partie de camphre et 12 parties d'acide azotique à 25 degrés de l'aréomètre de Baumé ; on chauffe graduellement, jusqu'à ce que la moitié du liquide soit passée dans le récipient ; on cohobe, c'est-à-dire on remet le liquide distillé dans la cornue ; on distille de nouveau ; on recohobe, et on continue à distiller jusqu'à ce qu'il ne reste plus dans la cornue que le quart de l'acide azotique employé ; alors on laisse refroidir le liquide, et l'acide camphorique cristallise ; on le lave pour le débarrasser de l'acide azotique qu'il retient. Il sera pur et exempt de camphre, lorsqu'en le faisant bouillir avec de l'eau, il ne communiquera plus l'odeur du camphre à la vapeur de celle-ci. Pendant cette opération, il se dégage du gaz bioxyde d'azote, qui provient de l'acide azotique décomposé : en effet, une partie de camphre prend 6 équivalents d'oxygène à cet acide ; il ne se produit point d'acide carbonique, d'après Liebig.

Acide camphorique anhydre, $H^{14}C^{20}O^{6}$. — Il est obtenu en lavant avec de l'alcool froid le produit de la distillation de l'acide hydraté, que l'on dissout ensuite à chaud dans l'alcool ; par le refroidissement, l'acide anhydre cristallise sous forme de prismes à base rhombe. Il n'a pas de saveur ; sa densité est de 1,94 à 20° ; il est fort peu soluble dans l'eau froide, et ne s'hydrate pas par une ébullition prolongée pendant douze heures. Il fond à 217°, et bout à 270° ; toutefois il se sublime déjà à 130° en aiguilles très-belles, et sans laisser de résidu.

Si l'on fait réagir sur l'acide camphorique anhydre, réduit en poudre, de l'acide sulfurique également anhydre, il se dégage de l'acide sulfureux, et l'on obtient un liquide incolore qui, étant saturé par une base et chauffé au bain-marie, fournit une grande quantité de gaz oxyde de carbone pur. D'après Walter, cette réaction donne aussi naissance à un acide nouveau qui contient les éléments de l'acide camphorique et ceux de l'acide sulfurique, moins un équivalent d'oxyde de carbone formé aux dépens des deux, de telle façon que la composition de ce nouvel acide s'exprimerait par $H^{14}C^{18}O^{6},SO^{2}$.

L'ammoniaque anhydre se combine avec lui, et donne un composé cristallin $= H^{3}AzHO, H^{14}C^{20}O^{5}, H^{2}Az$, qui, par l'action d'un acide fort, fournit l'acide *camphoramique*. Celui-ci distillé donne la *camphorimide*. Chauffé avec l'*aniline*, l'acide camphorique anhydre se transforme en acide *camphoranilique* et en camphoraline.

De l'acide campholique, $H^{17}C^{20}O^{3}$, HO. — Si l'on fait passer un courant de vapeur de camphre sur une colonne d'un mélange de chaux et de potasse fondues ensemble, puis concassées en petits morceaux et portées à 300° ou 400° environ, le camphre se combine avec la potasse, sans qu'il se dégage aucun gaz. Si l'on traite cette combinaison par l'eau, et que l'on sature par un acide le liquide filtré, on obtient une matière blanche acide qui, étant lavée et cristallisée dans l'alcool, constitue l'acide *campholique*. Ce corps a la consistance du camphre; il rougit facilement le tournesol, et sature très-bien les bases. Il fond à 80°, et bout sans altération vers 250°. Il est insoluble dans l'eau, mais il se dissout très-bien dans l'alcool et dans l'éther; distillé avec l'acide phosphorique anhydre, il donne le *campholène*, $H^{26}C^{18}$.

Le campholate de chaux, traité par la chaleur, se décompose en carbonate de chaux et en *campholone* liquide, $H^{17}C^{19}O$.

Acide camphovinique, H^5C^4O, $H^{14}C^{20}O^6$,H. — Il est incolore, transparent, d'une saveur amère, d'une densité de 1,095 à 20°,5. Il bout à 196°; si on le chauffe davantage, il fournit l'*éther camphorique*. Il est très-peu soluble dans l'alcool et l'éther.

Éther camphorique (voy. p. 175).

Huile de camphre (voy. p. 239, *Azotate de camphre*).

Du camphre de Bornéo. $H^{18}C^{20}O^2$.

La matière visqueuse qui découle du *dryabalanops camphora* contient, comme l'a prouvé M. Pelouze, du camphre et un carbure d'hydrogène liquide, désigné sous le nom de *bornéenne*. Le camphre dit de Bornéo, où de Sumatra, est en petits fragments cristallins, qui sont des prismes à six faces incolores, transparents, fusibles à 195°, et bouillant à 215° environ. Il est insoluble dans l'eau, et très-soluble dans l'alcool et l'éther. L'acide phosphorique *anhydre* lui enlève deux équivalents d'eau, et le transforme en bornéenne, $H^{16}C^{20}$. Traité par l'acide azotique, il perd deux équivalents d'hydrogène, et se trouve changé en camphre du Japon, $H^{16}C^{20}O^2$; en effet, il ne diffère de celui-ci que par deux équivalents d'hydrogène en moins.

Bornéenne, $H^{16}C^{20}$. — Il existe dans le *dryabalanops camphora;* il est aussi le résultat de l'action de l'acide phosphorique anhydre sur le camphre de Bornéo. C'est un carbure d'hydrogène isomérique avec l'essence de térébenthine. Il est liquide, incolore, plus léger que l'eau. Il dévie, comme l'essence de térébenthine, à gauche, le plan de polarisation; mais son pouvoir rotatoire est plus considérable. Il bout à 160°, et se volatilise sans se décomposer. L'acide azotique, à une douce chaleur, lui cède de l'oxygène et le transforme en camphre du Japon. M. Gerhardt pense que, dans l'organisation, c'est la bornéenne qui produit le camphre de Bornéo en l'hydratant.

Du furfurol (*huile de son*). $H^4C^{10}O^4$.

En distillant 6 p. de son avec 5 p. d'acide sulfurique et 12 p. d'eau, on obtient un liquide huileux, le *furfurol*, qui a une odeur analogue à celle de l'essence des amandes amères, d'une densité de 1,68, bouillant à 166°, très-soluble dans l'eau et l'alcool, se colorant en pourpre par l'acide sulfurique, et se transformant par l'ammoniaque en *furfuramide*, $H^{12}C^{30}Az O^4$, substance cristalline comparable à l'hydrobenzamide, qui se change elle-même en *furfurine* par l'action d'une dissolution étendue de potasse. La *furfuramide* donne du *thiofurfol*, $H^4C^{10}S^2O^2$, lorsqu'après l'avoir dissoute dans l'alcool, on la traite par l'acide sulfhydrique. Le furfurol présente quelque analogie avec les aldéhydes.

Du fucusol. $H^4C^{10}O^4$.

On obtient le fucusol en distillant des algues avec de l'acide sulfurique. Il est isomérique avec le furfurol. Il est liquide, huileux, incolore; mais il se colore au bout de quelques jours à l'air et à la lumière, en jaune, puis en brun; sa densité est de 1,150 à 13°,5. Il bout à 172°; il exige 14 parties d'eau pour se dissoudre. Il colore la peau en jaune, et cette couleur devient rose par son contact avec l'aniline. L'ammoniaque le transforme en *fucusamide*, $H^{12}C^{30}Az^2O^4$, qui se change elle-même en *fucusine* par l'action de la potasse. L'acide sulfhydrique donne avec une dissolution alcoolique de fucusamide du *thiofucusol*, $H^4C^{10}S^2O^2$.

De l'hellénine. $H^{28}C^{42}O^6$.

L'hellénine est extraite de la racine d'aunée (*inula helenium*) par l'alcool bouillant; par le refroidissement, elle cristallise en prismes quadrilatères, incolores, d'une odeur et d'une saveur très-faibles, plus légers que l'eau, insolubles dans ce liquide, facilement solubles dans l'alcool et dans l'éther. Elle fond à 72°, bout entre 275° et 280°, et se volatilise un peu avant. Lorsqu'on la maintient pendant quelque temps en fusion à une température élevée, elle donne, par le refroidissement, une masse qui a l'aspect de la colophane.

M. Gerhardt dit en avoir isolé, par l'action de l'acide phosphorique anhydre, un carbure d'hydrogène, H^2C^{15}. Il mentionne aussi des produits qui résultent de l'action de l'acide azotique et du chlore sur cette matière ; mais l'examen et l'analyse de ces produits sont trop incomplets pour que je les décrive.

L'acide sulfurique la transforme en acide *sulfohellénique,* et l'acide azotique en *nitrohellénine.* Le chlore la change en chlorhellénine : dans ces deux derniers composés, 1 équivalent d'hydrogène se trouve remplacé par 1 d'acide hypoazotique ou de chlore.

De l'athamanthine. $H^{15}C^{24}O^7,HO$.

Elle existe dans l'*athamantha oreoselinum.* Elle est solide, d'une odeur de graisse rance, fusible dans l'eau bouillante, fixe, décomposable par le feu, insoluble dans l'eau, soluble dans l'alcool, l'éther, les huiles grasses et essentielles. L'acide chlorhydrique l'absorbe, et donne des cristaux décomposables par la chaleur en acide valérianique et en oréosélone, $H^5C^{14}O^3$, et par l'eau bouillante en acide valérianique et en *oréoséline,* $H^6C^{14}O^4$. Elle fournit aussi de l'acide valérianique quand on la traite par l'acide sulfurique concentré.

De l'asarine. $H^{15}C^{20}O^5$.

Elle existe dans l'*asarum.* Elle fond à 120°. Le chlore la convertit en une matière verte qui bout à 220° $= H^{11}C^{20}Cl^2O^5$. L'acide azotique la transforme en une matière rouge résinoïde et incristallisable.

ESSENCES SULFURÉES.

De l'essence de moutarde noire. $H^5C^8AzS^2$.

La graine de moutarde noire contient de l'acide myronique combiné avec la potasse et de la myrosine ; elle ne renferme pas d'*essence;* celle-ci prend naissance sous l'influence de l'eau, à peu près comme l'essence d'amandes amères, par la réaction de la myrosine sur l'acide myronique. Isolés, ces deux corps ne produisent point d'essence, même avec l'eau ; mais dès qu'on les mêle, leurs éléments réagissent, et il en résulte l'essence de moutarde noire.

Cette *essence* est incolore lorsqu'elle est récente et pure ; mais en vieillissant, elle devient jaune ; elle a une odeur forte et irritante, une saveur âcre et caustique ; sa densité varie de 1,038 à 1,015 ; elle n'exerce pas de pouvoir rotatoire. D'après MM. Robiquet et Bussy, son point d'ébullition, qui commence à 110°, s'élève peu à peu jusqu'à 155°, ce qui dépend d'une altération que lui fait subir la chaleur; en effet, l'essence se partage alors en trois huiles distinctes qui ont des points d'ébullition différents. L'alcool et l'éther la dissolvent aisément; l'eau, au contraire, la précipite de ces dissolutions.

L'essence de moutarde dissout à chaud et en grande quantité le phosphore et le soufre, qui s'en séparent à l'état cristallin. Le chlore l'attaque très-fortement.

Lorsqu'on la chauffe avec du potassium, il se forme du sulfure et du sulfocyanure de potassium; cette réaction doit être faite avec précaution, car elle détermine une explosion quelquefois assez violente.

En chauffant l'essence de moutarde avec la chaux sodique, on obtient l'oxyde d'allyl, H^5C^6O. Lorsqu'on mélange peu à peu de l'ammoniaque avec de l'essence de moutarde, elle s'y unit, et donne naissance à de la *thiosinammine*. L'hydrate de protoxyde de plomb transforme l'essence de moutarde en *sinapoline*. On peut considérer l'essence de moutarde noire comme un composé d'essence d'ail, H^5C^6S, et de sulfocyanogène, C^2AzS. Elle possède une action vésicante très-énergique.

On l'obtient en distillant avec de l'eau le tourteau de graines de moutarde noire dont on a extrait l'huile grasse; l'eau a été préalablement laissée en digestion pendant quelques heures à la température de 25° à 30 .

Thiosinammine, H^5C^8, H^3Az, AzS^2. — Alcaloïde cristallisable en bases rhombes, d'un blanc éclatant, fusibles à 70°, solubles dans l'eau, dans l'alcool et l'éther; ces dissolutions sont neutres au papier de tournesol. Elle se dissout également dans les acides sulfurique, azotique et acétique; mais les sels qu'elle forme ne cristallisent pas. Chauffée avec le protoxyde de plomb ou le bioxyde de mercure, elle perd son soufre, et se transforme en un autre alcaloïde, la *sinammine*.

$$\underbrace{H^5C^8,H^3Az,AzS^2}_{\text{Thiosinammine.}} , \quad \underbrace{2\,PbO}_{\text{Oxyde de plomb.}} = \underbrace{H^6C^8Az^2}_{\text{Sinammine.}} , \quad \underbrace{2\,PbS}_{\text{Sulfure de plomb.}} , \quad 2HO$$

Sinammine, $H^6C^8Az^2$. — Elle est solide, inodore, d'une saveur amère; elle a une réaction fortement alcaline; elle ne forme qu'un petit nombre de sels cristallisables; elle précipite les sels de cuivre, de plomb, d'argent, et de sesquioxyde de fer.

Sinapoline, $H^{12}C^{14}Az^2O^2$. — Alcaloïde en paillettes d'un éclat gras, bleuissant le tournesol rougi, soluble dans l'eau; cette dissolution donne, avec les bichlorures de mercure et de platine, des précipités cristallins.

Acide myronique (voy. *Acides*).

Myrosine. — Elle existe dans la graine de moutarde noire; elle est in-cristallisable, et susceptible d'être coagulée, comme l'albumine, par la chaleur, les acides et l'alcool; dans cet état, elle ne jouit plus de la propriété de transformer en essence de moutarde noire le myronate de potasse contenu dans la graine de cette plante, à moins qu'on ne la laisse pendant longtemps sous l'eau. Pour l'obtenir, on épuise par l'eau froide la graine de moutarde *blanche;* on évapore la liqueur filtrée, et on précipite la myrosine de cette dissolution à l'aide de l'alcool. La graine de moutarde noire ne donnerait pas trace de myrosine, parce qu'aussitôt qu'elle a été mise en contact avec l'eau, elle se change en essence de moutarde noire. La myrosine est le ferment par excellence pour développer la fermentation sinapique.

De l'essence de raifort.

L'essence de *raifort* est plus pesante que l'eau, à laquelle elle communique son odeur et sa saveur âcre et mordicante, quoiqu'elle ne soit que fort peu soluble dans ce liquide. Elle précipite les sels de plomb et d'argent à l'état de sulfures.

C'est à cette huile que le raifort paraît devoir ses propriétés.

L'*essence de cochléaria* est analogue à la précédente.

De l'essence d'ail. H^5C^6S (*monosulfure d'allyl*).

Elle existe dans les gousses d'ail; on l'a considérée comme une combinaison de soufre avec de l'*allyl* (carbure d'hydrogène, H^5C^6). Elle est liquide, incolore, transparente, d'une odeur repoussante, plus légère que l'eau, décomposable à 150°, légèrement soluble dans l'eau, très-soluble dans l'alcool et l'éther. Elle est rapidement décomposée par l'acide azotique. Dissoute dans l'alcool, elle donne, avec le bichlorure de mercure, un précipité blanc, avec le bichlorure de platine, un précipité jaune, et avec l'azotate d'argent, un précipité de sulfure d'argent mélé d'un composé blanc cristallin, soluble dans l'eau bouillante, AgO, H^5C^6O, AzO^5, lequel, traité par l'ammoniaque, donne l'*oxyde d'allyl*, sorte d'huile volatile, incolore, d'une odeur désagréable, H^5C^6O.

L'essence d'ail, appliquée sur la peau, y détermine une vésication accompagnée de douleurs assez vives.

On l'obtient en distillant les gousses d'ail avec de l'eau; on décante l'huile brune condensée dans le récipient, et on la distille de nouveau dans un bain d'eau salée; le produit de cette seconde distillation est rectifié sur du potassium, jusqu'à ce qu'il ne soit plus attaqué par ce métal.

De l'essence d'asa fœtida. $H^{11}C^{12}S$ ou S^2.

Elle existe dans l'*asa fœtida;* on l'obtient en distillant cette gomme-résine avec de l'eau dans de grands ballons de verre que l'on plonge dans un bain de sel. Elle est d'un jaune clair, limpide, d'une odeur pénétrante d'*asa fœtida.* Elle est neutre au papier de tournesol, et ne rougit pas la peau, comme d'autres huiles sulfurées; elle est un peu soluble dans l'eau, et soluble dans l'alcool concentré et dans l'éther. Elle bout à 140°, en dégageant continuellement du gaz acide sulfhydrique. A l'air, elle devient peu à peu acide, et son odeur se modifie. L'acide chlorhydrique la colore en rouge, en violet, puis en noir. (Hlasiwetz, *Journ. de pharm.,* mars 1850.)

Les *oignons* fournissent une huile essentielle analogue.

Les *essences* de *lepidium latifolium* et de houblon, possèdent des propriétés analogues à celles des essences sulfurées que je viens d'examiner.

Il existe encore beaucoup d'autres huiles essentielles, fournies en particulier par la distillation des gommes-résines; mais elles ont été trop étudiées pour que je m'en occupe.

De la créosote. $H^{16}C^{28}O^4$.

La créosote existe dans le goudron de bois, dans l'acide pyroligneux (voy. *Bois*). Elle est liquide, oléagineuse, un peu grasse au toucher, incolore lorsqu'elle est récemment préparée, d'une odeur de fumée désagréable et pénétrante, d'une saveur caustique et brûlante, d'une densité de 1,037 à $+ 20°$, et sans action sur les papiers colorés. Elle bout à 203°, sous la pression de 0,720, et ne se solidifie pas à un froid de 27° — 0°.

Elle forme deux combinaisons avec l'eau à la température de $+ 20°$; la première est une dissolution de 1 partie de créosote et de 400 d'eau, et la seconde une dissolution de 1 partie d'eau dans 10 de créosote. Elle s'unit en toutes proportions à l'alcool, à l'éther et aux huiles essentielles.

Le soufre, l'iode et le phosphore, sont dissous en assez grande quantité par la créosote.

L'acide azotique dissout la créosote en toutes proportions, et par la chaleur donne avec elle des vapeurs rutilantes très-abondantes. L'acide sulfurique concentré, en petite quantité, la colore en rouge; s'il est plus abondant, elle noircit, perd sa fluidité, et il se dépose du soufre. Elle forme avec la potasse et la soude deux composés, l'un anhydre et huileux, l'autre hydraté, cristallin blanc nacré, qui ne constituent pas des savons, car les acides faibles en séparent la créosote non décomposée. Elle dissout un très-grand nombre de sels sans les altérer; je citerai particulièrement les acétates de potasse, de soude, d'ammoniaque, de plomb, de zinc, les chlorures d'étain, de calcium, etc.; tandis qu'elle décompose et réduit à l'état métallique l'acétate et l'azotate d'argent. L'alcool, les éthers sulfurique et acétique, le sulfure de carbone, l'eupione et le naphte, s'unissent en toutes proportions avec la créosote. Elle coagule l'albumine, et c'est probablement par suite de cette action qu'elle jouit de la propriété d'empêcher la putréfaction de la viande et du poisson; il suffit, en effet, de tremper ces matières pendant un quart d'heure ou une demi-heure dans une dissolution de créosote pour qu'elles soient complétement desséchées et incorruptibles; la propriété que possède sa fumée de conserver les viandes dépend sans doute de la créosote qu'elle renferme.

La créosote agit à la manière des poisons; appliquée sur la langue, elle l'altère instantanément; elle détruit l'épiderme en très-peu de temps, et tue les petits animaux, les poissons, etc. On l'a employée avec succès dans plusieurs cas de carie, surtout de carie dentaire, dans la pourriture d'hôpital, dans certaines affections cancéreuses, dans la brûlure, et en général dans tous les cas où l'huile de Dippel a paru utile. On l'administre pure, en dissolution dans l'eau, ou sous forme d'onguent.

Préparation. On distille le goudron de bois jusqu'à la consistance de la poix des cordonniers; le liquide condensé dans le récipient se divise en deux parties, dont une, plus pesante, occupe le fond; on sature celle-ci avec du carbonate de potasse, on laisse reposer, et on décante l'huile qui surnage. On distille de nouveau cette huile, mais on ne recueille encore que les parties qui passent en dernier et qui tombent au fond de l'eau du récipient. On agite à plusieurs reprises cette huile avec de nouvelles portions d'acide phosphorique étendu; on laisse reposer la liqueur, on lave à l'eau jusqu'à ce que celle-ci ne manifeste plus de réaction acide, et enfin on distille dans une cornue avec une nouvelle quantité d'eau chargée d'acide phosphorique, en ayant soin de cohober de temps en temps. On obtient dans le récipient une huile incolore que l'on dissout dans une dissolution de potasse caustique de la densité de **1,12**; on enlève l'eupione qui surnage; on laisse la liqueur exposée au contact de l'air dans un large vase ; l'huile devient brune par l'oxydation d'une substance étrangère qu'elle renfermait ; on sature par l'acide sulfurique, et on enlève, pendant qu'elle est encore chaude, l'huile qui se trouve ainsi de nouveau isolée ; enfin on la distille : il reste dans la cornue un résidu bitumineux. La dissolution dans l'alcali caustique et les autres opérations doivent être répétées jusqu'à ce que l'huile ne brunisse plus à l'air, et qu'elle ne prenne plus qu'une teinte légèrement rougeâtre ; on distille l'huile dans une cornue avec une dissolution de potasse caustique plus concentrée ; on continue la distillation tant que la liqueur passe claire ; enfin on rectifie le produit en le distillant de nouveau dans une petite cornue. On rejette les premières parties, qui renferment beaucoup d'eau, et on ne recueille que les dernières, qui sont de la créosote pure. (*Ann. de chim.*, juillet 1833.) Buchner a indiqué un autre procédé (voy. *Journ. de pharm.*, juillet 1834).

DEUXIÈME GROUPE.

Des principes immédiats neutres, composés seulement d'hydrogène et de carbone.

DES CARBURES D'HYDROGÈNE.

Ces principes sont excessivement nombreux, et jouent un grand rôle dans la chimie organique ; plusieurs d'entre eux ont été déjà décrits soit dans la chimie minérale, soit en parlant des principes immédiats qui les fournissent par suite de réactions variées. Voici les noms des principaux d'entre eux :

Protocarb. d'hydrogène.	Rétinaphte.	Cérolène.
Bicarbure d'hydrogène.	Rétiline.	Cinnamène.
Gaz double bicarb. d'hydrogène.	Rétinole.	Métacinnamène.
Eupione.	Rétistérène.	Carbures des acides stéarique et margarique.
Pittacale.	Benzoène.	Carbures du succin.
Naphtaline.	Styrole.	Hévéenne.
Paranaphtaline.	Colophène.	Caoutchine.
Paraffine.	Oléène.	Carbures du gaz de l'éclair.
	Élaéne.	

Huile de vin légère.   Térébène.   Cholestérone.
Éthyle.   Citrène.   Cholestéarone.
Méthyle.   Citrilène.   Valyle.
Méthylène.   Stilbène.   Carb. de l'essence de rue.
Tolène.   Cumène.   Campholène.
Amylène.   Menthène.   Anisène.
Paramylène.   Cédrène.
Métamylène.   Cétène.

Idrialine.   Cymène.   Bornéenne.
Carbure de naphte.   Gaultherylène.   Caoutchouc pur.
Scheererite.   Carvène.

En laissant de côté les 3 carbures d'hydrogène que j'ai étudiés à la p. 246 du tome Ier, les autres peuvent être divisés en ceux qui existent dans les goudrons qui proviennent de la distillation sèche des matières végétales et animales, en ceux qui ont une autre origine et qui sont le produit de l'art, et enfin en ceux que l'on trouve dans la nature.

§ Ier. — CARBURES D'HYDROGÈNE

contenus dans les goudrons ou provenant de la décomposition par le feu
de diverses substances organiques.

On doit à Reichenbach, qui le premier a attiré l'attention des savants sur cette série de corps, la découverte de plusieurs de ces carbures.

De l'eupione. HC.

L'eupione est contenue plus particulièrement dans les goudrons provenant des matières animales. C'est une huile liquide, même à — 20°, incolore, limpide, inodore, sans saveur, neutre aux couleurs végétales, bouillant à 169°, et d'une densité de 0,740 à 22°; elle ne s'enflamme qu'autant qu'elle est chaude, et brûle avec une belle flamme vive et sans répandre de fumée si l'on se sert d'une mèche. L'alcool concentré, l'éther et les huiles essentielles, la dissolvent presque en toutes proportions, tandis qu'elle est insoluble dans l'eau.

Elle n'agit sur le soufre, le sélénium et le phosphore, que comme dissolvant, et seulement lorsqu'elle est chaude. Le chlore, le brome et l'iode, paraissent l'attaquer.

Elle gonfle considérablement le caoutchouc, et finit par le dissoudre à une température suffisamment élevée.

Quelques chimistes pensent que l'eupione n'est qu'un mélange de plusieurs carbures d'hydrogène analogues à ceux qui constituent le pétrole.

Préparation. On distille 8 livres de goudron animal, jusqu'à ce qu'on en ait obtenu 5, que l'on réduit à 3 par une nouvelle distillation. On mêle ces 3 litres avec 500 grammes d'acide sulfurique concentré, auquel il est bon d'ajouter un peu d'acide azotique ; en laissant déposer, on obtient une couche d'une huile jaune, volatile, qui surnage un liquide acide fortement coloré en rouge. On décante la couche supérieure et on la distille aux trois quarts. Le produit huileux recueilli et incolore est lavé avec une lessive chaude de potasse ; il se forme deux couches que l'on sépare ; on distille de nouveau la partie huileuse avec moitié seulement de son poids d'acide sulfurique, jusqu'à ce que les trois quarts aient passé dans le récipient, puis on lave de nouveau à la potasse. Enfin, après avoir desséché ce produit dans le vide, on le fait bouillir avec quelques décigrammes de potassium, qui en sépare des flocons rouges, et l'on continue l'ébullition, tant que le métal se ternit. On sépare en dernier lieu la *paraffine,* que l'eupione ainsi préparée pourrait retenir, en traitant par l'alcool, qui la précipite. Une chaleur convenable vaporise ensuite l'alcool et laisse l'eupione pure.

M. Reichenbach a retiré encore des goudrons deux autres huiles particulières, qu'il désigne sous les noms de *picamare* et de *capnomor ;* mais qui n'ont pas été assez étudiées pour que je les décrive.

De la pittacale.

Matière particulière contenue dans les goudrons, qui ressemble beaucoup à l'indigo, dont elle possède la belle couleur bleue, se dissolvant bien dans l'acide sulfurique, et pouvant être fixée, à l'aide de mordants alumineux, sur la toile et le coton. On la prépare en la précipitant d'une dissolution alcoolique de picamare ou de goudron par la baryte (voir, pour les détails, le *Journ. de pharm.,* t. XX, pag. 362).

De la naphtaline. H^8C^{20}.

La naphtaline a été découverte, par M. Kidd, dans les produits de la distillation du goudron de houille. Elle se forme aussi lorsqu'on décompose par le feu le benzoate de chaux, ou les vapeurs d'alcool ou de camphre. Elle est solide à la température ordinaire, très-blanche, douce et onctueuse au toucher, d'une odeur analogue à celle du narcisse, d'une saveur piquante, d'une densité de 1,048, neutre aux réactifs colorés, fusible à 79°, et entrant en ébullition à 212°; cependant elle peut se sublimer sans fondre; alors elle cristallise en lames rhomboïdales, transparentes et très-brillantes. La chaleur paraît avoir très-peu d'action sur elle.

Lorsqu'on l'enflamme, elle brûle rapidement en répandant beaucoup de fumée. La densité de sa vapeur est de 4,528, et représente quatre volumes.

Elle est insoluble dans l'eau froide, mais un peu soluble dans l'eau chaude, d'où elle se dépose par le refroidissement. L'alcool, l'éther, les huiles grasses et essentielles, la dissolvent en grande quantité, et plus à chaud qu'à froid.

Soumise à l'action du chlore, la naphtaline se liquéfie, s'échauffe, et laisse dégager du gaz chlorhydrique; ce liquide a pour formule $H^8C^{20}Cl^2$ (1 équivalent de naphtaline avec 2 de chlore). Si on prolonge l'action du chlore, on obtient un corps blanc solide, cristallisable s'il a été dissous dans l'éther $= H^8C^{20}Cl^4$ (1 équivalent de naphtaline et 4 de chlore). En soumettant ces deux matières à l'action de divers réactifs, ou bien en traitant par le chlore les produits qu'elles donnent par la distillation, on prépare un grand nombre de composés analogues, tels que la naphtaline *monochlorée*, $H^7C^{20}Cl$, *bichlorée, trichlorée, quadrichlorée, sexchlorée, perchlorée;* cette dernière a pour formule $C^{20}Cl^8$. Le brome donne des produits analogues aux précédents; ainsi M. Laurent a obtenu de la naphtaline *mono, bi, tri* et *quadribromée;* cette dernière est représentée par $H^4C^{20}Br^4$. En faisant réagir successivement sur la naphtaline le brome et le chlore, le même chimiste a donné naissance à des composés plus complexes, tels que les naphtalines *bromobichlorée, bibromochlorée, bromotrichlorée* et *bibromotrichlorée;* cette dernière a pour formule $H^3C^{20}Br^2Cl^3$. On peut encore produire des chlorhydrates de naphtaline *chlorée* ou *bromée,* ou à la fois chlorée et bromée. *Exemples :* $H^7C^{20}Cl$, HCl ; $H^4C^{20}Br^4$, HBr ; $H^5C^{20}Br^2Cl$, HCl. On voit que les corps dont je viens de parler dérivent en général de la naphtaline par substitution, et qu'un ou plusieurs équivalents d'hydrogène sont remplacés par un ou plusieurs équivalents de chlore ou de brome.

L'acide azotique bouillant transforme la naphtaline en une huile solide *mononitronaphtaline,* H^7C^{20},AzO^4; d'où il suit que l'acide azotique a cédé un équivalent d'oxygène, qui s'est combiné avec un équivalent d'hydrogène de la naphtaline; en continuant l'action de l'acide, on obtient la *binitronaphtaline* et la *trinitronaphtaline*. La mononitronaphtaline donne, avec le sulfhydrate d'ammoniaque, la *naphtalidame* ou *naphtalidine*, base organique $= H^9C^{20}Az$, laquelle, sous l'influence du sesquichlorure de fer et de corps oxydants, se convertit en *naphtamène*, substance nouvelle d'un beau bleu, assez analogue à l'orcine, tandis que la *bi* et la *trinitronaphtaline* produisent d'autres alcaloïdes, tels que $H^8C^{20}Az^2$ et $H^7C^{20}Az^3$. Si l'on fait agir l'acide azotique sur les naphtalines *chlorées*, on obtient d'autres composés dans lesquels tantôt l'hydrogène est remplacé par AzO^4, tantôt par de l'oxygène.

En chauffant une dissolution alcoolique de nitronaphtaline et une dissolution très-concentrée de sulfite d'ammoniaque neutre, M. Piria a transformé la nitronaphtaline en naphtalidine, laquelle, à l'état naissant, s'unit aux éléments de l'acide sulfureux pour former deux composés isomériques acides de la formule $H^8C^{20}AzS^2O^5,HO$, qu'il a désignés sous les noms d'acide *naphtionique* et thionaphtamique.

L'acide sulfurique concentré à 90⁰ donne, avec la naphtaline, des acides composés, tels que l'acide *sulfonaphtalique*, $H^7C^{20}S^2O^5$, et l'acide *sulfonaphtique*. Si l'acide était *anhydre*, on obtiendrait, *en outre*, deux substances neutres cristallisables, la *sulfonaphtaline*, $H^8C^{20}SO^2$, et la *sulfonaphtalide*, $H^{10}C^{24}SO^2$. En agissant sur les naphtalines *tri* et *quadrichlorées*, l'acide sulfurique monohydraté donne des acides analogues à l'acide sulfonaphtalique.

Le chlorure de naphtaline, $H^8C^{20}Cl^4$, traité par l'acide azotique, fournit l'acide *phtalique*, $H^4C^{16}O^6, 2HO$. Le phtalate d'ammoniaque distillé donne le *phtalimide*, $H^5C^{16}O^4Az$.

Préparation. On retirait autrefois la naphtaline du goudron de houille en distillant celui-ci à une haute température, et en soumettant le produit à l'action du froid pour en faire déposer la naphtaline. Aujourd'hui on distille une ou deux fois la naphtaline que l'on trouve en grande quantité dans les tuyaux de condensation des usines à gaz; on la dissout ensuite dans l'alcool pour l'obtenir parfaitement pure.

Acide naphtionique, $H^8C^{20}AzS^2O^5,HO$. — Il est blanc, en cristaux aciculaires d'un éclat satiné, insolubles dans l'eau froide et dans l'alcool, solubles dans l'eau bouillante; il est très-stable et déplace l'acide acétique de ses combinaisons; il n'est pas attaqué par les acides sulfurique et chlorhydrique à 200°; l'acide azotique bouillant le transforme en une matière résineuse brune; il n'est guère décomposé que par les oxydants énergiques. Les naphtionates sont tous solubles et facilement cristallisables.

Acide thionaphtamique. — Il n'a pas été obtenu libre. Les thionaphtamates de potasse, de soude et d'ammoniaque, sont solubles et cristallisables. Lorsqu'on essaie de le séparer de ces sels, il se transforme en acide sulfurique et en naphtalidine. Ces sels distillés donnent une grande quantité de naphtalidine. (Piria , *Comptes rendus*, séance du 30 septembre 1850.)

De la paranaphtaline. $H^{12}C^{30}$.

Cette substance est isomère de la naphtaline ; on la trouve aussi dans le goudron de houille. On l'obtient dans les derniers produits de la distillation de ce goudron par les mêmes moyens que la naphtaline, seulement on peut la purifier par deux ou trois distillations successives. Elle est blanche et cristallisée en petits grains , ce qui la distingue déjà de la naphtaline ; elle n'entre en fusion qu'à 180°, et ne bout qu'au delà de 300° ; elle est insoluble dans l'eau , et à peine soluble dans l'alcool, même bouillant, caractère qui la distingue facilement de la naphtaline. Avec l'acide azotique, elle donne les corps suivants :

$$H^{11}C^{30}AzO^4$$
$$H^{10}C^{30}, 2AzO^4$$
$$H^9C^{30}, 3AzO^4$$
$$H^7C^{30}O^5$$

Elle offre la même composition ; toutefois, la densité de sa vapeur étant égale à 6,741 , elle ne représente pour 2 volumes que 3 volumes de naphtaline.

De la paraffine. $H^{50}C^{48}$.

La paraffine a été découverte par M. Reichenbach dans les produits de la distillation de beaucoup de matières organiques. Elle est blanche, cristalline, inodore, insipide et ductile ; elle peut acquérir par la raclure un aspect gras, analogue à celui de la cétine ; elle fond à 43° ou 44° en un liquide incolore, transparent, oléagineux ; elle entre en ébullition à une température plus élevée, et distille sans altération. Exposée à l'action de la chaleur dans une cuiller de platine, elle s'enflamme et brûle sans fumée. Elle ne fait pas tache comme la graisse. Sa densité est de 0,870.

Elle ne paraît être attaquée par aucun corps ; cette indifférence lui a fait donner son nom, qui dérive de *parum affinis.*

La paraffine est insoluble dans l'eau ; elle est facilement soluble dans les huiles de térébenthine, de goudron et de naphte. Cent parties d'éther à 25° dissolvent 140 parties de paraffine; l'alcool absolu n'en dissout que peu à froid; bouillant, il n'en prend que 3,45 pour 100. Elle est neutre aux couleurs végétales.

Préparation. Aujourd'hui on l'obtient très-facilement et en abondance en distillant un mélange de cire et de chaux; elle passe avec un peu d'huile, dont on la sépare par expression, et en la traitant par l'alcool, qui la dissout à peine, et qui entraîne les autres produits.

Le premier moyen qui fut employé consistait à distiller plusieurs fois l'huile de goudron pesante; on la mêlait avec de l'acide sulfurique concentré par petites portions (un quart de son poids), et on élevait la température jusqu'à 100°. On abandonnait ensuite le mélange à lui-même, pendant douze heures au plus, dans une étuve, afin que la paraffine ne pût pas se figer; au bout de ce temps, on trouvait à la surface du mélange un liquide huileux, incolore, que l'on décantait, et qui, par le refroidissement, laissait déposer la paraffine. On la lavait avec de l'eau, et on l'exprimait dans des papiers absorbants; enfin on la dissolvait dans l'alcool concentré et bouillant, d'où elle se déposait par le refroidissement. On l'a obtenue en assez grande quantité, dans ces derniers temps, en distillant des schistes, pour que des fabricants trouvent du profit à l'introduire dans les bougies stéariques, qui n'offrent que l'inconvénient de brûler plus vite.

Des carbures

provenant de la décomposition des résines par le feu.

Ces carbures sont : 1° le *rétinaphte*, H^8C^{14}, bouillant à 108°, isomère avec le benzoène; 2° le *rétinyle*, $H^{12}C^{18}$, bouillant à 150°; 3° le *rétinole*, H^6C^{12}, bouillant à 240°, isomère de la benzine; 4° le *rétistérène (métanaphtaline)* cristallin, fondant à 65°, bouillant à 325°, isomère de la naphtaline. On emploie quelquefois un mélange des deux premiers de ces carbures pour remplacer l'essence de térébenthine; le rétinole sert à préparer certaines encres d'imprimerie; mélangé à la chaux, il constitue la graisse noire dont on fait usage pour graisser les roues, les machines, etc.; 5° le *benzoène* ou anisène, H^8C^{14}, produit de la distillation du sang-dragon et de la résine du baume de Tolu (voy. ces mots); 6° le *colophène*, $H^{32}C^{40}$; il est liquide, incolore, paraissant quelquefois bleuâtre, d'une densité de 0,940; 7° le *styrole*, obtenu en distillant le styrax liquide; il est isomère avec le benzoène; il est limpide, incolore, soluble dans l'alcool et dans l'éther, bouillant à 315°; il est polymère de l'essence de térébenthine ; sa molécule est deux fois plus forte. On l'obtient en décomposant la colophane par le feu.

De l'oléène et de l'élaène.

Ils sont le résultat de la décomposition par le feu des acides métaoléique et hydroléique ; ils sont isomériques du bicarbure d'hydrogène gazeux. L'oléène, $H^{12}C^{12}$, bout à 55º ; son odeur est désagréable et pénétrante. L'élaène, $H^{18}C^{18}$, bout à 110º.

Du cérotène. $H^{54}C^{54}$.

On l'obtient en décomposant la cérotine par le feu (voy. *Cérotine*). Il est cristallin et a l'aspect de la paraffine. Il fond à 57º. Il est soluble dans l'alcool et l'éther. Le chlore humide lui prend 19 équivalents d'hydrogène, et forme du cérotène chloré, $H^{35}C^{54}Cl^{19}$.

Du cinnamène, $H^{8}C^{16}$, et du métacinnamène.

Le cinnamène ou *styrol* est le produit de la décomposition par le feu du styrax, du sang-dragon, du cinnamate de cuivre, etc. Le *métacinnamène* (*métastyrol* ou draconyle) est isomérique du cinnamène, et fait partie des produits de la distillation du sang-dragon (voy. ce mot).

Du carbure
produit pendant la décomposition par le feu des acides stéarique et margarique.

Ce carbure a pour formule $H^{34}C^{34}$. Il a été peu étudié.

Des carbures fournis par le succin.

Le succin décomposé par le feu donne plusieurs carbures d'hydrogène liquides, dont le point d'ébullition varie de 140º à 190º. Ils sont isomériques de l'essence de térébenthine.

Des carbures fournis par le caoutchouc.

En décomposant le caoutchouc du commerce par le feu, on obtient plusieurs carbures. Le *caoutchène*, découvert par M. Bouchardat, bout à 14⁰,5, et cristallise en aiguilles blanches à —15⁰; il est isomérique avec le gaz oléfiant. L'*hévène* ne bout qu'à 351⁰, et ne se solidifie pas par le froid. Il est également isomérique du bicarbure d'hydrogène gazeux. Entre 14⁰,5 et 351⁰, il se produit d'autres carbures. Himly en a isolé un qu'il a désigné sous le nom de *caoutchine,* qui bout à 171⁰, et qui paraît avoir la composition de l'essence de térébenthine. Ces divers carbures dissolvent très-bien le caoutchouc, dont je ferai l'histoire à la suite des baumes. Celui-ci, quand il a été purifié, constitue-t-il un carbure d'hydrogène formé de 87,2 de carbone et de 12,8 d'hydrogène, comme semble l'indiquer l'analyse qui en a été faite ? Je n'oserais pas l'affirmer, en ayant égard aux travaux de Faraday, desquels il résulte que le suc laiteux *récent* dans lequel se trouve le caoutchouc contient plusieurs matières azotées dont il est difficile de le débarrasser.

Des carbures

produits pendant la décomposition par le feu de l'acide valérianique.

Ces carbures sont le *propylène,* H^6C^6, l'*éthylène,* H^4C^4, et peut-être le butylène, H^8C^8.

Des carbures

provenant du gaz de l'éclairage produit par la décomposition de l'huile.

Lorsqu'on comprime le gaz obtenu par la décomposition de l'huile jusqu'à 30 atmosphères environ, on obtient dans les récipients un liquide particulier, tantôt transparent et sans couleur, et tantôt jaune ou brun, possédant l'odeur du gaz dont il est saturé au moment de la compression, odeur qui se dégage bientôt si l'on cesse de comprimer. En soumettant ce liquide à la chaleur de la main, et en faisant passer les vapeurs dans un tube refroidi à 18° — 0°, ces vapeurs se condensent en un liquide incolore fort mobile, d'une densité de 0,627, bouillant sous la pression ordinaire à quelques degrés au-dessous de zéro, et produisant ainsi un gaz incolore qui brûle avec une flamme brillante au contact de l'air, peu soluble dans l'eau, soluble au contraire dans l'alcool, d'où l'eau le précipite. Le chlore l'attaque, et forme avec lui deux composés distincts. Les alcalis sont sans action sur lui. Il s'unit en grande quantité avec l'acide sulfurique, et produit un corps isomère du gaz oléfiant, H^2C^2, sans dégagement d'acide sulfureux.

Si l'on élève de plus en plus la température, on la voit devenir stationnaire pendant quelque temps entre 80° et 90°, et pendant ce temps, à peu près la moitié du liquide soumis à la distillation peut être recueillie dans les récipients. Si alors on soumet ce produit à un froid de 18° au-dessous de zéro, il se partage en un corps liquide, et en un produit solide cristallisé, que l'on sépare en comprimant la partie solide, toujours soumise à un froid de 10 à 15 — 0.

La partie liquide qui s'écoule pendant la compression du corps précédent, n'ayant pas été obtenue à l'état de pureté, n'a pas été analysée d'une manière exacte ; elle paraît toutefois être isomère du gaz oléfiant.

M. Couerbe a voulu continuer le travail de Faraday, à qui l'on doit tous ces détails. En examinant le liquide provenant du gaz de l'éclairage comprimé, mais recueilli dans les récipients en dehors de toute pression, il a signalé *six carbures d'hydrogène* particuliers, qu'il séparait et purifiait en fractionnant les produits de la distillation de cinq en cinq degrés. On conçoit facilement qu'il soit possible de produire de cette manière une quantité innombrable de carbures d'hydrogène par des mélanges de deux ou plusieurs corps, qui, entrant en ébullition à des degrés différents, peuvent présenter, suivant les proportions de chacun de ces carbures dans ces mélanges, des densités variables, et des points d'ébullition susceptibles de croître avec la quantité du corps le moins volatil ; ce qui confirme cette opinion, c'est que, dans toutes ses analyses, M. Couerbe signale des pertes qu'il évalue en carbone, et qui s'élèvent jusqu'à 0,445. Ces erreurs d'analyse ne sont guère propres à inspirer de la confiance.

§ II. — CARBURES D'HYDROGÈNE

produits par l'art, et qui ne sont pas le résultat de la seule action du feu.

Huile de vin légère (voy. p. 182).

De l'éthyle. $H^5C^4 = 2$ vol.

Lorsqu'on fait agir à la température de 150°, dans un bain d'huile, du zinc sur l'éther iodhydrique, on obtient un gaz composé de 50,03 d'é-thyle, de 25,79 de *méthyle*, de 21,70 de *méthylène*, et de 2,48 d'azote. Les trois premiers corps pouvant être condensés à l'état liquide, et le point d'ébullition de l'éthyle étant supérieur à ceux du méthyle et du méthylène, il est évident qu'on peut l'obtenir en ne recueillant que les portions qui passent les dernières à la distillation.

L'éthyle est un gaz incolore, d'une odeur éthérée faible, d'une den-

sité de 2,00394, brûlant avec une flamme blanche très-éclairante.
A 3⁰+0, sous une pression de 2 atmosphères $\frac{1}{2}$, il se condense en un
liquide incolore, très-mobile; il ne se liquéfie pas à —18⁰ sous la pression ordinaire de l'atmosphère; il est insoluble dans l'eau, et facilement soluble dans l'alcool. L'oxygène ne l'altère pas à froid, même en
présence de l'éponge de platine; à chaud, l'éponge de platine rougit, il
se dépose du charbon, et il se dégage un gaz qui est probablement du
protocarbure d'hydrogène. Le chlore et le brome sont sans action sur
lui dans l'obscurité; à la lumière diffuse, le volume du gaz diminue
considérablement. Les acides sulfurique, azotique et chromique, ne l'altèrent pas.

Du méthyle. H^5C^2.

Il est le résultat de l'action qu'exerce un mélange de parties égales
d'éther iodhydrique et d'eau sur du zinc à une température peu élevée; il
se produit aussi lorsqu'on décompose l'éther cyanhydrique par le potassium, ou l'acide acétique par un courant électrique. Il est gazeux,
incolore, d'une odeur éthérée faible, qui disparaît quand on le traite
par l'alcool et l'acide sulfurique. Il ne se liquéfie pas à —18⁰. Il est insoluble dans l'eau et un peu dans l'alcool (Frankland, *Journ. de pharm.*,
février 1850).

Du méthylène. H^2C^2.

C'est le carbure d'hydrogène que MM. Dumas et Péligot considéraient
comme étant le radical de l'alcool méthylique, $H^4C^2O^2$. On le forme en
traitant l'éther iodhydrique par du zinc.

Du tolène. H^8C^{10}.

On l'obtient en distillant du baume de Tolu avec de l'eau. Il est liquide, d'une densité de 0,858 à 10⁰; sa saveur est piquante, légèrement
poivrée; il a une odeur analogue à celle de l'élémi. Il bout vers 160⁰.

De l'amylène, du paramylène et du métamylène (voy. p. 209).

Du térébène. $H^{16}C^{20}$.

Il est le résultat de l'action à chaud de 1 partie d'acide sulfurique sur
20 parties d'essence de térébenthine. Il est d'une odeur agréable, ana-

logue à celle du thym, sans action sur la lumière polarisée, bouillant à 156⁰, comme l'essence de térébenthine. Il forme, avec le chlore et avec le brome, deux composés. Il donne avec l'acide chlorhydrique un corps, $2H^{16}C^{20},HCl$, dans lequel il y a moitié moins d'acide chlorhydrique que dans le composé obtenu avec l'essence de térébenthine et le même acide. Il fait la base du camphre liquide de la térébenthine.

Du citrène et du citrilène.

En décomposant par la chaux le camphre solide de l'essence de citron, on obtient le *citrène*, isomérique de l'essence de citron. Il bout à 165⁰, et n'agit pas sur la lumière polarisée. On obtient le *citrilène* de la même manière, en substituant le camphre liquide au camphre solide. Sa densité est de 0,880 ; il bout à 175⁰.

Du stilbène ou du benzoïnène. $H^{12}C^{18}$.

Il est le résultat de la décomposition par le feu de l'hydrure de sulfobenzoïle, $H^{12}C^{28}S^4$ (voy. p. 226). Il est solide, incolore, fusible vers 115⁰, bouillant à 292⁰, assez soluble dans l'alcool bouillant. Traité par le chlore, il donne quatre chlorures. L'acide chromique le transforme en essence d'amandes amères. Avec l'acide azotique, il fournit les acides *nitrostilbique* et *binitrostilbique*.

Du cumène. $H^{12}C^{18}$.

Il est le résultat de l'action de la baryte sur l'acide cuminique cristallisé. Il est liquide, bouillant à 151⁰, insoluble dans l'eau, très-soluble dans l'alcool et l'éther (voy. *Acide cuminique* pour ses autres propriétés, p. 236).

Du menthène. $H^{18}C^{20}$ (voy. *Essence de menthe*).

Du cédrène. $H^{24}C^{52}$.

On l'obtient en chauffant l'essence de cèdre avec de l'acide phosphorique anhydre. Il est huileux, aromatique, d'une saveur poivrée, d'une densité de 0,984 à 15⁰. Il bout à 248⁰.

Du cétène. $H^{52}C^{52}$.

Il est le résultat de l'action de l'acide phosphorique anhydre sur l'*éthal*. Il bout à 275° (voy. p. 214).

De la cholestérone.

Elle est en prismes rhombes, brillants, terminés par deux facettes, fusibles à 68°, pouvant distiller presque sans altération, brûlant avec une flamme fuligineuse, se colorant en rouge par l'acide sulfurique, insolubles dans l'eau, très-solubles dans l'éther, et composées de carbone 87,78, et d'hydrogène 12,22. On l'obtient en traitant la cholestérine par l'acide phosphorique concentré.

De la cholestéarone.

Elle est en aiguilles blanches, soyeuses, fusibles à 175°, s'altérant par la distillation, brûlant avec une flamme fuligineuse, peu solubles dans l'eau, l'alcool et l'éther, et très-solubles dans les huiles grasses, formées de 87,76 de carbone et de 12,24 d'hydrogène. On l'obtient comme la précédente.

Du valyle. H^9C^8.

M. Kolbe dit l'avoir obtenu en décomposant le valérianate de potasse par la pile. Il est incolore, d'une odeur éthérée très-agréable, d'une saveur d'abord fade, puis caustique. Il bout à 108°. Il est à peine attaqué par l'acide azotique concentré. Le chlore et le brome le décomposent, sous l'influence de la lumière, en formant des produits de substitution (voy. *Journ. de pharm.*, novembre 1849). M. Wurtz préfère désigner ce carbure sous le nom de *butyrile*.

Du carbure de l'essence de rue.

En distillant l'essence de rue sur du chlorure de zinc fondu, on obtient un carbure qui a été peu étudié.

Du campholène (voy. p. 242).

De l'anisène ou benzoène (voy. p. 235).

§ III. — DES CARBURES QUE L'ON TROUVE DANS LA NATURE.

De l'idrialine. HC^5.

Cette substance, signalée primitivement par Payssé, a été examinée depuis par M. Dumas. Elle existe dans un minerai provenant de la mine à mercure d'Idria, et qui offre l'aspect de la houille, si ce n'est qu'il est plus brun. En chauffant ce minerai dans une cornue tubulée, sous l'influence d'un courant d'acide carbonique, l'idrialine vient se condenser sous forme de paillettes très-larges dans le récipient et dans le col de la cornue, que l'on a soin de placer dans une position presque verticale ; quelquefois il distille en même temps un peu de mercure, que l'on sépare de l'idrialine en dissolvant celle-ci dans l'essence de térébenthine bien pure et bouillante, d'où elle se précipite en abondance par le refroidissement. L'idrialine est volatile, mais non sans altération. L'acide sulfurique peut en déceler les moindres traces ; car, chauffé avec elle, il prend une couleur bleue très-riche.

Des carbures retirés du naphte ou du pétrole.

En chauffant le naphte, produit naturel, on obtient plusieurs carbures, suivant la température à laquelle on agit ; toutefois on n'est pas encore parvenu à séparer un liquide présentant un point d'ébullition constant, et l'on n'a obtenu que des mélanges. De nouvelles recherches sont donc nécessaires pour admettre comme carbures définis ceux qui ont été désignés par quelques chimistes sous les noms de *naphtène*, $H^{16}C^{16}$, bouillant à 115°, de *naphtole*, $H^{22}C^{24}$, bouillant à 180°. M. Boussingault paraît avoir retiré du bitume de Bechelbronn un carbure liquide, le *pétrolène*, $H^{32}C^{40}$, distillant à 280°.

De la scheererite, HC^2, de l'ozokérite, et de l'hatchétine.

La *scheererite* existe dans un charbon fossile. Elle fond à 45°, et bout à 200°. Elle paraît isomère de la benzine. L'*ozokérite* est isomère du bicarbure d'hydrogène gazeux, H^4C^4 ; on la trouve en Moravie ; elle est solide, blanche, et d'une cassure conchoïde. L'*hatchétine*, isomère aussi du gaz oléfiant, est solide, et fond à 76°.

Du cymène. $H^{14}C^{20}$ (voy. *Série cuminique*, p. 236).

Du gaulthérylène. $H^{16}C^{20}$ (voy. *Série gaulthérique,* p. 231).

Du carvène. H^8C^{10}.

Il existe dans l'essence de carvi. Il est huileux, incolore, plus léger que l'eau, d'une odeur aromatique agréable ; il bout à 173⁰. Il est presque insoluble dans l'eau, très-soluble dans l'alcool et l'éther. Il fournit avec l'acide chlorhydrique du *carvacrol,* essence oxygénée, et un composé solide, cristallisé, fusible à 50⁰, analogue au camphre artificiel. Le carvène peut être produit en faisant agir de l'acide phosphorique sur l'essence du carvi ou sur le carvacrol.

Du bornéenne (voy. p. 242).

Du caoutchouc pur. H^7C^8.

Il existe dans le caoutchouc en poires ou du commerce, lequel n'est autre chose que le suc laiteux desséché du *siphonia cahucha* et du *ficus elastica* (voy. *Caoutchouc,* aux *Produits immédiats*). Le caoutchouc pur est blanc, élastique, d'une densité de 0,925. On l'obtient en abandonnant au repos pendant vingt-quatre heures le suc laiteux préalablement mêlé avec quatre fois son poids d'eau ; il se forme à la surface une crème de caoutchouc ; on enlève celle-ci, et on l'agite avec un mélange d'eau, de chlorure de sodium et d'acide chlorhydrique ; le caoutchouc se rassemble de nouveau à la surface ; on le sépare et on le lave, puis on le dessèche en le comprimant entre des papiers et en le mettant dans le vide. Il est sans usages, tandis qu'on emploie souvent le caoutchouc impur du commerce (voy. *Caoutchouc*).

TROISIÈME GROUPE.

Principes neutres azotés.

Ces principes sont la glutine, la légumine, l'amandine, la diastase, l'amygdaline, la synaptase, et l'asparagine. La *protéine,* la *fibrine,* l'*albumine* et la *caséine,* qui existent à la fois dans le règne végétal et dans le règne animal, seront étudiées dans la Chimie animale.

DE LA GLUTINE.

Parmi les principes immédiats que l'on peut extraire du gluten, il en est un qui se dissout dans l'alcool bouillant, qui n'est pas précipité de cette dissolution par le refroidissement, qui s'en sépare au contraire par l'évaporation, et qui fait prendre en masse la liqueur concentrée quand on la refroidit : c'est la glutine proprement dite, accompagnée à la vérité d'une matière grasse que l'on en sépare en la desséchant et en la traitant par l'éther, puis par l'alcool, et enfin par l'eau. Ses propriétés sont peu connues. (Voy. *Gluten*.)

DE LA LÉGUMINE.

Depuis longtemps déjà, M. Braconnot avait signalé dans les haricots, les pois, les fèves, les lentilles, etc., la présence d'une matière azotée dont les propriétés lui semblaient identiques avec celles du caséum, mais que cependant il avait désignée sous le nom de *légumine*.

La légumine est sous forme de flocons d'un aspect nacré et chatoyant; elle est insoluble dans l'alcool et dans l'éther froids ou bouillants, et dans l'eau bouillante; l'eau froide, au contraire, la dissout abondamment, et quand on porte cette dissolution à une température voisine de l'ébullition, elle se coagule et donne des flocons insolubles comme l'albumine.

Soumise à l'action de la chaleur, en vases clos, elle fournit entre 150⁰ et 155⁰ une base huileuse, volatile et alcaline, $H^6C^{10}Az$; du moins M. Stenhouse dit en avoir obtenu en chauffant les haricots, si riches en légumine. Cette base donne un chlorhydrate, un sulfate et un azotate, cristallisables (voy. *Journ. de pharm.*, décembre 1849).

L'acide acétique concentré, en contact avec la légumine, s'y unit, la gonfle, et la rend transparente; le produit qui en résulte est soluble dans l'eau bouillante, et donne par l'évaporation une substance d'aspect gommeux, qui est de la légumine non altérée; mais si l'acide acétique est affaibli par de l'eau, et que la légumine soit en dissolution dans ce dernier liquide, il la précipite immédiatement en flocons blancs, qui deviennent solubles dans un excès d'acide. L'acide chlorhydrique en excès dissout la légumine, en lui faisant prendre la belle couleur bleue violette qui caractérise les substances de ce groupe. L'acide sulfurique faible ou concentré précipite la légumine. L'acide azotique faible la précipite comme le précédent; mais concentré, il la dissout avec dégagement de gaz bioxyde d'azote, si elle est sèche. L'acide phosphorique trihydraté la précipite aussi, ce qui la distingue de l'albumine.

La potasse, la soude et l'ammoniaque la dissolvent à froid; mais par l'action de la chaleur, les deux premières la décomposent avec dégagement d'ammoniaque. La baryte et la chaux la décomposent également par la chaleur, et en présence de l'eau : il se dégage de l'ammoniaque, en même temps qu'un acide particulier prend naissance. Mais un fait remarquable, c'est qu'une dissolution de légumine est coagulée par quelques gouttes de la présure liquide qu'emploient les fromagers de Paris.

Préparation. On obtient la légumine soit des haricots, des pois, ou des lentilles; pour cela, on concasse la matière, et on la met en digestion dans l'eau tiède pendant deux ou trois heures; on écrase le produit dans un mortier, de manière à former une pulpe, à laquelle on ajoute son poids d'eau froide; au bout d'une heure de macération, on jette le tout sur une toile, et l'on exprime. La liqueur, abandonnée à elle-même, laisse déposer une certaine quantité de fécule : on la filtre, et l'on y verse peu à peu de l'acide acétique étendu de huit à dix fois son poids d'eau, tant qu'il se précipite une substance blanche; car si l'on en ajoutait un excès, tout se redissoudrait, la légumine étant très-soluble dans cet acide. On recueille le précipité sur un filtre, et on le lave avec de l'eau et ensuite avec de l'alcool; on obtient alors la légumine pure, que l'on dessèche pour la conserver. Pour la préparer avec les amandes ou avec la moutarde blanche, il n'est besoin que de traiter par l'eau froide, pendant une heure ou deux, le tourteau de ces semences, d'où l'on a extrait l'huile fixe; on obtient ainsi une liqueur très-abondamment chargée de légumine, sur laquelle on agit ensuite comme je l'ai dit pour les haricots, les pois, etc.

La composition de la légumine, établie par les travaux de M. Dumas, serait formée, pour la légumine extraite :

	Des amandes douces.	De la moutarde blanche.	Des lentilles.	Des pois.	Des haricots.
Carbone.	50,94	50,83	50,46	50,53	50.69
Hydrogène. . . .	6,72	6,72	6,65	6,91	6,81
Azote.	18,93	18,58	18,19	18,15	17,58
Oxygène, etc. . .	23,41	23,87	24,70	24,41	24,92
	100,00	100,00	100,00	100,00	100,00

Mais, d'après les analyses de MM. Schœrer, Jones, Warentrapp et Will, publiées par M. Liebig, la caséine végétale (nom sous lequel il désigne la substance que j'ai appelée *légumine*) contiendrait :

	Schœrer.	Jones.	Warentrapp.	Will.
Carbone.	54,138	55,05	51,41	51,24
Hydrogène.	7,156	7,59	7,83	6,77
Azote.	15,672	15,89	14,48	13,23
Oxygène.	23,034	21,47	. . .	. . .

(Voir le mémoire de M. Dumas, dans les *Comptes rendus des séances de l'Académie des sciences,* n° 22 ; 1842.)

Dans un travail récent, M. Lœwenberg établit que la légumine *pure* est *insoluble* dans l'eau froide, et décomposée par l'eau bouillante en un corps plus riche et en un autre moins riche en carbone qu'elle. Il indique un nouveau mode de préparation, et une composition de la légumine différente de celles que j'ai données (voy. *Journ. de pharm.,* juillet 1850).

D'un autre côté, il est des chimistes qui pensent que cette substance pourrait bien n'être qu'un composé de plusieurs principes immédiats : on voit donc que de nouvelles recherches sont encore nécessaires pour que l'on soit fixé sur la nature et les propriétés de ce corps.

DE L'AMANDINE.

Elle existe dans beaucoup de végétaux, et notamment dans l'amande de toutes les rosacées. Elle est soluble dans l'eau et dans les alcalis, insoluble dans l'alcool et l'éther, coagulable par la chaleur et par tous les acides, sans en excepter l'acide acétique et l'acide phosphorique. L'acide chlorhydrique la bleuit. Elle contient plus d'azote que l'albumine. Voici sa composition, d'après MM. Dumas et Cahours :

Carbone.	50,9
Hydrogène.	6,5
Azote.	18,5
Oxygène.	24,1

On voit qu'elle est isomérique avec la légumine.

DE LA DIASTASE.

MM. Payen et Persoz ont extrait pour la première fois, en 1833, de l'orge germée, un principe immédiat auquel ils ont donné le nom de *diastase*.

La diastase existe : 1° dans les graines d'orge, d'avoine et de blé germées, près des germes, mais non dans les radicelles des graines germées ; 2° dans les tubercules de la pomme de terre germée, près et autour du point d'intersection des jeunes pousses ; 3° sous les bourgeons de l'*aylantus glandulosa*. Les céréales et les pommes de terre, avant la germination, n'en renferment point.

La diastase est formée d'oxygène, d'hydrogène, de carbone et d'azote. Elle est solide, blanche, amorphe, insoluble dans l'alcool anhydre, soluble dans l'eau et dans l'alcool faible. Elle s'altère spontanément avec le temps, même lorsqu'elle est enfermée dans un tube de verre et qu'elle est assez peu hydratée pour rester pulvérulente. La dissolution aqueuse est neutre, insipide, et ne se trouble point par le sous-acétate de plomb ; abandonnée à elle-même dans l'air comme dans le vide, elle s'altère, devient acide, et dégage de l'acide carbonique, selon M. Guérin.

La diastase exerce sur l'amidon une des actions les plus remarquables que la chimie organique puisse offrir ; en effet, si l'on chauffe 2,000 parties d'amidon, délayé dans 1,000 parties d'eau froide, avec une seule partie de diastase, jusqu'à la température de 75⁰ seulement, au bout de quelques heures tout l'amidon a disparu, et l'iode ne le colore plus en bleu ; il a été liquéfié d'abord, puis transformé en dextrine, et enfin en glucose, sans avoir rien absorbé ni rien dégagé. Il y a donc là encore une de ces actions mystérieuses que l'on peut assimiler à l'acte de la fermentation ordinaire (voy. *Force catalytique*, t. I, p. 9).

Pour produire le même effet avec l'amidon et l'acide sulfurique, il faudrait au moins 30 fois autant de cet acide que de diastase.

L'orge germée agit sur l'amidon à la manière de la diastase ; 6 à 10 parties suffisent pour transformer 100 parties d'amidon en dextrine et en glucose.

Cette action de la diastase sur l'amidon présente les particularités suivantes :

1° La puissance d'action de la diastase est limitée à la température de 75°, au delà de laquelle elle perd toutes ses propriétés.

2° La diastase liquéfie et saccharifie l'empois d'amidon, sans absorption et sans dégagement de gaz, dans l'air comme dans le vide.

3° Les conditions les plus favorables à la production de beaucoup de glucose sont un léger excès de diastase ou d'orge germée, environ 50 parties d'eau pour une d'amidon, et une température de 60° à 65°.

4° Entre les températures de 5° à 12°+0, la diastase liquéfie l'amidon, et le fait passer *seulement* à l'état de dextrine; tandis qu'à 0°, la diastase transforme encore l'amidon en dextrine et en glucose.

5° Le sucre limite singulièrement l'action de la diastase, car on ne peut jamais parvenir à transformer complétement de l'amidon dans une première opération; c'est que la quantité de glucose d'abord produite suffit pour arrêter l'action de la diastase: il faut alors opérer la séparation de la dextrine et du glucose à l'aide de l'alcool, qui précipite la première, et recommencer l'emploi de la diastase, comme en premier lieu.

La diastase est altérée par la plus grande partie des réactifs. Elle n'exerce aucune action sur la gomme, la cellulose, le sucre de canne, l'inuline, l'albumine, le gluten et la levure de bière.

Préparation. On prend de l'orge germée, moulue, et desséchée à l'air libre; on la réduit en poudre; on traite celle-ci par un mélange de 75 parties d'eau et de 25 parties d'alcool à 36 degrés, qui ne dissout guère que la diastase; on exprime fortement le liquide dans un linge, et on le filtre. La dissolution alcoolique filtrée est traitée par de l'alcool *anhydre*, qui précipite la diastase. Pour que l'opération ait un plein succès, il faut que la germination de l'orge soit assez avancée pour que la plumule ait atteint une longueur égale à celle du grain.

La diastase est souvent employée; on s'en sert pour connaître la richesse des amidons et des farines, du pain, et des diverses substances amylacées, pour la fabrication de la bière, pour la préparation de la dextrine et du glucose, dans certaines circonstances, etc.

Pour obtenir la dextrine plus ou moins sucrée à l'aide de la diastase, on délaie dans l'eau l'orge germée, réduite en farine (maïs), on chauffe à 75°, et l'on ajoute peu à peu de l'amidon; quand, à l'aide de l'iode, on s'est assuré que la liqueur ne contient plus d'amidon, on chauffe rapidement la liqueur jusqu'à 100°, on décante, et l'on évapore la liqueur jusqu'en consistance sirupeuse; si, à l'aide de l'élévation de la température, on n'arrêtait pas l'action de la diastase, on obtiendrait beaucoup de glucose.

DE L'AMYGDALINE. $H^{26}C^{40}AzO^{22}$.

Ce principe, découvert par Robiquet et Boutron-Charlard, existe dans les amandes amères et dans les baies du laurier-cerise; on l'obtient en traitant le tourteau d'amandes amères, qui reste après l'extraction de l'huile grasse, par de l'alcool bouillant à 0,93 ou 0,94; on distille le produit au bain-marie jusqu'en consistance de sirop, on étend d'eau le résidu, en ajoutant un peu de levure de bière pour détruire le sucre qui aurait pu être entraîné, et on l'abandonne dans un endroit chaud. Lorsque la fermentation est terminée, on filtre la liqueur, et on l'évapore de nouveau au bain-marie jusqu'en consistance de sirop. En reprenant ce sirop par de l'alcool à 0,94, toute l'amygdaline se précipite sous forme d'une poudre blanche et cristalline, que l'on presse entre des doubles de papier joseph, pour les purifier ensuite par de nouvelles cristallisations dans l'alcool.

L'amygdaline est cristallisée en paillettes soyeuses ou en aiguilles courtes, sans odeur, d'une saveur faible d'amandes amères ; elle exerce le pouvoir rotatoire vers la gauche. Décomposée par la chaleur, elle exhale une odeur d'aubépine, et laisse un charbon volumineux. A la température ordinaire, elle est à peine soluble dans l'alcool anhydre, qui en dissout davantage à la température de l'ébullition. Elle est très-soluble dans l'eau : une dissolution saturée à 40° produit, par le refroidissement, de grands prismes transparents, d'un aspect soyeux, et renfermant 10,57 pour 100 d'eau ou 6 équivalents ; cette eau se dégage à 120°.

Le chlore sec ne l'altère pas ; le chlore humide la gonfle, et la change en une poudre blanche insoluble dans l'eau et dans l'alcool.

En soumettant l'amygdaline à l'action des corps oxydants, tels que l'acide azotique, le bioxyde de manganèse mélangé à l'acide sulfurique, etc., elle donne de l'ammoniaque, une grande quantité d'essence d'amandes amères, de l'acide benzoïque, de l'acide formique et de l'acide carbonique.

Les alcalis caustiques la transforment en ammoniaque, qui se dégage, et en acide *amygdalique*, $H^{26} C^{40} O^{24}, HO$.

Les amandes amères fournissent 3 ou 4 pour 100 d'amygdaline.

L'amygdaline, en réagissant sur la *synaptase* ou *émulsine*, sous l'influence de l'eau, produit de l'essence d'amandes amères, aux dépens de ses propres éléments et de ce corps.

Une partie de synaptase suffit pour décomposer 10 parties d'amygdaline. L'émulsion d'amandes douces contenant beaucoup de synaptase, on voit pourquoi l'on obtient de l'essence d'amandes amères en versant cette émulsion dans une dissolution de 1 p. d'amygdaline dans 10 p. d'eau ; dans cette réaction, analogue à celle que la levûre de bière exerce sur les sucres (voy. *Fermentation*), il se produit aussi de l'acide cyanhydrique.

DE LA SYNAPTASE (ÉMULSINE). $H^{25}C^{20}Az^2O^{52}$.

Cette substance a été analysée, pour la première fois, par Robiquet en 1833. On la trouve plus particulièrement dans les amandes douces; les amandes amères en contiennent aussi. Pour l'obtenir, on délaie du son d'amandes douces privé de son huile fixe dans le double de son poids d'eau pure; on laisse ainsi macérer pendant deux heures, et on soumet le tout à la presse; on verse dans la liqueur filtrée de l'acide acétique tant qu'il se forme un précipité de matière albumineuse; on ajoute, après cela, de l'acétate de plomb pour précipiter la gomme, et l'on a ainsi une liqueur qui renferme de l'acide acétique libre, de l'acétate de plomb, du sucre et de la *synaptase*; on sépare le plomb par un courant de gaz acide sulfhydrique, et l'on précipite la synaptase en versant de l'alcool dans la liqueur filtrée; le sucre et l'acide acétique libres restent en dissolution; la synaptase est recueillie sur un filtre, lavée à l'alcool, et desséchée dans le vide, près de l'acide sulfurique.

Elle est d'un blanc jaunâtre, d'aspect corné, dure, friable, opaque et poreuse, insipide, ayant une légère odeur, très-soluble dans l'eau, et à peu près insoluble dans l'alcool. Sa dissolution aqueuse se trouble au bout de peu de temps, acquiert une odeur fétide, et précipite une matière blanche floconneuse; elle est coagulée à la température de 60°. Elle ne précipite ni par les acides ni par l'acétate de plomb; le tannin y fait naître un abondant précipité; l'iode la colore en rose d'une manière très-prononcée, sans donner de précipité. Elle n'est pas colorée par l'acide chlorhydrique comme l'albumine. Les alcalis la décomposent et en dégagent de l'ammoniaque.

Mise en contact avec l'amygdaline et de l'eau, elle développe de suite de l'essence d'amandes amères, à moins qu'elle *n'ait été coagulée par la chaleur*. Le suc gastrique empêche la synaptase d'agir sur l'amygdaline; que l'on arrête la sécrétion du suc gastrique chez un chien en coupant les nerfs pneumogastriques, que l'on ingère dans l'estomac de la synaptase, et une demi-heure après de l'amygdaline, le chien mourra empoisonné par l'acide cyanhydrique, et la synaptase n'aura pas agi sur l'amygdaline. Rien de semblable n'aura lieu avec un autre chien dont les nerfs pneumogastriques n'auront pas été coupés.

La synaptase, différente en cela de l'albumine, ne contient pas de soufre.

DE L'ASPARAGINE (ASPARAMIDE, ALTÉINE, AGÉDOÏLE). $H^7C^8Az^2O^5,HO$.

L'asparagine fut découverte, en 1805, par Vauquelin et Robiquet; plus tard, MM. Henry et Plisson démontrèrent que plusieurs corps que l'on avait regardés comme des principes immédiats particuliers n'é-taient que de l'asparagine. On la trouve dans les pousses d'asperges, les fèves, les haricots, les lentilles, les pois, le trèfle, la luzerne, le sain-foin, le cytise faux ébénier, la vesce, le bois de réglisse, la racine de guimauve, la grande consoude, les pommes de terre, etc.

Vauquelin et Robiquet la préparaient en faisant bouillir le suc ré-cent des asperges, et l'asparagine se déposait par la concentration. M. Régimbeau, au contraire, pense que l'asparagine ne se développe que par la fermentation, et qu'elle ne préexiste pas dans les asperges récentes. Quoi qu'il en soit, pour l'obtenir, on emploie avec avantage la racine de guimauve, que l'on coupe en menus morceaux, et que l'on fait macérer avec un lait de chaux très-clair à la température ordi-naire, ou mieux encore à une température qui ne dépasse pas 5 à $6° + 0$. On filtre, on précipite la chaux par du carbonate d'ammo-niaque, et l'on évapore le liquide filtré au bain-marie jusqu'en con-sistance de sirop; au bout de trois ou quatre jours, il s'en sépare des cristaux grenus d'asparagine, que l'on purifie par le lavage et par de nouvelles cristallisations. MM. Pelouze et Boutron se servent, au lieu de chaux, d'eau pure, et procèdent comme il vient d'être dit.

L'asparagine cristallise en prismes transparents, droits et à base rhombe, ou raccourcis et à six pans, contenant deux équivalents d'eau; sa densité est de 1,519 à 14°; elle est inodore, d'une saveur fraîche et fade, et craque sous la dent. Les cristaux deviennent opaques par la dessiccation, et perdent deux équivalents d'eau à 100°. Elle est soluble dans 58 parties d'eau à 13°, insoluble dans l'alcool absolu, dans l'éther, et dans les huiles grasses et essentielles.

SECTION DEUXIÈME.

PRINCIPES IMMÉDIATS COLORANTS.

Ces matières se trouvent dans toutes les parties des plantes, unies tantôt à quelques principes immédiats incolores, tantôt à des principes colorés. Plusieurs d'entre elles contiennent de l'azote. Leur couleur varie à l'infini ; elles paraissent toutes être solides, et, pour la plupart, insipides et inodores. Il en est qui cristallisent facilement. Plusieurs sont volatiles. Soumises à l'action de la chaleur, elles sont décomposées et fournissent des produits analogues à ceux dont j'ai parlé à la page 4 ; celles qui sont azotées donnent en outre de l'ammoniaque.

L'action de l'*oxygène* et de l'*air* sur les matières colorantes a été surtout étudiée par M. Kuhlmann (voy. *Ann. de chimie,* novembre 1833), qui établit que l'on est porté à admettre comme loi générale que l'oxygène est le principal agent de coloration, et que tout corps, qui peut enlever ce principe aux matières colorées de nature organique, doit par son contact enlever la couleur, sans toutefois la détruire : c'est ainsi qu'agissent l'hydrogène, le protoxyde d'étain, l'acide sulfhydrique, le sulfhydrate d'ammoniaque, etc. D'une autre part, on peut tirer des expériences de M. Kuhlmann cette conséquence, que lorsque l'action désoxygénante a cessé, l'*oxygène* ou l'*air* suffit pour ramener les couleurs à leur nuance primitive. Il est cependant des circonstances où la désoxygénation entraîne la *destruction* de la couleur, et d'autres dans lesquelles les essais tentés pour décolorer avec des corps désoxygénants ont été infructueux. L'acide *sulfureux* employé aussi à la décoloration des fils, des étoffes, etc., agit en s'oxygénant aux dépens de la matière colorante, mais il ne détruit pas la couleur, à laquelle il fait subir néanmoins une altération : aussi peut-on la faire reparaître avec son éclat et son intensité primitive, au moyen d'une petite proportion de chlore qui ne tarde pas à transformer tout l'acide sulfureux en acide sulfurique (Kuhlmann). Quelquefois l'acide sulfureux se combine avec la matière et la décolore sans la décomposer.

Les matières colorantes sont altérées par la lumière, qui favorise leur oxydation et leur décoloration.

Le chlore les détruit toutes. S'il est humide, l'eau est décomposée, l'oxygène se porte sur la matière colorante, et l'hydrogène s'unit au chlore, et donne de l'acide chlorhydrique ; de là son usage dans le blanchiment des étoffes.

Le charbon divisé et le noir animal absorbent la plupart des matières colorantes dissoutes dans l'eau, sans les altérer ; il suffit d'ajouter à l'eau une liqueur légèrement alcaline, pour que le charbon abandonne la matière colorante.

L'eau dissout presque toutes les matières colorantes, surtout à chaud ; il en est qui ne se dissolvent que dans l'alcool, dans l'éther ou dans les huiles ; presque toujours ces menstrues acquièrent la couleur de la matière sur laquelle ils agissent. Les acides et les alcalis concentrés peuvent détruire un très-grand nombre de matières colorantes, en agissant sur elles comme sur les autres principes immédiats : cependant ces réactifs, étendus d'eau, ont la faculté d'en dissoudre un certain nombre ; à la vérité, ils en changent quelquefois la couleur, mais dans ce cas on peut faire reparaître par un alcali celle qui a été changée par un acide, et *vice versa.*

La majeure partie des oxydes métalliques et des sous-sels insolubles peuvent enlever à l'eau les matières colorantes qu'elle tient en dissolution ; l'oxyde ou le sous-sel coloré par ce moyen porte le nom de *laque.*

Les matières colorantes sont principalement employées dans la teinture ; en effet, elles sont absorbées par les tissus, avec lesquels elles forment des composés qui ne sont pas à la vérité en proportions définies.

Préparation des laques. — On dissout la matière colorante dans l'eau ; on mêle cette dissolution avec de l'alun ou du bichlorure d'étain dissous, que l'on décompose par une quantité suffisante d'ammoniaque. L'alumine ou le bioxyde d'étain se précipitent et entraînent la matière colorante.

DE L'HÉMATOXYLINE OU HÉMATINE. $H^2C^{16}O^6,HO$.

L'hématoxyline a été obtenue pure en 1842, par M. Erdmann, en pulvérisant l'extrait sec du bois de Campêche du commerce (*hœmatoxylum campechianum*), en mélangeant ce produit avec du sable en poudre pour éviter son agglutination, et en faisant macérer pendant plusieurs jours ce mélange avec six fois son poids d'éther sulfurique. Le *solutum* éthéré, coloré en jaune brun, est distillé jusqu'en consistance sirupeuse, puis traité par l'eau et soumis à une évaporation spontanée, dans une capsule légèrement couverte ; au bout de plusieurs jours, on trouve l'hématoxyline en cristaux d'un jaune brun, qu'on lave à l'eau froide et qu'on exprime entre plusieurs doubles de papier joseph.

L'hématoxyline est en cristaux d'une couleur jaune-paille ou de miel ; sa forme cristalline est un prisme tétraèdre rectangulaire ; elle est inodore, d'une saveur sucrée, analogue à celle de la réglisse. L'eau froide a peu d'action sur elle ; l'alcool et l'éther la dissolvent très-bien ; les dissolutions ont une couleur jaune. Sa dissolution aqueuse jouit des propriétés d'un acide faible, et précipite la baryte et l'acétate de plomb. Sous l'influence simultanée des alcalis et de l'air atmosphérique, ou de l'oxygène, l'hématoxyline prend une belle couleur rouge et se rapproche sous ce rapport de l'orcéine. Les acides sulfurique, chlorhydrique et azotique, étendus d'eau, la dissolvent en se colorant en rouge jaunâtre ou en rouge pourpre, sans l'altérer sensiblement à la température ordinaire. L'ammoniaque transforme la dissolution aqueuse d'hématoxyline en *hématéine,* $H^6C^{16}O^6$, en lui faisant perdre un équivalent d'hydrogène. L'*hématéine* est grenue, cristalline, d'un noir violacé, à reflet méta.lique, soluble dans l'eau, qu'elle colore en pourpre foncé.

On n'emploie jamais l'hématine à l'état de pureté, mais elle fait partie essentielle des couleurs préparées avec le bois de Campêche : ces couleurs sont principalement le violet et le noir. On la regarde avec raison comme un excellent réactif pour découvrir la présence des acides.

<h3 style="text-align:center">DE LA BRÉSILINE.</h3>

La *brésiline* ou le principe colorant du bois du Brésil (*cæsalpina crista*) cristallise en petites aiguilles de couleur orangée, solubles dans l'eau, dans l'alcool et dans l'éther hydrique ; elle se conserve plus longtemps dans l'eau aérée que l'hématine : aussi emploie-t-on en teinture une décoction de bois de Brésil. L'acide sulfurique agit sur elle comme sur l'hématine ; il en est à peu près de même des autres acides, si ce n'est que les couleurs jaunes sont moins orangées, et les couleurs rouges moins pourpres qu'avec les dissolutions d'hématine. Les bases salifiables énergiques forment avec elle des combinaisons d'un pourpre violet. En présence de l'air et de l'ammoniaque, elle se change en *brésiléine,* d'un pourpre foncé.

<h3 style="text-align:center">DE L'INDIGOTINE BLEUE (INDIGO PUR). $H^5C^{16}AzO^2$.</h3>

L'*indigotine* existe dans l'indigo ; elle est solide, d'un bleu cuivré, susceptible de cristalliser en aiguilles, et alors elle a vraiment l'aspect métallique ; elle est inodore et insipide. Soumise à l'action du calorique dans des vaisseaux fermés, elle se partage en deux parties ; l'une se volatilise sous forme de vapeurs pourpres qui se condensent dans le col de la cornue ; l'autre se décompose à la manière des substances azotées, et fournit beaucoup d'ammoniaque (voy. *Action de la chaleur sur les matières azotées*, p. 4). Si on la chauffe avec le contact de l'air à une température moyennement élevée, il s'en volatilise beaucoup plus que dans le cas précédent ; mais si la chaleur est rouge, elle absorbe rapidement l'oxygène de l'air, avec dégagement de calorique et de lumière, se décompose et laisse un charbon volumineux.

Elle n'éprouve aucune altération de la part de l'air froid ; elle est insoluble dans l'eau et dans l'éther ; l'alcool bouillant en dissout assez pour se colorer en bleu ; mais elle se précipite à mesure que le liquide se refroidit. Les acides étendus d'eau sont sans action sur l'indigotine ; en la traitant à 50°, pendant un certain temps, par 5 parties d'acide *sulfurique* monohydraté, on la transforme en *pourpre d'indigo* ou acide *sulfopurpurique*, $H^5C^{16}AzO^2,SO^3$, soluble dans l'eau, insoluble dans l'eau acidulée, formant des sels pourpres avec les alcalis. On obtient cet acide en versant de l'eau dans la liqueur pourpre qui résulte de l'action de l'acide sur l'indigotine, en lavant à plusieurs reprises, avec de l'eau acidulée par l'acide chlorhydrique, le précipité bleu qui s'est déposé, et en desséchant celui-ci à 120° dans le vide. Lorsqu'on fait agir sur l'indigotine, à la température de 50° à 60°, 15 ou 20 parties d'acide *sulfurique* monohydraté, ou 10 parties d'*acide de Nordhausen*, on la change en acide *sulfindigotique*, $H^5C^{16}AzO^2, 2SO^3$, qui sert de base à la préparation du *bleu de Saxe*, et que l'on peut comparer à l'acide sulfovinique (voy. p. 180) ; en effet, l'indigotine, comme l'alcool, après avoir perdu 1 équivalent d'eau, s'est combinée avec 2 équivalents d'acide sulfurique. Quand on traite l'indigotine par une plus grande quantité d'acide sulfurique fumant, on produit, outre l'acide sulfindigotique, de l'acide *hyposulfindigotique*. La liqueur connue sous le nom de *bleu de composition*, que l'on prépare avec 1 kilogramme d'indigo et un mélange de 1 kilogramme d'acide sulfurique monohydraté, et autant d'acide de Nordhausen, n'est donc qu'un mélange d'acide sulfindigotique et d'acide sulfopurpurique. On emploie ce bleu à teindre la laine et la soie en bleu et en vert dits de Saxe, et à déterminer les titres du chlorure de chaux et des oxydes de manganèse du commerce.

L'acide *azotique* étendu de son poids d'eau décompose l'indigotine en se décomposant, pourvu que la température ait été légèrement élevée, et la transforme en une série de produits oxygénés, parmi lesquels je citerai les acides *indigotique*, ou *anilique* et *carbazotique ;* l'action est très-vive, et il se dégage beaucoup de gaz (voy. p. 278). La manière dont l'acide azotique agit sur l'indigotine explique comment une étoffe de laine, teinte en bleu par l'indigo, développe une couleur orangée par l'action de cet acide faible. Les acides chlorique et chromique agissent d'une manière analogue. L'acide *chlorhydrique* communique à l'indigotine une teinte jaunâtre, à l'aide de la chaleur. Le *chlore* humide la décompose et donne, entre autres produits, le *chloranil*, $C^{24}Cl^8O^9$, en paillettes jaunes éclatantes, insolubles dans l'eau, solubles dans l'alcool bouillant. Ce corps est aussi le résultat de l'action du chlore sur l'acide phénique, la salicine, le quinon, etc. ; dissous dans la potasse étendue, il donne de l'acide *chloranilique ;* l'ammoniaque à chaud transforme le chloranil en *chloranilamide*, laquelle fournit, avec les acides concentrés, le *chloranilam*.

Le *brome* agit à peu près comme le chlore sur l'indigotine bleue.

Plusieurs substances avides d'oxygène, comme le soufre, le phosphore, le zinc, l'antimoine, l'acide sulfhydrique, le sulfhydrate d'ammoniaque, le sulfate de protoxyde de fer, le protoxyde d'étain, le sulfure d'arsenic, la gomme, les sucres, le tannin, etc., transforment l'indigotine, surtout sous l'influence d'un *alcali*, en *indigotine blanche*, $H^6C^{16}AzO^2$, c'est-à-dire en un corps contenant 1 équivalent d'hydrogène de plus que l'indigotine bleue; évidemment l'eau a été décomposée, son oxygène s'est porté sur l'un des corps qui en est avide, tandis que son hydrogène s'est combiné avec l'indigotine bleue. Par son exposition à l'air, l'indigotine blanche passe à l'état d'indigotine *bleue* en absorbant de l'oxygène.

L'indigotine bleue, traitée par une dissolution alcoolique de potasse, donne deux acides : l'acide *anthranilique*, $H^6C^{14}AzO^3$,HO, et l'acide *chrysanilique*, $H^{10}C^{28}Az^2O^5$,HO. Si on traite l'indigotine bleue par de la potasse caustique dans un creuset d'argent, on obtient de l'acide salicylique (Cahours).

L'indigotine est isomérique avec le cyanure de benzoïle, $H^5C^{14}O^2$,C^2Az.

Préparation. On chauffe à une basse température, dans un tube de verre, au milieu d'un courant d'hydrogène, de l'indigo ; l'indigotine se volatilise sous forme de vapeurs violettes qui se condensent en belles aiguilles cristallines d'un violet pourpre.

DE L'INDIGOTINE BLANCHE OU INCOLORE

(ACIDE ISATIQUE de Dœbereiner, INDIGOGÈNE, INDIGO RÉDUIT). $H^6C^{16}AzO^2$.

L'indigotine blanche existe probablement dans toutes les plantes indigofères; elle ne diffère de l'indigotine bleue qu'en ce qu'elle contient 1 équivalent d'hydrogène en plus. Elle est solide, en petits grains cristallins soyeux, d'un blanc sale et plus dense que l'eau, inodore, insipide, insoluble dans l'eau, soluble dans l'alcool, dans l'éther et dans les alcalis, avec lesquels elle fournit des dissolutions jaunes, décomposables même par l'acide carbonique, et qui bleuissent par le contact de l'air; alors, en effet, l'oxygène transforme l'indigotine *blanche* en indigotine *bleue :* l'eau aérée produit le même phénomène. L'indigotine blanche, dissoute dans la potasse, la chaux ou l'ammoniaque, fait la base des cuves d'indigo. On ne doit la conserver que dans des flacons remplis d'acide carbonique.

Préparation. On met dans un petit tonneau d'environ 100 litres de capacité 1 demi-kilogramme d'indigo, 1 kilogramme de sulfate de protoxyde de fer, et un kilogramme et demi de chaux; on remplit le tonneau avec de l'eau tiède; on agite le liquide vivement, puis on ferme le tonneau hermétiquement. Au bout de deux jours, le protoxyde de fer éliminé par la chaux a transformé complétement l'indigotine bleue en indigotine blanche. On décante, à l'aide d'un siphon, la liqueur claire qui surnage, et on la fait arriver dans de grands flacons remplis d'acide carbonique, et au fond desquels on a mis assez d'acide acétique mêlé d'acide sulfurique pour saturer la chaux. Au contact des deux liquides, l'indigotine blanche se précipite en flocons qu'on lave promptement d'abord avec de l'acide sulfureux liquide, puis avec de l'eau distillée récemment bouillie. On presse le filtre entre des papiers joseph, et on dessèche sous le récipient de la machine pneumatique (Dumas).

DE L'ISATINE. $H^5C^{16}AzO^4$.

Elle est le résultat de l'action de l'acide azotique ou de l'acide chromique sur l'indigo. On peut la représenter par du cyanure de salicyle, $H^5C^{14}O^4,C^2Az$. Elle est en beaux prismes brillants, d'un rouge brun, inodores, fusibles, en partie volatils et en grande partie décomposables par le feu, peu solubles dans l'eau froide, très-solubles dans l'eau, et surtout dans l'alcool bouillants. Le chlore, par substitution, donne avec ce corps de l'isatine *mono* et *bichlorée* (chlorisatine et bichlorisatine); cette dernière, $H^3C^{16}Cl^2AzO^4$, est plus soluble dans l'eau et dans l'alcool que l'isatine monochlorée; ces deux corps peuvent s'hydrater sous l'influence de la potasse et donner les acides *chlorisatique* et *bichlorisatique*. Le *brome* agit d'une manière analogue sur l'isatine.

L'isatine est colorée en violet par une dissolution concentrée de potasse; si on fait bouillir, il se produit de l'acide *isatique*, $H^6C^{16}AzO^3$. L'ammoniaque donne, avec l'isatine, une série de composés ayant beaucoup d'analogie avec les amides, tels que l'*imésatine*, $H^5C^{16}AzO^2,HAz$, l'*imasatine*, $H^{10}C^{32}Az^2O^6,HAz$. Les corps avides d'oxygène, par exemple le sulfhydrate d'ammoniaque dissous dans l'alcool chaud, agissent sur l'isatine comme sur l'indigotine bleue, et la transforment en *isathyde*, $H^6C^{16}AzO^4$, c'est-à-dire en un corps contenant 1 équivalent d'hydrogène de plus que l'isatine (voy. *indigotine bleue*, p. 276). On obtient l'isatine en chauffant avec précaution 1 kilogramme d'indigo en bouillie avec 6 ou 700 grammes d'acide azotique que l'on ajoute par petites parties; on étend le liquide d'une grande quantité d'eau; on fait bouillir et l'on filtre la liqueur bouillante; l'isatiné se dépose par le refroidissement.

L'*isatine mono* et *bichlorée*, traitées par le sulfhydrate d'ammoniaque, se transforment en *isatyde mono* ou *bichlorée*. L'acide sulfhydrique change l'isatine en *bisulfisathide*, $H^6C^{16}AzO^2S^2$, c'est-à-dire que 2 équivalents d'oxygène ont été remplacés par 2 de soufre. La bisulfisathyde donne des cristaux incolores de *sulfisatide*, $H^6C^{16}AzO^3S$, lorsqu'on la traite par une dissolution alcoolique de potasse. Enfin, si l'on fait bouillir la *bisulfisatyde* avec une dissolution très-concentrée de potasse, on lui enlève les 2 équivalents de soufre, et on la change en *indin*, substance rose offrant la même composition que celle de l'indigo blanc, $H^6C^{16}AzO^2$.

En faisant réagir *l'isatine* mélangée à l'alcool sur l'ammoniaque anhydre, on obtient l'*isatimide*, $H^{15}C^{48}Az^3O^8$, $2HAz$, substance insoluble dans l'eau, peu soluble dans l'alcool et l'éther.

Isathyde, $H^6C^{16}AzO^4$. — Elle est en cristaux lamellaires ou prismatiques, incolores ou légèrement grisâtres, décomposables par la chaleur, insolubles dans l'eau, peu solubles dans l'alcool et l'éther. On l'obtient en abandonnant à lui-même pendant plusieurs jours, dans un flacon bien bouché, un mélange de sulfhydrate d'ammoniaque dissous dans l'alcool chaud et d'isatine; il se dépose du soufre et de l'*isathide*.

Acide isathique, $H^6C^{16}AzO^3$. — En chauffant l'isatine avec de la potasse, elle prend 1 équivalent d'eau et passe à l'état d'acide *isathique* ou *isathinique*. L'isathinate d'ammoniaque dissous dans l'alcool bouillant, et décomposé par l'acide chlorhydrique, donne des cristaux en tables rhomboïdes d'acide *isamique*. L'*isamate* d'ammoniaque, décomposé par la chaleur, fournit de l'*isamide* pulvérulente et d'un très-beau jaune, $H^5C^{16}AzO^3$, H^2Az.

Acide indigotique, H^4C^{14}, AzO^4, O^5H. — L'acide indigotique, découvert par le Dr Buff, est également désigné sous les noms d'*acide anilique*, d'*acide nitrosalicylique*; il est en aiguilles jaunâtres, d'une saveur âcre; il rougit très-légèrement le tournesol, et se dissout en toute proportion dans l'eau bouillante et dans l'alcool; il est fort soluble dans l'eau froide; sa dissolution aqueuse colore en rouge de sang les sels de sesquioxyde de fer. Chauffé, il entre en fusion et se sublime sans se décomposer; lorsqu'il a été fondu, il cristallise en lames distinctes à six pans. Si on le chauffe avec le contact de l'air, il brûle avec une flamme qui dépose beaucoup de charbon. Traité par l'acide azotique concentré, il se change en acides oxalique et carbazotique. Le chlore, les acides chlorhydrique et sulfurique, étendus d'eau, n'agissent point sur lui. Il forme des sels avec les bases; les indigotates de potasse et de baryte sont solubles, ceux de protoxyde de mercure et de plomb sont

insolubles, celui d'argent est peu soluble à froid et cristallise en petites
aiguilles d'un rouge clair. Il donne avec l'eau et le zinc une solution
rouge. On l'obtient en traitant l'indigo par l'acide azotique bouillant,
étendu de 10 à 15 parties d'eau. Si l'acide était concentré, il se formerait de l'acide carbazotique. (Voy. *Annales de physique et de chimie*,
février 1828 et juin 1829.) On le prépare aussi en traitant l'acide salicylique par l'acide azotique fumant (voyez pag. 230). Il n'a point
d'usages.

Acide carbazotique, $H^2C^{12}Az^3O^{13}$,HO (amer d'indigo et de Welter).
L'acide carbazotique a été obtenu pour la première fois, en 1827,
par M. Liebig en traitant l'*indigo* par l'acide azotique concentré. Il se
forme aussi lorsqu'on chauffe les matières animales avec l'acide azotique. Il est en feuillets très-brillants, d'un jaune clair, qui ont la plupart la forme de triangles équilatéraux, d'une saveur très-*amère*; il est
fusible et volatil à une douce chaleur; si on le chauffe fortement et
subitement, il s'enflamme sans explosion, produit une flamme jaune, et
laisse du charbon. Il est peu soluble dans l'eau froide, et beaucoup plus
soluble dans l'eau bouillante. L'éther et l'alcool le dissolvent facilement. Il agit sur les oxydes métalliques comme un acide fort, les dissout aisément, les neutralise, et forme des sels qui sont tous cristallisables, et qui jouissent, pour la plupart, de la propriété de détoner;
dans les sels, l'équivalent d'eau est remplacé par un équivalent de base. Il
forme avec la potasse un sel qui exige 260 fois son poids d'eau froide pour
se dissoudre, en sorte qu'il peut servir à faire reconnaître cet alcali en
déterminant un précipité cristallin jaune de carbazotate de potasse. Si
l'on fait bouillir l'acide carbazotique avec une dissolution alcaline concentrée, il se dégage beaucoup d'ammoniaque, et l'on obtient un sel
d'un rouge intense, qui ressemble beaucoup au *croconate* de potasse.

Préparation. On traite à une chaleur très-modérée de l'indigo des
Indes orientales, par huit ou dix fois son poids d'acide azotique concentré; l'indigo se dissout avec dégagement de gaz bioxyde d'azote et
un grand boursouflement : lorsque l'écume s'est reposée, on fait bouillir
la liqueur, et on ajoute peu à peu de l'acide azotique concentré, jusqu'à ce qu'il ne se dégage plus de vapeurs rouges; en laissant refroidir
la liqueur à l'air, il se précipite une grande quantité de cristaux jaunes
que l'on fait dissoudre dans l'eau bouillante; les cristaux, qui se déposent de nouveau par le refroidissement de cette liqueur, sont encore
redissous dans l'eau bouillante, et neutralisés par la potasse carbonatée;
il se précipite, par le refroidissement, du carbazotate de potasse cristal-

lisé que l'on purifie par des cristallisations réitérées : il suffit de décomposer ce sel par les acides azotique, sulfurique ou chlorhydrique, pour voir l'acide *carbazotique* pur se précipiter à mesure que la liqueur se refroidit. C'est l'*amer d'indigo*. Si, au lieu d'indigo, on avait employé de la soie et 10 à 12 parties d'acide azotique, on aurait obtenu également de l'acide carbazotique (amer de Welter).

Carbazotates. — Celui de *potasse* cristallise en longues aiguilles jaunes, quadrilatères, demi-transparentes, très-brillantes, solubles dans 260 *parties d'eau* à 15°, beaucoup plus solubles dans l'eau bouillante, insolubles dans l'alcool ; il fond et détone lorsqu'on le chauffe dans un petit tube de verre ; il précipite l'azotate de protoxyde de mercure, et ne trouble point les dissolutions de bioxyde de mercure, de cuivre, de plomb, de fer, de cobalt, de chaux, de baryte, de strontiane, ni de magnésie. Il n'est point précipité par le chlorure de platine, lorsque sa dissolution a été faite à froid, parce que le sel est trop étendu.

Carbazotate de soude. — Il est en aiguilles fines, d'un jaune clair, solubles dans 20 parties d'eau à 15° ; du reste, il jouit des propriétés du précédent (voy., pour plus de détails, les mémoires de Liebig, dans les *Ann. de chim. et de phys.*, tomes XXXV et XXXVII).

DE LA POLYCHROITE.

Il résulte des expériences publiées en 1821 par M. Henry, que la matière colorante du safran, décrite par Bouillon - Lagrange et Vogel sous le nom de *polychroïte*, est composée d'une huile volatile et d'une matière colorante qu'il a isolée : c'est à cette substance que je crois devoir conserver le nom de *polychroïte*, de πολὺς, plusieurs, et χρόα, couleur. Elle est sèche, pulvérulente, d'un rouge écarlate, et jaunâtre lorsqu'elle est humectée ; sa saveur est légèrement amère ; elle n'a point d'odeur : elle colore la salive en jaune. L'eau froide la dissout à peine ; elle est un peu soluble dans l'eau chaude. L'alcool concentré la dissout très-bien ; l'éther en dissout moins que l'alcool et beaucoup plus que l'eau. Les huiles fixes et volatiles, et les alcalis concentrés, la dissolvent également : si on sature l'alcali par un acide, on en sépare la polychroïte sous forme de très-beaux flocons. Décomposée par la chaleur, elle ne fournit aucune trace de produit ammoniacal. Le chlore la décolore. L'acide sulfurique, versé en petite quantité dans une dissolution de polychroïte, la fait passer d'abord au bleu d'indigo, puis au lilas. L'acide azotique lui communique une couleur vert-pré ; ces couleurs disparaissent par l'addition de l'eau, et changent si l'on ajoute une nouvelle quantité d'acide. Les acides végétaux la dissolvent sensiblement, surtout par l'action de la chaleur : la dissolution est d'un rouge foncé.

Préparation. On traite par l'alcool à 40 degrés l'extrait aqueux de safran : on distille jusqu'à ce que l'on ait obtenu les trois quarts de l'alcool ; il reste de la polychroïte unie à de l'huile volatile ; on la mêle avec un peu de potasse ou de soude, et l'on remarque, au bout d'une demi-heure, une séparation bien sensible, qui augmente par l'addition d'un excès d'acide acétique : une portion d'huile se dissipe, et par des lavages successifs, on parvient à enlever l'autre partie.

DE LA CARTHAMINE (ACIDE CARTHAMIQUE). $H^8C^{14}O^7$.

La carthamine, isolée pour la première fois par Dufour, jouit de propriétés qui la rapprochent des acides. D'après M. Dœbereiner, on la trouve dans les fleurs du *carthamus tinctorius*, L. Elle est sous forme de petites plaques minces, qui, vues par réflexion, sont d'un jaune d'or avec des reflets verts ; vue par transmission, elle est rouge ; sa couleur est extrêmement fugace. Elle est insoluble dans l'eau. Les acides avivent sa couleur sans la dissoudre. Elle forme, avec la potasse et la soude, des composés incolores, décomposables par les acides tartrique, citrique et acétique, qui y font naître un précipité rose brillant de carthamine : celui de soude cristallise en aiguilles soyeuses, brillantes. L'alcool dissout la carthamine, et acquiert une belle couleur rose, qui passe à l'orangé par l'action de la chaleur. Elle est moins soluble dans l'éther. Les huiles fixes et volatiles n'agissent point sur elle. Broyée avec du talc finement pulvérisé, la carthamine constitue le rouge dont les femmes font usage pour la toilette. On sait que le carthame est employé pour teindre la soie, le fil, le coton, en rose ou en rouge ; les couleurs qu'il fournit sont très-éclatantes, mais peu solides, surtout la première : en effet, cette couleur disparaît en fort peu de temps sous l'influence de la lumière ; elle se détruit même immédiatement sous l'influence de l'air et d'un courant de vapeur d'eau. M. Salvetat a proposé de l'employer dans la peinture sur porcelaine, en l'associant au mélange humide de fondant, de pourpre de Cassius, et de chlorure d'argent (*Journ. de pharm.*, avril 1849).

Préparation. On prend les fleurs du *carthamus tinctorius*, et on les lave à grande eau, jusqu'à ce que la liqueur ne soit plus sensiblement colorée en jaune ; on les fait digérer pendant quelques heures avec une dissolution faible de carbonate de soude, et on passe au travers d'une toile serrée ; on plonge alors dans la liqueur filtrée des écheveaux de coton bien blanc, et on y verse de l'acide tartrique, citrique ou acétique, en quantité plus que suffisante pour saturer l'alcali ; la matière colorante se trouve ainsi isolée et se combine aussitôt avec le coton. Après avoir lavé ce coton, on le traite par une nouvelle dissolution de carbonate de soude qui redissout la matière colorante, et on précipite de nouveau la carthamine par un acide ; elle se rassemble peu à peu au fond du vase. On l'obtient alors très-pure en filtrant, et en desséchant sur une assiette la matière précipitée.

Les fleurs de carthame contiennent en outre une matière colorante jaune que l'on isole par le premier lavage. Cette matière, dont la teinte est fort riche, peut être fixée avec avantage sur la laine et la soie, auxquelles elle communique une couleur fort solide.

DE L'ALIZARINE (1). $H^6C^{20}O^{16}$.

L'*alizarine* existe dans la garance ; elle y est sous forme d'aiguilles d'un rouge orangé, sans odeur, insipides et très-volatiles ; elle est à peine soluble dans l'eau froide, tandis que ce liquide bouillant la dissout aisément et se colore en rose : l'alcool et l'éther la dissolvent en toutes proportions ; la première de ces dissolutions est rose, et l'autre d'un jaune doré ; elle se dissout dans l'huile de lin. Par l'ébullition, l'acide azotique donne avec l'alizarine, outre l'acide oxalique, de l'acide *alizarique,* identique avec l'acide *phtalique,* lequel fournit par la distillation sèche de l'acide *pyroalizarique.* Les alcalis la dissolvent facilement : ces dissolutions concentrées paraissent violettes et même bleues, tandis qu'elles sont d'un rouge un peu violacé quand elles sont convenablement étendues ; cependant on obtient une laque rose, d'une teinte agréable, lorsqu'on précipite par la potasse une eau alunée, préalablement mêlée à une dissolution aqueuse d'alizarine. L'alizarine peut être considérée comme un acide faible. Elle est susceptible de teindre en rouge.

Cette substance a été isolée par MM. Collin et Robiquet, en traitant successivement la garance par l'eau et par l'alcool, sous l'influence de la chaleur. On l'obtient en traitant la garance en poudre par son poids d'acide sulfurique concentré, qui charbonne toute la garance, excepté l'alizarine. On lave avec de l'eau froide le charbon sulfurique, pour lui

---

(1) *Alizari,* mot employé dans le Levant pour désigner la garance.

enlever tout l'acide, puis on le laisse dans l'alcool froid, qui dissout les corps gras ; en faisant ensuite bouillir ce charbon avec de l'alcool, celui-ci dissout l'alizarine, qui cristallise par le refroidissement.

DE LA PURPURINE. $H^6C^{18}O^6$.

La purpurine a été trouvée dans la racine de garance, en 1827, par MM. Collin et Robiquet. Elle diffère de l'alizarine par deux équivalents de carbone. Elle est solide, d'un rouge pourpre, susceptible de se sublimer en belles aiguilles, très-solubles dans l'eau, bouillant dans l'alcool et l'éther, se dissolvant beaucoup mieux dans l'alun que l'alizarine. Sa dissolution aqueuse est d'un rouge foncé. Elle se dissout aussi dans les liqueurs alcalines, qu'elle colore en rouge-groseille; tandis que l'alizarine leur communique une couleur pensée foncée. Tous ses autres caractères se rapprochent plus ou moins de ceux de l'alizarine : ainsi, comme elle, elle fournit avec l'acide azotique de l'acide oxalique et de l'acide phtalique; elle donne avec les tissus mordancés des teintes virant au rose. Le rouge d'Andrinople, produit au moyen de la purpurine, est beaucoup plus beau (moins bleu) que celui que l'on obtient avec l'alizarine.

On la prépare en traitant la garance par une dissolution d'alun, qui dissout la purpurine ; on précipite alors celle-ci par l'acide sulfurique, et on la dissout dans l'alcool pour la faire cristalliser.

DE LA XANTHINE.

Kuhlmann a désigné ainsi une matière extractiforme, offrant des traces de cristallisation et constituant la couleur jaune contenue dans la garance. Elle semble n'être qu'une modification de l'alizarine. Elle a une saveur d'abord sucrée, puis amère. Elle est très-soluble dans l'eau et dans l'alcool, moins soluble dans l'éther. Les alcalis lui communiquent une couleur jaune-citron, et les acides une couleur jaune orangée. Elle donne, avec les oxydes métalliques, des laques rouges ou roses. Pour l'obtenir, on épuise la garance par l'eau froide ; on précipite la dissolution par l'eau de chaux ; en traitant alors le précipité par l'acide acétique, on dissout la xanthine et l'acétate de chaux ; on évapore à siccité, et on épuise le résidu par l'alcool ; on précipite ensuite la dissolution alcoolique par de l'acétate de plomb, qui donne un précipité rouge écarlate, que l'on décompose par l'acide sulfhydrique ; de cette manière, on obtient une belle dissolution jaune de xanthine (Runge).

Le principe *brun* de la garance est une substance insoluble dans l'eau et dans l'alcool; on l'extrait de la garance au moyen d'un alcali; le *solutum* est précipité par les acides. Cette substance n'est pas propre à la teinture (Runge).

DU ROUGE DE GARANCE.

Il est solide, peu soluble dans l'eau, très-soluble dans l'alcool et dans l'éther. Il communique à la potasse une couleur violette, et à l'ammoniaque une couleur rouge. Chauffé à 225°, il donne des cristaux aiguillés d'un jaune-rouge, qui ont pour formule $H^{10} C^{20} O^{15}$.

DE LA SANTALINE.

Le bois du santal rouge (*pterocarpus santolinus,* arbre des Indes orientales) contient une matière colorante que Pelletier regardait comme un principe immédiat particulier, ayant cependant beaucoup de rapport avec les résines. Elle est presque insoluble dans l'eau, très-soluble dans l'alcool, dans l'éther, dans l'acide acétique et dans les dissolutions alcalines, d'où elle peut être séparée sans altération ; elle est très-peu soluble dans l'huile de lavande, et presque insoluble dans les autres huiles. L'éther sulfurique ne la dissout pas instantanément, et la dissolution est orangée ou jaune, si a elle été faite sans le contact de l'air; mais par l'évaporation à l'air libre, la matière qui se dépose est d'un rouge superbe. Traitée par l'acide azotique, elle fournit, outre les produits donnés par les résines, de l'acide oxalique. On obtient, avec sa dissolution alcoolique et les sels suivants, des précipités différemment colorés, savoir : protochlorure d'étain, précipité pourpre magnifique; sels de plomb, précipité violet assez beau ; sublimé corrosif, précipité écarlate ; sulfate de protoxyde de fer, précipité violet foncé; azotate d'argent, précipité rouge brun : ces précipités sont formés par l'oxyde métallique uni à la matière colorante. Sa dissolution acétique précipite la gélatine, et agit sur les substances animales comme une matière astringente. La santaline est fusible à 100° centigrades ; à une température plus élevée, elle se décompose à la manière des substances végétales très-hydrogénées, et ne fournit pas un atome d'ammoniaque. Elle est formée de 75,03 de carbone, de 6,37 d'hydrogène, et de 18,60 d'oxygène. Le principe colorant du santal, dissous dans l'alcool ou dans l'acide acétique, peut être employé avec succès dans la teinture des laines et de la soie; on peut s'en servir pour obtenir des laques.

Préparation. Après avoir lavé le bois de santal réduit en poudre, on le fait bouillir à plusieurs reprises avec de l'alcool concentré, on évapore le *solutum,* et l'on obtient pour résidu la santaline (Pelletier). Quelques chimistes pensent que, préparée ainsi, la santaline n'est pas pure, et qu'elle renferme un principe colorant rouge et une matière analogue aux résines.

D'après M. Preisser, la santaline *pure* est incolore, soluble dans l'eau et cristallisable (voy. *Journ. de pharm.,* t. V, p. 208).

DE L'ORCANETTINE. $H^{20}C^{35}O^{8}$ (ANCHUSINE, ACIDE ANCHUSIQUE).

L'orcanettine se trouve dans la partie corticale des racines de l'*anchusa tinctoria.* Voici quelles sont ses propriétés, d'après J. Pelletier, qui l'a étudiée avec soin. Elle est solide, d'un rouge tellement foncé qu'elle paraît brune ; sa cassure est résineuse ; elle est fusible au-dessous de 60° centigr. ; quand on la chauffe avec précaution , elle répand des vapeurs d'un *rouge violet* très-piquantes, se condensant par le refroidissement en flocons très-légers ; pour peu qu'on élève un peu plus la température, elle se décompose et se comporte comme les matières végétales non azotées. Traitée par l'acide azotique, elle fournit de l'acide oxalique et une très-petite quantité d'une substance amère. L'alcool, les huiles, les corps gras, et surtout l'éther, la dissolvent, et acquièrent une belle couleur rouge. Si l'on fait arriver du *chlore* gazeux dans sa dissolution alcoolique, la couleur rouge est détruite et passe au jaune sale ou au blanc grisâtre. Les alcalis employés en excès dissolvent cette matière colorante, et forment des sels bleus (anchusates) , qui sont solubles dans l'alcool et dans l'éther s'ils sont neutres ; mais on peut faire reparaître la couleur rouge en saturant l'alcali par un acide. L'acétate de plomb, et surtout le sous-acétate, font naître dans la dissolution alcoolique de cette matière colorante un précipité bleu magnifique ; le protochlorure d'étain la précipite en rouge cramoisi : ces précipités sont formés par la matière colorante et par l'un ou par l'autre de ces oxydes. Si l'on fait agir pendant quelques heures l'*eau* pure sur cette matière colorante, elle est altérée, devient violette, passe au bleu, et finit même par noircir : ces effets sont beaucoup plus prompts si l'on fait bouillir sa dissolution alcoolique avec de l'eau. Pelletier pensait que l'on pourrait employer l'orcanettine dans la peinture à l'huile pour faire de très-beaux bleus.

Préparation. On traite par l'éther sulfurique la partie corticale de l'orcanette ; le *solutum* contient la matière colorante ; on fait évaporer l'éther, et on obtient l'orcanette.

DE LA CURCUMINE (MATIÈRE COLORANTE DU CURCUMA).

La curcumine existe dans la racine de curcuma (*curcuma longa*) ; elle est en lames minces d'un rouge-cannelle, transparentes et inodores ; sa poudre est d'un beau jaune. Elle fond à 40°, et brûle avec une flamme brillante, accompagnée de beaucoup de suie. Elle est insoluble dans l'eau, et soluble dans l'éther et dans l'alcool. Les acides sulfurique, chlorhydrique et phosphorique concentrés, la dissolvent et donnent une liqueur de couleur cramoisie. L'acide acétique concentré la dissout, sans amener aucun changement dans sa couleur. La curcumine forme avec les alcalis des composés bruns, qui sont très-solubles dans l'eau, et que ce liquide ne décolore pas ; tandis qu'il fait disparaître la couleur rouge des dissolutions acides, en produisant un dépôt floconneux jaune verdâtre de curcumine. La curcumine est formée de carbone 69,501, d'hydrogène 7,460, et d'oxygène 23,039.

Préparation. On traite par l'alcool bouillant le curcuma épuisé par l'eau ; le *solutum* contient la curcumine et une matière brune ; on évapore à siccité, et on traite par l'éther, qui ne dissout que la curcumine ; on fait évaporer l'éther ; le produit est dissous dans l'alcool et précipité par l'acétate de plomb ; le précipité rouge obtenu est décomposé par l'acide sulfhydrique, et le dépôt, composé de curcumine et de sulfure de plomb, est traité par l'éther, qui dissout la curcumine.

DE LA CARMINE. $H^{14}C^{28}O^{16}$ (ACIDE CARMINIQUE).

La carmine, ou la matière colorante de la cochenille, a été découverte, en 1818, par MM. Pelletier et Caventou. Étudié depuis peu par M. Warren de la Rue, l'acide *carminique* possède les propriétés suivantes. Il est d'un brun pourpre, friable et transparent ; vu au microscope, il est rouge ; sa poudre offre aussi cette couleur ; il fond à 50° centigr., et peut être chauffé à 136° centigr. sans se décomposer ; à une température plus élevée, il se boursoufle, se décompose, et fournit du carbure d'hydrogène gazeux, beaucoup d'huile, et une petite quantité d'eau très-légèrement acide ; on n'obtient point d'ammoniaque, ce qui prouve qu'il ne contient point d'azote. Il est inaltérable à l'air, et très-soluble dans l'eau, qui acquiert une couleur d'un beau rouge tirant sur le cramoisi. L'alcool en dissout d'autant plus qu'il est moins concentré. Il est insoluble dans l'éther. Les acides faibles le dissolvent, et aucun ne le précipite ; ils en changent la couleur, qui du rouge passe à l'écarlate, à l'orangé, puis au jaune. L'acide azotique le transforme en acide oxalique et en acide *nitrococcusique*, $H^5 C^{16} 3Az0^4, 2H0$, cristallisé en tables rhombes de couleur jaune, solubles dans l'eau, dans l'alcool et l'éther ; ces dissolutions colorent la peau en jaune. Les *nitrococcusates* sont facilement solubles dans l'eau, et décomposables par la chaleur avec une violente déflagration. L'iode et le chlore détruisent la couleur rouge de l'acide carminique et la font passer au jaune ; l'eau de chaux fait naître dans la dissolution aqueuse un précipité violet. Les eaux de strontiane et de baryte se bornent à faire virer la liqueur au cramoisi violet ; l'alumine récemment précipitée la décolore sur-le-champ, et l'on obtient une laque d'un très-beau rouge, à moins qu'on ne chauffe la liqueur, car alors la couleur passe au cramoisi et au violet.

Cette dissolution n'est point précipitée par le chlorure d'or, qui se borne à en altérer la couleur ; l'acétate de plomb la précipite en violet ; il en est de même de l'azotate de protoxyde de mercure neutre ; car s'il est acide, le précipité est cramoisi et moins abondant ; l'azotate de bioxyde de ce métal y fait naître un précipité d'un rouge écarlate ; les sels de fer donnent une teinte brunâtre, sans produire de précipité ; le protochlorure d'étain y détermine un précipité violet très-abondant, à moins que le sel ne soit acide, car alors le précipité est cramoisi ; le bichlorure ne la précipite point, mais fait passer la couleur au rouge écarlate ; si l'on ajoute de l'alumine en gelée, on a un précipité d'un beau rouge, qui, par l'ébullition, ne tourne pas au cramoisi.

L'acide carminique, n'étant autre chose que la matière colorante de la cochenille, a de nombreux usages en teinture. Uni à des matières grasses et alumineuses, il constitue le *carmin*. On obtient celui-ci en traitant une dissolution de cochenille par du bitartrate de potasse, de l'alun, etc. ; le carmin se précipite.

Préparation. Pour obtenir l'acide carminique, M. Warren de la Rue précipite, par l'acétate de plomb acidulé par l'acide acétique, une décoction de cochenille dans l'eau distillée ; il décompose le carminate de plomb déposé par l'acide sulfhydrique ; la dissolution renferme l'acide carminique mêlé d'acide phosphorique, etc. ; on la précipite de nouveau par l'acétate de plomb, et l'on divise le carminate de plomb précipité en 2 parties ; les trois quarts de ce sel sont complétement décomposés par l'acide sulfhydrique ; la dissolution est filtrée et évaporée ; le produit, après avoir été dissous dans l'alcool absolu, est digéré avec le dernier quart du carminate de plomb desséché et pulvérisé : de cette manière, l'acide phosphorique libre qui existait dans la dissolution a été transformé en phosphate de plomb ; la dissolution alcoolique, qui ne renfermait plus que de l'acide carminique, a été précipitée par l'éther ; ce précipité, formé par une partie de l'acide carminique, entraîne une certaine quantité de matière azotée, tandis que la plus grande partie de l'acide carminique reste en dissolution et peut être obtenue parfaitement pure par l'évaporation de la liqueur. (*Journ. de pharm.*, mai 1850 ; voy. aussi *Cochenille*.)

DES MATIÈRES COLORANTES EXTRAITES DES LICHENS.

Plusieurs lichens, et notamment le *lecanora parella*, le *variolaria dealbata*, le *roccella tinctoria*, etc., fournissent des matières colorantes dont la réunion constitue les orseilles et le tournesol. Ces matières sont les acides *lécanorique, érythrique, orsellique, bétaorsellique, évernique, usnique*, la *variolarine*, l'*orcine*, l'*orcéine*, la *roccelline*, l'*azolitmine*, la *spaniolitmine*, l'*érythroléine*, l'*érythrolitmine*, etc.

DES ACIDES LÉCANORIQUE, ÉRYTHRIQUE, etc.

Acide lécanorique, $H^{14}C^{32}O^{14}$, 2HO (voy. *Acides*).
Acide érythrique, $H^{22}C^{40}O^{20}$ (voy. *Acides*).
Acide orsellique, $H^{14}C^{32}O^{14}$ (voy. *Acides*).
Acide bétaorsellique, $H^{16}C^{34}O^{15}$ (voy. *Acides*).
Acide évernique, $H^{16}C^{36}O^{14}$ (voy. *Acides*).
Acide usnique, $H^{17}C^{38}O^{14}$.

DE LA VARIOLARINE.

Elle est en aiguilles blanches, fusibles ; à une température plus élevée, elle se volatilise en partie, tandis qu'une autre portion se transforme en une huile essentielle. L'alcool et l'éther la dissolvent très-bien. Elle est neutre aux réactifs colorés. Elle ne se colore point sous l'influence des alcalis, lors même qu'elle a le contact de l'air. (Voy., pour l'extraction de ce principe, le *Journ. de chim. méd.* de juin 1829 ou les *Ann. de chim.* de novembre 1829.)

DE L'ORCINE $H^8C^{16}O^4,3HO$.

Elle existe dans le *lichen roccella,* d'après Robiquet; elle se produit pendant la fermentation que l'on fait subir à divers lichens pour obtenir l'*orseille* (voy. pag. 299); enfin elle est le résultat de l'action d'un excès de baryte sur l'acide lécanorique bouillant; celui-ci se transforme, en effet, en acide carbonique et en *orcine.* Pour préparer l'orcine, Robiquet propose de traiter à plusieurs reprises le *lichen roccella* par l'alcool bouillant, de filtrer la dissolution, qui, par le refroidissement, laisse déposer des flocons cristallins et blancs, d'une matière d'aspect résineux, de distiller la liqueur jusqu'en consistance d'extrait, de broyer celui-ci avec de l'eau jusqu'à épuisement de la matière soluble, de réduire par l'évaporation de la liqueur en sirop, et de laisser cristalliser celui-ci spontanément. Si les cristaux étaient trop colorés, on les traiterait par du charbon animal. L'orcine cristallise en gros prismes quadrangulaires, toujours légèrement colorés en jaune, solubles dans l'eau et dans l'alcool; la dissolution offre une saveur franchement sucrée, mais elle ne fermente pas avec de la levûre. Elle est inaltérable à l'air pur. Chauffée à 100°, elle donne de l'eau en se liquéfiant. Anhydre, elle distille de 287° à 290°. L'acétate de plomb basique précipite les dissolutions d'orcine; le sesquichlorure de fer les précipite en rouge foncé tirant sur le noir. Avec les alcalis fixes, elle brunit à l'air en absorbant de l'oxygène. Mélangée avec de l'ammoniaque et exposée à l'air, elle devient peu à peu d'un rouge de sang foncé, et il s'est formé un nouveau corps azoté (l'*orcéine*). Pour que la transformation de l'orcine en orcéine puisse avoir lieu, la présence simultanée de l'air, de l'eau et de l'ammoniaque, est nécessaire; mais il n'y a aucun dégagement de gaz. Le chlore et le brome donnent, avec l'orcine, des composés cristallisables. La *bromorcine* est représentée par $H^5C^{14}Br^3O4$.

DE L'ORCÉINE. $H^9C^{16}AzO^7$.

Elle existe dans l'orseille (voy. pag. 299). Elle est d'un rouge de sang foncé, incristallisable, très-soluble dans l'alcool, qu'elle colore en écarlate. La potasse et la soude la dissolvent et se colorent en rouge violacé; l'ammoniaque, qui la dissout aussi, donne une couleur pensée très-riche. Les acides la précipitent de ces dissolutions sans altération. Le sulfhydrate d'ammoniaque détruit la belle couleur de la dissolution ammc-

niacale, mais elle reparaît à l'air. Le chlore la transforme en *chlorocéine*.
On obtient l'orcéine en traitant l'orcine par l'ammoniaque à l'air.

DE LA ROCCELLINE.

Elle existe dans le *roccella tinctoria*. Elle possède les caractères d'un acide faible; elle est insoluble dans l'eau, à peine soluble dans l'alcool et dans l'éther; elle devient d'un vert jaunâtre par le chlorure de chaux. L'acide azotique la transforme en acide oxalique.

DE L'AZOLITMINE, DE LA SPANIOLITMINE, etc.

L'*azolitmine*, $H^{10}C^{18}AzO^{10}$, constitue en grande partie le tournesol.

La *spaniolitmine*, $H^7C^{18}O^{16}$, l'*érythroléine*, $H^{22}C^{26}O^4$, et l'*érythrolitmine*, $H^{23}C^{28}O^{18}$, sont encore peu connues. Elles sont rouges et bleuis-sent sous l'influence des alcalis, tandis qu'elles reprennent leur couleur rouge dès que l'on sature ces alcalis par des acides. Elles existent dans le tournesol.

DE LA LUTÉOLINE.

La *lutéoline* a été retirée de la gaude (*reseda luteola*). Elle est suscep-tible de se sublimer en aiguilles : les plus longues sont transparentes et d'un jaune léger; les plus petites, réunies sur la paroi du verre où elles se sont condensées, paraissent d'un jaune plus foncé et ont l'aspect velouté. Elle est très-peu soluble dans l'eau, et quoiqu'elle colore à peine ce liquide, elle lui donne la propriété de teindre la soie ou la laine alu-nées, qu'on y tient plongées à une température peu élevée, en une belle couleur jonquille. Elle teint la soie et la laine, qui ont reçu un mordant de fer, en gris olive. Elle est soluble dans l'alcool et dans l'é-ther, qu'elle colore en jaune. Elle forme avec la potasse un composé soluble de couleur d'or, qui se décompose peu à peu par l'action de l'oxygène de l'air, et devient brune; elle donne des composés analogues avec les autres bases salifiables; elle s'unit aux acides.

DU QUERCITRIN. $H^9C^{16}O^{10}$

Le quercitron a fourni un principe remarquable, le *quercitrin*, en très-fines écailles d'un gris jaunâtre, qui semblent nacrées, quand elles sont suspendues dans l'eau, d'une saveur amère, peu solubles dans l'eau froide, ne se dissolvant que dans 400 parties d'eau bouillante, et alors la dissolution est légèrement jaune. Ce *solutum* teint la soie alunée en un beau jaune; il développe une belle couleur verte avec le sulfate de sesquioxyde de fer. Les alcalis le font passer au vert, puis au jaune orangé. Il devient d'un rouge brun à l'air. Le quercitrin est soluble dans 4 ou 5 parties d'alcool absolu. On l'obtient en traitant l'écorce du *quercus nigra*, par de l'alcool à 0,84, dans un appareil de déplacement, en précipitant les matières gélatineuses par le tannin ou par la chaux, et en évaporant le liquide filtré.

DU MORIN.

Le *morin jaune*, du *morus tinctoria*, est cristallisé, de couleur jaune, plus soluble dans l'eau froide que la lutéoline; sa solution s'altère par le contact de l'oxygène atmosphérique, et passe alors à l'*orangé*, et même au *rouge*. On le croit susceptible de se sublimer. Le *morin blanc* est cristallisé, presque blanc, d'une saveur douceâtre astringente et amère, soluble dans l'eau : le sulfate de sesquioxyde de fer communique à sa dissolution une couleur rouge de grenat, tandis que celle du morin jaune devient verte. Les propriétés tinctoriales de ces deux morins sont mises hors de doute ; tout porte à croire que ce ne sont pas des principes immédiats,

DE LA CHRYSOTHAMNINE. $H^{11}C^{23}O^{11}$.

Elle existe dans la graine de Perse, d'où on l'extrait à l'aide de l'éther. Elle est en belles aiguilles d'un jaune d'or, insolubles dans l'eau, solubles dans l'éther et l'alcool. Au contact de l'air et à la température de l'ébullition, elle s'oxyde, s'hydrate, et donne la *xanthoramnine*, $H^{12}C^{23}O^{14}$.

DE LA MORINDINE. $H^{15}C^{18}O^{15}$.

Elle existe dans la racine du *morinda citrifolia*, d'où on la retire par l'alcool bouillant. Elle est sous forme d'aiguilles fines d'un beau jaune de soufre, et d'un éclat satiné, peu solubles dans l'alcool froid, plus solubles dans l'alcool étendu d'eau et bouillant, et insolubles dans l'éther. Les alcalis la dissolvent, et se colorent en rouge orangé; l'acide sulfurique concentré l'altère et la colore en pourpre. Si on la chauffe, elle fond, bout, et se décompose en charbon et en *morindone,* qui apparaît sous forme de vapeurs rouges, lesquelles se condensent en aiguilles de même couleur, insolubles dans l'eau, solubles dans l'alcool et l'éther. La formule de la morindone est $H^{10}C^{28}O^{10}$, ce qui paraît la rapprocher du rouge de garance. La morindine est employée dans les Indes pour teindre le coton en rouge; sa couleur est plus estimée pour sa solidité que pour sa beauté.

DE LA CAROTINE.

On la trouve dans le jus de carottes. Elle est en petits cristaux de couleur de cuivre, fusibles vers 170°, décomposables à une température plus élevée, presque insolubles dans l'eau, l'alcool et l'éther. Sa composition est la même que celle de l'essence de térébenthine.

DE LA CHLOROPHYLLE. $H^9C^{18}AzO^8$.

La chlorophylle constitue la matière colorante *verte* des feuilles, où lle existe en petite quantité. Elle est solide, insoluble dans l'eau, soluble dans l'alcool, l'éther, les acides sulfurique et chlorhydrique; elle est précipitée de ces dissolutions par l'eau. Pour l'obtenir, on fait digérer les feuilles pendant plusieurs jours dans l'éther; on filtre, et l'on évapore à siccité; on dissout dans l'alcool bouillant le produit, qui contient une sorte de cire et de la chlorophylle; la majeure partie de la cire se dépose par le refroidissement; on évapore la liqueur jusqu'à siccité, et on traite le produit par une moindre quantité d'alcool bouillant; il se dépose encore de la cire; les liqueurs alcooliques, évaporées jusqu'à siccité, donnent un résidu que l'on dissout dans l'acide chlorhydrique concentré; la dissolution, de couleur verte, est saturée par du marbre blanc, et l'on obtient du chlorure de calcium soluble et de la *chlorophylle* insoluble; on lave celle-ci avec de l'acide chlorhydrique faible, puis avec de l'eau, et on la dessèche.

On désigne sous le nom de *xanthophylle* la matière colorante *jaune* des feuilles si peu connue.

Il existe encore une grande quantité de matières colorantes, pour l'histoire desquelles je renvoie aux traités spéciaux; je n'ai voulu décrire que les plus importantes, que celles dont les réactions peuvent, pour ainsi dire, servir de type pour toutes les autres.

DE LA TEINTURE.

On désigne sous le nom de *teinture* l'art qui a pour objet de fixer les principes colorants sur certaines substances, qui sont principalement les fils et les tissus de coton, de chanvre, de lin, de laine et de soie. On ne parvient, *en général*, à atteindre ce but d'une manière convenable, qu'autant que l'on a fait subir aux divers fils dont je parle trois opérations distinctes : 1° le *blanchiment*, que l'on appelle quelquefois *décreusage, désuintage* ; 2° l'application des *mordants* ; 3° la *fixation de la matière colorante*.

§ Ier. — Du blanchiment.

Pour se faire une idée de cette opération, il faut savoir que les fils et les tissus de chanvre, de lin, de soie, etc., que l'on veut blanchir, sont formés de fibres blanches et d'une matière colorante : il s'agit donc simplement de détruire celle-ci pour que la fibre devienne blanche. On ne pratique l'opération que je vais décrire que dans le cas où les tissus doivent recevoir une teinte légère ou partielle, comme pour les toiles peintes.

Blanchiment des fils de chanvre, de lin et de coton. 1° On laisse pendant quelques jours ces substances dans de l'eau limpide, afin de leur faire éprouver un commencement de fermentation propre à faciliter la séparation du principe colorant, et d'un enduit appelé *parou*, dont les tisserands se servent dans le tissage des toiles. 2° On les lessive en les plongeant dans une dissolution de potasse ou de soude caustiques qui ne soit pas concentrée, et qui ait été préparée d'avance avec une partie de chaux vive éteinte par le moyen de l'eau, 2 parties de carbonate de potasse ou de soude, et une plus ou moins grande quantité d'eau : le but de cette opération est de dissoudre dans l'alcali une portion de la matière colorante ; on lave ces tissus à grande eau. 3° On les plonge dans une dissolution aqueuse de *chlore,* qui, comme je l'ai dit, détruit le principe colorant et le transforme en une matière très-soluble dans les alcalis ; si la dissolution de chlore était trop concentrée, le tissu lui-même pourrait être attaqué ; si elle était trop faible, l'action serait presque nulle ; on se sert plus particulièrement aujourd'hui d'une dissolution de chlorure de chaux, qui offre tous les avantages du chlore, sans avoir autant d'inconvénients : on lave les tissus à grande eau. 4° On les passe à plusieurs reprises, et en les frottant, dans une dissolution de savon chaude. 5° On les met en contact avec de l'acide sulfurique très-faible, afin de dissoudre une certaine quantité d'oxyde de fer qui, pendant le cours de l'opération, se dépose sur ces substances, principalement sur le coton, et les colore en jaune; on les lave de nouveau. 6° On renouvelle plusieurs fois, et successivement, les immersions dans la lessive et dans la dissolution de chlore, ainsi que les lavages (Berthollet).

Avant d'avoir adopté ce procédé, on blanchissait les toiles en les lessivant de temps en temps, les étendant sur le pré et les arrosant deux ou trois fois par jour.

Blanchiment de la soie et de la laine. Si, après avoir décreusé la *soie,* on veut la rendre encore plus blanche, on l'expose à la vapeur du soufre en ignition (gaz acide sulfureux). La *laine* doit être désuintée d'abord, puis traitée par une faible dissolution de savon tiède, pour s'emparer du suint qui peut rester à la surface; enfin on doit la mettre en contact avec le gaz acide sulfureux.

Décreusage. Le décreusage est une espèce de blanchiment moins parfait que le précédent, que l'on fait subir aux tissus de coton, de lin, de chanvre et de soie, qui doivent être teints en une couleur foncée. Pour *décreuser le lin, le chanvre et le coton,* on fait bouillir ces matières avec de l'eau, pendant deux heures; on les laisse égoutter; on les fait bouillir de nouveau pendant deux heures avec une dissolution de soude rendue caustique par la chaux; on les lave à grande eau, et on les fait sécher à l'air. Pour 100 kilogrammes de chanvre ou de lin, on prépare la dissolution avec 15 seaux d'eau et 2 kilogrammes de soude, tandis qu'on ne met que 1 kilogramme $\frac{1}{2}$ de soude pour la même quantité de coton. — *Décreusage de la soie.* La soie est un liquide visqueux, contenu dans un appareil glanduleux du bombyx du mûrier (*phalœna mori*), qui se solidifie par l'action de l'air. Elle contient: 1° une matière azotée soluble (gomme de Roard); 2° une matière azotée insoluble dans l'eau; 3° une huile volatile odorante; 4° de la cire; 5° une matière colorante jaune, si la soie est jaune. La réunion de ces matières constitue le *vernis de la soie,* que l'on peut dissoudre en entier par l'alcool ou l'éther et l'eau, dans un digesteur distillatoire. D'après M. Roard, on *décreuse* les soies, écru blanc ou jaune, en les faisant bouillir pendant une heure avec quinze fois leur poids d'eau, et une plus ou moins grande quantité de savon, suivant la nuance que l'on désire; il faut plonger la soie dans le bain une demi-heure avant que le liquide soit en ébullition, et la retourner souvent: dans cette opération, la soie perd la totalité ou la majeure partie de son vernis.

Désuintage. La laine est enduite d'une matière que l'on appelle *suint*, composée d'un savon à base de potasse qui en fait la majeure partie, d'une substance animale particulière odorante, de chaux, de carbonate de chaux, de carbonate et d'acétate de potasse et de chlorure de potassium (Vauquelin); la quantité de suint est d'autant plus considérable que la laine est plus fine. On donne le nom de *désuintage* à l'opération qui a pour objet de lui enlever l'enduit dont je parle : cette opération consiste à plonger la laine, pendant un quart d'heure, dans un bain presque bouillant préparé avec 3 parties d'eau et 1 partie d'urine pourrie ou ammoniacale, à laquelle on ajoute quelquefois du savon; on la remue de temps en temps, puis on la retire; on la fait égoutter; on la lave à grande eau, et on la fait sécher au soleil. Le bain qui a déjà servi est encore très-utile pour d'autres opérations du même genre. On pratique quelquefois le désuintage sans employer d'urine. La laine *désuintée* contient encore deux matières grasses, l'une solide, l'autre fluide, qu'on peut lui enlever en la soumettant à l'action de l'alcool et de l'éther dans le digesteur distillatoire : ainsi privée de ces deux graisses, elle renferme, outre l'oxygène, l'hydrogène, le carbone et l'azote qui la constituent, du soufre.

§ II. — De l'application des mordants.

On donne le nom de *mordant* à toute substance qui, étant dissoute dans l'eau, a la faculté de s'unir aux tissus préalablement décreusés, désuintés ou blanchis, que l'on veut teindre, et d'augmenter leur affinité pour les principes colorants, sans que les fibres textiles perdent leur forme et leur consistance. Si l'on ne faisait pas usage de mordants, la teinture serait facilement enlevée par les lavages avec de l'eau, et surtout avec les savons alcalins. Le nombre des mordants est presque infini, cependant on emploie le plus ordinairement l'*alun :* aussi cette opération de la teinture est-elle souvent désignée sous le nom d'*alunage.* Dans la teinture écarlate, on se sert du protochlorure d'étain; on emploie souvent aussi le bichlorure d'étain, surtout pour aviver les couleurs rouges de la cochenille et de la garance; dans les toiles peintes, on fait usage d'acétate d'alumine, et pour le rouge d'Andrinople, on emploie la noix de galle.

Alunage de la soie. On laisse la soie pendant vingt-quatre heures dans une dissolution faite avec 1 partie d'alun pur, contenant à peine un demi-millième de son poids de *sulfate de fer* et 60 parties d'eau; on la tord et on la lave; on agit à la température ordinaire pour faire absorber à la soie une plus grande quantité de sel, et lui conserver son brillant sans l'altérer.

Alunage de la laine. Après avoir fait bouillir pendant une heure 1,000 parties de laine dans l'eau de son, afin de la dégraisser, on la lave à l'eau froide, et on la fait bouillir de nouveau avec 8 à 9,000 parties d'eau, 250 parties d'alun du commerce, et un peu de crème de tartre; on la fait égoutter et on la lave.

Alunage du coton, du chanvre et du lin. On met ces tissus dans une dissolution légèrement chaude, préparée avec 3 parties d'eau et 1 partie d'alun; on laisse refroidir le bain; on les retire vingt-quatre heures après, on les lave et on les fait sécher. L'alun doit être pur lorsqu'on opère sur le coton, car s'il contenait seulement $\frac{1}{1000}$ de sulfate de fer, les nuances seraient altérées.

Avant de teindre les étoffes de ligneux *alunées,* on les plonge pendant quelque temps dans deux bains d'eau dans laquelle on a délayé 6 à 8 p. %₀ de bouse de vache, sans que l'on sache encore ce qui se passe; il est probable que la bouse agit par les phosphates qu'elle renferme.

<h3 align="center">§ III. — De la fixation des matières colorantes.</h3>

On prépare le *bain de teinture* en faisant dissoudre la matière colorante dans l'eau bouillante, et on y plonge le tissu, préalablement blanchi et combiné avec le mordant. Si la matière colorante n'est pas soluble par elle-même, on la rend soluble à l'aide d'un autre corps; alors on plonge dans le bain le tissu blanchi, et sans être imprégné de mordant, et on précipite la matière colorante au moyen d'une troisième substance. Dans tous les cas, on dispose les tissus que l'on veut teindre, de manière que toutes leurs parties soient en contact avec la couleur pendant le même temps. La température du bain qui sert à teindre les soies, le chanvre et le lin, doit être portée successivement de 30° à 75°. On teint presque toujours au bouillon les laines et les cotons. Ces opérations étant terminées, on lave les tissus, afin de leur enlever le principe colorant, qui n'est que superposé.

<h3 align="center">Des teintures rouges.</h3>

On obtient ces couleurs avec la garance, les bois de Campêche et du Brésil, la cochenille, le carthame, etc.

Garance (rubia tinctorum). On ne fait usage que des racines, les

meilleures ont un diamètre égal à celui d'un tuyau de plume; leur cassure est d'un jaune rougeâtre très-vif. La poudre qu'elles fournissent
est d'un rouge jaunâtre, et contient plusieurs matières colorantes.
MM. Robiquet et Collin en ont extrait de l'alizarine et de la purpurine;
M. Kuhlmann en a séparé une matière d'un jaune fauve, qu'il a nommée
xanthine, et qui est entièrement soluble dans l'eau et dans une dissolution saturée de carbonate de soude. Enfin MM. Gaultier de Claubry et
Persoz disent en avoir retiré deux matières colorantes : l'une, *rouge*,
différente de l'alizarine et de la purpurine; l'autre, *rose* (voy. *Ann. de
chim.*, septembre 1831).

D'après Schunck, la garance contiendrait sept substances différentes,
savoir : deux matières colorantes, l'*alizarine* et la *rubiacine* (rouge de
garance); un principe amer, la *rubiane;* deux résines, de l'acide pectique, et une substance brune qui est probablement le résultat d'une
oxydation.

M. Debus, de son côté, en cherchant à isoler les matières colorantes
de la garance, dit avoir retiré deux acides, qu'il a désignés sous les
noms de *lizarique* et *oxylizarique*.

Voici comment s'exprime M. Chevreul, à l'occasion de ces analyses :
« Si l'on fait agir la garance, ou plutôt ses diverses parties, sur de la
laine alunée, on y reconnaîtra trois propriétés colorantes distinctes :
celle de colorer l'étoffe en jaune, celle de la colorer en rouge, et celle
de la colorer en fauve ou en brun. La *première* propriété me paraît due
à un principe jaune, mais je ne pense pas que la *xanthine* de M. Kuhlmann soit ce principe à l'état de pureté. La *seconde* propriété est rapportée, dans l'état actuel des choses, à l'alizarine et à la purpurine;
mais ces deux matières existent-elles toutes formées dans la racine de
garance, doivent-elles être considérées comme deux espèces distinctes,
ou l'une n'est-elle qu'une variété, qu'une simple modification de
l'autre? C'est ce qui n'est pas encore déterminé. Quant à la matière
rouge de MM. Gaultier et Persoz, j'ai plusieurs motifs de croire que ce
n'est point un principe immédiat pur. La *troisième* propriété n'est pas
susceptible d'être ramenée maintenant à une matière bien définie. »

D'après MM. Strecker et Wolff, en faisant fermenter la garance, à
l'aide de la levûre, à la température de 30°, on ne trouve que de la purpurine; il est très-probable que l'alizarine s'est transformée, dans ces
conditions, en purpurine, ce qui pourrait avoir lieu avec dégagement
d'acide carbonique et d'hydrogène (*Comptes rendus des séances de l'Académie des sciences,* n° du 12 août 1850).

Les couleurs de garance sont très-solides, les rouges qu'elles four-

nissent sont les moins altérables. On emploie cette racine : 1° pour
teindre la *laine* ; il suffit pour cela de plonger dans un bain préparé
avec 1 partie de garance et 30 parties d'eau 1 partie de laine alunée.
Suivant M. Roard, on peut communiquer à la laine, et même à la soie
préalablement alunée, une teinte rouge magnifique, en séparant la matière jaune fauve de la garance par le carbonate de soude, et en mettant
la matière rouge qui reste dans une dissolution de sel d'étain et de
tartre. 2° Pour donner au *lin* et au *coton* les teintes désignées sous les
noms de *rouge de garance* et de *rouge d'Andrinople* (voy. Chaptal, *Sur
la teinture*). 3° Pour communiquer aux *toiles peintes* une foule de
nuances qui varient depuis le rouge clair jusqu'au rouge foncé, et depuis
le violet clair jusqu'au noir ; il suffit pour cela d'ajouter au bain de
garance des proportions différentes de sels alumineux et ferrugineux.
4° Pour préparer une *laque* qui peut remplacer la laque carminée
(Mérimée) : pour cela on épuise la garance par l'eau froide, afin de dissoudre toute sa matière colorante fauve ; on met pendant vingt-quatre
heures la portion rouge qui reste dans une dissolution d'alun, à la température ordinaire ; la liqueur devient d'un rouge foncé ; on y verse
peu à peu du carbonate de potasse ou de soude dissous dans une grande
quantité d'eau : l'alumine qui fait partie de l'alun se précipite avec la
matière colorante ; le précipité constitue la *laque* ; les premières portions obtenues sont plus belles que les dernières. On lave le précipité
avec de l'eau froide, on le met sur un filtre, et on le dessèche à une
douce chaleur.

Bois de Campêche (*hœmatoxylum campechianum*). Les bûches de ce
bois doivent être compactes et lourdes, d'un brun rougeâtre à l'extérieur, d'un orangé rougeâtre à l'intérieur ; elles doivent exhaler une légère odeur de violette. On les emploie à faire des violets et même des
bleus ; elles forment un des principaux ingrédients des teintures en
noir : c'est l'*hématine* qui fait la base de toutes ces teintures.

Bois de Brésil, de Fernambouc, etc. (*cœsalpina echinata* de Lam.).
Ce bois communique à l'eau bouillante une belle teinte rouge qui malheureusement n'est pas solide. On l'emploie cependant assez souvent :
1° pour teindre la laine : on fait bouillir pendant trois quarts d'heure
une partie de ce bois réduit en poudre avec 20 parties d'eau ; on y met
6 parties de laine, et on continue l'ébullition pendant trois quarts d'heure ;
on retire la laine, on la lave et on la fait sécher. 2° Pour faire de faux
cramoisis sur la soie : on procède de la même manière et avec les mêmes
proportions, excepté que l'on plonge la soie pendant une heure et demie
dans le bain, dont la température n'est que de 30° à 60° ; alors on la

traite par une dissolution alcaline, afin de lui donner la teinte cramoisie.

Orseille. Cette matière colorante n'existe pas dans les végétaux ; mais elle se forme lorsqu'on fait pourrir, sous l'influence de l'air et de l'ammoniaque, certains lichens, tels que le *lecanora parella*, le *variolaria dealbata*, le *roccella tinctoria*, etc. Il suffit, pour l'obtenir, de faire fermenter dans des auges en bois un mélange de ces lichens écrasés, et d'urine et d'ammoniaque, ou d'urine et de chaux, et de le brasser fréquemment à la température de 25º à 30º ; tout porte à croire que, pendant la fermentation, certains principes *incolores* et cristallisables des lichens, l'acide lécanorique, par exemple, se transforment en *orcine*, laquelle à son tour se change en *orcéine*. Quoi qu'il en soit, on retire encore de l'orseille plusieurs matières rouges non cristallines, dont les caractères ne sont pas suffisamment définis pour qu'on puisse les considérer comme des principes immédiats ; je citerai entre autres l'*azoérythryne*, matière insoluble dans l'eau, dans l'alcool, l'éther, et dans les alcalis ; ceux-ci sont colorés en rouge vineux.

Tournesol. Si, au lieu d'exposer ces lichens, particulièrement le *roccella tinctoria*, à l'action de l'ammoniaque seule, on fait agir sur eux un mélange de carbonate de potasse et d'ammoniaque, sous l'influence de l'air, il se forme d'abord une matière rouge qui finit par devenir bleue : cette couleur, étant épaissie avec de la craie ou du plâtre, constitue le *tournesol en pains* du commerce. Si l'on ne solidifie pas la masse par de la craie, mais que l'on fasse dessécher la matière colorante sur des chiffons, on obtient le tournesol en *drapeaux*.

M. Robert Kane a extrait du *tournesol* plusieurs matières diversement colorées (voy. p. 288); cependant on peut dire que la couleur bleue n'est due qu'à la modification que les alcalis ont fait subir à une matière primitivement rouge, ce qui explique très-bien l'action qu'exercent sur cette couleur, tour à tour, les acides et les alcalis. On l'emploie comme réactif dans les laboratoires, soit en dissolution dans l'eau, soit fixée sur du papier. Le papier rouge de tournesol n'est que le papier bleu immergé dans de l'eau légèrement acidulée, et séché.

Cochenille (coccus cacti). La cochenille est un petit insecte qui vit sur le *cactus cochenilifer*, au Mexique, à Saint-Domingue, à la Jamaïque, au Brésil, etc. On la met dans l'eau bouillante pour la faire périr ; on la sèche au soleil et on la passe à travers un crible. On en connaît deux espèces : la cochenille *sylvestre* et la cochenille *fine* ou *mestèque :* celle-ci est plus grosse que l'autre, et ressemble à une petite graine hémisphérique, d'un cramoisi violet. Elle est composée, d'après MM. Pelletier et

Caventou, de carmine (acide carminique), d'une matière animale particulière, d'une matière grasse, qui elle-même est formée de stéarine, d'oléine et d'un acide odorant (acide coccinique), de phosphate et de carbonate de chaux, de chlorure de potassium, de phosphate de potasse, et de potasse unie à un acide organique.

On emploie la cochenille pour teindre la *laine* ou la *soie* en écarlate : cette couleur paraît résulter de la combinaison de la laine avec la matière colorante, les acides tartrique et chlorhydrique, et l'acide stannique. Pour parvenir à la fixer sur les étoffes, on leur fait subir deux opérations, le bouillon et la rougie.—*Bouillon.* On fait chauffer dans une chaudière d'étain ou de cuivre étamé, à la température de 50°, 3 kilogrammes de crème de tartre avec 8 ou 900 kilogrammes d'eau ; on y verse 2 hectogrammes et demi de poudre de cochenille, et un instant après 2 kilogrammes et demi de sel d'étain dissous dans l'eau ; on porte le bain à l'ébullition, et deux heures après on en retire l'étoffe ; on l'évente et on la lave à grande eau. — *Rougie.* On fait bouillir la moitié de l'eau de l'opération précédente ; on y ajoute 2,75 de poudre de cochenille ; on agite, et au bout de quelque temps on y verse 7 kilogrammes de sel d'étain, préparé avec 8 parties d'acide azotique à 30 degrés, une partie de sel ammoniac et une partie d'étain pur en grenaille (la dissolution obtenue doit être étendue du quart de son poids d'eau) ; cela étant fait, on plonge le drap dans le bain bouillant ; on l'agite, on le laisse pendant une demi-heure ; on le retire, on l'évente et on le fait sécher. La *rougie,* qui a servi à donner au drap la couleur écarlate, peut encore être employée pour faire les nuances capucine, orangée, jonquille, couleur d'or, de cerise, de chair et de chamois, pourvu qu'on y ajoute des quantités convenables de fustet, de sel d'étain ou de crème de tartre. On emploie encore la cochenille pour teindre en *cramoisi :* on fait bouillir le drap dans un bain de teinture composé de 13 à 20 parties d'eau pour chaque partie de drap, de $\frac{5}{6}$ de partie d'alun, de $\frac{1}{10}$ de crème de tartre, de $\frac{1}{12}$ de cochenille, et d'une très-petite quantité de dissolution d'étain. Quelquefois aussi on obtient cette couleur en traitant le drap teint en écarlate par l'ammoniaque ou par une dissolution bouillante d'alun, qui ont la faculté d'altérer cette couleur et de la changer en cramoisi.

Kermès (*coccus baficus, coccus infectorius,* etc.). Insecte plus gros que la cochenille mestèque, plus arrondi, et d'une couleur moins rouge ; il contient de la carmine et probablement une matière jaune, car il teint la laine en rouge tirant sur le jaune. Il faut employer bien plus de kermès que de cochenille pour avoir le même ton de couleur.

Cochenille laque. On connaît dans le commerce trois variétés de cette cochenille, de chacune desquelles on peut retirer cinq résines différentes : 1° la *laque en bâtons,* que l'on trouve sous forme de croûte sur les petites branches de plusieurs arbres des Indes orientales; elle paraît transsuder du corps des femelles du *coccus lacca,* qu'elle finit par envelopper, comme si chaque femelle était placée dans une cellule. Le *coccus lacca* est un insecte hémiptère, qui vit dans l'Inde sur plusieurs arbres, tels que le *ficus religiosa,* le *ficus indica,* etc. La laque en bâtons est d'un rouge foncé, et communique à l'eau cette couleur. 2° La *laque en grains,* qui paraît être la précédente, frottée dans l'eau pour en extraire autant de parties colorantes que possible; elle est brune. 3° La *laque en écailles,* que l'on obtient en faisant fondre la laque en bâtons, et en la coulant en plaques minces; elle est également brune. La première contient beaucoup plus de matière colorante et moins de matières résineuses que les autres; elle renferme aussi de l'acide laccique; la dernière est la moins riche en couleur. D'après Hatchett, ces trois laques sont formées de 68 à 90 de matières résineuses, et de 32 à 10 de matière colorante, de cire, de gluten; la laque en bâtons renfermerait 68 de résine et 10 de principe colorant, tandis que la laque en grains contiendrait 88,5 de résine et 2,5 de matière colorante. Toutes les trois sont fragiles, transparentes, inodores, et douées d'une saveur astringente et amère. La *cire à cacheter rouge* est formée de 48 parties de laque en écailles, de 12 parties de térébenthine, d'une partie de baume de Pérou, et de 36 parties de vermillon ; on fait fondre. Si l'on substituait le noir d'ivoire au vermillon, on ferait la *cire noire.* La laque est encore employée en teinture et dans la préparation des vernis. On l'administrait autrefois en médecine à la dose de 2 à 4 grammes dans l'alcool, comme tonique et astringente ; on la fait entrer aujourd'hui dans quelques gargarismes antiscorbutiques, et dans la composition des poudres propres à raffermir les gencives ; on l'emploie aussi quelquefois pour déterger et mondifier les plaies.

Rhubarbe. Lorsqu'on traite 1 partie de rhubarbe par 4 parties d'acide azotique, on obtient pour résidu une matière à laquelle M. Garot a donné le nom d'*érythrose* (d'ἐρυθραίνω, rougir), d'un jaune orange, si la rhubarbe est exotique et d'un jaune plus clair, si elle est indigène ; cette dernière donne à peu près 8 à 10 pour 100 d'érythrose, tandis que la rhubarbe exotique en fournit de 15 à 20 pour 100. L'érythrose, combinée avec les alcalis, forme des composés rouges ou amarantes susceptibles d'application aux arts et à la pharmacie. Le composé de potasse colore les liquides non acides six fois plus fortement que la cochenille, et le rouge est plus franc, plus vif et plus stable. Le composé *neutre* d'ammoniaque a quatre fois plus d'intensité colorante que le précédent; il peut être employé comme encre rouge avec autant d'avantage que celle qui est faite avec la cochenille ou le carmin. On s'en servira aussi pour colorer en rose les savons transparents et ceux de Windsor, dits de toilette. La force colorante de ces deux composés d'*érythrose* n'est pas la même, suivant les rhubarbes avec lesquelles ils ont été obtenus; on peut la classer comme il suit : *rhubarbe de Moscovie, rhubarbe de Chine, rhubarbe indigène.* Cette force dans l'érythrose des rhubarbes exotiques étant au moins trois fois plus considérable que dans les rhubarbes indigènes, on trouve là un moyen facile de reconnaître l'origine des rhubarbes, si surtout, agissant comparativement, on tient compte en même temps du produit en *érythrose,* qui est de 15 à 20 pour 100 et couleur *orange* pour les rhubarbes exotiques, et de 8 à 10 pour 100 et jaune pour les rhubarbes indigènes. On peut fixer ces composés sur la soie et sur la laine, et obtenir des nuances fort belles, de la même couleur que celles qui sont fournies par la cochenille; dans les divers essais qui ont été faits, c'est la rhubarbe indigène qui a toujours donné une teinte d'un rouge plus vif; tout porte à croire qu'elle pourra devenir bientôt, comme matière tinctoriale, l'objet d'une industrie importante.

L'érythrose est-elle un produit de la réaction de l'acide azotique sur la rhubarbe, ou bien existe-t-elle toute formée dans cette racine? Quoiqu'il en soit, elle est de nature complexe, et ne saurait être considérée comme un principe immédiat (*Journ. de pharm.,* janvier 1850).

Bois de santal (*ptœrocarpus santalinus*). Il est en bûches denses et très-dures, ou en poudre fine; il ne colore presque pas l'eau bouillante; il donne, soit une couleur fauve, soit une couleur rouge.

De la teinture en jaune.

On prépare cette couleur avec la gaude, le quercitron, le bois jaune, etc.

Gaude (*reseda luteola*). Suivant M. Roard, les capsules contiennent plus de principe colorant que les tiges, et celles-ci beaucoup plus que les racines. On sait que le principe colorant, la *lutéoline,* a été séparé de la gaude (voy. p. 290). Lorsqu'on fait bouillir de l'eau avec ces parties, on obtient un *solutum* tirant sur le brun, qui s'éclaircit et devient verdâtre par l'addition d'une plus grande quantité d'eau. Les acides en affaiblissent la teinte, les alcalis la rendent plus foncée, le sel d'étain y détermine un précipité abondant d'un jaune clair. On emploie la gaude pour teindre en jaune la *soie,* la *laine* et le *coton :* la couleur est très-solide et ne passe pas au roux, comme le font la plupart des autres jaunes de nature organique. On commence par préparer le bain en faisant bouillir pendant dix minutes 2 parties de gaude dans 30 ou 40 parties d'eau ; on passe le liquide à travers une toile serrée, et lorsque sa température est de 30° à 75°, on y plonge pendant un quart d'heure la *soie alunée* avec de l'alun pur, ou le *coton* décreusé et aluné : si l'alun contient du sulfate de fer, on obtient une couleur olive. La *laine* se teint de la même manière, excepté qu'on peut la laisser dans le bain bouillant.

Quercitron (écorce du *quercus nigra*). Il est vendu aux teinturiers sous forme d'une matière pulvérulente, mêlée de parties fibreuses, d'une couleur fauve. Il renferme deux matières colorantes : l'une, jaune, très-soluble dans l'eau, qui se comporte, avec les acides et les alcalis, comme la gaude ; l'autre, fauve, moins soluble. On s'en sert principalement pour teindre les toiles : pour cela, on met 15 ou 20 parties d'eau à 50° ou 60°, sur une partie de quercitron ; au bout de douze minutes, on passe la dissolution à travers un tamis fin, et on y plonge 10 parties de laine alunée et combinée avec le sel d'étain. La couleur du quercitron se conserve moins longtemps que celle de la gaude sans passer au roux.

Bois jaune (*morus tinctoria*). Il est sous forme de grosses bûches ; il doit être compacte, dense, d'une couleur jaune sans mélange de rouge. On voit souvent dans l'intérieur des bûches une matière pulvérulente, jaune (morin), ou d'un blanc tirant sur la couleur de chair (morin blanc), et une matière rouge dont l'aspect est résineux. Si l'on fait bouillir le bois jaune avec de l'eau, il donne un liquide d'un jaune rougeâtre, dans lequel le sel d'étain fait naître un précipité jaune abondant ; les alcalis le font passer au rouge ; les acides le troublent légèrement et en affaiblissent la teinte. Il doit sa couleur au morin. On l'emploie pour teindre les draps en jaune, en vert, en bronze, etc. ; mais les jaunes qu'il donne ont l'inconvénient de devenir roux à l'air. Pour s'en servir, on plonge dans 30 parties d'eau bouillante un sac contenant une partie de ce bois, réduit en copeaux ; on ajoute au bain des rognures de copeaux, afin de l'aviver, et on y met l'étoffe alunée ; la gélatine qui fait partie des rognures paraît agir en précipitant une matière d'un fauve rougeâtre, analogue au tannin.

Bois de fustet (*rhus cotinus*). Dépouillé de son écorce, il est sous forme de petits morceaux secs, d'un beau jaune. Il contient une matière jaune légèrement orangée, tirant sur le verdâtre, une matière rouge, et une matière brune. Sa dissolution aqueuse, de couleur jaune, prend par les alcalis fixes une belle couleur pourpre, qui peu à peu devient rouge jaunâtre. Elle communique à la laine légèrement alunée une belle couleur orange tirant un peu sur le vert. Le bois de fustet est rarement employé seul; mêlé à la cochenille, il fournit des écarlates jaunes, des aurores, des capucines, des orangés, qui ont beaucoup de feu, mais qui passent au rose par le contact de la lumière.

Graine d'Avignon (*rhamnus infectorius*). Elle renferme un principe colorant jaune et une matière rouge. On l'emploie dans la fabrication des toiles peintes, dans la préparation du *stil de grain,* et dans celle de diverses laques destinées aux papiers peints.

Curcuma (*curcuma longa*). On fait usage de la racine, qui doit être grosse, pesante, difficile à casser, et d'un aspect intérieur résineux, ni vermoulu ni pulvérulent. Elle contient de la *curcumine,* une matière brune, etc. On l'emploie pour la teinture en écarlate, pour les verts sur laine à la composition, et pour peindre du papier dont on se sert pour reconnaître les alcalis.

Rocou (*bixa orellana*). Les graines de cette plante donnent, par la fermentation, deux principes colorants, l'un jaune, soluble dans l'eau et l'alcool, peu soluble dans l'éther; l'autre rouge, peu soluble dans l'eau, mais très-soluble dans l'alcool et dans l'éther. Elles sont employées dans la teinture en soie pour les couleurs qui résultent en général du mélange du rouge et du jaune, telles que les aurores, les oranges.

De la teinture en bleu.

On prépare ces couleurs avec l'indigo, le campêche et le bleu de Prusse; l'indigo est le seul qui fournisse des bleus solides.

De l'indigo. L'indigo a été trouvé, jusqu'à présent, dans quelques espèces du genre *indigofera,* telles que l'*indigofera argentea, disperma, anil* et *tinctoria,* de la familles des légumineuses; dans l'*isatis tinctoria,* famille des crucifères; dans le *polygonum tinctorium,* de la famille des polygonées, et dans quelques espèces du genre *nerium;* il est probable qu'il existe dans toutes les espèces de ces genres et dans quelques autres plantes. La substance connue dans le commerce sous le nom d'*indigo flore* ou de *Guatimala,* renferme, outre l'*indigotine,* beaucoup d'autres matières. En la traitant par l'eau, par l'alcool et par l'acide chlorhydrique, on a trouvé dans 100 parties : 1° matières solubles dans l'eau, savoir : matière verte unie à l'ammoniaque, un peu d'indigo désoxydé, extractif, gomme, 12 parties ; 2° matières solubles dans l'alcool, c'est-à-dire matière verte, résine rouge, un peu d'indigo, 30 parties ; 3° matières solubles dans l'acide chlorhydrique, savoir : résine rouge, 6 parties ; carbonate de chaux, 2 parties ; sesquioxyde de fer et alumine, 2 parties ; 4° matières insolubles dans ces agents, acide silicique, 3 parties ; *indigotine,* 45 parties. Berzelius croit l'indigo formé d'une matière analogue au gluten, d'une matière brune qui, par sa combinaison avec l'ammoniaque, donne la matière verte, d'une matière rouge (résine rouge) et d'indigotine (voy. *Ann. de phys. et de chim.*, t. XXXVI).

En traitant l'indigo par l'acide azotique, on obtient de l'acide *carbazotique*, si l'acide est concentré (voy. p. 279), et s'il est étendu d'eau, on forme un autre acide, bien décrit par le docteur Buff, sous le nom d'*acide d'indigo.*

Préparation. Parmi les nombreux procédés qui ont été proposés pour extraire l'indigo, je décrirai le suivant, qui est usité en Amérique. Après avoir lavé les feuilles de l'*indigofera*, on les place dans une cuve et on les recouvre d'eau ; elles ne tardent pas à fermenter : le liquide verdit, devient un peu acide, et sa surface se recouvre de bulles et de pellicules irisées ; alors on le fait passer dans une autre cuve ; on l'agite et on le mêle avec de l'eau de chaux, qui favorise la précipitation de l'indigo : lorsque celui-ci est déposé, on le lave et on le fait sécher à l'ombre.

On opère de même pour extraire cette matière colorante du pastel ; mais comme l'indigo précipité par l'eau de chaux est vert, et qu'il doit cette couleur à un mélange de jaune et de bleu, il faut le laver avec de l'acide chlorhydrique faible, qui dissout la chaux, et rend la matière jaune plus soluble dans l'eau ; en sorte qu'il suffit ensuite de le mettre en contact avec ce dernier liquide pour lui enlever la couleur jaune et l'obtenir bleu.

Teinture en bleu par l'indigo. — On procède de deux manières différentes : 1° on dissout l'indigo dans l'acide sulfurique concentré ; on étend la dissolution de 150 parties d'eau pour en précipiter la matière colorante ; on y plonge le corps que l'on veut teindre ; on le lave et on le sèche : le bleu obtenu par ce moyen est très-vif, mais moins solide que celui que l'on fait par le procédé suivant. 2° On met le tissu dans un bain de teinture appelé *cuve ;* on distingue trois espèces de cuves : la cuve à la chaux et au vitriol, la cuve d'inde, et la cuve de pastel. En réfléchissant à la nature et aux propriétés des différentes substances qui

entrent dans la composition de ces cuves (voyez plus bas), on verra :
1° que l'indigo doit être ramené à l'état d'indigotine blanche, d'un jaune
verdâtre, qui se dissout dans l'alcali que l'on a ajouté ; 2° que l'étoffe
que l'on en imprègne doit avoir la même couleur jaune ; 3° enfin, qu'en
l'exposant à l'air, l'indigotine blanche doit absorber l'oxygène et passer
à l'état d'indigotine bleue : il suffira donc, pour teindre par ce procédé, de plonger le tissu, à plusieurs reprises, dans la cuve, dont la
température est de 40° à 45°, puis de le mettre en contact avec l'air.

Cuve à la chaux et au vitriol. On place dans une chaudière profonde
300 litres d'eau, 2 kilogrammes d'indigo finement pulvérisé, 2 kilogrammes de chaux éteinte, 2 kilogrammes et demi de sulfate de protoxyde
de fer du commerce, dissous dans l'eau, et 500 grammes de soude du commerce ; on agite le tout, et on chauffe pendant vingt-quatre heures à
la température de 40° à 50°, en remuant de temps en temps ; alors on y
plonge l'étoffe ; lorsque la dissolution est affaiblie, et qu'une portion
d'indigotine bleue s'est précipitée, on y ajoute 2 kilogrammes de sulfate
de fer et 1 kilogramme de chaux vive, afin de redissoudre le précipité ;
on y met une nouvelle quantité d'indigo quelque temps après cette
addition.

Cuve d'Inde. On délaie dans 100 seaux d'eau 6 kilogrammes d'alcali, 2 kilogrammes de son, et autant de garance ; on fait bouillir pendant quelque temps ; on introduit le mélange dans une chaudière conique, et on y ajoute 6 kilogrammes d'indigo bien broyé ; on agite le
tout et on chauffe doucement : au bout de quarante-huit heures, l'opération est terminée, et le bain est d'un beau jaune, couvert de plaques
cuivrées et d'écume bleue, surtout si on l'a agité toutes les douze heures ; alors on y introduit l'étoffe que l'on veut teindre. Le son et la garance agissent en désoxygénant l'indigo : celle-ci jouit encore de la
propriété de se combiner avec le tissu, et le rend propre à être porté
au même ton par une plus petite quantité d'indigo.

Cuve de pastel (isatis tinctoria). On fait bouillir dans une chaudière,
pendant trois heures, 4 kilogrammes de gaude, 6 kilogrammes de garance, 2 kilogrammes de son, avec 4,500 litres d'eau ; on retire la gaude,
et on verse la liqueur dans une cuve en bois contenant 200 kilogrammes
de pastel parfaitement divisé ; on agite continuellement, au moins pendant six heures (1), opération que l'on répète de nouveau de trois en

---

(1) Le pastel n'est autre chose que la plante même lavée, desséchée, broyée,
que l'on a fait fermenter en l'exposant au soleil après l'avoir mise en tas.

trois heures, jusqu'à ce qu'il se manifeste des veines bleues à la surface
du liquide; alors on ajoute 1 kilogramme de chaux et 10 kilogrammes
d'indigo parfaitement broyé; on agite de nouveau deux fois pendant les
six heures qui suivent, et on laisse déposer : dans cet état, la liqueur
est d'un jaune d'or, et peut servir à teindre les étoffes; dès ce moment,
il faut y ajouter tous les jours 500 grammes de chaux éteinte, et la température doit être constamment de 39° à 50°. On voit, d'après cela, que
la cuve de pastel diffère de la cuve d'Inde, en ce qu'elle renferme de la
chaux et du pastel, et qu'elle ne contient pas de soude.

Si la cuve de pastel renferme trop de chaux, ce que l'on reconnaît à
l'odeur piquante qu'elle répand, à sa couleur noirâtre, etc., il faut y
ajouter du tartre, du son, de l'urine ou de la garance; si le contraire a
lieu (et dans ce cas, le pastel se décompose et exhale une odeur fétide), il
faut y ajouter de l'alcali.

Teinture en bleu par le campêche.— Les tissus de *laine* sont les seuls qui
soient teints en bleu par cette matière colorante. On compose le bain de
15 ou 20 parties d'eau, $\frac{1}{9}$ de partie de bois de campêche, et $\frac{1}{16}$ de partie de vert-de-gris; on y met une partie de laine : du reste, le pro-
cédé est le même que celui que j'ai décrit en parlant du rouge de
Brésil. On emploie encore le campêche pour teindre en violet la *laine* et
la *soie :* il suffit pour cela de les aluner et de les plonger dans une décoction du bois, sans addition de vert-de-gris. On se sert aussi du campêche
pour la teinture en noir, à laquelle il communique du lustre et du velouté.

Teinture en bleu de Prusse. — Cette couleur, employée d'abord seulement pour teindre la soie, le fil et le coton, peut être appliquée avec succès à la teinture de la laine en bleu; on la connaît dans le commerce
sous le nom de *bleu Raymond.* Après avoir décreusé la *soie,* on la plonge
pendant un quart d'heure dans un liquide composé de 20 parties d'eau,
et de 1 partie de dissolution de sesquioxyde de fer dans les acides azotique et chlorhydrique; on la met pendant une demi-heure dans une
dissolution de savon presque bouillante; on la lave de nouveau, et on
la plonge dans un *solutum* froid de cyanure jaune de potassium et de fer
acidulé par l'acide sulfurique ou par l'acide chlorhydrique; elle devient
bleue sur-le-champ; on la laisse pendant un quart d'heure, on la lave
et on la fait sécher (voy., pour la teinture de la laine, le mémoire de
M. Raymond fils, dans le numéro de septembre des *Ann. de phys. et de
chim.,* année 1828).

De la teinture en noir.

Lorsqu'on veut teindre en noir la laine, le coton et le lin, on commence par leur communiquer une teinte bleue, puis on les plonge dans un bain préparé avec la noix de galle et le campêche, et on finit par les mettre dans une dissolution de sulfate de protoxyde de fer, de vert-de-gris et de campêche : on peut substituer avec avantage au sulfate de fer dont je parle l'acétate qui résulte de l'action de l'acide acétique huileux, provenant de la distillation du bois sur le fer rouillé; dans tous les cas, il se produit une nuance d'un gris violet, paraissant noire lorsqu'elle est concentrée, et qui est composée de sesquioxyde de fer, d'acide gallique et de tannin. La soie n'est jamais teinte en bleu avant d'être plongée dans le bain noir. On emploie encore pour teindre en noir les tiges de sumac (*rhus coriaria*), l'enveloppe du fruit du *babla* (*mimosa cineraria*), qui sert à faire des noirs sur la laine et plusieurs couleurs sur coton, l'écorce du châtaignier (*castanea vulgaris*), particulièrement pour la soie.

De la teinture en couleurs composées.

On prépare les couleurs vertes en plongeant les tissus, d'abord dans un bain bleu, puis dans un bain jaune; le violet, le pourpre, le colombin, la pensée, l'amarante, le lilas, le mauve, s'obtiennent avec des bains bleus et rouges; le coquelicot, le brique, le capucine, l'aurore, les mordorés, les cannelles, résultent de l'action du rouge et du jaune.

Pour ce qui concerne l'*impression sur des étoffes* unies, de dessins de couleurs variées, ainsi que de la *fixation des couleurs par la vapeur,* je renvoie aux ouvrages spéciaux sur la teinture.

SECTION TROISIÈME.

DES ACIDES.

Généralités sur les acides organiques. Ils sont composés d'oxygène et de carbone, ou bien d'oxygène, d'hydrogène et de carbone, ou bien de ces trois éléments et d'azote, ou bien enfin d'hydrogène, de carbone et d'azote. Ils sont *monobasiques, bibasiques* ou *tribasiques;* les premiers ne prennent que 1 équivalent de base quand on les transforme en sels;

les derniers en prennent deux ou trois. Ceux qui ont un équivalent très-lourd sont presque toujours insolubles dans l'eau ; ils sont au contraire presque toujours solubles dans ce liquide quand leur équivalent est léger. On ne peut pas dire que tous les acides monobasiques soient volatils, mais on peut établir qu'en général tous ceux qui se volatilisent sont monobasiques. Les acides polybasiques, loin d'être volatils, sont tous décomposés par le feu, et donnent des acides pyrogénés, qui ne diffèrent des acides primitifs que par de l'eau ou de l'acide carbonique (Pelouze): ainsi l'acide malique, $H^4C^8O^8,2HO$, donne l'acide maléique pyrogéné, $H^2C^8O^6,2HO$; ainsi l'acide méconique, $H^2C^{14}O^{12},2HO$, fournit l'acide coménique pyrogéné, $H^2C^{12}O^8, 2HO$, et 2 équivalents d'acide carbonique, $2CO^2$. Les acides volatils supposés *anhydres,* comme dans certains sels, contiennent tous 3 ou 5 équivalents d'oxygène.

Le *chlore* produit, avec certains acides organiques, des acides *chlorés.*

L'acide azotique les décompose presque tous en les oxydant, donne de l'eau, de l'acide carbonique et presque toujours de l'acide oxalique ; souvent aussi il se produit des acides azotés. L'acide sulfurique, quand il ne se combine pas avec les acides organiques pour former des acides doubles, les décompose, en général, en s'emparant d'une partie de leur eau.

La potasse en fusion en transforme beaucoup en acide acétique et en acide oxalique.

En général la chaux et la baryte, chauffées avec les acides organiques volatils, les décomposent en acide carbonique, qui reste uni à l'une ou à l'autre de ces bases, et en carbures d'hydrogène, en essences oxygénées ou en acétones.

Les acides organiques existent souvent tout formés dans la nature ; l'art peut en produire quelques-uns ; il en est qu'on a pas encore trouvés et que l'on forme, dans les laboratoires, à l'aide d'agents d'oxydation, tels que les acides azotique, chromique et plombique, un mélange de bioxyde de manganèse et d'acide sulfurique, le chlore, etc., ou bien par la chaleur, par la fermentation. Je ne décrirai ici que les acides qui existent tout formés dans la nature ; quant aux autres, j'en ai parlé à mesure que j'ai fait l'histoire des corps avec lesquels on les obtient.

DES ACIDES QUI EXISTENT DANS LA NATURE, ET DE LEURS DÉRIVÉS.

Ces acides sont :

L'ac. oxaliq. (voy.	Copahuvique.	Évernique.	Oléoricinique.
t. 1er, p. 166).	Méconique.	Usnique.	Ricinéolique.
Acétique.	Coménique.	Érytroléique.	Phocénique.
Benzoïque.	Pyroméconique.	Cétrarique.	Caproïque.
Tartrique.	Succinique.	Lichenstéarique.	Caprique.
Racémique.	Valérianique.	Euxanthique.	Caprylique.
Tartralique.	Jatrophique.	Absinthique.	Butyrique.
Tartrélique.	Santonique.	Carthamique.	Oléobutyrique.
Tartrique anhyd.	Esculique.	Gaïacique.	Palmitique.
Pyrotartrique.	Équisétique.	Lichénique.	Hircique.
Citrique.	Kahincique.	Morique.	Cérotique.
Malique.	Quinique.	Myroxylique.	Céroléique.
Tannique.	Kramérique.	Nicotique.	Myristique.
Gallique.	Polygalique.	Spiréique.	Lithofellique.
Ellagique.	Strychnique.	Stéarique.	Lauréostéarique.
Métagallique.	Cinnamique.	Margarique.	Bassique.
Pyrogallique.	Myronique.	Oléique.	Anamirtique.
Lactique.	Eugénique.	Linoléique.	Bénique.
Sylvique.	Lécanorique.	Élaïdique.	Moringique.
Pinique.	Érythrique.	Érucique.	Cévadique, etc.
Pimarique.	Orsellique.	Ricinique.	
Abiétique.	Bétaorsellique.	Stéaroricinique.	

De l'acide acétique. $H^5C^4O^5, HO$.

L'acide acétique se trouve dans la séve de presque tous les végétaux, dans la sueur de l'homme : il se produit pendant la fermentation acide et pendant la putréfaction des matieres végétales et animales ; il est le résultat de la décomposition de ces substances par le feu, par certains acides, et par quelques alcalis.

L'acide acétique est solide à 16° c. ; au-dessus de cette température, il est liquide, incolore, très-sapide, et doué d'une odeur forte *sui generis;* son poids spécifique, à la température de 18°, est de 1,0630 ; sa densité varie suivant qu'il est mêlé à une plus ou moins grande quantité d'eau ; elle est de 1,0791, si l'on a mêlé 100 parties d'acide monohydraté avec 32,5 parties d'eau ; tandis qu'elle est encore de 1,0630, si la quantité d'eau mélangée est de 112,2 ; il possède donc la singulière propriété d'augmenter de densité quand on y ajoute de l'eau jusqu'à une certaine limite, au delà de laquelle cette densité diminue. Il est volatil, et entre en ébullition à 120° sans éprouver la moindre décomposition. Si l'on fait passer sa vapeur à travers un tube de porcelaine rouge, il se décompose en eau, en acide carbonique, en *acétone,* $H^6C^6O^2$.

$$\underset{\text{Acide acétique.}}{2\,H^3C^4O^3,HO} = \underset{\text{Acétone.}}{H^6C^6O^2}\;,\;\underset{\text{Eau.}}{2\,HO}\;,\;\underset{\text{Acide carbonique.}}{2\,CO^2}$$

Si la température est encore plus élevée, on obtient du charbon et des gaz inflammables. Quand on fait passer les vapeurs d'acide acétique à travers de la mousse de platine chauffée au rouge, il se forme des volumes égaux d'acide carbonique et de protocarbure d'hydrogène.

$$\underset{\text{Acide acétique.}}{H^4C^4O^4} = \underset{\text{Acide carbonique.}}{C^2O^4}\;,\;\underset{\text{Protocarbure.}}{H^4C^2}$$

Si, au lieu de chauffer l'acide acétique, on le refroidit, il se congèle; on peut toutefois l'amener jusqu'à 0° sans qu'il cristallise, même en l'agitant; mais alors il suffit d'introduire une pointe de verre dans le flacon qui le contient pour le faire cristalliser ; sa température s'élève jusqu'à $16°+0°$, et se maintient à ce degré jusqu'à ce que tout l'acide soit cristallisé. D'après M. Sebille-Auger, toutes les variétés d'acide acétique ne sont point cristallisables ; les acétates purs et anhydres (acétate d'argent, par exemple) fournissent un acide cristallisable; il n'en est pas de même du verdet; celui que donne l'acétate de soude traité par l'acide sulfurique, et qui est le plus pur, cristallise en lames minces à $15°+0°$ c.Quand on chauffe l'acide acétique dans des vaisseaux ouverts et qu'on l'enflamme, il bout et brûle avec une flamme bleue, presque comme l'alcool. Il attire l'humidité de l'air et se dissout parfaitement dans l'eau. Il est moins soluble dans l'alcool. A la température de l'ébullition, il dissout une assez grande quantité de *phosphore,* et il en retient même après son refroidissement (Boudet). Le *chlore,* sous l'influence des rayons solaires, le décompose ; tout l'hydrogène disparaît à l'état d'acide chlorhydrique, et est remplacé par une quantité de chlore correspondante, et il se forme de l'acide chloracétique ; si l'acide acétique, au lieu d'être monohydraté, était étendu d'eau, le chlore déterminerait la décomposition de l'eau, et donnerait naissance à de l'acide oxalique, qui finirait par se transformer en acide carbonique.

L'acide **sulfurique** *anhydre* se combine avec l'acide acétique monohydraté, et donne l'acide *sulfacétique,* $H^2C^4O^2, 2SO^3, 2HO$. Pour l'obtenir on sature par le carbonate de baryte la liqueur étendue d'eau ; il se forme du sulfate de baryte insoluble, et du sulfacétate soluble ; en précipitant la baryte de ce dernier au moyen de l'acide sulfurique, on à l'acide sulfacétique en cristaux déliquescents, fusibles à 62°, décomposables à une température plus élevée.

L'acide azotique n'agit que faiblement sur l'acide acétique. Celui-ci n'est pas décomposé par les métaux à la température ordinaire ; cependant, quelques-uns de ces corps décomposent l'eau qu'il renferme, s'oxydent et passent à l'état d'acétates : tels sont, par exemple, le fer et le zinc. Il se combine avec un très-grand nombre d'oxydes, et forme des acétates, qui sont, en général, solubles dans l'eau. Il dissout le camphre, le gluten, les résines, la fibrine du sang, etc. Il ne précipite pas l'albumine. Quand on le chauffe avec un excès d'alcali caustique, il donne un carbonate alcalin et du protocarbure d'hydrogène. L'acide monohydraté ne décompose pas le carbonate de chaux ; il n'en est plus ainsi, si on le mêle avec de l'eau ; uni à l'alcool, il ne rougit plus le tournesol et il n'attaque plus certains carbonates.

L'acide acétique sert à préparer plusieurs acétates ; il fait la base du vinaigre, qui est souvent employé comme assaisonnement. Les médecins regardent le vinaigre comme résolutif, rafraîchissant, antiseptique, sudorifique, etc. On s'en sert, 1° dans tous les cas où les acides minéraux affaiblis sont indiqués ; 2° vers la fin des rhumatismes, et alors il est associé à quelques infusions sudorifiques ; 3° dans l'empoisonnement par les narcotiques, après avoir expulsé le poison par le vomissement : en effet, il résulte d'un très-grand nombre d'expériences que j'ai tentées, que le vinaigre, loin d'être le contre-poison de l'opium, augmente son action meurtrière lorsqu'il se trouve avec lui dans le canal digestif ; mais que l'eau vinaigrée est un des meilleurs médicaments que l'on puisse employer pour combattre les symptômes développés par ce poison (voy. la 4e édition de ma *Toxicologie générale,* t. II) ; 4° dans l'asphyxie, où il est employé avec le plus grand succès en frictions, en lavement, en boisson, etc. ; 5° dans les angines muqueuses, catarrhales, gangréneuses, etc., où il agit comme résolutif : dans ce cas, il est employé en gargarismes ou sous forme de fumigations ; 6° pour résoudre certaines tumeurs ; 7° pour calmer les accès hystériques et hypochondriaques, pour arrêter les hoquets et les vomissements nerveux, et suivant quelques médecins, pour appaiser les fureurs maniaques. Le vinaigre est aussi très-employé comme antiseptique dans les fièvres d'un mauvais caractère, les petites véroles gangréneuses, pétéchiales, le scorbut, etc. Administré dans un grand état de concentration, il agit comme un poison corrosif énergique. Le sel de vinaigre, dont on fait usage dans la syncope, l'asphyxie, etc., n'est autre chose que de l'acide acétique concentré, mis sur du sulfate de potasse cristallisé.

Préparation. On obtient l'acide acétique 'par divers procédés : 1° en décomposant le bois par la chaleur dans des vaisseaux fermés ; 2° en décomposant quelques acétates par le feu ou par l'acide sulfurique ; 3° en distillant le vinaigre. — *Premier procédé.* On décompose le bois dans des fours en brique ou dans de grands cylindres de fonte ; on recueille dans un réservoir en bois le produit liquide, qui est formé d'eau, d'acide acétique, d'*acétone,* d'acétate, de méthylène, et de différentes substances goudronneuses (voy. *Bois*) ; on l'abandonne à lui-même jusqu'à ce que la majeure partie de l'huile soit déposée ; on le décante, et on le sature avec du carbonate de chaux (craie) ; il se produit de l'acétate de chaux, qui reste en dissolution, tandis que l'excès de matière huileuse vient à la surface, d'où on peut la séparer à l'aide d'une écumoire. La liqueur contenant l'acétate de chaux est mêlée avec du sulfate de soude ; les deux sels se décomposent, et donnent naissance à du sulfate de chaux, presque insoluble, qui se précipite, et à de l'acétate de soude soluble ; on fait évaporer celui-ci, et on obtient des cristaux d'un blanc légèrement jaunâtre, tandis que le liquide qui les surnage est assez fortement coloré en brun : on redissout ces cristaux dans l'eau, et on procède à une nouvelle évaporation, qui fournit des cristaux blancs. Ces cristaux, desséchés et chauffés légèrement dans un appareil distillatoire, avec de l'acide sulfurique concentré se décomposent, et donnent l'acide acétique pur et concentré ; il reste dans la cornue du sulfate de soude. Il paraît cependant que le procédé le plus généralement employé pour obtenir cet acide consiste à dissoudre l'acétate de soude dans une quantité d'eau déterminée, et à le décomposer par l'acide sulfurique du commerce ; le sulfate de soude cristallise, et, par la simple distillation, on peut se procurer l'acide acétique. — *Deuxième procédé.* — *Vinaigre radical.* On introduit dans une cornue de grès lutée, et disposée sur un fourneau à réverbère, assez d'acétate de bioxyde de cuivre pour en remplir la moitié ; on adapte à cette cornue une allonge, un récipient et un tube de sûreté, et on chauffe graduellement la cornue ; l'acétate décrépite, blanchit, se dessèche, et ne tarde pas à se décomposer ; on obtient dans le ballon un liquide verdâtre, composé d'acide acétique, d'une petite quantité d'acétate de cuivre, entraîné sans avoir éprouvé de décomposition, d'un peu d'eau et d'un peu d'*acétone* (voy. ce mot) ; les gaz que l'on recueille sous les cloches sont formés de 4 parties environ d'acide carbonique, et de 5 $\frac{1}{5}$ de carbure d'hydrogène ; il paraît aussi qu'ils tiennent en suspension un atome de cuivre métallique, qui donne à ce dernier la faculté de brûler avec une flamme verte. Le produit solide qui reste dans la cornue est pyrophorique et composé de cuivre métallique, d'un peu de charbon, et, suivant Vogel, d'un peu de protoxyde de cuivre ; à la fin de l'opération, il se sublime toujours des aiguilles blanches et soyeuses d'acétate de protoxyde de cuivre. On purifie le produit liquide en le distillant dans une cornue de verre munie d'un récipient tubulé, et l'on obtient l'acide acétique pur. On peut également se procurer le *vinaigre radical* en chauffant un mélange de 203,4 parties d'acétate de plomb fondu et desséché, et de 61,4 d'acide sulfurique bouilli (Despretz). Suivant M. Sebille-Auger, le meilleur procédé pour préparer l'acide cristallisable consiste à décomposer l'acétate de soude par l'acide sulfurique pur (voy. *Journ. de chim. méd.*, avril 1832). On peut encore l'obtenir très-beau en suivant les procédés de MM. Lartigue, Rudrauff, et de M. Baup (*Bulletin de pharmacie*, t. III). — *Troisième procédé.* On introduit du vinaigre dans la cucurbite d'un alambic, et on distille jusqu'à ce que le résidu ait la consistance de lie de vin ; les dernières portions obtenues sont beaucoup plus acides que les premières, parce que l'eau est plus volatile que l'acide acétique. Le vinaigre distillé, qui est le résultat de cette opération, a une odeur et une saveur faibles. Si on le sature par un alcali, qu'on évapore ensuite jusqu'à siccité, et qu'on traite l'acétate par l'acide sulfurique, on obtient de l'acide acétique concentré.

Du vinaigre. — On peut obtenir le vinaigre avec le vin, la bière, etc.; il suffit pour cela d'exposer ces liquides à l'air. Voici comment on procède à Orléans. On commence par verser 100 litres de vinaigre bouillant dans un tonneau ouvert, de 400 litres de capacité, disposé dans un atelier dont la température doit être constamment de 18° à 20°; au bout de huit jours, on y verse 10 litres de vin dont on a laissé déposer la lie ; huit jours après, on ajoute encore 10 litres de vin : on recommence cette opération tous les huit jours, jusqu'à ce que le tonneau soit plein. Quinze jours après avoir ainsi rempli ce vase, le vin se trouve converti en vinaigre ; on en retire la moitié, et on recommence à verser tous les huit jours 10 litres de nouveau vin. Si la fermentation est très-énergique, ce que l'on reconnaît à la grande quantité d'écume dont se charge une douve que l'on plonge dans le tonneau, on ajoute plus de vin et à des intervalles plus rapprochés.

Le vinaigre blanc s'obtient avec le vin blanc, ou avec le vin rouge que l'on a laissé aigrir sur le marc des raisins blancs. Le vinaigre rouge provient du vin rouge; on peut le rendre incolore, comme l'a prouvé M. Figuier, en le filtrant, à plusieurs reprises, à travers du charbon; lorsqu'il est trouble, on le clarifie à l'aide du lait bouillant; il suffit d'en verser un verre dans 25 ou 30 litres d'acide, et de passer le liquide pour le séparer du *coagulum*.

Acide chloracétique, $C^4Cl^3O^3$, HO. Il cristallise en tables rhomboédriques d'une faible odeur, d'une saveur âcre et caustique; mis sur la langue, il la blanchit; il désorganise la peau du jour au lendemain. Il fond à 45° et bout vers 200°; sa vapeur est fort irritante; la densité de l'acide fondu est de 1,617. Il est transformé en acide acétique ordinaire par un amalgame de 1 partie de potassium et de 150 parties de mercure. Il peut donner un *éther chloracétique* et un éther *chloracétique perchloré* (voy. *Éther acétique,* p. 166). Il se combine avec les bases, et fournit un grand nombre de sels solubles et cristallisables, lesquels, chauffés avec un excès de potasse, se changent en *chloroforme* et en un carbonate alcalin, et si l'on continue la réaction, le chloroforme est lui-même transformé en acide formique (voy. *Chloroforme,* p. 196).

On obtient l'acide *chloracétique* en plaçant dans des flacons de cinq à six litres de capacité, pleins de chlore sec et gazeux, de 0,8 à 0,9 grammes d'acide acétique cristallisable. Au bout de vingt-quatre heures d'action solaire, on trouve les parois des vases tapissées de lames rhomboédriques : on les dissout dans l'eau, et l'on concentre dans le vide sur de la potasse caustique et de l'acide sulfurique ; par ce moyen, l'acide oxalique dont l'acide chloracétique est souillé cristallise le premier, et peut être facilement séparé. On distille ensuite sur l'acide phosphorique anhydre, qui en sépare l'eau et l'acide acétique, l'acide chloracétique distillant le dernier.

DES ACÉTATES.

Tous les acétates, excepté celui d'ammoniaque, sont décomposés par le feu, et l'on obtient des produits volatils et d'autres qui sont fixes. Les produits volatils sont, en général, de l'eau, de l'acide acétique, de l'acétone, une huile, du gaz acide carbonique, et du carbure d'hydrogène gazeux, La nature des produits fixes varie suivant l'espèce d'acétate; ils renferment cependant toujours du charbon. Les acétates de nickel, de cuivre, de plomb, de mercure et d'argent, sont réduits à l'état métallique ; ceux de baryte, de strontiane, de potasse, de soude et de chaux, donnent pour résidu un carbonate; ceux d'alumine, de glucine, d'yttria, de magnésie, de zinc et de manganèse, fournissent

les oxydes respectifs; enfin l'acétate de sesquioxyde de fer laisse de
l'oxyde noir. Ces phénomènes sont faciles à concevoir, si l'on a égard
à l'affinité plus ou moins grande de l'acide acétique pour l'oxyde, à celle
de cet oxyde pour l'acide carbonique, et à celle du métal pour l'oxygène. Il suit de là que, dans cette opération, il y a constamment décomposition d'une partie de l'acide et quelquefois de l'oxyde : si l'acide
acétique tient peu à l'oxyde, il s'en décomposera très-peu et s'en vola-
tilisera beaucoup; si, au contraire, l'affinité de l'acide et de l'oxyde est
très-grande, tout l'acide sera décomposé, et transformé en acétone et en
carbonate :

$$\underset{\text{Acétate de potasse.}}{KO, H^3C^4O^3} = \underset{\text{Carbonate.}}{KO,CO^2} , \underset{\text{Acétone.}}{H^3C^3O}$$

On obtiendra des résultats qui tiendront le milieu entre ceux dont je
viens de parler, avec les acétates qui ne sont ni dans l'un ni dans l'autre des cas que je suppose.

Les acétates neutres sont tous solubles dans l'*eau;* ceux de molyb-
dène, de tungstène, d'argent, et de protoxyde de mercure, sont moins
solubles que les autres. Ces dissolutions sont décomposées spontanément : on ne connaît pas bien la nature des produits qui résultent de
cette altération. Les acides sulfurique, azotique, phosphorique, chlorhydrique, oxalique, tartrique, etc., décomposent les acétates, s'emparent de l'oxyde, et mettent à nu l'acide acétique, qui se dégage avec la
vapeur de l'eau. L'acide *sulfhydrique* décompose, en totalité ou en partie, les acétates dont les oxydes peuvent former avec lui des sulfures
insolubles.

Composition. Dans les acétates neutres, $MO,H^3C^4O^3$, la proportion
d'oxygène de l'acide est à celui de la base :: 1 : 3.

Acétate d'alumine (mordant de rouge des indienneurs).—Il a une apparence gommeuse; il est très-soluble dans l'eau; sa saveur est astringente
et sucrée : évaporé jusqu'à siccité, il se transforme en acide et en sous-
acétate. Lorsqu'on l'expose à la température de 30° à 60°, il se trouble,
et précipite de l'alumine s'il est mêlé de *sulfate de potasse;* si l'on agite
la liqueur à mesure qu'elle se refroidit, l'alumine se redissout; l'alun,
les sulfates de magnésie, de soude et d'ammoniaque, le chlorure de sodium, l'azotate de potasse, agissent comme le sulfate de potasse : on
ignore la cause de ce phénomène, qui ne se produit point lorsque l'acétate d'alumine n'est pas uni à d'autres sels. Si l'on chauffe ce sel jusque
au-dessous de la chaleur rouge, tout l'acide se dégage sans se décom-

poser : ce phénomène dépend probablement de l'eau contenue dans l'acétate, qui favorise la décomposition du sel. On l'emploie pour fixer les couleurs sur les toiles peintes; on sait que les mordants rouges ne doivent pas être chauffés, et que les couleurs sont plus vives et plus nourries par impression que par des bains chauds.

Préparation. On l'obtient en faisant agir, pendant dix à douze heures, de l'acide acétique concentré sur de l'alumine en gelée (hydrate) et à une température qui n'excède pas 25°. On le prépare plus souvent en décomposant le sulfate d'alumine pur par de l'acétate de plomb dissous; on sépare, par la décantation et par le filtre, le sulfate de plomb précipité; la liqueur doit être évaporée dans le vide, autrement il se dégagerait de l'acide acétique.

Acétate de chaux. — Il est sous forme d'aiguilles prismatiques, brillantes, satinées, incolores, efflorescentes, très-solubles dans l'eau, et dont la saveur est âcre et piquante. Lorsqu'on le chauffe dans une cornue jusqu'au rouge, il se décompose, et donne pour produit de l'*acétone* et du carbonate de chaux. L'acétate de chaux purifié peut servir à la préparation de l'acide acétique; on le décompose par l'acide sulfurique, qui s'empare de la chaux et met l'acide à nu; celui-ci reste à la surface, sous forme d'un liquide que l'on sépare par la décantation. — *Préparation.* On l'obtient comme je l'ai dit en parlant de la préparation de l'acide acétique (voy. pag. 313).

Acétate de baryte, $BaO,H^3C^4O^3,3HO$. — Il est en aiguilles transparentes, qui sont des prismes dont la forme n'a pas été déterminée; il est légèrement efflorescent, soluble dans 1,75 parties d'eau froide et 1,03 d'eau bouillante. Cent parties d'alcool froid en dissolvent 1 partie; sa saveur est âcre et piquante. A une température peu élevée, il abandonne 2 équivalents d'eau; chauffé plus fortement, il donne du carbonate de baryte et de l'acétone. — *Préparation.* On décompose le polysulfure de baryum par l'acide acétique; on porte le mélange à l'ébullition, pour volatiliser l'acide sulfhydrique et précipiter le soufre; on filtre l'acétate et on le fait cristalliser.

Acétate neutre de potasse, $KO,H^3C^4O^3$ (terre foliée de tartre). — La séve de presque tous les arbres renferme, suivant Vauquelin, une plus ou moins grande quantité de ce sel. Vogel dit l'avoir trouvé dans l'eau minérale de Bruckenau. Il est sous forme de petits feuillets brillants, incolores, excessivement *déliquescents,* se dissolvant rapidement dans l'eau et dans l'alcool, et ayant une saveur très-piquante. La dissolution aqueuse, si elle est étendue, se moisit, se décompose, et finit par se transformer en carbonate de potasse. La dissolution alcoolique est décomposée

par l'acide carbonique en carbonate de potasse insoluble dans l'alcool,
et en acide acétique (Pelouze). Chauffé avec un excès de potasse, il
donne du carbonate de potasse et du protocarbure d'hydrogène gazeux
(Persoz). Distillé à l'état *anhydre* dans des vaisseaux fermés avec son
poids d'acide *arsénieux*, cet acétate se décompose en décomposant l'a-
cide, et il en résulte du gaz acide carbonique et de l'*oxyde de cacodyle* ou *liqueur de Cadet,* $= H^6C^4AsO$.

$$\underset{\text{Acétate de potasse.}}{2KO, H^3C^4O^3} , \underset{\text{Acide arsén.}}{AsO^3} = \underset{\text{Carb. de pot.}}{2\,KO,CO^2} , \underset{\text{Ac. carbon.}}{2\,CO^2} , \underset{\text{Oxyde de cacodyle.}}{H^6C^4AsO}$$

J'examinerai bientôt la série du *cacodyle.*

L'acétate de potasse est administré en médecine comme diurétique et
fondant ; il est employé avec le plus grand succès dans les engorgements
du bas-ventre, les hydropisies, certains ictères, les concrétions biliaires, les coliques hépatiques, les fièvres intermittentes, surtout les
fièvres quartes; on le donne ordinairement à la dose de 16,24 ou
32 grammes par jour, dissous dans des décoctions apéritives, résolu-
tives ou autres.

Préparation. On verse de l'acide *acétique* concentré et pur sur du
carbonate de potasse dissous dans de l'eau distillée, et on obtient un sel
très-blanc et parfaitement saturé (Baup); cependant il n'est pas aussi
friable que celui que l'on prépare par le procédé suivant, qui est le plus
généralement employé. On sature le *solutum* de carbonate de potasse
avec du vinaigre distillé; on évapore la liqueur jusqu'à siccité dans
une bassine d'argent, et l'on obtient un sel coloré par la matière glutineuse du vinaigre; on le fait fondre dans le même vase, et aussitôt qu'il
est fondu, on y jette $\frac{1}{10}$ de poudre de charbon; on agite pendant quelques instants; on laisse refroidir la masse et on la traite par l'eau:
on filtre la dissolution, et on obtient l'*acétate* incolore; le charbon s'empare de la matière glutineuse décomposée par le feu. On a conseillé,
dans ces derniers temps, de préparer l'acétate de potasse par la voie des
doubles décompositions, en versant du sulfate de potasse sur de l'acétate de plomb ; mais M. Boullay a fait sentir les dangers qu'il pouvait y
avoir à suivre ce procédé, si par malheur l'acétate de plomb n'était pas
complétement décomposé.

Biacétate de potasse, $KO,2H^3C^4O^3,HO.$ —Il est cristallisé, très-déliquescent, fusible à 148°, décomposable à 200°, en abandonnant de l'acide
acétique monohydraté. On l'obtient en dissolvant de l'acétate neutre

dans l'acide acétique et en évaporant la dissolution. On peut l'employer pour obtenir l'acide acétique très-pur.

Acétate de soude, $NaO,H^3C^4O^3,6HO$. — Il est sous forme de longs prismes à bases rhomboïdales, striés, inaltérables à l'air, solubles dans 3 parties d'eau froide, plus solubles dans l'eau bouillante, et doués d'une saveur salée âcre non désagréable ; l'alcool en dissout $\frac{1}{20}$ de son poids. Il s'effleurit lentement à l'air. Chauffé, il fond dans son eau de cristallisation, puis il éprouve la fusion ignée sans se décomposer ; ce n'est guère qu'à une chaleur voisine du rouge sombre qu'il est décomposé. — *Préparation.* On l'obtient en saturant avec du vinaigre distillé le carbonate de soude ; on le prépare aussi lorsqu'on extrait le vinaigre de bois (voy. pag. 313).

Acétate d'ammoniaque (esprit de Mindererus), $H^3Az, HO, H^3C^4O^3$. — Il existe dans l'urine pourrie, dans le bouillon gâté, etc. ; il est ordinairement liquide, mais il peut être obtenu cristallisé en longues aiguilles qui s'humectent promptement à l'air. Il est volatil, très-soluble dans l'eau, et doué d'une saveur âcre très-piquante. Lorsqu'il est rapidement évaporé, il perd une portion d'ammoniaque, passe à l'*état d'acétate acide,* qui se sublime en partie sous forme de longs cristaux déliés et aplatis. La dissolution aqueuse d'acétate d'ammoniaque se transforme, au bout d'un certain temps, en carbonate d'ammoniaque. Il a été souvent employé comme sudorifique et antispasmodique, depuis 4 ou 8 grammes jusqu'à 32 ou 48 grammes, dans une potion de 120 ou 150 grammes ; on l'a particulièrement conseillé dans le typhus, les fièvres dites putrides, malignes, nerveuses, etc., à la fin des rhumatismes aigus, dans les gouttes rentrées, dans la petite vérole, surtout lorsque l'éruption et la suppuration n'ont lieu que lentement. Masuyer dit l'avoir employé avec succès pour faire cesser l'ivresse et dans la migraine ; la dose est de 25 gouttes de dissolution concentrée dans un verre d'eau sucrée.

Préparation. On sature avec du carbonate d'ammoniaque solide de l'acide acétique concentré ; on laisse refroidir lentement la dissolution saturée faite à chaud, et on obtient l'acétate cristallisé ; si on faisait évaporer, on volatiliserait une portion de sel, et on en décomposerait une autre portion. On peut aussi le préparer en chauffant, dans un appareil distillatoire, parties égales d'acétate de potasse et de chlorhydrate d'ammoniaque en poudre ; l'acétate d'ammoniaque se condense dans le récipient sous forme solide.

Acétate de manganèse. — Il cristallise en petites aiguilles légèrement colorées en rose, inaltérables à l'air, solubles dans l'eau et dans l'alcool, et douées d'une saveur styptique; on peut s'en servir pour marquer le linge; pour cela, on mêle de l'amidon ou de la gomme avec sa solution concentrée, avec laquelle on trace le dessin sur la toile; lorsque celui-ci est sec, on le met dans une lessive de cendres, qui décompose l'acétate et laisse sur le tissu un oxyde brun qui y adhère fortement. — *Préparation*. On décompose le carbonate de manganèse par l'acide acétique.

Acétate de zinc. — Il cristallise en aiguilles fines ou en lames hexagonales, solubles dans l'eau, fusibles dans leur eau de cristallisation, et sans usages. On l'obtient comme le suivant.

Acétates de fer. — L'*acétate de protoxyde* est incristallisable et soluble dans l'eau; il est précipité par l'acide sulfhydrique. L'*acétate de sesquioxyde* est incristallisable aussi et très-soluble dans l'eau; lorsqu'on le fait évaporer, il se décompose et se réduit en sous-acétate insoluble; l'eau bouillante transforme ce dernier en sesquioxyde pur. On emploie en teinture, sous le nom de *pyrolignite de fer,* de liqueur de ferraille ou de bouillon noir, un mélange de ces deux acétates, qui a également été mis en usage par M. Boucherie pour la conservation des bois. L'acétate de sesquioxyde sert dans la teinture en noir, parce qu'il ne contient pas d'excès d'acide acétique, qui altère toujours les étoffes.

Préparation. On peut faire directement le mélange des deux acétates en exposant à l'air de la tournure de fer et de l'acide acétique. Dans les manufactures de teinture, on prépare le *pyrolignite* en substituant à l'acide acétique pur l'acide provenant de la distillation du bois et contenant encore de l'huile. Ce sel est préféré à l'acétate ordinaire pour tous les usages de teinture et d'impression sur toile; il imprime des couleurs plus vives, plus nourries et plus fines.

Acétate de bioxyde de cuivre neutre (cristaux de Vénus, verdet cristallisé), $CuO,H^3C^4O^3,HO$. — Il cristallise en rhomboïdes d'un vert bleuâtre, légèrement efflorescents, solubles dans 5 parties d'eau bouillante, très-peu solubles dans l'alcool, et doués d'une saveur sucrée, styptique. Si le sel a été cristallisé à une température basse, il est bleu et contient 5 équivalents d'eau. Chauffé, il décrépite, lance au loin des fragments qui vont jusqu'au col de la cornue, se dessèche, et devient blanc (voy. pag. 313, *Vinaigre radical*); dans cet état, il suffit de le mettre en contact avec l'eau ou avec l'air humide pour lui faire contracter de nouveau une belle couleur bleue. Chauffé avec le contact de l'air, il brûle avec une belle flamme verte. Mis dans l'acide sulfurique concentré, il blanchit également et conserve sa forme cristalline. Lorsqu'on fait bouillir l'acétate de cuivre dissous, il se décompose, l'acide se dégage, et il reste de l'oxyde de cuivre brun. Le sucre, à la température de l'ébullition, le décompose, et transforme le bioxyde de cuivre en protoxyde rouge qui se précipite. On l'emploie pour obtenir le vinaigre radical et la liqueur verte appelée *vert d'eau*, dont on se sert pour le lavis des plans. Il est très-vénéneux.—*Préparation*. On dissout le vert-de-gris (acétate de cuivre + hydrate de bioxyde de cuivre) dans du vinaigre chaud; on évapore la liqueur, et on en favorise la cristallisation au moyen de bâtons verticaux que l'on y plonge, et sur-lesquels les cristaux se déposent.

Sous-acétate de cuivre.— Il est vert, pulvérulent, insoluble dans l'eau, et indécomposable par le gaz acide carbonique.

Le *vert-de-gris*, $CuO,H^3C^4O^3+CuO,HO,5HO$, n'est qu'un acétate bibasique de bioxyde de cuivre. Traité par l'eau froide, le vert-de-gris se décompose en acétates neutre et sesquibasique solubles, $CuO,H^3C^4O^3$ et $3CuO,2H^3C^4O^3$, et en acétate tribasique insoluble, $= 3CuO,H^3C^4O^3$; si l'eau est bouillante, la décomposition est plus complète : non-seulement l'acétate neutre et le sesquibasique sont dissous, mais encore l'acétate tribasique est réduit en eau et en bioxyde de cuivre brun qui se précipite. Soumis à l'action du calorique, le vert-de-gris se décompose et laisse pour résidu du cuivre métallique. Si on le fait chauffer avec de l'acide acétique, il se convertit entièrement en acétate neutre, à moins qu'il ne contienne des substances étrangères. La dissolution du vert-de-gris dans l'eau se comporte avec les réactifs comme les autres sels de cuivre. Il est employé dans la peinture à l'huile, dans certaines opérations de teinture, et pour faire le verdet (acétate neutre); précipité par une dissolution d'acide arsénieux, il constitue le vert de Schweinfurt ou vert de Vienne, formé d'acétate de cuivre et d'arsénite de la même base $= CuO,H^3C^4O^3,3\ 2CuO, AsO^3$. Il entre dans la composition de l'emplâtre divin, de l'onguent égyptiac, du cérat d'acétate de cuivre, de l'onguent de poix avec le verdet, de la cire verte de Baumé, etc., préparations dont on se sert pour le traitement extérieur de certains ulcères syphilitiques, scorbutiques, carcinomateux, etc., pour détruire les chairs fongueuses, les verrues, les cors. On a proposé de l'employer comme excitant, au commencement de quelques phthisies tuberculeuses, à des doses réfractées et soutenues; mais l'expérience n'a pas encore prononcé sur l'utilité de ce médicament dangereux. Le remède de Gamet et les pilules de Gerbier, que plusieurs praticiens assurent avoir administrés avec succès dans les affections cancéreuses où l'excision et la cautérisation sont impraticables, renferment de l'acétate de cuivre cristallisé.

Préparation. On le prépare dans les pays vignobles en mettant une

lame de cuivre sur une couche peu épaisse de marc de raisin ; on recouvre
la lame d'une nouvelle couche de marc, sur laquelle on applique une
autre lame de cuivre, et ainsi successivement : au bout de six semaines,
on sépare le vert-de-gris attaché aux surfaces du cuivre, et on fait servir
de nouveau les lames à la même fabrication. — *Théorie.* Le marc contient du moût de raisin ; celui-ci fermente, et donne successivement
naissance à de l'alcool et à de l'acide acétique ; cet acide s'unit au cuivre,
qui se trouve oxydé par l'oxygène de l'air. On prépare ce produit principalement à Montpellier et dans ses environs.

Empoisonnement (voy. *Cuivre,* à la pag. 590 du tome I).

Acétate de plomb neutre (sel de saturne, sucre de saturne, sucre de
plomb), $PbO,H^3C^4O^3,3HO$. — Il cristallise en tétraèdres terminés par des
sommets dièdres, ou en aiguilles, suivant que la dissolution qui l'a
fourni s'est refroidie lentement ou rapidement ; il est soluble dans une
partie et demie d'eau et dans 8 parties d'alcool ; sa saveur est douce et
astringente. Il fond dans son eau de cristallisation, qu'il perd à 100° ;
à 190° il éprouve la fusion ignée ; si la température est un peu plus
élevée, il donne de l'acide carbonique et de l'acétate sesquibasique, qui
se décompose lui-même par une plus forte chaleur. Il s'effleurit à l'air
sec, et au bout d'un certain temps, il est en partie décomposé par l'a-
cide carbonique de l'air, qui en dégage l'acide acétique. Sa dissolution
aqueuse se comporte avec les réactifs comme les autres sels de plomb.
Elle peut dissoudre, à la température de l'ébullition, des quantités différentes de protoxyde de plomb (litharge), et donne des *acétates basiques.*
Une dissolution d'acétate neutre fournit, avec une quantité de litharge
égale à la *moitié* de celle que contient cet acétate, un sel sesquibasique,
$3PbO,2H^3C^4O^3,HO$; si la quantité de litharge est le double, l'acétate
sera plus basique, $= 3PbO,H^3C^4O^3,HO$; ce dernier sel, bouilli avec un
excès de litharge, donnera le plus basique de tous les sels de ce genre,
$6PbO,H^3C^4O^3$. L'acétate de plomb neutre sert à la préparation en grand
de l'acétate d'alumine, dont on fait une grande consommation dans
les fabriques de toiles peintes ; on l'emploie pour obtenir les sous-
acétates de plomb. Il doit être regardé comme astringent, dessiccatif et
répercussif ; il a été administré avec succès dans certains catarrhes
chroniques simulant des phthisies tuberculeuses, dans les hémorrhagies passives des poumons et de l'utérus, pour diminuer les sécrétions
muqueuses excessives ou les sueurs colliquatives des phthisiques ; on
s'en est servi avec avantage pour combattre certaines diarrhées, quelques écoulements vénériens anciens, les flueurs blanches, etc. On le
prescrit à la dose de 5 ou 10 centigrammes, dans une potion de 130 à

200 grammes, dont le véhicule est de l'eau distillée, et on augmente la quantité jusqu'à en faire prendre 40, 50 ou 60 centigrammes par jour. A l'extérieur, on fait usage de l'eau végéto-minérale dans les brûlures, les inflammations érysipélateuses produites par les piqûres d'insectes ou par l'application d'un caustique, à la fin de celles qui sont aiguës et dans lesquelles on craint l'apparition de vésicules noirâtres; mais il serait dangereux de l'employer dans les érysipèles chroniques. On s'en sert encore pour faire disparaître les tumeurs inflammatoires des glandes du sein, des testicules, etc.

Préparation. On fait chauffer, dans des chaudières de plomb ou de cuivre étamé, de la litharge (protoxyde de plomb) et un excès de vinaigre distillé; on concentre la dissolution, et on la fait cristalliser.

Empoisonnement (voy. *Plomb,* à la pag. 575 du t. I).

Sous-acétate de plomb soluble (acétate tribasique), $3PbO, H^3C^4O^3$. — Il peut être cristallisé en lames opaques et blanches ou en longues aiguilles soyeuses, cependant on l'obtient plus communément en masses d'une forme confuse; comme le précédent, il a une saveur douce et astringente; il verdit le sirop de violettes; il est inaltérable à l'air et se dissout dans l'eau, mais moins que l'acétate neutre. Il est insoluble dans l'alcool. Le *solutum* est abondamment précipité en blanc par l'acide carbonique, qui le change en carbonate de plomb insoluble (*céruse,* blanc de plomb) (voy. p. 573 du t. Ier), et en acétate neutre soluble; il est décomposé et précipité en blanc par les sulfates, les phosphates, et par une multitude de sels neutres dissous; la gomme, le tannin, et la plupart des matières animales en dissolution, le décomposent, et forment, avec l'oxyde de plomb, des produits le plus souvent insolubles. Si l'on fait évaporer la dissolution de ce sous-acétate, on obtient l'*extrait de saturne,* qui, étendu d'eau, est décomposé, et constitue l'*eau blanche,* l'*eau végéto-minérale,* ou l'*eau de Goulard.* Suivant quelques chimistes, cet extrait serait un mélange d'acétate sesquibasique et d'acétate tribasique. On emploie le sous-acétate de plomb dans les arts pour préparer la céruse (carbonate); il sert dans l'analyse des matières organiques, pour précipiter des dissolutions albumineuses, etc. Il sépare facilement la gomme du sucre en précipitant la première, tandis qu'il ne précipite pas le sucre. Il peut servir aussi à déterminer si l'eau distillée contient de l'acide carbonique.

Préparation. On fait bouillir, pendant une demi-heure, dans une capsule de porcelaine ou dans une vase de terre vernissé, une partie de litharge finement pulvérisée avec 3 parties d'acétate de plomb neutre dissous dans 9 parties d'eau distillée; on évapore jusqu'à ce que le sel marque 30 degrés à l'aréomètre de Baumé; on le laisse refroidir et on le filtre.

Sous-acétate de plomb au maximum d'oxyde (acétate sexbasique), $6PbO, H^3C^4O^3$.— Il est en poudre blanche, volumineuse, très-peu soluble dans l'eau froide, assez soluble dans l'eau bouillante pour qu'on puisse, par le refroidissement de la liqueur, obtenir des cristaux incolores, satinés, penniformes. Il est sans usages.

Préparation. On verse dans le sel précédent un grand excès d'ammoniaque, qui s'empare d'une portion d'acide acétique, et précipite le sous-acétate, très-chargé d'oxyde; on lave le précipité avec de l'eau et de l'ammoniaque.

D'après M. Liebig, l'hydrate d'oxyde de plomb, décrit par M. Payen, et obtenu par la précipitation de l'acétate par l'ammoniaque, ne serait autre chose que de l'acétate sexbasique.

Il existe encore un acétate sesquibasique de plomb, $3PbO, 2H^3C^4O^3$.

Acétate de protoxyde de mercure, $Hg^2O, H^3C^4O^3$. — Il est en lamelles cristallines blanches, légèrement micacées, et *anhydres.* Il est doux et gras au toucher, inodore, presque insipide, inaltérable à l'air, à la température ordinaire, soluble dans 333 parties d'eau froide, en partie décomposable par l'eau chaude. La soude, la potasse et l'ammoniaque, y font naître un précipité noir. On l'emploie quelquefois pour préparer le sirop de Bélet. Il paraît formé, d'après M. Garot, de 79,7 de protoxyde de mercure et de 20,3 d'acide.

Préparation. On l'obtient en décomposant l'azotate de protoxyde de mercure par l'acétate de potasse; il se précipite tandis que le *solutum* renferme de l'azotate de potasse.

Acétate de bioxyde de mercure. — Il est sous forme de tables quadrilatères, en partie transparentes, en partie translucides, douées d'un éclat nacré; il n'est pas déliquescent, mais il perd une portion de son acide par son exposition à l'air; il se dissout dans 2 parties et demie d'eau froide; l'eau bouillante le transforme d'abord en acide acétique, qui se volatilise, et en sous-acétate; en continuant l'ébullition, le sous-acétate est ramené par l'acide acétique à l'état d'acétate de protoxyde, qui reste en dissolution. La potasse et la soude précipitent la dissolution d'acétate de bioxyde faite à froid en jaune; l'ammoniaque, l'azotate d'argent, et le chlorure de sodium, ne la troublent point. Ce sel est formé de 67 d'oxyde et de 33 d'acide ; tout porte à croire que c'est lui que l'on a employé pour préparer les dragées de Keyser.

On l'obtient en dissolvant l'oxyde dans l'acide à une douce chaleur, jusqu'à ce que la dissolution soit complète (Garot).

Acétate d'argent. — Il est sous forme d'aiguilles nacrées, peu solubles dans l'eau froide; il noircit promptement par son exposition à la lumière.

Préparation. On peut l'obtenir directement en faisant dissoudre l'oxyde d'argent dans l'acide acétique, ou bien par voie de doubles décompositions, en versant de l'acétate de potasse sur l'azotate d'argent : dans ce cas, l'acétate que l'on veut se procurer se dépose sous forme de lames brillantes.

DE L'ACÉTONE ET DU CACODYLE.

Lorsqu'on décompose par le feu un certain nombre d'acétates, on obtient de l'*acétone* (voy. p. 315). L'acétate de potasse préalablement uni à l'acide arséneux donne, lorsqu'on le chauffe, de l'*oxyde de cacodyle* (voy. p. 318); c'est ce qui m'engage à placer ici l'histoire de ces deux corps.

De l'acétone. $H^6C^6O^2$.

L'acétone (*esprit pyroacétique, éther pyroacétique, alcool mésilique*) se forme lorsqu'on décompose par le feu un certain nombre d'acétates, quand on chauffe avec de la chaux du sucre, de la gomme, les acides tartrique et citrique, lorsqu'on décompose l'acétique à une chaleur rouge, etc. Elle est liquide, incolore, et très-limpide, d'une saveur d'abord âcre et brûlante, mais qui ensuite devient fraîche et urineuse; son odeur se rapproche de celle de la menthe poivrée, mêlée de celle des amandes amères ; son poids spécifique est de 0,7921, lorsqu'elle a été distillée sur du chlorure de calcium. Elle bout à 55°,60, et elle conserve sa liquidité à — 15°. Si, étant exposée à l'air, on en approche un corps en ignition, elle absorbe l'oxygène, et produit une flamme blanche à l'extérieur, et d'un beau bleu à l'intérieur; il ne se forme point d'acide acétique pendant la combustion. A l'air, elle ne devient ni trouble ni acide. L'eau, l'alcool et l'éther, la dissolvent en toutes proportions. Elle nage à la surface des dissolutions alcalines, sans qu'il y ait altération, ni coloration, ni séparation d'une huile, ni formation d'acide acétique, comme on l'avait annoncé. Elle dissout très-peu de soufre à froid; le phosphore y est un peu plus soluble; le camphre n'a pas de dissolvant plus actif. La cire blanche d'abeille y est soluble à chaud.

Avec le phosphore et l'acétone, M. Zeize a obtenu trois acides nouveaux : l'acide *phosphacétique*, l'acide *acéphosique*, et l'acide *acéphogénique*.

Lorsqu'on distille 2 volumes d'acétone et 1 volume d'acide sulfurique, on obtient du *mésitylène*, H^4C^6, et de l'éther *mésitique*, H^5C^6O. Le premier nage à la surface du liquide distillé, et peut être séparé à l'aide d'une pipette ; purifié, il est liquide, oléagineux, incolore, plus léger que l'eau, et d'une odeur alliacée ; il bout à 136° ; traité par le chlore, il donne le *chloromésitylène*, H^3C^6Cl. L'*éther* est liquide, incolore, insoluble dans l'eau, soluble dans l'alcool ; il bout à 120° ; on l'obtient très-pur, et plus facilement, en décomposant par une dissolution alcoolique de potasse l'éther chlorhydrique de l'acétone, dont je vais parler.

L'acide azotique concentré agit vivement sur l'acétone, sans que l'on sache au juste quels sont les corps qui se forment. Suivant Kane, il se produirait de l'*aldéhyde mésitique*, et un liquide volatil auquel il a donné le nom d'*azotite d'oxyde de ptéléile*.

En faisant dissoudre un excès de gaz acide chlorhydrique dans l'acétone, on obtient l'éther *chlorhydrique de l'acétone*, H^5C^6Cl, décomposable par la chaleur, par l'eau distillée, et par les dissolutions alcalines. On le prépare de préférence en versant dans une partie d'acétone, entourée de glace, 2 parties de perchlorure de phosphore, $PhCl^5$.

L'acide chromique transforme l'acétone en acide acétique.

Le chlorure de chaux la change en chloroforme.

Peut-on envisager l'acétone comme un alcool qui dériverait du mésitylène ? Kane l'a ainsi pensé ; mais son opinion n'est pas généralement admise, 1° parce qu'on n'a jamais pu faire avec l'acétone des éthers composés ; 2° parce qu'en faisant bouillir avec des dissolutions alcalines les éthers composés de l'alcool et l'acide sulfovinique, on reproduit l'alcool, tandis que les produits correspondants de l'acétone ne donnent pas d'acétone, placés dans les mêmes conditions, et parce qu'en faisant passer de l'acétone en vapeur sur de la potasse chauffée à 200° ou 300°, on n'obtient aucun acide correspondant à l'acide acétique, tandis que, dans les mêmes circonstances, la vapeur d'alcool donne de l'acétate de potasse.

Préparation. D'après Zeize, on chauffe graduellement jusqu'au rouge sombre, dans une cornue de fer, un mélange de 2 kilogrammes d'acétate neutre de plomb et de 1 kilogramme de chaux vive finement pulvérisée. Le produit de la distillation, rectifié à plusieurs reprises sur du chlorure de calcium, puis distillé une dernière fois au bain-marie, donne l'acétone pure.

DU CACODYLE ET DE SES DÉRIVÉS.

Le cacodyle, H^6C^4As, est composé, comme on le voit, d'hydrogène, de carbone et d'arsenic (voy. *Acétate de potasse*, p. 318). Il est le produit de l'art, et joue vis-à-vis des corps simples le rôle d'un radical composé, analogue à celui que jouent le cyanogèneet le stibéthyle ; ces trois corps sont les seuls radicaux composés qui aient été isolés jusqu'à présent. On verra aussi qu'il se comporte souvent, dans ses réactions, comme *un métal.* Il est liquide, incolore, d'une odeur insupportable, très-réfringent, spontanément inflammable, bouillant vers 170°, et se solidifiant à —6°. Chauffé en vases clos, il donne de l'arsenic et du bicarbure d'hydrogène. Exposé à l'air, il forme un brouillard épais, absorbe l'oxygène, et passe successivement à l'état d'oxyde de cacodyle et d'acide cacodylique. Il se combine avec le soufre, le chlore et le brome.

Préparation. En faisant agir, à l'abri du contact de l'oxygène et à chaud, du zinc sur du chlorure de cacodyle, on obtient une masse blanche cristalline, composée des deux corps employés ; si l'on traite cette masse par l'eau, on dissout du chlorure de zinc, et il se précipite un liquide oléagineux ; il suffit de faire digérer celui-ci pendant quelque temps avec du zinc et de distiller, après l'avoir laissé aussi pendant quelque temps sur du chlorure de calcium et de la chaux vive, pour obtenir le *cacodyle.*

De l'oxyde de cacodyle (liqueur de Cadet), H^6C^4AsO. — Il est liquide, incolore, très-fluide, d'une odeur alliacée, forte, très-désagréable, d'une densité de 1,46, d'un pouvoir réfringent très-considérable. Mis sur la peau, il produit des démangeaisons douloureuses. Il bout vers 150°, et se solidifie en paillettes blanches à un froid de —23°. La densité de sa vapeur est de 7,8. A l'air, il s'échauffe, et brûle spontanément avec une flamme blanche, en dégageant de l'acide arsénieux sous forme de vapeurs épaisses. Il est insoluble dans l'eau. Si on laisse pendant quelque temps à l'air un mélange d'eau et de cet oxyde, l'air lui cède de l'oxygène, et le transforme en acide arsénieux, en acide *cacodylique,* et en une substance éthérée. Il est très-soluble dans l'alcool et dans l'éther. Il dissout le phosphore et le soufre sans s'altérer. Le chlore, le brome et l'iode, le décomposent rapidement ; il s'enflamme dans le chlore.

Il se dissout dans plusieurs *oxacides,* et forme des sels souvent cristallisables. L'azotate de cacodyle, mêlé à l'azotate d'argent, fournit un précipité blanc, cristallin, composé d'un équivalent d'azotate d'argent et d'un d'oxyde de cacodyle $= 3H^6C^4AsO, AgO, AzO^5$. Avec les *hydracides*, il donne de l'eau et des produits binaires, composés de cacodyle et du corps halogène qui faisait partie de l'acide.

Il réduit un certain nombre de corps en passant à l'état d'acide cacodylique : tels sont les sels de mercure, d'argent, d'or, et l'indigo bleu, qu'il ramène à l'état d'indigo blanc.

Le bichlorure de mercure, en dissolution aqueuse étendue, précipite en blanc l'oxyde de cacodyle dissous dans l'alcool, et donne un composé, $H^6C^4AsO, 2HgCl^2$, soluble dans l'eau bouillante, et susceptible de cristalliser par refroidissement.

L'oxyde de cacodyle est très-vénéneux.

Préparation. On distille dans une cornue de verre, munie d'un récipient, un mélange de parties égales d'acétate de potasse anhydre et d'acide arsénieux; le récipient doit être muni d'un tube qui conduit les vapeurs hors du laboratoire. A la fin de l'opération, on trouve dans celui-ci trois couches; la moyenne, brune et oléagineuse, constitue l'oxyde de cacodyle impur; après l'avoir décantée à l'aide d'un siphon et l'avoir lavée avec de l'eau non aérée, on traite par l'alcool, qui dissout l'oxyde de cacodyle; cette dissolution, mise en contact avec l'eau qui a bouilli, laisse précipiter l'oxyde; on enlève rapidement l'eau qui le surnage, et l'on fait passer rapidement dans le flacon un courant de gaz hydrogène, afin d'empêcher l'action de l'air. On introduit dans le flacon du chlorure de calcium pour absorber l'eau et l'alcool; on bouche le flacon; au bout de quelque temps, on décante le liquide, et on l'introduit dans une cornue tubulée, traversée par un courant d'hydrogène; puis on distille; l'oxyde de cacodyle se rend dans le récipient.

De l'acide cacodylique, $H^6C^4AsO^4, HO$. — Il cristallise en prismes obliques, équilatéraux, incolores, inodores et presque insipides, inaltérables à l'air sec, décomposables à l'air humide, solubles dans l'eau et dans l'alcool, insolubles dans l'éther, décomposables à 130° sans distiller, se combinant avec les bases pour former des sels incristallisables qui finissent par se dissoudre dans l'eau et dans l'alcool. Le protochlorure d'étain, l'acide phosphoreux, le zinc métallique, lui enlèvent de l'oxygène et le ramènent à l'état d'oxyde de cacodyle. Il décompose difficilement les carbonates. Il paraît moins vénéneux que l'acide arsénieux.

Préparation. On traite par l'eau le produit qui se forme à la longue, lorsque l'oxyde de cacodyle est en contact avec l'eau (voy. p. 327); on évapore la dissolution jusqu'à siccité, et l'on fait agir sur le produit de l'alcool à la température de l'ébullition; par le refroidissement de la liqueur, l'acide cacodylique cristallise.

Du sulfure de cacodyle, $H^6 C^4 As S$. — Il est liquide, incolore, et ne répand pas de vapeurs à l'air; la densité de sa vapeur est de 8,39; sa formule correspond donc à 2 volumes de vapeur. Il est insoluble dans l'eau, et très-soluble dans l'alcool et dans l'éther. Il absorbe l'oxygène de l'air et passe à l'état d'acide cacodylique; il se forme aussi d'autres produits oxygénés. Il donne avec le soufre un sulfure plus sulfuré. Il fournit avec l'acide chlorhydrique du chlorure de cacodyle et du gaz acide sulfhydrique; on voit que l'hydrogène de l'acide s'est uni au soufre, tandis que le chlore s'est combiné avec le cacodyle. Les acides sulfurique et phosphorique le transforment en sulfate et en phosphate de cacodyle.

Préparation. On distille du chlorure de cacodyle avec du sulfhydrate de sulfure de baryum, et l'on trouve dans le récipient de l'eau et du sulfure de cacodyle; il s'est dégagé du gaz acide sulfhydrique, et il s'est formé du chlorure de baryum. On fait digérer le produit distillé sur du chlorure de calcium et sur du carbonate de plomb, puis on distille au milieu d'un courant d'hydrogène.

Du chlorure de cacodyle, $H^6 C^4 As Cl$. — Il est liquide, incolore, d'une odeur fétide, plus pesant que l'eau; la densité de sa vapeur est de 4,36; son équivalent correspond donc à 4 volumes de vapeur. Il entre en ébullition un peu au-dessus de 100°; sa vapeur prend feu au courant d'air ou de l'oxygène; il ne se solidifie pas à —45°. Il est insoluble dans l'eau et dans l'éther, et très-soluble dans l'alcool. Laissé dans l'eau, il se décompose en partie, et donne un composé de 3 équivalents de chlorure et de 1 équivalent d'oxyde de cacodyle; il se produit évidemment 1 équivalent d'acide chlorhydrique. Les acides sulfurique et phosphorique en dégagent du gaz acide chlorhydrique, et forment un sulfate ou un phosphate d'oxyde de cacodyle : d'où il suit que l'eau de ces acides a été décomposée. Il se combine avec les chlorures métalliques et produit des chlorures doubles. L'azotate d'argent lui enlève le chlore et le transforme en oxyde de cacodyle. Le bichlorure de platine donne avec la dissolution alcoolique de ce corps un précipité rouge-brique, composé des deux chlorures, soluble dans l'eau bouillante, véritable base pouvant s'unir aux acides pour former des sels cristallisables; la dissolution aqueuse des deux chlorures ne précipite par aucun des réactifs à l'aide desquels on décèle habituellement le platine et le chlorure de cacodyle.

Préparation. On distille avec de l'acide chlorhydrique très-concentré le composé, $H^6 C^4 As O, 2Hg Cl^2$, que l'on obtient en faisant agir le bichlorure de mercure sur l'oxyde de cacodyle; on fait digérer le produit recueilli dans le récipient sur du chlorure du calcium et sur de la chaux vive; on distille, et le chlorure de cacodyle vient se condenser dans le ballon.

Du bromure et de l'iodure de cacodyle. — On peut former ces deux corps par des procédés analogues à celui qui fournit le chlorure; ils ont beaucoup d'analogie avec celui-ci.

Du cyanure de cacodyle, $H^6 C^4 As Cy.$ — Il est cristallisé, fusible à $32^o,5$, bouillant à 140°; la densité de sa vapeur est $4,55$; son équivalent est donc représenté par 4 volumes de vapeur. Il s'oxyde promptement à l'air. L'alcool et l'éther le dissolvent abondamment, tandis qu'il est presque insoluble dans l'eau. Il est excessivement vénéneux.

Préparation. On distille un mélange d'oxyde de cacodyle et de cyanure de mercure; il reste dans la cornue de l'oxyde de mercure, et le cyanure de cacodyle vient dans le ballon sous forme d'une couche huileuse, où il se trouve au fond de l'eau que l'on avait introduite dans le récipient; par le refroidissement, cette couche se prend en une masse cristalline que l'on exprime entre plusieurs doubles de papier joseph. Il ne s'agit plus que de distiller ces cristaux sur de la baryte.

On doit à M. Bunsen la découverte du cacodyle et le travail si remarquable dont je viens de présenter un résumé.

De l'acide benzoïque. $H^5 C^{14} O^3, HO.$

Cet acide existe dans les baumes, dans l'*holcus odoratus*, l'*anthoxanthum odoratum* (graminées), etc.; on sait qu'il se forme quand l'essence d'amandes amères absorbe l'oxygène de l'air ou d'autres réactifs oxydants, quand on traite par la potasse le chlorure de benzoïle, ou l'acide hippurique par les acides, etc. Il cristallise en longs prismes blancs, brillants, satinés, légèrement ductiles et semblables à des aiguilles; il est inodore lorsqu'il est pur; il a, au contraire, une odeur d'encens quand il renferme de la résine; sa saveur est acidule, piquante et un peu amère; il rougit l'*infusum* de tournesol. Chauffé dans des vaisseaux fermés, il fond à 120°, se sublime en totalité à 145°, et vient cristalliser dans le col de la cornue; il n'y en a qu'une petite portion de décomposée, qui fournit des traces d'huile empyreumatique et de charbon. Les vapeurs d'acide benzoïque, en passant sur la pierre-ponce, donnent de l'acide carbonique et de la benzine. Si on le fait chauffer à l'air, il se décompose, et répand une fumée piquante, susceptible de s'enflammer par l'approche d'un corps en ignition, à la manière des résines. Il n'éprouve aucune altération de la part de l'air à la température ordinaire. Il se dissout dans 25 p. d'eau bouillante et dans 200 parties d'eau froide, en sorte que la dissolution, faite à chaud et refroidie, laisse précipiter la majeure partie de l'acide dissous. Il est beaucoup plus soluble dans l'alcool ; 100 parties de ce liquide bouillant peuvent dissoudre 100 parties d'acide benzoïque, tandis qu'à la température ordinaire elles n'en dissolvent que 56 ; si l'on verse de l'eau dans le *solutum* alcoolique saturé, on obtient un précipité blanc, floconneux, d'acide benzoïque. L'acide azotique et plusieurs autres acides minéraux le dissolvent également.

Le *chlore*, sous l'influence des rayons solaires, le transforme en acide benzoïque mono, bi ou trichloré, $H^4 C^{14} Cl O^3, HO$, ou bien $H^3 C^{14} Cl^2 O^3, HO$, ou bien $H^2 C^{14} Cl^3 O^3, HO$.

Le brome forme avec lui de l'acide bromobenzoïque.

L'acide azotique peut le transformer en acides *nitrobenzoïque* et *binitrobenzoïque*. L'acide nitrobenzoïque introduit dans l'économie animale donne naissance, d'après M. Bertagnini, à de l'acide *nitrohippurique*, qui passe dans l'urine ; on obtient cet acide en traitant l'acide hippurique par un mélange d'acide azotique monohydraté et d'acide sulfurique. L'acide nitrohippurique se dédouble, lorsqu'on fait agir sur lui l'acide chlorhydrique, en acide nitrobenzoïque et en glycocolle (voy. *Comptes rendus*, séance du 30 septembre 1850).

L'acide sulfurique *anhydre*, dirigé en vapeurs sur de l'acide benzoïque refroidi, forme une masse visqueuse qui, étant reprise par l'eau et saturée par le carbonate de baryte, fournit un sel de baryte cristallisé, d'où l'on peut, à l'aide de l'acide sulfurique étendu, précipiter la baryte, et isoler un nouvel acide cristallisable, désigné sous le nom d'acide *sulfobenzoïque*.

Dissous dans l'eau, l'acide benzoïque décompose et transforme en benzoate soluble les deux tiers de son poids de carbonate de chaux ; le benzoate qui en résulte n'est point acide.

L'acide benzoïque est employé en médecine comme tonique et excitant du système pulmonaire ; on l'administre dans les catarrhes anciens, dans certaines phthisies tuberculeuses, etc. ; il a été utile pour calmer des accès nerveux violents. On le donne depuis 10, 20, jusqu'à 50 ou 60 c., en poudre, dans l'alcool ou dans une conserve ; il fait partie des pilules de Morton.

Préparation. L'acide benzoïque peut être préparé : 1° en versant de l'acide chlorhydrique sur l'urine des animaux herbivores, concentrée par l'évaporation ; l'acide chlorhydrique transforme l'acide hippurique qu'elle contient en sucre de gélatine et en acide benzoïque qui se précipite sous forme de petites aiguilles :

$$\underset{\text{A. hippurique.}}{H^9C^{18}AzO^6} , \underset{\text{Eau.}}{2\,HO} = \underset{\text{Acide benzoïque.}}{H^5C^{14}O^3, HO} , \underset{\text{Sucre de gélatine.}}{H^5C^4AzO^4}$$

2° En faisant bouillir, pendant une demi-heure, 1 partie de chaux vive éteinte, 10 à 12 parties d'eau, et 4 ou 5 parties de benjoin pulvérisé (composé principalement d'acide benzoïque et de résine); la chaux s'empare de l'acide, et forme un benzoate soluble, qu'il suffit de filtrer et de traiter par l'acide chlorhydrique pour le décomposer; en effet, l'acide benzoïque se précipite sur-le-champ, si la dissolution de benzoate est concentrée; on peut substituer le carbonate de soude à la chaux; on obtient par ce procédé 140 grammes d'acide pour 1 kilogr. de benjoin. 3° En chauffant *modérément* du benjoin de la manière suivante : on étend uniformément une couche de benjoin concassé dans une terrine en fonte de 0,12 centimètres de diamètre sur 0,6 environ de hauteur, que l'on recouvre d'une feuille de papier joseph mince, collée au bord du vase avec de l'empois; on surmonte le tout d'un cône de papier d'emballage dont le bord inférieur est fixé à la terrine au moyen d'une ficelle; on place ensuite cette terrine, ainsi disposée, sur une plaque de fer recouverte de sable et placée sur un fourneau; on entretient le feu pendant trois ou quatre heures : au bout de ce temps, on trouve dans le cornet de beaux cristaux d'acide benzoïque, exempts de l'huile noire empyreumatique qui ordinairement le souille. 1 kilogr. de benjoin ne donne que 40 grammes d'acide benzoïque.

Benzoates. — Tous les benzoates sont décomposables par le feu. La distillation du benzoate de chaux neutre et cristallisé a été l'objet de recherches intéressantes faites par MM. Péligot, Mitscherlich et Chancel. A la température de 300°, il fournit une matière huileuse brune, volatile, et plus dense que l'eau, et du carbonate de chaux. La matière huileuse est formée de trois substances : 1° une *huile* limpide, décrite par M. Mitscherlich sous le nom de *benzine* (voy. p. 333); 2° de la *benzone,* 3° de la *naphtaline.* Pour isoler ces trois matières, on distille au *bain-marie* la matière huileuse brune; la *benzine* passe dans le récipient; on continue alors la distillation à *feu* nu, et l'on obtient de l'eau, puis une seconde matière huileuse qui ne bout qu'à 250°, et qui renferme la *benzone* et la *naphtaline ;* on sépare ces deux substances en soumettant la matière à une température de 20° — 0; en effet, elle se partage en deux couches : l'une, solide, c'est la *naphtaline;* l'autre, huileuse, qui surnage, est la *benzone.* M. Péligot pense que le produit principal de la distillation des *benzoates* indistinctement est la *benzone;* il est vraisemblable, dit-il, que seule elle prendrait naissance si l'on arrivait à ne pas dépasser la température nécessaire pour la produire, et si d'ailleurs on distillait un benzoate parfaitement anhydre. La naphtaline et la benzine peuvent être regardées comme provenant de la décomposition de la benzone.

Le benzoate de cuivre, décomposé par le feu, fournit l'*oxyde benzoïque,* $H^5 C^{14} O^2$, lequel est transformé par le chlore en $H^9 C^{28} Cl O^4$.

Le benzoate de potasse, lentement traversé par un courant de chlore, donne de l'acide *chloronicéique,* $H^5 C^{12} Cl O^4$, avec lequel M. Saint-Èvre a obtenu l'*éther chloronicéique* et la *chloronicéamide.* L'acide azotique fumant fournit avec l'acide chloronicéique deux acides, dont l'un porte le nom d'acide *chloronicéique nitrogéné.* Le chloronicéate de baryte, distillé sur de la baryte, donne le *nicène monochloré,* et si l'on chauffe davantage, le *paranicène,* $H^{12} C^{20}$; c'est avec ces deux corps, traités par l'acide azotique fumant d'abord, puis par le sulfhydrate d'ammoniaque, que l'on prépare la *chloronicine* et la *paranicine.*

Les benzoates de potasse, de soude, d'ammoniaque, de chaux et de magnésie, sont très-solubles dans l'eau; ceux de baryte, de strontiane, de plomb, de mercure, d'étain, de cuivre, de cérium, sont insolubles. Les acides puissants décomposent tous les benzoates en s'emparant de l'oxyde métallique. Les benzoates solubles précipitent les sels de sesquioxyde de fer en rouge-brique, et peuvent remplacer dans l'analyse les succinates.

Benzoate de chaux.— Il cristallise en aiguilles soyeuses, d'une saveur âcre et douceâtre; il est efflorescent à l'air sec, et très-soluble dans l'eau; par la chaleur, il produit, comme je l'ai déjà dit, de la benzone. On l'obtient directement par la chaux et l'acide benzoïque. On prépare de même les benzoates de potasse, de soude et d'ammoniaque.

DES CORPS DÉRIVÉS DE L'ACIDE BENZOÏQUE.

De la benzine. $H^6 C^{12}$.

La benzine est le résultat de la décomposition du benzoate de chaux par le feu (voy. p. 332) ou de l'action de l'acide benzoïque en vapeurs sur de la pierre-ponce à une chaleur rouge. Elle fait partie des huiles que l'on produit pendant la fabrication des gaz de l'éclairage, etc. Elle est liquide, incolore, d'une saveur sucrée, d'une odeur agréable, éthérée, d'une densité de 0,85, bouillant à 86°, insoluble dans l'eau, soluble dans l'alcool et l'éther. A 0° elle est solide et cristalline, et ce n'est qu'à 7° + 0° qu'elle redevient liquide.

Le *chlore,* sous l'influence des rayons solaires, la transforme en *tri-chlorhydrate de benzine trichlorée,* $H^3 C^{12} Cl^3$, 3HCl; ce corps, traité par une dissolution alcoolique de potasse, perd 3HCl, et il se sépare un liquide huileux, incolore, dont la formule est $H^3 C^{12} Cl^3$. Le brome se comporte avec elle d'une manière analogue.

Elle se dissout dans l'acide azotique fumant, et si la dissolution est traitée par l'eau, il se précipite de la *nitrobenzine,* $H^5 C^{12}, AzO^4$; si l'acide est en grand excès, on obtient, en précipitant aussi par l'eau, la *binitrobenzine,* $H^4 C^{12}, 2AzO^4$; on voit que 1 ou 2 équivalents d'hydrogène ont été brûlés par 1 ou 2 équivalents d'oxygène de l'acide azotique. La *nitrobenzine* est liquide, d'une odeur de cannelle et d'amandes amères, d'une densité de 1,209 à 15°, bouillant à 213°; l'hydrogène naissant et l'acide sulfhydrique la transforment en *aniline,* $H^7 C^{12} Az$, et en eau (4HO); la potasse dissoute dans l'alcool la change en *aniline* et en *azoxybenzine,* $H^5 C^{12} AzO$.

L'acide sulfurique anhydre donne avec la benzine de la *sulfobenzine* et de l'acide *sulfobenzinique.*

Sulfobenzine, $H^5 C^{12}, SO^2$, *et acide sulfobenzinique,* $H^5 C^{12}, S^2 O^5, HO$. — La sulfobenzine est cristalline, incolore, fondant à 100° et bouillant à 400°. L'acide sulfobenzique est très-acide; on peut l'obtenir cristallisé.

De la benzone. $H^5 C^{16} O$.

Comme la benzine, elle se forme, pendant la décomposition du benzoate de chaux, par le feu et sans addition de chaux. Elle est en gros prismes transparents, d'une teinte légèrement ambrée, d'une odeur éthérée, fusibles à 46°, bouillant à 315°; sa vapeur brûle avec une flamme éclairante. Elle est insoluble dans l'eau, soluble dans l'alcool, et très-soluble dans l'éther. L'acide azotique la transforme en *benzone binitrée,* $H^8 C^{26}, 2AzO^4, O^2$, laquelle donne, par le sulfhydrate d'ammoniaque, la *flavine,* sorte d'alcaloïde, $H^{12} C^{26} Az^2 O^2$.

Des éthers benzoïque et méthylbenzoïque (voy. p. 168 et 201).

De l'acide sulfobenzoïque. $H^4C^{14}O^5,S^2O^5,2HO$.

Il est le résultat de l'action des vapeurs de l'acide sulfurique anhydre sur l'acide benzoïque ; il se forme de l'eau, de l'acide sulfobenzoïque et de l'acide hyposulfurique :

$$\underbrace{H^5C^{14}O^3,HO}_{\text{Acide benzoïque.}} , \quad \underbrace{2SO^3,}_{\text{Acide sulfurique.}} = \underbrace{H^4C^{14}O^3,S^2O^5,2HO}_{\text{Acide sulfobenzoïque.}}$$

Il est cristallin, très-soluble dans l'eau, indécomposable à 150°. Il est bibasique.

De l'acide nitrobenzoïque. $H^4C^{14}(AzO^4)O^3,HO$.

Il est produit par l'action d'un excès d'acide azotique fumant sur l'acide benzoïque. Il est cristallisé, fusible à **127°**, pouvant être sublimé en aiguilles blanches d'une vapeur très-piquante. Il est peu soluble dans l'eau froide, très-soluble dans l'eau bouillante, ainsi que dans l'alcool et dans l'éther.

On obtient de l'*acide binitrobenzoïque*, $H^3C^{14}(2AzO^4)O^3,HO$, en traitant une partie d'acide benzoïque par 12 parties d'un mélange à parties égales d'acide sulfurique de Nordhausen et d'acide azotique fumant.

De l'acide bromobenzoïque. $H^5C^{14}BrO^4,HO$.

Il est cristallisé et peut être obtenu par l'action du benzoate d'argent sur le brome.

Du benzonitrile. $H^5C^{14}Az$.

Il bout à **191°**, et se dissout en toutes proportions dans l'alcool et l'éther ; l'acide sulfhydrique forme avec lui la *benzamide* sulfurée, $H^7C^{14}AzS^2$. On l'obtient en décomposant le benzoate d'ammoniaque seul ou mélangé de baryte, ou bien avec l'acide phosphorique anhydre.

De l'acide tartrique $H^4C^8O^{10},2HO$.

Il existe abondamment dans un grand nombre de fruits, de feuilles, de racines, etc., libre ou combiné avec la potasse ou la chaux. Il cristallise en prismes obliques à base rhombe, terminés par des sommets dièdres, d'une saveur forte, acide et agréable, d'une densité de 1,75, rougissant le tournesol. Il exerce la rotation à droite avec d'autant plus d'énergie, que la quantité d'eau dans laquelle il est dissous est plus abondante, et la température plus élevée.

Chauffé lentement, il fond entre $130°$ et $140°$; perd un demi-équivalent d'eau, et se trouve changé en acide *tartralique*, $H^4C^8O^{10}, 1\ ^1/_2\ HO$; si on continue à chauffer celui-ci avec précaution jusqu'à environ $200°$, il perd encore un demi-équivalent d'eau, et donne l'acide *tartrélique*, $H^4C^8O^{10}, HO$; enfin si, en ménageant bien la chaleur, on continue l'opération vers $200°$, on obtient l'acide tartrique *anhydre*, $H^4C^8O^{10}$. Si, au lieu de ménager ainsi l'action du calorique, on porte rapidement l'acide tartrique, $H^4C^8O^{10}, 2HO$, à $180°$, il fond, se boursoufle, perd les deux équivalents d'eau, et devient *anhydre*. Il suffit de traiter par l'eau les acides tartralique, tartrélique et tartrique anhydre, pour régénérer l'acide tartrique bihydraté. Si on distille rapidement l'acide bihydraté dans une cornue, au bain d'huile à $220°$, on obtient une liqueur très-acide, composée d'acide *pyruvique*, $H^3C^6O^5, HO$, et d'acide acétique; tandis que si l'on porte rapidement le même acide bihydraté à $300°$, on recueille dans le récipient un liquide brun, lequel, étant distillé, fournit de l'acide *pyrotartrique*, $H^6C^{10}O^6, 2HO$; on obtient une plus grande quantité de cet acide, en distillant un mélange d'acide tartrique bihydraté et de mousse de platine. On voit que, pendant la transformation de l'acide bihydraté en acide *péruvique*, il se produit 1 équivalent d'eau et 2 équivalents d'acide carbonique, aux dépens de l'acide tartrique, et que l'acide pyrotartrique diffère de l'acide pyruvique, en ce que celui-ci contient plus de carbone et d'oxygène dans le rapport convenable pour donner naissance à deux équivalents d'acide carbonique :

$$\underset{\text{Acide pyruvique.}}{2H^3C^6O^5,HO} = \underset{\text{Acide pyrotartrique.}}{H^6C^{10}O^6,2\,HO}, \underset{\text{Acide carbonique.}}{2\,CO^2}$$

L'acide tartrique est inaltérable à l'air. L'eau froide en dissout un peu plus que son poids, et l'eau bouillante, deux fois son poids; l'alcool en dissout moins. L'acide azotique le transforme en acide oxalique; l'acide plombique et plusieurs autres corps oxydants le décomposent en eau et en acides carbonique et formique. La potasse, vers $150°$, donne avec lui de l'acétate et de l'oxalate de potasse; il contient en effet de l'hydrogène, du carbone et de l'oxygène, dans les proportions voulues pour constituer de l'acide acétique et de l'acide oxalique :

$$\underset{\text{Acide tartrique.}}{H^4C^8O^{10}, 2\,HO} = \underset{\text{Acide acétique.}}{H^3C^4O^3, HO}, \underset{\text{Acide oxalique.}}{2\,C^2O^3, HO}$$

L'acide tartrique peut se combiner avec un certain nombre de métaux, tels que le fer, le zinc, etc.; l'eau est décomposée, et il se dégage de l'hydrogène. Il forme des tartrates avec beaucoup d'oxydes. Voici l'ordre d'affinité de plusieurs bases pour cet acide : chaux, baryte, strontiane, potasse, soude, ammoniaque et magnésie. Il précipite les eaux de chaux, de baryte et de strontiane, en blanc, et les tartrates précipités se dissolvent avec la plus grande facilité dans un excès d'acide. Il ne précipite pas les chlorures de ces bases.

Il sert, dans l'analyse chimique, pour précipiter et caractériser la potasse.

Dissous dans une grande quantité d'eau, il peut très-bien remplacer la limonade dans les diverses maladies où les acides végétaux sont utiles.

Préparation. On commence par se procurer du tartrate de chaux : pour cela, on fait dissoudre 5 parties de crème de tartre dans 75 parties d'eau bouillante; on y met assez de carbonate de chaux pulvérisé (craie) pour saturer l'excès d'acide tartrique, et on agite la liqueur, qui est en pleine ébullition; il se dégage du gaz acide carbonique, et il se forme du *tartrate de chaux insoluble* et du tartrate de potasse neutre soluble; celui-ci retient un peu de tartrate de chaux; on fait bouillir cette liqueur pendant un quart d'heure avec du sulfate de chaux ou avec du chlorure de calcium, qui décompose tout le tartrate de potasse neutre, en sorte que l'on obtient une nouvelle quantité de *tartrate de chaux insoluble;* on lave le précipité à grande eau, et on le décompose, à l'aide de la chaleur et de l'agitation, par les $^3/_5$ de son poids d'acide sulfurique du commerce, étendu de 10 à 16 parties d'eau; il se produit du sulfate de chaux peu soluble, et l'acide tartrique reste en dissolution avec un peu de sulfate de chaux. Après avoir laissé reposer la liqueur, on la décante, et on la concentre par l'évaporation ; on sépare le sulfate de chaux, qui se précipite, et on fait cristalliser l'*acide tartrique;* mais, comme il retient de l'acide sulfurique, on le traite successivement par la litharge et par l'acide sulfhydrique.

Des tartrates.

La composition des tartrates est loin d'être toujours la même. Ils sont tous neutres, quoiqu'on admette généralement l'existence de quelques

bitartrates, la crème de tartre ou le bitartrate de potasse, par exemple.
Les uns sont formés de 1 équivalent d'acide, et de 2 équivalents d'une
même base, $2KO, H^4C^8O^{10}$ (trartrate de potasse neutre); d'autres contiennent 1 équivalent d'acide et 2 équivalents de base, qui ne sont pas
les mêmes, $KO, NaO, H^4C^8O^{10}$ (tartrate de potasse et de soude, sel de
Seignette); il en est dans lesquels l'équivalent d'acide est saturé par
1 équivalent de base et par 1 équivalent d'eau, $KO, HO, H^4C^8O^{10}$ (crème
de tartre, improprement désignée sous le nom de *bitartrate de potasse*);
enfin ceux que l'on a appelés *émétiques,* et qui sont composés de
1 équivalent d'acide, de 1 équivalent de base, contenant elle-même
1 équivalent d'oxygène, et de 1 équivalent d'une autre base, renfermant
3 équivalents d'oxygène, $KO, Sb^2O^3, H^4C^8O^{10}$ (émétique, tartre stibié,
tartrate de protoxyde de potassium et d'antimoine).

Tous les tartrates sont décomposés par le feu, et fournissent des produits volatils analogues à ceux que l'on obtient avec l'acide tartrique
placé dans les mêmes circonstances; quelques-uns d'entre eux laissent
pour résidu un carbonate de la base; il y en a d'autres qui sont plus
complétement décomposés, et qui fournissent le métal, etc.

L'*eau* dissout les tartrates neutres de potasse, de soude, d'ammoniaque, de magnésie et de bioxyde de cuivre; presque tous les autres
sont insolubles dans ce liquide; ceux-ci, sans excepter le *tartrate de
chaux,* se dissolvent dans un excès d'acide, tandis que les *tartrates
neutres solubles* sont transformés, par l'acide tartrique ou par tout
autre acide fort, en tartrates cristallins, moins solubles dans l'eau;
d'où il suit que les propriétés des tartrates solubles sont analogues, sous
ce rapport, à celles des oxalates. Il existe des *tartrates insolubles* qui se
dissolvent à merveille dans une *très-petite* quantité de tartrate de potasse, de soude ou d'ammoniaque, avec lesquels ils forment des tartrates
doubles : tels sont les tartrates de fer et de manganèse. Il y a d'autres
tartrates insolubles qui ne peuvent se dissoudre dans les tartrates de
potasse, de soude et d'ammoniaque, pour former des sels doubles,
qu'autant que l'on a employé un *excès* de ces tartrates solubles, et
même d'acide tartrique : tels sont ceux de baryte, de strontiane, de
chaux et de plomb.

Tartrate de potasse neutre ou *bipotassique* (sel végétal), $2KO, H^4C^8O^{10}$.
— On ne le trouve pas dans la nature; il cristallise en prismes rectangulaires à 4 pans, terminés par des sommets dièdres, légèrement déliquescents, solubles dans leur poids d'eau froide et dans une petite
quantité d'eau bouillante, et doués d'une saveur amère; ainsi cristallisé,
il contient deux équivalents d'eau. Chauffé, il se décompose après avoir

éprouvé la fusion aqueuse. Il est susceptible de dissoudre une grande quantité d'alumine. Il décompose le kermès à froid, et il se forme, suivant M. Guéranger, du tartrate de potasse et d'antimoine (émétique). On l'emploie en médecine comme purgatif, à la dose de 12 à 24 grammes.

Préparation. On projette peu à peu de la crème de tartre finement pulvérisée dans une dissolution chaude de carbonate de potasse ; l'excès d'acide tartrique décompose le carbonate et s'unit à la potasse, tandis que l'acide carbonique se dégage ; le tartrate de chaux qui fait partie de la crème de tartre se dépose sous forme de flocons blancs ; on filtre la liqueur, on la concentre par l'évaporation, et on l'abandonne à elle-même pour la faire cristalliser.

Tartrate monopotassique, KO, HO, $H^4C^8O^{10}$ (crème de tartre, *bitartrate de potasse*).— Il existe dans le raisin et dans le tamarin ; le tartre du commerce, où la matière blanche ou rouge qui se dépose sur les parois des tonneaux où le vin fermente, est presque entièrement formé par ce sel. Il cristallise en prismes obliques, à base rhombe, durs, opaques, qui croquent sous la dent ; sa saveur est légèrement acide. Il se dissout dans 18 parties d'eau bouillante, tandis qu'il en exige au moins 184 p. à 20°. Il est insoluble dans l'alcool à 0,85. Le *solutum* aqueux est décomposé par l'air et transformé en carbonate de potasse, en huile, et en une espèce de moisissure ; au contraire, le sel solide n'éprouve aucune altération de la part de cet agent. Exposé à l'action de la chaleur, il se décompose comme tous les tartrates, et il reste dans la cornue du charbon et du carbonate de potasse (*flux noir*).

Lorsqu'on le chauffe jusqu'au rouge blanc, pendant deux ou trois heures, avec parties égales d'un métal très-fusible, tel que l'étain, le bismuth, le plomb ou l'antimoine, on obtient des alliages plus ou moins riches en potassium, qui ne subissent aucune altération à un feu très-violent : d'où il suit que la potasse a été décomposée par le charbon de l'acide tartrique, qui s'est emparé de son oxygène, tandis que les métaux se sont unis au potassium. Ce fait, entrevu par Vauquelin, a été mis hors de doute par Sérullas, dans un très-beau mémoire imprimé en 1820 dans le *Journal de pharmacie*. On prouve que ces alliages contiennent du potassium : 1° parce qu'en les mettant dans l'eau, ils la décomposent ; il se forme de la potasse, et il se dégage du gaz hydrogène ; 2° par le tournoiement de leurs fragments sur un bain de mercure sec ou aqueux ; 3° par la quantité considérable de calorique que quelques-uns d'entre eux émettent, lorsqu'après les avoir pulvérisés, on les expose à l'air. Il résulte encore, des expériences de Sérullas, que tous les sels à base de potasse, décomposables par la chaleur, sont ramenés à l'état de potassium quand on les chauffe avec les métaux déjà mentionnés, et que l'on ajoute du charbon ; l'addition de ce dernier corps n'est pourtant nécessaire que lorsque l'acide du sel n'appartient pas au règne végétal.

Crème de tartre du commerce. — Cette crème de tartre est formée, d'après Fourcroy et Vauquelin, d'une très-grande quantité de bitartrate monopotassique, de 7 à 8 centièmes de tartrate de chaux, d'une petite quantité d'acide silicique, d'alumine, d'oxyde de fer et d'oxyde de manganèse; d'où il suit qu'elle doit partager la plupart des propriétés du bitartrate monopotassique, qui en fait la majeure partie. On l'emploie pour préparer l'acide tartrique, les autres tartrates, la potasse pure, et pour augmenter la fixité des couleurs. C'est avec la crème de tartre impure, ou le tartre brut, que l'on obtient les *flux blanc* et *noir* : le premier est presque entièrement composé de carbonate de potasse, l'autre est formé de ce même sel et d'une certaine quantité de charbon.

Préparation de la crème de tartre. On fait dissoudre dans l'eau bouillante le tartre brut qui se dépose sur les parois des tonneaux pendant la fermentation du moût de raisin ; il se forme, par le refroidissement de la liqueur, des cristaux presque incolores ; on les fait redissoudre dans l'eau bouillante, dans laquelle on délaie 4 ou 5 centièmes d'une terre argileuse et sablonneuse qui s'empare de la matière colorante ; on évapore la liqueur jusqu'à pellicule, et l'on obtient des cristaux de crème de tartre incolore : on se sert des eaux mères pour faire de nouvelles dissolutions.

Flux blanc et *flux noir.* — On prépare le premier en projetant dans un creuset rouge 2 parties d'azotate de potasse et 1 partie de tartre; tandis qu'on emploie, pour la préparation du flux noir, parties égales de ces deux sels ; les acides azotique et tartrique sont décomposés, l'oxygène du premier se combine avec l'hydrogène et le carbone du second.

Crème de tartre soluble. — Lorsqu'on fait bouillir 47 ½ parties de crème de tartre, 600 d'eau, et 15 ¼ d'acide borique cristallisé et purifié, le sel et l'acide se dissolvent; si l'on entretient la liqueur bouillante jusqu'à ce qu'elle soit très-concentrée, et qu'on ménage ensuite le feu ; on obtiendra une masse solide et presque cassante, soluble dans ½ partie d'eau froide, et dans moins d'eau bouillante : c'est la *crème de tartre soluble.* Elle est composée, à 100°, de $KO, H^4C^8O^{10}, BO^3$; dans ce sel, l'acide borique a déplacé l'eau, et joue le même rôle que l'oxyde d'antimoine dans l'émétique (*Journal de pharmacie*, 1824). A 285°, la crème de tartre soluble perd 2 équivalents d'eau, et devient $KO, H^2C^8O^8, BO^3$; si, dans cet état, on la dissout dans l'eau, elle reproduit là crème de tartre soluble. M. Meyrac a prouvé que les borates neutres et les sous-borates de potasse et de soude ont également la propriété de rendre la crème de tartre soluble.

· L'acide arsénieux forme aussi de la crème de tartre soluble avec la crème de tartre ordinaire.

· La crème de tartre soluble doit être préférée, pour l'usage médical, à la crème de tartre ordinaire, toutes les fois qu'on voudra la donner dans de l'eau ; car celle-ci exige 184 fois son poids de ce liquide, pour pouvoir être dissoute à froid. Ce médicament est à la fois purgatif, apéritif, diurétique et antiseptique ; on l'administre comme purgatif, depuis 16 grammes jusqu'à 64 grammes, seul ou dans une tisane acidule ; on l'emploie dans beaucoup d'ictères, dans certains engorgements non squirrheux du foie, dans plusieurs hydropisies qui sont la suite de maladies inflammatoires, dans la goutte, dans les fièvres dites putrides, etc. ; on l'incorpore quelquefois dans des bols et des pilules, et alors on en donne 1, 3 ou 5 grammes par jour.

Tartrate de soude bibasique, $2NaO, H^4C^8O^{10}$. — Il cristallise en aiguilles efflorescentes, solubles dans 5 parties d'eau froide, insolubles dans l'alcool anhydre, contenant 4 équivalents d'eau. Il est sans usages.

Tartrate de soude monobasique, $NaO, HO, H^4C^8O^{10}$. — Il est en petits cristaux d'une saveur acide, faiblement salée, solubles dans 8 parties d'eau froide, insolubles dans l'alcool. Traité par l'acide borique ou par les borates solubles, il donne des composés très-acides, *déliquescents*, et solubles dans la moitié de leur poids d'eau. Il agit sur les métaux fusibles comme le bitartrate de potasse (voy. p. 339).

· *Tartrate de potasse et de soude* (sel de Seignette, sel de la Rochelle), $KO, NaO, H^4C^8O^{10}, 8HO$. — On ne le trouve pas dans la nature ; on peut l'obtenir cristallisé en gros prismes à 8 ou 10 pans inégaux ; mais le plus souvent ces prismes se trouvent coupés dans la direction de leur axe. Il s'effleurit légèrement, et à la surface seulement, quand l'air est chaud et sec. Il est soluble dans environ deux fois et demie son poids d'eau froide, et dans une beaucoup plus petite quantité d'eau bouillante ; il a une légère saveur amère. Il est employé en médecine, comme purgatif, à la dose de 12, 24 ou 32 grammes.

Préparation. On agit de la même manière que pour le tartrate de potasse, excepté que l'on substitue au carbonate de potasse celui de soude.

· *Tartrate double de potasse et de chaux*, $KO, CaO, H^4C^8O^{10}$. — Lorsqu'on laisse digérer pendant quelque temps de l'hydrate de chaux dans

du *tartrate monopotassique*, on obtient, en filtrant la liqueur, le tartrate double en dissolution. Il présente ce fait remarquable que, lorsqu'on le chauffe à l'état liquide, il se coagule et se prend en masse
comme du blanc d'œuf, pour se liquéfier de nouveau par le refroidissement. Il est sans usages.

Tartrate de potasse et de fer. — Il est sous forme de petites aiguilles
d'une couleur verdâtre, solubles dans l'eau, et ayant une saveur styptique. La potasse, la soude, l'ammoniaque, et les carbonates de ces
bases, ne troublent point sa dissolution ; l'acide sulfhydrique la décompose et s'empare de l'oxyde de fer, tandis que l'acide tartrique,
mis à nu, forme, avec le tartrate de potasse, du tartrate monopotassique soluble. Les diverses préparations connues sous les noms de *tartre
martial* soluble, ou de *tartre chalybé*, de *teinture de mars de Ludovic*,
de *teinture de mars tartarisée*, de *boules de Nancy*, sont formées par ce
sel double. Elles sont employées, en médecine, dans tous les cas où
les préparations ferrugineuses sont indiquées. Le *tartre martial* se
donne en boisson, ou sous forme de bols, depuis 60 centigr. jusqu'à
1 gramme 30 centigrammes. La *teinture de mars tartarisée* s'administre
en potion, à la dose de 2 à 6 grammes ; on fait prendre, de temps en
temps, une cuillerée de cette potion : il en est de même de la *teinture
de mars de Ludovic,* qui est encore plus astringente que la précédente.
On emploie l'*eau de boule,* qui n'est que la dissolution aqueuse de la
boule de Nancy, comme tonique, en douches ou en lotions, dans les
entorses, dans les empâtements légers des parties externes, etc.; on
l'administre aussi à l'intérieur pour arrêter les dévoiements, dans la
chlorose, etc.

Préparation. Il suffit de faire bouillir dans de l'eau parties égales de
limaille de fer et de crème de tartre, et de concentrer la dissolution
par l'évaporation, pour obtenir ce sel cristallisé. — *Teinture de mars
tartarisée.* On la prépare en versant sur une dissolution concentrée du
sel précédent une certaine quantité d'alcool, qui l'empêche de se décomposer. — *Boules de Nancy.* On fait un mélange de limaille de fer,
de tartre rouge pulvérisé, et de décoction de plantes vulnéraires; le
fer s'oxyde aux dépens de l'air, et se combine avec l'excès d'acide tartrique du tartre ; le mélange devient d'un rouge brun et plus consistant ; lorsqu'il est encore mou, on en forme des boules du poids de
32 grammes, que l'on recouvre d'une légère couche d'huile et que l'on
fait sécher (*Journ. de chim. méd.*, février 1828).

Tartrate de protoxyde de mercure et de potasse, $KO, Hg^2O, H^4C^8O^{10}$.—
Il est sous forme d'une masse sèche, de couleur cendrée, d'une saveur

fraîche, piquante, métallique; il est légèrement alcalin, soluble dans son poids d'eau à 20°, et déliquescent; sa dissolution est décomposée par les acides acétique, azotique et chlorhydrique, qui en précipitent de la crème de tartre; la potasse, la soude, l'ammoniaque, l'acide sulfhydrique et les sulfures, ne troublent point cette dissolution.

Préparation. On fait bouillir dans 6 kilogrammes d'eau 500 grammes de protoxyde de mercure mêlé à 1 kilogramme de crème de tartre, et l'on obtient du tartrate de protoxyde de mercure et du tartrate double de protoxyde de mercure et de potasse; le premier se précipite par le refroidissement, l'autre reste en dissolution; on évapore la liqueur jusqu'à siccité, avec ménagement, et on a soin de séparer avec une cuiller de bois ou d'ivoire le tartrate simple qui aurait pu rester en dissolution, et qui se dépose à mesure que l'eau s'évapore. Ce sel double, dont on doit la connaissance à Carbonell, doit être préféré, suivant lui, aux autres préparations mercurielles dans le traitement des maladies syphilitiques invétérées, des dartres, etc.; on l'administre à l'intérieur depuis 10 jusqu'à 60 centigrammes par jour chez les adultes, et à l'extérieur, à la dose de 8 à 12 grammes dissous dans 250 grammes d'eau distillée. Il ne détermine jamais le ptyalisme, d'après Carbonell (voyez *Journ. de chim. méd.*, mars 1831).

Tartrate de potasse et de protoxyde d'antimoine (émétique, tartre stibié), $KO, Sb^2O^3, H^4C^8O^{10}, 2HO$. — Il fut découvert en 1631 par Mynsicht. On ne le trouve jamais dans la nature. Il cristallise en tétraèdres réguliers, ou en pyramides triangulaires, ou en octaèdres allongés, incolores, transparents, doués d'une saveur caustique et nauséabonde; il rougit l'*infusum* de tournesol. Lorsqu'on le chauffe à 100°, il perd 2 équivalents d'eau; à 228°, il est décomposé, et perd encore 2 équivalents d'eau. Il est alors $KO, Sb^2O^3, H^2C^8O^8$; si, dans cet état, on le dissout dans l'eau, il reproduit l'émétique. L'émétique, chauffé au rouge dans un creuset, noircit, se décompose à la manière des substances végétales, répand de la fumée, et laisse pour résidu de l'antimoine métallique et du carbonate de potasse blanc; si on le met sur des charbons rouges, on obtient des résultats analogues, au bout d'une ou de deux minutes; il est évident que, dans ce cas, l'oxyde d'antimoine est réduit par le charbon provenant de l'acide tartrique décomposé. S'il est soumis à une chaleur rouge blanc, pendant deux ou trois heures, dans un creuset fermé, il laisse pour résidu une masse spongieuse, formée de potassium, d'antimoine et de beaucoup de charbon, qui détone et s'enflamme vivement à l'air et sur l'eau : si l'on vient à brûler l'excès de charbon, soit par un grillage à l'air, soit à l'aide de l'azotate de potasse, on obtient alors un alliage de potassium et d'antimoine.

L'émétique exposé à l'air s'effleurit.

Cent parties d'eau bouillante en dissolvent 53 parties, tandis que la même quantité d'eau froide n'en dissout que 7 parties environ ; du reste, cette dissolution, qui rougit faiblement le tournesol, n'est pas décomposée par l'eau, comme cela arrive avec les sels antimoniaux simples (voy. t. I, p. 547). L'*acide sulfurique* et les *sulfates acides* en précipitent du sous-sulfate d'antimoine *blanc,* soluble dans un excès d'acide, et il se forme du tartrate monopotassique (crème de tartre). Les *soussulfates* et les *sulfates* neutres de la première classe ne la décomposent point. La *potasse* en précipite sur-le-champ l'oxyde blanc, et le précipité se redissout dans un excès d'alcali. L'*eau de chaux* la décompose également, et y fait naître un dépôt blanc très-épais de tartrate de chaux et de tartrate d'antimoine, soluble dans l'acide azotique pur. Le *carbonate de soude* donne également un précipité blanc, qui est de l'oxyde plus ou moins carbonaté. L'acide sulfhydrique et les *sulfures* solubles en séparent du sulfure d'antimoine jaune orangé, qui passe au rouge brun par une nouvelle quantité de ces réactifs. L'*infusum* aqueux, alcoolique ou éthéré de noix de galle y fait naître un précipité abondant, caillebotté, d'un blanc grisâtre, tirant un peu sur le jaune, qui contient l'antimoine plus ou moins oxydé, comme on peut s'en convaincre en le traitant par l'acide azotique. Les *sucs des plantes,* les décoctions extractives des bois, des racines, des écorces amères et astringentes, précipitent la dissolution d'émétique en jaune rougeâtre ; le précipité, formé d'oxyde d'antimoine, de matière végétale et de crème de tartre, est inerte ; d'où il suit que l'on ne doit jamais administrer l'émétique avec ces sortes de *décoctions.*

On emploie le tartre stibié : 1° comme émétique, depuis la dose de 3 jusqu'à 30, 40 ou 50 centigrammes, et même plus, suivant l'âge, le sexe, le tempérament, etc. ; on le donne dissous dans 200 ou 300 grammes d'eau distillée ; on peut aussi l'associer à quelques sulfates purgatifs sans qu'il se décompose : si l'émétique était administré dans de l'eau commune qui contiendrait des carbonates terreux, il serait décomposé au point que, si la dissolution avait été faite dans le liquide bouillant, il pourrait à peine en rester en dissolution, ainsi que l'a prouvé M. Guéranger. 2° Comme purgatif, on en administre 5 centigrammes dans 1 litre de petit-lait ou de tout autre liquide approprié ; 3° dans certaines affections cérébrales, dans les inflammations aiguës des poumons et d'autres organes parenchymateux, mais surtout dans les *rhumatismes articulaires* ; on en fait prendre 30 ou 50 centigrammes par jour, dissous dans 4 à 500 gr. d'infusion d'oranger : cette dose est administrée en six fois, à une ou deux heures d'intervalle. En général, dans la plupart des cas dont il s'agit, l'émétique ne détermine aucune évacuation ; et si la première dose occasionne quelquefois des nausées et même de légers vomissements, ces accidents ne se renouvellent pas après l'ingestion des autres prises, phénomène remarquable qui paraît tenir surtout à ce que le tartre stibié est dissous dans une petite quantité de véhicule. Laennec, qui a fait un fréquent usage de cette méthode, pensait que l'émétique agit principalement en favorisant l'absorption dans les parties engorgées ; il a vu la résolution s'opérer en peu de jours dans les pneumonies où le poumon se dilatait à peine, tant l'engorgement était considérable. Le gonflement et les douleurs atroces qui accompagnent les rhumatismes articulaires cèdent promptement à l'usage de ce médicament, et les malades sont guéris, terme moyen, dans l'espace de six à huit jours. Quelquefois il est nécessaire de porter la dose du tartre stibié à 75 ou 90 centigrammes par jour. Laennec en a donné jusqu'à 4 grammes dans les vingt-quatre heures ; et, chose remarquable, ayant eu l'occasion d'ouvrir des cadavres d'individus qui avaient pris plusieurs grammes d'émétique, il n'a jamais aperçu la moindre trace d'inflammation dans les tissus du canal digestif. Rasori avait appelé, il y a déjà plusieurs années, l'attention des praticiens sur les effets merveilleux que l'on pouvait attendre de fortes doses de tartre stibié dans quelques maladies aiguës. Que l'on ne croie pas cependant que, dans aucune circonstance, l'émétique donné à forte dose ne puisse déterminer des accidents graves ; l'expérience prouve le contraire. Lorsqu'on en administre plusieurs décigrammes à la fois à des individus *bien portants,* et qu'il n'est pas vomi ou rejeté par les selles peu de temps après avoir été avalé, il occasionne l'inflammation de l'estomac et des poumons, et ne tarde pas à déterminer la mort. Ce fait, mis hors de doute par les expériences nombreuses faites sur les animaux, et par des observations cliniques, peut très-bien se concilier avec les précédents, en établissant que *l'action de plusieurs médicaments est loin d'être la même chez l'homme sain ou chez celui qui est atteint de telle ou telle autre maladie.* Les infusions légères de noix de galle, de quinquina et de toutes les écorces astringentes, sont les remèdes les plus efficaces pour décomposer l'émétique dans le canal digestif, et pour l'empêcher d'exercer une action délétère. Les moyens propres à démontrer la présence du tartre stibié dans un cas de médecine légale varient suivant qu'il est libre ou qu'il a été décomposé (voy., p. 558 du t. Ier, de ma *Médecine légale*, 4e édition , et ma *Toxicologie générale*, 4e édition),

Préparation. Parmi les nombreux procédés employés jusqu'à ce jour, celui de la pharmacopée de Dublin, modifié il y a quelques années par Henry père, mérite la préférence : il consiste à traiter la poudre d'Algaroth (oxychlorure d'antimoine) par la crème de tartre. Voici comment il faut opérer : on verse dans une capsule contenant 10 parties d'eau bouillante un mélange exact de 100 parties de poudre d'Algaroth (voy. p. 541 du t. Ier) et de 145 de crème de tartre; on fait évaporer rapidement, jusqu'à ce que le liquide indique 25 degrés au pèse-sel de Baumé; on filtre la liqueur ainsi concentrée, et on laisse cristalliser dans un lieu tranquille ; bientôt l'émétique commence à se séparer; du jour au lendemain, la cristallisation est complète : on décante les eaux mères, et l'on fait sécher l'émétique pour le conserver, car il n'a nullement besoin d'être purifié. Pour les eaux mères, on sature par la craie l'acide en excès; on filtre, on réunit le liquide filtré à celui qui provient du lavage du papier qui a servi à la première filtration, et l'on concentre le tout à 25 degrés; on recueille une nouvelle quantité d'émétique.

Théorie. Il est évident que, dans cette opération, une partie de l'acide tartrique de la crème de tartre s'unit au protoxyde d'antimoine de l'oxychlorure, et forme de l'émétique; le protochlorure d'antimoine contenu dans la poudre d'Algaroth est décomposé, ainsi qu'une portion de potasse du tartrate; l'oxygène de la potasse s'unit à l'antimoine, et le potassium au chlore ; l'oxyde d'antimoine produit se combine avec le tartrate monopotassique, qui résulte de la décomposition d'une partie de la potasse, et donne naissance à une nouvelle portion d'émétique; il reste du chlorure de potassium dans la liqueur. Si l'on s'obstinait à faire cristalliser les eaux mères pour avoir de nouvelles quantités d'émétique, on obtiendrait, à dater de la quatrième évaporation, et même dès la troisième, de l'émétique en gros prismes à six pans, qui serait probablement altéré et mêlé de cristaux plus petits de chlorure de potassium (voy. les mémoires de Henry, dans le *Journ. de chim. méd.* de décembre 1825 et de janvier 1826).

Autres émétiques. — Si l'on combine avec l'acide tartrique deux autres bases, dont l'une contiendra 1 équivalent d'oxygène et l'autre 3, on obtiendra des sels analogues à l'émétique qui vient d'être décrit; tels sont l'émétique d'alumine, de sesquioxyde de fer, d'oxyde d'argent, dont voici les formules :

$$KO,Al^2O^5 \ldots \quad H^4C^8O^{10}$$
$$KOFe^2O^5, \ldots \quad \text{id.}$$
$$AgO,Sb^2O^5 \ldots \quad \text{id.}$$
$$PbO,Sb^2O^5 \ldots \quad \text{id.}$$
$$AzH^5HO,Sb^2O^5 \quad \text{id.}$$
$$BaO,Sb^2O^5 \ldots \quad \text{id.}$$

Ces émétiques, chauffés à 228°, sont déshydratés et décomposés comme l'émétique à base de protoxyde d'antimoine, c'est-à-dire qu'ils perdent 2 équivalents d'oxygène et 2 d'hydrogène (voy. p. 343). On obtient ces émétiques en versant de l'azotate d'argent, de l'acétate de plomb, etc., dans une dissolution d'émétique ordinaire.

De l'acide racémique ou paratartrique. $H^4C^8O^{10},2HO,HO$ (1).

L'acide racémique, désigné d'abord sous le nom d'*acide des Vosges*, a été décrit en 1826 par Gay-Lussac, quoi qu'il eût été entrevu depuis plusieurs années. Il existe dans le raisin du Haut-Rhin, combiné avec la potasse, et probablement dans le suc de tous les raisins : c'est à Thann, petite ville de ce département, qu'il a été d'abord préparé. Il est remarquable par sa composition, qui est la même que celle de l'acide tartrique, *quoiqu'il jouisse de propriétés différentes*. Son nom dérive de *racemus*, grappe de raisin; il portait primitivement le nom d'*acide thannique*, du nom de la ville. Il cristallise en prismes obliques à base rhombe. Il n'exerce aucune action rotatoire sur le plan de polarisation. Il s'effleurit à l'air. Chauffé à 100°, il perd un équivalent d'eau, et reste $H^4C^8O^{10},2HO$; à une température plus élevée, il se comporte comme l'acide tartrique, et donne successivement les acides *paratartralique*, $H^4C^8O^{10},1\frac{1}{2}HO$, *paratrartrélique*, $H^4C^8O^{10},HO$, et paratartrique anhydre, $H^4C^8O^{10}$. En mettant ces acides dans l'eau, on régénère l'acide paratartrique cristallisé (Frémy). Si on chauffe celui-ci à la température de 200°, on obtient un acide liquide, $H^3C^6O^5,HO$, qui paraît n'être que de l'acide pyruvique, et en outre de l'acide pyrotar-

---

(1) Il serait possible que l'acide paratartrique ne préexistât pas dans les tartres des Vosges, et qu'il ne fût que le résultat d'une réaction entre les principes de l'acide tartrique : c'est ce que tendent à faire croire les remarques de Robiquet et les travaux de M. Pelouze, qui n'a pas pu découvrir cet acide dans les principales variétés de tartre du commerce.

trique ; il reste un charbon qui brûle au contact de l'air sans résidu.

L'acide racémique est moins soluble dans l'eau froide que l'acide tartrique. Il exige 5 parties de ce liquide pour se dissoudre, tandis que 2 parties d'acide tartrique se dissolvent dans 1 partie d'eau ; sa dissolution aqueuse précipite l'eau de chaux en blanc, mais le précipité soluble dans l'acide chlorhydrique reparaît par l'action de l'ammoniaque, tandis que celui que fournit l'acide tartrique ne reparaît pas de suite quand il est traité de la même manière, à moins que le liquide ne soit très-concentré ; cependant, après quelque temps, il se dépose des points cristallins brillants octaédriques de tartrate de chaux. L'acide racémique précipite l'azotate de chaux et le chlorure de calcium, ce que ne fait pas l'acide tartrique. Il ne trouble le sulfate de chaux qu'au bout d'une heure, et vingt-quatre heures après, presque toute la chaux est précipitée à l'état de racémate ; l'acide tartrique, au contraire, ne produit aucun trouble dans le sulfate de chaux. Il forme, avec la potasse, la soude et l'ammoniaque, deux sels, dont l'un est très-soluble, tandis que l'autre l'est peu. Avec la potasse et la soude, il donne un racémate à double base cristallisable, qui présente la même composition que le sel de Seignette (tartrate double de potasse et de soude), mais qui en diffère par la forme de ses cristaux et par sa solubilité. Il peut donner naissance à un émétique correspondant au tartratre de potasse et d'antimoine.

Composition de l'acide racémique. J'ai dit, en parlant de l'acide tartrique, qu'il exerçait la rotation à *droite,* tandis que l'acide racémique n'a aucune action sur le plan de polarisation ; cela paraît tenir à ce que l'acide racémique est formé de poids égaux de deux acides, l'acide tartrique ou *dextroracémique,* et l'acide *lévoracémique,* qui exerce la rotation vers la *gauche ;* d'où il suit que l'acide racémique doit être *neutre* sous le rapport de la rotation. On est parvenu à séparer les acides *dextro* et *lévoracémiques,* en formant des racémates doubles de soude et d'ammoniaque ou de soude et de potasse, et en les faisant cristalliser ; on obtient deux sortes de cristaux, les uns de *dextroracémates,* les autres de *lévoracémates,* et l'on extrait de ces cristaux les deux acides qui les constituent, en employant les mêmes agents que ceux dont on fait usage pour obtenir l'acide tartrique des tartrates. Du reste, l'acide *dextroracémique* ne diffère en rien de l'acide tartrique bihydraté. Quant à l'acide *lévoracémique,* sauf la propriété rotatoire à gauche, et la disposition de ses cristaux, qui portent des facettes hémiédriques en sens opposé, il ressemble parfaitement à l'acide tartrique. Pour compléter la preuve de ce que j'avance, j'ajouterai qu'en faisant dissoudre dans l'eau des poids égaux d'acide *dextroracémique* et *lévoracémique*, on reforme l'acide *racémique*.

Préparation de l'acide racémique. On sature par le carbonate de soude le tartre qui contient de l'acide racémique, et on laisse cristalliser le tartrate de potasse et de soude qui s'est formé. Les eaux mères renferment le racémate de soude; on les précipite par un sel de plomb ou de chaux, après les avoir évaporées; le précipité contient du racémate et une certaine quantité de tartrate de plomb ou de chaux; on le décompose par l'acide sulfurique, qui transforme la base en sulfate, et laisse dans la liqueur les acides racémique et tartrique; par l'évaporation, l'acide racémique, devenant moins soluble que l'autre, cristallise le premier (Berzelius, *Ann. de chim. et de pharm.*, t. XLVI).

DES ACIDES DÉRIVÉS DE L'ACIDE TARTRIQUE
par l'action de la chaleur.

De l'acide tartralique. $H^4C^8O^{10}, 1\frac{1}{2} HO$.

Il est déliquescent, incristallisable; on peut le considérer comme un acide sesquibasique; aussi prend-il 1 équivalent et demi de base pour former des sels neutres. Les tartralates de chaux, de baryte et de strontiane, sont solubles dans l'eau, bien différents en cela des tartrates. Si on les fait bouillir dans l'eau, ils donnent des tartrates et de l'acide tartrique; par un excès de base, on les transforme en tartrates.

Préparation (voy. *Action de la chaleur sur l'acide tartrique*, p. 336).

De l'acide tartrélique. $H^4C^8O^{10}, HO$.

Il est déliquescent et incristallisable. Il ne prend qu'un équivalent de base pour former des sels neutres. Il fournit, avec les acétates de baryte, de strontiane et de chaux, des précipités sirupeux, tandis que l'acide tartralique ne précipite pas ces sels. L'eau bouillante ou bien un excès de base transforment l'acide tartrélique et les tartrélates en acide tartrique et en tartrates.

Préparation (voy. p. 336, *Action de la chaleur sur l'acide tartrique*).

De l'acide tartrique anhydre. $H^4C^8O^{10}$.

Il est amorphe et soluble dans l'eau. L'eau et l'air humide le font passer successivement, avec le temps, à l'état d'acides tartrélique, tar-

tralique et tartrique bihydraté; on obtient ce résultat beaucoup plus
promptement, si on élève la température.

Préparation. On chauffe pendant plusieurs heures, dans une étuve dont
la température est à 190⁰, de l'acide tartrique cristallisé et bihydraté,
ou bien on agit comme je l'ai dit en parlant de l'action de la chaleur
sur l'acide tartrique (voy. p. 336).

De l'acide pyruvique ou pyroracémique. $H^3C^6O^5,HO.$

Il est le résultat de la décomposition rapide de l'acide tartrique bihydraté à 220⁰; on obtient dans le récipient un liquide composé d'a-
cides acétique et pyruvique; il suffit, pour séparer ce dernier, de
traiter le liquide par du carbonate de plomb, qui donne du pyruvate
de plomb insoluble et de l'acétate soluble; on décompose ce pyruvate
par l'acide sulfhydrique. L'acide pyruvique est sirupeux, incristallisable, d'une saveur acide et amère; il forme des pyruvates solubles ou
insolubles (voy. *Action de la chaleur sur l'acide tartrique bihydraté,*
p. 336).

De l'acide pyrotartrique. $H^6C^{10}O^6, 2HO.$

Cet acide a été découvert par Rose, et étudié depuis par M. Pelouze. Il
est solide, blanc, cristallisé, en prismes obliques, à base rhombe,
tronqués sur les arêtes latérales, inodores, très-solubles dans l'alcool et
dans l'eau, d'une saveur fortement acide et comparable à celle de l'a-
cide tartrique. Il fond à 110⁰ et bout à 188⁰; mais, comme il se décompose à une température un peu plus élevée, il est difficile de le volatiliser sans résidu. Dissous, il ne trouble pas les eaux de chaux, de baryte
et de strontiane; il fait naître dans le sous-acétate de plomb liquide un
précipité blanc, insoluble dans l'eau, mais très-soluble dans un excès
d'acétate de plomb; il ne trouble ni l'acétate neutre ni l'azotate de plomb.
Les sels de protoxyde et de bioxyde de mercure, le sulfate de sesquioxyde de fer, les sels de chaux et de baryte, les sulfates de zinc, de manganèse et de cuivre, ne sont pas précipités par l'acide pyrotartrique
libre. La potasse forme avec lui un sel neutre déliquescent.

Préparation. On l'obtient en distillant dans une cornue de verre du
bitartrate de potasse; on évapore au bain-marie le produit distillé, et,
par le refroidissement, l'acide cristallise; par de nouvelles cristallisations, on l'obtient pur. On le prépare encore en chauffant rapidement à
300⁰ l'acide tartrique bihydraté, et mieux encore en soumettant à l'ac-

tion de la chaleur un mélange intime d'acide tartrique et de mousse de platine ou de pierre ponce.

De l'acide citrique. $H^5C^{12}O^{11},3HO,2HO$.

Cet acide se trouve, tantôt libre, tantôt combiné, dans le citron et dans l'orange, dans les groseilles vertes, les fruits rouges, le fruit du sorbier des oiseaux, etc., qui doivent leur acidité aux acides citrique et malique, dans les tamarins, etc.

Il cristallise en prismes rhomboïdaux, dont les pans sont inclinés entre eux d'environ 60° et 120°, terminés par des sommets à quatre faces trapézoïdales qui interceptent les angles solides; il est doué d'une saveur très-acide, qui devient fort agréable lorsqu'il est dissous dans une grande quantité d'eau. Chauffé à 100°, il perd 2 équivalents d'eau; les 3 équivalents qui restent peuvent être remplacés par 3 équivalents de base pour former des sels : c'est donc un acide tribasique. Chauffé plus fortement, il perd les 3 équivalents d'eau basique, fond, se décompose, jaunit, et laisse dans la cornue fort peu de charbon très-brillant : on trouve dans le récipient une huile qui se détruit bientôt par la seule action de l'eau, et en outre des acides pyrogénés, de l'eau, et de l'acétone (voy. *Action de la chaleur sur cet acide*, p. 353). Il est inaltérable à l'air, très-soluble dans l'alcool, et insoluble dans l'éther; 3 parties d'eau à 18° en dissolvent 4 parties; ce *solutum*, exposé à l'air, se couvre de moisissures en se décomposant. S'il a été fait à froid et qu'on le laisse évaporer lentement, il fournit des cristaux contenant 5 équivalents d'eau; s'il a été obtenu à la température de l'ébullition, les cristaux ne renferment que 4 équivalents d'eau.

L'acide *sulfurique* concentré le décompose à chaud, et donne du gaz oxyde de carbone, de l'acétone, un corps résineux, et un composé d'acides citrique et sulfurique. L'acide *azotique* à chaud le transforme en acide oxalique. Il précipite en blanc les eaux de baryte et de strontiane : un excès d'acide redissout ces citrates. Il neutralise l'eau de chaux sans la précipiter, différant encore par là de l'acide tartrique; mais, si l'on fait bouillir cette dissolution, le citrate calcaire se dépose. Il ne précipite pas non plus les azotates d'argent et de mercure; il trouble, au contraire, l'acétate de plomb. L'on voit, par ce qui précède, que l'acide citrique peut se combiner avec un assez grand nombre de bases ; voici l'ordre d'affinité de plusieurs de ces bases pour cet acide : baryte, strontiane, chaux, potasse, soude, ammoniaque et magnésie. En dissolution, il réduit le chlorure d'or sans dégagement de gaz.

Le chlore gazeux, au soleil, transforme l'acide citrique en un corps huileux, d'une odeur pénétrante, $C^8Cl^8O^3$.

Il sert à faire une *limonade* sèche : pour cela on le broie avec du sucre, et on aromatise le mélange avec un peu d'essence de citron. Lorsqu'on veut s'en servir, on le fait dissoudre dans l'eau. En teinture, on fait usage du jus de citron.

Préparation. On abandonne le suc de citron à lui-même pendant un jour ou deux, pour le débarrasser d'une matière mucilagineuse qui se précipite, ou bien on le fait bouillir avec du blanc d'œuf ; on le décante, on le fait chauffer, et on sature l'acide qu'il contient avec $^1/_{16}$ de son poids de craie finement pulvérisée (carbonate de chaux) ; il se forme du citrate de chaux peu soluble ; on le lave plusieurs fois avec de l'eau chaude, jusqu'à ce que celle-ci sorte incolore ; on le chauffe légèrement avec de l'acide sulfurique affaibli , qui forme avec la chaux un sel peu soluble ; l'acide citrique reste dans la liqueur, et doit être purifié, comme je l'ai dit en parlant de l'acide tartrique. Les meilleures proportions pour opérer la décomposition du sel paraissent être 1 partie de citrate supposé sec, et trois parties d'acide sulfurique à 1,15 de densité. Deux litres de bon jus de citron donnent environ 260 grammes d'acide citrique cristallisé.

Si l'on veut obtenir l'acide citrique des *groseilles à maquereau,* d'après le procédé de M. Thilloy, de Dijon, on écrase ces fruits et on les fait fermenter ; on soumet à la distillation à feu nu pour séparer l'alcool, on retire le marc de l'alambic, et on soumet le liquide à la presse. On projette dans la liqueur encore chaude du carbonate de chaux ; on continue d'en ajouter jusqu'à ce que la liqueur ne fasse plus effervescence : on laisse déposer ; on recueille le citrate de chaux, on le laisse égoutter, et on lave à plusieurs reprises, puis on le soumet à la presse. Le citrate de chaux ainsi obtenu étant encore coloré et mêlé de malate de chaux, on le délaie dans de l'eau pour le convertir en bouillie claire ; on le décompose, à l'aide de la chaleur, par de l'acide sulfurique et avec le double de son poids d'eau. Le liquide qui résulte de ce traitement, et qui est un mélange d'acides sulfurique et citrique, est de nouveau décomposé par le carbonate de chaux : le précipité est recueilli sur un filtre, lavé à grande eau et soumis à la presse, puis il est traité de nouveau par l'acide sulfurique ; la liqueur claire contenant l'acide est décolorée par le charbon animal et soumise à l'évaporation ; quand elle est assez rapprochée, on laisse déposer, on tire à clair, et on porte dans une étuve chauffée à 20° ou 25° ; l'acide fournit alors des cristaux colorés ; on les fait égoutter ; on les purifie par un lavage analogue au terrage des sucres ; on les fait redissoudre et cristalliser, et l'on obtient l'acide incolore. Cent parties de groseilles donnent 10 parties d'alcool à 0,928, et 1 partie d'acide citrique cristallisé. L'acide obtenu par ce procédé est revenu, à M. Tilloy, à 12 fr. 96 c. le kilogramme, tandis que celui que l'on trouvait alors dans le commerce valait 29 à 30 fr.

Citrates. — Ils sont tous décomposés par le feu, et fournissent divers produits énumérés aux pages 351 et 353. L'eau dissout les citrates de potasse, de soude, d'ammoniaque, de magnésie et de fer ; tandis que ceux de chaux, de baryte, de strontiane, de zinc, de cérium, de plomb, de mercure et d'argent, sont insolubles ou peu solubles ; ils se dissolvent cependant dans un excès d'acide. Les citrates solubles précipitent les sels de plomb neutres ; l'ammoniaque dissout le citrate de plomb précipité. Le citrate de soude, exposé à l'action du *chlore,* au soleil, se décompose en chlorure de sodium, en acide carbonique, en bicitrate de soude qui cristallise, et en un corps huileux, qui paraît être un mélange de *chloroforme* et d'un autre composé chloré, $C^5Cl^4O^2$. Le citrate de potasse, traité par le *brome,* a fourni à M. Cahours de l'acide carbonique, du *bromoforme* et du *bromoxaforme* en cristaux, $= HC^6Br^5O^4$.

Composition. L'acide citrique forme, avec les bases, des sels neutres qui contiennent 1 équivalent d'acide citrique et 3 équivalents de base ; dans quelques-uns d'entre eux, 1 équivalent de base est remplacé par 1 équivalent d'eau, $2MO, HO, H^5C^{12}O^{11}$. Les citrates basiques renferment 4 équivalents de base.

Le citrate de chaux, préparé comme je l'ai indiqué (voy. p. 352), sert presque exclusivement à la préparation de l'acide citrique ; c'est sous cet état que l'on transporte l'acide citrique obtenu dans les pays lointains, et qu'on le décompose selon le besoin.

DES ACIDES DÉRIVÉS DE L'ACIDE CITRIQUE
par l'action de la chaleur.

Par l'action de la chaleur sur l'acide citrique, on obtient, à différentes températures, une série d'acides particuliers fort remarquables.

1° *Acide citridique,* $HC^4O^3, HO.$ — Lorsqu'on chauffe dans une cornue de l'acide citrique, il fond, entre en ébullition, et bientôt on aperçoit dans le col de la cornue des vapeurs blanches accompagnées de gaz inflammables, mais qui, au bout de quelque temps, changent de nature et ne se laissent plus enflammer. Si, à cette époque, on arrête l'opération, et qu'on dissolve le résidu contenu dans la cornue dans 5 parties d'alcool bouillant, et qu'on sature enfin cette dissolution par de l'acide chlorhydrique sec, on en retire, par l'addition d'une proportion d'eau suffisante, une grande quantité d'*éther aconitique*. Celui-ci, traité par la potasse caustique, peut être décomposé en aconitate alcalin, lequel, étant à son tour précipité par un sel de plomb, produit l'aconitate de plomb insoluble, que l'on décompose enfin par l'acide sulfhydrique. L'acide ainsi obtenu est en tout semblable à l'acide équisétique retiré de l'*equisetum fluviatile*, et à l'acide aconitique obtenu de l'*aconitum napellus* (voyez p. 375).

2° *Acide pyrocitrique*, *citricique*, *itaconique*, $H^2C^5O^3, HO$. — Dans la distillation précédente ou dans celle de l'acide aconitique, il se condense dans le récipient deux liquides, dont le supérieur se mélange parfaitement avec l'eau, tandis que l'autre ne s'y unit que peu à peu, en se prenant en une masse cristalline; on ajoute au mélange de l'eau bouillante en quantité suffisante pour dissoudre le liquide et les cristaux formés, et l'on abandonne la dissolution à l'air; par l'évaporation spontanée, elle dépose, au bout de quelques jours, des cristaux durs et transparents qui constituent l'acide *itaconique*. Il est soluble dans l'eau, dans l'alcool et dans l'éther; chauffé à 120°, il ne perd pas de son poids; à 160°, il fond, et si l'on élève la température, il se décompose. Il précipite les sels acides et basiques de plomb, et communique une teinte rouge aux sels de protoxyde de fer. Les itaconates solubles précipitent au contraire en blanc les sels de sesquioxyde de fer.

3° L'acide *citribique* on *citraconique*, $H^2C^5O^3$, est obtenu en concentrant, jusqu'en consistance de sirop, les eaux mères provenant de la cristallisation de l'acide itaconique, et en les soumettant à une distillation ménagée; il passe d'abord de l'eau, puis un mélange trouble d'eau et d'acide anhydre, et enfin il distille de l'acide citraconique anhydre, sous forme d'un liquide huileux et limpide légèrement jaunâtre; on l'obtient aussi en décomposant par le feu l'acide lactique anhydre. Chauffé à 212°, il distille sans décomposition; sa densité est de 1,247 à 14°+0. Mélangé avec l'eau, il tombe d'abord au fond; mais par un contact prolongé, il s'y dissout entièrement et s'hydrate; dans ce nouvel état, il peut être obtenu cristallisé. Il est isomère du précédent. Il ne sature qu'un équivalent de base. Le citraconate de baryte est sous forme de paillettes nacrées, insolubles dans l'alcool.

De l'acide malique ou sorbique. $H^4C^8O^8, 2HO$.

On trouve cet acide dans les pommes et les poires, dans les prunes sauvages ou prunelles, dans le *sempervivum tectorum*, dans les baies du sorbier (*sorbus aucuparia*), du sureau noir, d'épine-vinette, et dans les fruits de plusieurs espèces de sumac ; il existe aussi, uni à l'acide citrique, dans les framboises et les groseilles, la pulpe des tamarins et les pois chiches ; suivant plusieurs chimistes, le pollen du dattier d'Égypte, le suc de l'ananas, et l'agave américaine, en contiennent également. C'est lui qui donne aux fruits la saveur aigre qu'ils ont avant leur maturité.

Il est liquide, transparent, incolore, inodore, cristallisable en mamelons, et doué d'une saveur très-forte qui ressemble à celle des acides citrique et tartrique ; il est plus pesant que l'eau. Lorsqu'on chauffe l'acide malique cristallisé, celui qui est formé de 1 équivalent d'acide anhydre et de 2 équivalents d'eau, il entre en fusion vers 83° c. ; à 120°, il n'a encore rien perdu de son poids ; à 176°, il se décompose complétement en eau et en deux acides pyrogénés ; l'un, désigné sous le nom d'acide *maléique,* est plus volatil que l'autre, auquel M. Pelouze a donné le nom d'acide *paramaléique,* et qui est complétement identique avec l'acide fumarique extrait de la fumeterre (*fumaria officinalis*) ; il ne se dégage aucun gaz, et il n'y a point de charbon mis à nu. Chauffé à 150° seulement, l'acide malique ne donne que de l'acide *paramaléique ;* à 200°, il ne fournit que de l'acide *maléique.* Si l'on abandonne pendant quelque temps l'acide malique cristallisé dans un vase exposé à une température de 130° à 140°, il fond, et au bout de quelque temps on voit se former dans le liquide des lamelles cristallines qui font prendre la liqueur en masse ; le corps qui se forme ainsi est entièrement composé d'acide paramaléique.

L'acide malique est déliquescent, très-soluble dans l'eau et dans l'alcool ; l'acide azotique le transforme en acide oxalique.

Il forme avec les bases des sels que l'on peut considérer, à l'état anhydre, comme formés de 2 équivalents d'oxyde et de 1 équivalent d'acide ; il est donc bibasique. Il fournit, avec la potasse, la soude et l'ammoniaque, des malates neutres incristallisables, très-solubles dans l'eau, et des malates acides cristallisables. Le malate d'alumine est incristallisable, transparent, gommeux, et inaltérable à l'air. Le malate neutre de magnésie cristallise et se dissout dans 28 parties d'eau à 15° ; le malate acide est très-soluble. L'eau de chaux et l'eau de baryte ne *sont pas précipitées par lui.* Le malate de chaux est très-facilement soluble dans un léger excès d'acide, d'où il peut être précipité par l'alcool ; il fournit à la longue, s'il est abandonné sous une couche d'eau, de l'acide *succinique* en prismes incolores. On sait que l'asparagine impure, en fermentant, se convertit en succinate d'ammoniaque ; d'où l'on est porté à conclure qu'il existe entre l'asparagine et l'acide malique des rapports remarquables, déjà signalés par M. Piria. L'acide malique ne précipite ni l'azotate de plomb, ni l'azotate d'argent, ni l'azotate de mercure ; il donne, avec le protoxyde de plomb, un malate neutre peu soluble dans l'eau froide, sensiblement soluble dans l'eau bouillante, cristallisant en aiguilles brillantes, nacrées, ayant l'aspect de l'acide benzoïque sublimé; on obtient facilement ce sel en versant une dissolution d'acétate de plomb dans de l'acide malique.

Préparation. On fait bouillir le jus des fruits de sorbier avec du blanc d'œuf; on le filtre et on le neutralise presque avec du carbonate de chaux ; on décompose le malate de chaux formé par de l'acétate de plomb, et on le laisse reposer ; le malate de plomb se réunit, au bout de quelques minutes, en aiguilles d'un blanc jaunâtre ; on le lave avec de l'eau froide : alors on le fait bouillir avec de l'acide sulfurique étendu, qui donne du sulfate de plomb et de l'acide malique ; il y a, outre l'excès d'acide sulfurique, une matière colorante, de l'alumine, des acides citrique et tartrique, etc. ; on verse sur cette pâte homogène de petites portions de sulfure de baryum dissous, qui transforme le sulfate de plomb en sulfure ; on filtre et on sature la liqueur par du carbonate de baryte, qui précipite du citrate et du tartrate de baryte, et qui forme avec l'acide malique du malate soluble ; on filtre et on précipite la baryte du malate par l'acide sulfurique faible ; on évapore l'acide malique, et lorsqu'on a obtenu un liquide un peu consistant, on le traite par l'alcool, qui dissout l'acide malique sans agir sur le malate de baryte qu'il pourrait contenir. (Liebig, *Ann. de chim.*, avril 1833.)

DES ACIDES DÉRIVÉS DE L'ACIDE MALIQUE
par l'action de la chaleur.

En décomposant l'acide malique par le feu, on obtient deux acides, le maléique et le paramaléique (voy. p. 355).

L'acide *maléique*, HC^4O^3,HO, a été trouvé dans plusieurs végétaux, notamment dans les prèles (*equisetum fluviatile*). Il est sous forme de cristaux prismatiques hydratés, incolores, d'une saveur d'abord acide, puis très-nauséabonde. Il fond vers 130° c., et bout à 160°; alors il se décompose et fournit de l'eau et de l'acide maléique anhydre; il laisse à peine un résidu d'acide paramaléique. Si, au lieu de le chauffer à 160°, on le maintient un peu au-dessous de son point de fusion, il se transforme peu à peu en cristaux d'acide paramaléique, et il n'entre plus en fusion qu'au delà de 200°; on peut également opérer ce changement isomérique, et même plus rapidement, en faisant bouillir l'acide maléique dans un tube très-long et très-étroit, de manière que l'eau qui se dégage soit contrainte de retomber sans cesse sur l'acide; on peut encore opérer la même transformation dans un tube fermé par les deux bouts, où rien n'est dégagé ni absorbé. Projeté sur des charbons ardents, l'acide maléique se décompose sans laisser de résidu; il fournit seulement une fumée blanche acide, très-piquante, qui provoque la toux. Il est inaltérable à l'air; il se dissout dans 2 parties d'eau à $10° + 0$; il est très-soluble dans l'alcool à 40 degrés. Le *solutum* aqueux rougit fortement l'*infusum* de tournesol, et précipite l'acétate de plomb et l'azotate de protoxyde de mercure en blanc. Il ne trouble point l'eau de chaux; il précipite l'eau de baryte, mais le maléate produit se dissout dans une petite quantité d'eau froide.

L'acide maléique est monobasique. Les maléates desséchés ont donc pour formule MO, HC^4O^3. L'acide a, comme on le voit, perdu 1 équivalent d'eau en prenant 1 équivalent de base.

Le maléate de potasse cristallise en petites feuilles de fougère; il est légèrement déliquescent; sa dissolution ne trouble point les sels de fer, de cuivre, de manganèse, de zinc, de nickel ni de cobalt; mais elle précipite les azotates d'argent, de mercure et de plomb : ce dernier maléate est d'abord floconneux; quelque temps après, il se convertit en une gelée demi-transparente comme de l'amidon cuit dans l'eau; enfin, si l'on délaie cette gelée dans l'eau, on finit par obtenir de petites aiguilles nacrées très-brillantes (Pelouze, *Ann. de chim. et de phys.*, mai 1819). La saturation lui fait perdre HO (1 équivalent d'eau).

L'*acide paramaléique* ou *fumarique*, HC^4O^3, HO, a été découvert par M. Lassaigne; il est isomère de l'acide maléique. Il existe dans les végétaux, tels que la fumeterre, la mousse d'Islande. Il est en prismes larges, striés, rhomboïdaux ou hexaèdres, d'une saveur acide, ne se dissolvant que dans environ 200 parties d'eau. Il ne précipite pas les eaux de chaux, de baryte et de strontiane; *il précipite l'azotate d'argent en blanc, lors même qu'il est dissous dans plus de* 200,000 *parties d'eau.* Il est monobasique; les paramaléates ont donc pour formule MO, HC^4O^3.

De l'acide tannique (*tannin*). $H^5C^{18}O^9, 3HO$.

L'acide tannique, généralement décrit sous le nom de *tannin*, n'a été bien connu que depuis les travaux publiés en 1834 par M. Pelouze. Il existe dans la noix de galle, le cachou, la gomme kino, le sumac, le thé, la plupart des écorces, des fruits, et surtout des péricarpes, dans quelques racines vivaces, dans les feuilles surtout des arbres et des arbrisseaux.

Il est solide, blanc, spongieux, comme cristallin, très-brillant, inodore, d'une saveur *excessivement astringente;* il rougit l'*infusum* de tournesol. Chauffé à 210° ou 215°, il se transforme en acide carbonique et en acide *pyrogallique,* et il reste dans la cornue beaucoup d'acide *métagallique* noir ; à 250° c., il fournit de l'eau, de l'acide carbonique, et laisse beaucoup d'acide *métagallique.* Brûlé sur une lame de platine, il ne laisse aucun résidu. Il est très-soluble dans l'eau ; l'alcool et l'éther le dissolvent moins bien, surtout lorsqu'ils sont anhydres ou qu'ils se rapprochent de cet état. Il est inaltérable à l'air quand il est sec; sa dissolution aqueuse, au contraire, surtout à une température élevée, se transforme à l'air en *acide gallique;* il y a dans ce cas absorption d'oxygène et séparation d'un volume d'acide carbonique égal au volume d'oxygène absorbé (Pelouze).

$$\underset{\text{A. tannique hydraté.}}{H^5C^{18}O^9,\, 3HO} , \underset{\text{Oxygène.}}{O^8} = \underset{\text{A. gallique.}}{2\,H^3C^7O^5} , \underset{\text{A. carbonique.}}{4\,CO^2} , \underset{\text{Eau.}}{2\,HO}$$

Dans des vases fermés, cette dissolution se conserve parfaitement. Le chlore la décompose en produisant une teinte brune et un dépôt de la même couleur. Il décompose les carbonates alcalins avec effervescence et donne des *tannates.* Il ne trouble point les sels de protoxyde de fer, tandis qu'il précipite abondamment en bleu foncé les sels de sesquioxyde; d'après M. Barreswil, le sesquioxyde de fer est en partie réduit, et le précipité est un tannate d'oxyde ferrosoferrique. Il précipite les sels de cinchonine, de quinine, de brucine, de strychnine, de codéine, de narcotine et de morphine, et donne des tannates blancs peu solubles dans l'eau et très-solubles dans l'acide acétique ; s'il est concentré, il est abondamment précipité en bleu par les acides chlorhydrique, azotique, phosphorique et arsénique, tandis que les acides oxalique, tartrique, lactique, acétique, citrique, succinique, sulfureux et sélénieux, ne le troublent point. Il donne, avec une dissolution de *gélatine,* un précipité grisâtre très-élastique, soluble à chaud dans la liqueur qui le surnage, si la dissolution gélatineuse est en excès : ce précipité ne constitue pas le cuir, comme on l'a cru jusqu'à présent; celui-ci est en effet formé de tannin et de peau.

L'acide *azotique* chauffé avec l'acide tannique le décompose avec dégagement de gaz bioxyde d'azote, et il se produit beaucoup d'acide oxalique.

Préparation de l'acide tannique. On prend une allonge longue et étroite, reposant sur une carafe ordinaire, et terminée à sa partie supérieure par un bouchon de cristal; on introduit d'abord une mèche de coton dans la douille de l'allonge, et par-dessus de la *noix de galle* réduite en poudre fine; on comprime très-légèrement cette poudre, et lorsque son volume est égal à la moitié de la capacité de l'allonge, on achève de remplir celle-ci avec de l'éther sulfurique du commerce, qui contient 10 pour 100 d'eau; on bouche imparfaitement l'appareil et on l'abandonne à lui-même. Le lendemain on trouve dans la *carafe* deux couches de liquide bien distinctes, l'une très-légère, l'autre plus dense, de couleur ambrée et sirupeuse; on les sépare dans un entonnoir dont on tient le bec bouché avec le doigt; on laisse tomber la couche plus pesante, celle qui contient la majeure partie de l'acide *tannique*, dans une capsule, puis on la porte dans une étuve ou sous le récipient de la machine pneumatique; l'éther s'évapore, et l'on obtient une masse jaune, boursouflée, très-poreuse, qui retient avec opiniâtreté une petite quantité d'éther. On la purifie en la dissolvant dans l'eau et en la faisant évaporer dans le vide sur de l'acide sulfurique. Cent parties de noix de galle cèdent à l'éther de 35 à 40 parties d'acide (*Annales de chimie et de physique*, décembre 1833). Il faut remarquer que l'éther ne séparerait point l'acide tannique, si, au lieu d'agir comme je l'ai dit, on opérait dans des vases ordinaires, parce qu'alors le liquide dense resterait caché au milieu de la poudre de noix de galle.

M. Guibourt, s'étant assuré que l'éther du commerce peut contracter une combinaison avec l'acide tannique, lui a substitué avec avantage un mélange de 20 parties d'éther *anhydre* et d'une partie d'alcool contenant 69 centièmes d'alcool absolu.

D'après les observations faites par M. Henry, l'acide tannique pur, dissous dans l'eau, pourrait être employé avec avantage, sous le nom de *liqueur alcalimétrique*, pour déterminer la proportion de quinine, de cinchonine, et de beaucoup d'autres alcaloïdes, contenue dans certains végétaux (voy. *Journal de pharmacie*, août 1834).

Tannates. — Les tannates de potasse, de soude, et d'ammoniaque, sont cristallisables et solubles dans une grande quantité d'eau; les autres sont insolubles. Les premiers précipitent les sels de sesquioxyde de fer en noir bleuâtre foncé; le *tannate de sesquioxyde de fer* constitue réellement l'encre, puisqu'elle ne renferme pas de gallate de fer. Mélangés avec une dissolution de gélatine, ils n'y occasionnent aucun trouble; mais si l'on ajoute un acide étendu, il se forme aussitôt un précipité floconneux. Exposés à l'influence simultanée de l'oxygène et d'un alcali, ils sont tous décomposés et transformés en une matière colorante rouge qui n'a pas été examinée.

DES ACIDES DÉRIVÉS DE L'ACIDE TANNIQUE
par l'action de l'air ou de la chaleur.

Ces acides sont l'acide gallique, l'acide ellagique, l'acide pyrogallique, et l'acide métagallique.

De l'acide gallique. $HC^7O^5, 2HO, HO.$

L'acide gallique ne paraît pas préexister dans la noix de galle; il semble être le produit de l'action de l'air humide sur l'acide tannique qu'elle renferme. Il cristallise en longues aiguilles soyeuses, blanches, brillantes, d'une saveur légèrement acidule et styptique, rougissant l'*infusum* de tournesol.

Lorsqu'on expose les cristaux d'acide gallique à la température de 100° c., ils subissent une espèce d'efflorescence, perdent un équivalent d'eau, et fondent à 185°; chauffé pendant longtemps à cette température, il est décomposé en acide carbonique et en acide *pyrogallique*, qui se sublime sous forme de lames cristallines d'une blancheur éclatante; il ne se produit ni de l'eau ni des matières empyreumatiques, et il n'y a pas de résidu pondérable dans la cornue. A 240° ou 250°, il se forme de l'acide carbonique, de l'eau, et un peu d'acide pyrogallique; et il reste dans la cornue de l'acide *métagallique* noir : on voit que ce sont les mêmes produits que ceux qui proviennent de la décomposition de l'acide tannique, si ce n'est qu'à la température de 215°, l'acide gallique ne fournit point d'acide *métagallique*.

A la température ordinaire, l'air ne fait éprouver aucune altération à l'acide gallique solide. Il est soluble dans 100 parties d'eau froide et dans 3 d'eau bouillante; l'alcool en dissout davantage, et l'éther moins que l'alcool. Dissous dans l'eau et abandonné à lui-même en vaisseaux clos, il n'éprouve aucun changement; s'il a le contact de l'air, au contraire, il s'altère en donnant des moisissures, et une matière noire que Doebereiner considère comme de l'acide ulmique. Il se dissout à chaud dans l'acide sulfurique concentré, et donne une liqueur rouge dont l'eau froide précipite des cristaux de même couleur, $H^2C^7O^4$, ne différant par conséquent de l'acide gallique cristallisé que par deux équivalents d'eau. La dissolution aqueuse d'acide gallique forme avec la potasse, la soude et l'ammoniaque, des sels incolores, à moins qu'ils n'aient le contact de l'oxygène, car alors ils acquièrent une couleur brune très-foncée. Il donne avec les eaux de baryte, de strontiane et de chaux, des précipités blancs qui se redissolvent dans un excès d'acide et cristallisent en aiguilles satinées inaltérables à l'air ; ces trois gallates prennent des couleurs très-variées, depuis le vert jusqu'au rouge foncé, et se détruisent quand on les expose à l'action simultanée de l'air et d'un excès de base. Il ne trouble pas la dissolution des sels à base d'alcalis végétaux. Il fait naître dans les sels solubles de plomb un précipité blanc dont l'air n'altère pas la couleur. Il colore en bleu foncé le sulfate de sesquioxyde de fer ; si la dissolution du sel de fer est concentrée, il se produit un précipité bleu foncé, beaucoup plus soluble que le tannate de sesquioxyde de fer, et qui se dissout lentement à froid dans la liqueur au milieu de laquelle il s'est formé ; celle-ci se décolore complétement au bout de quelques jours. Les usages de l'acide gallique *pur* sont peu nombreux ; on s'en sert pour faire reparaître les caractères de l'écriture effacée avec le chlore (voy. mon *Traité de médecine légale,* tome III, 4e édit., à l'article *Falsification des actes*).

Préparation. M. Liebig conseille, pour obtenir l'acide gallique, de précipiter à froid, par l'acide sulfurique, une dissolution d'acide tannique pur, ou bien un extrait concentré de noix de galle, fait avec de l'eau froide ; on lave la bouillie obtenue avec de l'acide sulfurique étendu ; on l'exprime encore humide, et on l'introduit dans l'acide sulfurique étendu (1 partie d'acide pour 2 parties d'eau). Après avoir fait bouillir pendant quelques minutes, on laisse refroidir la dissolution, qui donne des cristaux d'acide gallique que l'on purifie par une nouvelle cristallisation.

Gallates. — L'acide gallique, en se combinant avec les bases, donne naissance à des sels qui se distinguent par la facilité avec laquelle ils absorbent l'oxygène en présence d'un excès d'alcali. Le gallate de potasse, $KO, 3H^3C^7O^5$, est floconneux. Le gallate d'ammoniaque peut être représenté par $H^3AzHO, 2H^3C^7O^5, HO$. Le gallate de plomb, blanc, floconneux, chauffé, devient cristallin et jaunâtre : dans cet état, il a pour formule $2PbO, HC^7O^3$. On voit que souvent, dans les gallates, la formule de l'acide est HC^7O^3, ce qui tend à faire croire que telle est la composition de l'acide gallique anhydre, et que l'acide hydraté doit être représenté par $HC^7O^3, 2HO, HO$ (2 équivalents d'eau basique et 1 équivalent d'eau de cristallisation).

De l'acide ellagique. $H^2C^{14}O^7,3HO$.

Il forme quelquefois les concrétions connues sous le nom de *bézoards*. Il est solide, pulvérulent ou cristallin, insipide, d'un blanc un peu fauve ; il rougit à peine la teinture de tournesol. Chauffé dans des vaisseaux fermés, il perd 2 équivalents d'eau, à 120°, puis se décompose, laisse du charbon, et exhale une vapeur jaune qui se condense en cristaux aciculaires transparents, de couleur jaune verdâtre. Il est à peine soluble dans l'eau bouillante. L'acide azotique finit par le transformer en acide oxalique. L'acide sulfurique froid le dissout sans l'altérer. Sous la double influence de l'air et des alcalis, il se décompose, se colore, et donne l'acide *glaucomélanique*. Il sature les bases, et donne des ellagates qui ont pour formule, $MO,H^2C^{14}O^7$. On l'obtient en exposant un mélange de noix de galle pulvérisée et délayée avec un peu d'eau, à une température suffisante pour développer la fermentation alcoolique ; on exprime la masse, et on traite le marc par l'eau bouillante ; on passe la liqueur à travers un linge : cette liqueur, trouble et laiteuse, laisse déposer une poudre blanche, semblable à l'amidon, formée principalement par l'acide *ellagique*. On délaie cette poudre dans une dissolution de potasse, qui se combine avec l'acide, puis on verse de l'acide acétique : celui-ci s'empare de la potasse, et l'acide ellagique est précipité. Il suffit de le laver pour l'avoir pur. Grischon a trouvé l'acide ellagique dans la racine de tormentille.

De l'acide métagallique. $H^2C^6O^2$.

L'acide métagallique, décrit pour la première fois en 1834 par M. Pelouze, s'obtient en décomposant, à la température de 250°, les acides tannique ou gallique ; il reste alors dans la cornue ; il est également le résultat de la décomposition de l'acide pyrogallique, qui, à la température de 250°, se dédouble en eau et en acide métagallique :

$$\underset{\text{A. pyrogallique.}}{H^3C^6O^3} = \underset{\text{Eau.}}{HO}, \underset{\text{A. métagallique.}}{H^2C^6O^2}$$

Il est sous forme d'une masse noire très-brillante, insipide, insoluble dans l'eau. Il dégage avec effervescence l'acide carbonique des carbonates de potasse et de soude. Il se dissout dans la potasse, la soude, et l'ammoniaque, et forme des métagallates décomposables par les acides, qui en précipitent l'acide métagallique noir et floconneux. Le métagallate de potasse précipite en noir les sels de plomb, de fer, de cuivre, de magnésie, de zinc, d'argent, de chaux, de baryte et de strontiane.

De l'acide pyrogallique. $H^5C^6O^5$.

L'acide pyrogallique, découvert par Braconnot, est le résultat de la décomposition de l'acide gallique par le feu, à la température de 185°. Il importe d'opérer dans une cornue placée dans un bain d'huile, et de s'assurer, à l'aide d'un thermomètre, que la chaleur n'est guère plus élevée ; autrement il ne se sublimerait que fort peu d'acide pyrogallique, et il se formerait de l'acide *métagallique*. M. Stenhouse préfère décomposer l'extrait aqueux de noix de galle par le feu, dans un appareil semblable à celui qui fournit l'acide benzoïque en chauffant un baume. L'acide pyrogallique est en lames ou en aiguilles très-allongées, blanches comme la neige, d'une saveur fraîche et amère, ne rougissant pas le tournesol, s'il est pur ; il fond vers 115° et bout à 210°. A 250°, il noircit fortement, et donne de l'eau et de l'acide métagallique. Il est très-soluble dans l'eau, dans l'alcool et dans l'éther ; sa dissolution aqueuse, exposée à l'air, se colore et dépose de l'acide ulmique ; il ne perd pas d'eau en s'unissant aux bases. Il forme des sels solubles avec la potasse, la soude, l'ammoniaque, la baryte et la strontiane ; ces pyrogallates ne se colorent que sous l'influence de l'oxygène. Il produit, avec un *solutum* de sulfate de protoxyde de fer, une couleur indigo foncé, sans donner de précipité. Le sulfate de sesquioxyde de fer est instantanément ramené par lui à l'état de sulfate de protoxyde, et la liqueur prend une très-belle teinte rouge, sans précipitation aucune, et sans qu'il y ait formation d'acide carbonique, comme cela a lieu avec les acides tannique et gallique.

De l'acide lactique. $H^5C^6O^5$,HO.

L'acide lactique, découvert par Scheele en 1780, décrit depuis par Braconnot sous les noms d'acides *nancéique* et *zumique,* a été l'objet d'un travail intéressant publié en 1833 par MM. Gay-Lussac et Pelouze. On l'a retiré du jus de betteraves, du riz, de la noix vomique, et de plusieurs autres matières végétales, ainsi que des muscles (1), du sang, de l'urine,

---

(1) L'acide lactique retiré des muscles donne avec l'oxyde de zinc et la chaux des sels contenant, le premier, 2 équivalents, et le second, 4 équivalents d'eau :

du lait, du suc gastrique, du jaune d'œuf, etc. Sans pouvoir affirmer qu'aucune de ces substances ne contient de l'acide lactique tout formé, je dirai cependant que l'acide que l'on extrait de la plupart d'entre elles est évidemment le résultat de la fermentation lactique qu'elles ont éprouvée (voy. *Fermentation lactique*): ainsi, que l'on expose à l'air, pendant quelques jours, de l'orge germée et humectée ou des betteraves, l'albumine de ces matières développera la fermentation *lactique*, aux dépens de l'amidon, de l'orge, ou du sucre de la betterave; d'un autre côté, le lait, les liquides de l'estomac, éprouvent aussi cette fermentation, à l'aide du caséum altéré ou de certaines matières azotées qui agissent sur le sucre de lait, sur l'amidon, etc.

L'acide lactique hydraté est incolore, de consistance sirupeuse, inodore, d'une saveur fortement acide, et d'une densité de 1,215 à la température de 20°,5. Chauffé à 130°, s'il est concentré, il perd l'équivalent d'eau et devient anhydre, $H^5C^6O^5$, très-amer, et soluble dans l'alcool en toutes proportions; cependant il distille, quoique très-lentement, de l'acide lactique étendu ; on produit beaucoup plus d'acide lactique anhydre, quand la température est à 180° ou à 200°. Si on chauffe l'acide anhydre à 250° ou à 260°, on obtient du gaz oxyde de carbone mélangé, vers la fin de l'opération, de quelques centièmes d'acide carbonique, et dans le récipient de l'aldéhyde, de la *lactide,* $H^4C^6O^4$ (voy. pag. 112), de l'acide *citraconique,* et un peu d'acide lactique. M. Gerhardt n'a pas constaté dans le produit liquide du récipient la *lactone* et l'*acétone*, signalées par M. Pelouze.

Exposé à l'air, il en attire l'humidité. L'eau et l'alcool le dissolvent en toutes proportions ; il est moins soluble dans l'éther. L'acide azotique concentré bouillant le transforme en acide oxalique. Il ne trouble point les eaux de chaux, de baryte ni de strontiane. Il dissout le phosphate de chaux ; il dégage l'acide acétique de l'acétate de potasse, à la température de l'ébullition ; il précipite à froid l'acétate de magnésie, avec dégagement d'acide acétique; le lactate précipité est blanc et grenu ; il précipite aussi la dissolution *concentrée* d'acétate de zinc ; il coagule l'albumine et le lait bouillant, lorsqu'il est employé en très-petite proportion.

Si l'on distille de l'acide lactique avec du chlorure de sodium, de l'acide sulfurique et du bioxyde de manganèse, le *chlore* produit trans-

---

tandis que les lactates de zinc et de chaux ordinaires cristallisent avec 3 et 5 équivalents d'eau.

forme l'acide lactique en *perchlorure* de *formyle* ; si le chlore est moins abondant, il se forme principalement de l'*aldéhyde* ; on peut également obtenir un liquide incolore, semblable au *chloral* (Woehler, *Journ. de pharm.*, juillet 1849).

Préparation. On fait fermenter plusieurs centaines de litres de jus de betteraves à une température de 25° à 30° centigr.; au bout d'environ deux mois, quand le liquide a repris sa fluidité, on l'évapore jusqu'en consistance de sirop ; on traite celui-ci par l'alcool, qui dissout l'acide lactique; on évapore le *solutum* filtré, et l'extrait obtenu est traité par l'eau, qui dissout l'acide; on sature la dissolution aqueuse par le carbonate de zinc, qui forme du lactate de zinc, soluble dans la masse d'eau sur laquelle on opère; on filtre, et on fait cristalliser le lactate de zinc : celui-ci est chauffé avec de l'eau et du charbon animal pur; on filtre de nouveau la liqueur bouillante, et par le refroidissement on obtient des cristaux très-blancs de lactate de zinc; on les lave avec de l'alcool bouillant, qui ne les dissout pas, puis on les traite successivement par la baryte et par l'acide sulfurique ; l'acide lactique séparé est ensuite concentré dans le vide et agité avec de l'éther sulfurique, qui le dissout et en sépare quelques traces de matière floconneuse.

On peut aisément retirer l'acide lactique, par un traitement analogue, de toutes les substances qui le contiennent, telles que le lait, la choucroûte, etc.

Des lactates.

Lactate de chaux. Il est en aiguilles blanches, très-solubles dans l'eau bouillante et dans l'alcool chaud. — *Lactate de cuivre.* Il est en prismes à 4 pans bleus, efflorescents, insolubles dans l'alcool; chauffé, il se décompose, et donne, dans la première période, de l'acide carbonique et de l'aldéhyde volatils, et il reste dans la cornue du cuivre et de l'acide lactique anhydre; dans la seconde période, celui-ci se décompose à 250° ou 260°, comme s'il était seul. — *Lactate de zinc.* Il est en prismes à 4 pans blancs, peu solubles dans l'eau froide, beaucoup plus solubles dans l'eau bouillante, insolubles dans l'alcool. — *Lactate de magnésie.* Il est en petits cristaux blancs très-brillants, légèrement efflorescents, solubles dans 30 fois leur poids d'eau. — *Lactate de manganèse.* Il est en prismes tétraèdres, blancs ou légèrement rosés, efflorescents. — *Lactate de protoxyde de fer.* Il en aiguilles tétraédriques blanches, peu solubles, inaltérables à l'air, à moins qu'il ne soit dissous, car alors il passe à l'état de *lactate de sesquioxyde,* qui est brun et déliquescent; ce sel, fort employé aujourd'hui en médecine, est fréquemment mélangé de sulfate de fer par une fraude qu'il est facile de découvrir en versant quelques gouttes d'une dissolution d'un sel de baryte dans un *solutum* du produit suspect; s'il est impur, on obtient un précipité blanc insoluble dans l'acide azotique. (Voyez, pour plus de détails, le n° d'avril des *Ann. de chim. et de phys.*, 1833.)

Acide lactique anhydre, $H^5C^6O^5$. — Il est solide, fusible, très-peu soluble dans l'eau, facilement soluble dans l'alcool et l'éther. L'eau ou l'air humide le transforment en acide lactique hydraté. Il se combine avec le gaz ammoniac, et forme $H^3Az, H^5C^6O^5$. On obtient l'acide anhydre en chauffant l'acide liquide à 130°.

De l'acide sylvique. $H^{29}C^{40}O^5,HO$.

Il existe dans la colophane de térébenthine distillée. Il est sous forme de lames rhomboïdales, incolores, insolubles dans l'eau, solubles dans l'éther et dans l'alcool à 60 degrés. Il forme, avec la potasse, la soude et l'ammoniaque, des sels solubles et incristallisables. On l'obtient en traitant la colophane par l'alcool à 60 degrés, qui dissout cet acide sans agir sur les acides pinique et pimarique; il se dépose de l'alcool par le refroidissement.

De l'acide pinique.

Il constitue la partie amorphe de la colophane, celle qui n'a pas été dissoute par l'alcool. Il a la plus grande analogie avec l'acide sylvique.

De l'acide pimarique. $H^{50}C^{40}O^4$.

Il existe dans la colophane du *pinus maritima*. Il est en prismes à base rectangulaire ou en prismes droits à six pans. Il fond à 125°; il se dissout dans l'alcool bouillant et surtout dans l'éther. Distillé, il donne de l'acide sylvique et de la *pimarone*, substance huileuse, $H^{28}C^{40}O^2$. Si, après avoir été dissous dans l'acide sulfurique, on le précipite par l'eau, il s'hydrate et donne l'acide *hydropimarique*, $H^{30}C^{40}O^4,HO$. L'acide azotique le transforme en acide *azomarique*, $H^{26}C^{40},2AzO^4,O^8$.

De l'acide abiétique.

Il existe dans la térébenthine du sapin argenté: il est résineux; il rougit le tournesol, et se dissout en toutes proportions dans l'alcool, l'éther et le naphte. Il peut neutraliser les alcalis.

De l'acide copahuvique.

Il fait partie du baume de copahu. Il est inodore, soluble dans l'alcool et dans l'éther; il forme, avec les bases, des sels solubles dans ces deux liquides.

De l'acide méconique. $HC^{14}O^{11}, 3HO, 6HO$.

Il existe dans l'opium, uni sans doute aux alcalis que ce suc renferme. Il est cristallisé en paillettes nacrées, douces au toucher, d'une saveur acide et astringente; il est peu soluble dans l'eau froide, mais il se dissout bien dans 4 parties d'eau bouillante. Il est soluble aussi dans l'alcool. Il est décomposé par l'acide chlorhydrique et par tous les acides étendus d'eau, aidés de l'action de la chaleur de l'ébullition; alors il se dégage de l'acide carbonique, et il reste de l'acide *coménique*. Dissous dans l'eau, si on le fait bouillir, il subit la même décomposition. Il perd les 6 équivalents d'eau de cristallisation à 100°; si on le chauffe plus fortement, il se décompose, et donne 2 équivalents d'eau, 2 d'acide carbonique, de l'acide *coménique*, et de l'acide *pyroméconique*, qui se sublime. Il ne précipite point les dissolutions de sesquioxyde de fer, mais il les fait *passer au rouge intense*. Il forme avec les bases terreuses et métalliques des méconates peu solubles. Il résiste fortement à l'action de l'acide sulfurique concentré, qui ne le décompose qu'après une ébullition prolongée; l'acide azotique, au contraire, réagit sur lui et le change en acide oxalique. Il donne avec la morphine un sel soluble. Il est tribasique; ainsi il donne avec la potasse trois méconates, dont l'un contient 3 équivalents de potasse, l'autre 2 équivalents et 1 équivalent d'eau, et le dernier 1 équivalent de potasse et 2 équivalents d'eau. Le méconate d'argent a pour formule $3AgO, HC^{14}O^{11}$.

Préparation. On verse du chlorure de calcium dans un *solutum* aqueux d'opium ou d'extrait d'opium, et l'on obtient un *précipité* d'un brun plus ou moins foncé, composé de *méconate* et de *sulfate de chaux*; le liquide renferme du chlorhydrate de morphine, etc., d'où il suit que le méconate et le sulfate de morphine de l'opium ont été décomposés. Le précipité, lavé d'abord avec de l'eau, puis avec de l'alcool, est délayé dans 10 parties d'eau à 90°; on agite vivement, et on ajoute peu à peu autant d'acide chlorhydrique pur qu'il en faut pour dissoudre tout le méconate de chaux; il reste du sulfate de chaux indissous; on filtre sur un papier lavé à l'acide chlorhydrique, et l'on obtient par refroidissement du *biméconate de chaux* en cristaux légers et nacrés ou en petites aiguilles brillantes : on le comprime et on le fait dissoudre dans de l'eau à 90°, puis on chauffe de nouveau pendant quelques instants, en évitant d'élever la température jusqu'à 100°; on laisse refroidir. Ce traitement a eu pour objet d'enlever la chaux au biméconate; en sorte que, si l'acide employé a été suffisant, il doit se précipiter de l'*acide méconique* après le refroidissement. On aura atteint le but, si ce précipité cristallin ne laisse aucun résidu lorsqu'on le brûle sur une lame de platine; alors on jette l'acide méconique cristallisé sur un filtre lavé à l'acide chlorhydrique, et on l'arrose à plusieurs reprises avec un peu d'eau distillée, pour le débarrasser de l'acide chlorhydrique dont il est imprégné; on dissout ensuite les cristaux dans de l'eau pure et chaude, et on obtient de l'acide méconique couleur de bois; on délaie ces cristaux micacés dans 3 ou 4 parties d'eau froide, puis on les sature par $^{55}/_{100}$ de leur poids de potasse caustique étendue. On dissout dans l'eau chaude le méconate de potasse en bouillie résultant de cette saturation, et on laisse refroidir; la masse qui se dépose est fortement pressée, redissoute de nouveau dans l'eau, et comprimée encore après le refroidissement : le méconate de potasse est alors très-blanc. On agit sur ce sel avec l'acide chlorhydrique, comme je l'ai dit pour le méconate de chaux; et, si l'on a eu soin d'éviter, à chaque dissolution, une forte élévation de température, on obtient du chlorure de potassium et de l'acide méconique pur. (Robiquet, *Ann. de chim.*, novembre 1832.)

DES ACIDES DÉRIVÉS DE L'ACIDE MÉCONIQUE
par l'action de la chaleur.

Ces acides sont les acides *coménique* et *pyroméconique*.

Acide coménique. $H^2C^{12}O^8,2HO$.

On l'obtient en faisant bouillir l'acide méconique avec de l'eau, ou mieux en portant à l'ébullition un mélange d'acide méconique ou d'un méconate et d'eau acidulée; il se dégage de l'acide carbonique, et, par le refroidissement de la liqueur, il se dépose des cristaux grenus un peu colorés d'acide coménique :

$$\underbrace{HC^{14}O^{11},3HO}_{\text{Acide méconique.}} = \underbrace{2CO^2}_{\text{Acide carbonique.}} , \underbrace{H^2C^{12}O^8}_{\text{Acide coménique,}} , \underbrace{2HO}_{\text{Eau.}}$$

Il se produit encore de l'acide coménique lorsqu'on décompose l'acide méconique par le feu. Il est blanc, cristallisable, soluble dans 16 parties d'eau bouillante; la dissolution décompose les carbonates alcalins et rougit les sels de sesquioxyde de fer. A 266°, il fournit de l'acide *paracoménique*, son isomère; une autre portion se décompose en eau, en acide carbonique, et en acide *pyroméconique*. Avec les bases, il forme des sels à 2 équivalents de base.

De l'acide pyroméconique. $H^5C^{10}O^5$, HO.

Il résulte de la distillation sèche de l'acide méconique, et plus particulièrement de celle de l'acide coménique. Il est en tables à quatre pans, à base rhombe, ou en octaèdres allongés, incolores, et doués d'un grand éclat; sa saveur est amère et styptique. Il fond entre 120° et 125°, et se sublime ensuite sans résidu. Il est soluble dans l'eau et dans l'alcool; il rougit les sels de fer, mais il réduit les sels d'or. Dans les sels, il n'y a qu'un équivalent de base.

De l'acide succinique. $H^4C^8O^6$, 2 HO.

L'acide succinique se trouve dans le succin et dans quelques térébenthines; il se produit pendant la fermentation de l'asparagine impure et du malate de chaux, et par l'action de l'acide azotique sur l'acide butyrique (1 partie et 2 d'acide azotique de 1,40 de densité) (voy. *Fermentation succinique*). Il cristallise en prismes droits terminés par quatre facettes placées sur les angles latéraux; il est incolore, transparent, doué d'une saveur légèrement acide et âcre; il rougit l'*infusum* de tournesol. A 140°, il perd un équivalent d'eau, puis se sublime en cristaux d'une grande blancheur; dans cet état, il retient encore de l'eau, dont on ne peut le débarrasser qu'en le distillant à plusieurs reprises sur de l'acide phosphorique anhydre (Félix d'Arcet). Il est soluble dans 5 parties d'eau froide, dans 2 d'eau bouillante, et dans 1 partie et demie d'alcool bouillant. Il est inaltérable à l'air. Il fournit un éther avec l'alcool vinique. Il n'est détruit ni par le chlore, ni par l'acide azotique, ni par l'acide sulfurique ordinaire; mais si l'on fait passer des vapeurs d'acide sulfurique anhydre sur l'hydrate d'acide succinique, il se produit de l'acide *sulfosuccinique*, ayant pour formule, dans le sel de plomb, $H^2C^8S^2O^{10}$, 4PbO. Il forme avec la potasse un sel déliquescent. Les succinates de soude, d'ammoniaque, de magnésie, d'alumine et de zinc, sont solubles et précipitent les sels de sesquioxyde de fer en rouge pâle ; ceux de baryte , de strontiane, de chaux , de plomb, de cérium et de cuivre, sont insolubles ou peu solubles. L'acide succinique et les succinates de potasse ou de soude précipitent les sels de sesquioxyde de fer, et ne précipitent pas ceux de protoxyde de manganèse, en sorte qu'on s'en sert pour séparer ces deux oxydes. En distillant du succinate de chaux, M. F. d'Arcet a recueilli une substance huileuse qu'il croit être la *succinone*, analogue à l'acétone. Le même chimiste, en traitant l'acide succinique anhydre par le gaz ammoniac sec, a obtenu la *succinamide* (voy. *Amides*); ces produits sont sans usages.

Préparation. On introduit du succin (ambre) dans une cornue dont le col se rend dans une allonge à laquelle on adapte un ballon tubulé; on chauffe modérément la cornue; le succin se ramollit et entre en fusion; il se dégage une très-petite quantité d'huile fluide et peu colorée, et au bout de plusieurs heures, on voit paraître des aiguilles d'acide succinique ; on élève davantage la température, alors la masse se boursoufle considérablement, et il se vaporise plus d'acide; quelque temps après, elle s'affaisse d'elle-même, et il ne se forme plus d'acide; on suspend l'opération, et on purifie le produit. Si, à cette époque, on continuait encore la distillation, on obtiendrait une huile très-brune, visqueuse et comme onguentacée ; enfin, si on faisait rougir le fond de la cornue, il se sublimerait dans le col, et même dans le ballon, une substance jaune de la consistance de la cire (MM. Robiquet et Colin).

On purifie l'acide succinique huileux en le dissolvant dans de l'eau chaude, en saturant la dissolution par la potasse, et en la faisant bouillir avec du charbon, qui s'empare de la matière huileuse; on filtre et on traite le succinate de potasse par l'azotate de plomb; il se précipite du succinate de plomb, que l'on décompose par l'acide sulfurique.

On peut encore obtenir de l'acide succinique en traitant l'acide stéarique par l'acide azotique, à l'aide d'une ébullition prolongée; il se forme en même temps de l'acide subérique, qui se dépose, tandis que l'acide succinique reste en dissolution dans les eaux mères, d'où on l'obtient facilement par l'évaporation.

L'acide succinique du commerce est souvent falsifié avec de l'acide tartrique, du sulfate de potasse ou du sel ammoniac, mêlés d'huile de succin. S'il est pur, il doit se volatiliser en entier lorsqu'on le chauffe dans une cuiller, et il ne doit pas dégager d'ammoniaque quand on le mêle avec de la chaux.

Le *sel du succin* du commerce n'est que du sulfate acide de potasse imprégné d'huile de succin. Les *succinates solubles* se préparent directement.

De l'acide valérianique ou valérique. $H^9 C^{10} O^5, HO$.

On le retire de la racine de valériane (*valeriana officinalis*) et des baies du *viburnum opulus*; on le croit identique avec l'acide phocénique. On le trouve mêlé avec l'acide butyrique dans les farines avariées, dans certains fromages, et dans d'autres matières végétales et animales qui ont été spontanément décomposées. M. Salvetat pense en avoir obtenu d'une matière infecte fournie par le carthame. MM. Dumas, Gerhardt, Cahours, et en dernier lieu M. Thirault, se sont demandés si l'acide valérianique que l'on obtient avec la racine de valériane préexiste dans cette racine, ou bien s'il ne serait que le produit de l'oxydation de l'essence de valériane contenue dans cette racine; on sait qu'il se forme en traitant par les alcalis hydratés l'alcool amylique (huile de pommes de terre), l'huile de camomille romaine, l'indigo, le lycopode, etc. M. Thirault ne balance pas à trancher la question, après s'être livré à des recherches nombreuses (thèse soutenue à l'École de pharmacie le 27 août 1850) : suivant lui, l'acide valérianique ne préexiste pas dans la racine de valériane, il n'est que le produit de l'oxydation de l'essence; cette oxydation a lieu aux dépens de l'oxygène de l'air, et se trouve facilitée par la présence de l'eau et des alcalis; ainsi

$$\underset{\text{Essence de valériane.}}{H^{10} C^{10} O^2, 2O} \quad = \quad \underset{\text{Acide valérianique.}}{H^9 C^{10} O^3 HO.}$$

L'acide valérianique est liquide, oléagineux, très-fluide, d'une odeur pénétrante de valériane, d'une saveur âcre et piquante, avec un arrière-goût douceâtre; il développe sur la langue une tache blanche. Il est soluble dans 30 parties d'eau à 12°, et très-soluble dans l'alcool et l'éther; sa densité est de 0,937. Il bout à 175° s'il est monohydraté, et à 130° s'il est trihydraté; il est inflammable, et brûle avec une flamme fuligineuse. Si l'on fait chauffer sa vapeur à travers un tube chauffé au rouge obscur et renfermant des fragments de pierre ponce, il fournit une quantité considérable de gaz contenant, outre l'acide carbonique, de l'oxyde de carbone et un peu d'hydrogène, plusieurs carbures d'hydrogène, tels que le *propylène*, $H^6 C^6$, l'*éthylène*, $H^4 C^4$, et peut-être le *butylène*, $H^8 C^8$. Il se congèle à — 18° s'il est trihydraté. Le chlore lui enlève une certaine quantité d'hydrogène, auquel il se substitue en produisant deux acides, l'acide *chlorovalérisique*, $H^6 C^{10} Cl^3 O^3, HO$, et l'acide *chlorovalérosique*, $H^5 C^{10} Cl^4 O^3, HO$. L'acide sulfurique le charbonne et dégage de l'acide sulfureux. L'acide azotique, au contraire, ne lui fait subir aucune modification.

Avec les bases, il forme des *valérianates* qui sont pour la plupart solubles, qui offrent l'odeur de la valériane, et dont la saveur est d'abord styptique, puis sucrée. Les valérianates alcalins et terreux, décomposés par le feu, donnent de l'aldéhyde amylique; le valérianate de chaux fournit la *valérone*, et celui de baryte le *valéral* (voyez *Essence de rue*). Le *valérianate de quinine* cristallise en octaèdres formés d'un équivalent d'acide, d'un de base, d'un d'eau de cristallisation et d'un d'eau de composition; à 90°, il perd 1 équivalent d'eau; il est très-soluble dans l'alcool. Le *valérianate de zinc* est en paillettes semblables à celles de l'acide borique, fusibles à 140°, inaltérables à l'air, solubles dans l'eau et dans l'alcool. Les valérianates de cadmium et d'argent peuvent aussi être obtenus cristallisés.

L'acide valérianique a été recommandé comme caustique dans le scorbut, la stomatite, etc.; aspiré pur, en vapeurs, par les fosses nasales, il agit comme sédatif dans l'hystérie. Le valérianate d'ammoniaque a été employé comme sudorifique dans le *delirium tremens.* Le valérianate de zinc a été donné avec succès en pilules à la dose de 75 milligr. par jour dans diverses affections névralgiques, et notamment dans les maladies sus et sous-orbitaires. Le valérianate de fer a été utile contre la chlorose avec perturbation nerveuse. Le valérianate de quinine peut remplacer le sulfate de quinine, comme fébrifuge; il fatigue moins l'appareil digestif, et cause moins de désordres nerveux, de surdité, etc. (Voy. le mémoire du prince Louis Bonaparte, *Journ. de chim. médicale*, 1843.)

Préparation de l'acide valérianique. On le retire de l'eau distillée de racine de valériane; pour cela, on neutralise la liqueur par de la magnésie, l'on évapore à siccité; il reste du valérianate de magnésie, que l'on décompose par l'acide sulfurique, et qui met ainsi l'acide en liberté. Par la distillation, on l'obtient pur.

On en prépare de plus grandes quantités en suivant le procédé de MM. Dumas et Stas, qui consiste à chauffer, dans une cornue à 170°, 1 partie d'alcool amylique avec 10 d'un mélange de chaux et de potasse caustique; on laisse refroidir la masse à l'abri de l'air, on l'humecte, puis on ajoute par petites portions un léger excès d'acide sulfurique; en distillant avec précaution, on obtient l'acide valérianique dans le récipient. Dans cette réaction, 2 équivalents d'hydrogène se dégagent de l'alcool et sont remplacés par 2 équivalents d'oxygène; en effet,

$$H^{11}C^{10}O, \text{ alcool}, - H^2 \text{ et } + O^2 = H^9C^{10}O^3 \text{ (acide valérique)}.$$

Pour obtenir l'acide valérianique trihydraté, dit M. Thirault, je fais
bouillir pendant deux heures environ 50 kilogrammes de racine de
valériane, avec 6 kilogrammes de lessive des savonniers et une quantité d'eau strictement nécessaire pour baigner la racine; je remplace
l'eau au fur et à mesure de son évaporation; j'abandonne ensuite
le tout pendant un mois au contact de l'air, en ayant soin d'agiter
le mélange trois à quatre fois chaque jour; au bout de ce temps, j'ajoute
une quantité d'acide sulfurique capable de neutraliser la lessive de
soude que j'ai employée et que j'ai préalablement dosée; je fractionne
ensuite le mélange en deux parties, pour pouvoir les soumettre à la
distillation avec 250 à 300 litres d'eau. Il est nécessaire de recueillir
l'eau distillée dans un récipient florentin, afin d'en séparer les portions
d'essence qui n'auraient pas été acidifiées; on pourra conserver cette
essence pour être employée comme telle, ou la transformer en acide
valérianique en l'abandonnant à l'influence de l'oxygène de l'air avec un
déliquium de potasse caustique; je sature ensuite l'eau distillée obtenue
par du carbonate de soude, et après l'avoir concentrée jusqu'en consistance sirupeuse je l'introduis dans une éprouvette très-allongée;
j'ajoute par petites fractions à la fois de l'acide sulfurique étendu de
son poids d'eau en quantité nécessaire pour saturer le carbonate de
soude employé; après avoir agité, je bouche l'éprouvette au moyen d'un
liége, et j'abandonne au repos pendant vingt-quatre heures; au bout
de ce temps, on trouve à la partie supérieure de l'éprouvette une couche
oléagineuse d'acide valérianique; à la partie inférieure, un liquide
composé d'une solution étendue du même acide et qui surnage une cristallisation de sulfate de soude; je sépare, au moyen d'un siphon ou d'un
entonnoir à robinet, la couche d'acide valérianique oléagineux; et comme
il est légèrement coloré, je le rectifie à part, si je veux le conserver à
l'état d'acide valérianique; si au contraire je le destine à la préparation
d'un valérianate et surtout d'un valérianate coloré, tel que celui de
fer, je l'emploie tel qu'il est. Lorsqu'une trop forte coloration m'o-
blige à le rectifier, je le distille avec celui qui se trouve en solution à
la partie inférieure de mon éprouvette. Pour séparer cette solution
des cristaux de sulfate de soude qui l'accompagnent, je jette le tout
sur un petit carré de mousseline, et je recueille ainsi le sulfate de
soude. Ce mode de séparation préalable de l'acide valérianique du sulfate de soude est très-avantageux, car on évite ainsi les soubresauts qui
accompagnent toujours la distillation, lorsqu'on opère sur le mélange,
immédiatement après la décomposition du valérianate de soude par
l'acide sulfurique, et sans donner le temps au sulfate de soude de cris-

talliser pour le séparer ; les soubresauts sont tels, si on opère sur le produit de 50 kilogrammes de racine, que très-souvent la cornue de verre se brise, surtout vers la fin de l'opération.

Il est essentiel de ne pas employer un excès d'acide sulfurique pour décomposer le valérianate de soude ; il vaudrait mieux laisser une petite portion de valérianate indécomposée que de dépasser la quantité d'acide strictemement nécessaire pour neutraliser le carbonate de soude qui a été employé ; on est certain, de cette manière, que l'acide valérianique que l'on obtiendra sera exempt d'acide sulfurique, et on évite la formation d'acide sulfureux ; car vers la fin de la distillation, une partie de la matière organique se carbonise, et l'acide sulfurique qui a été employé en excès donne naissance à de l'acide sulfureux ; il s'y forme même quelquefois de l'acide sulfhydrique. Je me suis aperçu de cette dernière production par la teinte noire qu'a prise une bassine d'argent dans laquelle j'avais mis, pour le combiner avec de l'oxyde de zinc, de l'acide valérianique que j'avais obtenu en employant un excès d'acide sulfurique pour sa séparation. J'attribue la formation de l'acide sulfhydrique, dans cette circonstance, à la décomposition de l'acide sulfureux ; sans doute qu'au moment où ce dernier prend naissance, ses éléments réagissent sur l'hydrogène soit de la matière organique, soit de l'acide valérianique : de là, formation d'eau et d'hydrogène sulfuré, ou bien encore, hypothèse plus rationnelle, le sulfate de soude, en contact à une haute température avec de la matière organique carbonisée, se transforme en sulfure ; ce sulfure se trouve alors décomposé par l'acide sulfurique, et de l'hydrogène sulfuré prend naissance.

Par une simple évaporation, on enlève 2 équivalents d'eau à cet acide, et on l'amène à l'état d'acide monohydraté.

De l'acide jatrophique ou crotonique (1).

MM. Pelletier et Caventou ont découvert cet acide, en 1818, dans le pignon d'Inde (*croton tiglium*, désigné d'abord sous le nom de *jatropha curcas*). Il est liquide, incolore, d'une odeur forte, irritante, qui pique les yeux ; il a une saveur âcre, désagréable. Il est volatil, et très-soluble dans l'eau. Il forme avec les bases des sels qui sont pour la plupart

---

(1) Suivant M. Brandes, cet acide n'existerait pas dans le *croton tiglium ;* il se formerait par suite d'une altération que la lumière, l'air et l'eau, feraient subir à l'huile volatile de croton.

inodores; celui qu'il produit avec l'ammoniaque précipite les sels de fer au minimum en couleur isabelle, et ceux de plomb, d'argent et de cuivre, en blanc. Il est sans usages.

On l'obtient en faisant bouillir l'huile du *croton tiglium* avec de l'eau et de la magnésie; il se produit du jatrophate de magnésie mêlé d'huile; on lave à différentes reprises avec l'alcool, afin de séparer l'huile; le sel ainsi purifié est décomposé dans une cornue par l'acide phosphorique; à mesure que ce mélange est chauffé, l'acide jatrophique se volatilise, et vient se condenser dans le récipient.

De l'acide santonique (*santonine*). $H^5C^{13}O^3$.

L'acide santonique, extrait du *semen contra*, est en cristaux blancs, brillants, aplatis, sexangulaires, inodores, à peine amers, insolubles dans l'eau froide, solubles dans 250 parties d'eau bouillante, 40 d'alcool froid, 2,7 d'alcool absolu bouillant, 75 d'éther froid, et 42 d'éther bouillant; il rougit faiblement le tournesol, et donne, avec plusieurs bases, des sels cristallisables. On l'emploie, *avec succès*, comme anthelminthique.

Quant au *semen contra* (*artemisia contra*, de la famille des synanthérées, tribu des sénécionidées), il contient une essence jaune qui jouit de la propriété de tuer les vers, et de l'acide santonique. On emploie le *semen contra* en poudre, en fusion aqueuse et en sirop, comme anthelminthique.

De l'acide esculique.

L'acide esculique, retiré en 1834, par M. Ed. Frémy, en soumettant à l'action des acides, à une température de 90° à 100°, la matière obtenue du traitement des marrons d'Inde par l'alcool, est en petits cristaux grenus, blancs, presque insipides, à peine solubles dans l'eau, trèssolubles dans l'alcool, insolubles dans l'éther; l'acide azotique le transforme en une résine jaune. Il forme avec les bases des esculates décomposables par l'acide carbonique; ceux de potasse, de soude et d'ammoniaque, sont les seuls solubles. Il est composé de 34,388 d'oxygène, de 57,260 de carbone, et de 8,352 d'hydrogène (*Journ. de chim. méd.*, avril 1834).

De l'acide aconitique ou équisétique.

Il a été retiré par M. Braconnot de l'*equisetum fluviatile* (*prêle*), et par M. Baup, de l'aconit (*aconitum napellus*). Cet acide est en cristaux confus ou en aiguilles radiées, d'une saveur aigre, fusibles et décomposables par le feu, solubles dans l'eau, mais moins que l'acide tartrique, formant avec la potasse, la soude, l'ammoniaque, la chaux, la magnésie, la baryte et l'oxyde de zinc, des sels solubles ; il ne précipite ni les azotates de plomb et d'argent, ni les sels de protoxyde de fer ; il précipite au contraire les sels de sesquioxyde de fer, l'acétate de plomb et l'azotate de mercure (voy. *Ann. de phys. et de chim.*, septembre 1828).

M. Baup a fait voir que les aconitates sont formés de 3 équivalents d'acide pour 1 de base ; c'est le premier exemple d'une combinaison de ce genre (*Comptes rendus des séances de l' Académie des sciences*, séance du 9 septembre 1850).

De l'acide kahincique. $H^7C^8O^4$.

Acide retiré de l'écorce de la racine de kahinca par MM. Pelletier et Gaventou. Il est en petites aiguilles déliées, inodores, peu sapides d'abord, mais offrant bientôt après une saveur amère et âcre ; il est inaltérable à l'air, soluble dans 600 parties d'eau ou d'éther, beaucoup plus soluble dans l'alcool, surtout à chaud. Les acides forts le dissolvent, puis le transforment en un corps *gélatineux,* non amer, qui se précipite ; c'est probablement à lui que la racine de kahinca doit ses propriétés médicinales.

De l'acide quinique. $H^{11}C^{14}O^{11},HO$.

L'acide quinique n'a été trouvé jusqu'à présent que dans les écorces de quinquina, où il est probablement combiné avec la quinine et la cinchonine. Il est en prismes volumineux, transparents, d'une saveur très-acide, non amère, inodores, et inaltérables à l'air sec. Il exige deux fois et demie son poids d'eau froide pour se dissoudre. Il est soluble dans l'alcool. Chauffé, il donne de la benzine, de l'acide benzoïque, de l'acide phénique, de l'acide salicyleux, et de l'*hydroquinon,* $H^{12}C^{24}O^8$.

En faisant agir, dans un appareil distillatoire, 100 grammes d'acide quinique, 400 grammes de bioxyde de manganèse, et 100 grammes d'acide sulfurique étendu de la moitié de son poids d'eau, on obtient dans le récipient, bien refroidi, un mélange d'acide formique et de *quinon,* $H^8C^{24}O^8$.

Si l'on fait bouillir l'acide quinique avec de la fécule et de l'eau, pendant longtemps, il fournit du sucre. L'acide azotique le transforme en acide oxalique. Il donne avec les bases des sels solubles ; le sous-quinate

de plomb paraît seul faire exception ; la plupart de ces sels sont cristallisables. Lorsqu'on chauffe un quinate dans une cornue, il passe des
vapeurs aqueuses, et il se sublime du *quinon*, sous forme d'aiguilles
d'un jaune doré.

Préparation. On fait bouillir les écorces de quinquina dans de l'eau
acidulée par de l'acide chlorhydrique ; on sature par la chaux, et on
filtre ; on évapore la liqueur, pour obtenir le quinate de chaux cristallisé, que l'on purifie à l'aide du charbon animal, et en le faisant cristalliser plusieurs fois ; on décompose 6 p. $^1/_2$ de ce quinate par 1 p.
d'acide sulfurique étendu de 10 p. d'eau ; on filtre, pour séparer le sulfate de chaux qui s'est formé, et l'on évapore la liqueur filtrée, qui
renferme l'acide quinique ; dès qu'elle est arrivée à l'état sirupeux, l'a-
cide cristallise par refroidissement ; on le purifie par des cristallisations
réitérées.

Quinon, $H^8C^{24}O^8$. — Il est neutre, sous forme de belles paillettes d'un
jaune d'or, d'une odeur forte et irritante qui rappelle celle de l'iode,
un peu solubles dans l'eau froide, plus solubles dans l'eau bouillante,
très-solubles dans l'alcool et l'éther. Le chlore finit par lui enlever tout
son hydrogène, et donne d'abord le quinon *séchloré*, $H^2C^{24}Cl^6O^8$, puis
le quinon *perchloré*, $C^{24}Cl^8O^8$. Les acides iodhydrique, tellurhydrique
et sulfureux, le changent en *hydroquinon incolore*.

Hydroquinon incolore, $H^{12}C^{24}O^8$. — Il peut donc être considéré comme
du quinon, plus 4 équivalents d'hydrogène. En mêlant le quinon et
l'hydroquinon incolore, on obtient l'*hydroquinon vert*, $H^{10}C^{24}O^8$, en
cristaux éclatants, offrant la couleur des plumes de colibri, solubles
dans l'eau, qu'il colore en rouge foncé (voyez, pour plus de détails,
les travaux de Woehler, Woskresensky et Laurent, et le numéro de
novembre 1849 du *Journ. de pharm.*).

De l'acide kramérique.

Cet acide a été découvert par M. Peschier, dans la racine du ratanhia
(*krameria triandra*). Il est sous forme de prismes aciculaires, d'une
saveur vive, styptique, formant avec les alcalis des sels que l'on peut
obtenir cristallisés, et qui ne subissent aucune altération à l'air, si
toutefois on en excepte celui de soude, qui est efflorescent. Le kramériate de baryte se dissout dans 600 parties d'eau ; cette dissolution n'est
précipitée ni par les sulfates, ni par l'acide sulfurique libre. Les sels de
fer sont précipités en jaune par les kramériates neutres, tandis que l'a-
cide kramérique fait naître un précipité blanc dans les sels de plomb.

On obtient cet acide en versant dans une décoction de racine de ratanhia assez de gélatine pour en précipiter tout le tannin, en filtrant et en saturant la dissolution, qui est légèrement acide, par le sulfate de fer, qui précipite l'acide gallique; on sature alors la liqueur par le carbonate de chaux, qui forme du kramériate de chaux; on décompose ce sel par l'acétate de plomb; le kramériate de plomb, obtenu sous forme d'un précipité, est traité par un courant de gaz acide sulfhydrique, qui le décompose, et laisse l'acide kramérique.

De l'acide polygalique.

Il a été découvert par M. Quévenne, dans la racine du *polygala senega*; il constitue le principe âcre de cette racine; il est blanc, pulvérulent, inodore, d'abord peu sapide, puis âcre et comme strangulant; sa poudre irrite fortement le nez et excite l'éternument; il est peu soluble dans l'eau froide, assez soluble dans l'eau tiède; cette dissolution mousse fortement par l'agitation; il est plus soluble dans l'alcool à chaud qu'à froid, insoluble dans l'éther et dans les huiles; il rougit le tournesol, et neutralise les bases salifiables.

De l'acide strychnique (*igasurique*).

Cet acide, découvert en 1818 par MM. Pelletier et Caventou, se trouve combiné avec une substance alcaline dans la noix vomique et dans la fève de Saint-Ignace (espèces du genre *strychnos*). Il est sous forme de petites aiguilles blanches, extrêmement légères, fortement acides, solubles dans l'eau et dans l'alcool. Les strychnates de baryte et de chaux se dissolvent dans l'eau et dans l'alcool; ce dernier sel, versé dans la dissolution de sulfate de cuivre, donne une belle couleur vert-émeraude, et il se dépose un précipité grenu, cristallin. L'acide strychnique n'est point vénéneux; il fait partie des extraits alcooliques de noix vomique et de fève de Saint-Ignace.

De l'acide cinnamique. $H^7C^{18}O^3$, HO.

Il existe dans les baumes de Tolu et du Pérou; on le produit aussi en oxydant l'essence de cannelle, et surtout en traitant la *cinnaméine* par les alcalis. Il est en lames nacrées, incolores, fusibles à 129°, bouillant vers 300°, peu solubles dans l'eau froide. L'acide azotique concentré, en agissant à chaud sur un huitième de son poids d'acide cinnamique, le transforme en acide *nitrocinnamique*, $H^6C^{18}O^3, AzO^4, HO$. Distillé avec de la chaux ou de la baryte, il fournit du *cinnamène*. Les acides plombique, chromique, et en général les corps oxydants, le transforment en huile essentielle d'amandes amères et en acide benzoïque ; il peut donc, dans ces conditions, reproduire les corps de la série benzoïque. Sous l'influence de l'acide sulfurique fumant, il donne l'acide sulfocinnamique. L'alcool absolu et l'alcool méthylique le changent en éther, si on traite le mélange par l'acide chlorhydrique gazeux. Il donne des cinnamates, qui ont pour formule $MO, H^7C^{18}O^3$; les cinnamates de la 1re classe sont solubles dans l'eau. L'acide cinnamique occupe dans la série cinnamique la place qu'occupe l'acide benzoïque dans la série benzoïque (voy. *Huile essentielle de cannelle*).

Préparation. En agitant continuellement le baume du Pérou dans un lait de chaux, on obtient un composé insoluble, qui renferme du cinnamate de chaux ; on traite par l'eau bouillante, qui dissout ce cinnamate ; par le refroidissement, ce sel cristallise, et on le décompose par l'acide chlorhydrique bouillant, qui donne, quand la liqueur est refroidie, du chlorure de calcium soluble et de l'acide cinnamique cristallisé.

De l'acide myronique.

Il existe dans la graine de moutarde noire, à l'état de myronate de potasse. Il est sirupeux, incristallisable ; c'est lui qui, sous l'influence de l'eau et de la myrosine (voy. p. 246), se tranforme en huile essentielle de moutarde. On l'obtient en décomposant le myronate de potasse en dissolution concentrée par l'acide tartrique, qui précipite la majeure partie de la potasse.

De l'acide eugénique. $H^{11}C^{20}O^5, HO$.

Il existe dans les clous de girofle et le piment de la Jamaïque. Il est liquide, incolore, oléagineux, d'une densité de 1,055, d'une odeur de clous de girofle ; il bout à 243°. Il absorbe l'oxygène de l'air, et se change en une matière résineuse. Il forme avec la potasse, la soude, la baryte et la magnésie, des sels cristallisables, $MO, H^{11}C^{20}O^3$. On l'obtient en distillant avec de l'eau les clous de girofle ; l'huile qui se volatilise contient, outre cet acide, un carbure d'hydrogène ; on la traite par la potasse, qui ne dissout que l'acide eugénique ; en distillant avec de l'eau, le carbure se volatilise, et l'eugéniate de potasse reste dans la cornue; on lui enlève la potasse par l'acide chlorhydrique.

De l'acide lécanorique. $H^8C^{18}O^8$.

Il existe dans le *roccella tinctoria* et le *lecanora parella*. Il est solide, cristallin, blanc, soluble dans 250 p. d'eau bouillante, dans 15 p. d'alcool, et dans 80 d'éther. Il rougit le tournesol, et décompose les carbonates. La chaleur, les alcalis à chaud, et l'acide sulfurique, même froid, le décomposent en acide carbonique et en *orcine*. L'alcool le transforme en éther *lécanorique*. Le sesquichlorure de fer colore en pourpre foncé la dissolution alcoolique de cet acide. On l'obtient en épuisant par l'éther le *lecanora parella*, et en concentrant la dissolution éthérée par l'évaporation; on purifie les cristaux verdâtres qui se sont déposés, en les faisant cristalliser à plusieurs reprises dans l'alcool.

De l'acide érythrique. $H^{18}C^{54}O^{15},4HO$.

Il existe dans le *lecanora parella*. Il est blanc, cristallin, insipide, soluble dans 240 fois son poids d'eau bouillante, plus soluble dans l'alcool et l'éther; ces dissolutions rougissent le tournesol. Chauffé, il fond, puis se décompose, et donne de l'*orcine*, qui se sublime. Les alcalis à chaud le transforment en acide carbonique et en *orcine*. Avec l'alcool absolu, il donne l'éther érythrique. Il se combine avec toutes les bases.

L'action de l'eau sur cet acide est remarquable. Si l'on abandonne pendant plusieurs jours à l'air une dissolution chaude de cet acide, la liqueur brunit, et contient deux substances cristallisables : l'*amarythrine*, très-soluble dans l'eau et l'alcool, et la *télerythrine*, insoluble dans l'alcool froid. Si l'on traite pendant quelque temps l'acide érythrique par l'eau bouillante, on produit deux corps : l'acide *érythrinique*, et la *picro-érythrine*, $H^{24}C^{34}O^{20}$, blanche, cristalline, se convertissant en orcine et en acide carbonique par la chaleur, et en orcine et en érythroglucine, $H^{10}C^8O^8$, par un excès de chaux ou de baryte bouillantes.

On prépare l'acide érythrique en épuisant par l'eau bouillante le *lecanora parella* coupé en petits morceaux; la liqueur brune-jaunâtre abandonne, par le refroidissement, des flocons cristallins d'*acide érythrique*.

De l'acide orsellique. $H^{14}C^{52}O^{14}$.

Il existe dans une variété de *roccella tinctoria* qui croît dans l'Amérique du Sud. Il est cristallisé, presque insoluble dans l'eau froide, peu soluble dans l'eau bouillante, soluble dans l'alcool et l'éther. Il est coloré en rouge, qui passe au brun pour disparaître ensuite, lorsqu'on le mêle avec une dissolution de chlorure de chaux. Il forme avec les oxydes de la première classe des sels cristallisables. Si on le fait bouillir avec de la chaux ou de la baryte, on obtient de l'acide carbonique et de l'acide *orsellinique*, $H^{18}C^{16}O^8$, en prismes d'une saveur amère, pouvant former avec l'alcool vinique un éther, H^5C^4O, $H^{14}C^{32}O^{14}$. On obtient l'acide orsellique en décomposant, par l'acide chlorhydrique, l'orsellate de chaux, préparé lui-même en faisant macérer dans une grande quantité d'eau le *roccella* qui le renferme.

De l'acide bétaorsellique. $H^{16}C^{54}O^{15}$.

Il existe dans le *roccella tinctoria* du cap de Bonne-Espérance. Il est soluble dans l'eau, très-soluble dans l'alcool et dans l'éther.

De l'acide évernique. $H^{16}C^{56}O^{14}$.

On le retire de l'*evernia prunastri*. Il est insoluble dans l'eau froide, peu soluble dans l'eau bouillante, soluble dans l'alcool et dans l'éther. Distillé, il donne une huile empyreumatique et de l'*orcine;* traité par un léger excès de potasse, il se transforme en acide *everninique*, $H^{10}C^{18}O^8$, susceptible de donner un éther.

De l'acide usnique. $H^{17}C^{58}O^{14}$.

Il existe dans différentes espèces du genre *usnea*. Il est sous forme de prismes d'une couleur jaune, fragiles, très-solubles dans l'éther et l'huile essentielle de térébenthine bouillants, à peine solubles dans l'alcool. Il fond à 200°; chauffé plus fortement, il donne une liqueur brune et de la *bétaorcine*, $H^{24}C^{38}O^{10}$, en prismes jaunes terminés par des pyramides tronquées par de nombreuses facettes, neutres aux réactifs, d'une saveur légèrement sucrée, moins solubles dans l'eau froide que l'*orcine*, perdant de l'eau à 100°, sans fondre. La bétaorcine est colorée en rouge de sang par le chlorure de chaux, tandis que l'orcine l'est en rouge violet.

De l'acide érythroléique.

Il existe dans l'orseille. Il est pourpre, soluble dans l'alcool, l'éther et les alcalis, presque insoluble dans l'eau.

De l'acide cétrarique. $H^{16}C^{54}O^{15}$.

Il existe dans le lichen d'Islande. Il est en aiguilles extrêmement ténues, d'un blanc éclatant, d'une saveur amère, presque insolubles dans l'eau, peu solubles dans l'éther, et très-solubles dans l'alcool bouillant.

De l'acide lichenstéarique. $H^{25}C^{29}O^{6}$.

On le trouve aussi dans le lichen d'Islande. Il est solide, inodore, d'une saveur âcre, d'un aspect gras, fusible à 120°, insoluble dans l'eau, soluble dans l'alcool chaud.

De l'acide lichénique.

On le trouve dans le lichen d'Islande. Il est en aiguilles prismatiques volatiles, solubles dans l'eau et dans l'alcool.

De l'acide euxanthique. $H^{18}C^{42}O^{22}$.

Il existe dans le jaune indien, matière colorante qui vient de la Chine. Il cristallise en longues aiguilles soyeuses de couleur jaunâtre, qui contiennent 11 p. $^0/_0$ d'eau, d'une saveur d'abord douce, puis amère, peu solubles dans l'eau froide, très-solubles dans l'alcool et l'éther. Chauffé à 130°, il perd son eau ; à une température plus élevée, il donne de l'*euxanthone*. Le chlore, le brome et l'acide azotique, fournissent avec l'acide euxanthique plusieurs composés qui dérivent de lui par substitution : tels sont les acides *chloreuxanthique*, *bromeuxanthique*, *nitreuxanthique*, *kokkinique*, *oxypicrique*. L'acide sulfurique concentré change l'acide euxanthique en *euxanthone* et en acide *hamathionique*, $H^7C^{14}O^{12},SO^3$. Il forme avec les bases des sels jaunes. On l'obtient en traitant par l'acide chlorhydrique l'eau qui tient en suspension du jaune indien.

Euxanthone, $H^4C^{13}O^4$. — Elle est neutre, volatile, insoluble dans l'eau, peu soluble dans l'éther, très-soluble dans l'alcool bouillant, donnant par l'acide azotique les acides *porphyrique*, *oxyporphyrique* et *oxypicrique*.

De l'acide absinthique. $H^2C^4O^3$.

On le trouve, d'après Braconnot, combiné à la potasse, dans les tiges d'absinthe. Il est en aiguilles ou en lames incolores, d'une forte saveur aigre, volatiles.

De l'acide carthamique (voy. *Carthame*).

De l'acide gaïacique. $H^8C^{12}O^6$.

Il existe dans le bois et dans la racine de gaïac. Il est sous forme de mamelons blancs, et peut être sublimé en aiguilles fines, analogues à celles de l'acide benzoïque.

De l'acide morique.

Klaproth a retiré cet acide d'une concrétion qui s'était développée sur l'écorce d'un mûrier blanc (*morus alba*), où il était combiné avec la chaux. Il est en aiguilles fines, d'une couleur de bois pâle, et d'une saveur acide et âcre; lorsqu'on le chauffe, il est en partie décomposé, en partie sublimé en aiguilles transparentes et inaltérables à l'air. Il est soluble dans l'eau et dans l'alcool. Pour l'obtenir, Klaproth traita la concrétion par l'eau bouillante, et il décomposa par l'acétate de plomb le morate de chaux dissous; le morate de plomb déposé fut transformé, par l'acide sulfhydrique, en sulfure de plomb et en acide morique.

De l'acide myroxilique. $H^{12}C^{15}O^3$, HO.

Il existe dans le baume du Pérou. Il est en mamelons blancs, fusibles à 115°, volatils, solubles dans l'eau, l'alcool et l'éther.

De l'acide nicotique. $H^4C^5O^4$.

Il existe dans le jus des feuilles fraîches de tabac. Il est en lames micacées, très-solubles dans l'eau et dans l'alcool. L'acide sulfurique le transforme en acides carbonique et acétique. Les nicolates de potasse et d'ammoniaque sont solubles et cristallisables. Pour l'obtenir, on traite le jus de tabac par de l'acétate de plomb, et l'on décompose par l'acide sulfhydrique le nicotate insoluble de protoxyde de plomb qui s'est déposé (Barral).

De l'acide spiréïque (*acide salicyleux*).

On le trouve dans l'huile essentielle du *spiræa ulmaria* (voy. *Acide salicyleux*).

De l'acide chélidonique. $H^2C^{14}O^{10}, 5HO$.

Il existe à l'état de chélidonate de chaux dans le *chelidonium majus*. Il est en longues aiguilles cristallines, solubles dans l'eau froide, et mieux dans l'eau bouillante, et efflorescentes. A 100°, il perd 3 équivalents d'eau. Il est bibasique. On l'obtient en coagulant le suc de la chélidoine par le feu, en filtrant, en acidulant la liqueur par de l'acide azotique, et en la traitant par l'acétate de plomb, qui forme un chélidonate de plomb insoluble, mêlé de chélidonate de chaux; on décompose le chélidonate de plomb par l'acide sulfhydrique, en sorte que l'on a du sulfure de plomb insoluble, et du chélidonate acide de chaux soluble; on sature celui-ci par de la craie (carbonate de chaux), puis on décompose le chélidonate neutre de chaux par du carbonate d'ammoniaque, qui donne du carbonate de chaux insoluble et du chélidonate d'ammoniaque soluble; en traitant celui-ci par l'acide chlorhydrique, on obtient l'acide chélidonique cristallisé.

De l'acide columbique. $H^{25}C^{42}O^{15}$.

Il existe dans la racine de colombo. Il est pulvérulent, d'un jaune-paille, d'une saveur amère, presque insoluble dans l'eau, peu soluble dans l'éther, soluble dans l'acide acétique, et surtout dans l'alcool. Il rougit fortement le tournesol; sa dissolution alcoolique précipite abondamment l'acétate de plomb en jaune (Böedeker, *Journal de pharm.*, septembre 1849).

De l'acide aspartique ou malamique. $H^5C^8AzO^6,2HO$.

On s'accorde aujourd'hui à considérer l'acide aspartique comme un produit de l'art ; lorsqu'on le retire des diverses racines et des bois où l'on trouve de l'asparagine, c'est qu'il provient de la modification que font éprouver à cette substance les acides et les alcalis contenus dans ces racines et dans ces bois, modification que l'on peut assimiler à une sorte de fermentation qui a donné naissance à de l'aspartate d'ammoniaque ; on produit également l'acide aspartique en décomposant le bimalate d'ammoniaque à une température de 160° à 200°, et en traitant par l'acide azotique, ou par l'acide chlorhydrique, l'acide azoté rougeâtre qui est le résultat de cette décomposition ; il peut encore être obtenu en chauffant à 200°, jusqu'à ce qu'on ne sente plus d'odeur ammoniacale, de l'aspartate d'ammoniaque provenant de l'asparagine (Dessaigne, *Journ. de pharm*, octobre 1850). Si l'on parvient à démontrer que, dans aucun cas, l'acide aspartique n'existe tout formé dans les bois et dans les racines dont j'ai parlé, il faudra, de toute nécessité, le faire disparaître de la section des acides naturels, et le ranger à côté de l'asparagine, comme un de ses dérivés.

L'acide aspartique est sous forme d'une poudre brillante qui, examinée au microscope, paraît composée de prismes à quatre pans, à sommets dièdres, courts et durs, d'une transparence parfaite et sans couleur ; il est inodore, il a une saveur acidule et rougit bien la teinture de tournesol. Il est soluble dans 128 parties d'eau froide, plus soluble dans l'eau chaude ; il est insoluble dans l'alcool froid à 40 degrés ; il est inaltérable à l'air ; chauffé, il se décompose et fournit, entre autres produits, de l'ammoniaque et de l'acide cyanhydrique. Dissous dans l'eau, il ne précipite pas les chlorures de baryum et de calcium, les sulfates de magnésie, de protoxyde de manganèse et de zinc, les sels de fer, les acétates de plomb, le sulfate de cuivre, le sublimé corrosif, l'azotate d'argent, ni l'émétique ; il trouble légèrement l'eau de savon ; il déplace l'acide carbonique de ses combinaisons salines. Il convertit la fécule en sucre. D'après M. Piria, si on le fait bouillir avec l'acide chlorhydrique, il éprouve une modification isomérique et devient déliquescent et très-soluble dans l'eau. Il se combine avec les bases et forme des aspartates neutres ou bibasiques ; les aspartates minéraux solubles ont une saveur de jus de viande caractéristique, qui varie selon la base du sel. Dans les aspartates à base organique, cette saveur est entièrement couverte par plus ou moins d'amertume.

Préparation. On peut le retirer des sucs des plantes qui le contiennen1 après que l'asparagine a été transformée en aspartate d'ammoniaque ; mais MM. Boutron-Charlard et Pelouze préfèrent le préparer en décomposant l'asparagine par l'eau de baryte à la chaleur de l'ébullition : il se produit, en effet, de l'ammoniaque qui se dégage et de l'aspartate de baryte ; on verse dans la liqueur chaude assez d'acide sulfurique pour précipiter toute la baryte, en sorte que l'acide aspartique reste en dissolution ; on filtre, et par le refroidissement, l'acide, qui est très-peu soluble à froid, se dépose sous forme de petits cristaux soyeux et nacrés (voy. *Asparagine,* p. 271).

DES ACIDES GRAS.

Rien n'empêche de considérer les acides gras comme des acides existant tout formés dans la nature ; en effet, je dirai plus tard que les huiles fixes et les graisses des animaux sont des *produits* immédiats composés de plusieurs principes immédiats, tels que la stéarine, la margarine, l'oléine, etc. : or ces principes peuvent être considérés comme des sels qui ont pour base la glycérine et pour acide les acides stéarique, margarique ou oléique. Telle est la raison qui me porte à placer ici l'histoire des acides gras.

M. Gerhardt a fait voir que, parallèlement à la série des acides gras monobasiques, dont la formule générale est $H^n C^n O^4$, on peut construire une série d'acides bibasiques qui ont pour formule générale $H^{m}2 C^m O^8$. Presque tous les acides de ces deux séries parallèles se produisent simultanément quand on oxyde par l'acide azotique les corps gras dont l'équivalent est élevé, et l'on peut concevoir que chaque terme de la série bibasique soit formé par une simple oxydation du terme qui lui correspond dans la série monobasique.

D'après M. Kolbe, les acides gras de la série $H^n C^n O^4$ sont décomposés par *la pile :* l'oxygène de l'eau peut se porter à l'état naissant sur l'acide et l'oxyder davantage ; l'acide valérique, par exemple, se dédouble, sous l'action d'un courant galvanique, en hydrogène, en acide carbonique, et en *valyle,* $H^9 C^8$. D'après ce même chimiste, plusieurs autres substances organiques subiraient, sous l'influence de la pile, des transformations qui varieraient à l'infini. (Voy. *Journ. de pharm.,* novembre 1849.)

De l'acide stéarique (de στέαρ, suif). $H^{66}C^{68}O^5, 2HO$.

Il existe dans les graisses de mouton, de bœuf et de porc. Il est solide, d'un blanc nacré, insipide, inodore, plus léger que l'eau; il ne rougit pas l'*infusum* de tournesol à froid; mais à l'aide de la chaleur, l'acide se ramollit, et la couleur bleue passe au rouge; il est fusible à 70°, et donne un liquide incolore, limpide, qui, par le refroidissement, cristallise en belles aiguilles entrelacées, brillantes, du plus beau blanc. Chauffé dans une cornue à 300°, il se décompose, et fournit du gaz acide carbonique, des traces d'un gaz inflammable carburé et de charbon, une huile épaisse brune, de l'acide margarique, de la *margarone* (voy. p. 389), et un produit volatil odorant. Chauffé avec le contact de l'air, l'acide stéarique brûle comme de la cire. Il est insoluble dans l'eau; il se dissout au contraire dans l'alcool et dans l'éther, quand il a été liquéfié par la chaleur; lorsqu'il se sépare lentement de la dissolution alcoolique, il cristallise en larges écailles blanches, brillantes. Chauffé avec l'acide azotique, il est décomposé, et fournit d'abord de l'acide margarique, et par une ébullition prolongée jusqu'à ce que la dissolution de la masse soit complète, de l'acide subérique et de l'acide succinique. Il forme des sels avec les bases salifiables; il décompose les carbonates de potasse et de soude à la température de 100°, et en dégage le gaz acide carbonique.

Préparation. On fait cristalliser plusieurs fois l'acide stéarique du commerce dans l'alcool bouillant, jusqu'à ce que son point de fusion soit à 70°. On obtient aujourd'hui cet acide en grand pour faire les bougies stéariques (voy. *Bougies*).

Stéarates. — L'acide stéarique forme deux séries de sels : dans les uns, 2 équivalents d'eau de l'acide hydraté sont remplacés par 2 équivalents de base, et dans les autres un équivalent d'eau seulement fait place à une même quantité d'oxyde métallique. L'acide stéarique est donc bibasique.

La plupart des stéarates sont insolubles dans l'eau ; on les obtient par double décomposition, en versant dans les sels solubles de baryte, de strontiane, de chaux, de plomb, etc., du stéarate bipotassique et bisodique ; ce fait explique comment les eaux calcaires ne dissolvent pas bien le savon : en effet, le stéarate bisodique qui fait la base du savon, en décomposant le sulfate et le carbonate de chaux de ces eaux, produit du stéarate de chaux insoluble et sous forme de grumeaux. Le stéarate de plomb fait la base de l'emplâtre ordinaire.

Stéarate bipotassique, 2KO, $H^{66} C^{68} O^5$. — Il est en petites paillettes ou en larges écailles très-brillantes, incolores, douces au toucher, d'une saveur légèrement alcaline, solubles dans l'alcool. L'éther décompose ce sel, et dissout plus d'acide stéarique que de potasse. L'eau le dissout à une température élevée; mais à froid, si elle est employée en quantité suffisante, elle le réduit en potasse qui se dissout, et en stéarate monopotassique insoluble (bistéarate); voilà pourquoi le savon, qui n'est que du stéarate et de l'oléate de potasse ou de soude, se décompose sur le linge lorsqu'on le lave à grande eau, et lui communique ainsi une odeur de *rance* fort désagréable. On obtient ce stéarate en faisant chauffer dans une capsule 2 parties d'acide stéarique avec 2 parties de potasse pure et 20 parties d'eau; on soumet à la presse les grumeaux qui se forment, et on les traite par l'alcool; le sel cristallise par refroidissement de la dissolution alcoolique.

Stéarate monopotassique (bistéarate), KO, HO, $H^{66} C^{68} O^5$. — Il est en petites écailles d'un éclat argentin, inodores, douces au toucher, sur lesquelles l'eau froide exerce à peine de l'action, tandis que l'*eau bouillante* en sépare et dissout une portion d'alcali ; la partie non dissoute par l'eau est transformée par l'alcool en stéarate monopotassique qui cristallise, et en acide stéarique qui reste dans l'alcool avec une portion de stéarate monopotassique. L'alcool bouillant dissout environ le quart de son poids de sel. L'éther le transforme en acide stéarique, et en stéarate bipotassique, soluble dans l'eau bouillante.

Stéarates de soude. — On connaît aussi deux stéarates de soude analogues à ceux de potasse, 2 NaO, $H^{66} C^{68} O^5$ et NaO, HO, $H^{66} C^{68} O^5$.

De l'acide margarique. $H^{66}C^{68}O^6, 2HO.$

Il existe dans la coque du Levant, dans la bile de l'homme, de l'ours et du porc, dans l'huile de muscade, dans le beurre de cacao, et dans la graisse humaine; il se forme lorsqu'on distille les graisses, les huiles fixes et l'acide stéarique.

Ses propriétés physiques sont les mêmes que celles de l'acide stéarique, si ce n'est qu'il fond à 60°, et qu'il cristallise par refroidissement en aiguilles entrelacées, moins brillantes que celles de l'acide stéarique. Il agit, comme le précédent, sur l'eau, l'alcool, l'éther, le tournesol et les carbonates. Je dirai à la p. 392 comment il se comporte avec l'acide *azotique.*

L'acide margarique, traité par la moitié de son poids d'acide sulfurique concentré, donne l'acide *métamargarique,* solide, fusible à 50°;

l'acide *hydromargarique,* fusible à 60°, et l'acide *hydromargaritique,* fusible à 68°. Ces trois acides sont insolubles dans l'eau, et solubles dans l'alcool et l'éther.

Le *margarate bipotassique,* $2 KO, H^{66} C^{68} O^6$, est blanc et n'offre point les belles écailles nacrées du stéarate. Le *margarate* monopotassique, $KO, HO, H^{66} C^{68} O^6$, n'a jamais l'éclat argentin du bistéarate; du reste, ces sels se comportent avec l'eau, l'éther et l'alcool, comme les stéarates.

On voit que l'acide margarique ne diffère de l'acide stéarique que par un équivalent d'oxygène en plus; c'est ce qui explique la transformation facile de ce dernier en acide margarique (voy. *Essence de rue*).

Préparation. On l'obtient très-facilement en faisant bouillir pendant quelques minutes de l'acide stéarique avec son poids d'acide azotique à 32 degrés (Baumé); on abandonne le mélange à lui-même, et après le refroidissement on recueille le produit solidifié; on le comprime entre des doubles de papier joseph, et on le fait cristalliser dans l'alcool jusqu'à ce que son point de fusion soit tel que je l'ai indiqué.

Produit de la distillation sèche des acides stéarique et margarique. — Lorsqu'on distille de l'acide stéarique seul, j'ai dit qu'il se formait, entre autres produits, de l'acide margarique et de la *margarone;* il en est de même pour l'acide margarique; mais on obtient plus facilement la *margarone* en distillant un mélange de chaux et d'acide stéarique ou margarique dans des proportions qui peuvent varier depuis 1 partie de chaux jusqu'à 4, pour une de l'un de ces acides.

Margarone, $H^{66} C^{66} O^2$. — Ce corps, découvert par M. Bussy, est blanc, solide, nacré et friable; il fond et se volatilise sans laisser de résidu lorsqu'on le chauffe sur une lame de platine; chauffé au contraire dans une cornue, il se décompose et laisse du charbon. La margarone est soluble à chaud dans 6 ½ parties d'alcool absolu, mais par le refroidissement elle cristallise. L'éther chaud en dissout plus de la moitié de son poids. Elle est également soluble dans l'acide acétique concentré, dans les huiles grasses et volatiles. L'acide sulfurique concentré la noircit par l'action de la chaleur; l'acide azotique l'attaque à peine. Les alcalis ne lui font subir aucune altération.

La margarone offre des différences très-remarquables dans son point de fusion, selon qu'elle a été obtenue avec des produits plus ou moins purs : c'est ainsi que, préparée par simple distillation avec des produits *purs,* elle fond à $77° + O$; il en est de même si l'on emploie, comme l'a fait M. Bussy, une partie d'acides gras *ordinaires,* et 4 parties de chaux; mais si l'on prend les mêmes proportions d'acides purifiés et de chaux, la margarone obtenue fond à 82°; c'est ce qui explique pourquoi MM. Warrentrapp et Redtenbacher ont confondu avec la margarone le corps que l'on avait désigné jusqu'ici sous le nom de *stéarone*. La margarone est très-souvent unie avec un carbure d'hydrogène qui prend naissance avec elle et dont on la débarrasse difficilement. La production de la margarone n'est pas aussi simple qu'on se l'était primitivement imaginé; diverses hypothèses permettent de l'expliquer, en admettant qu'il y a formation d'eau, d'acide carbonique et d'un carbure d'hydrogène, aux dépens des acides stéarique ou margarique.

De l'acide oléique (d'*oleum*, huile). $H^{55}C^{36}O^5, HO$.

Il existe dans la coque du Levant, dans la bile de l'homme, de l'ours et du porc, dans l'huile de muscade, dans le beurre du cacao, dans les graisses de porc, d'homme, etc.; on l'extrait facilement des graisses et des huiles fixes; l'oléine en donne plus que les stéarines. L'acide oléique hydraté ressemble à une huile incolore; son odeur et sa saveur sont légèrement rances; il se congèle en aiguilles blanches à —12°. Chauffé dans une cornue, il fournit une huile presque incolore, qui se concrète en majeure partie par le refroidissement, et qui n'est formée que d'acide sébacique; bientôt après elle devient citrine et brune; il se dégage du gaz acide carbonique, du carbure d'hydrogène, et il reste un peu de charbon; il se produit en outre une petite quantité d'acides caprylique et caproïque. Chauffé avec le contact de l'air, il brûle comme les huiles grasses; dans le vide, il se volatilise sans éprouver d'altération. L'eau ne le dissout point; il est soluble dans l'alcool, l'éther, et dans l'essence de térébenthine en toutes proportions. L'acide azotique, en agissant sur lui, fait naître une série d'acides que M. Laurent a séparés et étudiés, et dont toutes les analyses ont été confirmées par les travaux de Bromeis (voy. p. 392). Sous l'influence de l'acide hypoazotique, l'acide oléique est transformé en acide *élaïdique*.

Par l'action de l'acide sulfurique, l'acide oléique se change en deux corps nouveaux, les acides *métoléique* et *hydroloïque*, qui sont des liquides huileux, insolubles dans l'eau et solubles dans l'alcool et l'éther; si on les décompose par la chaleur, ils fournissent de l'acide carbonique, des matières empyreumatiques, et un liquide huileux formé d'*oléène* et d'*élaène*, deux carbures d'hydrogène (voy. *Carbures d'hydrogène*). Les acides stéarique et margarique peuvent s'unir avec l'acide oléique en toutes proportions: si l'on traite par l'alcool froid les composés qui en résultent, on dissout beaucoup d'acide oléique et peu d'acide stéarique ou margarique. Il décompose les carbonates, et forme des *oléates* avec les bases. Distillé avec de la chaux, il fournit un liquide particulier que l'on avait désigné sous le nom d'*oléone,* corps dont l'examen n'a pas été assez approfondi pour qu'on puisse le considérer comme une substance particulière.

Préparation. Ainsi que je l'ai dit en parlant de l'acide *stéarique,* le commerce peut fournir aujourd'hui de grandes quantités d'acide oléique, impur il est vrai. Pour le purifier, on laisse digérer pendant plusieurs heures l'acide *oléique* brut ou de l'huile sur de la litharge en poudre, à la chaleur du bain-marie; il se forme des sels de plomb avec tous les acides gras; mais, parmi ceux qui peuvent ainsi prendre naissance, l'oléate de plomb est seul soluble dans l'éther; si alors on traite tout le produit par ce liquide, on dissout seulement l'oléate de plomb, qui abandonne ainsi toute substance étrangère : on décompose ensuite la dissolution éthérée par l'acide chlorhydrique, et l'acide oléique, mis en liberté, vient surnager le liquide; on chasse l'éther par l'évaporation, et l'on obtient l'acide pur.

Oléates. — La plupart de ces sels sont insolubles; on les prépare par double décomposition. Les oléates de potasse et de soude solubles sont décomposés par une grande quantité d'eau, moins facilement cependant que les stéarates et les margarates; les oléates déposés sont acides. L'oléate de potasse est pulvérulent, incolore, presque inodore, d'une saveur amère et alcaline; il est soluble dans son poids d'alcool chaud, et moins soluble dans l'éther bouillant. Le *suroléate de potasse* est soluble dans l'alcool à toutes les températures. On obtient ces deux oléates directement en traitant l'acide par la potasse.

Acide élaïdique. — Il est isomère de l'acide oléique, et se forme lorsqu'on traite l'acide oléique par l'acide hypoazotique; au bout de quelque temps, tout cet acide se prend en masse; on lave avec de l'eau, et l'on fait cristalliser dans l'alcool. Il est solide, sous forme de paillettes nacrées, brillantes comme l'acide borique, fusibles à 44^0 c., rougissant fortement le papier de tournesol, solubles dans l'alcool bouillant, qui le laisse déposer en grande partie par le refroidissement. Chauffé, il distille en grande partie sans être altéré. Il sature les bases, et dégage l'acide carbonique des carbonates alcalins. L'élaïdate de potasse est en aiguilles légères et brillantes; celui de soude est en paillettes argentées, plus légères et plus brillantes que l'acide élaïdique.

De l'acide sébacique, $H^{16}C^{20}O^6$, HO. — L'acide sébacique fait partie du produit liquide que l'on obtient dans le récipient lorsqu'on distille de l'acide oléique ou de la graisse dans des vaisseaux fermés ; il y est en petite quantité, et se trouve mélé avec plusieurs autres substances (voy. *Graisse*).

Il cristallise en petites aiguilles incolores, peu consistantes, inodores, douées d'une saveur acidule, légèrement amère, plus pesantes que l'eau, rougissant l'*infusum* de tournesol. Chauffé, il fond à 127°, puis il se volatilise sans altération ; il est inaltérable à l'air et peu soluble dans l'eau froide ; ce liquide bouillant en dissout les 0,20 de son poids ; aussi se dépose-t-il sous forme d'aiguilles ou de lames brillantes à mesure que la dissolution se refroidit. Il est très-soluble dans l'alcool et l'éther à toutes les températures ; les huiles fixes et volatiles le dissolvent également. Il s'unit à la potasse, à la soude et à l'ammoniaque, et forme des sels cristallisables solubles et décomposables par les acides azotique, sulfurique ou chlorhydrique ; en effet, ces acides se combinent avec l'alcali, et précipitent l'acide sébacique. Il ne trouble point les eaux de chaux, de baryte ou de strontiane ; mais les sébates solubles précipitent en blanc les sels de ces bases. Il précipite en blanc les acétates de plomb et de mercure, ainsi que les azotates de ces bases et celui d'argent. Il est bibasique et sans usages.

Préparation. Pour obtenir l'acide sébacique, on épuise par l'eau bouillante les produits liquides ou solides de la distillation de l'acide oléique ou des corps gras qui en contiennent, jusqu'à ce que ces eaux ne déposent plus de cristaux ; on recueille ces cristaux sur un filtre, on les lave avec de l'eau froide, et on les fait cristalliser jusqu'à ce qu'on les obtienne incolores.

DE L'ACTION DE L'ACIDE AZOTIQUE
sur les acides stéarique, margarique et oléique.

A peine l'acide azotique a-t-il agi sur l'acide stéarique, que celui-ci est déjà changé en acide margarique ; je n'ai donc à m'occuper que de l'action de l'acide azotique sur les acides margarique et oléique. On obtient plusieurs acides, dont les uns sont volatils et distillent, les autres sont fixes ou beaucoup moins volatils, et restent dans la cornue ; les premiers sont les acides *formique, acétique, acétonique, butyrique, valérianique, caproïque, œnanthylique, caprylique, pélargonique, caprique.* Les acides fixes ou peu volatils sont les acides *succinique, adipique, pimélique, subérique,* et *sébacique.* On peut regarder les acides volatils de la première série, si l'on ne sépare pas dans les formules l'équivalent d'eau basique, comme étant formés de 4 équivalents d'oxygène et d'un carbure d'hydrogène isomère du gaz oléfiant : ainsi l'acide formique, HC^2O^3, HO, est représenté par H^2C^2 (carbure d'hydrogène) O^4; l'acide valérianique, $H^9C^{10}O^3$, HO, est représenté par $H^{10}C^{10}$ (carbure d'hydrogène) O^4. Quant aux acides fixes ou peu volatils, on peut les considérer comme composés de 8 équivalents d'oxygène et d'un carbure d'hydrogène; ainsi l'acide succinique, $H^4C^8O^6$, 2HO $= H^6C^8,O^8$; l'acide subérique, $H^{12}C^{16}O^6$, 2HO, peut être représenté par $H^{14}C^{16},O^8$ (Laurent, Redtenbacher et Bromeis).

Acide acétonique, $H^5C^6O^3$, HO.

Acide pélargonique, $H^{17}C^{18}O^3$, HO.

Acide adipique, $H^8C^{12}O^6$, 2HO. — Il est cristallisé, fusible à 130°, volatil, sans altération, pouvant former, avec l'alcool et l'acide chlorhydrique gazeux, un éther *adipique*, $2H^5C^4O$, $H^8C^{12}O^6$, ayant l'odeur de pommes de reinette. Il donne avec les bases des sels bien définis à 2 équivalents de base.

Acide pimélique, $H^{10}C^{14}O^6$, 2HO. — Il est fusible à 114°.

Acide subérique, $H^{12}C^{16}O^6$, 2HO. — Il est le résultat de l'action de l'acide azotique sur les acides stéarique, margarique et oléique, sur les graisses, sur le liége (*suber*), et sur l'écorce de plusieurs arbres, tels que le cerisier, le bouleau, le prunier, etc. Il est sous forme de petits cristaux blancs, grenus, assez durs, d'une saveur peu marquée, sans odeur, ayant fort peu d'action sur le tournesol. Chauffé graduellement dans une cornue, il fond comme de la graisse, entre 50° et 54°; mais, quand il a été séché, il fond à 118° ou 120°, et peut être obtenu cristallisé par le refroidissement, surtout si on l'agite contre les parois du vase lorsqu'il est fondu; chauffé plus fortement, il se sublime en entier sous forme de gouttelettes qui cristallisent en longues aiguilles. Lorsqu'on le met sur des charbons incandescents, il fond, et répand une fumée qui a l'odeur du suif. Il est soluble dans 100 parties d'eau froide et dans deux fois son poids d'eau bouillante. L'alcool bouillant en dissout son poids, et l'éther froid un dixième. Les azotates de plomb, de mercure et d'argent, le chlorure d'étain, le sulfate de protoxyde de fer, et l'acétate de plomb, sont précipités par cet acide, qui ne trouble point, au contraire, les dissolutions de sulfate de cuivre et de zinc. Il se rapproche, par sa composition, des acides gras et volatils. Il n'a point d'usages.

Les *subérates* sont décomposés par le feu, excepté ceux de potasse, de soude et d'ammoniaque; ils sont, pour la plupart, insolubles ou peu solubles. Les acides un peu forts précipitent l'acide subérique qui entre dans la composition des subérates solubles; ceux-ci décomposent presque toutes les dissolutions salines neutres des six dernières classes.

Les *subérates de potasse* et d'*ammoniaque* cristallisent facilement; le dernier précipite les dissolutions concentrées d'alun , d'azotate de chaux et de chlorure de calcium (Bouillon-Lagrange).

Lorsqu'on décompose par le feu le subérate de chaux avec un excès de chaux, on obtient la *subérone* (Boussingault), H^7C^8O, huile incolore, d'une odeur agréable, bouillant à 176^0, presque insoluble dans l'eau, très-soluble dans l'alcool et l'éther, et qui se transforme en acide subérique, soit en la laissant à l'air pendant longtemps, soit en la traitant par l'acide azotique.

Préparation. On chauffe dans une cornue 6 parties d'acide azotique à 30 degrés et 1 partie de rápure de liége : on cohobe et on recohobe le liquide distillé jusqu'à ce qu'il ne se dégage plus de gaz bioxyde d'azote; alors on verse la masse contenue dans la cornue dans une capsule de porcelaine, et on la fait évaporer en l'agitant continuellement ; quand elle est sous forme d'extrait, on y ajoute six ou sept fois son poids d'eau ; on la fait chauffer pendant quelque temps , et on la retire du feu ; lorsque le refroidissement est opéré, on y remarque 3 parties distinctes : 1° on voit à la surface une matière grasse figée, que l'on enlève avec une carte; 2° au fond se trouve une matière ligneuse et floconneuse; 3° enfin l'acide subérique fait partie du liquide, que l'on concentre par la chaleur et qu'on laisse refroidir : par ce moyen, l'acide se dépose sous forme de petits grains.

De l'acide linéolique. $H^{58}C^{46}O^5$, HO.

Il existe dans l'huile de lin, et il est obtenu en saponifiant cette huile par la soude. Il est jaune pâle, inodore, très-fluide, et il absorbe l'oxygène de l'air avec la plus grande rapidité, même lorsqu'il est uni aux bases. On l'obtient en décomposant par l'acide chlorhydrique le savon qui résulte de l'action de la soude sur l'huile de lin fraîche.

De l'acide érucique. $H^{42}C^{44}O^4$.

Il existe dans l'huile que l'on retire des graines de moutarde noire et blanche et d'*eruca*. Il est en aiguilles brillantes, fusibles à 34^0. Il se rapproche, par sa composition, de l'acide oléique ; comme lui, il forme avec les bases des savons qui sont des *érucates,* et il y a de la glycérine mise à nu. On l'obtient en décomposant par l'acide chlorhydrique l'érucate de soude préparé avec de la soude et l'huile grasse retirée des graines d'*eruca* (Darby, *Journ. de pharm.,* septembre 1849).

Des acides ricinique, stéaroricinique et oléoricinique.

Ces acides existent dans l'huile de ricin. Quand on décompose par un acide le savon obtenu avec cette huile et un alcali, on en sépare une huile qui se fige à la température ordinaire ; en exprimant celle-ci entre des papiers buvards, et en traitant la partie solide par l'alcool bouillant, il se dépose de l'acide *stéaroricinique* ; en soumettant à —2° l'huile liquide qui provient de l'expression de la première, entre des papiers buvards, elle se fige aussi, du moins en grande partie ; si on l'exprime dans du papier joseph, elle donne l'acide *ricinique* solide, et de l'acide *oléoricinique* liquide à —2°.

L'acide *ricinique* est solide à —2°, jaune, d'une saveur âcre, très-soluble dans l'alcool, dans l'éther et dans les huiles essentielles, fusible à 22°, pouvant être distillé sans altération. Il forme, avec la potasse et la soude, des sels solubles dans l'eau, et avec la magnésie et l'oxyde de plomb, des sels solubles dans l'alcool. Il a été découvert par MM. Bussy et Le Canu.

L'acide *stéaroricinique* ou *margaritique* est sous forme de paillettes nacrées, brillantes, douces au toucher, insipides, inodores, insolubles dans l'eau, solubles dans l'alcool, mais *beaucoup moins* que l'acide margarique ; la dissolution alcoolique rougit le tournesol. Il *ne fond qu'au-dessus de* 130° c. Il sature les bases et donne, avec la magnésie, un sel insoluble dans l'alcool.

Acide oléoricinique, $H^{35}C^{38}O^5$, HO. D'après M. Saalmuller, il existerait encore dans l'huile de ricin un acide solide, fusible à 74°, auquel il a donné le nom d'acide *oléoricinique*.

De l'acide phocénique (de *phocæna*, marsouin). $H^7C^{10}O^3$, HO.

Cet acide, décrit d'abord sous le nom d'acide *delphinique*, existe dans l'huile des dauphins et des marsouins, dans l'orcanette (*anchusa tinctorium*), et dans les baies du *viburnum opulus*. Il est liquide et semblable à une huile volatile ; il ne se congèle pas à 9°—0° ; il ne bout qu'au delà de 100°, et peut être distillé sans éprouver la moindre décomposition ; il est incolore, doué d'une odeur très-forte particulière, quoique ayant quelque analogie avec celle de l'acide acétique et du beurre fort ; sa saveur, très-piquante d'abord, ressemble ensuite à celle de la pomme de reinette ; il laisse une tache blanche sur les parties de la langue avec lesquelles il a été en contact. Il est à peine soluble dans 18 parties d'eau à 30°, tandis qu'il se dissout très-bien dans l'alcool et dans l'acide sulfurique concentré froid ; il dissout le fer qui a le contact de l'air ; il brûle à la manière des huiles volatiles ; il s'unit aux bases pour former des sels. Le *phocénate de potasse* a une saveur piquante, légèrement alcaline ; il est excessivement déliquescent et très-soluble dans l'alcool ; il rétablit la couleur du papier rougi par cet acide. Celui de *baryte* est en gros cristaux transparents, incolores, d'un éclat gras, légèrement alcalins, très-solubles dans l'eau, et non déliquescents. On croit l'acide phocénique identique avec l'acide valérianique ; dans ce cas, la composition qu'on lui assigne ne serait pas exacte, car la formule de l'acide valérianique est $H^9C^{10}O^3, HO$.

Préparation de l'acide phocénique. On saponifie 100 parties d'huile de marsouin par 60 parties de potasse et 100 parties d'eau : après avoir dissous le savon dans l'eau chaude, on le décompose par l'acide tartrique ; il se produit un liquide aqueux qu'il suffit de distiller pour obtenir l'acide phocénique ; à la vérité, l'acide ainsi recueilli dans le récipient est impur ; on le neutralise par l'hydrate de baryte, on évapore, et l'on obtient du phocénate de baryte sec, que l'on décompose par l'acide sulfurique étendu de son poids d'eau.

De l'acide caproïque (de *capra,* chèvre). $H^{11}C^{12}O^5, HO$.

Cet acide existe dans les beurres de chèvre et de vache. Il est incolore, liquide comme les huiles volatiles, d'une odeur semblable à celle de la sueur, d'une saveur piquante avec un arrière-goût douceâtre ; il blanchit la langue ; il ne se congèle pas à 9" —0°, et peut être distillé sans se décomposer ; il bout à 210° ; il ne se dissout que dans 75 parties d'eau ; l'alcool le dissout en toutes proportions ; il agit sur le fer comme l'acide phocénique ; il brûle comme les huiles volatiles. Le *caproate de potasse* est sous forme d'une masse gélatineuse transparente, qui, par l'action de la chaleur, devient d'un blanc d'émail. Le *caproate de baryte* est en lames hexagonales, brillantes si elles sont humides, efflorescentes si elles sont en contact avec l'air, et alors elles présentent l'aspect gras du talc : leur saveur est alcaline, leur odeur semblable à celle de l'acide caproïque ; l'eau peut en dissoudre un douzième de son poids à 10°.

Préparation de l'acide caproïque (voy. *Beurre*).

De l'acide caprique (de *capra,* chèvre). $H^{19}C^{20}O^5, HO$.

Il existe dans le beurre de vache. Il est sous forme de petites aiguilles incolores, à 6°,5 +0° ; à 18°, il est liquide ; son odeur, semblable à çelle du précédent, rappelle néanmoins l'odeur du bouc ; sa saveur est acide, brûlante, avec un léger goût de bouc ; il est à peine soluble dans l'eau ; l'alcool le dissout en toutes proportions. Le *caprate de baryte* est en écailles fines, brillantes, d'un aspect gras, très-légères si la cristallisation a été rapide, et en globules de la grosseur d'un grain de chènevis, si l'évaporation a été lente ; sa saveur est alcaline, amère ; son odeur est semblable à celle de l'acide caprique : il est à peine soluble dans l'eau.

Préparation de l'acide caprique (voy. *Beurre*).

De l'acide caprylique. $H^{15}C^{16}O^3$, HO.

Il existe dans le beurre de vache. Il est solide au-dessous de 14°, d'une odeur analogue à celle de l'acide sébacique, fusible au-dessus de 14°, bouillant vers 240°, soluble dans 400 parties d'eau bouillante, très-soluble dans l'alcool et l'éther. Il forme, avec la baryte, un sel plus soluble que le caproate (voy. *Essence de rue*).

De l'acide butyrique (de *butyrum*, beurre). $H^7C^8O^5$, HO.

Il existe dans le beurre ; on le produit aussi en faisant fermenter, à l'aide du caséum, du gluten, etc., un mélange de sucre de canne ou de glucose, d'eau et de craie (carbonate de chaux). Il est incolore, semblable à une huile volatile, d'une odeur analogue à celle de l'acide caprique, mais moins forte, d'une saveur très-piquante d'abord, puis douceâtre ; il blanchit la langue, et produit sur du papier collé une tache grasse qui disparaît à l'air en répandant une odeur de beurre ou de fromage de Gruyère ; sa densité est de 0,963. Il ne se congèle pas à 20°—0°, mais il se solidifie à la température de l'acide carbonique solide. Il bout à 164°, et peut être distillé sans se décomposer. Chauffé avec le contact de l'air, il brûle comme les huiles volatiles. L'eau et l'alcool le dissolvent en toutes proportions ; la dissolution alcoolique a une odeur éthérée de pomme de reinette, d'autant plus sensible que la dissolution est plus ancienne. Il donne avec le chlore deux acides chlorés, $H^5C^8Cl^2O^3$, HO, et $H^4C^8Cl^3O^3$, HO. Il est soluble à froid dans les acide sulfurique et azotique concentrés. Chauffé avec le double de son poids d'acide azotique de 1,40 de densité, il est transformé, au bout de plusieurs jours de traitement, en acide *succinique* (Dessaignes, *Journ. de pharm.*, février 1850). Il dissout le fer comme le précédent. Il s'unit à la graisse de porc fondue, et le composé qui en résulte a l'odeur et la saveur du beurre : toutefois ce *beurre* artificiel perd tout son acide par son exposition à l'air, ce qui n'arrive pas au beurre ordinaire. Il forme des sels avec les bases. Le *butyrate de potasse* a l'odeur du beurre frais, et une saveur douceâtre; il cristallise en choux-fleurs, il est très-déliquescent, et très-soluble dans l'eau. Le butyrate de baryte cristallise en prismes aplatis, transparents, flexibles, d'un éclat gras, d'une saveur alcaline chaude, solubles dans l'eau.

Le *butyrate de chaux* décomposé par la chaleur donne la *butyrone* et le *butyral*. La *butyrone*, H^7C^7O, est liquide, odorante, inflammable, et bout à 140°. Le *butyral*, $H^8C^8O^2$, est liquide, et bout à 95°; il s'oxyde à l'air, surtout sous l'influence de la mousse de platine, et se transforme en acide butyrique; il réduit l'oxyde d'argent comme l'aldéhyde. Il est à l'acide butyrique ce que l'aldéhyde est à l'acide acétique (voy. *Aldéhyde,* p. 184).

Préparation de l'acide butyrique (voy. *Beurre*).

De l'acide oléobutyrique. $H^{50}C^{54}O^4,HO$.

Il est le résultat de la saponification, par la potasse, de la partie liquide et huileuse que l'on sépare du beurre de vache pur soumis à la pression. Il est huileux et incolore. Chauffé en vaisseaux clos, un peu au-dessus de 100°, il brunit fortement, dégage du bicarbure d'hydrogène, et un peu d'eau et d'acide carbonique; à une température un peu plus élevée, il donne des produits incolores condensables, dans lesquels on a vainement cherché l'acide sébacique, ou tout autre acide gras soluble dans l'eau bouillante, tandis que l'acide oléique fournit dans ces conditions de l'acide sébacique. Chauffé, avec le contact de l'air, au bain-marie, il devient plus visqueux en absorbant l'oxygène, sans donner de l'eau ni de l'acide carbonique (Bromeis, *Annales de chimie,* février 1843).

De l'acide palmitique. $H^{52}C^{31}O^4$.

Il existe dans l'huile de palme; il ne diffère pas de l'acide *éthalique* (voy. p. 214).

De l'acide hircique.

Il existe dans la graisse de bouc (*hircus*). Il est incolore à 0°, plus léger que l'eau, d'une odeur d'acide acétique et de bouc, volatil, peu

soluble dans l'eau, et très-soluble dans l'alcool ; il rougit l'eau de tournc-
sol. L'*hirciate de potasse* est déliquescent; celui de *baryte* n'est pas très-
soluble dans l'eau ; celui d'*ammoniaque* a une odeur de bouc plus marquée que celle de l'acide.

Préparation. Après avoir saponifié par la potasse la graisse de bouc,
on décompose la masse savonneuse par l'acide tartrique ; le liquide
aqueux provenant de cette décomposition contient de l'acide hircique ;
on le distille, et l'on obtient cet acide mêlé à de l'eau dans le récipient ;
on le sature avec de l'hydrate de baryte, et on fait évaporer : l'hirciate
de baryte desséché est décomposé par l'acide sulfurique étendu de son
poids d'eau, qui forme avec la baryte un sulfate insoluble et laisse l'a-
cide hircique.

De l'acide cérotique (*cérine*). $H^{55}C^{54}O^{5},HO$.

Il existe dans la cire, dont il fait les $^{22}/_{100}$. Il est en petites aiguilles
cristallines fusibles à 78°, volatiles s'il est pur, solubles dans l'alcool bouillant. Le chlore peut lui enlever 12 équivalents d'hydrogène, et donner
de l'acide chlorocérotique, $H^{41}C^{54}Cl^{12}O^3$, HO, jaune, visqueux et transparent. On obtient l'acide cérotique en traitant la cire par l'alcool bouillant, jusqu'à ce que la partie indissoute fonde à 70°, c'est-à-dire soit
réduite à de la myricine. L'acide cérotique en dissolution dans l'alcool
est précipité par l'acétate de plomb; le cérotate déposé est décomposé
par l'acide acétique concentré, qui dissout l'oxyde de plomb et laisse
l'acide cérotique ; il ne s'agit plus que de faire cristalliser celui-ci dans
l'alcool.

De l'acide céroléique (*céroléine*).

Il existe dans la cire des abeilles, dont il fait les 4 ou les $^{5}/_{100}$. Il est
acide, mou, fusible à 28°,5, très-soluble dans l'alcool et l'éther froids.
On l'obtient en évaporant le *solutum* alcoolique refroidi, préparé avec
la cire et l'alcool bouillant (voy. *Cire*).

De l'acide myristique. $H^{27}C^{28}O^{5}$, HO.

Il existe dans la myristine, et par conséquent dans le beurre de mus-
cades (*myristica moschata*). Il est sous forme de paillettes brillantes fusibles à 43°, décomposables, en partie du moins, à une température
plus élevée, insolubles dans l'eau, peu solubles dans l'alcool froid,

très-solubles dans ce liquide bouillant, donnant avec l'alcool vinique de l'éther myristique (voy. p. 178), et formant avec les bases des myristates. On l'obtient en décomposant par les acides minéraux étendus le myristate de potasse ou de soude, préparé en chauffant la myristine avec l'un ou l'autre de ces alcalis.

De l'acide lithofellique. $H^{56}C^{40}O^8$.

Il existe, d'après Wœhler, dans le bezoard oriental. Il est analogue aux acides gras. Il fond à 205°; chauffé au delà, il donne une masse vitreuse, fusible à 105°, qui a perdu les éléments de 2 équivalents d'eau. Il est insoluble dans l'eau, et très-soluble dans l'alcool et l'éther. L'acide azotique le transforme en un acide azoté, $H^{28}C^{40}AzO^{22}$. Le lithofellate de potasse, dissous dans l'hydrate de potasse, est d'un jaune très-foncé, et dépose des cristaux d'un bleu noirâtre par son contact avec l'air.

De l'acide laurostéarique ou pichurique. $H^{25}C^{24}O^5,HO$.

Il est très-abondant dans le beurre de coco; il existe aussi dans l'huile de laurier et dans les fèves pichurim. Il est cristallisé, d'une densité de 0,883 à 0°; il fond vers 43°; il est soluble dans l'alcool vinique, avec lequel il peut former un éther.

D'après M. Georgey, l'acide *cocinique*, que l'on a cru exister dans le beurre de coco, n'est qu'un mélange d'acide caprique et d'acide laurostéarique.

De l'acide bassique. $H^{56}C^{56}O^4$.

Il existe dans l'huile de *bassia latifolia*, associé à de l'acide oléique et à un autre acide gras. Il est blanc, cristallin, fusible à 70°,5, volatil à une chaleur modérée, décomposable en plusieurs carbures d'hydrogène liquides, si on le chauffe à la lampe. Il forme avec les bases des bassiates, qui sont de vrais savons.

Il existe encore dans la même huile un acide gras, ayant l'aspect de la cire, fusible à 56°, dont la formule est $H^{30}C^{30}O^4$, et qui paraît intermédiaire entre l'acide myristique, $H^{28}C^{28}O^4$, et l'acide palmitique, $H^{32}C^{32}O^4$ (Hardwick, *Journ. de pharm.*, février 1850).

De l'acide anamyrtique. $H^{54}C^{51}O^3, HO$.

Il existe dans l'*anamirtine* (*anamirtate de glycérine*), substance que l'on retire de la coque du Levant. Il est en aiguilles fines, d'un éclat nacré, fusibles à 68°, formant avec l'alcool vinique un éther (voy. p. 170). On l'obtient en décomposant par un acide le produit résultant de l'action à chaud de l'anamirtine sur la potasse ou la soude.

Des acides bénique et moringique.

Ils existent dans l'huile de ben (*moringa aptera*). L'acide *bénique*, $H^{29}C^{30}O^3, HO$, a la plus grande analogie avec l'acide palmitique ou éthalique (voy. p. 214). L'acide *moringique*, $H^{27}C^{30}O^3, HO$, est liquide, incolore ou légèrement jaunâtre, à peine sapide et odorant; à 0°, il cristallise. L'acide sulfurique le colore en rouge foncé. On les obtient en traitant l'huile de ben par la potasse, et en la saponifiant.

De l'acide cévadique.

MM. Pelletier et Caventou ont obtenu avec la cévadille un acide qu'ils ont cru différent de ceux qui étaient déjà connus. Voici les caractères qu'ils lui ont assignés. Il est sous forme d'aiguilles ou de concrétions cristallines d'un très-beau blanc, solubles dans l'eau; il a une odeur analogue à celle de l'acide butyrique; il fond à $20° + 0°$, et peut être sublimé à une chaleur peu élevée sans se décomposer. L'alcool et l'éther le dissolvent facilement. Il forme avec les bases des sels qui sont un peu odorants; le cévadate d'ammoniaque précipite les sels de sesqui-oxyde de fer en blanc. On obtient cet acide en traitant par la potasse la matière grasse que l'on sépare de la cévadille par l'éther; il se forme une masse savonneuse qui, étant délayée dans l'eau et précipitée par l'acide tartrique, fournit un liquide dans lequel se trouve l'acide cévadique; on distille ce liquide, l'acide passe dans le récipient; on le sature par la baryte, puis on décompose le cévadate de baryte par l'acide phosphorique, et on obtient l'acide par une nouvelle distillation.

De quelques acides peu connus et peu étudiés.

Acide caféique et cafétannique. — Ces deux acides ont été découverts par Runge, en décomposant une décoction de café par de l'acétate de plomb ; en traitant le précipité obtenu par l'acide sulfhydrique, on obtient les deux acides en dissolution dans l'eau ; en évaporant jusqu'en consistance de sirop le liquide filtré et en traitant par l'alcool, l'acide caféique se sépare sous forme d'une poudre blanche, tandis que l'acide cafétannique reste en dissolution.

Acide bolétique. — Il a été trouvé dans le *boletus pseudoigniarius.* Il est cristallisé en aiguilles quadrilatères, incolores, offrant une saveur acide, analogue à celle du tartre ; il se sublime sans s'altérer beaucoup. On le prépare en traitant par l'alcool le suc de la plante évaporé, et en dissolvant dans l'eau le produit blanc que l'on obtient ; on précipite la dissolution par un sel de plomb, et on décompose le précipité par de l'acide sulfhydrique.

L'acide *fungique*, découvert de même que le précédent par M. Braconnot, existe dans la plupart des champignons, et s'extrait par les mêmes moyens.

L'acide *tanacétique*, contenu, d'après Peschier, dans les fleurs de tanaisie (*tanacetum vulgare*), cristallise en aiguilles ; il est soluble dans l'eau et précipite les sels de baryte, de chaux, de plomb, d'argent, de zinc et de mercure.

L'acide *lactucique*, que Pfaff prétendait avoir découvert dans le suc du *lactuca virosa*, ne serait autre chose, selon Walz, que de l'acide oxalique.

L'acide *atropique* parait exister, d'après Richter, dans la belladone (*atropa belladona*), en combinaison avec l'*atropine.* On l'obtient en traitant par la potasse le suc de la plante évaporé, et en décomposant le sel par l'acide sulfurique. Cet acide paraît être volatil.

L'acide *solanique* se trouve, suivant Peschier, dans presque toutes les solanées.

Il existe encore une multitude d'autres acides dont l'existence a été signalée par plusieurs auteurs, mais sur les propriétés desquels on ne possède aucun renseignement précis.

DES ACIDES QUI N'EXISTENT PAS DANS LA NATURE,
et qui sont le produit de réactions variées.

Les acides de cette catégorie sont le résultat de la décomposition de certaines matières organiques par le feu, par les acides, ou par d'autres agents. Quoique je les aie décrits en parlant des substances qui les fournissent, il me paraît convenable de nommer ici la plupart de ceux qui sont connus. Ce sont les acides

Sulfosaccharique.	OEthalique.	Chlorophénusiq.	Subérique.
Oxalhydrique.	Lampique.	Nitropbénésique.	Chrysammique.
Glucique.	Xanthique.	Binitrophénique.	Chrysolépique.
Apoglucique.	Sulfovinique.	Trinitrophéniq.	Aloétique.
Mélassique.	Phosphovinique.	Coumarique.	Aloérétinique.
Métacétonique.	Carbovinique.	Chloreuxanthiq.	Rhodéorétinique.
Végétosulfurique.	Oxalovinique.	Bromeuxanthiq.	Ulmique.
Mucique.	Sulfocarboviniq.	Nitreuxanthique.	Humique,
Pyromucique.	Acéteux.	Kokkinique.	Cacodylique.
Pectosique.	Trigénique.	Oxypicrique.	Tartralique.
Pectique.	Térébique.	Porphyrique.	Tartrélique.
Parapectique.	Térébenzique.	Hamathionique.	OEnanthique.
Métapectique.	Térephthalique.	Chlorosuccique.	OEnanthylique.
Pyropectique.	Téréchrysique.	Chlorazosuccique.	Rutique.
Amalique.	Formobenzoïliq.	Eugénique.	Pélargonique.
Nitrophlorétique.	Sulfobenzinique.	Anisique.	Opianique.
Phloridzique.	Sulfobenzoïque.	Cuminique.	Narcotique.
Pyrolivique.	Nitrobenzoïque.	Toluique.	Opianosulfureux.
Méchloïque.	Bromobenzoïque.	Nitrotoluique.	Sulfopianique.
Cholestérique.	Salicyleux.	Camphorique.	Hémipinique.
Cérosique.	Nitrosalicyleux.	Campholique.	Humopique.
Choloïdamique.	Salicylique.	Camphovinique.	Tous les acides py-
Ambréique.	Phénique.	Sulfonaphtalique.	rogénés.
Sulfoglycérique	Chlorophénésiq.	Sulfonaphtique.	
Phosphoglycériq.	Chlorophénisique.	Aspartique.	

DES AMIDES NEUTRES ET ACIDES, DES NITRILES ET DES HYDRAMIDES.

On désigne sous le nom d'*amide* tout corps azoté neutre, acide ou basique, qui diffère d'un sel ammoniacal par les éléments de l'eau, et qui régénère un sel ammoniacal, lorsqu'on le soumet à des influences qui déterminent la fixation de l'eau ; ainsi, en décomposant par le feu l'oxalate d'ammoniaque, H^3Az, HO, C^2O^3, on obtient l'amide connu sous le nom d'*oxamide* $= H^2AzC^2O^2$, et 2 équivalents d'eau.

On donne le nom de *nitrile* au produit de la *déshydratation* des amides : ainsi la *benzamide,* $H^7C^{14}O^2Az$, si elle perd 2 équivalents d'eau, se transforme en benzonitrile, $H^5C^{14}Az$.

On a décrit, sous le nom d'*hydramides,* des produits formés par la réaction de l'ammoniaque sur quelques huiles essentielles, qui peuvent être représentés par les éléments de trois molécules de l'huile volatile, par ceux de deux molécules d'ammoniaque, moins les éléments de six molécules d'eau; d'où il suit que, pendant la réaction, il y a eu formation d'eau : ainsi 3 parties d'huile essentielle de la reine des prés (hydrure de salicyle) et 2 d'ammoniaque donnent 1 partie d'*hydramide* et 6 équivalents d'eau.

$$\underset{\text{Hydrure de salicyle.}}{3\,H^6C^{14}O^4} \;,\; \underset{\text{Ammoniaque.}}{2\,H^3Az} \;=\; \underset{\text{Salydramide.}}{H^{18}C^{42}Az^2O^6} \;,\; \underset{\text{Eau.}}{6\,HO}$$

Des amides.

Les amides ont été divisées en *neutres, acides* et *basiques*.

Amides neutres. On les obtient, 1° en décomposant certains sels ammoniacaux par le feu; 2° en faisant agir le gaz ammoniac sur quelques acides anhydres; 3° en traitant des corps chlorés par l'ammoniaque; 4° en dédoublant certains corps azotés; 5° en soumettant les éthers à l'action de l'ammoniaque liquide. Par ce mode, d'une exécution facile, on obtient de l'alcool et l'amide :

$$\underset{\text{Ether oxalique.}}{H^5C^4O,\,C^2O^3} \;,\; \underset{\text{Ammoniaque.}}{H^3Az} \;=\; \underset{\text{Alcool.}}{H^6C^4O^2} \;,\; \underset{\text{Oxamide.}}{H^2AzC^2O^2}$$

Les amides *neutres* sont en général peu solubles dans l'eau froide, et ont une saveur quelquefois légèrement sucrée. Elles sont toutes fusibles; plusieurs sont volatiles. En les faisant bouillir longtemps dans l'eau, on les transforme en sels ammoniacaux. Les alcalis, à la température de l'ébullition, les changent promptement en sels ammoniacaux, et en dégagent de l'ammoniaque. L'acide phosphorique anhydre et le perchlorure de phosphore enlèvent aux amides neutres les éléments de 2 équivalents d'eau. Les principales amides neutres sont l'*oxamide,* la *mucamide,* la *benzamide,* la *butyramide,* la *lactamide,* la *salicylamide,* la *sulfamide,* la *succinamide,* la *valéramide,* etc.

Oxamide, H^2Az,C^2O^2. Si l'on chauffe 2 ou 300 gr. d'oxalate d'ammoniaque dans une cornue munie d'une allonge et d'un récipient auquel s'ajuste un tube propre à recueillir les gaz, on obtient dans le récipient, à l'aide d'une chaleur graduée, de l'eau fortement chargée de carbonate d'ammoniaque, tenant en suspension une matière floconneuse d'un blanc grisâtre; le col de la cornue est tapissé de cristaux de carbonate d'ammoniaque, et présente en outre un dépôt épais de la matière d'un blanc grisâtre, déjà signalée. On réunit ce dépôt détaché du col de la cornue avec la liqueur du récipient, on délaie avec de l'eau, on jette sur un filtre, et, en lavant ce dépôt à grande eau, on obtient une poudre blanche, qui est l'*oxamide* pure. On prépare l'oxamide plus facilement et plus pure en mêlant de l'éther oxalique avec de l'ammoniaque liquide ; quelques instants après, l'oxamide se dépose (Liebig). Insoluble dans l'eau et dans l'alcool, l'oxamide offre la même composition que l'oxalate d'ammoniaque, moins 1 équivalent d'eau ; sous l'influence de la potasse et de la soude en dissolution bouillante, elle est changée en ammoniaque qui se dégage, et en acide oxalique qui s'unit à ces bases ; l'ammoniaque agit de même. Tous les acides un peu énergiques, et même l'acide oxalique, convertissent l'oxamide en acide oxalique, en passant eux-mêmes à l'état de sels ammoniacaux.

Mucamide. Elle est blanche, peu soluble dans l'eau ; chauffée à 220°, elle donne la *pyromucamide biamidée*. On obtient la mucamide en traitant l'éther mucique par l'ammoniaque liquide.

Benzamide, H^2Az, $H^5C^{14}O^2$ (voy. *Huile essentielle d'amandes amères*, p. 225).

Butyramide, $H^9C^8AzO^2$. Elle est sous forme de larges lames incolores et transparentes, que les alcalis et les acides transforment en acide butyrique et en ammoniaque ; elle ne diffère du butyrate d'ammoniaque que par les éléments de 2 équivalents d'eau. On l'obtient en mêlant l'éther butyrique à l'ammoniaque liquide (Chancel).

Lactamide, H^2Az, $H^5C^6O^4$. Elle est cristallisable, et se comporte, avec les alcalis et les acides hydratés, comme une amide. On l'obtient en faisant absorber à la *lactide* (voy. p. 112) du gaz ammoniac sec.

Salicylamide (voy. *Éther méthylsalicylique*, p. 202).

Sulfamide, H^2Az, SO^2. Elle est le résultat de l'action qu'exerce le gaz ammoniac sec sur l'acide chlorosulfurique ou sur l'acide sulfurique anhydres. Elle est sous forme de cristaux blancs, très-réguliers et très-solubles dans l'eau, avec production de froid ; elle rougit le papier bleu de tournesol.

Sulfamide dérivée. On l'obtient en versant une dissolution de sulfamide dans du chlorure de baryum ammoniacal (*Ann. de chim.*, juillet 1843, mémoire de M. Jacquelain).

M. Regnault avait décrit, sous le nom de *sulfamide*, le résultat de l'action qu'exerce le gaz provenant de la décomposition de l'acide sulfurique par l'alcool uni au chlore gazeux sur le gaz ammoniac sec.

Succinamide, $H^3C^8O^3$, $2H^2Az$, HO. Elle est cristallisée, insoluble dans l'alcool absolu et dans l'éther ; les acides et les alcalis hydratés la transforment en acide succinique et en ammoniaque. Chauffée, elle se change en partie en *bisuccinamide*. On peut la représenter par du succinate d'ammoniaque, dont on aurait séparé les éléments de 2 équivalents d'eau. On l'obtient en soumettant l'éther succinique à l'action prolongée de l'ammoniaque liquide, ou en traitant l'acide succinique anhydre par le gaz ammoniac sec.

On doit encore ranger parmi les amides le *sulfatammon* et le *parasulfatammon*, corps isomériques, H^3Az, SO^3, qui résultent de l'action de quantités différentes de gaz ammoniac anhydre sur l'acide sulfurique anhydre; le *sulfate d'ammoniaque acide anhydre*, $3H^3Az, 4SO^3$; les *sulfites d'ammoniaque anhydres*, H^3Az, SO^2, et $H^3Az, 2SO^2$; la *carbamide*, H^2Az, CO, produite en faisant arriver du gaz ammoniac anhydre en excès dans des flacons pleins de gaz acide chloroxycarbonique; la *phosphamide*, H^3Az^2, PhO^2, résultant de la réaction du gaz ammoniac sec sur les chlorures de phosphore en présence de l'eau; la *biphosphamide*, $AzPhO^2$, et le *phospham*, $HPhAz^2$.

Valéramide, $H^{11}C^{10}, AzO^2$. En traitant l'éther valérique par l'ammoniaque, on obtient la valéramide, laquelle, soumise à l'action de l'acide phosphorique anhydre, donne le valéronitrile.

Amides acides ou acides amidés. On les obtient en décomposant par le feu des sels ammoniacaux *acides*, ou bien en traitant des acides anhydres par du gaz ammoniac sec; on peut les considérer comme des composés d'une amide neutre et d'un acide. Elles se transforment en sels ammoniacaux dès qu'elles prennent les éléments de l'eau. C'est en décomposant par le feu le *bioxalate* d'ammoniaque que M. Balard a découvert le type des amides acides, l'acide *oxamique*, qui ne diffère du bioxalate d'ammoniaque que par les éléments de 2 équivalents d'eau en moins. Cet acide $= H^2Az, HOC^4O^5$, est pulvérulent, jaunâtre. Chauffé, il donne de l'eau, de l'acide carbonique, de l'oxyde de carbone, et de l'oxamide. Les principales amides acides, outre l'acide *oxamique*, sont les acides *carbamidique, camphoramique, chrysammamique, isamique, lactamique, phtalamique, tartramique, succinamique* et *sulfamidique*.

Lorsqu'on décompose par le feu ces acides, on obtient d'autres amides, auxquelles on a donné le nom d'*imides*, qui sont à ces acides ce que les nitriles sont aux amides. On peut citer, parmi les *imides*, la *camphimide*, $H^{15}C^{20}AzO^4$, la *mellimide*, la *phtalimide*, etc.

Amides basiques. On est assez porté à croire que la plupart des alcalis organiques peuvent être considérés comme des amides basiques; toujours est-il que l'urée et la mélamine, qui agissent à l'instar des alcalis organiques, se comportent comme des amides.

Des nitriles.

Lorsqu'on fait agir l'acide phosphorique *anhydre* sur les sels ammoniacaux à acides organiques ou sur les amides correspondantes, on obtient des *nitriles*, dont la composition n'est pas toujours identique; en effet, il en est que l'on peut considérer comme des cyanhydrates d'un carbure d'hydrogène: tel est le *métacétonitrile*, H^5C^6Az; ceux-ci, traités par les alcalis, fixent de l'eau, dégagent de l'ammoniaque, et régénèrent l'acide du sel primitif; ils produisent, avec du potassium, du cyanure de potassium, de l'hydrogène, et des carbures d'hydrogène. D'autres nitriles, tel que le benzonitrile, $H^5C^{14}Az$, offrent une composition différente. Les principaux nitriles sont l'*acétonitrile*, H^3C^4Az; le *butyronitrile*, H^7C^8Az; le *valénitrile*, $H^9C^{10}Az$; le *benzonitrile*, $H^5C^{14}Az$, etc.

Des hydramides.

J'ai dit, à la page 403, ce que l'on entend par *hydramide*. Les principales hydramides sont l'*anishydramide*, $H^{24}C^{48}AzO^6$; la *benzhydramide*, $H^{18}C^{42}Az^2$, l'*hydrobenzamide*, la *benzoïnamide*, la *cinnydramide*, la *cuminhydramide*, la *furfuramide*, la *salhydramide*.

SECTION QUATRIÈME.

DES ALCALIS ORGANIQUES.

Généralités sur les alcalis organiques. On désigne sous ce nom les substances organiques qui se combinent avec les acides pour former des sels; il en est un grand nombre qui existent dans la nature; d'autres n'ont encore pu être obtenus que par l'art. En général les alcalis organiques sont composés d'hydrogène, de carbone, d'oxygène et d'azote; il en est pourtant qui ne renferment pas d'oxygène; quelques-uns d'entre eux contiennent du soufre. Ils se comportent avec les *oxacides* comme l'ammoniaque; car, comme elle, ils ne se combinent avec ces acides qu'autant qu'ils sont monohydratés; d'où il suit qu'ils n'agissent comme bases sur les oxacides qu'à la condition de fixer les éléments d'un équivalent d'eau. L'acide azotique exerce sur eux, du moins sur la plupart d'entre eux, une action remarquable, sur laquelle M. Th. Anderson vient d'appeler l'attention des savans (voy. *Codéine, Narcotine, Morphine, Strych-*

nine, etc.). Les *hydracides* anhydres, au contraire, s'unissent directement avec eux, sans rien perdre de leurs éléments.

Le tannin, précipitant la plupart des alcalis organiques, a été proposé comme un réactif propre à signaler de petites quantités de ces substances dans les matières végétales. Le chlore, le brome et l'iode, colorant presque tous les alcalis végétaux auxquels ils communiquent une teinte plus ou moins foncée et différente pour chacun d'eux, on a cru pouvoir tirer parti de ces colorations pour les reconnaître; mais on ne saurait employer ces corps avec avantage, attendu qu'au bout d'un temps assez court, les teintes deviennent presque uniformes pour tous.

Soumis à l'action de la chaleur, quelques-uns de ces alcalis se volatilisent sans altération; tandis que la majeure partie sont décomposés en totalité, et donnent les produits qui résultent de la décomposition des matières organiques azotées (voy. p. 4).

Ceux qui existent dans les végétaux s'y trouvent à l'état de sel : aussi ne s'agit-il, pour les extraire, que de mettre en liberté l'alcali végétal en le déplaçant par un alcali minéral qui vient s'unir à l'acide précédemment combiné avec la base organique.

Je diviserai les alcalis organiques en deux groupes : 1° ceux qui existent tout formés dans la nature, 2° ceux qui sont le produit de l'art.

PREMIER GROUPE.
Alcalis naturels.

Ceux-ci peuvent être subdivisés en ceux qui sont volatils et en ceux qui ne le sont pas.

ALCALIS NATURELS NON VOLATILS.

Les principaux alcalis non volatils sont les alcalis des *quinquinas* et d'autres *rubiacées*, de l'*opium*, des *strychnos*, des *renonculacées*, des *solanées* et des *scrophulariées*. Ils sont en général très-peu solubles dans l'eau et solubles dans l'alcool; à très-peu d'exceptions près, ils sont formés d'hydrogène, de carbone, d'oxygène et d'azote.

ALCALIS DES QUINQUINAS ET D'AUTRES RUBIACÉES.

Ces alcalis sont la quinine, la cinchonine, la quinoïdine, l'émétine, la caféine, etc.

De la quinine. $H^{24}C^{38}Az^2O^4$.

La quinine a été découverte par Pelletier et Caventou, en 1820, dans les quinquinas rouge, jaune et gris, où elle existe probablement combinée avec l'acide quinique, et avec une ou plusieurs matières colorantes : on la trouve surtout abondamment dans le second. Elle est ordinairement sous forme d'une masse poreuse composée de petits cristaux prismatiques, d'un blanc sale, d'une saveur très-amère, solubles dans 400 parties d'eau froide et dans 250 d'eau bouillante. L'alcool la dissout très-facilement ; elle est plus soluble dans l'éther que la cinchonine : les huiles fixes et volatiles la dissolvent assez bien. Dissoute dans l'alcool ou dans l'eau acidulée, si la température n'est pas au-dessus de 22°, la quinine exerce le pouvoir rotatoire vers la gauche.

Quoique ayant peu d'action sur l'eau, la quinine peut en retenir lorsqu'on la sépare par le refroidissement d'une dissolution alcoolique ; elle constitue alors un *hydrate* transparent, contenant 6 équivalents d'eau, fusible à 90 degrés. Cet hydrate, que l'on a considéré pendant quelque temps comme un alcaloïde particulier, auquel on avait donné le nom de *quinide,* peut être obtenu *cristallisé* en petites aiguilles qui sont des prismes allongés à six pans assez efflorescents, lesquels, étant chauffés dans un bain d'huile à 120°, perdent toute leur eau ; on l'obtient en précipitant le sulfate de quinine par l'ammoniaque, ou en faisant bouillir la quinine dans l'eau, filtrant à froid et laissant évaporer spontanément, ou bien en la dissolvant dans l'alcool à 40 ou 42 degrés, et en abandonnant la dissolution dans un endroit froid sans être humide.

Si on chauffe fortement la quinine, elle se décompose à la manière des substances végétales azotées. L'air ne l'altère point ; elle n'en absorbe même pas l'acide carbonique. Elle rétablit la couleur bleue du tournesol rougi par un acide. L'acide azotique ne rougit point la quinine. La potasse fournit avec elle de la *quinoléine* (voy. *Cinchonine,* p. 414).

Extraction. On l'obtient en décomposant le sulfate par la magnésie ou par la chaux, à l'aide de la chaleur ; la quinine se dépose et reste mêlée avec l'excès de magnésie ou de chaux ; on traite le dépôt par l'alcool bouillant, qui ne dissout que la quinine, et qui la laisse précipiter par le refroidissement ; on la purifie en la faisant dissoudre de nouveau dans l'alcool. La quinine n'est pas employée en médecine, tandis qu'on administre souvent le sulfate de quinine.

Sels de quinine. Ils ont un aspect nacré, et ils sont plus facilement cristallisables que ceux de cinchonine. Ils sont solubles ou insolubles dans l'eau ; les premiers sont plus amers que les sels de cinchonine. Ils se dissolvent en général dans l'alcool. Étendus d'eau ils se colorent fortement en bleu tirant au vert lorsqu'on les traite successivement par le chlore et l'ammoniaque. Le chlore, additionné d'une dissolution *concentrée* de cyanure jaune de potassium et de fer, leur communique une belle couleur d'un rouge clair, ce que ne font pas les sels de plusieurs autres bases alcaloïdes organiques (Vogel fils). Les sels de quinine sont précipités par les alcalis minéraux, qui en séparent la quinine en flocons très-blancs ; les oxalates et les tartrates neutres de potasse et de soude, les bichlorures de mercure et de platine, et l'azotate d'argent, les précipitent en blanc ; la teinture d'iode les colore en brun jaune, le chlorure d'or en blanc jaunâtre, et le permanganate de potasse en vert ; il faut supposer que les dissolutions de quinine soient assez concentrées.

L'oxalate, le tartrate, le citrate, le gallate, le tannate, et l'iodate, sont peu solubles dans l'eau.

Sulfate neutre de quinine, $H^{24}C^{38}Az^2O^4, HO, SO^3, 7HO.$ — Il est sous forme d'aiguilles ou de lames très-étroites, allongées, nacrées, et légèrement flexibles, semblables à l'amiante : ces aiguilles sont entrelacées de manière à imiter des mamelons étoilés ; il est soluble dans 750 parties d'eau froide ; l'eau bouillante en dissout $\frac{1}{30}$ de son poids. L'eau acidulée le dissout très-bien et le laisse cristalliser par le refroidissement. L'alcool le dissout à merveille, tandis qu'il est à peine soluble dans l'éther. Chauffé il perd son eau et devient entièrement lumineux dans l'obscurité ; il en est de même quand on le frotte, surtout lorsqu'il est pur et sec : il fond facilement, et présente alors l'aspect de la cire. Il s'effleurit promptement à l'air. Il exerce la rotation vers la gauche.

Le sulfate de quinine est un médicament précieux qui peut remplacer le quinquina avec beaucoup d'avantage, excepté dans le traitement de l'empoisonnement par l'émétique, et dans les divers cas où l'écorce du Pérou est appliquée à l'extérieur, comme dans les ulcères atoniques, la pourriture d'hôpital, etc. Dans toute autre circonstance, il doit être préféré à cette écorce ; en effet, il est beaucoup plus actif, et il produit, à la dose de quelques centigrammes, les mêmes effets que plusieurs grammes de quinquina ; son action est infiniment plus prompte, parce que le quinquina ne commence à agir que lorsque les quinates de quinine et de cinchonine qu'il renferme ont été séparés des autres matières qui entrent dans sa composition ; il fatigue beaucoup moins l'estomac, par cela seul qu'il n'a pas besoin d'être digéré, et qu'on ne l'emploie qu'à la dose de quelques centigrammes ; aussi voit-on tous les jours des

malades qui vomissent le quinquina supporter facilement le sulfate;
il présente encore sur l'écorce du Pérou un avantage immense, puisqu'il
arrive souvent que cette écorce est de mauvaise qualité et contient à
peine de la quinine, tandis que le sulfate est un médicament dont la
composition est toujours la même. On l'administre depuis 5 jusqu'à 50
ou 60 centigrammes dans les vingt-quatre heures, sous forme de sirop,
de potion, de pilules, ou dissous dans du vin. On prépare le sirop avec
1 kilogramme de sirop simple et 3 grammes 20 centigrammes de sulfate
de quinine ; la dissolution vineuse s'obtient avec 1 litre de vin de Ma-
dère et 60 grammes de sel. En général, lorsqu'il s'agira de le donner
dissous dans un véhicule aqueux, on en facilitera la dissolution à l'aide
d'une ou deux gouttes d'acide sulfurique. L'emploi du sulfate de quinine, dans les fièvres intermittentes simples ou pernicieuses, est subor-
donné aux mêmes règles que celui du quinquina. M. Briquet a administré avec grand succès le sulfate de quinine à assez forte dose dans les
rhumatismes.

Préparation du sulfate de quinine. On traite à plusieurs reprises le
quinquina *jaune* réduit en poudre par de l'eau aiguisée d'acide chlorhydrique ; on emploie 1 kilogramme d'écorce, 8 kilogrammes d'eau et
50 grammes d'acide, et on fait bouillir pendant une demi-heure ; on
réunit les décoctions déjà refroidies, on les concentre, et on sature
l'excès d'acide par du carbonate de soude ; quand on est arrivé près du
point de neutraliser l'eau, on précipite la quinine et la cinchonine par
de la soude caustique, jusqu'à ce que la liqueur soit légèrement alcaline ; si l'on employait la chaux hydratée, comme on l'avait d'abord recommandé, on perdrait une portion d'alcali organique, la chaux jouissant de la propriété de le dissoudre en partie (Calvert). On *dessèche* le
précipité, dans lequel se trouvent la quinine et la cinchonine ; on le
met en digestion pendant quelques heures, à la température de 60°, dans
de l'alcool à 36 degrés, et l'on réitère les digestions jusqu'à ce que les
liqueurs n'offrent plus de saveur amère ; on filtre et on distille au bain-
marie pour retirer les trois quarts de l'alcool employé ; on voit alors
qu'il reste dans la cornue une *matière brune visqueuse,* surnagée par
un *liquide louche,* très-alcalin et très-amer. On sépare ces deux produits
par décantation, et on les soumet aux opérations suivantes : le *liquide
louche,* qui renferme de la quinine, de la cinchonine et une matière
grasse, est saturé par l'acide sulfurique, évaporé jusqu'aux deux tiers,
et mêlé avec un peu de charbon animal ; on le fait bouillir pendant
quelques instants ; on filtre, et il suffit de l'évaporer pour faire cristalliser le sulfate de quinine. Quant à la *matière brune visqueuse,* on la

fait bouillir avec de l'eau faiblement aiguisée d'acide sulfurique, et on la transforme presque entièrement en sulfate blanc et soyeux, que l'on dessèche entre des feuilles de papier joseph. Le sulfate de cinchonine, beaucoup plus soluble que celui de quinine, provenant surtout du *liquide louche*, reste dans les eaux mères. Ce procédé fournit plus de 32 grammes de sulfate de quinine pur pour 1 kilogramme de quinquina jaune de bonne qualité.

Le sulfate de quinine est souvent sophistiqué dans le commerce : on reconnaîtra qu'il contient de la magnésie ou du sulfate de chaux, en traitant le mélange par l'alcool bouillant, qui dissout le sulfate de quinine, et laisse le sulfate de chaux ou la magnésie. Si on l'avait mêlé avec du sucre, on le ferait dissoudre dans de l'eau légèrement acidulée, on précipiterait la quinine au moyen du carbonate de potasse dissous, et l'on aurait dans la liqueur du sulfate de potasse et du sucre; on évaporerait jusqu'à siccité, et on traiterait le produit par l'alcool, qui ne dissoudrait que le sucre. On reconnaîtra qu'il a été mêlé à de la *mannite*, en traitant par l'eau froide, qui ne dissoudra que la mannite. S'il avait été frelaté par de la stéarine ou de la coloquinte, on traiterait par l'eau aiguisée d'acide sulfurique, qui dissoudrait le sulfate de quinine sans agir sur le corps gras ni sur la coloquinte.

Il arrive souvent que l'on débite dans le commerce du sulfate de quinine mélangé de sulfate de cinchonine. On reconnaîtra ce mélange: 1° par l'hypochlorite de chaux, qui précipite la quinine et la cinchonine, et dont un excès ne dissout que le précipité de quinine; 2° par le chlorure de calcium, qui ne donne pas de précipité avec le sulfate de quinine, et qui en fournit un avec le sulfate de cinchonine; 3° par l'eau de chaux, par l'ammoniaque ou par le carbonate d'ammoniaque, qui précipite les deux sulfates, mais dont un excès redissout le précipité de quinine et reste sans action sur le précipité de cinchonine (*Journal de pharmacie*, novembre 1842).

Sulfate acide de quinine, $H^{24}C^{38}Az^2O^4, HO, 2SO^3, 8HO$. — Il est en prismes transparents aplatis, de forme quadrangulaire, solubles dans 11 parties d'eau froide et dans l'alcool étendu, rougissant le tournesol, efflorescents, et perdant leur eau de cristallisation par la chaleur.

Chlorhydrate de quinine. — Il est fusible, plus soluble que le sous-sulfate neutre, et moins que le chlorhydrate de cinchonine. L'*acétate* est légèrement acide et en aiguilles longues, larges et nacrées, peu solubles à froid, très-solubles dans l'eau bouillante; sa dissolution saturée à chaud se prend en masse par le refroidissement. Dans ces derniers temps, M. Wertheim a obtenu du sulfocyanhydrate de quinine en cristaux d'un jaune-citron, du cyanhydrate de quinine et de cyanure de platine, du cyanhydrate de quinine et de cyanide de platine, du sulfo-cyanhydrate de quinine et de cyanure de mercure, et du sulfocyanhydrate de quinine et de chloride de mercure (voy. *Journal de pharm.*, juin 1850).

De la cinchonine. $H^{24}C^{58}Az^2O^2$.

M. Gomès, de Lisbonne, est le premier qui ait indiqué la présence d'une matière cristallisable dans le quinquina gris; il la désigna sous le nom de *cinchonine*, et assura qu'elle n'était ni acide ni alcaline. La cinchonine découverte par le chimiste portugais n'était pas entièrement pure, et contenait une matière grasse, qui néanmoins ne masquait pas entièrement ses propriétés alcalines, comme le fit voir Houtou-Labillardière. MM. Pelletier et Caventou établirent les premiers, dans leur beau travail sur les quinquinas, que ce principe, dégagé de tout autre corps, était une base salifiable organique, qu'ils décrivirent avec le plus grand soin.

La cinchonine existe dans plusieurs espèces de quinquina, et surtout dans le quinquina gris, combinée à l'acide quinique, et avec une ou plusieurs matières colorantes. Elle est sous forme d'aiguilles prismatiques déliées, ou de plaques blanches translucides, cristallines, *anhydres*, d'une saveur amère particulière, qui ne se développe qu'au bout d'un certain temps, à moins que la cinchonine n'ait été rendue soluble par son union avec les acides. Lorsqu'on la chauffe avec précaution dans des vaisseaux fermés, elle fond plus difficilement que la quinine, ne perd pas d'eau, et se sublime presque entièrement en flocons blancs, qui se condensent sur les parties froides de l'appareil; si la chaleur est trop forte, la cinchonine se charbonne et se décompose entièrement. Elle exige deux mille cinq cents fois son poids d'eau bouillante pour se dissoudre, et beaucoup plus d'eau froide. Les huiles fixes et volatiles et l'éther la dissolvent à peine; elle est beaucoup moins soluble dans l'alcool que la quinine : ces dissolutions, douées d'une saveur amère, ramènent au bleu le papier de tournesol rougi par un acide. Dissoute dans l'alcool ou dans une eau accidulée, elle exerce le pouvoir rotatoire vers la droite, à l'opposé de la quinine. Elle s'unit à *tous les acides*, et forme des sels neutres et basiques, amers, précipitables, comme ceux de quinine, par les oxalates, les tartrates, les gallates, et l'infusion de noix de galle. L'acide azotique ne la rougit point.

Lorsqu'on chauffe en vaisseaux clos de la quinine, de la strychnine, et surtout de la *cinchonine*, avec de la potasse caustique fondue, il se développe des vapeurs âcres qui se condensent dans le récipient avec de l'eau. Cette eau est laiteuse, et laisse déposer de la *quinoléine* sous forme d'une huile incolore ou légèrement jaunâtre; pendant cette transformation, les alcalis organiques perdent *une partie* de leur hydrogène, qui se dégage à l'état de gaz, et la *totalité* de leur oxygène, qui se combine avec la proportion voulue de carbone pour former de l'acide carbonique, lequel reste, dans la cornue, combiné avec la potasse.

La quinoléine est huileuse, incolore ou légèrement jaunâtre, d'une odeur *caractéristique* très-prononcée qui rappelle celle de la fève de Saint-Ignace, d'une saveur extrêmement âcre et amère, plus pesante que l'eau, peu soluble dans ce liquide, qu'elle rend laiteux; soumise à l'ébullition avec de l'eau, elle distille sans altération, mais seule, elle est facilement décomposée par la chaleur. L'alcool, l'éther et les huiles essentielles, la dissolvent très-bien. Sa dissolution aqueuse *bleuit* le papier rouge de tournesol, et précipite en blanc l'azotate d'argent, les chlorures de mercure, d'or et de platine; tandis qu'elle ne trouble pas l'azotate de fer, le sulfate de cuivre et l'acétate de plomb. Elle se combine avec les acides, et donne *des sels* bien définis et cristallisables, très-amers. Elle est formée de $H^7C^{18}Az$ (Gerhardt, *Annales de chimie*, février 1843).

Extraction de la cinchonine. On l'obtient en traitant par un léger excès de dissolution de carbonate de potasse ou de soude les eaux mères et les eaux de lavage provenant de l'opération qui fournit le sulfate de quinine (voy. pag. 411) : ces eaux contiennent du sulfate de cinchonine et un peu de sulfate de quinine; la potasse s'empare de l'acide sulfurique, et précipite ces deux alcalis; le précipité, lavé et desséché, est dissous dans 4 parties d'alcool bouillant; on distille, et on laisse cristalliser le résidu spontanément; la cinchonine, se trouvant prédominante, se dépose, et il suffit, pour l'obtenir pure, de la dissoudre de nouveau dans l'alcool et de la faire cristalliser. La cinchonine n'a point d'usages, mais on emploie quelquefois le sulfate.

Le *sulfate neutre de cinchonine* est sous forme de prismes à quatre pans, dont deux plus larges, terminés par une face inclinée; ses cristaux sont ordinairement réunis en faisceaux; ils sont un peu luisants, flexibles, d'une saveur excessivement amère, fusibles comme la cire à une température un peu supérieure à celle de l'eau bouillante; si on les chauffait plus fortement, ils acquerraient une belle couleur rouge et se décomposeraient. Ce sulfate est très-peu soluble dans l'éther, soluble dans 54 parties d'eau froide, par conséquent beaucoup plus soluble que le sulfate correspondant de quinine, soluble dans 6 ½ parties d'alcool à 0,85. Il est formé de 84,324 parties de cinchonine, de 10,811 d'acide sulfurique, et de 4,865 d'eau (Baup). On l'obtient directement en traitant la base par l'acide. Il exerce sur l'économie animale la même action que le sulfate de quinine ; il agit cependant avec moins d'énergie, et doit être administré à plus forte dose : on le fait prendre sous forme de poudre, ou dissous dans du sirop, pour combattre les fièvres intermittentes (voy. *Sulfate de quinine*, p. 410).

Chlorhydrate de cinchonine. — Le chlore, à chaud, transforme une dissolution concentrée de ce sel en un sel peu soluble qui, étant redissous dans l'eau et traité par l'ammoniaque, laisse précipiter de la cinchonine *bichlorée*, $H^{22}C^{38}Cl^2Az^2O^2$. Le brome peut donner, dans les mêmes conditions, de la cinchonine *bibromée*, $H^{22}C^{38}Br^2Az^2O^2$.

Voici maintenant, d'après MM. Pelletier et Caventou, les principales différences entre la quinine et la cinchonine. — *Quinine*. En masses amorphes ou en houppes soyeuses, d'une saveur amère très-désagréable, fusible à l'état d'hydrate, soluble dans l'alcool sans pouvoir cristalliser, à moins qu'on ne prenne de grandes précautions (voy. p. 409), très-soluble dans l'éther, et incristallisable, donnant un sulfate neutre en aiguilles soyeuses nacrées, un chlorhydrate en houppes soyeuses, un phosphate en aiguilles nacrées, un arséniate en aiguilles prismatiques, et un acétate peu soluble en étoiles ou en gerbes. — *Cinchonine*. En aiguilles prismatiques d'une saveur amère particulière, infusibles, solubles dans l'alcool, dans lequel elle peut cristalliser, très-peu solubles dans l'éther et cristallisant, donnant un sulfate neutre en prismes à quatre pans, un chlorhydrate en aiguilles, un phosphate incristallisable d'un aspect gommeux, un arséniate qui ne cristallise point, et un acétate en petits cristaux grenus très-solubles.

Des eaux mères qui ont fourni les sulfates de quinine et de cinchonine.

On a cru pendant longtemps que ces eaux mères contenaient une faible proportion de *sulfate de quinoïdine*, base que l'on considérait comme un *alcali* particulier : or, il est avéré aujourd'hui que la prétendue quinoïdine est un composé de quinine, de cinchonine, d'un *alcaloïde nouveau* désigné sous le nom de β *chinine*, mélangé à une résine de couleur brune ; c'est le mélange de cet alcaloïde nouveau et de cette résine que l'on a appelé *chinine amorphe*.

De la β chinine. $H^{11}C^{20}AzO^3,2HO.$

Elle cristallise en prismes transparents, qui deviennent bientôt blancs et opaques, sans pourtant se réduire en poudre, et ayant une faible réaction alcaline. Elle fond, à 110°, en un liquide incolore, qui se prend, par le refroidissement, en une masse transparente et résineuse. Brûlée à l'air, elle répand une odeur qui rappelle celle des fleurs de mélilot, et ne laisse point de résidu; une partie se volatilise sans se décomposer. Chauffée à 120° ou 130°, elle perd les 2 équivalents d'eau. Elle est soluble dans 1500 parties d'eau froide, dans 750 parties du même liquide bouillant, dans 45 d'alcool et dans 90 d'éther froids, et dans 37 d'alcool bouillant. La dissolution aqueuse est légèrement troublée par une dissolution concentrée de potasse, et précipitée en brun foncé par la teinture d'iode, tandis que le précipité correspondant de la quinine est d'un brun jaune. Les azotates d'argent et de protoxyde de mercure ne la troublent pas, tandis qu'ils précipitent la dissolution de quinine. Elle forme avec les acides des sels neutres et basiques d'une saveur très-amère. Le chlorhydrate est en beaux cristaux solubles dans l'eau et dans l'alcool, tandis que celui de quinine est sous forme de houppes soyeuses. Le sulfate basique est en cristaux solubles dans l'eau; le sulfate neutre, très-soluble dans l'eau froide, cristallise moins facilement. L'oxalate est beaucoup plus soluble que celui de quinine. Des expériences faites dans l'hôpital militaire d'Utrecht semblent annoncer, de la part de cette base, une action fébrifuge intense (*Journ. de pharm.*, octobre 1849).

De la cinchovatine ou aricine. $H^{17}C^{46}A^2O^5.$

MM. Pelletier et Coriol ont retiré de l'écorce du *cinchona ovata* (quinquina de Jaïn) une nouvelle base salifiable organique, à laquelle Pelletier a donné le nom d'*aricine*, qui ressemble, par ses propriétés physiques, à la cinchonine, dont elle diffère cependant beaucoup. Elle est blanche, transparente, et cristallise en aiguilles rigides. Chauffée, elle fond et ne se volatilise pas, comme la cinchonine. Elle est insoluble dans l'eau, et n'offre une saveur chaude et acerbe que lorsqu'elle est restée quelque temps dans la bouche. L'acide azotique concentré la colore en *vert intense*, tandis que la nuance est plus claire si l'acide est un peu affaibli; très-étendu, cet acide dissout l'alcali sans le colorer. Le sulfate neutre de cette base n'est pas cristallisable par solution aqueuse, tandis que le sulfate neutre de cinchonine cristallise en prismes rhomboïdaux ; si le sulfate est acide, il cristallise en aiguilles aplaties.

Extraction. On l'obtient en traitant l'écorce de *cinchona ovata* de la même manière que l'on traite le quinquina pour en retirer la quinine et la cinchonine (*Journ. de pharm.*, novembre 1829).

De la pitoxine, de la blanquinine, de la paricine, de la pseudoquinine.

La *china pitoxa* contient, d'après M. Peretti, une base non amère, la *pitoxine*, fusible vers 120°, pouvant être sublimée en aiguilles fines.

Mill dit avoir extrait la blanquinine du *cinchona ovifolia.*

D'après Winckler, le quina de Para contiendrait de la *paricine.*

Gruner dit avoir obtenu un alcaloïde particulier du *china nova.*

Enfin Mengarduque a découvert un alcaloïde auquel il a donné le nom de *pseudoquinine.*

De l'émétine.

L'*émétine* a été découverte par Pelletier dans le *cephœlis ipecacuanha* (ipécacuanha annelé), dans le *psychotria emetica* (ipécacuanha strié), et dans le *viola emetica.* Elle tire son nom de ἰμέω, *vomo*, qui indique sa propriété la plus remarquable, celle de faire vomir à petite dose.

Elle est pulvérulente, d'un blanc quelquefois jaunâtre, d'une saveur très-faible et amère, inodore, très-fusible, se liquéfiant vers 50° du thermomètre centigrade. Exposée à l'air, elle s'y colore légèrement sans éprouver d'autre altération. L'eau froide la dissout à peine ; elle est moins insoluble dans l'eau chaude, et très-soluble dans l'alcool. Elle ramène au bleu le papier de tournesol rougi par un acide. L'éther et les huiles ne la dissolvent pas sensiblement. Elle sature les acides à la manière des autres bases, mais ne forme pas avec eux de sels cristallisables. L'acide azotique concentré la décompose, la change d'abord en une matière résineuse amère, puis en acide oxalique, *sans la rougir. Le sesquichlorure de fer ne la bleuit point.* Comme la quinine, la dissolution d'émétine est précipitée en blanc par l'acide gallique et par la noix de galle ; mais elle n'est point troublée par les tartrates neutres à base de potasse et de soude, comme cela a lieu pour la quinine. Le sous-acétate de plomb n'exerce aucune action sur l'émétine pure. Elle est formée de 64,57 de carbone, de 4,00 d'azote, de 7,77 d'hydrogène, et de 22,95 d'oxygène (Pelletier et Dumas). L'émétine, décrite en 1817 par Pelletier et M. Magendie, était colorée et impure; ils l'administrèrent à plusieurs espèces d'animaux, et conclurent: 1° que l'ipécacuanha doit ses propriétés médicinales à l'émétine; 2° qu'elle est *vomitive*, et qu'elle a une action spéciale sur le poumon et sur la membrane muqueuse du canal intestinal; qu'elle est également narcotique; 3° qu'elle peut remplacer l'ipécacuanha dans toutes les circonstances où l'on se sert de ce médicament, avec d'autant plus de succès, qu'à une dose déterminée elle a des propriétés constantes, ce qui n'a pas eu lieu pour l'ipécacuanha du commerce (1); 4° que son défaut d'odeur et son peu de saveur lui donnent encore un avantage marqué dans son emploi comme médicament. M. Magendie a trouvé depuis, que l'émétine pure était trois fois plus active que celle sur laquelle il avait expérimenté en 1817. On administre l'émétine pure comme vomitif, à la dose de 5 centigr. aux adultes, sous forme de pastilles, de potion ou de sirop : lorsqu'on la donne en potion, il faut préalablement la dissoudre dans une petite quantité d'acide acétique. Il serait imprudent de faire prendre l'émétine à plus forte dose, M. Magendie s'étant assuré qu'à la dose de 10 centigrammes elle pouvait faire périr les chiens de forte taille.

Extraction. Après avoir réduit en poudre la partie corticale de l'ipécacuanha, on la traite par l'éther à 60 degrés, pour dissoudre toute la matière grasse odorante; lorsque ce véhicule n'exerce plus d'action, on fait bouillir la poudre à plusieurs reprises avec de l'alcool à 40 degrés; on filtre les dissolutions bouillantes, et l'on obtient un précipité blanc, floconneux, analogue à la cire; on filtre de nouveau les dissolutions et on les fait évaporer au bain-marie; le résidu, d'un rouge safrané, contient de l'*émétine,* de la cire, de la matière grasse et de l'acide gallique; on le traite par l'eau et par une quantité suffisante de magnésie pour saturer l'acide libre, et pour décomposer le gallate d'émétine; le dépôt renferme l'émétine, l'excès de magnésie, de la cire, et une matière colorante que l'on peut enlever par l'eau; on le dessèche et on le traite par l'alcool rectifié, qui ne dissout que l'émétine. Pour l'avoir plus blanche, on peut la combiner à un acide, traiter le sel par le charbon animal, et reprendre par l'alcool l'émétine précipitée de nouveau par la magnésie.

---

(1) Je pense qu'effectivement l'émétine doit être préférée à l'ipécacuanha lorsqu'il s'agira de faire vomir, mais je suis loin de croire qu'elle le remplacera dans beaucoup de cas où la racine d'ipécacuanha est indiquée.

De la caféine ou théine. $H^5C^8Az^2O^2$.

Elle existe dans le café et dans le thé. Elle est en longues aiguilles soyeuses, contenant deux équivalents d'eau, qu'elle perd à 100°. Elle fond à 180°, et se sublime au-dessus de 300°, en répandant une odeur caractéristique. Elle est soluble dans l'eau, l'alcool et l'éther ; la dissolution aqueuse est précipitée par le tannin. Elle se combine avec les acides, mais elle les abandonne dès que l'on évapore les dissolutions.

L'acide azotique la transforme en une matière cristalline, la *nitrothéine*. Chauffée avec un alcali, la caféine se décompose en cédant à l'alcali les éléments du cyanogène, que l'on retrouve sous la forme de cyanure.

Lorsqu'on fait passer un courant de chlore à travers de l'eau tenant en suspension de la caféine, de manière à former une bouillie épaisse, la liqueur s'échauffe, sans cependant entrer en ébullition ; si l'on continue l'opération jusqu'à ce qu'une goutte de liquide, mélangée avec une goutte de potasse, forme un précipité blanc de caféine, on obtient une liqueur qui renferme de l'acide chlorhydrique, le chlorhydrate d'une base (la *formyline*), un *acide faible* (*A. amalique*), et un produit *extrémement volatil*, qu'il a été impossible d'isoler (Rochleder, *Journ. de pharm.*, janvier 1850).

Extraction. On traite par l'eau le café ou le thé ; on verse dans la liqueur filtrée du sous-acétate de plomb, qui précipite un certain nombre de matières ; la liqueur filtrée qui contient la caféine est soumise à un courant de gaz acide sulfhydrique, afin de transformer en sulfure noir l'excès d'acétate de plomb ; on filtre de nouveau, et l'on fait évaporer ; la caféine cristallise, et on la purifie en la faisant cristalliser plusieurs fois. M. Péligot a retiré de 2 à 4 p. % de théine cristallisée, en traitant une infusion chaude de thé par le sous-acétate de plomb.

Acide amalique, $H^7C^{14}Az^2O^8$. — Il est en cristaux transparents, incolores, rougissant faiblement le tournesol, presque insolubles dans l'eau froide, peu solubles dans l'eau bouillante, insolubles dans l'alcool. A 100°, il ne perd pas d'eau ; chauffé plus fortement, il fond, se colore en jaune, puis en jaune rougeâtre et en brun, et se décompose en ammoniaque, en un corps huileux, et en un corps cristallisé. Sa dissolution aqueuse produit sur la peau des taches rouges ; elle réduit les sels d'argent. L'acide amalique forme, avec la baryte, la potasse et la soude, des sels violets. Il colore l'ammoniaque en rouge, puis en violet. On l'obtient en évaporant la liqueur résultant de l'action du chlore en excès sur la caféine. Suivant M. Wurtz, la formule de l'acide amalique serait $H^6C^{12}Az^2O^8$.

Formyline, H^4C^2Az. On pourrait la considérer comme une combinaison conjuguée de *formyle*, HC^2, et d'ammoniaque, H^3Az. Le chlorhydrate est sous forme de grandes feuilles incolores, un peu grasses au toucher; j'ai déjà dit qu'il se produit par l'action d'un excès de chlore sur la caféine (Rochleder, *Journ. de pharm.*, janvier 1850). D'après M. Wurtz, la formyline ne serait que de la méthylamine.

ALCALIS DE L'OPIUM ET D'AUTRES PAPAVÉRACÉES.

Ces alcalis sont la morphine, la codéine, la narcéine, la narcotine, la thébaïne, la pseudomorphine, etc.

De la morphine. $H^{18}C^{34}AzO^6$, 2HO.

La morphine, entrevue dès l'année 1804 par Séguin, a été découverte en 1817 par M. Sertuerner, pharmacien à Eimbech (Hanovre), qui le premier en a fait connaître les propriétés; elle n'a été trouvée jusqu'à présent que dans l'opium, et dans les capsules et les tiges de tous les pavots indigènes, où elle paraît être combinée tantôt avec l'acide sulfurique, tantôt avec l'acide méconique, et le plus souvent peut-être avec ces deux acides; on n'en a pas retiré des graines.

La morphine est solide, incolore, cristallisée en pyramides tronquées (et alors elle renferme deux équivalents d'eau), transparentes et très-belles, dont la base est un carré ou un rectangle, ou quelquefois aussi en prismes à base trapézoïde; sa saveur est amère lorsqu'elle a été dissoute dans l'alcool. Chauffée avec précaution à 120°, elle perd toute son eau. Soumise à l'action du feu dans un petit tube de verre, elle fond aisément et devient transparente; mais elle reprend son opacité aussitôt que le tube commence à se refroidir, caractère qui la distingue de la narcotine. Distillée au delà de 300°, elle se décompose à la manière des substances azotées. Elle s'enflamme vivement lorsqu'on la chauffe avec le contact de l'air. Elle exige 1,000 parties d'eau froide pour se dissoudre, et environ 500 d'eau bouillante. L'alcool la dissout facilement à chaud, et la laisse déposer en grande partie par le refroidissement; ces dissolutions, surtout la dernière, offrent une saveur amère, brunissent le papier de rhubarbe plus fortement que le papier de curcuma, et rétablissent la couleur bleue du tournesol rougi par un acide, ce qui n'a pas lieu avec la narcotine. La morphine est insoluble dans l'éther.

Elle est soluble dans plusieurs alcalis, et notamment dans la potasse, ce qui permet de la séparer de la narcotine, qui ne se dissout pas dans ces agents. Chauffée avec un excès d'hydrate de potasse à 200°, on obtient un liquide d'une odeur fortement *ammoniacale*, d'une saveur brûlante, renfermant de la *méthylamine*.

La morphine neutralise les acides, avec lesquels elle forme des sels simples ou doubles, cristallisables, d'une saveur amère, désagréable, précipitables par les carbonates alcalins; l'infusion de noix de galle ne les trouble qu'autant qu'ils contiennent de la narcotine. L'ammoniaque les précipite quand les dissolutions sont concentrées; si, au contraire, elles sont très-étendues, ou il n'y a point de précipité, ou, s'il s'en forme un, il est redissous par un excès d'ammoniaque.

L'acide azotique, versé par gouttes sur la morphine, lui communique une belle *couleur rouge,* caractère que partagent la strychnine impure et la brucine, mais qui n'appartient pas à la narcotine. M. Anderson vient de prouver que, par la réaction de cet acide sur cette base, il se forme des *bases volatiles* qu'il n'a pas encore examinées (*Comptes rendus des séances de l'Académie des sciences,* 29 juillet 1850).

L'acide acétique faible la dissout rapidement

Elle décompose la plupart des sels métalliques des six dernières classes.

Mise en contact avec une très petite quantité de sesquichlorure de fer non acide, ou très-peu acide et étendu, la *morphine devient bleue,* caractère qui n'appartient ni à la narcotine, ni à la strychnine, ni à la brucine, ni à aucun autre alcali végétal; si le sel de fer était jaune, on obtiendrait une nuance verte, produite par le mélange des couleurs jaune du sel de fer et bleue de la morphine. D'après Pelletier, il paraîtrait que, pendant la réaction de la morphine sur les sels de sesquioxyde de fer, une portion de la morphine s'emparerait d'une partie de l'oxygène du sesquioxyde de fer, tandis qu'une autre portion de morphine se combinerait avec l'oxyde de fer ramené à un état d'oxydation inférieur. Les acides, l'alcool et l'éther acétique non acide, font disparaître la couleur bleue à l'instant même; aussi ne se manifeste-t-elle pas si l'on emploie un sel de fer acide, ou lorsqu'on fait usage d'une dissolution alcoolique de morphine (Robinet).

L'acide *iodique* et l'*iodate* acide de potasse, mêlés avec de la morphine ou avec un sel de morphine, sont instantanément décomposés, et l'iode est mis à nu d'abord avec une couleur rouge, et immédiatement après avec la couleur bleuâtre qui le caractérise; cette réaction a lieu lors même que la liqueur ne contient qu'un demi-milligramme de morphine (Sérullas, 1830).

Le *carbonate* de morphine cristallise en prismes courts. Le *sulfate* offre des ramifications cristallines et même des prismes. Le *chlorhydrate*, $H^{18}C^{34}AzO^6, HCl, 6HO$, est sous forme de houppes soyeuses ou de rayons solubles dans 20 parties d'eau froide et dans 1 d'eau bouillante. L'*azotate* est également rayonné. Le *tartrate* et le sous-méconate cristallisent en prismes. L'*acétate* est sous forme de dendrites ou de demi-sphères aiguillées dans l'intérieur; il est inodore, d'un blanc légèrement grisâtre, et d'une saveur amère; il est très-soluble dans l'eau et dans l'alcool, insoluble dans l'éther; les dissolutions alcooliques et aqueuses, abandonnées à elles-mêmes à l'air libre, se décomposent spontanément et laissent déposer de la morphine, mais cette décomposition a ses limites; l'acide azotique, l'acide iodique et le sesquichlorure de fer, agissent sur lui comme sur la morphine; une dissolution d'un sel d'or le colore en bleu.

Extraction de la morphine. On fait macérer l'opium dans de l'eau à 38° c.; on sature l'acide libre par du marbre; on évapore, jusqu'en consistance de sirop, dans un vase de porcelaine, afin d'éviter tout contact avec le fer, qui colorerait la matière en rouge foncé, et on ajoute un excès de chlorure de calcium pur; on continue à faire bouillir pendant quelques minutes; il se produit du chlorhydrate de morphine et de codéine solubles, et du méconate de chaux insoluble; on sépare celui-ci après avoir ajouté un peu d'eau, et on évapore la liqueur jusqu'à ce qu'elle cristallise; on dissout les cristaux dans l'eau bouillante; on mêle la dissolution avec du charbon animal *non alcalin*, pour la décolorer; au bout de quelques heures, l'addition d'un peu d'acide rend la matière colorante plus soluble, et par conséquent plus facile à séparer. On décompose les chlorhydrates de morphine et de codéine ainsi purifiés et chauffés jusqu'à l'ébullition, par l'ammoniaque, qui précipite la *morphine*; si celle-ci n'était pas blanche, on devrait la traiter par l'alcool bouillant (Robertson, *Journal de pharm.*, mars 1833). On peut aussi retirer la morphine des pavots indigènes, et même des capsules sèches de ces pavots, comme l'a prouvé M. Tilloy.

L'empoisonnement que détermine la morphine dissoute dans les acides ne diffère en rien de celui que produit l'opium, toutefois il est plus grave à dose égale (voy. *Opium* et mon *Traité de méd. lég.*, t. III, 4e éd.). On administre l'acétate, le sulfate, et surtout le chlorhydrate de morphine; à la dose de 1 à 2 centigrammes, en pilules ou dans un sirop, toutes les fois que l'opium est indiqué; on augmente graduellement la dose, jusqu'à en faire prendre 10 ou 15 centigrammes par jour. Les observations de M. Bailly tendent à prouver que s'il est des cas où les sels de morphine agissent avantageusement, il en est une multitude d'autres dans lesquels l'opium doit leur être préféré. On emploie aussi les sels de morphine à l'extérieur, dans des vésicatoires, et comme calmants.

De la codéine. $H^{19}C^{34}AzO^5, 2HO$.

La codéine, découverte en 1832, par Robiquet, dans l'opium, est sous forme de petites aiguilles très-blanches, ou de prismes droits à base rhomboïdale tantôt aplatis, tantôt allongés, contenant 2 équivalents d'eau; elle est fusible à 150° : alors elle a perdu son eau; chauffée plus fortement, elle se décompose. Mille parties d'eau à 15° dissolvent 12,6 de codéine, tandis qu'il s'en dissout 58,8 si l'eau est bouillante; en mettant plus de codéine dans ce liquide bouillant, la partie non dissoute forme une couche comme huileuse au fond du vase; cette dissolution est très-sensiblement alcaline. Elle forme des sels avec les acides; l'*azotate* est très-facilement cristallisable, et la codéine n'est point rougie par l'acide azotique, comme la morphine.

Si l'on traite la codéine par de l'acide azotique très-étendu, on obtient une base substituée, la *nitrocodéine ;* si, au contraire, l'acide est d'une concentration moyenne, une action fort violente a lieu, accompagnée d'un dégagement de vapeurs d'acide hypoazotique; la dissolution est de couleur orange, et dépose, par l'addition de l'eau, un acide *résineux.* Si l'on fait évaporer l'acide azotique, en chauffant au bain-marie, on obtient l'acide nouveau sous forme d'une masse poreuse *jaunâtre,* facilement soluble dans l'alcool, dont il est précipité par l'eau; tout porte à croire que sa formule dérive de celle de la codéine, par la substitution de AzO, et par l'addition de plusieurs équivalents d'oxygène. Si l'on traite cet acide par une dissolution de potasse étendue, il colore la liqueur en rouge foncé et se dissout; en faisant bouillir en vases clos cette dissolution, on recueille dans le récipient, où l'on a mis préalablement de l'eau, une *base volatile* d'une odeur particulière très-forte. Si l'on sature par l'acide chlorhydrique ce liquide distillé, et qu'on évapore le sel au bain-marie, on obtient des cristaux abondants facilement solubles dans l'alcool absolu; le chlorure de platine donne avec la dissolution de ces cristaux un beau précipité jaune; ce sel est formé de H^5C^2, $HAzCl$, $PtCl$; d'où il suit que la base dont il s'agit est la *méthylamine* de M. Wurtz (Anderson, *Comptes rendus des séances de l'Académie des sciences*, 29 juillet 1850).

La codéine est insoluble dans les alcalis. La chaux potassée et la chaux sodée, par l'action de la chaleur, donnent avec la codéine de la *méthylamine* et de la *propylamine*, H^9C^6Az; d'où il suit qu'il existe une certaine analogie entre l'action de la chaux sodée et celle qu'exercent successivement l'acide azotique et la potasse sur la codéine (Anderson, *Comptes rendus des séances de l'Académie des sciences*, 29 juillet 1850).

Les sels de sesquioxyde de fer ne bleuissent pas la codéine; l'infusion de noix de galle précipite abondamment ses dissolutions, caractères qui la distinguent essentiellement de la morphine.

Elle exerce une action très-prononcée sur la moelle épinière, et ne paralyse pas, comme la morphine, les extrémités pelviennes; ses effets délétères, à une dose un peu élevée, sont incontestables, d'après M. Kunckel. A petite dose, elle provoque un sommeil différent de celui que détermine l'opium. D'après M. Barbier (d'Amiens), elle agit merveilleusement contre certaines névroses abdominales.

Extraction. On verse du chlorure de calcium dissous dans une dissolution aqueuse d'opium convenablement rapprochée; il se forme du méconate de chaux insoluble, et le liquide tient en dissolution, entre autres produits, du chlorhydrate de morphine et de codéine; on filtre, et on verse de l'ammoniaque dans le liquide : la morphine se précipite, tandis que la liqueur retient du chlorhydrate de codéine et d'ammoniaque; on fait évaporer et cristalliser : les cristaux obtenus, composés de codéine, d'acide chlorhydrique et d'ammoniaque, sont redissous dans l'eau et cristallisés de nouveau; alors ils présentent de petites houppes soyeuses et mamelonnées, parfaitement blanches, de chlorhydrate de codéine, ne contenant plus d'ammoniaque; on les broie avec de la potasse caustique un peu étendue, qui produit du chlorure de potassium soluble, et la codéine se précipite sous forme d'une masse qui devient de plus en plus consistante, et qui, étant lavée avec un peu d'eau, peut être réduite en poudre. L'*hydrate de codéine* impur ainsi obtenu, séché et traité par l'éther bouillant, est dissous en partie, et abandonne la *codéine* par une évaporation spontanée, surtout si l'on ajoute un peu d'eau, lorsqu'il s'est déjà déposé quelques cristaux (*Ann. de chimie*, novembre 1832).

De la narcéine. $H^{20}C^{28}AzO^{13}$.

La narcéine, découverte en 1832, par Pelletier, dans l'opium, est en aiguilles blanches et soyeuses qui paraissent être des prismes à quatre pans; elle est inodore, d'une saveur légèrement amère, un peu styptique, fusible à 92°, décomposable au delà de 110° sans se sublimer. Elle est soluble dans 230 parties d'eau bouillante et dans 375 d'eau froide, soluble dans l'alcool bouillant et insoluble dans l'éther. Elle est décomposée par les acides minéraux concentrés. Si ces acides sont affaiblis, ils se combinent avec elle et forment des sels; ces combinaisons se produisent avec des phénomènes remarquables : ainsi, au moment où l'acide chlorhydrique, par exemple, touche la narcéine, celle-ci prend une couleur bleue magnifique; si l'on ajoute assez d'eau pour dissoudre le sel, la dissolution est incolore; souvent, avant de se décolorer, la matière prend une teinte d'un rose violacé; l'apparition de ces teintes diverses dépend de la présence d'une quantité variable d'eau. La narcéine ainsi dissoute dans les acides faibles peut en être précipitée sans altération. L'acide azotique concentré ne la rougit point, mais la transforme en acide oxalique. Elle agit à peine sur l'économie animale.

Extraction. On commence par priver l'extrait aqueux d'opium de la narcotine, de la morphine et de l'acide méconique qu'il renferme, en le traitant successivement par l'eau, par l'ammoniaque à la température de l'ébullition, et par de l'eau de baryte; on sépare l'excès de baryte par le carbonate d'ammoniaque, puis on chauffe la liqueur pour chasser l'excès de ce carbonate; on évapore la liqueur jusqu'en consistance de sirop épais, et on l'abandonne à elle-même; au bout de quelques jours, on obtient une masse pulpeuse sur laquelle on remarque des cristaux; on laisse égoutter cette masse, et on la traite par l'alcool à 40 degrés bouillant; le *solutum* contient la narcéine; il ne s'agit, pour l'obtenir pure, que de le distiller et de purifier, au moyen de l'alcool, les cristaux qui se déposent (voy. *Journ. de pharm.*, novembre 1832).

De la narcotine. $H^{25}C^{46}AzO^{11}$.

La narcotine (*substance cristallisable de l'opium, sel de Derosne, principe cristallisable de l'opium*), découverte par Derosne en 1802, n'a été trouvée, jusqu'à présent, que dans l'opium. Elle est solide, blanche, ou légèrement colorée en jaune, inodore, insipide et cristallisée en prismes droits, à base rhomboïdale. Chauffée graduellement dans un tube de verre, elle fond, comme les graisses, à 170°, devient transparente et se conserve dans cet état, même après le refroidissement; si l'on élève la température à 200°, elle se décompose, répand une fumée épaisse d'une odeur ammoniacale, et laisse un résidu brun poreux d'acide *humopique*, $H^{23}C^{48}O^{17}$. Elle est à peine soluble dans l'eau froide, et soluble dans 500 parties d'eau bouillante; l'alcool bouillant la dissout à merveille, et la laisse déposer en grande partie par le refroidissement : elle est très-soluble dans l'éther ; l'huile d'olives et l'huile d'amandes douces la dissolvent lentement, à une température inférieure à celle de l'ébullition. *Aucune de ces dissolutions* n'agit sur les couleurs végétales à la manière des alcalis; cependant la narcotine est rangée aujourd'hui parmi ces corps, parce qu'elle neutralise en grande partie certains acides, et qu'elle forme avec eux des composés cristallisables comparables aux sels : ainsi le sulfate et le chlorhydrate de narcotine peuvent cristalliser; à la vérité, l'acide acétique, qui dissout la narcotine à froid, s'en sépare aussitôt qu'on soumet la dissolution à l'évaporation; d'où il suit que l'acétate ne constitue pas une véritable combinaison. L'acide azotique dissout la narcotique à froid, *sans la faire passer au rouge ;* la dissolution est jaune ; si, au contraire, on la convertit préalablement en sulfate en y ajoutant un excès d'acide sulfurique, la moindre trace d'acide azotique lui fait prendre aussitôt une couleur rouge de sang très-intense.

M. Anderson vient de prouver que l'acide azotique fournit avec la narcotine une grande variété de produits qui dépendent de la concentration de l'acide ; si l'on opère à une température basse et avec un acide très-étendu, on obtient des *bases dérivées* qui n'ont pas encore été examinées ; mais par l'action d'un acide plus concentré, il se forme un acide jaune résineux ; cet acide, traité par une dissolution de potasse, donne une *base volatile*, laquelle, unie au chlorure de platine, fournit des résultats correspondants à la *méthylamine* (voy. ce mot, et *Comptes rendus des séances de l'Académie des sciences,* 29 juillet 1850).

Si l'on fait chauffer une dissolution saturée de narcotine dans l'acide sulfurique étendu avec du bioxyde de manganèse, il se forme de l'acide *opianique* et de la *cotarnine*, $H^{13}C^{26}AzO^{6}$.

La narcotine, chauffée avec une dissolution concentrée de potasse, fournit de l'acide *narcotique*. Si on la distille à 220° avec un excès d'hydrate de potasse ou de soude, on obtient dans le récipient une *base liquide* à réaction fortement alcaline, d'une odeur à la fois ammoniacale et de harengs, formant avec les acides sulfurique et chlorhydrique des sels très-solubles dans l'eau et dans l'alcool, et que M. Wertheim a proposé de nommer *œnylamine* = H⁹C⁶Az (*Journ. de pharm.*, juin 1850).

Traitée par le bichlorure de platine, la narcotine donne la *narcogénine*, $H^{19}C^{36}Az O^{10}$, laquelle se décompose facilement en narcotine et en *cotarnine*.

Extraction de la narcotine. On l'obtient en traitant le marc d'opium (opium épuisé par l'eau) par l'acide acétique bouillant, qui dissout la narcotine; on verse dans la dissolution un alcali qui précipite la narcotine, que l'on fait dissoudre à chaud dans l'alcool pour la purifier.

La narcotine n'est pas employée en médecine: on peut consulter ce que j'ai dit dans mon *Traité de médecine légale* (4ᵉ édition), relativement à son action sur l'économie animale, et au rôle qu'elle joue dans l'empoisonnement par l'opium.

Acide opianique, $H^9C^{20}O^9,HO$. — Il est le résultat de l'action de l'acide sulfurique et du bioxyde de manganèse sur la narcotine. Il cristallise en prismes transparents, d'une saveur amère, fusibles à 140°, non volatils, solubles dans l'eau, à moins qu'on ne l'ait maintenu fondu pendant longtemps, car alors il est lactescent, dur et insoluble dans l'eau. L'acide sulfureux le transforme en acide *opianosulfureux*. L'acide sulfhydrique le change en acide *sulfopianique,* $H^9C^{20}O^7S^2$. L'acide azotique étendu ou le bioxyde de plomb le font passer à l'état d'acide *hémipinique,* $H^4C^{10}O^5,HO$.

De la thébaïne ou paramorphine.

Elle est blanche, à peine soluble dans l'eau, d'une saveur plutôt âcre et styptique qu'amère, très-soluble dans l'alcool et l'éther, même à froid, et cristallisable en petits prismes aiguillés qui grimpent sur les parois des vases. Elle fond à 150°, et se décompose ensuite sans se volatiliser, et en donnant des produits azotés. Elle se dissout dans les acides et forme des sels qui ne cristallisent pas. Elle ne fond jamais en gouttes huileuses dans l'eau bouillante, comme la codéine. Enfin elle ne rougit pas par l'acide nitrique et ne bleuit pas par les sels de fer. Elle est composée des mêmes éléments que la morphine, et dans les mêmes proportions; par conséquent ces deux substances sont isomères.

Du reste la paramorphine est fort rare dans l'opium, qui n'en recèle que des proportions minimes. M. Magendie attribue la vertu excitante de l'opium à la paramorphine; cette opinion ne repose sur aucune expérience exacte.

De la pseudomorphine. $H^{18}C^{17}AzO^{2}$.

C'est Pelletier qui a trouvé ce principe dans l'opium, où il n'existe pas constamment; on le retire principalement des opiums, qui donnent par leur précipitation au moyen de l'ammoniaque, un précipité de morphine très-chargé de narcotine.

La pseudomorphine est d'autant plus importante à connaître pour le toxicologiste, qu'elle possède trois des caractères les plus tranchants de la morphine, ainsi qu'on le verra plus bas; mais avec un peu d'attention, il n'est pas possible de confondre ces deux corps.

Cette substance est, pour ainsi dire, insoluble dans l'eau, car il en faut 13,000 fois son poids à froid, et 800 à chaud pour la dissoudre.

Elle l'est encore moins dans l'alcool absolu et l'éther, mais les dissolutions de potasse ou de soude caustique la dissolvent en grande quantité; si l'on sature les bases par un acide, la matière se précipite en entraînant un peu de l'acide précipitant.

Elle est *incristallisable*, sans *saveur* sensible, et *neutre* aux réactifs colorés, ce qui la distingue de la morphine.

Les acides un peu étendus favorisent sa dissolution dans l'eau, mais non pas au même degré: ainsi les acides sulfurique et azotique la dissolvent à peine, l'acide chlorhydrique un peu plus, et l'acide acétiqne beaucoup plus.

L'acide sulfurique concentré la brunit et la dénature. L'acide azotique concentré agit sur elle comme sur la morphine, en lui faisant prendre une *couleur rouge* des plus intenses, et en la changeant en acide oxalique.

Elle décompose aussi l'acide iodique en mettant de l'iode à nu comme la morphine; enfin elle devient d'un bleu intense par le contact des sels de sesquioxyde de fer, et particulièrement du sesquichlorure, comme la morphine. Elle est formée des mêmes principes que celle-ci, mais dans des proportions différentes.

Porphyroxine.

Elle a été retirée de l'opium de Smyrne par Merck.

De la papavérine. $H^{31}C^{40}AzO^{8}$.

La papavérine a été extraite de l'opium par Merck. Elle est en cristaux confus, aciculaires et blancs; elle ramène au bleu le papier de tournesol rougi par un acide; elle est insoluble dans l'eau, peu soluble dans l'éther et dans l'alcool froids, plus soluble dans l'alcool bouillant. L'acide sulfurique concentré *la bleuit*. Elle forme avec les acides des sels en général peu solubles dans l'eau ; le chlorhydrate est remarquable par la facilité avec laquelle il cristallise ; le chlorure de platine donne, avec ce chlorhydrate, un précipité jaune, incristallisable, insoluble, même à chaud, dans l'eau et dans l'alcool. On extrait la papavérine des résidus provenant de la préparation de la morphine. D'après Merck, on peut avaler des quantités assez considérables de papavérine, sans éprouver des symptômes fâcheux (*Journ. de pharm.*, mai 1850).

De la chélidonine.

Elle existe dans le *chelidonium majus* (famille des papavéracées). Elle est cristallisable, incolore, inodore, d'une saveur amère, insoluble dans l'eau, soluble dans l'alcool et l'éther.

La *chéléritrine* existe aussi dans le *chelidonium majus ;* elle semble identique avec la *sanguinarine*.

La *glaucine* et la *glaucoprine* paraissent constituer deux alcalis que l'on retire du *glaucium luteum* (papavéracée).

ALCALIS DES STRYCHNOS.

Ces alcalis sont la *strychnine* et la *brucine*.

De la vomicine ou brucine. $H^{26}C^{46}Az^2O^8,8HO$.

La brucine a été découverte en 1819, par Pelletier et Caventou, dans l'écorce de la fausse angusture (*strychnos nux vomica*, famille des loganiacées), où elle existe combinée avec l'acide gallique ; elle a été trouvée depuis dans la noix vomique et dans la fève de Saint-Ignace. *Hydratée,* elle est sous forme de prismes obliques, à base parallélogramique, ayant quelquefois plusieurs lignes de longueur, ou en masses feuilletées, d'un blanc nacré ayant l'aspect d'acide borique, ou en champignons ; elle est inodore, et douée d'une saveur amère très-prononcée. Chauffée dans un petit tube de verre, elle fond à une température un peu supérieure à celle de l'eau bouillante, abandonne 16 p. 100 d'eau, et se congèle comme de la cire lorsqu'on la laisse refroidir ; si on continue à la chauffer, elle perd 8 équivalents d'eau, et se décompose. Elle est inaltérable à l'air.

Elle se dissout dans l'alcool presque en toutes proportions. L'éther et les huiles grasses n'ont pas sur elle une action bien marquée ; les huiles volatiles en dissolvent un peu ; l'eau bouillante en dissout la 500e partie de son poids, et l'eau froide la 850e partie ; ces dissolutions ramènent au bleu le papier de tournesol rougi par un acide, et verdissent le sirop de violettes. Elle s'unit aux acides pour former des sels neutres et acides d'une saveur amère, pour la plupart cristallisables. Elle devient *rouge* lorsqu'on la mêle avec de l'acide azotique ; cette couleur passe au jaune si on élève un peu la température, et prend une belle couleur *violette* par le protochlorure d'étain : on peut, à l'aide de ce caractère, rendre sensibles les plus petites traces de brucine ; en agissant sur la brucine, l'acide azotique donne naissance à la *cacothéline,* matière cristallisable, d'un rouge orangé, et à un liquide volatil qui n'est pas encore bien connu. Elle est séparée de ses combinaisons salines par les oxydes de la première classe, tandis qu'elle sépare de leurs combinaisons salines tous les oxydes des six dernières ; quelquefois la brucine et une partie de l'oxyde restent en combinaison, et forment un sel double. C'est à la brucine que la fausse angusture doit ses propriétés vénéneuses ; elle agit sur la moelle épinière en déterminant des contractions tétaniques (voy. mon *Traité de médecine légale,* t. III, 4e édition).

Extraction. On épuise l'écorce d'angusture par l'alcool bouillant ; on réunit les liqueurs et on les fait évaporer ; on traite le produit par l'eau, qui en sépare une assez grande quantité de matière grasse ; on filtre la dissolution, et on la précipite par le sous-acétate de plomb ; pour en séparer l'excès de plomb, on filtre de nouveau, et on y fait passer un courant de gaz sulfhydrique, qui en précipite le plomb en excès ; la liqueur, bien purgée de celui-ci et filtrée de nouveau, est mise à évaporer, après y avoir ajouté un excès d'acide oxalique, qui s'empare de la brucine, et chasse l'acide acétique qui était combiné avec elle ; l'oxalate de brucine impur est traité à 0° par l'alcool anhydre, qui dissout tout, excepté cet oxalate : on fait bouillir celui-ci avec de l'eau et de la magnésie, pour précipiter la brucine, que l'on fait dissoudre dans l'alcool bouillant, d'où elle cristallise par refroidissement.

De la strychnine. $H^{22}C^{44}Az^2O^4$.

La strychine, découverte en 1818 par MM. Pelletier et Caventou, qui lui avaient d'abord donné le nom de *vauqueline,* se trouve dans la noix vomique (*strychnos nux vomica*), dans la fève de Saint-Ignace, dans le bois de couleuvre (*strychnos colubrina*), et dans l'upas tieuté.

Elle est sous forme de cristaux presque microscopiques, qui sont des prismes à quatre pans, terminés par des pyramides à quatre faces surbaissées ; sa saveur est d'une amertume insupportable ; elle est inodore. Soumise à l'action du calorique, elle fond lorsqu'elle est pure, sans perdre de l'eau, noircit, et se décompose rapidement entre 312° et 315°. Elle est inaltérable à l'air. Elle n'est soluble que dans 6,667 parties d'eau à 10°, et dans 2,500 parties d'eau bouillante.

Elle se dissout beaucoup mieux dans l'alcool à 0,835 bouillant ; l'alcool anhydre ne la dissout pas ; les huiles volatiles la dissolvent également, surtout à chaud ; elle est insoluble dans les huiles fixes, dans les graisses et dans les éthers ; sa dissolution alcoolique rétablit la couleur bleue du tournesol rougi par un acide. Elle se combine avec les acides, et forme des sels excessivement amers, et pour la plupart cristallisables. Le chlorhydrate de strychnine en dissolution concentrée, traité par le *brome* et par l'ammoniaque, donne de la strychnine *monobromée*, sous forme d'un précipité blanc ; si l'on substitue le *chlore*, on obtient la strychnine *chlorée*. L'acide *azotique ne rougit la strychnine* qu'autant qu'elle n'est pas parfaitement débarrassée d'une matière jaune dont il est souvent difficile de la priver entièrement, ou de brucine : aussi trouve-t-on dans le commerce plusieurs échantillons de strychnine *blanche*, qui rougissent par l'acide azotique. Chauffée avec cet acide, elle donne des *bases volatiles* qui n'ont pas encore été examinées (Anderson, *Comptes rendus des séances de l'Académie des sciences*, 29 juillet 1850). Quand on fait chauffer la strychnine avec de l'acide *iodique* dissous, *quelque pure qu'elle soit,* la liqueur se colore en rouge de vin, et pourtant on finit par en séparer un iodate incolore sous forme de longues aiguilles transparentes (Sérullas). Une dissolution de *chlore* fait naître dans les sels de strychnine un précipité blanc.

En versant sur la strychnine quelques gouttes d'acide sulfurique, SO^3,HO, mêlé ou non d'acide azoteux, elle ne se colore pas ; mais, si l'on ajoute la plus petite quantité de bioxyde puce de plomb, PbO^2, la liqueur devient d'abord bleue, puis violette, rouge et jaune (Marchand) ; on obtient une teinte *violette* plus vive, si l'on substitue le bichromate de potasse au bioxyde de plomb (Otto). Avec un mélange de chlorate de potasse et d'acide sulfurique, on transforme la strychnine en acide *strychnique* (Rousseau). Lorsqu'on verse une dissolution alcoolique de strychnine dans un des sels des six dernières classes, le sel est décomposé, la strychnine s'empare de l'acide, l'oxyde métallique se précipite ; quelquefois cependant tout l'oxyde n'est pas précipité, et il se forme un sel double soluble. Les sels de potasse, de soude, de baryte, de strontiane, de magnésie, de chaux et d'ammoniaque, ne sont pas décomposés par la strychnine. La potasse fournit, avec la strychnine, de la *quinoléine* (voy. p. 414).

La strychnine du commerce est quelquefois sophistiquée par 40 ou 50 parties sur 100 de magnésie, et quelquefois par du phosphate de chaux ou de la brucine : dans ce dernier cas, elle rougira par l'acide azotique ; dans les deux autres, il suffira de la calciner pour avoir pour résidu la magnésie ou le phosphate de chaux.

Extraction. On obtient la strychnine en traitant à plusieurs reprises par l'eau ordinaire, dans un vase clos, la voix vomique réduite en poudre ; les décoctions contiennent de la strychnine combinée avec un excès d'acide igasurique, de la gomme, de la matière colorante, et un peu de matière grasse : on concentre les décoctions jusqu'à ce qu'il reste peu d'eau, puis on ajoute par portions de la chaux pulvérisée, dont on a soin de mettre un léger excès ; cet alcali s'empare de l'acide igasurique, et l'on obtient un précipité épais et gélatineux, composé d'igasurate de chaux et de strychnine ; ce précipité, lavé et séché, est traité par l'alcool à 38 degrés, chaud, qui ne dissout que la strychnine, la substance grasse, et un peu de matière colorante. On répète l'action de l'alcool deux fois, ou jusqu'à ce qu'il n'ait plus de saveur amère ; on filtre et on distille ; lorsque la liqueur a la consistance d'un sirop très-clair, on la délaie dans un peu d'alcool froid, et l'on voit aussitôt se déposer au fond des vases une poudre grasse, d'un blanc mat, principalement composée de strychnine ; on lave cette poudre jusqu'à ce que toute la matière colorante soit enlevée, et on la traite par l'alcool bouillant ; par le refroidissement, la strychnine se dépose en cristaux bien détachés. On distille ensuite les eaux mères successivement à la moitié, aux trois quarts, etc., et l'on trouve dans le bain-marie, après chaque refroidissement, des cristaux plus volumineux encore que les précédents, mais moins blancs (procédé de Henry père, modifié par Robiquet).

La strychnine, à la dose d'environ 1 centigramme, donne lieu à des effets prononcés sur un chien de forte taille : elle exerce une action stimulante spéciale sur la moelle épinière, et produit un vrai tétanos ; son action est plus énergique que celle de l'extrait alcoolique de noix vomique et de fève de Saint-Ignace. Le sulfate, le chlorhydrate et l'azotate, agissent de la même manière, mais peut-être avec plus d'énergie. Il est évident que la thérapeutique retirera les mêmes avantages de ces médicaments que de la noix vomique ; mais leur administration peut être suivie des plus grands dangers, si on ne les donne pas à des doses excessivement faibles. Le sulfate et le chlorhydrate sont les sels neutres les plus employés en médecine.

ALCALIS DES SOLANÉES.

Ces alcalis sont la solanine, l'hyosciamine, la daturine et l'atropine.

De la solanine. $H^{68}C^{84}AzO^{28}$.

La *solanine* a été découverte en 1821 par M. Desfosses, dans les baies de morelle (*solanum nigrum*), de douce-amère, et dans les tiges de cette dernière plante; les feuilles de morelle n'en contiennent pas. M. Morin, de Rouen, l'a trouvée depuis dans les fruits du *solanum mammosum*; MM. Payen et Chevalier, dans les baies du *solanum verbascifolium*, et M. Baup, dans les germes de la pomme de terre. Elle est en prismes quadrangulaires aplatis, blancs opaques, semblables à la cholestérine; elle est inodore, d'une saveur âcre, amère et nauséabonde. Elle fond un peu au-dessus de 100°; si l'on élève davantage la température, elle se décompose, et fournit, entre autres produits, une huile pyrogénée, fétide, un peu animalisée. Elle est très-peu soluble dans l'eau, dans l'éther, dans l'huile d'olives et dans l'essence de térébenthine; l'alcool la dissout très-bien; elle ramène au bleu le papier de tournesol rougi par un acide. Elle s'unit avec les acides et donne des sels neutres amers, peu ou point cristallisables, que l'eau ne décompose point, et qui sont décomposables par les alcalis, lesquels en séparent la solanine; elle n'est point rougie par l'acide azotique, qui lui communique, au contraire, une teinte verdâtre. Elle détermine le vomissement et le sommeil; elle est plus émétique et moins calmante que l'opium. On l'obtient en décomposant par l'ammoniaque le suc filtré des baies de morelle parfaitement mûres, où elle existe à l'état de malate; le précipité, d'une couleur grisâtre, est traité par l'alcool bouillant, qui dissout la solanine, et la laisse déposer par l'évaporation.

De l'hyoscyamine.

Cet alcali a été obtenu, par Geiger et par Hesse, avec les semences de jusquiame. Il est cristallisé en aiguilles douées d'un éclat soyeux, sans odeur lorsqu'il est sec; mais s'il est humide et surtout impur, il offre une odeur très-désagréable et étourdissante. Chauffé, il fond en un liquide huileux et se volatilise en partie par une chaleur plus forte; une autre partie se décompose. Il est soluble dans l'eau, et dans cet état il présente une réaction alcaline très-énergique. L'iode fait naître dans cette dissolution un précipité abondant couleur de kermès; le chlorure d'or y détermine un précipité blanchâtre. Il neutralise très-bien les acides sans se colorer. Frotté sur l'œil en quantité très-petite, il dilate fortement la pupille.

De la daturine. $H^{25}C^{34}AzO^6$.

Geiger et Hesse ont extrait la daturine du *datura stramonium*. Elle est sous forme de prismes incolores, très-brillants, inodores, d'une saveur d'abord amère, puis âcre comme celle du tabac. Distillée, elle se volatilise en partie; mais il s'en décompose une portion notable qui donne de l'ammoniaque; elle ne se volatilise pas dans l'eau chaude. Les alcalis dissous agissent sur elle comme sur l'atropine et l'hyosciamine. Elle se dissout dans 280 parties d'eau froide, et dans 72 parties d'eau bouillante; elle est moins altérable par ce liquide aéré que l'atropine et l'hyosciamine. L'alcool la dissout très-bien ; elle est moins soluble dans l'éther. La dissolution aqueuse se comporte avec le papier rougi et avec les autres réactifs, comme celle d'hyosciamine. Les sels qu'elle forme avec les acides donnent de très-beaux cristaux, en général inaltérables à l'air et facilement solubles. Elle est très-vénéneuse, et détermine, lorsqu'on la porte sur l'œil, une forte dilatation de la pupille, qui persiste pendant plusieurs jours. On l'obtient avec les semences du *datura*, et par le même procédé que l'hyosciamine (voy. *Journ. de pharm.*, février, 1834).

De l'atropine. $H^{15}C^{34}AzO^6$

Elle existe dans toutes les parties de la belladone (*atropa belladona*), d'où on l'extrait en épuisant particulièrement la racine sèche réduite en poudre, par l'alcool à 90 centièmes. On traite le produit concentré par environ $\frac{1}{24}$ de son poids de chaux vive, puis le liquide filtré est saturé par quelques gouttes d'acide sulfurique, et évaporé à une douce chaleur; après quoi l'on décompose de nouveau ce sulfate par une solution très-concentrée de carbonate de potasse; on filtre lorsque le liquide se trouble, et l'atropine cristallise quelque temps après.

Elle est en aiguilles très-fines, inodores, d'une saveur très-amère, plus pesantes que l'eau, inaltérables à l'air, fusibles à 90°, en partie volatiles à 140°; lorsque l'atropine est fondue, elle se boursoufle et brûle avec une flamme très-éclairante, en laissant un charbon noir et brillant. Elle est soluble dans 299 parties d'eau froide, très-soluble dans l'alcool, et moins soluble dans l'éther; sa dissolution aqueuse possède une forte réaction alcaline. Elle donne avec les bases des sels neutres incristallisables, solubles dans l'eau et dans l'alcool, et moins solubles dans l'éther. Le chlorure d'or fournit avec eux un précipité cristallin, d'un jaune de soufre, peu soluble dans l'acide chlorhydrique.

Son action sur l'économie animale est des plus énergiques; elle détermine à la fois une sensation de sécheresse dans la bouche, et une constriction dans le palais, accompagnées de vertiges et de violents maux de tête; elle dilate aussi très-fortement les pupilles, à faible dose et d'une manière persistante.

ALCALIS RETIRÉS D'AUTRES VÉGÉTAUX.

De la delphine.

MM. Lassaigne et Feneulle ont découvert en 1819, dans la graine du *delphinium staphysagria*, une substance alcaline désignée sous le nom de *delphine*, et qui est solide, incristallisable, d'un aspect légèrement ambré, devenant presque blanche par la division, d'une saveur insupportable par son âcreté, persistante. Elle fond à 120°; à une température plus élevée, elle se décompose. L'eau la dissout à peine, tandis qu'elle est soluble dans l'éther et surtout dans l'alcool. Plusieurs acides faibles la dissolvent sans l'altérer et forment des sels. L'acide sulfurique concentré la rougit avant de la charbonner. Le chlore, qui n'agit pas sur elle à froid, l'attaque vivement à 150° ou 160°, la colore en vert, puis en brun foncé, et la rend extrêmement friable. Elle est composée, d'après Berzelius, de 73,56 de carbone, de 8,71 d'hydrogène, de 5,78 d'azote, et de 11,94 d'oxygène. Elle est vénéneuse (voy. ma *Médecine légale*, t. III, 4ᵉ édit.).

Le sulfate, l'azotate, le chlorhydrate et l'acétate de delphine, sont très-solubles, incristallisables, d'une saveur extrêmement amère et âcre; la potasse, la soude et l'ammoniaque, en précipitent la delphine, sous forme de flocons qui, recueillis sur un filtre, présentent l'aspect de l'alumine en gelée.

Extraction. On réduit en pâte les graines de staphysaigre gris ou marron qui contiennent la delphine; on épuise la pâte par l'alcool à

36 degrés bouillant, on filtre et on distille les liqueurs alcooliques ; l'extrait alcoolique résultant est chauffé jusqu'à l'ébullition et à plusieurs reprises avec de l'eau acidulée par l'acide sulfurique ; on précipite le *solutum* par la potasse ou l'ammoniaque, qui séparent de la delphine impure ; on passe l'alcoolat au noir animal ; on filtre et on évapore : le produit est de la delphine encore impure, celle du commerce ; on la redissout dans de l'eau acidulée par l'acide sulfurique ; on filtre, et on verse goutte à goutte dans la dissolution de l'acide azotique ordinaire ou étendu de la moitié de son poids d'eau, qui sépare une matière résineuse rousse, souvent très-noire ; on ajoute de l'acide tant qu'il se précipite de la résine ; au bout de vingt-quatre heures, lorsque la matière résinoïde est collée au fond du verre, on décante et on précipite la delphine de la liqueur par la potasse étendue de beaucoup d'eau ; on lave le précipité à plusieurs eaux et on le fait dissoudre dans l'alcool à 40 degrés ; on distille la liqueur alcoolique, et le résidu est traité par l'eau distillée bouillante, qui n'agit pas sur la delphine, et qui dissout un peu d'azotate de potasse ; enfin la delphine est dissoute dans l'éther, d'où on la retire pure par l'évaporation ; la matière que l'éther ne dissout point porte le nom de *staphysain,* corps d'apparence résinoïde, sur la nature duquel on n'est pas fixé d'une manière certaine.

De la vératrine. $H^{45}C^{34}AzO^6$.

La vératrine, découverte en 1819 par MM. Pelletier et Caventou, et à peu près à la même époque par Meisner, existe dans les graines du *veratrum officinale,* dans les racines de l'*ellébore blanc* et des *colchiques.* Elle est sous forme d'une résine presque entièrement blanche, incristallisable, inodore, mais susceptible de provoquer des éternuments violents lorsqu'elle est appliquée sur la membrane pituitaire, même à une dose très-faible : sa saveur est excessivement âcre, sans mélange d'amertume. Elle entre en fusion à 115° c., et offre l'apparence de la cire ; par le refroidissement, elle se prend en une masse translucide, de couleur ambrée. L'eau bouillante n'en dissout qu'un millième de son poids, et acquiert une âcreté sensible. Elle ramène au bleu le papier de tournesol rougi par un acide, et sature les acides, avec lesquels elle forme des sels cristallisables quand ils sont étendus d'eau. L'alcool et l'éther la dissolvent très-bien. L'acide azotique la fait passer au rouge, puis au jaune ; l'acide sulfurique la colore d'abord en jaune, puis en rouge de sang, puis enfin en violet, caractères qui la distinguent de la colchicine. Les alcalis ne la dissolvent point. Elle exerce sur l'économie animale une action analogue à celle de l'ellébore blanc, du colchique et de la cévadille, d'où on la retire ; elle est le principe actif de ces végétaux (voy. mon *Traité de médecine légale*, t. III, 4ᵉ édition).

Le *sulfate* de vératrine est en longues aiguilles très-déliées, qui sont des prismes à quatre pans ; chauffé, il perd son eau de cristallisation, se charbonne, et dégage des vapeurs d'acide sulfureux. Le *chlorhydrate* est sous forme de cristaux moins allongés que les précédents, très-solubles dans l'eau et dans l'alcool, décomposables par le feu.

Extraction de la vératrine. On traite la cévadille par l'alcool, par l'eau acidulée avec l'acide sulfurique, par la potasse, par l'alcool, par le charbon animal, par l'eau aiguisée d'acide sulfurique, et par l'acide azotique, comme je l'ai dit en parlant de la *delphine* (voy. p. 436) ; ce dernier acide y fait naître un précipité poisseux noir ; on décante le liquide, et on le décompose par la potasse, qui fournit un composé de *vératrine*, de *sabadilline*, et d'une matière *résino-gommeuse*. On traite ce précipité jaunâtre par l'eau bouillante, qui dissout surtout la *sabadilline* et la matière *résino-gommeuse ;* la sabadilline se dépose sous forme de cristaux à mesure que la liqueur se refroidit ; la matière résino-gommeuse vient nager à la surface sous forme de gouttelettes huileuses, qui se séparent bien à mesure que l'on évapore la liqueur. La matière que l'eau bouillante n'a point dissoute contient principalement la *vératrine :* on la traite par l'éther pur, qui dissout la vératrine, et il suffit, pour l'obtenir, d'abandonner le *solutum* éthéré à l'air libre.

De la sabadilline.

La *sabadilline* existe dans la cévadille, dans la racine d'ellébore blanc, dans le colchique, etc. ; elle est sous forme d'étoiles solitaires qui paraissent des hexaèdres ; elle est blanche, très-âcre, fusible à 200°, et alors elle a un aspect résineux et brunâtre, décomposable par la chaleur sans se sublimer, *assez soluble* dans l'eau chaude, très-soluble dans l'alcool, insoluble dans l'éther, très-soluble dans les acides sulfurique et chlorhydrique étendus d'eau, avec lesquels elle forme des *sels* cristallisables. Elle est composée de carbone, 64,18 ; d'hydrogène, 6,88 ; d'azote, 7,95, et d'oxygène, 20,99.

Extraction (voy. *Vératrine*).

De la ménispermine et de la paraménispermine.

La ménispermine, découverte dans les enveloppes de l'amande de la coque du Levant, est composée de 72,31 de carbone, de 9,31 d'azote, de 7,87 d'hydrogène, et de 10,52 d'oxygène; sa formule est donc $H^{12}C^{18}AzO^2$. Elle est solide, blanche, opaque, ayant l'aspect du cyanure de mercure, et cristallisée en prismes à quatre pans terminés par une pyramide à quatre faces, insipides et sans action sensible sur l'économie animale. Elle entre en fusion à 120°, et se décompose en laissant beaucoup de charbon si on la chauffe à une température supérieure en vases clos, tandis que, chauffée à l'air, elle disparaît, probablement en se décomposant, mais laisse à peine du charbon. Elle est insoluble dans l'eau; l'alcool et l'éther la dissolvent mieux à chaud qu'à froid. Les acides plus ou moins étendus la dissolvent en se saturant et en formant des sels; le sulfate neutre cristallise en aiguilles prismatiques. L'acide sulfurique concentré à chaud la dissout sans se colorer sensiblement. L'acide azotique concentré la change, à l'aide de la chaleur, en une matière jaune résinoïde et en acide oxalique. Elle n'a point d'usages.

Extraction. On traite par l'alcool bouillant, et à plusieurs reprises, les *enveloppes* de l'amande de la coque du Levant; on laisse refroidir pour séparer de la cire qui se dépose : on distille les liqueurs décantées, et l'on obtient un extrait que l'on traite d'abord par l'eau froide pour dissoudre une matière brune acide, puis par l'eau bouillante légèrement acidulée; ce dernier *solutum* est décomposé par l'ammoniaque, qui en précipite un composé brun de *ménispermine*, d'une seconde matière analogue à la première, la *paraménispermine,* de *résine jaune alcaline,* d'une *matière noire,* de phosphate de chaux, etc. On le traite par l'acide acétique étendu d'eau, qui dissout les trois premières matières; on décompose de nouveau le *solutum* par l'ammoniaque, qui y fait naître un précipité jaune grisâtre, lequel, étant traité par l'alcool à froid, cède à ce liquide la *résine jaune alcaline;* on décante, et on agit sur le résidu par l'éther sulfurique, qui dissout la *ménispermine,* que l'on peut obtenir cristallisée par l'évaporation, et laisse, sous forme d'une masse mucilagineuse, la *paraménispermine.* Pour obtenir celle-ci cristallisée, on dissout cette masse dans l'alcool absolu, et on l'abandonne dans une étuve à 45° c. Elle a la même composition que la ménispermine; elle fond à 250°, et se volatilise à l'état de vapeurs blanches. Les acides la dissolvent sans donner de sels (*Ann. de chim.,* octobre 1833).

De l'harmaline. $H^{14}C^{27}Az^2O^2$

Elle existe, dans la graine du *peganum harmala,* à l'état de phosphate. Elle est en paillettes nacrées, incolores, peu solubles dans l'eau et dans l'éther, très-solubles dans l'alcool bouillant. Elle se combine avec le chlore, le brome, le cyanogène, les acides sulfurique, chromique, etc. Si on la fait dissoudre à chaud dans de l'acide cyanhydrique étendu d'alcool, on obtient l'*hydrocyanharmaline*, substance cristallisable, inaltérable à l'air, quoique très-instable. Le sulfate d'harmaline, dissous dans l'eau et mêlé d'alcool, donne, par l'acide azotique concentré, du sulfate de *chrysoharmine* d'un jaune d'or. A 120°, le bichromate d'harmaline est changé en *harmine*.

De l'harmine, $H^{12}C^{27}Az^2O^2$, et de la porphyrharmine.

Elle existe aussi dans la graine du *peganum harmala*. Elle est en aiguilles incolores, presque insolubles dans l'eau, très-peu solubles à froid dans l'alcool et l'éther.

Extraction de l'harmaline et de l'harmine. On traite les graines du *peganum* par de l'eau salée aiguisée d'acide sulfurique; il se forme des chlorhydrates de ces deux bases qui se précipitent; on les fait dissoudre dans l'eau; on décolore la liqueur par le charbon animal; on filtre, et l'on verse peu à peu dans le liquide filtré, que l'on porte à la température de 60° à 80°, de l'ammoniaque; la différence de solubilité permet de séparer ces deux bases (Fritzche).

La *porphirharmine*, d'une belle couleur rouge pourpre, est obtenue en traitant lentement par l'alcool les graines du *peganum*.

De la berberine. $H^{18}C^{41}AzO^9$.

On la trouve dans l'épine-vinette, dont elle constitue la matière colorante, et dans la racine de *colombo*. Elle est en aiguilles jaunes, déliées, fusibles à 120°, sans action sur le tournesol, mais formant avec les acides des sels jaunes, inaaltérables à l'air, et facilement cristallisables.

De la bébéérine, $H^{20}C^{35}AzO^6$, et de la sépéérine.

Elle existe, conjointement avec la sépéérine, dans l'écorce de bébééru. Elle est solide, amorphe, d'un jaune-citron, alcaline, soluble dans l'éther. La sépéérine est insoluble dans cet agent.

De la pélosine. $H^{21}C^{56}AzO^6$.

La pélosine existe dans la racine du *cissampelos pareira* (*radix pareirae bravae*, de la famille des ménispermées). Elle forme avec l'eau un hydrate à 3 équivalents d'eau, et avec l'acide chlorhydrique, un sel incristallisable, déliquescent, soluble dans l'eau, dans l'alcool et dans l'éther. L'hydrate, abandonné pendant quelque temps à l'air et à la lumière, se colore, dégage de l'ammoniaque, et se trouve transformé en *pellatéine*, $H^{21}C^{42}AzO^7$, insoluble dans l'éther, et jouissant aussi de propriétés alcalines (Bödeker, *Journ. de pharm.*, septembre 1849).

De l'aconitine. $H^{47}C^{60}AzO^{14}$.

MM. Hesse et Geiger ont retiré l'aconitine des feuilles sèches de l'*aconitum napellus*. Elle est blanche, grenue, non cristalline, de l'éclat du verre, inodore, d'une saveur amère, puis âcre, inaltérable à l'air, peu soluble dans l'eau, très-soluble dans l'alcool, moins soluble dans l'éther; ces dissolutions sont alcalines; le *solutum* aqueux ne précipite pas le chlorure de platine. Elle forme avec les acides des sels neutres qui paraissent incristallisables, et qui donnent avec le chlorure d'or un précipité épais d'un jaune blanchâtre, peu soluble dans l'acide chlorhydrique. L'acide azotique la dissout sans la colorer. Chauffée, elle fond à 80° et ne se volatilise pas; à 120° elle commence à brunir et fournit des vapeurs ammoniacales en se décomposant. Elle produit, lorsqu'elle est portée sur l'œil, une dilatation de la pupille qui ne dure que peu de temps. Elle est très-vénéneuse. On l'obtient comme l'atropine (voy. p. 434).

De la colchicine.

MM. Geiger et Hesse ont retiré la colchicine des graines du *colchicum autumnale*, en suivant le même procédé que pour l'extraction de l'*atropine* et de l'aconitine. Elle cristallise d'une dissolution dans l'alcool aqueux, sous forme d'aiguilles prismatiques, incolores, d'une saveur amère, légèrement alcaline; elle est inaltérable à l'air et fusible à une douce chaleur. L'eau, l'alcool et l'éther, la dissolvent. L'acide azotique concentré la colore en bleu et en violet foncé, qui passe peu à peu au vert-olive et au jaune; la teinture d'iode, le chlorure de platine, et l'infusion de noix de galle, la précipitent. Elle neutralise complétement les acides et donne des sels facilement cristallisables. On ne connaît pas sa composition. Son action sur l'économie animale est très-énergique; elle détermine, à très-petite dose, des vomissements et des selles.

De la pipérine. $H^{57}C^{70}Az^{2}O^{10},2HO.$

.. La pipérine , découverte par Oerstedt en 1820, a été préparée en grand par Pelletier ; elle existe dans les diverses variétés de poivre ; les cubèbes contiendraient, d'après M. Monheim, une substance analogue, à laquelle il a donné le nom de cubébin. Pour l'extraire, on épuise le poivre par de l'alcool à 0,84, et, après avoir évaporé, on ajoute à l'extrait une lessive de potasse qui dissout la résine, en laissant de la pipérine impure que l'on purifie par des lavages à l'eau et par des cristallisations dans l'alcool. Elle est sous forme de prismes incolores, presque insipides, fusibles à 100°, se décomposant à une température plus élevée. Elle est insoluble dans l'eau froide, soluble dans l'eau chaude, dans l'alcool et dans l'éther, surtout à l'aide de la chaleur ; elle n'offre que des propriétés alcalines très-faibles, cependant elle s'unit avec les acides. L'acide sulfurique concentré la dissout avec une couleur rouge de sang foncé. L'acide azotique la colore en jaune rougeâtre ; si l'on chauffe, l'action est très-énergique, et il se dégage d'abondantes vapeurs d'acide hypoazotique, d'une odeur particulière ressemblant à celle des amandes amères ; il se forme une résine brunâtre, dont une partie flotte à la surface, et dont l'autre reste dissoute dans l'excès d'acide azotique ; on précipite cette dernière portion par l'eau ; en évaporant l'excès d'acide au bain-marie, on obtient un résidu brun qui se dissout dans la potasse avec une magnifique couleur rouge de sang ; si l'on fait bouillir, il se dégage une *base volatile*, d'une odeur particulière aromatique, formant un très-beau sel avec l'acide chlorhydrique, qui cristallise en aiguilles de 3 centimètres de longueur, après avoir été dissous dans l'alcool absolu (Anderson, *Comptes rendus des séances de l'Académie des sciences*, du 29 juillet 1850).

Lorsqu'on chauffe au bain d'huile à une température de 150° à 160° un mélange de pipérine et de trois fois son poids de chaux sodée, on obtient dans le récipient une liqueur huileuse alcaline, possédant toutes les propriétés de la *picoline*, $H^{7}C^{12}Az$, et dans la cornue un corps d'apparence résinoïde soluble dans l'alcool absolu , d'où il est précipité par l'eau aiguisée d'acide chlorhydrique, sous forme de flocons d'un jaune-isabelle ; cette matière résinoïde a pour formule $H^{67}C^{120}Az^{3}O^{20}$. D'après MM. Wertheim et Rochleder, la pipérine pourrait être considérée comme une espèce de pseudosel, renfermant les éléments de la *picoline* unis à un groupe organique formé de $H^{30}C^{38}AzO^{10}$. M. Wurtz, qui ne partage pas cette manière de voir, considérerait plutôt la pipérine comme une base

organique conjuguée du type qu'offrent la thiosinnamine et les corps
basiques que l'on obtient en ajoutant une ammoniaque aux éthers cyaniques.

ALCALIS NATURELS VOLATILS.

Ces alcalis sont la nicotine, la conicine et la théobromine.

De la nicotine. $H^{14}C^{20}Az^2$.

Elle a été découverte par Vauquelin en 1809, et étudiée en 1828 par
MM. Posselt et Reimann. On la trouve dans différentes espèces de *nicotiana*, dans les *macrophylla rustica* et *glutinosa*. Pour l'isoler, on fait
bouillir dans l'eau les feuilles de tabac hachées; on passe à travers une
toile, et on évapore la liqueur jusqu'en consistance sirupeuse; on traite
le produit par le double de son volume d'alcool marquant 36 degrés; on
décante la liqueur brune pour la séparer du dépôt noir qui s'est formé;
on concentre la liqueur par la chaleur, puis on la traite par la potasse
dissoute, et on agite le tout vivement avec de l'éther; celui-ci dissout
la nicotine et quelques autres matières; on ajoute à la dissolution éthérée, petit à petit, de l'acide oxalique en poudre, qui précipite la nicotine à l'état d'oxalate sous forme d'une couche sirupeuse; on lave celle-
ci à plusieurs reprises avec de l'éther pur; on la décompose à l'aide de
la potasse, et on enlève par l'éther la nicotine isolée; on chauffe en vases
clos et au bain-marie la dissolution éthérée; la majeure partie de l'éther
se volatilise; il en reste pourtant une portion mêlée d'ammoniaque et
d'eau, qui ne distille pas, même à 100°; on transvase dans une autre cornue le liquide restant, et on le maintient, pendant un jour entier, à une
température de 140°, en faisant traverser la cornue par un faible courant de gaz hydrogène; après ce temps, on change de récipient et l'on
chauffe à 180°; la nicotine passe alors goutte à goutte et parfaitement
pure. On retire 400 grammes de cet alcali de 9 ou 10 kilogrammes de
tabac de Virginie.

La nicotine est sous forme d'un liquide oléagineux, transparent, incolore, assez fluide, anhydre, d'une densité de 1,048, devenant brun
et s'épaississant au contact de l'air, dont il absorbe l'oxygène, d'une
odeur âcre ne rappelant que peu celle du tabac, d'une saveur brûlante.
Elle ne se congèle pas à —10° c.; elle se volatilise à 250° environ, en
laissant un résidu charbonneux; ses vapeurs sont tellement irritantes,
qu'on respire avec peine dans une pièce où l'on a vaporisé une goutte de
cet alcali. Elle est très-inflammable et brûle avec une flamme fuligi-

neuse. Elle bleuit le papier rouge de tournesol humide. Elle est très-soluble dans l'eau, dans l'alcool, dans les huiles grasses et volatiles, ainsi que dans l'éther, qui même la sépare facilement d'une dissolution aqueuse. L'iode et le chlore la décomposent. Elle se combine, en dégageant de la chaleur, avec les acides, et elle précipite de leurs dissolutions l'alumine et tous les oxydes métalliques. Lorsqu'on chauffe la nicotine avec de l'acide azotique, il se dégage d'abondantes vapeurs rouges, et si l'on ajoute un excès de potasse, on obtient une nouvelle base volatile, qui *paraît* être l'*éthylamine* (voy. p. 446 et Anderson, *Comptes rendus des séances de l'Académie des sciences,* du 29 juillet 1850). La nicotine se combine directement avec les hydracides ; ses sels simples cristallisent difficilement, parce qu'ils sont déliquescents ; les sels doubles qu'elle donne avec différents oxydes métalliques cristallisent mieux. Tous ces sels sont insolubles dans l'éther.

Le tabac de la Havane en contient 2 pour 100 ; celui de Maryland, 2, 3 ; celui de Virginie, 6, 9 ; celui d'Alsace, 3, 2 ; celui du Pas-de-Calais, 4, 9 ; celui du Nord, 6, 6 ; et celui du Lot, 8.

C'est à la nicotine principalement que le tabac à priser doit la propriété d'exciter la membrane muqueuse nasale ; elle y est beaucoup plus abondante que dans les tabacs à fumer, dits légers, tels que le maryland, l'alsace, etc.

On peut considérer la nicotine comme un composé d'ammoniaque, H^3Az, et d'un carbure d'hydrogène, H^4C^{10}.

Une goutte de nicotine donne la mort à un chien vigoureux. Appliquée en frictions, elle détermine des convulsions violentes ; la respiration devient très-active et râlante ; les extrémités postérieures se paralysent, et la bouche de l'animal se couvre d'écume ; cependant, lorsque la mort n'est pas la conséquence de ces symptômes, ils cessent en général au bout d'une heure. Elle ne dilate pas les pupilles.

De la conicine (*conine* ou *ciculine*). $H^{15}C^{16}Az$.

Cet alcali fut observé pour la première fois en 1826 par Gieseke, et isolé à l'état de pureté par Geiger en 1831. Il est contenu dans toutes les parties de la ciguë (*conium maculatum*), mais en plus grande quantité dans la semence, d'où on l'extrait. Récente, elle est incolore ou légèrement jaune ; mais, au contact de l'air libre ou dans des flacons mal remplis, elle s'altère peu à peu et devient brune ; elle offre une odeur fort désagréable, qui porte à la tête et excite le larmoiement, et une saveur extrêmement âcre, qui rappelle l'odeur et la saveur des souris ; sa densité est de 0,89. Elie est volatile, sans altération, et bout à 170°; elle est peu soluble dans l'eau, très-soluble dans l'alcool et dans l'éther. L'iode détermine dans la conicine un précipité blanc, épais, qui devient vert-olive et d'un éclat métallique, si l'iode est en excès. Le chlore agit d'une manière analogue. L'acide azotique lui communique une belle teinte rouge; l'acide chlorhydrique gazeux la colore en pourpre, puis en indigo foncé. Elle neutralise cependant très-bien tous les acides affaiblis, et donne des sels en général déliquescents et ne cristallisant pas.

On peut la considérer comme étant formée d'ammoniaque, H^3Az, et d'un carbure d'hydrogène, $H^{12}C^{16}$.

Extraction. On distille avec de la potasse dissoute les graines de ciguë écrasées; il passe dans le récipient de la conicine et de l'ammoniaque; on sature le liquide distillé par l'acide sulfurique, et on évapore jusqu'en consistance d'extrait mou; en traitant celui-ci par un mélange d'alcool et d'éther, on dissout le sulfate de conicine; le sulfate d'ammoniaque reste; on évapore le sulfate de conicine, et on le décompose par la potasse; la conicine vient à la surface; on la décante, et on la fait séjourner pendant quelque-temps sur du chlorure de calcium, qui lui enlève l'eau; on la distille.

De la théobromine. $H^4C^7Az^2O^1$.

Elle a été découverte par Woskresensky dans le cacao. Pour l'obtenir, on traite la poudre de cette graine par l'eau bouillante, et l'on ajoute à la dissolution évaporée de l'acétate de plomb, qui précipite toutes les matières, excepté la théobromine; le liquide filtré et évaporé, étant repris par l'alcool bouillant, dépose cette substance à l'état de poudre blanche, cristalline, peu soluble dans l'eau, dans l'alcool et l'éther, volatile à 250°. Elle donne, avec les acides concentrés, des combinaisons qui sont détruites par l'eau. Le tannin fournit avec elle une combinaison soluble. Le bichlorure de mercure la précipite en blanc. Elle est sans usages.

Des alcalis végétaux peu étudiés et peu connus.

La *curarine* a été découverte par MM. Boussingault et Roulin dans une substance appelée *curare,* dont les habitants de l'Amérique méridionale se servent pour empoisonner leurs flèches. Il paraît, selon M. de Humboldt, que le *curare* est extrait d'une liane de la famille des strychnées. La curarine est amorphe, d'un aspect résinoïde, et excessivement vénéneuse, fort soluble dans l'eau, dans l'alcool, et insoluble dans l'éther.

La *cusparine* a été extraite par Saladin de l'angusture vraie (*Bonplandia trifoliata*), en traitant cette écorce par de l'alcool froid et absolu, et en laissant évaporer spontanément. Elle cristallise en tétraèdres, et fond à une douce chaleur; elle est soluble dans l'eau et dans l'alcool, et insoluble dans l'éther.

La *daphnine* a été signalée par Vauquelin dans l'écorce du garou (*daphne gnidium* et *mezereum*). On l'obtient en faisant bouillir cette écorce avec de l'eau, et en distillant sur la magnésie; le produit distillé est alcalin, et possède une odeur et une saveur très-irritantes.

La *fumarine* a été extraite de la fumeterre (*fumaria officinalis*).

La *capsicine* existe, selon Braconnot, dans la graine du *capsicum annuum*. Elle est difficilement cristallisable, insoluble dans l'eau froide et dans l'éther, et peu soluble dans l'alcool.

La *crotonine* est préparée, suivant Brandes, avec la graine du pignon d'Inde (*croton tiglium*). Elle forme une masse compacte, composée de petits cristaux fusibles, non volatils, et fort peu solubles dans l'eau.

La *sanguinarine*, extraite de la racine du *sanguinaria canadensis*, est couleur gris de perle, et forme avec les acides des sels rouges très-solubles, d'une amertume très-prononcée. — *Composition.* Carbone, 70,03; hydrogène, 5,27; azote, 5,23; oxygène, 19,47 (Schiel).

DEUXIÈME GROUPE.

Alcalis végétaux qui sont le produit de l'art.

En décomposant tantôt par le feu, tantôt par les alcalis ou par d'autres agents, le goudron de charbon de terre, la cinchonine, du cyanate de potasse, etc., on obtient des alcaloïdes qu'on n'a pas encore trouvés dans la nature. La plupart de ces corps peuvent être représentés par de l'ammoniaque, H^3Az, plus un carbure d'hydrogène, ainsi que je le démontrerai bientôt; quelques-uns dérivent de plusieurs carbures d'hydrogène, d'autres des éthers cyanique et cyanurique. On peut dire qu'*ils sont presque tous volatils, sans décomposition*; aucun d'eux ne renferme d'oxygène, et ils sont tous formés d'hydrogène, de carbone et d'azote. On peut les diviser en trois séries : 1° ceux que l'on a désignés sous le nom d'*ammoniaques composées* ou de bases *amidées*, parce qu'ils présentent une grande analogie de *composition* et de *propriétés* avec l'*ammoniaque ;* on peut les envisager comme de l'ammoniaque dans laquelle 1 *équivalent* d'hydrogène est remplacé par 1 équivalent d'un *groupe organique composé,* H^3C^2, H^5C^4, H^7C^6, H^9C^8 ou $H^{11}C^{10}$: tels sont l'éthylamine, la méthylamine, l'amylamine ou valéramine, la butyramine et l'aniline. 2° Ceux qui résultent de la substitution de 2 *équivalents* d'hydrogène par 2 *groupes organiques* qui peuvent être différents l'un de l'autre : ce sont les bases *imidées.* 3° Ceux qui résultent de la substitution de 3 *équivalents* d'hydrogène de l'ammoniaque par *trois* groupes organiques composés. Indépendamment de ces alcaloïdes, il en existe un certain nombre qui ont moins d'analogie avec l'ammoniaque : ce sont la quinéloïne, le pyrrhol et la picoline.

§ Ier. — DES ALCALIS DE LA PREMIÈRE SÉRIE, ou des bases amidées, ou des ammoniaques composées.

On doit à M. Wurtz un travail remarquable sur cette classe de corps, et notamment sur l'éthylamine, la méthylamine et l'amylamine. M. Hoffmann a particulièrement étudié l'aniline. M. Wurtz a vu que lorsqu'on traite par la potasse l'acide cyanique hydraté, on obtient de l'*ammoniaque ;* si l'on substitue à l'acide cyanique l'éther cyanique de l'alcool vinique, on produit l'*éthylamine ;* avec l'éther cyanique méthylique ou d'esprit de bois, on produit la *méthylamine ;* avec l'éther cyanique amylique ou de pommes de terre, on forme la *valéramine.* Ces composés peuvent être représentés par 1 équivalent d'ammoniaque et 1 de carbure d'hydrogène constamment isomérique ; ainsi :

Ammoniaque.	H^3Az
Méthylamine.	H^3Az,H^2C^2, ou bien H^5C^2Az.
Éthylamine.	H^3Az,H^4C^4, ou bien H^7C^4Az.
Valéramine.	$H^3Az,H^{10}C^{10}$, ou bien $H^{13}C^{10}Az$.

On va voir, par les détails dans lesquels je vais entrer, que ces différents corps, composés des éléments de l'ammoniaque et d'un carbure d'hydrogène, possèdent *la plupart* des propriétés de l'ammoniaque.

De l'éthylamine. H^7C^4Az (H^3Az,H^4C^4).

L'éthylamine est liquide, incolore, très-légère, très-mobile, d'une odeur et d'une saveur semblables à celle de l'ammoniaque, bleuissant le papier de tournesol rougi, bouillant à 18°,7, inflammable, et brûlant avec une flamme bleuâtre lorsqu'on l'approche d'un corps en combustion, *ce que ne fait pas l'ammoniaque,* soluble dans l'eau en toutes proportions, et se comportant avec les sels de magnésie, d'alumine, de manganèse, de fer, de plomb, de mercure, de cuivre, etc., comme l'ammoniaque liquide. Quant aux sels de nickel, elle les précipite; mais l'oxyde déposé ne se dissout pas dans un excès d'éthylamine, *tandis que l'ammoniaque dissout parfaitement l'oxyde qu'elle a séparé de ces sels.* L'éthylamine forme avec les acides des sels cristallisables, semblables aux sels ammoniacaux; en approchant une baguette mouillée d'acide chlorhydrique, on voit apparaître des vapeurs blanches extrêmement épaisses, comme avec l'ammoniaque. L'éthylamine donne aussi des composés analogues aux amides (voy. p. 403) : ainsi, avec l'éther oxalique, elle fournit des cristaux aiguillés, H^6C^4Az, C^2O^2, correspondants à l'oxamide.

Préparation. On chauffe légèrement, dans un tube fermé par un bout, du chlorhydrate d'éthylamine bien sec, mélangé du double de son poids de chaux vive; l'éthylamine se volatilise, et vient se condenser dans un récipient refroidi. Pour obtenir le chlorhydrate d'éthylamine, on commence par préparer l'éthylamine en faisant bouillir dans un appareil distillatoire de l'éther cyanique avec un excès de potasse; l'alcali se rend dans le récipient, dans lequel on a mis un peu d'eau, et que l'on a entouré d'un mélange réfrigérant; on sature par l'acide chlorhydrique l'éthylamine condensée dans le récipient; on évapore, et le chlorhydrate cristallise. Il reste dans la cornue du carbonate de potasse.

$$\frac{H^5C^4O,C^2AzO}{\text{Ether cyanique.}} , \frac{2KO,HO}{\text{Potasse.}} = \frac{2KO,CO^2}{\text{Carb. de potasse.}} , \frac{H^7C^4Az}{\text{Ethylamine.}}$$

D'après M. Strecher, on pourrait encore préparer l'*éthylamine* en faisant réagir l'ammoniaque sur les chlorures et les bromures des radicaux de l'alcool, ou sur l'éther vinique (voyez *Comptes rendus des séances de l'Académie des sciences,* numéro du 12 août 1850, et *Journ. de pharm.,* septembre 1850).

De la méthylamine. H^5C^2Az, ou H^3Az, H^2C^2.

La méthylamine est un gaz incolore, odorant, et sapide comme l'ammoniaque, d'une densité de 1,08, presque double de celle de ce dernier gaz, bleuissant le papier rougi par un acide, condensable à 0°, brûlant avec une flamme jaunâtre, *excessivement soluble dans l'eau,* puisque à 12° ce liquide en dissout 1040 volumes. Le charbon l'absorbe avec énergie. Elle agit sur les acides et sur les sels, comme l'éthylamine. On l'obtient, comme celle-ci, en chauffant le chlorhydrate de cette base avec de la chaux vive, et en recueillant le gaz sous des cloches pleines de mercure; on voit que l'on prépare ces deux bases exactement comme on extrait l'ammoniaque du chlorhydrate par la chaux.

De la valéramine ou de l'amylamine. $H^{13}C^{10}Az$, ou $H^5Az,H^{10}C^{10}$.

Elle est liquide, incolore, d'une saveur et d'une odeur ammoniacales, très-soluble dans l'eau, se comportant avec les acides et les sels comme les deux bases précédentes, si ce n'est qu'il faut l'employer en plus forte proportion que l'éthylamine, la méthylamine et l'ammoniaque, pour dissoudre le chlorure d'argent et le bioxyde de cuivre hydraté bleu. Elle donne avec l'acide chlorhydrique un chlorhydrate neutre en écailles blanches, grasses au toucher, non déliquescentes, assez solubles dans l'eau, solubles dans l'alcool, et que l'on peut représenter par $H^{13}C^{10}Az, HCl$. On l'obtient en distillant avec de la chaux vive le chlorhydrate de valéramine, préparé lui-même en décomposant l'éther amylique par la potasse (voy. *Éther amylique,* p. 210, et *Éthylamine,* p. 446).

De la butyramine ou pétinine. $H^{11}C^8Az$, ou H^5Az, H^8C^8.

Elle est liquide, incolore, fluide comme l'éther, et fortement réfringente; sa saveur est chaude et piquante, son odeur est désagréable et semblable à celle des pommes. Elle bout à environ 80°. Elle se dissout en toutes proportions dans l'eau, l'alcool, l'éther, et les huiles. Elle ramène au bleu le papier de tournesol rougi par un acide, et répand d'épaisses vapeurs lorsqu'on en approche une baguette imprégnée d'acide chlorhydrique. Elle s'unit aux acides avec dégagement de chaleur, et fournit des sels. Elle précipite le chlorure d'or en jaune pâle, et les sels de cuivre en bleu; l'hydrate de bioxyde de cuivre déposé se dissout dans l'ammoniaque, qu'elle colore en bleu. Elle donne des sels doubles avec le bichlorure de platine et le bichlorure de mercure. Elle est à l'acide butyrique, $H^7C^8O^5, HO$, ce que l'éthylamine est à l'acide acétique, $H^3C^4O^3, HO$.

Préparation. Il a été jusqu'à présent impossible de l'obtenir par le procédé qui fournit les trois bases dont je viens de parler; mais on la prépare en décomposant par le feu les matières animales, et notamment le produit huileux qui se produit dans la fabrication du noir d'ivoire par les os (Anderson, *Journ. de pharm.*, octobre 1849).

Action de l'éthylamine et de la méthylamine sur l'économie animale. Il importait de savoir si les analogies que je viens de constater entre ces deux bases et l'ammoniaque se retrouveraient aussi dans les effets que ces substances produisent sur nos organes. Mon neveu, I.-L. Orfila, s'est livré à des recherches nombreuses à ce sujet, qui ont donné les résultats suivants :

Les chiens soumis comparativement à l'action de ces alcalis et de l'ammoniaque ont présenté les mêmes symptômes d'empoisonnement et les mêmes lésions de tissu. L'analogie est complète, soit qu'on introduise ces corps par le tube digestif, soit qu'on fasse respirer les animaux dans des atmosphères chargées de ces substances.

De l'aniline. $H^7C^{12}Az$.

On obtient l'*aniline* lorsqu'on traite l'indigo par un excès de potasse, ou lorsqu'on soumet la *nitrobenzine*, H^5C^{12},AzO^4 (voy. p. 334), à l'action de l'hydrogène naissant, de l'acide sulfhydrique, ou de tout autre corps réducteur qui lui enlève de l'oxygène.

$$\underbrace{H^5C^{12},AzO^4}_{\text{Nitrobenzine.}} , \underbrace{6\,H}_{\text{Hydrogène.}} = \underbrace{H^7C^{12}Az}_{\text{Aniline.}} , \underbrace{4\,HO}_{\text{Eau.}}$$

L'aniline est liquide, même à — 20°, incolore, d'une odeur vineuse agréable, d'une saveur brûlante, d'une densité de 1,028, bouillant à 182°, à peine soluble dans l'eau, très-soluble dans l'alcool et l'éther. Exposée à l'air, elle se résinifie, et verdit le sirop de violettes. Elle dissout à chaud le soufre et le phosphore, et fournit avec plusieurs acides des sels que l'on peut faire cristalliser. *Elle colore en bleu les hypochlorites alcalins.* Le chlore et le brome lui enlèvent de l'hydrogène, et donnent de l'aniline *monochlorée* et *monobromée*, qui sont de véritables bases formant des sels, et de l'aniline *trichlorée* ou *tribromée* = $H^{12}C^4Cl^3Az$, et $H^{12}C^4Br^3Az$, qui ne possèdent plus de propriétés basiques. Il existe aussi une aniline *monoiodée*, qui est une base. En général, quand la substitution n'a pas été poussée trop loin, les corps dérivés de l'aniline restent basiques. Quant au cyanogène, il n'agit pas sur l'aniline en lui enlevant de l'hydrogène, mais bien en se combinant avec elle pour former une base cristallisable, la *cyaniline,* $H^7C^{12}AzCy$, qui produit des sels bien définis, et cristallisables avec les acides. Les expériences de M. Gerhardt l'ont conduit à admettre que, dans ses réactions, l'aniline se comporte comme l'ammoniaque, qu'elle fournit des *amides* correspondants aux amides de la série ammoniacale, qui ne diffèrent des sels d'aniline que par de l'eau : ainsi que l'on distille de l'oxalate ou du sulfate d'aniline, on aura dans le premier cas l'*oxanilide*, $C^2O^2, H^6C^{12}Az$, correspondant à l'oxamide, et, dans le second, de l'acide sulfanilique, $S^2O^5, H^6C^{12}Az$, correspondant à l'acide oxamique. L'aniline peut être représentée par de l'ammoniaque et par un carbure d'hydrogène, H^3Az, H^4C^{12}.

De la nitraniline, H^6C^{12}, AzO^4, Az. — Elle est le résultat de l'action de l'hydrogène ou du sulfhydrate d'ammoniaque sur le binitrobenzide; ici 1 équivalent d'hydrogène du binitrobenzide a été remplacé par 1 équivalent d'acide hypoazotique.

$$\underset{\text{Binitrobenzine.}}{H^4C^{12}, 2AzO^4}, \quad \underset{\text{Hydrogène.}}{6\,H} = \underset{\text{Nitraniline.}}{H^6C^{12}, AzO^4, Az}, \quad \underset{\text{Eau.}}{4\,HO}$$

La nitraniline est en aiguilles jaunes, fusibles à 110°, bouillant à 285°, volatiles, presque insolubles dans l'eau froide, solubles dans le même liquide bouillant. Elle forme des sels avec les acides.

De la cyaniline, $H^7C^{12}CyAz$. — On la produit en combinant le cyanogène avec l'aniline. Elle est en lames cristallines d'un grand éclat, incolores, inodores, insipides, fusibles à 220°, insolubles dans l'eau, formant des sels avec les acides azotique, chlorhydrique, iodhydrique, etc.

De la mélaniline, $H^{13}C^{26}Az^3$. — Elle est le résultat de l'action du chlorure ou du bromure de cyanogène gazeux et *secs* sur l'aniline. Elle est solide, inodore, d'une saveur amère, fusible entre 120° et 130°, à peine soluble dans l'eau froide, soluble dans l'éther, l'alcool, etc., formant avec les acides des sels que l'on peut transformer, par la substitution, en sels *chlorés* et *bromés.*

Si l'on fait agir à la fois le chlorure de cyanogène gazeux et de l'*eau,* on obtient de l'*anilurée.*

De l'anilurée, $H^8C^{14}Az^2O^3$. — L'anilurée est en cristaux aciculaires, peu solubles dans l'eau froide, très-solubles dans l'eau chaude, sans action sur les acides et les alcalis étendus. Chauffés, ils fondent, puis donnent de l'ammoniaque et un mélange de *carbanilide* et d'acide cyanurique; ce qui fait croire à M. Hoffmann que l'*anilurée* est une amide conjuguée, formée d'une molécule de *carbamide* et d'une de carbanilide.

$$\underbrace{H^2Az,CO}_{\text{Carbamide.}} \, , \, \underbrace{H^6C^{12}Az,CO}_{\text{Carbanilide.}}$$

(Voyez, pour plus de détails, le numéro d'octobre 1849 du *Journal de pharmacie*.)

De quelques autres alcalis artificiels ayant moins d'analogie avec l'ammoniaque que les précédents.

De la quinéoline ou leukol. $H^7C^{18}Az$ (voy. p. 414).

Du pyrrhol.

Il fait partie du goudron de charbon de terre, d'après Runge.

De la picoline. $H^7C^{12}Az$.

Elle existe dans le goudron de charbon de terre. Elle est liquide, d'une densité de 0,955, bouillant à 133°, soluble dans l'eau, l'alcool, l'éther, et les huiles grasses et essentielles. Elle est isomérique avec l'aniline; on peut donc la considérer comme étant formée de H^3Az (ammoniaque) et de H^4C^{12} (carbure d'hydrogène).

§ II. — DES BASES ALCALINES DITES IMIDÉES.

En faisant réagir l'éther bromhydrique sur une base *amidée* ou sur une *ammoniaque composée*, M. Hoffmann a pu, en éliminant une seconde molécule d'hydrogène, la remplacer à son tour par le terme H^5C^4, ou un autre analogue, et passer de la première série des alcaloïdes artificiels à une seconde série complétement nouvelle, la série des bases *imidées*. Cette série comprend surtout l'*éthylaniline*.

De l'éthylaniline. $H^{11}C^{16}Az$.

Lorsqu'on chauffe doucement un grand excès d'éther bromhydrique, H^5C^4Br, et de l'*aniline*, on obtient, par le refroidissement, une masse cristalline, composée de bromhydrate d'*éthylaniline* ; d'où il suit que le brome s'est emparé d'un équivalent d'hydrogène de l'aniline pour former de l'acide bromhydrique, tandis que l'aniline a pris H^5C^4 à l'éther bromhydrique; en sorte qu'elle s'est transformée en éthylaniline : en effet,

$$\underbrace{H^7C^{12}Az}_{\text{Aniline.}}\ ,\quad \underbrace{-H}_{\text{Hydrogène.}}\ ,\quad \underbrace{H^5C^4}_{\text{Carb. d'hydrogène.}}\ =\ \underbrace{H^{11}C^{16}Az}_{\text{Ethylaniline.}}$$

Si l'on décompose le bromhydrate d'éthylaniline par la potasse, on obtient l'éthylaniline, sous forme d'une huile brune, que l'on purifie en la desséchant sur la potasse caustique et en la rectifiant. Ainsi purifiée, elle est huileuse, incolore, fortement réfringente, se colorant rapidement à l'air et à la lumière, d'une densité de 0,958 à 18°, bouillant à 204°, ne devenant pas bleue, comme l'aniline, lorsqu'on la traite par l'hypochlorite de chaux, donnant, avec les acides, des sels très-solubles, difficiles à obtenir cristallisés au sein de l'eau. Le bromhydrate, cristallisable en tables d'une grande beauté, après avoir été dissous dans l'alcool, s'il est fortement et brusquement chauffé, se dédouble en aniline et en éther bromhydrique.

§ III. — DES BASES ALCALINES DITES NITRILES.

Lorsqu'on fait réagir l'éther bromhydrique sur l'éthylaniline, on élimine une troisième molécule d'hydrogène, qui est remplacée à son tour par H^5C^4, c'est-à-dire par les éléments de l'éther bromhydrique, moins le brome, et l'on forme la *biéthylaniline*.

De la biéthylaniline. $H^{15}C^{20}Az$.

La biéthylaniline est liquide, et ne se colore pas à l'air comme l'éthylaniline; sa densité est de 0,939 à 18°; elle bout à 213°,5; elle n'est pas colorée en bleu par l'hypochlorite de chaux; mais, comme l'éthylaniline, elle colore un copeau de sapin en jaune.

De quelques autres bases obtenues par M. Hoffmann.

Lorsqu'on traite la *nitraniline* par l'éther bromhydrique, on forme l'*éthylonitraniline*. La *méthylaniline* est le résultat de l'action de l'éther méthylbromhydrique ou méthyliodhydrique sur l'aniline et sur les bases qui en dérivent. On prépare l'*amylaniline* en faisant agir sur l'aniline un excès d'éther amylbromhydrique, L'amylaniline donne, avec l'éther amylbromhydrique, de la *biamylamile*. On forme de l'*amyléthylani-*

line avec l'éther bromhydrique et l'amylaniline. En chauffant une dissolution aqueuse d'*éthylamine* avec un excès d'éther bromhydrique, on produit la *biéthylamine*; celle-ci est à son tour transformée par cet éther en *triéthylamine* (voyez, pour plus de détails, le mémoire de M. Hoffmann dans le numéro d'août 1850 du *Journal de pharmacie*).

CLASSE DEUXIÈME.

DES PRODUITS IMMÉDIATS DES VÉGÉTAUX.

On désigne sous le nom de *produits immédiats* des mélanges de plusieurs des principes immédiats qui viennent d'être étudiés, comme les sucs huileux ou graisseux, résineux, sucrés, etc.

DES PRODUITS IMMÉDIATS GRAISSEUX, HUILEUX OU CIREUX.

Ces produits sont : 1° la stéarine, la margarine, l'oléine, la butyréoline, la palmine, la palmitine, la myristine, la phocénine, la butyrine, l'hircine, l'élaïdine, que l'on peut considérer comme étant formés de glycérine et d'un acide gras ; 2° la cétine et la myricine, que l'on peut envisager comme des composés, la première d'acide éthalique et d'éthal, et l'autre d'acide palmitique et de mélissine, substance qui se rapproche beaucoup de l'éthal; 3° les graisses et les huiles; 4° les cires.

Avant de parler de chacun de ces corps en particulier, je crois utile de donner leurs principales propriétés générales.

GÉNÉRALITÉS SUR LES CORPS GRAS COMPOSÉS.

Les corps gras composés existent dans le règne végétal et dans le règne animal; les plantes en contiennent surtout dans les graines et dans les péricarpes des fruits; on les désigne sous le nom d'*huiles,* tandis qu'on appelle *cires* des matières grasses que l'on trouve à la surface des feuilles et des écorces. Quant aux *graisses,* elles n'existent que dans le règne animal, constituant, en grande partie le tissu cellulaire graisseux, si abondant surtout sous la peau, où il forme une couche d'autant plus épaisse que les animaux sont plus gras.

Les corps gras composés sont solides ou liquides, cependant leur fluidité n'est jamais très-grande; tout le monde connaît la *consistance huileuse;* ils ont une saveur douce fade lorsqu'ils sont récents et purs; il en est de même de l'odeur, qui est presque nulle ordinairement; toutefois, lorsque ces corps ont subi une altération provenant soit de l'air, soit de tout autre agent, en même temps qu'il se développe une odeur plus ou moins forte, ils acquièrent une saveur âcre désagréable; quant à ceux qui possèdent une odeur particulière, on sait qu'elle est due à la présence d'un acide volatil uni à la glycérine. Étendus à l'état liquide sur du papier, les corps gras le rendent translucide, et forment des taches persistantes huileuses ou graisseuses.

Ils fondent assez facilement à une température peu élevée, et sans exception plus basse que celle à laquelle fondent les acides qu'ils renferment; le point de fusion varie de $- 5°$ à $+ 60°$. Le froid les durcit et solidifie ceux qui étaient liquides.

Une température plus élevée que le point de fusion, celle de 250° par exemple, fait éprouver aux corps gras une décomposition particulière caractéristique.

Lorsqu'on les maintient longtemps en ébullition, ils dégagent de l'acide carbonique, des gaz inflammables, de l'*acroléine,* corps très-volatil qui irrite fortement les yeux et prend à la gorge, et qui provient de la décomposition de la glycérine; ils se colorent et donnent, en outre, des produits solides ou liquides, selon l'époque de l'opération et sa durée : c'est ainsi que, pendant la première période, le produit présente, à la température ordinaire, la consistance du beurre, et n'est formé que d'acides gras libres; plus on ménage la distillation, plus ce produit est abondant et solide : il s'élève en général à 30 ou 40 pour 100; on n'obtient plus ensuite qu'une huile volatile, des gaz inflammables, tandis que ce qui reste du corps soumis à la distillation est devenu visqueux, brun, et très-soluble dans les alcalis. Il est évident que ces produits doivent varier, selon la nature même du principe qui les fournit : ainsi l'acide stéarique se transforme en acide margarique, l'acide oléique fournit de l'acide sébacique. Le point d'ébullition des corps gras, et particulièrement des huiles, est plus élevé que celui de la fusion du plomb. Si l'on fait chauffer à 300° les corps gras dans un appareil que l'on fait traverser dans un courant de vapeur d'eau, sous une pression plus faible que celle de l'atmosphère, la glycérine est décomposée en plusieurs produits solubles dans l'eau, et les acides gras qui étaient combinés avec elle distillent sans altération. L'*oxygène* peut se combiner avec certaines matières grasses directement; cette action finit par produire la rancidité, lorsqu'elle s'exerce lentement et qu'elle donne naissance à des matières volatiles; d'autres fois elle a lieu avec développement de beaucoup de chaleur; enfin c'est à elle qu'est due la propriété siccative de certaines huiles employées en peinture; cette action est surtout favorisée par le contact d'une matière azotée en décomposition; elle paraît alors se rattacher aux phénomènes de la fermentation. Les graisses des animaux à sang chaud, les huiles d'olives, d'amandes douces, de navette et de colza, ne sont pas siccatives, tandis que celles de lin, de noix, d'œillette et de ricin, le sont (voy. *Graisses* et *Huiles*). L'*eau* ne dissout aucun corps gras, tandis qu'ils sont solubles dans l'alcool absolu, plus solubles dans l'éther et dans les essences, et plus solubles encore dans les graisses liquides. Le *chlore* et le *brome* décomposent les corps gras; il se fait des composés particuliers, et il se dégage des acides chlorhydrique et bromhydrique. L'*iode* colore les corps gras en brun, mais cette couleur disparaît au bout de quelque temps. Les *acides*, en général, séparent et isolent les acides gras des corps gras neutres en s'unissant avec la glycérine; quelquefois l'acide se combine aussi avec les acides gras et fournit des composés nouveaux.

L'acide *sulfurique* s'unit avec plusieurs corps gras neutres, tels que la stéarine, la margarine et l'oléine, et forme des acides *sulfogras;* ces acides, soumis à une action plus prolongée de l'acide sulfurique, se dédoublent en acides stéarique, margarique, oléique, et en glycérine; *c'est une saponification* comme l'opéreraient les alcalis et la plupart des bases. L'acide sulfurique peut encore se combiner avec ces trois acides gras et avec la glycérine, et donner naissance aux acides *sulfostéarique, sulfomargarique, sulfoléique* et *sulfoglycérique,* lesquels, traités par l'eau, sont décomposés en acide sulfurique et en acides stéarique, margarique, oléique, ou en glycérine; la saponification par l'acide sulfurique a conduit à un mode de préparation nouveau des bougies stéariques (voy. *Bougies*). L'acide *azotique* et l'acide *hypoazotique* agissent d'une manière spéciale, qui sera examinée plus loin: ils oxydent la substance grasse.

Les *alcalis* et les *oxydes* non alcalins déplacent la glycérine des corps gras, tandis que les acides gras se combinent avec les alcalis et les oxydes, avec lesquels ils forment des *savons* et les *emplâtres*. Soumis à la distillation avec de la *chaux* vive en poudre, les acides gras qui constituent les corps neutres subissent une altération; un équivalent d'acide carbonique prend naissance sous l'influence de cette base, aux dépens des éléments des acides et s'unit avec elle, tandis qu'il distille une substance neutre toute nouvelle, n'ayant aucune des propriétés des corps qui l'ont produite ; la découverte de ces corps est due à M. Bussy (voy. *Acides gras*).

MM. Bernard et Barreswil ont fait voir tout récemment que le *suc pancréatique* décomposait aussi en quelques heures les corps gras neutres en acides gras et en glycérine.

De la stéarine (*stéarate de glycérine*). $\dfrac{H^7C^6O^5, HO}{\text{Glycérine.}}$, $\dfrac{2\,H^{66}C^{68}O^5}{\text{Acide stéarique.}}$

La stéarine de bœuf peut être représentée par 2 équivalents d'acide stéarique anhydre, et 1 équivalent de glycérine, moins 8 équivalents d'eau ; tandis que celle de mouton le serait par le même nombre d'équivalents d'acide et de glycérine, moins 4 équivalents d'eau. La stéarine forme la majeure partie de la graisse de mouton (suif), de veau, de bœuf ; on la trouve aussi dans une grande quantité d'autres corps gras. Elle est solide, blanche, nacrée, sans odeur ni saveur, douce au toucher, et cassante comme de la cire ; son point de fusion est entre 60° et 62°. Chauffée plus fortement, elle bout et donne naissance aux produits ordinaires de la décomposition des graisses par le feu ; elle est insoluble dans l'eau, fort peu soluble dans l'alcool froid et anhydre, plus soluble dans ce menstrue bouillant ; par le refroidissement, tout ce qui est dissous se précipite sous forme de flocons blancs. L'éther bouillant la dissout en très-grande proportion ; mais à la température de $+15°$ il n'en retient plus que $\frac{1}{225}$ de son poids. Traitée par l'acide sulfurique, elle donne de l'acide stéarique libre et une combinaison d'acide sulfurique et de glycérine. L'acide azotique exerce sur elle la même action que sur l'acide stéarique et la glycérine séparés. La stéarine, soumise à l'action des alcalis hydratés, fournit un stéarate de la base et met la glycérine en liberté. La stéarine ne possède pas toujours les mêmes propriétés, puisqu'elle peut provenir de sources fort variées, et se trouver unie ainsi à beaucoup de corps étrangers.

Préparation. On obtient la stéarine en versant sur du suif de mouton, préalablement fondu au bain-marie, cinq ou six fois son volume d'éther sulfurique ; par le refroidissement, le mélange se prend en une masse cristalline, que l'on exprime fortement et qu'on lave à plusieurs reprises avec de l'éther jusqu'à ce qu'elle soit fusible à $+62°$; dans cet état, elle constitue la stéarine.

De la margarine (*margarate anhydre de glycérine*).

La margarine a été longtemps confondue avec la stéarine. Elle existe
dans la graisse humaine et dans plusieurs autres graisses, ainsi que
dans l'huile d'olives ; elle est ordinairement mélangée d'oléine et de
stéarine. Elle est incolore, inodore, cristallisée en petites aiguilles déliées, soluble dans l'alcool, plus soluble dans l'éther que ne l'est la
stéarine ; car, à froid, 5 grammes en dissolvent à peu près 2 de margarine. Elle fond à 47°, tandis que la stéarine ne fond qu'à 62°. Distillée, elle donne les mêmes produits que la stéarine et la plupart des
corps gras. Les acides et les alcalis la changent en glycérine libre, et
en acide margarique, qui devient libre ou qui s'unit à l'oxyde. Elle
n'a pas encore été analysée à l'état de pureté. On extrait aisément la
margarine en dissolvant la graisse humaine ou la graisse de porc dans
l'alcool bouillant ; par le refroidissement, on obtient des cristaux d'un
blanc mat, qui, purifiés par de nouvelles cristallisations, deviennent
fusibles à 47°. D'après MM. Pelouze et Boudet, la matière blanche cristalline qui se dépose en faisant refroidir l'huile d'olives est une combinaison de margarine et d'oléine (margarate et oléate de glycérine) ;
lorsqu'on la comprime, on en extrait la partie liquide. M. Broméis dit
avoir retiré la margarine pure en exprimant le beurre et en faisant
cristalliser à plusieurs reprises dans l'alcool éthéré.

De l'oléine (*oléate de glycérine*).

L'*oléine* constitue la partie fluide des graisses et des huiles grasses ;
elle prédomine dans les huiles, tandis qu'elle est peu abondante dans
les graisses. Elle est inodore, incolore, insipide ; sa densité est de 0,90 à
0,92 ; elle se décompose, de même que la stéarine et la margarine, par
l'action de la chaleur ; elle se solidifie par l'action d'un froid assez intense, et cela d'autant plus facilement qu'elle est moins pure. L'acide
azotique concentré la décompose en acide sébacique et en plusieurs autres produits (Laurent). L'acide sulfurique et tous les autres acides analogues la transforment en acide oléique en isolant la glycérine ou en
s'en emparant. Sous l'influence du glucose et de l'acide sulfurique, l'o-
léine retirée de la moelle épinière s'est colorée en rouge (voy. *Albumine*).

Par les oxydes métalliques, elle est transformée en oléate et en glycérine libre. Soumise à l'action de l'air, l'oléine absorbe de l'oxygène,

dégage de l'acide carbonique, et finit par s'épaissir considérablement. Elle se mêle en toutes proportions avec l'éther, les huiles grasses et les huiles volatiles.

Pour l'obtenir, on traite les graisses par l'alcool bouillant, comme pour la préparation de la margarine ; par le refroidissement, l'alcool abandonne la plus grande partie des matières cristallisables, en retenant en dissolution l'oléine ; on distille l'alcool, puis on y ajoute de l'eau, et l'on maintient le tout en ébullition pendant quelque temps, afin de dissoudre une matière colorante, que l'oléine retiendrait sans cela ; on décante et l'on refroidit de nouveau la liqueur : lorsqu'il ne se dépose plus rien, on peut considérer l'oléine comme pure.

D'après les remarques de MM. Pelouze et Boudet, il paraîtrait qu'il existe quelques différences entre l'oléine des graisses et celle des huiles siccatives ; car, sous l'influence de l'acide hypoazotique, cette dernière n'éprouve aucune altération sensible, tandis que l'oléine des graisses et des huiles non siccatives se transforme en élaïdine et en acide élaïdique.

De la butyréoline.

On donne ce nom à l'huile fluide du beurre, que l'on obtient en comprimant le beurre lavé à l'eau chaude et refroidi, et que l'on avait regardée pendant longtemps comme de l'oléine. Elle diffère de celle-ci sous beaucoup de rapports (voy. Broméis, *Ann. de chim.*, février 1843), mais surtout en ce que les alcalis la transforment en glycérine et en acide *oléobutyrique,* $H^{30}C^{34}O^4,HO$.

De la palmine (*palmate de glycérine*).

La palmine obtenue en traitant, même à froid, l'huile de ricin par l'acide hypoazotique, est blanche, insipide, fusible à 43°, insoluble dans l'eau, soluble dans le double de son poids d'alcool à 30°, très-soluble dans l'éther, saponifiable et décomposable par les alcalis en glycérine et en acide *palmique.*

Acide palmique, $H^{64}C^{68}O^{10},2HO$. — Il est en aiguilles blanches et soyeuses, fusibles à 44°, et qui, après avoir été fondues et refroidies, donnent une masse de cristaux groupés en étoiles. Il est volatil sans altération, et facilement soluble dans l'alcool et dans l'éther. Il peut former avec l'alcool vinique un éther (voy. p. 178). On l'obtient en décomposant par l'acide tartrique chaud le palmate de potasse préparé en faisant agir à chaud la palmine sur la potasse ; l'acide palmique, mis à nu, se concrète à la surface de la liqueur, et il suffit de le dissoudre dans l'alcool bouillant, pour qu'il cristallise par refroidissement. Il est également le résultat de l'action de l'acide hypoazotique, ou de l'acide azotique pur sur l'huile de palme à chaud.

De la palmitine (*palmitate de glycérine*). $\dfrac{H^8C^6O^6}{\text{Glycérine.}}$, $\dfrac{H^{62}C^{64}O^6}{\text{A. palmitique.}}$

La palmitine est d'un blanc éclatant et sous forme cristalline, fort peu soluble dans l'alcool bouillant, se dissolvant, au contraire, en toutes proportions dans l'éther porté à cette température, d'où elle se dépose, par le refroidissement, sous forme de très-petits cristaux. Elle fond à 48°, et par un abaissement de température, elle se prend en une masse dure et friable, qui a l'aspect de la cire. Traitée par les oxydes ou les acides, elle abandonne de la glycérine et se change en acide palmitique. Pour l'obtenir, on exprime l'huile de palme dans un linge, afin d'en séparer les parties fluides, et l'on traite le résidu quatre ou cinq fois par l'alcool bouillant, puis on le dissout dans l'éther chaud ; on filtre, et, par le refroidissement, il se dépose des cristaux de palmitine.

De la myristine (*myristate de glycérine*).

Pour se procurer la myristine, on traite à froid le beurre de muscade par l'alcool ; on comprime le résidu entre des feuilles de papier buvard, et l'on dissout dans l'éther bouillant ; on filtre, et, par le refroidissement, la dissolution éthérée se prend en une bouillie composée de petits cristaux. La myristine pure est formée par des aiguilles soyeuses qui fondent à 31° en une huile transparente. Elle se distingue des autres substances grasses par la résistance qu'elle oppose à l'action des alcalis hydratés, car on ne peut la décomposer en acide myristique et en glycérine, qu'en la faisant fondre avec de la potasse solide.

Elle contient, d'après les analyses de Playfair, 75,55 de carbone, 12,18 d'hydrogène, et 12,27 d'oxygène.

De la phocénine (de *phocæna,* marsouin).

Elle existe dans l'huile de marsouin commun. Elle est très-fluide à 17°—0°, légèrement odorante, et sans action sur le tournesol ; elle se

dissout très-bien dans l'alcool bouillant. La potasse la transforme en
acide phocénique sec et en glycérine; l'acide sulfurique concentré la
fait passer à l'état d'acide phocénique.

Préparation. On dissout dans l'alcool chaud l'huile de marsouin,
on laisse refroidir; au bout de vingt-quatre heures, on décante l'alcool
qui surnage l'huile, et on le distille : il reste dans la cornue une
matière huileuse qui, étant traitée par l'alcool faible et froid, fournit
la phocénine.

De la butyrine.

La butyrine, ordinairement colorée en jaune, peut cependant être
incolore, suivant l'espèce de beurre qui l'a fournie; elle ne paraît se
congeler qu'à 0°; son odeur est celle du beurre chaud; sa densité est
de 0,908. Elle est sans action sur le tournesol, et insoluble dans l'eau;
l'alcool bouillant la dissout en toutes proportions; la potasse la transforme en une masse savonneuse composée d'acides butyrique, margarique et oléique, de glycérine et de potasse, provenant d'une certaine
quantité d'oléine et d'une autre matière grasse contenue dans la butyrine. L'acide sulfurique concentré la change en acide butyrique.

Préparation de la butyrine. Après avoir isolé le beurre du *lait de
beurre,* on l'abandonne pendant plusieurs jours dans une capsule, et
l'on obtient une substance grenue et un *liquide* composé de *butyrine,*
d'acide butyrique, d'une autre matière huileuse, et d'un peu de stéarine.
On traite ce liquide à plusieurs reprises par de l'alcool d'une densité
de 0,796, d'abord à la température de 19°, puis à la température de l'é-
bullition; aussitôt qu'il est entièrement dissous, on le laisse refroidir;
une partie de l'huile et de la stéarine se précipite : la dissolution alcoolique qui la surnage, distillée avec ménagement, fournit de l'alcool
dans le récipient, et dans la cornue une huile composée de butyrine et
d'une très-petite quantité d'acide butyrique : on fait digérer cette huile
avec un lait de carbonate de magnésie, qui transforme l'acide butyrique en butyrate de magnésie; on traite par l'eau, qui dissout ce butyrate; la butyrine restante est séparée de l'excès de carbonate de magnésie au moyen de l'alcool chaud, qui ne dissout que la *butyrine;* il
suffit alors, pour l'avoir pure, d'évaporer lentement le liquide.

De l'hircine.

Elle existe dans les graisses de bouc et de mouton; unie à l'oléine,
elle constitue la partie liquide du suif. L'alcool la dissout beaucoup

mieux que l'oléine; saponifiée par la potasse, elle fournit de l'acide hircique.

De l'élaïdine (de ἐλαίς, olive).

Elle est le résultat de l'action de l'acide hypoazotique sur les huiles d'amandes douces, de lin, de noisettes, et de noix d'acajou en particulier. Elle est blanche comme l'axonge et ressemble à la stéarine. Elle fond à 35° et se dissout en toute proportion dans l'éther sulfurique. L'alcool à 0,8975 de densité, bouillant, n'en dissout que $\frac{1}{200}$ de son poids, et, par le réfroidissement, la dissolution se trouble sans cristalliser. Chauffée dans une cornue de verre, l'élaïdine bout, se décompose, et fournit de l'eau, de l'acide sébacique, de l'acroléine, un liquide huileux empyreumatique, et de l'acide élaïdique. Les alcalis caustiques la saponifient à chaud, en donnant naissance à un acide particulier (acide élaïdique). On l'obtient en versant dans 100 parties d'huile d'olives 3 parties d'acide hypoazotique préalablement mêlé de 9 parties d'acide azotique à 38 degrés : au bout de soixante-dix minutes, l'huile est solidifiée; on traite la masse solide par l'alcool bouillant, qui laisse déposer l'élaïdine par le refroidissement : on la comprime dans du papier non collé, pour absorber une très-petite proportion de matière huileuse. Elle est formée, selon Meyer, de

Carbone	=	78,36
Hydrogène	=	12,05
Oxygène	=	9,59
		100,00

De la cétine (de κῆτος, baleine, *margarate et oléate de cétyline, oxyde de cétyle* de Liebig). $H^{32}C^{32}O^2$.

On trouve la cétine dans le *sperma ceti* ou blanc de baleine, qui est formé de cette matière grasse et d'un peu d'huile; elle fait également partie de la graisse de plusieurs cétacés. Elle est solide, sous forme de lames brillantes, incolores, douces au toucher, insipides, fragiles, peu odorantes, et sans action sur le tournesol. Elle fond à 49° centigrades. Distillée, elle fournit de la cétine non altérée, qui s'est volatilisée en une huile liquide incolore, des acides *oléique, margarique* et acétique, de l'eau, une matière odorante, une matière jaune, et une huile empyreumatique jaunâtre; on n'y trouve ni acide sébacique ni l'huile volatile que donnent les corps gras formés d'oléine et de stéarine. La cétine est insoluble dans l'eau et peu soluble dans l'alcool bouillant, d'où elle se dépose presque en totalité, par le refroidissement, sous forme de cristaux lamelleux, brillants et nacrés. 100 parties d'alcool bouillant en dissolvent 16 parties, mais elles n'en retiennent que 3 parties après le refroidissement. L'éther et les essences la dissolvent très-bien. Lorsqu'on chauffe pendant plusieurs jours 100 parties de cétine avec 100 parties de potasse et 200 parties d'eau, on obtient une masse savonneuse, composée d'*éthal*, d'acide *éthalique*, et d'un peu de matière organique colorée; on facilite la saponification de la cétine en en faisant fondre 2 parties avec 1 partie de potasse caustique et en traitant la masse par l'eau et par l'acide chlorhydrique; on recommence ce traitement.

Préparation. On obtient la cétine en soumettant à plusieurs reprises, d'abord à froid, puis à chaud, le blanc de baleine du commerce à l'action de l'alcool, qui dissout toute la matière huileuse et laisse la cétine pure.

De la myricine. $H^{92}C^{82}O^4$.

Elle existe dans la cire. Elle est pulvérulente, cristalline, fusible à 70°, pouvant être en partie sublimée à une température élevée, soluble dans 200 parties d'alcool bouillant et dans 100 parties d'éther, insoluble dans l'eau. Chauffée pendant longtemps avec une dissolution de potasse caustique, elle se saponifie et donne du *palmitate de potasse* et de la *mélissine*, matière qui se rapproche de l'éthal.

On obtient la myricine en traitant à plusieurs reprises la cire avec de l'alcool bouillant; la myricine reste indissoute.

DES GRAISSES.

Les graisses sont, en général, formées de stéarine, de margarine et d'oléine. Elles existent dans tous les tissus des animaux; elles sont très-abondantes sous la peau, près des reins, dans l'épiploon, à la base du cœur, à la surface des muscles, des intestins, etc. ; elles sont contenues dans une sorte de tissu cellulaire dont elles remplissent toutes les cavités, sous forme de petits globules revêtus d'une enveloppe albumineuse ou fibrineuse, ce dont on peut facilement se convaincre en plaçant sur le porte-objet du microscope une tranche mince du tissu graisseux d'un animal. La graisse est quelquefois incolore, et le plus souvent jaunâtre, lorsqu'elle est mélangée à quelque matière étrangère : tantôt elle est inodore, tantôt elle offre une odeur particulière produite par quelques

traces d'un corps volatil. Elle est toujours plus fusible que les principes
qui la constituent, pris isolément. Elle est neutre au papier de tournesol; cependant celle qui se trouve entraînée dans la circulation paraît
être acide ou formée d'acides gras unis à de la soude. Sa composition
varie suivant la nature et la quantité de chaque principe immédiat qui
la constitue, et suivant les sources qui la produisent.

Lorsque la graisse est soumise à la distillation, elle se décompose,
fournit presque toujours une certaine quantité d'acide margarique, et
tous les produits auxquels chaque principe qui entre dans sa composition peut donner naissance. L'acide sulfurique faible, s'il n'est pas employé dans une trop forte proportion, la décompose en partie, isole de
la glycérine avec laquelle il se combine, et, en mettant ainsi des acides
gras en liberté, lui donne une plus grande dureté; les fabricants de
chandelles emploient cet acide pour blanchir et durcir le suif. Si le poids
de l'acide sulfurique dépasse de la moitié celui de la graisse, il se combine avec les acides gras et avec la glycérine, et donne des acides sulfoglycérique, sulfostéarique, sulfomargarique et sulfoléique. L'acide
hypoazotique aussi rend la graisse plus dure, et le savon qu'elle fournit alors avec les alcalis contient des acides gras dont le point de fusion
est bien plus élevé que celui de l'acide élaïdique qui se produit lorsqu'on
soumet les huiles à l'action du même acide.

J'ai exposé, à la page 456, l'action des alcalis et autres bases sur les
corps gras.

Graisse de mouton (suif). — Elle est incolore, presque inodore dans
l'état de fraîcheur; mais elle acquiert une très-légère odeur de chan-
delle par son exposition à l'air ; sa consistance est assez ferme; 100 parties d'alcool bouillant à 0,821 en dissolvent 2,26 ; les acides et les
alcalis la transforment en une substance analogue à la cire et en une
huile très-soluble dans l'esprit-de-vin (Braconnot); saponifiée par les
bases, 100 parties de cette graisse fournissent 95,1 de matière savonneuse et 4,9 de matière soluble; il se développe, pendant cette opération, un principe odorant analogue à celui que les moutons exhalent
dans certaines circonstances. La matière savonneuse est formée d'acides
stéarique, oléique et margarique, et d'une petite proportion d'acide
hircique. On emploie cette graisse pour faire du savon, de la chan-
delle, et les bougies stéariques; il paraît que les chandeliers augmentent sa consistance et sa blancheur en y ajoutant un peu d'alun. Suivant
quelques praticiens, le suif employé en lavement, à la dose de 30 à
60 grammes, est avantageux pour faire cesser les anciens dévoiements
et quelques dysenteries.

Graisse de bouc. — Elle est analogue à la graisse de mouton. On l'emploie aux mêmes usages et pour la préparation de l'acide hircique.

Graisse de porc (axonge, saindoux). — Elle est molle, incolore, inodore lorsqu'elle est solide; mais elle répand une odeur désagréable si on la met dans l'eau bouillante; sa saveur est fade : elle fond à environ 27°. Cent parties d'alcool bouillant, d'une densité de 0,816, en dissolvent 2,80. Traitée par les alcalis, 100 parties de cette graisse produisent 94,7 d'acides gras et 5,3 de matière soluble. On l'emploie comme aliment; on en fait usage dans la corroierie, la hongroierie et l'éclairage; elle sert à graisser les roues des voitures, etc. ; l'*onguent napolitain* est composé de parties égales de graisse de *porc* et de mercure métallique très-divisé par l'agitation; l'*onguent gris* n'est autre chose que ce même onguent étendu dans 7 parties d'axonge. Les expériences de Vogel prouvent que, dans ces préparations, le mercure est à l'état métallique et non pas à l'état d'oxyde, comme on l'avait cru. La *graisse oxygénée* est le produit que l'on obtient en faisant chauffer cette graisse avec un dixième de son poids d'acide azotique. L'*onguent citrin* résulte du mélange de l'azotate de mercure provenant de l'action de 90 grammes de mercure et de 120 grammes d'acide azotique avec 1 kilogramme de graisse : on commence par faire fondre celle-ci, on y verse l'azotate et on agite ; suivant M. Cédié, la pommade récemment préparée contient de l'azotate de protoxyde de mercure, tandis que l'ancienne ne renferme que du mercure métallique. L'axonge fait encore partie des pommades cosmétiques et de quelques autres préparations pharmaceutiques. Elle renferme 38 parties de matière solide et 62 de graisse liquide.

Graisse de bœuf. — Elle est d'un jaune pâle ; son odeur est très-légère; 100 parties d'alcool bouillant, d'une densité de 0,821, en dissolvent 2,52; saponifiée par les bases, elle fournit 95 parties de matière savonneuse et 5 de matière soluble : il se développe, pendant cette opération, un principe odorant, analogue à celui que les bœufs exhalent dans certaines circonstances. L'*huile de pied de bœuf* est employée comme aliment, principalement pour les fritures ; la difficulté avec laquelle elle se fige et s'épaissit fait qu'on la recherche pour le graissage des mécaniques.

Graisse de jaguar. — Elle a une couleur jaune orangée et une odeur particulière très-désagréable; 100 parties d'alcool bouillant à 0,821 en dissolvent 2,18; traitée par les bases salifiables, elle se saponifie et acquiert une odeur forte, semblable à celle qui se répand quelquefois dans les ménageries d'animaux féroces.

Graisse d'oie. — Elle est légèrement colorée en jaune; son odeur est agréable; elle paraît être aussi fusible que la graisse de porc.

Graisse humaine. — Elle est formée d'acides margarique et oléique, et d'une très-petite quantité d'acide stéarique, unis à la glycérine; l'oléine de cette graisse est transformée en élaïdine par l'acide hypoazotique, et n'appartient pas à la série des oléines siccatives; sa fluidité peut varier suivant les proportions de matières solides et d'oléine qui entrent dans sa composition; si celle-ci prédomine, elle pourra être fluide à 15° + 0, tandis que le contraire aura lieu si la matière solide en fait la majeure partie. Cent parties d'alcool bouillant, d'une densité de 0,821, en ont dissous 2,40. Lorsqu'on saponifie 100 parties de cette graisse par une base, on obtient 95 parties de matière savonneuse et 5 parties de matière soluble. La graisse des reins et celle du sein d'une femme ont fourni un savon qui, étant décomposé par l'eau, a donné un liquide doué d'une odeur de fromage extrêmement prononcée; il n'en a pas été de même de la graisse des cuisses.

Préparation des graisses. On sépare mécaniquement les substances étrangères à la graisse en les malaxant dans l'eau fraîche, puis on les broie dans un mortier et on les fait fondre au bain-marie; on décante et l'on filtre à travers une toile.

DU BEURRE.

Le beurre n'a été trouvé jusqu'à présent que dans le lait. Le beurre du lait de vache contient, d'après Broméis, 68 parties de margarine, 30 de *butyréoline,* et 2 de *butyrine,* de caproïne et de caprine, plus un principe colorant jaune et une substance aromatique volatile; il est donc très-riche en margarine et ne renferme pas de stéarine.

Il est mou, d'une couleur jaune ou blanche, d'une saveur agréable et d'une odeur légèrement aromatique; son poids spécifique est moindre que celui de l'eau; il fond avec la plus grande facilité. Si, après avoir été fondu, on le comprime entre plusieurs doubles de papier brouillard, à l'aide d'une forte presse, et à la température de zéro, il fournit une matière blanche, fragile, aussi compacte que le suif le plus dur, composée de tous les principes solides du beurre, et une huile qui tache le papier (Braconnot). Si, après avoir fondu le beurre à 66°, on le laisse refroidir *rapidement,* on obtient une masse homogène, qui peut être conservée pendant longtemps sans altération, pourvu qu'elle n'ait pas le contact de l'air; en effet, elle ne contracte point de saveur âcre, et peut servir à la préparation des aliments aussi bien que le beurre frais. L'*air* altère facilement le beurre, surtout en été.; l'*eau* ne le dissout point.

Il est soluble dans l'alcool bouillant, pourvu qu'on le traite à sept ou huit reprises par une assez grande quantité de cet agent ; les dernières portions d'alcool que l'on fait agir sur le beurre laissent déposer la margarine à mesure que la liqueur se refroidit, tandis que les autres principes du beurre restent dissous.

Les alcalis décomposent le beurre, et il se produit de la glycérine et une masse savonneuse composée d'acides butyrique, caproïque, caprique, margarique et oléobutyrique, et de la base employée.

Préparation du beurre.—Après avoir obtenu la crème fraîche, en exposant le lait à l'air, on l'agite fortement, soit au moyen d'un vase cylindrique, dont l'axe mobile offre plusieurs ailes, soit au moyen d'un disque de bois attaché à l'extrémité d'un long bâton ; bientôt elle se partage en deux parties : l'une, liquide, laiteuse, porte le nom de *lait de beurre*, et contient du petit-lait, du *caséum* et un peu de beurre ; l'autre est le beurre ; on sépare celui-ci, on le lave à grande eau, et on le malaxe jusqu'à ce qu'il ne blanchisse plus ce liquide ; alors on le livre au commerce ; cependant il est loin d'être pur ; il retient encore du *caséum* et du sérum qui le rendent si facilement altérable en été ; pour le débarrasser de ces matières, on le fait fondre à une chaleur d'environ 60° à 66° : il vient à la surface, tandis que le sérum, liquide plus pesant, se trouve au-dessous avec les flocons de caséum ; on décante. Le beurre se conserve d'autant plus longtemps qu'il a été mieux débarrassé du *lait de beurre ;* en effet, celui-ci éprouve une fermentation acide et met à nu les acides volatils, qui donnent au beurre une odeur rance désagréable ; on prévient cette décomposition en salant le beurre avec du chlorure de sodium.

On a prétendu pendant longtemps que le beurre et la crème ne se trouvaient pas tout formés dans le lait, et qu'ils se produisaient pendant le battage, en absorbant l'oxygène de l'air : cette opinion est tellement dénuée de fondement, qu'il suffit de quelques heures pour séparer la crème du lait, que l'on a mis dans des vaisseaux clos, privés d'air et exposés au soleil ; cette séparation a même lieu lorsqu'on agite du lait dans un flacon qui est à moitié rempli d'acide carbonique, et qui ne contient pas d'air.

Préparation des acides butyrique, caproïque et caprique. — On saponifie 20 grammes de beurre de vache avec 8 grammes de potasse à la chaux ; la masse savonneuse, étant décomposée par l'acide tartrique, fournit une graisse saponifiée et un *liquide aqueux ;* celui-ci contient les acides butyrique, caproïque et caprique, de la glycérine et du tartrate acide de potasse ; on le distille et l'on obtient dans le récipient un liquide qui, étant distillé de nouveau, peut être considéré comme formé d'eau, d'acide butyrique, d'acide caproïque et d'acide caprique ; on sature cette liqueur avec de l'hydrate de baryte cristallisé, on fait évaporer jusqu'à siccité ; le mélange ainsi obtenu, de butyrate, de caproate et de caprate de baryte, est traité par trois fois environ son poids d'eau à la température ordinaire , qui en dissout une partie ; au bout de vingt-quatre heures, on décante la dissolution , et on verse une nouvelle quantité d'eau sur la portion du mélange non dissoute ; on renouvelle ainsi les traitements par l'eau froide, jusqu'à ce qu'il ne reste plus que le carbonate de baryte, qui s'est formé pendant les lavages, aux dépens de la baryte des sels , et du gaz acide carbonique de l'air et de l'eau : alors on fait évaporer *spontanément* les diverses dissolutions, et l'on obtient des cristaux qui varient considérablement par leur forme et par leur nature; il suffira de savoir qu'il se dépose, à une époque quelconque de l'évaporation : 1° du butyrate de baryte, en *prismes aplatis*, de $0^m,001$ à $0^m,002$ de largeur, et de $0^m,032$ de longueur ; 2° du caprate de baryte en fines écailles brillantes, très-légères; 3° du caproate de baryte en lames et en aiguilles ; on décompose séparément ces sels par l'acide sulfurique dans un tube de verre fermé à un bout, et l'on obtient du sulfate de baryte insoluble, et un liquide qui est de l'*acide butyrique, caproïque* ou *caprique.*

DES HUILES.

La fluidité naturelle de ces corps gras indique que la proportion d'acide oléique est plus considérable que celle des autres principes qui peuvent s'y trouver. Si on les expose au froid, souvent ils laissent déposer des composés solides et cristallisables que l'oléine (oléate de glycérine) tenait en dissolution ; si même alors on les exprime fortement, on peut en séparer facilement l'oléine, qui est restée fluide; c'est par ce moyen que l'on parvient à extraire de toutes les huiles les composés solides qu'elles contiennent, sans leur faire subir d'altération. Toutes ces huiles tachent le papier et ne sont pas volatiles ; on les divise en huiles siccatives, et en huiles grasses proprement dites ou non siccatives; cette classification est fondée sur l'action qu'exerce l'oxygène sur elles. Certaines huiles ont la propriété caractéristique d'absorber l'oxygène de l'air, quelquefois même si rapidement et avec un si grand dégagement de chaleur, que lorsqu'elles sont en masse et mélangées de substances organiques, elles prennent feu spontanément; elles produisent ainsi des *huiles siccatives*, qui n'ont plus l'apparence huileuse, et qui , au contraire, sont solides, poisseuses, et disposées en couches minces et transparentes ; c'est pour cela qu'on les emploie exclusivement en peinture. Il est un grand nombre d'huiles qui dégagent de l'acide carbonique et quelquefois de l'hydrogène en se desséchant, tout en absorbant de l'oxygène ; cette absorption est surtout rapide lorsque les huiles sont étendues sur une grande surface, ou qu'elles imprègnent des corps poreux ; on augmente aussi leur propriété siccative en les faisant chauffer préalablement avec une très-petite quantité de litharge ou de bioxyde de manganèse ; enfin celles qui sont peu siccatives sèchent très-rapidement quand on les mêle avec celles qui le sont beaucoup.

Lorsqu'on soumet les huiles grasses à l'action d'une chaleur graduée, elles perdent d'abord toute l'eau qu'elles peuvent contenir, et n'entrent en ébullition qu'à une température supérieure à la fusion du plomb ; alors elles s'altèrent (voy. p. 454). Lorsqu'on fait tomber goutte à goutte de l'huile sur une surface fortement chauffée, elle se transforme presque totalement en gaz de l'éclairage.

Le soufre, le sélénium et le phosphore, se dissolvent assez aisément dans les huiles grasses ; toutefois, au bout de quelques temps, ils les altèrent ; on emploie en médecine, sous le nom de baume de soufre, une dissolution de soufre dans l'huile de lin étendue d'huile de térébenthine ou d'essence d'anis. Le chlore, le brome et l'iode, s'y dissolvent également en dégageant des acides chlorhydrique, bromhydrique ou iodhydrique. Lorsqu'on soumet les huiles grasses, et en particulier l'huile d'olives, à l'action de l'acide sulfurique concentré, elles deviennent visqueuses et rougeâtres, et il se forme une suite de nouveaux acides gras, découverts et analysés par M. Frémy, et parmi lesquels quelques-uns contiennent les éléments de l'acide sulfurique (voir son mémoire ; *Annales de physique et de chimie*, 1838).

L'acide hypoazotique, mêlé avec les huiles grasses non siccatives, leur communique une couleur jaune verdâtre, et les solidifie au bout d'un temps plus ou moins long, selon la nature de l'huile et les proportions de l'acide : ainsi de l'huile d'olives se solidifie au bout de soixante-dix minutes, lorsqu'on la mélange avec $1/33$ de cet acide ; tandis que l'huile de ricin, avec les mêmes proportions d'acide, n'a été solidifiée qu'au bout de cinq cent soixante minutes. M. Poutet, de Marseille, à qui l'on doit ces remarques, a proposé l'emploi de l'azotate de protoxyde de mercure pour reconnaître la falsification de l'huile d'olives par d'autres huiles, en raison du temps plus ou moins long qu'elle met alors à se solidifier ; ainsi que je l'ai déjà dit (voy. p. 461), les huiles, sous cette influence, et même sous celle de l'acide azotique ou d'un mélange de ces deux acides, sont changées en élaïdine.

Les huiles grasses sont transformées, par les oxydes métalliques, en sels ou en savons, composés des acides gras et de ces oxydes ; la glycérine est mise à nu (voy. p. 455, et *Savons*, p. 492).

La composition des huiles varie pour chacune en particulier, mais on ne connaît pas encore bien la différence qui existe entre les huiles grasses non siccatives et celles qui sont siccatives.

Préparation. On obtient les huiles fixes, dont on fait usage comme aliment, en exprimant les fruits ou les graines qui les contiennent, après les avoir divisés ; cette opération se fait à froid, si l'huile que l'on veut extraire est fluide, tandis qu'on se sert de plaques de fer plus ou moins chaudes si elle est concrète.

On prépare les huiles que l'on emploie pour l'éclairage en soumettant les graines à l'action de la presse, après les avoir humectées, torréfiées et broyées ; le but de la torréfaction est de détruire la matière mucilagineuse avec laquelle elles sont mêlées, et qui s'opposerait à leur séparation.

Huiles tirées du règne animal.

Les principales huiles que l'on trouve dans les animaux sont l'huile de marsouin commun, l'huile de dauphin, et l'huile de poisson du commerce.

Huile de marsouin commun (delphinus phocœna). — Cette huile est formée de *phocénine*, d'une substance très-analogue à l'*oléine*, d'un *principe colorant orangé*, d'*acide phocénique*, et d'un *principe* ayant l'odeur de poisson. Elle est jaunâtre, d'une odeur de sardine fraîche, sans action sur le tournesol, d'une densité de 0,937 à 16°, soluble dans l'alcool, et susceptible d'être saponifiée par les alcalis. On l'obtient en faisant chauffer au bain-marie la panne de marsouin mise dans l'eau ; l'huile ne tarde pas à se rassembler à la partie supérieure du vaisseau.

Huile du delphinus globiceps. — Elle est formée de phocénine, de céline, d'oléine, d'un principe odorant ayant l'odeur de poisson, d'un principe orangé. Elle est d'un jaune-citron, d'une odeur tenant de celle du poisson et de celle du cuir apprêté au gras, d'une densité de 0,918 à 20°, sans action sur le tournesol, très-soluble dans l'alcool, et susceptible d'être saponifiée par les alcalis ; toutefois il est impossible de la saponifier complétement. On l'obtient comme la précédente.

Huile de poisson du commerce. — Cette huile se rapproche par son odeur de celle du *delphinus globiceps*, mais elle en diffère, 1° en ce qu'elle contient une plus grande quantité de principe odorant ; 2° en ce qu'elle ne renferme point de céline ; 3° en ce qu'elle se saponifie plus facilement ; 4° en ce qu'elle produit beaucoup moins d'acide phocénique pendant la saponification.

Huile de foie de morue (oleum morrhuœ). — Si elle a été obtenue, ce qui est fort rare, en chauffant au bain-marie les *foies frais* de morue, et en les soumettant ensuite à la presse, elle est incolore, inodore et presque insipide, légèrement soluble dans l'alcool, et très-soluble dans l'éther ; si on la refroidit, elle laisse quelquefois déposer de la margarine. M. Dejongh dit qu'elle renferme des acides oléique, margarique, butyrique, acétique, fellinique, bilifellinique, cholinique, phosphorique et sulfurique, de la glycérine, de la billifulvine, de l'iode, du brome, du chlore, du phosphore, de la chaux, de la magnésie, de la soude et de la gaduine. M. Huraut en a aussi retiré du sucre.

L'huile de foie de morue du commerce est, au contraire, préparée avec les foies de plusieurs poissons qui ont séjourné dans des tonneaux, où ils ont éprouvé la fermentation putride ; on a ensuite pressé ces foies pour en extraire une huile brune ou noirâtre, d'une odeur et d'une saveur de morue fort désagréables ; c'est celle-ci que l'on emploie en médecine. On s'est avisé, depuis quelque temps, de la décolorer au moyen du chlorure de chaux, pour la faire avaler plus facilement aux malades ; mais il est certain qu'après cette décoloration, l'huile est altérée et n'a plus les propriétés médicales de l'huile brute.

MM. Dorvault et Huraut ont reconnu que l'huile brute de foie de morue, agitée avec du foie de soufre et traitée par l'éther, est en partie dissoute, et qu'il se forme un précipité, ce que ne produisent point les autres huiles.

On emploie aujourd'hui l'huile de foie de morue dans une foule d'affections scrofuleuses et cutanées, dans la phthisie, etc. ; on l'administre depuis 8, 12 ou 20 grammes jusqu'à 1 kilogramme par jour, et comme à forte dose elle détermine des éructations désagréables, on fait rincer la bouche avec une eau aromatique, ou bien on fait mâcher une écorce d'orange ; on l'associe quelquefois aux sirops de raifort ou de quinine ; on la donne en lavement lorsque les malades répugnent à la prendre par la bouche. On ne lira pas sans intérêt les remarques faites, à l'occasion de cette huile, par mon savant ami le Dr Émery, ancien médecin de l'hôpital Saint-Louis :

J'ai employé, dit-il, l'huile de foie de morue sans être épurée, ainsi que l'huile de poisson ordinaire, un grand nombre de fois, sur le *lupus* dans toutes ses formes, 102 fois. En donnant des doses dites médicinales, depuis 16 jusqu'à 32 grammes, je n'obtenais aucun succès, même au bout d'un an ; j'ai augmenté graduellement jusqu'à 500, 600,

700, 800 grammes par jour, conduit par l'instinct des malades, l'inno-
cuité du médicament, et les résultats satisfaisants que j'en obtenais. Des
malades en ont pris jusqu'à 1 kilogramme par jour ; actuellement je
commence toujours par 124 grammes, et j'augmente d'une cuillerée
tous les deux jours, jusqu'à 7 à 800 grammes, à moins que le médicament ne soit pas supporté. Sur trois rachitiques, deux garçons de neuf
à dix ans, et une jeune fille de huit ans, je n'ai vu la maladie s'amender
que lorsque j'ai atteint la dose de 140 grammes.

J'ai employé ce médicament sur trente scrofuleux, qui avaient ou
des tumeurs énormes sur les parties latérales du cou, ou des caries des
os du tarse, du métatarse, du visage, des extrémités du fémur, du ti-
bia, etc ; quatorze ont guéri après huit, dix mois et un an de traitement,
par l'huile de foie de morue, à la dose de 150 grammes jusqu'à 500 par
jour ; cela a été d'autant plus remarquable, que sur dix d'entre eux
j'avais essayé vainement, pendant dix, douze et quatorze mois, les doses
de 1 à 2 onces.

Deux de ces malades, portant des tumeurs énormes au cou, avaient
subi divers traitements sans succès.

Je regarde l'huile de foie de morue comme un médicament précieux
dans la scrofule, lorsqu'on emploie des doses élevées ; mais comme
inutile, tant qu'on s'en tient à de faibles doses. Comme je n'ai pas recueilli toutes les observations, je ne puis pas préciser exactement à
combien de malades je l'ai administré ; mais le nombre dépasse certai-
nement plus de deux cents.

Dans deux cas de phthisie tuberculeuse, j'ai été assez heureux pour
voir la maladie diminuer d'intensité, et entre autres chez une jeune fille,
qui a été complétement guérie, quoiqu'elle eût une caverne au sommet
du poumon droit ; il y a aujourd'hui quatre ans que tous les accidents
ont disparu.

Mais il n'en est pas toujours ainsi, et, sur vingt-huit cas, ce sont les
seuls où j'aie vu la maladie se modifier avantageusement.

Huiles grasses tirées du règne végétal.

Huile d'olives. — On peut faire avec l'olive, fruit de l'*olea europœa,*
plusieurs variétés d'huile : la plus pure, que l'on appelle *huile vierge,*
est à peine colorée en jaune, sa saveur et son odeur sont agréables et
peu sensibles ; l'huile commune est jaune, et rancit facilement ; enfin
l'huile de mauvaise qualité est trouble, d'un jaune verdâtre, et douée

d'une odeur et d'une saveur plus fortes et moins agréables. En général, ces différentes variétés sont solides à la température de 10° + 0°. On peut considérer l'huile d'olives comme un mélange de margarine et d'oléine ; sa densité à 12° est de 0,9192 ; elle rancit facilement, ce qui tient à l'altération d'une matière qu'elle tient en dissolution, et qui lui donne sa saveur agréable.

L'acide sulfurique concentré fournit, avec le double de son poids d'huile d'olives, un composé de margarine et d'acide sulfurique, et d'oléine et d'acide sulfurique, qui ne tarde pas à se dédoubler en acides sulfoglycérique, sulfomargarique et sulfoléique. Si l'on ajoute de l'eau, l'acide sulfoglycérique est dissous ; tandis que les acides *sulfogras,* c'est-à-dire les acides sulfomargarique et sulfoléique, viennent à la surface sous forme d'une masse sirupeuse ; si l'on décante, et que l'on dissolve dans l'eau distillée ces deux acides sulfogras, on verra que la dissolution, abandonnée à elle-même, donnera naissance à quatre autres acides gras, savoir : l'acide *métamargarique* cristallisable et isomère de l'acide margarique, l'acide *hydromargaritique,* en prismes rhomboïdaux, l'acide *métaoléique,* isomère de l'acide oléique liquide et à peine soluble dans l'alcool, et l'acide *hydroléique* liquide, que l'on peut représenter par de l'acide oléique hydraté. On reconnaît que l'huile d'olives a été falsifiée par celle des graines, en employant le procédé indiqué par M. Félix Boudet, et qui consiste à déterminer le nombre de minutes nécessaire pour solidifier l'huile d'olives par le moyen d'un mélange d'une partie d'acide hypoazotique et de 3 parties d'acide azotique à 38° ; on part de cette donnée que, de toutes les huiles, c'est celle d'olives qui est plus promptement solidifiée par ce mélange ; ainsi, dans une des expériences de M. Boudet, la solidification de 5 grammes 50 centigrammes d'huile d'olives à 10° par 20 centigrammes du mélange acide, a été retardée de quarante minutes par l'addition à cette huile d'un centième d'huile de pavots, de quatre-vingt-dix minutes par un vingtième, et d'un temps beaucoup plus court pour un dixième ; l'huile de pavots pure reste toujours liquide. Ces sortes d'expériences doivent être faites comparativement, et en même temps, avec de l'huile d'olives pure et avec de l'huile d'olives que l'on croit sophistiquée.

Avant les travaux de M. Boudet, on avait recours, pour reconnaître les falsifications dont je parle, à l'azotate de mercure, proposé par M. Poutet, de Marseille ; mais les travaux importants de M. Boudet ont établi : 1° que ce sel n'agissait qu'en raison de l'acide azoteux faisant partie de l'*azotite* de mercure qu'il renferme ; 2° que par ce moyen il était difficile de reconnaître la falsification, si l'huile d'olives ne contenait pas au moins $1/_{10}$ d'huile étrangère (Félix Boudet, *Journ de pharm.*, septembre 1832).

Elaïomètre de M. Gobley. L'huile d'olives pèse 0,9192 à 12°,5 c., et l'huile de pavots 0,9288. Si donc on plonge un aéromètre à tige très-déliée, successivement dans ces deux liquides, il en résultera une différence considérable dans l'enfoncement de la tige, et cette différence, partagée en centièmes ou en cinquantièmes, indiquera des quantités correspondantes dans le mélange des deux huiles. Soit, par exemple, de l'huile de pavot pesant 0,9288 à la température de 12°,5 c., et marquant zéro au bas de l'échelle de l'élaïomètre, et de l'huile d'olives pesant 0,9192 à la même température, et marquant 50 degrés en haut de l'échelle ; il est évident que ces deux degrés indiqueront toujours des huiles pures, et que 25 degrés, par exemple, indiqueront $^{25}/_{50}$ ou 0,50 d'huile d'olives , 40 degrés $^{40}/_{50}$ ou 0,50 d'huile pure, etc. Tel est l'élaïomètre.

M. Gobley ayant gradué son instrument à la température de 12°,5 c., qui est sensiblement celle des caves où l'on conserve les huiles, il a calculé que la dilatation des deux huiles ou de leur mélange était de 3ᵈ,6 pour 1 degré centigrade ; en sorte que, au-dessus de 12°, 5 c., il faut retrancher de l'indication de l'élaïomètre autant de fois 3°,6, qu'il y a de degrés de température supérieure. Soit, par exemple, une huile qui, à la température de 15° c., marque 35 divisions à l'élaïomètre ; cette huile, ramenée à 12°, 5 c., marquerait en moins 3,6×2,5=9 divisions, c'est-à-dire qu'elle ne doit compter que pour 26 divisions indiquant $^{26}/_{50}$, ou 52 centièmes d'huile d'olives pure. (Guibourt, *Histoire naturelle des drogues simples*, tom. II, pag. 539, 4ᵉ édit.)

On emploie l'huile d'olives pour faire le savon, pour adoucir les frottements des pièces qui composent les machines compliquées, etc.; on s'en sert comme aliment. Administrée à la dose d'un demi-verre par prise, cinq ou six fois par jour, elle fait vomir et purge, en sorte qu'on l'a employée souvent avec succès dans l'empoisonnement par les substances âcres et corrosives ; mais comme il arrive qu'elle augmente l'énergie de quelques-uns de ces poisons, et que d'ailleurs on peut déterminer des évacuations par une multitude d'autres médicaments, qui ne sont accompagnés d'aucun danger, on doit l'abandonner dans ces cas particuliers. On l'avait recommandée dans les blessures des animaux venimeux, dans l'hydropisie ascite ; mais depuis longtemps on en a senti l'insuffisance. On peut l'employer en frictions pour calmer certaines douleurs internes, qui souvent sont inflammatoires, et pour diminuer l'irritation locale des surfaces suppurantes. Appliquée en frictions, à l'aide d'une éponge, elle favorise la sécrétion urinaire et détermine une sueur très-abondante : cette dernière propriété la rend utile dans l'imminence de la peste et dans le début de la fièvre jaune ; il faut, dans tous ces cas, éviter de la laisser longtemps sur la peau, car elle se rancit et peut développer un érysipèle, ou rendre les surfaces suppurantes pâles, flasques et fongueuses. Mêlée avec de la cire et de l'eau, l'huile d'olives forme le cérat de Galien, que l'on emploie souvent comme calmant et rafraîchissant ; elle entre dans la composition du cérat de Saturne, du cérat de diapalme, de l'onguent de la mère, de l'onguent populéum, etc.

Préparation de l'huile vierge. On exprime à froid les olives mûres et non fermentées. — *Huile commune.* On délaie dans l'eau bouillante la pulpe des olives dont on a déjà séparé l'huile vierge par l'expression : l'huile vient à la surface de l'eau. — *Huile fermentée.* On entasse les olives pour les faire fermenter, et on les soumet à l'action de la presse.

Huile d'amandes douces (amygdalus communis). — Cette huile est liquide, d'un blanc verdâtre, et a l'odeur et la saveur des amandes ; mais elle rancit plus promptement que la précédente : on doit, avant de s'en servir, la laisser reposer pour la clarifier, ou mieux encore la filtrer à travers un papier. On l'a administrée dans les inflammations de poitrine, de bas-ventre, etc. ; elle fait partie des émulsions, de quelques potions huileuses, etc. Le *liniment volatil,* employé avec tant de succès comme résolutif dans les engorgements laiteux des glandes et du tissu cellulaire, les rhumatismes lents, les douleurs sciatiques opiniâtres, est formé de 130 à 150 grammes de cette huile ou de la précédente, de 8 grammes d'ammoniaque liquide, et de 4 à 8 grammes de baume tranquille.

Préparation. Après avoir frotté les unes contre les autres les amandes dans un linge rude, pour les débarrasser de la poussière qui est à leur surface, on les pile et on en fait une pâte que l'on introduit dans des sacs de coutil ; on presse ceux-ci à la température de 15° à 18° ; on clarifie l'huile par le repos.

Huile de faine (fagus sylvatica). — Cette variété ressemble assez à l'huile d'olives, et peut être employée dans les mêmes circonstances.

Huile de colza (brassica napus). — Elle est jaune, assez visqueuse, et douée d'une odeur semblable à celle des plantes de la famille des crucifères. On s'en sert pour éclairer, et pour préparer les savons verts ; on l'emploie aussi, en petite quantité, pour faire le savon ordinaire.

Préparation. Après avoir broyé les graines du *brassica napus,* on les

chauffe avec un peu d'eau, et on les soumet à l'action de la presse;
l'huile obtenue par ce moyen doit être débarrassée d'une certaine
quantité de mucilage qu'elle renferme; on y parvient facilement en l'a-
gitant avec $^{33}/_{100}$ de son poids d'acide sulfurique, et le double de son
volume d'eau; au bout de huit ou dix jours, surtout si la température
a été de 25° à 30°, l'huile pure se rassemble à la surface, tandis que
l'acide sulfurique, uni au mucilage, se trouve au fond sous forme de
flocons verdâtres; l'excès d'acide se combine avec l'eau; on décante
l'huile et on la filtre en la versant dans des cuviers dont les fonds sont
percés de plusieurs trous, dans lesquels on met des mèches de coton
longues d'environ un décimètre (M. Thénard).

Huile de ricin (ricinus communis). — Cette huile est d'un jaune verdâtre, transparente et sans odeur; sa saveur fade produit une légère
sensation d'âcreté quand elle a ranci; sa densité est de 0,969 à 12°; elle
se congèle à —18°. Suivant M. Saalmuller, indépendamment des principes neutres qu'elle contient, l'huile de ricin renferme de l'acide *oléoricinique* solide (voy. p. 395), et un acide huileux jaunâtre, inodore,
d'une saveur âcre, d'une densité de 0,94, pouvant être solidifié à —10°.
Exposée à l'air, elle se dessèche sans devenir opaque; elle se dissout
très-bien dans l'alcool. Distillée, elle fournit, à 270°, des gaz inflammables, de l'eau, des acides acétique, ricinique, élaïodique, *œnanthylique,* une petite quantité d'acroléine, et une forte proportion d'*œnanthol,* ainsi qu'une matière solide représentant les deux tiers du poids
de l'huile saponifiable, et ayant quelque analogie avec les résines.

L'acide hypoazotique donne à froid, avec l'huile de ricin, de la *palmine,* substance saponifiable composée d'acide palmique et de glycérine (voy. *Palmine*). L'acide *azotique* fournit, en réagissant sur l'huile
de ricin, de l'acide subérique, de l'acide oxalique, et surtout de l'acide
œnanthylique.

Traitée par les alcalis, l'huile de ricin donne de la glycérine, et des
acides stéaroricinique (margaritique), ricinique, et oléoricinique (élaïodique).

On emploie l'huile de ricin avec succès pour purger les personnes dé-
licates, et comme anthelminthique : la dose est, pour les enfants, de 15
à 30 grammes, à prendre par cuillerées, tandis que l'on administre 30,
60 ou 80 grammes aux adultes : il est préférable de la faire prendre sans
addition d'aucun acide, et dans du bouillon de bœuf chaud. Si l'huile
de ricin n'a pas été bien préparée, ou qu'elle soit sophistiquée, surtout
par l'huile de croton, elle détermine les symptômes de l'empoisonnement par les substances âcres, et doit être rejetée.

Avant d'extraire cette huile, des ricins cultivés dans le midi de la France, elle était fournie par l'Amérique, et toujours mêlée d'huile de pignon d'Inde (*curcas purgans*), fort âcre.

Préparation. On délaie 500 grammes de graines de ricin, privées de leur épiderme, dans 132 grammes d'alcool froid, qui dissout l'huile ; on met ce mélange à la presse, dans des sacs de coutil ; on distille le liquide alcoolique jusqu'à ce que l'on ait retiré la moitié de l'esprit-de-vin, on lave le résidu à plusieurs eaux ; l'huile vient à la surface : on la sépare, et on la soumet à une douce chaleur pour en évaporer toute l'humidité ; on la retire du feu, et on la jette sur des filtres qui sont placés dans une étuve chauffée à 30° ; elle filtre facilement. Ce procédé doit être préféré, suivant M. Faguer, à ceux qui consistent à faire bouillir la graine dans l'eau, ou à l'exprimer sans addition d'alcool.

OEnanthol, $H^{14}C^{14}O^2$, HO. — Il est le résultat de la décomposition par le feu de l'huile de ricin. Il est incolore, très-fluide, d'une odeur aromatique, d'une saveur d'abord sucrée, puis âcre, bouillant vers 160°, en éprouvant toutefois une décomposition partielle, presque insoluble dans l'eau, très-soluble dans l'alcool et dans l'éther. L'oxygène et les divers agents d'oxydation le transforment en acide *œnanthylique*. Le chlore le change en un corps analogue au *chloral*, et en acide chlorhydrique. L'acide azotique le transforme en *methœnanthol*, isomérique de l'œnanthol, en *nitracol*, matière huileuse, et en acides caproïque et oxalique. La potasse concentrée fournit à 120°, au bout de vingt-quatre heures, un hydrure d'œnanthyle, $H^{14}C^{14}O$, et de l'acide œnanthylique.

Acide œnanthylique, $H^{13}C^{14}O^3$,HO. — Il est le résultat de l'action du feu ou de l'acide azotique sur l'huile de ricin. Il est liquide, d'une odeur aromatique, d'une saveur sucrée piquante, à peine soluble dans l'eau, soluble dans l'alcool, l'éther et l'acide azotique. Il distille vers 148°, mais il est en partie décomposé. Il brûle avec une flamme claire et fuligineuse, lorsqu'on l'approche d'un corps en combustion. Il ne diffère de l'acide œnanthique que par un équivalent d'oxygène en plus. Il peut former des sels et un éther.

Huile de lin (linum usitatissimun). — Cette huile a une couleur blanche verdâtre, et une odeur *sui generis ;* sa densité est de 0,939 à +12° ; elle ne se solidifie qu'à —15° ou —20° ; elle est soluble dans 40 parties d'alcool froid, 5 d'alcool bouillant, et 1,6 d'éther. Elle est saponifiable quand elle est fraîche, et donne avec la soude un savon mou, composé de margarate et de *linéolate* de soude (voy. *Acide linéolique*, p. 394). Avec l'acide azotique, elle fournit de l'acide pimélique, de l'acide subérique, de l'acide succinique, et tous les produits de l'oxydation de l'acide margarique. Elle a la propriété de dissoudre, à la température de l'ébullition, une certaine quantité de litharge, qui la rend plus siccative, et propre à être employée dans la peinture commune et à la préparation des vernis gras ; il faut, pour cela, la faire bouillir avec sept ou huit fois son poids de litharge, jusqu'à ce qu'elle devienne rougeâtre, l'écumer avec soin, et la laisser reposer hors du feu pour l'obtenir claire. On prépare l'encre des imprimeurs, en broyant 1 partie de noir de fumée avec 6 parties d'huile de lin, dont on a augmenté la consistance en la faisant bouillir dans un pot de terre, en l'enflammant, en la laissant brûler pendant une demi-heure, et en la faisant bouillir pendant quelque temps après l'avoir éteinte.

Préparation. Après avoir torréfié les semences, on chauffe avec un peu d'eau, et on les exprime.

Huile d'œillet ou de pavot (papaver somniferum).— Cette huile, moins visqueuse que beaucoup d'autres, est d'un blanc jaunâtre, inodore, liquide même à zéro, et douée d'une légère saveur d'amande. On s'en sert comme aliment, et pour éclairer. Traitée par la litharge, elle devient plus siccative, et peut être employée pour délayer les couleurs et les appliquer sur la toile. On prépare, avec 1 kilogramme d'huile de pavot, 96 grammes de foie de soufre, 500 grammes de savon blanc ordinaire, et 4 grammes d'huile volatile de thym, le liniment antipsorique de M. Jadelot.

Huile de palme. — On l'extrait en exprimant les amandes du fruit d'une espèce de palmier qui croît en Guinée, au Sénégal, etc. Elle est jaune rougeâtre, d'une odeur agréable ; elle fond entre 27° et 30°. A 100°, elle est décolorée par l'action combinée de l'air et de l'eau. Elle est formée de *palmitine,* d'oléine, de margarine, d'une matière colorante jaune, et d'un ferment qui transforme peu à peu la palmitine en acide palmitique et en glycérine. On emploie l'huile de palme, conjointement avec le suif et le carbonate de soude, à la fabrication d'un savon, dont on se sert pour graisser les roues des grandes machines et des wagons des chemins de fer, et pour la préparation des bougies stéariques ; pour cela, on la traite d'abord par l'acide sulfurique, puis on chauffe le produit à 350° ou à 400°, sous l'influence de la vapeur d'eau (voy. *Bougies stéariques*).

Huile de noix (juglans regia). —Elle a une couleur blanche verdâtre et une saveur particulière. On l'a regardée pendant longtemps comme anthelminthique ; on a même proposé de l'associer à son poids de vin de Malvoisie pour guérir le tænia ; mais ce traitement est loin de réussir assez souvent pour le préférer à d'autres ; on s'en sert dans l'éclairage, dans la peinture, et comme aliment.

Huile de chènevis (cannabis sativa). — Elle est liquide même à plusieurs degrés au-dessous de zéro ; sa couleur est jaunâtre ; on l'emploie pour faire les savons mous, dans la peinture et dans l'éclairage.

Huile ou *beurre de cacao (theobroma cacao).* — Elle est solide, d'une couleur blanche jaunâtre, d'une saveur douce, d'une odeur agréable, d'une densité de 0,91, et fusible à 29°. Elle est insoluble dans l'eau, soluble dans l'alcool, l'éther et l'essence de térébenthine, surtout à chaud. Elle paraît constituer un composé défini d'oléine et de stéarine, quand elle a été privée de la partie liquide ou de l'oléine qui s'y trouve en excès (Boudet et Pelouze). Elle est très-adoucissante ; on en fait des suppositoires, des pommades, des bols, etc. ; on la prend aussi quelquefois en potion.

Préparation. On sépare les écorces et les germes du cacao ; on le broie et on le met dans l'eau bouillante ; le beurre fond et se rassemble à la surface, on le coule dans des moules. On peut encore l'obtenir en formant une pâte liquide avec le cacao broyé à l'aide d'une pierre chaude, en renfermant cette pâte dans un sac de toile, et en la pressant entre deux plaques de fer préalablement chauffées dans l'eau bouillante.

Huile de noix muscade (myristica moschata). — Elle est concrète comme du suif, d'une couleur jaune tirant sur le rouge, et d'une odeur fort agréable, qu'elle doit à une huile volatile. Elle contient de la *myristine*, une matière liquide jaune peu connue, et une huile volatile.

Beurre de coco. — On le retire de la noix de coco. Il est blanc ou légèrement jaunâtre, d'une odeur d'abord faible, qui bientôt après ressemble à celle du fromage fort ; il rancit facilement. Il fond entre 15° et 20° ; il est formé de glycérine et d'acides caproïque, caprylique, caprique, laurostéarique, myristique et palmitique.

Préparation. On pile les noix dans un mortier de fer ; à l'aide d'un peu d'eau bouillante, on les réduit en pâte, que l'on presse entre deux plaques chaudes, comme la précédente.

Huile de ben. — Elle est extraite des noix du *moringa oleifera,* et contient de l'acide stéarique, de l'acide margarique, et les acides *benique* et *moringique,* dont j'ai parlé à la page 401. Elle est incolore ou faiblement colorée en jaune, et sans odeur. Elle ne rancit qu'au bout d'un temps assez long ; son poids spécifique est de 0,912. On l'emploie aux mêmes usages que l'huile d'olives.

On prépare encore plusieurs autres huiles grasses, dont je me contenterai d'indiquer ici les noms, parce qu'elles sont rarement employées : telles sont les huiles d'anacarde, d'arachide ou pistache de terre, de cameline, de laurier, de moutarde, de sésame, etc. ; cette dernière est abondamment répandue dans le commerce, aujourd'hui on en fait du savon.

Des huiles essentielles composées de plusieurs principes immédiats.

En parlant des essences (voy. p. 219 et suiv.), j'ai fait l'histoire de celles de ces essences qui sont des principes immédiats ; je ne dois traiter ici que de celles des huiles essentielles dans lesquelles on trouve au moins deux sortes de matières. Peut-être verra-t-on, en approfondissant davantage l'étude de *quelques-uns des corps* dont je vais m'occuper, que, d'après leur constitution encore bien peu connue, ils devraient plutôt être rangés parmi les essences simples ; c'est ce que l'expérience démontrera sans doute plus tard.

De l'essence de girofle.

L'essence de girofle existe dans les clous de girofle et le piment de la Jamaïque. Elle contient au moins quatre principes immédiats, savoir : un carbure d'hydrogène isomère avec l'essence de térébenthine, de l'acide *eugénique,* de l'*eugénine,* et de la cariophylline. Abandonnée à elle-même, elle laisse déposer ces deux dernières substances. On l'obtient en distillant de l'eau sur des clous de girofle.

De l'essence de cumin.

Elle existe dans la graine de cumin, et elle est formée de deux principes immédiats, le *cymène* et le *cuminol* ou *hydrure de cuminyle.* Distillée, elle fournit d'abord le cymène, vers 200° ; puis, en dernier lieu, le cuminol. On l'obtient en distillant la graine de cumin avec de l'eau.

De l'essence de gaultheria procumbens.

Elle contient du *gaulthérilène* et de l'éther méthylsalicique.

De l'essence de badiane.

L'*essence de badiane* ou d'anis étoilé est extraite des fruits de l'*illicium anisatum*. Elle contient un principe concret, qui paraît identique avec celui de l'essence d'anis.

De l'essence d'aneth.

L'*essence d'aneth* provient du fruit de l'*anethum graveolens*. Elle est d'un jaune pâle, rappelant à un haut degré l'odeur de la plante; sa densité est de 0,881.

De l'essence de fenouil.

L'*essence de fenouil* est extraite de la graine de l'*anethum fœniculum*. Elle est incolore ou jaunâtre, d'une saveur douce; au-dessous de 10^0, elle laisse déposer une substance cristalline, regardée comme identique avec celle de l'essence d'anis (Blanchet et Sell). Cette essence perd aussi à la longue la propriété de se concréter par le froid.

De l'essence de persil.

L'*essence de persil* est jaune pâle, et présente à un haut degré l'odeur de la plante. Elle est également formée d'un principe fluide et d'une substance cristalline plus pesante que l'eau. Cette essence paraît se transformer en entier, à la longue et avec le contact de l'air, en cette matière cristalline.

De l'essence de carvi.

L'*essence de carvi*, provenant du *carum carvi*, est jaunâtre, très-fluide, brunissant rapidement à l'air, d'une odeur pénétrante et aromatique; elle rougit le tournesol. Lorsqu'on la distille, on peut en retirer *deux huiles*, le *carvène* et le *carvacrol*. L'huile brute bout à 205^0.

M. Schweizer, en distillant cette essence avec de l'acide phosphorique ou avec de l'hydrate de potasse, a obtenu du *carvène*, H^8C^{10} (voy. *Carbures d'hydrogène*).

Carvacrol, $H^{14}C^{20}O^2$.—Huile incolore, d'une odeur désagréable, d'une saveur piquante, plus dense que l'eau, bouillant à 232^0, brûlant avec une flamme claire et fuligineuse, peu soluble dans l'eau, très-soluble dans l'alcool et l'éther, et se transformant en *carvène* par l'acide phosphorique anhydre.

De l'essence de coriandre.

L'*essence de coriandre* (*coriandrum sativum*) est incolore, fluide, d'une odeur et d'une saveur aromatiques, et d'une densité de 0,759. L'acide azotique la change en une masse verte résinoïde; avec l'iode, elle fait explosion.

De l'essence de pimpinelle.

L'*essence de pimpinelle* (*pimpinella saxifraga*) est de couleur jaune dorée, plus pesante que l'eau, très-fluide; elle donne une résine brune par l'acide azotique.

L'*essence de pimpinella magna* est visqueuse, de couleur bleue tirant sur le vert, et fournit aussi par l'acide azotique une résine brune (Bley).

Des essences de menthe.

Essence de menthe poivrée (d'Amérique), extraite des sommités fleuries du *mentha piperita*. Elle est ou liquide ou concrète; celle qui provient d'Amérique est presque toujours solide. L'essence liquide est légèrement colorée en jaune verdâtre, très-fluide, d'une odeur aromatique fort agréable, et d'une saveur d'abord brûlante, puis rafraîchissante; sa densité est de 0,902; lorsqu'on la refroidit après l'avoir distillée, elle donne fort peu de substance cristalline.

L'essence *concrète*, $H^{20}C^{20}O^2$, est cristallisée en prismes quadrilatères allongés. M. Walter a vu que ces cristaux fondent à 34°, et que le point d'ébullition était à 213°. En traitant cette essence à plusieurs reprises par l'acide phosphorique anhydre, ce chimiste a obtenu un carbure d'hydrogène, le *menthène*, liquide, incolore, d'une odeur fraîche, agréable, d'une densité de 0,85, bouillant à 163°, et dont la composition est représentée par $H^{18}C^{20}$, ce qui porterait à considérer l'essence elle-même comme un hydrate de menthène; sa composition pourrait alors être exprimée par $H^{18}C^{20},2HO$. L'essence de menthe, traitée à l'ombre par le chlore, a donné à M. Walter le *chloromenthène*, formé de $H^{17}C^{20}Cl$. A la lumière solaire, l'action du chlore est plus énergique, car il en résulte un corps formé de $H^{25}C^{20}Cl^{11}O^2$ (1).

Si l'on traite également le menthène par le chlore, on obtient un corps qui a donné à l'analyse $C^{20}H^{13}Cl^5$ (Walter).

L'*essence de menthe crépue* ressemble à la précédente; sa densité est de 0,969, quand elle est refroidie; elle ne donne que quelques cristaux.

L'*essence de pouillot*, extraite du *mentha pulegium*, bout entre 182° et 188°; sa densité est de 0,927; sa composition est représentée par $H^8C^{10}O$; elle est donc isomère du camphre des laurinées. On trouve encore dans le commerce l'essence de menthe verte, dont la composition est $H^{28}C^{35}O$.

De l'essence de lavande.

L'*essence de lavande* (*lavendula spica*) est jaunâtre, très-fluide, d'une odeur fortement aromatique; elle rougit le tournesol, et renferme beaucoup de camphre du Japon. Elle est soluble en toutes proportions dans l'alcool à 0,83; sa densité, quand elle est distillée avec de l'eau, est de 0,87, et elle bout entre 185° et 187°.

L'*essence d'aspic* est extraite du *spica latifolia*. Elle ressemble beaucoup à la précédente.

De l'essence de mélisse.

L'*essence de mélisse* provient du *melissa officinalis*. Elle est d'un jaune pâle; sa densité est de 0,975. Elle contient aussi une matière cristalline qui ne se dépose que par un froid intense.

De l'essence de marjolaine.

L'*essence de marjolaine*, retirée de l'*origanum majorana*, est d'un jaune plus ou moins foncé; elle dépose des cristaux dans les flacons où on la conserve pendant quelque temps.

L'*essence d'origan ordinaire*, retirée de l'*origanum vulgare*, est or-

---

(1) Dans cette formule, pour éviter les fractions, les équivalents du chlore et de l'hydrogène ont été doublés; cette composition correspond alors à la formule atomique.

dinairement pure dans le commerce ; sa densité est comprise entre 0,90 et 0,89 ; elle bout à 161⁰. Sa composition, d'après Kane, est $H^{40}C^{38}O$.

De l'essence de romarin.

L'essence de romarin provient du *rosmarinus officinalis*. Elle est liquide, très-fluide, d'une odeur pénétrante ; sa densité est de 0,911 ; toutefois elle varie suivant la saison où l'on a cueilli la plante pour la distiller ; elle bout à 166⁰. Par l'évaporation spontanée ou avec le contact de la potasse, elle donne une espèce de camphre ; mais elle n'en fournit pas avec l'acide chlorhydrique.

De l'essence de basilic.

L'essence de basilic, fournie par *l'ocymum basilicum,* dépose à la longue des cristaux prismatiques, très-solubles dans l'eau bouillante, et cristallisant, par le refroidissement, en tétraèdres.

De l'essence de thym.

L'essence de thym est jaunâtre ou d'un vert pâle et très-fluide ; celle du commerce est brune et souvent acide ; sa densité est de 0,905. L'essence la plus pure donne quelquefois des cristaux.

L'essence de serpolet, provenant du *thymus serpyllum,* est jaune ou brune.

De l'essence de marum.

L'essence de marum, extraite par Bley du *teucrium marum,* est solide, feuilletée, friable, limpide, et douée d'une saveur et d'une odeur aromatiques, soluble dans l'eau chaude, et plus pesante que ce liquide.

De l'essence d'hysope.

L'essence d'hysope est retirée de *l'hyssopus officinalis ;* elle est jaune ; mais en vieillissant elle devient rouge.

De l'essence de sauge.

L'essence de sauge, extraite du *salvia officinalis,* est jaune, et brunit avec le temps. Elle dépose des cristaux à la longue.

De l'essence de camomille.

Essence de camomille bleue, retirée du *matricaria camomilla* (camomille des prés). Elle est d'un bleu foncé, peu fluide, et même parfois visqueuse. Elle brunit et s'épaissit par l'action de l'air et de la lumière. Par un froid considérable, elle laisse déposer un stéaroptène incolore. Elle est soluble dans l'alcool et l'éther. Traitée par l'acide azotique, elle brunit, et donne une résine qui sent le musc. Sa densité est de 0,924. Souvent falsifiée avec de l'essence de térébenthine, elle fait alors explosion avec l'iode : la même réaction a lieu lorsqu'elle renferme de l'essence de citron.

L'*essence de camomille romaine* (*anthemis nobilis*) est analogue à la précédente.

De l'essence d'absinthe.

L'*essence d'absinthe,* $H^{16}C^{20}O^2$, provenant de l'*artemisia absinthium,* est verte, quelquefois jaune, mais elle brunit peu à peu ; son odeur est celle de la plante ; elle s'échauffe avec l'iode. Sa densité est de 0,897. Elle bout à 204°. Elle est isomère avec le camphre du Japon.

De l'essence d'estragon.

L'*essence d'estragon,* extraite de l'*artemisia dracunculus,* a pour formule $H^{20}C^{32}O^3$, d'après M. Laurent, qui a obtenu des composés très-variés en la soumettant à l'action des acides sulfurique et azotique, du chlore et du brome. Quand elle est oxygénée, elle a la même composition que l'essence d'anis concrète (voyez, pour les détails, les *Comptes rendus des séances de l'Académie des sciences,* 1841, t. 1er, nos 18 et 23, t. II, no 13).

L'*essence d'armoise* s'obtient avec les sommités de l'armoise (*artemisia vulgaris*). Elle est jaune verdâtre, d'une consistance de beurre, et bout à 100°.

De l'essence de bergamote.

L'*essence de bergamote* se prépare en soumettant à la presse le zeste des bergamotes (*citrus limetta bergaminus*). Elle est jaune clair, très-fluide, et d'une odeur fort agréable, qui participe de celle des oranges et des citrons. Sa densité est de 0,873 ou de 0,885 ; à la longue, elle dépose une matière cristalline, à laquelle Ohme a donné le nom de *bergaptène*, et qui fond à 206°. D'après MM. Soubeiran et Capitaine, cette huile serait formée de plusieurs essences des camphènes. L'acide chlorhydrique ne donne avec elle qu'une combinaison liquide.

De l'essence de safran.

L'essence de safran est jaune et d'une odeur de safran ; elle se transforme à la longue en une masse blanche cristalline.

De l'essence de rue.

Elle renferme une grande quantité d'une huile oxygénée, $H^{20}C^{20}O^2$, d'une densité de 5,84, bouillant à 228°, que l'acide azotique transforme, suivant sa concentration et la durée de son action, en quatre acides *homologues de l'acide acétique*, savoir :

$$H^{20}C^{20}O^4, \quad \text{acide rutique ;}$$
$$H^{18}C^{18}O^4, \quad \text{acide pélargonique ;}$$
$$H^{16}C^{16}O^4, \quad \text{acide caprylique ;}$$
$$H^{14}C^{14}O^4, \quad \text{acide œnanthylique.}$$

Avec le chlorure de zinc fondu, l'essence de rue donne un carbure d'hydrogène.

Acide pélargonique. — Lorsqu'on chauffe graduellement, jusqu'au rouge sombre, de la chaux potassée préalablement réduite en poudre fine et arrosée avec le quart de son poids d'acide pélargonique, il reste dans la cornue les deux alcalis en partie à l'état caustique, en partie carbonatés, et l'on obtient un liquide et des gaz possédant un grand pouvoir éclairant. Le liquide est formé de $H^{16}C^{16} = 4$ volumes de vapeur. Les gaz dirigés dans du brome sont en partie absorbés par ce corps ; ceux qui ne sont pas absorbés sont formés d'hydrogène et de protocarbure d'hydrogène (gaz des marais) ; leur pouvoir éclairant est très-faible ; ceux qui sont absorbés constituent un mélange de gaz oléfiant, H^4C^4, de *propylène*, H^6C^6, et de gaz de Faraday, H^8C^8.

Les acides *caprylique* et *œnanthylique*, homologues de l'acide pélargonique, ainsi que les acides *éthalique* et *margarique*, traités de la même manière, se comportent comme l'acide *pélargonique*. L'acide valérianique fournit des résultats analogues quand on le décompose par la chaleur et les bases alcalines en excès. Il en est de même de l'éthal. M. Cahours, à qui l'on doit ces détails, conclut qu'à partir de l'acide valérianique, les termes homologues du gaz des marais, ne possédant pas une stabilité suffisante pour pouvoir résister à la température élevée sous l'influence de laquelle la décomposition de l'acide s'accomplit, se dédoublent en gaz des marais, en hydrogène, et en une série de carbures d'hydrogène, différant l'un de l'autre par l'état de condensation des éléments. Dans toutes ces expériences, la proportion du propylène l'a toujours notablement emporté sur celle du gaz oléfiant et du gaz de Faraday. En définitive, les dernières recherches de M. Cahours établissent l'existence d'une série remarquable d'acides représentés par la formule générale $H^mC^mO^4$, dont le premier terme est l'acide formique, et dont le dernier terme actuellement connu est l'acide cérosique (*Comptes-rendus des séances de l'Académie des sciences,* du 29 juillet 1850).

De l'essence de limette.

L'*essence de limette* ressemble à celle de bergamotes; sa densité est de 0,931 ; elle rougit le tournesol.

De l'essence de roses.

L'*essence de roses* est retirée de diverses variétés de roses, mais plus particulièrement du *rosa centifolia;* elle est d'un blanc jaunâtre et épaisse ; par le refroidissement, elle se prend en masse de consistance de beurre, qui ne devient liquide qu'à 28° ou 30°; son odeur est bien connue; sa densité est de 0,832. Elle est formée par un mélange d'une huile liquide et d'une matière qui se solidifie à 35°. On l'a souvent falsifiée avec d'autres essences ou avec des huiles grasses.

De l'essence de bois de Rhodes.

L'*essence de bois de Rhodes* est liquide, jaunâtre, et d'une odeur de roses; on s'en sert pour falsifier l'essence de roses.

De l'essence de géranium.

L'*essence de géranium* est solide, composée d'aiguilles cristallines blanches qui fondent à 20°; elle a une odeur suave.

De l'essence de cajeput.

L'essence de cajeput provient du *melaleuca leucodendron*. Elle est ordinairement d'un vert pâle, teinte qui est due en partie à l'essence elle-même, et en partie au cuivre des vases dans lesquels on l'expédie. Elle est très-fluide; sa vapeur, mélangée de beaucoup d'air, exhale l'odeur du camphre ou du romarin; sa densité est de 0,978; elle bout, selon Blanchet et Sell, à 175°.

De l'essence de cèdre.

L'essence de cèdre, extraite du bois de cèdre de Virginie, est solide, molle et blanche; elle se fige à $+ 27°$, et bout à 275°; elle résulte d'un mélange de deux principes, dont l'un est solide et cristallisé, et l'autre liquide. Walter représente la composition du corps solide par $H^{26}C^{32}O^2$; sous l'influence de l'acide phosphorique, ce principe concret donne un carbure d'hydrogène, le *cédrène*, $H^{24}C^{32}$, qui est liquide, et dont le point d'ébullition est à 248°. L'essence liquide a la même composition que le cédrène.

De l'essence de valériane.

L'essence de valériane, $H^{10}C^{10}O^2$, que l'on retire par la distillation de la racine de valériane, est verdâtre, d'une odeur qui rappelle celle de la valériane, d'une saveur désagréable, d'une densité de 0,935 à $23°+0°$. Elle bout à 175°, et devient d'un jaune ambré. A $- 24°$, elle conserve sa fluidité, et ne se partage pas en stéaroptène et en oléoptène. L'acide sulfurique pur la dissout et la colore en rouge intense. L'acide azotique la dissout aussi et la colore en violet. Si on la soumet à l'action de la chaleur, qu'on pousse rapidement la distillation et qu'on fractionne les produits, on obtient du valérol, $H^{10}C^{12}O$, et du *bornéenne* (Gerhardt).

L'air et les agents oxygénants transforment le *valérol* en acide valérianique. Le *bornéenne*, qui a la même composition et le même équivalent que l'essence de térébenthine, fixe, dans certaines circonstances, les éléments de l'eau, et se convertit en camphre solide de Bornéo ou *bornéol*, lequel donne, avec l'acide azotique, du camphre des laurinées (*Ann. de chim.*, mars 1843). M. Thirault pense que le valérol et le bor néenne ne préexistent pas dans l'essence de valériane (thèse soutenue à l'École de pharmacie le 27 août 1850).

De l'essence de thé.

L'*essence de thé* a été extraite par Mulder en traitant les feuilles de thé vert par l'éther, en ajoutant de l'eau au produit et en distillant. Cette essence se concrète très-facilement; elle est jaunâtre, plus légère que l'eau, et possède à un haut degré l'odeur du thé. Lorsqu'elle est respirée en quantité notable, elle peut agir comme poison. Il paraît que, combinée au tannin, elle exerce sur l'économie animale une action diurétique (Liebig).

De l'essence de jasmin.

L'*essence de jasmin* s'obtient en interposant, entre des morceaux de tissus de laine imprégnés d'une huile grasse, des fleurs fraîches de jasmin. Elle dépose à 0^0 une substance blanche cristallisée en lamelles brillantes, inodores, et fusibles à $12^0,5$. Elle offre à un haut degré l'odeur de la plante.

De l'essence de sassafras.

L'*essence de sassafras*, contenue dans le *laurus sassafras*, est fluide, incolore, mais elle devient brune en vieillissant; son odeur est agréable; sa densité est de 1,08; il paraît que l'eau la partage en deux huiles, dont l'une est plus légère et l'autre plus pesante que l'eau (Bonastre). Elle dépose à la longue beaucoup de matière cristalline, qui a la même odeur que l'essence, et qui, par un contact prolongé, redevient fluide sans pouvoir se solidifier, même à -4^0. L'acide azotique la colore en rouge écarlate.

De l'essence de laurier.

L'*essence de laurier*, que l'on retire des feuilles et des fruits du laurier par la distillation, est visqueuse, d'un blanc sale, d'une odeur forte, d'une saveur amère et d'une densité de 0,914. Elle peut devenir solide même au-dessus de zéro; mais par la distillation elle se divise en deux huiles, dont l'une, très-volatile, offre une densité de 0,857;

tandis que le poids spécifique de l'autre, qui est beaucoup moins volatile, est de 0,885.

De l'essence de culilaban.

L'*essence de culilaban*, du *laurus culilaban*, et l'essence de *pechurim*,
du *laurus pechurim*, offrent beaucoup d'analogie avec les précédentes ;
mais elles ont été fort peu étudiées.

DES CIRES.

La cire est très-répandue dans la nature ; du moins on trouve dans
beaucoup de plantes une matière qui lui ressemble, et notamment sur
les feuilles du chou, dans le pollen de toutes les fleurs, dans l'enveloppe des prunes et d'un très-grand nombre d'autres fruits, dans le
vernis qui recouvre la surface supérieure de beaucoup d'arbres, et dont
elle fait la majeure partie. Suivant Hatchett, la *laque* renferme une substance analogue à la cire de *myrica* (myrte). Le *pela* des Chinois paraît
n'être autre chose que de la cire retirée d'un insecte ; le *gale*, le *ce-*
roxylon andiloca, le chaton mâle du bouleau, de l'aulne, du peuplier,
du frêne, en donnent aussi plus ou moins. Enfin les abeilles fournissent également une très-grande quantité de cire, qui diffère, sous
plusieurs rapports, de la cire végétale ; ces animaux préparent eux-
mêmes la cire. Après avoir nourri pendant longtemps des abeilles avec
du sucre ou du miel, Hubert vit qu'elles donnèrent beaucoup de cire ;
d'où l'on doit conclure que celle-ci est le résultat de la transformation
du sucre ou du miel, et d'une véritable élaboration vitale.

Cire des abeilles. — La cire des abeilles est formée de cérine (acide cérotique), de myricine et de céroléine (acide céroléique). Elle est solide,
blanche, insipide, et presque inodore ; son poids spécifique varie depuis 0,8203 jusqu'à 0,9662 (Bostock) ; elle est dure et cassante à 0°, et
très-malléable à 30° ; l'odeur de la cire des abeilles récemment préparée est due à des substances étrangères qui s'y trouvent mêlées ; car
elle la perd lorsqu'on l'expose à l'air pendant quelque temps pour la
blanchir, surtout si elle a été coupée en rubans minces, afin d'augmenter
sa surface.

A 65° c., la cire fond en un fluide transparent, qui reprend sa forme
concrète par le refroidissement. Si la température est assez élevée, elle
s'évapore, bout, se décompose, et fournit des gaz combustibles, des
huiles liquides isomères du gaz oléfiant, *de l'eau acide*, et une matière

solide formée de beaucoup d'acide margarique et de paraffine, et qui ne renferme ni de l'acide sébacique ni de l'acroléine. D'après M. Polek, l'*eau acide* contiendrait de l'acide acétique et de l'acide métacétique, et la matière solide, un acide identique avec l'acide *palmitique*. Chauffée avec le contact de l'air, la cire absorbe l'oxygène et produit une belle flamme. L'*air humide* et le *chlore* la décolorent en détruisant la matière colorante; mais ce dernier se substitue à une certaine quantité d'hydrogène qu'il lui enlève, de manière que, pendant la combustion, il y a production d'une flamme verte et dégagement d'acide chlorhydrique; on ne peut donc pas employer cet agent pour blanchir la cire : c'est en traitant la cire par le chlore, que Gay-Lussac a observé le premier phénomène de *substitution* (voy. p. 1). La cire blanchie renferme moins de carbone et plus d'oxygène que la cire jaune. Elle est insoluble dans l'eau; l'alcool et l'éther ne la dissolvent pas à froid; l'alcool bouillant dissout la cérine et la céroléine, et laisse la myricine; en se refroidissant, la liqueur donne des cristaux aiguillés de cérine (acide cérotique), tandis que la céroléine reste en dissolution dans l'alcool refroidi.

Les huiles fixes dissolvent la cire à chaud, et fournissent une matière plus ou moins consistante, connue sous le nom de *cérat*. Elle se dissout également, à l'aide de la chaleur, dans les huiles volatiles, notamment dans l'huile essentielle de térébenthine. La potasse et la soude la transforment en savon; celui-ci, décomposé par l'acide chlorhydrique, fournit une substance pulvérulente, fusible à 56° R., rougissant à peine le tournesol. Distillée avec la chaux, la cire fournit des huiles jaunes et une grande quantité d'une matière cristallisable, ayant beaucoup d'analogie avec la paraffine. L'acide sulfurique concentré la noircit, et il se dégage du gaz acide sulfureux, tandis qu'il lui communique une couleur grisâtre s'il est étendu de trois parties d'eau. L'acide azotique faible la blanchit sans la décomposer; si on la chauffe avec cet acide concentré, on obtient de l'acide œnanthylique, de l'acide pimélique, de l'acide adipique, de l'acide lipique et de l'acide succinique; il se dégage du gaz bioxyde d'azote, et il reste une matière noire. Elle est formée de carbone 80,84, d'hydrogène 13,22, et d'oxygène 5,94.

On s'en sert pour faire la bougie, les pièces anatomiques artificielles, et le cérat; on l'emploie pour injecter des vaisseaux.

Préparation. Après avoir séparé le miel des gâteaux au moyen de la pression, on les enferme dans des sacs que l'on plonge dans des chaudières contenant de l'eau bouillante; la cire fond, se sépare du couvain, vient à la surface de l'eau, et se fige à mesure que le liquide se refroidit. Si on veut la priver de sa couleur jaune, on la coupe en rubans minces que l'on expose à la rosée.

En rapprochant ce que j'ai dit du *cérotène*, de la *cérotine*, de l'acide cérotique et de l'éther cérotique (voy. ces mots), on trouve une *nouvelle série alcoolique* parallèle à celle des alcools vinique, méthylique et amylique, ainsi que de l'éthal :

Carbure d'hydrogène. $H^{54}C^{54}$, cérotène.

Alcool. . . . . $H^{54}C^{54}O^2$, cérotine.

Acide. . . . . $H^{55}C^{54}O^5$, HO , acide cérotique.

Éther. . . . . $H^{55}C^{54}O^5$, $H^{55}C^{54}O$, éther cérotique (Brodie).

Cire de Chine, $H^{108}C^{108}O^4$. — Elle est produite par un insecte de la famille des hyménoptères. Elle a l'aspect de la cétine, et fond à 83° ; elle est peu soluble dans l'alcool et l'éther bouillants, mais elle se dissout dans l'huile de naphte bouillante. La potasse fondue la transforme en acide cérotique et en cérotine. On peut la considérer, d'après M. Brodie, comme du *cérotate d'oxyde de cérotyle*.

Cire des Andaquies. — Elle est sécrétée par l'*avesa*, insecte du genre des abeilles, qui vit surtout en Amérique. Purifiée, cette cire, d'une densité de 0,917 à 0°, fond à 77°. Elle est formée, d'après Lewy, de 50 parties de *céroxyline*, de 45 de *cérosie*, et de 5 d'une matière huileuse.

Cires végétales. — Il existe dans le commerce plusieurs cires végétales, différentes, sous beaucoup de rapports, de la cire des abeilles ; je mentionnerai les principales d'entre elles.

Cire de myrica. — On la retire des baies de *myrica cerifera*, qui en contiennent environ 25 p. 100. Elle est jaune verdâtre, fusible à 47°, saponifiable par les alcalis, et donnant alors des acides stéarique, margarique, oléique, et de la glycérine. Elle est formée de 74,23 de carbone, de 12,07 d'hydrogène, et de 13,70 d'oxygène.

Cire de Carnauba. — Elle est produite par un palmier du nord du Brésil. Elle fond à 83°,5 ; elle est soluble dans l'alcool et l'éther, et formée de carbone 80,36, d'hydrogène 13,07, et d'oxygène 6,57.

Cire d'Ocuba. — On la trouve dans le noyau des fruits de plusieurs *myristica*, et notamment du *myristica ocuba*. Elle est d'un blanc jaunâtre, fusible à 36,5, et soluble dans l'alcool bouillant. Elle contient : carbone 73,90, hydrogène 11,40, oxygène 14,70.

Cire de Bicuiba. — Elle est fournie par le *myristica bicuiba*. Elle est d'un blanc jaunâtre, fusible à 35°, et soluble dans l'alcool bouillant. Elle est formée de 74,38 de carbone, de 11,12 d'hydrogène, et de 14,50 d'oxygène.

Subérine. — On la trouve dans le liége. Elle est cristalline, fusible à 100°, et décomposable par l'acide azotique à chaud, avec production d'acide subérique. On l'obtient en épuisant le liége par l'alcool concentré.

Cire végétale du commerce. — Il existe dans le commerce une cire végétale venant des Indes *orientales*, et qui diffère assez de la cire des abeilles pour que je croie devoir la faire connaître. La cire des Indes orientales est d'un blanc jaunâtre, transparente aux bords, plus cassante et plus grasse au toucher que celle des abeilles ; sa saveur est rance ; son poids spécifique est de 0,97 à 15° R. ; elle fond à 40°, et ne se fige qu'à 34° ; fondue, elle rougit le papier de tournesol ; une goutte versée sur du papier n'y laisse aucune tache. Fondue avec quatre parties d'huile, elle donne un mélange d'une consistance trois fois plus ferme que celui que fournit la cire des abeilles ; cette dernière néanmoins donne plus de consistance à la graisse que l'autre. L'alcool et l'éther la dissolvent à chaud, mais le *solutum* alcoolique se fige et s'épaissit par le refroidissement, tandis que la dissolution éthérée dépose des flocons. La soude caustique la transforme plus facilement en savon que la cire des abeilles : ce savon, décomposé par l'acide chlorhydrique, donne une substance cristalline rougissant le tournesol, soluble dans l'alcool, qui n'est pas de l'acide stéarique, et qui fond à 48° R. Elle est formée, d'après Oppermann, de carbone 70,9683, d'hydrogène 12,0728, et d'oxygène 16,9589.

La cire des Indes *occidentales* a beaucoup d'analogie avec elle. On est loin de pouvoir affirmer que les diverses espèces de cire fournies par les végétaux désignés à la page 489 soient identiques.

DES SAVONS.

J'ai établi précédemment que l'*oléine*, la *margarine*, la *stéarine*, la *céline*, la *myricine*, la *phocénine*, la *butyrine*, l'*hircine*, l'*élaïdine*, la *palmine*, etc., traitées par les alcalis, se décomposent, et se transforment en une matière *savonneuse*, qui est un véritable composé d'alcali, et de quelques-uns des acides suivants : acides stéarique, margarique, oléique, phocénique, butyrique, caproïque, caprique, hircique, élaïdique, palmitique, etc. (1) : j'ai dit, en outre, que les corps gras composés de plusieurs principes immédiats se comportent d'une manière analogue, et qu'il se forme deux matières, l'une savonneuse, l'autre soluble. La combinaison des acides produits avec l'alcali employé constitue les *savons*, qui doivent par conséquent être assimilés aux sels ; et en effet, comme eux, leur composition est assujettie à des proportions définies. Les savons obtenus avec la graisse de porc, de mouton, de bœuf, de jaguar, d'oie, sont composés de stéarate, d'oléate et de margarate ; celui que fournit la graisse humaine est formé d'oléate et de margarate ; celui qui résulte de l'action du beurre est composé de butyrate, de caproate, de stéarate, d'oléate et de margarate ; les huiles de marsouin, du *delphinus globiceps* et de poisson, donnent un savon formé de phocénate, de margarate et d'oléate ; enfin ceux que l'on produit avec les huiles fixes sont composés d'oléate et d'un autre sel dont l'acide est plus fusible que l'acide stéarique. Ces savons sont solubles ou insolubles dans l'eau, suivant la nature de la base qui sert à les former ; ceux de potasse, de soude et d'ammoniaque, sont dans le premier cas ; ceux de baryte, de strontiane, de chaux, etc., sont insolubles.

Savons à base de potasse (savons mous), formés par les graisses de porc, de mouton, d'homme, de bœuf, de jaguar et d'oie. Ils ont plus de tendance à cristalliser en aiguilles que les corps gras qui les ont fournis.

Ils sont moins fusibles que les graisses d'où ils proviennent : ainsi celui qui est fait avec la graisse d'homme ne fond qu'au-dessus de 35⁰, thermomètre centigrade ; ceux que l'on a préparés avec la graisse de mouton ou de bœuf ne fondent qu'au-dessus de 48⁰ ; celui que fournit la graisse de jaguar est solide à 36⁰. L'alcool bouillant, d'une densité de 0,821, les dissout en toutes proportions ; il en est de même des *éthers* (Pelletier). Lorsqu'on délaie dans l'eau ces savons, que l'on peut considérer comme composés de stéarate, d'oléate de potasse, ou bien de margarate, ou seulement de margarate et d'oléate, ils se décomposent en sur-stéarate, en sur-margarate et en sur-oléate (matière nacrée), qui se précipitent, et en potasse retenant un peu d'acides stéarique et margarique, et beaucoup d'acide oléique ; cette décomposition a lieu en vertu de l'insolubilité de la matière nacrée, et de l'affinité de la potasse pour l'eau : aussi se produit-elle mieux lorsqu'on opère à une température basse, qui facilite la précipitation de la matière nacrée. Si on filtre la

---

(1) **La cétine se convertit particulièrement en éthal et en acides margarique et oléique.**

dissolution, et qu'on sature l'excès d'alcali par de l'acide tartrique, il se précipite un corps gras floconneux, composé de beaucoup d'acide oléique et d'un peu d'acide margarique et stéarique; on peut transformer ce précipité en oléate, en margarate et en stéarate, au moyen de la potasse et de l'eau. C'est en ayant égard à la décomposition du margarate et du stéarate de potasse, opérée par l'eau, que l'on explique pourquoi les savons préparés avec ces sortes de graisses enlèvent la matière grasse qui salit les étoffes : en effet, l'alcali mis à nu par suite de cette décomposition se combine avec la matière grasse.

Les savons de potasse et de graisse dont je parle se dissolvent à merveille dans les eaux de *potasse* et de *soude ;* on les emploie pour les usages de la toilette. Le savon de *toilette mou* est le résultat de l'ébullition d'un mélange de 15 kilogrammes de graisse de porc et de 22 kilogrammes 500 grammes d'une dissolution de potasse caustique marquant 17 degrés au pèse-sel ; on ajoute une petite quantité d'huile aromatique à la pâte au moment de la coulée. On obtient la *crème d'amande* en laissant refroidir lentement un savon à base de potasse, et en le pilant fortement dans un mortier lorsqu'il est refroidi. Les savons *verts,* faits avec de la potasse et de l'huile de graines, peuvent être rendus plus verts au moyen de l'indigo ; on s'en sert quelquefois pour faire des savons durs ou à base de soude; il suffit pour cela de les mêler avec du chlorure de sodium dissous (sel commun); on suit ce procédé dans tous les pays où la soude est à un prix plus élevé que la potasse.

Savons à base de soude (savons durs). La soude se comporte avec les corps gras comme la potasse, donc les savons formés par ces deux substances sont analogues. Les savons de soude sont solides, durs, incolores ou colorés, plus pesants que l'eau, d'une saveur légèrement alcaline, moins caustique que celle des savons à base de potasse. Soumis à l'action du calorique, ils fondent, se boursouflent et se décomposent comme les autres substances organiques non azotées. Exposés à l'*air,* ils se dessèchent, surtout si l'air est souvent renouvelé. Ils se dissolvent très-bien dans l'eau bouillante; mais, si on laisse refroidir la liqueur, surtout lorsqu'on a employé une très-grande quantité d'eau, il se dépose du sur-margarate, du sur-stéarate, et un peu de sur-oléate de soude, sous forme d'une gelée demi-transparente, qui, par la dessiccation, se réduit en pellicules d'un blanc jaunâtre; du reste, l'eau se comporte avec ces savons comme avec ceux de potasse, excepté qu'elle les décompose moins facilement (voy. p. 493). L'eau froide dissout aussi les savons de soude, mais moins bien que celle qui est bouillante; le *solutum* est décomposé sur-le-champ : 1° par les acides, qui s'emparent de la soude et précipitent les acides stéarique, margarique et oléique, sous forme d'une émulsion ; 2° par une dissolution de sel commun, qui agit à l'instar de l'eau, en précipitant sur-le-champ du bimargarate, du bistéarate et du bioléate de soude, tandis que la liqueur contient de la soude (Vauquelin); 3° par tous les sels solubles autres que ceux à base de potasse, de soude et d'ammoniaque; dans ce cas, l'acide du sel se porte sur la soude du savon, avec laquelle il forme un sel soluble, tandis que les acides stéarique, margarique et oléique, se combinent avec l'oxyde du sel, et donnent naissance à un stéarate, à un margarate et à un oléate insolubles. Ce fait explique pourquoi les eaux de puits chargées de sulfate de chaux ne peuvent pas dissoudre le savon : en effet, le sulfate est décomposé, et il se précipite du stéarate, du margarate et de l'oléate de chaux (1). L'*alcool,* surtout à l'aide de la chaleur, dissout parfaitement les savons à base de soude; si on laisse refroidir le liquide, il se dépose une masse jaune transparente, qui ne devient point opaque par le refroidissement. Ces savons sont solubles dans tous les éthers (Pelletier); ils jouissent, comme ceux de potasse, de la propriété de dissoudre la graisse qui salit les étoffes.

On emploie en médecine, sous le nom de *savon médicinal,* un savon blanc, préparé avec de l'huile d'olives ou d'amandes douces et de la soude : il doit être fait depuis un certain temps, pour qu'il ait la dureté convenable. On doit le regarder comme un puissant excitant du système lymphatique; les anciens le considéraient comme un excellent fondant et dissolvant de la lymphe et de la bile. On l'a employé avec succès contre les calculs biliaires, les engorgements essentiels ou consécutifs de la rate et des autres viscères du bas-ventre, contre le carreau, les tumeurs scrofuleuses, graisseuses et laiteuses; on s'en est servi avec avantage dans certains ictères sans fièvre, dans quelques catarrhes chroniques de la vessie, dans l'asthme pituiteux, goutteux, dans les gouttes anciennes avec tophus, dans les dysenteries muqueuses, dans certaines faiblesses de l'estomac et des intestins, etc. On l'a vanté à tort comme un excellent lithontriptique. Il est employé à la dose de 20 à 30

---

(1) Les compositions *hydrofuges* dont on imprègne les plâtres, les bas-reliefs, etc., et qui ont été décrites, il y a quelques années, par MM. d'Arcet et Thénard, ne sont autre chose que des savons insolubles de cuivre, de fer, de zinc, d'étain ou de bismuth, délayés dans l'huile de lin cuite, et auxquels on a ajouté, à chaud, du mastic. Ces compositions, outre qu'elles rendent le plâtre peu altérable par les intempéries de l'atmosphère, lui communiquent diverses nuances semblables à celles des bronzes antiques, de la fonte rouillée, du fer poli, etc.

centigrammes par jour, et l'on augmente progressivement, jusqu'à en faire prendre 3 ou 4 grammes ; on le donne ordinairement sous forme solide. Uni à la réglisse, à la farine de graine de lin, et à quelques gommes-résines, telles que l'asa fœtida, l'opopanax, le sagapénum, l'aloès, etc., il constitue les *pilules de savon* composées. L'eau de savon est administrée avec le plus grand succès comme neutralisant dans le cas d'empoisonnement par les acides ; on a vu, en effet, que ceux-ci la décomposent. On fait également usage du savon à l'extérieur, sous forme de lotions, de cataplasmes, d'emplâtres, ou dissous dans l'eau-de-vie, pour favoriser la résolution de certaines tumeurs œdémateuses, contre les contusions, etc. Le *savon de Starkey* ou *savon tartrique*, préparé avec le carbonate de potasse et l'huile de térébenthine, est aujourd'hui généralement abandonné.

Préparation.— Savon à base de soude ou *savon dur*. Il est le résultat, comme je l'ai déjà dit, de l'action de la soude sur un corps gras. Tous les corps gras ne sont point susceptibles de saponifier également bien la soude ; on peut les ranger à cet égard dans l'ordre suivant : 1° les huiles d'olives et d'amandes douces ; 2° le suif, la graisse de porc, le beurre, l'huile de cheval ; 3° l'huile de colza et celle de navettes ; 4° l'huile de noix ; 5° les huiles de faîne, d'œillet ; mais il est nécessaire de les mêler avec l'huile d'olives ou avec les graisses pour en obtenir des savons durs ; 6° les huiles de poisson ; 7° l'huile de chènevis ; 8° l'huile de lin. Ces trois dernières ne donnent jamais que des savons pâteux, gras et gluants. En France, en Italie et en Espagne, on ne se sert guère que d'huile d'olives pour saponifier la soude ; tandis qu'en Allemagne, en Angleterre et en Prusse, on ne fait usage que de suif et de graisse. Je vais exposer le procédé de la saponification par l'huile d'olives.

On verse de l'eau froide sur un mélange de 250 kilogrammes de carbonate de soude pulvérisé de bonne qualité, et de 62,5 kilogrammes de chaux éteinte ; douze heures après, lorsque la chaux s'est emparée de l'acide carbonique du carbonate, on fait écouler le liquide, auquel on donne le nom de *première lessive,* et qui contient une assez grande quantité de soude : il marque de 20 à 25 degrés à l'aréomètre. On verse deux fois de l'eau sur le résidu, et l'on obtient *deux lessives,* dont l'une marque de 10 à 15 degrés, et l'autre de 4 à 5 degrés. On prend 300 kilogrammes d'huile.

On introduit la lessive la plus faible dans une grande chaudière dont le fond offre un tuyau de 68 millimètres de diamètre, nommé l'*épine,* on y verse peu à peu une certaine quantité d'huile, et on chauffe le mélange jusqu'à le faire bouillir ; la réaction commence, et le liquide

ressemble à une émulsion. On ajoute successivement de la lessive faible
et de l'huile, et on fait en sorte que la masse soit toujours bien empâ-
tée, qu'il n'y ait ni lessive au fond de la chaudière, ni huile à la surface du liquide. A cette époque, le savon est avec excès d'huile; on
ajoute peu à peu de la lessive forte, et on remarque, lorsque la saponification est complète, que le savon se sépare du liquide et se présente
à la surface. Alors on cesse de chauffer et on fait couler par l'épine tout
le liquide, qui, ne contenant plus de soude caustique, est impropre à
la saponification. Afin d'être certain que l'huile est saturée de soude, on
remet dans la chaudière où est le savon une nouvelle quantité de lessive caustique, et on fait bouillir de nouveau jusqu'à ce que le poids
spécifique de la lessive soit de 1,150 à 1,200.

Le savon résultant de ces opérations est d'un bleu foncé noirâtre, et
renferme $^{16}/_{100}$ d'eau; sa couleur est due à un composé d'alumine,
d'oxyde et de sulfure de fer, d'acide oléique et d'acide margarique (1).
Il peut être regardé comme composé de deux savons, l'un blanc, l'autre
aluminoferrugineux noirâtre. On prépare aussi un savon dur en dissolvant, dans une lessive de soude, l'acide oléique que l'on obtient en
traitant le suif par la chaux pendant la fabrication des bougies stéariques (voy. p. 501).

Préparation du savon blanc. On délaie peu à peu, dans des lessives
faibles, la masse savonneuse obtenue; on chauffe doucement et on couvre la chaudière; le savon aluminoferrugineux noirâtre ne tarde pas à
se précipiter, parce qu'il est insoluble à cette température dans les lessives dont je parle; on sépare alors la pâte de savon blanc, et on la
coule dans des *mises,* où elle est refroidie et solidifiée; on la coupe en
tables, et on la livre au commerce sous le nom de *savon blanc, savon en table.* Il renferme, sur 100 parties, 4,6 de soude et 45,2 d'eau. On
l'emploie pour les usages délicats.

Préparation du savon marbré. On vient de voir que la masse savonneuse d'un bleu noirâtre ne contient que $^{16}/_{100}$ d'eau, et qu'elle renferme, outre le savon blanc, un savon noirâtre; il s'agit, pour la transformer en savon marbré, d'y ajouter une quantité d'eau légèrement
alcaline, suffisante pour que le savon coloré se sépare de celui qui est

---

(1) La soude que l'on a employée, ayant été préparée dans des fours argileux,
contient de l'alumine; elle renferme en outre du fer oxydé et du sulfure de sodium; celui-ci, mis dans l'eau lorsqu'on fait la lessive, passe à l'état de polysulfure, et l'acide sulfhydrique qu'il contient se dégage au moment où l'empâ-
tage se fait.

blanc, et se réunisse en veines plus ou moins grandes, qui, par leur disposition, imitent une marbrure bleue appliquée sur une masse blanche; il est évident que si l'on employait trop de lessive, l'opération serait manquée, parce que tout le savon noirâtre serait précipité. Le savon marbré contient, sur 100 parties, 6 de soude et 30 d'eau; d'où il suit que, sous le même poids, il renferme plus de savon que celui qui est blanc.

On prépare de la même manière les savons de soude faits avec le suif, le saindoux, le beurre, l'huile d'amandes douces, de palme, de noisettes, etc.

M. Colin a publié, en 1816, des observations importantes relatives à la fabrication du savon dur: 1° le savon ne peut pas se former sans eau; 2° l'huile privée de mucilage donne des savons de qualité inférieure à ceux que l'on obtient avec l'huile ordinaire : en général, celle qui n'a été soumise à l'action d'aucun corps pondérable fournit le plus beau savon; 3° toutes les huiles peuvent donner des savons solides et assez durs pour pouvoir être employés au *savonnage à la main ;* 4° la partie solide de l'huile, appelée *suif* par M. Braconnot, paraît former des savons de meilleure qualité que l'huile entière; 5° la petite quantité d'eau de chaux contenue dans la lessive prépare la saponification des huiles, qui paraissent exercer peu d'action sur la potasse et sur la soude; 6° le sel commun, dont on fait usage dans la saponification, a pour objet de substituer de la soude à la petite quantité de potasse que renferment les soudes du commerce, et de durcir le savon en s'emparant complétement ou partiellement de l'eau qu'il contient et de l'excès de soude qui paraît nécessaire à sa dissolution; 7° l'excès d'alcali diminue la blancheur du savon, lui donne une mauvaise odeur, et le rend moins dur.

Préparation du savon de potasse (savon mou). On prépare le savon *vert* avec de l'huile de graines ; l'huile de lin donne plus facilement un savon transparent que celle de navette. On procède à la saponification de ces huiles comme je l'ai dit en parlant des savons de soude; lorsque toute l'huile a été mise dans la chaudière, et que le savon est d'un blanc sale et opaque, on diminue le feu, on agite continuellement la masse avec de grandes spatules, et on ajoute de la lessive plus caustique que celle dont on s'était servi jusqu'alors ; le savon acquiert de la transparence, devient plus consistant, et peut être coulé dans des tonneaux. Il renferme le plus souvent, sur 100 parties, 9,5 de potasse et 46,5 d'eau : il est avec excès d'alcali ; on peut néanmoins obtenir ce savon neutre en mettant un excès d'huile que l'on sépare ensuite au moyen de l'eau Colin).

Préparation du savon dur fait avec la potasse et le sel commun. Dans les pays où la soude est rare, on obtient le savon dur en décomposant le savon de potasse par le chlorure de sodium dissous dans l'eau (sel commun); aussitôt après le mélange de ces deux corps, l'oxygène de la potasse du savon s'unit au sodium pour former de la soude, et le chlore au potassium, tandis que les acides gras contenus dans le savon de potasse se portent sur la soude produite pour former du savon dur; on le sépare de la lessive, et on le convertit en savon blanc ou en savon marbré par les procédés déjà exposés.

Savons à base d'ammoniaque. Ces savons sont fort peu connus. Le *liniment volatil*, dont j'ai déjà parlé, est formé par cette base et par l'huile d'amandes douces. L'*eau de Luce* est le résultat de l'action de l'ammoniaque pure et caustique sur l'huile empyreumatique de succin rectifiée; on en favorise la dissolution au moyen du savon blanc et de l'alcool rectifié. On l'emploie avec succès comme stimulant dans l'apoplexie, les léthargies, les syncopes, etc.; elle sert en frictions contre les piqûres, les morsures d'animaux venimeux, et les brûlures récentes. M. Boullay, en faisant passer du gaz ammoniac à travers de l'huile et de la graisse, est parvenu à former, au bout d'un certain temps, un savon ammoniacal solide : suivant lui, la graisse paraît plus propre que l'huile à opérer cette combinaison.

Savons insolubles. Lorsqu'on fait bouillir la baryte, la strontiane ou la chaux hydratées, l'oxyde de zinc ou le protoxyde de plomb, avec un corps gras formé de stéarine et d'oléine, on obtient des savons insolubles composés de l'une de ces bases et d'acides stéarique et oléique; il n'en est pas de même de la magnésie, de l'alumine et du bioxyde de cuivre : soumis à la même opération, ces oxydes ne saponifient point la graisse; cependant on peut obtenir des savons de ces oxydes en versant dans une dissolution saline de magnésie, d'alumine et de cuivre, un savon soluble de potasse ou de soude. Les savons insolubles ont été fort peu étudiés et ne sont d'aucune utilité.

Des bougies stéariques.

Les bougies stéariques sont formées d'acides stéarique et margarique; elles remplacent aujourd'hui les bougies de cire et de blanc de baleine, dont le prix est beaucoup plus élevé. On prépare en grand les acides stéarique et margarique par trois procédés différents: 1° en saponifiant le suif par la chaux; 2° en décomposant les graisses par la chaleur;

3° en traitant celles-ci par des acides forts, et notamment par l'acide sulfurique.

Préparation des bougies par la chaux hydratée. MM. de Milly et Molard, après s'être assurés que la chaux, qui est à si bas prix, saponifie plus promptement les corps gras que la potasse, parce qu'elle se mêle intimement avec les matières grasses, appliquèrent cette donnée à l'industrie et parvinrent à créer un art nouveau, d'une utilité aussi grande qu'incontestable. Voici comment procède M. de Milly. On fait fondre, dans une cuve en sapin, du suif de la qualité la plus inférieure; on fait arriver de la vapeur d'eau dans la cuve, puis on verse par petites parties 14 kilogrammes par quintal métrique de suif, de chaux vive hydratée par l'eau bouillante et délayée dans l'eau à l'état de *lait;* le mélange doit être maintenu bouillant et continuellement brassé. L'opération dure une journée, et il se forme de l'acide stéarique, de l'acide margarique, de l'acide oléique, et de la glycérine. Le lendemain matin, on retire l'eau de la cuve qui contient la glycérine. Pour décomposer le stéarate, le margarate et l'oléate de chaux, on met, dans une autre cuve en bois, ces sels en morceaux, et on les décompose par de l'acide sulfurique étendu d'eau, marquant 20 degrés à l'aréomètre de Baumé; il se dépose du sulfate de chaux sous forme d'une pâte homogène, tandis que les trois acides gras viennent à la surface de l'eau acide; on les décante et on les lave avec de l'acide sulfurique marquant aussi 20 degrés; après quatre heures de repos, on les fait bouillir pendant une heure avec de l'eau, afin de leur enlever l'acide sulfurique avec lequel ils sont mêlés; ainsi débarrassés d'acide sulfurique, on verse ces acides gras dans des moules en fer-blanc appelés *galettes;* dès qu'ils sont refroidis, on renverse les galettes pour en retirer les plaques formées par les trois acides, et que l'on nomme *tourteaux;* ceux-ci, étant placés sur le plateau d'une presse hydraulique verticale, sont pressés graduellement à froid pendant cinq ou six heures; on les presse de nouveau *à chaud,* après les avoir placés entre des plaques de fonte dont on élève la température à l'aide de la vapeur; sans cette seconde pression à chaud, l'acide oléique ne serait pas entièrement éliminé; c'est dans ce moment que l'acide *oléique* est séparé des acides stéarique et margarique. Chaque tourteau blanc pesait 5 kilogrammes avant la pression; une fois pressé il ne pèse guère que 1 kilogramme et demi; on lave ces tourteaux avec de l'eau aiguisée d'acide sulfurique marquant 3 degrés, pour les débarrasser de l'oxyde de fer et d'autres impuretés qu'ils renferment, puis on les fait chauffer dans une dissolution aqueuse d'acide oxalique (2 kilogrammes d'acide pour 1,000 kilogrammes de tourteaux) ; cet acide, préférable sous tous les rapports au tartre brut dont on se servait autrefois, et que l'on n'emploie plus aujourd'hui, enlève aux acides gras la petite quantité de chaux qu'ils auraient pu encore retenir. Alors on fait bouillir pendant un quart d'heure dix blancs d'œufs avec 1,000 kilogr. de ces tourteaux, qui se trouvent clarifiés et propres à être convertis en bougies. Pour empêcher celles-ci d'être *feuilletées et cassantes,* M. de Milly avait imaginé d'employer l'acide arsénieux, qui donnait à la masse l'aspect de la cire ; mais ces bougies répandaient, pendant la combustion, une odeur arsenicale qui était surtout marquée après que la mèche était éteinte et au lumignon fumant. La police ayant défendu l'emploi de ce poison, M. de Milly eut recours au procédé suivant : il laisse refroidir les deux acides gras jusqu'au point où ils vont se solidifier ; puis il les verse, à l'état de pâte liquide, dans des moules préalablement chauffés, et dont la température est à peu près égale à celle de ces acides. On donne aux bougies le dernier degré de blancheur en les exposant à l'action de la lumière solaire.

Des mèches. — M. de Milly inventa la *mèche nattée,* laquelle, pendant la combustion, s'infléchit du même côté et se consume complétement sans qu'on ait besoin de la moucher ; cette mèche doit être trempée dans une faible dissolution d'acide borique, puis on la dessèche parfaitement ; sans cette précaution, la bougie stéarique coulerait et aurait besoin d'être mouchée : l'acide borique a pour but de réduire les cendres à un très-petit volume en se combinant avec elles et en les vitrifiant. Le phosphate d'ammoniaque paraît être la seule substance qui jouisse, comme l'acide borique, de l'utile propriété dont je parle ; mais comme son usage serait dispendieux, on lui préfère l'acide borique.

Les bougies stéariques éclairent mieux que les bougies de cire, mais elles brûlent plus vite ; elles coûtent environ moitié moins que les bougies de cire. On peut évaluer à 45 pour 100 la proportion des acides solides fournis par le suif.

Emploi de l'acide oléique. L'acide oléique, si abondamment obtenu pendant la fabrication des bougies stéariques, est utilisé pour faire des *savons* jaunes à base de soude ou de potasse ; il ne s'agit que de les chauffer avec une lessive alcaline, jusqu'à ce que l'acide soit dissous. Quant à la glycérine qui est mise à nu pendant la saponification, on n'a pas encore trouvé moyen d'en tirer parti.

Préparation des bougies par la chaleur. J'ai déjà dit qu'en chauffant les corps gras à 325° ou à 330°, sous l'influence de la vapeur d'eau et sous une pression plus faible que celle de l'atmosphère, la glycérine était détruite et donnait plusieurs produits solubles dans l'eau, tandis que les acides gras distillaient sans altération ; on peut préparer des bougies avec ces acides, après leur avoir enlevé l'acide oléique ; mais en général la solidification des acides gras est moins grande, et par conséquent le procédé est de beaucoup inférieur à celui de M. de Milly. Les produits liquides obtenus dans cette opération ne sont tout au plus propres qu'à la fabrication des *savons* mous.

Préparation des bougies par les acides. On chauffe à 100° au moins, pendant quinze à vingt heures, en agitant vivement un mélange de 6 à 15 parties d'acide sulfurique concentré et des graisses les plus communes ou d'huile de palme ; l'acide sulfurique s'empare de la majeure partie de la glycérine, et forme de l'acide sulfoglycérique, tandis que *les acides gras prennent une apparence cristalline et se solidifient ;* il se produit de l'eau, du gaz acide carbonique, du gaz acide sulfureux, et un dépôt charbonneux et comme glutineux, qui renferme une certaine proportion d'acides gras. On distille ensuite les acides gras, après les avoir lavés avec de l'eau ; cette distillation se fait sous l'influence d'un courant de vapeur d'eau qui traverse des tubes chauffés à 350° ou à 400° ; si la température était moins élevée, la distillation serait trop lente. On presse les acides distillés pour en retirer l'acide oléique, et on en fait des bougies.

DES SUCS RÉSINEUX.

Des résines.

Les résines sont des substances composées de plusieurs principes immédiats. Elles sont *acides* ou *négatives,* et non *acides* ou *positives.* Les premières paraissent, pour la plupart, n'être que des transformations de certaines huiles essentielles non oxygénées et isomériques, sous l'influence du gaz oxygène lentement absorbé : telles sont les résines de térébenthine, de copahu, etc. ; l'essence de térébenthine, $H^{16} C^{20}$, par exemple, se transforme en *colophane,* $H^{16}C^{20}O^2$, en absorbant 2 équivalents d'oxygène. Les résines acides sont anhydres, rougissent les couleurs végétales, et forment, en se combinant avec les bases, des sels également secs que l'on a assimilés aux savons ; enfin, comme les huiles essentielles dont elles proviennent, elles sont isomériques entre elles. Les résines *non acides* sont cristallisables ou incristallisables ; les premières ont été désignées sous le nom de *sous-résines* par M. Bonastre.

Les résines sont pour la plupart solides, sèches, plus ou moins fragiles, sans odeur ou odorantes, douées d'un certain degré de transparence, d'une couleur jaune ou tirant sur le jaune, insipides ou ayant une saveur âcre et chaude, et plus pesantes que l'eau. Lorsqu'on les chauffe, elles fondent et ne tardent pas à se décomposer ; si on fait l'expérience dans des vaisseaux fermés, on obtient beaucoup de carbure d'hydrogène gazeux ; de l'huile, de l'acide phénique, et un peu de charbon ; si on agit, au contraire, avec le contact de l'air, il se produit une grande quantité de fumée noire et une flamme jaune. MM. Pelletier et Walter ont extrait du produit liquide de la distillation des résines quatre carbures d'hydrogène liquides, qu'ils ont nommés, le premier, *rétinaphte*, H^8C^{14} ; le second, *rétilyne*, $H^{12}C^{18}$; le troisième, *rétinole*, isomère de la benzine, H^6C^{12} ; enfin ils ont, en outre, obtenu un produit cristallisé qu'ils avaient désigné sous le nom de *métanaphtaline*, et que M. Dumas a appelé *rétistérène* ; ce corps a la même composition que la naphtaline. Les résines n'éprouvent aucune altération de la part de l'*air* ni de l'*eau* ; ce liquide n'en dissout pas un atome. L'*alcool* froid dissout la partie *résineuse* des résines, tandis qu'il n'agit pas sur la partie *sous-résineuse* ; bouillant, il les dissout presque toutes ; la dissolution alcoolique filtrée est transparente ; par l'addition de l'eau, elle devient laiteuse et laisse précipiter la résine sous forme d'une poudre blanche : si on y verse un sel appartenant aux six dernières classes, excepté ceux d'alumine, de glucyne, d'yttria et de thorine, on obtient un précipité composé de résine et d'oxyde métallique, insoluble dans l'eau, très-peu soluble dans l'alcool bouillant, et décomposable par la plupart des acides, qui agissent en s'emparant de l'oxyde. L'*éther* dissout presque toutes les résines, surtout à une douce chaleur.

Les *huiles fixes*, et notamment celles qui sont siccatives, dissolvent également un très-grand nombre de résines ; il en est de même de l'huile essentielle de térébenthine.

La *potasse* et la *soude* liquides opèrent aussi cette dissolution avec facilité, et donnent des *résinates*, improprement désignés sous le nom de *savons de résine*, si les résines étaient acides. Ces composés savonneux moussent dans l'eau comme les savons formés par les corps gras, mais ils ne sont pas précipités par le chlorure de sodium, comme les savons ordinaires ; les acides en précipitent la résine en flocons jaunes par l'addition d'un acide. Ces faits expliquent pourquoi les fabricants de savon sont dans l'usage d'ajouter de la *poix-résine* à leurs cuites.

L'action des acides sur les résines a fourni à Hatchett des résultats curieux. L'acide sulfurique concentré dissout très-promptement et à froid une résine quelconque réduite en poudre fine ; le *solutum* est transparent, visqueux, et d'un brun jaunâtre ; par l'addition de l'eau, il laisse précipiter la résine presque sans altération ; si on le fait chauffer sur un bain de sable, il se décompose, sa couleur devient plus foncée, et l'on obtient du charbon, du gaz acide sulfureux, souvent un corps particulier dérivé de la résine primitive, et toujours les autres produits qui résultent de l'action de l'acide sulfurique concentré sur les matières végétales. Si, au lieu de chauffer ainsi le *solutum* jusqu'à ce qu'il soit entièrement décomposé, on cesse de le chauffer un peu avant qu'il ait acquis la couleur noire, et qu'on le mêle avec de l'eau, on obtient un précipité qui, étant traité par l'alcool, se dissout en partie ; en chauffant la dissolution alcoolique, l'esprit-de-vin se dégage ; le résidu, en partie soluble dans l'eau, traité par ce liquide, donne une dissolution qui jouit de toutes les propriétés du *tannin* artificiel, et qui est formée d'acide sulfurique et de matière organique.

L'acide *azotique* que l'on fait digérer pendant longtemps sur les résines les décompose, et opère la dissolution du produit formé ; cette dissolution n'est pas précipitée par l'eau ; lorsqu'on la fait évaporer, elle donne une masse visqueuse d'un jaune foncé, soluble dans l'eau et dans l'alcool, qu'il suffit de faire chauffer avec une nouvelle quantité d'acide azotique pour la transformer en *tannin* artificiel ; il ne se forme point d'acide oxalique. Les acides *chlorhydrique* et *acétique* dissolvent aussi les résines, mais plus lentement que l'acide sulfurique ; l'eau précipite de ces dissolutions les résines non altérées. Hatchett a proposé même le dernier de ces acides pour séparer ces substances de quelques autres matières insolubles dans l'acide acétique. Je parlerai des usages des résines à mesure que je les ferai connaître.

Résine animée. — On a confondu sous ce nom deux matières différentes : l'une noirâtre et odorante, qui n'est autre chose que le *bdellium d'Afrique* ; l'autre blanche, qui n'est que le *copal dur* (voy. p. 506).

Baume de copahu. — Il découle d'incisions faites au tronc du *copaifera officinalis*, de la famille des légumineuses, qui croît dans l'Amérique méridionale et dans les Indes occidentales. Lorsqu'il est récent, il est de consistance huileuse ; mais il devient peu à peu aussi épais que le miel ; il est transparent, d'une couleur jaunâtre, d'une odeur forte, et d'une saveur piquante et amère ; son poids spécifique est de 0,950 ; chauffé, il fournit l'huile volatile qui entre dans sa composition. S'il a été falsifié par des résidus d'huile de ricin, etc., il ne dissoudra pas le carbonate de magnésie, tandis qu'il en opérera la dissolution s'il est pur (Blondeau). Il est très-employé comme astringent dans la dernière période des écoulements vénériens : on le fait prendre à l'intérieur, depuis 20 à

30 gouttes jusqu'à 4 grammes, dissous dans un peu d'alcool, et mêlé ensuite avec de l'eau; ou bien on le triture avec du mucilage pour faciliter sa suspension dans l'eau, que l'on peut aussi administrer à l'intérieur, mais dont on fait principalement usage en injection.

Composition. Il est en général formé de 40 à 45 parties d'huile volatile, de 50 parties de résine acide cristallisable (*acide copahuvique*), et de quelques centièmes d'une résine molle, visqueuse, insoluble dans l'huile de naphte.

Résine de gaïac. — Elle est fournie par le *guajacum officinale*, arbre de la famille des rutacées, qui croît dans l'Amérique méridionale ; tantôt elle exsude spontanément, tantôt il faut, pour l'obtenir, inciser l'écorce ou faire chauffer la tige. Elle est solide, d'un rouge brun ou vert, friable, un peu transparente et peu sapide : sa cassure est vitreuse ; son poids spécifique est de 1,2289 ; elle répand une odeur balsamique assez agréable lorsqu'on la triture. Soumise à l'action du feu, elle fond, se décompose à la manière des substances non azotées, laisse presque le tiers de son poids de charbon, et donne de la *gaïacyle* et de l'*hydrure de gaïacyle.* Elle se colore en bleu sous l'influence des rayons violets du spectre, et se décolore par les rayons rouges ; le chlore produit le même phénomène, ce qui prouve qu'il y a oxydation de la résine. Elle communique à l'eau une couleur brune verdâtre et une saveur douceâtre. Ce liquide paraît dissoudre $9/100$ de matière extractive. L'alcool dissout facilement le gaïac ; le *solutum* est précipité en blanc par l'eau, et en un beau bleu pâle par le chlore ; par l'action de l'air, cette dissolution passe également au bleu ; l'acide azotique la verdit au bout de quelques heures, puis la fait passer au bleu et au brun. Le gaïac est soluble dans les alcalis. L'acide azotique le décompose à l'aide de la chaleur, et il se forme de l'acide oxalique.

La dissolution alcoolique de gaïac est employée comme stimulant et sudorifique dans le rhumatisme et la goutte, dont elle éloigne les accès ; étendue d'eau, on s'en sert pour raffermir les gencives ; on l'a vue quelquefois guérir des douleurs sciatiques. On en donne une cuillerée dans une infusion amère, telle que la petite centaurée, la gentiane, etc.

Gaïacyle, $H^8C^{10}O^2$.— Elle est incolore, d'une odeur d'amandes amères, d'une densité de 0,874 ; elle bout à 118° ; à l'air, elle absorbe l'oxygène et se transforme en une substance blanche cristallisable en très-belles lames.

Hydrure de gaïacyle, $H^8C^{14}O^4$. — Il contient donc 2 équivalents d'hydrogène de plus que l'hydrure de salicyle. Il est incolore, d'une densité de 1,119 à 22° ; il bout à 210° ; il est peu soluble dans l'eau, soluble dans l'alcool et l'éther ; il donne avec les bases des composés cristallins. Il réduit les sels d'or et d'argent.

Résine copal. — Elle est fournie par l'*hymenœa verrucosa*, arbre qui croît dans l'Amérique septentrionale. Elle est d'un blanc légèrement brunâtre, quelquefois parfaitement transparente ; suivant Brisson, son poids spécifique est de 1,139 ; elle répand une légère odeur lorsqu'on la frotte, et se distingue des autres résines par la difficulté avec laquelle l'alcool, l'huile essentielle de térébenthine, et les huiles fixes, en opèrent la dissolution ; il faut même, pour parvenir à la dissoudre, prendre des précautions que j'indiquerai en parlant de la préparation des vernis, pour lesquels elle est employée. Si, après l'avoir broyée, on la garde à l'étuve pendant un mois, elle absorbe l'oxygène, perd du carbone, et devient très-soluble dans l'éther et même dans l'alcool. Elle contient trois résines, d'après M. Filhol, savoir : $H^{31}C^{40}O^5$, soluble dans l'alcool anhydre ; $H^{31}C^{40}O^3$, insoluble dans l'alcool et l'éther ; $H^{31}C^{40}O^2$, insoluble dans tous les dissolvants.

Résine élémi. — Elle est fournie par l'incision des écorces de l'*icica icicariba*, arbre de la famille des térébinthacées, qui croît au Brésil. Elle est demi-transparente, cassante, d'un blanc jaunâtre avec des points verdâtres ; d'une odeur forte, agréable, analogue à celle du fenouil, d'une saveur parfumée, d'abord douce, puis très-amère ; entièrement soluble dans l'alcool bouillant, qui, par le refroidissement, laisse déposer de l'*élémine*, résine aiguillée blanche opaque, inodore et insipide. La résine élémi contient 60 d'une résine transparente soluble dans l'alcool froid, 24 d'élémine, 12,50 d'essence, 2 d'extrait amer, et 1,50 d'impuretés (Bonastre). Elle entre dans la composition des onguents *martiatum*, de *styrax* et d'*Arcœus*, dans l'*opodeldoch*, et dans divers autres emplâtres. Autrefois on l'administrait à l'intérieur dans le traitement des écoulements passifs, et on l'employait sous forme de liniment dans certaines douleurs rhumatismales.

Résine laque (voy. p. 301).

Mastic. — On le retire par incision du *pistachia lentiscus*, arbre de la famille des térébinthacées, qui croît dans le Levant, et particulièrement dans l'île de Chio. Il est sous forme de larmes ou de grains jaunâtres, fragiles, demi-transparents, dont la saveur n'est pas désagréable. Lorsqu'on le chauffe, il fond et exhale une odeur suave ; il se ramollit dans la bouche, et détermine la salivation, ce qui l'a fait mettre au rang des masticatoires. On l'a employé quelquefois pour remplir les cavités des dents cariées, et les Turcs en font usage pour fortifier les gencives et corriger la mauvaise odeur de l'haleine. On s'en sert dans la préparation des vernis, mais il n'est pas entièrement soluble dans l'alcool.

Sandaraque. —Cette résine découle du *thuya articulata*, espèce de conifère qui croît au Maroc. Elle est en larmes d'un jaune très-pâle, insipides; d'une odeur très-faible; on peut facilement la distinguer du mastic, parce qu'elle est très-fragile, même lorsqu'on la met dans la bouche, par sa plus grande transparence et par son entière solubilité dans l'alcool. Elle entre dans la composition de quelques vernis; on l'emploie pour empêcher le papier de boire. Suivant Johnston, elle est formée de trois résines acides.

Sang-dragon. —On l'obtient par incision du *calamus draco*, arbre de la famille des palmiers, qui croît à Santa-Fé, dans les Indes orientales, etc.; il est en bâtons longs de 30 à 50 centimètres, épais comme le doigt, d'un rouge brun foncé, opaque, friable, fragile, insipide, inodore; sa poudre est d'un rouge-vermillon. Distillé il donne du benzoène, du cinnamène, de l'acide benzoïque, de l'acétone, et une huile oxygénée. Il est regardé par plusieurs praticiens comme un excellent astringent, très-utile dans les anciens dévoiements séreux et sanguins, et dans les hémorrhagies passives de l'utérus : il y a cependant beaucoup de cas de ce genre où son emploi n'a été suivi d'aucun succès. On le donne en poudre à la dose de 40, 50 ou 60 centigrammes par jour; en pilules, uni à l'alun et à une poudre styptique; dissous dans l'alcool et étendu dans un véhicule, etc. On l'emploie aussi pour préparer la pâte de Rousselot, certains vernis, etc.

Le sang-dragon du *pterocarpus draco* est en petites masses irrégulières, couvertes d'une poussière rouge ; sa cassure est brune, vitreuse ; il est opaque dans ses fragments les plus minces.

Térébenthines. —On donne le nom de *térébenthine* à tout produit végétal coulant ou liquide, essentiellement composé d'une huile essentielle et de résine, ne contenant ni de l'acide benzoïque ni de l'acide cinnamique. Les térébenthines fournies par les *conifères* sont la térébenthine du mélèze, celle du sapin, celle de Bordeaux, celle de Boston, la poix des Vosges, le baume du Canada, et l'encens de Russie.

Térébenthine du mélèze (laryx europœa). Elle est épaisse, très-consistante, d'une odeur faible peu agréable, d'une saveur très-amère et âcre, n'offrant aucune propriété siccative, soluble dans 5 parties d'alcool à 35 degrés, fournissant, par la distillation avec de l'eau, 15,24 parties p. 100 d'une huile essentielle, incolore, très-fluide, d'une odeur assez agréable.

Térébenthine du sapin argenté (pinus picea de L., abies pectinata de de

Candolle); c'est la *térébenthine de Venise*. Elle est très-fluide, quelquefois presque aussi liquide que de l'huile, peu colorée, d'une odeur analogue à celle du citron, d'une saveur légèrement amère et légèrement âcre; elle se solidifie avec un seizième de magnésie; l'alcool ne la dissout qu'imparfaitement, ce qui la distingue de la précédente. M. Caillot, en soumettant cette résine à l'action de la chaleur en vases clos, a fait voir qu'elle est formée de 33,50 d'une huile essentielle incolore, très-fluide, d'une odeur très-agréable, analogue à celle du citron; de 6,20 d'une sous-résine insoluble dans l'alcool froid, de 10,85 d'*abiétine*, sorte de résine insoluble non saponifiable, ni acide ni alcaline, très-fusible, très-soluble dans l'alcool, et facilement cristallisable; de 46,39 d'acide *abiétique*, et de 0,85 d'un extrait contenant de l'acide succinique. Perte 2,21.

Térébenthine de Bordeaux, fournie par le *pinus maritima*. Elle a une consistance grasse; exposée à l'air en couches minces, elle se dessèche au bout de vingt-quatre heures, tandis que si on la conserve dans un vase fermé, elle donne un dépôt résineux comme cristallin, au-dessus duquel nage un liquide consistant; l'alcool rectifié la dissout complétement; avec un trente-deuxième de magnésie, elle donne un produit cassant. Elle contient environ le quart de son poids d'*huile essentielle de térébenthine*; c'est en distillant la térébenthine de Bordéaux, sans eau, dans de grands alambics en cuivre, que l'on obtient cette huile; la résine reste dans la cucurbite; celle-ci contient de l'acide *pimarique* (voy. p. 366).

Térébenthine de Boston, fournie par le *pinus palustris* et par le *pinus tœda*. Elle est opaque et blanchâtre, coulante comme certains miels, sans ténacité, d'une odeur forte, analogue à celle de la térébenthine de Bordeaux, d'une saveur amère; chauffée avec de l'eau, elle fournit une essence.

Poix des Vosges, poix de Bourgogne, poix jaune, poix blanche, fournie par le *pinus abies* de L. Elle est incolore, demi-fluide, trouble, d'une odeur analogue à celle de la térébenthine du sapin; desséchée à l'air, elle prend çà et là une couleur lie de vin, et acquiert une odeur plus forte, ayant quelque ressemblance avec celle du castoréum. Si on la fait fondre dans l'eau, elle donne une poix opaque, d'une couleur fauve assez foncée, très-tenace, adhérant fortement à la peau, d'une odeur *balsamique* et d'une saveur douce parfumée. Elle est imparfaitement soluble dans l'alcool. On doit éviter de confondre avec elle une poix blanche faite avec du galipot du pin maritime et de la térébenthine de Bordeaux.

Baume du Canada, fourni par l'*abies balsamea.* Il est liquide, presque incolore, transparent, d'une odeur suave, d'une saveur âcre, un peu amère, se desséchant à l'air en prenant une couleur jaune dorée. Il peut être solidifié par un seizième de son poids de magnésie. L'alcool ne le dissout pas complétement. Le baume de *giléad,* dit aussi *baume de Judée* et *baume de la Mecque,* confondu avec le baume du Canada, en diffère par son odeur; il est fourni par le *balsamodendron opobalsamum* de la famille des térébinthacées.

Encens de Russie. — Résine fournie par le *pin laricio.* Il est en larmes sphériques assez volumineuses, rougeâtres à l'extérieur, blanchâtres à l'intérieur, complétement soluble dans l'alcool; sa poudre a la couleur de brique pilée.

Préparation. Toutes ces résines découlent spontanément des arbres qui les contiennent, ou s'obtiennent par incision; on les soumet à l'action de la chaleur pour les débarrasser de l'huile qu'elles peuvent renfermer.

La térébenthine est fréquemment employée en médecine comme tonique; on la donne, 1° en injection dans le traitement des gonorrhées syphilitiques anciennes, dans les flueurs blanches, les ulcérations des voies urinaires, etc. : on commence par la dissoudre dans un jaune d'œuf, puis on l'étend d'eau; 2° en lavement dans les coliques nerveuses, les diarrhées et les dysenteries anciennes : on associe 4, 8 ou 12 grammes de térébenthine dissoute dans un jaune d'œuf, à 4 ou 8 grammes de thériaque, que l'on mêle avec la quantité d'eau qui fait la base du lavement. La térébenthine a quelquefois été employée avec succès pour corriger la fétidité de quelques sinus fistuleux, pour hâter la cicatrisation de vieux ulcères, etc.

Autres produits résineux tirés des pins oude la térébenthine. — Ces produits sont le *galipot,* le *brai sec* ou la *colophone,* la *poix-résine,* la *colophone d'Amérique,* la *poix noire,* le *goudron,* le *brai gras,* et le *noir de fumée.*

Galipot ou *barras.* Il est sous forme de croûtes à demi opaques, solides, d'un blanc jaunâtre, d'une odeur de térébenthine de pin, d'une saveur amère. Il est complétement soluble dans l'alcool. On le trouve desséché sur le tronc du pin de Bordeaux, dont on a déjà retiré la térébenthine; c'est en quelque sorte de la térébenthine qui ne s'est pas trouvée assez fluide pour venir jusqu'au pied de l'arbre.

Brai sec, arcanson ou *colophone,* ou *colophane.* On connaît deux sortes de colophane, celle que l'on obtient en faisant cuire dans une chaudière découverte le galipot préalablement fondu et purifié par la filtration et la *colophane de térébenthine*, c'est-à-dire la résine qui reste dans la cucurbite de l'alambic, après qu'on en a extrait par le feu l'huile essentielle de térébenthine. Celle-ci est solide, d'un brun plus ou moins foncé, vitreuse et transparente quand elle est en lames minces, inodore, friable, cassante, très-soluble dans l'alcool, l'éther et les huiles. Distillée elle donne, sur 1200 kilogrammes, 45 kilogrammes d'huile essentielle, 410 d'huile peu volatile, et 745 kilogrammes de goudron ; c'est dans les produits de cette distillation que l'on trouve les quatre carbures d'hydrogène dont j'ai parlé à la p. 503, savoir le *rétinaphte*, le *rétyline*, le *rétinole* et la *métanaphtaline*. Distillée avec de la chaux, la colophane fournit du carbonate de chaux et deux liquides, la *résinone* bouillant à 78°, et la *résinéone*, dont le point d'ébullition est à 148°. La colophane contient deux acides, l'acide *sylvique* et l'acide *pinique* (voy. p. 366).

Poix résine. Elle est en masses jaunes, opaques et fragiles, à cassure vitreuse, et peu odorantes ; pour l'obtenir on brasse fortement avec de l'eau le résidu de la distillation de la térébenthine.

Colophone d'Amérique. Elle est jaune, verdâtre et noirâtre vue par réflexion ; quand on la pulvérise entre les doigts, elle dégage une odeur aromatique assez agréable.

Poix noire. Elle est d'un beau noir, lisse, cassante à froid, se ramollissant très-facilement par la chaleur des mains, et y adhérant très-fortement. Pour l'obtenir, on introduit dans les fours la matière résineuse qui reste sur les crasses des fils de paille, lorsqu'on purifie la térébenthine et le galipot ; on y met le feu par la partie supérieure, afin de liquéfier la résine et de la faire descendre sur le sol du four, d'où elle se rend dans une cuve à moitié pleine d'eau, placée à une certaine distance : alors on la fait cuire dans une chaudière de fonte pour lui donner de la consistance et la noircir, et on la coule dans des moules de terre noire.

Goudron. Lorsque le pin ne peut plus fournir de térébenthine, on l'emploie à la préparation du goudron ; pour cela on met le feu à des tas de petits morceaux de bois desséchés, placés dans un four dont la forme est un cône renversé, et dont le sol est carrelé ; on ne tarde pas à voir la partie résineuse fluidifiée et en partie charbonnée, ou le *goudron* se porter vers la partie la plus déclive du sol, et de là dans un réservoir disposé à une certaine distance. Depuis quelques années, on substitue à la poix noire et au goudron la poix et le goudron qui proviennent de la distillation de la houille ; c'est à tort que l'on agit ainsi, soit que l'on veuille préparer l'onguent basilicum ou l'eau de goudron.

Brai gras. On le prépare en faisant cuire, dans une chaudière en fonte, parties égales de brai sec ou *colophane*, de goudron et de poix noire. Si on emploie plus de brai sec, on obtient la *poix bâtarde*.

Noir de fumée. C'est la vapeur condensée des résidus de goudron et des écorces de pin décomposés par le feu. On l'emploie en peinture et pour faire l'encre d'imprimerie, l'encre de Chine, etc.

DES BAUMES.

Les *baumes* sont des substances concrètes ou liquides, très-odorantes, amères, piquantes, et composées d'une résine et d'acide benzoïque, ou d'une résine et d'acide cinnamique, ou d'une résine et de ces deux acides (1). Soumis à l'action d'une chaleur douce, ils se décomposent; ceux qui contiennent de l'acide benzoïque laissent dégager cet acide, qui se sublime sous forme de belles aiguilles; l'eau bouillante leur enlève une portion du même acide; l'alcool, l'éther et les huiles volatiles, les dissolvent facilement. Traités par des alcalis, il sont décomposés à l'aide de la chaleur, et l'on obtient du benzoate ou du cinnamate solubles dans l'eau, et de la résine insoluble. Les acides forts les décomposent également.

Baume du Pérou (suc obtenu par des incisions faites au *myroxilum peruiferum*, arbre qui croît au Mexique, au Brésil et au Pérou). Il existe dans le commerce deux baumes du Pérou, l'un liquide, l'autre solide; ce dernier paraît être une altération du premier.

Baume du Pérou liquide. Il est d'un jaune pâle, et presque liquide; il brunit ensuite, et prend la consistance d'une pâte; son odeur est suave, sa saveur est âcre et amère. Il contient, outre la résine, de l'acide cinnamique, de la *cinnaméine* et de la *métacinnaméine* (voy. p. 233); évidemment l'acide cinnamique provient de la décomposition de ces deux substances. Le baume du Pérou, que l'on désigne sous le nom de *baume noir*, est le produit de la décoction des branches du même arbre; sa couleur et sa consistance sont analogues à celles d'un sirop épais un peu brûlé; son odeur est très-agréable, et il a la même saveur que le précédent. Le baume du Pérou est souvent employé en médecine; on l'emploie dans les catarrhes chroniques du poumon et de la vessie, et dans les affections nerveuses et atoniques; on l'administre dans un

---

(1) La résine des baumes diffère, d'après M. Dulong d'Astafort, des résines ordinaires par plusieurs propriétés chimiques, et notamment parce qu'elle fournit, avec l'acide sulfurique concentré, une belle couleur rouge (voy. *Journ. de pharm.*, janvier 1826).

jaune d'œuf ou en pilules, à la dose de 20 ou de 50 centigrammes par jour. Il fait partie de beaucoup de médicaments composés : on s'en sert pour exciter la surface des vieux ulcères et favoriser leur cicatrisation.

Le *liquidambar liquide* a beaucoup d'analogie avec le baume liquide du Pérou ; il contient probablement de la cinnaméine ; le *liquidambar* visqueux paraît identique avec le baume de Tolu.

Baume de Tolu, ou suc provenant des incisions faites à l'écorce du *myrospermum toluiferum*, arbre de la famille des légumineuses, qui croît près de Carthagène, dans la province de Tolu. Il est d'abord liquide, transparent, rougeâtre ou grisâtre ; mais il ne tarde pas à sécher et à devenir cassant ; il est doué d'une odeur très-suave ; sa saveur est moins âcre et moins amère que celle du précédent. Lorsqu'on le soumet à la distillation sèche, on obtient de l'eau, de l'acide benzoïque, de l'acide cinnamique, du gaz oxyde de carbone, deux liquides huileux, dont l'un est identique avec l'éther benzoïque, et l'autre est du *benzoène* ; il reste du charbon. En distillant 4 kilogrammes de baume de Tolu avec de l'eau, M. Deville a obtenu 8 grammes d'une essence qui paraît être un mélange de *cinnaméine* et de *tolène* (voy. p. 233 et 259). L'acide azotique, distillé avec ce baume, donne de l'huile essentielle d'amandes amères. Le baume du Tolu est formé d'acide cinnamique, de cinnaméine, de tolène, et de deux résines, l'une soluble dans l'alcool froid, l'autre peu soluble dans ce menstrue. C'est, parmi les baumes, celui que l'on emploie le plus souvent en médecine ; on l'administre avec succès dans les affections catarrhales, dans la phthisie pulmonaire ; tantôt on fait inspirer sa vapeur, tantôt on le donne à la dose de 30, 60 ou 90 centigrammes, dissous dans l'alcool, dans l'éther ou dans un sirop.

Benjoin. — Il est obtenu par incision de plusieurs arbres, notamment du *styrax benjoin* de Dryander ; il nous vient de Sumatra, de Siam, de Java ; on le trouve aussi à Santa-Fé, à Popayan, dans l'Amérique méridionale. Il existe deux espèces de benjoin, celui de Siam ou à odeur de vanille, et celui de Sumatra. Le premier est en grandes larmes plates, anguleuses, blanches, opaques, d'une odeur de vanille. Le benjoin de Sumatra est *amygdaloïde* ou *commun* ; l'*amygdaloïde* est en larmes blanches, opaques, empâtées dans une masse rougeâtre, d'une odeur d'amandes amères ; le *commun* est en masses rougeâtres privées de larmes, et contenant des débris d'écorces. Le benjoin a une saveur douce et balsamique ; il est fragile, et présente une cassure vitreuse. Il est fusible ; si on le chauffe davantage, il donne des cristaux d'acide benzoïque, de l'acide phénique, de l'éther benzoïque, et plusieurs huiles; on pense généralement que cet éther existait dans le benjoin, et qu'il s'y était formé par l'action de l'acide benzoïque, contenu dans le benjoin, sur le sucre renfermé dans le suc du *styrax benzoin;* il y aurait eu là une sorte de fermentation. Le benjoin est entièrement soluble dans l'alcool, d'où il est précipité par l'eau et par les acides. Il est composé de plusieurs résines, d'acide benzoïque, d'une huile essentielle analogue à l'hydrure de benzoïle, et susceptible de fournir de l'acide benzoïque en s'oxydant, enfin de débris ligneux et d'impuretés. On a conseillé de l'employer dans les faiblesses du canal digestif, dans les fièvres dites ataxiques, adynamiques, éruptives, et même dans les fièvres intermittentes, dans les catarrhes rebelles, l'asthme humide, les toux chroniques lorsque l'irritation n'est pas très-vive, dans les affections rhumatismales, para- lytiques, etc. On l'administre aux mêmes doses et sous les mêmes formes que les précédents. Il entre dans la composition du *baume du Comman- deur,* dans celle des clous fumants, dans les pilules balsamiques de Morton, etc. On s'en sert comme cosmétique, et pour préparer l'acide benzoïque.

Storax calamite. On l'obtient par incision du *styrax officinale,* ar- bre qui croît dans le Levant, et, suivant quelques auteurs, en Italie. Le storax *blanc* ou *calamite* est en larmes blanches opaques, molles, d'une odeur forte et suave, d'une saveur d'abord douce, puis amère.

Storax amygdaloïde. Il est en masses sèches, cassantes; sa cassure offre des larmes amygdaloïdes d'un blanc jaunâtre, d'une odeur ana- logue à celle de la vanille, et d'une saveur douce.

Storax rouge brun. Il est mélangé de sciure de bois; sa couleur est rouge brune, sa saveur douce, son odeur agréable; il offre çà et là quelques larmes rougeâtres.

Storax liquide pur. Il a l'aspect d'une térébenthine jaune brunâtre; son odeur est analogue à celle de la vanille; il ressemble beaucoup au liquidambar mou d'Amérique.

Storax noir. Il a un éclat un peu gras; son odeur agréable ressemble à celle du vanillon; à la longue, il se recouvre de petits cristaux très- brillants; il est mêlé d'une assez grande quantité de sciure de bois.

Storax en pain. Il est d'un brun rougeâtre, d'une odeur analogue à celle du précédent, facile à diviser en une poudre grasse et grossière. Il jouit des propriétés médicinales des autres baumes, mais il n'est guère employé qu'à l'extérieur. On connaît encore le *storax rouge du commerce* et le storax de Bogota (voy. l'*Histoire naturelle des drogues simples,* par M. Guibourt, t. II, 4e édition).

II.   33

Styrax liquide. Il est obtenu par la décoction des jeunes branches du *liquidambar orientale*, arbre qui croît en Arabie. Il a la consistance du miel; il est gris brunâtre, opaque, d'une odeur forte, d'une saveur aromatique; abandonné à lui-même, il fournit à sa surface de l'acide cinnamique sous forme d'une efflorescence. Il est peu soluble dans l'alcool froid, entièrement soluble dans l'alcool bouillant. Distillé, il fournit du *styrole* isomère avec le benzoène; le résidu de la distillation, traité par l'alcool bouillant, laisse déposer, par le refroidissement, de la *styracine* (Bonastre). On ne l'emploie qu'à l'extérieur, comme excitant des parties gangrenées, des vieux ulcères, etc. Il entre dans la composition de l'onguent et de l'emplâtre de styrax, et dans l'emplâtre mercuriel de Vigo.

Styracine, $H^{28}C^{60}O^6$. Elle est en écailles fines et légères, fusibles à 50°, presque insolubles dans l'eau, solubles dans 3 parties d'alcool bouillant, dans 22 parties d'alcool froid et dans 3 parties d'éther. Sous l'influence de l'acide azotique, elle se change en hydrure de benzoïle. Le chlore gazeux et sec la transforme en *chlorostyracine*, $H^{21}C^{60}Cl^7O^6$. Distillée avec de la chaux, elle donne une huile semblable à la benzine. En la traitant par une dissolution concentrée et bouillante de potasse, on obtient de l'acide cinnamique et du *styrone*, $H^{23}C^{42}O^5$, substance cristallisée en aiguilles déliées, satinées, d'une odeur de jacinthe, fusibles à 33°, laquelle, comme la *styracine*, fournit de l'huile d'amandes amères quand on la chauffe avec de l'acide sulfurique et du bioxyde de manganèse. En comparant la composition de l'acide cinnamique, de la styracine et du styrone, on voit que la styracine peut être représentée par de l'acide cinnamique, plus du styrone, moins 2 équivalents d'eau, ou bien par de l'acide cinnamique et par du styryloxyde, $H^{21}C^{42}O^3$.

Gomme d'olivier, ou suc concret des oliviers sauvages ou cultivés, qui croissent abondamment dans le royaume de Naples. Elle est improprement nommée *gomme;* car elle est composée, suivant J. Pelletier, de résine, d'*olivile,* et d'un peu d'acide benzoïque. M. Paoli, qui l'avait examinée d'abord, l'avait crue formée de beaucoup de résine, et d'une petite quantité d'extractif oxygéné. La gomme d'olivier est sous forme de larmes ou de masses translucides sur les bords, presque diaphanes dans les endroits où elle est plus pure, d'un brun rougeâtre, présentant çà et là des parties plus claires et moins transparentes; elle est fragile, et sa cassure offre un aspect gras, résineux, conchoïde; son poids spécifique est de 1,208. Mise sur un fer chaud, elle entre en fusion, bout, et exhale une odeur agréable de vanille. Les anciens l'employaient dans les maladies des yeux, de la peau, contre les douleurs de dents, etc. ; elle faisait partie des médicaments dont ils se servaient pour panser les plaies et les blessures.

DU CAOUTCHOUC (GOMME ÉLASTIQUE).

Le caoutchouc est le suc laiteux obtenu par incision de l'*hœvea caoutchouc*, du *jatropha elastica*, du *siphonia cahucha*, du *ficus indica*, de l'*artocarpus integrifolia*, arbres qui croissent dans les Indes occidentales et dans l'Amérique méridionale. Il est formé, d'après Faraday, de 32 parties de caoutchouc pur, de 2 de matière végétale azotée, de 7 d'une matière brune également azotée, de 3 d'une substance insoluble dans l'eau et dans l'alcool, et de 55 d'eau. Lorsqu'il a été desséché, il est solide, blanc, inodore, insipide, mou, flexible, très-élastique, tenace, et plus léger que l'eau ; son poids spécifique est de 0,925 ; le caoutchouc du commerce est brunâtre, au lieu d'être blanc, parce que les Indiens le soumettent à l'action de la fumée ; il est alors ordinairement sous forme de poires. Lorsqu'il a été coupé récemment, les surfaces fraîches, étant rapprochées, adhèrent fortement les unes aux autres ; c'est par ce moyen que l'on prépare les tubes dont on se sert en chimie pour joindre les diverses pièces des appareils. Soumis à l'action de la chaleur, le caoutchouc se ramollit, et fond vers 120° en une sorte d'huile qui ne se dessèche qu'au bout d'un temps très-long, et dont on se sert avec avantage pour luter des bouchons et graisser des robinets, surtout s'il a été délayé dans une petite quantité d'huile grasse. Si on chauffe plus fortement dans un appareil distillatoire, on obtient des huiles dont le point d'ébullition varie, mais qui ont toutes une composition semblable à celle de la térébenthine. Ces produits, séparés par MM. Himly d'une part, et Bouchardat de l'autre, constituent la *caoutchine*, l'*hévéene* et le *caoutchène* (voy. *Carbures d'hydrogène*, p. 256).

Si, étant exposé à l'air, on le met en contact avec un corps en ignition, il absorbe l'oxygène, et brûle avec une flamme brillante et très-fuligineuse. Il ne s'altère point dans l'atmosphère ; il est insoluble dans l'eau et dans l'alcool. L'eau bouillante le gonfle et le ramollit. L'éther sulfurique, privé d'eau et d'alcool, le dissout. Les alcalis ne le dissolvent pas, même à la température de l'ébullition ; il devient seulement perlé sur ses bords. L'essence de térébenthine et quelques huiles essentielles le dissolvent. Le carbure hydrique, obtenu par la compression du gaz qui sert à l'éclairage, le dissout très-bien, d'après Faraday ; il en est de même de l'huile obtenue en distillant ce carbure. Suivant Lacoma, le meilleur procédé pour dissoudre le caoutchouc consiste à le fondre dans une terrine, à le mêler avec trois fois son poids d'huile de lin presque bouillante, à retirer aussitôt le mélange du feu, et à l'étendre, lorsqu'il est sensiblement refroidi, dans une quantité d'huile de térébenthine double de celle de l'huile de lin employée. Le chlore, l'acide sulfureux, l'acide chlorhydrique, l'acide fluosilicique et l'ammoniaque, sont sans action sur lui. L'acide sulfurique concentré ne le charbonne qu'au bout de quinze à vingt jours. L'acide azotique froid ne fait que le jaunir faiblement. On emploie le caoutchouc pour préparer les sondes et certains vernis, et pour effacer les traces du crayon. MM. Rattier et Guibal obtiennent avec le caoutchouc des fils très-fins, qui, étant recouverts d'autres matières textiles, telles que soie, laine, coton ou lin, sont convertis en tissus souples. La dissolution de ce corps dans une huile volatile étendue sur un tissu, sur lequel ensuite on colle une autre partie de la même étoffe ou d'une autre, constitue les tissus doubles imperméables avec lesquels on fait des vêtements. Il sert aussi à faire des souliers, des gants imperméables, etc.; il ne s'agit pour cela que de l'appliquer sur des moules avec un pinceau. Dissous dans l'huile essentielle de goudron et mêlé à la gomme-laque, il constitue la *glu marine*, que l'on emploie, à la température de 120°, pour la construction de mâts d'assemblage, pour réparer en mer les cassures faites dans la mâture, les vergues, etc.

Préparation. Après avoir fait une incision aux arbres qui peuvent fournir le caoutchouc (voy. p. 515), il en découle un suc laiteux, dont on applique une couche sur un moule terreux pyriforme; on le soumet à l'action de la fumée pour le dessécher, puis on applique une seconde couche, que l'on dessèche par le même moyen, et ainsi de suite : on brise le moule, et on en retire les fragments par un trou pratiqué exprès à la partie supérieure; on fait des dessins en creux sur les poires de caoutchouc obtenues par ce moyen, lorsqu'elles sont encore peu consistantes. On est parvenu depuis peu, en ramollissant les rognures de caoutchouc dans la vapeur d'eau, et en les comprimant fortement, à les réunir de manière à en former des plaques entières d'un très-grand diamètre.

Si l'on voulait avoir le caoutchouc plus pur, on mêlerait le suc avec quatre fois son poids d'eau, et on abandonnerait le mélange au repos pendant vingt-quatre heures; les globules de caoutchouc se rassembleraient à la surface sous forme de crème; celle-ci, agitée avec de l'eau tenant en dissolution un peu de chlorure de sodium et d'acide chlorhydrique, revient à la surface; si on la soumet à de nouveaux lavages, jusqu'à ce que l'eau ne dissolve plus rien, qu'on la comprime entre des papiers et qu'on la dessèche dans le vide de la machine pneumatique, on aura le caoutchouc pur, formé de 87,2 de carbone et de 12,8 d'hydrogène.

Caoutchouc volcanisé. M. Hancock a donné ce nom à du caoutchouc pétri avec du soufre et exposé à une température de 9° c., ou bien à du caoutchouc dissous dans l'essence de térébenthine préalablement saturée de soufre ; ainsi préparé, il conserve son élasticité à toutes les températures ; il ne se laisse pas comprimer, même lorsqu'il reçoit le choc d'un boulet de canon ; des ressorts de caoutchouc soufré ne se rompent jamais, même sous les secousses les plus violentes ; on peut l'appliquer avec le plus grand avantage aux voitures des chemins de fer. D'après M. Parkes, de Birmingham, il suffit de plonger, pendant une ou deux minutes, des feuilles de caoutchouc dans un mélange de 40 parties de sulfure de carbone et d'une partie de chlorure de soufre, pour qu'elles soient suffisamment modifiées (*Journ. de pharm.*, mars 1850).

DU GUTTA PERCHA.

Le *gutta percha*, qui vient des Indes et surtout de la Chine, découle de l'*isonhandra gutta*, arbre de la famille des sapotées ; elle contient des résines, de la caséine, un acide particulier, et un carbure d'hydrogène solide, comparable au caoutchouc pur, et formé de 87,8 de carbone et de 12,2 d'hydrogène. Il ressemble à des rognures de cuir ou à de la corne ; il est d'un blanc grisâtre, dur et flexible ; sa densité est de 0,979 ; il devient mou et élastique lorsqu'on le chauffe, et peut être pétri dans l'eau bouillante. Distillé, il fournit plusieurs huiles inflammables. Il brûle à l'air, comme le caoutchouc, avec une flamme brillante et fuligineuse. Il finit par se dissoudre dans l'éther et les huiles essentielles, tandis qu'il est insoluble dans l'eau, l'alcool, les liqueurs acides et alcalines. On emploie le *gutta percha* pour faire des manches de fouet, des cravaches, et pour fabriquer des courroies pour les transmissions de mouvement des machines. M. le Dr Philipps a fait fabriquer avec elle des sondes et des bougies qui offrent des avantages marqués sur celles que l'on prépare avec le caoutchouc. On peut aussi *volcaniser* le gutta percha (voy. *Caoutchouc*).

DES SUCS LAITEUX.

Je dois examiner dans cet article les sucs du pavot blanc (opium), du papayer, de l'arbre de lait, et des plantes qui fournissent des gommes-résines.

L'opium est le suc laiteux que l'on obtient, après la floraison, en faisant des incisions longitudinales aux capsules et aux tiges de pavot (*papaver album*), et que l'on fait épaissir. On cultive cette plante dans l'Inde et dans l'Orient. L'opium est formé, d'après les travaux de Sertuerner, de Robiquet, de Pelletier, etc., d'un grand nombre de substances, savoir : de morphine, de paramorphine ou de thébaïne, de pseudomorphine, de narcotine, de méconine, de narcéine, de codéine, de porphyroxine, de papavérine, d'acide méconique, d'un acide brun encore peu connu, d'un acide gras, analogue à l'acide oléique par ses propriétés, d'une résine particulière *azotée* insoluble dans l'éther, de caoutchouc, de gomme, de bassorine, de ligneux, de sulfate de chaux, de sulfate de potasse; quelquefois on y trouve aussi un peu de sable et des petits cailloux. Suivant M. Dupuy, la morphine, que l'on croit généralement exister dans l'opium à l'état de méconate, s'y trouverait, du moins en partie, à l'état de sulfate. Parmi ces matières, les neuf premières sont électro-positives, faisant fonction de base, quoique la morphine seule, et peut-être aussi la codéine, doivent être considérées comme des bases salifiables du premier ordre; l'acide méconique, l'acide brun, l'acide gras, et probablement aussi la résine, sont électronégatifs, faisant fonction d'acide; enfin les autres substances sont indifférentes.

Mulder, en analysant un opium qui paraît être celui de Smyrne, ou celui de Constantinople, a fixé ainsi les proportions des matières qu'il contient : morphine, 10,842; narcotine, 6,808; codéine, 0,678; narcéine, 0,662; méconine, 0,804; acide méconique, 5,124; caoutchouc, 6,012; résine, 3,582; matière grasse, 2,166; matière extractive, 25,200; gomme, 1,042; mucilage, 19,086; eau, 9,846; perte, 2,148. On voit que, dans cette analyse, qui est loin d'être satisfaisante, on ne tient aucun compte de la thébaïne, de la pseudomorphine, des sulfates, etc.

L'opium est ordinairement sous forme de masses assez dures, d'un brun rougeâtre, d'une odeur vireuse particulière, et d'une saveur amère, chaude et nauséabonde; la chaleur de la main suffit pour le ramollir. Soumis à la distillation, il se comporte comme les substances azotées. Si on le chauffe avec le contact de l'air, il s'enflamme en absorbant l'oxygène de l'atmosphère. Si on le met pendant quelque temps avec de l'eau froide, il s'y dissout en partie; le liquide, convenablement évaporé, constitue l'extrait aqueux d'opium. La partie insoluble dans l'eau, traitée à plusieurs reprises pendant quelques minutes avec de l'alcool à 40° ou à 50° c., donne un liquide coloré en rouge. Le *vinaigre* agit aussi sur l'opium à la température ordinaire; il en dissout la majeure partie, se colore en rouge ou en rouge brun, et acquiert des propriétés vénéneuses excessivement énergiques. L'opium est une substance que l'on emploie souvent en médecine. On s'accorde généralement à le regarder comme un des plus puissants narcotiques et calmants du système nerveux lorsqu'il est employé en petite quantité.

Empoisonnement. Administré à forte dose, l'opium exerce une action particulière, caractérisée à la fois par des symptômes qui annoncent le narcotisme et une vive excitation; les animaux soumis à son influence poussent des cris plaintifs; ils sont en proie à des mouvements convulsifs assez forts; ils sont inquiets, et, si on les secoue pour les tirer de l'état d'assoupissement dans lequel ils paraissent plongés, ils sont réveillés sur-le-champ, s'agitent violemment, et font des efforts pour échapper au danger dont ils sont menacés. Les recherches médico-légales doivent avoir pour but d'extraire de l'opium, de son extrait et du laudanum de Rousseau ou de Sydenham, la morphine qu'ils renferment, en traitant chacune de ces matières par l'ammoniaque, après les avoir fait dissoudre dans l'eau, si déjà elles n'étaient pas liquides (voy. *Morphine*, p. 420). Il faut aussi chercher à reconnaître s'il existe ou non de l'acide *méconique* dans ces diverses matières (voy. *Acide méconique*). Les nombreuses expériences faites dans le but de combattre l'empoisonnement par l'opium m'ont conduit à admettre les conclusions suivantes : 1° on doit administrer une infusion de noix de galle, qui jouit de la propriété de décomposer l'opium, et de le rendre moins actif; 2° on doit favoriser l'expulsion du poison par les émétiques, les purgatifs dissous dans une petite quantité d'eau, ou par des lavements purgatifs; 3° on doit pratiquer une saignée au bras, ou mieux à la veine jugulaire; on doit faire prendre souvent et alternativement de petites doses d'eau vinaigrée, et d'une forte infusion de café. Si le vinaigre était administré avant l'expulsion de l'opium, il serait plus nuisible qu'utile : en effet, il dissoudrait la partie active du poison, en favoriserait l'absorption, et déterminerait les accidents les plus graves (voy. ma *Médecine légale* et ma *Toxicologie générale*, 4e édition).

L'opium est administré dans la dernière période de la pleurésie, de l'entérite, de l'inflammation de la vessie, etc.; dans les phlegmasies de la peau avec sécheresse de cet organe; dans la petite vérole confluente, surtout lorsqu'elle est prête à suppurer, qu'il y a de la douleur, de la fièvre, etc.; dans la rougeole; dans la fièvre lente nerveuse, accompagnée de symptômes d'excitation; dans les fièvres intermittentes entretenues par un état spasmodique, surtout lorsque le frisson est long et fort; dans plusieurs maladies chroniques, avec douleur, irritation, etc.; dans une multitude d'affections nerveuses, spasmodiques, telles que l'épilepsie, l'hystérie, le tétanos, etc. On l'administre en pilules, en substance, en extrait, dissous dans du vin, dans du vinaigre, en sirop, etc.; on commence par en donner 2, 3 ou 5 centigrammes, et on augmente progressivement la dose.

Opium indigène. — On a obtenu de l'opium dans divers pays de l'Europe, et notamment en France, en agissant sur le pavot blanc, et l'on en a retiré de la morphine; celui qui a été préparé aux environs de Provins (Seine-et-Marne) a fourni 18 à 20 p. 100 de cet alcali, c'est-à-dire autant que le meilleur opium de Smyrne. Celui d'Eyrès (Landes) a donné à M. Caventou plus de 14 p. 100 de morphine; mais Pelletier n'y a pas trouvé de narcotine. M. Aubergier a retiré 17,83 de morphine d'un opium de première récolte obtenu avec un *pavot blanc* à graine noire.

Suc de papayer (*carica papaya*). — Le suc de ce végétal, qui croît à l'Ile de France et au Pérou, a été analysé par Vauquelin et par Cadet de Gassicourt : il contient de l'eau, une petite quantité de graisse, et de l'albumine, ou du moins une matière azotée qui, comme celle-ci, est soluble dans l'eau après avoir été desséchée au soleil, et qui fournit une dissolution coagulable par la chaleur, par les acides, etc. Le suc de papayer est employé, dans l'Ile de France, contre les lombrics; on le donne aux enfants, à la dose de 6 grammes, sous forme d'émulsion, préparée avec une cuillerée de miel et quatre ou cinq d'eau bouillante. Il est caustique et très-énergique.

Suc laiteux de l'arbre de la vache et de l'hura crepitans. — Il existe dans les montagnes qui dominent Periquito (à l'ouest de Caracas), un arbre connu sous le nom de *palo de leche* ou *arbol de vaca,* qui donne abondamment un suc laiteux employé par les habitants aux mêmes usages que le lait des animaux. Il résulte des expériences faites par MM. Boussingault et Mariano de Rivero, que ce liquide est formé de cire, de fibrine, d'un peu de sucre, d'un sel magnésien qui n'est pas un acétate, d'eau, d'acide silicique, de chaux, de phosphate de chaux et de magnésie; il ne renferme ni caséum ni caoutchouc. Le suc de l'*hura crepitans* (lithymaloïde) contient du gluten, une huile essentielle vésicante, un principe âcre cristallisable et alcalin, du malate acide de potasse, de l'azotate de potasse, du malate de chaux, et de l'osmazome.

Suc laiteux de la laitue officinale (*lactuca capitata,* famille des synanthérées, tribu des chicoracées). — Ce suc, obtenu par des incisions transversales faites à la tige, connu sous le nom de *latucarium,* est desséché, et débité dans le commerce sous forme de pains orbiculaires aplatis, d'une couleur terne, recouverts souvent de mannite, d'une odeur fortement vireuse, et d'une saveur très-amère. Il contient, d'après M. Aubergier, une matière cristallisable, de la mannite, de l'asparagine, un acide libre, une matière colorante brune, une résine mélangée de cérine et de myricine, de l'albumine et de la gomme, de l'azotate de potasse et du chlorure de potassium, des phosphates de chaux et de magnésie; quelques chimistes y ont signalé aussi une certaine quantité de caoutchouc. Tout porte à croire que l'extrait de laitue connu sous le nom de *thridace* a une composition analogue. On prépare cet extrait avec l'eau distillée de laitue, et le suc de l'écorce de la tige. Le lactucarium et la *thridace* sont employés comme calmants.

Gommes-résines. — On doit considérer ces produits comme des sucs laiteux, renfermés dans les vaisseaux propres des végétaux, obtenus par l'incision faite aux tiges, aux branches et aux racines, qui ont été desséchées par l'action de l'air, et qui sont composés d'un plus ou moins grand nombre de principes immédiats.

Toutes les gommes-résines sont plus pesantes que l'eau; la plupart sont opaques, très-fragiles, douées d'une saveur âcre et d'une odeur forte; leur couleur est très-variable; elles sont en partie solubles dans l'alcool et dans l'eau; le *solutum* alcoolique est décomposé par le dernier de ces liquides, qui s'empare de l'alcool et précipite la résine sous forme d'une matière blanche, laiteuse, très-divisée. Les gommes-résines se dissolvent aussi, à l'aide de la chaleur, dans les eaux de potasse et de soude (Hatchett). L'acide sulfurique les dissout, les transforme d'abord en charbon, puis en tannin artificiel. Elles ont été, en général, peu étudiées.

Asa fœtida (suc épaissi de la racine du *ferula asa fœtida*, de la famille des ombellifères, plante de Perse). — Elle est formée, suivant Pelletier, de 65 parties d'une résine particulière, à laquelle Johnston assigne pour formule $H^{26}C^{40}O^{10}$, de 3,60 d'huile volatile, de 19,44 de gomme, de 11,66 de bassorine, de 0,30 de malate acide de potasse. L'asa fœtida est sous forme de masses roussâtres, mêlées de larmes blanchâtres, friables, douées d'une saveur âcre, piquante, amère, et d'une odeur alliacée très-forte, qui a valu à cette substance le nom de *stercus diaboli;* elle se ramollit facilement par la chaleur; son poids spécifique est 1,327. Distillée avec de l'eau, elle donne une huile volatile sulfurée (voy. p. 247). On administre l'asa fœtida en médecine comme un excellent antispasmodique, dans l'hystérie, l'épilepsie, les convulsions, l'hypochondrie, les coliques nerveuses, l'asthme, les hoquels et les vomissements spasmodiques ; comme emménagogue, dans le cas où la suppression des règles tient à un relâchement général, surtout s'il y a chlorose, cachexie, etc. ; comme excitant du système lymphatique, dans les empâtements abdominaux ; comme anthelminthique à l'intérieur ; comme antiseptique dans la gangrène, les ulcères anciens et rebelles, etc. On la donne en alcoolat, à la dose de 12, 20 ou 30 gouttes, ou en substance, à la dose de 1 à 2 grammes ; on peut aussi la faire prendre dans de l'ammoniaque liquide, sous le nom d'*esprit ammoniacal fétide* ; on l'associe assez souvent à des tisanes antispasmodiques, anthelminthiques, emménagogues, etc., suivant l'indication que l'on veut remplir ; on l'applique aussi quelquefois à l'extérieur, sous forme d'emplâtre, après l'avoir dissoute dans du vinaigre.

Gomme ammoniaque (sucre épaissi du *dorema ammoniacum* de Don, de la famille des ombellifères). — Elle est composée, suivant M. Braconnot, de 18,4 parties de gomme, de 70 de résine, $H^{24}C^{40}O^8$, de 4,4 de matière glutineuse, et de 6 parties d'eau. Elle est solide en masses ou en larmes, d'un jaune pâle, roussâtre en dehors, offrant dans son intérieur des morceaux de la grosseur d'une amande, plus blancs et plus purs ; sa saveur est un peu amère et nauséabonde, son odeur alliacée et désagréable. On doit la regarder comme un médicament stimulant ; on l'a administrée avec succès dans les catarrhes chroniques, les toux humides, les pneumonies dites fausses, la suppression des règles occasionnée par une faiblesse générale, dans l'empâtement de certains viscères, etc. ; on l'applique aussi quelquefois avec avantage sur les tumeurs indolentes. On en fait prendre à l'intérieur 20 à 30 centigrammes, dose que l'on réitère deux ou trois fois dans la journée ; quelquefois aussi on en donne 1 gramme 30 centigrammes. Elle entre dans l'emplâtre de diachylon gommé, dans celui de ciguë, et dans les pilules de Bontius.

Euphorbe (suc de l'*euphorbia canariensis* ou de l'*euphorbia antiquorum*, famille des euphorbiacées). — Il est composé, d'après Pelletier, de 60,80 parties de résine (celle-ci est formée de résine et d'une sous-résine cristalline), de 12,20 de malate de chaux, de 1,80 de malate de potasse, de 14,40 de cire, de 2 de bassorine et de ligneux, de 8 d'huile et d'eau (perte, 0,80). Johnston a retiré de l'euphorbe une résine qui a pour formule $H^{81}O^{40}O^6$. La résine d'euphorbe est brunâtre et excessivement âcre. L'euphorbe est sous forme de larmes irrégulières, roussâtres en dehors et blanches en dedans, inodores, friables, d'une saveur âcre, caustique ; sa poudre irrite fortement l'organe de l'odorat. Il doit être regardé comme un des poisons les plus âcres ; il détermine une

vive inflammation des tissus sur lesquels on l'applique, et ne tarde
pas à occasionner la mort; il paraît cependant que son administration
comme purgatif hydragogue a été suivie de succès dans quelques hydropisies ; on l'a employé aussi dans la paralysie, dans l'amaurose, dans
la léthargie, etc. On le donne en lavement, à la dose de 30 à 40 centigrammes, délayé dans un jaune d'œuf et mis dans l'huile ; ou bien on
le fait prendre à l'intérieur, en pilules ou en bols, à la dose de 10 à
20 centigrammes, mêlé avec des substances inertes ; on l'a aussi employé comme sternutatoire : cependant la plupart des médecins ont re-
noncé à faire usage d'un médicament aussi dangereux, et qui peut être
si facilement remplacé.

M. John a trouvé dans le suc de l'*euphorbia cyparissias* 77 parties
d'eau, 13,80 de résine, 2,75 de gomme, autant d'extractif, 1,57 d'albumine, 2,83 de caoutchouc, et une certaine quantité d'huile grasse,
d'acide tartrique, de carbonate, de sulfate et de phosphate de chaux.

Galbanum (suc de la racine du *galbanum officinale* de Don, arbrisseau de la famille des ombellifères qui croît en Afrique et en Asie).
—Il est formé, d'après Pelletier, de 66,86 de résine, de 19,28 de gomme,
de 7,52 de bois et de corps étrangers, d'un peu de malate acide de
chaux, et d'une huile volatile (perte, 6,34). Il est tenace, blanchâtre
quand il est récent, jaune fauve lorsqu'il est vieux, et marbré de taches
blanches brillantes ; il est sous forme de grains ou de masses demi-
transparentes ou opaques, d'une odeur camphrée, et d'une saveur âcre,
chaude et amère. D'après Johnston, la résine de galbanum, $H^{22}C^{40}O^7$,
distillée, donne une huile d'un beau bleu d'indigo. Le galbanum a été
employé pour dissiper les flatuosités, calmer les douleurs des intestins,
et certaines névroses ; on s'en est servi dans l'asthme et dans la toux
opiniâtre. On l'applique ordinairement à l'extérieur, sous forme de liniment, d'emplâtre, de fumigations, etc. ; on en donne quelquefois 30,
60 ou 90 centigrammes à l'intérieur, suspendu dans un jaune d'œuf.

Gomme-gutte (suc épaissi de l'*hebradendron cambogioïdes*, arbre de
la famille des guttifères). — Elle est formée, suivant M. Braconnot,
de 20 parties de gomme qui, d'après Buchner, aurait la même composition que l'amidon, et de 80 parties de résine, $H^{35}C^{60}O^{12}$, d'un rouge-
hyacinthe fournissant une poussière d'un très-beau jaune, acide, donnant avec les alcalis des composés rouges précipitables par le chlorure-
de sodium. Christison a trouvé dans la gomme-gutte de Ceylan 68,8 de
résine jaune, obtenue par l'éther, et desséchée, 20,7 d'arabine, 6,8 de
ligneux, et 4,6 d'eau. Quoi qu'il en soit, la gomme-gutte est en masses
opaques, fragiles, d'une cassure vitreuse, d'un jaune brun à l'extérieur,

et d'un jaune rougeâtre à l'intérieur ; sa poudre est d'un très-beau jaune ; sa saveur, d'abord presque nulle, est âcre et amère ; elle n'a point d'odeur ; elle agit comme caustique, détermine l'inflammation des tissus sur lesquels on l'applique, et ne tarde pas à occasionner la mort. On l'emploie en médecine comme purgatif : 1° dans l'hydropisie ; elle est un des ingrédients principaux des pilules hydragogues de Bontius et des pilules purgatives d'Helvétius ; 2° dans les fièvres intermittentes, 3° dans l'asthme, 4° pour expulser le tænia. On l'administre à la dose de 10, 20 ou 30 centigrammes, et même quelquefois au delà ; on la donne dans un acide végétal, mêlée avec quelque poudre inerte ou avec quelque autre substance purgative. On en fait usage en peinture.

Myrrhe. — Elle est fournie par le *balsamodendron myrrha*, arbre de la famille des térébinthacées qui croît en Arabie et en Abyssinie. Elle est formée, d'après Brandes, de 54,38 de gomme soluble, de 9,32 de gomme insoluble, de 22,24 de résine molle, de 5,56 de résine sèche, de 2,60 d'huile volatile, de 1,36 de sels à base de potasse et de chaux, et de 1,60 d'impuretés (perte, 2,94). L'huile volatile a reçu le nom de *myrrhol*, $H^3C^{44}O^4$; elle est épaisse, d'un jaune vineux, d'une odeur pénétrante, plus légère que l'eau. La résine (*myrrhine*) fond à 94°, et donne de l'acide *myrrhique*, $H^{32}C^{48}O^8$, quand on la chauffe à 168°. La *myrrhe* est sous forme de larmes ou de grains fragiles, d'un jaune rougeâtre, légèrement transparents lorsqu'ils sont purs, mais souvent opaques ; leur cassure est vitreuse, leur odeur agréable, et leur saveur amère, aromatique et légèrement âcre ; leur poids spécifique est de 1,360. Soumise à la distillation, elle donne une huile essentielle particulière. On la regarde comme tonique, stomachique et carminative ; on l'administre en poudre, à la dose de 60 ou de 75 centigrammes, ou de 1 gramme, pour faire cesser les flueurs blanches, les pâles couleurs, etc. ; quelquefois on fait prendre, comme cordiale, 20 ou 30 gouttes de son alcoolat. Elle entre dans la thériaque, la confection de safran composée, le baume de Fioraventi, l'élixir de Garus, etc.

Bdellium (suc épaissi du *balsamodendron africanum*, arbre qui croît au Sénégal). — Il est en larmes arrondies, d'un gris jaunâtre ou rougeâtre, demi-transparent, d'une cassure à la fois terne et brillante, d'une odeur faible et d'une saveur amère. Il contient 59 de résine, 9,2 de gomme soluble, 30,6 de bassorine, 1,2 d'huile volatile et perte (Pelletier).

Oliban (encens des anciens, suc du *juniperus lycia*, arbre de l'Arabie et de quelques contrées d'Afrique). — Suivant M. Braconnot, il est formé de résine et de gomme. Des travaux ultérieurs ont prouvé qu'il renferme deux résines : l'une acide, très-abondante, $H^{64}C^{40}O^6$, accompagnée d'une huile essentielle, et l'autre semblable à la colophane, et à laquelle Johnston donne pour formule $H^{64}C^{40}O^4$. L'oliban est en masses plus ou moins volumineuses, demi-transparentes, sèches, fragiles, d'un blanc jaunâtre, couvertes extérieurement d'une poussière blanche farineuse, douées d'une saveur âcre, aromatique, et qui répandent une odeur agréable lorsqu'on les met sur les charbons ardents. On l'emploie comme parfum.

Opoponax (suc épaissi de la racine de l'*opopanax chironium*, plante du Levant, de la famille des ombellifères). — Suivant Pelletier, il est composé de 42 parties de résine, de 33,40 de gomme, de 9,80 de ligneux, de 4,20 d'amidon, de 2,80 d'acide malique, de 1,60 de matière extractive, de 0,30 de cire, de quelques traces de caoutchouc, et d'une petite quantité d'huile volatile (perte, 5,90). Il est en morceaux d'un jaune rougeâtre à l'extérieur, blanchâtre à l'intérieur, d'une odeur forte et désagréable, d'une saveur âcre et amère; son poids spécifique est de 1,622. Plusieurs médecins le regardent comme étant plus emménagoque et plus antispasmodique que la gomme ammoniaque, mais moins tonique.

Scammonée d'Alep (suc épaissi de la racine du *convolvulus scammonia*, qui croît en Syrie). — M. Clamor-Marquart, ayant analysé plusieurs scammonées du commerce, a trouvé dans celle qui est noirâtre, et dite *belle* ou supérieure, 78,5 de résine, 1,5 de cire, 3,5 de matière extractive, 2 de sels, 2 de gomme avec sels, 1,5 d'amidon, 1,25 de téguments d'amidon, de bassorine et de gluten, 3,5 d'albumine et de fibrine, 2,75 d'alumine, d'oxyde de fer, de carbonate de chaux et de magnésie, et 3,50 de sable. Elle est cendrée, fragile, transparente dans sa cassure, d'une odeur particulière, nauséabonde, et d'une saveur âcre et amère; son poids spécifique est de 1,235. La scammonée d'Alep est employée comme un purgatif fort dans les apoplexies séreuses, dans les maladies de la peau rebelles, etc.; on la donne depuis 40 centigrammes jusqu'à 2 grammes, en poudre, en bol ou en pilules, ou bien on la mêle avec du sucre, avec un sel neutre, etc., et on l'étend dans une émulsion. On peut aussi faire prendre, pour remplir les mêmes indications, 10, 20, 30 ou 40 centigrammes de résine de scammonée. On ne se sert jamais de la scammonée de Smyrne, qui est beaucoup trop forte.

Aloès succotrin (suc des feuilles de l'*aloe perfoliata*, plante qui croît aux Indes orientales, à Soccotora, aux Barbades, etc.). — Il est formé, suivant Peretti, de résinates de potasse et de chaux (matière savonneuse de Tromsdorff), d'acide gallique, et de trois substances colorantes, l'une d'un jaune vif, l'autre d'un jaune brun, et la troisième d'un rouge brillant. Il est d'un rouge brun jaunâtre; il est demi-transparent et fragile; sa saveur est très-amère, son odeur nauséabonde; sa poudre est d'un très-beau jaune; il se dissout presque entièrement dans l'eau et dans l'alcool faible. — *Aloès hépatique,* ou suc épaissi retiré, par l'incision, des feuilles du même végétal. Il est composé, suivant Tromsdorff, de **81,25** de principes savonneux, de **6,25** de résine, de **12,5** d'albumine, et d'un atome d'acide gallique. Il a une couleur semblable à celle du foie; il est plus rouge et plus fragile que le précédent; il n'est pas transparent; il a une odeur plus désagréable et une saveur plus amère que l'aloès succotrin. — *Aloès caballin,* ou suc retiré, par expression, des feuilles du même végétal. Il est très-impur, et renferme les débris de la plante que l'on a broyée pour en obtenir le suc; il ne sert que dans la médecine vétérinaire.

M. Robiquet fils a extrait de l'aloès l'*aloétine,* $H^{14}C^6O^{10}$ (voy. p. 114).

Lorsqu'on traite ces divers aloès par l'acide azotique, il se forme une série de produits dont la composition dépend de la concentration de l'acide et de la durée de l'action; parmi eux on remarque les acides *chrysammique, chrysolépique, aloétique* et *aloérétinique.*

Le chlore transforme l'aloès en *chloraloïle,* C^3ClO^3, blanc et cristallin.

L'aloès succotrin est employé souvent comme purgatif hydragogue; on donne son extrait aqueux à la dose de 20 à 50 centigrammes; comme tonique: il fait partie des pilules gourmandes, de la plupart des élixirs toniques et stomachiques; comme amer et anthelminthique; comme emménagogue et antihémorrhoïdal, dans le cas où la suppression de ces évacuations tient à des maladies de langueur, à une faiblesse, etc.: il faut alors l'administrer en teinture. On s'en sert aussi dans la jaunisse avec faiblesse générale; il fait partie des pilules savonneuses. On en fait quelquefois usage à l'extérieur sous forme d'emplâtre, de teinture, etc.; on introduit aussi dans l'anus du coton qui en est imbibé, pour tuer des vers. On obtient des couleurs remarquables par leur beauté et leur solidité, en agissant sur la soie et sur la laine, avec le produit acide fourni par l'aloès traité par l'acide azotique.

Acide chrysammique, $H^2C^{15}Az^2O^{12}$, HO.—Il est en paillettes jaune d'or, solubles dans l'alcool et l'éther. Chauffé, il fait explosion. Il fournit avec l'ammoniaque des aiguilles d'un vert foncé. L'acide sulfurique le transforme en un corps cristallin qui a la composition de l'acide chrysammique anhydre.

Acide chrysolépique. — Il paraît isomère avec l'acide *carbazotique* (voy. p. 279).

DES VERNIS.

On désigne sous le nom de *vernis* toute dissolution susceptible de rester brillante quand elle a été desséchée, et d'adhérer intimement à la surface des corps sur lesquels on l'applique, sans s'écailler. Les dissolvants qui entrent dans la composition des vernis sont l'alcool vinique et méthylique, l'éther, l'acétone, les huiles d'œillette, de lin, de térébenthine et de romarin. Les matières que l'on fait dissoudre sont la résine copal, le succin, le mastic, la sandaraque, la laque, l'élémi, la colophane, le sangdragon, l'arcanson, la résine animée, le benjoin, le camphre, le caoutchouc, la gomme-gutte, l'aloès, le safran, etc. Les vernis sont divisés en *liquides* et *gras*; ces derniers ont pour véhicule les huiles d'œillette ou de lin.

Vernis liquides, dont le véhicule est l'alcool, l'éther ou certaines huiles essentielles. Les vernis à l'alcool sont moins solides que les vernis à l'essence de térébenthine, parce que celle-ci s'oxyde au contact de l'air, et forme une couche comme résineuse qui augmente la fixité des résines.

Vernis à l'alcool. Pour préparer le vernis que l'on applique sur les boîtes, les cartons, les écrins, etc., on laisse, pendant une heure ou deux, dans l'eau bouillante, un matras contenant 32 parties d'alcool concentré, 4 parties de verre pilé grossièrement, 6 parties de mastic pur, et 3 parties de sandaraque finement pulvérisée, que l'on agite de temps en temps avec un tube de verre; on y verse 3 parties de térébenthine de Venise, très-claire, et on continue à chauffer le mélange pendant une demi-heure; au bout de vingt-quatre heures, on décante la liqueur, et on la filtre à travers du coton. Suivant Tingry, à qui j'ai emprunté ces détails, le verre dont on se sert augmente le volume du produit, et facilite l'action de l'alcool; il s'oppose, en outre, à ce que les résines adhèrent au matras et se colorent.

Vernis siccatif pour meubles. Alcool, 1,000 p.; copal tendre, 90; sandaraque, 100; mastic, 90; térébenthine, 75; verre pilé, 100.

Vernis à l'essence. Ils ne diffèrent des précédents qu'en ce qu'ils contiennent de l'huile essentielle de térébenthine, au lieu d'alcool; on les prépare par le même procédé, et on en fait usage pour vernir les tableaux, etc. Voici la composition de celui que l'on emploie de préférence : mastic pur en poudre, 360 p.; térébenthine, 45; camphre, 15; verre pilé, 150; essence de térébenthine, 1100.

Vernis gras. On applique ces vernis sur les voitures de luxe, les lampes, le bois, le fer, le cuivre, etc. On les prépare en faisant fondre à une douce chaleur, dans un matras, 16 parties de résine copal, et en y versant 8 parties d'huile de lin ou d'œillet lithargirée et bouillante; on agite le mélange, et lorsque la température est à 60° ou 80°, on y ajoute 16 parties d'huile essentielle de térébenthine; on le passe de suite à travers un linge, et on le garde dans une bouteille dont l'ouverture est assez large; il ne tarde pas à s'éclaircir. (*Art de faire et d'appliquer les vernis,* par Tingry, p. 135.)

DES SUCS MUCILAGINEUX.

Ces sucs sont la gomme arabique, la gomme du Sénégal, la gomme de Bassora, la gomme adragante, la gomme du cerisier, et celles de l'abricotier, du prunier, du pêcher, de l'amandier, le mucilage de graine de lin, etc.

Gomme arabique. — La gomme arabique découle naturellement de plusieurs espèces d'acacias, dont les principales sont l'*acacia arabica, Adansonii, seyal, verek, gummifera, decurrens,* arbres de la famille des légumineuses qui croissent en Afrique, et surtout en Arabie ou au Sénégal, ou bien dans l'Inde et dans la Nouvelle-Hollande. — Elle est composée de 79,4 d'arabine, de 17,6 d'eau, d'un peu de chlorophylle, d'une matière analogue à la cire, d'acétate de potasse, de malate *acide* de chaux, de quelques traces d'une matière azotée, et de substances fixes au feu.

Elle est sous forme de petites masses jaunâtres, rougeâtres ou brunes, transparentes, concaves d'un côté, convexes de l'autre, fragiles, et par conséquent faciles à réduire en poudre; humectée, elle rougit le papier de tournesol; quelquefois elle a une saveur acide; sa densité est de 1,355; elle est assez soluble dans l'eau, et forme avec ce liquide un mucilage qui n'est pas, à beaucoup près, aussi épais que celui que donne la gomme adragante : la dissolution aqueuse, quoique filtrée, est toujours un peu louche, à cause d'une petite quantité de matière insoluble qui a traversé le filtre, à la faveur de l'arabine. L'alcool bouillant ne dissout que le malate acide de chaux, des chlorures de calcium et de potassium, l'acétate de potasse, de la chlorophylle, et une matière analogue à la cire. Les alcalis agissent sur elle comme sur le sucre.

L'acide sulfurique concentré, loin de la charbonner, la colore à peine; il la décompose et la transforme en une masse mucilagineuse, semblable à celle que fournit le ligneux traité par le même acide.

La gomme arabique diffère encore de la gomme adragante, en ce

qu'elle donne moins de charbon lorsqu'on la décompose par le feu, et
en ce qu'elle fournit moins d'acide mucique quand elle est traitée par
l'acide azotique. On l'emploie pour donner du lustre aux étoffes et du
brillant à certaines couleurs; elle sert à la préparation des pastilles;
enfin on en fait un grand usage en médecine, à raison de ses propriétés adoucissantes, expectorantes, etc. : on l'administre avec succès dans
les catarrhes pulmonaires, les diarrhées, les dysenteries, et les maladies
des voies urinaires, dans les empoisonnements par les substances âcres
et corrosives, etc.; on en fait dissoudre 4 ou 6 grammes dans un litre
d'eau que l'on fait bouillir.

Gomme du Sénégal. — On la trouve dans deux espèces d'arbres qui
bordent le fleuve Sénégal, et que les naturels appellent *uerech* et *nebueb*.
Elle est composée comme la gomme arabique, dont elle diffère cependant par plusieurs propriétés. Elle est en morceaux qui sont quelquefois
de la grosseur du poing, ayant une forme ovoïde, souvent creux; sa
densité, plus grande que celle de la gomme arabique, est de 1,65 environ; lorsqu'on l'a séchée à 37°, 100 parties d'eau distillée à 15° en
dissolvent 72; 108 parties à la température de l'ébullition en peuvent
dissoudre 96 parties; elle est donc un peu moins soluble que la gomme
arabique, et le *solutum* qu'elle fournit est plus dense; il empèse aussi
davantage le linge que ne le fait la dissolution de gomme arabique; il
est susceptible de former une sorte de gélatine, et il est plus sensible
aux sels de fer que celui de gomme arabique. L'alcool et les acides sulfurique et azotique agissent sur elle comme sur la gomme arabique. 100
parties, chauffées avec 500 parties d'acide azotique, donnent 16,70 d'a-
cide mucique et de l'acide oxalique (voy. Guérin, *Ann. de chim.*, mars
1832, et Héberger, *Journ. de pharm.*, juillet 1830).

Gomme de Bassora.—La gomme de Bassora se trouve en petite quantité dans la gomme du Sénégal; elle existe aussi dans l'*asa fœtida,* le
bdellium, l'*euphorbe,* le *sagapenum,* le *nostoc,* etc. Suivant M. Caventou, elle constitue presque la totalité du *salep.* M. Desvaux pense que la
gomme de Bassora est le produit d'un cactus. Elle est solide, d'un blanc
légèrement jaunâtre, en morceaux d'une grosseur moyenne; les uns
offrent des cavités, les autres sont aplatis et sillonnés; d'autres présentent des excroissances; elle est inodore et d'un poids spécifique de 1,359.

Composition. Elle est formée d'arabine (11,20 pour 100), de bassorine
(61,31 pour 100), d'eau (21,89), de chlorophylle, d'une matière analogue
à la cire, de malate acide de chaux, d'acétate de potasse, et de matières
fixes au feu. Soumise à la distillation, elle fournit de l'eau, de l'huile, de
l'acide acétique, du gaz acide carbonique, du carbure d'hydrogène gazeux

et du charbon contenant de la chaux et de l'oxyde de fer. L'eau, quelle que soit sa température, la gonfle considérablement et dissout l'arabine: 100 parties à 20° c. en dissolvent 17,28 parties, et à 100? c., 22,98. L'alcool bouillant dissout la chlorophylle, une matière analogue à la cire, de l'acétate de potasse, du chlorure de calcium, et du malate acide de chaux.

Gomme adragante. — On trouve la gomme adragante dans l'*astragalus tragacantha*, qui croît dans l'île de Crète et dans les îles environnantes. Elle est sous forme de petites masses blanches, opaques, semblables à de petits rubans entortillés; elle ne se réduit bien en poudre qu'autant que l'on a fait chauffer le mortier, phénomène qui dépend de ce qu'elle est légèrement ductile; sa densité est de 1,384.

Composition. Cent parties sont formées de 11,10 d'eau, de 2,50 de cendres, de 53,30 d'arabine, et de 33,10 de bassorine et d'amidon insoluble. Les cendres contiennent les mêmes substances que celles des autres gommes. Vue au microscope, la gomme adragante renferme des globules de diverses formes, les uns arrondis, les autres oblongs; les premiers ressemblent, pour la forme et le volume, à ceux de l'amidon de pommes de terre, dont ils ne diffèrent qu'en ce que la partie intérieure de ces derniers est de l'amidon soluble, tandis que celle des globules de gomme adragante est de l'arabine. Elle fournit plus de charbon à la distillation que la gomme arabique, et plus d'acide mucique lorsqu'on la traite par l'acide azotique. Mise dans l'eau, elle s'y gonfle beaucoup et donne un mucilage fort épais; une partie de gomme adragante et 100 parties d'eau froide forment un liquide aussi consistant que celui que l'on obtient avec une partie de gomme arabique et 4 parties du même liquide; une partie de gomme adragante et 360 parties d'eau donnent encore un liquide mucilagineux. Lorsqu'on fait bouillir la gomme adragante avec de l'eau de manière à l'amener à l'état d'empois, si l'on verse quelques gouttes d'une dissolution alcoolique d'iode, la partie touchée devient d'un bleu très-foncé d'abord, et il se manifeste des phénomènes analogues à ceux que fait naître l'amidon : c'est à la partie de la gomme adragante insoluble dans l'eau bouillante qu'il faut rapporter la propriété d'être colorée en bleu par l'iode.

La gomme adragante partage les propriétés médicales de la gomme arabique; mais son mucilage est tellement épais, qu'on ne l'emploie guère qu'à la préparation des loochs.

Gommes du cerisier, de l'abricotier, du prunier, du pêcher et de l'amandier.—Gomme du cerisier.—*Composition.* Eau, 12; cendres, 1; arabine, 52,10: cérasine, 34,90.

Gomme de l'abricotier. — *Composition.* Eau, 6,82; cendres, 3,33; arabine et cérasine, 89,85.

Gomme du prunier. — *Composition.* Eau, 15,15; cendres, 2,62; arabine et cérasine, 82,23.

Gomme du pêcher. — *Composition.* Eau, 14,21; cendres, 3,19; arabine et cérasine, 82,60.

Gomme de l'amandier. — *Composition.* Eau, 13,79; cendres, 2,97; arabine et cérasine, 83,24.

Je ne décrirai pas ces gommes, parce qu'elles offrent peu d'intérêt; je renverrai au mémoire intéressant de M. Guérin, qui s'en est occupé avec soin (voy. *Ann. de chim.*, année 1832).

Du mucilage de graine de lin mondée. — Le mucilage obtenu en traitant la graine de lin par l'eau chaude diffère entièrement de celui des gommes que je viens d'examiner; si on l'observe au microscope, on verra qu'il n'est formé que d'un réseau très-extensible, qui entoure chaque graine, et qui est susceptible d'absorber une énorme quantité d'eau, absolument comme la membrane qui entoure le frai de grenouille. Desséché au bain-marie, il est sous forme de plaques rousses, cassantes, facile à pulvériser, d'une odeur analogue à celle de l'osmazome, craquant sous la dent. Il rougit le tournesol; il épaissit beaucoup l'eau, dans laquelle il se gonfle considérablement; il est insoluble dans l'alcool, incristallisable, et ne précipite ni par la noix de galle, ni par le chlore : il ne se colore pas en bleu par l'iode, à moins qu'il ne soit mélangé de farine de quelques céréales. L'eau ne le dissout qu'en partie. On l'emploie en médecine comme émollient.

Préparation. On l'obtient en traitant la graine de lin par l'eau à 50° ou 60°, et en desséchant la dissolution au bain-marie.

Les semences de coings donnent un mucilage analogue, qui est employé par les coiffeurs pour faire tenir les cheveux.

DES MATIÈRES ASTRINGENTES QUI DOIVENT LEUR ASTRINGENCE A L'ACIDE TANNIQUE (TANNIN).

Les matières astringentes dont je parlerai ici sont la noix de galle, le cachou, et la gomme kino; j'exposerai aussi les faits qui se rattachent à l'histoire du *tannin artificiel.*

Noix de galle. — La noix de galle est une excroissance arrondie, de la grosseur d'une forte balle de plomb, tuberculeuse, ligneuse, d'un gris noirâtre, creuse, et souvent percée d'un petit trou : elle est produite par la piqûre que fait le cinips de la galle (*cynips gallæ tincto-*

riæ d'Oilio, insecte hyménoptère) aux feuilles du chêne *à la galle* (*quercus infectoria*, de la famille des cupulifères), sur lesquelles il dépose ses œufs. La plus estimée est celle d'Alep, qui vient du Levant; celle de nos contrées est lisse, spongieuse, et ne mûrit point. Suivant M. Guibourt, 100 parties de noix de galle contiennent 65 parties d'acide tannique, 2 d'acide gallique, 2 d'acide ellagique, et *lutéogallique*, 0,7 de chlorophylle et d'huile volatile, 2,5 de matière extractive brune, 2,5 de gomme, 2 d'amidon, 10,5 de ligneux, 1,3 de sucre liquide, d'albumine, de sulfate de potasse, de chlorure de potassium, de gallate de potasse et de chaux, d'oxalate et de phosphate de chaux, et 11,5 d'eau (voy. t. XIII de la *Revue scientifique* ; voy. aussi *Acide tannique*, pour les propriétés du tannin et de la noix de galle, p. 357).

Cachou ou *terre du Japon*. — On a désigné sous ce nom un produit astringent provenant d'arbres fort différents qui croissent dans l'Inde, et dont les principaux sont l'*areca* et l'*acacia catechu* de la famille des légumineuses. On l'obtient, en général, en faisant bouillir dans l'eau les copeaux provenant de la partie interne du tronc. Il est sous forme de gâteaux solides, compactes, fragiles, d'une cassure mate, inodores, doués d'une saveur astringente et douceâtre. Suivant Davy, le cachou de Bombay, d'une couleur peu foncée, est composé, sur 200 parties, de 109 de tannin, de 68 d'extractif, de 13 de mucilage, et de 10 de matière insoluble, formée de sable et de chaux. Le cachou du Bengale, d'une couleur chocolat, renferme, suivant ce chimiste, 97 parties de tannin, 75 d'extractif, 16 de mucilage, et 14 de chaux et d'alumine. Il serait important de pouvoir comparer les propriétés du tannin de cachou à celles de l'acide tannique (tannin de la noix de galle), pour savoir si ces deux corps sont les mêmes ; mais ce tannin n'a pas encore été obtenu à l'état de pureté.

Gomme kino ou *résine de Botany-Bay*. — Ce produit, qui ne devrait porter ni le nom de gomme ni celui de résine, est fourni par le *nauclea gambir* de Hunter, par diverses espèces d'*eucalyptus*, principalement par le *resinifera* de Botany-Bay, et suivant quelques naturalistes, par le *coccoloba resinifera* ; il vient principalement de la Jamaïque. Il est sous forme de masses dures, opaques, très-fragiles, dont la cassure est brillante; il est d'un rouge noir, mais il devient d'un rouge brun lorsqu'on le réduit en poudre; sa saveur est styptique et douceâtre; on le ramollit aisément en le tenant pendant quelque temps dans la main. Suivant Vauquelin, il est presque entièrement formé de tannin; il renferme aussi un peu d'extractif.

Du tannin artificiel. — En traitant le charbon de terre, l'indigo, les résines, etc., par l'acide azotique, ou bien le camphre et les résines par l'acide sulfurique, on obtient, entre autres produits, une substance à laquelle on a donné le nom de *tannin artificiel,* et qui est toujours composé d'une portion de l'acide employé et de charbon, ou d'une matière charbonneuse provenant de la substance végétale décomposée. Ses propriétés physiques, et presque toutes ses propriétés chimiques, sont les mêmes que celle du tannin naturel. Le tannin artificiel résultant de l'action de l'acide azotique diffère seulement de celui qui est naturel, en ce qu'il n'est pas décomposé par cet acide, et en ce qu'il fournit à la distillation du gaz bioxyde d'azote.

Usages des divers produits qui contiennent du tannin. — On n'emploie jamais le tannin à l'état de pureté ; mais on se sert souvent du tan, de la noix de galle, du cachou, du kino, etc.— *Tan.* J'ai déjà dit que la poudre d'écorce de chêne était employée pour tanner les peaux.— *Noix de galle.* On se sert de son infusion alcoolique, aqueuse ou éthérée, comme réactif, pour distinguer les unes des autres certaines dissolutions métalliques ; on fait usage de sa décoction dans la préparation de l'encre, qui est essentiellement formée de tannate de sesquioxyde de fer. On l'administre, en médecine, comme astringent, dans les hémorrhagies passives, dans les dévoiements chroniques, les flueurs blanches, les maladies venteuses, etc.; on la donne ordinairement en poudre, depuis 60 centigr. jusqu'à 3 grammes. Sa décoction doit être regardée comme le contre-poison de l'émétique et de l'opium : en effet, elle décompose rapidement ce sel, et le transforme en un produit qui n'a que fort peu d'action sur l'économie animale ; on peut également faire usage de ce *décoctum* pour conserver les matières animales. — *Cachou.* Le cachou est un excellent astringent que l'on administre à l'intérieur dans les mêmes circonstances que la noix de galle; il est également utile dans les catarrhes chroniques, la phthisie avec expectoration très-abondante, etc. ; on le donne depuis 2 jusqu'à 8 grammes par jour, en poudre et en décoction; et, dans ce dernier cas, on l'associe souvent à la décoction de riz ou de grande consoude : quelquefois aussi on en fait prendre 2 grammes dans une tasse de chocolat. — *Gomme kino.* Cette matière jouit de propriétés astringentes très-énergiques, et doit être administrée dans tous les cas dont je viens de parler; on l'a encore employée avec succès dans les fièvres intermittentes, surtout en l'associant au quinquina; sa dose est depuis 60 centigrammes jusqu'à 1 gramme; sa dissolution alcoolique se donne par gouttes. — *Tannin artificiel.* On ne fait aucun usage de cette matière.

Encre.—L'encre *ordinaire,* dont je vais indiquer la préparation, doit être regardée comme un composé de tannate de sesquioxyde de fer et d'un peu de tannate de bioxyde de cuivre; elle contient en outre de la gomme, que l'on peut considérer comme y étant à l'état de simple mélange, et qui sert à lui donner de la consistance et du brillant, et à empêcher que le tannate de sesquioxyde de fer ne se précipite. Le chlore décompose l'encre en enlevant l'hydrogène de l'acide tannique; l'encre est détruite et on ne saurait la faire reparaître en ajoutant un alcali. L'acide oxalique la décolore en s'emparant de l'oxyde de fer; aussi l'encre reparaît-elle dès que l'on sature l'acide oxalique par un alcali.

Préparation. On fait bouillir pendant deux heures 500 grammes de copeaux de bois de Campêche, 1 kilogramme de noix de galle concassée, et 38 kilogrammes d'eau; on remplace celle-ci à mesure qu'elle s'évapore; on mêle 6 mesures de ce *décoctum* avec 4 mesures d'eau saturée de gomme arabique, et on y ajoute 3 ou 4 mesures d'une dissolution de sulfate de protoxyde de fer, dans laquelle on a mis du sulfate de cuivre dans la proportion de $1/13$ de la noix de galle employée; aussitôt que le mélange est fait, on l'agite, et il devient noir (Chaptal).

Encre indélébile. — On l'obtient en dissolvant l'encre de Chine dans l'acide chlorhydrique amené à 1",5 ou à 1°, si on doit employer du papier très-fin et peu collé. Cette encre résiste aux réactifs les plus puissants, et ne disparaît point par un lavage à l'eau prolongé avec une éponge. On prépare encore une variété d'encre *parfaitement* indélébile, en délayant l'encre de Chine dans de l'acétate de manganèse avec excès d'acide. L'écriture, dans ce cas, a besoin d'être exposée à la vapeur de l'ammoniaque liquide. (Rapport fait à l'Institut par d'Arcet en 1831.) M. Dumoulin prépare une encre indélébile avec un savon composé de soude, de résine et de cire, et avec de la résine-laque, de la colle de poisson, du chlorure de sodium, et du charbon de vigne, du charbon animal, du charbon de sucre, et un peu d'indigo. (Voy. *Journ. de chim. méd.*, juillet 1833.)

M. Braconnot a fait connaître une *encre* que l'on peut employer avec avantage pour écrire sur le zinc lorsqu'on veut étiqueter des plantes dans un jardin botanique. On la prépare avec une partie de vert-de-gris, une partie de sel ammoniac, une demi-partie de noir de fumée pulvérisée, et deux parties d'eau; on l'agite de temps en temps au moment de s'en servir (*Annales de chimie*, mars 1834).

Encre de la Chine. — On l'obtient avec du noir de fumée *léger*, une colle préparée (gélatine bouillie, précipitée par la noix de galle, et le précipité redissous par l'ammoniaque), et du musc ou un autre aromate,

DES SUCS SUCRÉS.

Suc de la canne (saccharum officinale). — Ce suc renferme de l'eau, de l'acide lactique, du sucre cristallisable, du sucre incristallisable, et une très-petite quantité de matière verte, de gomme, de ferment, d'albumine, de matières salines et de parties fibreuses qui y sont tenues en suspension. La canne de la Martinique contient 72,1 d'eau, 18 de sucre, et autres matières solubles, et 9,9 de ligneux ; tandis que celle de Cuba renferme, d'après M. Casaseca, 77,8 d'eau, 16,2 de sucre et autres matières solubles, et 6 de ligneux. On emploie le suc de la canne à l'extraction du sucre.

Suc de betteraves, voy. p. 49.

Miel. — Le miel de bonne qualité est entièrement formé de trois sucres différents et d'un principe aromatique : tel est le miel de Mahon, du mont Hymette, du mont Ida, et de Cuba ; il est liquide, blanc et transparent. Le miel de seconde qualité contient, en outre, de la cire et de l'acide ; il est blanc et grenu, comme, par exemple, celui de Narbonne et du Gâtinais (1). Enfin le miel de qualité inférieure, comme celui de Bretagne, qui est d'un rouge brun, et dont la saveur est âcre et l'odeur désagréable, renferme encore du couvain, substance blanche, granuleuse, fusible, soluble dans quatre parties d'eau froide, soluble dans l'alcool, communiquant au miel des propriétés laxatives, et le rendant susceptible d'éprouver la fermentation spiritueuse lorsqu'il est étendu d'eau, pourvu que la température soit à 15° ou à 18 c. : il se forme alors une liqueur alcoolique sucrée, connue sous le nom d'*hydromel* (2).

M. Soubeiran, en étudiant récemment le miel de bonne qualité, a vu qu'il contient : 1° du sucre en grains, semblable au glucose ; 2° du sucre liquide qui se rapproche par un grand nombre de caractères du sucre *interverti* par les acides, mais qui s'en distingue en ce qu'il ne se transforme jamais en sucre en grains, et parce qu'il possède un pouvoir

---

(1) Si, après avoir délayé ce miel dans un peu d'alcool, on le presse fortement dans un sac de toile serrée, celui-ci retiendra le miel cristallisable, tandis que le sucre liquide dissous par l'alcool passera à travers les pores, et pourra être obtenu par la simple évaporation du liquide.

(2) M. Guibourt a analysé du miel qui contenait de la *mannite ;* il croit que la nature et le nombre des principes sucrés qui entrent dans la composition du miel peuvent varier suivant les sources végétales où les abeilles vont le puiser.

rotatoire vers la gauche, presque double de celui du sucre interverti ; 3° du sucre qui se distingue du sucre en grains, en ce qu'il est intervertible par les acides, et du sucre liquide, en ce qu'il exerce la rotation vers la droite ; sa proportion, qui est assez forte dans le miel liquide des ruches, diminue avec le temps ; il arrive même qu'il disparaît entièrement dans le miel (*Journ. de pharm.*, octobre 1849).

On n'est pas d'accord sur l'existence du miel dans les plantes : quelques naturalistes pensent que le suc sucré et visqueux recueilli par les abeilles dans les nectaires et sur les feuilles de quelques végétaux a besoin d'être élaboré par l'animal pour être converti en miel, tandis que d'autres embrassent l'opinion contraire.

Le miel est employé avec succès à la préparation d'un très-bon sirop connu sous le nom de *sirop de miel*. Pour l'obtenir, on fait bouillir dans une bassine, pendant deux minutes, 3 kilogrammes 128 grammes de miel, 48 grammes de craie (carbonate de chaux), et 416 grammes d'eau ; on y ajoute 160 grammes de charbon pulvérisé, lavé et séché, et 224 gr. d'eau dans laquelle on a délayé deux blancs d'œufs ; on agite le mélange, que l'on continue à faire bouillir pendant deux minutes ; on retire la bassine du feu, et au bout de sept à huit minutes, on passe le sirop à travers la chausse. On peut ensuite traiter le résidu par l'eau chaude, que l'on fait évaporer pour avoir un sirop de seconde qualité.

Le miel doit être regardé comme relâchant et émollient ; associé à des boissons adoucissantes, il est employé dans les catarrhes pulmonaires : on l'administre dans certains cas de constipations longues ; on fait usage de l'*hydromel* comme rafraîchissant et antiputride ; on l'emploie encore pour édulcorer le colchique, la scille, etc. L'*oxymel*, regardé comme résolutif et expectorant, et dont on se sert dans les fièvres dites bileuses, au commencement des fièvres putrides, etc., n'est autre chose que du miel uni au vinaigre.

Préparation. On enlève avec un couteau les lames de cire qui forment les alvéoles des *gâteaux ;* on place ceux-ci sur des claies d'osier et on les soumet à une douce chaleur ; le *miel vierge* s'écoule bientôt goutte à goutte ; lorsqu'ils n'en fournissent plus, on les brise, on les laisse égoutter de nouveau, et on élève un peu plus la température ; on sépare le rouget et le couvain qu'ils renferment, et on les soumet à une pression graduée : par ce moyen, tout le miel finit par s'écouler. S'il est limpide, on ne lui fait subir aucune espèce de purification ; mais s'il est trouble, on le laisse reposer pendant quelque temps, on l'écume et on le décante.

DE LA MANNE.

La *manne* est le suc concret des *fraxinus ornus* et *rotundifolia*, de la famille des jasminées, qui croissent en Calabre. On distingue trois variétés de manne : 1° la manne en larmes la plus pure est obtenue au moyen de petites branchettes que l'on introduit dans l'arbre; elle est solide, incolore, légère, douée d'une saveur sucrée; elle est sous forme de stalactites, dont la surface est brillante et comme cristalline; 2° la manne en sorte, qui coule naturellement de l'arbre, peut être regardée comme l'intermédiaire entre la manne en larmes et la suivante; 3° la manne grasse, la moins estimée, est recueillie en faisant des incisions très-profondes à l'arbre; elle est en fragments bruns, moins pesants, d'une odeur et d'une saveur nauséabondes, liés entre eux par un suc glutineux. Plusieurs autres arbres, surtout les mélèzes, fournissent aussi les trois variétés de manne dont je parle.

D'après M. Thénard, la manne en larmes est composée de beaucoup de mannite, d'une certaine quantité d'un principe muqueux dont on peut démontrer l'existence en versant du sous-acétate de plomb dans sa décoction aqueuse, d'une matière analogue au sucre, et probablement d'un autre principe auquel elle doit son odeur et sa saveur. La manne en larmes est légèrement acide et se dissout dans l'eau; le *solutum*, abandonné à lui-même à la température de 15°, donne une certaine quantité d'acide acétique; si on ajoute à ce *solutum* un peu de levûre de bière, on obtient une assez grande quantité d'esprit-de-vin. L'alcool bouillant dissout très-bien la manne en larmes; mais, par le refroidissément, toute la mannite se précipite. A la température ordinaire, l'alcool dissout la matière sucrée et de la mannite. La manne en larmes abonde en mannite; le contraire a lieu dans la manne grasse; la manne en sorte tient le milieu, sous ce rapport, entre ces deux variétés.

La manne doit être regardée comme un purgatif doux que l'on donne à la dose de 30 à 100 grammes, principalement à la fin des maladies inflammatoires, dans les suppurations internes, etc.; on l'associe souvent à d'autres purgatifs, tels que le séné, le sulfate de soude, etc.; elle est moins nauséabonde quand on la délaie dans l'eau froide, que lorsqu'on la fait dissoudre dans l'eau chaude. La marmelade de Tronchin se fait avec parties égales de manne, de casse cuite et d'huile d'amandes douces. La manne est encore employée avec succès pour faciliter l'expectoration.

DE QUELQUES AUTRES PRODUITS IMMÉDIATS FOURNIS
PAR LES VÉGÉTAUX.

DU GLUTEN.

Le gluten a été découvert par Beccaria. Il existe dans le froment, le seigle, l'orge, et dans beaucoup d'autres graines céréales; suivant Proust, on le trouve aussi dans les glands, les châtaignes, les marrons d'Inde, les pois, les fèves, les pommes, les coings, les baies de sureau et de raisin, dans la rue, les feuilles de choux, le sédum, la ciguë, la bourrache, etc. On peut le considérer comme formé de *glutine*, de *caséine végétale*, et de *fibrine animale* (voy. ces mots).

Le gluten est mou, d'un blanc grisâtre, très-visqueux, collant, insipide, et doué d'une odeur spermatique; il est très-élastique, et susceptible d'être étendu en lames minces; en général, il donne des signes d'acidité à raison des acides acétique et phosphorique avec lesquels il est combiné; plusieurs de ces propriétés physiques sont dues à l'humidité qu'il renferme; car si on le fait dessécher, il devient d'un brun foncé, fragile, très-dur et demi-transparent : sa cassure est alors vitreuse.

Soumis à la distillation, il se décompose, se comporte comme les matières azotées, et laisse un charbon très-volumineux et très-brillant. Exposé à l'air sec, il brunit, se recouvre d'une couche huileuse, et finit par devenir très-dur; si l'air est humide, il se gonfle, se putréfie, répand une odeur fétide, sa surface se recouvre de byssus, et il acquiert l'odeur du fromage; il se dégage du gaz hydrogène et de l'acide carbonique, et il se forme de l'acétate d'ammoniaque. Il ne se dissout point dans l'*eau* froide; mis dans ce liquide bouillant, il perd sa ténacité et son élasticité. Laissé pendant longtemps avec de l'eau à la température ordinaire, il commence par se réduire en une bouillie dont on peut se servir pour coller la porcelaine et toute espèce de poterie; bientôt après il se pourrit et se transforme en une matière d'un gris noirâtre, il y a production de gaz acide carbonique et de gaz hydrogène; 500 grammes de gluten fournissent environ 400 centimètres cubes de ce mélange gazeux. Il se forme bientôt après du vinaigre, de l'acide carbonique, de l'ammoniaque, qui se combine avec ces divers acides, un peu de gomme, et de l'acide sulfhydrique.

Il est en partie soluble dans l'alcool bouillant, qui dissout la *glutine* et la *caséine*, et laisse la fibrine: par le refroidissement, la caséine se dépose. Lorsqu'on triture avec un peu d'alcool du gluten altéré par l'eau et semblable à de la glu, on obtient une espèce de mucilage, qui, étant délayé dans l'eau, donne un liquide glutineux que l'on peut étendre sur le bois, le papier, etc., et qui, suivant Cadet, peut remplacer les meilleurs vernis; mêlé avec de la chaux, ce liquide glutineux forme un lut que l'on peut appliquer comme celui qu'on prépare avec la chaux et le blanc d'œuf (albumine).

Les acides végétaux, surtout l'acide acétique concentré, l'acide chlorhydrique et l'acide phosphorique, dissolvent le gluten à l'aide de la chaleur; les dissolutions sont presque toujours troubles, mais permanentes, et peuvent être précipitées par les alcalis, qui saturent les acides. L'acide chlorhydrique commence par y former un coagulum blanc; si on en ajoute davantage, il se dissout, et se colore successivement en purpurin, en violet et en bleu. L'acide sulfurique concentré lui communique une couleur pourpre, puis le charbonne. L'acide azotique agit sur lui comme sur les matières azotées.

Chauffé avec un mélange d'acide sulfurique, d'eau et de bioxyde de manganèse, il fournit de l'*aldéhyde acétique*, de l'acide formique, de l'acide acétique, de l'acide métacétique, de l'acide butyrique, de l'acide valérique, de l'acide benzoïque, de l'huile d'amandes amères, de l'acide cyanhydrique, et du *valéronitrile* : or, ces produits sont, à peu de chose près, les mêmes que ceux que donnent la caséine, la fibrine et l'albumine animales; ce qui, joint à d'autres considérations, a amené M. Keller à conclure que le gluten est une substance albuminoïde. Les alcalis faibles le dissolvent à l'aide de la chaleur; le *solutum* est trouble, et décomposable par les acides; si les alcalis sont concentrés, ils décomposent le gluten, et le transforment en un produit comme savonneux. L'*infusum* de noix de galle précipite ces dissolutions en brun jaunâtre.

Le gluten exerce sur la fécule une action remarquable, dont on doit les détails à M. Kirchoff. Si on verse 4 parties d'eau froide sur 1 partie de fécule de pommes de terre, et qu'après avoir agité le mélange on ajoute 20 parties d'eau bouillante, on obtient un empois épais; si on mêle à cet empois encore chaud 1 partie de *gluten* pulvérisé, et qu'on l'expose, pendant huit ou dix heures, à la température de 60° à 70°, le mélange devient *acide* et *sucré*; si, après l'avoir filtré, on le fait évaporer, on obtient un sirop *sucré*, en partie soluble dans l'alcool, et susceptible de donner de l'esprit-de-vin quand on le mêle avec du levain acide; la dissolution alcoolique de ce sirop fournit du *sucre* sous forme de cristaux blancs très-petits lorsqu'on la fait évaporer. Théodore de

Saussure a prouvé depuis qu'il se produit encore, dans cette expérience, une matière gommeuse, et qu'en traitant par l'eau le résultat de cette action, on obtient un liquide dans lequel la décoction de noix de galle fait naître un précipité abondant de matière glutineuse : ce caractère, joint à celui qui se tire de la présence de l'acide qui se développe lorsqu'on fait agir le gluten sur l'empois, ne permet pas de confondre cette altération avec celle qui a lieu lorsque l'empois est abandonné à lui-même (voy. p. 75). Tout porte à croire que les résultats obtenus avec le gluten et la fécule dépendent de la réaction qu'exerce sur celle-ci la petite quantité de diastase que retient toujours le gluten, et dont il est si difficile de le débarrasser.

Lorsqu'on fait dissoudre 4 grammes de *sucre* candi dans 80 grammes d'eau bouillie sur du gluten et filtrée, on voit, en abandonnant le mélange à lui-même, qu'il se dégage un gaz composé de 2 volumes d'hydrogène et de moins d'un volume d'acide carbonique, et qu'il se forme de la *gomme,* aux dépens d'*une portion* de sucre qui se décompose ; on peut s'assurer que la quantité de gomme formée est plus considérable que celle du sucre décomposé, ce qui annonce que le sucre a fixé une certaine proportion des éléments de l'eau qui se trouvent ainsi absorbés (Desfosses, *Journ. de pharm.,* novembre 1829).

Le gluten peut être employé pour faire des vernis d'après la méthode de Cadet, et pour coller les fragments de poteries ; la farine lui doit la propriété de faire pâte avec l'eau, de lever, et par conséquent de faire le bon pain. M. Taddei le regarde comme le meilleur contre-poison des sels de mercure ; guidé par les succès que j'avais obtenus de l'albumine dans l'empoisonnement par le sublimé corrosif, M. Taddei imagina de remplacer cette substance animale par le gluten. Voici comment il propose de l'employer : on fait une pâte liquide en triturant dans un mortier 5 ou 6 parties de gluten frais avec 10 parties de dissolution de savon à base de potasse ou de savon dur ; lorsqu'on n'aperçoit plus le gluten, on expose l'émulsion à la chaleur de l'étuve sur des assiettes ; quand elle est sèche, on la détache, on la réduit en poudre, et on l'enferme dans des carafes en verre ; lorsqu'on veut s'en servir, on la jette dans une tasse contenant de l'eau à la température ordinaire, on la remue avec une cuiller, et on en fait avaler. Je ne pense pas, malgré les éloges donnés au gluten par M. Taddei, qu'il doive être préféré à l'albumine dans cette circonstance (voy. *Albumine*).

Préparation. On forme, avec la farine de froment et de l'eau, une pâte que l'on malaxe sous un filet d'eau ; ce liquide entraîne la fécule, et dissout l'albumine, le sucre, etc., qui entrent dans la composition dé la farine, et qui étaient logés dans les interstices du gluten ; au bout de quelques minutes, celui-ci reste entre les mains ; il est pur quand il ne trouble plus l'eau dans laquelle on le met.

DU FERMENT.

Le ferment est un végétal microscopique, désigné ainsi parce qu'il provoque la fermentation ; il se développe spontanément dans les organes des plantes, ou se forme lorsqu'on fait pourrir à l'air des substances albuminoïdes, telles que la fibrine, l'albumine ou la caséine, ou bien il se dépose quand différents fruits éprouvent la fermentation vineuse ; dans ce dernier cas, le ferment existait-il tout formé dans les fruits, ou n'est-il que le résultat d'une transformation particulière ? Quoiqu'il en soit, il est sous forme de petits corps de forme ovoïde, augmentant successivement de grosseur, et dont le diamètre varie de $\frac{1}{100}$ à $\frac{1}{400}$ de millimètre ; chacun de ces ovoïdes se compose d'une enveloppe solide et d'un liquide. De tous les ferments, celui qui est le mieux connu est la levûre de bière.

Levûre de bière. — Les globules dont elle est composée sont de vrais *mycodermes*, désignés par M. Desmazières sous le nom de *mycodermia cerevisiæ.* Elle est sous forme d'une pâte d'un blanc grisâtre, ferme, fragile, douée d'une odeur particulière tirant sur l'aigre, d'une saveur amère, et rougissant la teinture de tournesol. Elle est formée de carbone 50,6, d'hydrogène 7,3, d'azote 15, d'oxygène 27,1, de traces de soufre et de phosphore, et de cendres ; sa composition est donc analogue à celle des substances albumineuses. Soumise à la distillation, elle se comporte comme les matières azotées, et fournit un produit ammoniacal ; si on ne la chauffe qu'au degré convenable pour la dessécher, elle perd une très-grande quantité d'eau, devient dure, fragile, et imputrescible. Si on la fait bouillir pendant dix minutes avec de l'eau, elle ne jouit plus de la propriété de faire fermenter, mais elle l'acquiert de nouveau au bout de quelques jours (Thénard). Si on la traite par l'eau froide, les eaux de lavage n'agissent pas sur le sucre ; tandis que la matière indissoute excite énergiquement la fermentation de ce corps ; en évaporant ces eaux de lavage, on obtient un résidu jaune brun, odorant, savonneux, et légèrement déliquescent. Mise en contact avec du gaz oxygène à la température de 15° à 20°, elle se putréfie, cède du carbone et probablement un peu d'hydrogène, et, au bout de quelques heures, le gaz oxygène se trouve presque entièrement transformé en gaz acide carbonique ; il se dégage, en outre, une quantité

notable de ce gaz, provenant en entier de la propre substance de la levûre et de l'ammoniaque; il est probable qu'il se forme aussi un peu
d'eau. Abandonnée à elle-même dans des vaisseaux fermés et à la même
température, elle se putréfie aussi au bout de quelques jours. Triturée
avec quatre ou cinq fois son poids de sucre et 20 ou 25 parties d'eau, et
soumise à la température de 15° à 20°, elle ne tarde pas à développer la
fermentation spiritueuse, dont les principaux produits sont l'esprit-de-
vin et l'acide carbonique. Cent parties de sucre qui fermentent ne détruisent que 2 parties de levûre supposée sèche, et il y a ceci de remarquable, qu'elle n'agit pas en cédant quelques-uns de ses éléments;
son action paraît être le résultat de la force catalytique (voy. p. 9 du
t. Ier). Les acides minéraux, plusieurs acides organiques, l'alcool concentré, les alcalis minéraux, l'oxyde de mercure, la strychnine, la
quinine, l'huile essentielle de térébenthine, la créosote, l'acétate et le
sulfate de cuivre, le bichlorure de mercure, etc., paralysent en quelque
sorte l'action fermentescible de la levûre; tandis que les acides acétique
et tartrique, en très-petites proportions, activent la fermentation.

Si on abandonne à lui-même un mélange de 4 parties de sucre candi
dissous dans 80 parties d'eau, que l'on a préalablement fait bouillir sur
du ferment bien purifié, on remarque la même transformation gommeuse que j'ai indiquée à l'occasion du gluten (voy. p. 540), et il se
dégage aussi du gaz hydrogène et de l'acide carbonique (Desfosses).

La levûre de bière est insoluble dans l'alcool.

On fait usage du ferment dans certains pays pour faire lever le pain.

Préparation. On sépare la levûre de bière de la masse écumeuse qui
se produit pendant la fermentation de l'orge germée; on la lave à plusieurs reprises; ainsi purifiée, elle ne contient pas d'amidon, et ne se
colore pas par l'iode.

DE LA SÈVE.

La sève remplit, dans les organes des végétaux, des fonctions analogues à celles du sang chez les animaux; c'est elle qui transporte dans
l'organisme végétal les diverses substances qui sont élaborées, modifiées
ou excrétées. Il ne sera donc pas étonnant de lui voir une composition
souvent fort complexe.

Sève de l'orme (ulmus campestris). — Cette sève, recueillie à la fin
d'avril, était d'un rouge fauve; sa saveur était sucrée et mucilagineuse;
elle n'exerçait point d'action sur l'*infusum* de tournesol. Vauquelin la
trouva formée, sur 1039 parties, de 1027,904 d'eau et de *principes vola-*

tils, de 9,240 d'*acétate de potasse,* de 1,060 d'une matière végétale composée de *mucilage* et d'*extractif,* et de 0,796 dé *carbonate de chaux.* Analysée plus tard, cette séve fournit au même savant un peu plus de matière végétale, et un peu moins de carbonate de chaux et d'acétate de potasse. Exposée à l'air, elle se décomposa, et l'acétate se transforma en carbonate de potasse.

Séve du hêtre (*fagus sylvatica*). — A la fin d'avril, cette séve était d'un rouge fauve et sans action sur le tournesol ; sa saveur était analogue à celle de l'infusion du tan. Vauquelin y trouva beaucoup d'*eau,* de l'acide *acétique,* de l'acide *gallique,* du *tannin,* des *acétates* de *potasse,* de *chaux* et d'*alumine,* une *matière colorante,* du *mucus,* et de l'*extractif.*

Séve du charme (*carpinus sylvestris*). — A la fin du mois d'avril et pendant le mois de mai, elle était incolore, limpide, d'une saveur douce, d'une odeur semblable à celle du petit-lait, et rougissait assez fortement l'*infusum* de tournesol. Elle était composée de beaucoup d'*eau,* de sucre, d'acide *acétique,* d'*acétates* de *potasse* et de *chaux,* et de matière *extractive* (Vauquelin). Exposée à l'air, elle éprouvait successivement la fermentation spiritueuse et acide.

Séve du bouleau (*betula alba*), analysée par Vauquelin. — Cette séve fournit les mêmes substances que la précédente, et un peu d'acétate d'alumine ; elle était limpide, incolore, d'une saveur sucrée, et rougissait fortement le tournesol ; évaporée et mêlée avec le ferment, elle donna de l'alcool (Vauquelin).

Séve du marronnier. — Sa saveur est légèrement amère ; on y trouve du mucus, de l'azotate de potasse, une matière extractive, et probablement de l'acétate de potasse et de chaux (Deyeux et Vauquelin, *Journ. de pharm.,* an VI).

Séve de la vigne (*vitis vinifera*). — Suivant M. Regimbeau, elle contient du bitartrate de potasse, du tartrate de chaux, de l'acide carbonique libre, et une matière végéto-animale comme mucilagineuse. (*Journ. de chim. méd.,* 1832) (1).

---

(1) Toutes ces analyses demandent à être revues ; il est probable, en effet, que l'acide pris ici pour de l'acide acétique n'est que de l'acide lactique.

CLASSE TROISIÈME.
DES ORGANES DES VÉGÉTAUX.

Ces organes sont le ligneux, les bois, les écorces, les racines, les feuilles, les fleurs, le pollen, les graines, les fruits et les bulbes; je comprendrai également dans cet article les lichens et les champignons. Je répéterai encore que ces diverses parties sont composées de plusieurs principes immédiats.

DU LIGNEUX.

J'ai dit, à la page 85, que le ligneux est un produit immédiat, contenant de la cellulose et de la matière incrustante (sclérogène); il renferme souvent, en outre, une substance azotée, qui est en général assez abondante, et des matières résineuses; il est formé par la juxta-position de cellules allongées. On ne l'a pas encore isolé à l'état de pureté.

DES BOIS.

Les bois sont presque entièrement formés de ligneux; ils en renferment au moins 95 ou 96 parties sur 100; ils contiennent, en outre, une matière végéto-animale, des principes colorants, gommeux, résineux, des sels, etc.

Voici la composition élémentaire de plusieurs espèces de bois, après avoir été desséchés dans le vide à 140°, d'après M. Regnault:

Bois du tronc de l'arbre.

	Hêtre.	Chêne.	Bouleau.	Tremble.	Saule.
Carbone. . .	49,46	49,58	50,29	49,26	49,93
Hydrogène .	5,96	5,78	6,23	6,18	6,07
Oxygène. . .	42,36	41,38	41,02	41,74	39,38
Azote. . . .	1,22	1,23	1,43	0,96	0,95
Cendres. . .	1,00	2,03	1,03	1,86	3,67

Bois de branchage.

	Hêtre.	Chêne.	Bouleau.	Tremble.	Saule.
Carbone. . .	50,37	50,08	51,29	49,59	51,39
Hydrogène .	6,21	6,14	6,17	6,20	6,18
Oxygène. . .	41,14	41,38	40,41	40,23	36,45
Azote. . . .	0,78	0,95	0,87	1,00	1,41
Cendres. . .	1,50	1,45	1,26	2,98	4,57

Les bois sont plus denses que l'eau, et s'ils flottent, c'est parce qu'ils contiennent de l'air dans leurs pores. Ils renferment en moyenne 40 p. 100 d'eau; desséchés à 10°, ils en retiennent environ 25 p. 100; si on les chauffe jusqu'à 100°, et qu'on les expose de nouveau à l'air, ils absorbent de 8 à 12 p. 100 d'eau. Les bois chauffés en vases clos, au delà de 140°, se décomposent, et donnent : 1° des gaz inflammables composés, pendant la première période, de

Acide carbonique.	44,9
Oxyde de carbone.	36,8
Hydrogène.	16,8
Azote et perte.	1,5

et à la fin de l'opération, de

Acide carbonique.	29,2
Oxyde de carbone.	24,9
Hydrogène.	44,2
Azote et perte.	1,7

2° un liquide qui vient se condenser dans le récipient, et qui est formé d'eau, d'acide acétique (voy. p. 313), d'*esprit de bois*, d'acétone, d'aldéhyde, d'éther méthylacétique, de *mésite*, de *xylite*, et de différentes substances goudronneuses; 3° une quantité de charbon, qui varie de 13 à 28 p. 100.

Les bois brûlent au contact de l'*air*; ceux qui ont été desséchés à la température de 10°, et qui contiennent le quart de leur poids d'eau, ont un pouvoir calorifique qui se trouve compris entre 2,800 et 2,900 *calories* (voy. *Combustion*).

L'acide sulfurique transforme les bois en dextrine, en glucose et en acide végéto-sulfurique (voy. p. 86). Soumis à l'influence simultanée de l'air froid et de l'humidité, les bois sont décomposés à la longue, et changés en *humus* ou *terreau*; il se dégage de l'acide carbonique; la matière azotée des bois est loin d'être étrangère à cette espèce de putréfaction; en effet, elle donne naissance à des ferments qui servent d'engrais à des champignons et à d'autres cryptogames qui croissent sur les bois, et de nourriture à divers insectes, lesquels se logent dans les bois et finissent par les désagréger.

Procédé de conservation des bois.

Les bois contiennent, comme tout produit de la vie animale ou végétale, des principes de leur destruction; aussitôt que la vie cesse, ces principes agissent pour rendre à la terre et à l'atmosphère les éléments qui leur avaient été empruntés. Dans les bois, l'action destructive se développe plus ou moins rapidement, suivant les espèces; mais dans tous elle suit la même marche et présente les mêmes phénomènes. Sous l'influence des ferments, le tissu ligneux, la cellulose et la matière incrustante, se décomposent, absorbent l'oxygène de l'air, et peu à peu retournent à l'atmosphère en acide carbonique et en eau; cet effet est accéléré par le développement des produits parasites, la mousse, les champignons, les moisissures, les vers, et autres animaux que l'on trouve fréquemment dans les bois en putréfaction.

Par ce qui précède, on peut déjà expliquer ces deux faits bien connus de la conservation presque indéfinie des bois placés à l'abri de l'eau par une dessiccation plus ou moins complète, continuée par la mise à couvert et l'aérage, ou par l'immersion complète dans l'eau, et mieux encore dans la terre à une profondeur suffisante.

Lorsque les bois, au moins la plupart, sont placés dans l'une de ces deux conditions, ils se conservent; mais le plus souvent, et spécialement dans les voies de chemins de fer, ils ne sont pas dans ces positions favorables. Dans cette dernière application, ils sont placés assez avant dans le sol pour être dans un état permanent d'humidité, et assez près de l'air pour l'absorber autant que le demandera la fermentation.

Dans cette position, il faut donc, pour se garantir de la fermentation, s'attaquer aux principes qui la développent. Les ferments sont rendus impuissants soit par la présence de certains agents, soit par leur décomposition par des substances qui se combinent avec eux, et les empoisonnent, pour me servir d'un terme très-expressif.

La peinture, si fréquemment employée pour les bois hors terre, garantit de l'humidité extérieure et conserve pendant quelque temps, quand les bois sont très-secs; quand ils gardent une humidité intérieure, elle ne conserve pas, car elle laisse pénétrer l'air.

L'essence retirée du goudron de gaz, la créosote, est un agent très-efficace de conservation; ce produit est employé par une simple imbibition des bois soit à froid, soit à chaud; les bois en sont très-avides, et il pénètre profondément lorsqu'ils ont une certaine porosité; dans ce cas, sont les aubiers et les bois blancs à tissu lâche.

Ce procédé est en Angleterre d'une application très-répandue; la production colossale de goudron de gaz dans ce pays le facilite singulièrement; cependant la préparation revient encore à un prix assez élevé.

En France, les conditions sont toutes différentes : la production de goudron de gaz est, jusqu'à ce jour, très-limitée, et le prix de l'essence de goudron reste conséquemment très-élevé ; aussi l'application est-elle restée restreinte. Elle a été plus particulièrement employée comme dissolvant de peinture ; entre autres, elle est une partie constituante de la peinture dite glu-marine, qui est un mélange de créosote, de caoutchouc, et de matières couvrantes et colorantes diverses, suivant la couleur que l'on veut appliquer. Elle vient encore d'être employée récemment comme dissolvant d'une substance colorante particulière, et qui est un composé d'oxyde de cuivre et de résine.

Cette peinture, dont plusieurs chemins de fer ont déjà fait des emplois importants pour les bois entrant dans la composition des ponts, et surtout des wagons de différentes formes, cette peinture est une transition entre les agents préservateurs par leur présence, et ceux qui ont une action chimique sur les ferments. On peut donc la considérer comme une excellente substance à employer ; mais elle est chère, et son application aux matériaux de la voie, sur une grande échelle, serait dispendieuse.

L'essence de goudron pur a, comme je l'ai dit, une action de présence ; son contact empêche les végétations de se produire ; mais, comme elle est éminemment volatile, le moment arrive assez vite où les bois n'en sont plus imprégnés, et où ils se retrouvent soumis à l'action des ferments qui n'ont pas été détruits.

J'arrive à l'examen des substances agissant par décomposition des ferments : ce sont, en général, des substances minérales.

Les expériences si nombreuses faites jusqu'à présent ont démontré que la première condition à remplir, c'est que la substance soit toxique.

Comme substances éminemment toxiques, et dont le prix soit abordable, industriellement parlant, on avait l'arsenic, le bichlorure de mercure ou sublimé corrosif, et les sels de cuivre.

L'arsenic empoisonnerait très-complétement les bois ; mais, lors même que les dangers de son emploi n'y auraient pas fait renoncer, le prix élevé qu'il coûte le ferait rejeter.

Le sublimé corrosif a été très-prôné à une certaine époque ; mais, outre qu'il est, comme l'arsenic, dangereux pour les ouvriers qui l'emploient, il est soluble, ainsi que les combinaisons qu'il forme avec les bois, et même il est volatil : aussi a-t-on vu des bois préparés au mercure et exposés à l'air, à l'eau, à l'humidité, ne plus en contenir après quelques années.

Le cuivre, particulièrement à l'état de sulfate, reste donc comme l'agent toxique le plus efficace. Il forme soit avec le tannin des bois feuillus, soit avec la résine des bois résineux, des composés complètement insolubles, et il décompose et empoisonne les ferments; des expériences, que le temps a déjà confirmées, attestent l'avantage de son emploi.

Le sulfate de cuivre est appliqué aux bois par deux procédés principaux : le procédé du Dr Boucherie, qui consiste, comme on sait, à faire pénétrer la substance conservatrice dans le bois, soit par la force ascensionnelle de la séve dans les bois récemment coupés et pourvus encore de leur feuillage non desséché, soit par une pression exercée sur le liquide à l'extrémité des billes de bois; ce procédé réussit particulièrement sur les espèces tendres; il exige que les bois soient jeunes de coupé, et il est appliqué en forêt; il a été mis en pratique sur une partie des traverses des chemins de Creil à Saint-Quentin; on ne peut lui reprocher qu'une chose, c'est de revenir à un prix assez élevé : il coûte 1 fr. 10 c. à 1 fr. 20 c. par traverse de chemin de fer à l'entrepreneur. Suivant un rapport de MM. Didion, Avril et Mary, inspecteurs généraux et divisionnaires des ponts et chaussées, qui ont vérifié les savants essais de M. Boucherie, l'action du sulfate de cuivre est complète.

Le second procédé d'application est celui de M. Margary, qui consiste à immerger simplement le bois dans une dissolution convenablement concentrée, soit à froid, soit à chaud, mais plutôt de cette dernière façon, pour les traverses et longrines de chemin de fer, et les grosses charpentes; par ce procédé, les bois tendres, l'aubier, et toutes les fentes des bois, sont suffisamment imprégnés de cuivre. Des traverses ayant déjà plusieurs années d'usage se retrouvent encore intactes et exemptes de pourriture ou de moisissure. Ce procédé très-commercial ne coûte que 50 à 60 centimes par traverse, et sa simplicité permet de l'appliquer rapidement dans de grandes proportions; aussi presque tous les chemins de fer l'ont adopté et en continuent l'usage. Les documents que j'ai recueillis me permettent d'estimer à 150,000 mètres cubes les bois qui ont été ainsi préparés depuis huit ans sur les chemins de fer de Rouen, du Havre, de Dieppe, de Saint-Germain, de Boulogne, de Bordeaux, de Chartres, de Montereau, de Strasbourg, du Nord, etc.

Je terminerai en donnant l'extrait suivant du rapport des ingénieurs chargés par M. le ministre des travaux publics d'examiner les expériences de M. Boucherie sur différentes préparations :

« Nous conclurons de ce qui précède...

« Que, parmi les liqueurs essayées par M. Boucherie, le sulfate de cuivre, dissous dans la proportion d'au moins 1 kilogramme 50 centigrammes par hectolitre d'eau, est la seule qui ait maintenu en parfait

état de conservation, pendant un laps de temps de sept ans, les pièces
de hêtre et de charme soumises aux expériences, et pénétrées de ce sel
de cuivre dans la proportion de 5 à 6 kilogrammes par stère ;

« Que les bois blancs, pénétrés ainsi de sulfate de cuivre et placés
dans le sol comme les traverses des chemins de fer, ou exposés à l'action des agents atmosphériques, se conservent mieux que le chêne,
placé dans les mêmes conditions;

« Que dès lors il paraît y avoir intérêt à faire désormais usage, dans
les constructions, des bois blancs convenablement préparés avec le
sulfate de cuivre, lorsqu'ils doivent être employés dans les conditions
qui viennent d'être indiquées. »

On peut produire dans les bois des veinages noirs, gris, bleus,
jaunes, bruns, etc., pour l'ébénisterie, en introduisant dans les pores
du bois des mélanges d'un sel de fer et de tan, de cyanure jaune de
potassium et de fer, de chromate de potasse, etc.

Bois de Campêche (*hœmatoxylon campechianum*, petit arbre épineux
qui croît abondamment dans la baie de Honduras). — Il est compacte, d'un
brun rougeâtre à sa surface ; mais, lorsqu'on le divise parallèlement à
ses fibres, on voit que les parties mises à nu sont d'un rouge orangé ;
il a une odeur de violettes assez forte, et une saveur sucrée, amère,
un peu astringente ; il colore la salive en violet. Il est formé de ligneux, d'*hématine*, d'une matière brune, insoluble dans l'alcool et
très-peu soluble dans l'eau, d'une huile volatile ayant la même odeur
que le bois, soluble dans l'eau, de matière végéto-animale, d'une
substance résineuse et huileuse, d'acide acétique, d'acétate de potasse
et de chaux, d'acide silicique, d'oxalate de chaux, et de quelques autres
sels. Il est employé dans la teinture.

Bois de santal (*pterocarpus santalinus,* famille des légumineuses, arbre qui croît sur la côte de Coromandel et dans plusieurs autres parties
des Indes orientales). — Il est compacte, pesant, inodore et peu sapide ;
il brunit lorsqu'on l'expose à l'air. Il contient, outre le ligneux, une
matière colorante rouge dont j'ai parlé, la matière colorante brune qui
fait la base des extraits, un peu d'acide gallique, et des sels (Pelletier,
voy. *Santaline,* p. 284).

Bois de Brésil (*cœsalpinia echinata*, arbre de la famille des légumineuses, qui croît dans le Brésil et dans quelques autres pays). — Il est
très-dur, très-pesant, d'une couleur d'abord blanchâtre, qui passe au
rouge par l'exposition du bois à l'air : il communique cette couleur à
l'eau avec laquelle on le fait bouillir. On l'emploie dans la teinture.

Bois de corail. — Plusieurs naturalistes pensent que l'arbre qui fournit ce bois est l'*adenanthera pavonia*, qui croît dans les Indes. Il est rouge, parsemé de veines écarlates et brillantes, assez dur, et susceptible de prendre un très-beau poli; il est inodore et insipide; il communique à l'eau bouillante et à l'alcool une couleur de brique. Suivant Cadet, il est essentiellement résineux, et peut être employé pour teindre la soie, pour faire une belle encre rouge, et pour colorer les liqueurs de table. On en fait des meubles de luxe.

Fustique (*morus tinctoria*, arbre qui croît dans les îles des Indes occidentales). — Il a une couleur jaune veinée d'oranger, il n'est ni très-dur ni très-pesant; il communique à l'eau une couleur orangée très-foncée. On l'emploie pour teindre en jaune.

Sumac (*rhus coriara*, arbrisseau qui croît dans le Levant). — Proust pense qu'il est principalement formé d'une matière tannante particulière; il communique à l'eau une couleur jaune verdâtre, qui ne tarde pas à brunir lorsqu'on l'expose à l'air. On l'emploie dans la teinture en noir comme mordant, à raison du tannin qu'il contient.

Bois résineux. — J'ai fait connaître, en parlant des résines, un très-grand nombre d'arbres qui fournissent un suc résineux : tels sont les pins, les sapins, etc. ; je ne crois pas devoir entrer dans de plus grands détails à cet égard.

Les bois qui ne sont pas colorés et qui ne contiennent pas une très-grande quantité de résine sont employés pour la construction, pour faire le charbon, etc.

DES ÉCORCES.

Les écorces sont principalement formées de ligneux; il en est qui renferment différents autres principes immédiats, tels que du tannin, des résines, des matières colorantes, des sucs glutineux, etc.

Écorce de chêne. — Cette écorce est une de celles qui contiennent le plus de tannin , aussi est-elle très-astringente; sa poudre porte le nom de *tan* et sert à tanner les peaux.

Cannelle (écorce intérieure du *laurus cinnamomum*, arbre que l'on cultive principalement à Ceylan). — Elle est sous forme de longs morceaux roulés sur eux-mêmes, d'un jaune tirant sur le rouge, d'une saveur d'abord sucrée, ensuite piquante et aromatique, et d'une odeur très-suave. Elle contient, d'après Vauquelin, une huile volatile, du tannin, du mucilage, une matière colorante et un acide; M. Guibourt en a retiré beaucoup d'amidon. On doit considérer la cannelle comme tonique et stimulante; on l'emploie dans les pertes qui suivent quelquefois l'accouchement, dans la ménorrhagie passive qui attaque les individus faibles, dans la leucorrhée constitutionnelle, dans les digestions pénibles occasionnées par la débilité de l'estomac, à la fin des diarrhées et des dysenteries, enfin comme sudorifique. On l'administre en poudre à la dose de 50 à 60 centigrammes jusqu'à 2 grammes, en infusion dans 1 litre de liquide, depuis 2 jusqu'à 6 grammes. L'huile essentielle se donne à la dose de 3, 4, 6, 8 gouttes, dans une potion sudorifique. On fait prendre aussi quelquefois, dans une potion, 20, 30, 40 gouttes d'alcool de cannelle, ou le double d'eau distillée de cannelle.

Écorce de Winter (*drimys Winteri*, arbre de la famille des magnoliacées).— Elle est composée de résine, d'huile volatile, d'un principe colorant, de tannin, de sulfate de potasse, de quelques autres sels, et d'oxyde de fer (Henry). Les Américains emploient cette écorce comme stomachique et sudorifique contre le scorbut, la paralysie, les catarrhes, etc.; elle entre dans le vin diurétique amer de la Charité.

Écorce du chanvre (*cannabis sativa*). —Elle est formée de beaucoup de ligneux, de résine, d'une matière verte et d'un suc glutineux; ces deux dernières substances sont susceptibles de se pourrir lorsqu'on les laisse pendant quelques jours en contact avec de l'eau, que l'on renouvelle peu à peu; le ligneux reste alors avec la petite quantité de résine; si on l'expose pendant quelques jours sur pré, à l'action du soleil, on en obtient facilement les filaments, qui se détachent par le moindre frottement, et qui constituent le chanvre. Cette opération, connue sous le nom de *rouissage,* a été perfectionnée il y a quelques années: en effet, on peut faire rouir le chanvre en deux heures de temps; il suffit de dissoudre 500 grammes de savon vert dans 325 kilogrammes d'eau, et d'y plonger le chanvre : on obtient plus de filasse et de meilleure qualité. M. Lée substitue au rouissage le procédé suivant, qui paraît préférable aux autres pour préparer le chanvre et le lin. On bat la plante avant qu'elle soit parfaitement mûre, en la plaçant entre deux fléaux de bois garnis de fer, cannelés, s'emboîtant l'un dans l'autre, dont l'un est fixe et l'autre mobile: par un moyen mécanique très-simple, la partie ligneuse de la plante est détachée et laisse les fibres à nu : on passe le chanvre à travers des peignes dont la finesse varie progressivement ; il se trouve promptement préparé et propre à l'usage auquel on le destine ; on le lave à l'eau pure, pour lui enlever la matière colorante. En 1817, M. Christian, administrateur du Conservatoire des arts et métiers, est parvenu à construire une machine propre à dépouiller facilement le chanvre de son écorce, sans être obligé de le rouir (voy. le *Moniteur* de juillet 1817).

Écorce de fausse angusture ou de *vomiquier* (fournie par le *strychnos nux vomica*, famille des loganiacées). — Elle contient de la brucine, que l'on devrait appeler *vomicine*, une matière grasse non vénéneuse, beaucoup de gomme, une matière jaune soluble dans l'eau et dans l'alcool, des traces de sucre, et du ligneux (Pelletier et Caventou).

Quinquina (écorce de diverses espèces du genre *cinchona*, arbres qui croissent en Amérique, au Pérou, etc.). — Le *quinquina gris* (*cinchona condaminea*) est composé de *cinchonine* unie à l'acide kinique, d'une quantité beaucoup plus petite de *quinine* combinée avec le même acide, d'une matière grasse verte, d'une matière colorante rouge très-peu soluble, d'une matière colorante rouge soluble (tannin), de kinate de chaux, de gomme, d'amidon et de ligneux. Le *quinquina jaune* (*cinchona cordifolia*) est formé de kinate acide de *quinine*, d'une petite quantité de kinate de *cinchonine*, de rouge cinchonique, d'une matière colorante rouge soluble (tannin), de matière grasse, de kinate de chaux, d'amidon, de ligneux, et de matière colorante jaune. Le *quinquina rouge* (*cinchona oblongifolia*) est composé de kinate acide de *cinchonine* et de quinine, de kinate de chaux, de rouge cinchonique, de matière colorante rouge soluble (tannin), de matière grasse, de matière colorante jaune, de ligneux, et d'amidon. Le *quinquina de Carthagène* (*portlandria hexandra*) se rapproche beaucoup, par sa composition, du quinquina rouge (1). Le *quinquina de Sainte-Lucie* ou *piton* (*exostemma floribunda*) ne contient ni quinine ni cinchonine : il renferme une matière amère qui semble se rapprocher de l'émétine (Pelletier et Caventou). L'*écorce*, connue sous le nom de *kina nova*, est composée d'une matière grasse, d'acide *kinovique*, d'une matière résinoïde rouge, d'une matière tannante, de gomme, d'amidon, d'une matière colorante jaune, de ligneux, et d'un atome de matière alcalescente (Pelletier et Caventou).

Le quinquina est un des médicaments les plus employés comme tonique, antiseptique, fébrifuge, etc.; on l'administre : 1° dans les fièvres intermittentes pernicieuses, à la dose de 24 à 32 grammes : on doit le donner pendant l'intermission et la rémission; 2° dans les fièvres intermittentes simples; 3° dans une multitude d'affections intermittentes, nerveuses ou autres. Plusieurs médecins conseillent encore de l'employer dans les fièvres dites putrides et adynamiques, dans la fièvre

____

(1) Dans toutes les écorces qui contiennent de la quinine et de la cinchonine, ces alcalis paraissent y exister, combinés non-seulement avec l'acide quinine, mais encore avec une ou plusieurs matières colorantes qui joueraient le rôle d'acides.

jaune, après la cessation totale de l'irritation fébrile, dans la peste, dans les varioles de mauvais caractère, lorsque l'éruption languit ou que la fièvre de suppuration est très-forte, dans la faiblesse des organes digestifs, etc. L'utilité de cette écorce dans les affections fébriles continues est contestée de nos jours par les praticiens qui considèrent ces maladies comme des gastro-entérites. Quoi qu'il en soit, on peut administrer les quinquinas sous toutes les formes, et depuis la dose de 30 à 40 centigrammes jusqu'à 30 à 40 grammes.

Cascarille (*croton elutheria*, arbuste de l'Amérique australe, famille des euphorbiacées).—Cette écorce est sous forme de petits morceaux roulés, aplatis, peu épais, d'une cassure résineuse, d'un gris cendré à l'extérieur, et d'une couleur rouille de fer en dedans; elle a une odeur aromatique et une saveur âcre très-amère; elle est formée, suivant Tromsdorff, d'une très-grande quantité de ligneux, de mucilage et de principe amer, de résine, d'huile volatile, et peut-être d'une petite proportion d'acide benzoïque. On l'emploie avec succès comme fébrifuge dans les mêmes cas où le quinquina est indiqué; on en fait usage dans les diarrhées et les dysenteries chroniques, dans les hémorrhagies passives, dans la fièvre hectique, etc.; on l'administre aussi comme vermifuge : on la donne ordinairement en poudre, depuis 60 centigrammes jusqu'à 4 grammes.

Écorce de simarouba (*quassia simaruba* ou *simaruba officinalis*, de la famille des rutacées). — Elle est formée, d'après M. Morin, pharmacien distingué de Rouen, de *quassine*, d'une matière résineuse, d'une huile volatile ayant l'odeur de benjoin, d'acide ulmique, de ligneux, d'acide malique, et de quelques traces d'acide gallique, d'acétate de potasse, d'un sel ammoniacal, de malate et d'oxalate de chaux, et de quelques sels minéraux (*Journ. de phys.*, t. VII).

Tiges du calamus verus des anciens. —Elles contiennent une résine, une matière amère brune, une matière colorante jaune, du malate de potasse, du sulfate de potasse, du chlorure de potassium, du phosphate de chaux, et de l'oxyde de fer (Boutron-Charlard).

Écorce du garou (*daphne gnidium*, famille des daphnacées).—Elle contient de la *daphnine*, de la cire, une matière verte brune, soluble dans l'alcool, et une matière résinoïde brune, inerte. La matière verte dissoute par l'alcool, si elle est traitée par l'éther, donne une huile très-vésicante, qui doit sa propriété épispastique à un principe très-âcre, volatil, et probablement alcalin. Suivant Vauquelin, le *daphne alpina* renferme du ligneux, de la résine verte, de la *daphnine*, et une substance colorante jaune.

Liége. — Le liége est la partie extérieure de l'écorce du *quercus suber*. Il doit être considéré comme un tissu cellulaire dont les cavités contiennent des matières astringentes, colorantes et résineuses ou huileuses; ainsi on y a découvert un principe aromatique, de l'acide acétique, de l'acide gallique, une couleur jaune, une matière astringente, un produit azoté, de la *cérine*, une résine molle, de la *subérine*, et quelques sels.

DES RACINES.

Les racines sont tantôt ligneuses, tantôt charnues: les premières sont en quelque sorte formées par le ligneux; les autres contiennent, outre ce corps, plusieurs autres substances.

Ipécacuanha (de la famille des rubiacées). — *Première variété, ipécacuanha gris ou annelé (cephœlis ipecacuanha* de Rich., *callicocca ipecacuanha* de Brotero). Cette racine est brune ou cendrée, diversement tortueuse, hérissée de petits anneaux proéminents, inégaux et rugueux, de la grosseur d'une plume; elle contient une moelle ligneuse (*meditullium*), qui ressemble à un fil, et dont il est facile de séparer l'écorce friable; sa saveur est âcre et amère, son odeur herbacée et nauséabonde. Pelletier a prouvé que l'*écorce* contient, sur 100 parties, 2 de matière grasse, huileuse, odorante, 16 d'émétine, 6 de cire végétale, 10 de gomme, 42 d'amidon, 20 de ligneux, et quelques traces d'acide gallique (perte 4). Suivant MM. Richard et Barruel, on y trouverait encore de la résine et un peu d'albumine. Le *meditullium* est composé de 1,15 d'émétine, de 2,45 de matière extractive non émétique, de 5 de gomme, de 20 d'amidon, de 66,60 de ligneux, de quelques traces d'acide gallique et de matière grasse (perte 4,80). Les résultats de cette analyse confirment ce que l'on savait déjà, savoir, que la partie corticale jouit de propriétés médicinales beaucoup plus énergiques que le *meditullium*. On administre l'ipécacuanha: 1° comme vomitif, principalement dans les fièvres intermittentes dont les paroxysmes se prolongent, dans les fièvres rémittentes de mauvais caractère, dans les dysenteries bilieuses, lorsqu'il y a surcharge des voies digestives, dans la coqueluche, dans certaines faiblesses des organes digestifs, dans la péritonite puerpérale bilieuse, etc.; on la donne à la dose de 25 à 90 centigrammes délayés dans de l'eau; 2° comme excitant du système pulmonaire, dans les dernières périodes des catarrhes pulmonaires; dans ce cas, on en fait prendre de petites doses souvent répétées. M. Magendie et Pelletier pensent à tort, suivant moi, que l'émétine doit être administrée, de préférence à l'ipécacuanha, parce qu'elle jouit de tous ses avantages à un plus haut degré, et qu'elle n'a point l'odeur et la saveur désagréable de ce médicament. Il résulte aussi de leurs expériences que l'ipécacuanha peut agir à la manière des poisons, lorsqu'il est administré à trop forte dose (voyez p. 418).

Seconde variété, ipécacuanha gris rougeâtre. Matière grasse, 2; éméline, 14; gomme, 16; amidon, 18; ligneux, 48; perte, 2.

L'*ipécacuanha strié noir (psychotria emetica)* est formé, d'après Pelletier, de 9 parties d'éméline, de 12 de matière grasse, et de 79 de ligneux, d'amidon et de gomme. L'ipécacuanha blanc (*Richardsonia brasiliensis*) paraît contenir, suivant le même auteur, 5 parties d'éméline, 35 de gomme, 1 de matière végéto-animale, et 57 de ligneux (perte 3). Une autre espèce d'ipécacuanha blanc (*viola emetica*) est formée, d'après MM. Barruel et Richard, de matière grasse, d'éméline, contenant un peu de matière sucrée (3,2), d'amidon (54), de matière extractive unie à un principe immédiat nouveau (22), de ligneux (19), et de quelques traces d'acide gallique. La racine de l'ipécacuanha *branca*, de Rio-Janeiro (*viola ipecacuanha*) contient environ le dixième de son poids d'éméline (Vauquelin).

Jalap (convolvulus jalappa, de la famille des convolvulacées, plante de *Xalapa* dans la Nouvelle-Espagne). — Elle est sous forme de tranches minces, dures, d'une couleur brune, présentant des rayons et des cercles résineux ; elle a très-peu d'odeur ; sa saveur est légèrement âcre et nauséabonde ; elle s'enflamme aisément. D'après les expériences de M. Félix Cadet de Gassicourt, elle est formée, sur 500 grammes, de 24 grammes d'eau, de 50 de résine, de 220 d'extrait gommeux, de 12,5 de fécule amylacée, de 12,5 d'albumine végétale, de 145 de ligneux, de 19 environ de différents sels, d'une certaine quantité d'acide acétique, de matière sucrée et de matière colorante. M. Guibourt, au contraire, a trouvé 17,65 de résine, 19 de mélasse extraite par l'alcool, 9,05 d'extrait sucré obtenu par l'eau, 10,12 de gomme, 18,78 d'amidon, 21,60 de ligneux, et perte 3,80. On administre le jalap comme purgatif, depuis 20 centigrammes jusqu'à 2 grammes 60 centigrammes, dans 100 grammes de véhicule. La résine de jalap est beaucoup plus énergique, et fait partie des potions hydragogues ; on la donne depuis 20 centigrammes jusqu'à 1 gramme ; celle qui a été préparée avec la partie ligneuse de la racine paraît plus active que celle qui est fournie par la partie corticale ; du moins, à la dose de 60 à 75 centigrammes, suspendue dans une émulsion, elle a produit de quinze à vingt selles sur plusieurs malades (Planche).

Résine de jalap ou *rhodéorétine*, $H^{35}C^{42}O^{20}$. Elle est incolore, transparente, insoluble dans l'eau et dans l'éther, très-soluble dans l'alcool et dans l'acide acétique. L'acide sulfurique concentré la colore en rouge-carmin. L'acide chlorhydrique la change en un liquide, le *rhodéorétinol*, $H^{23}C^{30}O^{4}$, et en glucose. Elle fournit, avec les bases, un acide faible, d'une saveur amère, inodore, soluble dans l'eau et dans l'alcool, insoluble dans l'éther, et désigné sous le nom d'acide *rhodéorétinique*. On obtient la résine de jalap pure en traitant, à plusieurs reprises, par l'éther, la résine impure. L'éther, dans ce cas, retient une autre résine, molle, acide, ayant l'odeur du jalap.

Rhubarbe (*rheum palmatum*, de la famille des polygonées). — Elle vient des parties septentrionales de la Chine. La racine est en morceaux cylindriques et arrondis, d'un jaune sale à l'extérieur, d'une texture compacte, d'une marbrure serrée, d'un rouge-brique à l'intérieur ; elle a une odeur particulière et une saveur âcre ; elle colore la salive en jaune orangé, et croque très-fort sous les dents ; sa poudre est d'une couleur qui tient le milieu entre le fauve et l'orangé. Elle est formée, suivant M. Guibourt, de *caphopicrite* ou *rhabarbarin*, d'une petite quantité d'une huile fixe, douce, rancissant par la chaleur, soluble dans l'alcool et dans l'éther, d'un peu de gomme, d'amidon, de ligneux, de malate acide de chaux, d'oxalate de chaux, qui fait le tiers de son poids, d'un peu de sulfate de chaux, et d'un sel à base de potasse. MM. Dæpping et Schlossberger y ont signalé trois résines, savoir : l'*apo-rétine*, la *phaïorétine* et l'*érythrorétine*. Quant au *rhabarbarin*, il est solide, jaune, d'une saveur âpre très-amère, qui est celle de la rhubarbe concentrée, soluble dans l'eau chaude, l'alcool et l'éther ; il forme, avec la potasse et l'ammoniaque, des dissolutions rouges, d'où les acides le précipitent en lui restituant sa couleur. La rhubarbe de *Moscovie* ne diffère de la précédente qu'en ce qu'elle contient un peu moins d'oxalate de chaux ; celle de France renferme beaucoup plus de tannin et d'amidon que les précédentes, elle contient beaucoup moins d'oxalate de chaux. On administre ce médicament comme tonique du système digestif, à la dose de 20 à 30 centigrammes, en poudre ou en infusion vineuse, comme purgatif, surtout chez les enfants ; on en fait infuser 4 ou 8 grammes dans de l'eau, que l'on emploie aussi comme anthelminthique, comme astringent dans les diarrhées et les dysenteries atoniques ; la dose est de 20 à 30 centigrammes. On s'en sert aussi dans les jaunisses lentes, etc. (voy. p. 301 pour ses usages en teinture).

Racine de ratanhia. — Elle est formée, d'après M. Peschier, de tannin, d'acide gallique, de matières gommeuses, extractives et colorantes, et d'acide kramérique. Vogel y admet une petite quantité de fécule.

Racine de serpentaire de Virginie (*aristolochia serpentaria*). — Elle est composée, d'après M. Chevallier, d'une huile volatile, ayant la même odeur que la plante, d'amidon, de résine, de gomme, d'albumine, d'une matière jaune, amère, causant une irritation à la gorge, soluble dans l'eau et dans l'alcool, de malates de potasse et de chaux, de phosphates de potasse et de chaux, de fer et d'acide silicique.

Racine d'iris de Florence (*iris florentina*).—Cette racine, fraîche, est âcre et amère; elle perd une partie de ces qualités par la dessiccation; elle a une odeur agréable et très-analogue à celle des fleurs de violette. Elle contient, suivant Vogel, de la gomme, un extrait brun, de la fécule, une huile grasse, âcre, amère, une huile volatile en paillettes blanches, et du ligneux. Distillée avec de l'eau, elle fournit un produit nacré, cristallin, lamelleux, insoluble dans l'eau, qui, d'après sa composition, peut être considéré comme un oxyde du stéaroptène d'huile de roses (Dumas). Elle était très-employée autrefois en médecine, comme tonique et incisive, dans certaines affections atoniques du système pulmonaire : on l'administre aujourd'hui, mais rarement, comme calmant, dans les coliques et les dévoiements, surtout chez les enfants; on en donne 30 à 40 centigrammes avec autant de magnésie et du sucre.

Racines de gingembre, de zédoaire et de galanga. — Gingembre (*zingiber officinale*, famille des amomacées). Elle est formée de résine soluble dans l'éther, de sous-résine, d'une huile volatile d'un bleu verdâtre, d'amidon, de gomme, de ligneux, de matière végéto-animale, d'acide acétique libre, d'acétate de potasse, de quelques sels minéraux, et de soufre. La *zédoaire* (*curcuma zedoaria*, amomacées) est composée de la même manière, si ce n'est qu'elle ne contient point de sous-résine. Le *galanga* (*galanga minor*, famille des amomacées) ne renferme point de matière végéto-animale; cette racine contient beaucoup de sous-résine, on y trouve aussi beaucoup d'oxalate de chaux; à ces modifications près, sa composition est la même que celle du gingembre (Morin, de Rouen).

Racine de curcuma (*curcuma tinctoria*, famille des amomacées, racine jaune qui nous vient des Indes orientales). — Elle est formée, suivant MM. Pelletier et Vogel, d'une matière ligneuse, de fécule amylacée, d'une matière colorante brune, semblable à celle que l'on retire de plusieurs extraits; d'un peu de gomme, d'une huile volatile odorante, très-amère; d'un peu de chlorure de calcium, et de *curcumine*. On emploie cette racine pour dorer les jaunes de gaude; et donner plus de feu à l'écarlate; on s'en sert pour teindre en jaune orangé, mais la couleur qu'elle fournit n'est point solide. On prépare avec elle le papier de curcuma, dont on fait usage pour reconnaître les alcalis; cependant je dois dire que, s'il est vrai que ce papier est rougi par les alcalis, il l'est également par les acides sulfurique, azotique, chlorhydrique, borique et phosphorique, si toutefois ce dernier est concentré.

Racine de gentiane (*gentiana lutea*, plante des contrées montagneuses de la Suisse, de la Hongrie, de la France, etc.).—Elle est cylindrique, marquée d'anneaux voisins les uns des autres, rugueuse, d'un brun foncé ou fauve, peu odorante, et douée d'une saveur très-amère; son parenchyme est jaunâtre et tire un peu sur le rouge. Elle contient, d'après MM. Henry et Caventou, un principe odorant très-fugace, de la *gentianine* , de la *glu*, une matière huileuse verdâtre fixe, un acide organique libre, qui se rapproche de l'acide acétique, une assez grande quantité de sucre incristallisable, de la gomme, une matière colorante fauve, et du ligneux (*Journ. de pharm.*, tom. VI). On n'y a pas trouvé d'amidon. Lorsqu'on la laisse fermenter pendant quinze jours avec de l'eau, dans une chambre chaude, on obtient de l'*eau-de-vie* qui n'a point de saveur désagréable, mais qui conserve l'odeur de la gentiane.

La racine de gentiane est employée en médecine comme un excellent tonique; on l'administre dans les fièvres intermittentes printanières, dans le scorbut, les obstructions des viscères du bas-ventre, les scrofules; on l'a aussi vantée comme anti-arthritique, lithontriptique, etc. On la fait prendre le plus ordinairement sous forme de teinture alcoolique, que l'on donne à la dose de 30 ou de 60 gouttes, ou sous forme de vin aromatisé; on l'emploie aussi pour faire des tentes propres à dilater les trajets fistuleux. Planche, ayant pris une cuillerée à bouche d'eau distillée de gentiane, eut de fortes nausées, et au bout de trois minutes, il éprouva une sorte d'ivresse qui se prolongea pendant plus d'une heure.

Racine de polygala de Virginie (*polygala senega*, de la famille des polygalées).— Elle contient, d'après Gehlen, 7,50 de résine molle, 6,15 de *sénégine*, principe âcre, 26,85 de matière extractive douceâtre et âcre, 9,50 de gomme mêlée d'un peu d'albumine, 46 de ligneux, perte 4. La sénégine pourrait bien n'être que l'acide *polygalique* impur (voy. p. 378).

Racine de réglisse (*glycyrrhiza glabra*, de la famille des légumineuses).—Cette racine est formée, d'après Robiquet, de fécule amylacée, d'albumine végétale ou de substance végéto-animale, d'une huile résineuse brune et épaisse, qui donne l'âcreté aux décoctions de réglisse, de ligneux, d'une matière colorante, d'acide phosphorique et d'acide malique combinés avec la chaux et la magnésie, de *glycyrrhizine* et *d'asparagine*.

Le *jus de réglisse* n'est autre chose que le *decoctum* de la racine convenablement évaporé. L'*infusum* de réglisse, préparé avec 4 grammes de racine sèche dépouillée de son écorce et un demi-kilogramme d'eau bouillante, est employé comme adoucissant et expectorant dans les catarrhes légers, les chaleurs de poitrine. Le jus de réglisse peut être utile dans les toux catarrhales invétérées.

Carotte rouge (*daucus carotta*). — Le suc de carottes contient de l'albumine, qui entraîne avec elle une matière grasse résineuse, d'une belle couleur jaune, de la mannite, un principe sucré difficilement critallisable, nne matière organique tenue en dissolution à l'aide du principe sucré, de l'acide malique. Les cendres sont formées de chaux et de potasse combinées avec les acides phosphorique, chlorhydrique et carbonique. Le marc, épuisé par l'eau froide, contient de la fibre végétale, de la pectine.

On l'administre en médecine, comme apéritive et analeptique, dans la strangurie et l'ictère. Le suc et l'extrait de cette racine ont été employés avec succès dans le traitement des ulcères malins et carcinomateux, sinon pour guérir la maladie, du moins pour la diminuer : tantôt on applique le suc sur la partie affectée, tantôt on l'introduit par injection.

Racine de fougère mâle. — Elle est formée, d'après M. Morin, de Rouen, d'une huile volatile, d'une matière grasse, composée d'oléine et de stéarine, d'acides gallique et acétique, de sucre incristallisable, de tannin, d'amidon, d'une matière gélatineuse insoluble dans l'eau et dans l'alcool, de ligneux, et de plusieurs sels. On l'administre comme anthelminthique.

Calaguala (souche de l'*aspidium coriaceum* de Swartz, ou du *polypodium adianthiforme* de Forster et Jussieu, cryptogame de l'Amérique australe, de Saint-Domingue, de la Nouvelle-Hollande, etc.). — Elle est cylindrique, écailleuse, roussâtre, flexueuse, garnie d'une multitude de fibrilles grêles qui se subdivisent encore en d'autres filaments ; sa saveur, d'abord douce, finit par être amère ; son odeur est rance et huileuse. Elle est formée d'un peu de sucre, d'un mucilage jaunâtre, d'un peu d'amidon, de ligneux, de résine amère, âcre et soluble dans les alcalis ; d'une matière colorante rouge, d'acide malique, de chlorure de potassium, de carbonate de chaux et d'acide silicique (Vauquelin). On a préconisé cette racine comme sudorifique dans le rhumatisme, la goutte, la syphilis ; on a vanté ses bons effets dans l'hydropisie, les phlegmasies chroniques de la poitrine , etc. ; mais il est indispensable de réitérer les observations avant de lui accorder autant d’importance.

Racine de bryonia alba (de la famille des cucurbitacées).—Cette racine est fusiforme, et acquiert souvent un très-grand volume. Elle contient, d’après les expériences de M. Dulong d’Astafort, une matière amère drastique, vénéneuse (bryonine), beaucoup d’amidon, une petite quantité d’huile concrète verte, un peu de résine, de l’albumine végétale, de la gomme, beaucoup de sous-malate de chaux, un peu de *carbonate de chaux,* un malate acide, et des sels minéraux (*Journ. de pharm.,* novembre 1826). On l’administre en poudre, comme purgatif, à la dose de 1 à 2 grammes ; si la dose. était très-forte, elle agirait comme les poisons âcres. Si, après avoir laissé déposer le suc de bryone, on épuise le précipité par l’eau, pour dissoudre toutes les matières solubles, il ne reste que la fécule amylacée, avec laquelle les Américains se nourrissent.

Racine d’ellébore blanc (*veratrum album ,* de la famille des colchicacées). — Elle est formée de stéarine, d’oléine, et d’un acide volatil, de *gallate acide de vératrine ,* d’amidon, de ligneux, de gomme, d’une matière colorante jaune, et de quelques sels minéraux (Pelletier et Caventou).

Racine de colchique (*colchicum autumnale ,* de la famille des colchicacées). — Elle renferme, outre les substances qui composent la racine d’ellébore blanc, une grande quantité d’inuline (Pelletier et Caventou).

Racine du manihot aipi, de Pohl (famille des euphorbiacées).—Elle ne contient aucun principe dangereux, et peut être mangée sans inconvénient. La racine du *manihot utilissima ,* au contraire, donne un suc laiteux, composé d’amidon, d’un principe volatil très-vénéneux qui paraît être de l’acide cyanhydrique, etc. ; la racine dépouillée de ce suc contient beaucoup de fécule. Les habitants du Nouveau Monde commencent par extraire tout le suc de la racine; ils dessèchent celle-ci au soleil et la pulvérisent; la farine qui en résulte porte le nom de *cassave ;* ils la font cuire sur une plaque de fer chaude, de manière à en obtenir des galettes auxquelles ils donnent le nom de *pain de cassave.*

Racine de saponaire (*saponaria officinalis,* de la famille des caryophyllées). — Elle est formée, suivant Bucholz, de 0,25 de résine molle, de 34 de *saponine,* de 0,25 d’extractif, de 33 de gomme, de 22,25 de ligneux, et de 13 d’eau. Le suc exprimé à la floraison a fourni à M. Braconnot 75 de *saponine* avec un peu d’acétate de potasse, 27,5 de matière animale soluble dans l’eau, insoluble dans l’alcool, et 2,5 d’une matière inconnue blanchâtre.

Racine de grenadier (*punica granatum*, de la famille des granatées).
— L'écorce de cette racine contient du tannin, une matière analogue à
la cire, une substance sucrée en partie soluble dans l'eau et dans l'alcool (la portion soluble dans l'eau a les caractères de la mannite), et de
l'acide gallique (Mitouart). Elle est employée avec succès dans le traitement du tænia. Il y a évidemment là un principe actif qui a échappé
à Mitouart.

Racine de guimauve.—Elle contient de l'eau, de la gomme, du sucre,
une huile grasse, de l'amidon, de l'*asparagine* unie à l'acide malique,
de l'albumine, du ligneux, et différents sels (Bacon, de Caen).

Racine de pyrèthre (*anthemis pyrethrum*, de la famille des synanthérées, tribu des sénécionidées). —Elle est cylindrique, longue et grosse
comme le doigt, grise et rugueuse en dehors, grise ou blanchâtre en
dedans, d'une saveur brûlante qui excite fortement la salivation, d'une
odeur irritante, désagréable. Elle contient 3 d'un principe âcre (*pyréthrine*), composé de résine brune, d'huile brune et d'huile jaune ; 25
d'inuline, 11 de gomme, 0,55 de tannin, 12 de matière colorante, 45 de
ligneux, 1,64 de chlorure de potassium, d'acide silicique, d'oxyde de
fer, etc.; perte 1,81 (Parisel). On l'emploie dans les maladies des dents,
dans la paralysie de la langue, et toutes les fois que l'on veut exciter une
abondante salivation.

Racine d'aulnée (*inula helenium*, famille des synanthérées, tribu des
astéroïdées). — Elle contient des traces d'une huile volatile liquide 0,04
d'*hélénine*, huile volatile concrète et cristallisable, 0,6 de cire, 1,7
de réside molle et âcre, 36,7 d'extrait amer soluble dans l'eau et dans
l'alcool, 4,5 de gomme, 36,7 d'inuline, 13,9 d'albumine végétale, 5,5
de fibres ligneuses, et quelques sels potassiques, calciques et magnési-
ques. Elle est tonique et diaphorétique; sa décoction, employée en lotions, apaise presque instantanément les démangeaisons produites par
les dartres, etc.

DES FEUILLES.

Les feuilles sont formées de 3 parties distinctes : 1° de l'épiderme,
dont l'analyse n'a pas encore été faite ; 2° de la pulpe, dans laquelle on
trouve souvent de la cire, une matière végéto-animale, etc., et qui contient toujours une résine colorée, à laquelle on doit probablement attribuer la couleur des feuilles ; 3° de ligneux.

Feuilles fraîches du nicotiana tabacum latifolia. — Ces feuilles contiennent une grande quantité d'albumine; une matière rouge peu con-

nue, qui se boursoufle beaucoup lorsqu'on la chauffe, et qui se dissout
dans l'eau et dans l'alcool; de la *nicotine*, à laquelle le tabac doit ses
propriétés vénéneuses; de la résine verte, du ligneux, de l'acide acétique, du malate acide de chaux, de l'oxalate et du phosphate de chaux,
du chlorure de potassium, de l'azotate de potasse, du chlorhydrate
d'ammoniaque, de l'oxyde de fer et de l'acide silicique (Vauquelin).
(voy. *Nicotine*). Depuis les travaux de ce savant illustre, M. Goupil a
vu que 1 kilogramme de tabac de Virginie pouvait fournir jusqu'à 40
ou 50 grammes de malate acide d'ammoniaque, et que le tabac contient
des quantités notables d'acide citrique. Suivant M. Barral, il renfermerait en outre un acide particulier, qu'il a nommé acide *nicotianique*.

Le tabac en poudre, c'est-à-dire les feuilles sèches de quelques espèces de nicotiane que l'on a réduites en poudre après leur avoir fait subir
un commencement de fermentation et leur avoir ajouté un peu de chaux
pour leur donner du montant; ce tabac, dis-je, donne lorsqu'on le décompose par le feu, d'après Zeize, de l'acide butyrique, du butyrate
d'ammoniaque, et des huiles particulières, susceptibles d'être transformées, par les alcalis, en acides butyrique et en plusieurs autres huiles
encore peu connues; il laisse en brûlant 17 à 24 pour 100 de cendres,
proportion énorme; tandis que les racines de la plante n'en donnent
que de 5 à 14 pour 100. Le tabac a été administré comme émétique,
purgatif, expectorant, errhin, etc.; on s'en est servi dans les infiltrations séreuses de la poitrine, dans l'asthme, les catarrhes, l'apoplexie
séreuse, les paralysies des parties supérieures, le commencement des
gouttes sereines, les maux de dents et d'oreilles, etc. On l'a donné principalement sous forme de sirop, préparé avec l'infusion de tabac, du
miel et du vinaigre; ce médicament, connu sous le nom de *sirop de
quercetan*, a été employé à la dose d'une cuillerée à café ou tout au
plus d'une cuillerée à bouche, dans une potion de 120 à 130 grammes,
dont on faisait prendre une cuillerée de trois en trois heures. On a
aussi administré des lavements de *decoctum* de tabac préparés avec 8 ou
12 grammes de ce médicament et un litre d'eau que l'on réduisait à
moitié; ces lavements sont fortement purgatifs et émétiques. Aujour-
d'hui on prescrit rarement le tabac à l'intérieur; son administration
imprudente est suivie de trop de danger pour qu'on ne cherche pas à le
remplacer dans les affections où il peut être utile. Quel que soit le tissu
sur lequel on l'applique, il est absorbé, transporté dans le torrent de
la circulation, et porte son action sur le système nerveux; il détermine un tremblement général, des vertiges, la paralysie, l'insensibilité générale, et la mort; il exerce, indépendamment de cette action,

une irritation locale suivie d'une inflammation plus ou moins vive.

Feuilles de belladona (*atropa belladona*). — Le suc de cette plante est composé d'eau, d'une substance amère, nauséabonde, soluble dans l'alcool, à laquelle la *belladona* doit ses propriétés médicales (*atropine de Brande*), d'une matière animale en partie coagulable par la chaleur, et qui reste en partie dissoute à la faveur d'un excès d'acide acétique libre, d'azotate et de sulfate de potasse, de chlorure de potassium, d'oxalate acide de potasse et d'acétate de potasse, de phosphate de chaux, d'acide silicique et d'oxyde de fer. La poudre des feuilles de *belladona* semble avoir été administrée quelquefois avec succès dans les squirrhes des intestins, de l'utérus, des mamelles, et dans l'épilepsie ; elle a été utile pour soulager les accès des maniaques, pour guérir les affections syphilitiques anciennes et sans inflammation, principalement lorsqu'on l'a associée au calomélas. Son emploi est très-avantageux dans la coqueluche, surtout lorsqu'on commence à l'administrer du quinzième au vingtième jour ; cependant on en a obtenu de très-bons effets, même en la donnant dès le début de la maladie. On fait prendre aux enfants au-dessous d'un an, un centigramme de racine de cette plante, mêlée avec du sucre, matin et soir ; les enfants de trois ou quatre ans en prennent le double ; ceux de six ans, 7 centigrammes, en augmentant la dose jusqu'à en donner 10 ou 15 centigrammes dans les vingt-quatre heures. La *belladona*, administrée à plus forte dose, agit sur le système nerveux comme un poison énergique (voyez ma *Toxicologie générale*, 4e édition).

Feuilles de digitale. — Elles contiennent, d'après MM. Quevenne et Homolle, de la *digitaline*, de la *digitalose*, du *digitalin*, de la *digitalide* (ces quatre principes sont neutres), de l'acide *digitalique*, de l'acide *digitaléique*, de l'acide antirrhinique, de l'acide tannique, de l'amidon, du sucre, de la pectine, une matière azotée albuminoïde, une matière colorante rouge-orange incristallisable, de la chlorophylle, et une huile volatile (*Bulletin de l'Acad. de méd.*, janvier 1850).

Feuilles de gratiole (*gratiola officinalis*). — Le suc de cette plante est composé d'une substance gommeuse brune, d'un peu de matière animale, de beaucoup de chlorure de sodium, d'un malate qui paraît être à base de potasse, d'une matière résineuse très-amère, à laquelle Vauquelin, à qui l'on doit cette analyse, attribue les propriétés médicinales de la gratiole. Cette résine est très-soluble dans l'eau, surtout à l'aide des autres principes du suc. L'*infusum*, préparé avec un verre d'eau et vingt ou trente feuilles de gratiole, est quelquefois employé comme purgatif hydragogue, dans les hydropisies atoniques, les maladies cutanées, etc. Le vin de gratiole est encore plus actif. Administrées à forte dose, ces préparations irritent, enflamment le canal digestif, et déterminent la mort.

Feuilles de ciguë (*conium maculatum*, famille des ombellifères).—Le suc, d'une belle couleur verte, contient beaucoup de chlorophylle, de l'albumine, de la gomme, un principe colorant, de la *conicine* unie à un acide, et plusieurs sels. On l'emploie en poudre, en teinture ou en extrait, dans les engorgements des viscères abdominaux, dans les affections squirrheuses, etc.

Feuilles du séné de la palthe.—Ce séné est mélangé de trois espèces du genre *cassia*, de la famille des légumineuses. Les feuilles de séné de la palthe sont d'un vert jaunâtre, peu odorantes, et douées d'une saveur âcre. Suivant MM. Lassaigne et Feneulle, elles contiennent de la chlorophylle, une huile grasse, une huile volatile peu abondante, de l'albumine, de la *cathartine* (principe purgatif), un principe jaune, de la gomme, de l'acide malique, du malate et du tartrate de chaux, de l'acétate de potasse, et quelques sels minéraux. On administre comme purgatif un *infusum* préparé avec 4 ou 8 grammes de feuilles de séné, non altérées, et 120 grammes d'eau; on l'associe ordinairement à d'autres purgatifs.

Feuilles d'absinthe (*artemisia absinthium*).—L'absinthe a fourni à l'analyse une très-grande quantité de résine, du chlorure de potassium et du sulfate de potasse, du sulfate et du carbonate de chaux, de l'acide silicique, de l'alumine, de l'oxyde de fer, un acide végétal libre, un acide végétal combiné avec la potasse (Kunsmuller), et un principe particulier, l'*absinthine*. On administre l'*infusum* aqueux et vineux d'absinthe comme tonique et stomachique, comme diurétique, vermifuge, emménagogue, etc.

Indigofera anil. — Le suc des tiges de cette plante est composé d'indigo au *minimum* d'oxydation, de matière végéto-animale, d'une matière verte et d'une matière jaune extractive, solubles dans l'alcool, de mucilage, d'un sel calcaire et de sels alcalins. La *fécule verte*, ou la partie tenue en suspension dans le suc non filtré, contient de la cire, de l'indigo, de la résine verte, de la matière animale, et une matière rouge particulière. Le *marc* est presque entièrement formé de ligneux.

DES FLEURS.

Les fleurs ont été fort peu étudiées sous le rapport de l'analyse chimique, aussi me dispenserai-je de faire leur histoire en détail.

Fleurs de coquelicot. — Elles renferment, d'après M. Riffard, 12 de matière grasse jaune, 40 de matière colorante rouge, 20 de gomme, et 28 de fibre végétale ; on y trouve en outre le principe narcotique du suc de pavot (opium).

Girofle (fleurs desséchées du *caryophyllus aromaticus*, de la famille des myrtacées, arbre qui croît particulièrement aux Moluques). — Les girofles sont d'un brun foncé ; leur saveur est âcre, aromatique et brûlante ; ils donnent une poudre grasse, surtout lorsqu'ils sont de bonne qualité. Ils sont formés, suivant Tromsdorff, sur 1,000 parties, de 180 d'une huile volatile âcre, aromatique, qui communique cette propriété aux fleurs, de 40 parties d'une matière extractive peu soluble, de 130 de tannin particulier, de 130 de gomme, de 60 d'une résine particulière, de 280 de fibre végétale, et de 180 d'eau. Lodibert y a trouvé de plus de la *caryophylline*. On emploie l'huile de girofle pour cautériser les nerfs dentaires, pour détruire la carie des dents et celle des autres os. On prépare avec un litre de vin et quatre ou cinq clous de girofle une boisson tonique stomachique, dont on se sert avec succès dans les maladies venteuses, à la fin des dévoiements, dans les infiltrations passives, et dans la petite vérole, lorsque l'éruption est difficile.

Safran (*crocus sativus*, de la famille des iridées). — On emploie en médecine, sous ce nom, les stigmates des fleurs, qui sont sous forme de filaments longs, souples, élastiques, d'un rouge orangé foncé, sans mélange de styles blanchâtres ni d'antennes de couleur jaune, d'une odeur vive, pénétrante, colorant fortement la salive en jaune doré. Il renferme une matière colorante rouge orangée, une huile volatile odorante, de la cire végétale, de la gomme, de l'albumine, et une petite quantité de sels à base de potasse, de chaux et de magnésie (*Ann. de chim.*, t. LXXX). On l'emploie comme assaisonnement, il est usité en teinture ; enfin il entre dans la composition de la thériaque, du laudanum de Sydenham, de l'élixir de Garus, etc.

Fleurs d'arnica montana (de la famille des synanthérées, tribu des senécionidées).—Elles contiennent une résine jaune, ayant l'odeur d'arnica, une matière nauséabonde vomitive, de l'acide gallique, une matière colorante jaune, de l'albumine, de la gomme, du chlorure de potassium, du phosphate de potasse, un sel à base de chaux, des traces de sulfate et d'acide silicique (Chevallier et Lassaigne). Les fleurs d'arnica, en infusion aqueuse, sont excitantes et sudorifiques ; on les emploie contre les affections rhumatismales, la paralysie, etc. ; à forte dose, elles sont émétiques.

DU POLLEN ET DU NECTAIRE.

Les analyses du pollen de diverses fleurs, faites par Bucholz, John, Macaire Princep, Fourcroy et Vauquelin, ont prouvé qu'il existe une différence notable dans la composition des grains de pollen ; les substances qu'on y a trouvées sont des huiles volatiles et grasses, du sucre, une résine molle, de l'amidon, de la gomme, de l'albumine végétale, de la stéarine, de l'oléine, de la cire, des malates, plusieurs autres sels, et une matière que l'on a cru pouvoir considérer comme un principe immédiat, et à laquelle on a donné le nom de *pollénine*. Celle-ci, d'après M. Raspail, n'est qu'une poudre composée de grains de pollen avec leur épiderme, leur *test*, leur *gluten* intérieur, et une certaine quantité de résine et d'huile : c'est le gluten, dit-il, avec toutes ses variations accidentelles ; aussi ne le trouve-t-on pas identique dans deux végétaux.

Le *nectaire* des fleurs est composé, d'après M. Braconnot, de 13 parties de sucre de canne, de 10 parties de sucre incristallisable, et de 77 d'eau.

DES FRUITS ET DES GRAINES.

Houblon (cônes de l'*humulus lupulus,* de la famille des cannabinéés). —Ces cônes sont chargés d'une poussière organisée, jaune, odorante, résineuse, à laquelle on attribue principalement les propriétés médicales du houblon, et qui contient une résine, une huile volatile, de la *lupuline* (matière amère), de la cire, du tannin, du gluten, etc. Il existe dans les jeunes pousses une matière sucrée. La partie herbacéé des racines, des tiges, des feuilles, des bractées, des fleurs, renferme une matière végétale styptique, astringente, âpre, nullement amère.

Baies de laurier (laurus nobilis). — Elles contiennent, suivant M. Bonastre, de l'huile volatile, une matière cristalline que l'on pourrait appeler *laurine,* une huile grasse de couleur verte, un composé d'huile liquide et de cire, de la résine unie à une sous-résine glutineuse, de la fécule, un extrait gommeux, une substance analogue à la bassorine, du sucre incristallisable, un acide, $\frac{1}{3}$ environ de parenchyme, des traces d'albumine, des sels, et de l'humidité.

Follicules de séné de la palthe. — M. Feneulle a retiré de ces fruits de la *cathartine,* une matière colorante, très-peu d'albumine, beaucoup de mucus, une huile grasse, une huile volatile, du ligneux, de l'acide

malique, des malates de potasse et de chaux, et plusieurs sels minéraux.

Casse ou *fruit du canéficier* (*cassia fistula*, de la famille des légumineuses). — Vauquelin a retiré de 1,000 grammes de ce fruit 351,55 de
valves, 70,31 de cloisons, 132,82 de graines, 445,32 de pulpe. Celle-
ci a fourni : sucre, 148,44 ; pectine, 31,25 ; gomme, 15,62, glutine, 7,92 ;
matière extractive amère, 5,10 ; eau, 236,99. La casse est un purgatif
doux, on l'emploie en pulpe et en extrait ; la pulpe existe dans la composition de l'électuaire *catholicum* et du lénitif.

Tamarin (fruit du *tamarindus indica*, de la famille des légumineuses).
— La pulpe contenue dans ce fruit est brune ou rouge, d'une saveur
astringente, légèrement sucrée. Vauquelin y a trouvé 9,40 d'acide citrique, 1,55 d'acide tartrique, 0,45 d'acide malique, 3,25 de bitartrate de
potasse, 12,50 de sucre, 4,70 de gomme, 6,25 de pectine, 34,35 de parenchyme, 27,55 d'eau. La pulpe de tamarin est laxative et antiputride ;
elle entre dans la composition de l'électuaire *catholicum* double et du lénitif. On doit rejeter le tamarin qui contient du cuivre pour avoir été
préparé dans des bassines de ce métal

Graines céréales. — *Seigle.* Suivant Einhoff, 3,840 parties de seigle
sont formées de 930 parties d'enveloppe, de 390 d'humidité, et de 25,20
de farine. La même quantité de farine renferme 126 d'*albumine*, 364 de
gluten non desséché, 426 de *mucilage*, 23,45 d'*amidon*, 126 de *sucre*,
245 d'enveloppe (perte, 208).

Seigle ergoté. — D'après Wiggers, le seigle ergoté serait formé de
35,0006 d'une huile grasse, blanche, particulière ; 1,0456 d'une matière
grasse, blanche, cristallisable, très-molle ; 0,7578 de cérine, 46,1862
de matière fongueuse ; 1,2465 d'*ergotine*, matière pulvérulente rouge
brune, ayant les plus grands rapports avec le rouge cinchonique, dont
elle diffère cependant par l'odeur et la saveur ; 7,7646 d'osmazome végétal, 1,5530 de sucre du seigle ergoté ; 2,3250 de matière gommeuse
extractive, combinée avec un principe colorant azoté, rouge de sang ;
1,460 d'albumine végétale, 4,4221 de phosphate acide de chaux combiné avec des traces de fer, 01394 d'acide silicique.

En comparant cette analyse à celle du seigle, on verra que le seigle
ergoté ne contient plus d'amidon, que le gluten s'y trouve altéré, et qu'il
renferme plusieurs substances qui n'existent pas dans le seigle ordinaire. Plusieurs naturalistes pensent, d'après cela, que l'ergot du seigle
n'est qu'une dégradation résultant d'une maladie produite par des causes extérieures. Virey le regardait comme l'effet d'une matière putride,
et il attribuait ses propriétés vénéneuses à la matière âcre et à la sub-

stance animale putrescente qu'il contient ; cette opinion n'est pas cependant généralement adoptée. Paulet et de Candolle croient que l'ergot n'est autre chose qu'un végétal nouveau, développé dans la balle qui devait contenir le grain de seigle. M. Guibourt dit que l'ergot n'est pas un ovaire ou un grain altéré, mais bien un champignon, qui, *après la destruction de l'ovaire,* s'est greffé à sa place sur le pédoncule. L'analyse du champignon connu sous le nom de *uredo zea maydis,* faite par Dulong, vient à l'appui de ces diverses opinions, que M. Wiggers ne balance pas à adopter. Suivant cet auteur, les effets nuisibles du seigle ergoté devraient être rapportés à l'*ergotine ;* tandis que ses propriétés médicamenteuses résideraient dans la décoction aqueuse, qui ne renferme pas d'ergotine (voy. *Journ. de pharm.,* septembre 1832).

M. Bonjean croit au contraire, après avoir fait un grand nombre d'expériences, que c'est à une huile fixe que le seigle ergoté doit ses qualités vénéneuses, et non à l'ergotine ; tandis qu'il attribue à un extrait qu'il a appelé *hémostatique,* et qui n'est pas vénéneux, la propriété d'exciter les contractions utérines.

Le *froment,* l'*orge,* et l'*avoine,* contiennent tous de l'eau, de la fécule, du gluten, du glucose, de la dextrine, une matière grasse, et des sels en quantité qui varie pour chacun d'eux, et même suivant les lieux où ils ont été cultivés ; toutefois la proportion de gluten qui forme dans la farine la partie nutritive est plus considérable dans le froment que dans le seigle, et plus dans l'orge que dans l'avoine. Le tableau suivant, emprunté à M. Péligot, peut donner une idée des limites entre lesquelles varie la quantité des principes contenus dans diverses farines de froment dont on n'avait pas séparé le *son* (*Journ. de pharm.,* juillet 1850).

Analyse des blés.

	Blé blanc de Flandre.	Hardy-White.	Touselle blanche de Provence.	Blé Polish Odessa.	Blé Hérisson	Poulard roux.	Poulard bleu conique (année moyenne).
Eau.	14,6	13,6	14,6	15,2	13,2	13,9	14,4
Matières grasses. . . .	1,0	1,1	1,3	1,5	1,2	1,0	1,0
Matières azotées insolubles dans l'eau. . . .	8,3	10,5	8,1	12,7	10,0	8,7	13,8
Matières azotées solubles (albumine).	2,4	2,0	1,8	1,6	1,7	1,9	1,8
Matière soluble non azotée (dextrine).	9,2	10,5	8,1	6,3	6,8	7,8	7,2
Amidon.	62,7	60,8	66,1	61,3	67,1	66,7	56,9
Cellulose.	1,8	1,5	»	»	»	»	1,5
Sels.	»	»	»	1,4	»	»	1,9

	Poulard bleu conique (année très-sèche).	Mitadin du Midi.	Blé de Pologne.	Blé venant de la Hongrie.	Blé d'Égypte.	Blé d'Espagne.	Blé de Tangarock.
Eau.	13,2	13,6	13,2	14,5	13,5	15,2	14,8
Matières grasses. . . .	1,2	1,1	1,5	1,1	1,1	1,8	1,9
Matières azotées insolubles dans l'eau. . . .	16,7	14,4	19,8	11,8	19,1	8,9	12,2
Matières azotées solubles (albumine). . . , . .	1,4	1,6	1,7	1,6	1,5	1,8	1,4
Matière soluble non azotée (dextrine).	5,9	6,4	6,8	5,4	6,0	7,3	7,9
Amidon.	59,7	59,8	55,1	65,6	58,8	63,6	57,9
Cellulose.	»	1,4	»	»	»	»	2,3
Sels.	1,9	1,7	1,9	»	»	1,4	1,6

Le son provenant du blé contient 8 p. 100 de cellulose, tandis que le blé n'en renferme à peu près que 1,7 p. 100 en moyenne.

L'eau a été déterminée en chauffant 5 à 10 grammes de blé récemment moulu dans l'étuve à l'huile, à la température de 110° à 120".

Les matières grasses ont été isolées au moyen de l'éther rectifié et complétement privé d'eau.

L'eau appliquée au blé déjà dépouillé de matière grasse a enlevé la dextrine et l'albumine ; cette dextrine a été dosée d'après la quantité d'azote fournie par les parties solubles dans l'eau contenues dans le blé, en admettant que l'albumine contient 16 p. 100 d'azote ; on sait que la dextrine ne renferme pas cet élément.

Le gluten (matière azotée insoluble) a été calculé aussi d'après la proportion d'azote qu'il a fourni.

L'azote lui-même a été dosé en recueillant dans un volume connu d'acide sulfurique titré l'ammoniaque résultant de la combustion du blé par un mélange de chaux et de soude caustique, et en déterminant, par une dissolution mesurée de saccharate de chaux, la quantité d'acide sulfurique que l'ammoniaque avait saturée. M. Péligot est convaincu que ce procédé est d'une exécution plus facile, plus prompte et moins dispendieuse que le procédé ancien, et que ses résultats sont en général plus exacts.

Pour l'amidon, M. Péligot a cherché à le déterminer par deux méthodes : 1° en le transformant en sucre au moyen de l'acide sulfurique très-étendu, et en opérant sur le blé, préalablement dépouillé des matières grasses et des matières solubles dans l'eau ; 2° en opérant la même transformation au moyen de la diastase ; le poids du résidu insoluble, comparé à celui de la matière employée, donnait par différence le poids de l'amidon.

La détermination de la cellulose n'avait encore été faite par aucun chimiste ; M. Péligot l'a obtenue au moyen d'un procédé qui mérite d'être décrit, et auquel il a été conduit en étudiant l'action que l'acide sulfurique, pris à différents degrés de concentration, exerce sur chacune des matières contenues dans le froment. Il a constaté qu'en mettant en contact l'amidon, le gluten sec et même humide, avec l'acide sulfurique à 6 équivalents d'eau, ces différents corps sont dissous, surtout si l'on maintient le mélange pendant quelque temps à 70° ou 80°. L'amidon est changé en glucose ; les matières azotées insolubles qui constituent le gluten se transforment d'abord en des produits solubles dans l'acide sulfurique employé, qui s'en séparent sous forme de flocons quand on vient à ajouter de l'eau à la liqueur acide, mais qui y restent dissous quand on ajoute à celle-ci une certaine quantité d'acide acétique. De plus, ces matières deviennent entièrement solubles dans l'eau, quand le mélange acide a été maintenu pendant un peu de temps à une température voisine de l'ébullition de l'eau. On essaie donc cette liqueur de temps à autre, et l'on cesse de chauffer quand elle ne se trouble plus par l'addition de l'eau. En mettant du blé moulu en contact pendant vingt-quatre heures avec l'acide sulfurique à 6 équivalents d'eau à la température ordinaire, la pâte que l'on obtient d'abord finit par se liquéfier ; elle devient translucide, elle se colore ensuite en violet, puis en noir, quand on chauffe ; ces colorations disparaissent par l'addition de l'eau ; le liquide tient en suspension la cellulose, qui provient tant de l'enveloppe extérieure des grains que de ses cellules intérieures. On lave la cellulose sur un filtre d'abord avec de l'eau chaude, puis avec une dissolution de potasse caustique, qui lui enlève une partie de la matière grasse et une matière brune ; après un nouveau lavage à l'eau chaude, à l'acide acétique faible, puis à l'eau, enfin à l'alcool et à l'éther, on dessèche à 110° le filtre, dont on a fait la tare avec un filtre semblable et soumis aux mêmes lavages. On obtient ainsi le poids de la cellulose.

La maladie connue sous le nom de *nielle,* à laquelle sont sujets l'orge et le froment, et qui est produite par un fongus, a été l'objet des recherches de Fourcroy, de Vauquelin et d'Einhoff. Ces semences contiennent une huile âcre, du gluten putride, du charbon, qui leur communique une couleur noire, de l'acide phosphorique, du phosphate ammoniaco-magnésien, et du phosphate de chaux ; on n'y trouve pas d'amidon.

Préparation du pain. On prépare ordinairement le pain avec la farine de froment ou de seigle ; les autres semences, ainsi que la pomme de terre, ne fournissent du pain de bonne qualité qu'autant qu'on les a mêlées aux précédentes. On fait une pâte avec de la farine et du levain frais formé par de la pâte aigrie depuis peu de temps ou par de la levûre de bière délayés dans de l'eau froide ; on la pétrit, afin de mêler intimement ces différentes substances, et on l'abandonne à elle-même à une température de 12° à 15° ; il s'établit bientôt une réaction entre les éléments qui composent la farine et le levain ; une petite partie de l'amidon est transformée en sucre par l'action qu'exerce sur elle l'acide développé dans le levain ; ce sucre, ainsi que celui qui fait naturellement partie de la farine, éprouve la fermentation spiritueuse, et donne naissance à de l'acide carbonique et à une très-faible quantité d'alcool, qui passe bientôt à l'état d'acide acétique ; si, comme il arrive le plus souvent, on emploie des levains conservés pendant plus d'une semaine, le gaz carbonique formé tend à se dégager, dilate les cellules du gluten, rend la pâte légère, blanche, et s'oppose par conséquent à ce qu'elle soit *mâte :* on dit alors que la pâte est levée ; à cette époque, on la fait cuire. Si la farine que l'on emploie ne contient pas de gluten, ou que son mélange avec le levain n'ait pas été intime, on obtient un pain mat.

Vogel, dans un travail sur la panification, a établi : 1° que le gaz acide carbonique ne peut pas remplacer la levûre et le levain, comme l'avait prétendu M. Etling; 2° que le gaz hydrogène a la faculté de soulever la pâte, mais qu'il ne peut pas la faire fermenter; 3° qu'il est impossible de former du pain en réunissant les éléments de la farine préalablement séparés par l'analyse; 4° que, lorsqu'une farine de mauvaise qualité refuse d'entrer en fermentation et donne un mauvais pain, on peut l'améliorer au moyen du carbonate de magnésie proposé par M. Edmond Davy (1) : ce sel est décomposé par l'acide acétique contenu dans la pâte, et l'acide carbonique mis à nu sert probablement à dilater les cellules du gluten; toujours est-il que le pain renferme dans ce cas de l'acétate de magnésie; 5° que le pain fait avec le riz ou avec l'avoine est dur, que ce dernier est en outre grisâtre et sensiblement amer.

Le pain cuit et préparé de diverses manières contient, selon l'espèce, des quantités d'eau très-variables; c'est ainsi que

Le pain de munition renferme	50	parties d'eau pour 100
Le pain de ménage.	48	—
Le pain à café de Paris.	31	—
Le pain ordinaire.	30	—

Ces quantités d'eau peuvent être considérablement augmentées par l'addition frauduleuse et nuisible de certains sels, tels que l'alun et le sulfate de cuivre, qui, étant mêlés à la farine, lui donnent une grande puissance hygroscopique; il faut se tenir en garde contre de tels abus.

Je vais terminer cet article par l'énumération des mélanges à l'aide desquels on a fait du pain. On peut l'obtenir excellent avec moitié de froment et moitié de maïs; le pain de ménage peut être préparé avec parties égales de farine de froment et de farine de seigle, d'orge, d'avoine, de sarrazin et de pommes de terre; celle-ci peut, lorsqu'elle est fraîche, y entrer pour les deux tiers ou pour les $4/5$. M. Quest a présenté à la Société d'agriculture un pain fait avec des *pommes de terre* et du levain ordinaire; ce pain, préparé pour les gens de la campagne, ne reviendrait qu'à 6 centimes $1/2$ la livre. M. Quest pense que sa qualité nutritive est au moins égale à celle du pain fait avec un mélange des farines de seigle, d'orge et de petit blé; ce qui ne peut pas être, puisqu'il ne contient que fort peu de gluten (*Journ. de chim. méd.*, mars 1832). On a fabriqué du pain avec 10 kilogrammes de farine bise, 20 ki-

---

(1) M. Mouchoux a élevé des doutes sur la réalité de ce fait (*Journ. de chim. médic.*, août 1829).

logrammes de fécule de pommes de terre, 250 grammes de cassonade brute, 250 grammes de sel, autant de levûre de bière liquide, et 22 litres d'eau ; ce pain revient à 7 centimes ½ le demi-kilogramme. M. Millon, se fondant sur ce fait, que le *son* de blé contient au moins 90 à 92 parties p. 100 de substances nutritives, telles que le gluten, l'amidon, les matières grasses, et 10 à 8 p. 100 seulement de ligneux inerte, a proposé de le soumettre à une nouvelle mouture, et de le mélanger à la farine pour la fabriration du pain. M. Lepage, au nom du comice agricole de Gisors, a reconnu depuis que du pain préparé avec 3 parties de fleur de farine et 1 partie de son réduit en farine, réunissait toutes les qualités désirables.

Maïs. — La farine de maïs (*zea maïs*) contient, d'après Gorham, 77 de fécule, 3 de zéine (gluten de maïs), 2,50 d'albumine, 1,45 de sucre, 0,80 d'extractif, 1,75 de gomme, 1,50 de phosphate et de sulfate de chaux, 3 de fibre végétale, et 9 d'eau. M. Dumas, contrairement à l'opinion de M. Liebig, y admet encore environ 9 p. 100 d'une huile. Quant à la proportion de sucre cristallisable qui existe dans la tige même du maïs, d'après M. le Dr Pallas, elle deviendrait assez abondante pour être exploitée lorsqu'on aurait eu le soin de casser l'épi au moment de la fructification. On fait avec le maïs des bouillies et des gâteaux qui constituent un aliment sain et nourrissant. Il contient trop peu de gluten pour qu'on puisse l'employer utilement à la fabrication du pain, à moins qu'on n'y ajoute un tiers de farine de froment.

Riz (oriza sativa). — M. Braconnot a retiré du riz de la Caroline 5,00 d'eau, 85,07 de fécule, 4,80 de parenchyme, 3,60 de matière végéto-animale, 0,29 de sucre incristallisable, 0,71 de matière gommeuse voisine de l'amidon, 0,13 d'huile, 0,40 de phosphate de chaux. Le riz de Piémont a fourni au même chimiste 7,00 d'eau, 83,80 d'amidon, 4,80 de parenchyme, 3,60 de matière végéto-animale, 0,05 de sucre incristallisable, 0,10 d'une matière analogue à l'amidon, 0,25 d'huile, 0,40 de phosphate de chaux.

On prépare avec le riz l'eau-de-vie connue sous le nom de *rack*, ce que l'on explique facilement, en admettant que la fécule est transformée en sucre au moyen du gluten.

Graines des légumineuses. — M. Einhoff, en faisant l'analyse des pois (*pisum sativum*) et des fèves (*vicia faba*), les a trouvés formés, sur 3,840 parties, de :

	Pois.	Fèves.
Matière volatile.	540	600
Amidon.	1265	1312
Légumine.	659	417
Albumine.	66	31
Sucre.	81	0
Mucilage.	249	177
Matières féculentes, fibreuses, et enveloppe.	840	996
Extractif soluble dans l'alcool	0	136
Sels.	11	375
Perte	229	1335

Moutarde. — La graine de moutarde *noire* (*sinapis nigra*, de la famille des crucifères) contient de la myrosine, du myronate de potasse, une huile âcre, brûlante, volatile et pesante, une autre huile grasse, de la sinapisine, du soufre, du phosphore, une matière albumineuse, végétale, et beaucoup de mucilage ; l'huile grasse saponifiée a fourni de la glycérine et trois acides *gras*, savoir : l'acide stéarique, l'acide *érucique*, et un autre acide dont on ne connaît pas encore la nature. La *sinapisine* est cristalline et sulfurée ; elle fermente avec la mirosine, et donne un principe piquant.

La graine de moutarde blanche (*sinapis alba*) contient de la myrosine, de la sinapisine, etc. ; on en retire aussi une huile grasse, fluide, d'un jaune d'ambre, fournissant de l'acroléine lorsqu'on la chauffe, et un savon composé d'acide *érucique* et de soude quand on la traite par cette dernière base ; elle renferme donc aussi de la glycérine.

Poivre noir (*piper nigrum*, famille des pipéritées). — Il est formé, d'après Pelletier d'une part, et Poulet de l'autre, de *pipérin*, d'une huile concrète, très-âcre, d'une huile volatile balsamique, analogue, d'après M. Dumas, à l'huile essentielle de térébenthine, dont elle offre la composition, de gomme colorée, d'extractif analogue à celui des légumineuses, d'amidon, de bassorine, de ligneux, d'acides malique et tartrique, et d'une petite quantité de sels terreux et alcalins (*Journal de pharmacie*, t. VII). Le *poivre long* contient les mêmes principes, d'après M. Dulong d'Astafort (*Journ. de pharm.*, t. XI).

Cubèbes (fruit du *piper cubeba*). — Ils sont formés, d'après Monheim, de 650 de ligneux, de 60 d'extractif, de 60 de *cubébin*, de 30 de matière cérumineuse, de 25 d'huile volatile verte, de 10 d'huile volatile jaune, de 15 de résine balsamique, et de 155 de chlorure de sodium (*Journ. de chim. méd.*, juillet 1835).

Amandes douces (*amygdalus communis*, de la famille des rosacées). — Elles contiennent, d'après M. Boulay, 3,50 d'eau, 5 de pellicules, 54,00 d'huile fixe, 24,00 d'albumine, 6,00 de sucre liquide, 3,00 de gomme, 4,00 de parties fibreuses, un peu d'acide acétique, et de l'émulsine. MM. Payen et Henry fils considèrent la matière solide des amandes comme une substance *albumino-caséeuse*. Proust avait dit, en 1817, que l'émulsion des amandes est du *caséum* uni à de l'huile avec un peu de sucre et de gomme. On s'en sert pour extraire l'huile, pour faire des émulsions, des loochs, le sirop d'orgeat, etc.

Amandes amères. — Suivant Vogel, ce fruit serait formé d'enveloppe, 8,5; huile grasse, 28,0; matière caséeuse, 30; sucre, 6,5; gomme, 3; fibre végétale, 5; un peu d'huile volatile pesante et d'acide cyanhydrique. Les expériences plus récentes de MM. Robiquet et Charlard apprennent que les amandes amères contiennent de l'*amygdaline* et la *synaptase* (voy. p. 268).

Noix vomique (graine du *strychnos nux vomica,* famille des loganiacées). — Elle est formée d'igasurates de strychnine et de brucine, d'un peu de cire, d'huile concrète, de matière colorante jaune, de gomme, d'amidon, de bassorine et de ligneux. M. Choriol a constaté dans la noix vomique l'existence du lactate de chaux (*Journal de pharmacie,* 1833). La *fève de Saint-Ignace* (graine de l'*ignatia amara*) est composée des mêmes principes, si ce n'est qu'elle contient beaucoup moins de brucine, d'huile concrète et de matière colorante (Pelletier et Caventou); elle renfermerait, d'après M. Jori, du tannate de strychnine, de l'acide tannique, un sel organique alcalin de strychnine, de la gomme, une gomme insoluble, de l'amidon, une résine, et du ligneux (*Journ. de pharm.,* mai 1835).

Upas. — Il existe deux sortes d'*upas,* savoir, l'*upas antiar,* produit par l'*antiaris toxicaria,* et l'*upas tieuté,* retiré du *strychnos tieuté,* végétal ligneux, de la famille des *loganiacées.* L'upas tieuté est un extrait solide, brun rougeâtre, un peu translucide, contenant beaucoup de strychnine, sans brucine, et une matière brune que l'acide azotique verdit.

La *fève tonka* (graine du *coumarouna odorata*) est formée, d'après MM. Boullay et Boutron, d'une graisse saponifiable, d'une matière cristalline particulière, de nature grasse (*coumarine* de M. Guibourt), de sucre, de malate acide de chaux, de gomme, d'amidon et de ligneux.

Café (*coffea arabica,* de la famille des rubiacées).—La graine contient des acides gallique, malique et ellagique, une substance jaune semblable à celle qui existe dans la noix vomique, de la *caféine,* du sucre, beaucoup de gomme, une huile concrète, du soufre, du fer, du ligneux

(Peretti). M. Rochleder a, en outre, constaté dans le café la présence de la légumine et d'un acide *cafétannique* (*caféique* de Pfaff, et *chlorigénique* de Payen). D'après ce dernier chimiste, la *caféine* existerait sous deux états dans le café, en partie libre, en partie à l'état de *chlorigénate double* de potasse et de caféine. L'acide chlorigénique serait formé, à l'état anhydre, de $H^8C^{16}O^7$. Peretti attribue l'arome du café à la décomposition de la gomme-résine, qui a lieu sous l'influence de la torréfaction. M. Payen pense, au contraire, que le principe aromatique existe tout formé dans le café, masqué par une matière grasse, et qu'il est mis en liberté par une torréfaction légère.

Cacao (*theobroma cacao*, arbre de la famille des malvacées, qui croît au Mexique, aux Antilles, dans la Colombie, etc.). — La graine de cacao renferme moitié de son poids d'huile solide (beurre de cacao), de la *théobromine* (voy. p. 444), un principe colorant rouge, soluble dans l'alcool, du tannin, et de la gomme; il ne paraît pas contenir d'amidon.

Cévadille. — Les graines de cévadille (*veratrum officinale*) sont formées d'une matière grasse, composée d'oléine, de stéarine et d'acide cévadique, de *gallate acide de vératrine*, de cire, de matière colorante jaune, de gomme, de ligneux, et de quelques sels minéraux (Pelletier et Caventou).

Staphysaigre (graines du *delphinium staphysagria*, de la famille des renonculacées). — Elles sont composées, d'après MM. Lassaigne et Feneulle, de malate acide de *delphine*, d'un principe amer brun, d'huile volatile, de graisse, de gomme, d'albumine, d'une autre matière animalisée, de mucoso-sucré, d'un principe amer jaune, et de quelques sels minéraux.

Coque du Levant (fruit de l'*anamirta cocculus*, de la famille des ménispermacées). — L'*amande* contient de la *picrotoxine*, de la résine, de la gomme, une matière grasse acide, que MM. Le Canu et Casaseca disent contenir des acides margarique et oléique, de la cire, une matière odorante, de l'acide malique, du mucus, de l'amidon, du ligneux, et des sels inorganiques. Les *enveloppes* renferment de la cire, une matière grasse, une matière résineuse et feuillescente, de la gomme, de l'amidon, de l'acide *hypopicrotoxique*, une *matière jaune alcaline*, de la *ménispermine*, de la *paraménispermine*, et des sels inorganiques (*Ann. de chim.*, octobre 1833).

Noix de cocotier (*cocos nucifera*). — Tromsdorff a trouvé dans le suc de ce fruit beaucoup d'eau et de sucre liquide, un peu de gomme, et un sel végétal. Le *noyau* et la partie charnue de la noix contiennent une très-grande quantité d'huile grasse, se figeant facilement, que Tromsdorff a proposé d'appeler *beurre végétal*, un liquide aqueux, de l'albumine, et du sucre liquide (*mucoso-sucré*). Il suit de ces détails que la noix de cocotier doit être une substance très-nourrissante, et en effet, elle est employée comme aliment en Asie et en Amérique.

Semences du lycopodium clavatum (lycopode). — Suivant Bucholz, ces semences contiennent 60 parties d'une huile fixe, soluble dans l'alcool, 30 de sucre, 15 de mucilage, 895 d'une substance jaune, pulvérulente, combustible (*pollénine*), insoluble dans l'eau, dans l'alcool, l'éther, l'huile essentielle de térébenthine, et les dissolutions alcalines froides. On emploie ces semences toutes les fois que l'on veut produire de grandes flammes : il s'agit simplement d'en projeter la poudre sur une bougie allumée.

DES FRUITS CHARNUS.

Tous les fruits charnus contiennent du sucre, du ferment, ou bien une matière qui n'exige pour fermenter que le contact de l'air ; ils renferment, en outre, du mucus, du ligneux, un principe colorant, et un ou deux acides. Les acides le plus généralement répandus dans les fruits sont les acides malique et citrique ; on y trouve quelquefois l'acide acétique et le bitartrate de potasse ; quelques-uns d'entre eux renferment aussi de la gelée, du tannin, et une substance végéto-animale analogue à l'albumine ou au gluten.

Fruit du potiron, de la famille des cucurbitacées. — D'après M. Girardin de Rouen, le potiron dit *pain du pauvre*, le potiron commun, l'artichaut de Jérusalem, le giraumont bonnet-turc, et la courge sucrine du Brésil, contiennent des proportions différentes des substances suivantes : eau en grande quantité, sucre analogue au sucre de canne, albumine, et une autre matière azotée, analogue à la caséine, une substance mucilagineuse ou gommeuse, une matière grasse, une matière colorante, jaune, de la cellulose, des sels solubles et insolubles, des traces d'un acide libre, d'un principe aromatique, et de fécule. Le potiron dit *pain du pauvre* donne des fruits plus riches en substances nutritives ; la chair en est très-agréable, et sa pulpe, très-dense, peut être conservée longtemps. Associés aux fourrages secs, les potirons et la citrouille servent utilement à nourrir les bestiaux (*Journ. de pharm.,* juillet 1849).

II.   37

DES BULBES ET DES TUBERCULES.

Oignon (bulbe de l'*allium sativum*).—Cette bulbe contient une huile volatile sulfurée, âcre et caustique, beaucoup de sucre liquide et de mucilage semblable à la gomme arabique, une matière végéto-animale coagulable par la chaleur et analogue au gluten, du ligneux tendre, retenant un peu de cette dernière matière, de l'acide phosphorique et de l'acide acétique, du phosphate et du citrate calcaire (Fourcroy et Vauquelin). L'huile volatile distillée, à la chaleur d'un bain bouillant de chlorure de sodium, doit encore être considérée comme un mélange d'oxyde et de monosulfure d'*allil* et d'autres sulfures plus sulfurés de ce même corps (voy. *Essence d'ail*, à la page 246). Le suc d'oignon est-il abandonné à lui-même, à la température de 15° à 20°, il ne fournit point d'alcool, le sucre se détruit, et il se forme beaucoup d'acide azotique et de la *mannite*. La manne serait-elle le produit d'une altération analogue éprouvée par la séve des frênes et des mélèzes?...

L'*ail* est un puissant stimulant ; cependant il est fort peu employé en médecine, à cause de son odeur et de sa saveur désagréables ; on donne quelquefois son *decoctum* dans les affections vermineuses ; il est un des principaux ingrédients du vinaigre des *quatre voleurs*, dont on fait usage intérieurement et extérieurement dans les maladies contagieuses.

Scille (*scilla maritima*). — Suivant Vogel, 100 parties de scille desséchée contiennent 30 parties de ligneux, 6 de gomme, 24 de tannin, de citrate de chaux et d'une matière sucrée, enfin 35 parties d'un principe qu'il a appelé *scillitine*. La scille fraîche renferme, en outre, un principe âcre, volatil, qui se décompose à la température de l'eau bouillante. Tilloy y a trouvé encore une matière grasse. On l'emploie en médecine comme diurétique, expectorant, émétique ; on l'administre ordinairement dans l'oxymel ou dans le vin.

Pommes de terre (tubercules du *solanum tuberosum*). — Suivant Vauquelin, les pommes de terre renferment $^1/_{100}$ ou $^1/_{100}$ et demi de *parenchyme* pur, 2 ou $^3/_{100}$ de matière extractive, $^{28}/_{100}$ de fécule, si elles sont très-amylacées, et 18 ou 20 si elles le sont moins, $^{33}/_{100}$ d'eau si elles sont très-aqueuses, et $^{22}/_{100}$ si elles le sont moins.

Le suc, ou plutôt le lavage des pommes de terre écrasées, fournit les produits suivants : $^7/_{1000}$ d'albumine colorée, $^{12}/_{1000}$ de citrate de chaux, environ $^1/_{1000}$ d'asparagine, une très-petite quantité de résine amère, aromatique et cristalline, du phosphate de potasse et du phosphate de chaux, du citrate de potasse et de l'acide azotique libre, 4 ou $^5/_{1000}$

d'une matière azotée particulière, à laquelle Vauquelin n'a pas donné de nom.

Plusieurs chimistes pensent qu'elle contient en outre du sucre; en effet, les pommes de terre exposées à la gelée se ramollissent, acquièrent une saveur sucrée, et ne tardent pas à éprouver la fermentation putride; d'une autre part, si on les écrase dans de l'eau chaude après les avoir fait cuire, et qu'on les mêle avec de la levûre, on obtient de l'eau-de-vie.

Batate (*convolvulus batatas*). — Tubercule formé d'eau, de fécule, de ligneux, d'acide pectique, de sucre cristallisable semblable à celui de la canne, de sucre incristallisable, d'albumine, de deux matières grasses, d'acide malique, de quelques traces d'huile essentielle, de substance aromatique et de matière colorante rougeâtre, d'une substance qui est colorée en bleu par le contact de l'air, et de plusieurs sels (Payen et Henry fils).

Topinambour (tubercules fournis par la racine de l'*helianthus tuberosus*, de la famille des synanthérées, tribu des senécionidées). — Ils sont pédiculés, de la grosseur d'une poire, et même plus gros, rouges ou verts à l'extérieur, blancs à l'intérieur. Ils contiennent, s'ils sont récents, 77,20 d'eau, 14,80 de sucre incristallisable, 3 d'inuline, 1,22 de squelette végétal, 1,08 de gomme, 0,99 de glutine, 0,06 d'huile très-soluble dans l'alcool, 0,03 de cérine, 1,07 de citrate de potasse, 0,08 de citrate de chaux, 0,03 de malate de potasse, 0,02 de tartrate de chaux, 0,02 d'acide silicique, 0,12 de sulfate de potasse, 0,08 de chlorure de potassium, 0,06 de phosphate de potasse, 0,14 de phosphate de chaux (Braconnot). On s'en sert pour nourrir les bestiaux; les hommes les mangent aussi, après les avoir fait cuire; ils ne contiennent point d'amidon, et sont peu nutritifs.

DES LICHENS.

La composition des lichens est trop différente suivant les espèces, pour pouvoir être décrite d'une manière générale.

Lichen d'Islande (*lichen islandicus, cetraria islandica*). — Il est formé de 3,6 de sucre incristallisable, de 3 de principe amer ou de *cetrarin*, pulvérulent, blanc, léger, inodore, inaltérable à l'air, très-amer, neutre aux couleurs végétales, peu soluble dans l'alcool, moins soluble encore dans l'éther et dans l'eau, de 1,6 de cire et de chlorophylle, de 3,7 de gomme, de 7 de matière extractive colorée, de 44,6 de fécule, de 36,6 de squelette féculacé, et de 1,9 de bitartrate de potasse, de tartrate et de phosphate de chaux (Berzelius). Suivant M. Peretti, le lichen contiendrait beaucoup de pectate de potasse, et sa saveur amère serait due à un acide particulier combiné en partie avec le principe amer, et en partie avec la potasse (*bilichinate de potasse*). M. Guérin-Varry a désigné sous le nom de *lichénine* la partie organique soluble du lichen d'Islande, ou la gomme, qui offre la même composition que la fécule, quoiqu'elle en diffère sous plusieurs rapports (voy. *Journ. de chim. méd.*, sept. 1834). Le lichen d'Islande est très-employé en médecine, comme mucilagineux, contre les toux rebelles, l'hémoptysie, les catarrhes et les premiers degrés de la phthisie pulmonaire. On le donne en décoction, et mieux encore sous forme de gelée. J'ai été souvent à même de reconnaître l'efficacité de cette dernière préparation administrée à forte dose, et je suis persuadé qu'elle n'a été jugée inefficace que par les praticiens qui en ont seulement fait prendre quelques petites cuillerées par jour ; j'ai donné avec le plus grand succès, dans les toux invétérées, chez les personnes disposées à la phthisie, 500 grammes de gelée de lichen avec autant de lait ; le malade prenait cette boisson en trois doses dans les vingt-quatre heures.

Cette espèce de lichen sert de nourriture en Islande ; en effet, la farine qu'il fournit, débarrassée du principe amer, est aussi nourrissante que la moitié de son poids de farine de froment. Suivant Berzelius, on peut le priver de la matière amère en versant sur 500 grammes de lichen divisé 8 kilogrammes d'eau, et 4 kilogrammes de lessive contenant environ 32 grammes de carbonate de potasse. On abandonne le mélange à lui-même, en l'agitant de temps en temps ; au bout de vingt-quatre heures, on décante le liquide ; on lave le lichen deux ou trois fois, et on le laisse dans l'eau pendant vingt-quatre heures ; alors on le fait sécher et moudre.

Plusieurs lichens fournissent des couleurs employées dans la teinture ; j'en ai parlé à la page 288.

DES CHAMPIGNONS.

Les champignons ont été analysés par Bouillon-Lagrange, Braconnot et Vauquelin. — *Champignon comestible* (*agaricus campestris*). Il contient une substance cireuse, de la graisse, de l'albumine, de la matière sucrée, une substance animale insoluble dans l'alcool, et une autre soluble dans ce menstrue, de la cellulose et de l'acétate de potasse.

Polypore du mélèze (*polyporus officinalis, agaric blanc*). — Il est purgatif, drastique et hydragogue. Cent parties contiennent 72 d'une matière résineuse blanche, opaque, granuleuse, fusible et combustible, 2 d'un extrait amer, et 26 de cellulose (Braconnot). — *Polypore ongulé* et *polypore amadouvier* (*polyporus fomentarius* et *igniarius*). Ils servent tous deux à préparer l'agaric de chêne; le dernier est surtout employé à faire l'*amadou*. Braconnot a trouvé dans le *polyporus dryadeus* de l'eau, de la cellulose, du sucre incristallisable, une matière grasse jaune, de l'albumine, de l'acide acétique, de l'acide bolétique, de l'acide phosphorique, de la potasse et de la chaux.

CLASSE QUATRIÈME.
DES PHÉNOMÈNES CHIMIQUES DE LA GERMINATION ET DE L'ACCROISSEMENT DES PLANTES.

DE LA GERMINATION.

L'acte par lequel les graines fécondées se développent et donnent naissance à de nouvelles plantes constitue la germination. Quelque précieux que soient les instruments dont la chimie s'enrichit tous les jours, il est impossible de créer des plantes autrement que par la germination. Il n'en est pas de même de certains principes immédiats des végétaux, qu'il est en notre pouvoir de produire : ainsi les acides oxalique, acétique, etc., peuvent être obtenus dans nos laboratoires tels qu'ils sont fournis par la nature, et l'on prévoit facilement que les progrès de la chimie nous mettront à même d'en imiter un plus grand nombre par la suite.

Conditions nécessaires pour que la germination ait lieu. — 1° Il faut que la température soit de 10° à 30°; en effet, la chaleur éloigne les molécules, excite les forces vitales, et dispose les parties de la graine à entrer dans de nouvelles combinaisons; cependant il faut éviter une température trop élevée ou trop basse, car la graine fortement chauffée se dessèche et ne peut plus se développer : elle ne donne aucun signe de germination au-dessous de zéro. 2° La présence de l'eau est indispensable : ce liquide, en s'introduisant dans l'intérieur de la graine, délaie l'albumine, gonfle les cotylédons, ramollit toutes les parties, dissout la matière nutritive et en facilite l'assimilation; l'expérience prouve que les graines ne germent pas sans eau. 3° L'air ou le gaz oxygène sont nécessaires pour que la germination ait lieu : c'est en vain que l'on chercherait à faire germer des graines dans du gaz azote, du gaz acide carbonique, du gaz hydrogène, etc. Comment agit l'oxygène ? Les globules féculacés, déposés dans le périsperme de la graine, autour de l'embryon, se vident, et la fécule qu'ils renferment est transformée en *sucre* par la *diastase*, qui elle-même n'existe qu'autant que la germination s'est développée par le contact de l'air ; ce sucre sert à nourrir la jeune tige, jusqu'à ce que les organes foliacés et les racines soient développés ; le carbone de la fécule, en se combinant avec l'oxygène de l'air, passe à l'état de gaz acide carbonique : il se produit aussi de l'*acide acétique*, comme on peut s'en convaincre en faisant germer des graines de froment, de lentilles, de chanvre, au milieu de carbonate de chaux parfaitement lavé : on verra qu'il se forme de l'acétate de chaux ; la production du gaz acide carbonique pendant l'acte de la germination peut être facilement prouvée en plaçant sur la cuve à mercure une capsule contenant un peu d'eau et plusieurs graines, et en la recouvrant d'une cloche remplie de gaz oxygène ou d'air atmosphérique : à la fin de l'expérience, on trouvera, si la pression et la température restent les mêmes, un volume de gaz acide carbonique égal à celui de l'oxygène qui aura disparu. L'action de l'air sur les graines explique pourquoi l'on ne peut pas faire germer celles qui sont très-enfoncées dans la terre. La *lumière* nuit à la germination par l'élévation de température qu'elle détermine : en effet, que l'on décompose ce fluide impondéré au moyen d'un verre, de manière à en absorber les rayons qui produisent la chaleur, les graines germeront comme à l'ordinaire (Th. de Saussure). Le *sol* n'influe sur la germination qu'en présentant un point d'appui à la graine, et en lui transmettant la chaleur, l'eau et l'air qu'il contient ; aussi peut-il être remplacé avec succès par une éponge humide.

Influence des alcalis et de l'électricité sur la germination. — Les alcalis hâtent la germination ; en effet, M. Matteucci a vu des graines de lentilles placées dans l'eau alcaline de potasse à la température de+15°c. germer au bout de trente heures., tandis qu'elles germaient plus tard dans l'eau, et que celles qui étaient en contact avec les acides azotique et sulfurique commençaient à peine à germer après sept jours ; un résultat digne de remarque, c'est que même les graines qui avaient germé dans la dissolution alcaline étaient acides dans l'intérieur. Ces expériences peuvent rendre raison d'un fait intéressant que voici : que l'on fasse toucher des graines de lentilles, humectées et placées au milieu de carbonate de chaux. par le pôle positif d'une pile de dix paires de cuivre et de zinc, tandis que le pôle négatif de la même pile touchera d'autres graines placées dans les mêmes circonstances, la germination commencera bientôt dans les graines du pôle négatif, et ne sera aperçue dans les autres que longtemps après : c'est sans doute à l'action de la chaux mise à nu par le fluide électrique, et attirée par le pôle négatif, qu'il faut attribuer la propriété qu'a ce pôle de favoriser la germination.

Influence de plusieurs sels sur la germination. — Les dissolutions d'acétate de plomb, de bichlorure de mercure, d'azotate d'argent, d'acétate de cuivre, et les dissolutions concentrées de sel marin et de chlorure de baryum, s'opposent au développement de la germination.

DE L'ACCROISSEMENT DES PLANTES.

Lorsque la plumule est hors de la terre et s'est transformée en tige, que les cotylédons desséchés sont tombés, et que la radicule, en s'allongeant et se divisant dans la terre, constitue une véritable racine, la germination est terminée, et cependant le végétal continue à s'accroître par l'action de l'air et des gaz qu'il peut contenir, de l'eau, des engrais, du sol, etc. Examinons l'influence de ces agents sur l'accroissement des plantes.

Influence de certains gaz et de l'air atmosphérique sur les parties vertes, telles que les feuilles, les jeunes pousses et les calices, avant leur maturité. — Les plantes qui ont le contact du soleil périssent promptement si on les expose au milieu du gaz *acide carbonique pur,* ou dans un mélange de deux parties de ce gaz et d'une partie d'air ; de jeunes plantes de pois ordinaires se sont flétries au bout de sept jours dans une atmosphère composée de *parties égales* de gaz acide carbonique et d'air ; leur accroissement a été presque le même qu'à l'air, lorsque le mélange ne contenait qu'un *huitième* d'acide carbonique ; et il a été plus rapide que dans l'air, dans le rapport de 11 à 8, lorsqu'il entrait un *douzième* d'acide dans le mélange.

Les plantes exposées à l'action du gaz *hydrogène* vivent plus longtemps que dans l'acide carbonique pur ; mais elles périssent aussi sans inspirer aucune quantité sensible de ce gaz.

Théodore de Saussure, Godefroy, Hembstaedt, affirment que jamais les végétaux vivants n'absorbent le *gaz azote* qui se trouve dans l'atmosphère, et que s'ils vivent plus longtemps au milieu de ce gaz que dans l'acide carbonique, ils finissent néanmoins par périr. Hembstaedt pense, en conséquence, d'après ses expériences, que l'azote nécessaire à la production du gluten et des autres matières azotées contenues dans les végétaux est fourni par le fumier ; cette dernière manière de voir, conforme à l'opinion émise par Liebig, savoir, que l'azote est absorbé presque toujours à l'état d'ammoniaque, et jamais à l'état libre, ne soutient pas le plus léger examen après les travaux de M. Boussingault (voy. t. Ier, p. 83).

La durée des végétaux est plus longue dans le gaz *oxygène* que dans l'azote et l'hydrogène; mais aucun de ces gaz n'a une influence aussi salutaire que l'*air atmosphérique*. Le *chlore*, la vapeur d'acide *azotique*, le gaz acide *azoteux*, et les acides *sulfhydrique* et *chlorhydrique*, sont nuisibles à la végétation pendant la nuit (Macaire).

Air atmosphérique ordinaire, contenant par conséquent une faible proportion de gaz acide carbonique. Cet air agit à la fois par l'oxygène et par l'acide carbonique qu'il renferme; indépendamment de cette action chimique que je vais étudier, l'air est quelquefois utile à la végétation, soit en cédant de la vapeur aqueuse aux feuilles, si le sol est très-sec, soit en recevant l'excès d'humidité du végétal, dans le cas contraire.

A l'obscurité. Pendant la nuit, les parties vertes dont je parle *absorbent* une certaine quantité d'*oxygène* de l'air; cette quantité varie selon les végétaux: les plantes grasses, les plantes des marais, en consomment moins que les autres herbes, moins que les arbres, et les arbres toujours verts moins que les arbres à feuilles caduques; ainsi, dans une expérience, l'*alisma plantago* (plantain d'eau) a absorbé $70/_{100}$ de son volume d'oxygène, tandis que l'abricotier n'a consommé que huit fois son volume de ce gaz. L'oxygène reste *en partie* dans le végétal *sans altération;* mais il n'y est pas à l'état élastique, car ni la chaleur ni la pompe pneumatique ne le font dégager; la majeure partie de cet oxygène, au contraire, se combine avec le carbone surabondant de la plante, et forme de l'acide carbonique, dont une partie se dégage dans l'atmosphère et vicie l'air, tandis que l'autre partie se dissout dans l'eau de végétation; d'où il suit que le végétal perd une portion de carbone pendant la nuit. Tout porte à croire que l'action chimique dont je parle a surtout pour objet de rendre plus soluble et plus facile à transporter dans l'intérieur de la plante le carbone, qui entre dans la séve à l'état de matière soluble végétale ou animale, et qui, étant ainsi changé en acide carbonique, peut s'incorporer plus facilement au suc descendant.

A la lumière. Au moment où les parties vertes sont frappées par les rayons du soleil, la partie de l'oxygène qui avait été absorbée pendant la nuit, et qui était restée *sans altération,* se dégage dans l'atmosphère; l'acide carbonique formé pendant la nuit, aux dépens du carbone de la séve et de l'oxygène de l'air, est également décomposé par la lumière en carbone, qui reste dans la plante, et en oxygène, dont *les deux tiers* environ se dégagent, tandis qu'un *autre tiers* reste dans la plante. Certaines plantes, notamment les plantes grasses, retiennent pendant quelque temps dans leur propre tissu le gaz acide carbonique formé aux dépens de leur carbone et du gaz oxygène inspiré. — Voyons actuellement ce qui arrive au *gaz acide carbonique* qui entre dans la composition de l'air : ce gaz est absorbé en partie par la plante; mais une autre portion est décomposée en carbone, qui reste dans le végétal, et en oxygène, dont un tiers est retenu dans la plante, tandis que les deux autres tiers se dégagent dans l'atmosphère; le végétal acquiert donc du carbone pendant le jour en décomposant l'acide carbonique de l'air : cette absorption compense et bien au delà la proportion de carbone qu'il perd pendant la nuit, comme je l'ai indiqué plus haut.

Les expériences suivantes mettront plusieurs de ces faits hors de doute : 1° que l'on expose dans l'eau de source au soleil une plante verte, on voit la surface de ses feuilles se couvrir de bulles d'un gaz beaucoup plus riche en *oxygène* que l'air atmosphérique; le gaz dégagé provient de la décomposition de l'acide carbonique contenu dans l'eau, car il s'en produit d'autant plus que l'eau renferme plus de gaz acide carbonique, et il ne s'en dégage pas si l'on emploie de l'eau qui a bouilli ou de l'eau récemment distillée; enfin il ne s'en produit pas davantage si, au lieu d'acide carbonique, on met dans l'eau du gaz azote, du gaz hydrogène ou du gaz oxygène; dans ce dernier cas, on remarque seulement qu'il se dégage une petite quantité d'azote, d'hydrogène ou de l'oxygène qui étaient dissous dans l'eau. Ajoutons que l'oxygène fourni par les feuilles ne provient pas de ces organes, attendu que l'on en obtient également lorsqu'on fait l'expérience avec des feuilles épuisées de gaz sous la pompe pneumatique.

2° Théodore de Saussure, ayant placé sept plantes de pervenche dans une atmosphère artificielle contenant, sur 5,746 centimètres cubes, 431 centimètres cubes de gaz acide carbonique, vit, après avoir exposé ces plantes pendant six jours à la lumière, qu'il ne restait plus d'acide carbonique, et que ce gaz avait été décomposé en carbone, qui avait accru le poids des plantes de 120 milligrammes, et en 431 centimètres cubes d'oxygène (on sait que l'acide carbonique renferme un volume d'oxygène égal au sien), dont 292 s'étaient dégagés et 139 étaient restés dans les pervenches.

On peut tirer des faits qui précèdent et d'autres que je passe sous silence les conséquences suivantes : 1° l'air atmosphérique, contenant une *certaine* quantité d'acide carbonique, est le gaz qui favorise le plus l'accroissement des parties vertes des végétaux. 2° L'air est vicié par les plantes, parce que les parties vertes inspirent pendant la nuit une certaine quantité de gaz oxygène qu'elles ne rendent pas complétement pendant le jour, et que d'ailleurs elles produisent du gaz acide carbonique ; ajoutons à ces causes de viciation de l'air que toutes les parties qui ne sont pas vertes forment aussi de l'acide carbonique avec leur carbone et l'oxygène de l'air. 3° L'air est purifié par les végétaux pendant le jour, parce qu'ils décomposent le gaz acide carbonique formé pendant la nuit aux dépens de leur propre substance, ainsi que celui qui leur arrive dissous dans l'eau et celui qui fait partie de l'air. 4° Que de ces deux effets, celui qui a pour objet la purification de l'air l'emporte sur l'autre, parce que l'un des buts essentiels de la végétation étant d'augmenter la masse du carbone fixé dans les plantes, et ce carbone ne se fixant dans les végétaux que par la décomposition de l'acide carbonique, ces végétaux doivent augmenter la quantité de gaz oxygène libre, gaz qu'absorbent à leur tour les animaux, et qui est d'ailleurs continuellement employé à l'oxydation d'un très-grand nombre de corps. 5° Enfin que les parties vertes des plantes absorberont d'autant plus de carbone qu'elles resteront plus longtemps exposées à la lumière, et qu'elles en perdront d'autant moins que les nuits seront plus courtes; que par conséquent la végétation devra être beaucoup plus active dans le Nord, là où la longueur du jour excède de beaucoup celle de la nuit; aussi voit-on dans ces contrées la vie des plantes parcourir en six semaines les mêmes périodes qu'en quatre ou cinq mois dans le midi de l'Europe. D'après M. Liebig, l'acide carbonique, ainsi décomposé, fournirait seul tout le carbone nécessaire à l'accroissement des végétaux, et ce ne serait que sous cette forme que l'*humus* et tous les engrais agiraient.

Des expériences faites postérieurement par Th. de Saussure établissent : 1° que les fleurs exposées à l'air détruisent *ordinairement* plus d'oxygène que les feuilles à l'obscurité ou que le reste de la plante; 2° que les étamines adhérentes à leur base et à leur réceptacle détruisent, au moment de la fécondation, une plus grande quantité de ce gaz que les autres parties de la fleur; 3° que la faculté de produire de la chaleur, reconnue aux fleurs du genre *arum*, par Lamarck, Sennebier, Hubert, etc., appartient également aux fleurs de courge, de bignone et de tubéreuse, et probablement à beaucoup d'autres que l'on regarde comme froides. Ce phénomène a lieu surtout au moment de la fécondation.

Quant aux fruits verts, M. Bérard établit, en 1821, dans son beau mémoire sur la maturation, qu'à aucune époque de leur croissance, ils ne se comportent comme les feuilles au soleil, qu'ils n'y décomposent pas le gaz acide carbonique, qu'ils n'y dégagent point de gaz oxygène, et que la seule action qu'ils exercent sur l'atmosphère, dans toutes les périodes de leur végétation, est de transformer son oxygène en acide carbonique : il est même porté à croire qu'en temps égal, les fruits verts font encore disparaître plus d'oxygène au soleil qu'à l'ombre. Les observations de Th. de Saussure l'ont conduit au contraire à admettre que les fruits verts ont sur l'air, au soleil et à l'obscurité, la même influence que les feuilles; leur action ne diffère que par l'intensité, qui est plus grande dans ces dernières. (Voyez les Mémoires de Bérard et Th. de Saussure, dans les *Annales de chimie et de physique*, t. XVI et XIX). Les résultats publiés par M. Couverchel en 1831 vinrent jeter un nouveau jour sur cette question. On doit distinguer deux époques dans l'existence des fruits. La *première* comprend son *développement* et la formation des principes qui entrent dans sa composition; pendant cette première période, l'air atmosphérique agit sur le fruit comme sur les feuilles, ainsi que l'avait déjà établi de Saussure, et contre l'opinion de M. Bérard. La *seconde période* comprend la *maturation*, qui s'effectue par la réaction des principes, réaction que favorise la chaleur, et qui est purement chimique et indépendante de la végétation, puisque la plupart des fruits mûrissent détachés de l'arbre; pendant cette époque, les fruits exhalent à leurs propres dépens une grande quantité de gaz acide carbonique, et la maturation peut s'opérer sans la présence de l'oxygène de l'air. (*Ann. de chim. et de phys.*, t. XLVI.)

Influence de l'électricité sur l'accroissement des plantes. — Il résulte de quelques expériences tentées par M. Becquerel, avec de faibles courants électriques, que ceux-ci favorisent la végétation. Quatre oignons de jacinthe furent placés dans un vase rempli d'eau contenant 5 centigrammes de chlorure de sodium : l'un d'eux reposait sur un châssis en zinc, un autre sur un châssis en cuivre, et les deux châssis communiquaient entre eux par un fil métallique; à l'aide de cet élément voltaïque, la végétation se développa avec force dans la jacinthe placée au pôle négatif, et avec moins d'intensité dans celle qui correspondait au pôle zinc; ce qui tient, suivant M. Becquerel, à ce que le sel marin, décomposé par l'électricité, donne de la soude au pôle négatif et de l'acide au pôle positif : or les alcalis favorisent la végétation, tandis que les acides la retardent. Deux autres jacinthes, placées sur des châssis de verre, s'accrurent beaucoup moins. (*Journal de chimie médicale*, mai 1834.)

Influence de l'eau. — La nécessité de l'eau dans la végétation est parfaitement établie : on a cru pendant quelque temps qu'elle se bornait à charrier et à dissoudre les principes nutritifs des plantes; mais Th. de Saussure a prouvé, par des expériences directes, qu'elle était absorbée; elle se fixe dans les végétaux, et leur fournit leur hydrogène.

Influence du tannin, des acides et des alcalis. — Il résulte des expériences publiées par M. Payen en 1834 : 1° que le *tannin*, même en faibles proportions, exerce sur les racines de certaines plantes une action délétère; 2° que les *acides*, même en petite quantité, nuisent à la germination et au développement des plantes; 3° qu'une *faible réaction alcaline* est favorable aux progrès de la végétation, ce qui explique les effets utiles de la chaux, des cendres et de la marne calcaire; 4° que ces mêmes substances sont défavorables lorsqu'elles sont employées en trop forte proportion; 3° que la saturation de l'acidité développée dans la germination hâte les progrès de celle-ci et favorise les développements ultérieurs (*Journ. de chim. méd.*, numéro d'avril).

Influence des engrais. — Suivant Th. de Saussure, la nourriture des végétaux a principalement lieu aux dépens de l'eau et du gaz acide carbonique de l'air; les engrais ne fournissent aux plantes qu'un petit nombre de sucs plus ou moins azotés, et une certaine quantité de gaz acide carbonique, qui sont loin de représenter le poids qu'un végétal acquiert dans un temps donné : ainsi, dans une expérience faite avec un tournesol, l'engrais ne fournit que 26,85 grammes de matières nutritives, tandis que le poids du végétal s'était accru presque de vingt fois autant.

Influence du sol. — Le sol influe sur les végétaux auxquels il sert d'appui, non-seulement à raison de sa température, de l'eau et des engrais qu'il contient, mais encore à raison des sels qu'il renferme : ainsi Th. de Saussure a prouvé, 1° que les plantes puisent les sels solubles qui entrent dans la composition du terrain; 2° que plusieurs de ces plantes exigent pour leur accroissement des sels d'une nature particulière; par exemple, les plantes marines végètent mal dans un terrain dépourvu de sel marin; 3° que ces sels ne sont point décomposés en pénétrant dans ces plantes; 4° que la nature des sels contenus dans les végétaux doit varier suivant la composition de ceux qui font partie du sol; 5° que, lorsqu'on présente aux plantes des dissolutions salines, l'absorption de l'eau a toujours lieu dans un plus grand rapport que celle du sel ; 6° que ce n'est pas toujours la matière la plus favorable à la végétation qui est absorbée en plus grande quantité (1).

Les considérations qui précèdent expliquent aisément l'origine de l'oxygène, du carbone, de l'azote, et des sels solubles que l'on trouve dans les végétaux ; mais il n'en est pas de même de l'hydrogène et de plusieurs principes insolubles qui existent dans les plantes. Relativement à l'*hydrogène*, on a pensé tour à tour qu'il pourrait provenir de la décomposition de l'eau, ou bien que celle-ci se fixerait et se combinerait intégralement avec le carbone. Quant aux *sels* et à quelques matières insolubles des végétaux, telles que le soufre, l'acide silicique, l'alumine, les oxydes de fer, de manganèse, les phosphates de chaux, de magnésie, etc., Th. de Saussure croit qu'elles sont également fournies par le terreau, qui en contient beaucoup : suivant lui, ces matières sont combinées de manière à être rendues solubles dans l'eau.

Dans un travail récent, M. Lassaigne a étudié l'influence qu'exercent le phosphate et le carbonate de chaux dans l'acte de la germination et de la végétation, et il a vu, 1° que le phosphate de chaux est soluble dans l'eau saturée d'acide carbonique à la température et à la pression ordinaires ; ainsi le phosphate basique des os est dissous dans la proportion de $^{75}/_{100000}$; 2° que les sels calcaires qui entrent dans la composition des os peuvent, après leur décomposition dans le sein de la terre, être en partie dissous par suite de l'infiltration des eaux pluviales, et en raison de la quantité d'acide carbonique que celles-ci tiennent en dissolution ; 3° que le phosphate et le carbonate de chaux, ainsi dissous, sont absorbés pendant l'acte de la germination et de la végétation, qu'ils se fixent dans les graines ou dans les plantes, dont ils font ensuite partie constituante ; 4° que presque tous les terrains où végètent les céréales contiennent des phosphates terreux, et que l'action de ces sels explique l'effet si puissant des os pulvérisés

---

(1) M. Philipps a annoncé qu'une branche d'un jeune peuplier, près des racines duquel on avait répandu de l'oxyde de cuivre, ayant été coupée quelque temps après, la lame du couteau était couverte de cuivre dans une largeur précisément égale à celle de la branche : l'absorption de l'oxyde métallique détermina bientôt le dépérissement de l'arbre. On sait que depuis M. Sarzeau a trouvé du cuivre dans du blé, tandis que M. Chevreul n'a pas pu en découvrir. M. Boutigny explique cette dissidence en établissant que, si le vin, le cidre et le blé, recèlent quelquefois des atomes de cuivre, cela dépend de ce que le sol dans lequel croissent les pommiers, la vigne et le blé, en contient.

sur un certain nombre de sels, et leur efficacité comme engrais (*Journ. de pharm.*, avril 1849).

De son côté, le prince de Salm-Hortsmar, en cherchant à déterminer quelles sont les substances minérales nécessaires au développement d'un végétal, est arrivé aux conclusions suivantes : 1° Si les substances ne consistent qu'en acide silicique, en acide phosphorique, et en acide sulfurique combinés à la potasse, à la chaux et à la magnésie, la plante végète plus activement qu'elle ne le ferait dans un sol entièrement dépourvu de matières minérales ; toutefois la végétation est assez chétive, même en présence de sels ammoniacaux, et pour lui rendre toute sa vigueur, il suffit d'ajouter, au mélange précédent une certaine quantité d'oxyde de fer ; un excès de fer nuirait en desséchant partiellement les feuilles, et en empêchant la formation des fleurs. Le carbonate de manganèse, ajouté en petite quantité au fer, produit des effets très-avantageux ; 2° l'utilité de la soude n'est pas bien démontrée ; cet alcali ne peut remplacer entièrement la potasse qu'au détriment de la végétation ; de même la magnésie ne peut pas remplacer la chaux ; 3° parmi les acides, l'acide sulfurique et l'acide phosphorique sont nécessaires au développement régulier de la plante ; l'acide silicique est indispensable. Les expériences, qui ont amené ces résultats, ont été faites en faisant germer les graines dans un milieu parfaitement exempt de matières organiques, tel que le charbon provenant de la calcination du sucre candi le plus pur et le plus blanc (*Journ. de pharm.*, juin 1849).

Toutes les plantes et toutes leurs parties ne fournissent pas une égale quantité de cendres : les plantes herbacées en donnent plus que les ligneuses, les branches plus que les troncs, les feuilles plus que les branches et les fruits, l'écorce plus que les parties intérieures, l'aubier plus que les bois, les feuilles des arbres qui se dépouillent en hiver plus que celles des arbres qui sont toujours verts ; enfin les parties qui en fournissent le plus sont celles où la transpiration est plus abondante (Th. de Saussure).

Expériences de M. Biot. Après avoir examiné les diverses influences exercées sur l'accroissement des plantes par les principaux agents, il sera curieux de jeter un coup d'œil sur les résultats obtenus par M. Biot, dont les expériences ont eu pour objet de rechercher *quels sont les changements de constitution chimique* éprouvés par les sucs des végétaux pendant l'accroissement dont je parle.

1° La séve du bouleau, du noyer, du sycomore et de l'érable *negundo*, recueillie à la fin de mars, contient du *sucre* fermentescible dans une proportion d'autant plus grande que cette séve a été recueillie plus loin de la racine; le sucre du bouleau est du *sucre de raisin*, tandis que pour les autres arbres, c'est du *sucre de canne;* aucune de ces séves ne contient alors de l'acide carbonique libre, en sorte que les jeunes bourgeons qui reçoivent cette séve se nourrissent d'abord uniquement de sucre, qu'ils décomposent pour s'en approprier le carbone. Le 13 mai, le *cambium* du bouleau, c'est-à-dire le suc visqueux qui se trouve à la surface de la plupart des arbres, et qui sert à la formation des nouvelles couches corticale et ligneuse, renfermait du *sucre de canne,* tandis que la séve du même arbre ne contenait plus de sucre; d'où il suit que le sucre de canne provenait ou des feuilles dans lesquelles il existe en effet à cette époque, ou de l'écorce, qui, dans ce cas, aurait le pouvoir d'en former.

2° Les *jeunes* bourgeons de lilas, déjà découverts et sortis de leurs écailles, au commencement d'avril, par exemple, contenaient du *sucre de raisin,* tandis que le suc extrait du tronc et des branches du même arbuste, et à *la même époque,* renfermait du *sucre de canne* ou *d'amidon;* d'où il semble résulter que la végétation du bourgeon a le pouvoir de changer ces sucres l'un dans l'autre. Plus tard, dans les premiers jours de mai, les mêmes bourgeons ayant déjà développé des organes foliacés, qui décomposent l'acide carbonique de l'air en s'emparant de son carbone, ne contiennent plus que du *sucre de fécule.* Les *jeunes* bourgeons de sycomore renferment du *sucre de fécule,* tandis que la séve est très-riche en *sucre de canne.* Plus tard, lorsque les bourgeons sont changés en feuilles bien développées, on trouve dans celles-ci du *sucre* qui n'est pas du sucre de canne, et une matière *gommeuse.* Le *cambium* du sycomore contenait du *sucre de canne,* différent par conséquent de celui qui existait dans les feuilles, et un autre principe dont la nature n'a pas été indiquée.

3° Les tiges et les organes foliacés des jeunes pousses de seigle dont les épis étaient déjà développés, mais encore loin de la floraison, et par conséquent avant la fécondation (3 mai 1833), ont fourni un mélange de sucre de raisin, de sucre de canne et de gomme. Douze jours après, la proportion de sucre de canne était plus considérable; mais les épis, examinés le même jour, ne contenaient que du *sucre d'amidon.* Ici l'on peut se demander si les épis dont je parle renferment du sucre d'amidon tout formé, ou bien si l'amidon qu'ils contiennent dans les globules de leurs ovaires ne serait pas changé en sucre d'amidon par l'action d'une matière analogue à la diastase (voy. *Diastase* et *Amidon*).

4° Après la fécondation au 15 juin, les jeunes grains de seigle offraient de la fécule granuleuse *parfaitement formée* et du sucre de fécule, sans la moindre trace de sucre de canne, ni de sucre de raisin, ni de gomme. Ces deux sucres et la gomme que j'ai dit exister dans les tiges et les organes foliacés du seigle encore jeune ont donc changé de nature en traversant le collet des épis, et ont servi de matériaux à la jeune graine, qui les a transformés en fécule et en plusieurs autres produits dont le périsperme est composé.

5° Les tiges des jeunes pousses du blé dont l'épi n'était pas encore sorti contenaient du sucre de raisin, du sucre de canne, et de la gomme (20 mai). Le 4 juin, les épis étaient sortis de la tige et fleuris ; le sucre de canne était moins abondant et avait passé dans les épis ; il y avait encore de la gomme. A cette même époque, les feuilles contenaient, au contraire, beaucoup plus de sucre de canne que de sucre de raisin, et de la dextrine, au lieu de gomme. Lorsqu'après la fécondation les feuilles ont *jauni,* on n'y trouve plus que des traces presque insensibles des principes sucrés et d'amidon ; d'où il semble résulter qu'à l'époque dont il s'agit, les principes carbonisés passent dans la tige et servent à l'alimenter; de même que les principes analogues élaborés par les feuilles des arbres exogènes redescendent sous l'écorce corticale vivante et dans les premières couches externes de l'aubier, pour nourrir le jeune cylindre de bois et d'écorce qui, semblable à une tige creuse, se forme annuellement et se moule sur l'ancien squelette de bois.

6° Après la fécondation, les épis de blé contiennent beaucoup de sucre de fécule et de canne, et une matière *analogue* à l'amidon. Voici ce qui arrive : la base de la tige, très-riche en sucre, fournit au sommet le suc qu'elle renferme, suc qui est promptement enlevé par les épis. A mesure que ces épis fécondés grossissent, les feuilles les plus basses commencent à jaunir et à se dessécher en transmettant leurs produits carbonisés à la tige. La base de celle-ci se dessèche aussi et jaunit à son tour, tandis que la partie supérieure, encore verte, continue de nourrir l'épi; ainsi, quand le desséchement du bas de la tige est arrivé, si l'on coupe la céréale, quoique le grain ne soit pas mûr encore, il achève de se nourrir et de mûrir aux dépens de la tige. On peut donc, dès que les tiges sont sèches, rentrer le grain précisément au point de sa maturité. (*Journ. de chim. médic.*, juin, juillet et août 1838.)

7° Dès l'année 1831, M. Couverchel avait publié, sur la maturation des fruits, des expériences qui l'avaient conduit à admettre que, pendant la première période de leur développement (voy. p. 587), la séve est probablement acidifiée dans son passage des jeunes branches à l'ovaire, par suite de la décomposition de l'eau et de la fixation de l'oxygène de celle-ci ; il se forme, en même temps que des acides, une sorte de *fécule* qui, par l'action des acides déjà produits, se transforme en une matière *gommeuse*, appelée par les uns gomme *normale*, et par d'autres *gélatine ;* pendant la secondepériode, il se forme du sucre, probablement aux dépens de l'action des acides déjà développés sur la matière gommeuse. M. Couverchel s'est, en effet, assuré que les acides végétaux pouvaient transformer cette sorte de gomme en sucre (*Ann. de chim. et de phys.*, tom. XLVI).

Origine des couleurs verte et rouge des plantes. — Je ne mentionnerai pas les diverses théories émises pour expliquer le développement de la couleur verte dans les parties des plantes exposées à l'action de la lumière solaire ; je renverrai pour cet objet au mémoire de M. Ronchas, inséré dans le *Journ. de chim. médic.*, n° de juin 1834. Je me bornerai à dire que, suivant ce pharmacien, il se produit pendant la germination, outre les matières indiquées à la page 582, un acide que Runge a appelé *verdeux* et du carbure d'hydrogène gazeux ; celui-ci jouerait le rôle de base, en sorte qu'il se formerait un *verdite* de *bicarbure d'hydrogène* incolore. Ce sel a-t-il le contact de l'air, il en absorbe l'oxygène et donne un *verdate* de couleur verte, ce qui constitue la *chromule* verte de plusieurs auteurs ; il en est de même quand l'acide verdeux est combiné à un alcali et exposé à l'air. Lorsque ce verdate se trouve en présence d'un acide, et l'on sait que les feuilles développent des acides de diverses natures, l'acide *verdique* est précipité avec une couleur jaune ocreuse, celle des feuilles mortes, en un mot.

CLASSE CINQUIÈME.

DES FERMENTATIONS.

On désigne sous le nom de *fermentation* tout mouvement spontané, excité dans les corps, dont le résultat est la formation d'un produit qui n'existait pas, tel que le sucre, la gomme, le sucre de lait, l'alcool, l'acide acétique, etc., et qui peut être plus ou moins infect. On peut donc admettre plusieurs sortes de fermentations selon le produit qui prend naissance.

De la fermentation sucrée et de la fermentation gommeuse.

On sait que des graines qui ne contiennent point de sucre, si on les fait germer jusqu'à un certain point, et qu'on les traite par l'eau chaude, fournissent une quantité notable de matière sucrée et de matière gommeuse; on sait également que la production de ces deux matières est le résultat de l'action qu'exerce sur l'amidon de la graine la diastase qui s'est développée pendant la germination de la graine (voyez, pour plus de détails, les articles *Diastase, Dextrine* et *Orge*).

Quant à la fermentation gommeuse, indépendamment de ce qui a été dit en parlant de l'action du sucre sur le gluten, d'après M. Desfosses, je puis encore appuyer son existence sur les faits qui m'ont servi à admettre la fermentation sucrée.

De la fermentation visqueuse.

Lorsqu'on met du sucre en contact avec un ferment altéré par l'ébullition, au lieu d'alcool on obtient une matière visqueuse que l'on pourrait croire, au premier abord, n'être que de la gomme, mais qui en diffère parce qu'elle ne fournit pas d'acide mucique, quand on la traite par l'acide azotique. Indépendamment de ce fait, M. Favre a reconnu que l'on développe la fermentation *visqueuse* à l'abri de l'air et sans dégagement d'hydrogène, en faisant agir sur le sucre, l'eau de farine et l'eau de riz, et dans ce cas il se produit, outre la matière visqueuse dont j'ai parlé, de la *mannite*. On sait aussi, par les expériences de ce chimiste, que les graines des céréales contiennent une substance soluble dans l'eau, incoagulable par la chaleur, et qui doit être considérée comme un ferment *visqueux*.

De la fermentation pectique.

On désigne sous le nom de fermentation *pectique* la réaction de la pectase sur la pectine, qui a pour résultat la transformation de celle-ci en acides pectosique et pectique, qui ne diffèrent de la pectine que par une certaine quantité d'eau, et par leur capacité de saturation. Je me suis déjà étendu longuement sur ce sujet (voy. p. 95); aussi me bornerai-je à dire ici que cette fermentation peut s'opérer, à l'abri de l'air, à la température de 30°, et qu'elle n'est accompagnée d'aucun dégagement de gaz.

De la fermentation lactique.

Le sucre, la gomme, l'amidon, le ligneux, le sucre de lait, etc., mis en contact avec un ferment *lactique,* donnent de l'acide lactique, c'est-à-dire un corps qui est isomérique avec eux, ou qui n'en diffère que par les éléments de l'eau. Les ferments *lactiques* sont la fibrine, la caséine, l'albumine, qui ont éprouvé un commencement d'altération par une action assez prolongée de l'air (voy. *Acide lactique*),

De la fermentation butyrique.

Les expériences de MM. Pelouze et Gélis nous ont appris que l'amidon, la dextrine, les sucres et les gommes, peuvent, sous l'influence des ferments, donner une certaine quantité d'acide *butyrique*; il se dégage constamment, pendant cette réaction, du gaz acide carbonique et de l'hydrogène. Quand on veut faire éprouver au sucre la *fermentation butyrique*, on met dans un flacon, qui peut rester ouvert, une dissolution de sucre de fécule marquant 8 à 10 degrés au pèse-sirop de Baumé, une quantité de carbonate de chaux égale à la moitié du sucre employé, et une quantité de gluten ou de fromage de Brie, de Marolle, etc., représentant, à l'état sec, 8 ou 10 pour 100 du poids du sucre; celui-ci se transforme d'abord en une substance visqueuse, passe ensuite à l'état d'acide lactique, et finit, au bout de deux ou trois mois, par donner de l'acide *butyrique*.

De la fermentation succinique.

Lorsqu'on mêle de la *caséine* brute avec de l'eau tenant en dissolution ou en suspension l'un des sels suivants, et que l'on abandonne le tout à la température ordinaire de l'été, pendant trois semaines ou un mois, on obtient du *succinate* d'ammoniaque; ces sels sont le malate de chaux neutre et pur, le malate acide de chaux, le malate de potasse, les aspartates de potasse et de chaux, le fumarate, le maléate et l'aconitate de chaux. L'asparagine, sous la même influence, se change d'abord en aspartate, puis en *succinate* d'ammoniaque. La farine de pois, additionnée de carbonate de chaux, et délayée dans l'eau; l'émulsion d'amandes douces, séparée de son huile et mélangée de craie; la légumine, etc., donnent également de l'acide succinique. La fermentation succinique est donc loin d'être rare (Dessaignes, *Journal de pharmacie*, octobre 1850).

De la fermentation alcoolique, spiritueuse ou vineuse.

Pour exposer avec clarté tout ce qui est relatif à cet objet, je vais examiner, 1° la fermentation alcoolique qui se développe dans un mélange fait par l'art ; 2° celle qui a lieu lorsqu'on place dans des circonstances convenables certains sucs fournis par la nature.

Fermentation alcoolique d'un mélange artificiel. — Si l'on introduit dans un flacon 5 parties de sucre dissous dans 25 ou 30 parties d'eau, et intimement mêlé avec 1 partie de ferment frais (levûre de bière), et que l'on adapte à ce flacon un bouchon percé d'un trou qui donne passage à un tube de verre recourbé, propre à recueillir les gaz sous le mercure, on observe, si la température est de 15° à 30°, tous les *phénomènes* de la fermentation alcoolique : il se forme une multitude de petites bulles de gaz acide carbonique, qui, en s'élevant, entraînent un peu de ferment, viennent à la surface de la liqueur, où elles restent pendant quelque temps, et produisent de l'écume ; bientôt après elles se rendent sous les cloches, et le ferment qui avait été élevé tombe au fond du vase, d'où il est porté de nouveau vers la surface du liquide par d'autres bulles de gaz acide carbonique ; ce mouvement de bas en haut et de haut en bas, continu, devient très-fort pendant les premières heures, et rend le liquide trouble. 2° Au bout de quelque temps, l'effervescence se ralentit, et la fermentation cesse ; alors le liquide est clair, transparent, et l'on voit au fond du flacon une *matière blanche*, composée seulement d'oxygène, d'hydrogène et de carbone, tandis que le ferment employé contenait, en outre, de l'azote. La quantité de cette matière déposée est à peu près égale à la moitié de celle du ferment décomposé. La liqueur renferme de l'*alcool*, de l'eau, et une très-petite quantité d'une matière très-soluble ; mais elle ne contient plus une parcelle de sucre. Il suit de là que les résultats de cette expérience sont la décomposition totale du sucre, la décomposition partielle du ferment, et la formation de l'alcool, du gaz acide carbonique, et de la matière blanche dont j'ai parlé.

Théorie de Gay-Lussac. L'alcool et l'acide carbonique se forment aux dépens de l'hydrogène, de l'oxygène et du carbone de sucre : en effet, 100 parties de sucre se convertissent, pendant la fermentation, en 51,34 d'alcool, et en 48,66 d'acide carbonique. Voici, du reste, le raisonnement établi par ce savant chimiste pour faire concevoir cette transformation. Admettons que le sucre soit formé de 40,0 de carbone, et 60,0 d'oxygène et d'hydrogène dans les proportions nécessaires pour former de l'eau (1); réduisons ces poids en volumes; alors on pourra regarder le sucre comme composé de

> 3 volumes de vapeur de carbone.
> 3 volumes d'hydrogène.
> $1 + \frac{1}{2}$ d'oxygène.

Or, l'alcool peut être considéré comme étant formé de

> 2 volumes de vapeur de carbone.
> 3 volumes d'hydrogène.
> $\frac{1}{2}$ volume d'oxygène (2).

Il est donc évident que, pour transformer le sucre en alcool, il lui enlever

> 1 volume de vapeur de carbone.
> 1 volume de gaz oxygène.

Ces deux volumes forment, en se combinant, un volume de gaz acide carbonique.

Suivant Liebig, ainsi que je l'ai déjà dit, la transformation du sucre cristallisé en alcool dépend de ce qu'un équivalent d'eau vient s'ajouter au sucre cristallisé, et prend part ainsi à la métamorphose. En supposant que 100 parties de sucre cristallisé absorbent les éléments de 5,025 d'eau ou d'un équivalent d'eau, on obtiendra 51,298 d'acide carbonique, et 53,727 d'alcool absolu : total 105,025.

Il est aisé de voir que, dans ces théories, on néglige les produits fournis par le ferment dans l'acte de la fermentation : ces produits sont presque nuls. M. Thénard a établi que 100 parties de sucre n'exigent que 2 parties $\frac{1}{2}$ de ferment supposé sec pour leur décomposition to-

---

(1) L'analyse prouve en effet que le sucre est composé de 42,11 de carbone, et de 57,89 d'oxygène et d'hydrogène.

(2) En effet, l'alcool est composé de :

$$1 \text{ volume de gaz oléfiant} = \begin{cases} 2 \text{ volumes de vapeur de carbone.} \\ 2 \text{ volumes d'hydrogène.} \end{cases}$$

$$1 \text{ volume de vapeur d'eau} = \begin{cases} 1 \text{ volume d'hydrogène.} \\ \frac{1}{2} \text{ volume d'oxygène.} \end{cases}$$

tale, et qu'il ne se forme qu'environ 1 partie et un quart de la *matière blanche* insoluble non azotée dont j'ai parlé.

Puisque l'alcool et l'acide carbonique se produisent aux dépens du sucre, qu'il y a cependant une petite portion de ferment décomposé et transformé en matière blanche non azotée, que devient l'azote cédé par le ferment ? Il s'est transformé en ammoniaque qui s'est unie à de l'acide lactique formé peut-être aux dépens du ferment ; on sait, en effet, qu'il n'y a point d'azote dans l'alcool, ni dans l'acide carbonique, ni dans la matière blanche insoluble, ni dans la petite quantité de matière soluble qui se trouve unie à l'alcool dans la liqueur (M. Thénard).

M. Colin a fait voir que plusieurs matières azotées, autres que le ferment, pouvaient transformer le sucre en alcool : telles sont l'albumine, le fromage mou, l'urine, la fibrine, le principe colorant du sang, la matière désignée sous le nom d'osmazome, mais surtout le gluten *mélé à la crème de tartre*, l'albumine coagulée et putréfiée, la gliadine et l'albumine *tartarisée* ; il pense que l'électricité joue un rôle dans la fermentation, puisqu'elle rétablit l'activité dans une levûre qui est devenue inerte : suivant lui, la crème de tartre la mieux purifiée favorise l'action des ferments ; tandis que l'alcool arrête la fermentation à mesure qu'il se forme. (*Ann. de chim. et de phys.*, t. XXVIII ; 1825.)

Jusqu'ici la véritable cause de la fermentation est inconnue. On admettait naguère que la décomposition du sucre n'était produite que par une sorte de digestion que lui faisaient subir des animalcules globulaires, qui sans cesse prenaient naissance au milieu même du liquide et de l'acide carbonique ; il fallait presque croire à une génération spontanée : telle était l'opinion soulevée par Cagniard-Latour. Liebig, au contraire, rejette l'existence des animalcules, et pense que la fermentation n'est qu'un arrangement moléculaire nouveau produit par la matière azotée provenant de la décomposition du *ferment*. Cette opinion est plus admissible, et se trouve en rapport avec des expériences pour la plupart encore inédites, faites dans ces derniers temps par M. Rousseau, et dont les principaux résultats sont :

1° L'espèce de génération que l'on a admise jusqu'à présent, des petits globules par les gros, n'est qu'un acte purement physique, produit par l'action chimique même qui détermine la fermentation, action qui peut être assimilée à la formation successive d'un cristal quelconque ; car il suffit de placer une goutte de liquide en fermentation entre deux plaques de verre sous le champ du microscope, pour voir les globules seulement superposés, surtout si l'on a soin de les rendre transparents en introduisant, entre les lames de verre, une goutte d'acide acétique.

2° Pour que le ferment transforme le sucre en alcool et en acide carbonique, il faut qu'il ait une réaction acide au papier du tournesol. 3° Lorsqu'il est alcalin, ce qui arrive au bout de quelques jours, en l'abandonnant à la décomposition spontanée, les produits changent : on obtient, d'une part, avec du sucre de canne, du sucre de lait, une matière gommeuse; de l'acide lactique, etc. 4° L'acidité du ferment, pour qu'il soit dans des conditions convenables, doit être produite par un acide organique dont le caractère spécial est d'être tel, qu'une solution aqueuse d'un de ses sels, abandonnée à elle-même, soit transformée en carbonate de la base: tels sont les acides tartrique, citrique, malique, lactique, etc. 5° Lorsque l'un de ces acides est assez prédominant dans le ferment, la fermentation ne subit aucune altération ni aucun retard de la part de fortes quantités même d'huiles essentielles, des alcalis végétaux, des préparations arsenicales, etc., malgré ce qui a été dit à cet égard par plusieurs chimistes. 6° Au contraire, la fermentation peut être beaucoup activée par la présence soit d'un tartrate, d'un citrate, d'un malate ou d'un lactate. 7° Les différences de produit qu'ont données des matières azotées mêlées au sucre, et d'où l'on a conclu à des espèces de fermentations particulières, ne sont motivées que par l'état acide ou alcalin du ferment; ce qui, du reste, dépend de son altération plus ou moins grande : c'est ainsi que le caséum, la diastase, les membranes animales, donnent de l'acide lactique lorsqu'on les mêle au suc, parce qu'elles deviennent primitivement alcalines.

Fermentation des sucs fournis par la nature. — Il existe un très-grand nombre de sucs susceptibles d'éprouver la fermentation alcoolique; ils contiennent tous de l'eau, du sucre et du ferment, ou du moins une matière analogue. Les principaux de ces sucs sont, 1° celui de raisin, 2° celui de pommes, 3° celui que fournit l'orge qui a éprouvé un commencement de germination et que l'on a traitée par l'eau, 4° celui de quelques fruits sucrés. Tous ces sucs perdent la propriété de fermenter lorsqu'on les fait bouillir pendant quelque temps, phénomène qui paraît dépendre de l'altération qu'éprouve le ferment pendant l'ébullition; du moins est-il certain que si, après avoir fait bouillir ces sucs, on leur ajoute une certaine quantité de ferment, on excite la fermentation.

Suc de raisin (*moût*), fruit du *vitis vinifera,* arbrisseau de la famille des ampélidées. — Il contient beaucoup d'eau, une assez grande quantité de sucre, de la cellulose, de la pectine, une matière végéto-animale particulière, très-soluble dans l'eau, qui paraît se transformer en ferment lorsqu'elle a le contact de l'air, un peu de mucilage, d'acide tannique, de bitartrate de potasse, de tartrate de chaux, de chlorure de sodium et de sulfate de potasse. Le suc de raisin fermente facilement à la température de 12° ou 15°, pourvu qu'il ait le contact du gaz oxygène, et il donne naissance à une liqueur alcoolique connue sous le nom de *vin*. Gay-Lussac a fait des expériences fort intéressantes sur la nécessité de la présence du gaz oxygène pour que cette fermentation se développe; lorsqu'on écrase des raisins bien mûrs dans une cloche placée sous la cuve à mercure, et privée d'air ou d'oxygène, le moût qui en résulte ne fermente point, quelle que soit la température, tandis que la fermentation s'établit presque dans le même instant, si on introduit dans la cloche quelques bulles de gaz oxygène, et que la température soit de 20° à 25°. Il paraît que ce gaz s'unit à la matière particulière dont j'ai parlé, et la transforme en ferment: du moins est-il certain, 1° qu'il se dépose du ferment pendant la fermentation du moût de raisin ; 2° que si on mêle ce moût avec de l'acide sulfureux ou avec tout autre corps capable d'absorber l'oxygène, il ne fermente plus. Cent parties de sucre de raisin donnent, par la fermentation, d'après Liebig, 44,84 d'acide carbonique, 47,12 d'alcool, total 91,96, et elles abandonnent 9,04 d'eau de cristallisation, ce qui est conforme à ce que j'ai établi, savoir, que le sucre de raisin doit perdre 2 équivalents d'eau pour se transformer en alcool.

Vin rouge. — Les vins rouges sont le résultat de la fermentation des raisins noirs, mûrs, et mêlés de l'enveloppe de leurs grains et de leur rafle. Après avoir foulé ces raisins pour en extraire le moût, on les abandonne à eux-mêmes dans des cuves en bois ou en pierre, dont la température est de 10° à 12°. Vers le cinquième jour, la fermentation est à son *maximum;* il se dégage beaucoup de gaz acide carbonique; la masse est soulevée par une sorte de bouillonnement, échauffée et troublée; l'écume, composée de ferment et de matière blanche, se forme; la liqueur se colore en rouge, perd sa saveur sucrée, et devient alcoolique; une très-petite partie de cet alcool est entraînée par le gaz acide carbonique. Vers le septième jour, on foule la cuve avec un fouloir, ou en y faisant descendre un homme nu, afin de ranimer la fermentation, qui commence à se ralentir; et lorsque, vers le dixième ou treizième jour, la liqueur n'est plus en ébullition, qu'elle a déjà acquis une saveur forte et de la transparence, on la *tire* pour la placer dans des tonneaux, où elle continue à fermenter pendant plusieurs mois; il se produit encore pendant ce temps une écume plus ou moins épaisse, qui se précipite et qui constitue la *lie,* dans laquelle on trouve, entre autres matières, beaucoup de bitartrate de potasse; celui-ci se sépare de la dissolution aqueuse à mesure que l'alcool se forme, et s'unit à l'eau (1).

Les vins rouges sont composés de beaucoup d'eau, d'une quantité d'alcool variable, qui les rend plus ou moins forts, d'un peu de mucilage et de matière végéto-animale, d'une très-faible proportion d'acide tannique, qui leur communique une saveur âpre, d'un principe colorant bleu, passant au rouge par son union avec les acides, d'acide acétique et de bitartrate de potasse, qui leur donnent de la verdeur, enfin de tartrate de chaux, de chlorure de sodium, de sulfate de potasse, etc. Ils ne contiennent point de sucre, à moins que les raisins qui les fournissent ne soient très-sucrés, et que la fermentation n'ait pas été aussi prolongée qu'elle devait l'être. Ils renferment, en outre, de l'*huile essentielle de vin* (*œther œnanthique*, voy. ce mot, p. 174), et de l'acide *œnanthique;* c'est l'huile essentielle qui paraît constituer la partie odorante du vin, appelée *bouquet des vins,* et qui leur donne plus ou moins de prix.

Soumis à la distillation, les vins rouges fournissent d'abord un liquide incolore, volatil, connu sous le nom d'*eau-de-vie faible,* qui est principalement composé d'eau et d'alcool, et plus tard une huile essentielle qui est un mélange d'éther œnanthique et d'acide œnanthique (voy. *Éther œnanthique,* p. 174); les autres principes du vin restent dans la cornue.

Abandonnés à eux-mêmes dans des bouteilles bien fermées, les vins continuent à fermenter, deviennent par conséquent plus alcooliques, laissent déposer une nouvelle quantité de tartre, et acquièrent beaucoup plus de prix : il paraît que leurs éléments reçoivent des modifications dans leurs combinaisons. Les acides font passer les vins rouges au rouge clair, les alcalis les verdissent; les sulfures solubles les font passer au vert ou au brun noirâtre, sans y occasionner de précipité distinct.

Lorsque, par une cause quelconque, il se développe de l'acide acétique dans les vins rouges et qu'ils deviennent aigres, ils peuvent dissoudre une assez grande quantité de litharge (protoxyde de plomb), et

---

(1) La lie contient sur 100 parties 20,70 de matière animale ayant de l'analogie avec l'albumine et le caséum, 1,60 d'une matière grasse molle, de couleur verte, 0,50 de matière grasse blanche, ayant la consistance de la cire, 6 de phosphate de chaux, 60,75 de bitartrate de potasse. 5,25 de tartrate de chaux, 0,40 de tartrate de magnésie, 2,80 de sulfate et de phosphate de potasse, 2 d'acide silicique mêlé de grains de sable, plus une petite proportion de matière gommeuse, de la matière colorante rouge de raisin et de l'acide tannique (Braconnot, *Ann. de chim.,* mai 1831).

se trouvent contenir de l'acétate de plomb : leur saveur, loin d'être aigre, est alors styptique, métallique, *sucrée*. Les marchands ont employé quelquefois ce moyen pour falsifier les vins : or, il est extrêmement dangereux, puisque les préparations de plomb solubles dans l'eau sont toutes vénéneuses. On pourra reconnaître la fraude en versant dans la liqueur de l'acide sulfhydrique, qui y fera naître un précipité noir de sulfure de plomb, ou bien de l'acide sulfurique, un sulfate ou un carbonate solubles, qui la précipiteront en blanc, ou bien de l'acide cnromique ou du chromate de potasse, qui y feront naître un précipité jaune; enfin, si on évapore le vin jusqu'à siccité, et qu'on calcine le résidu dans un creuset, on en retirera du plomb métallique. Les sulfures, conseillés par certains chimistes pour découvrir la présence du plomb dans le vin rouge, sont sans doute des réactifs précieux, puisqu'ils font naître dans cette liqueur un précipité noir de sulfure de plomb; mais ils peuvent induire en erreur si on se borne à un examen superficiel : en effet, plusieurs espèces de vin rouge, ne contenant point de plomb, noircissent sur-le-champ par l'addition d'un sulfure : le changement de couleur est donc insuffisant pour prononcer; il faut nécessairement obtenir un précipité noir de sulfure de plomb dont on puisse extraire le métal.

Si les vins sont troubles, on peut les clarifier aisément à l'aide d'une dissolution de colle ou de blanc d'œuf, qui, en s'emparant de l'acide tannique qu'ils contiennent, forment un précipité susceptible d'entraîner avec lui toutes les matières tenues en suspension.

Vins blancs. — On prépare les vins blancs avec les raisins blancs, ou bien encore avec le moût des raisins noirs séparés de l'enveloppe de leurs grains et de la rafle du raisin : du reste, les phénomènes et la théorie de leur fermentation sont absolument semblables à ceux dont je viens de parler. Il en est à peu près de même de leur action sur le calorique.

Vins mousseux. — Il suffit, pour obtenir les vins mousseux, de les mettre en bouteilles quelque temps après les avoir tirés, de renverser celles-ci, et de les déboucher de temps en temps pour séparer la lie qui se trouve rassemblée dans le goulot. Il est évident que la fermentation du vin doit continuer dans les bouteilles, et que le gaz acide carbonique formé, qui, dans la préparation des vins ordinaires, s'échappe dans l'atmosphère, doit rester en dissolution dans le vin : or, c'est ce gaz qui les rend mousseux lorsqu'on débouche la bouteille et qu'il se dégage dans l'air.

L'altération qu'éprouvent les vins, et qui est connue sous le nom de *graisse,* constitue une sorte de *fermentation visqueuse ;* elle dépend de là présence d'une certaine quantité de matière végéto-animale qu'ils retiennent. Les vins blancs sont exposés à *graisser*, parce que, n'ayant pas été en contact avec la rafle, ils ne contiennent pas assez d'acide tannique pour que toute leur matière végéto-animale ait été précipitée ; tandis que les vins rouges ne tirent pas à la *graisse*, parce qu'ils ont éprouvé une fermentation convenable avec la rafle du raisin ; que si, par hasard, cette fermentation avait été incomplète, la maladie pourrait s'y manifester. Il suit de ce qui précède que l'acide tannique sera employé avec succès pour préserver de la graisse les vins disposés à contracter cette altération : on mêlera avec ces vins, un mois ou six semaines avant de les mettre en bouteilles, 1 gramme d'acide tannique par bouteille ou 100 grammes par cent bouteilles ; il se produira du tannate de matière végéto-animale insoluble que l'on séparera par décantation ; toutefois, avant de procéder à ce mélange, on extraira des vins le dépôt qui pourrait s'y être formé (*Ann. de chim. et de phys.*, t. XLVI, mémoire de M. François).

De l'acide œnanthique, $H^{13}C^{14}O^2$. Il existe dans le vin. Il a une consistance butyreuse à la température ordinaire ; il devient fluide à une température plus élevée ; il rougit le tournesol. Il bout vers 300° ; l'eau en dissout à peine, tandis qu'il est très-soluble dans l'alcool et l'éther. Dans l'eau, il prend 1 équivalent de ce corps et donne l'acide monohydraté. Il fournit de l'éther œnanthique lorsqu'il est monohydraté, et qu'on le traite à 150° par cinq fois son poids de sulfovinate de potasse ; mélangé avec l'alcool méthylique et l'acide sulfurique concentré, il donne de l'éther *méthylœnanthique*. On obtient l'acide œnanthique en décomposant, par de l'acide sulfurique étendu, l'œnanthate de potasse qui est le résultat de l'action de cet alcali sur l'éther œnanthique (voy. *Éther œnanthique*, p. 174).

Suc de pommes. — Le suc de pommes parait contenir beaucoup d'eau, *un peu de sucre* semblable à celui de raisin, une petite quantité de ferment, ou du moins d'une matière qui n'exige que le contact de l'air pour le devenir, beaucoup de mucilage, et des acides malique et acétique. Il est susceptible de fermenter et de donner une liqueur connue sous le nom de *cidre*. La préparation du *cidre* se fait ordinairement en Picardie et en Normandie. On entasse les pommes *aigres et âpres*, cueillies depuis le mois de septembre jusqu'au mois de novembre (1) ; au bout de quelque temps, lorsqu'elles sont mûres et sucrées, on les

---

(1) Les pommes de bonne qualité ne donnent pas de bon cidre.

réduit en une sorte de bouillie au moyen d'une forte pression et d'une certaine quantité d'eau ; on verse le suc dans des tonneaux, et on le laisse déposer ; bientôt après il entre en fermentation, mais celle-ci n'est bien développée que vers le mois de mars ; à cette époque, le cidre est piquant, et peut être enfermé dans des bouteilles, où il continue à fermenter, et devient mousseux. Il se clarifie lui-même, et n'a pas besoin d'être collé. Il est difficile qu'il puisse se conserver longtemps sans passer à l'aigre.

On obtient du cidre de qualité inférieure en coupant le résidu des pommes dont on a exprimé le suc, en y ajoutant de l'eau, en le comprimant fortement, et en faisant fermenter la liqueur qui en découle.

Orge germée. — Pour obtenir le *décoctum* de ce fruit, on laisse l'orge dans l'eau pendant quarante-huit heures pour la ramollir ; on l'étend sur un plancher de manière à former une couche peu épaisse ; au bout de vingt-quatre heures, on la retourne avec des pelles de bois, pour qu'elle ne s'échauffe pas trop, et on recommence cette opération deux fois par jour. Vers le cinquième jour, il se manifeste des signes extérieurs de germination que l'on arrête vingt-quatre heures après, en soumettant l'orge à la température de 60° : alors les germes se détachent par le frottement, l'orge se trouve desséchée, et doit être grossièrement moulue ; on lui donne le nom de *malt*. On la met en contact pendant deux ou trois heures avec de l'eau à 80°, qui dissout du sucre et de la dextrine produits par la réaction de la diastase sur l'amidon, une matière analogue au ferment, de l'albumine, du mucus, et, suivant Thomson, un peu de gluten, de fécule et d'acide tannique. Ce liquide, que j'ai nommé *décoctum d'orge germée,* est susceptible de fermenter et de donner la *bière :* pour cela, on le met dans une grande chaudière de cuivre ; on y ajoute du houblon (*humulus lupulus*), dans la proportion de 2 ou 3 millièmes de la poudre d'orge employée pour faire le suc, et on le concentre par l'évaporation ; alors on le fait refroidir promptement en le versant dans des cuves très-larges et peu profondes. Lorsque sa température est à 12°, on l'introduit dans une grande cuve appelée *cuve de fermentation,* et on y délaie un peu de levûre ; bientôt après, la fermentation se développe, la liqueur est fortement agitée et offre beaucoup d'écume à sa surface. Aussitôt que le mouvement s'apaise, on verse le mélange dans de petits tonneaux, que l'on expose à l'air pendant quelques jours, et dans lesquels la fermentation continue. Quand il ne se forme plus d'écume, on colle la liqueur, comme je l'ai dit en parlant des vins rouges ; trois jours après, lorsque le dépôt est entièrement formé, on la met en bouteilles ;

mais elle ne mousse qu'au bout de huit ou dix jours. C'est à la dextrine contenue dans la bière et au gluten dissous qu'il faut attribuer la
propriété mucilagineuse de celle-ci et par suite la faculté de retenir l'a-
cide carbonique, ce qui rend la mousse persistante.

La bière, obtenue par ce moyen, contient moins d'alcool que le cidre,
et à plus forte raison que le vin : elle se transforme facilement en acide
acétique et devient aigre, changement qu'elle éprouverait avec beaucoup plus de rapidité si elle ne contenait pas de houblon : du reste,
cette plante jouit encore de la propriété de communiquer à la bière une
légère saveur amère, qui est fort agréable.

Théorie de la formation de la bière. — Pendant la germination, il se
produit de la diastase, dont la proportion augmente avec le développement de la gemmule, et jusqu'à ce que celle-ci, dans l'orge, ait atteint
une longueur égale à celle de chaque grain germé. La diastase formée
change l'amidon en sucre et en gomme, au moment où l'eau à 80° agit
sur le *malt :* enfin le sucre, par suite de l'action qu'exerce sur lui le ferment, se transforme en alcool et en acide carbonique. Si tout l'amidon
ne passait pas à l'état de sucre et de gomme, il s'en précipiterait une
portion qui troublerait le liquide ultérieurement. Proust pensait à tort
que l'objet principal de la germination de l'orge était de détruire la majeure partie de l'*hordéine,* d'augmenter la quantité de sucre, de gomme,
d'amidon, et de rendre celui-ci soluble dans l'eau, en sorte que le moût
de bière aurait contenu presque toute la substance qui constitue l'orge.

Les expériences faites par Kirchoff, et publiées avant celles de
Proust, avaient pourtant fourni des résultats beaucoup plus satisfaisants,
comme on en jugera par l'extrait suivant : 1° le gluten opère la formation du sucre dans les graines germées dont la farine a été infusée dans
l'eau chaude ; 2° la fécule qui fait partie des graines germées n'a point
subi de changement, car elle n'est convertie en sucre qu'au-dessus de
40° thermomètre de Réaumur ; 3° la fécule est, de toutes les parties
constituantes de la farine, celle qui sert le plus particulièrement à la
formation de l'alcool; 4° par l'acte de la germination, le gluten acquiert
la propriété de transformer en sucre une plus grande quantité de fécule
que celle qui se trouve dans la graine; 5° la formation du sucre,
dans les grains qui ont germé, est une opération chimique et non un
résultat de la végétation. Cette théorie, comme on voit, s'accorde avec
celle que j'ai donnée sur le point le plus essentiel, savoir, que la fécule
est convertie en sucre, par suite d'une action qu'à la vérité Kirchoff
faisait exercer au gluten, tandis qu'elle appartient à la diastase.

Sucs de quelques autres plantes. — Le suc de la canne, de groseilles,

de cerises, de l'*acer montanum*, et tous ceux qui contiennent du sucre
et du ferment, ou du moins une matière analogue à celui-ci, sont susceptibles de fermenter et de donner une liqueur spiritueuse d'une odeur
et d'une saveur variables.

Eaux-de-vie. — Eaux-de-vie de grains. Après avoir mêlé $9/10$ environ de grain concassé avec $1/10$ de *malt* (1), on y verse assez d'eau
presque bouillante pour former une pâte très-claire; le mélange doit
être à la température de 62° th. cent.; on l'abandonne dans un cuvier
couvert pendant deux heures, puis on ajoute de l'eau froide ou tiède
jusqu'à ce que le tout forme 6 ou 7 hectolitres pour 100 kilogrammes de
grains, et que le liquide ait une température de 15° à 21°; il suffit alors
de mettre ce liquide en contact avec de la levûre de bière de bonne
qualité pour que la fermentation alcoolique s'établisse : celle-ci dure
pendant trois jours; au bout de ce temps, on distille pour obtenir l'eau-
de-vie; à cette époque, la fermentation acide a déjà commencé à se développer. Cent kilogrammes d'orge ont fourni à Mathieu Dombasle
42 litres d'eau-de-vie à 19 degrés.

Eau-de-vie de pommes de terre.—On fait cuire les pommes de terre
à la vapeur, on les écrase, on y mêle $3/100$ de leur poids de *malt d'orge*
en farine, et on y ajoute de l'eau presque bouillante, pour former
une bouillie marquant 62°, qu'on abandonne au repos pendant deux
heures. On l'étend ensuite d'eau froide ou tiède, de manière à former
une masse de 3 hectolitres environ pour 100 kilogrammes de pommes
de terre, et à la température de 20° à 25°; on ajoute de la levûre de
bière. La fermentation est ordinairement terminée au bout de trois
jours, et l'on obtient environ 16 litres d'eau-de-vie à 19 degrés pour
100 kilogrammes de pommes de terre. Celles qui sont moins riches en
fécule donnent un produit moindre, quelquefois seulement 10 ou 12 litres. Dans ces opérations, la fécule est convertie en sucre et en gomme
par la diastase contenue dans le *malt;* le sucre formé se change en alcool par la levûre (voy. *Analyse des grains*, à l'article *Fruits*, et *Action
de la fécule sur le gluten*, à l'article *Gluten*).

Les eaux-de-vie de grains ou de pommes de terre offrent une odeur
et une saveur désagréables, dues à une huile essentielle, et qui, d'après
M. Payen, n'existe que dans les téguments des grains et des pommes
de terre. Cette huile n'entre en ébullition qu'à 131°,5 : on pourra donc
recourir à la distillation lorsqu'on cherchera à priver les eaux-de-vie

---

(1) Grain germé (voy. *Bière*, p. 604).

de grains et de pommes de terre de la portion d'huile qu'elles renferment, l'esprit-de-vin étant beaucoup plus volatil ; l'expérience prouve, en effet, que l'alcool qu'on en retire est assez pur pour n'avoir plus ni la saveur ni l'odeur nauséabonde de l'eau-de-vie. Je terminerai cet article par une observation importante de M. Dubrunfaut, savoir, que l'on obtient une quantité beaucoup plus considérable d'eau-de-vie de grains en se servant d'eau de puits, que lorsqu'on emploie de l'eau de rivière ou de l'eau de pluie, ce qui pourrait bien dépendre du carbonate de chaux que renferme abondamment l'eau de puits ; en effet, ce carbonate, tenu en dissolution par l'acide carbonique, s'empare de l'acide qui se développe pendant la fermentation, et s'oppose à la transformation d'une nouvelle quantité d'eau-de-vie en acide.

Rhum, tafia, kirchwasser et *rack*. — On se procure le *rhum* en distillant le produit alcoolique provenant de la fermentation du suc de canne (*saccharum officinale*). On prépare le *tafia* avec de la mélasse, le *kirchwasser*, avec les cerises pilées sans avoir été séparées de leurs noyaux, et le *rack*, avec les fruits de l'*areca cathecu* et du riz. Lorsque ces matières ont éprouvé la fermentation alcoolique, on les distille.

De la fermentation acétique.

Lorsqu'une liqueur alcoolique, convenablement affaiblie, est unie à une certaine quantité de matière végéto-animale, et qu'on l'expose à une température de 10° à 30°, elle ne tarde pas à se décomposer et à donner naissance à de l'acide acétique : on dit alors qu'elle a éprouvé la *fermentation acide*. 1° Si l'on remplit un flacon de cristal avec de l'eau distillée saturée de sucre et mêlée avec du gluten ; si on l'abandonne à lui-même après l'avoir parfaitement bouché, on ne tarde pas à observer tous les phénomènes de la fermentation alcoolique ; bientôt après l'alcool formé se convertit en acide acétique, que l'on peut retirer par la distillation de la liqueur. 2° Si l'on délaie dans un litre d'eau-de-vie à 12 degrés 15 grammes de levûre et un peu d'empois, il se produit, dès le cinquième jour, de l'acide acétique très-fort (Chaptal); 3° le moût de bière se transforme rapidement en acide acétique dans des vaisseaux clos, lorsqu'il n'a été mêlé à aucun principe amer; 4° la bière et le cidre finissent également par s'acidifier, quand on les prive eux-mêmes pendant deux ou trois mois du contact de l'air.

Ces expériences avaient porté les chimistes à admettre que la fermentation acide ou la transformation de l'alcool en vinaigre pouvait avoir lieu à l'abri du contact de l'air; mais il n'en est rien. On avait oublié qu'en faisant le mélange des diverses substances nécessaires pour exciter la fermentation, on introduisait une certaine quantité d'oxygène, et que l'eau même tenait en dissolution une assez forte proportion de ce gaz pour effectuer le phénomène, et cela d'autant mieux que l'action qu'exercent les matières azotées (ferments) sur l'alcool, en présence de l'oxygène, peut être assimilée avec raison au rôle que remplit le bioxyde d'azote dans la production de l'acide sulfurique.

On peut exprimer la réaction qui s'opère, en supposant l'absorption d'un certain nombre d'équivalents d'hydrogène de l'alcool par l'oxygène, de manière qu'il en résulte un équivalent d'acide acétique et quatre d'eau.

Il est en outre parfaitement démontré: 1° que l'alcool pur, faible ou concentré, ne se transforme jamais en acide acétique; 2° que le contraire a lieu si, étant moyennement étendu, on le mêle avec une matière végéto-animale; 3° que les vins très-vieux, qui ne contiennent plus de matière végéto-animale, ne passent à l'état d'acide qu'avec la plus grande difficulté; qu'ils ne deviennent pas aigres, à moins qu'on ne les mette en contact avec des ceps, des feuilles de vigne, de la levûre, etc. (Chaptal); qu'au contraire les vins ordinaires, contenant de la matière végéto-animale, se décomposent lorsqu'ils ont le contact de l'air, passent à l'état de vinaigre, se troublent, déposent une sorte de bouillie, donnent naissance à du gaz acide carbonique, et finissent par ne plus contenir d'alcool. Ces résultats prouvent que la matière végéto-animale joue encore un très-grand rôle dans l'acétification des liqueurs spiritueuses qui ont le contact de l'air; cependant celui-ci exerce une influence remarquable, car on sait que le vin dans lequel la matière végéto-animale est peu abondante ne devient jamais aigre, s'il est entièrement privé du contact de l'air; d'ailleurs les expériences de Théodore de Saussure prouvent que les liqueurs alcooliques exposées à l'air en absorbent l'oxygène, et produisent un volume de gaz acide carbonique égal à celui de l'oxygène absorbé : cet acide est-il formé aux dépens d'une portion de carbone de l'alcool, ou de la matière végéto-animale?

Je devrais maintenant chercher à indiquer d'une manière précise comment cette matière végéto-animale agit pour opérer la transformation de l'alcool en acide acétique, quel est au juste le rôle que joue l'air dans cette opération, etc.; mais je ne pourrais présenter à cet égard que des conjectures. Voici pourtant des faits qui peuvent nous guider dans la recherche des causes qui opèrent la transformation de certains liquides alcooliques en acide acétique. M. Bouchardat, après avoir constaté que l'alcool pur ou étendu d'eau ne s'acidifie pas par le seul contact de l'air ou de l'oxygène, établit : 1° Que l'acide acétique ne jouit pas de la propriété d'opérer l'acétification de l'alcool, et si la *mère du vinaigre* possède cette propriété, elle la doit à quelque autre circonstance qu'à la présence de l'acide acétique ;

2° Que les copeaux de hêtre seuls, ou mêlés d'acide acétique, ne déterminent pas la transformation de l'alcool en acide acétique ;

3° Que la levûre de bière, l'albumine animale, etc., ne convertissent pas davantage l'alcool en acide acétique ; qu'il en est de même de tout autre agent organique, *employé isolément* (1) ;

4° Que deux de ces agents organiques réunis ne transforment pas non plus l'alcool en acide acétique, s'ils ne sont pas de nature, par suite de la réaction qu'ils exercent l'un sur l'autre, à produire euxmêmes de l'acide acétique ;

5° Que l'alcool est nécessaire à l'acétification du vin ; car il disparaît, quoi qu'on en ait dit, pendant que la fermentation a lieu ; tout semble faire admettre que les substances organiques contenues dans le vin, et susceptibles de produire de l'acide acétique, donnent lieu à une action chimique et à un ébranlement de molécules, qui détermine l'acétification de l'alcool ;

6° Que l'on augmente considérablement l'acidité du vinaigre lorsque, les autres circonstances étant favorables d'ailleurs, on ajoute au vin une certaine proportion d'alcool.

De la fermentation putride.

On désigne sous le nom de *fermentation putride*, ou de *putréfaction*, la décomposition éprouvée par les corps organiques soustraits à l'influence de la vie, et soumis à l'action de l'eau et de la chaleur. Il ne doit être question ici que de l'altération des substances végétales.

Ces substances ne sont pas toutes susceptibles d'éprouver la fermentation putride ; les corps gras, l'alcool, les résines, etc., ne se putréfient point ; plusieurs acides végétaux ne s'altèrent que difficilement ; les principes immédiats dans lesquels l'oxygène et l'hydrogène sont dans le rapport convenable pour former de l'eau peuvent, au contraire, subir plus facilement cette altération. Les *plantes* dont le tissu est lâche se

---

(1) Ce fait est en opposition avec l'expérience citée plus haut, dont je garantis cependant l'exactitude.

décomposent plus promptement que celles dont le tissu est serré ; mais dans aucun cas, la décomposition des végétaux n'est aussi rapide que celle des animaux.

Voyons maintenant quelle est l'influence de l'eau, du calorique et de l'air, sur les substances végétales susceptibles de se putréfier. *L'eau* agit en détruisant leur cohésion et en dissolvant quelques produits de leur décomposition ; sa présence est indispensable, puisqu'on peut conserver indéfiniment les matières organiques parfaitement desséchées. Le *calorique* exerce la même action que l'eau : il faut cependant, pour que la température favorise la putréfaction, qu'elle ne soit ni trop élevée ni trop basse ; car, dans le premier cas, l'eau est vaporisée, et le végétal se trouve desséché ; dans le second, elle est congelée, et la putréfaction s'arrête ; la température la plus convenable est de 10° à 25°. — *Action de l'air.* Si l'air est souvent renouvelé, il dessèche les végétaux, entraîne les germes putrides qu'ils exhalent, et s'oppose à leur altération ultérieure ; s'il est stagnant, il cède une portion de son oxygène au carbone qu'ils renferment, donne naissance à du gaz acide carbonique, et contribue nécessairement à hâter leur décomposition ; le bois est alors presque entièrement transformé en acide ulmique. D'après Th. de Saussure, pendant la fermentation putride, plusieurs végétaux, si ce n'est tous, peuvent absorber ou exhaler de l'azote suivant les conditions où ils sont placés ; l'absorption a lieu lorsque l'air atmosphérique est souvent renouvelé et que la fermentation marche lentement, tandis qu'il y a exhalation quand le végétal azoté est en contact avec une atmosphère composée d'azote et d'acide carbonique, et que la décomposition marche rapidement. (Voy. *Journ. de pharm.*, novembre 1834.)

Des produits de la fermentation putride des substances végétales.

Ces produits sont le terreau, la tourbe, le lignite, la houille, l'anthracite, les bitumes, etc.

Terreau et engrais. — M. Soubeiran, dans son beau mémoire sur l'*humus*, et sur le rôle des engrais dans l'alimentation des plantes, après avoir rectifié beaucoup d'erreurs, conclut comme il suit : 1° Dans la formation du terreau, par suite de la décomposition du bois, le premier terme de cette décomposition est le *terreau charbonneux*, qui diffère du bois par une plus forte proportion de carbone, et de l'*humus* par une proportion plus faible du même élément.

2° Que le second terme est l'*humus*. L'*humus* du terrain et des engrais ne contient jamais plus de 57 pour 100 de carbone; s'il est pur, il renferme 2 1/2 p. 100 d'azote, qui paraissent essentiels à sa constitution. Il est à peine altérable au contact de l'air, et à peine soluble dans l'eau; il acquiert de la solubilité par sa combinaison avec la chaux; mais l'agent principal de sa dissolution est le carbonate d'ammoniaque, qui peut réagir également et sur l'*humus* libre et sur l'*humus* engagé dans un composé calcaire. Dans le terreau ordinaire, une partie de l'*humus* est libre; une plus grande partie est combinée à la chaux : c'est le contraire dans le terreau des vieux chênes. L'*humus,* rendu soluble, est absorbé par les racines des plantes. *Il sert directement à la nourriture du végétal;* son absorption se fait surtout sous forme d'humate d'ammoniaque; dans les terres ordinaires, l'humate d'ammoniaque résulte principalement de la réaction du carbonate d'ammoniaque sur l'humate de chaux. L'*humus* a de plus une action favorable sur la végétation, en attirant et retenant l'humidité de l'air et l'ammoniaque, en facilitant la dissolution du phosphate de chaux, en améliorant les qualités physiques du sol, en modérant et régularisant la décomposition des matières animales putrescibles. Il faut encore ajouter que l'*humus* condense et transforme en ammoniaque l'azote de l'air atmosphérique, ainsi que l'a prouvé Mulder.

3° La tourbe, modifiée au contact de l'air, de la chaux et des matières alcalines, a tous les caractères et les propriétés du terreau. Elle est extrêmement propre à favoriser la végétation, après qu'on lui a ajouté les matières salines, chlorures, sulfates et phosphates alcalins terreux, dont elle est habituellement dépourvue.

4° L'engrais par excellence est celui qui contient en même temps des sels terreux et alcalins, des sels ammoniacaux, de la matière animale putrescible, de l'*humus* tout formé, et des débris végétaux en voie de transformation.

5° Dans l'appréciation d'un engrais, il faut prendre en considération non-seulement la quantité d'azote fourni par l'analyse, mais aussi l'état sous lequel cet azote existe dans l'engrais, savoir : à l'état de sel ammoniacal ou de matière animale putrescible, à l'état de sel ammoniac soluble ou de phosphate ammoniaco-magnésien.

6° Les analyses des engrais fermentés faites jusqu'ici sont défectueuses, en ce qu'on n'a pas tenu compte de la perte qui résulte de l'action du carbonate de chaux sur les sels à base d'ammoniaque, pendant la dessiccation des engrais. Il en résulte que les tables représentant la proportion d'azote dans les engrais, et qui ont été publiées, ne peuvent donner que des approximations.

7° La valeur comparative des engrais ne peut être appréciée en tenant compte seulement de la quantité d'azote qu'ils fournissent à l'analyse, parce que, d'une part, les matières azotées ne sont pas les seuls éléments actifs des engrais, et d'autre part, parce que la valeur des engrais dépend beaucoup de l'état sous lequel l'azote y est contenu; et comme conséquence, il n'est pas possible d'établir une table d'équivalence pour les engrais. (Voy., dans le *Journ. de pharm.* de mai et juillet 1850, le mémoire couronné par la Société centrale d'agriculture de Rouen.)

Tourbe. — La tourbe existe particulièrement en Hollande, en Westphalie, dans le Hanovre, en Prusse, en Silésie, en Suède et en Écosse; il y en a beaucoup moins en France. Elle est solide, noirâtre, et composée de végétaux entrelacés, plus ou moins décomposés, mêlés de terre argileuse, sablonneuse, de coquilles, de débris d'animaux, etc. Elle est le résultat de l'altération qu'éprouvent, au bout d'un temps variable et encore inconnu, les plantes aquatiques herbacées des lieux marécageux. On reconnaît deux sortes de tourbe : la compacte, qui est *brune,* et l'*herbacée,* qui est spongieuse. M. Regnault a vu qu'une tourbe de Vulcaire, près d'Abbeville, desséchée à 100°, contenait 5,63 d'hydrogène, 57,03 de carbone, 29,67 d'oxygène, 2,09 d'azote, et 5,58 de cendres; elle renfermait donc plus de carbone que le ligneux, et beaucoup plus d'hydrogène qu'il n'en faudrait pour former de l'eau avec les 29,67 p. d'oxygène. Les diverses tourbes examinées jusqu'à présent ont fourni de l'*humine,* de l'acide *humique,* de l'*ulmine,* et de l'acide *ulmique;* ces matières n'ont pas toujours été trouvées identiques avec celles que l'on obtient en traitant le sucre par les acides (voy. p. 41): ainsi l'acide ulmique retiré d'une tourbe de la Frise a donné à M. Regnault 2 équivalents d'eau de plus que l'acide ulmique obtenu avec le sucre; l'*humate d'ammoniaque* extrait d'une tourbe noire de Harlem ne perdait pas son eau à 140°, tandis que celui qui avait été préparé avec l'acide humique fait avec le sucre la perdait.

En distillant la tourbe, on obtient des carbures d'hydrogène liquides, propres à l'éclairage, de la paraffine, de l'alcool méthylique, de l'ammoniaque, et du charbon; celui-ci est très-léger, très-friable, et peu employé. Le pouvoir calorifique d'une tourbe de bonne qualité est compris entre 3,000 et 3,500 (voy. *Combustion,* t. Ier, p. 113).

Combustibles fossiles. — On comprend sous ce nom les *lignites,* les *houilles,* et les *anthracites.* Les substances ligneuses, en se décomposant, se transforment successivement en lignites, en houilles, et en anthracites.

Lignites. On les trouve dans les terrains tertiaires; ils sont friables, et donnent facilement une poudre brune; souvent la structure végétale y est parfaitement conservée; ils contiennent du carbone, de l'hydrogène, de l'oxygène et de l'azote; le lignite parfait de Dax a fourni à M. Regnault 70,49 de carbone, 5,59 d'hydrogène, 18,93 d'oxygène et d'azote. Les lignites qui paraissent de formation récente offrent encore des traces évidentes d'organisation végétale, qui se lient aux bois fossiles et aux tourbes; on y voit aussi des parties qui présentent une grande analogie avec les houilles.

Lignites parfaits. — Celui de Dax est d'un beau noir, à cassure inégale, sans texture ligneuse; le coke qu'il fournit n'est pas collé. Celui des Bouches-du-Rhône est schisteux, noir, pur et brillant, sans texture ligneuse; coke non collé. Celui de Mont-Meisner est brillant, à cassure conchoïde; coke faiblement collé. Celui des Basses-Alpes est noir, à éclat gras; coke légèrement boursouflé.

Lignites imparfaits. — Celui de Grèce est feuilleté, d'un noir terne, avec des indices d'organisation végétale; coke non collé. Celui de Cologne, dit *terre d'ombre*, est friable, à poussière d'un brun rouge, à texture ligneuse; coke non collé. Celui d'Usnach est un bois fossile, à texture de bois, fort dur.

Lignites passant au bitume. — Celui d'Ellebogen est compact, homogène, à cassure conchoïde; oke métalloïde très-léger. Celui de Cuba est noir, velouté, à éclat gras; coke boursouflé très-léger.

Les lignites se dissolvent dans la potasse, et colorent la liqueur en brun, à la manière de l'acide ulmique. Décomposés par la chaleur, ils se comportent à peu près comme les bois, ou plutôt comme la tourbe; lorsqu'on les enflamme, ils exhalent une odeur âcre, fétide, et ne se boursouflent point.

On emploie la *terre d'ombre* ou *de Cologne* dans les peintures en détrempe et à l'huile, on la trouve abondamment en France; elle contient une grande quantité d'acide ulmique. Le *jayet,* dont on se sert pour les bijoux de deuil, est d'un beau noir.

Houilles. — On désigne sous ce nom des combustibles sous forme de masses noires, brillantes, compactes, ou à texture schisteuse, fournissant des poudres noirâtres, dans lesquels on ne reconnaît plus, en général, la structure végétale, rares dans les terrains secondaires, très-abondants, au contraire, dans l'*étage supérieur* des terrains de transition, et qui paraissent provenir de la décomposition des corps organisés végétaux, enfouis dans le sein de la terre. Elles sont formées de carbone, d'hydrogène, d'oxygène et d'azote. La houille grasse et dure d'Alais a fourni à M. Regnault 88,05 de carbone, 4,85 d'hydrogène, 5,69 d'oxygène et d'azote, et 1,41 de cendres; par la calcination, elle a laissé 77,7 de coke métalloïde légèrement boursouflé. Au reste, toutes ces houilles sont formées par des mélanges de différents corps insolubles dans tous les dissolvants, ce qui fait qu'il a été impossible de les séparer les uns des autres. Plusieurs d'entre elles contiennent des pyrites martiales qui nuisent à leurs qualités; il en est qui renferment de l'iode (voy. p. 71 du t. Ier). Elles sont, en général, assez dures pour ne pas pouvoir être rayées par l'ongle; leur poids spécifique moyen est de 1,3; lorsqu'on les divise, on remarque quelquefois dans leurs fragments des couleurs très-variées; elles peuvent se ramollir et se coller au feu; cette propriété *collante* est d'autant plus marquée, que la houille contient un plus grand excès d'hydrogène par rapport à l'oxygène. Décomposées par le feu, en vaisseaux clos, les houilles fournissent de l'eau, des gaz combustibles, des huiles empyreumatiques, un *goudron* dont je donnerai plus bas la composition, de l'ammoniaque, et laissent du coke. Si, étant exposées à l'air, on les met en contact avec un corps en ignition, elles absorbent l'oxygène, répandent une fumée noire, et produisent une belle flamme blanche. Elles sont, en général, insolubles dans la potasse caustique.

On a divisé les houilles en quatre classes, savoir : les *houilles grasses et fortes* ou *dures*, les *houilles grasses maréchales*, les *houilles grasses à longue flamme*, et les *houilles sèches à longue flamme*. Les houilles *dures* donnent le meilleur coke pour les hauts-fourneaux; en effet, ce coke est peu boursouflé, dense, et doué d'une forte cohésion. Les houilles *maréchales* sont les plus estimées pour la forge; leur coke est boursouflé, et ne convient pas aux applications métallurgiques. Les houilles *grasses à longue flamme* sont très-recherchées pour le fourneau à réverbère, pour le chauffage domestique, et pour la fabrication du gaz de l'éclairage; elles ne donnent que peu de coke, excellent pour le haut fourneau. Les houilles *sèches à longue flamme* conviennent pour la chaudière, mais elles donnent moins de chaleur que les précédentes; leur coke est métalloïde, non boursouflé, et à peine *fritté*.

Substances contenues dans le goudron de houille.

POINTS D'ÉBULLITION.	NEUTRES.	BASIQUES.	ACIDES.
50	Huile alliacée.		
70 80	Benzine, H^6C^{12}		
100 111 113	. . . . Toluène, H^8C^{14}	Picoline, $H^7C^{12}Az$	
148	Cumène, $H^{12}C^{18}$		
171 182	Cymène, $H^{14}C^{20}$	Aniline, $H^7C^{12}Az$.	
187	. . . .	. . . .	Acide carbolique. Hydrate de phényle, $H^6C^{12}O^2$.
200	Naphtaline, H^8C^{20}		
212 220 23	Divers carbures d'hydrogène liquides...	Leucole, $H^7C^{18}Az$	
280 300	Paranaphtaline. Pyrène. Chrysène.		

Anthracites. — On les trouve dans l'étage *inférieur* des terrains de transition, rarement dans l'étage supérieur; il en existe aussi dans les terrains secondaires. M. Regnault les a rangés parmi les houilles. Ils sont ordinairement très-compacts, d'un éclat vitreux, quelquefois irisés à leur surface, et donnent une poussière d'un noir pur ou d'un noir grisâtre. Ils brûlent difficilement, quoique très-riches en carbone, et perdent très-peu de matières volatiles par la calcination. Ils contiennent du carbone, de l'hydrogène, de l'oxygène et de l'azote; celui du pays de Galles a fourni 91,29 de carbone, 3,33 d'hydrogène, 4,80 d'oxygène et d'azote, et 1,58 de cendres; il a donné par la calcination 91,3 de coke pulvérulent. On l'emploie pour le chauffage des fourneaux à réverbères.

Coke. — Le coke n'est autre chose que le charbon qui reste après avoir distillé la houille pour la priver de son hydrogène, de son oxygène, etc. Il ne brûle bien qu'en grandes masses; mais il brûle sans flamme ni fumée, et sans répandre d'odeur; son pouvoir rayonnant est bien supérieur à celui de tous les autres combustibles, ce qui le fait préférer pour tous les chauffages à foyer ouvert.

Bitumes. — On les trouve, dans les terrains tertiaires, sous forme d'amas irréguliers ou de couches présentant un gisement analogue à celui des lignites, ou bien ils imprègnent des couches de schiste ou de grès appartenant aux divers étages géologiques. Il en est qui renferment beaucoup d'azote, et qui fournissent une grande quantité de carbonate d'ammoniaque quand on les décompose par le feu. On n'est point d'accord sur leur origine; il semblerait cependant que plusieurs d'entre eux proviennent de la putréfaction de substances animales, notamment de poissons; toujours est-il qu'on trouve souvent beaucoup d'empreintes de ces animaux dans les roches voisines.

Ils sont solides, liquides, ou de la consistance du goudron; leur couleur est noire, brune ou jaunâtre; quelquefois même ils sont presque incolores; ils ont une odeur particulière, qui se manifeste principalement lorsqu'on les frotte ou qu'on les chauffe; leur poids spécifique est très-variable; ils sont fusibles et inflammables; ils sont insolubles dans l'eau et dans l'alcool. Distillés, ils se décomposent, et ne fournissent point d'ammoniaque.

DU NAPHTE OU PÉTROLE.

On a désigné sous le nom de naphte ou de pétrole des huiles de nature très-diverse, qui sortent du sol accompagnées d'eaux chaudes ou froides, de gaz combustibles, etc.; les principales sources de ces huiles existent à Baku en Perse, à Amiano dans les duchés de Parme et de Plaisance, à Modène, en Calabre, en Sicile, en Suède, etc.

L'huile de naphte ne contient pas d'oxygène, et paraît formée de plusieurs carbures d'hydrogène. Elle est liquide, incolore, d'une odeur particulière, légèrement bitumineuse, presque insipide, d'une densité de 0,84 environ, entrant en ébullition à 120° ou à 140°; les dernières portions ne distillent qu'au delà de 300°; entre ces deux extrêmes, si l'on fractionne les produits, on obtient diverses huiles; mais aucune d'elles ne présente un point d'ébullition constant, ce qui fait qu'on les considère comme des mélanges; la plus volatile d'entre elles paraît isomère avec le gaz oléfiant, HC; les moins volatiles renferment moins d'hydrogène. L'huile de naphte est décomposée, à une chaleur rouge, en charbon, en carbure d'hydrogène gazeux, et en huile bitumineuse tenant en dissolution une quantité notable de carbure d'hy-

drogène solide. Elle brûle à l'air avec une flamme très-blanche et
fuligineuse, si on l'approche d'un corps en combustion. Elle est insoluble dans l'eau, et soluble dans l'alcool pur, l'éther sulfurique et les
huiles. Elle peut dissoudre à chaud le soufre, le phosphore, l'iode, et
surtout le camphre et la poix-résine. Les acides et le chlore donnent
avec elle des composés qui rappellent, jusqu'à un certain point, ceux
que l'on obtient avec la naphtaline placée dans les mêmes conditions.
On l'emploie pour conserver le potassium et des métaux très-oxydables,
mais surtout pour l'éclairage; on s'en sert en médecine comme calmant
et comme anthelminthique.

On obtient le naphte le plus pur en creusant des sources jusqu'à
10 mètres de profondeur dans une marne argileuse qui en est imbibée,
et que l'on trouve en grande quantité à Baku sur la côte nord-est de la
mer Caspienne; l'huile de naphte se rassemble peu à peu en assez forte
proportion.

Bitume malthe (goudron minéral).—Il existe principalement près de
Clermont; il diffère fort peu du pétrole; sa consistance est visqueuse.
On s'en sert, comme du goudron ordinaire, pour enduire les câbles et
les bois; il fait partie de la cire noire à cacheter, et de quelques vernis
que l'on applique sur le fer. On l'emploie pour graisser les essieux des
charrettes, etc.

Bitume asphalte (*brai gras*). —On le trouve dans différentes contrées,
et principalement à la surface du lac de Judée, dont les eaux sont
salées. Il est solide, noir, avec une teinte brune, rouge ou grise; il est
opaque, sec, friable et inodore, à moins d'être chauffé ou frotté;
son poids spécifique varie depuis 1,104 jusqu'à 1,205. Il s'enflamme facilement lorsqu'on le chauffe avec le contact de l'air, et laisse un résidu assez considérable. L'asphalte du Mexique est noir, très-brillant,
fusible au-dessous de 100°; quand on le décompose par le feu, il laisse
un coke très-boursouflé; il contient 78,10 de carbone, 9,30 d'hydrogène, 9,80 d'oxygène et d'azote, et 2,80 de cendres. On prépare des
mastics bitumineux avec du brai gras et du calcaire bitumineux, ou du
sable.

DU SUCCIN (KARABÉ, AMBRE JAUNE, ÉLECTRUM).

On trouve principalement le succin sur le rivage de la mer Baltique,
entre Kœnigsberg et Memel. Il est solide, d'une couleur jaunâtre, inodore, insipide, d'une texture compacte, d'une cassure vitreuse; il
est souvent transparent, et il peut toujours recevoir un beau poli.

Distillé, il fond, se décompose, et donne, outre l'acide succinique, des produits qui diffèrent suivant la température (voyez *Préparation de l'acide succinique*, page 370). Si on le chauffe avec le contact de l'air, il s'enflamme facilement; il ne s'altère point dans l'atmosphère. Suivant Gehlen et Bouillon-Lagrange, l'eau bouillante dissout une portion de l'acide succinique qu'il contient. Si on le fait bouillir avec de l'alcool, il paraît éprouver une altération et se dissoudre en partie; le *solutum* a une saveur amère, blanchit par l'addition de l'eau, rougit l'*infusum* de tournesol, et précipite par les eaux de chaux et de baryte. Les huiles grasses et essentielles dissolvent le succin préalablement fondu. D'après Berzelius, le succin est formé d'une petite quantité d'une huile odoriférante, de deux espèces de résine, d'acide succinique, et d'une substance ayant quelque rapport avec le principe trouvé par John dans la gomme-laque. Il est employé pour préparer l'acide succinique et les vernis gras; les Orientaux s'en servent aussi pour faire des bijoux.

DE

LA CHIMIE ANIMALE.

J'ai examiné en détail tout ce qui a rapport à la composition des principes immédiats des animaux, à l'action des divers réactifs sur eux, aux procédés qu'il faut mettre en usage pour déterminer les proportions de chacun des éléments qui les constituent, et qui sont le plus ordinairement l'oxygène, l'hydrogène, le carbone et l'azote, etc. (voy .p. 5 et suiv.); je n'y reviendrai pas, et je me bornerai à dire quelques mots de la *décomposition par le feu* de ces principes immédiats, du *charbon animal*, qui diffère notablement du charbon végétal, et de l'action du *glucose* et de l'*acide sulfurique* sur eux.

Décomposition par le feu. Indépendamment des produits que j'ai indiqués à la page 5 de ce volume, plusieurs matières azotées, sinon toutes, fournissent des bases alcalines homologues avec l'ammoniaque. M. Wurtz pense que l'on finira par trouver toute la série de ces bases, voire même le terme H^9C^6Az, qui n'est pas encore connu (voy. *Éthylamine, Méthylamine, Butyramine*, etc., à la p. 446). Quoi qu'il en soit, déjà, en décomposant par le feu l'huile d'os, c'est-à-dire le produit huileux que l'on recueille dans la fabrication du noir d'ivoire, M. Anderson a obtenu plusieurs substances dont quelques-unes sont basiques ; parmi ces substances, il a reconnu le pyrrhol, l'aniline, la butyramine ou pétinine, et une base bouillant entre 132° et 135° qui, après avoir été purifiée, possédait toutes les propriétés de la *picoline*, $H^7C^{12}Az^2$, isomérique avec l'aniline (*Journ. de pharm.*, octobre 1849).

Charbon animal. Il est le résultat de la décomposition par le feu, en vaisseaux clos ou à l'air libre, des principes immédiats, des produits immédiats, ou des organes des animaux. Il est formé d'une partie charbonneuse et de cendres ; la partie charbonneuse est essentiellement composée de carbone et d'azote : j'ai déjà dit, à la page 49 du tome Ier, que 100 parties de charbon de gélatine ont fourni à Dœbeirener 71,7 de carbone et 28,3 d'azote. Le charbon animal est noir, brillant, fragile, très-difficile à incinérer ; calciné avec de la potasse ou de la soude, il donne du cyanure de potassium ou de sodium solubles, lesquels, étant dissous dans l'eau, précipitent en bleu un mélange de sels de protoxyde et de sesquioxyde de fer (bleu de Prusse). Il jouit au plus haut degré de la propriété décolorante (voy. t. I, p. 53).

Noir animal. On donne ce nom au *charbon d'os*, dont on fait un si fréquent usage pour décolorer les sucres. Pour le préparer, on chauffe dans de grandes chaudières, avec de l'eau, les os préalablement divisés ; la graisse fond et vient se figer à la surface dès que le liquide est refroidi ; les os, ainsi dégraissés, sont séchés à l'air, puis chauffés, pendant 7 à 8 heures, à une température rouge, dans des cylindres ou dans de grands pots en fonte ; le charbon ainsi obtenu est ensuite broyé entre des cylindres. Le noir qui a déjà servi à décolorer doit être soumis à une révivification qui le rend propre à être employé de nouveau, autrement son usage entraînerait des dépenses considérables ; on le revivifie soit en le faisant bouillir avec de l'eau aiguisée d'acide chlorhydrique, qui dissout la chaux qu'il avait absorbée, soit en le débarrassant, par des lavages, des matières solubles, et en le soumettant à une nouvelle calcination qui carbonise les substances organiques adhérentes, soit enfin en l'abandonnant à lui-même pendant quelques semaines, afin de faire fermenter le sucre et les matières organiques qu'il renferme, et en le soumettant ensuite à la calcination. Le noir animal perd environ 4 ou 5 p. 100 de son poids chaque fois qu'il est revivifié ; cette opération peut être répétée vingt ou vingt-cinq fois sur le même charbon.

Action du glucose et de l'acide sulfurique sur les substances organiques. Lorsqu'on étale sur une lame de verre certaines matières organiques, au milieu d'une goutte d'une dissolution moyennement concentrée de glucose, et que l'on dépose une goutte d'acide sulfurique sur le bord de la goutte de glucose, on voit, 1° que les substances albuminoïdes ne tardent pas à se colorer d'abord en rouge, puis en violet ; 2° que la bile acquiert une couleur pourpre magnifique, surtout à la température de 50° c. ; 3° que les corpuscules du sang, du mucus, du pus, l'élaïne, les matières analogues à la corne, comme l'épiderme et l'épithélium, les cheveux, les plumes, la corne elle-même, la baleine, les écailles des serpents, les fibres des muscles et des nerfs bien lavées, et le cristallin, sont colorés en rouge ; 4° que les fibres des tendons, les membranes cellulaires et séreuses, débarrassées par des lavages à l'eau des matières albuminoïdes, et le tissu gélatineux des os, deviennent d'un jaune brunâtre ; 5° que les fibres du tissu élastique, après avoir bouilli dans l'eau, ne se colorent pas ; 6° que le tissu cartilagineux passe au jaune rougeâtre, tandis que les cellules cartilagineuses elles-mêmes sont colorées en rouge (Schultze, *Journal de pharmacie*, février 1850).

L'étude de la chimie animale comprend, 1o la description des principes immédiats, 2° celle des produits immédiats et des organes des animaux, 3° la putréfaction.

CLASSE PREMIÈRE.

DES PRINCIPES IMMÉDIATS.

Je diviserai les principes immédiats des animaux en trois sections : la première contiendra les matières *neutres* ou *indifférentes*, la seconde les *acides*, et la troisième les *bases alcalines*. Je parlerai ensuite des corps dérivés du cyanogène.

SECTION PREMIÈRE.

DES PRINCIPES NEUTRES OU INDIFFÉRENTS.

Ces principes peuvent être rangés dans les deux groupes suivants : 1° ceux qui ne contiennent que de l'oxygène, de l'hydrogène et du carbone; 2° ceux qui renferment, outre ces trois corps, de l'azote.

PREMIER GROUPE.

Des principes composés d'oxygène, d'hydrogène et de carbone.

Ces principes sont le sucre de lait, la cholestérine et la castorine.

DU SUCRE DE LAIT OU LACTINE. $H^{24}C^{24}O^{24}$.

Quoique ce corps partage les principales propriétés du sucre, il en diffère cependant autant que l'amidon et le ligneux, puisqu'il n'est susceptible d'éprouver la fermentation alcoolique que lorsqu'il a été transformé en glucose.

Il n'a été trouvé que dans le lait. Il est sous forme de parallélipèdes réguliers, terminés par des pyramides à quatre faces, incolores, demi-transparents, durs, inodores, doués d'une saveur légèrement sucrée, et plus pesants que l'eau. Il exerce vers la droite la rotation du plan de polarisation. A 120°, il perd 2 équivalents d'eau sans fondre; à 150°, il perd 3 autres équivalents d'eau, et se trouve réduit à $H^{19}C^{24}O^{19}$; chauffé plus fortement, il se boursoufle, et se décompose à la manière des principes non azotés (voy. p. 4). Il est inaltérable à l'air, soluble dans 6 parties d'eau froide et dans 2 d'eau bouillante; il est insoluble dans l'alcool et l'éther. Le *solutum* aqueux n'est précipité ni par les alcalis, ni par les acides, ni par l'infusion de noix de galle, ni par les sels; l'alcool en précipite le sucre de lait. L'acide *azotique* agit sur lui à chaud comme sur la gomme; il le transforme en acide *saccholactique* (mucique, réaction que l'on peut considérer comme un caractère distinctif), et en acides oxalhydrique et oxalique. Pulvérisé, il absorbe le gaz ammoniac (Berzelius) et le gaz chlorhydrique (Bouillon-Lagrange et Vogel). Il forme aussi une combinaison avec l'oxyde de plomb = $PbO, H^{19}C^{24}O^{19}$.

Vogel a prouvé, en 1812, que lorsqu'on fait bouillir pendant trois heures 100 parties de sucre de lait avec 400 parties d'eau et 2, 3, 4 ou 5 parties d'acide sulfurique à 66°, ou d'acide chlorhydrique, et que l'on ajoute de l'eau à mesure qu'elle s'évapore, on obtient, après avoir saturé l'excès d'acide par du carbonate de chaux, du glucose beaucoup plus sucré que le sucre de lait, très-soluble dans l'alcool, et susceptible d'éprouver la fermentation spiritueuse par son mélange avec l'eau et avec la levûre. Les acides citrique et acétique agissent comme l'acide sulfurique. Le sucre de lait contenu dans du lait *frais* éprouve la fermentation alcoolique si le lait est maintenu à la température de 40°, tandis que si le lait a été exposé pendant quelque temps à l'air, et que le caséum ait subi certaine altération, le sucre de lait subit la fermentation lactique. L'acide lactique produit dans ce cas, $H^{5}C^{6}O^{5};HO$, offre la même composition élémentaire que le sucre de lait.

Préparation. On évapore le petit-lait, et on le laisse cristalliser; les cristaux de sucre de lait obtenus sont dissous dans l'eau, et cristallisés de nouveau pour les séparer d'un peu de *caseum* et de quelques substances salines qui les altèrent. Cette préparation se fait principalement en Suisse.

DE LA CHOLESTÉRINE. $H^{22}C^{26}O$.

La cholestérine existe dans la bile, d'où elle se sépare accidentellement sous des influences morbides, pour former des *concrétions* spéciales, qui quelquefois présentent ce principe dans un état de pureté presque parfaite; on la trouve aussi dans la matière cérébrale, dans les nerfs et dans le foie; le sérum du sang et le jaune d'œuf fournissent également de la cholestérine, quand on les traite par l'éther après les avoir desséchés (Liebig). Elle a été désignée par Fourcroy sous le nom impropre d'*adipocire*, qu'il avait déjà donné au gras *des cadavres,* dont elle diffère beaucoup. Elle est sous forme d'écailles blanches, brillantes, insipides, inodores, sans action sur le tournesol et sur l'hématine. Elle fond à la température de 137°, et cristallise par le refroidissement en lames rayonnées : *distillée,* elle se volatilise sans fournir d'*acides* gras, si on la porte rapidement à la température de l'ébullition ; si on chauffe plus lentement, on obtient un produit liquide qui contient beaucoup d'huile empyreumatique insoluble dans la potasse, et qui ne renferme non plus aucun acide gras. La cholestérine est insoluble dans l'eau; 100 grammes d'alcool bouillant à 0,816 dissolvent 18 grammes de cholestérine; la même quantité d'alcool à 0,840 n'en dissout que 11,24; par le refroidissement de la dissolution alcoolique, la plus grande partie de la cholestérine se précipite. Elle est soluble dans l'éther, l'esprit de bois, l'essence de térébenthine et l'eau de savon. Lorsqu'elle se dépose d'une dissolution préparée avec un mélange de 2 parties d'alcool et de 1 d'éther en volume, ses cristaux sont hydratés, $=3H^{22}C^{26}O, 2HO$; il suffit de chauffer ces cristaux à 100° pour les déshydrater. Elle n'est pas altérée par les alcalis, et ne jouit pas de la propriété de se saponifier. Le chlore et le brome agissent sur elle par substitution, en lui enlevant de l'hydrogène qu'ils remplacent; la combinaison la plus chlorée a pour formule $H^{18}C^{26}Cl^4O$. Lorsqu'on traite à chaud, et à plusieurs reprises, 2 grammes de cholestérine par 200 grammes d'acide azotique faible, celui-ci se décompose, et la cholestérine se trouve convertie en acide *cholestérique* mêlé d'acide choloïdanique, d'une matière résineuse et d'acide oxalique; à certains degrés de concentration l'acide azotique peut encore produire, avec la cholestérine, des acides volatils et d'autres composés, tels que les acides caprique, caprilique, valérianique, butyrique, nitrocholique et du *cholacrol,* substance neutre. L'acide sulfurique concentré, chauffé avec un mélange de cholestérine et du même acide étendu d'eau, donne trois carbures d'hydrogène cristallisables, fusibles l'un à 127°, un autre à 255°, et le troisième à 240°; il s'est formé 1 équivalent d'eau aux dépens de la cholestérine, et il ne s'est dégagé aucun gaz. L'acide *phosphorique* concentré, chauffé jusqu'à 137° avec un sixième de son poids de cholestérine, donne une masse contenant deux carbures d'hydrogène, la *cholestérone* et la *cholestéarone*.

Préparation de la cholestérine. On prépare la cholestérine en faisant bouillir dans l'alcool et un peu de charbon animal, les calculs biliaires de l'homme, réduits en poudre fine ; la cholestérine se dissout et cristallise à mesure que la liqueur se refroidit. On la sépare des corps gras qu'elle pourrait contenir, en la traitant par une lessive de potasse, et en faisant cristalliser de nouveau.

Acide cholestérique, $H^4C^8O^4$. — Il est solide, incristallisable, d'une saveur acide amère et astringente, déliquescent, très-soluble dans l'eau et dans l'alcool. Il fournit, avec les alcalis, des sels solubles et incristallisables. Les autres cholestérates sont en général insolubles, et ont pour formule $MO,H^4C^8O^4$. On l'obtient en traitant la cholestérine à plusieurs reprises par un excès d'acide azotique faible ; la masse brune qui reste dans la cornue, étant refroidie, se partage en deux couches : la supérieure est formée par de l'acide *choloïdanique* cristallin ; l'inférieure contient une grande quantité d'acide cholestérique, une résine insoluble et de l'acide oxalique ; en filtrant, l'acide cholestérique passe avec la résine et l'acide oxalique ; par l'action de l'eau, on dissout les acides cholestérique et oxalique, tandis que la résine ne se dissout pas. En faisant agir sur la liqueur filtrée de l'oxyde d'argent, on produit deux sels que l'on évapore jusqu'à siccité, puis on dissout le cholestérate d'argent à l'aide de l'eau bouillante, tandis que l'oxalate n'est point dissous; on décompose, par l'acide sulfhydrique, le cholestérate qui s'est déposé à mesure que la liqueur s'est refroidie. Pelletier et Caventon ont décrit les premiers un acide cholestérique auquel ils ont assigné des propriétés différentes de celles qui viennent d'être indiquées, et qui n'avait pas été séparé des diverses matières produites par l'action de l'acide azotique sur la cholestérine.

DE L'AMBRÉINE.

Pelletier et Caventou ont retiré de l'ambre gris (1) une matière grasse

---

(1) Substance dont l'origine est encore incertaine, mais qui paraît être produite par quelques espèces de cachalots.

particulière, ayant beaucoup de rapport avec la cholestérine, et à laquelle ils ont donné le nom d'*ambréine*. Elle est d'un blanc éclatant, insipide, presque inodore, sans action sur le tournesol, fusible à 36º, en partie volatile et en partie décomposable à une température supérieure à 100°, insoluble dans l'eau, très-soluble dans l'alcool et dans l'éther, même à froid. Les alcalis ne paraissent pas pouvoir la saponifier : l'acide azotique bouillant la transforme en acide *ambréique*. Elle est formée de 83,37 de carbone, de 13,32 d'hydrogène, et de 3,31 d'oxygène. On l'obtient en traitant l'ambre gris à chaud par l'alcool d'une densité de 0,827 ; elle se dépose à mesure que la liqueur se refroidit. Elle n'a point d'usages.

Acide ambréique. — Cet acide, découvert par M. Caventou et Pelletier, résulte de l'action de l'acide azotique sur l'ambréine. Il est cristallisé en tables jaunâtres, ayant une odeur faible, très-peu solubles dans l'eau, mais fort solubles dans l'alcool et dans l'éther ; il fond à 100°, et donne avec les bases des sels jaunes insolubles ou peu solubles. Il est formé de carbone 54,93, d'hydrogène 7,01, d'azote 4,71, d'oxygène 33,75. D'après Brandes, la castorine donnerait, avec l'acide azotique, un acide analogue à l'acide ambréique.

DE LA CASTORINE.

Elle existe dans le castoréum, d'après MM. Bizio et Brande. Elle est en aiguilles quadrilatères transparentes, réunies en faisceaux, d'une odeur de castoréum, d'une saveur âcre, insoluble dans l'eau froide, peu soluble dans l'alcool, plus soluble dans l'éther, inaltérable par les dissolutions de potasse et de soude caustique ; mise dans l'eau bouillante, elle est entraînée par la vapeur aqueuse ; elle se rapproche de l'*éthal* par ses propriétés. On l'obtient en traitant le castoréum par l'alcool bouillant ; elle se dépose par le refroidissement de la liqueur.

DEUXIÈME GROUPE.

Des principes composés d'oxygène, d'hydrogène, de carbone et d'azote.

Ces principes sont la protéine, la fibrine, l'albumine, la caséine, la vitelline, la lécithine, la cérébrine, la gélatine, la chondrine, la leu-

cine, la créatine, l'hématosine, la séroline, la matière jaune du sérum
du sang, l'hémaphœine, la taurine, la dyslysine, l'allantoïne, l'urée,
la mélaïne, la cantharidine, la guanine, la difluane, l'uramile, la
murexide, la murexane, la cystine, la xanthine, etc.

DE LA PROTÉINE. $H^{25}C^{36}Az^4O^{10}$.

On a admis généralement que les matières dites *albumineuses*, telles
que la fibrine, l'albumine, la caséine, etc., qu'elles proviennent *des
végétaux* ou des animaux, sont formées d'une substance azotée, la *protéine* combinée au soufre, au phosphore, et à quelques sels, ou bien à
deux corps que l'on a désignés sous les noms de *sulfimide*, H^2AzS, et
de *phosphimide*, $H^2\,Ph\,Az$. Quelle que soit celle des deux hypothèses
que l'on adopte, toujours est-il que les matières sulfurées et phosphorées
n'existent qu'en très-minime proportion dans les composés *albuminoïdes*.
Quoique la protéine soit loin de jouer le rôle qu'on lui a assigné, je
pense cependant devoir en faire une description spéciale.

On obtient la *protéine* en dissolvant l'une des matières dites *albumineuses* dans la potasse ou dans la soude caustiques, et en saturant
la liqueur par de l'acide acétique; il se dégage du gaz acide sulfhydrique, il se produit de l'acide phosphorique, et la protéine se dépose
sous forme de flocons grisâtres qu'on lave avec de l'eau jusqu'à ce que
celle-ci ne contienne plus d'acétate de potasse ou de soude. Si, au lieu
d'acide acétique, on avait fait usage d'un acide minéral, la protéine
aurait bien pu se combiner avec lui, car la plupart des acides minéraux ont une tendance marquée à opérer ces sortes de combinaisons.

La protéine pure est solide, blanche, inodore, insipide, décomposable par le feu à la manière des substances azotées (voy. p. 4), attirant rapidement l'humidité de l'air, insoluble dans l'eau, l'alcool, l'é-
ther et les huiles essentielles; toutefois l'eau bouillante la dissout avec
le temps, mais après l'avoir altérée.

Elle se combine avec les acides, et donne des composés solubles dans
l'eau, précipitables par les alcalis; les précipités se dissolvent dans un
excès d'alcali. L'acide sulfurique étendu la décompose à 100°, et fournit,
entre autres produits, de la *leucine* ou *aposépédine*. L'acide azotique la
transforme en acide *xanthoprotéique jaune orangé*. L'acide chlorhydrique la dissout et la colore en violet ou en bleu, comme lorsqu'il agit
sur la plupart des composés albuminoïdes (voy. p. 634).

Le chlore agit sur elle comme sur les autres matières *albuminoïdes*,
en la changeant en chlorite de protéine, $H^{25}C^{36}Az^4O^{10},ClO^3$, véritable

combinaison de protéine et d'acide chloreux; cette matière, traitée par de la potasse ou de la soude, fournit de l'ammoniaque et se trouve transformée en *tritoxyde de protéine*; $H^{25}C^{36}Az^4O^{13},HO$.

Les alcalis bouillants en dégagent de l'ammoniaque et donnent un magma poisseux durcissant beaucoup par la dessiccation; on a utilisé cette propriété pour faire un lut très-dur (voy. p. 637).

La protéine, ainsi que les autres dissolutions albumineuses, est colorée en rouge, surtout à la température de 100°, quand on la met en contact avec le mélange d'azotate et d'azotite de mercure que l'on obtient en dissolvant 675 parties de mercure dans 675 parties d'acide azotique monohydraté mêlé de 500 parties d'eau, et en étendant ensuite la dissolution du double de son volume d'eau.

La protéine est précipitée par le tannin.

Acide xanthoprotéique, $H^{18}C^{30}Az^3O^{10},HO$. — Il est pulvérulent, jaune orangé, insipide, insoluble dans l'eau, l'alcool et l'éther; il se combine soit avec les acides, soit avec les bases, avec lesquels il forme des composés jaunes. Les xanthoprotéates de potasse, de soude et d'ammoniaque, sont solubles; les autres sont insolubles.

DE LA FIBRINE.

Chez les animaux, on trouve la fibrine dans le chyle, dans le sang et dans les muscles, qui en sont presque exclusivement formés; d'après MM. Boussingault, Dumas et Liebig, elle existe aussi dans un grand nombre de végétaux, tels que les céréales; le *gluten* et le suc de l'arbre à *vache* en contiennent une proportion notable. Elle est solide, blanche ou grisâtre, insipide, inodore, plus pesante que l'eau, et sans action sur l'*infusum* de tournesol et sur le sirop de violettes; elle est molle et légèrement élastique; lorsqu'on la dessèche, elle acquiert une couleur jaune plus ou moins foncée, devient dure et cassante. Chauffée à 200°, elle fournit beaucoup de carbonate d'ammoniaque et une plus grande quantité de charbon que la gélatine et l'albumine; ce charbon est excessivement léger, très-brillant, et très-difficile à incinérer; la cendre que l'on en obtient, et dont la proportion est de 2 à 3 pour %, renferme une grande quantité de phosphate de chaux, un peu de phosphate de magnésie et de carbonate de chaux, et du carbonate de soude. La fibrine est insoluble dans l'*eau froide* : si on la met en contact avec ce liquide, et qu'on le renouvelle de temps en temps, elle se putréfie et ne se transforme pas en graisse; le corps gras que l'on obtient en mettant la chair musculaire dans l'eau existait tout formé dans le muscle, et a seulement été mis à nu à mesure que celui-ci a éprouvé la putréfaction (Gay-Lussac). Si l'on fait bouillir la fibrine pendant quelques heures avec de l'eau, elle se décompose et donne une matière soluble et une autre insoluble dans l'eau ; cette dernière serait, d'après Mulder, du *bioxyde*, et l'autre du *tritoxyde de protéine*. Enfin, à une douce chaleur, la fibrine extraite du sang des jeunes animaux est complétement soluble dans l'eau, et présente alors tous les caractères de l'albumine. L'*alcool*, d'une densité de 0,810, mis sur de la fibrine, même à la température ordinaire, ne l'altère pas ; il dissout la matière grasse qu'elle renferme, et précipite par l'eau. L'*éther* agit sur elle de la même manière.

L'acide *chlorhydrique* pur et concentré ne bleuit point la fibrine qui a été *parfaitement* lavée à l'eau bouillante, même lorsqu'il est employé en assez grande quantité ; il la rend bistre avec une teinte légèrement violacée. Si, au lieu de prendre de l'acide chlorhydrique concentré, on fait digérer de la fibrine dans de l'eau qui n'en contient qu'un millième, elle se transforme en une gelée transparente, qui se dissout complétement et en quelques heures, ce qui tient sans doute à ce que la matière animale, rendue insoluble par les sels calcaires avec lesquels elle est combinée, s'en trouve dépouillée par l'acide que contient l'eau, et qui pourtant n'est pas assez considérable pour précipiter la fibrine en s'unissant avec elle ; si l'on mettait trop d'acide, la dissolution n'aurait pas lieu. Si l'acide chlorhydrique très-faible était mélangé de quelques gouttes de suc gastrique, la dissolution de la fibrine serait hâtée, ce qui peut rendre raison de la rapidité avec laquelle elle est dissoute dans l'estomac (Bouchardat et Sandras).

L'acide *sulfurique concentré* à froid commence par donner, avec la fibrine *du sang*, une liqueur fauve ; la matière insoluble, d'un gris verdâtre, est légèrement gonflée, d'une structure fibreuse, et semble n'avoir rien cédé au liquide. Le lendemain, la liqueur est d'un bistre fauve et précipite des flocons blancs par l'eau ; cependant la matière, dont on reconnaît encore la texture fibreuse, est gonflée et ne paraît pas avoir été sensiblement dissoute. Le jour suivant, on n'aperçoit plus que les fibres brunes non dissoutes, et le *solutum* est d'un brun presque noir. La fibrine provenant de la *chair musculaire* épuisée par l'eau *froide* n'est guère dissoute qu'à moitié au bout de 72 heures par l'acide sulfurique concentré : le liquide, d'un brun rouge, précipite en blanc par l'eau ; la portion non dissoute est d'un brun rouge, demi-transparente, comme *gélatineuse*, et sans aspect fibreux. La même fibrine, épuisée par l'*eau* bouillante, se comporte à peu près comme la précédente, lorsqu'on la traite par l'acide sulfurique concentré; toutefois, au bout de 72 heures, si on ajoute de l'eau froide, la matière perd sa forme gélatineuse, *et les fibres reparaissent très-visiblement.*

Si on fait bouillir pendant plusieurs heures la fibrine que l'on a traitée par l'acide *sulfurique concentré,* et que l'on ajoute de l'eau, il se produit de la *leucine* (voy. p. 650), une matière extractiforme rougeâtre, d'un goût légèrement amer de viande fortement rissolée, soluble dans l'alcool, et une autre matière extractiforme animalisée, d'un brun jaunâtre, insoluble dans l'alcool (Braconnot). Chauffée avec de l'acide sulfurique, de l'eau et du bioxyde de manganèse, elle donne les mêmes produits que le gluten (voy. p. 539), et en outre de l'aldéhyde butyrique et de l'acide caproïque.

L'acide *azotique* un peu affaibli, celui dont la densité est de 1,25, colore de suite la fibrine en jaune; il se produit une assez grande quantité de gaz azote, de la graisse, et la liqueur acquiert une couleur jaune. Au bout de vingt-quatre heures de contact, la fibrine se trouve transformée en une masse pulvérulente, d'un jaune-citron pâle, qui paraît devoir être regardée, d'après Berzelius, comme un composé de fibrine altérée, de graisse, d'acide malique, et d'acide azotique ou azoteux. Lavée à grande eau, cette masse devient orangée, perd une portion d'acide, et constitue l'*acide jaune* ou *xanthoprotéique,* découvert par Fourcroy et Vauquelin, en traitant la chair musculaire par l'acide azotique. Ainsi lavée, si on la fait bouillir avec de l'alcool, on ne dissout que de la graisse; le résidu, traité par du carbonate de chaux, donne du malate, de l'azotate et de l'azotite de chaux solubles.

L'acide *acétique* concentré transforme la fibrine en une masse gélatineuse, qui se dissout dans l'eau chaude, avec dégagement de gaz azote. Ce *solutum* incolore est précipité par les acides sulfurique, azotique et chlorhydrique, qui se combinent avec la matière animale et donnent des produits acides, insolubles dans l'eau ; la potasse, la soude, l'ammoniaque et le cyanure jaune de potassium et de fer, le précipitent également; mais le dépôt se redissout dans un excès d'alcali : évaporé, il fournit un résidu transparent, rougissant l'*infusum* de tournesol, insoluble dans l'eau, soluble dans l'acide acétique.

La *potasse* et la *soude caustiques* dissolvent assez rapidement la fibrine du *sang* à froid ; à la vérité, même au bout de trois jours, il reste environ un dixième de matière floconneuse non dissoute. La fibrine de la chair musculaire épuisée, par l'*eau froide,* semble ne pas se dissoudre dans ces alcalis ; car, au bout de soixante-douze heures, elle est en apparence aussi abondante qu'avant l'opération, et d'une couleur fauve ; toutefois la liqueur précipite abondamment par les acides, ce qui prouve qu'il y a eu de la matière dissoute. La même fibrine, épuisée par l'*eau bouillante,* se comporte à peu près de même avec les alcalis, si ce n'est que la matière est encore plus gonflée et plus altérée. L'*ammoniaque* caustique agit à peine sur la fibrine de la chair musculaire épuisée par l'eau *froide* ou *bouillante,* car au bout de soixante-douze heures la liqueur louchit à peine lorsqu'on y verse de l'acide azotique. D'après les expériences de Mulder, lorsqu'on met de la fibrine dans une lessive de potasse moyennement concentrée, et qu'on soumet le tout pendant quelque temps à l'action d'une température élevée, elle se change en *protéine,* que l'acide acétique précipite sous forme de flocons diaphanes et gélatineux.

Si on élève fortement la température des mélanges de fibrine et de potasse ou de soude, il y a décomposition et formation des produits indiqués à la page 635.

Le *bioxyde d'hydrogène* est instantanément décomposé par la fibrine, sans qu'il y ait fixation d'oxygène sur cette dernière, ce qui la distingue très-bien de l'albumine coagulée.

Les sels neutres alcalins, tels que le chlorure de baryum, l'azotate de potasse, le sulfate de potasse, le sulfate de soude, les chlorures de potassium et de sodium, etc., en dissolution concentrée, mis en digestion avec de la fibrine fraîche coupée en menus morceaux, la dissolvent en général au bout de quarante-huit ou cinquante heures ; le liquide, qui peut alors être filtré au papier, quoique coagulable par la chaleur, ne possède pas comme on l'a dit tous les caractères de l'albumine, puisqu'il précipite par l'acide acétique.

Lorsqu'on met de la fibrine dans une dissolution aqueuse de bichlorure de mercure (sublimé corrosif), ce sel est décomposé ; on remarque qu'il se forme sur-le-champ un précipité blanc de protochlorure de mercure (calomélas), qui se combine en partie et intimement avec la matière animale ; la liqueur rougit le sirop de violettes, au lieu de le verdir, et contient de l'acide chlorhydrique libre ; l'hydrogène d'une portion de fibrine s'empare probablement d'un équivalent de chlore du bichlorure, qui se trouve ramené à l'état de protochlorure, tandis que le chlore et l'hydrogène donnent naissance à de l'acide chlorhydrique qui reste dans la liqueur.

L'azotate de mercure, dont j'ai parlé à la page 627 (voy. *Protéine*), *rougit* en quelques minutes la fibrine *sèche ;* au bout de trois ou quatre heures, celle-ci est d'un brun tellement foncé qu'elle paraît noire.

Fibrine végétale. — On donne ce nom à la matière qui reste lorsque le gluten (voy. p. 538) a été épuisé par l'eau, par l'alcool froid et bouillant, et par l'éther ; en effet, cette matière offre la même composition que la fibrine du sang, elle présente les mêmes propriétés physiques, elle se comporte avec l'acide sulfurique et avec une dissolution faible de potasse comme la fibrine du sang.

Composition. D'après les analyses de M. Dumas, la fibrine contient en moyenne :

FIBRINES.	DE MOUTON.	DE BOEUF.	D'HOMME.	DE CHIEN nourri de viande pendant 2 mois ½	DE LA FARINE.
Carbone.	52,8	52,7	52,78	52,77	53,23
Hydrogène. . . .	7,0	7,0	6,96	6,95	7,01
Azote.	16,5	16,6	16,78	16,51	16,41
Oxygène.	23,7	23,7	23,48	23,77	23,35
	100,0	100,0	100,00	100,00	100,00

D'où il suit que sa composition est la même, quelle que soit la source ; cependant il faut remarquer que celle des carnivores contient un peu moins d'hydrogène que les autres (1).

Les analyses publiées depuis par M. Liebig, et exécutées par MM. Schœrer et Mulder, donnent des résultats un peu différents :

	Schœrer.		Mulder.
	1	2	
Carbone.	53,671	54,454	54,56
Hydrogène.	6,878	7,069	6,90
Oxygène.			
Soufre.	23,688	22,715	22,82
Phosphore. . . .			
Azote.	15,763	15,762	15,72
	100,000	100,000	100,00

Préparation. Si on bat le sang avec un petit balai, immédiatemment après sa sortie de la veine, la fibrine vient s'attacher au bois ; on la

(1) Voir les *Comptes rendus des séances de l'Académie des sciences,* novembre 1842.

soumet à des lavages réitérés pour la décolorer, puis on la dessèche, et on la traite successivement par l'alcool et l'éther, qui enlèvent les matières grasses, et enfin par un acide faible et par l'eau.

Pour obtenir la fibrine végétale, on commence par former une pâte ferme avec de la farine ordinaire ; on la lave doucement sous un filet d'eau, en ayant soin de la pétrir en même temps avec les doigts ; il reste dans la main de l'opérateur une masse plastique grise, formée du gluten des anciens chimistes ; cette masse, bouillie à plusieurs reprises avec de l'alcool concentré d'abord, puis avec de l'alcool faible, laisse pour résidu une substance fibreuse, grise, qui constitue la fibrine végétale.

DE L'ALBUMINE.

Il existe deux variétés d'albumine : celle qui provient des animaux, et celle que produisent les végétaux. La première est toujours unie à une certaine quantité de soude, tandis que la seconde n'est pas ordinairement accompagnée d'alcali libre ; toutefois Mulder, et depuis M. Dumas, ont prouvé que la composition de ces albumines était la même. On peut encore considérer l'albumine sous deux états différents, suivant qu'elle est liquide ou solide (coagulée).

L'albumine existe en très-grande quantité dans le chyle, dans le sérum du sang, dans la synovie, dans les liqueurs exhalées par les membranes séreuses, surtout dans les diverses hydropisies, dans la bile des animaux, dans la chair musculaire, dans le blanc d'œuf, etc. On peut l'extraire aussi d'un très-grand nombre de plantes, de la farine, des pommes de terre, etc.

Albumine liquide (blanc d'œuf délayé dans l'eau distillée et filtré). — Elle est incolore, transparente, inodore, plus pesante que l'eau, et douée d'une saveur particulière ; elle est susceptible de mousser par l'agitation, surtout lorsqu'on l'a mêlée avec de l'eau ; elle verdit le sirop de violettes, propriété qu'elle doit à une certaine quantité de carbonate de soude qu'elle renferme. Elle dévie vers la gauche le plan de polarisation des rayons lumineux.

Lorsqu'on la soumet à la température de 60°, si elle n'a pas été affaiblie par une trop quantité d'eau, elle se coagule, et donne l'albumine solide, dure, opaque et blanche ; l'albumine du sérum de l'homme ne se coagule qu'à 70° : ce phénomène n'a pas lieu, même à la température d'ébullition, si l'albumine est étendue de beaucoup d'eau ; cependant, si on continue à faire bouillir, la liqueur se concentre et se coagule lorsqu'elle est parvenue au degré de concentration convenable. Bostock a prouvé qu'on pouvait découvrir par ce moyen $\frac{1}{900}$ d'albumine dissoute dans l'eau. On a beaucoup disserté sur la cause de cette coagulation ; Fourcroy l'a expliquée en supposant que l'albumine s'emparait de l'oxygène de l'air et se transformait en une substance nouvelle ; mais cette explication tombe d'elle-même, dès qu'il est établi que le phénomène a lieu aussi bien dans des vaisseaux fermés qu'à l'air libre. Thomson, ayant égard à la composition de l'albumine liquide, a pensé que sa liquidité était due à la soude qui la tenait en dissolution , et que, lorsqu'on la faisait chauffer, l'alcali s'unissait intimement avec l'eau, et abandonnait l'albumine, qui se déposait à l'état solide. Chevreul a démontré que cette coagulation est due à une véritable modification isomérique, et qu'elle se produit sans perte d'eau. Si on chauffe l'albumine à 150°, dans un tube fermé des deux bouts, elle se coagule, puis se redissout sous l'influence de la température et de la pression.

Lorsqu'on dessèche l'albumine en l'exposant au soleil ou en la soumettant à une température de 40° à 50°, elle ne se coagule pas, et l'on obtient une masse *jaunâtre, parfaitement soluble dans l'eau froide, qui a l'aspect de la gomme.*

Soumise à l'action de la *pile voltaïque,* l'albumine liquide se coagule sur-le-champ (Brande). Les expériences faites par E. Home prouvent qu'il ne faut, pour produire le phénomène, qu'un appareil voltaïque d'un très-petit pouvoir, celui, par exemple, qui n'est pas assez fort pour affecter les électromètres les plus délicats ; le *coagulum* formé se trouve tout autour du pôle positif. Brande pense que ce moyen peut être employé avec succès pour découvrir les petites quantités d'albumine qui font partie de certains fluides animaux ; toutefois la propriété de se coaguler par l'électricité n'appartient pas à l'albumine *pure,* mais bien au sel commun, qui fait partie du blanc d'œuf, comme l'a démontré M. Lassaigne : que l'on sépare de la dissolution du blanc d'œuf la majeure partie du sel, au moyen de l'alcool, la pile n'agira plus sur elle, tandis que l'action commencera aussitôt qu'on aura ajouté quelques gouttes de chlorure de sodium : dans ce cas, le sodium du sel et l'oxygène de l'eau sont attirés par le pôle négatif, tandis que le chlore du sel et l'hydrogène de l'eau se portent au pôle positif, et l'acide chlorhydrique produit se combine avec l'albumine, avec laquelle il forme un corps insoluble, que l'on avait pris à tort pour de l'albumine *simple* coagulée.

L'iode trituré avec l'albumine la coagule ; le *coagulum* est brun, se dissout dans les alcalis, et devient blanc lorsqu'on le lave avec de l'eau bouillante. Le *chlore* ne tarde pas à coaguler l'albumine liquide, et à en séparer des flocons blancs, formés, d'après Mulder, de protéine et d'acide chloreux, $H^{25}C^{36}Az^4O^{10},ClO^3$. Le brome la précipite aussi. Les *acides* un peu forts, excepté les acides phosphorique *trihydraté* et acétique, se combinent avec elle et la coagulent sur-le-champ ou au bout de quelques heures; le *coagulum* est formé, d'après M. Thénard, d'albumine et d'acide. L'acide *métaphosphorique* la précipite en blanc, et le précipité peut être dissous par l'acide phosphorique trihydraté. L'acide *sulfurique* concentré la colore en violet presque instantanément, et la couleur persiste longtemps sans qu'il y ait apparence de carbonisation. L'acide azotique la jaunit et la coagule avec une telle intensité, qu'on peut s'en servir pour reconnaître des traces de cette substance dans les liqueurs animales; un excès d'acide redissout le précipité. L'acide *chlorhydrique,* s'il est très-étendu, dissout l'albumine; s'il est concentré, il la coagule, et le *coagulum* se dissout dans un excès d'acide; peu de temps après, la liqueur devient *bleue,* comme celle du sulfate de cuivre ammoniacal. Si, au lieu d'agir avec l'albumine dissoute, on traite par l'acide chlorhydrique concentré et pur, *avec le contact de l'air,* le blanc d'œuf desséché au soleil ou coagulé, la dissolution acquiert, au bout de quelques heures, une belle couleur *violette* ou d'un *rouge violacé.* Dix ou douze jours après, cette couleur est remplacée par une couleur bleue, semblable à celle du sulfate de cuivre ammoniacal; si, dans cet état, on chauffe la dissolution dans un petit tube de verre, trois ou quatre minutes suffisent pour lui faire reprendre la couleur violette, et, si on la fait bouillir, on ne tarde pas à la décomposer; alors elle ressemble à du *café à l'eau foncé.* Avec l'acide *acétique,* l'albumine, si elle n'est pas étendue d'eau, prend un aspect gélatineux, comme l'acide silicique récemment précipité, surtout si l'on agite le mélange pendant quelques instants.

Lorsqu'on ajoute quelques gouttes d'acide sulfurique ou acétique à une dissolution d'albumine, elle devient opaque, et se remplit bientôt de corpuscules arrondis qui engendrent le mycoderme désigné sous le nom de *penicillum glaucum* (Dutrochet, Andral et Gavarret).

Si l'on abandonne à elle-même une dissolution albumineuse, elle se décompose, et se transforme en un ferment qui peut produire la fermentation alcoolique du sucre (Thénard).

Aucun des six alcalis minéraux dissous dans l'eau ne coagule l'albumine; ils la rendent au contraire plus fluide, s'ils sont en dissolution étendue; mais, si l'on prend une dissolution de potasse ou de soude très-concentrée, marquant 45 degrés, l'albumine est immédiatement

transformée en une masse demi-solide, gélatineuse, très-transparente.
Scheele fit une expérience curieuse que je crois devoir rapporter : il
combina de l'albumine étendue d'eau avec une dissolution de potasse
caustique, privée par conséquent d'acide carbonique ; le composé, parfaitement transparent, fut *coagulé* aussitôt que la potasse fut saturée par
de l'acide chlorhydrique ; le calorique, dégagé pendant la combinaison
de l'acide avec la potasse, occasionna, suivant Scheele, la prompte formation du *coagulum*. Il répéta l'expérience en substituant à l'alcali
caustique du carbonate de potasse, et il n'y eut point de *coagulation* :
dans ce dernier cas, le calorique, mis à nu par l'action de l'acide sur
le sel, fut employé à transformer en gaz l'acide carbonique qui se dé-
gagea pendant la décomposition du carbonate.

Si l'on fait bouillir l'albumine avec une dissolution concentrée de
potasse, jusqu'à ce qu'il ne se dégage plus d'ammoniaque, on obtient
du carbonate et du formiate de potasse, de la leucine, de la *protide*,
$H^9C^{13}Az^2O^4$, et de l'*érytroprotide*, $H^8C^{13}AzO^5$.

L'*alcool* coagule l'albumine sur-le-champ; suivant MM. Prévost et
Dumas, il agit en s'emparant de la soude, qui tenait l'albumine en dissolution. L'*acide tannique* la précipite; le dépôt, d'une couleur jaune,
très-abondant, a la consistance de la poix; il est insoluble dans l'eau,
et ressemble à du cuir trop tanné, lorsqu'il a été desséché (Séguin).

Les *dissolutions salines* exercent sur ce fluide une action remarquable; presque toutes celles qui appartiennent aux cinq dernières classes
sont décomposées et précipitées par lui ; la nature des précipités obtenus
n'est pas assez connue pour pouvoir être indiquée d'une manière générale; il est cependant probable que, dans un assez grand nombre de
cas, ces précipités sont formés d'albumine, d'oxyde métallique, et d'une
certaine quantité d'acide.

Les sels de *cuivre*, dissous dans l'eau, donnent, avec l'albumine, un
précipité abondant, d'un blanc verdâtre, qui est beaucoup moins délétère que le sel de cuivre : aussi ai-je proposé l'albumine comme le meilleur contre-poison des sels cuivreux, quoique le précipité soit légèrement soluble dans un excès d'albumine. Les sels de cuivre, traités ainsi
par une grande quantité d'albumine, n'ont plus de saveur.

L'acétate et le sous-acétate de plomb, les sels de bismuth, d'étain et
d'argent, sont précipités en blanc, et l'on observe les mêmes phénomènes qu'avec les sels de cuivre, si ce n'est que l'azotate d'argent conserve une forte saveur styptique.

Si l'on verse une très-grande quantité de bichlorure de mercure (sublimé corrosif dissous), ou de tout autre sel mercuriel, dans l'albumine,

il se forme un précipité blanc floconneux, qui se ramasse sur-le-champ; ce précipité, *composé d'albumine et de sublimé,* lorsqu'il a été parfaitement lavé, se dissout lentement, et en petite quantité, dans un excès d'albumine; desséché sur un filtre, il est ordinairement sous forme de petits morceaux durs, cassants, faciles à pulvériser, demi-transparents, principalement sur leurs bords, d'une couleur jaunâtre, sans saveur, sans odeur, inaltérables à l'air, et insolubles dans l'eau; chauffé dans un petit tube de verre, il se boursoufle, noircit, et se décompose à la manière des matières animales, en dégageant une odeur de corne brûlée et beaucoup de fumée : si l'on casse le tube après l'opération, on trouve le fond rempli d'un charbon extrêmement léger, et les parois internes tapissées, vers le milieu de leur hauteur, de globules mercuriels.

Si, au lieu de verser beaucoup de sublimé corrosif dans l'albumine, on n'en met qu'une très-petite quantité, la liqueur se trouble, devient très-laiteuse, et ne précipite qu'au bout de quelques heures; si l'on filtre, on obtient le précipité blanc dont je viens de parler, et il passe un liquide parfaitement limpide, qui n'est autre chose que de l'albumine retenant en dissolution une portion du précipité.

Lorsqu'on emploie moins d'albumine que dans les cas précédents, les mêmes phénomènes ont lieu, avec cette légère différence, que le liquide filtré est composé d'une portion du précipité dissous dans l'albumine, et d'une certaine quantité de sublimé corrosif; en effet, il rougit la teinture de tournesol et verdit le sirop de violettes; il précipite en noir par les sulfures; il agit sur une lame de cuivre absolument comme le sublimé corrosif; il précipite en blanc par une nouvelle quantité d'albumine, et alors il ne contient plus de sublimé. Ajoutons à ces expériences, qui prouvent l'existence du sublimé corrosif dans ce liquide, celles qui y démontrent la présence de l'albumine; l'acide azotique le précipite en blanc; la dissolution du sublimé corrosif en sépare sur-le-champ des flocons blancs; enfin le calorique le coagule ou le rend seulement opalin, suivant que la quantité d'albumine est plus ou moins considérable. Il faut conclure de ce qui précède que l'albumine, ainsi combinée avec ce précipité, peut former un corps soluble avec le sublimé corrosif.

Ces expériences m'ont conduit à examiner si le *précipité* obtenu par ce moyen exerçait une action quelconque sur l'économie animale, et j'ai conclu, après une nombreuse suite d'essais faits sur les animaux vivants, qu'il n'agissait point; en conséquence, j'ai proposé l'albumine comme le meilleur antidote du sublimé corrosif et des sels mercuriels,

et j'ai eu là satisfaction depuis de pouvoir en faire une application heureuse dans un cas d'empoisonnement par la liqueur mercurielle de Van
Swieten (voy. ma *Toxicologie générale,* t. 1er, 4e édit.).

Le blanc d'œuf devient *rosé* en quelques minutes s'il est mis en contact avec l'azotate de mercure, préparé comme il a été dit en parlant
de la protéine (voy. p. 627); un quart d'heure après, il est *rouge,* et la
couleur persiste : s'il avait été préalablement desséché au soleil, il serait devenu d'abord et promptement d'un rouge intense, qui aurait
passé au *grenat* très-foncé en quelques heures.

Les divers composés insolubles d'albumine et de sels métalliques, mis
en contact avec des dissolutions de potasse ou de soude caustiques, sont
décomposés; l'oxyde métallique se redissout dans l'albumine, à la faveur
d'un excès d'alcali, et forme avec eux des combinaisons particulières
(Lassaigne).

On emploie l'albumine pour clarifier une multitude de sucs troubles;
cette opération se fait à chaud ou à froid; dans le premier cas, l'albumine se coagule, tandis qu'elle précipite l'acide tannique contenu dans
les matières que l'on veut clarifier, si l'on agit à froid; mais à chaud,
l'albumine, en se coagulant, entraîne avec elle les molécules ténues
qui altéraient la transparence des liquides. On prépare avec l'albumine
et la chaux vive un lut très-siccatif. Délayée dans beaucoup d'eau, on
l'a administrée avec succès à l'intérieur, dans certains cas de fièvre
jaune. Mêlée avec l'huile, elle sert à calmer les douleurs dans les parties qui ont été brûlées. Le blanc d'œuf a encore été employé pour enduire des petites bandelettes de linge dont on entoure les membres des
enfants nouveau-nés, dans les cas de fracture; l'*étoupade* dont Moscati
faisait usage dans les fractures du col de l'humérus n'est autre chose
que les diverses pièces de l'appareil trempées dans de l'albumine.
Unie à d'autres principes immédiats, l'albumine doit être regardée
comme un aliment très-nutritif, ce qui fait que l'on ne doit s'en servir
en médecine, à titre d'adoucissant, qu'après l'avoir étendue de beaucoup d'eau, surtout lorsque le malade est à une diète sévère.

Elle doit être administrée, *dans tous les cas* d'empoisonnement, dès
le début et alors que l'on ne sait pas encore quelle est la nature du
poison ingéré; en effet, on se la procure facilement, elle n'exerce aucune action nuisible sur l'économie animale, elle décompose un grand
nombre de poisons qu'elle rend beaucoup moins actifs, et elle provoque des vomissements abondants, surtout si elle est donnée dans l'eau
tiède; on conçoit toute son utilité, même quand elle n'agit pas chimiquement sur la substance vénéneuse, *puisqu'elle favorise son expulsion*

en faisant vomir. De tous les médicaments que l'on a sous la main, celui-ci est sans contredit le plus efficace, en attendant que l'on ait pu déterminer quel est le poison qui détermine les accidents, et quel est l'antidote avec lequel on doit chercher à le rendre inerte. On doit faire prendre au malade, en peu de temps, plusieurs verres de blanc d'œuf délayé dans de l'eau tiède.

Albumine solide. — Elle offre à peu près les mêmes propriétés physiques que la fibrine, et fournit les mêmes produits à la distillation, excepté qu'elle donne un peu moins de charbon. L'alcool, l'éther, et l'acide azotique, agissent sur elle comme sur la fibrine. L'eau bouillante, au bout de cinquante à soixante heures, la change en *tritoxyde de protéine.* L'acide chlorhydrique la colore, et agit sur elle comme sur l'albumine liquide (voy. p. 634) (1).

L'acide *sulfurique concentré* et *froid* la dissout; celle qui provient du sang fournit d'abord un liquide fauve rougeâtre et une matière gélatineuse d'un gris verdâtre, qui finit par se dissoudre au bout de quelques heures : alors le *solutum* est verdâtre vu par réflexion, et fauve rougeâtre vu par réfraction; l'eau en précipite des flocons blancs grisâtres abondants. L'albumine *d'œuf,* coagulée par le feu, est *presque* entièrement dissoute par cet acide au bout de plusieurs heures, mais la liqueur ne tarde pas à devenir *violette,* et la portion gélatineuse non dissoute ressemble à de la gelée de groseilles; l'eau en précipite des flocons blancs abondants. Le *blanc d'œuf* non coagulé, celui qu'on obtient immédiatement en vidant un œuf, se comporte de même, si ce n'est qu'il se dissout avec beaucoup plus de rapidité. Le *coagulum* du lavage de la chair musculaire est presque entièrement dissous par l'acide sulfurique concentré au bout de vingt-quatre heures; la partie indissoute est rouge. Il en est à peu près de même de l'*écume du pot.* L'acide sulfurique, l'eau et le bioxyde de manganèse, se comportent avec elle comme avec la fibrine (voy. p. 629).

La *potasse* et la *soude* caustiques opèrent la dissolution de cette matière à *froid.* L'albumine coagulée de l'œuf exige un peu plus de temps pour se dissoudre que celle du sang; l'*écume du pot* n'est pas entière-

---

(1) L'albumine du sérum du sang, de la liqueur des hydropiques, et, suivant M. Bonastre, celle qui fait partie du cristallin et de quelques graines des légumineuses, bleuit également par l'acide chlorhydrique : je n'ai pas vu bleuir celle de la viande (écume du pot) qui avait été parfaitement lavée à l'eau bouillante; elle prit au contraire une couleur de café à l'eau clair.

ment dissoute, et laisse un peu de matière grasse ; le *coagulum* du lavage de la chair musculaire se comporte à peu près comme l'écume. Ces diverses dissolutions alcalines précipitent abondamment par l'acide chlorhydrique, mais le précipité se redissout dans un excès d'acide. L'*ammoniaque* caustique à froid dissout à peine des traces des variétés d'albumine coagulée dont je parle, car au bout de soixante-douze heures d'action, les liqueurs louchissent à peine par les acides.

Elle ne décompose pas le bioxyde d'hydrogène.

Composition. Selon M. Dumas, elle contient :

ALBUMINE.	DU SÉRUM DE BŒUF.	DU SÉRUM [D'HOMME.	DE BLANC D'ŒUF.	DE LA FARINE.
Carbone.	53,40	53,32	53,37	53,74
Hydrogène.	7,20	7,29	7,10	7,11
Azote.	15,70	15,70	15,77	15,66
Oxygène.				
Soufre.	23,70	23,69	23,76	23,50
Phosphore.				
	100,00	100,00	100,00	100,00

Mais, d'après M. Liebig et d'après les analyses de MM. Schœrer et Jones, l'albumine contiendrait, savoir :

	Schœrer.		Jones.
POUR L'ALBUMINE	DE BOEUF.	DE SÉRUM.	DU BLÉ.
Carbone.	55,000	55,461	55,01
Hydrogène.	7,073	7,201	7,23
Azote.	15,920	15,673	15,92
Oxygène.			
Soufre.	22,007	21,665	21,84
Phosphore..			
	100,000	100,000	100,00

Préparation. — *Albumine liquide animale.* Elle constitue le blanc d'œuf : on dessèche celui-ci à 50° environ ; on traite le produit sec par l'alcool et par l'éther, pour lui enlever les matières grasses qu'il renferme, mais l'albumine retient encore quelques sels et du carbonate de soude dont il est impossible de la priver. — *Albumine solide animale.* On verse de l'alcool dans le blanc d'œuf dissous dans l'eau et filtré : l'albumine se précipite sur-le-champ ; on la lave. On peut l'obtenir plus pure en la précipitant du blanc d'œuf par l'acide chlorhydrique ; on dissout ce précipité dans une grande quantité d'eau, et on précipite l'albumine par du carbonate d'ammoniaque : on la lave avec de l'eau, on la sèche et on la traite par l'alcool.

Albumine végétale. On fait digérer pendant plusieurs heures de la farine avec dix fois son poids d'eau froide, on décante l'eau, et on la laisse en contact avec une nouvelle quantité de farine ; après avoir recommencé cette opération trois ou quatre fois, il suffit de filtrer la liqueur et de la faire évaporer à une douce chaleur pour obtenir une petite quantité d'albumine. On extrait l'albumine des pommes de terre en traitant, par de l'eau contenant 2 pour cent d'acide sulfurique, des tranches minces de pommes de terre ; au bout de vingt-quatre heures, on décante la liqueur et on la met en contact avec de nouvelles tranches ; on recommence l'opération avec d'autres tranches de pommes de terre, puis on sature par un peu de potasse, en laissant toutefois un très-léger excès d'acide, la liqueur jaunâtre qui provient de ces digestions successives, et on la fait bouillir ; l'albumine est précipitée à l'état insoluble.

DE LA CASÉINE.

On a cru pendant longtemps que le lait pouvait exclusivement fournir la substance connue sous le nom de caséum ; mais depuis, plusieurs chimistes ont signalé l'existence de ce corps non-seulement dans plusieurs liquides de l'économie animale, comme le sang, les humeurs de l'œil, l'urine des femmes enceintes, etc., mais encore dans des substances végétales, telles que la farine des céréales, etc. L'identité de composition de cette substance avec l'albumine a porté les chimistes à changer la dénomination de caséum en celle de caséine.

La caséine du lait, récemment extraite, est molle, blanche, d'une saveur douce, faible, que tout le monde a pu apprécier dans le produit de la coagulation du lait (fromage blanc), rougissant le tournesol, facilement putrescible, insoluble dans l'eau et dans l'alcool, soluble au contraire dans une dissolution de potasse, de soude ou d'ammoniaque, à la température ordinaire ou à l'aide d'une douce chaleur. Elle se dissout bien aussi dans la plupart des acides végétaux et minéraux. Abandonnée à elle-même après l'avoir délayée dans l'eau, à une température de 25° à 30°, elle se transforme en de nouveaux produits signalés par Proust d'abord, et à l'un desquels M. Braconnot a donné le nom d'*aposépédine* (*produit par la putréfaction*), qui n'est que de la *leucine* (voy. p. 650).

Desséchée elle est solide, d'un jaune de succin, inodore, insipide, et plus pesante que l'eau. Soumise à la distillation, elle fournit une eau rouge, fétide, une huile épaisse brune, du carbonate d'ammoniaque, et un charbon volumineux, dur, brillant, qui donne, par l'incinération, beaucoup de phosphate de chaux.

Mais si, au lieu de prendre la caséine provenant de la coagulation spontanée du lait, on la prépare en versant un peu d'acide sulfurique étendu d'eau dans du lait écrémé, on obtient un caillot blanc, formé par l'union de la caséine et de l'acide; si on lave bien ce caillot sur un filtre, après l'avoir délayé dans de l'eau distillée, et qu'on le fasse digérer avec du carbonate de baryte, l'acide sulfurique se combine avec la baryte, et la caséine, devenue libre, se dissout dans l'eau; on sépare le sulfate de baryte par la filtration, et la liqueur mucilagineuse évaporée laisse déposer la caséine sous forme de pellicules blanches, qui deviennent dures et transparentes après avoir été desséchées. Dans cet état, la caséine est facilement soluble dans l'eau; si l'on chauffe peu à peu cette dissolution, elle se couvre d'une croûte blanchâtre, qui paraît n'être que de la caséine coagulée : tous les acides, excepté l'acide phosphorique, la coagulent en y faisant naître un caillot blanc. L'acide acétique, en particulier, la précipite avec une grande facilité; mais si l'on en ajoute un excès, le précipité se redissout. L'alcool affaibli la dissout également bien par l'action de la chaleur, mais il la laisse déposer par le refroidissement. Le tannin, le cyanure jaune de potassium et de fer, plusieurs sels métalliques, tels que l'acétate de plomb, les sels de mercure, font naître des précipités volumineux dans la dissolution aqueuse de caséine.

L'acide sulfurique concentré dissout la caséine (fromage blanc), et la liqueur est d'un *beau violet* et comme gélatineuse; quelques jours après, la couleur commence à virer au noir. L'acide sulfurique, l'eau et le bioxyde de manganèse, se comportent avec elle comme avec la fibrine (voy. p. 629). L'acide chlorhydrique concentré ne la dissout pas facilement à froid, mais la colore en *violet* au bout de quelques heures; quelques jours après, le mélange devient grisâtre. Si l'on fait bouillir le fromage blanc avec cet acide, le liquide prend de suite une couleur *violette* qui se fonce de plus en plus; quatre ou cinq jours après, il est devenu couleur de café à l'eau sans la moindre nuance violette. L'azotate de mercure, préparé comme il a été dit en parlant de la protéine (voy. p. 627), colore presqu'instantanément en *rouge* la caséine fraîche

(fromage mou); cette coloration est aussi prompte et plus intense si le fromage a été préalablement desséché.

En traitant la caséine par la potasse, M. Liebig a obtenu la *thyrosine*; il se forme aussi des produits semblables à ceux que donne l'albumine quand on la fait bouillir avec cet alcali (voy. p. 635).

La caséine s'unit facilement aux oxydes métalliques et aux sels neutres, avec lesquels elle paraît produire des composés définis.

Composition. La caséine, analysée par M. Dumas, a donné :

CASÉINE.	DU LAIT de vache.	DU LAIT de chèvre.	DU LAIT d'ânesse.	DU LAIT de femme.	DU SANG.	DE LA FARINE.
Carbone. . . .	53,50	53,60	53,66	53,47	53,75	53'46
Hydrogène. . .	7,05	7,11	7,14	7,13	7,09	7,13
Azote.	15,77	15,78	16,00	15,83	15,87	16,04
Oxygène. . . . Soufre, etc. . .	23,68	23,51	23,20	23,57	23,29	23,37
	100,00	100,00	100,00	100,00	100,00	100,00

Extraction. Pour extraire la caséine du lait, il suffit d'abandonner celui-ci à la coagulation spontanée, ou de la provoquer par l'addition de quelques gouttes d'acide ou d'un peu de présure. On lave ensuite à grande eau le coagulum jeté sur un filtre, et l'on dessèche; mais si l'on veut l'obtenir pure, il faut employer l'acide sulfurique, ainsi que je l'ai dit à la page 641.

On obtient la caséine de la farine en traitant par l'alcool faible et bouillant le gluten obtenu par l'action de l'eau, comme pour l'extraction de la fibrine (voy. p. 632). En filtrant la liqueur, et en la laissant refroidir, il se dépose une masse grisâtre, qui est la matière pure.

Tyrosine, $H^{11}C^{18}AzO^6$. — En fondant la caséine avec la potasse, en dissolvant la masse fondue dans l'eau, et en saturant par l'acide acétique il se précipite de la tyrosine, matière cristalline neutre, très-peu soluble dans l'eau, insoluble dans l'alcool et dans l'éther. Lorsqu'on arrose la tyrosine avec de l'acide azotique ordinaire, elle se colore en jaune, et l'on obtient de l'acide oxalique et une substance jaune cristalline, qui est de l'*azotate* de *nitrotyrosine* en paillettes brunes, peu solubles dans l'eau froide, solubles dans l'alcool, dans la potasse et l'ammoniaque; ces deux dissolutions alcalines offrent une couleur rouge intense; l'acide sulfurique déplace l'acide azotique de cet azotate et donne du sulfate de nitrotyrosine. La nitrotyrosine se combine, comme le glycocolle et la leucine, avec les acides, les bases, et probablement aussi avec les sels (voy. *Journal de pharmacie*, mai 1850, mémoire de Ad. Strecker).

DE LA VITELLINE.

La vitelline constitue la matière albumineuse du jaune d'œuf et des œufs de carpe ; pendant longtemps elle a été confondue avec l'albumine, dont elle diffère essentiellement par sa composition : elle est en effet formée de

Carbone.	51,60	
Hydrogène.	7,22	
Azote.	15,02	
Oxygène.		
Soufre.		26,16
Phosphore.		

Quant à ses propriétés, on voit que si la vitelline offre la plupart des caractères de l'albumine, il existe cependant entre ces deux substances des différences qu'il importe de signaler : ainsi l'albumine ramène au bleu le papier rouge de tournesol ; elle est coagulée à 60° ; les acides sulfurique et chlorhydrique étendus la précipitent promptement, et elle est également précipitée par les dissolutions salines de plomb et de cuivre, tandis que la dissolution de vitelline ne change pas la couleur rouge du papier rouge du tournesol ; au contraire le papier bleu semble prendre une teinte légèrement rosée ; elle commence à se troubler à 64°, et elle dépose de gros flocons à 76° ; les acides sulfurique et chlorhydrique étendus y déterminent des flocons qui surnagent les liquides, et enfin les dissolutions salines de plomb et de cuivre ne la précipitent pas. Ces différences tiennent-elles à ce que l'albumine contient de la soude libre, et à ce que la vitelline est accompagnée d'une quantité sensible de matière grasse? C'est ce qu'il n'est pas facile de décider. On obtient la vitelline blanche et exempte de matière grasse en traitant par l'alcool bouillant le jaune d'œuf privé de l'albumine et séché à l'air ; les traitements alcooliques doivent être continués jusqu'à ce que la vitelline soit entièrement décolorée (Gobley, *Recherches chimiques sur le jaune d'œuf;* 1846).

Paravitelline. — M. Gobley a retiré cette substance des œufs de carpe ; à cela près qu'elle offre une teinte rougeâtre, elle possède les propriétés de la vitelline ; comme elle et comme l'albumine, elle est *bleuie* et dissoute par l'acide chlorhydrique ; sa composition est aussi la même.

DE LA LÉCITHINE (de λέκιθος, jaune d'œuf).

La lécithine forme la majeure partie de la matière visqueuse du jaune d'œuf de poule et de la substance grasse des œufs de poisson ; elle est formée d'oxygène, d'hydrogène, de carbone, et d'une forte proportion de *phosphore*. Voici les caractères qui lui ont été assignés par M. Gobley, qui n'a pas cependant pu l'obtenir encore à l'état de pureté. Elle est molle, visqueuse, et forme une émulsion avec l'eau ; peu soluble dans l'alcool froid, elle se dissout dans ce menstrue bouillant, d'où elle se sépare en grande partie par le refroidissement ; elle est entièrement soluble dans l'éther et inaltérable à l'air. Les acides et les alcalis minéraux la transforment facilement en acides oléique, margarique et *phosphoglycérique*. Elle ne saurait être confondue avec l'acide sulfoléique décrit par M. Frémy, parce qu'elle ne rougit pas le tournesol, parce qu'elle n'est pas décomposée par l'eau, même bouillante, tandis que l'acide sulfoléique est décomposé par ce liquide à la température ordinaire. La lécithine donne en se décomposant dans le vide des produits qui permettent de la considérer comme formée d'acide phosphorique, d'oléine et de margarine ; mais constitue-t-elle réellement un phosphate d'oléine et de margarine, ou bien est-elle un principe immédiat particulier ?

On retire la lécithine de la matière visqueuse du jaune d'œuf et mieux encore de la substance grasse des œufs de carpe (Gobley, *Journal de pharmacie*, juin 1850).

DE LA CÉRÉBRINE.

La cérébrine existe dans le jaune d'œuf de poule, dans les œufs et dans la laitance de carpe, où elle est beaucoup moins abondante que la lécithine. Suivant M. Gobley, elle ferait également partie du cerveau, et ne serait que l'acide *cérébrique* décrit par M. Frémy. La composition de la cérébrine vient à l'appui de cette dernière opinion ; en effet, on trouve :

CÉRÉBRINE.		ACIDE CÉRÉBRIQUE.	
Carbone.	66,85	Carbone.	66,7
Hydrogène.	10,82	Hydrogène.	10,6
Azote.	2,29	Azote.	2,3
Phosphore.	0,43	Phosphore.	0,9
Oxygène.	19,61	Oxygène.	19,5

La cérébrine est en feuillets très-légers, en petites plaques semblables
à la cire blanche, ou en grains comme cristallins ; elle est incolore, inodore et insipide ; elle est neutre dans le jaune d'œuf, et la très-légère
coloration rosée qu'elle communique au tournesol est due évidemment
à ce qu'elle retient une quantité infinitésimale de l'acide avec lequel
elle a été préparée. Si elle a été préalablement desséchée, elle fond
entre 155° et 160° ; au delà de ce degré, elle devient brunâtre et se
décompose en donnant des produits ammoniacaux et un charbon
difficile à brûler, *qui n'est pas sensiblement acide ;* si le charbon qui
provient de la décomposition de la *matière grasse blanche* de Vauquelin contient une quantité notable d'acide phosphorique, c'est que
cette matière n'est pas de la cérébrine pure. La cérébrine incinérée fournit du phosphate de chaux. Elle est insoluble dans l'eau froide et bouillante ; avec ce dernier liquide surtout, *elle se gonfle* à la manière de
l'amidon et jouit de la propriété de mousser comme l'eau de savon.
L'alcool ne la dissout que lorsqu'il est bouillant ; l'éther est sans action
sur elle ; l'acide chlorhydrique ne la colore pas en bleu. Elle s'unit avec
les acides et les retient avec une grande opiniâtreté. Elle a une certaine
affinité pour les bases, sans pourtant former avec elles des sels à proportions définies. Comme la lécithine, elle retient toujours une certaine
quantité de phosphates terreux, malgré les nombreux traitements alcooliques et éthérés qu'on lui a fait subir ; elle concourt probablement
à mettre ces sels en circulation dans les animaux. On l'obtient en traitant 200 grammes de matière visqueuse du jaune d'œuf par 500 grammes
d'alcool à 88 cent., et 50 grammes d'acide chlorhydrique ou sulfurique (Gobley, voy. *Journ. de pharm.*, août 1850).

DE LA GÉLATINE. $H^{10}C^{15}Az^2O^5$.

Lorsqu'on fait bouillir dans l'eau la chair musculaire, la peau, les
ligaments, les os, les tendons, les membranes, etc., on obtient une
dissolution qui, étant concentrée par l'évaporation, se prend en gelée
par le refroidissement, et fournit une substance à laquelle on a donné
le nom de *gélatine.* Cette matière existe-t-elle toute formée dans les
parties des animaux d'où on la retire, comme on l'a pensé pendant
longtemps, et comme le croit encore M. Bouchardat, ou bien est-elle
le résultat d'un changement de composition que ces parties éprouve-
raient par l'action de l'eau bouillante ? En admettant cette dernière opinion, qui paraît la plus plausible, on ne devrait plus ranger la gé-

latine parmi les principes immédiats qui existent tout formés dans les animaux.

Quoi qu'il en soit, la gélatine pure, préparée comme il sera dit plus bas, est solide, cassante, transparente, incolore, inodore, insipide, plus pesante que l'eau, sans action sur la teinture de tournesol et sur le sirop de violettes ; sa dureté et sa consistance varient beaucoup. Chauffée dans des vaisseaux fermés, elle fond, et si on la fait refroidir, elle laisse une masse très-cohérente ; si on élève davantage la température, elle se décompose, et donne de l'eau, du gaz acide carbonique, du sesquicarbonate d'ammoniaque, de l'acétate et du cyanhydrate de la même base, une huile épaisse noire, du carbure d'hydrogène, du gaz oxyde de carbone, du gaz azote, et un charbon volumineux et léger. Exposée à l'air humide, elle absorbe un peu d'eau, et se gonfle. L'eau froide la ramollit sans la dissoudre, et l'hydrate à ce point, qu'elle peut absorber six fois son poids de ce liquide ; à 100° elle la dissout. Cette dissolution est favorisée par une petite quantité d'acide ou d'alcali.

La dissolution aqueuse de gélatine pure est incolore, sans action sur les couleurs végétales, et susceptible de devenir acide lorsqu'on l'abandonne à elle-même à une température de 15° à 25° ; elle finirait même par se moisir et se décomposer entièrement. Les acides et les alcalis étendus d'eau ne la troublent point ; il en est de même de la plupart des sels : toutefois les chlorures d'iridium et de mercure, l'azotate de protoxyde de mercure et le sulfate de sesquioxyde de fer, la précipitent. Lorsqu'on fait arriver du chlore gazeux dans cette dissolution, il se forme de l'acide chlorhydrique aux dépens de l'hydrogène de la gélatine, et un produit blanc floconneux composé de filaments nacrés très-flexibles, très-élastiques, que l'on peut regarder comme de la gélatine altérée et combinée avec du chlore et avec de l'acide chlorhydrique. L'alcool précipite la gélatine de sa dissolution aqueuse concentrée ; le précipité disparaît si l'on ajoute une assez grande quantité d'eau. L'hématine, la noix de galle, le tannin, et les diverses matières végétales astringentes, solubles dans l'eau, occasionnent également des précipités dans le *solutum* aqueux de gélatine ; cette propriété, considérée par beaucoup de chimistes comme caractéristique de la dissolution de gélatine, ne l'est pourtant pas ; car on la retrouve dans plusieurs autres substances azotées neutres. Le précipité qu'y détermine la noix de galle est d'un blanc grisâtre, collant, élastique, durcissant par la dessiccation, insoluble dans l'eau, insipide, imputrescible, et soluble dans un excès de gélatine ; il ne constitue pas le cuir tanné, comme on l'a cru (voy. *Peau*). Enfin la dissolution aqueuse de gélatine se prend en gelée par le refroidissement lorsqu'elle est suffisamment concentrée ; suivant Bostock, il suffit, pour que ce phénomène ait lieu, de dissoudre une partie de gélatine dans 100 parties d'eau bouillante, tandis qu'avec une plus grande quantité de liquide, on n'obtient la gelée qu'à l'aide de l'évaporation : ce caractère suffit pour distinguer la gélatine des autres matières animales ; toutefois, lorsqu'on fait bouillir pendant longtemps une dissolution de gélatine, même concentrée, elle perd la propriété de se prendre en gelée.

Les huiles, l'éther et l'alcool concentré, ne dissolvent point la gélatine sèche. L'alcool enlève à la gélatine l'eau d'interposition qu'elle contient, en lui faisant subir une contraction considérable, mais égale dans tous les sens ; on a mis cette propriété à profit dans ces derniers temps, pour réduire de grands dessins à des proportions plus petites et très-exactes : pour cela on imprime ou l'on dessine le sujet sur une plaque mince de gélatine, comme on le ferait sur du papier, et on l'immerge dans l'alcool concentré ; peu à peu, par la soustraction de son eau, la gélatine se contracte, et ramène le dessin à des proportions plus petites, mais rigoureusement exactes.

Si on calcine de la gélatine avec de la potasse ou de la soude, on obtient de l'acide oxalique (Gay-Lussac).

L'action de l'acide sulfurique concentré sur la gélatine est extrêmement remarquable. Si, après avoir fait macérer pendant vingt-quatre heures une partie de cette substance dans 2 parties d'acide sulfurique concentré, on fait bouillir le mélange avec de l'eau pendant cinq heures, en ayant soin de remplacer ce liquide à mesure qu'il se volatilise, et que l'on sature l'excès d'acide sulfurique par la craie (carbonate de chaux), on obtient un liquide qui, étant filtré, évaporé, et abandonné à lui-même, fournit, 1° du *glycocolle* ; 2° un *liquide sirupeux incristallisable,* composé d'une matière *sucrée* cristallisable, d'une substance peu azotée précipitable par la noix de galle, d'ammoniaque, et d'une substance désignée sous le nom de *leucine,* à cause de sa couleur blanche (voy. p. 650).

L'acide azotique finit par convertir la gélatine en acide oxalique.

Lorsqu'on traite la gélatine par l'acide chromique, on obtient des acides cyanhydrique, benzoïque, valérianique et acétique, du *valéronitrile* et du *valéracétonitrile.*

La gélatine a des usages nombreux ; c'est à elle que l'on doit rapporter les effets et les propriétés à la fois adoucissantes et relâchantes des bouillons de veau, de poulet, de grenouille et de vipère (voy. *Bouillon*). On l'emploie souvent dans la préparation des eaux minérales artificielles, lorsqu'on cherche à remplacer les substances organiques qui font partie des eaux naturelles que l'on veut imiter. Dissoute depuis 64 jusqu'à 190 grammes et plus dans l'eau, elle constitue des bains nutritifs et adoucissants, dont on fait un très-grand usage chez les personnes affaiblies par des maladies antécédentes, ou actuellement tourmentées d'affections nerveuses, inflammatoires, etc. On emploie aussi, dans les mêmes cas, la décoction de gélatine sous forme de lavement. On fait également entrer la gélatine dans la composition des bains et des douches, lorsqu'on veut modérer l'effet irritant des préparations sulfureuses, et notamment du foie de soufre. On sait que la gélatine a été prônée contre les fièvres intermittentes ; il est même certain que, chez plusieurs des malades soumis à l'usage de cette substance, la fièvre a perdu de son intensité, de sa longueur, ou même qu'elle n'a point reparu ; mais on est parfaitement convaincu aujourd'hui que l'efficacité de ce médicament est loin de pouvoir être comparée à celle de plusieurs autres substances qu'on lui préfère à juste titre.

Par suite de l'action que le tannin exerce sur la gélatine, cell-eci devient insoluble dans l'eau, tout en conservant de la transparence ; c'est en profitant de cette propriété que l'on est parvenu à imiter avec une si grande perfection l'écaille et l'ivoire.

C'est avec la gélatine que l'on obtient les pains à cacheter transparents et certaines colles à bouche.

La gélatine, préparée par des procédés spéciaux et plus ou moins pure, constitue toutes les diverses espèces de colles-fortes du commerce.

Glycocolle (sucre de gélatine), $H^5C^4AzO^4$.— Il est le résultat de l'action de l'acide sulfurique concentré sur la gélatine, ou de celle de l'acide hippurique bouillant sur 4 parties d'acide chlorhydrique concentré. Il est sous forme de cristaux d'une saveur douce, sucrée, analogue à celle du sucre de raisin ; mais il ne fermente pas. Il est neutre aux réactifs colorés, soluble dans l'eau et insoluble dans l'alcool et l'éther. Les corps oxydants, tels que le chlore, le permanganate de potasse, l'acide azotique concentré, le transforment en un acide non azoté (*nitrosaccharique* de Braconnot) (1). Il se combine avec plusieurs acides et

---

(1) Cet acide cristallise en beaux prismes incolores, transparents, aplatis, légèrement striés, doués d'une saveur acide un peu sucrée ; il est très-soluble dans

avec certains oxydes, avec le chlorure de platine et avec plusieurs sels ; chauffé avec la potasse, il dégage de l'ammoniaque.

Valéracétonitrile, $H^{48}C^{52}Az^4O^{12}$. — Il est le résultat de l'action de l'acide chromique sur la gélatine. Il est incolore, fluide, d'une saveur éthérée, d'une densité de 0,19, bouillant à 69°, inflammable, soluble dans l'eau et dans l'éther, et décomposable, par l'acide sulfurique concentré, en acides acétique et valérianique, et en sulfate d'ammoniaque.

Colle-forte. — La colle-forte la plus pure est très-dure, fragile, d'un brun foncé, également transparente dans toutes ses parties, et sans aucune tache noire ; l'eau froide la gonfle et la rend gélatineuse, sans la dissoudre ; elle n'est soluble dans ce liquide que lorsqu'elle n'est pas pure. C'est des rognures de peau de plusieurs espèces d'animaux, des sabots et des oreilles de cheval, de bœuf, de mouton, de veau, etc., qu'on l'extrait. On l'emploie dans la composition de la peinture en détrempe, pour coller les bois, pour fabriquer le papier, etc. Il y a une variété de colle-forte appelée *size*, qui ne diffère de la précédente que par un plus grand degré de pureté, et dont les papetiers se servent pour fortifier le papier ; elle est aussi employée par les fabricants de toile, les doreurs, les fourbisseurs, etc. On l'obtient avec les peaux d'anguille, le parchemin, les peaux de chevreau, de chat, de lapin, etc.

Préparation. J'indiquerai plus tard le procédé que l'on doit employer pour obtenir la gélatine des os (voy. l'article *Os*). Pour préparer la colle-forte avec les rognures de peau, de parchemin, de gants, avec les sabots, les oreilles de bœuf, de cheval, de mouton, de veau, etc., on détache le poil et la graisse contenus dans ces matières, on les fait bouillir pendant longtemps avec beaucoup d'eau ; on enlève les écumes, dont on favorise la séparation à l'aide d'une petite quantité d'alun ou de chaux ; on passe la liqueur, et on la laisse reposer ; on la décante et on la fait chauffer en enlevant les nouvelles écumes qui se forment à sa surface ; lorsqu'elle est suffisamment concentrée, on la verse dans des moules préalablement humectés, où elle se prend en plaques molles par le refroidissement ; au bout de vingt-quatre heures, on les coupe en tablettes, et on les fait sécher dans un endroit chaud et aéré, en les posant sur des filets.

Colle de poisson, ichthyocolle. — Cette variété de colle n'est autre chose

---

l'eau, et ne précipite aucune des dissolutions métalliques. Mis sur les charbons ardents, il détone à la manière du nitre. Il forme des sels avec les bases. Il est composé de $C^{16}H^{24}Az^6O^{40}$.

que la membrane interne de la vessie natatoire de différents poissons, lavée et desséchée en plein air ; la plus estimée est incolore, demi-transparente, sèche, inodore, insipide, moins soluble dans l'eau que la colle-forte ; mais se dissolvant bien dans l'eau bouillante, dans laquelle d'abord elle commence par se gonfler beaucoup. L'eau froide contenant 1 ou 2 millièmes d'acide chlorhydrique la dissout très-bien. Elle est fournie par les esturgeons suivants : *accipenser sturio, stellatus, huro* et *rhutenus ;* on en retire aussi de tous les poissons sans écailles, des loups marins, des marsouins, des requins, des sèches, des baleines, etc., mais celle-ci est inférieure à l'autre. On l'emploie pour clarifier les liqueurs, pour donner de l'apprêt à la soie, pour préparer le taffetas gommé, pour augmenter la consistance de certaines gelées végétales, etc. Pour l'obtenir, on lave la membrane interne de la vessie natatoire de ces poissons ; on la dessèche un peu, et quelquefois on la roule, et on achève la dessiccation, ou bien on la laisse en plaques que l'on dessèche de suite.

On prépare encore une *colle moins pure,* en traitant par l'eau bouillante la tête, la queue et les mâchoires de certaines baleines et de presque tous les poissons sans écailles.

DE LA CHONDRINE. $H^{26}C^{52}Az^4O^{14}$.

Longtemps confondue avec la gélatine, la *chondrine* en diffère par sa composition et par quelques réactions chimiques. On l'obtient en faisant bouillir dans l'eau, pendant quarante-huit heures, les *cartilages* costaux d'homme ou de veau ; lorsque la dissolution est prise en gelée, on traite celle-ci par l'éther, qui dissout les matières grasses avec lesquelles elle était mêlée. Elle est solide et diffère de la gélatine, parce que sa dissolution aqueuse est précipitée par presque tous les acides et par le sulfate d'alumine, l'alun et l'acétate de plomb. Le chlore y fait naître un précipité$=H^{26}C^{32}Az4ClO^{14}$.

DE LA LEUCINE (de λευχὸς, blanc). $H^{15}C^{12}Az0^4$.

La leucine est un produit de l'art ; elle a été découverte par M. Braconnot en traitant la fibrine, la gélatine et la laine, par l'acide sulfurique. Elle est sous forme de petits cristaux aplatis, circulaires, blancs, semblables aux moules de boutons, avec un rebord à leur circonférence et une dépression dans leur centre ; sa saveur est analogue à celle du bouillon ; elle est plus légère que l'eau. Chauffée, elle fond et se su-

blime en partie; une autre portion se décompose et fournit des produits analogues à ceux qui ont déjà été mentionnés (voy. p. 4). Elle
est soluble dans l'eau, et la dissolution n'est troublée par aucun sel métallique, si ce n'est par l'azotate de mercure, qui y fait naître un précipité blanc floconneux. L'alcool bouillant en dissout beaucoup plus
qu'à la température ordinaire. L'acide azotique la dissout, sans dégagement de vapeurs rutilantes, et forme un composé désigné, par M. Braconnot, sous le nom d'acide *nitroleucique*, et qui paraît être de l'azotate
de leucine, d'après MM. Laurent et Gerhardt = $H^{13}C^{12}AzO^4,AzO^5,HO$. Il
neutralise la chaux, avec laquelle il produit un sel qui cristallise en
petits groupes arrondis, et qui fuse sur les charbons ardents; la magnésie sature également l'acide nitroleucique, et donne un sel en petits
cristaux grenus, nullement déliquescents.

La leucine, fondue avec son poids de potasse caustique, jusqu'à ce
que l'ammoniaque qu'elle fournit soit mêlée d'hydrogène libre, donne
d'abord de l'acide valérianique, puis de l'acide butyrique.

Préparation. L'aposépédine, dont j'ai parlé à la page 640, n'étant que
de la leucine, on obtient celle-ci en laissant putréfier, pendant plusieurs
mois, le fromage mou frais; quand il ne se dégage plus de gaz, on
étend la masse d'eau, on filtre et on évapore jusqu'en consistance de
sirop; on traite celui-ci par l'alcool bouillant; le liquide filtré laisse
déposer la leucine (aposépédine), que l'on purifie à l'aide de plusieurs
cristallisations successives dans l'alcool. On prépare aussi la leucine en
épuisant par l'eau froide de la chair de bœuf très-divisée; on exprime
fortement le résidu dans une toile, et on le mêle avec son poids d'a-
cide sulfurique concentré; on chauffe jusqu'à ce que toute la chair soit
dissoute, et on laisse refroidir, pour séparer une couche de graisse qui
s'est formée pendant l'action de l'acide : on étend la dissolution d'eau
(1 décilitre pour 30 grammes d'acide), et on la fait bouillir pendant
près de neuf heures, en renouvelant l'eau à mesure qu'elle s'évapore :
à cette époque, on sature la liqueur avec du carbonate de chaux, on
filtre et on fait évaporer jusqu'en consistance d'extrait; en faisant
bouillir cet extrait, à plusieurs reprises, avec de l'alcool à 34 degrés de
l'aréomètre de Baumé, on obtient la *leucine* par le refroidissement des
liqueurs; à la vérité, elle retient une certaine quantité de matière animale, que l'on sépare au moyen de l'acide tannique, qui jouit de la propriété de la précipiter, sans agir sensiblement sur la leucine.

DE LA CRÉATINE. $H^9C^8Az^5O$.

Elle existe dans les muscles des mammifères, de poule, de brochet, etc., dans le bouillon de viande, et dans l'urine de l'homme ; on en retire **62** grammes de **100** kilogrammes de viande de bœuf, et **72** de pareille quantité de viande de cheval ; les viandes maigres en fournissent plus que les autres. Elle est en aiguilles ou en petits tubes disposés les uns à côté des autres en forme de trémies, ou en prismes rectangulaires brillants et nacrés, neutres, incolores, inodores, insipides. A 100°, elle perd 2 équivalents d'eau, ou 18 p. 100. Elle exige pour se dissoudre 75 parties d'eau froide et beaucoup moins d'eau bouillante, et 90 parties d'alcool absolu. Elle est soluble dans les liqueurs alcalines très-étendues ; si les dissolutions sont concentrées, il se produit de l'ammoniaque, un carbonate très-alcalin, et de la *sarcosine*. Les acides dilués dissolvent la créatine, tandis que s'ils sont concentrés, ils lui enlèvent la quantité d'oxygène et d'hydrogène qui représente 4 équivalents d'eau, et la tranforment en *créatinine*.

Préparation. On exprime dans un sac de toile de la viande hachée et préalablement dégraissée ; on fait bouillir le liquide pour coaguler l'albumine et séparer la matière colorante ; on filtre, et on évapore la liqueur jusqu'en consistance sirupeuse ; on traite le produit par de l'eau de baryte, qui précipite du phosphate et du sulfate de baryte, ainsi que du phosphate de magnésie, du phosphate ammoniaco-magnésien, etc. ; on filtre de nouveau, et on évapore jusqu'à ce que la liqueur soit réduite au vingtième de son volume ; on l'abandonne alors à l'évaporation spontanée dans un lieu chaud ; la créatine cristallise.

Créatinine, $H^7C^8Az^3O^2$, alcali organique qui existe dans le bouillon de viande. Elle est en prismes incolores, d'une saveur caustique et d'une réaction alcaline comparable à celle de l'ammoniaque ; elle est plus soluble dans l'eau et dans l'alcool que la créatine, et forme avec les acides des sels facilement cristallisables.

Sarcosine, $H^7C^6AzO^4$. Elle est le résultat de l'action d'un excès d'eau de baryte concentrée et bouillante sur la créatine ; il se forme aussi, pendant cette réaction, de l'ammoniaque et du carbonate de baryte. Elle est en prismes droits à base rhombe, transparents, d'une saveur douce légèrement métallique, sans action sur les couleurs végétales, insoluble dans l'alcool et l'éther ; elle forme avec plusieurs acides des sels cristallisables ; aussi quelques chimistes la regardent-ils comme un alcali organique. Sa formule est la même que celle de la *lactamide*

et de l'*uréthane*, dont elle peut être cependant distinguée par son insolubilité dans l'alcool et l'éther.

DE L'HÉMATOSINE OU MATIÈRE COLORANTE ROUGE
DU SANG (HÉMACROÏNE, ZOOHÉMATINE).

Peu de substances ont autant excité l'attention des chimistes que celle-
ci, et parmi ceux qui s'en sont le plus occupés, je citerai le Dr Willis,
Brande, Vauquelin, Engelhart, Thénard, Berzelius, Sanson, Denis et
Le Canu. Plusieurs d'entre eux, par suite des réactions qu'ils faisaient
subir au sang, ont signalé dans ce liquide des matières colorantes dont
la teinte varie du jaune au bleu, du bleu au violet, du rouge foncé au
rose, et ils ont admis comme autant de principes particuliers des corps
qui sont probablement le résultat d'altérations successives qu'éprouvent les divers éléments du sang.

Dans un travail récent, M. Le Canu paraît être parvenu à isoler le
principe colorant rouge du sang dans son plus grand état de pureté
possible. On l'extrait du sang de tous les animaux, par le procédé
suivant : on verse peu à peu dans le sang, battu et dépouillé de
fibrine, de l'acide sulfurique, jusqu'à ce que le mélange, que l'a-
cide colore en brun-chocolat, se prenne en masse; comme l'addition
de cet acide a pour but de coaguler la matière albumineuse, afin d'en
séparer facilement toute l'eau, on peut avec avantage le mêler avec un
peu d'alcool, qui hâte aussi la coagulation. Le *coagulum*, étant placé
dans un linge, est soumis à la presse, afin d'en extraire toute la partie
liquide; ce résidu sec, et de couleur brune, est divisé dans un mortier,
placé sur des filtres, et traité par l'alcool bouillant légèrement acidulé
par l'acide sulfurique, jusqu'à ce qu'il cesse de se colorer; on obtient
ainsi, 1° un abondant résidu blanc sur les filtres ; 2° des solutions d'un
rouge foncé. Ces solutions, refroidies, offrent un léger dépôt de substance albumineuse, que l'on sépare par le filtre ; à l'aide de quelques
gouttes d'ammoniaque, on sature l'acide sulfurique, et l'on filtre encore
pour séparer le sulfate qui s'est formé ; enfin la liqueur ainsi obtenue,
placée dans des cornues, est distillée jusqu'à siccité. Le résidu de cette
distillation, essentiellement formé de matière colorante, de matières
extractives, grasses et salines, est successivement épuisé, par l'eau, par
l'alcool et par l'éther, de toutes les parties solubles, et repris par l'alcool, contenant environ 5 p. 100 d'ammoniaque liquide. On filtre ensuite, et l'on évapore; le nouveau résidu, lavé à l'eau distillée, puis
séché, constitue la matière colorante pure.

L'hématosine ainsi obtenue est solide, sans odeur, sans saveur, ayant
un éclat métallique, d'une couleur brune rouge qui rappelle l'aspect de
l'argent rouge des minéralogistes. Elle est insoluble à froid et à chaud
dans l'eau, dans l'alcool faible et concentré, dans l'éther sulfurique,
dans l'éther acétique et dans l'huile de térébenthine; tandis que l'eau,
l'alcool et l'éther acétique, contenant une très-petite quantité d'ammoniaque, de potasse ou de soude caustiques, la dissolvent aisément en se
colorant en rouge foncé. L'alcool, légèrement aiguisé d'acide chlorhydrique ou sulfurique, la dissout également, mais se colore en brun.
L'eau la précipite en totalité, et sans altération, de ses dissolutions alcooliques acides; il n'en est pas de même de la dissolution ammoniacale, que l'eau ne précipite pas.

Le chlore la détruit en donnant naissance à des flocons blancs insolubles dans l'eau, solubles dans l'alcool, et l'on trouve dans la liqueur
un sel de fer très-appréciable à tous les réactifs.

L'acide sulfurique concentré l'altère profondément et lui enlève du
fer; le même acide affaibli ne la dissout pas, mais lui enlève aussi du
fer en la transformant, en partie, en une nouvelle matière soluble dans
l'alcool et dans l'éther, et colorée en rouge.

L'acide azotique concentré la dissout à froid, en se colorant en brun;
à chaud, la matière organique est promptement détruite.

Brûlée par l'acide azotique ou par l'azotate de potasse, elle ne fournit
ni de l'acide sulfurique ni de l'acide phosphorique; donc elle ne contient ni soufre ni phosphore.

Distillée en vases clos, elle se décompose sans fondre, dégage des vapeurs ammoniacales, produit une huile empyreumatique rouge, et
laisse pour résidu un charbon brillant qui, par l'incinération, donne
des cendres exclusivement formées de sesquioxyde de fer. Cent parties
d'hématosine extraite du sang d'individus différents ont fourni à quatre
reprises 10 parties de ce sesquioxyde.

L'hématosine n'a pas encore été suffisamment étudiée; sa composition
élémentaire n'a pas été fixée d'une manière assez certaine pour pouvoir
être rapportée ici; toutefois M. Le Canu pense que le fer s'y trouve à
l'état métallique, et qu'il constitue l'un de ses éléments; sa couleur ne
varie pas, comme le fait celle du sang frais, sous l'influence du gaz oxygène et de l'acide carbonique.

DE LA SÉROLINE.

La séroline a été découverte dans le sérum du sang par F. Boudet. Elle est blanche, légèrement nacrée, fusible à 36°; la chaleur la transforme en une huile incolore plus légère que l'eau. Elle ne fait pas d'émulsion avec ce liquide froid; l'éther la dissout facilement; elle est un peu soluble dans l'alcool bouillant, et insoluble dans ce menstrue à froid. On l'obtient par le refroidissement de la décoction alcoolique du sérum du sang desséché.

DE LA MATIÈRE JAUNE DU SÉRUM DU SANG.

Cette substance, considérée par quelques chimistes comme appartenant à la bile répandue dans le sang, est regardée par d'autres comme le résultat d'une altération de l'hématosine sous l'influence des alcalis, qui prend alors une couleur jaune.

On fait bouillir dans de l'alcool à 18 degrés du sang de bœuf desséché et pulvérisé; ce menstrue dissout de la matière grasse, des sels, et un peu d'albumine altérée; la portion du sang non dissoute est lavée sur un filtre, à plusieurs reprises, avec de l'eau distillée, qui dissout la *matière jaune*; on évapore les eaux de lavage filtrées, et l'on traite par l'alcool à 18 degrés, froid, le produit de l'évaporation. L'alcool dissout la *matière jaune*, des sels et un peu d'albumine : il est coloré en jaune d'or; en le mêlant avec de l'alcool à 36 degrés, l'albumine et la plus grande partie des sels se déposent, tandis que la matière jaune reste en dissolution; on filtre, et on fait évaporer la liqueur jusqu'à siccité; on traite le produit par l'alcool à 36 degrés, qui acquiert une couleur jaune d'or; on verse de l'éther, qui précipite un peu de sel marin et qui retient la matière jaune en dissolution; on évapore pour volatiliser l'éther, et on obtient la *matière jaune*, à la vérité mêlée d'un peu de lactate de soude, et offrant une réaction alcaline. Ce procédé ne fournit pas toute la matière que contient le sang.

Ainsi isolée, cette matière est d'un jaune orangé quand elle est sèche et en masse; elle est soluble dans l'eau, dans l'alcool, dans l'éther, et dans les graisses; le chlore la décolore, et la liqueur qui en résulte ne paraît pas *contenir de fer*. Les acides concentrés et les alcalis ne l'altèrent pas à froid. C'est elle qui colore le sérum en jaune.

DE L'HÉMAPHŒINE ET DE L'HÉMACYANINE.

M. Simon a retiré du sang une matière colorante, l'*hémaphœine,* soluble dans l'eau et dans l'éther. L'*hémacyanine* a été extraite du même liquide par M. Sanson. Elle est *bleue,* insoluble à froid dans l'eau, l'alcool et l'éther, soluble dans l'alcool bouillant.

DE LA TAURINE. $H^7C^4AzS^2O^2$.

Ce corps a été découvert par Gmelin, dans la bile de bœuf préalablement soumise à l'influence de l'acide chlorhydrique. Le procédé le plus simple pour l'obtenir consiste à faire bouillir la bile déjà précipitée par l'alcool avec l'acide chlorhydrique, dans la proportion de 100 parties d'eau, 10 parties de bile, et 2 d'acide chlorhydrique, jusqu'à ce que la liqueur, d'abord trouble, soit redevenue claire, et laisse précipiter une matière d'un brun verdâtre ; on décante la liqueur et on l'évapore, jusqu'à ce que la majeure partie du sel marin qu'elle renferme ait cristallisé ; on ajoute alors à l'eau mère cinq ou six fois son volume d'alcool, et on l'abandonne à elle-même pendant quelque temps ; la taurine cristallise presque en totalité ; il suffit de filtrer et de laver ces cristaux avec de l'alcool, et de les redissoudre dans l'eau bouillante, pour obtenir la taurine pure, sous forme de prismes hexaèdres réguliers, terminés par des pyramides à quatre ou à six faces. Dans cet état, elle offre une saveur piquante qui n'est ni sucrée ni salée ; elle n'exerce aucune action sur les couleurs végétales ; exposée à la chaleur, elle fond en un liquide épais brun, se boursoufle et se décompose à la manière des matières azotées. Lorsqu'on la fait brûler, elle exhale l'odeur de l'indigo, et laisse un charbon facile à incinérer. L'eau, à 12° c., en dissout un seizième de son poids ; elle est plus soluble dans l'eau bouillante. L'alcool bouillant n'en dissout que $1/_{573}$ de son poids. L'acide sulfurique la dissout à froid, et mieux s'il est bouillant ; la dissolution devient brune, ne précipite pas par l'eau, et ne dégage pas d'acide sulfureux. La taurine est également soluble dans l'acide azotique froid, sans subir d'altération. La dissolution aqueuse n'est précipitée ni par les alcalis, ni par les dissolutions métalliques. Elle contient du soufre. Chauffée avec une dissolution très-concentrée de potasse caustique, elle donne de l'ammoniaque.

DE LA BILINE.

La biline existerait dans la bile fraîche, d'après Berzelius et Mulder ; tandis que, suivant Liebig, elle ne serait qu'un composé de soude et d'acide bilique. Quoi qu'il en soit, elle ne serait précipitée ni par l'acide sulfurique ni par le sous-acétate de plomb. Elle serait facilement décomposable par différents réactifs, qui la transformeraient toujours en ammoniaque, en taurine, et en un groupement moléculaire, $H^{36}C^{50}O^6$, susceptible de divers degrés d'hydratation, et pouvant former alors ou de la dyslysine avec HO, ou de l'acide cholinique avec 2HO, ou de l'acide *fellanique* avec 3HO, ou de l'acide fellique avec 4HO, ou de l'acide cholique avec 5HO. Suivant Mulder, la biline se combinerait en différentes proportions avec les acides précédents, pour donner naissance aux acides *bilifellique* et *bilicholonique*.

DE LA DYSLYSINE. $H^{50}C^{48}O^6, 2HO$.

Elle est le résultat de l'ébullition prolongée de l'acide *cholique* avec la potasse caustique. Elle est blanche, friable, d'aspect résineux, insoluble dans l'eau. Suivant Mulder, il existe une dyslysine soluble dans l'éther, et une autre insoluble dans cet agent ; ces deux corps différeraient entre eux par les éléments d'une certaine quantité d'eau.

DU CHOLACROL. $H^5C^8Az^2O^{15}$.

Le cholacrol est un corps neutre, volatil, que l'on produit en décomposant la bile par l'acide azotique ; chauffé, il fait entendre une sorte d'explosion. On peut le dédoubler en acide cholestérique et en acide hypoazotique.

DE L'ALLANTOÏNE (ACIDE ALLANTOÏQUE). $H^5C^4AzO^5$.

Ce corps, que l'on peut représenter par 2 équivalents de cyanogène et 3 équivalents d'eau, a été extrait pour la première fois, par Vauquelin et Buniva, de la liqueur allantoïque des vaches ; mais depuis, Liebig et Wœhler ont démontré que l'on pouvait également l'obtenir en décomposant l'acide urique ; en effet, le procédé le plus simple pour le préparer consiste à faire bouillir 1 partie d'acide urique dans 2 parties d'eau, auxquelles on ajoute par petites portions du bioxyde de plomb,

II.   42

tant que celui-ci change de couleur; on filtre la liqueur bouillante, et on évapore jusqu'à ce qu'il se forme des cristaux à la surface; lorsque la liqueur est refroidie, on reprend ces cristaux par l'eau, pour les purifier par de nouvelles cristallisations (1). On peut encore le former en traitant l'acide urique par un mélange de potasse caustique et de cyanure rouge de potassium et de fer; il se produit aussi, dans ce cas, de l'acide *lantanurique*, $H^4C^6Az^2O^{26}$, HO.

Lorsqu'on veut retirer l'allantoïne de la liqueur allantoïque des vaches, on évapore celle-ci jusqu'au quart de son volume, et on laisse cristalliser; le produit est ensuite repris par l'eau, traité par le charbon animal, et évaporé de nouveau; par une seconde cristallisation, on obtient l'allantoïne très-pure.

Elle cristallise en prismes rhomboédriques, brillants, incolores, d'un aspect vitreux, insipides, sans action sur le tournesol, solubles dans 160 parties d'eau froide, et plus solubles dans l'eau bouillante. L'eau, entre 110° et 120°, la change en urée et en acide *allanturique;* l'urée se transforme plus tard, en agissant sur les éléments de l'eau, en carbonate d'ammoniaque.

L'allantoïne se comporte avec les alcalis et les acides hydratés comme une véritable amide, et se change peu à peu en acide oxalique et en ammoniaque. Elle se dissout dans l'acide azotique à une douce chaleur, et laisse déposer par le refroidissement une grande quantité d'azotate d'urée cristallisé; avec l'acide chlorhydrique, elle donne du chlorhydrate d'urée; il se forme aussi, soit par l'acide azotique, soit par l'acide chlorhydrique, de l'*acide allanturique.*

L'allantoïne donne avec l'azotate d'argent ammoniacal un précipité, $AgO,H^5C^8Az^4O^5$.

Acide allanturique, $H^7C^{10}Az^4O^9$. — Cet acide, qui est aussi le résultat de l'action de l'allantoïne ou de l'acide urique sur le bioxyde de plomb, est amorphe, déliquescent, soluble dans l'eau, presque insoluble dans l'alcool; il précipite les sels de plomb et d'argent.

Acide lantanurique, $H^4C^6Az^2O^6$, HO.

DE L'ALLOXANE. $H^4C^8Az^2O^{10}$.

On obtient l'alloxane en ajoutant, par petites portions, et à une tem-

---

(1) Dans cette opération, l'acide urique est transformé en acide oxalique, en urée et en allantoïne, par l'oxygène du bioxyde de plomb et par trois équivalents d'eau qui se fixent sur lui.

pérature bien ménagée, une partie d'acide urique sec à 4 parties d'acide azotique de 1,41 ou de 1,5 de densité; l'acide urique se dissout avec effervescence, et en développant de la chaleur; il se forme peu à peu une telle quantité de cristaux grenus blancs et brillants, que la liqueur ne tarde pas à se prendre en masse; on fait sécher toute cette masse, on la redissout dans l'eau bouillante, et, par le refroidissement, on obtient des cristaux d'*alloxane* pure; il se produit aussi pendant cette réaction de l'*hydrilurate* d'ammoniaque. L'alloxane est en prismes rhomboïdaux obliques, incolores, transparents, d'une saveur salée astringente, d'une odeur nauséabonde, rougissant le tournesol; exposée à une douce chaleur, elle perd 25 p. 100 d'eau et devient anhydre; elle est très-soluble dans l'eau, et colore la peau en pourpre; traitée simultanément par un alcali et par un sel de protoxyde de fer, elle fournit une liqueur d'un bleu indigo. Elle ne se combine pas aux oxydes sans se décomposer; c'est un corps très-peu stable.

Si l'on ajoute à une dissolution d'*alloxane* un excès d'ammoniaque, et qu'on porte le tout à l'ébullition, que l'on sature la liqueur avec de l'acide sulfurique étendu, et que l'on continue à faire bouillir, on obtient l'acide *mycomélinique*.

Les alcalis à froid changent l'alloxane en acide *alloxanique*. L'acide azotique, chauffé avec elle, donne de l'acide *parabanique*. En traitant successivement l'alloxane, par l'acide sulfureux et l'ammoniaque, on obtient de l'acide *thionurique*. Les corps réducteurs, notamment l'acide sulfhydrique, le protochlorure d'étain, le zinc, en présence de l'acide chlorhydrique, fournissent, avec l'alloxane, de l'*alloxanthine*.

Acide alloxanique, HC^4AzO^4. — On l'obtient en décomposant, par l'acide sulfurique, l'alloxanate de baryte, préparé lui-même en traitant l'alloxane à 60° par de l'eau de baryte. Cet acide cristallise en petites aiguilles transparentes ou en paillettes nacrées; il est peu soluble dans l'eau froide, plus soluble dans l'eau chaude. Il sature bien les bases et décompose même les carbonates; il précipite l'azotate d'argent en blanc; ce précipité, étant porté à l'ébullition, devient jaune, puis noir, en produisant une effervescence. Si l'on fait bouillir une dissolution saturée d'alloxanate de baryte ou de strontiane, on obtient un précipité formé d'un mélange de carbonate et d'alloxanate de baryte, et d'un nouveau sel de cette base, le *mésoxalate de baryte* (voy. t. Ier, p. 169).

Si l'on fait bouillir de l'acide alloxanique avec de l'eau, pendant quelque temps, on obtient de l'acide carbonique, de l'acide *leucoturique* et de la *difluane*.

Acide hydrilurique, $H^5C^{12}Az^3O^{11}$. — On décompose par la potasse, puis par l'acide chlorhydrique, l'hydrilurate d'ammoniaque, qui se produit en même temps que l'alloxane (voy. p. 659). Il est insoluble dans l'eau froide, peu soluble dans l'eau bouillante, et insoluble dans l'alcool. L'acide azotique le transforme en acide *nitrohydrilurique*.

Acide parabanique, $C^6Az^2O^4$, 2HO. — Pour l'obtenir, on mélange une partie d'acide urique ou une partie d'alloxane avec 8 d'acide azotique de force moyenne ; on évapore la liqueur jusqu'en consistance de sirop et on l'abandonne à elle-même ; il se forme peu à peu des lamelles incolores, que l'on purifie par de nouvelles cristallisations. Par l'action de la chaleur, une partie se sublime, tandis que l'autre se décompose en donnant naissance à de l'acide cyanhydrique. Il sature bien les bases ; mais si l'on chauffe la dissolution de *parabanate d'ammoniaque*, l'acide se décompose et donne un nouvel acide, qui a reçu le nom d'acide *oxalurique*, composé de $C^6Az^2H^3O^7$, HO. La dissolution de cet acide se décompose par l'ébullition en acide oxalique et en oxalate d'urée.

Acide thionurique, $H^2C^8Az^3S^2O^{14}$. — On l'obtient en ajoutant à froid de l'acide sulfurique à une dissolution aqueuse et concentrée d'alloxane, jusqu'à ce que le mélange exhale l'odeur de l'acide sulfureux libre ; on sature par le carbonate d'ammoniaque, et l'on maintient le tout en ébullition pendant une demi-heure ; il se forme du thionurate d'ammoniaque, qui peut cristalliser par le refroidissement ; par double décomposition, on se procure facilement le thionurate de plomb, que l'on décompose à son tour par l'acide sulfhydrique, pour isoler l'acide thionurique. Cet acide est sous forme d'une masse cristalline, composée d'aiguilles très-fines, inaltérables à l'air, et très-solubles dans l'eau ; il rougit fortement le tournesol ; une dissolution concentrée de cet acide, portée à l'ébullition, se prend en une bouillie blanche et cristalline qui constitue l'*uramile* ; la liqueur surnageante contient de l'acide sulfurique libre. On obtient aussi l'*uramile* en traitant le thionurate d'ammoniaque par l'acide chlorhydrique bouillant. Si l'on remplace cet acide par l'acide sulfurique, on produit de l'acide *uramilique*.

Acide mycomélinique, $H^{10}C^{16}Az^8O^{10}$. — Il est jaune, gélatineux, presque insoluble dans l'eau froide, très-peu soluble dans l'eau bouillante, et donne avec les bases des sels jaunes. Il est le résultat de l'action d'un excès d'ammoniaque sur l'*alloxane*.

Acide leucoturique, $H^3C^6Az^2O^6$. — Il est en petits cristaux blancs, grenus, insolubles dans l'eau froide, solubles dans l'eau bouillante (voyez, pour sa préparation, l'*acide alloxanique*, p. 659).

DE L'ALLOXANTHINE. $H^5C^8Az^2O^{10}$.

Prout a le premier signalé la présence de ce corps dans la décomposition de l'acide urique par l'acide azotique; mais MM. Wœhler et Liebig l'ont obtenu en traitant l'acide urique par le chlore, ou mieux encore, l'alloxane par un courant d'acide sulfhydrique; la liqueur se prend en une masse de cristaux confus et impurs; mais par une nouvelle cristallisation, on les obtient très-purs. L'alloxanthine cristallise en prismes obliques à quatre pans; elle est incolore ou légèrement jaunâtre; elle devient rouge dans l'air chargé d'ammoniaque, et prend un reflet métallique. Elle est peu soluble dans l'eau froide, et plus soluble dans l'eau bouillante; elle rougit le tournesol. Lorsqu'on ajoute quelques gouttes d'acide azotique à une solution d'alloxanthine bouillante, elle est transformée en alloxane pure. Si on la chauffe de même avec de l'ammoniaque, il se forme de l'*uramile* et du *mycomélinate* d'ammoniaque; tandis qu'une dissolution récente d'alloxanthine dans l'ammoniaque, exposée à l'air, absorbe peu à peu de l'oxygène et dépose des cristaux d'*oxularate* d'ammoniaque. Soumise à un courant de gaz acide sulfhydrique, à la température de l'ébullition, elle donne de l'acide *dialurique*. Si l'on évapore rapidement une dissolution chlorhydrique d'alloxanthine, et qu'on laisse déposer la liqueur, on obtient de l'acide *alliturique*. Si on remplace l'acide chlorhydrique par l'acide azotique dilué, et que l'on traite par l'acide sulfhydrique, il se forme de l'*alloxane* et du *diliturate* d'ammoniaque. Avec les sels d'argent, l'alloxanthine produit un précipité noir d'argent métallique.

Acide dialurique, $H^4C^8Az^2O^8$. — Il est en cristaux, peu solubles dans l'eau, jouissant de propriétés acides énergiques.

Acide alliturique, $H^2C^6Az^2O^3,HO$. — Les alcalis le décomposent à chaud, et en dégagent de l'ammoniaque.

Acide diliturique. — Sa composition et ses propriétés sont inconnues; on sait seulement que le *diliturate* d'ammoniaque est insoluble dans l'eau froide et dans l'ammoniaque caustique, et soluble dans l'eau bouillante.

DE L'URÉE. $H^4C^2Az^2O^2$.

L'urée fait partie de l'urine de l'homme et de celle de tous les quadrupèdes; il est probable qu'elle existe chez tous les animaux. M. Millon en a retiré des liquides de l'œil, et M. Regnault, de l'eau de l'amnios de la femme. On l'a encore trouvée dans le sang des animaux auxquels on avait enlevé les reins, et dans une liqueur située entre le péritoine et les intestins de la tortue des Indes (voy. *Reptiles*).

On la produit artificiellement toutes les fois que dans une réaction chimique, il se forme de l'acide cyanique, C^2AzO,HO, et de l'ammoniaque, H^3Az : en effet,

$$\underset{\text{Acide cyanique.}}{C^2AzO} \; , \; \underset{\text{Ammoniaque.}}{H^3Az,HO} \; = \; \underset{\text{Urée.}}{H^4C^2Az^2O^2}$$

L'urée pure est sous forme de prismes quadrilatères aplatis, incolores et transparents ; son poids spécifique est de 1,350 ; elle n'a point d'odeur sensible (Proust) ; sa saveur est fraîche et piquante ; elle n'agit point sur l'*infusum* de tournesol. Si on la chauffe dans des vaisseaux clos, elle fond à peu près à 120° c. ; si on la chauffe un peu plus, jusqu'à ce que l'acide cyanique commence à s'en séparer, il reste dans la cornue du *cyanurate* d'ammoniaque et une petite quantité d'urée indécomposée, c'est-à-dire que, par l'action de la chaleur, les éléments de l'eau s'étant combinés avec ceux de l'acide cyanique, il s'est formé de l'acide *cyanurique* ; si on élève davantage la température, il se dégage de l'ammoniaque, et il reste dans la cornue de l'acide *cyanurique* ; enfin, par une action plus prolongée de la chaleur, cet acide lui-même est décomposé et fournit de l'acide cyanique hydraté, qui se volatilise, et qui, s'unissant à l'ammoniaque déjà dégagée, forme du sous-cyanate d'ammoniaque, lequel se condense en un sublimé cristallin dans le col de la cornue et dans le récipient, et n'a besoin, pour être de nouveau transformé en urée, que d'être dissous dans l'eau et évaporé (Liebig et Wœhler, *Ann. de chim.*, 1831). Il se produit aussi du *biuret*.

L'urée est un peu déliquescente lorsque l'*air* est très-humide ; elle se dissout très-bien dans l'*eau*. L'*alcool* la dissout assez facilement, moins abondamment cependant et moins vite que ne le fait l'eau. La dissolution aqueuse d'urée, chauffée jusqu'à 140° dans un tube scellé à la lampe, s'assimile quatre équivalents d'eau, et se transforme en carbonate d'ammoniaque :

$$\underset{\text{Urée.}}{H^4C^2Az^2O^2} \; , \; 4\,HO = \underset{\text{Ammoniaque.}}{2\,(H^3Az,HO)} \; , \; \underset{\text{Acide carbonique.}}{2CO^2}$$

Abandonnée à elle-même, la dissolution aqueuse d'urée ne tarde pas à se décomposer, et donne du sesquicarbonate et de l'acétate d'ammoniaque, lorsqu'elle est en contact avec quelques matières organiques, comme cela a lieu si cette dissolution est conservée dans un vase ouvert, où la poussière peut avoir accès.

L'urée est transformée encore, et très-promptement, en carbonate d'ammoniaque par la fermentation (Dumas).

Le *chlore* la décompose, s'empare de son hydrogène, passe à l'état d'acide chlorhydrique, et il se forme des flocons semblables à une huile concrète ; il se produit en outre du gaz acide carbonique, du sesquicarbonate d'ammoniaque, et du gaz azote. Elle s'unit aux acides à la manière des alcaloïdes, et fournit des produits qui peuvent très-bien cristalliser ; toutefois elle ne se combine pas avec les acides lactique, hippurique, carbonique et sulfhydrique. Quelques gouttes d'acide *azotique*, versées dans la dissolution un peu concentrée d'urée, donnent naissance sur-le-champ à une foule de cristaux lamelleux, brillants, et la liqueur se prend en masse ; ces cristaux, $H^4C^2Az^2O^2,HO,AzO^5$, sont solubles dans dix fois leur poids d'eau froide, décomposables par les alcalis, et susceptibles de détoner quand on les distille ; ce phénomène est dû à ce qu'il se forme une certaine quantité d'azotate d'ammoniaque, qui, comme je l'ai dit (voy. t. Ier, p. 430), est susceptible de se décomposer complétement par le feu ; ils fournissent aussi du *biuret*. L'acide hypoazotique ne précipite point l'urée de sa dissolution, mais il la décompose rapidement, et en dégage des volumes égaux d'azote et d'acide carbonique. L'acide *sulfurique* faible, chauffé avec la dissolution d'urée, la décompose, et la transforme en partie en huile ; il en sépare une portion de carbone, qui colore et trouble la dissolution ; enfin il donne naissance à beaucoup d'ammoniaque, avec laquelle il se combine, et à de l'acide carbonique, qui se dégage.

L'*acide chlorhydrique* se combine avec l'urée, avec élévation de température, et donne un chlorhydrate très-soluble dans l'eau. L'*oxalate* est peu soluble dans l'eau à froid, et très-soluble à chaud.

Plusieurs oxydes métalliques, quelques chlorures, l'azotate d'argent, etc., fournissent avec l'urée des composés définis et cristallisables. Quand on la fait chauffer pendant longtemps avec les alcalis caustiques ou avec les acides minéraux, elle se transforme en carbonate d'ammoniaque, comme cela a lieu avec l'eau bouillante.

L'*azotite de mercure*, dissous dans l'acide azotique faible ou concentré et bouillant, change l'urée en acide carbonique et en azote. Cette réaction peut servir à faire connaître la proportion d'urée contenue dans une urine, puisque aucune autre substance faisant partie de ce liquide n'est affectée de la même manière par l'azotite de mercure :

il ne s'agit que de recevoir l'acide carbonique dans un tube rempli de potasse caustique; l'augmentation de poids que subit l'appareil multiplié par 1,371 donne le poids de l'urée (Millon).

L'urée influe tellement sur la cristallisation de plusieurs sels avec lesquels elle est mêlée, que la forme cubique du chlorure de sodium est changée en celle d'un octaèdre, tandis que la forme octaédrique du chlorhydrate d'ammoniaque est transformée en celle d'un cube. Il en est à peu près de même pour le sulfate de potasse, qu'on ne peut obtenir que sous forme de mamelons, tant qu'on n'a pas détruit, par la calcination, l'urée avec laquelle il était uni.

L'*infusum* de noix de galle ne trouble point la dissolution d'urée; il en est de même des dissolutions alcalines ; cependant celles-ci la décomposent à l'aide de la chaleur.

L'urée a été découverte par Rouelle le cadet ; mais la plupart de ses propriétés ont été exposées, pour la première fois, par Fourcroy et Vauquelin. Elle est sans usages. MM. Cap et Henry avaient admis que l'urée existait dans l'urine en combinaison avec l'acide lactique; mais M. Pelouze a fait voir qu'il n'en est pas ainsi.

Préparation. Comme l'urée existe dans l'urine fraîche, on évapore celle-ci jusqu'en consistance de sirop clair, à une température inférieure à celle de l'ébullition ; on laisse refroidir, et l'on sépare la partie liquide de tous les sels qui se déposent; cette liqueur est de nouveau refroidie en la plongeant dans un mélange réfrigérant, puis on la traite par son volume d'acide azotique également refroidi, et à 1,42 de densité; les cristaux qui se forment alors sont composés d'azotate d'urée impur, qu'on lave à plusieurs reprises, et que l'on dessèche en les exprimant entre des doubles de papier joseph, ou en les plaçant sur des briques; on les dissout ensuite dans l'eau pour les décolorer avec un peu de charbon animal, et l'on évapore jusqu'à cristallisation ; la dissolution de ces cristaux incolores est enfin neutralisée par du carbonate de baryte; l'azotate de baryte qui se forme alors cristallise le premier, tandis que l'urée reste dans les eaux mères ; on évapore celles-ci jusqu'à siccité, et on traite le produit par l'alcool à la température ordinaire ; on sépare ainsi toute l'urée de l'azotate de baryte, qui est insoluble dans ce liquide, et, par l'évaporation, l'urée cristallise parfaitement pure. D'après un procédé donné par Wœhler, on peut obtenir très-facilement de l'urée ; pour cela, on chauffe au rouge brun, dans un vase de tôle, un mélange de 2 parties de cyanure double de potassium et de fer, et d'une partie de bioxyde de manganèse, jusqu'à ce que la masse commence à s'agglutiner, puis on lessive avec de l'eau, qui dissout le cyanate de polasse ainsi formé, et l'on décompose ce sel par une dissolution d'une demi-partie de sulfate d'ammoniaque; on concentre la dissolution à l'aide d'une douce chaleur, et l'on sépare ensuite le sulfate de potasse, qui se dépose par le refroidissement; la liqueur, décantée et évaporée, est traitée ensuite par l'alcool, comme il a été dit plus haut.

MM. Bernard et Barreswil ont vu que l'urine des animaux soumis à une diète prolongée dépose, en se refroidissant, des cristaux d'urée pure; s'il n'en était pas ainsi, on en séparerait l'urée par une légère évaporation.

Biuret, $H^5C^4Az^3O^4$. — D'après Wiedemann, on obtient ce corps en chauffant l'urée ou l'azotate d'urée. Il est fusible, et se convertit par la chaleur en ammoniaque, qui se volatilise, et en acide cyanurique. Il est très-soluble dans l'eau et dans l'alcool; par un mélange de potasse et de sulfate de bioxyde de cuivre, il se colore en rouge.

DES URÉES COMPOSÉES.

Il existe une classe de corps qui ont avec l'urée ordinaire de l'urine exactement les mêmes rapports que ceux qui existent entre les ammoniaques composées, comme la méthylamine et l'éthylamine, et l'ammoniaque ordinaire. Ces corps, que je désignerai sous le nom d'*urées composées*, ont été obtenus par M. Wurtz en faisant réagir l'ammoniaque d'une part, et l'eau de l'autre, sur les éthers cyaniques.

L'ammoniaque, en s'ajoutant aux éléments des éthers cyaniques, donne naissance à des corps qui peuvent être envisagés comme de l'urée ordinaire, $H^4C^2Az^2O^2$, dans laquelle *une molécule* d'hydrogène se trouve remplacée par *une molécule* de méthyle, H^3C^2, d'éthyle, H^5C^4, et d'amyle, $H^{11}C^{10}$. L'eau, en réagissant sur les éthers cyaniques, donne naissance à des corps que M. Wurtz envisage comme de l'urée ordinaire, $H^4C^2Az^2O^2$, dans laquelle *deux molécules* d'hydrogène se trouvent remplacées par *deux molécules* de méthyle, $2H^3C^2$, d'éthyle, $2H^5C^4$, d'amyle, $2H^{11}C^{10}$. Voici la nomenclature et la composition de ces deux séries de corps :

$$H^4C^2Az^2O^2 \ldots\ldots\ldots\ldots\ldots\ldots\ldots \text{Urée.}$$

$$1^{\text{re}}\text{ SÉRIE.}\begin{cases} H^6\,C^4\,Az^2\,O^2 = C^2 \begin{cases} H^5 \\ H^3C^2 \end{cases} Az^2O^2 = \text{Méthylurée.} \\[2ex] H^8\,C^6\,Az^2\,O^2 = C^2 \begin{cases} H^5 \\ H^5C^4 \end{cases} Az^2O^2 = \text{Éthylurée.} \\[2ex] H^{14}C^{12}Az^2O^2 = C^2 \begin{cases} H^5 \\ H^{11}C^{10} \end{cases} Az^2O^2 = \text{Amylurée,} \end{cases}$$

$$\text{2}^{\text{e}}\text{ SÉRIE.}\begin{cases} H^8 C^6 Az^2 O^2 = C^2 \begin{cases} H^2 \\ H^5C^2 \\ H^3C^2 \end{cases} Az^2O^2 = \text{Biméthylurée.} \\\\ H^{12}C^{10}Az^2O^2 = C^2 \begin{cases} H^2 \\ H^5C^4 \\ H^5C^4 \end{cases} Az^2O^2 = \text{Biéthylurée.} \\\\ H^{24}C^{22}Az^2 O^2 = C^2 \begin{cases} H^2 \\ H^{11}C^{10} \\ H^{11}C^{10} \end{cases} Az^2O^2 = \text{Biamylurée.} \end{cases}$$

Ces urées composées sont de fort beaux corps, cristallisables en prismes volumineux, très-solubles dans l'eau et dans l'alcool ; comme l'urée ordinaire, ils sont parfaitement neutres au papier de tournesol. Leurs propriétés basiques vont en s'affaiblissant à mesure que leur molécule se complique, tandis que la méthylurée précipite immédiatement par l'acide azotique pour former l'azotate de méthylurée ; la combinaison de l'acide azotique avec l'éthylurée, quoique possible, se fait cependant plus difficilement.

DE LA MÉLAÏNE (de μέλας, noir).

La mélaïne existe dans l'encre de sèche. Elle est pulvérulente, noire, inodore, insipide, décomposable par le feu à la manière de matières azotées, insoluble dans l'eau, dans l'alcool et dans l'éther, soluble à froid dans l'acide sulfurique, d'où elle est précipitée par l'eau ; si l'acide est bouillant, il est décomposé et fournit de l'acide sulfureux. L'acide azotique concentré la dissout avec dégagement de gaz bioxyde d'azote ; le *solutum* rouge brun se trouble par le carbonate de potasse et non par la potasse. La potasse, la soude et l'ammoniaque, la dissolvent à chaud.

Préparation. On traite par l'eau l'encre de sèche desséchée, et on laisse déposer, pendant une semaine entière, la poudre noire qui se trouve suspendue dans le liquide préalablement décanté ; on épuise cette poudre par l'eau, par l'alcool et par l'acide chlorhydrique, puis par un mélange d'eau et d'un peu de sesquicarbonate d'ammoniaque ; le résidu constitue la *mélaïne.*

DE LA CANTHARIDINE. $H^7C^6AzO^6$.

La cantharidine, découverte par Robiquet dans les cantharides, existe aussi dans toutes les espèces du genre *méloé.* Elle est sous forme de lames micacées, incolores, inodores, fusibles à 210° ; chauffée un peu plus fortement, elle se sublime en partie en petites aiguilles brillantes. Elle est insoluble dans l'eau, soluble dans l'alcool bouillant, dans les huiles de térébenthine, d'amandes douces et d'olives, bouillantes. Les acides azotique et chlorhydrique la dissolvent, à l'aide de la chaleur, sans altérer sa couleur, tandis que l'acide sulfurique chaud se colore en la dissolvant. La potasse et la soude caustiques liquides peu concentrées la dissolvent à froid. En appliquant sur la lèvre un demi-milligramme de cantharidine, Robiquet éprouva, au bout d'un quart d'heure, une légère douleur, et bientôt après il se forma de petites cloches.

Préparation. On fait macérer les cantharides pulvérisées, avec de l'alcool à 36 degrés, pendant quelques jours, puis on verse ce mélange dans l'appareil de déplacement (celui qui a été décrit à l'occasion de l'acide tannique, voy. p. 359); lorsque le liquide est écoulé, on verse de nouvel alcool jusqu'à ce qu'il passe peu coloré; alors, pour obtenir le liquide qui est encore retenu dans les cantharides, on verse de l'eau dans l'appareil; cette dernière en chasse le véhicule employé; on distille les dissolutions obtenues jusqu'à ce que la cantharidine puisse cristalliser par refroidissement; on traite de nouveau ces cristaux par l'alcool bouillant, dans lequel on a mis du charbon animal, et on a la cantharidine parfaitement blanche (Thierry).

DE LA GUANINE. $H^5C^{10}Az^5O^5$.

La guanine existe dans le guano et dans les excréments des araignées. Elle est jaune, cristalline, soluble dans les alcalis et dans les acides, avec lesquels elle forme des composés peu stables, que l'on a assimilés aux sels. Traitée par un mélange d'acide chlorhydrique et de chlorate de potasse, elle donne de l'acide *guanique*, $H^9C^{10}Az^4O^7,2HO$ (Unger).

DE LA PTYALINE.

La ptyaline existe dans la salive. Elle est solide, d'un gris blanchâtre, amorphe, soluble dans l'eau, à laquelle elle donne de la viscosité et de la consistance, insoluble dans l'alcool; sa dissolution aqueuse n'est point troublée par l'ébullition; évaporée jusqu'à siccité, elle laisse une masse transparente, soluble de nouveau dans l'eau froide; cette dissolution n'est précipitée ni par les alcalis, ni par les acides, ni par le sous acétate de plomb, ni par le bichlorure de mercure, ni par le tannin. La ptyaline, ainsi que l'a vu M. Mialhe, transforme promptement l'amidon en dextrine et en glucose, ce qui lui a fait donner par ce chimiste le nom de *diastase salivaire*. Je dirai, en parlant de la salive, que ce fluide, non mélangé de mucus, ne change pas l'amidon en glucose; tandis que d'autres matières que la salive produisent ce changement, ce qui ne justifie pas la nouvelle dénomination de M. Mialhe.

Préparation. M. Mialhe précipite la ptyaline de la salive humaine récente et filtrée par cinq ou six fois son poids d'alcool absolu. La ptyaline, ainsi obtenue, constitue-t-elle réellement un principe immédiat?

DE LA PEPSINE (de πέψις, coction).

On a désigné aussi la pepsine sous les noms de *chymosine* et de *gastérase*. Elle existe dans le suc gastrique. Sans prétendre qu'on l'ait obtenue à l'état de pureté, et que, telle qu'on la connaît, elle constitue un véritable principe immédiat, je crois pourtant devoir exposer ici ce que l'on sait de cette substance, qui joue évidemment un rôle important pendant la digestion stomacale. D'après Wasmann, elle est solide, jaune, d'un aspect gommeux, inaltérable par l'humidité, soluble dans l'eau, insoluble dans l'alcool, susceptible de coaguler le lait sans le secours d'un acide; elle agit sur les matières alimentaires comme les ferments, et perd toute son activité quand on la soumet à l'ébullition, et même à 50°, d'après M. Blondlot. Elle n'est pas coagulée à 100°; on peut la congeler, sans lui ôter son pouvoir digestif, pourvu qu'on la dégèle lentement et avec précaution. Le tannin et la créosote la précipitent, et lui enlèvent sa faculté digestive; elle est également précipitée par plusieurs sels métalliques; et, si l'on sépare par un acide les oxydes avec lesquels elle s'était précipitée, elle reprend son pouvoir digestif. D'après Vogel fils, elle est formée de carbone 57,72, d'hydrogène 5,67, d'azote 21,09, et d'oxygène 15,52; c'est-à-dire qu'elle contient beaucoup plus de carbone et d'azote qu'aucun des composés albuminoïdes.

Préparation. On fait digérer dans l'eau distillée à 40° ou 45° c. la membrane glandulaire de l'estomac; au bout de quelques heures, on décante le liquide, on lave de nouveau la membrane, et on la traite par l'eau froide, jusqu'à ce qu'il se manifeste une odeur putride; on filtre, et on verse dans la liqueur de l'acétate de plomb; il se forme un précipité de pepsine et de protoxyde de plomb; on le décompose par le gaz acide sulfhydrique; on filtre de nouveau; on évapore la liqueur à 35° c., jusqu'en consistance sirupeuse, puis on ajoute de l'alcool, qui donne naissance à un précipité floconneux de *pepsine;* il ne s'agit plus que de la dessécher. M. Payen a proposé de préparer la *gastérase,* qui n'est que de la pepsine; en précipitant le suc gastrique par dix ou douze fois son poids d'alcool rectifié; le précipité, dissous dans l'eau et précipité de nouveau par l'alcool, donne la pepsine.

DE LA DIFLUANE. $H^4C^6Az^2O^5$.

Elle est neutre, d'une saveur amère un peu salée, très-soluble dans l'eau, insoluble dans l'alcool absolu, donnant de l'alloxane par l'acide azotique. Elle est le résultat de l'action de l'eau bouillante sur l'acide alloxanique.

DE L'URAMILE. $H^6C^8Az^3O^6$.

Ainsi que je l'ai déjà dit, elle est produite par l'action de l'acide chlorhydrique sur le *thionurate* d'ammoniaque. Elle cristallise en houppes minces et dures; elle est peu soluble dans l'eau à chaud, et insoluble à froid; elle se dissout dans l'ammoniaque et dans les alcalis caustiques, d'où elle est précipitée sans altération par les acides. Sa dissolution ammoniacale se colore à l'air en rouge pourpre, et abandonne des aiguilles cristallines d'un vert métallique. Une dissolution aqueuse de potasse bouillante la décompose en acide *uramilique*. L'uramile, avec les oxydes de mercure et d'argent, se décompose, à la température de l'ébullition, en *murexide,* et réduit les oxydes à l'état métallique; par l'acide azotique, elle se change en alloxane.

Acide uramilique, $H^{10}C^{16}Az^5O^{15}$. — On l'obtient en traitant le thionurate d'ammoniaque par l'acide sulfurique. Il est en cristaux prismatiques ou en aiguilles soyeuses, beaucoup plus solubles dans l'eau bouillante que dans l'eau froide; il donne avec les bases des sels cristallisables.

DE LA MUREXIDE. $H^6C^{12}Az^5O^6$.

C'est encore à Prout que l'on doit la découverte de ce corps. Pour l'obtenir, on dissout l'acide urique dans l'acide azotique étendu, et on évapore la liqueur jusqu'à ce qu'elle prenne une teinte rouge pelure d'oignon, et qu'elle donne par l'ammoniaque en excès, après avoir été refroidie à 70°, un précipité jaune glaireux; si le précipité était rouge, il faudrait continuer l'action de l'acide azotique; dans cet état, on l'étend de la moitié de son volume d'eau bouillante, et on la laisse refroidir. On la prépare plus facilement en dissolvant dans l'eau bouillante 1 partie d'alloxane et 2,7 p. d'alloxanthine ; dès que la liqueur est à 70°, on ajoute du carbonate d'ammoniaque, non en excès, et la murexide se dépose en prismes courts, à quatre pans, présentant un reflet vert doré comme les ailes des *cantharides*. Elle est peu soluble dans l'eau froide, qu'elle colore en rouge pourpre magnifique ; mais elle est facilement soluble dans ce liquide à 70° ; elle ne se dissout ni dans l'alcool ni dans l'éther. Elle est soluble dans une dissolution de potasse, en produisant une superbe couleur bleue d'indigo, qui disparaît par la chaleur. Les alcalis et les acides la décomposent en urée, en alloxane, en alloxanthine et en *murexane*. L'eau bouillante la décompose en une matière jaune, gélatineuse. Une dissolution de murexide dans l'eau, à 30° ou 35°, produit dans l'azotate d'argent un précipité rouge qui devient vert par la dessiccation.

DE LA MUREXANE. $H^4C^6Az^2O^5$.

Elle est en petites paillettes soyeuses, très-brillantes, incolores, insolubles dans l'eau et dans les acides étendus, solubles dans l'ammoniaque et dans les alcalis, sans les neutraliser. Les vapeurs ammoniacales, au contact de l'air, lui communiquent une belle couleur rouge et la changent en murexide ; c'est comme l'orcine incolore, qui, dans les mêmes conditions, donne de l'orcine colorée. Pour l'obtenir, on chauffe la dissolution de murexide dans la potasse, jusqu'à ce que la couleur bleue ait disparu ; on ajoute alors un excès d'acide sulfurique étendu, et la murexide cristallise.

DE LA CYSTINE (OXYDE CYSTIQUE). $H^6C^6AzS^2O^4$.

Elle existe dans certains calculs cystiques. MM. Baudrimont et Malaguti ont prouvé qu'elle contient du soufre. On l'obtient en dissolvant dans l'ammoniaque les calculs cystiques pulvérisés, en filtrant et en évaporant ; la cystine se sépare en petits cristaux incolores, inodores, insolubles dans l'eau et dans l'alcool, facilement solubles dans l'ammoniaque et dans les acides ; on pourrait la considérer comme un alcali organique faible, cependant ses combinaisons avec les acides sont peu stables. Jetée sur les charbons ardents, la cystine développe une odeur alliacée, analogue à celle qu'exhale l'*acide arsénieux*.

DE LA XANTHINE (OXYDE XANTHIQUE OU ACIDE UREUX). $H^4C^{10}Az^4O^4$.

On la trouve dans certains calculs cystiques. Elle est blanche, peu soluble dans l'eau, soluble dans les carbonates alcalins, les alcalis caustiques, et l'acide sulfurique concentré. Elle ne diffère de l'acide urique que par 2 équivalents d'oxygène en moins.

DE L'INOSINE. $H^{12}C^{12}O^{12}, 4HO$.

Elle existe dans la chair musculaire. Scherer, qui l'a découverte, l'assimile à tort au sucre; en effet, elle ne donne pas d'alcool en la soumettant à l'action de la levûre de bière; elle fournit au contraire de l'acide lactique et de l'acide butyrique, quand on la traite par la caséine altérée. Elle cristallise en choux-fleurs efflorescents. A 100°, ils perdent environ 17 p. 100 d'eau; au-dessus de 210°, ils fondent en un liquide transparent qui, par un refroidissement rapide, se prend en une masse de cristaux prismatiques, lesquels, étant plus fortement chauffés, se décomposent en donnant des gaz inflammables. L'inosine est facilement soluble dans l'eau, et insoluble dans l'alcool absolu et dans l'éther. L'acide sulfurique concentré la colore en brun. Les acides chlorhydrique et sulfurique étendus, ainsi que la potasse et l'eau de baryte, ne l'altèrent pas, même à la température de l'ébullition.

On retire l'inosine des eaux mères d'où la créatine s'est déposée (voyez *Journ. de pharm.*, juillet 1850).

DE L'HYPOXANTHINE. $H^4C^{10}Az^4O^2$.

L'hypoxanthine existe, d'après Scherer, dans la rate humaine, et surtout dans le cœur; elle est tellement abondante dans ce dernier organe, qu'il suffit, pour la voir se déposer, de laisser refroidir sa décoction aqueuse. Elle est blanche, soluble dans 1,090 p. d'eau froide et dans 280 d'eau bouillante; cette dissolution est neutre au papier de tournesol. L'alcool bouillant en dissout une petite proportion. L'acide sulfurique la dissout sans coloration et sans dégagement de gaz. L'acide azotique la dissout avec dégagement de gaz, et la dissolution laisse déposer, par le refroidissement, des cristaux incolores difficilement solubles dans l'eau froide. Le bioxyde de plomb la décompose à chaud, avec dégagement de gaz, et il se sépare, à mesure que la liqueur se refroidit, des cristaux jaunes mamelonnés. On voit, dit M. Scherer, que l'hypoxanthine a une relation de composition fort simple avec l'acide urique et l'oxyde xanthique.

On l'obtient en traitant par l'eau bouillante la rate hachée; la décoction contient, outre l'hypoxanthine, de l'acide urique (voy. *Journ. de pharm.*, juillet 1850).

DE L'ALANINE. $H^7C^6AzO^4$.

Lorsqu'on fait absorber à l'aldéhyde ammoniaque de l'acide cyanhydrique, on obtient l'*alanine*, homologue du glycocolle et de la leucine. Traitée par l'acide azoteux, elle se transforme en eau et en acide *lactique*, et il se dégage de l'azote (Strecker, *Journal de pharmacie*, septembre 1850).

SECTION DEUXIÈME.

DES PRINCIPES IMMÉDIATS ACIDES.

Ces acides sont l'acide urique, l'acide hippurique, l'acide rosacique, l'acide inosique, les acides cholique et choléique, les acides cérébrique et oléophosphorique, l'acide formique, et les acides chrénique et apochrénique.

De l'acide urique. $H^4C^{10}Az^4O^6$.

L'acide urique, découvert par Scheele, existe dans l'urine de l'homme et des animaux carnivores, dans un très-grand nombre de calculs urinaires et dans les calculs arthritiques, et, suivant Masuyer, dans les concrétions ostéoformes des artères et des veines des goutteux; il constitue toute la partie blanche des excréments des oiseaux et la presque totalité de l'urine demi-solide des serpents. En général, l'urine normale de l'homme contient 1 partie d'acide urique pour 30 parties d'urée. Le *guano* (excréments d'oiseaux de mer), employé comme engrais, est presque uniquement formé d'urate d'ammoniaque (1). Il est blanc, insipide, inodore, dur, cristallisé en paillettes, rougissant à peine la tein-

---

(1) J'emprunte au beau travail de Liebig et Wœhler, sur l'acide urique, les principaux faits de son histoire.

ture de tournesol ; il est plus pesant que l'eau. Chauffé dans des vaisseaux fermés, il donne les mêmes produits que l'urée, savoir : de l'acide cyanique, de la cyamélide, de l'acide cyanhydrique, un peu de carbonate d'ammoniaque, et un résidu brun et charbonneux d'une matière très-riche en azote ; toutefois l'acide cyanique hydraté et l'ammoniaque se trouvant dans le col de la cornue produisent de l'urée. Il est inaltérable à l'air ; l'eau bouillante dissout $\frac{1}{1150}$ de son poids de cet acide, tandis qu'elle n'en dissout que $\frac{1}{1720}$ à la température de 15° à 16° ; il est insoluble dans l'alcool et dans l'éther.

L'acide urique se dissout dans l'acide azotique étendu avec une vive effervescence ; les gaz qui se dégagent renferment des volumes égaux d'acide carbonique et d'azote ; la liqueur, concentrée, devient d'un beau rouge pourpre, surtout quand on ajoute un peu d'ammoniaque ; cette matière rouge est un corps très-complexe, et non un acide particulier (acide purpurique), comme l'avaient admis plusieurs chimistes. *Cette coloration en rouge de l'acide urique par l'acide azotique et l'ammoniaque est le meilleur caractère pour le reconnaître.*

Si l'on chauffe une partie d'acide urique avec 4 d'acide azotique, d'une densité de 1,4, on obtient de l'*alloxane* ; si l'on a employé 8 parties d'acide azotique et que l'on ait prolongé l'action, il s'est formé de l'acide *parabanique*. En traitant par l'*ammoniaque* une dissolution d'acide urique dans l'acide azotique, il se produit de la *murexide*. L'acide sulfurique concentré dissout l'acide urique, et l'abandonne de nouveau quand on ajoute de l'eau. Il est plus soluble dans l'acide chlorhydrique que dans l'eau. Le *chlore sec* à froid ne paraît pas altérer l'acide urique ; à chaud, il se produit de l'acide chlorhydrique, du chlorure de cyanogène, et beaucoup d'acide cyanique. Lorsqu'on ajoute goutte à goutte de l'acide azotique à une dissolution aqueuse de *chlore* mélée d'acide urique, on transforme celui-ci en *alloxanthine*. En faisant bouillir l'acide urique avec 32 parties d'eau, et en versant goutte à goutte de l'acide azotique dans la dissolution, on obtient aussi de l'*alloxanthine*. Fondu avec de l'hydrate de potasse, l'acide urique donne naissance à du carbonate et à du cyanure de potassium. Traité par l'oxyde puce de plomb, lorsqu'il est suspendu dans l'eau, il se transforme en *allantoïne,* en acides carbonique et oxalique, et en urée. Chauffé à 200°, avec un peu d'eau, il est décomposé, et il en résulte une masse jaune gélatineuse, qui possède plusieurs des propriétés chimiques de l'acide urique non modifié. Le borate neutre de soude à chaud dissout très-bien l'acide urique, et le laisse déposer par refroidissement (voy. *Allantoïne, Alloxane, Alloxanthine,* et tous leurs dérivés, aux pag. 657 et 661).

Préparation. Pour obtenir l'acide urique, on pulvérise les calculs urinaires ou les excréments des serpents, et on les fait bouillir dans une dissolution de potasse caustique jusqu'à ce qu'ils soient dissous; on filtre, et l'on ajoute un excès d'acide chlorhydrique, qui s'empare de la potasse et précipite l'acide urique; après avoir fait bouillir le précipité pendant un quart d'heure dans cet acide, on l'en sépare pour le laver.

Pour l'extraire des excréments des oiseaux, il vaut mieux employer le borax que la potasse caustique, car il dissout bien l'acide urique et enlève bien moins de matière animale.

L'acide urique se combine aux bases sans abandonner d'eau. Les urates des métaux de la première classe sont peu solubles dans l'eau froide, mais ils sont très-solubles dans l'eau bouillante; un excès d'alcali en augmente beaucoup la solubilité. Tous les urates sont décomposables par les acides, même par l'acide acétique. Plusieurs d'entre eux se forment dans l'économie animale.

De l'acide hippurique. $H^8C^{18}AzO^5$, HO.

On le trouve dans l'urine des mammifères herbivores, surtout lorsqu'ils sont nourris d'herbes fraîches, et dans celle des jeunes enfants et même dans celle de l'homme; il paraît aussi provenir d'une modification qu'éprouve l'acide benzoïque sous l'influence de l'action vitale chez les animaux carnivores. Il est en cristaux assez volumineux, demi-transparents, prismatiques à quatre pans, terminés par des sommets dièdres, d'une saveur légèrement amère. Quand on le chauffe, il fond en un liquide oléagineux sans diminution de poids; par le refroidissement, ce liquide se prend en une masse cristalline; chauffé plus fortement, il se change en acide benzoïque, qui se sublime, et en benzoate d'ammoniaque; il répand alors une odeur agréable qui se rapproche de celle de la fève tonka; il se forme en outre de l'acide cyanhydrique, une substance rouge qui a quelque analogie avec les résines, et il reste un charbon poreux. Cet acide est soluble dans 400 parties d'eau froide, plus soluble dans l'alcool, mais beaucoup moins dans l'éther.

M. Dessaignes a prouvé qu'en faisant bouillir sa dissolution aqueuse avec des acides énergiques ou avec du chlorure de chaux, il se transforme en glycocolle et en acide benzoïque :

$$\underset{\text{Acide hippurique.}}{H^8C^{18}AzO^5,HO} , \; 2HO = \underset{\text{Acide benzoïque.}}{H^5C^{14}O^3, HO} , \; \underset{\text{Glycocolle.}}{H^4C^4AzO^3, HO}$$

L'acide sulfurique concentré le dissout à froid, ou par une douce chaleur, sans le noircir; mais si l'on chauffe au delà de 120° c., le mélange noircit, et il se sublime de l'acide benzoïque, pendant qu'il se dégage de l'acide sulfureux. L'acide azotique le transfórme presque immédiatement en acide benzoïque; il est dissous, au contraire, sans altération par l'acide chlorhydrique.

Le bioxyde de manganèse, sous l'influence de l'acide sulfurique et de l'eau, donne, à l'aide de la chaleur, des acides benzoïque et carbonique et des sulfates d'ammoniaque et de manganèse. Bouilli dans l'eau avec de l'oxyde puce de plomb, il produit de l'acide carbonique et de la *benzamide*, formée aux dépens des éléments de l'acide hippurique, et que l'on peut considérer comme du benzoate d'ammoniaque, moins un équivalent d'eau.

Soumis à l'action de certains ferments, l'acide hippurique donne également de l'acide benzoïque; c'est ce qui explique comment l'urine de cheval, putréfiée et concentrée par l'évaporation, fournit économiquement de l'acide benzoïque; en effet, cette urine contient l'un de ces ferments.

On vient de voir combien il est facile de transformer l'acide hippurique en acide benzoïque, à l'aide d'une foule de réactions; l'inverse a lieu dans certains cas : que l'on avale, par exemple, des aliments mêlés d'acide benzoïque, l'urine ne tardera pas à contenir une quantité notable d'acide hippurique.

Préparation. On l'obtient en évaporant *doucement* l'urine fraîche de cheval ou de vache, jusqu'en consistance de sirop; on laisse refroidir, puis on y ajoute de l'acide chlorhydrique jusqu'à ce que la liqueur soit franchement acide; par le repos, l'acide hippurique cristallise, mais il est coloré; par plusieurs cristallisations successives, et à l'aide d'un peu de noir animal, on l'obtient tout à fait pur.

De l'acide rosacique.

Ce corps fut découvert par Proust, en 1798, dans les dépôts qui se forment accidentellement dans certaines urines humaines. Il est de couleur rose et soluble dans l'alcool à 40°; c'est même à l'aide de ce dissolvant qu'on parvient à le séparer de l'acide urique, avec lequel il est mélangé; il possède une réaction légèrement acide. Il a été peu étudié jusqu'à présent, et peut être regardé, d'après les recherches de Liebig, comme une substance analogue à celle qui est produite par l'action de l'acide azotique sur l'acide urique, et qui fut désignée sous le nom d'acide purpurique.

De l'acide inosique. $H^6C^{10}Az^2O^{10}, HO$.

Cet acide existe dans les eaux mères du bouillon dont on a séparé la créatine (voy. 652). Il est incristallisable, d'une saveur de bouillon, très-soluble dans l'eau, insoluble dans l'alcool et l'éther; il précipite en vert bleu les sels de bioxyde de cuivre, tandis qu'il ne trouble pas les eaux de chaux et de baryte. Les inosates, chauffés sur une lame de platine, répandent une odeur de rôti en se décomposant.

DES ACIDES DE LA BILE.

Ces acides sont, d'après M. Strecker, l'acide cholique et l'acide choléique.

De l'acide cholique. $H^{45}C^{52}AzO^{12}$.

Il constitue la majeure partie de la bile, dans laquelle il existe à l'état de cholate de soude. Si on le fait bouillir avec de l'acide chlorhydrique ou de l'acide sulfurique étendus, il donne d'abord de l'acide *choloïdique,* et puis de la *glycocolle,* et de la *dyslysine.* Lorsqu'on le fait bouillir avec la potasse caustique, il se dédouble en acide *cholalique* et en glycocolle.

$$\underset{\text{Acide cholique.}}{H^{43}C^{52}AzO^{12}} = \underset{\text{Acide cholalique.}}{H^{36}C^{48}O^6, 2HO} , \underset{\text{Glycocolle.}}{H^5C^4AzO^4}$$

Acide cholalique, $H^{36}C^{48}O^6,2HO$. — C'est l'acide *cholique* de M. Demarçay. Il cristallise en tétraèdres ou en octaèdres à base carrée, d'un éclat vitreux, et alors il contient 6 équivalents d'eau; il a une saveur amère, avec un arrière-goût sucré. Il s'effleurit à l'air, en perdant son eau de cristallisation. Il est soluble dans 4,000 parties d'eau froide, dans 750 d'eau bouillante, et dans 48 d'éther. L'alcool le dissout très-bien. Chauffé à 200°, l'acide à 6 équivalents d'eau se transforme en acide *choloïdique,* et, à 300°, en *dyslysine* (voy. p. 657); il se dégage de l'eau; il se dissout dans les alcalis caustiques et dans les carbonates de potasse et de soude, mais sans donner des sels cristallisables. Pour obtenir le cholalate de potasse cristallisé en aiguilles, il faut neutraliser par la potasse l'acide cholalique dissous dans l'alcool, et verser de l'éther dans la dissolution; par le même procédé, on peut obtenir des sels analogues avec la soude, l'ammoniaque, la baryte, et la chaux. Les cholalates solubles précipitent en blanc bleuâtre les sels de bioxyde de cuivre, et en blanc ceux de mercure et d'argent. Ils donnent, avec le chlorure de calcium, une gelée incolore, qui cristallise en aiguilles dès qu'on ajoute de l'alcool.

Acide choloïdique, $H^{36}C^{48}O^6,3HO$. — Il est solide, blanc, inodore, fusible au delà de 150°, insoluble dans l'eau, quoi qu'il se ramollisse dans l'eau bouillante, peu soluble dans l'éther, et très-soluble dans l'alcool. Il ne perd pas d'eau lorsqu'il se combine avec les bases. Il donne avec la baryte un sel insoluble et amorphe, tandis que le chololate de baryte est soluble et cristallisable.

Acide cholonique, $H^{41}C^{52}AzO^{10}$. — Cet acide, déjà obtenu par Strecker en examinant l'action des acides sur l'acide cholique, a été étudié depuis par Mulder. Il est en aiguilles brillantes, insolubles dans l'eau, solubles dans l'alcool, et presque insolubles dans l'éther. Il forme avec la baryte un sel soluble. Il ne diffère de l'acide cholique que par les éléments de 2 équivalents d'eau. On peut l'obtenir en faisant bouillir pendant longtemps l'acide cholique avec de l'eau, ou même encore par le procédé de Mulder (voy. *Journ. de pharm.*, décembre 1849).

De l'acide cholélque.

Il existe dans la bile à l'état de choléate de soude; on ne l'a pas obtenu pur; aussi sa composition est-elle inconnue; on sait seulement qu'il renferme une grande quantité de soufre. Lorsqu'on le fait bouillir avec des dissolutions alcalines, on le dédouble en acide cholalique et en *taurine*.

De l'acide hyocholique. $H^{45}C^{54}AzO^{10}$.

Il existe dans la bile de porc. Il est blanc, comme résineux, fusible dans l'eau chaude, très-peu soluble dans l'eau, soluble dans l'alcool, insoluble dans l'éther; il précipite les eaux de chaux et de baryte. Si on le fait bouillir pendant quelques jours avec de l'acide chlorhydrique, on obtient de la glycocolle et de *hyodyslysine*, $H^{38}C^{50}O^6$, homologue de la dyslysine. En faisant bouillir l'acide hyocholique pendant vingt-quatre heures avec de la potasse caustique, on donne naissance à de la glycocolle et à de l'acide *hyocholalique,* $H^{40}C^{50}O^8$ (Strecker, *Journ. de pharm.,* décembre 1849).

De l'acide oléophosphorique.

Cet acide existe dans le cerveau, dans la moelle épinière, dans les nerfs, dans le jaune d'œuf, dans le foie, et probablement dans le sang; il forme la plus grande partie de la graisse cérébrale; il contient du phosphore. Il est sous forme d'une huile jaunâtre, visqueuse, insoluble dans l'eau et dans l'alcool froid, très-soluble dans l'alcool bouillant et dans l'éther. Si on le fait bouillir avec de l'eau, il se transforme en oléine et en acide phosphorique : cette transformation peut également être produite par plusieurs corps azotés, agissant comme des ferments. M. Gobley a vu, dans plusieurs circonstances, le même acide se changer en acide oléique et en acide phosphoglycérique; ces propriétés établissent une grande analogie entre l'acide oléophosphorique et les acides sulfogras, que l'eau décompose en acides gras et en acide sulfoglycérique. Les oléophosphates ont une consistance visqueuse et sont incristallisables.

De l'acide formique. HC^2O^5, HO.

L'acide formique, confondu pendant longtemps avec l'acide acétique, a été admis et rejeté tour à tour par les chimistes. Il existe dans les fourmis, et se forme dans plusieurs opérations chimiques; par exemple, lorsqu'on distille de l'acide oxalique, ou que l'on traite le *chloral* par la potasse, et surtout lorsqu'on chauffe de l'acide sulfurique et du bioxyde de manganèse, ou un acide métallique, avec de l'acide citrique ou de l'acide tartrique, du sucre, du ligneux, de l'amidon, de l'alcool étendu, etc. Il est un des produits organiques les plus oxygénés. Il est liquide à la température ordinaire, incolore, d'une odeur piquante, analogue à celle des fourmis qu'on irrite; dans un plus grand état de concentration, *il est très-corrosif* et déliquescent; il cristallise, au-dessous de 0°, sous forme de petites lamelles, et bout à 100° sous la pression de 0,76; alors sa densité est égale à 1,235. Sa vapeur est inflammable et brûle avec une flamme bleue. Il fume à l'air. Il ne peut exister libre sans un équivalent d'eau. En se combinant avec une quantité d'eau égale à celle qu'il contient déjà (20 pour 100), il forme un second hydrate, dont le point d'ébullition est de 106°, et la densité de 1,1104 à 15°; dans cet état, il ne cristallise pas même à 15" au-dessous de 0°.

Distillé avec son poids d'alcool, il présente les mêmes phénomènes que l'acide acétique, excepté qu'il se manifeste une odeur très-prononcée de noyau de pêche ; le liquide obtenu dans le récipient a une odeur agréable, forte, analogue à celle de ces noyaux, et une saveur semblable, avec un arrière-goût de fourmis. L'acide formique est converti en eau et en acide carbonique par les acides oxygénants :

$$\underbrace{HC^2O^3, HO}_{\text{Acide formique.}} , \; 2O = \underbrace{C^2O^4}_{\text{Acide carbonique.}} , \; 2HO$$

L'acide sulfurique concentré le transforme, quand on le chauffe, en eau et en oxyde de carbone pur.

Formiates, MO, HC^2O^3. — Les bases, en se combinant avec l'acide formique, ne déplacent qu'un équivalent d'eau ; d'où il suit qu'il est monobasique. Les formiates sont, en général, solubles dans l'eau ; par un excès d'acide sulfurique concentré, ils se transforment à chaud *en gaz oxyde de carbone et en eau*. La potasse et la soude caustiques, un peu avant le rouge sombre, les changent d'abord en oxalates, puis en carbonates et en hydrogène. L'acide formique donne, avec la potasse et la soude, des biformiates ; il fournit aussi avec la soude un formiate neutre, en prismes à base rhombe, que l'on emploie dans l'analyse pour réduire les oxydes métalliques. Il produit avec l'ammoniaque un sel qui, étant soumis à l'action de la chaleur, donne vers 180° de l'eau et de l'acide cyanhydrique. Il fournit avec la *magnésie* un formiate cristallin inaltérable à l'air, tandis que l'acétate de magnésie est gommeux et déliquescent. Le formiate de *plomb* est peu soluble, et ne contient pas d'eau de cristallisation ; l'acétate, au contraire, est très-soluble, et renferme de l'eau : aussi suffit-il de verser de l'acide formique dans de l'acétate de plomb dissous, pour qu'il se produise des cristaux aiguillés brillants de formiate de plomb. Versé dans de l'azotate de *protoxyde de mercure* dissous, l'acide formique ne donne aucun précipité ; mais, si on chauffe, il se précipite du mercure, et il se manifeste une vive effervescence ; l'acide acétique, au contraire, fournit, avec le même sel, des écailles brillantes d'acétate de protoxyde de mercure. L'acide formique s'unit au *bioxyde de cuivre*, avec lequel il forme un sel cristallisable en prismes hexaèdres, d'un beau bleu verdâtre, efflorescents, et qui deviennent d'un blanc bleuâtre par la trituration ; soumis à l'action de la chaleur, ce sel fond dans son eau de cristallisation, se dessèche, et passe au bleu ; si on continue à le chauffer, il fournit un liquide aqueux, faiblement acide, d'une odeur piquante, qui ne contient pas d'huile empyreumatique ; il se dégage du gaz acide carbonique et du carbure d'hydrogène gazeux, et il reste dans la cornue du cuivre métallique sans la moindre parcelle de *charbon ;* par simple ébullition, il réduit les sels d'argent et d'or avec dégagement d'acide carbonique ; il ramène le bichlorure de mercure à l'état de calomel ; l'*eau* dissout $\frac{1}{8}$ de ce sel ; l'alcool n'en prend que $\frac{1}{400}$, tandis qu'il dissout $\frac{1}{18}$ d'acétate de cuivre. Ces caractères suffisent pour établir une différence entre l'acide formique et l'acide acétique, avec lequel on avait voulu le confondre.

L'*acide formique concentré* est un acide des plus corrosifs ; il surpasse beaucoup en cela l'acide sulfurique concentré : en effet, la plus petite goutte produit sur la peau l'impression d'un fer rouge ; il se forme aussitôt une vésicule ou une plaie profonde fort lente à guérir.

.On peut s'en servir pour désoxyder les oxydes et pour se procurer les métaux rares ; il mérite, sous ce rapport, la préférence sur l'hydrogène (Bruchner). Il est également employé à la préparation de l'éther formique.

Préparation. On écrase les fourmis, on les arrose avec un peu d'eau, et on exprime la masse ; on sature le liquide avec un excès de carbonate de potasse, puis on ajoute du sulfate de fer, qui précipite toutes les matières organiques ; quand il ne se forme plus de précipité, on sature la liqueur avec de la potasse, on évapore le formiate de potasse jusqu'à siccité, et on le distille avec de l'acide sulfurique affaibli : l'acide formique passe dans le récipient (Gehlen). Le procédé le plus avantageux pour obtenir cet acide consiste à distiller un mélange de 10 litres d'eau, de 2 kilogrammes de sucre, de 6 d'acide sulfurique concentré, et de 6 de bioxyde de manganèse ; ce dernier corps fournit de l'oxygène au sucre (Dœbereiner). On le prépare aussi en chauffant 2 parties d'acide tartrique, 5 de bioxyde de manganèse, et autant d'acide sulfurique étendu de deux à trois fois son poids d'eau ; on précipite le liquide obtenu par l'acétate de plomb, et l'on décompose le formiate déposé par l'acide sulfhydrique : cette opération exige de grandes précautions, car la matière se boursoufle beaucoup.

Des acides chrénique et apochrénique.

Ces acides, découverts par Berzelius dans les dépôts ocreux de plusieurs eaux ferrugineuses de la Suède, se trouvent particulièrement dans celle de Porla, où ils existent libres et à l'état de chrénate et d'apochrénate de soude et d'ammoniaque. Ils sont formés d'oxygène, d'hydrogène, de carbone et d'azote, et paraissent devoir leur origine à la putréfaction des matières organiques végétales azotées. L'acide *chrénique*, $H^{16}C^{14}AzO^{12}$, est presque incolore, sirupeux, incristallisable, d'une saveur acide astringente, soluble dans l'eau et dans l'alcool absolu. Il forme des sels en général peu solubles; il précipite l'acétate de cuivre en blanc verdâtre, et l'azotate d'argent en jaune brunâtre, qui passe bientôt au rouge pourpre. Le chrénate de fer est très-soluble. L'acide *apochrénique* est brunâtre, d'une saveur astringente, peu soluble dans l'eau, plus soluble dans l'alcool absolu; il est précipité par le chlorhydrate d'ammoniaque. Il forme, avec les bases, des sels bruns ou noirs insolubles dans l'alcool.

De l'acide xanthique. $H^5C^4O, 2CS^2$.

Il est liquide à la température ordinaire et bien au-dessus; il a l'aspect d'une huile transparente et incolore; son odeur est forte; sa saveur, d'abord acide, finit par être astringente et amère; il rougit le papier de tournesol. Il se couvre promptement d'une croûte blanche et opaque lorsqu'il est en contact avec l'air; l'eau aérée le décompose en très-peu de temps; l'iode lui enlève l'hydrogène, avec lequel il forme de l'acide iodhydrique, et il se sépare un liquide oléagineux, d'abord d'un rouge brun, et qui ne tarde pas à devenir jaunâtre; chauffé dans des vaisseaux fermés, il se décompose bien au-dessous de 100°, et il en résulte du sulfure de carbone et un gaz inflammable. Il brûle lorsqu'on l'approche d'un corps en combustion, et répand une forte odeur d'acide sulfureux. Il forme avec la potasse, la soude, la baryte, l'ammoniaque, des sels qui précipitent les sels de cuivre, de plomb, de mercure, et de zinc.

Préparation. On l'obtient en traitant le xanthate de potasse par l'acide sulfurique : on prépare ce xanthate en faisant réagir le sulfure de carbone sur une dissolution alcoolique de potasse (voy. p. 131, et *Annales de physique et de chimie*, t. XXI, p. 49).

Éther sulfoxycarbonique, $H^6C^4O, 2C^2S^4O$. — En traitant le xanthate de plomb par l'iode, il se forme de l'iodure de plomb et de l'*éther sulfoxycarbonique*. Cet éther est en prismes incolores, d'une saveur âcre, analogue à celle de la moutarde, fusibles, à 28°, en une huile jaune. Chauffé à 100° ou à 120°, il perd la propriété de cristalliser par le refroidissement. Si l'on fait passer de l'ammoniaque dans une dissolution alcoolique d'éther sulfoxycarbonique, on obtient du soufre, du xanthate d'ammoniaque, et de la *xanthamide*.

Xanthamide, $H^7C^6AzS^2O^2$. — Elle est en pyramides rhombes et tronquées, à quatre pans, incolores, fusibles à 36°, difficilement solubles dans l'eau, très-solubles dans l'alcool et dans l'éther. Ces dissolutions sont neutres, et ne précipitent ni par l'azotate d'argent, ni par l'acétate de plomb, ni par le sulfate de cuivre, ni par les sels de baryte. La dissolution alcoolique donne, au bout de quelques minutes, par le chlorure de platine, un composé jaune cristallin. A 175°, la xanthamide fournit du mercaptan et de l'acide cyanique volatils, et il reste de l'acide cyanurique dans la cornue. M. Debus, à qui l'on doit ces détails, considère la xanthamide comme de l'éther sulfocarbamique ou comme de l'uréthane, dans laquelle 2 équivalents d'oxygène ont été remplacés par 2 équivalents de soufre.

SECTION TROISIÈME.

DES BASES ALCALINES.

Il existe un certain nombre de substances dérivées des animaux qui jouissent de propriétés alcalines, et que l'on peut considérer jusqu'à un certain point comme des alcalis organiques. Ces substances, décrites déjà dans plusieurs parties de ce volume, sont la leucine, la cantharidine, la créatinine, la cystine, la glycocolle, la guanine, la sarcosine, l'urée, et la xanthine.

DES CORPS DÉRIVÉS DU CYANOGÈNE.

Ces corps sont le sulfocyanogène, le mellon et ses dérivés, le mélam et ses dérivés, l'acide sulfocyanhydrique, les sulfocyanures, l'acide persulfocyanhydrique, l'acide nitroprussique, et l'acide azulmique.

DU SULFOCYANOGÈNE OU DU CYANOXYSULFIDE.

$$C^8Az^4S^6O, 2HS.$$

Le sulfocyanogène, considéré pendant longtemps comme un composé de soufre et de cyanogène, $CyS2$, contient de l'hydrogène. Il est jaune, insoluble dans l'eau, l'alcool et l'éther ; à 200°, il se décompose et donne du *mellon*. Si on le fait bouillir avec de la potasse, il fournit du sulfocyanure de potassium, du monosulfure de potassium, de l'hyposulfite de potasse, et de l'acide *thyocyanhydrique* jaune. Chauffé avec de l'ammoniaque, si la température est suffisamment élevée, il donne du *mélam*, de l'ammoniaque, de l'acide sulfhydrique et du sulfure de carbone. On obtient le sulfocyanogène en faisant passer un courant de chlore à travers une dissolution de sulfocyanure de potassium ; ce sel est décomposé en chlorure de potassium soluble et en sulfocyanogène qui se dépose sous forme de flocons d'un beau jaune.

Du mellon, C^6Az^4.—Il est le résultat de la décomposition du sulfocyanogène chauffé au rouge, ou bien de l'action d'un courant de chlore sur le sulfocyanure de potassium. Il est solide, pulvérulent, d'un jaune-citron, insoluble dans l'eau, dans l'alcool, l'éther et les acides chlorhydrique et sulfurique étendus, soluble dans ce dernier acide concentré. L'acide azotique et les alcalis le décomposent. Il se combine avec l'hydrogène et donne de l'acide *mellonhydrique*, HC^6Az^4. Il forme des mellonures avec les métaux. Chauffé avec du potassium, il s'y combine avec dégagement de lumière. Il décompose l'iodure, le bromure et le sulfocyanure de potassium, et en chasse l'iode, le brome et le sulfocyanogène.

Du mélam, $H^9C^{12}Az^{11}$.— Lorsqu'on chauffe au rouge un composé de sulfocyanogène et d'ammoniaque, ou bien un mélange de sulfocyanure de potassium et de chlorhydrate d'ammoniaque, on obtient du *mélam*, etc. (voy. *Sulfocyanogène*). Ce corps est pulvérulent, d'un blanc grisâtre, insoluble dans l'eau, dans l'alcool et l'éther. Par une ébullition prolongée avec l'acide azotique ou chlorhydrique, ou bien avec de la potasse, le mélam se transforme en deux autres produits, la *mélamine* et l'*amméline*, qui constituent deux bases particulières. Cette métamorphose a lieu par la fixation de 2 équivalents d'eau ; en effet :

$$\left. \begin{array}{l} \text{1 équiv. de mélam} = H^9C^{12}Az^{11} \\ +\,\text{2 équival. d'eau} = \phantom{H^9C^{12}Az^{11}} H^2O^2 \\ \hline H^{11}C^{12}Az^{11}O^2 \end{array} \right\} = \left\{ \begin{array}{l} H^6C^6Az^6 = \text{1 éq. de mélamine}\cdot \\ H^5C^6Az^5O^1 = \text{1 éq. d'amméline.} \\ \hline H^{11}C^{12}Az^{11}O^2. \end{array} \right.$$

La *mélamine*, $H^6C^6Az^6$, est une base salifiable, découverte par M. Liebig ; elle cristallise en octaèdres rhomboïdaux anhydres, incolores, d'une saveur amère, très-peu solubles dans l'eau froide ou chaude, insolubles dans l'alcool et dans l'éther. Lorsqu'on l'expose à l'action de la chaleur après l'avoir desséchée, elle fond et se sublime en grande partie sans altération. Tous les sels qu'elle forme avec les acides étendus sont cristallisables, et offrent une réaction acide. Les acides la transforment, au contraire, à chaud, en ammoniaque et en *amméline*.

L'*amméline*, $H^5C^6Az^5O^2$, est une seconde base susceptible de former des sels que l'on obtient dans la liqueur qui surnage la mélamine, et qui provient elle-même de l'action d'une dissolution de potasse sur le mélam; on traite cette eau mère par de l'acide acétique, qui sépare l'amméline sous forme d'un précipité gélatineux qu'on lave et que l'on redissout dans l'acide azotique, d'où on la précipite de nouveau par le carbonate d'ammoniaque. Elle est en aiguilles soyeuses, insolubles dans l'eau, l'alcool et l'éther, pouvant former, avec les acides, des sels cristallisables.

Ammélide, $H^9C^{12}Az^9O^6$. — Elle est le résultat de l'action des acides ou des alcalis étendus et bouillants sur la mélamine. Elle est blanche, amorphe, insoluble dans l'eau, l'alcool et l'éther, décomposable par les acides et les alcalis, qui la changent en acide cyanique et en ammoniaque.

Des sulfocyanures.

Il existe un certain nombre de composés analogues aux sels, qui paraissent formés d'un sulfure métallique et de sulfure de cyanogène CyS, et que l'on a désignés sous le nom de *sulfocyanures;* ils correspondent aux cyanates MO, CyO avec cette différence que l'oxygène de la base et de l'acide de ceux-ci est remplacé par du soufre.

Sulfocyanure de potassium (voy. t. I., p. 506).

De l'acide sulfocyanhydrique. H,CyS^2.

On trouve cet acide, selon Gmelin, dans l'eau distillée des graines des crucifères. C'est un corps liquide, incolore, d'une acidité franche, se décomposant facilement au contact de l'air ou par la distillation en plusieurs produits différents, parmi lesquels on remarque un corps jaune particulier, insoluble dans l'eau. Il ne peut exister à l'état anhydre. Lorsqu'on le soumet à l'action de l'acide azotique ou du chlore, il perd son hydrogène, et est ramené à l'état de sulfocyanogène. Il colore les sels de sesquioxyde de fer en rouge de sang. On l'obtient en décomposant le sulfocyanure de plomb par l'acide sulfurique faible, en ayant toujours soin de laisser dans la liqueur un excès de plomb que l'on enlève par l'acide sulfhydrique, ou bien en décomposant le sulfocyanure d'argent par l'acide sulfhydrique, après l'avoir suspendu dans dix ou douze fois son poids d'eau.

Sulfocyanhydrate d'ammoniaque.—Ce sel fond à 170°; à 270°, il se décompose et fournit du soufre, du sulfure de carbone, de l'ammoniaque, du sulfhydrate d'ammoniaque, et un corps cristallin qui paraît formé de sulfure de carbone et de sulfhydrate d'ammoniaque; il reste dans la cornue une masse composée d'un *corps blanc*, de *sulfide d'alphène*, de sulfide de *phalène* et de sulfide de *phélène*. Ces corps sont des multiples de HCAz, combinés avec du soufre ou du sulfure de carbone. A 300°, le sulfocyanhydrate d'ammoniaque donne du *sulfite d'argène*, $H^{16}C^{16}Az^{16}S$, et du poliène, $H^4C^4Az^4$; ce dernier, par l'action de la chaleur, se change en *glaucène*, HC^4Az^3.

De l'acide persulfocyanhydrique. CyS^2HS.

Il est en aiguilles cristallines, jaunes, solubles dans l'eau bouillante, plus solubles dans l'alcool et l'éther. Chauffé à 140°, il donne du soufre et du *sulfide de mélène* ; à 150°, il fournit du *sulfide de xanthène* ; à 160°, il se produit, entre autres corps, du *sulfide de phaïenne*, tandis qu'à 180°, on obtient du *sulfide de xuthène* ; lorsque la température est plus élevée, vers 200° par exemple, on forme le sulfide de *leucène* ; ces divers composés contiennent du soufre; enfin à 300° on produit le *poliène*, $H^4C^4Az^4$, qui ne contient point de soufre.

On prépare l'acide persulfocyanhydrique, en traitant une dissolution de sulfocyanure de potassium par six ou huit fois son volume d'acide chlorhydrique concentré ; l'acide se précipite sous forme d'aiguilles.

De l'acide nitroprussique. $Fe^5Cy^{12}Az^3O^5$, 5H.

M. Playfair a fait passer à chaud un courant de gaz bioxyde d'azote à travers une dissolution pure d'acide cyanhydrique ferruré, $FeH^2C^6Az^3$ (voy. p. 504 du t. I), et il a obtenu *d'abord* l'acide hydroferricyanique (ferrocyanhydrique), $H^3Fe^2Cy^6$ (voy. p. 507 du t. I), et *puis* l'acide nitro prussique. Cet acide est cristallisable, d'un beau rouge, d'une saveur acide, et donne avec les bases les plus énergiques des sels très-colorés qui deviennent d'un beau pourpre lorsqu'on les mêle avec un sulfate alcalin. Le même chimiste, en traitant 2 équivalents de cyanure *jaune* de potassium et de fer par 5 équivalents d'acide azotique monohydraté étendu de son volume d'eau, a obtenu, avec plus de facilité, le même acide nitroprussique mêlé d'acide azotique, d'azotate de potasse, de cyanure rouge de potassium et de fer, de *nitroprussiate* de potasse, et d'une *substance blanche*, Cy, 2HO, analogue à l'oxamide par ses caractères et par sa composition. Cette substance, modérément soluble dans l'eau bouillante, volatile sans décomposition, est convertie par les acides en acide oxalique et en ammoniaque (voy. *Journ. de pharm.*, mai 1850).

De l'acide azulmique.

Boullay fils a décrit sous ce nom le corps noir charbonneux qui es le résultat de la décomposition du cyanogène dissous dans l'eau, de l'acide cyanhydrique anhydre, du cyanhydrate d'ammoniaque, etc. J'ai dit, à la page 126 du tome I, que ce corps paraît être formé de $H^8C^8Az^8O^4$, d'après MM. Pelouze et Richardson. Voici la description qu'en a donnée M. Boullay fils. Il est solide, noir, spongieux, doué d'un reflet soyeux et comme velouté, susceptible, lorsqu'on le brise, de se diviser en feuillets dont la couleur, vue par transmission, est le brun rougeâtre. Chauffé, il se décompose en cyanhydrate d'ammoniaque qui se sublime, en cyanogène et en charbon; il n'est soluble ni dans l'eau ni dans l'alcool. L'acide azotique concentré le dissout à froid et prend une belle nuance rouge-aurore; l'eau trouble cette dissolution. Il est bien plus soluble encore dans les bases alcalines et dans l'ammoniaque. (Boullay fils, mars 1830, dissert. inaugurale.)

CLASSE DEUXIÈME.
DES PRODUITS IMMÉDIATS ET DES ORGANES DES ANIMAUX.

Lorsqu'on examine attentivement les diverses fonctions de l'économie animale, on voit que les aliments se transforment en chyle et en excréments dans le canal digestif; que le chyle est absorbé, versé dans la veine sous-clavière gauche, et changé en sang; enfin, que toutes les autres parties des animaux se forment aux dépens du sang. Ces notions me tracent l'ordre que j'ai à suivre dans l'histoire des matières animales composées.

DE LA DIGESTION.

Les aliments, après avoir été broyés dans la bouche, se mêlent avec la salive et avec le mucus renfermés dans cette cavité, et arrivent dans l'estomac, où ils se transforment en une matière molle comme de la bouillie, connue sous le nom de *chyme;* celui-ci, au bout d'un certain temps, se change en *chyle* et en *excréments,* en vertu d'une *force* inconnue et de l'action qu'exercent sur lui les sucs gastrique et pancréatique, la bile, et les sucs intestinaux. J'examinerai successivement la salive et ces divers fluides, avant de faire connaître le rôle que chacun de ces corps joue dans la digestion.

DE LA SALIVE.

On connaît deux sortes de salive : celle qui n'est pas mélangée avec le mucus buccal et qui provient directement du conduit de Sténon, et celle qui contient de ce mucus.

Salive non mélangée. — M. Mitscherlitz a vu, en examinant la salive parotidienne recueillie directement dans le conduit de Sténon, qu'elle est alcaline, et que si on l'évaporait dans le vide, on obtenait, pour 66 gr. et demi, un produit sec du poids de 1 gr. 121. Ce produit était formé de 0 gr. 281 de matières insolubles dans l'eau et dans l'alcool, de 0 gr. 352 de matières solubles dans l'eau et insolubles dans l'alcool, et de 0,192 de matières solubles dans l'eau et dans l'alcool. Il a constaté que la soude libre contenue dans 100 gr.,5 de cette salive pouvait être évaluée à 0,153 ou 0,174, puisqu'il fallait, pour la saturer, de 0 gr. 196 à 0 gr. 223 d'acide. Cent parties de cette salive incinérée lui ont fourni une demi-partie de cendres dans lesquelles on a trouvé 0,180 de chlorure de calcium, 0,095 de potasse primitivement combinée à l'acide lactique, 0,164 de soude, qui primitivement était, sans aucun doute, combinée avec le mucus, 0,017 de phosphate de chaux et 0,015 d'acide silicique.

M. Bernard a reconnu que la salive obtenue, en divisant le canal de Warthon de la glande sous-maxillaire des chiens, était gluante et filante comme du blanc d'œuf; tandis que celle qui provenait de la parotide des mêmes animaux était limpide et sans viscosité. D'après Simon, la salive parotidienne du cheval contiendrait une certaine quantité de matière caséeuse.

Salive buccale mélangée de mucus.—Elle est formée, chez l'homme, d'après Berzelius, de 992,9 d'eau, de 2,9 d'une matière animale particulière, qui a reçu le nom de *ptyaline;* de 1,4 de mucus, de 1,7 de chlorures de potassium et de sodium, etc., de 0,9 de lactate de soude et de matière animale, et de 0,2 de soude; le mucus de la salive retient beaucoup d'eau, quoiqu'il soit insoluble dans ce liquide; incinéré, il fournit beaucoup de phosphate calcaire et un peu de phosphate de magnésie.

Simon l'a dit composée de 991,225 d'eau, de 4,375 de *ptyaline* et de matière extractive, de 1,400 de mucus, d'albumine et d'épithélium, de 0,525 de graisse contenant de la cholestérine, et de 2,450 de matière extractive et de sels. Suivant Wright, elle serait formée de 988,1 d'eau, de 1,8 de *ptyaline,* de 0,5 d'acides gras, de 1,4 de chlorures de sodium et de potassium, de 0,8 d'un composé d'albumine et de soude, de 0,7 de lactates de potasse et de soude, de 0,9 de sulfocyanure de potassium, sel déjà signalé par Tiedemann et Gmelin dans la salive de deux individus dont un ne fumait pas, de 0,5 de soude, et de 2,6 de mucus avec *ptyaline*. M. Donné pense qu'elle renferme aussi du chlorhydrate d'ammoniaque.

La salive buccale est un fluide inodore, insipide, transparent, visqueux, d'une densité de 1,004 à 1,008, susceptible de devenir écumeux par l'agitation ; il verdit légèrement le sirop de violettes, car à l'état normal il est toujours alcalin. Abandonné à lui-même, il se sépare en deux parties, l'une liquide et l'autre solide ; cette dernière est formée de mucus et de débris d'épithélium ; étendue d'eau, la salive laisse également déposer peu à peu les mêmes matières (mucus).

Si, après l'avoir desséchée, on la traite successivement par de l'alcool pur et par de l'alcool aiguisé d'acide acétique, on dissout tous ces principes, excepté la *ptyaline* et le mucus ; ces deux substances peuvent être aisément séparées l'une de l'autre par l'eau, qui dissout la première et qui n'agit pas sur le mucus. Abandonnée à elle-même, au contact de l'air, la salive se pourrit promptement en répandant une odeur d'abord ammoniacale, puis fétide, et en déposant des flocons grisâtres. Les acides la précipitent légèrement ; les azotates d'argent, de plomb et de mercure, ainsi que le bichlorure de ce dernier métal, y font naître des précipités abondants. L'alcool et l'infusion alcoolique de noix de galle y déterminent des précipités moins abondants. Les alcalis ne la troublent pas. Le sesquichlorure de fer la colore souvent en rouge, ce qui tient à la présence du sulfocyanure de potassium.

La salive *buccale*, mise en contact avec de l'*amidon hydraté*, à la température de 35° à 40° c., transforme celui-ci en *glucose* ; bientôt après on remarque tous les phénomènes des fermentations lactique et butyrique ; les salives parotidienne et sous-maxillaire ne jouissent aucunement de cette propriété ; d'un autre côté, on peut opérer la même transformation soit à l'aide du sérum du sang ou de la sérosité des hydropiques, soit à l'aide du liquide obtenu en laissant pendant quelque temps dans l'eau des membranes muqueuses. Que peut-on inférer de cette action remarquable de la salive buccale, relativement au rôle qu'elle joue dans la digestion ? Si l'on considère d'une part que la transformation dont il s'agit *n'a pas lieu* pour les substances grasses et albuminoïdes, et d'autre part, que dès que la salive est devenue acide, et elle ne tarde pas à le devenir quand elle est arrivée dans l'estomac, le changement de l'amidon en glucose ne peut guère avoir lieu que dans la bouche, et seulement pendant le temps excessivement court de la mastication et de la déglutition, on conclura que le rôle de la salive, comme agent chimique, doit être fort restreint pendant la digestion.

La salive de l'homme devient fréquemment acide pendant les maladies. Je ne crains pas d'avancer, dit M. Donné (voy. *Ann. de chim.*, décembre 1834), que dans les lésions de l'estomac, même les plus graves, lorsqu'il n'y a pas véritablement inflammation, la salive conserve son caractère alcalin, tandis que la gastrite, même assez légère, la fait passer à l'état neutre ou acide. J'ai vu plusieurs cas dans lesquels l'acidité de la salive a disparu rapidement pour reprendre son caractèr normal, à la suite d'un traitement antiphlogistique et d'un régime convenable; au contraire, il m'est arrivé, après avoir constaté l'état alcalin de la salive, de prévoir l'inefficacité des remèdes antiphlogistiques employés contre la maladie, qui n'était, dans ce cas, qu'un embarras gastrique, qu'un état saburral, que l'on guérissait facilement à l'aide d'un purgatif. Je n'ai pas encore rencontré un seul individu, ayant un bon appétit et digérant bien, avec la salive franchement acide.

Simon, de son côté, a vu la salive morbide contenir souvent de l'acide lactique, et quelquefois de l'acide acétique. Gmelin et Audouard de Béziers, ont trouvé du mercure dans la salive d'individus soumis à un traitement mercuriel, et Wright a reconnu, dans la salive d'un homme affecté de ptyalisme mercuriel, une quantité notable de mucus.

La salive de cheval a fourni à M. Lassaigne une matière animale soluble dans l'alcool, une matière animale soluble dans l'eau, de l'albumine, des traces de mucus, de la soude libre, des chlorures de sodium et de potassium, du carbonate et du phosphate de chaux.

DU SUC GASTRIQUE.

MM. Leuret et Lassaigne considèrent le suc gastrique des chiens, des canards, des crapauds et des lézards, comme un composé de 98 parties d'eau et de 2 parties d'*acide lactique*, de chlorhydrate d'ammoniaque et de chlorure de sodium, de matière animale soluble dans l'eau, désignée sous les noms de *chymosine*, de *pepsine* ou de *gastérase*, de mucus et de phosphate de chaux. On assigne généralement au suc gastrique la composition suivante : eau 999, phosphate de chaux, chlorhydrate d'ammoniaque et chlorure de sodium, matières organiques telles que mucus et *pepsine*, et acide lactique libre, 1. MM. Leuret et Lassaigne regardent comme inexactes les expériences qui avaient fait admettre au docteur Prout que l'acide libre du suc gastrique des lapins, des lièvres, des chevaux, des veaux, des chiens et de l'homme atteint de dyspepsie, est de l'*acide chlorhydrique*. Ils combattent également l'opinion de Montègre, qui admettait deux sortes de suc gastrique: l'un, *putrescible,* alcalin, entièrement semblable à la salive; l'autre, acide, ne se putréfiant qu'avec difficulté, était de la salive digérée. Ils reconnaissent, avec Spallanzani, que le suc gastrique agit sur les aliments, les ramollit et les délaie (ouvrage cité). Si le suc gastrique a été trouvé quelquefois neutre, dit M. Donné, c'est parce qu'étant sécrété en petite quantité, lorsque l'estomac est à jeun, il est mêlé à la salive alcaline que l'on avale continuellement, et qu'il est, dans ce cas, neutralisé par elle.

MM. Bouchardat et Sandras, contrairement à l'opinion de MM. Leuret et Lassaigne, ont pensé que l'acide chlorhydrique existe dans l'estomac à l'état de liberté, et qu'affaibli, même à un millième, il dissout bien toutes les matières azotées nutritives, tant qu'elles sont crues, tandis que si elles sont cuites, elles ont besoin d'autres agents pour être dissoutes; l'un de ces agents serait, d'après Schwann et Wassmann, la *pepsine,* matière particulière qui serait secrétée dans l'estomac, et qui se trouverait des deux côtés de la ligne qui passe au milieu de la grande courbure, et qui s'étend depuis le pylore jusqu'au cardia; cette substance jouerait vis-à-vis des aliments azotés le même rôle que la diastase envers la fécule.

De son côté, M. Blondlot avait cru devoir attribuer l'acidité du suc gastrique au biphosphate de chaux, opinion qui a été combattue avec succès par MM. Bernard et Barreswil; ce dernier, partant de ce point que le suc gastrique contient de l'acide lactique, de l'acide chlorhydrique, de la soude, et une quantité de base insuffisante pour saturer les deux acides, se demande quel est celui des deux acides qui est libre, quel est celui qui est combiné, quel est celui qui s'est formé au moment de la sécrétion du suc gastrique; s'est-il produit de l'acide lactique qui s'est mêlé au chlorure de sodium, ou bien s'est-il formé de l'acide chlorhydrique qui se sera mêlé à un lactate? Il croit, avec raison, que l'acide produit est de l'acide lactique, et que la réaction acide du suc gastrique et ses propriétés sont dues à cet acide organique, et non à l'acide chlorhydrique (*Journ. de pharm.,* février 1850).

Quel rôle joue le suc gastrique dans la digestion stomacale? Il agit exclusivement sur les matières alimentaires azotées, et nullement sur les substances grasses et amidonnées, qui n'éprouvent de sa part aucune altération chimique. L'action de ce suc est due à l'acide libre et à la pepsine qu'il renferme; que l'on neutralise ce suc par une base, et il perdra sa faculté digestive ; qu'après on le rende de nouveau acide, il récupérera cette faculté ; et pour ce qui concerne l'influence de la pepsine, que l'on fasse bouillir ce suc, la pepsine sera détruite, et quoique le suc reste acide, il n'aura plus la faculté digestive. Maintenant faut-il absolument que l'acide qui donne au suc gastrique cette faculté soit l'acide lactique ? Non, certes ; tout autre acide agirait de même : en sorte que si, à la suite d'alimentations variées, l'acide lactique du suc gastrique venait à déplacer l'acide d'un des sels contenus dans les aliments, l'acide du sel mis à nu donnerait au suc gastrique, aussi bien que l'acide lactique, la faculté de digérer les matières azotées.

DE LA BILE.

La bile est sécrétée par le foie.

Bile de bœuf.—Cette bile est presque entièrement composée, d'après les expériences récentes de M. Strecker, d'eau, de *cholate* et de *choléate* de soude (voy. p. 676), de petites quantités de cholestérine, d'acides gras, tels que l'acide oléique et l'acide margarique, et de sels à base de potasse, d'ammoniaque et de magnésie. On y trouve aussi du mucus et deux matières colorantes : l'une, verte, la *biliverdine* ; l'autre, orangée, la *bilifulvine* de Berzelius. Ce savant et Muller admettent, dans la bile fraîche, l'existence d'une substance qu'ils ont désignée sous le nom de *biline* : suivant eux, la bile fraîche se composerait de biline et de bilifellate de soude, sel qui prendrait naissance par la décomposition de la biline en présence du carbonate de soude. Berzelius admet en outre, dans la bile fraîche, les acides fellique et cholinique, et dans la bile ancienne, outre les acides bilifellique, fellique, et cholinique, les acides fellanique, cholanique et cholique. D'après Liebig, la bile serait essentiellement constituée par du *biliate de soude*. Avant les travaux de ces chimistes, on avait assigné à la bile de bœuf la composition suivante : 1° une substance ayant l'odeur de musc ; 2° de la cholestérine ; 3° de l'acide oléique ; 4° de l'acide margarique ; 5° de l'acide choléique ; 6° de la *taurine* ; 7° un principe sucré qui n'est autre chose que de la glycérine (Rousseau), et connu sous le nom de *picromel* ; 8° une matière colorante, qui, étant dissoute dans la potasse, devient d'abord verte, puis bleue, violette et rouge ; si on sature l'alcali par de l'acide azotique, cette dernière couleur disparaît bientôt après, et le liquide devient jaune ; 9° une substance analogue au gluten ; 10° du caséum ; 11° une matière comme salivaire ; 12° de l'albumine ; 13° du mucus de la vésicule ; 14° une substance extractive insoluble dans l'alcool ; 15° des sels qui

sont du bicarbonate, de l'acétate, de l'oléate, du margarate, du choléate, du sulfate et du phosphate de potasse et de soude, du chlorure
de sodium, du phosphate de chaux, et un peu de carbonate d'ammoniaque ; 16° une grande quantité d'eau.

M. H. Demarçay, à l'instar des anciens chimistes, a considéré la bile
comme un savon de soude formé par l'acide choléique et par les autres
acides gras qu'elle renferme.

On voit par cette énumération combien les chimistes ont eu des opinions différentes sur la composition de la bile de bœuf; l'analyse de
M. Strecker est évidemment celle qui inspire le plus de confiance. La
résine biliaire de M. Thénard est un produit de la décomposition que
subissent les acides choléique et cholique par les acides; d'après Chevreul, elle serait formée d'acides margarique et oléique, d'un corps
gras, non acide, et de trois matières colorantes. Le *picromel* de M. Thénard est un composé d'acide oléique et margarique, d'une matière amère,
alcaline, et d'un principe sucré (Braconnot). La *taurine* et la *dyslysine*
sont le résultat de l'action de l'acide chlorhydrique sur la bile ; la taurine se produirait aussi aux dépens de l'acide choléique, quand on le
traite par un alcali.

La bile est sous forme d'un liquide plus ou moins consistant, limpide
ou troublé par la *matière jaune*, d'une couleur verdâtre, d'une saveur
excessivement amère et légèrement sucrée, et d'une odeur nauséabonde
faible, analogue à celle de certaines matières grasses chaudes ; son poids
spécifique est de 1,026 à 6° ; sa réaction est souvent alcaline, quelquefois neutre, et dans quelques cas, acide au papier de tournesol.

Chauffée dans des vaisseaux fermés, la bile se trouble, produit de l'é-
cume, et fournit un liquide ayant l'odeur de musc, volatil, incolore, susceptible de précipiter l'acétate de plomb en blanc, et qui paraît contenir
une matière organique ; bientôt après, elle se trouve desséchée et porte le
nom d'*extrait de fiel*. Cet extrait est solide, d'un vert jaunâtre, et doué
d'une saveur amère et sucrée ; il attire légèrement l'humidité de l'air,
se dissout presque en entier dans l'eau et dans l'alcool, et fond à une
légère chaleur. Si on le chauffe fortement, il se décompose à la manière
des substances azotées ; mais il fournit peu de carbonate d'ammoniaque,
et laisse un charbon très-volumineux, contenant de la soude et les différents sels de la bile.

Lorsqu'on fait arriver un courant de *chlore* à travers la bile, ce liquide
perd sa couleur et son odeur en passant successivement du bleu d'azur
au jaune obscur, et enfin au blanc laiteux ; une matière blanchâtre, composée d'une substance grasse et d'un principe colorant, se dépose. La

liqueur contient, suivant M. Matteucci, un composé de chlore et des autres éléments de la bile, composé qui ressemble sous *presque* tous les rapports à la matière que l'on nommait autrefois *résine biliaire*. M. Matteucci le désigne sous le nom d'acide *chlorobilique*, et l'obtient en dissolvant dans l'alcool la liqueur dont je parle, et en la faisant évaporer. (Voy. *Journal de chimie médicale*, 1831.)

Exposée à l'air, la bile s'altère peu à peu, et finit par se pourrir sans répandre une odeur très-désagréable; il se dégage de l'ammoniaque et il se dépose de l'acide *choloïque*, si l'action de l'air a été très-longue; si elle n'a guère duré qu'un mois, on obtient un corps composé de deux équivalents d'acide fellique et d'un d'ammoniaque.

L'eau s'unit parfaitement avec elle. L'alcool en sépare une matière jaune. Les *acides* en précipitent une matière jaune, sorte de mucus; si on filtre, la liqueur a perdu sa viscosité et peut être précipitée de nouveau par ceux des acides qui précipitent l'albumine, pourvu qu'ils soient employés en quantité suffisante.

En abandonnant pendant douze ou quinze jours à lui-même un mélange d'acide sulfurique et de bile, après l'avoir agité jusqu'au point où la masse est devenue jaune, il se dépose une matière jaune, et le liquide reste d'un beau vert; si on sature ce liquide par la potasse, qu'on évapore à siccité après filtration et qu'on traite le résidu par l'alcool, on obtient une substance à laquelle M. Matteucci a donné le nom de *substance verte sucrée de la bile*. Cette matière serait d'un beau vert, d'une saveur sucrée comme celle de la réglisse, très-soluble dans l'eau et dans l'alcool; le chlore détruirait sa couleur.

Lorsqu'on maintient, à la température de 40°, de la bile *légèrement acidulée* par de l'acide chlorhydrique, on obtient un acide en longues aiguilles isolées, peu soluble dans l'eau, très-soluble dans l'alcool, se colorant en violet par un mélange d'acide sulfurique et de sucre. Cet acide, composé de 46,96 de carbone, de 15,90 d'hydrogène, de 3,21 d'azote et de 33,93 d'oxygène, avait reçu le nom de *cholique* par Plattner et Gmelin. L'acide chlorhydrique *concentré*, en agissant sur la bile, donne de la *dyslysine* et les acides fellique et *cholinique* de Berzelius.

L'acide azotique fournit, avec la bile, des corps volatils et d'autres qui sont fixes; les premiers sont les acides caprique, caprylique, valérianique, butyrique, et une huile pesante qui se dédouble facilement en acide *nitrocholique*, $HC^2Az^4O^9,HO$, et en *cholacrol*, $H^5C^2Az^2O^{13}$ (voy. p. 557). Les corps fixes sont les acides *choloïdanique* et *cholestérique*.

L'*acétate* de plomb donne, avec la bile, un précipité que M. Strecker considère comme du cholate de protoxyde de plomb, et que les chimistes avaient cru jusqu'alors formé d'oléate et de margarate de plomb, de matières colorantes, et de traces de sulfate et de phosphate de plomb. Si, après avoir épuisé l'action de l'acétate de plomb, on filtre, et qu'on verse dans la liqueur filtrée de l'acétate de plomb tribasique, on obtient un précipité fort abondant de choléate de plomb, suivant M. Strecker, et que l'on avait regardé comme formé de cholestérine et de la substance sucrée à laquelle M. Thénard avait donné le nom de *picromel*.

Si on mêle la bile avec les deux tiers de son volume d'acide sulfurique concentré, et que l'on ajoute quatre ou cinq gouttes d'une dissolution de sucre de canne faite avec une partie de sucre et 5 parties d'eau, le liquide deviendra *d'un beau violet*, pourvu que l'on empêche la température de s'élever (Pettenkofer). Par un mélange d'acide azotique et d'acide hypoazotique, la bile passe au vert, au bleu, au violet, au rouge et au jaune.

Les liqueurs qui proviennent de l'action des acides sur la bile renferment de la *taurine* (voy. p. 656).

La potasse, la soude et l'ammoniaque, loin de troubler la bile, la rendent plus transparente et moins visqueuse. Si l'on chauffe de la bile avec de la potasse, jusqu'à ce qu'il ne se dégage plus d'ammoniaque, et que l'on verse de l'acide acétique dans la liqueur, il se précipite des cristaux d'acide choloïque, ainsi nommé par M. Demarçay.

La bile jouit de la propriété de dissoudre plusieurs matières grasses: aussi les dégraisseurs s'en servent-ils pour enlever la graisse qui salit les étoffes de laine.

Acides fellique et cholinique. — Ils ont une saveur amère; ils sont peu solubles dans l'eau, fusibles dans l'eau bouillante, solubles dans l'alcool et moins solubles dans l'éther. Ils sont formés de $H^{36}C^{50}O^6$ et de $4HO$ pour l'acide fellique, et de $2HO$ pour l'acide cholinique.

Acide choloïdanique, $H^{12}C^{16}O^7$. — Il est en aiguilles prismatiques longues et solubles dans l'eau.

Acide choloïque, $H^{36}C^{50}O^6,5HO$. — Il est en pyramides quadrangulaires, très-peu solubles dans l'eau, solubles dans l'alcool et l'éther, rougissant le tournesol et décomposant les carbonates. Les choloates alcalins sont solubles dans l'eau, tandis que les autres sont insolubles.

Bile humaine. — Suivant M. Thénard, elle serait formée, sur 1100 parties, de 1,000 parties d'eau, de 42 d'albumine, de 41 de résine, de 2 à 10 parties de matière jaune, de 5,6 de soude, de 4,5 de phosphate et de sulfate de soude, de chlorure de sodium, de phosphate de chaux et d'oxyde de fer. D'après Berzelius, elle ne renfermerait ni huile ni résine; mais une matière analogue aux résines, soluble dans l'eau et dans l'alcool, très-peu de soude et de mucus de la vésicule. Suivant Cadet, la bile humaine contiendrait de l'acide sulfhydrique. Dans un travail publié en 1818, M. Chevallier établit que la bile cystique renferme une petite quantité de cette matière sucrée à laquelle M. Thénard avait donné le nom de *picromel ;* du moins il en a retiré de la bile d'une femme morte de phthisie pulmonaire, et de celle de plusieurs syphilitiques. On a trouvé, dans la bile de plusieurs cadavres d'individus atteints de différentes maladies, de la *cholestérine,* des acides *margarique* et *oléique,* et une matière rouge qui existe dans le sérum du sang des enfants attaqués d'endurcissement du tissu cellulaire. D'après M. Thénard, dans la *chlorose,* la bile perd ses caractères et se transforme en un liquide albumineux. Je pourrais faire connaître d'autres analyses, différentes sous plusieurs rapports, de celles dont je viens de parler ; mais je suis persuadé que toutes ces analyses sont inexactes et incomplètes, et que, dans un très-grand nombre de cas, la différence des résultats tient à ce que le liquide analysé n'était pas le même : du moins je puis affirmer, après avoir analysé la bile d'individus morts à la suite d'apoplexies, de fièvres putrides, d'entérites, etc., ne l'avoir jamais trouvée identique ; j'ai même observé entre ces liquides des différences assez frappantes. Il serait très-important pour la chimie pathologique d'avoir, pour point de départ, des analyses bien faites de la bile d'individus guillotinés ou fusillés dans l'état de santé ; on pourrait alors leur comparer les résultats obtenus jusqu'à présent par les différents chimistes, sur la bile provenant de personnes malades, et certes le domaine de la science s'agrandirait. Hahnemann parle, à la vérité, de la bile d'un individu fusillé dans l'état de santé, qui donna, par l'alcool et par les acides, un *coagulum* semblable aux calculs biliaires, qu'il appela *gluten ;* mais il suffit de ce simple énoncé pour juger combien ce travail est loin d'être satisfaisant. Je ne doute pas, à l'exemple de Boerhaave, de Morgagni, etc., que la bile ne contracte quelquefois des qualités âcres, irritantes, qui doivent nécessairement influer sur le développement et l'intensité des symptômes que l'on observe dans certaines maladies.

La bile humaine est verte, d'un brun jaunâtre, rougeâtre, ou incolore ; sa saveur n'est pas très-amère ; elle est rarement limpide, et tient souvent en suspension une matière jaune. Chauffée, elle se trouble et répand l'odeur du blanc d'œuf. L'extrait de cette bile se décompose comme le précédent lorsqu'on élève fortement sa température. Les acides la précipitent ; le *sous-acétate de plomb* la fait passer au jaune. Les observations microscopiques faites par M. Gruby le portent à penser que la bile existe dans le foie sous forme de petits globules analogues à ceux des matières grasses, et que l'affection connue sous le nom de *foie gras* est le résultat d'une altération de la bile hépatique dans les cellules mêmes du foie.

Quel rôle joue la bile pendant la digestion intestinale? Mon ami le professeur Bérard, dans une leçon intéressante sur la bile, établit: 1° qu'il se forme du chyle sans le concours de la bile, et qu'il ne paraît pas que ce chyle diffère beaucoup de celui qui se produit dans les circonstances normales; 2° que la bile n'est pas l'organe exclusif de la dissolution des corps gras, sans pourtant qu'on puisse lui refuser toute action dans la digestion de ces principes; 3° qu'elle empêche probablement de fermenter les matières organiques chymifiées ou non chymifiées, et notamment le sucre qui se produit dans le canal intestinal; 4° qu'elle excite le mouvement péristaltique et les sécrétions du canal intestinal; 5° que la bile pure, sans mélange de suc pancréatique, n'altère point la viande crue ou cuite, le pain, les fruits, etc., tandis que le contraire a lieu si elle est mêlée au suc pancréatique; 6° qu'elle digère le pancréas avec une extrême facilité, aussi bien sur le vivant que sur le cadavre (Bernard); 7° que par sa réaction sur le chyme, on obtient des flocons ou filaments blancs, produits excrémentiels qui seraient infailliblement résorbés, au détriment de l'économie, s'ils parcouraient le canal intestinal à l'état de dissolution; 8° qu'il se pourrait bien que certaines parties récrémentitielles de la bile fussent résorbées à l'état de combinaison avec l'aliment, puisqu'on croit avoir constaté que la proportion des principes biliaires contenus dans les fécès ne répond pas à la quantité de bile sécrétée. (Cours de physiologie, 1850.)

On sait, en outre, qu'on ne trouve jamais l'acide choléique dans les excréments; qu'est devenu cet acide, a-t-il été décomposé ou reporté dans le sang? C'est ce qu'il n'est pas encore permis de préciser.

Bile des foies gras. — M. Thénard n'a trouvé que de l'albumine dans la bile provenant de foies dont les $5/6$ étaient formés par de la graisse; quelquefois aussi, lorsque la maladie était moins avancée, la bile était composée de beaucoup d'albumine et d'un peu de résine.

Bile d'un individu atteint d'une fièvre bilieuse grave, avec ulcération de la membrane muqueuse intestinale. — J'ai trouvé dans cette bile environ 96 d'une matière comme résineuse, 3 de soude, et 1 de sels; la matière résineuse était évidemment altérée, car elle avait une saveur excessivement amère et *âcre* : il suffisait d'en mettre un atome sur la lèvre pour faire naître des ampoules très-douloureuses. Morgagni fait mention, dans ses ouvertures cadavériques, de la bile d'un individu mort subitement, dont l'âcreté était telle, qu'il suffit de piquer deux pigeons avec la pointe d'un scalpel qui en contenait un peu pour les faire périr subitement...

Bile d'ours. — Elle renferme une quantité notable de cholestérine, des acides margarique, oléique, etc.

Bile de porc. — Elle contient, d'après MM. Strecker et Gundlach, 88,8 p. °/₀ d'eau, de l'acide hyocholique, une petite quantité d'un acide sulfuré, et une base organique sulfurée. L'acide sulfuré se transforme, par l'action des alcalis, en *taurine* et un acide azoté analogue à l'acide choléique, et que l'on pourrait appeler *hyocholéique.* La base sulfurée fournit des sels solubles dans l'eau et pour la plupart dans l'alcool ; elle forme, avec le chlorure de platine, un sel double bien cristallisé. La bile de porc est visqueuse, d'un jaune tirant sur le brun, d'une saveur d'abord douceâtre, puis très-amère.

Bile de chien. — Elle renferme principalement du choléate de soude. Décomposée par l'eau de baryte, après avoir été purifiée par l'alcool et l'éther, elle fournit de l'acide cholalique et de la taurine, sans mélange de glycocolle.

Bile de mouton. — Elle a beaucoup d'analogie avec la précédente ; toutefois elle est plus colorée, et lorsqu'on la décompose par les alcalis, elle donne, outre l'acide cholalique et la taurine, un peu de glycocolle.

Bile des oiseaux. — Elle est composée d'eau, de beaucoup d'albumine, d'une matière très-amère, très-âcre et peu sucrée, d'un atome de soude, de résine et de différents sels : du moins telle est la composition de la bile de canard, de poule, de chapon et de dindon.

Bile de poisson (turbot, cabillaud, brochet, perche, etc.). — Elle contient de la cholestérine, une huile, beaucoup d'acide choléique, et un peu d'acide cholique, combinés avec la *potasse* et la soude. Les cendres des biles de poissons de mer renferment principalement de la potasse ; tandis que la soude est contenue, en quantité proportionnellement plus grande, dans les cendres des biles de poisson d'eau douce : ce résultat paraîtra extraordinaire. (Strecker, *Journ. de pharm.,* décembre 1849.) La bile de *raie* et de *saumon* est d'un blanc jaunâtre, celle de carpe et d'anguille est très-verte et très-amère.

DU SUC PANCRÉATIQUE.

Le suc pancréatique du *chien* a fourni à MM. Tiedemann et Gmelin 91,28 d'eau, et 8,72 de matières solides contenant de l'osmazome, une matière qui rougit par le chlore, une matière analogue à la caséine, et probablement associée à la matière salivaire, beaucoup d'albumine constituant environ la moitié du résidu sec et des sels. Il existe aussi, dans ce suc, de la *ptyaline*; du moins est-il que MM. Bouchardat et Sandras ont vu ce suc transformer l'amidon en glucose (voy. *Ptyaline*, p. 667). Cent parties des matières solides incinérées donnèrent 8, 28 de cendres consistant en une grande quantité de carbonates alcalins, en chlorures des métaux dits alcalins, en une petite proportion de phosphates et de sulfates à base alcaline, et surtout à base de soude, et en une très-petite quantité de carbonate et de phosphate de chaux. Le suc pancréatique de la *brebis*, visqueux et abondamment coagulable par la chaleur et par les acides énergiques, fournit aux mêmes expérimentateurs 94,81 d'eau, et 5,09 de parties solides, analogues aux matières solides retirées du suc pancréatique du chien; elles ne contenaient pas toutefois la matière qui rougit par le chlore. Cent parties de matières solides incinérées laissèrent 2,97 de cendres.

Il résulte de ces analyses que le suc pancréatique diffère notablement de la salive, et que si MM. Leuret et Lassaigne avaient cru le contraire, c'est qu'ils avaient analysé le suc pancréatique du cheval *altéré* par suite de l'opération laborieuse qu'ils lui avaient fait subir, et du malaise qu'il avait éprouvé.

Le suc pancréatique *normal du chien*, c'est-à-dire celui qui est sécrété aussitôt après l'opération qu'il a fallu faire pour se le procurer, et avant que le pancréas soit devenu malade, est un liquide limpide, incolore, visqueux et gluant, inodore, d'une saveur salée analogue à celle du sérum du sang, coulant par grosses gouttes perlées ou sirupeuses, et moussant par l'agitation. Il est coagulé par la chaleur et précipité par les acides sulfurique, azotique et chlorhydrique concentrés, par les sels métalliques, les alcools vinique et méthylique. Les acides acétique, lactique et chlorhydrique étendus, ainsi que les alcalis, ne le précipitent pas. Quelle que soit l'analogie qui existe entre les propriétés du suc pancréatique et celles de l'albumine, l'action de ces deux corps sur les matières alimentaires, pendant la digestion, est on ne peut plus différente. En effet, M. Bernard a prouvé, par une série d'expériences ingénieuses : 1° *que le suc pancréatique possède, en dehors de l'animal, la propriété d'émulsionner instantanément, et d'une manière complète, les matières grasses neutres, et de les dédoubler en acides gras et en glycérine ; 2° qu'il est destiné, à l'exclusion de tous les autres liquides intestinaux, à digérer les matières grasses neutres contenues dans les aliments, et à permettre, de cette manière, leur absorption ultérieure par les vaisseaux chylifères.* Or, l'albumine ne produit rien de pareil. J'ajouterai que la matière du suc pancréatique, coagulée par l'alcool absolu, puis desséchée à une douce chaleur, se dissout facilement et complétement dans l'eau ; tandis que l'albumine, traitée de la même manière, ne se dissout pas d'une manière semblable (*Journ. de pharm.*, mai 1849).

Il importe, lorsqu'on fait des recherches sur le suc pancréatique, de savoir que ce liquide est très-facilement altérable à 40° ou 45° c., et qu'il perd la plupart de ses propriétés ; aussi M. Bernard a-t-il eu soin d'agir sur du suc pancréatique frais.

<h3 style="text-align:center">DES SUCS INTESTINAUX.</h3>

On désigne sous ce nom un mélange de sucs fournis par les tubes de Lieberkuhn, de fluide perspiratoire exhalé par les artères des intestins, et de mucus intestinal plus ou moins visqueux, entraînant avec lui les cellules d'*épithélium* cylindrique ; mais comme les sucs intestinaux sont mélangés de bile, de suc pancréatique, etc., il est évident qu'il a été impossible d'étudier les sucs intestinaux à l'état de pureté. Les sucs intestinaux, tels qu'ils ont pu être examinés, sont acides dans le duodénum, et leur acidité va en diminuant jusqu'au bas de l'iléum, où souvent même elle est remplacée par un état alcalin. D'après M. Bernard, ils seraient acides dans la digestion des viandes et de la graisse, et alcalins dans la digestion des matières sucrées amylacées et herbacées ; cette assertion ne s'accorde guère avec les expériences de Tiedemann et Gmelin, qui, après avoir nourri des chiens avec du sucre exclusivement, ont vu que le contenu de l'intestin grêle était acide du haut en bas. On ne peut pas dire d'une manière absolue que les matières amylacées soient toujours transformées en glucose dans les intestins grêles, car cela n'a pas lieu chez l'homme et chez les carnivores auxquels on a fait prendre de l'amidon cru ; mais si la fécule a été donnée *cuite,* la transformation en dextrine et en glucose s'effectue constamment chez l'homme, chez tous les mammifères, chez les oiseaux carnivores et granivores, etc. Qu'importe, comme l'ont établi MM. Bouchardat et Sandras, que le suc pancréatique puisse aussi opérer cette transformation ; il n'en est pas moins vrai, d'après les expériences de MM. Magendie et Bernard, qu'elle a lieu sans sa présence.

Quelle est la part que peuvent prendre les sucs intestinaux dans la digestion des matières albuminoïdes ? C'est ce que l'on ignore. Pour ce qui concerne les gros intestins, on sait : 1° que l'acidité, qui avait considérablement diminué ou même totalement disparu à la fin de l'iléum, reparaît de nouveau dans le cœcum; 2° qu'il existe dans cet intestin une matière analogue à l'osmazome, de l'albuminose, cette matière qui rougit par le chlore, et que j'ai signalée dans le suc pancréatique, etc. Quelle est l'action de ces diverses substances sous le rapport de la digestion, et peut-on raisonnablement admettre avec Schultze qu'il y a une digestion *cœcale* qui répéterait la digestion stomacale?

DES PHÉNOMÈNES CHIMIQUES DE LA DIGESTION.

Insalivation. J'ai déjà dit que la salive ne joue qu'un rôle chimique fort restreint pendant la digestion (voy. *Salive,* p. 688).

Chymification. Cette opération a pour but la transformation, dans l'estomac, des aliments en une pâte molle appelée *chyme.* Le chyme n'est-il que l'aliment *dissocié, non dissous* et ramené à l'état globulaire, comme le veut M. Blondlot; ou bien serait-il le produit d'une *dissolution* de l'aliment sans transformation, comment l'ont pensé MM. Bouchardat et Sandras; ou bien enfin serait-il le résultat d'une dissolution et d'une transformation de l'aliment? Cette dernière opinion me paraît la seule soutenable; du reste, voici l'hypothèse mise en avant par MM. Bouchardat et Sandras: d'après eux, les matières azotées (fibrine, albumine, caséum, gluten) seraient dissoutes dans l'estomac au moyen de l'acide chlorhydrique libre qu'il contient; leur digestion et leur absorption se feraient presque exclusivement dans ce viscère, puisqu'on ne trouve plus dans les intestins la dissolution chlorhydrique dont on constate si abondamment la présence dans l'estomac. Il en serait de même des substances amylacées, dont les diverses transformations ne sont pas cependant encore suffisamment connues. La graisse ne serait pas attaquée dans l'estomac, et passerait dans le duodénum, émulsionnée par les alcalis fournis par le foie et le pancréas. Le chyme ne serait qu'un mélange de résidus d'aliments non dissous, mais dont la dissolution pourrait avoir lieu dans les intestins, et d'excrétions des divers organes destinés à former plus tard les matières excrémentitielles, et non une substance préparée pour l'assimilation.

J'admets que toutes les substances albuminoïdes, à savoir la fibrine, l'albumine liquide, l'albumine concrète, la caséine, le gluten, etc., sont dissoutes et transformées en une matière à laquelle M. Mialhe a donné le nom d'*albuminose,* et dont il a fait connaître les caractères. Sous l'influence d'un acide dilué, du suc gastrique, dit M. Bérard, les matières azotées neutres sont ramollies, gonflées, hydratées, plus ou moins désagrégées; leur affinité de cohésion étant détruite, quelques-unes prennent un aspect gélatiniforme, et acquièrent une sorte de transparence; au fur et à mesure que ces substances éprouvent la modification que je viens de décrire, la *pepsine* intervient; son premier effet est de précipiter, de coaguler la matière devenue semi-liquide : de là la formation de cette couche pulpeuse, opaque, molle, souvent grisâtre, qui fait partie du *chyme,* et qui se réduit par l'agitation en molécules d'une extrême ténuité, mais que le microscope démontre encore; cette couche est ultérieurement dissoute et transformée en *albuminose.*

Faut-il rappeler que le suc gastrique est sans action sur les principes gras et sur les matières amidonnées, qui ne sont attaquées que dans le canal intestinal?

Albuminose. L'albuminose pur, celui qui est le résultat de la digestion de la fibrine, est liquide, incolore, d'une odeur et d'une saveur qui rappellent en définitive l'odeur et la saveur de la viande. Évaporé à une douce chaleur, il constitue l'albuminose solide, d'un blanc jaunâtre, très-soluble dans l'eau et insoluble dans l'alcool. La dissolution aqueuse n'est troublée ni par la chaleur, ni par les alcalis, ni par les acides, ni par la pepsine, tandis qu'elle est précipitée par les sels de plomb, de mercure et d'argent, ainsi que par le chlore, le tannin, etc.

Chyme. Le chyme est une matière pultacée, le plus souvent grisâtre, d'apparence homogène, d'une consistance de crème et de gruau épais, *toujours acide,* quoique sa saveur soit quelquefois légèrement douceâtre. Quant à sa composition, elle doit varier suivant la nature des aliments qui lui ont donné naissance; mais elle est toujours complexe, et cela doit être d'après ce qui précède; admettons que l'alimentation qui l'a fourni contenait à la fois des substances albuminoïdes non encore transformées, déjà dissoutes ou non, de ces matières déjà changées en *albuminose,* des matières amylacées en bouillie, mais non encore changées en dextrine et en glucose, des matières grasses non attaquées, etc.; si l'on réservait le nom de *chyme* à la matière pulpeuse du composé complexe que je viens de faire connaître, sa composition serait moins compliquée, puisqu'elle ne s'appliquerait qu'au résultat de l'action du suc gastrique sur les matières azotées. Toujours est-il que la diversité de composition du chyme enlève le peu d'importance que l'on avait pu attacher jusqu'à ce jour aux analyses de Marcet, d'Emmert, de Werner, de Leuret et Lassaigne, et que je crois cependant devoir indiquer, pour ne rien omettre sur ce sujet.

Marcet fit, en 1813, l'analyse du chyme d'une poule d'Inde, qui

avait été nourrie seulement avec des végétaux; et il conclut de ces expériences, 1° que le chyme n'était ni acide ni alcalin, et qu'il était
presque entièrement dissous par l'acide acétique; 2° qu'il contenait de
l'albumine, du fer, de la chaux, et un chlorure alcalin; 3° qu'il ne renfermait pas de gélatine ; 4° qu'il donnait quatre fois plus de charbon
que le chyle retiré d'un chien que l'on avait nourri avec des substances
végétales; 5° que le chyme qui provient d'une nourriture végétale
donne plus de matière animale solide que tout autre fluide animal;
tandis qu'il paraît contenir, au contraire, moins de substances salines.
1,000 parties de ce chyme fournirent 12 parties de charbon et 200 parties de matière solide, dans lesquelles il y avait 6 parties de sel.

Emmert avait annoncé, en 1807, que la partie fluide des aliments
digérés dans l'estomac des herbivores et des carnivores renfermait,
entre autres produits, beaucoup de gélatine, un acide fixe, qu'il
croyait être l'acide phosphorique, et du protoxyde de fer. Suivant Werner, le chyme de ces animaux renferme un acide fixe sécrété par la
membrane muqueuse de l'estomac; il ne se coagule point comme le
chyle (Tubingue, 1800). Enfin, MM. Leuret et Lassaigne établissent que
le chyme recueilli sur plusieurs hommes et sur un très-grand nombre
d'animaux rougissait toujours le papier de tournesol, et que celui
que rendaient volontairement certaines personnes, quelque temps après
le repas, était toujours acide. Le chyme d'un épileptique, mort subitement après avoir pris une tasse de lait, était composé d'acide lactique,
d'une matière analogue au sucre de lait, d'albumine soluble dans l'eau,
d'une matière grasse, d'une substance analogue au caséum; enfin d'un
peu de chlorure de sodium et de phosphate de soude, et de beaucoup
de phosphate de chaux.

Chylification. L'opération qui a pour but la séparation du chyme en
chyle et en excréments porte le nom de chylification. Elle s'opère particulièrement dans le canal intestinal, toutefois MM. Leuret et Lassaigne pensent qu'elle commence dans l'estomac. « Si on ouvre un
animal pendant la digestion, disent-ils, on voit facilement les vaisseaux
blancs de l'estomac, et si on a choisi un cheval, on peut recueillir le liquide qu'ils contiennent, et reconnaître que c'est du véritable chyle. »

C'est particulièrement dans le duodénum, et sous l'influence de la
bile, du suc pancréatique et des sucs intestinaux, que le chyme se transforme en chyle et en excréments. La *bile*, qui est indispensable à la
digestion duodénale, joue un rôle chimique encore peu connu; on sait
seulement que le chyle se formerait sans elle, que sans elle les matières
grasses seraient émulsionnées et absorbées; son action consisterait-elle

à précipiter ces flocons blancs, qui, s'ils étaient absorbés, produiraient un trouble dans l'économie animale, et à céder de l'acide choléïque qu'on ne trouve pas dans les excréments? Ne se pourrait-il pas aussi qu'en agissant sur les matières albuminoïdes dissoutes dans le suc gastrique, elle les transformât en une matière comme albumineuse, coagulable par la chaleur, et non coagulable par les acides, qui ferait partie du chyle?

Le *suc pancréatique* émulsionne les matières grasses, qui sont ensuite absorbées et font partie du chyle; cette action a lieu dans le duodénum.

Quant aux *sucs intestinaux*, ils transforment, conjointement avec le suc pancréatique, en glucose, les matières amidonnées qui, n'ayant pas subi d'altération dans l'estomac, avaient traversé le pylore pour passer dans le duodénum.

Par suite de ces transformations, il s'est formé un liquide qui a reçu le nom de chyle, qui est absorbé par des vaisseaux dits chylifères, et versé dans le sang de la veine sous-clavière gauche.

Chyle. — On croyait, il y a encore peu d'années, que le chyle contenait tous les principes nutritifs des aliments qui avaient été pris; on sait aujourd'hui qu'il n'en est rien; en effet, le chyle ne renferme que les matières grasses émulsionnées par le suc pancréatique, et une autre matière semblable à la lymphe, ainsi que le démontre l'observation microscopique.

Dans ces derniers temps, M. Bernard a fait voir que les vaisseaux chylifères ou lactés ne contiennent un liquide blanc laiteux, qu'à la condition qu'ils ont absorbé des *matières grasses* dans l'intestin; de sorte que le chyle limpide et transparent est un chyle dépourvu de matière grasse, tandis que le chyle blanc laiteux homogène est un chyle chargé de graisse; cela étant établi, il est très-facile de démontrer que c'est le suc *pancréatique* qui émulsionne et modifie dans l'intestin la matière grasse, et la rend absorbable par les chylifères (voy. p. 697).

Quant aux matières azotées, à celles que l'on range parmi les substances amylacées et sucrées, elles sont directement portées, *presque en totalité*, dans le sang par l'intermédiaire des veines mésentériques, etc.

Caractères microscopiques, physiques et chimiques du chyle. A l'aide du microscope, on aperçoit dans le chyle deux sortes de globules. — *Globules graisseux.* Ils sont sous forme de gouttelettes plates et de petits globules arrondis ou un peu irréguliers, diaphanes, à bords obscurs, de volumes très-divers.— *Globules particuliers.* Ils sont grenus, arrondis, peu réguliers, et semblables à ceux de la lymphe; ils sont d'autant plus abondants, qu'il y a moins de globules graisseux; il y en a davantage quand le chyle a passé à travers les ganglions mésentériques. On comprend difficilement comment, après les résultats de cette observation microscopique, et après tant d'analyses chimiques faites sur le chyle, on ait pu dire que les matières grasses *seules* sont absorbées par les vaisseaux chylifères.

Le chyle, pris chez un animal en pleine digestion, est *limpide* ou *laiteux*, et toujours alcalin; il est difficilement coagulable par l'action de l'air, s'il n'a pas encore traversé les ganglions mésentériques; le coagulum est mou, contient peu de fibrine, et n'acquiert pas une couleur rosée. Si, au contraire, il a été recueilli dans le canal thoracique, il se divise en deux parties, comme le sang, par l'action de l'air; l'une est liquide comme le *sérum*, l'autre solide comme le *caillot;* il prend en outre une teinte rosée; s'il était laiteux, on aperçoit à la surface du sérum une couche graisseuse. D'après Tiedemann et Gmelin, le chyle du cheval est celui qui se coagule le plus facilement; 100 parties donnent de 1,06 à 5,65 de caillot frais, et de 0,19 à 1,75 de caillot sec. Le chyle de brebis est le moins coagulable de tous et ne fournit que 2,56 à 4,75 de caillot frais, et 0,24 à 0,82 de caillot sec. Le chyle du canal thoracique des animaux fortement nourris donne moins de caillot que le même chyle pris chez les mêmes animaux à jeun; il y a aussi chez ces derniers plus d'albumine, de ptyaline et de graisse, mais moins d'osmazome que chez les autres. Après l'usage du beurre, on a trouvé le chyle fort riche en graisse, tandis que les animaux auxquels on avait fait avaler de l'amidon fournissaient un chyle contenant du sucre.

Voici les résultats des travaux tentés par Vauquelin, Marcet, Emmert et Reuss, Leuret et Lassaigne, Macaire, Yvart, etc. Ces résultats, quoique inexacts sous certains rapports, ne méritent pas moins d'être connus.

Vauquelin a trouvé dans le chyle du cheval de la fibrine, ou du moins une matière albumineuse, ayant beaucoup d'analogie avec la fibrine, une substance grasse, qui donne au chyle l'apparence du lait, de la potasse, du chlorure de potassium, du phosphate de fer et du phosphate de chaux. D'après ce chimiste, la composition du chyle varie suivant qu'il est pris dans telle ou dans telle autre partie: ainsi la matière fibreuse est d'autant plus parfaite, que le chyle est plus près de son mélange avec le sang. Dupuytren avait déjà obtenu des résultats analogues en analysant le chyle du chien.

Marcet a publié, en 1815, un travail sur le chyle retiré du canal thoracique des chiens, qu'il avait soumis préalablement à un régime purement végétal ou à un régime animal. Voici les résultats qu'il a obtenus : je désignerai ces deux espèces de chyle sous les noms de *chyle végétal* et de *chyle animal*.

Chyle végétal. — Il est liquide et presque toujours transparent, à peu près comme le sérum ordinaire; il est inodore, insipide, et plus pesant que l'eau. Abandonné à lui-même, il se coagule à la manière du sang : le *coagulum* est presque inodore, et ressemble à une huître; sa surface ne se recouvre pas d'une matière onctueuse, analogue à la crème; le poids spécifique de la portion séreuse paraît être 1021 à 1022. Distillé, il fournit un liquide contenant du carbonate d'ammoniaque et une huile fixe pesante, et il reste beaucoup de charbon dans lequel on trouve des sels et du fer. Il peut être conservé pendant plusieurs semaines sans se putréfier.

Chyle animal. — Il est toujours laiteux, inodore, insipide, plus pesant que l'eau; il se coagule comme le précédent; le *coagulum* est opaque et a une teinte rosée ; il est surnagé par une matière onctueuse semblable à de la crème. Le sérum pèse autant que celui du chyle végétal. Distillé, il donne beaucoup plus de carbonate d'ammoniaque et d'huile, mais il fournit trois fois moins de charbon : ce produit renferme, comme celui du précédent, des sels et du fer. Le chyle animal se décompose au bout de trois ou quatre jours, et la putréfaction a plutôt lieu dans le *coagulum* que dans la partie séreuse. Suivant Marcet, l'élément principal de la matière animale de ces deux espèces de chyle est l'albumine; ils ne renferment point de gélatine. Mille parties fournissent de 50 à 90 parties de substances solides, dans lesquelles il y a environ 9 parties de sels.

Voici maintenant les observations faites par Vauquelin sur le chyle de cheval. Le sérum, semblable à celui du sang, est formé d'albumine, et tient en suspension un corps gras, soluble dans l'alcool et insoluble dans les alcalis. Il est coagulé par l'alcool, par les acides et par la chaleur; le *coagulum* obtenu par la chaleur est composé de matière grasse et d'albumine. Lorsqu'on le traite par la potasse, l'albumine seule est dissoute : le contraire a lieu quand on le fait bouillir avec l'alcool, qui ne dissout que la matière grasse.

Le *coagulum*, qui se forme en abandonnant le chyle à lui-même, est composé, d'après ce savant chimiste, de *sérum*, de fibrine et de matière grasse. On peut enlever le *sérum* au moyen de l'eau, et séparer la ma-

II.   45

tière grasse par l'alcool bouillant; la matière fibreuse qui reste ne peut pas être regardée comme de la fibrine pure, car elle n'en a ni la contexture, ni la force, ni l'élasticité ; elle est plus promptement et plus complétement dissoute par la potasse caustique : on peut la considérer en quelque sorte comme de l'albumine qui commence à prendre le caractère de la fibrine. Il résulte du travail de Vauquelin que l'on pourrait regarder, jusqu'à un certain point, le chyle de cheval comme du sang, moins de la matière colorante, plus de la graisse.

Emmert et Reuss, en analysant le chyle des vaisseaux lactés d'un cheval, rendu impotent par l'éparvin, y ont trouvé de la soude, de la gélatine, de l'albumine, de la fibrine, des chlorures de sodium et d'ammoniaque, du phosphate de chaux et beaucoup d'eau. Suivant Emmert, le chyle extrait du réservoir de Pecquet et du canal thoracique des chevaux contient de l'eau, une matière albumineuse analogue à la fibrine, de la soude caustique, de la gélatine, du soufre et plusieurs sels; il pense que l'on ne trouve de l'huile ou de la matière grasse que dans celui qui provient des gros vaisseaux lactés. Le chyle de la partie supérieure des intestins grêles a fourni à cet auteur de la gélatine et du fer très-oxydé; il était acide, fortement coloré par la bile et ne renfermait pas d'albumine. Celui qui se trouvait dans la partie inférieure des intestins grêles n'était pas acide, et contenait du fer peu oxydé, de la gélatine, une substance albumineuse, non coagulable par la chaleur, du soufre et de la bile. Simon a analysé le chyle de trois chevaux nourris, le premier avec des pois, et les deux autres avec de l'avoine, et il a trouvé qu'ils étaient formés de

	Pois.	Avoine.	
Eau	940,070	928,000	916,000
Graisse.	1,186	10,010	0,900
Albumine	42,117	46,430	60,530
Fibrine.	0,440	0,805	0,900
Hématosine.	0,474	traces.	5,691
Matières extractives et ptyaline.	8,300	5,320	5,265
Chlorhydrate et lactate de soude avec traces de sels de chaux. .	»	7,300	6,700
Sulfate et phosphate de chaux avec traces d'oxyde de fer. . .	»	1,100	0,850

Suivant MM. Leuret et Lassaigne, le chyle, quel que soit l'animal dont il a été extrait, et *l'espèce d'aliment qui l'a fourni*, est formé de fibrine, d'albumine, de graisse, de soude, de chlorure de sodium et de phosphate de chaux, en proportions variables. La fibrine est loin d'être en rapport avec la quantité d'azote contenue dans les aliments, puisque le chyle fourni par le sucre et la gomme, matières non azotées, *contient autant et même plus de fibrine* que tel autre fourni par un régime azoté. (Voy. le tableau placé à la fin de l'ouvrage, qui a pour titre : *Recherches physiques et chimiques pour servir à l'histoire de la digestion.*)

Macaire et Marcet établissent, dans un travail publié en 1832 (voy. *Annales de chimie et de phys.*, décembre), 1° que le chyle des mammifères herbivores et celui des carnassiers sont identiques, pour les proportions d'oxygène, d'hydrogène, de carbone et d'*azote*, quoique les herbivores sur lesquels ils avaient expérimenté eussent été exclusivement nourris d'herbes, et les carnivores de substances animales; 2° que les excréments des carnassiers contiennent *plus d'azote* que ceux des herbivores; 3° que l'*azote* contenu dans le chyle des herbivores provient des végétaux avec lesquels ils ont été nourris, qui en contiennent effectivement; 4° qu'à la vérité ces végétaux renfermant moins d'azote que les aliments tirés du règne animal, il en faut une plus grande quantité pour nourrir, et que les organes digestifs sont obligés de faire de plus grands efforts pour extraire la presque totalité de l'azote qu'ils contiennent; 5° que cela explique pourquoi les excréments provenant des végétaux renferment beaucoup moins d'azote que ceux qui sont produits par des substances animales; 6° que l'acte de la respiration introduit dans l'économie animale une certaine quantité d'azote; 7° qu'il n'est pas encore prouvé que l'azote puisse ou non être créé par l'action vitale dans le canal digestif; 8° qu'il est impossible de nourrir des carnassiers ou des herbivores avec des aliments privés d'azote.

Rees a trouvé dans le chyle du canal thoracique d'un homme qui avait été submergé une heure et demie auparavant : eau, 90,48; albumine avec traces de fibrine, 7,08; extrait aqueux, 0,56; extrait alcoolique, 0,52; chlorure de potassium, carbonate, sulfate, et traces de phosphate de potasse avec oxyde de fer, 0,44; matières grasses, 0,92; ces matières, à cela près qu'elles ne contenaient pas de phosphore, offraient les mêmes caractères que celles du sang; la cendre de l'extrait aqueux renfermait du fer, et celle de l'extrait alcoolique fournissait plus de carbonate de soude que le sang.

MM. Lassaigne et Yvart ont entrepris une série d'expériences desquelles il résulte, 1° que lorsque la mort survient chez les animaux qui ont été nourris d'aliments non azotés, le poids de ces animaux se trouve diminué d'un tiers environ; 2° que pendant toute la durée de cette alimentation, les fonctions respiratoires ne s'accomplissent plus comme dans l'état normal, qu'il y a moins d'oxygène absorbé et moins d'acide carbonique dans l'air expiré ; 3° que la température est également diminuée ; 4° que la proportion d'azote contenue dans l'air ne peut jamais suppléer à celle qui manque dans les substances alimentaires, et que tout l'azote qu'on trouve dans les tissus des animaux ou dans leurs liquides provient de celui qui fait partie constituante des aliments dont ils se nourrissent (*Journ. de chim. médic.*, août 1834).

DES EXCRÉMENTS ET DES GAZ DU CANAL DIGESTIF.

Matière fécale humaine. — Berzelius a retiré de 100 parties d'excréments de consistance moyenne, rendus après avoir mangé une grande quantité de pain grossier avec des aliments de nature animale, 75,3 d'eau, 0,9 de parties de la bile solubles dans l'eau, 0,9 d'albumine, 2,7 de matière extractive particulière, 1,2 de sels, 7,0 de matière insoluble ou résidu des aliments, 14,0 de matière déposée dans l'intestin, consistant en bile, en substance animale particulière et en résidu insoluble. Ils renferment toujours des butyrates alcalins. Les sels des excréments sont formés, sur 17 parties, de 5 de carbonate de soude, de 4 de chlorure de sodium, de 2 de sulfate de soude, de 4 de phosphate de chaux, et de 2 de phosphate ammoniaco-magnésien ; il y a aussi des traces de soufre, de phosphore, d'acide silicique et de sulfate de chaux. M. Porter a trouvé que 100 parties de cendres d'excréments solides contiennent 6,10 de potasse, 5,34 de soude, 26,46 de chaux, 10,54 de magnésie, 2,50 d'oxyde de fer, 36,03 d'acide phosphorique, 3,13 d'acide sulfurique, 5,07 d'acide carbonique, et 4,33 de chlorure de sodium. Suivant lui, en comparant les cendres des aliments à celles des excréments qu'ils avaient fournis, on obtiendra *en moyenne :*

	CENDRES	
	des aliments.	des excréments.
Potasse..............	39,75	28,69
Soude.............	3,69	5,53
Chaux.............	2,41	12,48
Magnésie............	7,42	6,69
Oxyde de fer...........	0,79	0,97
Acide phosphorique......	42,52	35,62
Acide sulfurique........	1,86	9,05
Acide carbonique........	1,12	1,97
Acide silicique.........	0,44	0,00
	100,00	100,00

Si les cendres des excréments contiennent beaucoup plus de chaux, cela tient à ce qu'une quantité notable de chaux est introduite dans l'estomac avec les boissons, et si elles renferment beaucoup plus d'acide sulfurique, cela dépend de ce que le soufre contenu dans les matières albuminoïdes qui forment la base de la nourriture, s'oxyde dans l'économie animale pendant la respiration (*Journ. de pharm.*, février 1850). Macquer et Proust avaient déjà reconnu l'existence du soufre dans les excréments de l'homme. Suivant Vauquelin, ils contiennent constamment un acide libre, semblable au vinaigre, qui leur donne la propriété de rougir l'*infusum* de tournesol. John, au lieu d'un acide, y a trouvé un alcali libre. Vogel pense qu'ils renferment de l'azotate de potasse. Il résulte de ces diverses analyses que la composition de la matière fécale est sujette à varier suivant les aliments dont l'homme fait usage.

Matière fécale d'un enfant de six jours, nourri avec le lait de sa mère. — Matière grasse 52 parties, matière colorante de la bile et graisse 16, albumine ou caséine coagulée 18, perte et eau 14. Elle ne contenait ni cholestérine ni débris d'épithélium.

Méconium (excréments avant la naissance). Cholestérine 16, matière extractive et acide bilifellinique 14, caséine 34, acide bilifellinique et biline 6, biliverdine et acide bilifellinique 4, épithélium, mucus, albumine 26 (Simon).

Matière fécale dans l'ictère. — M. Farines a analysé les excréments d'un ictérique, et en a séparé $^8\!/_{10}$ d'une matière composée : 1° d'une grande proportion d'un pricipe *adipeux*, soluble dans l'alcool et l'éther ; 2° d'une moins grande quantité d'une matière soluble dans l'eau bouillante, lorsqu'elle a été débarrassée de la matière grasse ; 3° d'une matière grisâtre insoluble dans l'eau et dans l'alcool (*Journ. de chim. méd.*, août 1826).

Excréments des quadrupèdes mammifères. — MM. Macaire et Marcel ont fait voir que les excréments des animaux carnassiers, du chien, par exemple, nourris avec des matières animales, contenaient 4,2 d'azote sur 100, tandis que ceux des chevaux auxquels on n'avait donné que de l'herbe n'en fournissaient que 0,8 pour 100. — *Chevaux.* Ils renferment plus de phosphate de chaux qu'il n'y en a dans le fourrage que l'on a donné à l'animal. Suivant Thomson, ils contiennent de l'acide benzoïque. On retire, par la distillation de la suie de ces excréments, beaucoup de sel ammoniac ; il paraît aussi qu'ils renferment de l'azotate de potasse. Les excréments du cheval, disent MM. Leuret et Lassaigne, ne sont ni acides ni alcalins ; ils ont fourni des débris de paille et de foin agglutinés par une petite quantité de mucus, et les matières jaune et verte de la bile ; quelquefois on y a trouvé des grains d'avoine non digérés. — *Bouse de vache.* 500 grammes contiennent 350 d'eau, 120,4 de matière fibreuse, 7,6 de matière grasse verte, 3 de matière sucrée, 8 d'une substance particulière, la *bubuline*, 2 d'albumine coagulée, et 9 de substance brunâtre résineuse (Morin, de Rouen) (1). D'après M. Pénot, la bouse de vache n'aurait pas la composition indiquée par M. Morin ; elle serait *neutre* ou *alcaline*, suivant l'état dans lequel se trouve cet excrément (*Journ. de chim. médic.*, novembre 1833). Les excréments de vaches nourries dans l'étable avec de la betterave ont fourni à l'analyse 71 $\frac{7}{8}$ d'eau, 28 $\frac{1}{8}$ de matière grasse, de la fibre végétale, plusieurs sels, et une substance soluble dans l'eau et dans l'alcool, qui colore les excréments en vert, et qui exhale l'odeur de bile lorsqu'on la chauffe ; ils ne contiennent ni acide ni alcali libre (Einoff et Thaer) ; on y a annoncé aussi la présence du nitre et de l'acide benzoïque ; enfin la suie fournit du sel ammoniac. — *Moutons.* Ces excréments sont sans action sur le tournesol ; ils sont composés de débris de végétaux qui ont servi à la nourriture de l'animal ; ces débris constituent une sorte de matière ligneuse mêlée à des mucosités et colorée par les principes de la bile. — *Chiens (album græcum).* Suivant Haller, ils ne renferment point d'acide libre. Fourcroy pensait qu'ils étaient entièrement composés de terre osseuse (phosphate terreux) ; ceux qui proviennent de la digestion de la viande sont presque de la même nature que ceux de l'homme en bonne santé (Leuret et Lassaigne). — *Ruminants.* Ils contiennent beaucoup d'acide libre. — *Cétacées.* Les excréments du *delphinus globiceps*, abandonnés à eux-mêmes pendant un certain temps, ont fourni de l'alcali volatil, en partie libre, en partie combiné, une matière nacrée ayant quelque ressemblance avec l'ambréine, de l'huile de poisson, une matière azotée aromatique, de la gélatine, et quelques sels minéraux (Chevallier et Lassaigne).

Excréments des oiseaux. — Les oiseaux rendent à la fois l'urine et les excréments. Je vais parler d'abord de la composition du *guano*, qui n'est autre chose que la fiente d'un oiseau très-répandu dans la mer du Sud, aux îles de Chinche, près de Pisco, à Ilo, Iza et Arica. Le *guano*

---

(1) Suivant M. Morin, la *bubuline* serait une matière particulière brune, luisante, inodore, et presque insipide, soluble dans l'eau, insoluble dans l'alcool ; sa dissolution aqueuse précipiterait un grand nombre de sels métalliques ; les acides y feraient naître des flocons brunâtres, tandis que les alcalis n'y produiraient aucun changement. Son nom dérive de *bubulum*, excrément de vache.

est en couches de 16 à 20 mètres, que l'on exploite comme des mines d'ocre et de fer, et dont on se sert comme engrais (Humboldt et Bonpland). Suivant Fourcroy et Vauquelin, il contient : acide urique en partie combiné avec l'ammoniaque et la chaux $\frac{1}{4}$; acide oxalique en partie uni à la potasse et à l'ammoniaque, acide phosphorique combiné aux mêmes bases et à la chaux, des traces de sulfates de potasse et d'ammoniaque, de chlorure de potassium, et de chlorhydrate d'ammoniaque, un peu de matière grasse et du sable en partie quartzeux, en partie ferrugineux. D'après Klaproth, l'acide urique n'y serait pas aussi abondant. On trouve près d'Auxerre, et dans plusieurs grottes, des dépôts de fiente formés par des chauves-souris et entièrement semblables au guano.

Excréments de poules. — On doit à Vauquelin un travail remarquable sur ces excréments. Il fit manger à une poule 483,838 grammes d'avoine qui contenaient :

Phosphate de chaux.	5,944
Acide silicique.	9,182

La poule pondit quatre œufs, dont les coquilles contenaient du carbonate de chaux, du phosphate de chaux et du gluten ; elle rendit des excréments qui fournirent une cendre composée de carbonate et de phosphate de chaux et d'acide silicique. En comparant les matières avalées à celles qui furent rendues, on trouva que la poule rendit 1,115 grammes d'acide silicique de moins qu'elle n'en avait pris, tandis qu'elle fournit 7,139 de phosphate de chaux et 20,437 de carbonate de chaux de plus qu'il n'y en avait dans l'avoine : d'où proviennent ces sels?... Ces expériences méritent d'être répétées, en ayant la précaution, comme l'indique le professeur Thénard, de nourrir la poule, pendant longtemps, d'avoine, et de l'empêcher d'avaler autre chose.

Wollaston a retiré $\frac{1}{100}$ d'acide urique des excréments d'une oie qui ne mangeait que de l'herbe. Ceux d'un faisan nourri avec du millet lui en ont fourni $\frac{1}{14}$. Il a trouvé beaucoup d'urate de chaux dans les excréments d'une poule qui se nourrissait de toute sorte de matières. Ceux de faucons, d'oiseaux aquatiques, de tourterelles, d'aigles, de vautours, de corbeaux, de grues, de rossignols, etc., contiennent aussi de l'acide urique. John a retiré des excréments de pigeons beaucoup d'acide urique, de la résine verte, de la bile, de l'albumine, et une grande quantité de matière farineuse.

Excréments des serpents. — Vauquelin les a trouvés formés de plumes peu altérées et d'os presque entièrement dépouillés de gélatine et très-cassants. La matière désignée mal à propos sous le nom d'*excrément* de serpent est composée d'acide urique et d'une petite quantité d'ammoniaque, de potasse et de matière animale; comme chez les oiseaux, elle est évidemment le produit de l'urine.

Excréments de l'araignée ordinaire des jardins. — D'après MM. Will et Gorup Bezanez, ces excréments renferment de la guanine (voy. p. 667).

Gaz du canal digestif. Ces gaz, qui paraissent provenir de la réaction qu'exercent les unes sur les autres les matières contenues dans ce canal, sont l'azote et l'acide carbonique en forte proportion, l'hydrogène, l'oxygène, le protocarbure d'hydrogène gazeux, et une petite quantité d'acide sulfhydrique. Il ne faut pas croire que ces divers gaz existent chez tous les individus.

DES ALIMENTS.

Je rattache à l'article digestion un certain nombre de questions chimiques, relatives aux aliments, afin de compléter tout ce qui se rapporte à ce sujet.

Première question. — *Les éléments des corps des animaux proviennent-ils en totalité des aliments?* Si l'on en excepte l'oxygène et une certaine quantité d'eau qui sont introduits dans le corps des animaux soit par la respiration, soit par l'absorption cutanée, tous les éléments, tels que l'azote, le carbone, l'hydrogène, l'oxygène, etc., sont fournis par les aliments.

Deuxième question. — *Faut-il, pour entretenir la vie, que les aliments soient à la fois azotés et non azotés?* Il est reconnu que les aliments *non azotés, seuls,* ne peuvent entretenir la vie; en examinant séparément l'action d'une alimentation *exclusivement* sucrée, huileuse, butyreuse ou gommeuse, et par conséquent *non azotée,* M. Magendie a conclu que les animaux ne pouvaient pas vivre; cette conclusion, ainsi que je l'ai déjà dit à la page 45, n'était aucunement justifiée, puisqu'il a été démontré depuis qu'une alimentation *azotée* conduisait aux mêmes résultats, lorsqu'elle était exclusivement gélatineuse, fibrineuse ou albumineuse; certes, si M. Magendie, au lieu de tant se hâter, eût cherché à nourrir des chiens rien qu'avec de la gélatine, de la fibrine ou de l'albumine, il eut obtenu les mêmes résultats, et il aurait reconnu l'insuffisance de son travail. Que conclure de ces faits, si ce n'est qu'il est impossible d'entretenir la vie en donnant aux animaux un *principe immédiat seul, azoté* ou *non?* Et que l'on n'objecte pas que le *gluten,* donné seul, nourrit, car le gluten est un *produit* immédiat dans lequel on trouve au moins trois principes immédiats , la *glutine,* la *caséine végétale* et la *fibrine* animale (voy. p. 538).

Cela étant, demandons-nous si dans l'alimentation ordinaire, lorsqu'on prend à la fois de la chair musculaire, du pain, des matières féculentes sucrées, et d'autres qui ne contiennent point d'azote, les matières non *azotées* ne nourrissent point. Ce serait commettre une erreur grave que de le penser : en effet , Liebig a divisé les aliments en aliments *plastiques* et en *respiratoires;* les premiers s'incorporent aux parties vivantes, aux tissus de l'économie animale et nourrissent; tels sont les matières azotées fibrineuses, caséeuses, albumineuses, la chair musculaire, le sang, etc.; j'adopterai volontiers, quoique cela ne soit pas encore prouvé, que les matières *non azotées* n'agissent pas de même, qu'elles ne puissent pas être considérées comme *plastiques,* et qu'elles ne servent pas à la nutrition , parce qu'elles ne s'incorporent pas aux parties vivantes ; mais du moins faudra-t-il admettre qu'elles alimentent, en leur qualité d'aliments *respiratoires;* ainsi la *graisse,* l'*amidon* la *gomme,* les *sucres,* les *gelées végétales,* etc., sont soumis , dans les capillaires, à l'action de l'oxygène introduit par la respiration, et là ils fournissent leur carbone et leur hydrogène comme aliments; d'où *il* suit qu'ils nourrissent. Il résulte évidemment de ce qui précède, qu'il faut, pour être nourri, le *concours des aliments azotés et des aliments non azotés.* On m'objectera sans doute que des animaux ont été nourris *exclusivement* avec des *produits* immédiats azotés, *sans le concours* de matières *non azotées;* ainsi on a vu des animaux vivre très-bien en ne prenant que de la viande, des os de la tête de bœuf ou de mouton, etc.; mais on oublie que ces aliments contiennent de la *graisse* (matière non azotée); si l'on dit que le pain , le riz, et diverses autres graines de fourrages, ont servi *seuls* à l'alimentation , je répondrai aussi que tous ces aliments contiennent des principes immédiats *non azotés.*

Troisième question. — Les matières azotées neutres, telles que l'albumine, la fibrine, la caséine, etc., ainsi que la graisse que l'on trouve dans les animaux , *sont-elles extraites des plantes ou des animaux qui servent de nourriture, ou bien se forment-elles par l'acte de la digestion?* M. Dumas a annoncé que l'animal ne crée point de matière organique, qu'il ne fait que se l'assimiler pour l'entretien de la chaleur animale, et que la digestion n'est qu'une simple fonction d'absorption, dans laquelle il ne faut plus chercher d'actions mystérieuses : ainsi les matières solubles passent dans le sang , inaltérées pour la plupart; les matières insolubles arrivent dans le chyle, assez divisées pour être aspirées par les orifices des vaisseaux chylifères. « L'animal, dit M. Dumas, reçoit et s'assimile presque intactes des matières azotées neutres, qu'il trouve toutes formées dans les animaux ou les plantes dont il se nourrit; il reçoit des matières grasses qui proviennent des mêmes sources; il reçoit des matières amylacées **ou** sucrées qui sont dans le même cas. » D'où il suit que tous ces tissus animaux si divers, tous ces organes qui, à chaque instant de la vie, se renouvellent, toutes ces substances si variées que sécrète l'économie animale, ne seraient que le résultat d'une assimilation mécanique de ces mêmes corps primitivement formés par les végétaux. Ces idées ont soulevé plus d'une objection sérieuse, surtout de la part de M. Liebig, qui pense, au contraire, que l'économie animale crée et s'assimile tous les produits dont elle a besoin; que la graisse, par exemple, résulte, non d'une appropriation pure et simple de ce produit, qui serait formé par les végétaux ou par les animaux, mais qu'elle résulte d'une modification de la fécule ou des matières amylacées.

Pour ce qui concerne la graisse, les expériences de Liebig et celles de MM. Boussingault et Persoz, prouvent évidemment que la théorie de M. Dumas n'est pas acceptable; en effet, que l'on élève au régime de la porcherie ou que l'on engraisse des porcs, ceux-ci contiendront *plus* de graisse qu'ils n'en ont reçu avec les aliments (Boussingault et Persoz); que l'on nourrisse des vaches avec du foin, et l'on verra, comme l'a constaté Liebig, que ces animaux renferment plus de graisse que n'en contenait le foin. Faudrait-il conclure de ces faits que les animaux ne prennent pas dans les aliments la totalité ou une partie de la graisse qu'ils renferment? Non certes, mais on ne saurait leur dénier la faculté d'en produire de toutes pièces; il doit en être évidemment de même de l'albumine, de la fibrine et de la caséine, que contiennent diverses substances alimentaires végétales ou animales.

DU SANG.

Quelque nombreux que soient les travaux analytiques qui ont été faits sur le sang, on est encore loin de connaître sa véritable composition ; tous les jours, on en retire quelques principes immédiats nouveaux, et l'on reconnaît aussi que plusieurs de ceux que l'on avait dit y exister ne s'y trouvent pas, ou bien n'avaient pas été obtenus purs. Voici, dans l'état actuel de la science, les matières qui paraissent

constituer le sang veineux chez l'homme, à l'état normal, d'après
M. Lecanu.

Oxygène, azote et acide carbonique libres . .			
Matière grasse phosphorée et cholestérine. . .			
Séroline.			
Acides oléique et margarique libres.			
Chlorures de potassium et de sodium			
Chlorhydrate d'ammoniaque	10,9800		
Sulfate de potasse. . . . . , . . .		Sérum . .	869,1547
Carbonates de chaux, de soude et de magnésie.			
Lactate de soude . . . . , ...			
Sels à acides gras fixes et volatils			
Matière colorante jaune . . . . , .			
Albumine du sérum.	67,8040		
Eau	790,3707		
Fibrine	2,9480		
Hématosine.	2,2700	Caillot . .	130,8453
Albumine des globules.	125,6273		
	1000,0000		1000,0000

Les globules contiennent :

Hématosine.	2,2700
Albumine des globules.	125,6273

L'hématosine seule contient le fer qui existe dans le sang. Je ne
passerai pas sous silence quelques autres faits relatifs à l'analyse du
sang humain : ainsi de Haen et depuis Deyeux y admettaient de la gélatine qui n'y existe pas. Deyeux et Parmentier avaient cru y reconnaître aussi une matière à laquelle ils donnèrent le nom de *tomelline*,
et qui ne s'y trouve pas davantage. Proust annonça, en 1800, que le
sang renfermait de l'ammoniaque, du soufre à l'état de sulfhydrate, et
de l'acide benzoïque combiné avec la soude; il dit aussi y avoir trouvé
de la bile : la présence de ces différents corps n'a pas été confirmée
par les expériences ultérieures, si ce n'est toutefois celle du *soufre*, qui
entre comme partie constituante de l'albumine du sang. Traill indiqua, en
outre, dans le sang humain, 4,5 pour 100 d'une huile. En 1830, Berzelius
dit avoir retiré du sang de l'acide butyrique; je ferai remarquer, avant
d'aller plus loin, qu'il existe dans le sang un grand nombre de ceux
des principes immédiats animaux ou salins qui constituent une grande
partie de ces animaux, et l'un des produits excrémentitiels les plus importants, l'urée.

Il était important, après avoir déterminé la composition du sang à l'état normal, de rechercher si ce fluide ne présenterait pas quelques différences chez des individus de sexe, d'âge et de tempérament différents : c'est ce qu'à fait M Lecanu, qui a soumis à l'analyse, dans ce but, le sang de dix hommes et d'autant de femmes ; ces individus avaient été saignés à la suite de chutes ou de coups, et leur sang pouvait par conséquent être considéré comme étant à l'état normal. Voici les résultats de ce travail : 1° la proportion de sérum varie dans le sang d'individus de sexe et d'âge différents, ainsi que dans celui d'individus du même sexe, mais d'âge différent ; elle est plus grande dans le sang de femme que dans celui de l'homme, et plus aussi dans le sang d'individus lymphatiques que dans le sang d'individus sanguins du même sexe : on ne remarque aucune relation entre la quantité de sérum et l'âge des individus du même sexe, du moins dans les limites de 20 à 60 ans ; 2° la proportion d'albumine, de fibrine et d'hématosine, varie également : ainsi elle est moindre dans le sang de femme que dans celui d'homme, et aussi dans celui des personnes lymphatiques, comparativement à celui des individus sanguins du même sexe. Il n'existe aucun rapport entre les quantités des matières nutritives dont je parle, et l'âge des individus de même sexe, du moins dans les limites de 20 à 60 ans.

Composition moyenne du sang veineux chez l'homme et chez la femme.

	Hommes.	Femmes.
Eau	780	791
Globules	140	127
Albumine	69	70
Fibrine	2,2	2,20
Matières extractives et sels	6,8	7,40
Séroline	0,2	0,2
Matière grasse phosphorée	0,49	0,46
Cholestérine	0,09	0,07
Savon	1,00	1,05
	1,000	1,000

Cent parties de ce sang contiennent :

	Hommes.	Femmes.
Chlorure de sodium	3,10	3,90
Sels solubles	2,50	2,90
Phosphates	0,330	0,354
Fer	0,565	0,541
	6,495	7,695

De son côté, M. le docteur Denis de Commercy, en examinant le sang chez le fœtus, chez l'enfant et chez l'homme, à différents âges, était arrivé à des résultats qui ne concordent pas en tous points avec ceux de M. Lecanu. *Le sang de fœtus* offre la même composition que le sang du placenta, lequel a fourni : 1° Eau 70,15, fibrine 0,20, albumine 5, globules 22,40, sels, matières extractives, etc., 2,25. 2° La proportion d'eau augmente et celle des globules diminue chez l'enfant, depuis l'âge de 2 semaines jusqu'à 5 mois ; l'inverse a lieu de 5 mois à 40 ans, tandis que de 40 à 70 ans, les proportions respectives d'eau et de globules sont comme dans le premier âge de la vie. Il est à remarquer que la quantité d'albumine reste à peu près la même.

Voici en outre les résultats de près de quatre cents analyses publiées par MM. Andral et Gavarret, en 1840, sur les modifications que diverses circonstances impriment aux proportions de quelques principes du sang. 1° Ils ont reconnu que, dans l'état physiologique, le sang veineux contenait en poids, sur 1000 :

Fibrine.	3
Globules	127
Matériaux solides du sérum.	80
Eau.	790
	1,000

2° Que les globules sont en plus forte proportion chez l'homme que chez la femme ; 3° que cette proportion de globules est en rapport direct avec la force de la constitution du sujet ; 4° que les globules sont en petite quantité chez les individus à tempérament nerveux très-prononcé ; 5° que sous l'influence de toutes les causes débilitantes, des hémorrhagies, de la diète, d'une alimentation insuffisante, et pendant la durée de toutes les affections organiques, la proportion des globules diminue quelquefois dans un rapport excessif ; 6° que la proportion d'eau augmente à mesure que celle des globules diminue, et *vice versa*.

Si l'on compare la composition du sang veineux, pris dans différents vaisseaux, à celle du sang artériel, on trouve, d'après Simon, pour le sang de cheval (*Animal chemistry*, 1845), d'après Hering, pour celui de bœuf, et d'après Denis, pour celui de chien :

SANG DU CHEVAL.

	Sang de la carotide.	Sang de la jugulaire.
Eau.	760,084	757,351
Résidus solides	239,952	242,649
Fibrine	11,200	11,350
Graisse	1,856	2,290
Albumine	78,880	85,875
Globuline	136,148	123,698
Hématosine	4,872	5,176
Matières extractives et sels	6,960	9,178
	1000,000	1000,000

SANG DE LA VEINE PORTE DU CHEVAL.

	Sang artériel.	Sang de la veine porte.
Eau.	760,084	729,972
Résidus solides.	239,952	257,028
Fibrine	11,200	8,370
Graisse	1,856	3,186
Albumine.	78,880	92,400
Hématosine.	4,872	6,600
Matières extractives et sels	6,960	11,880
	1000,000	1000,000

SANG DES VEINES HÉPATIQUES DU CHEVAL.

	Sang des veines hépatiq.	Sang de la veine porte.
Eau	815	814
Résidus solides	195	186
Fibrine	2,285	2,630
Graisse	1,845	1,408
Albumine	92,250	303,293
Globuline	72,690	57,134
Hématosine	3,900	3,000
Matières extractives et sels	11,623	12,312
	1000,000	1000,000

SANG DE BOEUF.

	Sang artériel.	Sang veineux.
Eau	798,9	794,9
Fibrine	7,6	6,6
Albumine	26,1	25,8
Hémato-globuline	164,7	170,4
Matières extractives et sels	2,7	2,3
	1000,000	1000,000

SANG DE BREBIS.

	Sang artériel.	Sang veineux.
Eau	850,2	841,2
Fibrine	6,1	5,3
Albumine.	33,6	26,4
Hémato-globuline	106,1	124,4
Matières extractives et sels . .	4,0	2,7

SANG DU CHIEN.

	Sang artériel.	Sang veineux.
Eau	830,5	830
Fibrine . . . , ...	2,5	2,4
Albumine.	57,0	58,6
Hémato-globuline	99	97
Matières extractives et sels . .	11,0	12
	1000	1000

On conçoit qu'il ne faille pas accorder une confiance absolue à ces analyses ; en effet, alors même que les procédés employés seraient à l'abri de tout reproche, ne voit-on pas que les résultats devront varier, suivant l'âge et le tempérament des animaux, leur état de santé ou de maladie légère, l'heure des repas, etc. ; toujours est-il qu'en prenant ces analyses pour valables, il faut en conclure que chez le cheval, le bœuf et la brebis, le sang artériel fournit moins de résidu solide que le sang veineux, que la fibrine et l'albumine sont plus abondantes dans le sang artériel que dans le sang veineux chez le bœuf et la brebis, tandis que le contraire a lieu pour le cheval. Quant aux proportions d'albumine, de matière extractive et de sels, dans le sang des chiens, MM. Denis et Simon les croient moindres dans le sang artériel que dans le sang veineux.

Voici la quantité moyenne des différents gaz contenus dans 1,000 centimètres cubes de sang artériel et veineux du cheval et du veau.

	Acide carbonique.	Oxygène.	Azote.
Sang artériel	71	24	15
Sang veineux.	54	13	10

Je pourrais encore ajouter que M. Pallas, en comparant le sang veineux d'un adulte avec celui des vaisseaux capillaires de la peau du même individu, a cru pouvoir conclure que le sang sucé par les sangsues est plus riche en parties solides que l'autre (voy. *Journ. de chim. méd.*, t. **IV**).

Méthode d'analyse du sang.

Tout en avouant qu'il est impossible, dans l'état actuel de la science, d'indiquer un procédé qui permette d'apprécier exactement la nature des substances qui entrent dans la composition du sang, ainsi que la proportion de ces substances, je crois devoir faire connaître la marche la plus rationnelle à suivre, pour approcher le plus possible de la vérité. On agit sur trois portions de sang : l'une A, sert à déterminer la proportion de fibrine et des globules ; une autre B, est destinée à donner les matières qui constituent le *sérum ;* la troisième, enfin C, est employée à analyser les sels.

A. On bat le sang avec un balai, pour séparer la *majeure* partie de la fibrine, sous forme de filaments blanchâtres ; on lave celle-ci sur une toile avec de l'eau, on la sèche à 100° et on la pèse. Le liquide, en grande partie défibriné, de couleur rouge, est additionné de quatre fois son volume d'une dissolution saturée de sulfate de soude, sel qui a pour objet d'empêcher la coagulation de la petite quantité de fibrine qui reste dans la liqueur, et de s'opposer à l'altération des globules rouges ; on filtre rapidement, en ayant soin de faire passer constamment des bulles d'air à travers le liquide qui est dans le filtre ; sans cette précaution, les globules s'accoleraient les uns aux autres ; ces globules restent sur le filtre. On les lave avec une dissolution de sulfate de soude, on les dessèche dans le vide, puis on les traite successivement par l'éther, qui dissout la matière grasse, par l'alcool, qui dissout une petite quantité de matière organique, et par l'eau, qui dissout le sulfate de soude ; les globules inattaqués par ces agents sont desséchés de nouveau et pesés.

B. On abandonne ce sang à lui-même, afin d'obtenir le *sérum* et le *caillot ;* on pèse séparément ces deux corps ; pour connaître le poids de l'eau et des matières solides du sérum, on évapore celui-ci au bain-marie, et on dessèche le produit à 100° dans le vide ; la perte indique la quantité d'eau ; mais comme le caillot retient du sérum, il faut de toute nécessité dessécher ce caillot à 100° ; la perte qu'il subira indiquera la proportion de sérum qu'il renfermait, et dont l'eau s'est vaporisée : on voit qu'en agissant ainsi, on possède les données voulues pour déterminer la quantité de sérum contenue dans le sang sur lequel on opère ; on voit aussi qu'après avoir débarrassé le caillot de toute l'eau du sérum interposé dans le caillot, on a un caillot composé de la fibrine et des globules réunis, plus, des *matières solides du sérum* interposé : or, on connaîtra facilement le poids de ces diverses matières, puisqu'on connaît le poids de l'eau, vaporisée pendant la dessiccation du caillot à 100°. En traitant le caillot desséché à 100° par l'éther, on séparera les matières grasses qui étaient contenues dans le sérum interposé; si alors on retranche du poids du caillot celui des *matières solides du sérum*, moins les graisses, on aura le poids de la fibrine et des globules, qui sera égal à celui qui avait été trouvé dans l'expérience *A*. Pour connaître la proportion d'albumine et de matière grasse contenue dans le *sérum*, on évaporera celui-ci à siccité et on le traitera par l'éther, qui dissoudra la matière grasse en laissant l'albumine.

C. On incinère séparément le sérum et le caillot desséchés pour avoir le poids des cendres; on retranche ce poids de celui du sérum et du caillot desséchés, si l'on veut connaître la proportion de matière organique renfermée et dans ce sérum et dans ce caillot.

Examen microscopique du sang. — Cet examen portera à la fois sur le sang des animaux vertébrés et invertébrés.

Sang des animaux vertébrés. — Lorsqu'on examine sous le microscope une parcelle de ce sang frais, ou bien la membrane natatoire ou la langue d'une grenouille vivante, ou bien encore la membrane de l'œil d'une chauve-souris également vivante, on aperçoit que le sang est formé d'un liquide incolore ou à peine coloré, désigné sous le nom de *sérum* ou de *liquor sanguinis*, et de deux sortes de *globules*, les uns, très-abondants et *rouges*, les autres, rares et *incolores*. Le *sérum* contient de l'eau, de l'albumine, de la fibrine, diverses matières grasses, renfermant du soufre et du phosphore, des gaz, et plusieurs sels (voy. p. 725).

Les *globules rouges*, dits *sanguins*, sont circulaires, aplatis, et en forme de disque, chez l'homme et les mammifères; ils sont elliptiques et aplatis chez les oiseaux, les reptiles et les poissons; ils sont demi-transparents et jaunâtres quand ils sont isolés, et paraissent rouges lorsqu'ils sont réunis plusieurs ensemble. Leur diamètre varie considérablement dans les différentes classes d'animaux : ainsi ils sont très-grands chez les batraciens, dans le sang de la grenouille, par exemple, ils ont environ $\frac{1}{45}$ de millimètre de longueur et $\frac{1}{70}$ de largeur; tandis que dans la chèvre ils n'ont qu'un $\frac{1}{288}$ de longueur; leur diamètre chez l'homme n'est que d'environ $\frac{1}{120}$ de millimètre; chez les oiseaux, ils sont plus grands que chez les mammifères, quoique plus petits que chez les batraciens; leur diamètre, chez les poissons, est intermédiaire entre ceux des oiseaux et ceux des reptiles. Quels que soient leur forme et leur volume, ils glissent facilement les uns sur les autres, s'allongent, se compriment et se déforment, de manière à pouvoir circuler dans des vaisseaux capillaires d'un diamètre plus petit que le leur.

Organisation, composition et propriétés des globules rouges. Ceux de la grenouille, que l'on a plus particulièrement étudiés, sont composés de deux parties distinctes, un *noyau* central blanc transparent et une *enveloppe* assez semblable à une vessie, sorte de sac membraneux, *coloré en rouge*, moins transparente que le corps central, qui se sépare toujours après la mort ou par le repos. L'analyse chimique montre qu'ils sont formés d'hématosine 2 p., et de matières albumineuses 125 p. Ils se conservent longtemps sans altération au milieu de leur liquide naturel; mais si l'on ajoute de l'eau, ils se gonflent, parce que l'eau pénètre dans l'enveloppe, par un phénomène d'endosmose, et la distend en donnant au globule une forme sphérique. Ce corps central, qui ne paraît pas avoir éprouvé le moindre changement de la part de l'eau, devient plus visible à mesure que l'enveloppe pâlit et que la matière colorante se mêle avec l'eau. Ces globules sont entièrement solubles dans les alcalis, tels que la potasse, la soude, l'ammoniaque et la chaux; par contre, les acides phosphorique, oxalique et citrique, ne dissolvent que l'enveloppe et mettent le noyau à nu. L'acide acétique à 30° dissout la totalité des globules. Les acides sulfurique et azotique, le chlore et l'alun, au lieu de les dissoudre, les crispent et les racornissent. Plusieurs dissolutions salines, telles que celles des azotates et des sulfates de potasse et de soude, des chlorures de potassium et de sodium, l'eau sucrée ou gommée, les conservent intacts sans les dissoudre, et sans modification sensible de leur forme.

Les *globules incolores* sont infiniment plus rares que les rouges; ils ne paraissent contenir que de la matière grasse, et ressemblent à ceux que l'on voit dans le chyle; ils sont sphériques et non aplatis, pâles, grenus, et un peu plus gros que les rouges. Ils sont formés d'une enveloppe et d'un noyau simple, ou composé de deux ou trois granules, dont les plus volumineux offrent au milieu une dépression qui a l'apparence d'une tache obscure. L'acide acétique dissout l'enveloppe de ces globules après les avoir ramollis, et n'agit pas sur leurs noyaux.

Sang des animaux invertébrés. — Les globules sont blancs ou à peine colorés; ils n'ont pas de noyau central; leur forme est généralement sphérique et leur surface couverte d'aspérités; leur grosseur varie chez le même individu.

MM. Prévost et Dumas ont cherché à déterminer le nombre des *globules rouges* ou de *particules* contenus dans le sang veineux et artériel de divers animaux. Voici le résultat de leur travail:

Le sang artériel renferme plus de particules que le sang veineux. Les oiseaux sont les animaux dont le sang est le plus riche en particules; les mammifères viennent ensuite, et il semblerait que les carnivores en ont plus que les herbivores. Les animaux à sang froid sont ceux qui en possèdent le moins; ils ont trouvé, sur 10,000 parties de sang, la composition suivante :

Sang de la veine basilique de *callitriche*, 7760 d'eau, 1461 de particules, 779 d'albumine et de sels solubles. Sang des veines du bras d'un *homme*, 7839 d'eau, 1292 particules, 869 d'albumine et sels solubles. *Cochon d'Inde*, 7848 d'eau, 1280 particules, 872 d'albumine, etc. Sang de la jugulaire d'un *chien*, 8107 d'eau, 1238 particules, 655 d'albumine, etc. *Chat*, 7953 d'eau, 1204 particules, 845 d'albumine, etc. Sang de la saphène d'une *chèvre*, 8146 d'eau, 1020 particules, 834 d'albumine, etc. (1). *Veau* (mélange de sang veineux et artériel), 8260 d'eau, 912 particules, 828 d'albumine, etc. *Lapin* (jugulaire), 8379 d'eau, 938 particules, 683 d'albumine, etc. *Cheval* (sang veineux), 8183 d'eau, 920 particules, 897 d'albumine, etc. *Pigeon* (jugulaire), 7974 d'eau, 1557 particules, 469 d'albumine, etc. *Canard* (jugulaire), 7652 d'eau, 1501 particules, 847 d'albumine, etc. *Poule* (jugulaire), 7799 d'eau, 1571 particules, 630 d'albumine, etc. *Corbeau*, 7970 d'eau, 1466 particules, 564 d'albumine, etc. *Héron* (jugulaire), 8082 d'eau, 1326 particules, 592 d'albumine, etc.

Animaux à sang froid. — *Truite*, 8637 d'eau, 638 particules, 725 d'albumine, etc. *Lotte*, 8862 d'eau, 481 particules, 657 d'albumine, etc. *Grenouille*, 8846 d'eau, 690 particules, 464 d'albumine, etc. *Tortue terrestre* (jugulaire), 7688 d'eau, 1506 particules, 806 d'albumine. *Anguille commune* (aorte), 8460 d'eau, 600 particules, 940 d'albumine, etc.

La composition du *sérum* varie dans le même animal, et encore plus d'un animal à l'autre, sans qu'il soit possible de lier ce caractère avec l'état physiologique de l'individu. Il n'en est pas de même des *particules* · dans le plus grand nombre des cas, leur quantité présente une certaine relation avec la chaleur développée par l'action vitale. (Prévost et Dumas, *Annales de physique et de chimie*, t. XVIII et XXIII.)

---

(1) Les globules du sang d'un fœtus de chèvre de quatre à cinq jours ont offert un volume double de celui des mêmes globules chez une chèvre adulte, ce qui établit une différence matérielle entre ces deux liquides (Prévost, *Ann. de chim. et de phys.*, t. XXIX).

Le sang des chats, des moutons et des chiens, a fourni les résultats suivants: 10,000 parties de sang veineux contiennent 8259 d'eau, 862 particules, et 879 d'albumine et sels. Dix mille parties de sang artériel du même animal, tiré le lendemain, ont donné 8235 d'eau, 856 particules, et 909 d'albumine, etc. Dix mille parties de sang de la carotide d'un chat robuste contiennent 7938 d'eau, 1184 particules, 878 d'albumine, etc. Dix mille parties de sang, tiré deux minutes après de la jugulaire externe du même animal, fournirent 8992 d'eau, 1163 particules, et 745 d'albumine. Une nouvelle saignée de la jugulaire, faite cinq minutes après, donna 8293 d'eau, 935 particules, 772 d'albumine. Dix mille parties de sang de la carotide d'un *mouton* contiennent 8293 d'eau, 935 particules, 772 d'albumine; tandis que la même quantité de sang veineux renferme 8364 d'eau, 861 particules, et 775 d'albumine. Dix mille parties de sang artériel de chien offrent 100 particules de plus que le sang veineux.

Propriétés physiques du sang. — Chez l'homme, chez les mammifères et chez les oiseaux, le sang est un liquide *alcalin,* d'un rouge plus ou moins foncé, un peu épais et visqueux, d'une densité plus grande que celle de l'eau, d'une odeur différente pour chaque animal, d'une saveur désagréable, et d'une température égale à celle du corps.

L'*alcalinité* du sang est due à la soude.

La *couleur* du sang artériel est vermeille, et celle du sang veineux d'un rouge brun, chez l'homme et chez les animaux à sang chaud; le sang du fœtus offre la même nuance rouge foncée, qu'il soit veineux ou artériel; il est rouge chez les reptiles, bleuâtre chez les poissons; il est blanc, bleuâtre, verdâtre, jaune, orangé, ou d'un brun foncé chez les mollusques, les insectes et les échinodermes, etc.; la sangsue, parmi les invertébrés, est le seul animal dont le sang soit rouge.

Viscosité. Elle diffère suivant les animaux, sans jamais être très-considérable.

Poids spécifique. Il ne varie guère à 15° chez l'adulte que de 1,050 à 1,058; il est plus dense chez l'homme que chez la femme, surtout pendant la grossesse; il l'est aussi davantage chez les animaux à sang chaud que chez ceux qui ont le sang froid; il y a à cet égard des différences considérables suivant les âges, les heures des repas, le genre d'alimentation, les hémorrhagies qui ont pu avoir lieu, les émissions sanguines qui auront été faites. M. Denis a trouvé 1,075 pour le poids spécifique du sang des artères ombilicales. Il est reconnu que plus le sang est dense, plus il circule facilement.

Odeur. Elle n'est pas la même dans chaque animal; elle diffère chez l'homme et chez la femme ; on peut se convaincre de cette vérité, en versant un excès d'acide sulfurique sur une quantité assez notable de sang ; alors l'odeur est très-sensible. Barruel s'était tellement exercé à ce genre d'investigation, qu'il reconnaissait, sans jamais se tromper, à quel animal appartenait le sang sur lequel il expérimentait ; mais il y a loin de là à conclure, comme il l'a fait, qu'il serait possible d'appliquer fructueusement cette donnée aux problèmes de médecine légale ; en effet, jamais, lorsqu'un expert est appelé pour décider si des taches de sang sont produites par du sang d'homme, de poulet, de punaise, etc., on n'a à sa disposition, ni à beaucoup près, la quantité de sang nécessaire pour développer l'odeur de manière à pouvoir bien la caractériser.

Saveur. Elle est en général fort désagréable ; les variétés qu'elle présente sont telles qu'il est impossible de les décrire d'une manière générale.

Température. On peut dire que le sang pris au cœur a une température de 38° à 40° ; le sang artériel du ventricule gauche paraît d'un degré et un huitième plus chaud que le sang du ventricule droit. Chez les oiseaux, la température est plus élevée de 4° ou 5°. Au reste, pendant la digestion et l'exercice, la température est plus forte, tandis qu'elle est plus faible pendant l'abstinence et le repos.

Lorsqu'on chauffe le sang, il se coagule ; le *coagulum,* d'un brun violet, serait rougeâtre, et même vert ou d'un blanc verdâtre, si l'on avait étendu le sang de beaucoup d'eau, et qu'on l'eût privé de la fibrine. Si, après avoir desséché le sang, on le chauffe jusqu'à ce qu'il soit décomposé, on obtient tous les produits que fournissent les matières azotées, et un charbon volumineux difficile à incinérer (voy. p. 4).

Coagulation du sang. — Abandonné à lui-même, le sang se sépare en deux parties : l'une, liquide, constitue le sérum ; l'autre, solide, porte le nom de *caillot,* de *cruor,* d'*insula.* Le sang veineux de l'homme en santé se résout en :

Caillot.	13
Sérum	87
	100

Le *caillot* contient :	Fibrine	0,30	
	Globules { Hématosine	0,20	} 13,00
	{ Matières albuminoïdes .	12,50	

Le *sérum*	Eau.	79,00
	Albumine.	7,00
	Matières grasses et séroline (voy. p. 715). .	0,06
	Sels (voy. p. 716).	0,94
		100,00

Les proportions respectives de sérum et de caillot sont loin d'être toujours les mêmes ; on pense généralement que le sérum constitue à peu près les $^3/_4$ du poids du sang, tandis que le caillot humide et non exprimé représenterait le quart de ce poids. Chez l'homme, le caillot renfermerait plus de principes constituants que chez la femme ; il serait plus abondant dans les tempéraments sanguins que dans les tempéraments lymphatiques. L'âge, du moins de 20 à 60 ans, ne paraît pas influer sur la quantité de caillot.

Le *sérum* est un liquide jaune verdâtre ou jaune rougeâtre, nuances que l'on attribue à des traces de pigment biliaire ou d'hématosine qu'il tient en dissolution ; il est laiteux si le sang a été recueilli pendant la digestion, ce qui tient à la présence des matières grasses contenues dans le chyle qui a été mêlé avec le sang ; sa saveur est salée et fade, sa densité varie de 1,027 à 1,029. Il est alcalin et coagulable à 76°, à raison de l'albumine qu'il renferme ; desséché et traité par l'alcool bouillant, il laisse déposer la séroline. Les acides, les alcalis, etc., agissent sur lui à peu près comme ils le feraient avec une dissolution d'albumine.

Caillot. — Il semble formé par une trame fibrineuse dans les réseaux de laquelle sont logés les globules rouges, et qui est imbibée d'une certaine quantité de sérum ; c'est une sorte de gelée rouge, ferme, et qui se laisse pénétrer par le sang ; il est plus dense que le sérum ; exposé à l'air, il devient d'un rouge clair à sa surface, tandis qu'à l'intérieur il est d'un rouge brun.

Coagulation du sang. — Que se passe-t-il pendant cette coagulation ; à quelle cause faut-il l'attribuer ? Ce n'est guère que 5 à 10 minutes après l'extraction du sang de la veine que la coagulation commence, et elle n'est complète qu'au bout de quelques heures. Le sang acquiert la consistance d'une gelée molle, et l'on voit suinter à sa surface des gouttelettes de sérum qui sont comme exprimées de la masse du caillot. Pour bien comprendre ce qui arrive, il faut savoir que le sérum du sang *tient en dissolution* la fibrine, et que les globules rouges *n'y sont que suspendus ;* en effet, que l'on filtre, à l'aide d'un papier mouillé, du sang de grenouille récemment extrait de la veine, les globules resteront sur le filtre, *parce qu'ils sont assez gros* pour ne pas passer à travers le papier, tandis qu'il filtrera un liquide contenant la fibrine ; et cela est tellement vrai, qu'au bout d'un certain temps il se déposera de ce liquide un caillot de fibrine *incolore,* visible au microscope, surtout lorsqu'on l'aura rassemblé à l'aide d'une aiguille. Cette expérience ne donnerait pas les mêmes résultats si, au lieu d'agir sur du sang de grenouille, on prenait du sang d'homme ou des mammifères, parce que ce sang est trop visqueux, et que ses globules rouges sont assez petits pour passer à travers le papier. On voit, d'après ces faits, que, dès que le sang a cessé de vivre et pendant la coagulation, la fibrine se dépose, entraînant avec elle les *globules rouges*, tout comme l'albumine soluble entraîne avec elle, aussitôt qu'on la coagule par la chaleur, les corpuscules qui troublaient les liquides que l'on cherche à clarifier ; on explique aisément aussi pourquoi le sang, que l'on a défibriné en l'agitant vivement avec des verges, ne se coagule plus : c'est qu'alors la fibrine *seule* a été déposée sous forme de filaments *blanchâtres*, tandis que les globules rouges ont été séparés de la fibrine à mesure que l'on agitait le sang.

Pendant la coagulation, les globules rouges ne se distribuent pas d'une manière uniforme dans le caillot ; on en trouve beaucoup plus à sa partie inférieure que dans les couches supérieures.

Le sang des oiseaux est celui qui se coagule avec plus de rapidité ; la coagulation est lente dans le sang des reptiles et des poissons, et très-faible ou même nulle chez les animaux invertébrés.

Quelle est la cause de la coagulation du sang? On l'ignore ; mais on sait, 1° qu'elle a lieu dans le vide, à l'air, à un courant de gaz oxygène, d'hydrogène ou d'acide carbonique ; 2° qu'elle ne se manifeste pas à un grand froid, et que la température la plus favorable pour la déterminer est celle de 38° à 40° c. (température du corps vivant) ; 3° qu'elle est favorisée par l'électricité ; 4° qu'elle est plus rapide dans un air sec que par un temps humide ; 5° qu'elle est retardée par le contact du sang avec les membranes animales ; 6° qu'elle est empêchée par les acides étendus et par 30 grammes sur 180 de sang, de sulfate de soude, d'azotate et d'acétate de potasse, de chlorures de potassium et de sodium, de borate de soude, par les azotates de strychnine et de morphine, la nicotine, une dissolution d'opium ; 7° qu'elle est également empêchée par les carbonates, les acétates, les borates et les tartrates, en dissolution concentrée, tandis que les sulfates, les borates et les tartrates étendus d'eau la favorisent ; 8° qu'elle est accélérée par des dissolutions de gomme, de sucre, d'amidon, et par les décoctions de digitale, de tabac, ainsi que par l'éther et l'alcool.

Propriétés chimiques du sang. — Si l'on agite, avec du gaz *oxygène* ou avec l'*air* atmosphérique, du sang *veineux* battu et dépouillé d'une certaine quantité de fibrine, il devient d'un rouge écarlate ; avec l'oxygène pur, il n'y a point d'absorption sensible, d'après Davy, tandis qu'avec l'air il se formerait un volume d'acide carbonique égal à celui de l'oxygène absorbé. Le gaz azote n'altère point la couleur du sang veineux. Le gaz bioxyde d'azote le rend pourpre foncé, et il y a absorption de 0,125 du gaz. Le protoxyde d'azote le fait passer au pourpre plus vif, et le gaz est en partie absorbé. Avec l'acide carbonique, il devient rouge brunâtre, et il y a une légère absorption. Le bicarbure d'hydrogène gazeux lui communique une belle couleur rouge d'une nuance plus foncée que celle que lui fait prendre l'oxygène; il y a absorption d'une petite portion du gaz. Le chlore lui donne une couleur foncée presque noire. Le *sang artériel*, placé *dans* le vide, acquiert la couleur du sang veineux; il en est de même avec le gaz hydrogène, et, dans cet état, il ne reprend plus la couleur écarlate par l'action ultérieure de l'oxygène. Avec le gaz azote et l'acide carbonique, mais surtout avec le gaz hydrogène, il devient de couleur foncée, comme celle du sang veineux (Priestley, Girtanner, Hassenfratz, Fourcroy).

Presque tous les acides un peu forts précipitent le sang en s'unissant à l'albumine qu'il renferme. J'ai déjà dit que Barruel, en agitant le sang de diverses espèces d'animaux avec de l'acide sulfurique concentré, avait vu qu'il se dégageait une odeur différente pour chacun d'eux, et parfaitement analogue à celle que répand l'animal lui-même. D'après M. Matteucci, l'odeur qu'exhale le sang de chèvre serait due à un mélange d'acide lactique et d'un acide analogue à l'acide caproïque; du moins telle est la composition du liquide qui se volatilise en traitant par l'acide sulfurique le sérum du sang de chèvre évaporé. On sait aussi que le lait, le jaune d'œuf, le sperme, la salive, la sueur, les larmes, l'albumine, les liqueurs amniotique, allantoïque, et du chorion, se comportent de la même manière (voy. *Journ. de pharm.*, novembre 1829). La plupart des sels métalliques des six dernières classes précipitent le sang. La potasse et la soude exercent une action contraire, le rendent plus fluide, et empêchent sa coagulation en dissolvant la fibrine, qui tend à se précipiter. L'alcool s'empare de l'eau qu'il contient, et en précipite l'albumine, la fibrine, la matière colorante, et plusieurs sels. Le sang humain n'a point d'usages (voyez, pour la manière de reconnaître les taches de sang, ma *Médecine légale*, 4ᵉ édition).

Sang des femmes pendant l'allaitement. — MM. Natalis Guillot et Leblanc viennent de constater que ce sang tient en dissolution de la caséine. En examinant le sang de deux nourrices en pleine lactation, ils ont vu que son sérum, après avoir été privé d'albumine par la coagulation à chaud et la filtration, donnait un précipité blanc abondant lorsqu'on le faisait bouillir avec quelques gouttes d'acide acétique, et ils ont reconnu dans la dissolution tous les caractères de la caséine;

il leur a semblé qu'il existait un rapport entre la quantité de cette substance et une diminution dans la proportion de l'albumine.

Sang humain dans l'état de maladie. — MM. Andral et Gavarret ont donné le tableau suivant, qui contient l'indication des maladies dans lesquelles la proportion de fibrine du sang est augmentée. De son côté, M. Félix Hatin a démontré, par un grand nombre d'expériences faites avec soin, que l'on pouvait confondre avec la fibrine la portion de *coagulum* blanc qui se forme souvent à la surface du caillot, et qui porte le nom de *couenne inflammatoire,* ce qui, selon lui, serait une erreur d'autant plus grave, que la production de ce *coagulum* blanc dépend d'une foule de circonstances, telles que l'exercice, l'alimentation, sans qu'il y ait pour cela une maladie inflammatoire.

MALADIES.	Malades.	Saignées.	Fibrine.	Globules.	Matériaux solides du sérum.	Eau.	SÉRUM.		Nombre des saignées dans lesquelles on a dosé ces matériaux.
							Matériaux organiques.	Matériaux inorganiques.	
Rhumatisme articulaire aigu. . .	14	43	6,8	101,6	86,1	805,5	79,3	6,8	22
Rhumatisme articulaire subaigu et chronique	10	10	3,8	108,2	95,3	792,7	89,0	6,3	7
Pneumonie.	21	58	7,8	113,0	81,5	797,7	75,0	6,5	42
Bronchite capillaire aiguë	6	9	6,6	123,9	76,6	792,9	69,7	6,9	3
Bronchite chronique avec emphysème pulmonaire.	4	5	3,0	121,2	83,0	792,8	76,3	6,7	3
Pleurésie.	12	15	4,8	110,5	86,3	798,4	78,9	7,4	11
Péritonite aiguë.	4	8	5,0	99,0	85,2	810,8	77,7	7,5	7
Amygdalite	4	6	5,5	105,3	91,9	897,3	85,1	6,8	5
Erysipèle.	5	8	5,9	99,2	88,2	806,7	81,6	6,6	8
Tubercules pulmonaires.	21	22	4,4	100,5	85,4	809,7	79,0	6,4	11
Phlegmasies diverses.	»	»	5,4	111,4	97,4	785,8	»	»	»

Il résulte des faits consignés dans ce tableau, et des observations nombreuses faites par MM. Andral et Gavarret : 1° Que, dans toutes les inflammations aiguës, la proportion de fibrine augmente peu à peu avec la gravité du mal, tandis qu'elle diminue avec les accidents morbides. Dans les cas les moins prononcés, la fibrine, dont la proportion à l'état naturel est de 3, a varié entre les chiffres 4 et 5; en moyenne, la proportion a été de 7 à 8, et, dans les cas les plus graves, elle s'est élevée jusqu'à 10; lorsque, dans certaines maladies organiques, telles que les tubercules, le cancer, etc., il se développe une inflammation, la proportion de fibrine augmente : par contre, dans les congestions et les hémorrhagies cérébrales, elle diminue au point de n'être que de 1 à 1 ½; elle descend à 1, et même à 0,9, lorsque survient l'état adynamique dans beaucoup de fièvres continues, dans les phlegmasies éruptives, etc.; dans la chlorose, la pléthore, les fièvres intermittentes et les névroses, la quantité de fibrine est à peu près comme dans l'état naturel, c'est-à-dire de 2,5 à 3,5. 2° Que, dans la pléthore, dans les congestions et les hémorrhagies cérébrales, au début des fièvres continues et des maladies éruptives, la proportion des *globules rouges* est augmentée de 20, de 40 et même de 50 au-dessus du chiffre moyen, qui est de 127; dans la chlorose, au contraire, ils sont notablement diminués, puisque, dans certains cas, on n'en comptait que 70, 40, et même 27; si l'on soumet les malades à une médication ferrugineuse, le nombre des globules augmente rapidement, et peut même dépasser le chiffre normal; dans les névroses, on observe également une diminution des globules; en thèse générale, toutes les fois que la nutrition est altérée, la proportion des globules est abaissée. 3° Qu'à très-peu d'exceptions près, les matériaux solides du *sérum* restent dans les mêmes proportions qu'à l'état naturel; toutefois, dans l'*albuminurie*, ils sont notablement diminués, puisqu'on les a vus n'être que de 55, au lieu de 80. 4° Que la proportion d'eau dans le sang est en raison inverse de celle des globules.

Couenne. — Après la coagulation, le sang des individus atteints de phlegmasies aiguës, de fièvres continues, etc., présente à sa surface une couche plus ou moins épaisse, désignée sous le nom de *couenne*. La nature des principes qui la constituent me paraît varier singulièrement. Deyeux et Parmentier en ont trouvé qui offrait tous les caractères de la fibrine. Fourcroy, Vauquelin et Thénard, en ont analysé qui était formée de fibrine, et surtout d'albumine concrète; je l'ai vue quelquefois renfermer une assez grande quantité de gélatine. Enfin Berzelius pense qu'elle peut contenir tous les principes qui constituent le caillot.

Sang des scorbutiques. — Suivant Deyeux et Parmentier, ce sang contient fort peu de fibrine, et n'a point l'odeur particulière du sang d'un individu sain : du reste, il renferme les mêmes éléments. Fourcroy remarqua aussi que le sang tiré des gencives d'un scorbutique n'offrait point de fibrine; il devenait noir par le refroidissement, et restait fluide; au lieu d'un *coagulum*, il fournissait quelques flocons mous et comme gélatineux. MM. Andral et Gavarret ont également vu que, dans le scorbut, la fibrine est au-dessous de sa proportion normale.

Sang des diabétiques. — Suivant Nicolas et Gueudeville, le sang des diabétiques renferme beaucoup plus de *sérum* que dans l'état sain; il contient très-peu de fibrine, et paraît peu animalisé. Muller de Medebach, Rees et Bouchardat, ont prouvé que ce sang contient de 1 à 1,8 de glucose pour 1,000 parties de sérum. Bouchardat a constaté qu'après vingt-quatre heures d'extraction, il n'y avait plus de sucre, ce qui rend raison de la diversité des résultats obtenus par quelques chimistes, qui avaient été jusqu'à nier la présence du glucose dans le sang des diabétiques.

Sang des ictériques. — Il renferme tous les matériaux qui constituent le sang à l'état physiologique, puis les deux principes colorants qui existent dans la bile, et un composé d'albumine et de soude, peu ou point soluble dans l'eau; mais il contient une quantité beaucoup moins sensible de matière colorante rouge : ainsi mille parties de ce fluide, pris dans un cas d'ictère, ne renfermaient que 77 p. de matière colorante rouge, tandis que chez deux sujets non ictériques, dont le sérum du sang offrait une couleur *jaune* très-prononcée, la même quantité de sang en contenait 128 parties (M. Lecanu). Déjà, depuis plusieurs années, on avait annoncé avoir retiré du sang des enfants atteints d'ictère les deux principes colorants jaune et bleu qui existent dans la bile humaine et dans celle de plusieurs mammifères.

Dans l'ictère avec rétention de bile et décoloration des évacuations, MM. Becquerel et Rodier ont trouvé que le sang contenait une quantité considérable de cholestérine.

Après avoir analysé le tissu cutané, le sang et le liquide épanché dans le thorax de plusieurs enfants ictériques de naissance, et le tissu adipeux d'un mouton, coloré en jaune foncé, M. Lassaigne annonça, en 1826, que la matière qui colorait ces parties jouissait de la plupart des *propriétés du principe colorant de la bile ;* qu'à la vérité les autres éléments de cette liqueur ne s'y trouvaient point, et qu'il ne répugnait pas à admettre que ce principe colorant, sans tirer son origine de la bile, pût présenter tous les caractères de celui qui existe dans cette humeur; il terminait en disant que, dans l'état actuel de la science, on ne saurait regarder comme prouvée la présence de la bile dans les organes et dans les liquides des ictériques (*Journ. de chim. méd.*). Je pense, en effet, que si les recherches qui précèdent établissent des probabilités en faveur de l'existence de la bile dans le sang des ictériques, elles sont insuffisantes pour mettre le fait hors de doute, et que de nouvelles expériences sont encore nécessaires sur ce point.

Sang dans la fièvre dite *putride.* — Suivant Deyeux et Parmentier, ce sang ne forme pas toujours de couenne ; il est semblable au précédent, et il ne renferme point d'*ammoniaque.*

Sang dans le choléra asiatique. — Il n'est remarquable que par une petite quantité de fibrine et par une moindre alcalinité du sérum ; il n'est pas acide, comme l'avait indiqué Hermann.

Sang blanc ou laiteux. — M. Lecanu a fait, en mars 1835, l'analyse du sang tiré de la veine médiane basilique d'un malade confié aux soins du docteur Simon, et qui éprouvait, entre autres accidents graves, une gêne extrême de la respiration, des crampes, etc. Ce sang ressemblait à une bavaroise légèrement rosée, et contenait 794 parties d'eau, 64 d'albumine, à peu près comme à l'état normal, 117 de matière grasse, savoir : savon acide, cholestérine, *oléine, margarine,* et *stéarine* (on sait que ces trois dernières n'ont pas encore été signalées dans le sang des individus sains), enfin 25 de sels et de matières extractives. La fibrine, et surtout la matière colorante, avaient presque entièrement disparu (*Journ. de pharm.,* juin 1835). Déjà M. Christison avait signalé un fait analogue en 1830 (voy. *Journ. de chim. méd.,* t. VI), et en 1831 (voy. t. VII), M. Lassaigne avait retiré du sérum blanc laiteux extrait du sang d'une ânesse une proportion considérable de matière grasse blanche du cerveau.

Sang examiné après des lésions extérieures, telles que blessures, irritations chimiques, etc. — D'après M. Zimmermann, la quantité des parties solides est diminuée, et celle de la fibrine augmentée. Dans les suppurations considérables et la diarrhée sanguinolente, la fibrine augmente aussi d'une manière notable, et, dans tous ces cas, elle se dépose beaucoup plus lentement que dans l'état ordinaire (*Journ. de pharm.,* décembre 1849).

Je crois, en terminant ce qui se rapporte à la composition du sang dans diverses maladies, devoir faire connaître les résultats obtenus par MM. Becquerel (Alfred) et Rodier.

Composition du sang dans les maladies, d'après MM. Becquerel et Rodier.

	Densité du sang défibriné.	Densité du sérum.	MATÉRIAUX ORGANIQUES DE 1,000 PARTIES DE SANG.										COMPOSITION DES CENDRES de 1,000 parties de sang.			
			Eau.	Globules.	Albumine.	Fibrine.	Matières extractives et sels.	Matières grasses.	Séroline.	Matière phosphorée.	Cholestérine.	Savon.	Chlorure de sodium.	Sels solubles.	Phosphates.	Fer.
Pléthore. Hommes.	1059	1029	780,4	138	72,3	2,4	6,3	1,55	variable.	0,483	0,088	1,014	3,7	2,9	0,341	0,547
Pléthore. Femmes.	1058,3	1028,8	784,0	131,5	75,1	2,1	5,8	2,150		0,673	0,114	0,138	3,5	2,8	0,334	0,544
Phlegmasies. Hommes.	1056,3	1027	791,5	128	66	5,8	7	1,724	0,020	0,602	0,136	0,984	3,1	2,4	0,448	0,490
Phlegmasies. Femmes.	1054,5	1026,8	801	118,6	65,5	5,7	7,2	1,669	0,024	0,601	0,130	0,914	3,0	2,7	0,344	0,480
Fièvre thyphoïde	1054,4	1025,4	797	127,4	64,8	2,8	6,3	1,773	variable.	0,471	0,089	1,093	2,9	2,5	0,497	0,555
Fièvre éphémère	1056,8	1025,5	781,7	142,4	65,7	2,8	5,8	1,770	variable.	0,565	0,112	1,005	2,7	2,8	0,321	0,569
Pleurésie	1055	1026	798,6	120,4	65,4	6,1	7,6	1,905	variable.	0,703	0,182	1,020	3,0	2,0	0,478	0,461
Pneumonie	1052,6	1025	801	122,5	61,1	7,4	6,4	1,687	variable.	0,504	0,101	1,062	2,8	2,7	0,308	0,493
Bronchite aiguë. Hommes.	1056,7	1027,1	793,7	129,2	64,9	4,8	5,8	1,621	variable.	0,479	0,169	0,952	3,2	2,9	0,346	0,513
Bronchite aiguë. Femmes.	1056,6	1025,8	803,4	115,3	68,8	3,5	7,3	1,751		0,600	0,072	1,059	3,3	2,8	0,309	0,479
Rhumatismes aigus.	1055,5	1027,7	789,9	118,7	66,9	5,8	8,1	1,647	variable.	0,479	0,147	1,000	3,5	2,5	0,445	0,452
Chlorose.	1045,8	1028,1	828,2	86	72,1	3,4	8,8	1,503	variable.	0,541	0,054	0,888	3,1	2,3	0,441	0,319
Tubercules pulmonaires Hommes.	1056,7	1028	794,8	125	66,2	4,8	7,7	1,554	variable.	0,591	0,034	0,809	3,3	2,7	0,493	0,489
Tubercules pulmonaires Femmes.	1055,4	1028,2	796,8	119,4	70,5	4	7,6	1,729		0,601	0,082	1,011	3,1	2,5	0,302	0,484
Syphilis constitutionnelle	1060,1	1028,5	777	136,1	71,8	2,23	9,3	1,820	0,027	0,640	0,115	0,972	3,4	2,7	0,282	0,566

Sang de bœuf. — Berzelius a trouvé le sang de bœuf composé des mêmes principes que le sang humain, et à peu près dans les mêmes proportions. Des expériences postérieures de Vauquelin établissent qu'il renferme, en effet, de la fibrine, de l'albumine, de la matière colorante, et une *huile grasse,* d'une couleur jaune, d'une saveur douce, et d'une consistance molle : il suffit, pour obtenir cette huile, de coaguler le *sérum* par l'alcool froid, de traiter à trois ou quatre reprises le *coagulum* par sept ou huit fois son poids d'alcool bouillant, et de faire évaporer les liqueurs alcooliques ; l'huile se sépare à mesure que l'alcool se volatilise. Deyeux et Parmentier pensent que le sang de bœuf renferme, en outre, un principe volatil odorant qui n'agit point sur les réactifs. Vogel a prouvé depuis qu'il contient aussi du soufre et de l'acide carbonique.

On doit à Vauquelin des résultats importants sur l'altération éprouvée par du sang de bœuf qu'il avait abandonné à lui-même pendant cinq ans dans un flacon mal bouché ; l'expérience a été faite avec la portion liquide du sang, à laquelle on a mêlé l'eau de lavage du caillot. 1° Il s'est formé une grande quantité d'acides carbonique, sulfhydrique et acétique, une huile volatile acide très-fétide, et de l'ammoniaque qui était saturée par ces diverses substances ; 2° l'huile grasse qui fait partie du sang frais ne semblait pas avoir subi d'altération marquée ; 3° il restait à peine des traces d'albumine, ou plutôt on ne trouvait à sa place qu'une très-petite proportion d'une substance gélatineuse ; 4° le principe colorant se conservait sans altération ; 5° à une certaine époque, le soufre qui fait partie de l'albumine s'était séparé, et formait immédiatement au-dessus du liquide un cercle d'un blanc jaunâtre ; ce soufre ne recélait pas un atome de phosphore, et rien n'annonce que ce dernier corps existe dans le sang (voy. *Ann. de phys. et de chim.,* t. XVI).

On emploie le sang de bœuf pour faire le boudin, pour clarifier les sirops et obtenir le sucre, pour préparer le cyanure de potassium, l'acide cyanhydrique, etc. On peut faire, avec le *sérum* du sang de bœuf et de la chaux vive parfaitement divisée, un mélange très-utile pour peindre les grands emplacements, les vaisseaux, les ustensiles en bois, et que l'on peut appliquer aussi avec un grand succès, comme badigeon, sur les pierres, les murs, les conduites d'eau, etc. ; ce mélange a l'avantage d'être économique, d'adhérer fortement, de sécher facilement, et de ne pas répandre d'odeur désagréable ; il est d'ailleurs inaltérable, ou du moins il ne s'altère que très-difficilement. C'est à Carbonell, ancien professeur de chimie à Barcelone, que l'on est redevable de cette découverte, dont il a fait un très-grand nombre d'applications intéressantes pour les arts (voy. le mémoire intitulé *Pintura al suero*, année 1802).

Sang de poisson.—Il contient, d'après M. Morin, une huile grasse brune, ayant l'odeur du poisson, une matière grasse non acide, d'une odeur rance, la substance désignée sous le nom d'osmazome, de l'acétate de soude, du chlorure de sodium, et du phosphate de chaux, un principe colorant rouge, *distinct* de la matière colorante du sang des *mammifères*, et qui contient du fer, une matière animale très-soluble dans les alcalis et dans les acides, se rapprochant du mucus par cette dernière propriété. Il ne *renferme point de fibrine* (*Journal de chimie médicale*, septembre 1829).

M. Nasse a inscrit dans le tableau suivant la composition du sang de divers animaux.

Composition du sang chez les animaux domestiques, par Nasse.

	HOMME.	CHIEN.	CHAT.	CHEVAL.	BOEUF.	VEAU.	CHÈVRE.	BREBIS.	LAPIN.	COCHON.	OIE.	POULM.
Eau.	798,402	790,50	810,02	804,75	799,590	826,44	839,14	827,765	817,30	768,945	814,884	793,42
Globules.	116,529	123,85	113,392	117,13	121,865	102,803	85,998	92,425	170,72	145,532	121,450	144,57
Albumine.	74,194	65,19	64,46	67,58	66,901	56,414	62,705	62,705		72,875	50,976	48,52
Fibrine.	2,233	1,93	2,418	2,41	3,620	5,757	3,920	2,970	3,80	3,950	3,360	4,67
Graisse.	1,970	2,25	2,7	1,31	2,045	1,610	0,91	1,161	1,90	1,950	2,560	2,65
Phosphate alcalin.	0,823	0,730	0,607	0,844	0,468	0,957	0,402	0,395	0,637	1,362	1,135	0,945
Sulfate de soude.	0,202	0,197	0,201	0,213	0,181	0,269	0,265	0,348	0,202	0,089	0,090	0,100
Carbonate alcalin.	0,956	0,789	0,919	1,104	1,071	1,263	1,202	1,498	0,970	1,198	0,824	0,350
Chlorure de sodium.	4,690	4,490	5,274	4,659	4,321	4,864	5,186	4,895	4,092	4,287	4,246	5,392
Oxyde de fer.	0,834	0,714	0,516	0,786	0,731	0,631	0,644	0,589	»	0,782	0,812	0,743
Chaux.	0,183	0,07	0,136	0,107	0,098	0,130	0,110	0,107	»	0,085	0,120	0,174
Acide phosphorique.	0,201	0,208	0,263	0,123	0,123	0,109	0,129	0,113	»	0,206	0,119	6,935
Acide sulfurique.	0,050	0,013	0,022	0,026	0,018	0,018	0,023	0,044	»	0,041	0,039	0,010
Magnésic.	0,015	»	»	»	»	»	»	»	»	»	0,018	»
Silice.	0,043	»	»	»	»	»	»	»	»	»	0,056	»

DES PHÉNOMÈNES CHIMIQUES DE LA RESPIRATION.

J'ai déjà dit que le chyle produit par la digestion des aliments était versé dans la veine sous-clavière gauche, et mêlé avec le sang veineux : celui-ci traverse les poumons, et se trouve converti en sang artériel par l'action de l'air atmosphérique. Quel rôle jouent l'air et le sang veineux dans cette transformation ?—*Air*. L'air atmosphérique est le seul fluide aériforme qui puisse servir à la respiration ; les animaux périssent promptement dans tous les autres gaz, sans en excepter l'*oxygène* pur ; celui-ci, en effet, produit une trop vive excitation qui finit par troubler l'économie animale. L'expérience prouve que quelques-uns de ces gaz n'exercent aucune action délétère par eux-mêmes, mais qu'ils tuent les animaux, parce que leur action ne peut pas remplacer celle de l'oxygène : tels sont l'azote, l'hydrogène, etc.; tandis qu'il existe des gaz fortement délétères, agissant à la manière des poisons les plus énergiques : tels sont l'acide sulfhydrique, le gaz arséniure trihydrique, l'ammoniac, etc. Voyons maintenant quelle est l'action de l'*air* atmosphérique dans la respiration : 1° la proportion d'air expiré est sensiblement égale à celle qui a été inspirée ; 2° l'air expiré est mêlé avec une assez grande quantité de vapeur, qui constitue la *transpiration pulmonaire*, dans laquelle, suivant M. Collard de Martigny, on trouve 907 parties d'eau, 90 d'acide carbonique, et 3 de matière animale ; 3° il contient moins d'oxygène que l'air inspiré, et plus d'acide carbonique : suivant MM. Dulong et Edwards, la quantité d'acide carbonique contenu dans l'air expiré est tantôt sensiblement égale à celle de l'oxygène qui disparaît, tantôt elle n'équivaut qu'à un tiers ou à la moitié de cet oxygène ; on a appris depuis que le rapport entre la quantité d'oxygène que l'on trouve dans l'acide carbonique expiré et l'oxygène consumé pendant l'expiration dépend surtout de la nature des aliments ; ainsi lorsque les animaux sont nourris de pain ou de grains, ils exhalent une quantité d'acide carbonique qui renferme autant d'oxygène, et quelquefois plus, qu'il y en a eu d'absorbé pendant l'inspiration ; évidemment, s'il y en a plus, il faut que l'excédent ait été fourni par les aliments ; quand les animaux sont nourris avec de la viande, constamment, l'acide carbonique expiré renferme moins d'oxygène qu'il n'y en a eu d'absorbé ; dans ces cas, ce dernier étant représenté par 1, celui que contient l'acide carbonique expiré est de 0,67 ou de 0,74 ; je dirai bientôt que le sang absorbe, pendant l'inspiration, une certaine quantité d'oxygène *qui ne forme point d'acide carbonique* dans les poumons, ce qui rend raison de la différence que j'indique ; 4° les animaux à sang chaud et à sang froid, *s'ils sont nourris, exhalent* pendant la respiration une petite quantité d'azote qui ne s'élève guère, pour les animaux à sang chaud, à plus de $\frac{1}{100}$ de la totalité de l'oxygène absorbé pendant l'inspiration ; si, au contraire, les animaux sont *privés d'aliments*, il y a *absorption* d'une très-petite proportion d'azote ; on pourrait se demander si, pendant la respiration, il n'y aurait pas constamment à la fois exhalation et absorption d'azote, et si les phénomènes que je viens de signaler ne tiendraient pas à ce que l'expérience fait seulement connaître la résultante variable de leurs effets opposés. L'absorption, dit Edwards, ne sera appréciable qu'autant que la quantité d'azote absorbée sera plus grande que celle qui sera exhalée.

Sang veineux. Après avoir exposé les phénomènes chimiques que présente l'air par son contact avec le sang veineux dans les poumons, je devrais faire connaître les changements que celui-ci éprouve dans ses propriétés physiques et dans sa composition ; à cet égard, la science est loin d'être fixée ; on sait, pour ce qui concerne les propriétés physiques, que le sang veineux devient d'un rouge vermeil en traversant les poumons, qu'il acquiert une odeur et une saveur plus fortes, que sa température s'élève, etc. ; mais quant à sa composition, les analyses comparatives des deux sangs n'apprennent pas grand'chose ; si la fibrine et l'albumine sont moins abondantes dans le sang artériel du cheval que dans le sang veineux, l'inverse a lieu chez le bœuf et chez la brebis ; si le sang veineux du cheval, du bœuf et de la brebis laisse une plus forte proportion de résidu solide que le sang artériel, ne voit-on pas ces deux sangs, chez le chien, renfermer la même proportion de matières solides ? Et quel parti peut-on tirer des résultats évidemment erronés obtenus par Magnus, relativement à la proportion des gaz contenus dans le sang artériel et veineux du cheval ? D'après ce savant, 100 volumes de sang artériel contiendraient plus d'acide carbonique, d'oxygène et d'azote, que le sang veineux du même animal ; d'ailleurs n'est-il pas certain qu'il doit y avoir des différences notables dans le même sang artériel ou veineux d'un animal donné, suivant son âge, sa constitution, l'état d'abstinence, etc. ? (Voy. *Sang.*)

Lavoisier pensait que l'oxygène absorbé dans l'acte de la respiration se combinait avec le carbone et avec l'hydrogène du sang veineux, pour former de l'acide carbonique et de l'eau, qui constituaient la transpiration pulmonaire : le changement de couleur du sang était attribué, dans cette hypothèse, à l'action d'une autre portion d'oxygène sur le fer contenu dans le sang.

On admet aujourd'hui que, pendant l'inspiration, le sang veineux exhale du gaz acide carbonique, et absorbe de l'oxygène ; que celui-ci, dissous dans le sang, forme avec le carbone une certaine quantité d'acide carbonique *dans les poumons,* mais qu'une autre partie de l'oxygène est portée dans tous les vaisseaux capillaires au moyen des artères, et que là ce gaz produit les actions oxydantes nécessaires à la vie, c'est-à-dire qu'il donne avec le carbone du sang de nouvelles quantités d'acide carbonique qui se dissolvent dans le sang veineux, et qui ne sont exhalées que lorsque ce sang est arrivé dans les poumons par l'artère pulmonaire. On voit donc que, dans le poumon, en même temps que l'air cède de l'oxygène au sang veineux, celui-ci laisse dégager de l'acide carbonique provenant à la fois de celui qui s'est formé dans les poumons et dans les capillaires ; cet acte s'opère à travers la membrane très-mince des cellules bronchiques, soit par *endosmose,* soit tout simplement par suite des lois ordinaires de la dissolution des gaz dans les liquides exposés à l'air. Indépendamment de ce qui se passe dans les poumons et dans les vaisseaux capillaires, on croit devoir rattacher à la respiration la formation des gaz que les animaux exhalent par d'autres voies que par les poumons ; ainsi la *perspiration cutanée* et les vapeurs qui humectent le canal intestinal seraient des produits de la respiration : on sait que dans les animaux à sang chaud, la perspiration pulmonaire est beaucoup plus active que les autres ; tandis que dans les animaux à sang froid, dans les grenouilles par exemple, la perspiration cutanée est assez énergique pour qu'ils puissent continuer à vivre pendant plusieurs jours après leur avoir enlevé les poumons.

Quelle peut être la cause de la prompte coloration du sang veineux pendant la respiration ? Sans contredit elle tient à l'absorption de l'oxygène, lequel se combine probablement avec quelques principes du sang, et forme un composé rouge vif peu stable qui est détruit dans les vaisseaux capillaires.

Quelles sont les sources de la chaleur animale ? Sans prétendre pouvoir les assigner d'une manière complète, il est certain qu'il se développe de la chaleur pendant que l'oxygène de l'air s'unit au carbone du sang veineux dans les poumons et dans les vaisseaux capillaires, pendant que les organes s'assimilent une partie du sang pour vivre et se développer, pendant qu'aux dépens du sang il se forme des matériaux d'excrétion comme l'urine, la sueur, etc. La production de la chaleur animale est donc un phénomène complexe dont il est difficile, pour ne pas dire impossible, d'assigner toutes les causes.

M. Dumas a émis sur les phénomènes chimiques de la respiration une opinion qu'il importe d'indiquer ; suivant lui, sous l'influence de l'oxygène absorbé, les matières solubles du sang se changent en acide lactique, comme l'a vu M. Mitscherlich ; l'acide lactique se convertit lui-même en lactate de soude ; ce dernier se transforme, par une véritable combustion, en carbonate de soude, qu'une nouvelle portion d'acide lactique vient décomposer à son tour. Le sang s'oxyde donc dans les poumons : il respire réellement dans les capillaires de tous les autres organes, là où la combustion du carbone et la production de chaleur se réalisent surtout. Quoi qu'il en soit, on peut admettre que le phénomène de la respiration est général et s'accomplit dans toutes les parties de l'économie animale ; mais que le contact du sang et de l'air ne s'effectue que dans les poumons (Dumas).

MM. Andral et Gavarret ont publié un travail dont le but était de déterminer la quantité d'acide carbonique qui, dans un temps donné, s'échappe par le poumon de l'homme, tant dans l'état de santé que dans l'état de maladie. Voici les conclusions auxquelles ils sont arrivés :

1° La quantité d'acide carbonique exhalé par le poumon dans un temps donné varie en raison de l'âge, du sexe et de la constitution des sujets.

2° Chez l'homme comme chez la femme, cette quantité se modifie suivant les âges, indépendamment du poids des individus.

3° Dans toutes les périodes de leur vie comprises entre 8 ans et la vieillesse la plus avancée, l'homme et la femme se distinguent par la quantité d'acide carbonique qui est exhalé par les poumons dans un temps donné ; toutes choses égales d'ailleurs, l'homme en exhale toujours une quantité plus considérable que la femme : cette différence est surtout remarquable entre 16 et 40 ans, époque pendant laquelle l'homme fournit par le poumon presque deux tiers autant d'acide carbonique que la femme.

4° Chez l'homme, la quantité d'acide carbonique exhalé va sans cesse croissant de 8 à 30 ans, et cet accroissement devient subitement très-grand à l'époque de la puberté ; à partir de 30 ans, l'exhalation commence à décroître, et par degrés d'autant plus marqués que l'homme s'approche davantage de l'extrême vieillesse ; elle peut devenir alors ce qu'elle était vers l'âge de 10 ans.

5° Chez la femme, l'exhalation de l'acide carbonique augmente suivant les mêmes lois ; mais, au moment de la puberté, en même temps que la menstruation apparaît, cette exhalation, contrairement à ce qui arrive chez l'homme, s'arrête dans son accroissement, et reste stationnaire jusqu'à la fin de la menstruation ; à cette époque, l'exhalation d'acide carbonique augmente de nouveau d'une manière notable, puis elle décroît comme chez l'homme.

6° Pendant toute la durée de la grossesse, l'exhalation de l'acide carbonique par le poumon s'élève momentanément au chiffre fourni par les femmes parvenues à l'époque du retour.

7° Dans les deux sexes, et à tous les âges, la quantité d'acide carbonique exhalé par le poumon est d'autant plus grande, que la constitution est plus forte et le système musculaire plus développé.

M. Scharling a conclu de ses recherches : 1° que l'homme expire des quantités variables d'acide carbonique aux diverses époques de la journée; 2° que, toutes choses égales d'ailleurs, l'homme brûle plus de carbone quand il est rassasié que lorsqu'il est à jeun, et plus aussi à l'état de veille que pendant le sommeil; 3° que dans le cas d'un malaise ou à l'état de défaillance, la quantité d'acide carbonique expiré est moindre qu'à l'état normal.

M. Dumas admet qu'un homme brûle, terme moyen, 10 grammes de carbone par heure, soit 240 grammes dans les vingt-quatre heures (*Ann. de chimie*, août 1843).

Je terminerai ce qui me reste à dire sur la respiration en transcrivant les résultats des expériences faites sur des cochons d'Inde par MM. Lassaigne et Yvart, dans le but de déterminer l'influence du régime alimentaire sur la respiration. 1° Sous un régime d'aliments non azotés, les animaux ne tardent pas à souffrir et à diminuer de poids; 2° pendant cette période de souffrances, il y a moins d'oxygène d'absorbé, et l'air expiré contient moins d'acide carbonique; la température de la surface cutanée diminue, ce qui prouve la relation qui existe entre les fonctions respiratoires et la production de la chaleur animale. 3° La proportion d'azote contenue dans l'air ne peut jamais suppléer à celle qui manque dans les substances alimentaires.

DES LIQUEURS DES SÉCRÉTIONS.

On a pensé pendant longtemps que le sang artériel, porté dans toutes les parties du corps, éprouve dans certains organes une altération particulière dont le résultat est la production d'un liquide qu'il ne contenait point : cette opération est connue sous le nom de *sécrétion ;* d'après cette hypothèse, l'urine serait sécrétée dans les reins, la bile dans le foie, la salive dans les glandes salivaires, etc.; aucun des fluides sécrétés n'existerait dans le sang : on ignore complétement la manière dont cette transformation s'opérerait. Les expériences de MM. Prévost et Dumas ont fourni des résultats qui me paraissent propres, sinon à renverser, du moins à ébranler cette théorie des sécrétions; ils ont vu : 1° que l'on ne sait pas encore où se forment l'urée et les divers composants de l'urine ; 2° que le sang contient de l'urée; 3° que ce principe immédiat est éliminé par le rein à mesure qu'il se forme; aussi ne regardent-ils cet organe que comme une surface *éliminatrice* analogue à la peau; 4° que lorsqu'on enlève les reins aux animaux, le sang retient toute l'urée : ce dernier fait a été vérifié par Vauquelin.

On a divisé les liquides sécrétés en *alcalins* et en *acides*. Cette distinction me conduit tout naturellement à parler de l'existence des courants électriques coïncidant avec l'acidité et l'alcalinité dans les corps organisés. Voici le résumé d'un travail intéressant de M. le Dr Donné sur ce sujet (*Ann. de chim. et de phys.*, décembre 1834) : 1° Il existe des courants galvaniques dans les corps organisés; c'est à la surface des membranes et dans les organes hétérogènes qu'il faut les chercher; ils n'existent pas indifféremment dans tous les points du corps, mais ils sont déterminés par l'état acide et alcalin des organes; 2° que l'on mette l'un des pôles d'un galvanomètre très-sensible en contact avec la bouche, qui est alcaline, et l'autre pôle en contact avec la peau, qui est acide, on aura des courants très-manifestes qui feront dévier l'aiguille de 15, 20, et quelquefois de 30 degrés; la membrane muqueuse buccale sera le côté résineux ou négatif, et la peau le côté vitré ou positif; par conséquent, le courant doit aller de la bouche à la peau, de l'intérieur à l'extérieur; 3° lorsqu'on met l'un des pôles du galvanomètre en contact avec la membrane muqueuse gastrique, qui est acide, et l'autre avec la vésicule biliaire, ou même avec l'un des points quelconques de l'intérieur du foie, qui sont alcalins, l'aiguille est déviée de 30, 40 et 50 degrés, quelquefois davantage; cet effet persiste après la mort, parce qu'il résulte d'une action purement chimique; 4° on trouve de semblables courants entre l'estomac et toutes les parties des intestins, entre la rate et l'estomac, la rate jouant le rôle d'organe négatif, entre l'estomac et la vessie, entre ce dernier organe et les intestins, etc.; il n'en existe pas, au contraire, entre les deux reins, ni entre deux portions d'intestins prises à quelque distance l'une de l'autre, ni entre le foie et le pancréas, le foie et la rate, le foie et les intestins, etc.

Quelle peut être l'action physiologique de ces courants, leur influence sur les combinaisons et les décompositions entre les divers éléments de l'organisation? C'est ce que l'on ignore.

Voici les principaux résultats d'un travail intéressant publié par le professeur Andral sur l'état d'acidité ou d'alcalinité de quelques liquides, sécrétés ou autres, dans l'état de santé et de maladie. On peut établir en principe que, chez l'homme sain, chacune des différentes humeurs du corps conserve constamment la même réaction, alcaline pour les unes, acide pour les autres; tout au plus peuvent-elles quelquefois devenir accidentellement neutres, lorsqu'on fait arriver dans le sang une grande quantité d'eau, ou lorsque, sans que cette circonstance existe, elles sont sécrétées en abondance beaucoup plus grande que de coutume.

Mais, chez l'homme malade, les humeurs conservent-elles la même espèce de réaction que dans l'état physiologique? Celles qui étaient alcalines dans l'état de santé peuvent-elles, par le fait de la maladie, devenir acides, et réciproquement? Tel est le problème dont M. Andral s'est proposé l'étude, et voici la solution qu'il a donnée.

Sérum du sang.—M. Andral a constamment trouvé ce liquide alcalin; l'intensité de la réaction n'a pas semblé varier sensiblement, quelles que fussent la nature et la durée de la maladie.

Il a été affirmé que, dans le cas où le sang devient très-pauvre en fibrine, et dans le diabétès, l'alcalinité du sérum diminue; aucun fait probant n'a encore été recueilli soit pour, soit contre cette manière de voir.

Vogel rapporte que le sang extrait de la veine d'une femme atteinte de péritonite était parfaitement neutre. M. Andral n'admet pas l'authenticité de cette observation.

Sueur.—Il faut noter d'abord que, dans l'état normal, la peau sécrète deux matières de réaction différente: l'une acide, c'est la sueur; l'autre alcaline, c'est la matière sébacée.

Lorsque la sueur est extrémement abondante, elle devient neutre; ce phénomène tient à la grande quantité d'eau qu'elle renferme; mais, à part cette circonstance, son acidité ne lui est enlevée par aucune maladie; aucune non plus ne la rend alcaline. Dans les fièvres typhoïdes, dans le diabétès sucré, la sueur continue à être acide.

La sueur n'est donc pas simplement l'eau du sang qui s'échappe à travers la peau, chargée d'une partie des principes du sérum; s'il en était ainsi, la sueur serait alcaline comme le sérum du sang.

Mucus.— Dans toute leur étendue, à l'état sain, les membranes muqueuses fournissent un liquide acide; mais si ce mucus, transparent et sans globules, est remplacé par une matière opaque et pourvue de globules, la réaction acide disparaît, et une réaction alcaline très-prononcée la remplace : ainsi le mucus opaque du coryza, de la bronchite, est constamment alcalin.

Le mucus buccal est acide; la salive est alcaline; il en résulte que, suivant la prédominance de l'un ou l'autre de ces deux liquides, le fluide bucal est acide ou alcalin.

La muqueuse de l'estomac donne, après la mort, une réaction neutre ou acide. Les matières vomies sont ordinairement acides.

Rien de constant dans le duodénum et l'intestin grêle. Alcalinité constante de la muqueuse du colon.

Liquides sécrétés par les glandes. — Les *larmes* sont alcalines; la *salive* l'est également : elle l'est positivement chez les diabétiques. M. Andral s'en est assuré d'une manière formelle; ainsi tombe un des principaux arguments qu'on a fait valoir pour étayer la théorie d'après laquelle on regarde le développement de la glucosurie (diabétès) comme le produit de l'acidification soit du sang, soit d'autres humeurs de l'économie.

L'urine, dans l'état de santé, est acide; mais si une grande quantité de boissons aqueuses est ingérée dans l'estomac, elle peut devenir neutre.

Elle se montre aussi, exceptionnellement, alcaline dans les circonstances suivantes : après l'ingestion dans l'estomac de liqueurs alcalines; après l'usage d'une alimentation herbacée; après un régime sévère imposé à un malade, au moment où on recommence à l'alimenter.

On a prétendu que, dans la fièvre typhoïde et dans les maladies de la moelle épinière, l'urine devenait alcaline : c'est une erreur. Dans ces cas, l'urine pure, non altérée, est constamment acide au moment de sa sécrétion; elle ne devient alcaline que quand elle a éprouvé un commencement de décomposition dans la vessie, ou quand elle a été mêlée à du pus provenant de ce réservoir.

Ainsi l'immutabilité de la sécrétion des principes alcalins et acides des humeurs animales est une loi de l'état physiologique aussi bien que de l'état pathologique.

DES LIQUEURS ALCALINES.

DE LA LYMPHE.

On donne le nom de *lymphe* au liquide contenu dans les vaisseaux lymphatiques et dans le canal thoracique des animaux que l'on a fait jeûner pendant 24 ou 30 heures. Mille parties de lymphe de chien sont formées de 926,4 d'eau, de 0042 de fibrine, de 061,0 d'albumine, de 006,1 de chlorure de sodium, de 001,8 de carbonate de soude, et de 000,5 de phosphates de chaux et de magnésie, et de carbonate de chaux. Brande, dans un travail qu'il a entrepris sur la lymphe, a obtenu des résultats à l'appui de cette analyse : suivant lui, la lymphe contient de l'albumine, un alcali libre et du chlorure de sodium ; elle ne renferme point d'acide libre ni de fer. D'après MM. Emmert et Reuss, 91 parties de lymphe des vaisseaux absorbants des chevaux ont fourni une partie de fibrine, 86 $^1/_4$ d'eau, 3 $^3/_4$ d'albumine, de sel marin, de phosphate de chaux et de soude libre. MM. Leuret et Lassaigne ont trouvé que la lymphe des vaisseaux du cou d'un cheval était formée de 925 d'eau, de 57,36 d'albumine, de 3,30 de fibrine, de 14,34 de chlorures de sodium et de potassium, de soude et de phosphates de chaux.

La lymphe de l'homme a fourni à MM. Marchand et Colbery 96,926 d'eau, 0,520 de fibrine, 0,434 d'albumine, 0,312 d'osmazome et perte, 1,544 d'huile grasse, de graisse cristalline, de chlorures de sodium et de potassium, de carbonates et lactates alcalins, de sulfate de chaux, de phosphate de chaux et d'oxyde alcalin.

Rees a comparé le chyle et la lymphe d'un jeune âne qui avait été nourri de haricots et d'avoine, et a trouvé :

	Chyle.	Lymphe.
Eau	90,237	96,536
Albumine	3,516	1,200
Fibrine	0,370	0,120
Extrait soluble dans l'eau et l'alcool. . . .	0,332	1,310
Extrait soluble dans l'eau seulement . . .	1,233	0,240
Graisse.	3,601	traces.
Sels et traces d'oxyde de fer.	0,711	0,585
	100,000	100,000

La lymphe est sous forme d'un liquide rosé, légèrement opalin, quelquefois d'un rouge de garance, d'autres fois jaunâtre ; son odeur est spermatique, sa saveur salée ; son poids spécifique est de 1022,28, celui de l'eau étant 1000 ; elle ne rougit point l'*infusum* de tournesol. Évaporée jusqu'à siccité, elle laisse une très-petite quantité de résidu verdissant légèrement le sirop de violettes. Soumise à l'action électrique d'une batterie de trente paires de plaques de zinc et de cuivre, elle fournit de l'albumine coagulée et de l'alcali, qui se portent au pôle négatif (Brande). Elle se mêle en toutes proportions avec l'eau ; l'alcool la rend trouble ; abandonnée à elle-même, elle se prend en masse ; sa couleur rose devient plus foncée, et l'on voit paraître des filaments rougeâtres, imitant par leur disposition des arborisations irrégulières : elle est alors formée de deux parties distinctes, l'une solide, l'autre liquide ; si on sépare cette dernière, elle ne tarde pas aussi à se prendre en masse. La portion solide, analogue jusqu'à un certain point au caillot de sang, passe au rouge écarlate par son contact avec le gaz oxygène, et au rouge pourpre lorsqu'on la met dans du gaz acide carbonique.

DE LA SYNOVIE.

La synovie est un liquide exhalé par une membrane mince qui entoure les articulations mobiles. Margueron a trouvé dans 100 parties de synovie de bœuf, recueillie en incisant les articulations du pied, 80,46 parties d'eau, 4,52 d'albumine, 11,86 de matière filandreuse ou d'albumine modifiée, 1,75 de chlorure de sodium, 0,71 de soude, 0,70 de phosphate de chaux. Suivant Fourcroy, il y a, en outre, une matière animale particulière qui paraît être de l'acide urique.

La synovie de *bœuf*, récemment extraite de l'articulation, est fluide, visqueuse, demi-transparente, et d'un blanc verdâtre ; son odeur est analogue à celle du frai de grenouille ; sa saveur est salée. Abandonnée à elle-même, elle ne tarde pas à devenir gélatineuse, puis reprend son premier état, perd de sa viscosité, et laisse déposer une substance visqueuse. Les acides faibles versés dans la synovie la rendent plus fluide et en séparent la matière filandreuse.

La synovie de l'homme est analogue à celle du bœuf ; on y trouve une grande quantité d'albumine, une matière grasse, une matière animale soluble dans l'eau, de la soude, des chlorures de sodium et de potassium, du phosphate et du carbonate de chaux (Lassaigne et Boissel).

La synovie de l'éléphant contient, d'après Vauquelin, de l'eau, de l'albumine, une petite quantité de filaments blancs semblables à de la fibrine, des carbonates de soude et de chaux, des chlorures de sodium et de potassium, et une matière animale particulière coagulable par l'alcool et par les acides, et que le tannin précipite tout à coup.

DES EAUX DE L'AMNIOS ET DE L'ALLANTOIDE.

L'eau de l'amnios de la femme est sécrétée par la membrane interne du sac ovoïde dans lequel nage le fœtus. Suivant Vauquelin et Buniva, elle est formée d'un peu d'albumine semblable à celle du sang, d'une matière caséiforme, de chlorure de sodium, de phosphate de chaux, de carbonate de chaux, de carbonate de soude, et de beaucoup d'eau, puisque l'albumine et les sels ne forment que les 0,012 de son poids. Elle a une couleur blanche un peu laiteuse, une odeur douce et fade, et une saveur légèrement salée; son poids spécifique est de 1,005 : elle verdit le sirop de violettes d'une manière marquée, et cependant elle rougit l'*infusum* de tournesol : l'agitation y produit une écume considérable; elle est précipitée par la potasse, l'alcool, l'*infusum* de noix de galle, et l'azotate d'argent; les acides, au contraire, l'éclaircissent.

Matière caséiforme.—Suivant les auteurs déjà cités, cette matière doit être regardée comme une substance particulière, à laquelle l'eau de l'amnios doit son aspect laiteux. Elle est blanche, brillante, douce au toucher, et a l'aspect d'un savon nouvellement préparé; elle est insoluble dans l'eau, et sans action sur l'alcool et les huiles; les alcalis caustiques en dissolvent une partie, avec laquelle ils forment un savon, si l'on en juge par l'odeur, la saveur et la propriété de précipiter par les acides; elle décrépite sur le feu, se dessèche, noircit, répand des vapeurs huileuses, empyreumatiques, et laisse un charbon abondant et difficile à incinérer; la cendre qui en résulte est grise, et presque entièrement formée de carbonate de chaux. L'eau de l'amnios se dépose sur le corps du fœtus, et paraît servir à modérer les fonctions de la peau, à raison de sa douceur et de son onctuosité.

Berzelius a annoncé, dans l'eau de l'amnios de la femme, l'existence de l'acide *fluorhydrique* (fluorique). M. Regnauld, pharmacien de l'hôpital des Cliniques, en a retiré tout récemment de l'urée. M. Lassaigne a trouvé dans l'eau de l'amnios d'une jeune fille, à cinq mois de grossesse, 98,85 d'eau, 0,60 d'albumine et de matière extractive azotée, 0,55 de chlorures de potassium et de sodium, de carbonate de soude, et de traces de phosphates de soude et de chaux, et de sulfate de soude.

Eau de l'amnios de la vache. — Elle est formée, d'après M. Lassaigne, dans les derniers mois de la gestation, de beaucoup d'albumine, de mucus, d'une matière jaune analogue à celle de la bile, de chlorures de sodium et de potassium, de carbonate de soude, et de phosphate de chaux. Suivant M. Lassaigne, c'est à la précipitation d'une partie du mucus et de matière jaune qu'il faut attribuer la matière visqueuse qui enduit tout le corps du fœtus de vache, surtout au moment du part.

Eau de l'amnios de la jument. — Elle contient du mucus, un peu d'albumine, une matière jaune, et les mêmes sels que la précédente (Lassaigne).

Eau de l'allantoïde de la vache. — Elle est formée d'albumine, d'osmazôme, de beaucoup d'allantoïne, présentant toutes les propriétés de l'acide décrit, par Vauquelin et Buniva, sous le nom d'acide *amniotique*, d'une matière mucilagineuse azotée, d'acide *allantoïque*, d'acide lactique et de lactate de soude, de chlorhydrate d'ammoniaque, de chlorure de sodium, de beaucoup de sulfate de soude, de phosphates de soude, de chaux et de magnésie (Lassaigne).

Eau de l'allantoïde de la jument. — Elle contient de l'albumine, une matière mucilagineuse, de l'acide lactique, des chlorures de sodium et de potassium, beaucoup de sulfate de potasse, des phosphates de chaux et de magnésie (Lassaigne).

DES HUMEURS DE L'ŒIL.

Humeur aqueuse. — Cette humeur, placée dans les chambres antérieure et postérieure de l'œil, est formée, suivant Berzelius, de 98,10 d'eau, d'un peu d'albumine, de 1,15 de chlorure de sodium et de lactate de soude, de 0,75 de soude, avec une matière animale soluble seulement dans l'eau ; son poids spécifique, suivant Chenevix, est de 1,0053. Ce chimiste la considère comme composée de beaucoup d'eau, d'un peu d'albumine, de gélatine et de chlorure de sodium. Nicolas y admet, en outre, du phosphate de chaux.

Humeur vitrée. — Cette humeur est derrière le cristallin. On y trouve, suivant Berzelius, les mêmes principes que dans l'humeur aqueuse, mais dans des proportions un peu différentes ; ainsi il y a 98,40 d'eau, 0,16 d'albumine, 1,42 de lactates et de chlorures, et 0,02 de soude et de matière animale. Chenevix pense qu'elle contient moins d'eau, et plus d'albumine et de gélatine que l'humeur aqueuse ; il y admet en outre du chlorure de sodium.

Cristallin. — D'après Berzelius, il renferme 58 parties d'eau, 25,9 de *matière particulière* azotée, que l'on dit être du caséum, 2,4 de lactates, de chlorures et de matière animale soluble dans l'alcool, 1,3 de matière animale soluble dans l'eau avec quelques phosphates, 2,4 de membrane cellulaire insoluble. — *Propriétés de la matière particulière.* Elle est soluble dans l'eau, et coagulable par la chaleur ; ainsi coagulée, elle possède, à la couleur près, tous les caractères de la matière colorante du sang ; on peut en obtenir des cendres contenant un peu de fer (Berzelius). Chenevix regarde le cristallin comme formé d'un peu d'eau, d'albumine et de gélatine. Nicolas a obtenu des résultats analogues. Ces chimistes ont cru que la gélatine faisait partie des humeurs de l'œil, parce qu'elles précipitent par la noix de galle ; mais ce réactif, pouvant précipiter l'albumine et plusieurs autres matières animales, ne suffit pas pour en faire admettre l'existence.

Cataracte. — Chenevix fait entrevoir que la formation et le développement de la cataracte pourraient tenir à ce que l'albumine aurait été coagulée par de l'acide phosphorique qui se serait produit dans l'œil malade Suivant. Granpengiesser, dans la *cataracte laiteuse*, l'albumine de l'humeur vitrée subirait une espèce de coagulation, deviendrait comme graisseuse, dissoudrait une portion de l'albumine demi-coagulée, et aurait un aspect laiteux.

Matière noire de la choroïde. — Elle est azotée et insoluble dans l'eau, l'alcool, l'éther et l'acide acétique, soluble à chaud dans l'acide sulfurique qu'elle colore en noir, soluble dans les alcalis caustiques, d'où elle est précipitée, sans altération, par les acides.

DES LARMES.

Les larmes sécrétées par la glande lacrymale sont composées, suivant Fourcroy et Vauquelin, de 0,96 d'humidité, et de 0,4 des matières solides suivantes : de quelques traces de soude caustique, de phosphates de chaux et de soude, de chlorure de sodium et de mucus, qui devient insoluble dans l'eau par l'action de l'air atmosphérique ou de l'oxygène, et qui est précipité par l'alcool. Jacquin les croyait formées d'eau, de soude, et de chlorure de sodium. Suivant Pearson, elles ne renferment point de soude, mais de la potasse. Le liquide lacrymal d'un cheval a fourni à Landerel de l'eau, de l'albumine, du chlorure de sodium, du phosphate et du carbonate d'ammoniaque, du carbonate de soude et une substance jaune qui, traitée par l'éther, a donné de l'urée jaunâtre, d'une saveur désagréable et alcalescente.

DE LA LIQUEUR SPERMATIQUE.

Le sperme sécrété dans les testicules se mêle, lors de son émission, à l'humeur liquide et laiteuse de la prostate. Il est alors formé, suivant Vauquelin, de 900 parties d'eau, de 60 parties de mucus animal d'une nature particulière, de 10 de soude, de 30 de phosphate de chaux, et de quelques traces de chlorure de sodium, et *peut-être* d'azotate de chaux. Jordan le considère comme composé d'eau, d'albumine, de gélatine, de phosphate de chaux et de matière odorante; John y admet de l'eau, une matière muqueuse particulière, des traces d'albumine modifiée et analogue au mucus, une très-petite quantité d'une matière soluble dans l'éther (?), de la soude, du phosphate de chaux, un chlorure, du soufre, et une matière odorante. Berzelius a annoncé, dans les *Annales de chimie*, qu'il était composé d'une matière animale particulière, et de tous les sels du sang. J'ai cru devoir rapporter les principales opinions émises sur ce liquide important; la différence des résultats obtenus par des chimistes aussi distingués prouve combien l'analyse animale est peu avancée, et combien il est difficile de juger quels sont les travaux qui doivent être préférés.

Le sperme est incolore et épais; si on l'abandonne à lui-même, il devient liquide au bout de vingt ou vingt-cinq minutes, et même plus tôt, si on l'a soumis à une douce chaleur. Vu au microscope, on y découvre une grande quantité d'animalcules ayant la forme de têtards ou de petites anguilles, dont l'une des extrémités présente une sorte d'anneau, et qui se meuvent avec une grande vitesse. Selon plusieurs observateurs, les propriétés fécondantes du sperme seraient dues à ces animalcules. Distillé, il fournit une très-grande quantité de sesquicarbonate d'ammoniaque. Exposé à l'air sec et chaud, il s'épaissit, se prend en écailles solides, fragiles, demi-transparentes, semblables à la corne, et fournit du phosphate de chaux cristallisé; si l'air est chaud et humide, il s'altère, jaunit, exhale l'odeur du poisson pourri, devient acide, et se recouvre d'une grande quantité de *byssus septica*. L'eau ne le dissout que lorsqu'il a été liquéfié; le *solutum* fournit un précipité floconneux par le chlore ou par l'alcool. Il est très-soluble dans les acides et moins soluble dans les alcalis.

La liqueur spermatique du cheval a fourni à M. Lassaigne du mucus, de la soude, des chlorures de potassium et de sodium, des phosphates de chaux et de magnésie, et une substance à laquelle il a proposé de donner le nom de *spermatine*. Cette substance est soluble dans l'eau, qu'elle rend visqueuse; ainsi dissoute, elle n'est point coagulée par la chaleur; les alcalis, les acides, l'azotate d'argent, le tannin, le sublimé corrosif, le sulfate de fer, et l'acétate de plomb, ne la précipitent pas; il n'en est pas de même du sous-acétate de ce dernier métal, de l'azotate de protoxyde de mercure, du protochlorure d'étain et de l'alcool, qui y font naître des précipités blancs caséiformes ou floconneux.

Matière qui enduit le vagin pendant le coït. — Elle renferme de l'alcali libre (Vauquelin). Suivant Fourcroy, celle qui lubrifie le vagin contient de l'eau, une matière animale visqueuse, déliquescente, semblable à la gélatine et à l'albumine.

DU MUCUS ANIMAL.

Le mucus se trouve à la surface de toutes les membranes muqueuses, dans les cheveux, les poils, la laine, les plumes, les écailles de poisson, etc. ; on dit que lorsqu'il est desséché il constitue presque à lui seul les durillons, les ongles, les parties épaisses de la plante des pieds et les cornes ; les écailles sèches que l'on remarque quelquefois à la surface de la peau en sont entièrement formées ; la bile en contient également. On ne sait pas encore si le mucus de ces diverses parties est identique.

Mucus liquide. — Il est transparent, visqueux, filant, inodore et insipide. Exposé à l'air, il se dessèche ; chauffé, il ne se coagule point et ne se prend point en gelée. Il ne précipite pas le bichlorure de mercure, comme le font les liquides albumineux ; il ne trouble pas l'infusion de noix de galle, ce qui le distingue des dissolutions de gélatine et d'albumine ; il précipite par l'acétate de plomb.

Mucus solide. — Il est demi-transparent comme la gomme, fragile, insoluble dans l'eau, dans l'alcool et dans l'éther, susceptible de se gonfler et de se ramollir dans le premier de ces liquides ; il est peu soluble dans les acides. Chauffé dans des vaisseaux fermés, il se décompose et fournit une très-grande quantité de sesquicarbonate d'ammoniaque ; mis sur les charbons ardents, il fond, se boursoufle, et répand l'odeur de la corne décomposée par le feu. On doit à Fourcroy et à Vauquelin, à Berzelius et Hatchett, presque tout ce que l'on sait sur le mucus.

Après avoir parlé de ce corps en général, je vais examiner quelques espèces en particulier, et noter, d'après Berzelius, les différences qu'elles présentent.

Mucus des narines et de la trachée. — Il est alcalin et formé, suivant Berzelius, de 933,9 d'eau, de 53,3 de matières muqueuses, de 5,6 de chlorures de potassium et de sodium, de 3 de lactate de soude uni à une substance animale, de 0,9 de soude, de 3,5 de phosphate de soude, d'albumine, et d'une matière animale insoluble dans l'alcool et soluble dans l'eau. Ce mucus était très-consistant, et aurait fourni une plus grande quantité d'eau s'il eût été plus fluide. Suivant Fourcroy et Vauquelin, le mucus des narines, dans le coryza ou rhume de cerveau, contient de l'eau, du chlorure de sodium, de la soude libre, du mucus, et quelques traces de phosphate de chaux et de soude. Les propriétés du mucus des narines ne diffèrent presque pas de celles que j'ai attribuées au mucus en général, d'après Fourcroy et Vauquelin. Brande dit que le mucus de la trachée-artère n'est précipité ni par l'alcool ni par les acides.

Mucus de la vésicule du fiel. — Il est plus transparent que celui des narines, et a une teinte jaunâtre qu'il reçoit de la bile. Quand il est desséché, il se ramollit dans l'eau; mais il perd une partie de ses propriétés muqueuses. Il se dissout dans les alcalis, devient beaucoup plus fluide, et peut en être précipité par les acides. L'alcool le coagule en une masse grenue, jaunâtre, à laquelle on ne peut pas rendre les propriétés du mucus. Tous les acides y font naître un *coagulum* jaunâtre qui rougit l'*infusum* de tournesol.

Mucus du canal digestif. — Le mucus de l'œsophage paraît neutre jusqu'au cardia, au moins pendant la digestion. *Mucus de l'estomac* (voy. *Suc gastrique*). *Mucus des intestins.*—Il est alcalin dès le commencement du duodénum ; mais, de même que la salive, il peut changer de caractère dans quelques affections (Donné). Lorsqu'il a été desséché, on ne peut pas lui rendre ses propriétés muqueuses par l'addition de l'eau ; les alcalis produisent cet effet, mais le mucus est toujours opaque.

Mucus des conduits de l'urine. — Il est alcalin et perd totalement ses propriétés par la dessiccation : alors il paraît cristallisé, et acquiert une couleur rosée qu'il doit à l'acide urique; il est très-soluble dans les alcalis, et ne peut être séparé de ces dissolutions par les acides ; le tannin le précipite sous forme de flocons blancs.

Mucus de la salive. — Il est blanc, insoluble dans l'eau, soluble en grande partie dans la potasse et dans la soude, d'où il peut être précipité par les acides ; la portion qui ne se dissout pas dans ces alcalis disparaît facilement dans l'acide chlorhydrique, et ne peut pas être précipitée par une nouvelle quantité d'alcali. Les acides acétique et sulfurique, étendus d'eau, ne le dissolvent pas, mais le rendent transparent et corné. Suivant Brande, l'acétate de plomb ordinaire le précipite, tandis que l'*infusum* de noix de galle, les bichlorures de mercure et d'étain, ne le précipitent point ; ce chimiste croit, après avoir soumis ce mucus à l'action du fluide électrique, qu'il pourrait bien être composé d'albumine et de sel commun, ou d'albumine et de soude. Berzelius pense que le mucus de la salive est fourni par la membrane muqueuse de la bouche, et par conséquent qu'il n'entre pas comme partie essentielle de la composition de la salive : cette opinion n'est pas généralement partagée. D'après M. Caventou, la salive devient bleuâtre par l'acide chlorhydrique.

DE L'OSMAZOME (de όσμή, odeur, ζωμός, bouillon).
EXTRAIT ALCOOLIQUE DE VIANDE.

Lorsqu'on traite par l'eau distillée de la chair musculaire coupée en petits morceaux, et qu'on chauffe la dissolution pour coaguler l'albumine qu'elle renferme, on obtient, par la filtration, un liquide, lequel, étant évaporé jusqu'à siccité, donne un produit brunâtre; en faisant agir l'alcool sur ce produit, on dissout une matière qui a l'apparence d'un extrait, si l'on fait évaporer la dissolution alcoolique; cette matière est l'*osmazôme*. Loin de pouvoir considérer ce corps comme un principe immédiat particulier, il ne constitue évidemment qu'un mélange encore mal défini de plusieurs substances, dont quelques - unes ont probablement été produites pendant la cuisson : aussi n'ai-je consacré à l'histoire de ce corps un article à part, que parce que, dans un assez grand nombre d'analyses animales, plusieurs auteurs annoncent en avoir trouvé des proportions variables.

. Il a la consistance d'un extrait; il est liquide, jaune rougeâtre foncé, d'une odeur analogue à celle du bouillon, d'une saveur de jus de viande légèrement salée, à peine altérable à l'air, très-soluble dans l'eau et dans l'alcool étendu; sa dissolution aqueuse est abondamment précipitée par la noix de galle, l'acétate de plomb, les azotates d'argent et de protoxyde de mercure. Il contient une petite quantité de chlorure de sodium, qui contribue nécessairement à la formation de quelques-uns des précipités dont je parle. On le croit très-nutritif, et l'on pense que les meilleurs bouillons en contiennent 1/7 de leur poids.

DES LIQUEURS QUE RENFERMENT LES MEMBRANES SÉREUSES.

Ces liquides ne sont pas toujours identiques; cependant on peut dire qu'*en général* ils sont alcalins et formés d'eau, d'albumine, d'une matière incoagulable, sorte de mucus gélatiniforme, d'une matière fibrineuse et de carbonate de soude. Ils deviennent acides dans certaines inflammations des membranes séreuses (Donné). La *sérosité des ventricules latéraux du cerveau*, analysée dès l'année 1811 par M. Haldat, et depuis par Berzelius, a été examinée de nouveau par M. Lassaigne, chez un homme atteint d'arachnoïdite chronique, et il y a trouvé 987,5 parties d'eau, 8 d'albumine avec quelques traces de matière grasse, 3,5 de chlorures de sodium et de potassium, de carbonate et de phosphate de soude, et 1 de phosphate de chaux. La liqueur recueillie dans la cavité de l'arachnoïde spinale du même sujet contenait les mêmes substances dans des proportions différentes. Dans un cas d'hydropisie ascite, M. Coldefy-Dorbs a trouvé, dans le sérum *gluant* qui avait été extrait par la ponction, de l'albumine colorée, une matière sucrée, un corps gras saponifiable, du mucus, des parcelles de soufre et d'acide cyanhydrique, et des chlorures de sodium et de calcium. M. Dublanc, ayant eu occasion d'analyser un liquide limpide retiré par la ponction dans un cas d'ascite, l'a vu formé de 351,9 d'eau, de 145 d'albumine (quantité énorme), de 7 de soude, de 1 de gélatine ou d'albumine altérée, et de 1,4 de sel commun. Enfin Landerer y a trouvé une fois de l'eau, une matière grasse analogue à la cholestérine, de l'albumine, du sulfate de soude, et des chlorures de sodium, de calcium et de magnésium.

Exsudation péritonéale à la suite d'une fièvre puerpérale. — Wolf a retiré, sur 100 parties : eau avec traces d'acide acétique libre, 91,9875; albumine, 5,9333; caséum, 0,3350; osmazôme, 0,0317; matière analogue à la salive, 0,2767; graisse, 0,0317; matière analogue à la cholestérine, 0,0133; lactate de soude, 0,1867; lactate ou acétate de magnésie, 0,0629; albuminate de soude, 0,0030; chlorure de sodium, 0,5780; carbonate de soude, 0,1416; sulfate de potasse, 1,0161; phosphate de soude, 0,0153; phosphate de chaux mêlé d'oxyde de fer, 0,0113; carbonate de chaux, 0,0262; perte, 0,0757.

DE LA SÉROSITÉ DES VÉSICATOIRES.

Cent parties de sérosité ont fourni 5,25 d'albumine coagulable, ayant quelque analogie avec la fibrine, 0,50 d'albumine plus soluble dans l'eau, 0,26 de sels, et 93,99 d'eau (Brandes et Reimann).

DU LIQUIDE CÉPHALO-RACHIDIEN.

Le liquide contenu dans le canal vertébral du *cheval* contient, d'après M. Lassaigne : eau, 98,180; matière odorante azotée, 1,104; albumine, 0,035; chlorure de sodium, 0,610; carbonate de soude, 0,060; phosphate de chaux et traces de carbonate, 0,009. Celui de l'homme a fourni : eau, 98,564; osmazôme, 0,474; albumine, 0,088; soude, matière animale, phosphate de soude, 0,036; chlorure de sodium et de potassium, 0,081; phosphate de chaux, 0,017.

De la sérosité des ventricules du cerveau. — D'après M. Lassaigne, elle est analogue au liquide céphalo-rachidien.

Epanchement hydrencéphalique chez un enfant. —Landerer l'a trouvé formé de chlorure de sodium 2, de chlorure de calcium 1, de sulfate de soude 3, de phosphate de chaux 1,5, de carbonate de chaux 1, de lactate de soude et de matière grasse soluble dans l'éther 2,5, d'osmazôme 1, d'albumine 2, d'acide lactique 2, et d'acide carbonique.

DES LIQUEURS ACIDES.

Ces liqueurs sont le suc gastrique, l'humeur de la transpiration, l'urine et le lait.

DE L'HUMEUR DE LA TRANSPIRATION.

La sueur, séparée du sang par les vaisseaux exhalants de la peau, est formée, suivant M. Thénard, d'acide acétique, d'un peu de matière animale, de chlorure de sodium, et peut-être de chlorure de potassium, d'un atome de phosphate terreux et d'oxyde de fer. Berzelius n'admettait, dans cette humeur, que de l'eau, de l'acide lactique, du lactate de soude uni à une matière animale, et des chlorures de potassium et de sodium : il niait l'existence des acides acétique et phosphorique, admise par plusieurs chimistes. Haller et Sorg, pour expliquer l'odeur de la sueur, ont avancé qu'elle contenait les aliments à l'état de vapeur. John croit que la sueur des parties génitales de la femme renferme la même substance volatile et odorante que le *chenopodium vulvaria.* D'après le Dr Anselmino, la sueur contient de l'eau, une matière azotée odorante, une matière qu'il appelle *salivaire,* qui est soluble dans l'eau et non dans l'alcool, de l'acide acétique *libre,* et non de l'acide lactique, un acétate alcalin, des chlorures de sodium et de potassium, et des sulfates de soude et de potasse : la sueur du cheval renferme plus de matière animale et de phosphate de chaux ; il n'y a point décelé d'urée, comme Fourcroy l'avait annoncé (*Journ. complém. des sciences médicales,* mars et juin 1827).

La sueur est un liquide incolore, d'une odeur plus ou moins forte et variable, d'une saveur salée, et facilement putréfiable ; elle tache les étoffes sur lesquelles elle tombe, et rougit le papier de tournesol, excepté sous les aisselles, autour des parties génitales, et entre les orteils, où elle est manifestement alcaline, d'après M. Donné. J'ai dit que l'odeur de la sueur n'est pas toujours la même ; non-seulement elle varie dans les divers animaux, mais encore suivant les parties du même animal d'où elle s'exhale. D'après Barruel, elle contiendrait le principe odorant qu'il a pu dégager en traitant le sang des animaux par l'acide sulfurique concentré (voy. p. 724).

On connaît les belles observations de Sanctorius, de Lavoisier et de Séguin, sur l'humeur de la transpiration ; ces observations sont entièrement du ressort de la physiologie. — *Sueur des ictériques.* John dit dans son ouvrage : «La sueur des ictériques *paraît* contenir la matière de la bile, qui jaunit fortement le linge.» — *Sueur dans la fièvre putride.* Suivant Deyeux et Parmentier, elle renferme de l'ammoniaque, et porte le caractère de la putréfaction. — *Sueur critique dans la fièvre de lait et la rougeole.* Gærtner n'y admet point d'acide libre ; Berthollet affirme cependant qu'elle rougit quelquefois l'*infusum* de tournesol. — *Sueur des arthritiques* en bonne santé. Elle contient, suivant Jordan, de l'acide phosphorique. — *Sueur dans la colique des peintres.* Je n'ai jamais pu y découvrir la moindre trace de plomb ni d'aucune préparation saturnine. Il résulte des travaux intéressants de M. Donné, 1° que la sueur est souvent alcaline pendant l'agonie, et qu'il n'est pas rare de la trouver neutre dans quelques maladies ; 2° qu'elle paraît acide chez les animaux qui se nourrissent à peu près comme l'homme, tandis qu'elle serait alcaline chez les herbivores (*Ann. de chim.*, déc. 1834).

M. Doyère a constaté que la *sueur visqueuse des cholériques* réduisait, à la manière du glucose, les composés cuivriques du réactif de M. Barreswil (voy. *Sucre,* p. 69).

DE L'URINE.

L'urine est sécrétée par les reins ; sa composition varie suivant les animaux ; celle que l'on rend le matin est beaucoup plus chargée que celle qui est rendue immédiatement après le repas.

Urine de l'homme adulte. — Suivant Berzelius, 1,000 parties de ce liquide renferment 933 parties d'eau, 30,10 d'urée, 3,71 de sulfate de potasse, 3,16 de sulfate de soude, 2,94 de phosphate de soude, 4,45 de chlorure de sodium, 1,65 de phosphate d'ammoniaque, 1,50 de chlorhydrate d'ammoniaque, 17,14 d'acide lactique libre, de lactate d'ammoniaque uni à une matière animale soluble dans l'alcool, d'une matière animale insoluble dans cet agent, et qui est combinée avec une certaine quantité d'urée, 1,00 de phosphate terreux avec un atome de chaux, 1,00 d'acide urique, 032 de mucus de la vessie, 0,03 d'acide silicique. Suivant ce chimiste, l'urine contient encore de l'acide butyrique, et elle doit son acidité à l'acide lactique. Vauquelin, Proust, John, etc., l'attribuaient à l'acide phosphorique ; M. Thénard pense qu'elle est due à l'acide acétique. Berzelius est le premier qui ait signalé dans l'urine la présence de l'acide lactique et du lactate d'ammoniaque ; quant à l'acide silicique, Fourcroy et Vauquelin l'avaient annoncé dans l'urine dès l'an VII. Proust, John, et plus tard Vogel, ont trouvé dans ce liquide de l'acide carbonique. Plusieurs de ces chimistes pensent que l'urine renferme, en outre, de la gélatine, de l'albumine, du soufre, etc. Proust y admettait encore du chlorure de potassium, de la résine, et une *substance noire particulière* que l'on peut séparer de l'extrait d'urine au moyen des acides. D'après Liebig, elle contiendrait de la *créatine* et de la *créatinine.* Suivant Wohler, l'urine des jeunes veaux renfermerait de l'allantoïne. M. Alfred Becquerel a dressé le tableau suivant de la composition moyenne de l'urine chez l'homme et chez la femme :

ÉLÉMENTS CHIMIQUES CONTENUS DANS L'URINE.	HOMME.		FEMME.		MOYENNE GÉNÉRALE.	
	Urine des 24 heures.	Composition sur 1,000.	Urine des 24 heures.	Composition sur 1,000.	Urine des 24 heures.	Composition sur 1,000.
Quantité d'urine	1267,2	1000	1371,7	1000	1319,8	1000
Densité	1018,900	»	1015,120	»	1017,010	»
Eau	1227,779	968,815	1337,409	975,052	1282,634	971,935
Matières autres que l'eau et données par l'évaporation directe.	39,521	31,185	34,211	24,948	36,866	28,066
Urée	17,537	13,838	15,582	10,366	16,555	12,102
Acide urique	0,495	0,391	0,557	0,406	0,526	0,398
Sels frais et indécomposables à la température rouge... { Chlorures. Sulfates. Phosphates. } { de chaux. de soude. de potasse. de magnésie. }	9,751	1,695	8,426	6,143	(*) 9,089	(**) 6,919
Matières organiques qu'on ne peut isoler et doser séparément... { Acide lactique. Lactate d'ammoniaque. Matières colorantes. Matières extractives. Chlorhydrate d'ammoniaque. }	11,738	9,261	9,655	8,033	10,696	8,647

Composition des sels fixes sur l'émission de 24 heures et sur 1,000 parties d'urine.

(*) Urine des 24 heures.		(**) Composition sur 1,000.	
Somme	9,089	Somme	6,919
Chlore	0,659	Chlore	0,502
Acide sulfurique	1,123	Acide sulfurique	0,855
Acide phosphorique	0,417	Acide phosphorique	0,317
Potasse	1,708	Potasse	1,300
Bases alcalines et terreuses. { Soude. Chaux. Magnésie. }	5,181	Bases alcalines et terreuses. { Soude. Chaux. Magnésie. }	3,944

Plus on examine attentivement les résultats des analyses de l'urine faites par les savants les plus distingués, plus on est convaincu que leur différence doit être souvent attribuée à ce que le liquide n'est pas toujours le même : en effet, tout en supposant que l'urée et les sels qu'il renferme soient à peu près constants, combien la matière animale muqueuse, gélatineuse, albumineuse, etc., ne doit-elle pas varier suivant l'état de santé ou d'indisposition légère dans lequel se trouvent les individus, et suivant une foule d'autres circonstances que les physiologistes saisiront facilement! Il suffira de savoir que l'urine est un des fluides de l'économie animale les plus susceptibles d'être altérés dans une multitude d'affections, comme je le ferai voir en l'examinant dans les diverses maladies. Le travail de M. Lecanu vient justifier cette assertion, en même temps qu'il établit d'une manière assez précise la constitution normale de l'urine dans diverses circonstances. Voici les résultats de cent vingt expériences qu'il a tentées sur seize sujets différents : 1° La quantité d'urine rendue par un individu est presque toujours la même pour une période de temps donnée, quelle que soit d'ailleurs la quantité d'eau qui a été bue. 2° L'urée est sécrétée en quantités égales, pendant des temps égaux, par un même individu. 3° Il en est de même pour l'acide urique. 4° L'urée et l'acide urique sont sécrétés en quantités variables, pendant des temps égaux, par des individus différents. 5° Les quantités variables d'urée et d'acide urique que différents individus sains sécrètent pendant des temps égaux sont en rapport avec le sexe et l'âge de ces individus ; ces quantités sont plus grandes chez les hommes dans la force de l'âge, que chez les femmes également dans la force de l'âge ; elles sont plus grandes chez ces dernières que chez les vieillards et les enfants. 6° Les sels et les autres éléments urinaires sont sécrétés en quantités variables par le même individu et par des individus différents, pendant des temps égaux.

On sait encore, 1° qu'une alimentation animale abondante augmente la quantité d'acide urique, et que l'inverse a lieu si l'on fait usage d'aliments végétaux ; 2° qu'il y a plus d'urée chez les animaux à jeun et chez ceux qui se nourrissent de viande, que chez les herbivores ; on trouve dans l'urine de ces derniers de l'acide hippurique ; 3° que lorsqu'on enlève les reins aux animaux, l'urée est d'abord excrétée par les intestins, sous forme de sels ammoniacaux ; plus tard, lorsque la vie est sur le point de s'éteindre, on la retrouve dans le sang ; 4° qu'il n'existe pas de carbonates dans l'urine des animaux à jeun ni dans celle des carnivores, qu'on en trouve dans l'urine alcaline, et qu'on peut les faire disparaître par une alimentation azotée ; 5° que l'urine acide des carnivores renferme des phosphates acides qui disparaissent sous l'influence d'un régime végétal.

L'urine de l'homme sain est sous forme d'un liquide transparent, dont la couleur varie depuis le jaune clair jusqu'à l'orangé foncé, d'une saveur salée et un peu âcre, et d'une odeur particulière qui devient ammoniacale lorsqu'il se putréfie ; il rougit l'*infusum* de tournesol ; son poids spécifique est un peu plus considérable que celui de l'eau. Ces divers caractères sont d'autant plus saillants que l'urine est plus chargée.

Lorsqu'on la fait chauffer dans des vaisseaux fermés, on observe les phénomènes suivants : 1° L'urée et le mucus sont en partie décomposés, et donnent principalement naissance à du carbonate d'ammoniaque et à un peu d'huile empyreumatique. 2° Les acides libres de l'urine sont transformés en sels ammoniacaux par une partie de ce carbonate, qui, étant assez abondant, change ce liquide acide en un liquide alcalin. 3° Le phosphate d'ammoniaque formé ne tarde pas à passer à l'état de phosphate ammoniaco de soude. 4° Le phosphate de chaux, le phosphate ammoniaco-magnésien, et le mucus non décomposé, qui étaient dissous à la faveur des acides libres, se précipitent ; il en est de même de l'urate d'ammoniaque. 5° La présence de l'huile change la couleur de l'urine au point de la rendre d'un rouge brun foncé. 6° La majeure partie de l'eau qu'elle contient se volatilise, et vient se condenser dans le récipient avec une portion de carbonate d'ammoniaque. 7° Le phosphate ammoniaco de soude, les chlorures de sodium et d'ammoniaque, et les autres sels solubles de l'urine, ayant perdu l'eau qui les tenait en dissolution, cristallisent. 8° Enfin l'urée non décomposée a éprouvé un grand degré de concentration.

Abandonnée à elle-même, l'urine se refroidit, et dépose le plus souvent, au bout de quelques heures, une plus ou moins grande quantité d'acide urique jaunâtre ou rougeâtre, qui était tenu en dissolution dans le liquide chaud. Si on la laisse assez de temps à l'*air,* l'urée se décompose, donne lieu à de l'ammoniaque qui agit sur les éléments de l'urine comme la chaleur, quoique beaucoup plus lentement ; en sorte qu'il se forme d'abord un dépôt d'urate d'ammoniaque, de phosphate de chaux, et de phosphate ammoniaco-magnésien ; quelque temps après, quand le liquide est presque entièrement évaporé, l'on obtient des cristaux formés par les sels solubles de l'urine. Si ce liquide est à l'abri du contact de l'air, il ne donne aucune trace d'ammoniaque. Proust en a conservé pendant six ans dans un flacon de cristal bien bouché : au bout de ce temps, la liqueur s'était foncée un peu en couleur, et avait déposé; mais son odeur était fraîche, et nullement fétide (1).

L'eau ne trouble point l'urine; il n'en est pas de même de l'alcool, qui en précipite toutes les substances qu'il ne peut pas dissoudre. La *potasse*, la *soude* et l'*ammoniaque*, en saturent les acides libres, et précipitent le mucus et les divers sels qui étaient dissous à la faveur de ces acides. Les eaux de *baryte*, de *strontiane* et de *chaux*, agissent de la même manière, et précipitent, en outre, l'acide phosphorique libre et celui que renferment les phosphates de soude et d'ammoniaque. Il est évident encore que si l'urine contient des sulfates, ils doivent être décomposés par la baryte et par la strontiane. L'acide *oxalique* décompose peu à peu le phosphate de chaux de l'urine, et donne lieu à un léger précipité d'oxalate de chaux. Versé dans l'urine évaporée jusqu'en consistance de sirop, l'acide azotique y fait naître une multitude de cristaux d'*azotate acide d'urée* (voy. *Urée*). L'urine, à raison des sels qu'elle renferme, précipite par l'azotate d'argent, par le chlorure de baryum, par les sels calcaires solubles, etc. Le tannin la précipite également en se combinant probablement avec le mucus. L'urine, devenue ammoniacale en se pourrissant, peut être employée en teinture pour faire passer des couleurs rouges à l'amarante, au rouge pourpre, etc., pour monter les cuves d'indigo dites à l'urine.

Urine d'un aliéné qui n'avait bu ni mangé depuis dix-huit jours. — Sa composition était la même que celle de l'urine ordinaire, si ce n'est qu'elle contenait moins d'eau (Lassaigne).

Urine des ictériques. — Il résulte des analyses que j'ai faites en 1811, que l'urine des ictériques contient de la bile; quelquefois j'en ai séparé tous les éléments; d'autres fois je n'ai pu y découvrir que la matière *résineuse* verte. Dans tous les cas, on peut recomposer l'urine ictérique en réunissant les éléments de la bile à l'urine privée de ces éléments. Cruikshank avait annoncé, en 1800, que cette urine contenait de la matière bilieuse, et que l'on pouvait la faire passer au vert par l'acide chlorhydrique.

---

(1) Suivant le Dr Prout, les sédiments rouges de l'urine sont formés d'urate d'ammoniaque, ou d'urate de soude, mêlé avec plus ou moins de phosphates. Il dit avoir trouvé plusieurs fois de l'acide azotique dans les sédiments que l'on appelle *briquetés*, et alors il a pu démontrer l'existence d'un sel d'ammoniaque ou de soude, dont l'acide avait été désigné par lui sous le nom d'acide *purpurique*; ce que l'on concevra si l'on se rappelle l'action qu'exerce l'acide azotique sur l'acide urique (voy. *Acide urique*).

Urine dans l'hydropisie générale. — Thomson et Fourcroy ont démontré l'existence de l'albumine dans cette urine. Suivant Nysten, elle est ammoniacale, et renferme de l'acide acétique, de l'albumine, une matière huileuse colorante, et différents sels; elle ne contient presque pas d'urée. Brugnatelli dit avoir analysé de l'urine des hydropiques dans laquelle il y avait de l'acide cyanhydrique (prussique).

Urine rouge des individus atteints d'anasarque à la suite de la scarlatine. — Analysée par M. Peschier, cette urine a fourni de l'albumine, *le principe colorant du sang*, de l'urée, de la gélatine, du mucus, du chlorure de sodium, du chlorhydrate d'ammoniaque, et du phosphate de chaux (*Journal de chimie médicale*, juillet 1831).

Urine dans les cas de commotion de la moelle épinière. — On a déjà vu plusieurs fois l'urine, dans ces affections, contenir de l'ammoniaque et être alcaline; elle renfermait aussi beaucoup d'albumine (*Journal de chimie médicale*, février 1835).

Urine dans le rachitis. — Les analyses de Chaptal, de Jacquin, de Fourcroy, etc., prouvent que cette urine contient beaucoup de phosphate de chaux, fait d'autant plus remarquable, que les os des rachitiques, sur l'urine desquels on opérait, étaient très-ramollis, et contenaient par conséquent peu de ce phosphate.

Urine des goutteux. — Suivant Berthollet, elle renferme moins d'acide phosphorique que l'urine des individus bien portants, excepté dans le cas de paroxysme. Il paraît à peu près certain qu'à la suite de grands accès de goutte elle contient une quantité variable d'acide urique plus ou moins modifié, et transformé en un corps que l'on a désigné sous le nom d'acide *rosacique*. Tous les observateurs s'accordent à regarder le phosphate de chaux comme un des principes les plus abondants de l'urine des goutteux.

Urine des hystériques. — Cette urine, claire et incolore, renferme à peine de l'urée, et contient beaucoup de chlorhydrate d'ammoniaque, de chlorure de sodium (Cruikshank et Rollo). Il en est à peu près de même de celle des individus sujets à des convulsions. Nysten a analysé l'urine d'une demoiselle affectée d'une maladie nerveuse anomale; il y a trouvé une assez grande quantité d'urée, peu de matière huileuse colorante, de l'acide urique et des sels, en sorte qu'elle se rapprochait beaucoup de l'urine de la boisson.

Urine des syphilitiques soumis à des frictions mercurielles. — D'après M. Cantu, 30 kilogrammes de cette urine auraient fourni environ 1 gramme de mercure métallique. J'ai prouvé depuis qu'en traitant le sédiment de cette urine par le chlore, on en retirait constamment du mercure métallique, fait qui ne me paraissait pas suffisamment établi par les expériences de M. Cantu. Dans une analyse de ce genre, M. Chevallier a remarqué que l'urine renfermait une grande quantité d'albumine mêlée de matière grasse.

Urine des diabétiques. — Les travaux de Willis, Pool, Dobson, Rouelle le cadet, Gawley, Frank le fils, Nicolas et Gueudeville, Rollo, Dupuytren et Thénard, tendraient à faire croire que cette urine ne contient pas sensiblement d'urée ni d'acide urique ; qu'aucun réactif n'indique un acide libre ; qu'elle renferme à peine des phosphates et des sulfates ; qu'au contraire, elle n'est composée que de sucre de raisin, et d'une certaine quantité de chlorure de sodium (1). Des analyses plus récentes établissent, au contraire, que l'urée est un des éléments de cette urine : ainsi Barruel en a séparé abondamment de l'urine de trois malades atteints de *diabète sucré*. M. Chevreul a analysé l'urine d'un diabétique au commencement de la maladie, et il en a retiré du glucose et *tous les matériaux* de l'urine ordinaire ; en examinant de nouveau l'urine de ce malade, rendue plusieurs mois après, il a trouvé un acide organique en partie libre, en partie saturé par la potasse, beaucoup de phosphate de magnésie, un peu de phosphate de chaux, du chlorure de sodium, du sulfate de potasse, du *sucre,* et de l'acide *urique* coloré. M. Chevreul croit que cette urine contenait de l'urée ; il se fonde sur la facilité avec laquelle ce liquide fournissait de l'ammoniaque ; il en a séparé la totalité du sucre sous forme de cristaux. L'urine des diabétiques a fourni à M. Bouchardat : eau, 837,58 ; matières solides, 162,42 ; *urée,* 8,27 ; *point d'acide urique,* tandis que Simon en a trouvé des traces ; *glucose,* 134,42 ; extrait alcoolique, extrait aqueux, 5,27 ; sels, 8,69 ; phosphates et mucus, 0,24 ; *point d'albumine,* tandis que Simon en a trouvé des traces ; oxyde de fer, 0,14. Dupuytren et Thénard avaient pensé, avec Aræteus, Rollo, etc., que le diabétès peut être guéri, à toutes ses périodes, à l'aide d'un régime animal, qui change la nature de l'urine à mesure que chaque organe reprend les fonctions dont il est naturellement chargé ; mais l'observation démontre tous les jours que ce traitement, avantageux dans quelques circonstances, n'a été d'aucun secours dans plusieurs autres ; et il est même arrivé quelquefois, en l'employant, que l'on a fait disparaître la saveur sucrée de l'urine sans guérir la maladie. Le sulfhydrate d'ammoniaque paraît avoir été utile dans cette

---

(1) M. Chevallier dit avoir retiré, de l'urine d'un diabétique, du sucre analogue à celui de canne.

affection. M. Bouchardat, qui s'est livré plus récemment à des recherches sur l'urine des diabétiques, a déduit de ses observations les conséquences suivantes :

1° Il s'opère chez les diabétiques une transformation de la fécule en
sucre, comparable à celle qu'on produit dans les laboratoires par l'action de la diastase ; cette réaction aurait lieu aussi sous l'influence du
gluten et de l'albumine, qui accompagnent la fécule dans l'estomac.

2° Tous les malades affectés de diabétès ont un goût prononcé pour
les aliments féculents, le pain et le sucre.

3° La quantité de sucre contenue dans l'urine des diabétiques est
en raison directe du pain et des aliments féculents dont le malade se
nourrit.

4° Leur soif est aussi en raison directe de la quantité de ces substances
qu'ils mangent.

5° Il suffit, pour guérir les malades atteints de diabétès, de supprimer presque complétement les boissons et les aliments sucrés ou féculents qu'ils prenaient auparavant, et de remplacer le pain ordinaire,
si abondant en fécule, par du pain de gruau préparé à cet effet, ou par
une nourriture de substances fort riches en azote.

Urine dans le diabétès non sucré.—Elle renferme beaucoup d'eau, des
proportions variables d'urée, d'albumine, de mucus, de sels, et une
petite quantité d'un *sucre* insipide et cristallisable, et que l'on peut
transformer en *glucose* sapide, d'après M. Bouchardat, en le chauffant
avec de l'eau et de l'acide sulfurique ; sa composition est la même que
celle du glucose. Pearson dit avoir vu de cette urine qui n'était pas
sucrée, et qui avait l'odeur de vieille bière.

Urine bleue. —Dans certaines maladies aiguës des voies urinaires,
l'urine offre une couleur bleue que les anciens ont désignée sous le nom
d'urine *irrinée* et d'urine *indique,* à cause de la ressemblance de sa couleur avec celle de la fleur d'*iris germanica,* ou avec celle de l'indigo.
Julia-Fontanelle a analysé de l'urine bleue, rendue par deux malades
atteints d'une affection aiguë de vessie, et il y a trouvé beaucoup d'albumine et de gélatine, fort peu d'urée, et du *bleu de Prusse* (voy. *Ar-
chives générales de médecine,* mai 1823). L'urine d'un enfant de quinze
ans qui avait avalé de l'encre, et qui était en proie à une forte colique, lui
a également fourni du *bleu de Prusse.* Mojon dit en avoir également
retiré de l'urine d'une jeune fille qui prenait journellement, depuis
trois semaines, 30 centigrammes de protoxyde de fer (*Journal de chimie
médicale,* 1825). Cantin a analysé de l'urine bleue rendue par un enfant de huit ans atteint de douleurs épigastriques, et qui n'était sou-

mis à aucun genre de médication, et y a trouvé du *bleu de Prusse*
et du sucre de raisin (*Journ. de chim. méd.*, février 1833).

L'existence du bleu de Prusse dans l'urine bleue des individus qui
n'ont fait usage d'aucune préparation ferrugineuse a été contestée par
M. Braconnot, qui a au contraire retiré de cette urine, par la simple
filtration, une matière de cette même couleur, qu'il a proposé de nommer *cyanourine,* et qui était distincte de tous les corps connus. Une des
propriétés les plus remarquables de la *cyanourine* est celle de s'unir
aux acides, comme le font les alcalis faibles, et de former des composés qui, au minimum d'acide, sont bruns, et d'un rouge de carmin
magnifique lorsqu'ils en contiennent une plus grande quantité. L'urine,
séparée de la matière bleue par le filtre, renfermait une autre matière
d'un noir très-foncé, désignée par M. Braconnot sous le nom de *méla-
nourine,* et à laquelle il attribue la propriété de colorer certaines urines
en noir.

Urine des fièvres dites nerveuses. — Cette urine est souvent ardente,
et donne lieu à un dépôt rouge rosé, formé d'acide rosacique et d'acide
urique.

Urine des fièvres dites putrides. — Elle contient de l'ammoniaque, et
ressemble à de l'urine pourrie. J'ai quelquefois examiné l'urine des malades atteints de ces fièvres, et je me suis convaincu qu'elle verdissait
fortement le sirop de violettes au moment où elle était rendue ; on y
trouvait une assez grande quantité d'ammoniaque, qui provenait de la
décomposition éprouvée par une portion d'urée dans la vessie même :
en effet, cette urine contenait moins d'urée que celle du même individu
dans l'état de santé.

Urine dans la dyspepsie. — Suivant Thomson, cette urine précipite
abondamment le tannin, et se pourrit avec facilité.

Urine laiteuse. — Wurzer dit avoir analysé l'urine d'un homme de
trente ans, sujet à des affections catarrhales, avec gonflement des seins,
et y avoir trouvé une matière caséeuse, fort peu d'urée, et environ $\frac{1}{900}$
du poids de l'urine de l'acide benzoïque. Cabal a trouvé dans l'urine
d'une femme de vingt-six ans, veuve depuis plusieurs années, et qui
n'avait jamais eu de maladie laiteuse, une matière semblable au caséum. M. Hervez de Chégoin a remis à M. Pétroz, pour l'analyser, de
l'urine qui avait été rendue par une femme de quarante-quatre ans,
qui mourut à la suite d'un premier accouchement très-laborieux : on
n'avait observé chez cette femme ni le gonflement des seins ni les autres symptômes qui accompagnent et caractérisent la fièvre de lait.
L'urine était blanche et laiteuse ; elle laissait déposer par le repos une

matière floconneuse, blanche, qui présentait la plupart des caractères du *caséum* (*Journ. de chim. méd.*, février 1828).

Urine d'un enfant tourmenté de vers. — Elle contenait beaucoup d'oxalate de chaux, qui se déposait (Fourcroy).

Urine dans l'albuminurie. — Cette urine mousse plus que de coutume ; la quantité rendue par les malades est au-dessous du type physiologique ; sa couleur varie du brun au rouge, au jaune rougeâtre, etc., suivant la quantité de matière colorante du sang qu'elle renferme ; quelquefois cependant cette couleur est normale ; elle est tantôt transparente, tantôt trouble ; son odeur est faible ou nulle ; sa densité, moindre qu'à l'état normal, n'est souvent que de 1,005 à 1,008. Elle est faiblement acide, neutre ou alcaline. Elle renferme de l'albumine ; celle qui offre la teinte du vin blanc est celle qui, en général, en contient le plus ; la proportion de l'urée et des sels est notablement diminuée. On reconnaît la présence de l'albumine dans l'urine en la chauffant pour obtenir un coagulum, et en la traitant par l'acide azotique, qui précipite l'albumine.

Urine de certains individus dans l'estomac desquels on a introduit des substances particulières. — L'urine est sans contredit de tous les fluides celui qui change le plus facilement de nature par l'ingestion de quelques substances. Mange-t-on des asperges, elle devient fétide ; la térébenthine, les résines, les baumes, lui donnent une odeur de violettes ; elle acquiert une odeur camphrée lorsque le camphre a été introduit dans l'estomac ; si, au lieu de camphre, on prend de l'azotate de fer, du cyanure jaune de potassium et de fer, de l'acide arsénieux, du sulfate de soude, etc., on retrouve ces corps dans l'urine. La promptitude avec laquelle ces substances passent de l'estomac dans la vessie a fait penser qu'il y avait une voie directe de communication entre ces deux organes ; cette opinion paraissait fortement appuyée par les analyses chimiques, qui ne démontraient pas l'existence du cyanure jaune dans le sang, tandis qu'il se trouvait dans l'urine. M. Magendie réfute cette opinion ; il établit, 1° que les réactifs décèlent ce cyanure dans le sang, si on l'a administré en grande quantité ; 2° que ces différentes substances sont absorbées dans l'estomac par les veines, qui les transportent aussitôt au foie et au cœur, de manière que la route suivie par ces matières pour arriver aux reins est beaucoup plus courte que celle qui est admise généralement, savoir : les vaisseaux lymphatiques, les glandes mésentériques, et le canal thoracique.

Il paraîtrait toutefois que les tartrates, les citrates, les malates, les lactates, et en général tous les sels à acides organiques dont les dissolutions aqueuses peuvent se décomposer spontanément au bout d'un certain temps, seraient changés dans l'estomac en carbonates de leurs bases, avant d'être absorbés (Rousseau); l'acide benzoïque subirait aussi dans l'estomac une modification, et serait transformé en acide hippurique.

MM. Millon et Laveran ont vu depuis, en 1844, qu'en administrant 20, 30 ou 40 grammes de tartrate double de potasse et de soude (sel de Seignette), *en huit ou dix heures,* l'urine contenait une proportion variable de carbonate alcalin; tandis qu'en donnant 40 ou 50 grammes du même sel *en peu de temps,* sur 268 fois l'urine était alcaline 175 fois, acide 87 fois, et neutre 6 fois; suivant eux, chez les individus forts, atteints d'indispositions légères, le sel double est digéré; chez les personnes faibles, au contraire, le sel agit comme purgatif.

En terminant l'exposé des différences que l'urine présente dans les maladies, je ferai mention d'un fait rapporté par le Dr Marcel : il s'agit d'une variété d'urine qui ne contenait ni acide urique ni urée, qui passait au noir bientôt après qu'elle était rendue, et qui ne tardait pas à donner un précipité de la même couleur lorsqu'on la laissait reposer. Prout regarde ce principe noir comme un acide nouveau, qu'il propose de nommer acide *mélanique.*

Des variétés de l'urine dans les animaux.

Urine des mammifères carnivores. — Elle ressemble beaucoup à celle de l'homme; on y a trouvé 846,1 d'eau; 132,2 d'urée, d'extrait alcoolique et d'acide lactique ; 0,22 d'acide urique; 5,1 de mucus; 1,2 de sulfate de potasse; 1,16 de chlorhydrate d'ammoniaque et d'un peu de chlorure de sodium ; 1,76 de phosphates terreux ; 8,02 de phosphates de potasse et de soude; 1,02 de phosphate d'ammoniaque; 3,30 de lactate de potasse.

Cette urine ne contient ni de l'acide urique ni des phosphates, si les animaux ont été nourris avec des substances *non azotées,* et finit même par offrir la même composition que celle des mammifères herbivores.

Urine des mammifères herbivores. Urine du cheval. — D'après M. de Bibra, elle a fourni : eau, 885,09; matière extractive soluble dans l'eau, 21,32; *idem* soluble dans l'alcool, 25,50; sels solubles dans l'eau, 23,40, et sels insolubles, 17,80; urée, 12,44; acide *hippurique,* 12,60; mucus, 0,05. Cette urine ne renfermait pas la plus légère trace d'acide urique. Dans une autre analyse, les proportions de ces matériaux n'étaient pas les mêmes.

L'urine de cheval *diabétique* contient, sur 1,000 parties, 33,30 d'urée, 1,40 d'acide hippurique, etc.; il n'y avait point de sucre (John). M. Lassaigne n'a trouvé dans l'analyse qu'il a faite que 15 parties en urée, en extrait alcoolique et aqueux, en mucus et en acide hippurique.

Urine de bœuf. — Analyse de Sprengel. Eau, 928,2; urée, 40; albumine, 0,10; mucus, 1,90; acide benzoïque, 0,90; acide lactique, 5,16; acide carbonique, 2,50; potasse, 6,64; soude, 5,54; acide silicique, 0,36; alumine, 0,04; oxyde de manganèse, 0,01; chaux, 0,65; magnésie, 0,36; chlore à l'état de chlorure, 2,72; acide sulfurique, 4,05; phosphore à l'état de phosphate. M. de Bibra a trouvé, dans 1,000 parties d'urine de bœuf, 19,76 d'urée, 3,55 d'acide *hippurique,* etc., et point d'acide benzoïque.

Urine de vache. — Suivant M. Brande, elle est formée de 65 parties d'eau, de 3,4 d'urée, d'une certaine quantité de matière animale, de 3 de phosphate de chaux, de 15 de chlorure de potassium et de chlorhydrate d'ammoniaque, de 6 de sulfate de potasse, de 4 de carbonates de potasse et d'ammoniaque, et peut-être d'albumine et d'acide hippurique. Rouelle le cadet avait annoncé, dès l'année 1771, l'existence de l'acide benzoïque dans cette urine.

Urine de fœtus de vache. — Elle renferme beaucoup de mucus, une matière animale incristallisable, de l'acide lactique, du sulfate de potasse, des chlorures de potassium et de sodium (Lassaigne).

Urine d'une vache nourrie avec du regain et des pommes de terre. — D'après M. Boussingault, elle contenait de l'urée, de l'hippurate, du lactate, du bicarbonate et du sulfate de potasse, des carbonates de chaux et de magnésie, du chlorure de sodium, de l'acide silicique, de l'acide phosphorique, de l'eau, et des matières indéterminées.

Urine de chameau. — Elle paraît formée d'eau, de matière animale coagulable par la chaleur, de carbonates de chaux et de magnésie, d'acide silicique, d'un peu de sulfate de chaux, et d'un atome d'oxyde de fer, de carbonate d'ammoniaque, d'un peu de chlorure de potassium et de sulfate de soude, de beaucoup de sulfate de potasse, d'un atome de carbonate de potasse, d'acide benzoïque ou hippurique, d'urée, et d'huile d'un brun rougeâtre, odorante, communiquant son odeur à l'urine. On n'y a trouvé ni acide urique ni phosphate de chaux, comme Brande l'avait annoncé.

Urine de lapin. — Suivant Vauquelin, elle contient de l'eau, de l'urée très-altérable, du mucus gélatineux, des carbonates de potasse, de chaux et de magnésie, du sulfate de potasse, du chlorure de potassium, du sulfate de chaux et du soufre; son odeur est souvent analogue à celle des herbes qui ont servi à nourrir le lapin.

Urine d'âne. — D'après Brande, cette urine contient beaucoup d'urée, du mucus, beaucoup de phosphate de chaux, du carbonate et du sulfate de soude, du chlorure de sodium, et des traces de chlorure de potassium. Elle ne renferme ni acide urique ni acide hippurique.

Urine de cochon d'Inde. — Elle ne contient ni phosphates ni de l'acide urique; mais on y trouve des carbonates de potasse et de chaux, du chlorure de potassium, etc.; elle est par conséquent analogue aux précédentes (Vauquelin).

Urine de cochon domestique. — Cette urine est composée d'urée, de chlorhydrate d'ammoniaque, de chlorure de potassium, de sulfate de potasse, d'un peu de sulfate de soude, d'une trace de sulfate et de carbonate de chaux (Lassaigne, *Journ. de pharm.,* avril 1819).

Urine de castor. — Elle contient de l'eau, de l'urée, du mucus animal, du benzoate ou de l'hippurate de potasse, des carbonates de chaux et de magnésie, du sulfate et du chlorure de potassium, de l'acétate de magnésie, du chlorure de sodium, une matière végétale - lorante, et de l'oxyde de fer (Vauquelin).

Urine de chiens nourris avec des substances ne contenant point d'azote. — Cette urine était alcaline, au lieu d'être acide; elle n'offrait aucune trace d'acide urique ni de phosphate de chaux, caractères qui appartiennent en général à l'urine des animaux herbivores.

Urine du chat. — Elle contient de l'acide benzoïque, suivant Gièse; d'après Bayen, elle laisse déposer des cristaux qui paraissent composés d'urée et de sel ammoniac.

Urine du lion et du tigre royal. — Cette urine renferme de l'eau, de l'urée, du mucus animal, des phosphates de soude et d'ammoniaque, des atomes de phosphate de chaux, du chlorhydrate d'ammoniaque, beaucoup de sulfate de potasse, et très-peu de chlorure de sodium (Vauquelin).

Urine des oiseaux. — *Urine d'autruche.* Elle contient beaucoup d'acide urique, du mucus, une matière huileuse, des sulfates de potasse et de chaux, du chlorhydrate d'ammoniaque, du phosphate de chaux, et peut-être de l'acide phosphorique; elle ne renferme point d'urée.

L'urine du vautour et de l'aigle contient aussi de l'acide urique (Vauquelin et Fourcroy).

Wollaston a fait, sur l'urine des oiseaux, des remarques fort intéressantes; il résulte de son travail que la quantité d'acide urique qu'elle renferme est presque nulle, lorsque les oiseaux se nourrissent d'herbes ou de substances non azotées; elle est au contraire très-grande si les aliments qui servent à leur nourriture contiennent beaucoup d'azote.

Urine des reptiles. — L'urine des tortues, qui est liquide, ne fournit qu'un peu de mucus et de chlorure de sodium, et des traces d'acide urique; celle des crocodiles contient beaucoup de carbonate et de phosphate de chaux et de l'acide urique; celle des lézards est complétement composée d'acide urique; celle des serpents est presque entièrement formée par cet acide; celle de la grenouille-taureau (*rana taurina*), et surtout celle du crapaud brun (*bufo fucus* de Laurentini), contient de l'urée (**J. Davy**).

DU LAIT.

Le lait est sécrété par les glandes mammaires des femelles des mammifères. Il est en général blanc, opaque, d'une odeur particulière peu sensible, et d'une saveur douce et sucrée; sa densité est toujours plus grande que celle de l'eau, et varie de 1,0203 (lait de femme) à 1,0409 (lait de brebis): il est alcalin au papier de tournesol, mais il devient de suite acide lorsqu'on l'expose à l'air; l'opacité du lait est due à une infinité de petits globules graisseux, de 1 à 3 centièmes de millimètre, que l'on aperçoit très-bien au microscope, qui sont suspendus dans le liquide à l'état d'émulsion, et qui sont enveloppés d'une membrane caséeuse.

Deyeux et Parmentier avaient donné, en 1786, l'analyse suivante du lait de vache : «Matière volatile odorante, sucre de lait, substance animale que l'on obtient sous forme de pellicules à la surface du lait, lorsqu'on fait évaporer celui-ci, caséum, chlorures de calcium et de potassium, et peut-être du soufre et de l'ammoniaque.» Suivant ces auteurs, le beurre et le fromage du lait de vache diffèrent dans les portions de lait successives de la même traite; ceux des dernières portions de lait sont meilleurs que ceux des premières. Ils avaient observé, en outre, que le lait d'une vache qui avait été nourrie avec du blé de Turquie était plus sucré, et contenait moins de crème, de petit-lait et d'extrait. Berzelius fit, il y a quelques années, l'analyse du lait écrémé et de la crème. Le lait de vache écrémé, d'un poids spécifique de 1,033, renferme 928,75 d'eau, 26 de caséum, avec quelques traces de beurre, 35,00 de sucre de lait, 1,70 de chlorure de potassium, 0,25 de phosphate de potasse, 6,00 d'acide lactique, d'acétate de potasse, et d'un atome de lactate de fer, 0,5 de phosphates terreux. Cent parties de crème, d'un poids spécifique de 1,0244, contiennent, suivant le même chimiste, 4,5 de beurre séparé par l'agitation, 3,5 de matière caséeuse, précipitée par la coagulation du lait de beurre, 92,0 de petit-lait, dans lesquels il y a 4,4 de sucre de lait et des sels. L'analyse du lait, faite par John en 1808, offre à peu près les mêmes résultats que celle de Berzelius; cependant cet auteur n'a pas déterminé les proportions des matériaux qui le constituent; il pense, en outre, que le lait renferme une substance aromatique qui ne se condense point, une matière muqueuse et des traces d'un phosphate alcalin. D'après M. Boussingault, le lait contient les proportions suivantes d'eau, de beurre, de sucre de lait, de caséum, d'albumine, et de sels inorganiques.

	Vache.	Anesse.	Chèvre.	Jument.	Chienne.	Femme.
Eau.	87,4	90,5	82,0	88,63	66,30	88,4
Beurre.	4,0	1,4	4,5	à peine.	14,75	2,5
Sucre de lait et sels solubles.	5,0	6,4	4,5	8,75	2,95	4,8
Caséum, albumine, et sels insolubles.	3,6	1,7	9,0	1,60	16,00	3,8

Des recherches intéressantes, publiées en 1832 par M. Lassaigne, établissent: 1° que quarante jours avant le part, le lait de vache, au lieu d'être acide, est *alcalin* et très-chargé d'*albumine*, et qu'il ne renferme ni *caséum*, ni *sucre de lait*, ni acide *lactique*; 2° que dix jours avant le part, ce lait devient doux et légèrement sucré, présente alors des caractères d'acidité aux papiers réactifs, et contient *toutes* les substances qu'on trouve dans le lait ordinaire, plus encore une certaine proportion d'*albumine*; 3° qu'enfin quatre ou six jours après la parturition, ce liquide ressemble, sous tous les rapports, au lait ordinaire (*Ann. de chim. et de phys.*, janvier).

Dans un travail postérieur, M. Lassaigne a voulu déterminer les variations éprouvées par le lait de vache, lorsque l'animal est soumis *au même régime* alimentaire, pendant un temps assez long. Voici les résultats qu'il a obtenus: 1° le lait fourni par ces animaux offre des variations très-sensibles par la densité, la proportion d'eau qu'il renferme, et la quantité de crème ou de matière butyreuse qui s'en sépare spontanément; 2° la quantité d'eau qui existe naturellement dans ce fluide s'élève, d'après la moyenne des expériences, à 87,6 p. 100; 3° la proportion de crème est extrêmement variable et paraît décroître le plus ordinairement à mesure que la densité du lait devient plus grande (*Journ. de chim. méd.*, juin 1832).

Lait de vache.—Les vaches soumises à un régime alimentaire déterminé ne fournissent pas toutes les mêmes quantités de lait: ainsi une vache de Campine, en Saxe, a produit 14,5 de lait par jour; une autre, de

Paris, en a donné 11 p..; tandis qu'une autre, des environs de Berlin, n'en a fourni que 4,7; elles avaient été nourries avec du foin et à l'étable. Elles en ont donné 2,375 pendant le mois de juin, et 759 seulement en février et en mars.

Le lait de vache est un liquide opaque, blanc, plus pesant que l'eau, et doué d'une saveur plus ou moins douce. Lorsqu'on le fait évaporer, il se forme une pellicule qui ne tarde pas à être remplacée par une autre, si on l'enlève, et qui est presque entièrement composée de matière caséeuse et de beurre. Distillé, il fournit un liquide aqueux, qui contient une certaine quantité de lait; évaporé jusqu'à siccité, et mêlé avec des amandes et du sucre, il constitue la *frangipane*.

Si on l'abandonne à lui-même, à la température de 10° à 12°, avec ou sans le contact de l'air, il se sépare en deux parties, une partie aqueuse et la *crème*; celle-ci est produite par les globules graisseux très-légers qui montent à la surface. La crème, formée de beaucoup de beurre, d'une certaine quantité de caséum et de petit-lait, est incolore ou d'un blanc jaunâtre, opaque, molle, onctueuse, et douée d'une saveur agréable. La partie aqueuse ne tarde pas à s'aigrir, surtout si la température s'élève à 25°, et à se transformer en *petit-lait* et en un caillot blanc, opaque, sans onctuosité et sans saveur, qui est du *caséum*, mêlé de beurre; il s'est développé de l'acide lactique, qui a déterminé la coagulation du caséum; rien de semblable ne se serait produit, et le lait n'eût rien perdu de sa qualité, si l'on avait ajouté 2 ou 3 millièmes de bicarbonate de soude.

Si le lait est abandonné à lui-même, dans un vaisseau clos, à la température de 18° à 20°, il se coagule; il se dégage de l'acide carbonique, et il se forme de l'acide lactique et de l'alcool; ce dernier produit n'existe en quantité notable qu'au bout de vingt jours (Parmentier et Deyeux).

Si on laisse le lait pendant quelques jours en contact avec l'*air*, on peut en retirer, par la distillation, une assez grande quantité d'acide acétique. Gay-Lussac est parvenu à conserver du lait pendant plusieurs mois, en le faisant chauffer tous les jours un peu; il a empêché, par ce moyen, la coagulation dont je viens de parler, et la réaction ultérieure des principes du lait les uns sur les autres, c'est-à-dire sa putréfaction. MM. Grimaud et Gallais conservent parfaitement le lait en faisant évaporer la majeure partie de l'eau qu'il renferme au moyen de l'air froid mis en mouvement dans le liquide; le produit solide obtenu porte le nom de *lactéine* ou de *lactoline*, et il suffit de le mêler avec 9 parties d'eau pour régénérer le lait.

Tous les acides s'emparent du caséum contenu dans le lait, et forment avec lui un précipité plus ou moins abondant : c'est sur cette propriété qu'est fondée la préparation du petit-lait par le vinaigre (voy. p. 779). M. Deschamps , de Lyon, a fait voir, en 1814, qu'en chauffant un mélange de deux parties de lait et d'une partie de vinaigre, on obtient un *coagulum,* et que la liqueur filtrée offre à sa surface, avant le trentième jour, une croûte de plus de 2 centimètres d'épaisseur ; cette croûte, desséchée, est transparente, et devient plus mince que la peau de baudruche; on peut l'employer à divers usages ; elle supporte très-bien l'écriture et les caractères typographiques, et paraît propre à remplacer le plus beau parchemin : cependant, lorsque le temps est très-sec, elle ne peut se ployer sans se casser.

L'alcool s'empare de l'eau contenue dans le lait et en précipite la matière caséeuse. Si l'on fait bouillir du lait avec quelques gouttes d'acide acétique, ses globules se réunissent et peuvent être dissous par l'*éther,* tandis que ce liquide, agité seul avec le lait, ne dissout pas ces globules. Plusieurs sels neutres, tels que la plupart des sulfates et le chlorhydrate d'ammoniaque, le sucre et la gomme, précipitent la matière caséeuse du lait lorsqu'on élève la température. Le *sublimé corrosif* le précipite et se combine avec lui (voy. *Fibrine*). Les sels d'étain sont subitement décomposés par ce liquide, et l'on obtient un précipité caillebotté qui contient tout l'oxyde d'étain de la dissolution , et qui est sans action sur l'économie animale; j'ai prouvé, par des expériences directes faites sur les animaux, que le lait est le meilleur contre-poison des dissolutions d'étain. En mêlant le lait avec une dissolution concentrée de sulfate de soude ou de chlorure de sodium, et en agitant, les globules sont arrêtés ; et si l'on filtre, le liquide filtré est presque transparent. La *potasse,* la *soude* et l'*ammoniaque,* loin de précipiter le lait, dissolvent le caséum précipité par les acides.

Le lait de vache est employé pour préparer la crème, le beurre, le fromage, le petit-lait, le sucre de lait et la frangipane; on peut s'en servir pour clarifier le sirop de betteraves, dans la peinture en détrempe, etc. Il est très-utile dans une foule de cas d'empoisonnement, soit qu'il agisse comme adoucissant, soit qu'il décompose certains poisons, ou qu'il se combine avec d'autres en les neutralisant.

Essai du lait. — Le lait, au point de vue de son essai, peut être envisagé comme un mélange de deux corps : l'un d'une densité moindre que celle de l'eau, c'est la crème, qui est essentiellement composée de globules gras et d'un peu de caséum, et qui forme environ $\frac{1}{10}$ du volume du lait; l'autre, d'une densité plus grande que celle de l'eau, se compose surtout de caséum et de sucre de lait ou *lactine*, lesquels, suspendus ou dissous, en constituent la partie séreuse et caséeuse, et en forment environ les $9/10$.

Pour juger la qualité ou plutôt la richesse d'un lait, il faut donc pouvoir apprécier, s'il y a eu de l'eau ajoutée, s'il y a eu de la crème enlevée :

1° *Richesse en matière séro-caséeuse.*

On l'apprécie d'après le poids spécifique. La densité des laits dans leur état normal, et en opérant sur un échantillon prélevé sur une traite entière, est le plus ordinairement comprise entre 1,030 et 1,032, à la température de 15° c. On en trouve rarement, du moins chez les vaches bien nourries, qui soient sensiblement au-dessous, à 1,027, par exemple ; un petit nombre en ont une plus élevée, et qui peut aller jusqu'à 1,035, 1,036. La plus inférieure à exiger, lorsqu'il s'agit de lait pris dans le commerce, c'est-à-dire provenant de la traite de plusieurs vaches, est de 1,030 ; c'est celle qui est imposée par le cahier des charges des hôpitaux civils de Paris.

On pourra prendre la densité du lait, soit au moyen de la balance ou, plus commodément, avec un pèse-lait quelconque. Celui de M. Quevenne (lacto-densimètre) offre l'avantage de la donner immédiatement.

2° *Richesse en crème.*

On peut apprécier la quantité de crème contenue dans un lait, de deux manières : au moyen d'une éprouvette graduée ou *crémomètre*, ou bien avec le lactoscope de M. Donné.

Crémomètre. — C'est tout simplement une éprouvette ordinaire graduée en centièmes, dans laquelle on laisse reposer le lait pendant vingt-quatre heures ; la crème s'étant rassemblée à la surface par l'effet du repos, on examine combien elle occupe de degrés. Le bon lait ne doit point en donner au-dessous de 10 p. 100.

Lactoscope. — L'idée de la construction du lactoscope repose sur les deux faits suivants : 1° le lait doit surtout son opacité à la matière grasse suspendue sous forme de globules au milieu du liquide séreux ; 2° il faut une couche de ce liquide d'autant plus épaisse pour produire le même degré d'opacité, qu'il y a moins de globules en suspension. Le lactoscope consiste en deux glaces parallèles, disposées à la manière d'une lorgnette, pouvant s'éloigner et se rapprocher à volonté au moyen d'une vis, et en une petite ouverture communiquant avec l'intervalle laissé entre ces glaces. Pour essayer le lait, on verse un peu de celui-ci par l'ouverture dont je parle, et, plaçant l'instrument entre l'œil et une bougie qui sert de point de mire, on éloigne ou l'on rapproche les glaces, de manière à augmenter ou à diminuer l'épaisseur de la couche de lait interposée, jusqu'à ce que l'on cesse d'apercevoir la lumière. Si le lait est pauvre en globules gras, c'est-à-dire en crème, il a fallu, pour cesser de voir la bougie, rendre plus considérable la couche du lait ; si celui-ci était, au contraire, très-riche, on a été obligé de rapprocher fortement les glaces, c'est-à-dire d'amincir la couche de liquide. Un cercle gradué, gravé sur l'instrument même, permet de lire le degré auquel on s'est arrêté. Des instructions accompagnant les instruments dont je parle, je regarde comme inutile d'entrer ici dans de plus grands détails.

Dans tout ce que je viens de dire, j'ai supposé qu'il n'y avait point eu de matière étrangère ajoutée au lait (autre que l'eau) ; car, dans ce dernier cas, les instruments dont il s'agit sont susceptibles d'induire plus ou moins fortement en erreur.

Ainsi, par exemple, pour ce qui concerne la pesée du lait ou l'appréciation de la densité, si, en même temps que l'on a mis de l'eau, on a ajouté un peu de sucre, on reproduira la densité normale primitive, et tous les pèse-lait possibles n'indiqueront pas que cette densité a été produite artificiellement.

Dans la seconde opération, lorsqu'il s'agit de mesurer la richesse en crème, si l'on se sert du crémomètre, et que le laitier ait ajouté de la cervelle dans le lait après en avoir enlevé la crème, cette cervelle s'élèvera par le repos à la surface du liquide, où elle simulera plus ou moins bien une vraie couche de crème.

Le lactoscope est, il est vrai, plus difficile à mettre en défaut, et l'on ne cite jusqu'ici que les huiles émulsionnées artificiellement qui pourraient induire en erreur : or comme il faudrait, dans ce cas, se servir d'huiles fines, et dès lors d'un prix élevé, cette falsification n'est guère à redouter.

Il faut encore dire, pour signaler tous les inconvénients de l'essai du lait, comme j'en ai indiqué les avantages, que deux des opérations dont je parle ne sont point susceptibles d'une exactitude rigoureuse, même en faisant abstraction des chances de falsification : ainsi le volume de crème dans le crémomètre peut varier d'une manière anormale, suivant l'état de dilution du lait, suivant la température ; il peut se cailler avant que la couche de crème ait eu le temps de se former à la surface. Pour le lactoscope, la conformation de l'œil de l'observateur, l'état d'intensité plus ou moins grand de la lumière naturelle environnante, la manière dont la pièce où se fait l'observation est éclairée, le diamètre plus ou moins grand des globules du lait, sont autant de circonstances qui peuvent rendre les résultats plus ou moins fictifs.

Toutefois, malgré ces inconvénients, il est de fait qu'en employant les uns ou les autres de ces instruments, ou tous concurremment, suivant les circonstances, on parvient très-bien, dans l'usage journalier, à remplir le but; un très-grand degré d'exactitude n'est pas absolument nécessaire pour s'assurer que le lait est bon; et, depuis que l'administration des hôpitaux a ordonné l'usage de ces instruments, la fourniture de cet aliment a éprouvé une grande amélioration.

Mais, dans les circonstances extraordinaires où il est nécessaire d'avoir un degré de certitude rigoureux, dans les cas de contestation entre le fournisseur et l'acheteur, par exemple, un seul mode d'essai peut y conduire, c'est l'analyse chimique; cependant, lorsque la mauvaise qualité du lait atteint des limites extrêmes, comme 60 au lactoscope, 28 au lactodensimètre, ces indications, par le fait même de leur éloignement de la moyenne, revêtent un degré de certitude qui vaut presque l'analyse.

Enfin, j'ajouterai encore que les instruments, aussi bien que l'analyse chimique, ne peuvent éclairer que sur la proportion des éléments que contient le lait, mais qu'ils ne peuvent donner absolument aucun indice sur leur qualité. Il faut donc aussi faire entrer la dégustation au nombre des moyens d'essai du lait, comme formant le complément de ceux que je viens de passer en revue. (Voyez, pour la falsification du lait, mon *Traité de médecine légale*, t. IV, 4e édit., p. 988.)

Lait de femme. — Suivant Deyeux et Parmentier, le lait, pris chez une femme quatre mois après l'accouchement, contient beaucoup de sucre de lait, fort peu de caséum très-mou (2 $1/_4$ à 3 p. 100), beaucoup de crème, des chlorures de sodium et de calcium, une partie volatile odorante, à peine sensible, et peut-être du soufre.

M. Payen a trouvé la composition suivante à un lait de femme recueilli quatre, sept ou dix-huit mois après l'accouchement : eau, 85; matière grasse, 5,16; caséine, 2,40; sucre et sels solubles, 7,44. La composition de ce lait diffère singulièrement, suivant l'époque plus ou moins éloignée de l'accouchement, les aliments dont se servent les nourrices, et même, d'après Deyeux et Parmentier, elle varie dans un même jour. Il a une saveur très-douce et ne peut pas être coagulé; il a peu de consistance, principalement lorsqu'on en a séparé la crème (voy. le tableau de la p. 771).

Lait de chèvre. — Il ressemble beaucoup au lait de vache par ses propriétés et par sa composition, cependant la matière butyreuse qu'il contient est plus solide que celle du lait de vache (Deyeux et Parmentier).

Il a été trouvé formé de : eau, 85,50; matière grasse, 4,08; caséine, 4,52; sucre et sels, 5,80 (*Journ. de chim. méd.*, t. IV), ce qui n'est pas parfaitement d'accord avec les expériences de M. Boussingault (voyez p. 771).

Lait de brebis. — Il fournit plus de crème que le lait de vache, mais le beurre que l'on en obtient est plus mou; la matière caséeuse, au contraire, est plus grasse et plus visqueuse; il renferme moins de sérum que le lait de vache; il contient du chlorure de calcium et du chlorhydrate d'ammoniaque (Deyeux et Parmentier). On s'en sert, ainsi que du précédent, pour faire le fromage de Roquefort.

Lait de jument. — Il renferme une très-petite quantité de matière butyreuse fluide, se séparant avec beaucoup de difficulté, un peu de caséum plus mou que celui du lait de vache, plus de sérum et beaucoup plus de sucre de lait que ce dernier, du chlorhydrate d'ammoniaque et du sulfate de chaux (Deyeux et Parmentier); il tient le milieu, par rapport à sa consistance, entre le lait de femme et celui de vache; il est précipité par les acides, et fournit une crème qui ne donne point de beurre. Les Tartares paraissent employer le lait de jument à la préparation d'une liqueur vineuse; il est probable qu'ils le mêlent avec quelques substances, puisque le lait seul n'éprouve point la fermentation spiritueuse (voy. p. 772).

Lait d'ânesse. — Il a beaucoup de rapport avec celui de femme, mais il renferme un peu moins de crème et un peu plus de matière caséeuse molle. Le petit-lait qu'il fournit contient plus de sucre de lait que celui que donne le lait de vache. Suivant Deyeux et Parmentier, le beurre ne se sépare de cette crème qu'avec la plus grande difficulté. Le lait d'ânesse a la consistance, l'odeur et la saveur du lait de femme; il est précipité par l'alcool et par les acides. M. Péligot l'a trouvé formé d'eau, 90,47; de beurre, 1,29; de caséine, 1,95, et de sucre de lait, 6,29. Il a, en outre, démontré, en 1835, 1° que lorsqu'on fractionne les produits des traites, le premier lait est plus riche que le deuxième, et celui-ci plus que le troisième; 2° que le lait s'appauvrit par son séjour dans les mamelles, et perd jusqu'au tiers de la substance solide qu'il renferme; 3° qu'en nourrissant les ânesses avec des carottes, le principe colorant passe dans le lait; que le chlorure et l'iodure de sodium, pris par les mêmes animaux, y passent également; qu'il n'en est pas ainsi des sulfates solubles et des préparations mercurielles; que la proportion des principes solides augmente sous l'influence d'une alimentation avec de la betterave, de la luzerne et de l'avoine (*Journ. de chim. médic.*, juin 1835).

Lait de chienne. — M. Dumas a vu, après avoir soumis des chiennes à un régime de viande pendant quinze jours, que le lait contenait : eau, 77,14 ; beurre, 7,32 ; caséine, 11,15 ; matière extractive, 3,39 ; sels solubles, 0,45 ; sels insolubles, 0,57. Après un régime de pain et de bouillon gras, pendant quinze jours, le lait renfermait : eau, 75,90 ; beurre, 6,84 ; caséine, 12,17 ; matière extractive et sucre de lait, 5,04. M. Dumas a tiré de son travail les conclusions suivantes : 1° le lait de chienne nourrie à la manière ordinaire contient une petite quantité de sucre de lait, identique avec celui du lait des herbivores ; 2° la présence de ce sucre dans le lait d'un carnivore paraît liée à la présence du pain dans les aliments pris par l'animal ; 3° l'alimentation à la viande pure donne un lait dans lequel l'analyse n'a pas permis jusqu'ici de découvrir le sucre de lait. Ces résultats, ajoute M. Dumas, tendent à démontrer quelle différence importante doit présenter le lait d'une femelle herbivore soumise à une alimentation insuffisante, circonstance où elle se rapproche d'une femelle carnivore, et emprunte alors les matériaux de son lait à son sang ou à ses propres tissus (*Comptes rendus*, etc., 29 septembre 1845).

Du beurre (voy. p. 465).

Méthode d'analyse du lait.

On évapore, au bain-marie, jusqu'à siccité, une quantité déterminée de lait ; on dessèche le produit à 120°, on le pèse ; la différence qui existe entre son poids et celui du lait soumis à l'expérience indique la proportion d'eau contenue dans celui-ci, et qui est d'environ 87 à 88 p. 100 pour le lait de vache de bonne qualité. On épuise le produit sec par un mélange d'alcool et d'éther, qui ne dissout que le beurre ; en évaporant jusqu'à siccité la dissolution éthéro-alcoolique, on a le beurre. Le caséum, le sucre de lait, et les sels non attaqués par le mélange d'alcool et d'éther, sont incinérés après avoir été desséchés, afin de détruire le caséum et le sucre de lait. La différence entre le poids des cendres et celui de la matière incinérée représente le poids du caséum et du sucre de lait : on pèse les cendres pour connaître la proportion des sels. Pour déterminer la quantité de caséum et de sucre de lait, on prend du lait *frais* chauffé à 40° ou 50° ; on le traite par l'acide acétique, afin de précipiter le caséum et la matière grasse ; on filtre, et l'on ajoute à la liqueur filtrée une dissolution d'acétate de plomb, qui précipite les matières albuminoïdes ; on filtre de nouveau ; la liqueur limpide ne contient que le sucre de lait, dont on détermine la proportion par les procédés optiques (voy. *Polarisation circulaire*, p. 31). Connaissant les quantités de beurre, de sucre de lait et de sels contenus dans le lait, le caséum se trouve dosé par différence.

Du colostrum. — On a donné ce nom au lait que fournissent les mamelles après le part. Il est jaunâtre, moins fluide que le lait; il contient beaucoup d'albumine, très-peu de sucre de lait, et plus de sels que le lait ordinaire. Examiné au microscope, on voit des globules de graisse, du mucus, et des granules de forme irrégulière. Il est purgatif et propre à faciliter l'expulsion du méconium.

DU PETIT-LAIT.

Il contient de l'eau, du sucre de lait, de l'acide lactique, une matière animale particulière, du chlorure de potassium, du phosphate de potasse et du phosphate de chaux. Il est liquide, transparent, d'un jaune verdâtre, d'une saveur douce et sucrée; il rougit le tournesol.

Préparation. On verse une cuillerée de vinaigre dans un litre de lait écrémé bouillant; sur-le-champ la majeure partie du *caséum* et du beurre se précipitent; on décante le petit-lait surnageant, qui est encore trouble; on le passe à travers un tamis de crin très-serré, et on le fait chauffer; aussitôt qu'il entre en ébullition, on le mêle avec un blanc d'œuf délayé dans quatre à cinq fois son poids d'eau; il se forme un nouveau *coagulum* composé d'albumine, de *caséum* et de matière butyreuse; on le passe à travers un linge fin, et l'on obtient une liqueur très-limpide qui est le *petit-lait*. Le procédé suivant est encore préférable : on délaye dans un peu d'eau une petite quantité de présure que l'on verse dans le lait; on laisse le mélange sur des cendres chaudes pendant quelques heures; on le chauffe ensuite, en évitant de le faire bouillir; le *coagulum* se forme; on en sépare le *sérum*, on le mêle avec un blanc d'œuf bien battu, et on le porte à l'ébullition; aussitôt qu'il bout, on y ajoute un peu d'eau mêlée avec une ou deux gouttes de vinaigre, et il devient très-clair; on le passe à travers un linge fin.

DU FROMAGE.

Le fromage *frais* n'est autre chose que le *caséum* mêlé de beurre et d'un peu de sérum, tandis que les fromages que l'on a gardés longtemps sont le résultat de la décomposition éprouvée par le caséum. Pour les obtenir, on expose au grand air le fromage frais bien égoutté et salé; on le retourne tous les deux jours, et on sale de nouveau la partie supérieure : quand il est sec, on le met dans une cave sur un lit de foin, en ayant soin de le retourner encore de temps en temps; il est fait lorsqu'il est devenu gras. A cette époque, il contient de l'aposépédine, de l'ammoniaque unie à l'acide dit *caséique* (voy. p. 640), et un peu de gomme. Un fromage de brebis, non salé, que l'on avait laissé sécher en masse, fournit, au bout de deux ans, 32 p. 100 d'un extrait qui contenait les substances dont je viens de parler ; d'autres en donnèrent depuis 28 jusqu'à 36. Proust, à qui l'on doit ces résultats, a prouvé que la fermentation dont il s'agit s'établit sans le concours d'une grande humidité.

Acide caséique. — On a donné pendant longtemps ce nom au caséum pur, à cause de la propriété qu'il possède de s'unir avec les oxydes métalliques ; l'existence de ce corps n'a donc pas d'autre importance.

DES PARTIES SOLIDES DES ANIMAUX.

DE LA MATIÈRE CÉRÉBRALE.

La matière cérébrale de l'homme, tour à tour analysée par Jordan, John, Vauquelin, etc., avait fourni à ce dernier chimiste 80,000 parties d'eau, 4,53 d'une substance grasse blanche, 0,70 de matière grasse rouge, 1,12 du corps nommé *osmazôme,* 7,00 d'albumine, 1,50 de phosphore combiné aux matières grasse, blanche et rouge, 5,15 de soufre et de phosphate acide de potasse, de phosphate de chaux et de magnésie, et un peu de chlorure de sodium. Les recherches publiées par M. Couerbe, en 1834 (voy. *Ann. de chim.,* numéro de juin), établissaient que le cerveau contenait, outre les principes précédents, une série de corps distincts qu'il avait désignés sous les noms de *cérébrote,* de *céphalote,* d'*éléencéphole* et de *stéaroconote.* Malheureusement pour ce chimiste, aucun de ces résultats ne s'est trouvé confirmé par les expériences plus précises de M. Frémy. En outre, M. Couerbe, en analysant des cerveaux d'hommes bien portants, d'aliénés et d'idiots, était arrivé à conclure que la proportion du phosphore variait dans ces différents cerveaux, et que l'excès qu'il en trouvait chez les aliénés était la cause de l'irritation vive dont le système nerveux est le siége, et qu'il *exaltait les individus en les plongeant dans un délire épouvantable que nous appelons folie ou aliénation mentale.* Cette assertion ne soutient pas le plus léger examen, comme l'a fait voir M. Lassaigne. D'après ce dernier chimiste, le cerveau normal serait formé de :

	Cerveau entier.	Subst. blanche.	Subst. grise.
Eau.	77,0	73	83
Albumine.	9,6	9,9	7,5
Matière grasse blanche . .	7,2	13,9	1,2
Matière grasse rouge . . .	3,1	0,9	3,7
Acide lactique et sels. . . .	2,0	1,0	1,4
Phosphates terreux. . . .	1,1	1,3	1,2
	100,0		

Dans un travail publié en 1841, M. Frémy a reconnu que la matière blanche grasse, telle qu'on l'avait obtenue jusqu'ici, n'était jamais pure; que, convenablement purifiée, elle présente une réaction acide faible, ce qui lui a fait donner le nom d'acide *cérébrique;* il a de plus constaté l'existence d'un autre acide gras, qu'il a nommé acide *oléophosphorique.* Voici comment il résume la composition du cerveau de l'homme. 1° De l'acide cérébrique isolé ou combiné à la soude et au phosphate de chaux ; 2° de l'acide oléophosphorique libre et combiné à la soude ; 3° de l'oléine et de la margarine; 4° de faibles proportions d'acides oléique et margarique; 5° de la cholestérine; 6° de l'albumine et de l'eau. D'après cette manière de voir, M. Frémy serait porté à considérer le cerveau comme formé en grande partie d'albumine, d'eau, et d'une sorte de savon.

Suivant M. Lassaigne, la matière blanche du cerveau diffère surtout de la matière grise, en ce qu'elle contient une forte proportion de matière grasse blanche de Vauquelin et peu de matière rouge, tandis que dans la matière grise l'inverse a lieu (*Journ. de chim. méd.,* août 1835, et pag. 780).

La matière cérébrale est sous forme d'une pulpe en partie blanche, en partie grise. Abandonnée à elle-même, elle se putréfie très-facilement, surtout lorsqu'elle a le contact de l'air. Suivant Vauquelin, les matières grasses et l'osmazôme ne sont point sensiblement décomposés; une partie de l'albumine est seulement détruite par la fermentation.

Lorsqu'on traite la matière cérébrale par 3 ou 6 parties d'alcool à 36 degrés et à la chaleur de l'ébullition, le liquide acquiert une couleur verdâtre. Si on délaye dans l'eau la matière cérébrale fraîche, on peut en coaguler l'albumine par la chaleur, par les acides, par les sels métalliques, etc.

Le cerveau est extrêmement difficile à incinérer : ce phénomène dépend du phosphore contenu dans les matières grasses, qui passe à l'état d'acide phosphorique, et recouvre de toutes parts les molécules charbonneuses qui se trouvent par là privées du contact de l'air : aussi parvient-on à les réduire plus facilement en cendres en les lavant de temps en temps pour leur enlever l'acide phosphorique. L'azotate de mercure, *préparé* comme je l'ai dit en parlant de la protéine (voy. pag. 627), colore le cerveau en *rouge intense*, en très-peu de temps, surtout si le cerveau avait été préalablement desséché; cette couleur persiste pendant longtemps.

Cervelet de l'homme et cerveau des animaux herbivores. — D'après Vauquelin, ces parties sont composées des mêmes principes que le cerveau de l'homme. John élève des doutes sur l'existence du phosphore dans le cerveau de quelques animaux : du moins il n'en a pas trouvé dans les analyses qu'il a faites en 1814; suivant lui, cet organe ne contiendrait pas de soufre. Il est à désirer que M. Frémy fasse de ces organes l'objet de nouvelles études.

Moelle allongée et épinière. — Ces parties sont de la même nature que le cerveau, mais elles contiennent beaucoup plus de matière grasse, moins d'albumine, d'osmazôme et d'eau (Vauquelin).

Nerfs. — Ils sont formés des mêmes éléments : cependant ils renferment beaucoup moins de matière grasse et de matière colorante, et beaucoup plus d'albumine; ils contiennent, en outre, de la graisse ordinaire. Mis dans l'eau, ils ne se dissolvent pas, blanchissent, deviennent opaques, et se gonflent sans éprouver beaucoup d'altération; le liquide acquiert, au bout de quelques jours, une odeur de sperme extrêmement sensible. Laissés pendant quelque temps dans du chlore, ils diminuent de longueur, et deviennent plus consistants, plus blancs et plus opaques (Vauquelin).

Membrane rétine. — Elle renferme les mêmes éléments que la substance cérébrale et nerveuse, mais dans d'autres proportions; ainsi on y trouve 92,90 d'eau, 0,85 de matière grasse saponifiable et de matière grasse phosphorée et 6,25 d'albumine (Lassaigne).

Taches de matière cérébrale. — J'ai prouvé qu'à l'aide du microscope et des acides sulfurique et chlorhydrique employés séparément, on pouvait reconnaître des taches faites avec la matière cérébrale humide ou desséchée, quelque petites que fussent ces taches (voy. mon Mémoire médico-légal inséré dans le numéro de juillet 1850 des *Annales d'hygiène et de médecine légale*).

DE LA PEAU.

La peau est formée de trois parties : l'épiderme, le tissu réticulaire et le derme. L'*épiderme* est insoluble dans l'eau et dans l'alcool, fort peu soluble dans les acides sulfurique et chlorhydrique étendus, et complétement soluble dans les alcalis. Distillé, il fournit beaucoup de sesquicarbonate d'ammoniaque. Vauquelin le regarde comme du mucus durci. Suivant Hatchett, il a beaucoup de rapport avec l'albumine coagulée. Chaptal le comparaît à la corne et à l'enduit de la soie.

Le *tissu réticulaire de Malpighi* paraît formé de mucus, et peut-être de gélatine; celui des nègres et des peuples de couleur brune contient une matière colorante brune.

Derme ou *peau* proprement dite. — Il est membraneux, épais, dur, assez dense, composé de fibres entrelacées, et arrangées de manière à imiter les poils d'un feutre. Distillé, il se comporte comme les matières azotées; il se gonfle dans l'eau bouillante, et finit par se dissoudre en grande partie, ce qui explique l'usage des rognures de peau pour la préparation de la colle; le *solutum* se prend en *gelée* par le refroidissement. Les acides et les alcalis faibles ramollissent le derme, le gonflent, le rendent presque transparent, et le dissolvent en partie; l'eau froide finit presque par agir sur lui de la même manière. Il est insoluble dans l'alcool, les éthers et les huiles. La peau, combinée avec l'acide tannique, est employée sous le nom de *cuir*.

Du tannage. Cuir. — Après avoir lavé les peaux, on leur enlève le poil et l'épiderme qui les recouvre, soit en les plongeant pendant plusieurs jours dans de l'eau de chaux, ou dans une liqueur légèrement acide, soit en les abandonnant à elles-mêmes, à la température de 33° à 35°, après les avoir disposées les unes sur les autres. Par l'un ou l'autre de ces moyens, les peaux se gonflent, les pores s'ouvrent, et l'on peut facilement, à l'aide d'un couteau rond, détacher le poil et l'épiderme; alors on les met dans une eau courante afin de les ramollir; on les presse avec le même couteau pour détacher le poil et l'épiderme qui n'avaient pas été séparés dans la première opération. On procède ensuite au *gonflement,* opération qui consiste à les plonger dans une faible dissolution d'acide ou d'alcali, et dont l'objet principal est d'ouvrir davantage les pores; on les laisse pendant quelque temps dans de l'eau mêlée de quelques écorces, pour leur faire subir le *passement;* enfin on les combine avec l'acide *tannique :* pour cela, on les plonge dans de l'eau contenant une certaine quantité de tan en dissolution (poudre d'écorce dé chêne); quelques jours après, on les retire pour les plonger dans une dissolution un peu concentrée; on répète cette opération avec des dissolutions plus concentrées; puis on les laisse pendant six semaines dans la fosse (Séguin)(1). Ces fosses sont des cuves en bois ou en maçonnerie au fond desquelles on met du tan en poudre, sur lequel on étend une peau que l'on recouvre de tan; on met successivement sur celui-ci une nouvelle peau, du tan, etc.; on fait arriver de l'eau dans ces cuves, peu à peu le tannin se dissout, se combine avec la peau, et donne un composé très-dur qui constitue le *cuir* (voy. *Acide tannique*, pag. 357). On peut, par ce moyen, tanner plusieurs peaux dans l'espace de trois mois, tandis que par le procédé ancien (celui qui consiste à les mettre dans la cuve avant de les avoir plongées dans les infusions de tan, et à renouveler le tan à mesure qu'il s'épuise), il faut au moins un an pour terminer l'opération.

Si, au lieu de *cuir*, on veut obtenir de la peau pour empeigne ou pour baudrier, on procède de la même manière, excepté que l'on supprime les deux opérations connues sous les noms de *gonflement* et de *passement*.

Enduit caséeux de la peau des nouveau-nés. — Il est composé d'une substance grasse de la nature du beurre, de gélatine modifiée, et d'un peu de soufre (Peschier).

DES TISSUS CELLULAIRE, MEMBRANEUX, TENDINEUX, APONÉVROTIQUE ET LIGAMENTEUX.

Tissu cellulaire. — Ce tissu très-délié, qui fait partie de tous les organes, et qui paraît consister en une multitude de lamelles transparentes, est composé, d'après John, de gélatine, d'un peu de fibrine, de phosphate de chaux et de soude.

Tissu adipeux ou *graisseux* (voy. *Graisse*, p. 462).

Membranes séreuses. — Elles paraissent composées des mêmes éléments que le tissu cellulaire.

Les *membranes* muqueuses sont formées comme la peau; aussi se dissolvent-elles facilement dans l'eau bouillante.

La membrane moyenne ou *fibreuse* des *artères* contient à peu près la

______

(1) On lit dans le *Journal de pharmacie* que le marc de raisin que l'on a préalablement distillé pour en retirer tout l'esprit doit être employé de préférence au tan.

moitié de son poids d'eau, un peu de gélatine, une matière grasse, du mucus, et une substance qui ressemble à de la fibrine. Schœrer propose de la considérer comme un composé de 2 équivalents de protéine, et de 2 équivalents des éléments de l'eau.

Tendons. — Suivant Fourcroy, les tendons de l'homme et des quadrupèdes mammifères sont composés de beaucoup de matière gélatineuse soluble dans l'eau bouillante, d'un peu de phosphate de chaux, et de chlorures de sodium et de potassium; il en est de même des *aponévroses.* D'après Schœrer, les tendons sont formés de 2 équivalents de protéine, à laquelle se trouvent ajoutés les éléments de 3 équivalents d'ammoniaque, de 1 d'eau et de 7 d'oxygène.

Ligaments. — D'après Thomson, les ligaments qui réunissent les os dans les articulations de l'homme contiennent de la matière gélatineuse, et paraissent composés, en grande partie, d'une substance particulière semblable à l'albumine coagulée; ils ne se dissolvent qu'en partie dans l'eau bouillante, et le *solutum* se prend en gelée par le refroidissement.

Fausses membranes. — Elles sont formées de fibrine contenant de la sérosité ou de l'albumine non coagulée. M. Donné est porté à croire que ces produits morbides ne sont que de l'albumine coagulée ou modifiée par l'*acide* auquel donne naissance le travail inflammatoire (voy. *Liquides des membranes séreuses,* p. 753).

Mélanose. —On désigne ainsi des sécrétions pathologiques formées en quelque sorte par les principes du sang; on y trouve, en effet, de la fibrine, de l'albumine, les sels du sang, et une matière colorante noire qui se rapproche considérablement, par sa nature, du charbon, ainsi que l'a prouvé M. Melsens en 1844.

DES TISSUS GLANDULEUX ET MUSCULAIRE.

On distingue deux sortes de glandes: les lymphatiques ou conglobées, et les conglomérées, telles que le foie, les reins, etc:

Glandes lymphatiques. — Suivant Fourcroy, elles sont formées d'une matière fibreuse tout à fait insoluble, d'un peu de gélatine soluble dans l'eau bouillante, de chlorures de sodium et de potassium, et d'un peu de phosphate de chaux.

Glande thyroïde. — John a fait l'analyse de la glande thyroïde d'une personne scrofuleuse; cette glande avait acquis le volume d'un œuf de poule. Elle fournit : 1° une substance qui, par l'ébullition, donna beaucoup de mucus animal caséeux, dont la noix de galle et l'alcool précipitaient un peu de gélatine ; 2° une matière grasse, solide, particulière ; 3° un peu d'albumine ; 4° du chlorhydrate d'ammoniaque, du phosphate de chaux, des traces d'oxyde de fer uni peut-être à l'acide phosphorique, un atome de carbonate de chaux, fort peu de soude, et de l'eau.

Glandes conglomérées. — Foie de bœuf. Cent parties de foie de bœuf ont fourni : tissu vasculaire et membranes 18,94, parenchyme 81,06. Cent parties de parenchyme contiennent 68,64 d'eau, 20,19 d'albumine desséchée, 6,07 d'une matière peu azotée, soluble dans l'eau et peu soluble dans l'alcool, 3,89 d'huile phosphorée soluble dans l'alcool, analogue à celle du cerveau, 0,64 de chlorure de potassium, sans indice de chlorure de sodium, 0,47 de phosphate de chaux ferrugineux, 0,10 d'un sel acidule, insoluble dans l'alcool, formé d'un acide combustible uni à la potasse, et une petite quantité de sang (Braconnot). Suivant Fromherz et Gugest, le *foie humain* d'un jeune guillotiné contenait une grande quantité d'albumine, de l'osmazôme, de l'acide résino-picromélique, de la stéarine et de l'oléine, des acides stéarique et oléique libres, de la fibrine, et 2,634 de chlorure de potassium et de phosphate de potasse, de phosphate et de carbonate de chaux, et d'un atome d'oxyde fer. Cent parties de ce foie renfermaient 61,79 d'eau. Fourcroy fit l'analyse d'un foie qui était resté à l'air pendant dix ans, et qui avait été un peu attaqué par les insectes ; il y trouva une matière soluble dans les alcalis caustiques, une substance analogue à la cholestérine, une matière huileuse concrète, des parties membraneuses, des vaisseaux, de la soude, et un peu d'ammoniaque (?).

Dans ces derniers temps, M. Bernard a prouvé que le foie jouit de la propriété de former du sucre (glucose). Les foies des oiseaux sont très-riches en sucre ; il y en a beaucoup chez les mammifères ; les reptiles en ont peu, la raie et l'anguille n'en renferment pas. Les foies des cadavres humains n'en ont pas toujours fourni. Si on irrite le voisinage des nerfs pneumogastriques, on augmente tellement la formation du sucre dans le foie, que l'animal, ne pouvant le détruire en même proportion qu'il le sécrète, devient diabétique, c'est-à-dire qu'il rend l'excès de sucre avec l'urine. Ce sucre est formé aux dépens du sang ; après avoir été sécrété par le foie, il est porté au cœur par les veines sus-hépatiques, et il est incessamment détruit dans le sang, en sa qualité de corps combustible. M. Bernard termine son travail par les conclusions suivantes : 1° la présence du sucre dans l'organisme animal est un fait constant et indispensable dans l'accomplissement régulier des phénomènes nutritifs ; 2° la présence du sucre chez les animaux n'est point lié à une alimentation déterminée, mais a lieu, au contraire, quels que soient les aliments dont se nourrisse l'animal ; le sucre est produit dans le foie par une fonction spéciale de cet organe ; 3° la formation du sucre dans le foie est sous la dépendance immédiate du système nerveux.

Muscles de l'homme. — Suivant M. John, la chair humaine ne diffère pas de la chair de bœuf et de celle des autres animaux.

Muscles de bœuf. — Les muscles contiennent toujours des vaisseaux lymphatiques et sanguins, des nerfs, des aponévroses, des tendons, du tissu cellulaire, de la graisse, etc. Ils sont formés d'eau, de gélatine, d'albumine, de fibrine, de graisse composée d'oléine et de stéarine, de créatine, d'un acide libre destructible qui, suivant Berzelius, est l'acide lactique, de sels formés par l'acide *inosique*, de chlorures de sodium et de potassium, de chlorhydrate d'ammoniaque, de phosphates de soude, d'ammoniaque et de chaux, d'un sel calcaire formé par un acide destructible, de sulfate de potasse, d'oxyde de fer, et, d'après quelques chimistes, de soude et d'oxyde de manganèse. Les principes volatils que l'on obtient en distillant la viande avec de l'eau (voy. plus bas) n'entrent pas, pour la plupart, dans la composition de la viande, et se forment, au contraire, pendant la cuisson. Quant à l'*osmazôme*, voyez p. 753. D'après M. Schœrer, on trouve encore dans la chair musculaire une matière qu'il a nommée *inosite* (voy. ce mot).

La quantité de créatine contenue dans diverses chairs musculaires est ; suivant Gregory, pour 100 parties de chair de poule, de 3,21, de 1,37 pour le cœur de bœuf, de 0,935 pour la morue, de 0,825 pour le pigeon, de 0,607 pour la raie, et d'après, Liebig, de 0,72 pour le cheval, et de 0,697 pour le bœuf.

Lorsqu'on chauffe la chair musculaire, l'eau se vaporise et entraîne avec elle une petite portion de matière animale ; 100 parties de chair de bœuf se réduisent à 25 parties par la dessiccation ; après l'incinération, il reste environ 4 parties ½ de cendres. Le *rôti* obtenu contient presque tous les principes de la viande, et par conséquent est très-nourrissant ; si on élève fortement sa température, on le décompose complétement, et l'on obtient tous les produits fournis par les substances azotées (voy. p. 4).

Si l'on chauffe graduellement de la viande et de l'eau dans un appareil distillatoire, il se dégage de l'ammoniaque, un produit sulfuré qui très-probablement est de l'acide sulfhydrique, un principe doué de l'odeur prédominante de la viande, lequel se fixe sur une lame d'argent, un principe odorant ambré, analogue aux acides hircique et butyrique, et un acide analogue à l'acide acétique. Ces principes paraissent être le résultat d'un nouvel état d'équilibre qui s'établit entre les éléments d'un ou de plusieurs principes immédiats solubles dans l'eau. Si l'opération se fait dans une marmite ordinaire couverte, ces divers produits se volatilisent en partie, et il reste du *bouillon*. Celui-ci contient: 1° de la graisse qui est fondue à sa surface, et qui est formée d'oléine et de stéarine; 2° de l'albumine coagulée qui constitue l'écume; 3° une partie des produits volatils déjà nommés; 4° de l'acide lactique combiné à la gélatine; 5° de l'albumine cuite, c'est-à-dire de l'albumine altérée par la cuisson et soluble dans l'eau; 6" de l'*inosite;* 7° de la *créatine;* 8° de la soude, du lactate de potasse, des phosphates et des sulfates de potasse et de soude, des chlorures de potassium et de sodium, et des *inosates* (*Journ. de pharm.,* mai 1835). En laissant refroidir le bouillon, la graisse se fige, vient à la surface, et peut être séparée à l'aide d'une écumoire ou de tout autre moyen mécanique. Le *bouilli* est composé de fibrine, de phosphates de magnésie et de chaux, et d'oxyde de fer. Si l'on a fait chauffer l'eau assez de temps pour enlever à la chair tout ce qu'elle offre de soluble, alors il est insipide, fibreux, etc.

Si, au lieu de chauffer ainsi graduellement la viande et l'eau, on plonge la chair musculaire dans ce liquide bouillant, on obtient de mauvais bouillon : en effet, la température se trouve assez élevée pour coaguler de suite toute l'albumine; celle-ci bouche les pores de la viande, et s'oppose à la dissolution complète des principes solubles.

Abandonnée à elle-même, la chair musculaire se décompose et fournit une multitude de produits, que je ferai connaître en parlant de la putréfaction. L'acide sulfurique la transforme en *leucine,* etc. (voyez p. 650).

DES OS.

Les os humains sont formés, suivant Fourcroy et Vauquelin, de beaucoup de phosphate de chaux et de très-peu de phosphate de magnésie, de phosphate d'ammoniaque, d'oxydes de fer et de manganèse unis probablement à l'acide phosphorique, de quelques traces d'alumine et d'acide silicique et d'eau. Les proportions de ces matériaux varient suivant l'âge, l'état de santé, le tempérament, etc. Outre ces substances, les os humains contiennent : 1° une assez grande quantité de carbonate de chaux, soupçonné par Hérissant, et dont l'existence a été démontrée par Proust, Hatchett, etc.; 2° une plus ou moins grande proportion de graisse (Thomson) et de gélatine. Berzelius a annoncé le premier que l'acide fluorhydrique (fluorique) faisait partie des os humains, résultat qui n'est point d'accord avec les expériences de Wollaston, Brande, Fourcroy et Vauquelin. Voici les proportions données par le savant chimiste suédois : cartilage soluble dans l'eau (gélatine), 32,17 ; vaisseaux sanguins, 1,13 ; fluorure de calcium, 2,00 ; phosphate de chaux, 51,04 ; carbonate de chaux, 11,30 ; phosphate de magnésie, 1,16 ; soude, chlorure de sodium, eau, 1,20.

Dans un travail récent, M. Heintz a déterminé la composition de la partie inorganique des os, et a conclu, 1° que les os des animaux vertébrés renferment une petite quantité de fluorure de calcium ; 2° qu'ils ne contiennent ni chlorures, ni sulfates, ni fer ; toutes les fois qu'on a trouvé ces substances dans les os, dit-il, elles provenaient des liquides qui imprégnaient ces organes, et que les lavages avaient enlevés ; 3° que la chaux et la magnésie y sont à l'état de phosphates *tribasiques*.

	Os de bœuf.	Os de mouton.	Os d'homme.	
Carbonate de chaux.	10,07	9,42	9,06 ou	9,16
Phosphate de magnésie, $3MgO,PhO^5$.	2,98	2,15	1,75	1,74
Phosphate de chaux, $3CaO,PhO^3$ . . .	83,07	84,39	85,62	85,83
Fluorure de calcium.	3,88	4,05	3,57	3,24

(*Journ. de pharm.*, sept. 1849.)

En comparant les proportions de matière organique et de matière inorganique contenues dans les os d'un homme adulte et d'un nouveau-né, Rees a trouvé dans les côtes du premier 57,49 de matière inorganique et 42,51 de matière organique ; tandis que dans celles de l'enfant, il y avait 53,75 de matière inorganique, et 46,25 de matière organique. Le temporal de l'adulte renfermait 63,50 de matière inorganique, celui de l'enfant n'en contenait que 55,90.

Dès l'année 1800, Vauquelin et Fourcroy avaient publié l'analyse d'un crâne humain monstrueux, déterré à Reims environ quarante ans auparavant ; ils l'avaient trouvé contenir, sur 1,000 parties, matière animale, 0,123 ; phosphate de chaux, 0,572 ; carbonate de chaux, 0,222 ; chlorure de calcium, 0,022 ; eau, 0,061 ; oxyde de fer et chlorure de sodium. Ils obtinrent des os trouvés dans un tombeau du xi⁰ siècle, du phosphate acide de chaux, une matière colorante animale soluble dans l'eau et dans l'alcool, qui devenait verte par les alcalis, et un peu de phosphate de magnésie : ces os étaient acides et d'une couleur pourpre. Vogelsang, en analysant un os du cimetière enterré depuis onze cents ans, trouva qu'il ne contenait point de matière animale, mais qu'il renfermait plus de carbonate de chaux que les os frais. On peut voir dans les *Annales du Muséum* (année 1800) plusieurs autres analyses d'os humains pris à différentes époques, et faites par Fourcroy et Vauquelin. Il résulte de ces différents travaux, que les os doivent être regardés comme formés d'une matière animale et d'une partie terreuse.

Les os sont solides, blancs, insipides, inodores, très-durs dans la vieillesse, ductiles jusqu'à un certain point dans l'enfance. Distillés, ils se décomposent à la manière des substances azotées, noircissent, et donnent un liquide contenant une huile empyreumatique (huile de Dippel) et du sesquicarbonate d'ammoniaque. Chauffés avec le contact de l'air, ils s'enflamment et noircissent, (phénomènes qui dépendent de ce que la partie animale absorbe l'oxygène de l'air et se charbonne. Si on continue à les chauffer, le charbon lui-même se combine avec l'oxygène et passe à l'état d'acide carbonique, en sorte qu'il ne reste plus que la partie terreuse *blanchâtre* connue sous le nom de *terre des os ;* il suffit de pulvériser, de laver et de mouler cette terre pour préparer les coupelles, les trochisques, etc.

Abandonnés à eux-mêmes, soit à l'air libre, soit dans la terre, les *os* se délitent, s'exfolient et tombent en poussière : la matière animale finit donc également par être détruite.

Si on les soumet à l'action de l'eau bouillante après les avoir râpés, on ne parvient qu'à dissoudre une petite portion de leur matière organique (gélatine et graisse); mais si on les fait chauffer dans la marmite de Papin, à une pression beaucoup plus considérable que celle de l'atmosphère, on dissout toute la gélatine, on fond la graisse, et il ne reste plus que la partie terreuse friable.

Si on les fait digérer pendant sept à huit jours avec de l'acide chlorhydrique faible, cet acide dissout tous les sels qui entrent dans leur composition, ils se ramollissent, deviennent très-flexibles, et finissent par ne plus contenir que de la matière animale. Si, dans cet état, on les plonge pendant quelques instants dans de l'eau bouillante, et qu'après les avoir essuyés on les soumette à un courant d'eau froide et vive, ils peuvent être regardés comme de la matière gélatineuse pure, ou du moins comme une matière qui, étant dissoute dans l'eau bouillante, fournit la plus belle *colle.* Tous les *acides faibles,* jouissant de la propriété de dissoudre la partie terreuse des os, agissent de la même manière.

On emploie les os pour préparer le phosphore, l'acide phosphorique, les sels ammoniacaux, les coupelles, certains trochisques, et la gélatine, avec laquelle on peut faire des gelées, des crèmes, des blancs-mangers, de la colle ordinaire et des tablettes de bouillon. D'après d'Arcet, la gélatine des os peut être avantageusement employée à la préparation du bouillon ; il est parvenu à en extraire 30 p. 100 à l'aide de l'acide chlorhydrique. Voici comment s'exprimaient, il y a environ trente ans, les membres de la Faculté de médecine de Paris, chargés de faire un rapport sur ce sujet : « Il est reconnu que, terme moyen, 100 kilogr. de viande contiennent 80 kilogr. de chair et de graisse, et 20 kilogr. d'os ; 100 kilogr. de viande font, dans nos ménages, 400 bouillons d'un demi-litre ; les os qui sont jetés ou brûlés donneraient 30 centièmes de gélatine sèche ; conséquemment, les 20 kilogr. ci-dessus en fourniraient 6 kilogr., avec lesquels on ferait 600 bouillons. Le nombre des bouillons produits par les os est donc à celui de la même viande comme 3 est à 2. Cinquante kilogrammes de viande ne donnent que 25 kilogr. de bouilli, et 50 kilogr. de la même viande fournissent 33 kilogr. $\frac{1}{2}$ de rôti : il y a donc près de $\frac{1}{5}$ à gagner en faisant usage du rôti. Cinquante kilogrammes de viande fournissent 25 kilogr. de bouilli et 200 bouillons. Cinquante kil. de viande, dont 12 $\frac{1}{2}$ sont employés pour faire le bouillon avec 1 kilogramme $\frac{1}{2}$ de gélatine des os, donneraient 200 bouillons et 6 kilogrammes $\frac{1}{4}$ de bouilli ; et les 37 kilogrammes $\frac{1}{2}$ restants fourniraient 25 kilogrammes de rôti. On voit donc que, par ce moyen, l'on a une quantité égale de bouillon de qualité supérieure, et 25 kilogrammes de rôti ; de plus 6 kilogrammes $\frac{1}{4}$ de bouilli.

« On a préparé le bouillon avec le quart de la viande qu'on emploie ordinairement ; on a remplacé par de la gélatine d'os et des légumes les trois autres quarts, qui ont été donnés en rôti ; les malades, les convalescents et même les gens de service, n'ont pas aperçu de différence entre ce bouilli et celui qu'on leur donnait précédemment ; ils ont été aussi abondamment nourris, et très-satisfaits d'avoir du rôti, au lieu de bouilli. Mise à l'état de tablettes avec une certaine quantité de jus de viande et de racines, la gélatine d'os fournit un excellent aliment. M. d'Arcet nous a fait voir des échantillons de cette dernière préparation, qui surpassent en beauté et en qualité tout ce que nous avons connu jusqu'ici en ce genre. » (*Annales de chimie*, t. XCII, p. 300.)

Je dirai toutefois que M. Donné ayant contesté la plupart des avantages attribués à la gélatine d'os pour la confection du bouillon, il en est résulté depuis des travaux nombreux fondés sur des expériences faites sur les animaux et même sur l'homme, qui prouvent que les espérances conçues par d'Arcet et par la commission de la Faculté ne se sont pas réalisées. Le rapport fait par la commission de l'Institut en

1842 établit que la gélatine donnée seule est un très-mauvais aliment, mais qu'associée à d'autres substances, elle partage les propriétés nutritives de toutes les matières azotées susceptibles d'être digérées.

Huile empyreumatique (huile de Dippel). — Celle qui passe la première est jaune pâle ; bientôt après elle se colore, s'épaissit, finit par devenir noire, visqueuse, et assez pesante pour tomber au fond du liquide ; dans cet état, elle renferme, d'après Unverdorben, *quatre bases salifiables* huileuses, l'*odorine, l'animine, l'olanine* et l'*ammoline.* Si on la distille avec de l'eau, elle se purifie et passe incolore ; tandis qu'il reste dans la cornue une résine pyrogénée encore peu connue, et retenant un peu d'huile. L'huile incolore ainsi distillée a une odeur pénétrante et une saveur brûlante ; elle ne contient, d'après Unverdorben, que de l'*odorine,* de l'*animine,* de l'*olanine* et de l'ammoniaque.

L'*odorine* (du mot latin *odor*) est un corps huileux, incolore, d'une odeur particulière désagréable, rétablissant la couleur du papier de tournesol rougi, soluble dans l'eau, dans l'alcool, dans l'éther, et dans les huiles volatiles, formant avec les acides des sels oléagineux peu stables, à moins qu'ils ne soient doubles.

L'*animine* (de *animal*) est huileuse, d'une odeur semblable à celle du sel de corne de cerf purifié, soluble dans 20 p. d'eau froide, moins soluble dans l'eau chaude : aussi la dissolution devient-elle laiteuse quand on la chauffe. L'alcool, l'éther et les huiles, la dissolvent en toute proportion ; elle colore en bleu violet le papier de tournesol rougi par les acides ; elle forme avec ces derniers corps des sels oléagineux, moins solubles dans l'eau que ceux d'odorine, et encore peu connus.

L'*olanine* (de *oleum* et de *animal*) est huileuse, grasse, d'une odeur particulière qui n'est pas désagréable ; elle rétablit à peine la couleur du papier rouge, brunit insensiblement à l'air et se convertit en *fuscine* (voy. p. 793) ; elle est peu soluble dans l'eau, très-soluble dans l'alcool et dans l'éther, et forme des sels huileux ayant beaucoup de ressemblance avec ceux que fournit l'odorine.

L'*ammoline* (d'*ammoniacum* et de *oleum*) est huileuse, incolore, pésante, et bleuit le papier rougi ; elle est très-peu volatile, soluble dans 40 parties d'eau bouillante et dans 200 parties d'eau froide, très-soluble dans l'alcool et dans l'éther, et forme des sels huileux solubles en toutes proportions dans l'eau et dans l'alcool, et insolubles dans l'éther : c'est la plus forte de ces quatre bases salifiables.

Lorsqu'on distille l'huile animale de Dippel, non rectifiée, avec $\frac{1}{8}$ de potasse hydratée et 6 parties d'eau, les bases volatiles dont j'ai parlé passent dans le récipient, et il reste dans la cornue un liquide alcalin surnagé par une substance poisseuse ; le liquide contient de l'acide *pyrozoïque*, et la matière poisseuse renferme de la *fuscine* (de *fuscus*, brun).

Fuscine. — Elle est sous forme d'une masse brune, fendillée, insoluble dans l'eau, soluble dans les acides.

Acide pyrozoïque. — Il est d'un jaune pâle, très-fluide, d'une odeur piquante et empyreumatique ; c'est à lui que les huiles pyrogénées doivent leur odeur empyreumatique, d'après Unverdorben. Il est facilement décomposé par l'air, qui le brunit, le noircit et l'épaissit ; il est à peine soluble dans l'eau, tandis que l'alcool, l'éther et les huiles volatiles, le dissolvent à merveille. Il ne décompose pas les carbonates alcalins. Ses sels cristallisent difficilement ; leurs dissolutions se décomposent peu à peu par le contact de l'air, et se transforment en *butyrates* et en résine.

Os des animaux herbivores. — Suivant Fourcroy et Vauquelin, ils sont composés des mêmes principes que les os humains. D'après Berzelius, les os de bœuf contiennent aussi du fluorure de calcium, et, suivant John, du sulfate de chaux. Les os de *cheval* et d'*âne* ont également fourni à Proust du fluorure de calcium. — *Os fossiles d'éléphant.* Proust y a trouvé de 0,14 à 0,15 de carbonate, de phosphate et de fluorure de calcium. M. Chevreul, en analysant des os fossiles qui paraissaient provenir d'animaux marins, a trouvé : sulfate de chaux avec matière animale, 1 ½ ; eau, 10 ½ ; phosphate de chaux, phosphates de fer et de manganèse, 6,7, albumine, 1 ; carbonate de chaux, 4 ; fluorure de calcium, une petite quantité ; ils ne contenaient point de magnésie. — *Corne de cerf.* La corne de cerf paraît renfermer les mêmes principes que les os. Distillée, elle se comporte comme les matières azotées, et fournit une huile qui, étant distillée plusieurs fois, constitue l'huile animale de *Dippel.* Si on traite la corne de cerf par l'eau bouillante, on en dissout la gélatine, et on peut obtenir la *gelée* de corne de cerf. — *Os fossiles* (turquoise), phosphate de chaux, 80 ; carbonate de chaux, 8 ; phosphate de fer, 2 ; phosphate de magnésie, 2 ; albumine, 1 ½ ; eau et perte, 6 ½ (Bouillon-Lagrange).

Os des oiseaux, des reptiles et des poissons. — M. de Bibra a résumé, dans le tableau suivant, les résultats de ses analyses sur les os de quelques-uns de ces animaux :

	FAUCON. fémur.	COQ. fémur.	GRENOUILLE. fémur.	COULEUV. vertèbr.	SAUMON. vertèbr.	BROCHET. vertèbr.
Phosphate de chaux. . ⎫ Fluorure de calcium. . ⎭	61,76	59,82	59,48	59,41	56,44	42,73
Carbonate de chaux. . .	6,66	10,89	2,25	7,82	1,01	9,88
Phosphate de magnésie. .	1,00	1,13	0,99	1,00	0,90	0,93
Sels	0,82	0,97	1,78	0,73	0,83	1,00
Cartilage (gélatine) . . .	28,68	26,17	30,19	24,93	21,80	35,71
Graisse	1,08	1,02	5,31	6,11	19,02	9,75

Os de sèche. — Ces os, placés sur le dos de la sèche commune, *sepia officinalis,* sont formés de gélatine, 8 ; carbonate de chaux, 68 ; eau et perte, 24 (Mérat-Guillot). Suivant Karsten, ils contiennent 0,23 de phosphate de chaux. Ils sont épais, solides, friables, ovales, et remplis de cellules ; ils entrent dans la composition des poudres dentifrices.

Tel était l'état de nos connaissances sur la composition chimique des os, lorsque M. de Barros a annoncé : 1° que la matière organique des os de poulet était en partie réduite en gélatine par l'ébullition dans l'eau, et en une matière analogue à la fibrine ; 2° que chez les poissons et les animaux amphibies, cette matière animale se rapprochait beaucoup plus, par ses propriétés, du mucus que de la gélatine ; 3° que les os des animaux qui se nourrissent de végétaux exclusivement, tels que le mouton, sont ceux qui contiennent le plus de carbonate de chaux, puisqu'ils en fournissent près de 20 p. 100, tandis que ceux des poissons en ont à peine donné 5 p. 100, et ceux de grenouille et de lion à peine 2 ; 4° que les os des animaux carnivores renferment, au contraire, une forte proportion de phosphates. (*Journal de chimie médicale,* juin 1828.)

Os dans le rachitis. — Ils contiennent beaucoup plus de gélatine et beaucoup moins de phosphate de chaux ; ainsi, dans une analyse, les os des vertèbres ont fourni 79,75 de gélatine, et 13,60 seulement de phosphate de chaux ; on a trouvé dans les côtes du même individu 49,77 de gélatine, et 33,60 de phosphate de chaux. Chez un enfant rachitique, les vertèbres ont fourni à M. Marchand 75,22 de gélatine, 6,12 de graisse et 12,56 seulement de phosphate de chaux. Chez Potiron, jeune homme de dix-huit ans, mort par suite du ramollissement des os, les menus os contenaient 82 parties de matières organiques et 18 parties de sels (Barruel fils. Voy. Stanski, *Recherches sur les maladies des os,* 1851).

Os dans la goutte. — D'après Sébastien, le fémur a donné 46,32 de matière animale, 42,12 de phosphate de chaux, 8,24 de carbonate de chaux, 1,01 de phosphate de magnésie, et 2,31 de fluorure de calcium, de soude, de chlorure de sodium, et perte.

DES DIFFÉRENTES PARTIES MOLLES SUSCEPTIBLES DE S'OSSIFIER.

Les artères, les valvules du cœur, les bronches, les vaisseaux artériels anévrysmatiques, la glande pinéale, et une foule d'autres parties, sont susceptibles de s'ossifier. Si on analyse ces matières ossifiées, on y découvre beaucoup de phosphate de chaux, et quelquefois tous les autres éléments des os : du moins tels sont les résultats que m'a fournis la matière ossifiée d'une *loupe* qui s'était développée sur la partie externe de la cuisse, et qui n'avait aucune communication avec le fémur. Quelquefois aussi on trouve dans le *pancréas*, dans les *poumons*, dans la *glande prostate*, dans les *vésicules séminales*, entre les feuillets de la *tunique vaginale*, dans la *fosse naviculaire*, dans le *bulbe de l'urèthre*, dans les *canaux urinaires*, etc., des concrétions composées de phosphate de chaux et d'un peu de matière animale ; cependant, dans quelques circonstances, ces concrétions, surtout celles du poumon, sont entièrement formées de carbonate de chaux et de matière animale (Crumpton). On doit à M. Thénard une série d'expériences intéressantes sur ces ossifications : je vais en indiquer les résultats, tels qu'il les a consignés dans son ouvrage de chimie, en rapportant seulement le poids du résidu provenant de leur calcination jusqu'au rouge.

	Poids du résidu.
Kyste osseux de la glande thyroïde	0,04
Idem	0,65
Idem	0,34
Plèvre ossifiée	0,14 (1)
Ossification de l'aorte	0,52
Ovaire de femme ossifié	0,55
Glande mésentérique ossifiée	0,73
Glande thyroïde ossifiée	0,66
Concrétion trouvée à la surface convexe du foie, dans un kyste recouvert par le péritoine	0,63
Concrétion osseuse trouvée au-dessus du ventricule latéral droit, dans la substance cérébrale d'une femme de 30 ans	0,66

(1) MM. Pétroz et Robinet ont trouvé dans une ossification du péricarde, simulant une ossification du cœur, 24,20 de gélatine, d'albumine et de membranes ; 4 de chlorure de sodium et de sulfate de soude, 6,50 de chaux, et 65,30 de phosphate de chaux.

DES DENTS.

La composition des dents ne diffère pas beaucoup de celle des os. Suivant Berzelius, la *racine* des dents des enfants est formée de 28 parties de cartilage, de vaisseaux sanguins et d'eau, de 61,95 de phosphate de chaux; de 5,30 de carbonate de magnésie, de 2,10 de fluorure de calcium, de 1,0 de phosphate de magnésie, de 1,40 de soude et de chlorure de sodium. L'émail contenait 88,5 de phosphate de chaux et de fluorure de calcium, 8 de carbonate de chaux, 1,5 de phosphate de magnésie; on voit qu'il ne renfermait point de matière animale. M. Morechini admet aussi l'existence de l'acide fluorhydrique dans les dents, principalement dans l'émail; tandis que Fourcroy, Wollaston, Pepys, Vauquelin et Brande, n'ont jamais pu le découvrir. Voici les analyses comparatives des dents, faites par M. Pepys, et insérées dans l'ouvrage de Thomson :

	Dents des adultes.	Premières dents des enfants.	Racine des dents.	Émail des dents.
Phosphate de chaux....	64	62	58	78.
Carbonate de chaux....	6	6	4	6
Tissu cellulaire......	20	20	28	0
Perte............	10	12	10	16

M. Lassaigne a donné l'analyse des dents de l'homme à différents âges, et de quelques-unes de leurs annexes, comme on pourra le voir par le tableau ci-après :

DÉSIGNATION des OBJETS SOUMIS A L'ANALYSE.	MATIÈRE animale sur 100 PARTIES.	PHOSPHATE de chaux sur 100 PARTIES.	CARBONATE de chaux sur 100 PARTIES.
Dents d'un enfant de 8 ans..........	33	60	1
Dents d'un adulte..........	29	61	10
Dents d'un vieillard de 81 ans,........	33	66	1
Dents d'un enfant de 6 ans.........	28,5	60	11,5
Dents d'un enfant de 2 ans.........	23	67	10
Dents d'un enfant de 2 ans (2ᵉ dentition) .	17,5	65	17,5
Dents d'un enfant d'un jour.........	35	51	14
Dents de momie d'Égypte..........	29	55,5	15,5
Émail des dents de l'homme.........	20	72	8 (1)
Cartilage gencival d'un enfant d'un jour ..	86,7	11,3	2
Pulpe dentaire d'un enfant d'un jour.	77	23	0
Sac dentaire d'un enfant d'un jour.	57	37	6
Osselets des dents..............	40,5	38	21,5

(1) Fourcroy et Vauquelin ont trouvé un peu de phosphate de fer dans l'émail.

Racine des dents de bœuf. — Cent parties contiennent, suivant Berzelius, 31,00 de cartilage, de vaisseaux sanguins et d'eau, 57,46 de phosphate de chaux, 5,69 de fluorure de calcium, 1,36 de carbonate de chaux, 2,07 de phosphate de magnésie, 2,40 de soude et de chlorure de sodium.

Émail des mêmes dents. 81,00 de phosphate de chaux, 4,00 de fluorure de calcium, 7,10 de carbonate de chaux, 3,00 de phosphate de magnésie, 1,34 de soude, 3,56 de membranes, vaisseaux sanguins, et eau de cristallisation.

Dents d'éléphant (ivoire, défenses d'éléphant). — L'ivoire frais renferme du fluorure de calcium, suivant Gay-Lussac et Morechini. Fourcroy et Vauquelin n'en ont point trouvé; ils ont vu qu'il contenait du phosphate de chaux, et qu'il perdait 45 p. 100 par la calcination : du reste, il leur a semblé de même nature que les os. Calciné jusqu'à un certain point, il se charbonne, et fournit un noir très-beau et très-recherché.

Ivoire (défenses de l'éléphant). — Il a une composition semblable à celle des os. Mérat-Guillot y a trouvé 24 de matière organique, 64 de phosphate de chaux, 0,1 de carbonate de chaux, 11,15 d'eau.

Ivoire fossile. — Morechini est le premier qui ait annoncé dans cet ivoire du fluorure de calcium, découverte qui a été confirmée par les analyses de Klaproth, John, Proust, Fourcroy et Vauquelin. Ces deux derniers chimistes ne l'ont cependant pas trouvé dans l'ivoire fossile de l'Ohio, de Sibérie et du Pérou. Ils en ont retiré des *défenses de sanglier.*

DU TARTRE DES DENTS.

Fourcroy, Wollaston, Chaptal, etc., avaient annoncé que le tartre des dents était composé de phosphate de chaux. Voici l'analyse qui en a été donnée par Berzelius : phosphate de chaux, 79,0; mucus, 12,5; matière salivaire particulière, 1,0; substance animale soluble dans l'acide chlorhydrique, 7,5. Dans un rapport lu à l'Académie de médecine, le 31 décembre 1825, Vauquelin et Laugier établissent que le tartre des dents ressemble aux os, si ce n'est qu'il contient du mucus, au lieu de gélatine; ils y ont trouvé du phosphate de chaux, 66 parties; du carbonate de chaux, 9 parties; du phosphate de magnésie et de l'oxyde de fer, 3 parties; du mucus, 14,6 parties; de l'eau, 7 parties.

Le tartre des dents molaires du cheval a fourni à M. Lassaigne : mucus, 25; phosphate de chaux, 5; carbonate de chaux, 70, quantité beaucoup plus considérable que celle qui existe dans le tartre des dents de l'homme.

DU TISSU CARTILAGINEUX.

Suivant Hatchett, les cartilages de l'homme seraient composés d'albumine coagulée et de quelques traces de phosphate de chaux. Haller les regardait comme de la gélatine concrète unie à une terre osseuse. M. Chevreul a donné, en 1822, l'analyse des os cartilagineux d'un *squalus maximus* (requin) de 8 mètres de long ; il les a trouvés formés d'une matière huileuse, d'une substance analogue au mucus, d'un principe odorant, d'acide acétique et d'acétate d'ammoniaque. Leurs cendres contenaient du sulfate et du carbonate de soude, du chlorure de sodium, du sulfate de chaux, des phosphates de chaux, de magnésie et de fer, et quelques atomes d'acide silicique, d'alumine et de potasse. Les cartilages costaux, par leur ébullition dans l'eau, donnent de la chondrine (voy. p. 650). D'après Schœrer, on peut les considérer comme formés d'un équivalent de protéine, et des éléments de 4 équivalents d'eau et de 2 équivalents d'oxygène. Il est extrêmement probable que ces divers principes entrent également dans la composition des cartilages des autres animaux. Les cartilages sont placés aux extrémités articulaires des os ; ils sont solides, incolores, demi-transparents, etc.

DES CHEVEUX, DES POILS, DES ONGLES.

Cheveux noirs. — D'après la belle analyse de Vauquelin, les cheveux noirs contiennent : 1° une très-grande quantité de matière animale analogue au mucus desséché ; 2° un peu d'huile blanche concrète ; 3° une très-petite quantité d'huile d'un gris verdâtre, épaisse comme le bitume ; 4° des atomes d'oxyde de manganèse et de fer oxydé ou sulfuré ; 5° une quantité sensible d'acide silicique ; 6° une quantité plus considérable de soufre ; 7° un peu de phosphate et de carbonate de chaux.

Cheveux rouges. — On y trouve les mêmes principes, excepté que l'huile, d'un gris verdâtre, est remplacée par une huile rouge.

Cheveux blancs. — Ils renferment, outre les substances contenues dans les cheveux noirs, un peu de phosphate de magnésie ; mais l'huile, d'un gris verdâtre, est remplacée par une autre, qui est presque incolore ; ils ne contiennent pas non plus de fer sulfuré. Ces expériences conduisent naturellement à admettre que la couleur des cheveux *noirs* est due à l'huile gris verdâtre, et probablement au fer sulfuré ; celle des cheveux *rouges* et *blonds*, à des huiles rouges et jaunes qui, par leur mélange avec une huile noire, donnent la couleur aux cheveux bruns ; les cheveux *blancs* devront la leur à l'absence de l'huile noire et du fer sulfuré. Vauquelin suppose, pour expliquer la blancheur subite des cheveux chez des personnes frappées d'un profond chagrin ou d'une grande peur, qu'il s'est développé un acide qui a détruit la couleur de l'huile. Suivant lui, le blanchîment naturel des cheveux déterminé par l'âge tiendrait à ce que l'huile colorée n'est plus sécrétée.

D'après Van Laer, les cheveux bruns contiennent 4,98 à 5,44 parties de soufre sur 100 ; les cheveux noirs, de 4,85 à 5,22 ; les cheveux rouges, 5,02 ; les gris, 4,63 à 4,95. Schœrer pense qu'ils peuvent être représentés, ainsi que les *ongles*, la *laine* et les *poils*, par 1 équivalent de protéine, par les éléments d'un équivalent d'ammoniaque, et par 3 équivalents d'oxygène.

Les cheveux décomposés par la *chaleur* fournissent du sesquicarbonate d'ammoniaque, de l'huile, du charbon, etc. (voy. p. 4). Chauffés avec le contact de l'air, ils s'enflamment facilement, phénomène que Vauquelin attribue à l'huile. Exposés à l'air, ils en attirent l'humidité, se gonflent, mais ne se pourrissent pas.

Le chlore les blanchit, puis les transforme en une masse qui ressemble à de la térébenthine. Ils sont insolubles dans l'eau. Lorsqu'on les fait chauffer dans la marmite de Papin, ils fournissent du gaz acide sulfhydrique et se décomposent, en sorte que le liquide obtenu ne contient pas le mucus tel qu'il existait dans les cheveux. Ils sont en partie solubles dans une faible dissolution de potasse caustique ; cependant ils paraissent aussi se décomposer, puisqu'il se dégage du sulfhydrate d'ammoniaque. Les acides sulfurique et chlorhydrique faibles se colorent en rose, et les dissolvent. L'acide azotique, après les avoir jaunis et dissous, les décompose, et il se forme de l'acide oxalique, de l'acide sulfurique, et une matière amère. L'*alcool* bouillant dissout les substances huileuses qu'ils contiennent ; l'huile blanche se dépose par le refroidissement sous forme de lamelles brillantes ; les huiles noire et rouge restent dissoutes, et ne peuvent être obtenues que par l'évaporation de l'esprit-de-vin : on observe, pendant le traitement, que les cheveux rouges deviennent bruns ou châtains foncés.

Les *sels* et les *oxydes* de *mercure*, de *plomb* et de *bismuth*, noircissent les cheveux rouges, blancs et châtains, ou du moins les font passer au brun très-foncé.

Le meilleur procédé pour teindre les cheveux en noir consiste à délayer dans une quantité d'eau suffisante pour avoir une bouillie claire un mélange finement pulvérisé de 3 parties de litharge, 3 de craie, et 2 ¾ de chaux vive hydratée et récemment éteinte; on se frotte la tête avec cette bouillie jusqu'à ce que tous les cheveux en soient imprégnés, puis on recouvre le tout d'un papier brouillard bien mouillé : on applique sur ce papier un serre-tête en toile cirée, qui a pour but de conserver l'humidité, et on recouvre celui-ci d'un linge ou d'un foulard; lorsque trois ou quatre heures se sont écoulées, et que les cheveux sont noirs, on se frotte la tête d'abord avec du vinaigre étendu d'eau pour dissoudre la chaux et l'oxyde de plomb, qui sans cela resteraient attachés aux cheveux, puis avec un jaune d'œuf (voyez, pour plus de détails sur ce point, l'article *Identité* dans le tome Ier de ma 4e édition de *Médecine légale*).

Plique polonaise. Suivant Vauquelin, la plique est formée de mucus analogue à celui des cheveux, seulement un peu modifié et un peu moins durci; il pourrait se faire aussi qu'il fût un peu différent dans sa nature.

Poils et ongles. — D'après ce savant chimiste, les poils et les ongles contiennent beaucoup de mucus analogue à celuï des cheveux, et une petite quantité d'huile à laquelle ils doivent leur souplesse et leur élasticité. Les ongles ont fourni à MM. Schœrer et Tilaney 51,089 de carbone, 6,824 d'hydrogène, 25,186 d'oxygène et de soufre, et 16,901 d'azote.

DU CÉRUMEN DES OREILLES.

Vauquelin regarde le cérumen des oreilles comme un composé de mucus albumineux, d'une matière grasse analogue à celle qui se trouve dans la bile, d'un principe colorant, qui se rapproche aussi de la bile par sa saveur amère et par son adhérence à la matière grasse, de soude et de phosphate de chaux. Le cérumen se dissout dans l'alcool, et donne beaucoup de sesquicarbonate d'ammoniaque à la distillation.

DES CALCULS BILIAIRES, INTESTINAUX, ETC.

On doit à M. Thénard un très-beau travail sur ces concrétions. Après avoir analysé plus de 300 *calculs biliaires,* ce savant conclut que la plupart sont formés de 88 à 94 pour 100 de cholestérine, et de 6 à 12 de principe colorant ou matière jaune de la bile. Dejà Fourcroy, en 1785, avait annoncé l'existence de la cholestérine dans ces concrétions. Leurs propriétés physiques varient : quelques-unes sont formées de lames blanches, brillantes et cristallines, d'autres paraissent entièrement composées de lames jaunes ; il y en a qui sont jaunes intérieurement, et dont la surface externe est verte ou d'un brun noirâtre ; toutes, excepté celles qui sont blanches, renferment des atomes de bile que l'on peut séparer par l'eau.

Je fis, en 1812, l'analyse d'un calcul biliaire trouvé chez une jeune fille de quatorze ans, ictérique de naissance, et qui conserva l'ictère pendant toute sa vie ; je le trouvai formé de beaucoup de matière jaune, de très-peu de matière verte, et d'une très-petite quantité de la substance désignée alors sous le nom de *picromel* : il ne contenait point de cholestérine. J'ai vu depuis que John avait analysé, en 1811, un calcul biliaire dans lequel il avait également trouvé du picromel.

M. Thénard pense que ces calculs se forment dans les canaux biliaires, d'où ils passent dans la vésicule du fiel, et plus rarement dans les intestins. L'expérience prouve que le remède de Durande, composé d'éther et d'huile essentielle de térébenthine, a été souvent efficace pour faire disparaître les concrétions dont je parle. M. Thénard croit, avec raison, que ce médicament agit plutôt en déterminant leur expulsion par les intestins, qu'en les dissolvant.

Glaube et Brandes ont trouvé dans les calculs biliaires de l'homme : cholestérine de 56 à 81,77, résine biliaire de 8 à 5,66, matière colorante de 7,57 à 15, albumine coagulée 9 ou pas du tout ; mucus de 6,25 à 13,26 ; albumine soluble, mucus et sels, 3,63.

Calculs du canal digestif de l'homme. — MM. Thénard, Robert, de Rouen, et Vogel, ont examiné plusieurs calculs intestinaux qui étaient entièrement semblables aux précédents. MM. Marcet et Wollaston disent en avoir vu plusieurs fois de nature *caséeuse*. Vauquelin en a analysé un qui paraissait formé par du mucus desséché. M. Braconnot en a vu plusieurs qui avaient été vomis avec du sang par une fille non réglée, et qui étaient semblables à du *bois*. M. Lassaigne en a trouvé qui étaient composés de 74 parties de stéarine, d'élaïne et d'un acide particulier, de 21 parties d'une matière analogue à la fibrine, de 4 parties de phosphate de chaux, et de 1 partie de chlorure de sodium ; et M. Dublanc en a analysé qui étaient formés d'une très-grande quantité de fibrine, d'un peu de matière grasse et de phosphate de chaux ; ils avaient été rendus, les premiers, par une jeune fille phthisique, et les autres par un enfant atteint d'une entérite aiguë. M. Moride a analysé un calcul intestinal rendu par un capitaine au long cours, et l'a trouvé formé de 5 de matière animale, de 6 de phosphate de chaux, de 1 de carbonate de chaux provenant d'un oxalate, et de 1 de sels alcalins solubles et de magnésie. Ce calcul était en aiguilles cristallines, semblables à des crins coupés, d'un jaune-serin, et canaliculées (*Journ. de chim. médic.*, novembre 1850).

Calculs de bœuf. — Ils sont formés, d'après M. Thénard, par la matière jaune de la bile, qui se dépose aussitôt qu'elle est abandonnée par son dissolvant, la soude; ils ne contiennent point de matière grasse, parce que celle-ci est retenue dans la bile de bœuf par le picromel, avec lequel elle a beaucoup d'affinité. M. Charlot, au contraire, les dit formés d'acide margarique, de mucus animal, d'une matière colorante jaune résineuse, qui domine les autres substances, de chaux et de magnésie (*Journ. de pharm.*, 1832).

Les calculs biliaires de *chien*, de *chat*, de *mouton*, et de la plupart des *quadrupèdes*, n'ont pas été analysés; ils sont également regardés par M. Thénard comme composés de matière jaune, puisque la bile de ces animaux est formée des mêmes principes que celle du bœuf; toutefois M. Lassaigne a analysé, il y a quelques années, un calcul biliaire de *truie*, qu'il a trouvé formé, pour 100 parties, de 6 de cholestérine, de 44,95 de résine incolore, de 3,60 de bile, et de 45 de matière animale et de résine verte altérée.

Bézoard oriental. — On désigne ainsi des calculs biliaires qui paraissent se former dans l'estomac de certaines antilopes. Ils contiennent de l'acide *lithofellique*, analogue aux corps gras (voy. p. 400).

Calculs rénaux de l'homme. — Bergmann est le premier qui ait annoncé l'existence de l'acide oxalique dans un de ces calculs, et celle de l'acide urique uni à une matière animale et à un peu de chaux, dans un autre. Fourcroy en a trouvé qui étaient formés d'acide urique, et qui offraient quelquefois à leur surface des cristaux irréguliers, composés probablement de phosphate d'ammoniaque et de phosphate de soude. D'après Brande, ils consistent presque entièrement en acide urique et en matière animale : quelquefois aussi ils renferment de l'oxalate de chaux. M. Gaultier de Claubry a analysé quatre calculs trouvés dans le rein gauche d'un homme, et dont chacun offrait un noyau d'oxalate de chaux et une couche extérieure d'acide urique. Marcet en a examiné trois qui étaient entièrement composés d'oxyde cystique. Enfin, d'après M. Boussingault, un de ces calculs aurait fourni beaucoup de sesquioxyde de fer, de l'alumine, de l'acide silicique, de la chaux et de l'eau. Mais est-on certain que cette matière ait été réellement rendue par les voies urinaires ?

Un calcul rénal d'un chien, analysé par M. Lassaigne, contenait 888 de sous-urate d'ammoniaque, 10,2 de phosphate de chaux, 1,0 d'oxalate de chaux.

DES CALCULS VÉSICAUX.

Les calculs vésicaux, regardés par Scheele comme de l'acide lithique (urique), présentent dans leur composition et dans leurs propriétés physiques des différences assez marquées pour que l'on en admette quinze espèces. Le beau travail de Vauquelin et Fourcroy, dans lequel on trouve six cents analyses de ces sortes de calculs, et les recherches plus récentes de MM. Marcet et Wollaston, mettent cette assertion hors de doute. Voici les substances qui entrent dans la composition de ces espèces.

1° *Acide urique.* — Ils sont jaunes ou d'un jaune rougeâtre; leur poudre ressemble à la sciure de bois; chauffés, ils s'enflamment sans laisser de résidu; ils sont insolubles dans l'eau, et solubles dans un excès de potasse et de soude, sans dégager d'*ammoniaque;* l'urate alcalin produit précipite des flocons blancs d'acide urique lorsqu'on le traite par l'acide chlorhydrique. Chauffés légèrement et jusqu'à siccité dans une capsule de porcelaine avec un peu d'acide azotique, ils développent une couleur pourpre magnifique, dont l'intensité augmente beaucoup en l'exposant à l'action du gaz ammoniac.

2° *Urate d'ammoniaque.* — Ils sont d'un gris cendré; ils agissent comme les précédents sur les alcalis, excepté qu'il se dégage de l'*ammoniaque* pendant leur dissolution; ils fournissent, lorsqu'on les décompose par le feu ou par l'acide azotique, les mêmes produits que l'acide urique.

3° *Oxyde cystique* ou *cystine.* — Wollaston désigne ainsi une substance qu'il a découverte dans un calcul vésical humain, et qui a été trouvée depuis par M. Marcet, dans trois calculs rénaux, par M. Lassaigne, dans un calcul vésical d'un chien, et par M. Stromeyer, dans la gravelle et dans l'urine d'un malade : cette urine en contenait beaucoup et renfermait à peine de l'acide urique; l'urée qui entrait dans sa composition n'était pas dans son état normal. J'ai décrit, à la page 670, la cystine pure; il ne me reste à parler que des propriétés de la matière qui forme le calcul. Il est sous forme de cristaux confus, jaunâtres, demi-transparents, insipides, très-durs, ne rougissant pas l'*infusum* de tournesol. Distillé, il se comporte comme les matières azotées (voy. pag. 4); projeté sur des charbons ardents, il dégage une odeur d'ail très-prononcée, et il fournit une huile extrêmement fétide ; il paraît contenir moins d'oxygène que l'acide urique : il est insoluble dans l'eau, dans l'alcool et dans le carbonate neutre d'ammoniaque ; il se dissout à merveille dans les acides azotique, sulfurique, phosphorique, chlorhydrique et oxalique ; les autres acides végétaux ne le dissolvent point ; le chlorhydrate, l'azotate et l'oxalate, cristallisent en aiguilles d'un blanc nacré ; le sulfate et le phosphate sont sous forme d'une masse gommeuse déliquescente ; on peut le précipiter de ces dissolutions par le carbonate d'ammoniaque ; la potasse, la soude, l'ammoniaque et la chaux, peuvent aussi le dissoudre, et donner des produits cristallisables ; le *solutum* est précipité par les acides citrique et acétique ; ce dernier, versé dans une de ces dissolutions chaudes, donne par le refroidissement des hexagones aplatis.

4° *Oxyde xanthique.* — M. Marcet, et, depuis, Laugier, ont analysé chacun un calcul auquel le premier de ces chimistes a donné le nom d'*oxyde xanthique*, de ξανθὸς, *jaune*. Le calcul décrit par M. Marcet était sphéroïdal, et du poids de 40 centigrammes ; sa texture était compacte, dure et lamelleuse ; sa surface très-polie. Il était d'une couleur cannelle foncée, qui devenait très-vive quand on versait des alcalis caustiques sur le calcul en poudre ; entre les lames rouges, on apercevait des lignes blanchâtres faibles ; lorsqu'on le chauffait, il noircissait, exhalait une odeur animale *particulière*, et donnait une liqueur ammoniacale, du carbonate d'ammoniaque cristallisé, une huile jaunâtre, et un peu de cendre blanche ; il était soluble dans l'eau, et la dissolution rougissait le tournesol ; il était soluble dans la potasse, dans l'ammoniaque et dans les alcalis carbonatés, il était moins soluble dans les acides ; il n'était pas noirci par l'acide sulfurique concentré ; la dissolution azotique, évaporée jusqu'à siccité, donnait un produit d'un jaune-citron brillant ; il était insoluble dans l'alcool et dans l'éther (voy. *Xanthine* (oxyde xanthique), p. 671).

5° *Calcul fibrineux.* — M. Marcet a également fait l'analyse d'une espèce de calcul appelé *fibrineux*, à cause de ses propriétés. Il avait une couleur brune jaunâtre, semblable à celle de la cire d'abeille, dont il avait à peu près la dureté ; sa surface était inégale, mais non rugueuse au toucher ; sa texture était plus fibreuse que stratifiée, et ses fibres allaient en rayonnant du centre à la circonférence ; il était un peu élastique ; exposé à la flamme d'une lampe à alcool, il brûla, noircit en répandant une odeur animale particulière, et finit par laisser du charbon ; il était soluble dans l'eau et dans l'acide chlorhydrique ; l'acide azotique le dissolvait également, mais la dissolution ne produisait pas de matière jaune ou rouge lorsqu'on l'évaporait, ce qui prouve que le calcul n'était formé ni par l'oxyde xanthique, ni par l'acide urique.

6° *Oxalate de chaux* (calculs mûraux). — Ils ont une couleur grise ou brune foncée; ils sont formés de couches ondulées, et offrent à leur surface des tubercules ordinairement arrondis et semblables à ceux des mûres; comme tous les oxalates, ils sont décomposés à une température rouge, et laissent pour résidu de la chaux ou du carbonate de chaux, suivant que la chaleur est plus ou moins élevée (voyez les caractères de ces deux substances, t. I, p. 403 et 406); ils sont décomposés par une dissolution de potasse, à l'aide de la chaleur, et il se forme de l'oxalate de potasse et de la chaux plus ou moins carbonatée (Laugier).

7° *Acide silicique.* — Ils ressemblent assez aux précédents, mais ils sont moins colorés; leur poids ne diminue pas sensiblement par la calcination, et le résidu est insipide, insoluble dans les acides, et vitrifiable par les alcalis (Vauquelin et Fourcroy).

8° *Phosphate ammoniaco-magnésien.* — Il est blanc, cristallin et demi-transparent; lorsqu'on le traite par la potasse, la soude, etc., il est décomposé; l'ammoniaque se dégage, la magnésie se précipite, et il se forme du phosphate de potasse : il est soluble dans l'acide sulfurique.

9° *Phosphate de chaux.* — Il est opaque et en masses incolores; il est insoluble dans les alcalis, et ne dégage point d'ammoniaque; il ne se dissout point dans l'acide sulfurique, qui le décompose avec dégagement de chaleur, et forme du sulfate de chaux épais comme un *magma;* il se dissout à merveille dans les acides azotique et chlorhydrique.

10° *Matière animale.* — Presque tous les calculs renferment une matière animale dont on ne connaît pas la nature, et qui, suivant M. Thénard, pourrait bien n'être que du mucus de la vessie altéré.

11° *Matière grasse.* — En 1825, M. Chevallier annonça avoir retiré une matière grasse de plusieurs calculs urinaires. M. Ernest Barruel a également reconnu cette matière dans plusieurs calculs qu'il a analysés en 1831. Voici les caractères qu'il lui a assignés: elle est onctueuse, de couleur fauve, d'une odeur nauséabonde, se gonflant dans l'eau sans s'y dissoudre, comme le ferait la matière grasse du cerveau, fusible entre 50° et 60°, et graissant le papier.

Après avoir parlé des différentes substances qui entrent dans la composition des six cents calculs examinés par Fourcroy et Vauquelin,

Wollaston et Marcet, je vais faire connaître les quinze espèces que j'ai déjà annoncées, et dont douze ont été indiquées par les deux chimistes français; tantôt on ne trouvera dans ces espèces qu'une seule des substances énumérées, tantôt il y en aura plusieurs : dans ce dernier cas, il faudra les scier et en examiner les différentes couches; en général, celle qui sera le plus près du centre sera la plus insoluble.

1re *espèce. Acide urique.* — Elle formait environ le quart de la collection de Fourcroy et Vauquelin ; 2e, urate d'ammoniaque, rare; 3e, oxalate de chaux, environ un cinquième; 4e, oxyde cystique, très-rare; 5e, oxyde xanthique, *idem;* 6e, calcul fibrineux, *idem;* 7e, acide urique et phosphate terreux, en couches distinctes, environ un douzième; 8e, *idem,* dans un état de mélange parfait, à peu près un quinzième; 9e, urate d'ammoniaque et phosphates en couches distinctes, environ un trentième; 10e, *idem,* dans un état de mélange parfait, à peu près un quarantième; 11e, phosphates terreux en couches fines ou mêlés intimement, environ un quinzième; 12e, oxalate de chaux et acide urique en couches très-distinctes, environ un trentième; 13e, oxalate de chaux et phosphates terreux en couches distinctes, à peu près un quinzième; 14e, oxalate de chaux, acide urique ou urate d'ammoniaque et phosphates terreux, environ un soixantième; 15e, acide silicique, acide urique, urate d'ammoniaque et phosphates terreux, à peu près un trois-centième.

Formation des calculs vésicaux. — Les matériaux qui entrent dans la composition de ces calculs existent constamment dans l'urine, ou bien s'y trouvent dans certaines circonstances, soit qu'ils aient été produits par une altération du liquide, soit qu'ils aient été introduits avec les aliments ou avec les boissons. Ils sont presque tous insolubles dans l'eau: il peut donc arriver que quelques-uns d'entre eux, par des causes particulières, se trouvent en beaucoup trop grande quantité pour pouvoir être dissous par le liquide; alors ils se déposent en partie, et forment un noyau autour duquel de nouvelles portions viennent se joindre pour le grossir. Il peut aussi se faire que des corps étrangers, tels que des épingles, du sang, de l'étain, etc., soient introduits dans la vessie, et déterminent la précipitation d'un ou de plusieurs des matériaux qui abondent dans l'urine. On ignore encore si tous les calculs prennent leur origine dans les reins ou dans la vessie; ceux qui sont composés d'acide urique et d'oxalate de chaux se forment souvent dans les reins, surtout les premiers; il est probable qu'il en est de même des autres, du moins dans certaines circonstances. Dans le cas où le calcul renferme différents matériaux, celui qui est le plus insoluble se dépose le premier, et forme le noyau; la dernière couche est composée de la substance la moins insoluble.

Traitement des calculs vésicaux. — On a beaucoup prôné autrefois les lithontriptiques ou dissolvants des calculs vésicaux, et on a conseillé d'injecter tour à tour dans la vessie des acides ou des alcalis faibles. Ces moyens sont généralement abandonnés aujourd'hui, parce qu'ils sont irritants et le plus souvent inutiles : en effet, supposons même que leur emploi ne soit suivi d'aucun inconvénient, comment savoir le lithontriptique que l'on doit employer lorsqu'on ne connaît pas la nature du calcul que l'on cherche à détruire? On pourrait, à la vérité, par l'analyse de l'urine, connaître les principes qui y dominent, et présumer par là quelle peut être la nature de la pierre; mais ces analyses, difficiles pour les personnes peu exercées dans les opérations chimiques, ne fourniraient jamais que des données approximatives. L'expérience a prouvé que les boissons abondantes, le bicarbonate de soude, et la magnésie pure, étaient les remèdes les plus efficaces pour faire cesser la disposition calculeuse, et rendre soluble le gravier qui aurait déjà pu se former, dans les cas où il serait composé d'acide urique (ce qui arrive le plus ordinairement). Je crois que ces médicaments agissent à la fois en facilitant la dissolution des petites concrétions et en modifiant les propriétés vitales des reins. On conçoit aisément que ces moyens ne doivent être d'aucune valeur lorsque le calcul a déjà acquis un certain volume et beaucoup de dureté.

M. Jules Cloquet, après avoir prouvé que l'eau distillée à la température de 32° dissolvait des quantités notables des calculs les plus insolubles, a imaginé un appareil à l'aide duquel il peut faire arriver dans la vessie 60 litres de ce liquide dans vingt-quatre heures. Les malades supportent bien cette médication ; mais il est à craindre qu'on ne puisse pas en tirer un grand parti pour dissoudre les calculs, parce qu'elle n'agit pas avec assez d'énergie.

MM. Prévost et Dumas ont tenté, il y a quelques années, la dissolution des calculs vésicaux au moyen de la pile électrique. Il résulte de leurs expériences, 1° que les calculs formés par des combinaisons salines sont décomposés, l'acide se porte au pôle vitré, et la base au pôle résineux ; 2° que ces acides et ces bases ne tardent pas à se combiner de nouveau pour reformer le sel, mais que celui-ci est en masses tellement friables, qu'on peut les réduire en petits grains cristallins par la plus légère pression ; 3° que l'on observe des effets analogues lorsqu'on agit sur des calculs contenus dans la vessie des chiens ; 7° qu'il ne se développe aucun accident fâcheux sur la vessie des animaux soumis à l'influence du courant électrique; 5° que la pile ne peut être d'aucun avantage lorsque le calcul est formé d'acide urique, ou lorsque cet acide entre pour beaucoup dans sa composition. (Voy. *Ann. de phys. et de chim.*, juin 1823.)

Le D' Bonnet a communiqué à l'Institut des expériences ayant pour objet de dissoudre les calculs urinaires à l'aide de l'azotate de potasse et de la pile électrique; on conçoit, en effet, que l'électricité, en décomposant le sel, mette à nu l'acide azotique et la potasse, qui se rendent chacun à l'un des pôles de la pile; si le calcul est formé d'acide urique, il sera dissous du côté où se trouve la potasse, tandis que la dissolution s'opérera du côté de l'acide s'il est composé de phosphates. Les réactions dont il s'agit n'ont été ni assez promptes, ni assez puissantes, pour que l'on doive mettre en pratique l'ingénieuse idée du D' Bonnet; de nouveaux travaux de ce genre conduiront peut-être à des résultats plus heureux. (*Journ. de chim. méd.*, août 1835.)

Calculs urinaires du cheval. — Ces calculs sont en général formés de carbonate de chaux et d'un à deux centièmes de carbonate de magnésie, de matière animale; quelquefois on en a trouvé qui contenaient aussi du phosphate de chaux, du phosphate d'ammoniaque, de l'oxyde de fer, etc. (Fourcroy, Vauquelin, Pearson, Brande, Wurzer, Lassaigne,' etc.). On peut en dire autant des calculs vésicaux de *bœuf* et de *vache*.

Les *calculs vésicaux des animaux carnivores* renferment en général du phosphate ou de l'oxalate de chaux, et peu ou point de carbonate. Ceux des *chiens* peuvent être rapportés aux cinq espèces suivantes : 1° phosphate ammoniaco-magnésien, traces de phosphate de chaux (très-commune); 2° phosphate ammoniaco-magnésien, phosphate de chaux en quantité variable (très-commune); 3° urate d'ammoniaque mélangé de phosphate de chaux en quantité variable (peu commune); 4° oxalate de chaux cristallisé pur (rare); 5° oxyde cystique avec traces de phosphate de chaux (très-rare). (Lassaigne.)

M. Chevreul a analysé des concrétions trouvées dans les vaisseaux urinaires d'un *rein de bœuf*, et les a trouvées formées de matière organique azotée, d'*huile phosphorée* du sang, d'une substance provenant de la modification d'un principe immédiat existant dans la bile et la chair musculaire de l'animal, enfin de matières inorganiques, telles que des carbonates de chaux et de magnésie, du phosphate de chaux, du phosphate ammoniaco-magnésien, de l'acide silicique et des traces de sels de potasse et de soude. Il n'y avait ni acide urique ni acide oxalique. (*Journ. de pharm.*, septembre 1849.)

Les calculs vésicaux des rats ont fourni à M. Lassaigne de l'oxalate de chaux et du mucus vésical.

DES CALCULS DES VÉSICULES SPERMATIQUES DE L'HOMME.

L'analyse de ces calculs a donné à M. Collard de Martigny un peu d'albumine, du mucus concrété, et quelques atomes de sels (*Journ. de chim. méd.*, t. III, p. 133).

DES CALCULS PRÉPUTIAUX CHEZ L'HOMME.

Ils paraissent formés, d'après M. Boutigny, de phosphate ammoniaco-magnésien et d'urate d'ammoniaque (*ibid.*, juin 1833).

DES CALCULS SALIVAIRES ET DES AMYGDALES.

Les calculs salivaires de l'homme sont composés de phosphate de chaux, d'une petite proportion de carbonate de chaux, d'oxyde de fer et de traces de magnésie, et d'une quantité notable de matière animale. Ceux des animaux herbivores sont, au contraire, presque entièrement formés de carbonate de chaux ; on y trouve cependant un peu de carbonate de magnésie, de phosphate de chaux et de magnésie, d'eau et de matière animale, et quelquefois même de chlorure de sodium. Une *concrétion des amygdales* chez l'homme a fourni à M. Laugier, sur 4 centigrammes, 2 de phosphate de chaux, 1 d'eau, $\frac{1}{2}$ de carbonate de chaux, et $\frac{1}{2}$ de mucus fétide. M. Regnard en a analysé une autre qui était composée de beaucoup de carbonate de chaux, d'une petite quantité de phosphate de chaux, et de mucus.

DES CONCRÉTIONS ARTHRITIQUES.

Ces concrétions, désignées encore sous le nom de *tuf arthritique*, n'ont été connues qu'en 1797, époque à laquelle Tennant en fit l'analyse ; il les a trouvées formées d'urate de soude et d'un peu de matière animale. Fourcroy, Vauquelin et Wollaston, ont confirmé cette découverte en 1803. Vogel, en 1813, a analysé une de ces concrétions, qui contenait de l'urate de soude, de l'urate de chaux, et un peu de chlorure de sodium. Laugier en a examiné une qui avait été extraite de l'articulation du genou d'un goutteux, et en a séparé 2 parties d'acide urique, 2 d'urate de soude, 1 d'urate de chaux, 2 de chlorure de sodium, 2 de matière animale, et 2 d'eau (*Journal de chimie médicale*, t. Ier).

DES CONCRÉTIONS CÉRÉBRALES CHEZ L'HOMME ET CHEZ LES ANIMAUX.

Fourcroy a démontré que les concrétions dures que l'on aperçoit en écrasant entre les doigts la glande pinéale sont formées de phosphate de chaux et d'une matière animale. D'autres concrétions molles, mais plus consistantes que le cerveau, ont fourni à M. Morin de la cholestérine et de l'albumine. M. Lassaigne avait déjà assigné cette composition à une concrétion de ce genre, trouvée dans le cerveau d'un cheval. Celles qui se développent dans le plexus choroïde sont presque entièrement composées de cholestérine (Lassaigne).

DES CONCRÉTIONS PULMONAIRES ET HÉPATIQUES.

Elles sont formées de beaucoup de phosphate de chaux et d'une petite quantité de carbonate de la même base.

DES CONCRÉTIONS VEINEUSES CHEZ L'HOMME ET CHEZ LES ANIMAUX.

Ces concrétions peuvent être de deux espèces, de nature osseuse et de nature fibrineuse (Lassaigne, *Journ. de chim. méd.*, t. III, p. 157).

DU TISSU CANCÉREUX.

M. Collard de Martigny a retiré d'un tissu cancéreux 0,206 d'albumine, 0,021 de gélatine, 0,020 de matière grasse, des traces de phosphore et de sels, et 1,700 d'eau (*Journ. de chim. méd.*, juillet 1828).

DES CONCRÉTIONS DE DIFFÉRENTS ANIMAUX.

Bézoards (concrétions formées dans l'estomac ou dans les intestins de plusieurs animaux). — Suivant Fourcroy et Vauquelin, on doit admettre sept espèces de bézoards :

Première espèce. — *Bézoards* en couches concentriques, très-fragiles, faciles à séparer, et rougissant l'*infusum* de tournesol : ils sont formés de matière animale et de phosphate acide de chaux, mêlé quelquefois d'un peu de phosphate de magnésie.

Deuxième espèce. — *Bézoards* demi-transparents, jaunâtres, en couches concentriques : ils sont composés de phosphate de magnésie et de matière animale; quelquefois aussi ils renferment un excès d'acide.

Troisième espèce. — *Bézoards* en rayons divergents, bruns ou verdâtres, très-volumineux et très-communs chez les animaux herbivores ou granivores : ils contiennent du phosphate ammoniaco-magnésien et du gluten.

Quatrième espèce. — *Bézoards* intestinaux biliaires, d'un rouge brun, composés de grumeaux agglutinés et formés par la matière grasse huileuse de la bile. D'après M. Thénard, ces concrétions ne seraient que de la matière jaune de la bile.

Cinquième espèce. — *Bézoards* intestinaux résineux, en couches lisses, polies, fragiles, douces au toucher : ils paraissent formés d'une matière analogue à la substance biliaire, et d'une autre résineuse, sèche et incolore; ils sont fusibles : les *bézoards* orientaux appartiennent à cette espèce.

Sixième espèce. — *Bézoards* intestinaux fongueux : on y trouve les débris du *boletus igniarius* (amadouvier), et un peu de matière animale : ils sont quelquefois recouverts d'une croûte de phosphate ammoniaco-magnésien.

Septième espèce. — *Bézoards* intestinaux pileux (*égagropiles*) : ils sont bruns, jaunes, fauves, etc.; ils sont formés de poils que les animaux avalent, et qui sont souvent mêlés de foin, de paille, de racines, d'écorces, etc. John a remarqué que le poil qui constituait l'égagropile différait dans chaque espèce d'animal : ainsi, chez le cerf, il est formé de poil de cerf, chez le chamois, de poil de chamois, etc. Suivant Fourcroy, on doit ranger parmi ces bézoards les concrétions composées de matière fécale durcie.

Concrétion du cloaque d'un vautour. — Suivant John, elle était formée d'acide urique pur, d'urate de chaux, d'urate alcalin, de gluten animal, et d'un atome d'urate d'ammoniaque.

Concrétions de la vessie d'un cochon. — Elle était composée de 995 de phosphate ammoniaco-magnésien, et de 4 de ciment animal (Caventou). Vauquelin a analysé une concrétion de la vessie d'une *tortue* qui paraissait contenir de l'acide urique.

Concrétion trouvée dans les reins de l'esturgeon. — Albumine, 2; eau, 24; phosphate de chaux, 71,50; sulfate de chaux, 0,50 (Klaproth). Fourcroy et Vauquelin, en examinant la concrétion d'un poisson, y trouvèrent du carbonate de chaux, un peu de phosphate de chaux, et des substances muqueuses et membraneuses.

DE QUELQUES AUTRES MATIÈRES PARTICULIÈRES
A CERTAINES CLASSES D'ANIMAUX.

Mammifères. — *Musc.* On trouve dans le Thibet et dans la grande Tartarie des animaux analogues au chevreuil, que l'on appelle *chevrotins*, et qui offrent en avant du prépuce du mâle une poche renfermant le musc, sous forme de grumeaux amers et très-odorants : celui que l'on débite dans le commerce contient ordinairement de la graisse ou des résines. D'après MM. Guibourt et Blondeau, le musc dit *tonquin* est composé d'eau, d'ammoniaque, de stéarine, d'oléine, de cholestérine, d'une huile volatile, d'une autre huile acide combinée à l'ammoniaque, de gélatine, d'albumine, de fibrine, d'une matière très-carbonée soluble dans l'eau, de chlorhydrate d'ammoniaque, de chlorures de potassium et de calcium, d'un acide indéterminé, en partie saturé par les mêmes bases, d'un sel calcaire soluble à acide combustible, de carbonate et de phosphate de chaux, de poils et de sable. Le musc est très-inflammable; il est en partie soluble dans l'eau et dans l'alcool, et il jouit des propriétés antispasmodiques les plus énergiques.

Civette. — Cette substance se trouve dans une vésicule située près de l'anus du *viverra civetta,* petit quadrupède d'Afrique, de l'Arabie et des Indes ; sa consistance est à peu près comme celle du miel ; son odeur est très-forte, sa saveur un peu âcre, et sa couleur d'un jaune pâle ; on ne s'en sert que dans la parfumerie. Elle contient, suivant M. Boutron-Charlard, de l'ammoniaque libre, de la stéarine, de l'élaïne, du mucus, de la résine, de l'huile volatile, une matière colorante jaune, du carbonate et du sulfate de chaux, et de l'oxyde de fer : elle ne paraît pas renfermer d'acide benzoïque.

Castoréum. — On trouve ce produit dans deux poches membraneuses situées dans les aines du castor ; il a la consistance du miel épais quand il est récent, mais il durcit en vieillissant ; sa saveur est âcre, amère, nauséabonde ; il a une odeur très-forte, qu'il perd par la dessiccation. Il est formé, d'après Laugier et Bouillon-Lagrange, d'une huile volatile odorante, d'acide benzoïque, de résine, de *castorine,* d'une matière colorante rougeâtre, de mucus, de carbonates de potasse, de chaux et d'ammoniaque, et de fer. Bizio et Brandes ont signalé dans le *castoréum* la *castorine,* matière grasse, se rapprochant de l'éthal (voyez p. 625). Woehler y a trouvé depuis de l'acide phénique et de la salicine. On emploie le *castoréum* en médecine, comme antispasmodique.

Ambre gris. — On croit que c'est une concrétion intestinale du cachalot; il flotte sur la mer aux environs de Madagascar, des îles Moluques et du Japon. Il est solide, gris, taché de jaune et de noir, d'une saveur douce et suave, plus léger que l'eau, et fusible comme la cire (voy. *Ambréine,* p. 625).

Oiseaux. — *Œufs.* La *coquille* d'œuf est composée, d'après Vauquelin, de carbonate de chaux, d'un peu de carbonate de magnésie, de phosphate de chaux, d'oxyde de fer, de soufre, et de matière animale; elle ne contient point d'acide urique. La *membrane interne* de la coquille est formée, suivant le même chimiste, d'une substance albumineuse soluble dans les alcalis, et d'un atome de soufre. Le *blanc d'œuf* contient une grande quantité d'eau et d'albumine, une matière animale regardée par John comme de la gélatine, et par Bostock comme du mucus, une matière grasse formée d'oléine et de stéarine, de la *soude,* du sulfate de soude, du phosphate de chaux, et peut-être de l'oxyde de fer, et, suivant M. Barreswil, du sucre de fruit, lequel disparaît quand on concentre à chaud la dissolution : en effet, le carbonate de soude agit énergiquement sur lui au contact de l'air et à une température élevée; il disparaît même spontanément : aussi doit-on agir sur un œuf frais, si l'on veut démontrer sa présence.

Jaune d'œuf. Il renferme, d'après M. Gobley :

Eau.	51,486
Vitelline.	15,760
Lécithine	8,426
Cérébrine.	0.300
Cholestérine.	0,438
Oléine et margarine.	21,304
Chlorhydrate d'ammoniaque.	0,034
Chlorures de sodium et de potassium, et sulfate de potasse.	0,277
Phosphates de chaux et de magnésie.	1,022
Extrait de viande.	0.400
Matière colorante, traces de fer, etc.	0,533
	100,000

Enveloppe du jaune. John croit qu'elle est de nature albumineuse. On n'a pas encore analysé les ligaments ni la cicatricule des œufs.

M. Barreswil, après avoir vérifié que le jaune d'œuf ne renferme pas d'alcali, a prouvé que sa propriété émulsive dépend d'un produit analogue à celui du suc pancréatique; il a vu aussi que le jaune d'œuf n'est pas acide, et ne contient aucun acide gras, au moment où l'on casse l'œuf, tandis que le contraire a lieu quand le jaune d'œuf reste pendant quelques instants au contact de l'air. M. Gobley a déduit de ses expériences un certain nombre de conclusions dont voici les principales : 1° les principes constituants du jaune d'œuf sont susceptibles de varier en ce qui concerne leurs proportions ; 2° la matière grasse est formée d'*huile d'œuf* et d'une matière visqueuse ; 3° l'*huile d'œuf* est composée de margarine, d'oléine, de cholestérine, et de matière colorante ; *elle ne contient ni soufre ni phosphore ;* 4° la matière visqueuse est formée de *lécithine,* produit phosphoré, et de *cérébrine ;* 5° la lécithine, qui formera chez l'animal développé l'acide oléophosphorique de M. Frémy, se transforme sous l'influence de l'eau, et en présence des acides et des alcalis minéraux, sans le contact de l'oxygène, en acides oléique, margarique et phosphoglycérique ; 6° l'acide oléophosphorique présente la plus grande analogie avec la lécithine ; 7° la cérébrine est analogue, sinon identique, avec l'acide cérébrique de M. Frémy ; 8° le jaune d'œuf est neutre ou légèrement acide ; en le faisant bouillir dans l'eau, on obtient un liquide acide, qui le devient davantage par l'addition de l'alcool ; cette propriété est due à l'acide lactique, à la faveur duquel probablement une partie des phosphates pénètre dans l'estomac du jeune animal ; 9° le jaune d'œuf renferme les sels que l'on trouve dans l'économie animale ; 10° la matière colorante est formée de deux principes, l'un rouge, contenant du fer, et analogue à la matière colorante du sang, l'autre jaune, qui paraît être aussi l'analogue de la matière jaune de la bile.

Poissons. — Œufs de carpe. M. Gobley a prouvé qu'ils sont formés de :

Eau	64,080
Paravitelline	14,060
Oléine et margarine	2,574
Cholestérine	0,266
Lécithine	3,045
Cérébrine	0,205
Chlorhydrate d'ammoniaque	0,042
Chlorures de sodium et de potassium	0,447
Sulfate et phosphate de potasse	0,037
Phosphates de chaux et de magnésie	0,292
Extrait de viande	0,389
Membranes et enveloppes	14,530
Matière colorante, traces de fer, etc.	0,033
	100,000

Laitance de carpe. Elle a fourni à M. Gobley (mémoire inédit lu à l'Académie de médecine le 24 septembre 1850) :

Eau. . . . :	74,812
Matière albumineuse.	20,242
Lécithine.	1,013
Cérébrine.	0,210
Cholestérine.	0,161
Oléine et margarine	2,121
Chlorhydrate d'ammoniaque	0,048
Chlorures de sodium et de potassium.	0,381
Sulfate de potasse . . , ...	0,056
Phosphates de chaux et de magnésie.	0,520
Extrait de viande	0,362
Perte.	0,073
	100,000

Mollusques. — *Encre de sèche.* Liquide mucilagineux, noir, contenu dans une vésicule particulière des animaux du genre *sepia*, et formé, lorsqu'il a été desséché, de 78 de mélaïne, de 10,40 de carbonate de chaux, de 7 de carbonate de magnésie, de 2,16 de chlorure de sodium et de sulfate de soude, et de 0,84 de matière animale analogue au mucus. C'est à tort que l'on a cru que l'encre de Chine était préparée avec cette liqueur; on sait, au contraire, que la base de cette encre est le noir de fumée. L'*os de sèche* est formé de carbonate de chaux, d'une trace de phosphate de la même base, et d'une certaine quantité de matière animale membraneuse qui lui sert de trame.

Coquilles. — Vauquelin a trouvé dans les coquilles d'huîtres du carbonate de chaux, un peu de phosphate de chaux, du carbonate de magnésie, de l'oxyde de fer, et de la matière animale. Hatchett, qui avait déjà fait l'analyse des coquilles d'une moule fluviatile, de l'oreille de mer, du *voluta cyprœa,* des patelles de Madera, etc., n'avait point trouvé de phosphate de chaux.

Perles, nacre. —Ces matières paraissent formées des mêmes principes que les coquilles dont je viens de parler : l'art peut les imiter parfaitement.

Limaçons de différentes espèces. — Suivant Kastner, les limaçons donnent, lorsqu'on les traite par l'eau bouillante, une gélatine qui jouit de toutes les propriétés de l'ichthyocolle, et qui peut la remplacer.

Crustacés. —Leurs enveloppes sont formées de 50 parties de carbonate de chaux, de 14 de phosphate de la même base, et de 26 de matière cartilagineuse (Mérat-Guillot). Les écrevisses et les autres crustacés contiennent un principe colorant rouge, distinct de ceux qui sont déjà connus, que l'on peut extraire par l'alcool froid; la source de cette couleur paraît être dans une membrane qui recouvre le dos de l'animal (Lassaigne).

Insectes. — *Cantharides.* L'analyse la plus récente des cantharides, celle qui a été faite par Robiquet, prouve qu'elles sont formées d'une huile grasse, fluide, verte, ne *produisant point d'ampoules;* d'une matière noire, insoluble dans l'eau, *non vésicante;* d'une substance jaune, vésicante, dans laquelle se trouve la cantharidine; d'acide urique, d'acide acétique, de matière animale et du squelette de la cantharide, de phosphate de chaux et de phosphate de magnésie. Déjà Thouvenel, Beaupoil et quelques autres chimistes, avaient analysé ces insectes; mais les résultats qu'ils avaient obtenus étaient loin d'être aussi complets que ceux du savant pharmacien que j'ai cité. Les *élytres* des coléoptères contiennent de l'albumine, une matière extractive soluble dans l'eau, une substance animale brune, une huile colorée, quelques sels et de la *chitine.*

Chitine ou entomaderme. — La *chitine,* de χιτών, tunique, existe dans le tissu tégumentaire de tous les insectes, de la peau des larves; les parois des trachées des insectes en sont formées; elle entre pour le quart dans le poids des élytres des insectes coléoptères, dont elle constitue la trame ou le squelette. Elle est solide, transparente, insoluble dans l'eau et dans les alcalis. Chauffée, elle se charbonne sans se boursoufler, et donne un sel ammoniacal acide; d'après M. Payen, elle contient 9 pour 100 d'azote. L'acide sulfurique la dissout et fournit une liqueur mucilagineuse incolore, qui, par la dessiccation, prend l'apparence de la gomme; si on dissout dans l'eau le produit desséché, la dissolution, mêlée avec de l'alcool, donne des flocons blancs gélatineux, tandis qu'elle n'est précipitée ni par le tannin ni par les sels métalliques, excepté par le sulfate de sesquioxyde de fer. L'acide azotique dissout la chitine sans la colorer en jaune.

Kermès végétal (insecte de l'ordre des hémiptères, connu sous le nom de *coccus ilicis*). — Il contient, d'après M. Lassaigne, une matière grasse, jaune, une substance rouge analogue à la carmine, quelques sels minéraux, et une grande quantité d'une matière animale particulière que l'on a proposé d'appeler *zoococcine.* Cette matière est soluble dans l'eau et dans les alcalis; sa dissolution aqueuse est précipitée par le chlore, par l'infusion de noix de galle et par la plupart des acides. On la trouve aussi dans la cochenille. — *Fourmis.* Elles renferment, sui-

vant Gehlen, de l'acide formique et de l'huile éthérée. — *Charançons.*
Ils contiennent un acide analogue à l'acide gallique, une substance semblable au tannin, des matières grasses fixes, une matière résineuse, un
principe amer, une matière animale particulière, de la *chitine,* des
phosphates de chaux et de magnésie, des sulfates, de l'acide silicique, et
un principe colorant particulier. (Bonastre et Henry.)

Polypiers. — Hatchett a fait un très-grand nombre d'analyses de
polypiers, qu'il divise en quatre classes sous le rapport de leur composition chimique. 1° Les *madrepora muricata* et *labyrinthica,* les *mille-
pora cœrulea* et *alcicornis,* contiennent beaucoup de carbonate de chaux
et fort peu de matière animale; 2° le *madrepora fascicularis,* les *mille-
pora cellulosa, fascicularis* et *truncata,* renferment beaucoup de matière
animale et du carbonate de chaux; 3° le *madrepora polymorpha,* l'*isis
ochracea,* le *coralina opuntia,* le *gorgonia nobilis* (corail rouge), sont
formés d'une assez grande quantité de matière animale, de beaucoup de
carbonate de chaux et d'un peu de phosphate de chaux; .4° l'éponge
officinale est presque entièrement composée de matière animale gélatineuse, et d'une substance mince, membraneuse, analogue à l'albumine
coagulée.

DE LA PUTRÉFACTION.

Les animaux ou leurs parties, soustraits à l'influence de la vie, et
placés dans des circonstances favorables, ne tardent pas à se putréfier :
examinons quelle est l'influence de l'eau, de l'air et du calorique, sur
cette décomposition spontanée, quels en sont les phénomènes et les produits, et par quels moyens on peut l'empêcher de se manifester.

La présence de l'*eau* est indispensable pour que la putréfaction se
développe : en effet, Gay-Lussac a conservé pendant plusieurs mois,
sans aucune altération, de la viande suspendue dans l'intérieur d'une
cloche, au bas de laquelle se trouvait du *chlorure de calcium,* substance
très-avide d'humidité, qui agissait en absorbant l'eau contenue dans la
viande:] d'ailleurs il est généralement connu que le sel commun, l'alcool, et plusieurs autres matières ayant de l'affinité pour l'eau, empêchent la putréfaction de la chair, dont elles absorbent l'humidité; ne
sait-on pas encore que des cadavres ont été conservés pendant longtemps
dans les terrains arides et secs?

L'*air atmosphérique* n'est pas indispensable pour que la putréfaction
se manifeste, puisqu'elle a lieu dans l'eau qui a bouilli, ou dans l'intérieur de la terre : cependant il exerce une action qu'il importe de con-

naître. Lorsqu'il est très-sec et souvent renouvelé, il retarde la putréfaction, probablement parce qu'il s'empare de l'humidité de la matière animale ; si, au contraire, il est humide et stagnant, il la favorise en cédant de l'eau et une certaine quantité de son oxygène, comme l'a prouvé Hildebrand (voy. mon *Traité de médecine légale*, 4e édition). Dès que l'oxygène favorise la putréfaction en se combinant avec l'hydrogène et le carbone des matières animales, et dès que cet oxygène est un corps éminemment électro-négatif, il suffira, pour retarder la putréfaction des matières qui se pourrissent à l'air, de constituer ces matières dans un état d'électricité négative ; alors l'oxygène sera en quelque sorte repoussé : c'est ce qui a été prouvé par M. Matteucci en faisant pourrir comparativement des morceaux de la même viande qu'il avait abandonnés à eux-mêmes, et d'autres qu'il avait placés sur des plaques de zinc ; les premiers étaient pourris lorsque les autres ne donnaient encore aucun signe d'altération ; le zinc effectivement s'était électrisé positivement, et la viande négativement. (voy. *Ann. de chim.*, novembre 1829.)

La température de 15° à 25° est la plus favorable pour que la putréfaction se développe ; si la chaleur était beaucoup plus forte, la matière animale se dessécherait ; si la température était à 0° ou au-dessous, elle se conserverait pendant longtemps : combien de cadavres intacts n'a-t-on pas tirés de la neige, où ils avaient été ensevelis pendant plusieurs mois !

Phénomènes généraux qui accompagnent la putréfaction à l'air libre. — La matière animale se ramollit si elle est solide, elle devient plus ténue si elle est liquide ; sa couleur passe au rouge brun ou au vert ; elle exhale une odeur fétide insupportable ; on observe un boursouflement léger qui soulève la masse ; quelque temps après, la matière s'affaisse, son odeur change et devient moins désagréable. Il se forme, pendant cette décomposition, de l'eau, du gaz acide carbonique, de l'acide acétique, de l'ammoniaque, du carbure d'hydrogène, et de l'acide sulfhydrique : ces gaz, en se dégageant, entraînent une portion de matière à demi pourrie, qui les rend si infects et qui constitue sans doute les miasmes ; il ne reste qu'un produit terreux si la substance qui se pourrit est dans l'air. Si la matière qui subit la décomposition spontanée est musculeuse, et qu'elle soit plongée dans l'eau, ou, mieux encore, enfouie dans un terrain humide, elle se transforme en un corps gras mêlé de tissu cellulaire. Ce corps, appelé *gras des cadavres*, est formé d'un peu d'ammoniaque, de potasse et de chaux, combinés avec une très-grande quantité d'acide margarique et un peu d'un autre acide semblable à l'acide oléique : il contient, en outre, de l'acide lactique, du

lactate de potasse et de chaux, une matière colorante jaune azotée, retenant de la chaux; d'où il résulte qu'il doit être regardé comme une sorte
de savon qui serait le résultat de l'action de la graisse du muscle sur
l'ammoniaque provenant de la décomposition de la fibrine, de l'albumine, etc., et non pas, comme on l'a cru pendant longtemps, une modification de la chair musculaire (voir l'art. *Fermentation*).

Moyens propres à prévenir la putréfaction. — On a proposé plusieurs
moyens pour empêcher la putréfaction; j'en ai fait connaître quelques-
uns en parlant de l'influence de l'eau sur cette décomposition spontanée
(voy. p. 817). M. Wislin veut que l'on conserve les matières animales en
les plongeant pendant quelques minutes seulement dans de l'eau bouillante (1832). Chaussier a prouvé le premier que les cadavres ou leurs
parties pouvaient se conserver parfaitement en les plongeant dans une
dissolution saturée de sublimé corrosif, et en remplaçant celui-ci à
mesure qu'il était décomposé: en effet, ce sel, en se combinant avec les
substances animales, forme un composé de bichlorure de mercure et
de substance animale, qui est dur, imputrescible, inaltérable à l'air,
et inattaquable par les vers et par les insectes (voy. p. 636). Ce procédé,
qui mérite la préférence sur beaucoup d'autres, est très-dispendieux et
défigure complétement les substances que l'on désire conserver. Ja-
nicki propose de faire, au moyen de la machine pneumatique, le vide
autour de la substance à conserver, de remplir les intestins avec de la
glace pilée, et de geler artificiellement les viandes en opérant comme
on le fait pour congeler le mercure dans le vide (*Comptes rendus*,
séance du 25 septembre 1850).

Les matières animales peuvent encore être conservées par le procédé
d'Appert.

Gannal a prétendu qu'en injectant dans l'aorte des cadavres plusieurs
litres d'une dissolution d'acétate ou de sulfate d'alumine mêlés d'un sel de
cuivre ou d'un composé *arsenical*, il empêchait la génération des insectes,
et que les cadavres pouvaient servir à la dissection; il a été plus loin, puisqu'il a voulu *embaumer* les corps à l'aide du même liquide! Pour ce qui
concerne les dissections, tout en reconnaissant que le liquide alumineux
et *arsenical* conservait assez bien les cadavres, il a fallu *renoncer* à son
emploi, tant les scalpels et les autres instruments étaient rapidement
rouillés et mis hors de service. Quant à l'*embaumement,* je dirai bientôt
ce qu'il faut penser du liquide alumineux.

Le Dr Sucquet a inventé deux procédés de conservation qui ne
laissent rien à désirer. S'agit-il de la dissection, il a recours au *sulfite
de soude* (voy. t. I, p. 390); est-il question d'embaumer les cadavres, il

emploie le chlorure de zinc (voy. t. I, p. 472). L'Académie de médecine, chargée de déterminer lequel des deux procédés, celui de Gannal
ou de Sucquet, était préférable, confia la solution du problème à une
commission composée de MM. Caventou, Londe, Blandin, Poiseuille, et
moi. On inhuma deux cadavres, l'un à côté de l'autre, dans le jardin
de l'École pratique de la Faculté de médecine de Paris ; les deux bières
étaient en sapin de même qualité et de même épaisseur, les draps qui
enveloppaient les corps étaient de même étoffe ; tout était donc dans les
mêmes conditions, si ce n'est que l'un d'eux avait été injecté par Gannal, avec un sel alumineux non *arsenical*, et l'autre par Sucquet,
avec du chlorure de zinc (1). On exhuma les cadavres au bout de quinze
mois : *celui qu'avait injecté Gannal était tellement pourri, qu'on ne
pouvait pas l'approcher ;* celui que Sucquet avait injecté *était parfaitement conservé.* Ce résultat, écrasant pour Gannal, fut bientôt connu de
toute l'Europe, et assigna au procédé Gannal, *sans addition d'arsenic,*
la place qu'il doit occuper à l'endroit des *embaumements ;* il n'est pas
aujourd'hui un médecin instruit et consciencieux qui songe à proposer la
méthode Gannal, s'il tient à ce que le cadavre soit conservé.

On peut encore prouver et rendre incontestable l'efficacité du procédé
Sucquet, en visitant le musée d'anatomie normale que j'ai créé à la Faculté :
là on verra des membres entiers, cuisses, jambes, pieds, bras, avant-
bras et mains, etc., disséqués *depuis cinq ans,* de manière à montrer
les muscles, les tendons, les aponévroses, les artères, les veines et les
nerfs, dans un état de conservation tel que l'on est saisi d'admiration ;
tous les jours, les nombreux élèves qui recherchent ces pièces pour en
faire leur profit peuvent se convaincre que jamais l'art n'était parvenu
à ce degré de perfection, et qu'ils n'ont rien de mieux à faire, lorsqu'ils
voudront conserver les cadavres *en terre,* que d'agir comme on l'a fait
pour les pièces qu'ils peuvent toucher. La préparation de ces pièces,
qui sont dures comme du bois, se fait en trempant les chairs dans une
dissolution de chlorure de zinc, dont le degré varie suivant les tissus,
de 4 à 12 de l'aréomètre de Baumé, et non pas 38, comme pour l'embaumement ; le sel de zinc décolore les tissus et en réduit beaucoup le
volume ; il ne s'agit plus que de les gonfler et de leur donner le volume

---

(1) Avant l'injection, les commissaires avaient analysé les deux liqueurs ; celle
de Gannal, quoiqu'il eût affirmé qu'elle n'était pas arsenicale, contenait une
telle proportion d'arsenic, qu'elle fut rejetée par la commission, qui ne permit
à Gannal de faire l'injection qu'avec une autre liqueur *non arsenicale*

normal , puis de les peindre. Sucquet n'a pas encore publié le procédé qu'il emploie pour obtenir ce beau résultat.

Désinfection. Les chlorures de soude et de chaux désinfectent instantanément les matières animales pourries, comme l'a prouvé Labarraque (voy. mon *Traité de médecine légale*, 4e édit., article *Exhumations juridiques*).

DES FUMIGATIONS.

L'air atmosphérique est quelquefois imprégné de miasmes qui le rendent délétère ; on ignore au juste quelle est la composition intime de ces miasmes, mais tout porte à croire qu'ils sont formés des mêmes principes que les substances végétales ou animales ; assez souvent même, ne sont-ils produits que par des matières azotées à demi pourries. Le meilleur moyen connu pour les détruire est de les mettre en contact avec le *chlore*, comme l'a prouvé le premier l'illustre Guyton de Morveau : en effet, l'eau est décomposée, son hydrogène s'unit au chlore pour former de l'acide chlorhydrique, et son oxygène se combine avec la matière organique et la transforme en une substance qui n'exerce plus d'action nuisible sur l'économie animale. On dégage le chlore, comme je l'ai indiqué t. I, p. 67, en mettant du bioxyde de manganèse et de l'acide chlorhydrique dans une terrine, si l'on veut désinfecter un amphithéâtre, ou dans une fiole, si on veut purifier l'air d'une salle d'hôpital remplie de malades ; car, dans ce dernier cas, on doit éviter de dégager une trop grande quantité de chlore à la fois.

SUPPLÉMENT.

L'industrie sucrière ayant fait des progrès remarquables dans ces derniers temps, je crois devoir compléter et même rectifier ce que j'ai dit à la page 60 de ce volume.

On doit à MM. Dubrunfaut et Leplay un nouveau procédé de fabrication du sucre de canne, fondé sur la propriété que possèdent certaines bases, comme la baryte et la chaux, de former avec le sucre, dans des conditions données, des *sucrates* insolubles ou peu solubles.

La baryte ayant jusque-là la préférence, je décrirai le procédé tel qu'il est pratiqué en ce moment, soit pour le jus de betteraves, soit pour les mélasses ; cette méthode nouvelle promet à la fabrication du sucre d'immenses améliorations.

MM. Dubrunfaut et Leplay ont observé, en 1843, que les mélasses brutes de betteraves ne contiennent que du sucre cristallisable : cette constatation, faite par une méthode saccharimétrique particulière aux auteurs, pouvait laisser quelque doute dans l'esprit; en effet, ces messieurs, à l'exemple d'autres chimistes, dosaient le sucre par fermentation et par distillation, et pour opérer le départ du sucre cristallisable du sucre incristallisable, ils faisaient deux fermentations, l'une sur le corps sucré, l'autre sur le même corps qui avait subi à chaud une réaction calcique, laquelle détruit tous les sucres autres que le sucre cristallisable. Le nombre alcool donné par la seconde fermentation dosait avec précision le sucre cristallisable, et la différence des deux quantités d'alcool fournies par les deux fermentations donnait le sucre incristallisable. En procédant ainsi à l'analyse des diverses mélasses du commerce, ces messieurs conclurent que les mélasses brutes de betteraves contenaient environ 50 p. 100 de sucre qui était exclusivement du sucre cristallisable; ils constatèrent, en outre, que les mélasses des raffineries de sucre de betteraves contenaient de $1/8$ à $1/10$ de leur poids de sucre incristallisable, et que les mélasses de raffinage de canne, sur 60 à 70 p. 100 de sucres divers qu'elles retenaient, offraient de 15 à 35 p. 100 de sucre incristallisable. Cette constatation n'était, pour ainsi dire, que l'énoncé d'un théorème qui attendait une démonstration plus directe :

pour prouver ce fait jusqu'à l'évidence, les auteurs imaginèrent d'essayer d'utiliser la propriété découverte par M. Péligot dans le sucrate de baryte, et un succès complet couronna leur tentative, puisqu'ils parvinrent à extraire le *sucre cristallisable pur,* et d'une manière presque complète, des *mélasses brutes,* que la fabrication du sucre livrait, avant eux, à la distillerie. La baryte, en effet, n'enlève aux mélasses que du sucre cristallisable, avec un peu de principe colorant, et le sucrate, lavé, puis traité par l'acide carbonique, donne du carbonate de baryte et du sucre à peu près pur. Le sucrate de baryte est un sel monobasique, sensiblement soluble dans l'eau, et peu ou point soluble dans l'eau saturée d'hydrate de baryte; de là la nécessité d'employer dans l'application de ce procédé un excès de baryte. Le sucrate n'est pas plus soluble à chaud qu'à froid; il se forme également dans ces deux circonstances, mais avec une rapidité variable. La formation du sucrate est instantanée à $+100°$; tandis qu'à $+15°$, elle peut exiger 20 à 24 heures pour être complète. Elle s'accomplit pendant des temps différents, entre ces deux limites de température.

MM. Dubrunfaut et Leplay peuvent pratiquer leur procédé de diverses manières, mais ils donnent la préférence à la méthode suivante:

Ils transforment le carbonate de baryte, soit naturel, soit artificiel, en baryte, en le calcinant avec du charbon dans un four à réverbère ordinaire; le produit brut de cette réaction est attaqué par l'eau à chaud, et fournit ainsi une dissolution bouillante d'hydrate de baryte. Cette dissolution est ajoutée, dans cet état, soit à la mélasse, soit aux jus de canne ou de betterave, en proportion suffisante pour fournir au sucre un équivalent de baryte, et en outre pour donner à l'eau mère une teneur en baryte telle qu'elle puisse saturer 15 à 16 grammes d'acide sulfurique monohydraté par litre. Cette dernière condition est utile à connaître pour perdre le moins de sucre possible dans les eaux mères. Le sucrate de baryte, ainsi formé, est mis à égoutter dans des baquets en bois faisant fonctions de filtres; puis on le lave méthodiquement. Le sucrate lavé qui sort de ce travail est transporté dans de grandes cuves, où il est traité par un courant d'acide carbonique jusqu'au refus.

Le sucrate ainsi traité offre un magma boueux qui contient le sucre libre en dissolution dans l'eau, et le carbonate de baryte en suspension; on dépose ce mélange dans des sacs que l'on met à égoutter; ces sacs sont ensuite soumis à une pression énergique, et, pour achever de leur enlever le sucre qu'ils renferment, on les traite par l'eau, dans un appareil de macération.

Les eaux sucrées qui sortent de ce travail peuvent retenir un peu de baryte carbonatée en dissolution ; on les clarifie, puis on les fait passer sur un filtre à charbon en grains, contenant une couche épaisse de plâtre en poudre grossière. Ce filtre achève d'épurer le sirop, qui n'offre plus la moindre trace de baryte. Il est concentré et mis à cristalliser par les méthodes ordinaires.

Les eaux mères saturées de baryte sont soumises à un traitement carbonique, pour leur enlever, à l'état de carbonate, la baryte qu'elles contiennent. Les eaux mères ainsi débarytées peuvent, surtout quand elles viennent des mélasses, être soumises à la calcination, pour fournir les sels de potasse et de soude qu'elles contiennent.

Le carbonate de baryte produit par ce travail est calciné de nouveau, et il sert ainsi de pivot aux opérations, en ne provoquant d'autre dépense que celle de la calcination et le remplacement des pertes inévitables.

Ce procédé, ainsi qu'on le comprend, est tel, qu'il est de toute impossibilité qu'il reste, même dans les sirops eaux mères de cristallisation, un sel de baryte, l'élimination définitive de cette base étant effectuée à l'état de sulfate, qui est doué d'une insolubilité presque absolue. Je me suis assuré, en versant du sulfate de soude dans de l'eau sucrée préparée avec du sucre du commerce, que ce sucre ne retenait pas la plus légère trace de baryte ; j'ai encore obtenu un résultat négatif, en cherchant la baryte dans les cendres fournies par le sucre, décomposé à une haute température.

Le sucrate de baryte a une saveur amère détestable ; sa présence dans le sucre serait donc facilement révélée par cette saveur. D'une autre part, si l'on considère que ce sel ne pourrait exister dans des sirops sans se révéler par sa saveur et par le trouble qu'il y produirait pendant la concentration, on comprendra qu'il est impossible qu'une négligence d'ouvrier ne se révèle pas forcément aux yeux de tout le monde, alors même que les sirops ne seraient pas soumis à un contrôle de réactifs plus précis.

J'ajouterai que la fabrication du sucre par la baryte a provoqué, depuis huit à dix mois, une grande manipulation de baryte et de sulfure de baryum, dans deux grands établissements. Chacun de ces grands établissements a préparé jusqu'à 2 ou 3,000 kilogr. de sulfure de baryum par jour ; aucun des nombreux ouvriers qui ont exécuté ces travaux n'a été incommodé. Est-ce à dire pour cela que les sels de baryte solubles ne sont pas vénéneux ? Non, certes ; j'ai prouvé depuis longtemps qu'ils ont une action toxique des plus énergiques (voyez ma *Médecine légale*, t. III, et ma *Toxicologie générale*, t. Ier, 4e édition). Le saccharate de baryte lui-même, quoi qu'on en ait dit, tue les chiens en quelques heures, en développant tous les symptômes de l'empoisonnement par les sels barytiques, quand il est administré à la dose de plusieurs grammes après avoir été *parfaitement lavé*. Un chien à qui j'avais fait prendre 4 grammes de saccharate, à 9 heures du matin, commençait à vomir à midi ; je lui administrai alors 14 grammes du même sel, qu'il vomit *presque en totalité* dix minutes après ; néanmoins il mourut à 10 heures du soir, treize heures après l'empoisonnement.

Cette action toxique n'infirme en rien ce que j'ai dit des avantages inappréciables du procédé de MM. Dubrunfaut et Leplay, et de sa supériorité sur tous les autres, puisqu'il permet d'extraire facilement le sucre cristallisable contenu dans les mélasses, et que ce sucre *ne retient aucune trace de baryte*.

TABLE DES MATIÈRES

PAR ORDRE ALPHABÉTIQUE.

Les chiffres romains indiquent les volumes, et les chiffres arabes les pages.

ERRATA.

Fig. 1.

Fig. 2.

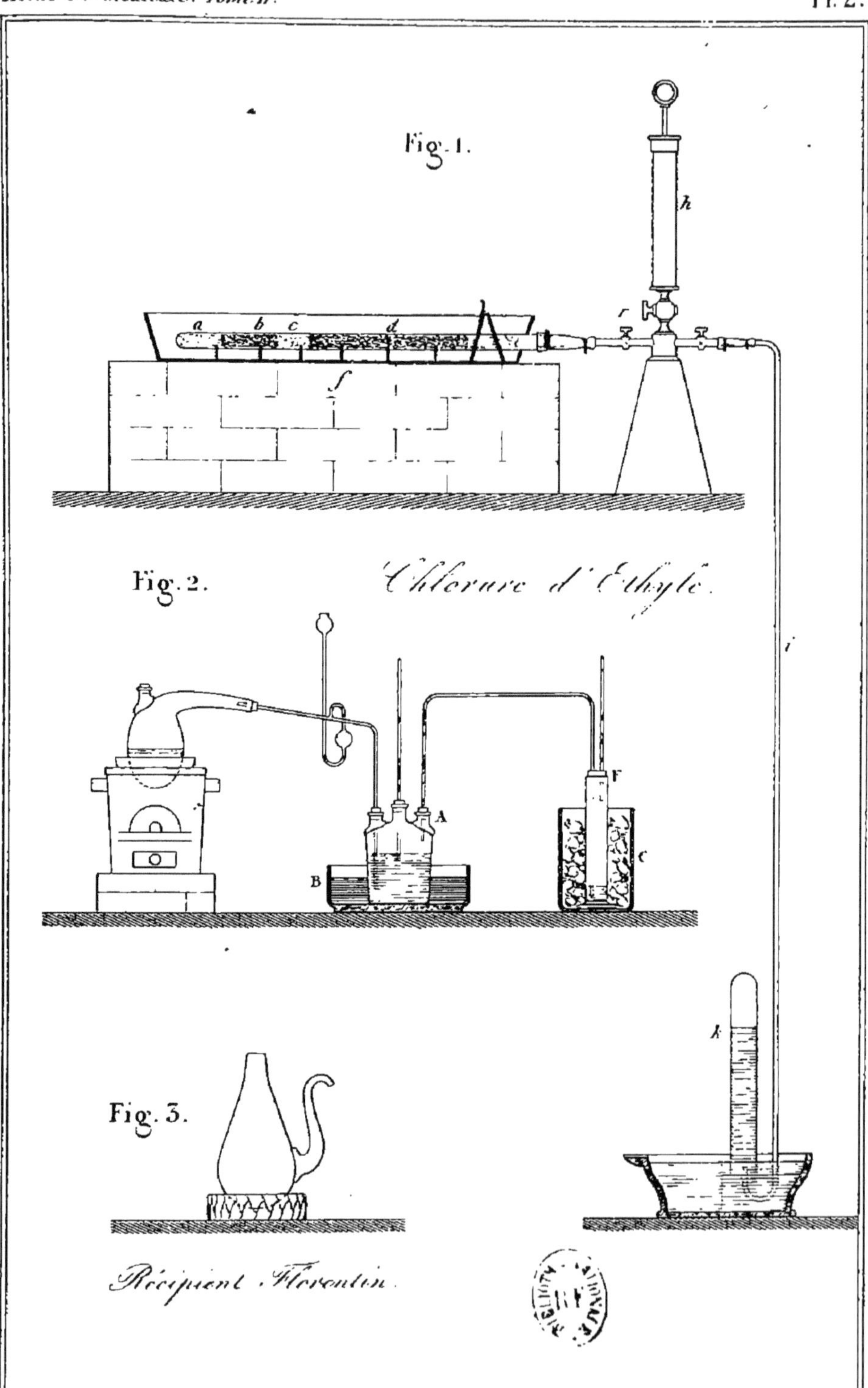

E. Wormser sc.

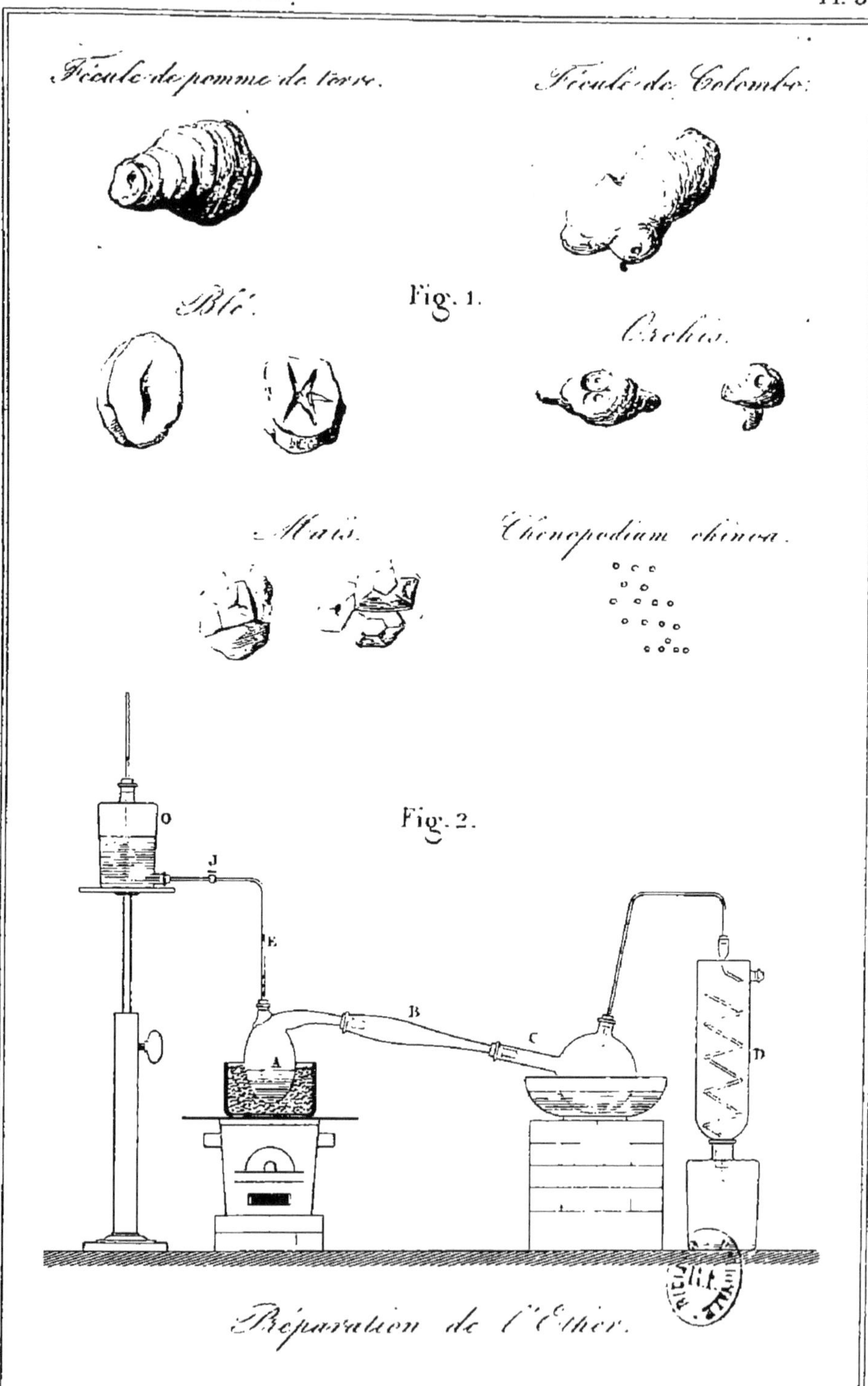
Fécule de pomme de terre.
Fécule de Colombo.
Blé.
Fig. 1.
Orchis.
Maïs.
Chénopodium chinoa.
Fig. 2.
O
J
E
B
A
C
D
Préparation de l'Éther.
L. Wormser sc.

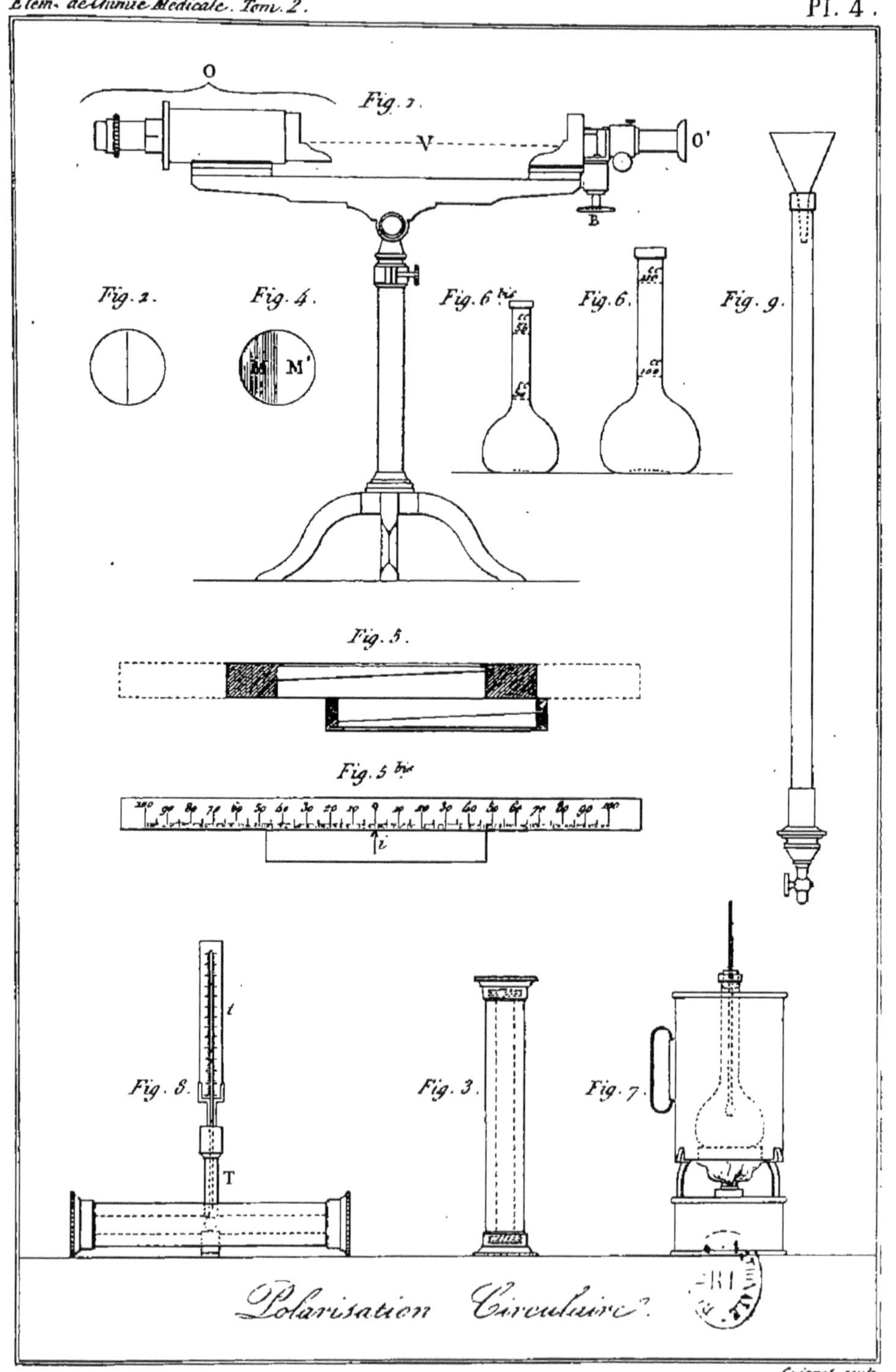

Guignet sculp.